Ontogenetic Patterns of Hypotrich Ciliates

Weibo Song & Chen Shao

Science Press

Beijing

国家科学技术学术著作出版基金资助出版
国家自然科学基金资助出版

腹毛类纤毛虫的细胞发生模式

宋微波　邵　晨　著

科学出版社
北　京

内 容 简 介

纤毛门原生动物由于其独特的有性生殖方式（接合生殖）、高度特化的细胞器结构，以及分司不同功能的两种细胞核（多倍体的营养性大核与二倍体的生殖性小核）而在研究遗传学、进化生物学、环境生物学、细胞学尤其在细胞结构分化与去分化等生物学基础领域中占有重要的地位。鉴于此，长期以来，该类动物一直是国际原生动物学界最受关注的重要类群。本书汇集了作者及其团队成员近 30 年来在纤毛虫细胞学领域中有关腹毛类（广义）在细胞分裂过程中皮层结构分化与形成模式的研究成果。作为国内外第一部全面反映该类群纤毛虫细胞发生学研究工作的专著，本书详细介绍了各亚型的结构演化特征并扼要给出了发生学名词术语、相关系统学地位和发生学文献等信息。

本书可为从事纤毛虫学、细胞学、分类学和系统学研究的同行提供专业级的参考。

图书在版编目（CIP）数据

腹毛类纤毛虫的细胞发生模式/宋微波，邵晨著. —北京：科学出版社，2017.12

ISBN 978-7-03-055936-4

Ⅰ.①腹… Ⅱ.①宋… ②邵… Ⅲ. ①腹毛动物–纤毛虫–细胞生物学 Ⅳ.①S852.72 ②Q2

中国版本图书馆 CIP 数据核字(2017)第 315329 号

责任编辑：张会格 / 责任校对：郑金红
责任印制：肖　兴 / 封面设计：刘新新

科 学 出 版 社 出版
北京东黄城根北街 16 号
邮政编码: 100717
http://www.sciencep.com

北京东华虎彩印刷有限公司 印刷
科学出版社发行　各地新华书店经销
*
2017 年 12 月第　一　版　开本：787×1092　1/16
2017 年 12 月第一次印刷　印张：31 7/8
字数：753 000

定价：220.00 元

(如有印装质量问题，我社负责调换)

题　献

本书献给国际纤毛虫学大家、奥地利萨尔茨堡大学

Wilhelm Foissner 教授

感谢他为纤毛虫学所做出的划时代的贡献及

长期以来对本书作者所给予的友情与帮助

Dedication

We dedicate this book to our outstanding colleague,

Prof. Wilhelm Foissner, Salzburg

the world-leading ciliatologist, who has contributed

tremendously to the ciliatology and

given great help and kindness to the present authors

前　言

纤毛门原生动物（纤毛虫）是一大类最高等、结构分化最复杂的单细胞真核生物，目前已知一万余种。作为重要的生物模型，在细胞学、遗传学、发育生物学、环境生物学、进化生物学等领域，纤毛虫均具有重要的研究价值。

纤毛虫细胞表面的纤毛因各种特化而形成了结构、功能各异的纤毛器，尤其是以腹毛类（广义）为代表的高等类群，其纤毛器在形态、结构、位置分布、数目、功能分化等方面构成了高度的多样性。这些纤毛器在纤毛虫的无性和有性生殖过程中，将通过不同的形式和过程经由原基而逐步发育、演化为新生细胞表面的纤毛器。这是一个十分复杂的细胞器结构“分化—去分化”的发育过程，同时代表了极其复杂的基因调控、核-质遗传、先存结构诱导等过程，因此，纤毛虫的细胞发生学作为一个独立分支，一直是纤毛虫学、细胞生物学的重要研究内容。

该领域研究的主要意义在于：①为研究真核生物（细胞）分裂过程中核-质关系及遗传信息表达提供发生学模型；②为阐述细胞器在分化、细胞分裂周期中新老结构的相承关系、亚细胞水平的信息传导机制等细胞生物学基本现象提供发生学资料；③为探讨“原生动物”这一多源发生体系的系统关系与演化提供理论支持；④为亲缘种、隐含种的廓清提供发生学的鉴别特征。

近 30 年来，中国海洋大学原生动物学研究室及其合作者先后在多项国家自然科学基金及国际合作项目等课题的资助下，完成了对腹毛类逾百个代表性属种个体发生学的研究，覆盖了目前所知的广义腹毛类的几乎所有发生类型。成果包括首次建立了凯毛虫属等 50 余属级阶元的细胞发生模式，发现和描述了大量包括原腹毛类祖先型“原基滞后分化”、盘头类的居间发生模式、尾柱类“次级背触毛原基片段化”、游仆类前仔虫口器形成过程中独特的拼接方式等在内的新现象，同时对信息残缺或不详类群完成了发生模式的修正和补足。

遗憾和不足的是，围绕腹毛类的不同类群，虽然我们有着长期和系统的投入，但在若干类群中依然没有获得预期的资讯。同样，在开展了研究的材料中，也不同程度地出现了信息残缺、过程不全、细节缺失等问题。这些缺失，在一定程度上影响了研究的全面性和完整性，也影响了对一些重要结构在起源、演化上的研读。真正的问题是，这些缺失环节所涉及的材料，基本都属于可遇不可求的类群。也是出于这个原因，我们只能把目前的这些缺失遗憾地带入书中。

同样需要指出的是，鉴于上述原因及囿于我们工作积累的有限性，书中内容包括一些主观判读难免存在失误，因此，本书不能一劳永逸地解答所有问题。在书中报道的结果中，依然有很多现象和模式有待完善、核实和补充。作为作者，我们对书中的任何缺陷、不当和失察，都诚望得到同行的指教和批评。

本书的立意在于为国内外同行和相关学者提供一份全面、专业的资料性信息。书中所有内容与素材均来自作者团队过去近30年来发表在国际主流刊物上的200余篇研究论文，这些系统、全面和高质量的工作，以及各章作者的辛勤付出和创造性的再贡献，均为本书的出版提供了质量上的保证。

特别感谢各章节作者（陈旭淼，中国科学院海洋研究所；樊阳波，深圳市标准化技术研究院；胡晓钟，中国海洋大学；姜佳枚，上海海洋大学；李俐琼，中国农业大学烟台研究院；芦晓腾，中国海洋大学；罗晓甜，中国海洋大学），他们的积极参与和辛勤付出，构成了本书的核心内容。同时还要感谢书中内容所涉及素材的各位合作者及国际同行，他们在相关原始工作中的创造和发现奠定了书中基本资讯的重要框架。也对我们的家人送上深深的谢意，他（她）们的体谅和支持成为各章节作者时间与精力上的重要后援。

十分感谢国家自然科学基金委员会为我们研究的开展提供了前提和保障。

本书的出版得到了国家科学技术学术著作出版基金的资助，在此特别鸣谢。

著　者

2017 年 4 月于青岛

目 录

绪　论
Introduction

邵晨 (Chen Shao)　　宋微波 (Weibo Song)

1. 腹毛类纤毛虫的一般特征

纤毛虫原生动物是最复杂和最高等的单细胞真核生物，以其独具的两型核（大、小核）、复杂的纤毛器和皮层结构，以及独特的有性生殖方式（接合生殖）而区别于其他原生动物（Corliss 1979）。

作为结构最复杂、多样性最高的一大类真核原生动物，纤毛虫为适应不同的生活环境和执行复杂的生理活动而特化出结构和功能各不相同的细胞器，尤其是通过纤毛的特化、重组而形成了千变万化的纤毛器。这些着生于细胞表面的纤毛器由于类群不同而在结构、功能、数量、位置上各自不同并因此构成了特征性的分布和排列模式，即纤毛图式。当细胞分裂时，老的纤毛器通常将发生不同程度的解体、吸收或去分化，而新生纤毛器将借助于各类原基而起源、演化成新结构，由此形成的两套结构，分配给两个子细胞。因此，这个过程并非来自老结构一分为二的简单复制，而是按照特定的时序、以特定的方式（包括老结构的去分化、重组、演替和拼接等）、在特定的位置发展、迁移，最后形成营养细胞的标准模式。该过程同样出现在细胞的生理改组中。

迄今，人们对纤毛虫的发生学研究揭示了大量的细胞学未明现象，完善和促进了对细胞分化与去分化这一重要生物学过程的了解和认知。深入探讨这一过程，无疑将有助于进一步地了解细胞、生物体复杂的分化机制及生理现象，例如，先存结构如何诱导和限制新结构的产生及定位，不同起源的结构如何按照预定设置完成特定模式的构建等。深入地探讨细胞水平上亚结构的承接、演化、衍生关系等个体发育上的表观现象，在细胞生物学、遗传学和发育生物学等领域都具有特殊的价值，同时也对纤毛虫的系统关系定位、比较分类学等领域的研究有着重要的意义。

广义的腹毛类纤毛虫包括了原腹毛类、盘头类、游仆类及“典型的”（狭义的）腹毛类（包括排毛类、尾柱类、散毛类）等多个亚纲/目级类群，是纤毛虫原生动物中结构最为复杂、形态特征和形态发生过程最具多样性的高等类群。该类在体制上普遍为背腹扁平并以腹面特化的棘毛（由纤毛聚合而成）作为支撑而爬行于基质上。其最显著的特征为存在发达的口围带（由一系列结构类同的小膜串联而成，见术语），起于虫体前端并绕胞口左侧后行从而绕至腹面，为主要的摄食胞器。在胞口的另外一侧存在 1 片或 2 片参与辅助摄食的波动膜；体区以棘毛为主要的运动胞器，通常进一步分化并因类群不同而分组化，从而构成类群特异性的不同模式（图 1）；背面纤毛（背触毛，见术语）则普遍退化，较短并呈纵列分布（宋微波等 1999）。

长期以来，围绕腹毛类纤毛虫为核心的细胞发生学一直是国际上原生动物细胞学研究领域中一独立而活跃的重要分支。尤其是近 40 年来银染技术的广泛应用及大量未知新阶元的发现，使得该领域重新成为纤毛虫学研究备受关注的方向之一。

2. 腹毛类细胞发生的基本模式

2.1 口器的发生与演化

2.1.1 亲体口纤毛器的命运

老的口围带在形态发生过程中通常有 4 种命运：①老口器完全保留，被前仔虫继承，多数类群采取这种模式；②近体的部分小膜解体后原位重建（老结构先去分化后重新分化为小膜，但无新原基的形成）；③近体部分小膜解体后由新原基形成，然后二者拼接形成新的口器；④完全解体、消失而被新产生的结构取代。

老的波动膜通常有 3 种归途：①老结构经去分化发育为波动膜原基，由此原基再分化而形成前仔虫的波动膜（大多数腹毛类如此）；②波动膜完全维持不变，直接由前仔虫所继承（罕见）；③老波动膜解体、消失，在前仔虫该结构由独立形成的原基发育产物所替代（见于少数类群）。

2.1.2 后仔虫的口纤毛器发生

在所有迄今所知的腹毛类中，后仔虫的口器来自独立形成的口原基（见术语），即采用与老结构无直接关联的“远生型”这一形成模式。但在口原基形成过程中，先存结构（如腹面的棘毛）会对其起到特定的定位作用。

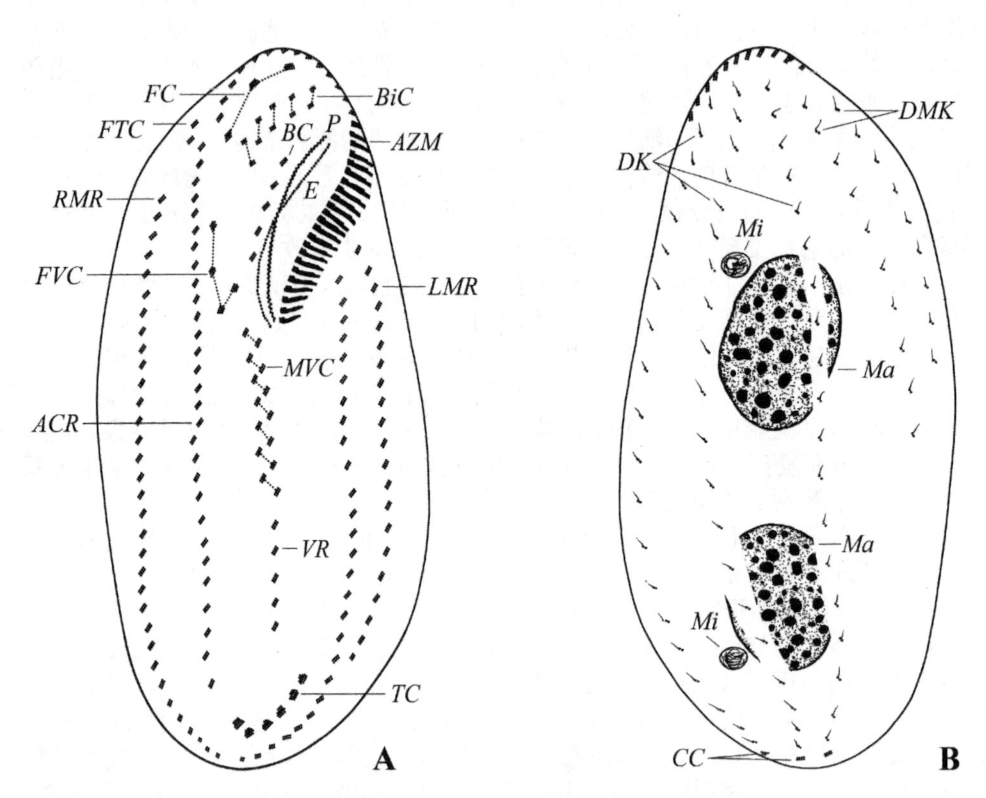

图 1 腹毛类纤毛虫纤毛图式的模式图：腹面观（**A**）与背面观（**B**）

ACR. 小双虫（类）腹棘毛列；*AZM*. 口围带；*BC*. 口棘毛；*BiC*. 冠状额棘毛列；*CC*. 尾棘毛；*DK*. 背触毛列；*DMK*. 背缘触毛列；*E*. 口内膜；*FC*. 额棘毛；*FTC*. 额前棘毛；*FVC*. 额腹棘毛；*LMR*. 左缘棘毛列；*Ma*. 大核；*Mi*. 小核；*MVC*. 中腹棘毛列（中腹棘毛复合体）；*P*. 口侧膜；*RMR*. 右缘棘毛列；*TC*. 横棘毛；*VR*. 腹棘毛列

在整个广义的腹毛类中，口原基的发育可以分为两种基本类型：①表层远生型（epiapokinetal），口原基场形成于皮膜表层，见于大部分类群；②深层远生型（hypoapokinetal），口原基场在皮膜的深层发生，此种模式见于原腹毛类及游仆类。

2.2　腹面体纤毛器的发生与演化（图 2-图 6）

2.2.1　额-腹-横棘毛原基（FVT-原基）

腹面的棘毛原基在发育过程中老结构通常有不同程度地参与（在凯毛目和排毛目中的参与度很高），但在多数情况下，原基为独立形成并表现为混合发育类型，即部分解体的老结构一定程度地参与了原基的发育。

根据其起源的基本模式可分为初级发生式和次级发生式。在前者，原基在早期为一组，随后横向断为两组；在后者，则前、后仔虫各形成一组原基。

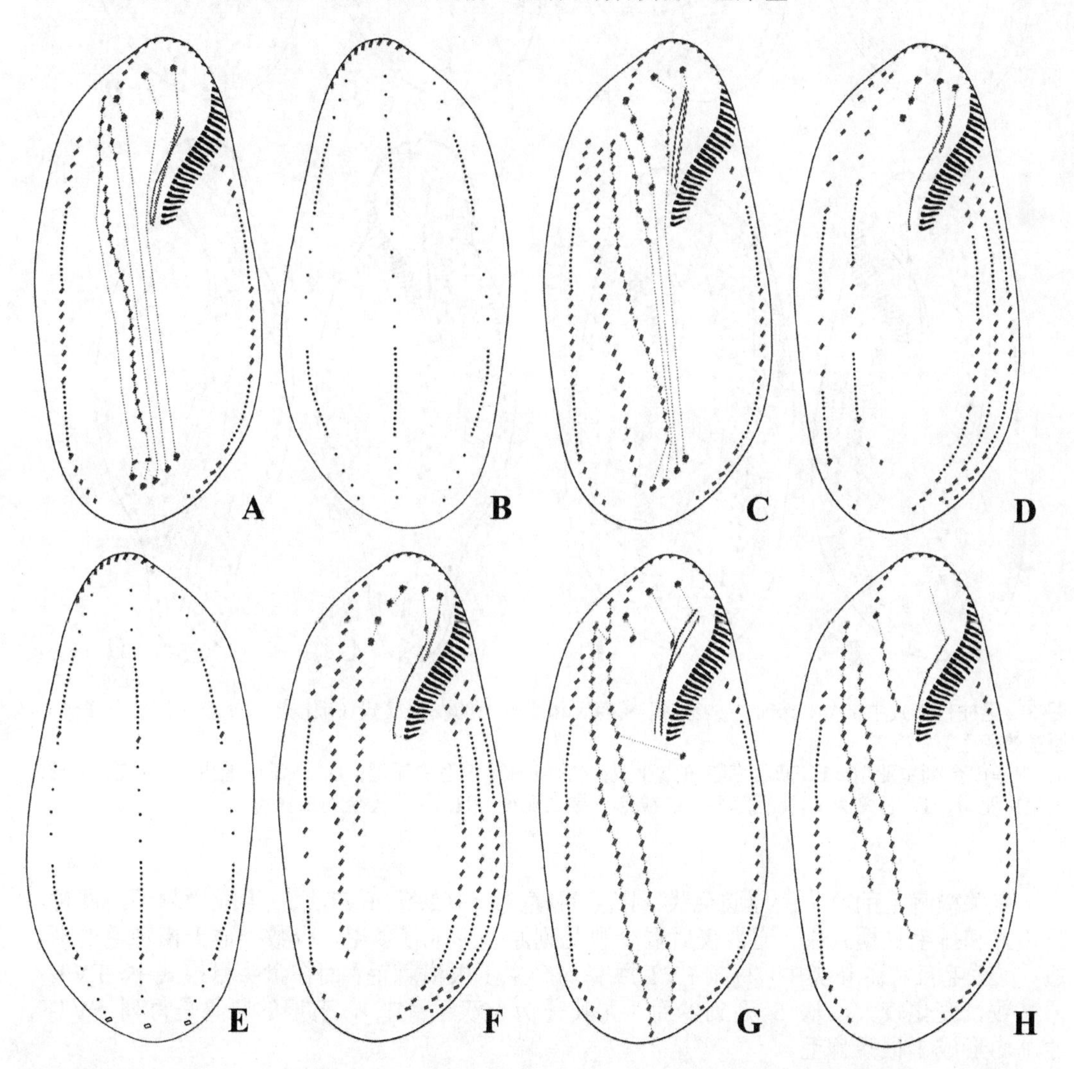

图 2　排毛目模式中 4 个代表亚型的腹面（**A**，**C**，**D**，**F-H**）和背面（**B**，**E**）的纤毛图式，示额-腹-横棘毛、缘棘毛和背触毛列的发育模式（虚线连接来自于同一条 FVT-原基的棘毛）

A. 条纹小双虫亚型；**B.** 条纹小双虫亚型和巴西戴维虫亚型；**C.** 成囊双列虫亚型；**D**，**E.** 弱毛表裂毛虫亚型；**F.** 巴西戴维虫亚型；**G.** 尾伪瘦尾虫亚型和东方圆纤虫亚型；**H.** 长施密丁虫亚型

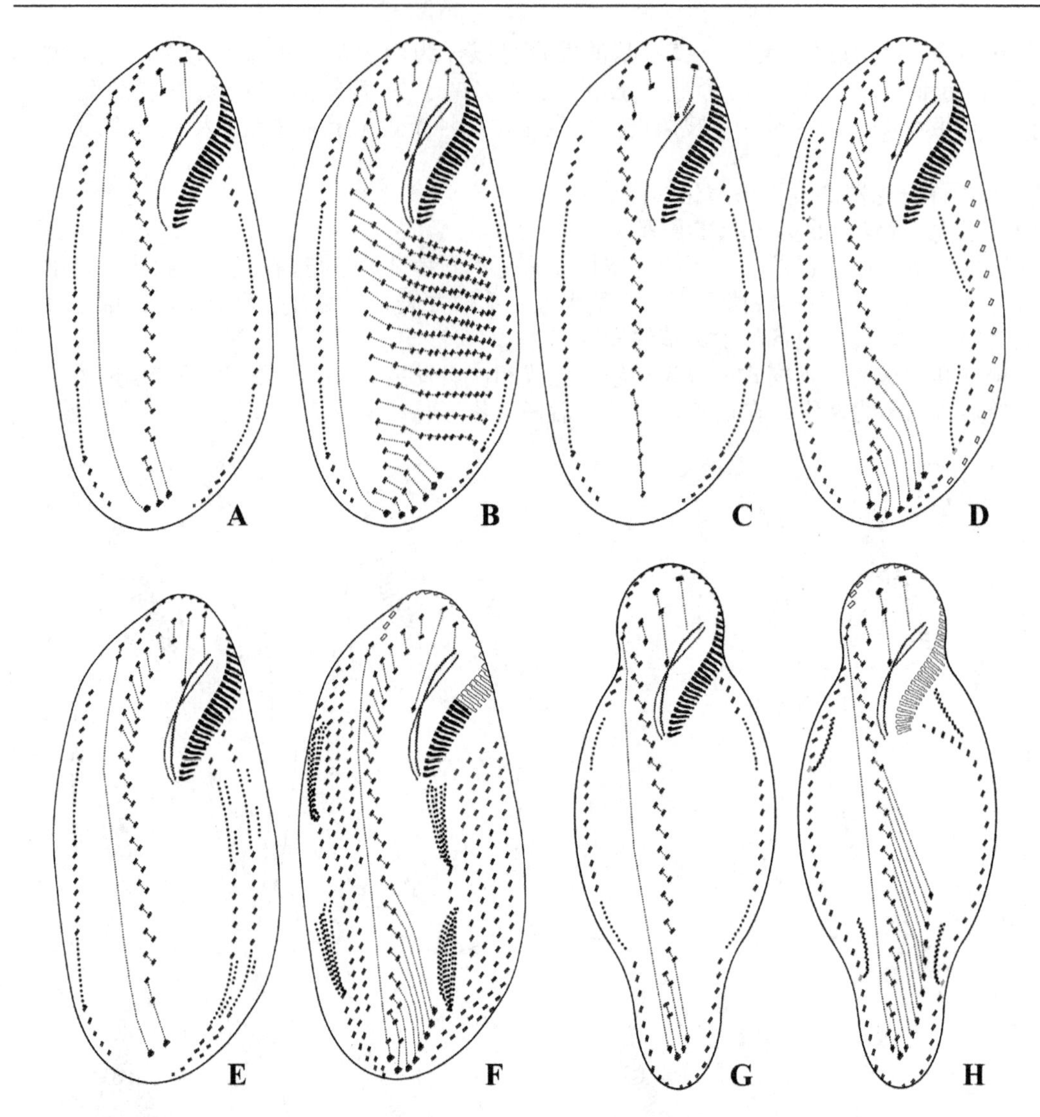

图 3 尾柱目模式中部分代表亚型的额-腹-横棘毛和缘棘毛的发育模式（虚线连接来自于同一条 FVT-原基的棘毛）

A. 中华偏全列虫亚型；**B.** 斯泰克趋角虫亚型；**C.** 美丽异角毛虫亚型；**D.** 海洋列毛虫亚型；**E.** 宋氏列毛虫亚型；**F.** 冠突伪尾柱虫亚型；**G.** 线形瘦尾虫亚型；**H.** 异弗氏全列虫亚型

有关横棘毛的产生：原腹毛类（凯毛目模式）中部分 FVT-原基形成横棘毛；尾柱目模式和排毛目模式中，通常仅后端少数几列原基形成横棘毛，少数类群无横棘毛的形成；在散毛目和游仆类中，每条 FVT-原基均产生 1 根横棘毛；而在盘头目模式中，FVT-原基数目变化较大，从 5 列到多列（尤其是伪小双亚目中），普遍的现象是每列 FVT-原基均形成 1 根横棘毛。

2.2.2 迁移棘毛

数根或 1 列棘毛，起源于最右侧（或最后）1 列 FVT-原基，在细胞分裂结束前与其他同源结构相分离并向前迁移至虫体前端右侧。

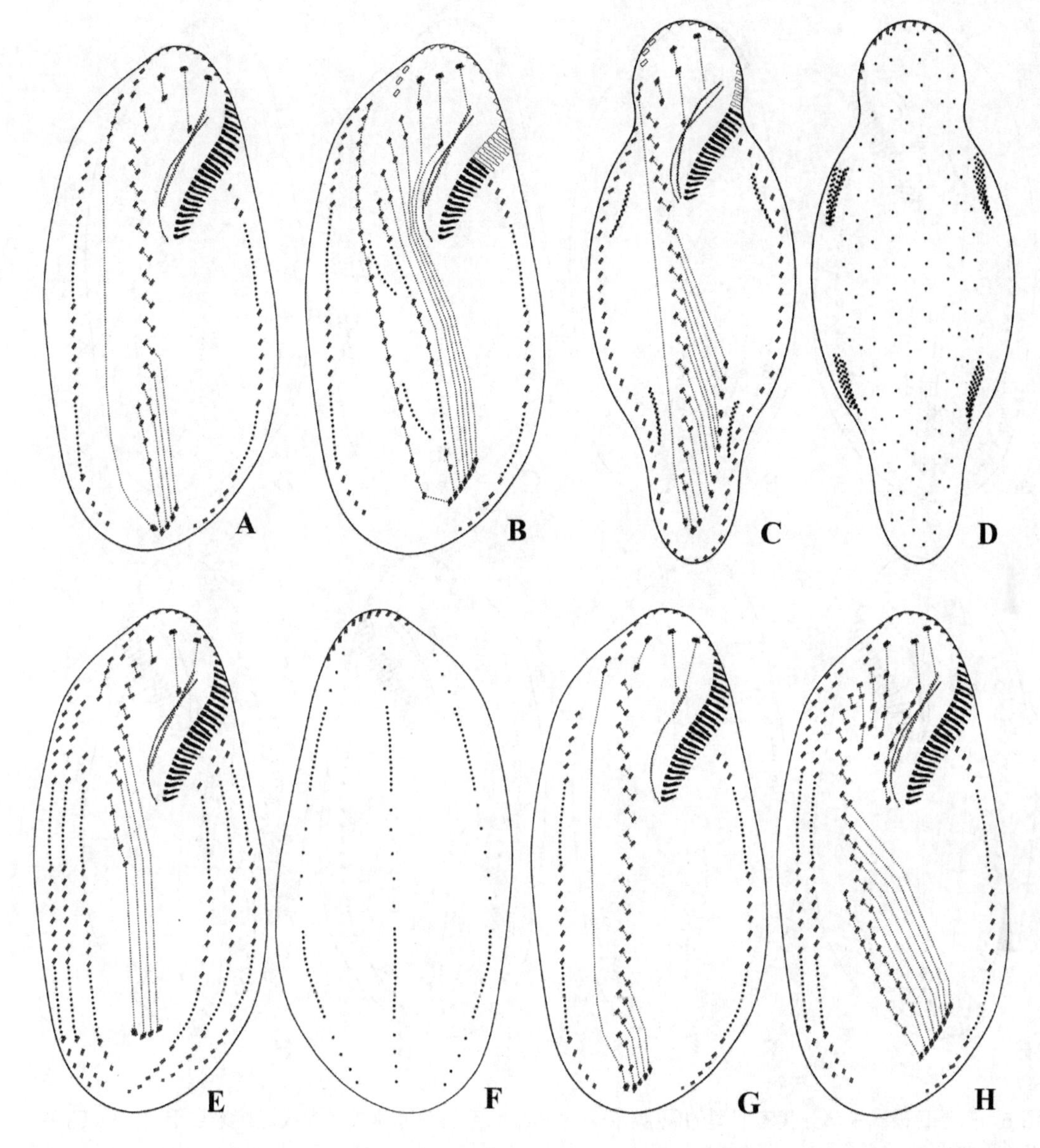

图 4 尾柱目模式中部分代表亚型的额-腹-横棘毛、缘棘毛和背触毛列的发育模式（虚线连接来自于同一条 FVT-原基的棘毛）

A. 亚热带巴库虫亚型；**B.** 拟双列虫属发生特征；**C，D.** 玻博瑞具钩虫亚型；**E.** 斯特后尾柱虫亚型；**F.** 斯特后尾柱虫亚型、中华偏尾柱虫亚型、柔弱异列虫亚型、派茨异列虫亚型和海珠异列虫亚型；**G.** 柔弱异列虫亚型、派茨异列虫亚型和海珠异列虫亚型；**H.** 棕色偏巴库虫亚型

2.2.3 缘棘毛

缘棘毛原基的形成和发育明确受已存结构的诱导和定位。

缘棘毛列的发生存在多种模式，在双侧存在单列缘棘毛的情况下，4 列缘棘毛原基分别形成于虫体前、后、左、右的老结构内或其一侧，其分别代表了原位形成和独立形成这两种不同的类型。

在具有多列缘棘毛的类群中，缘棘毛的形成表现出了如下多样性。

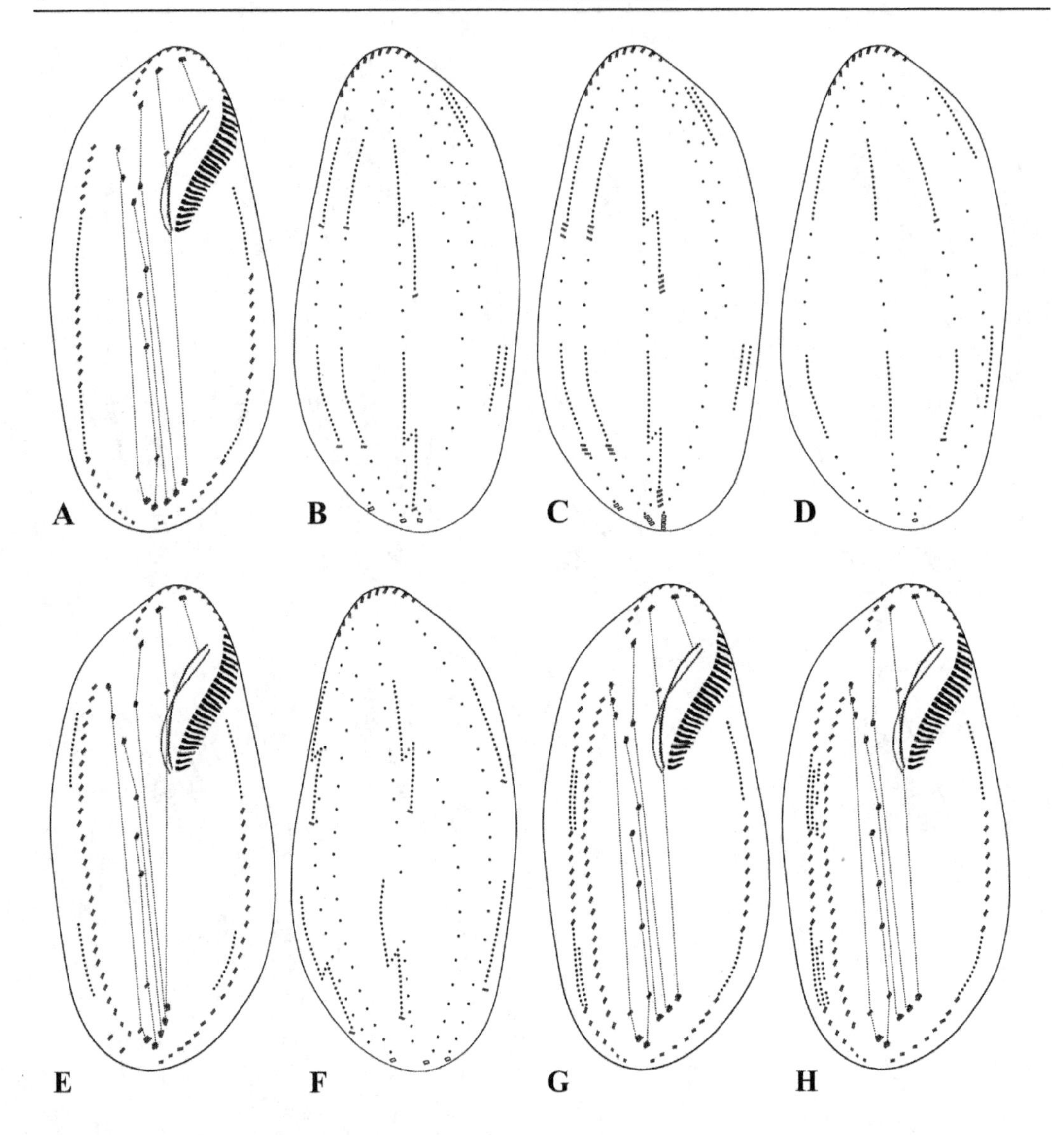

图 5 散毛目模式中部分代表亚型的额-腹-横棘毛和缘棘毛的发育模式（虚线连接来自于同一条 FVT-原基的棘毛）

A. 尖毛虫-棘尾虫亚型和血红赭尖虫亚型；**B，C.** 尖毛虫-棘尾虫亚型；**D.** 血红赭尖虫亚型；**E，F.** 缩颈半腹柱虫亚型；**G，H.** 尖毛虫-棘尾虫亚型

（1）一部分缘棘毛列来自于独立产生的原基分化，另一部分则来自于保留的老结构，如 *Trichototaxis marina*（Lu et al. 2014；Kamra & Sapra 1990）。

（2）多数新缘棘毛列（来自老结构中形成的）是新原基的产物，但同时部分老缘棘毛列有保留，如 *Engelmanniella mobilis*（Wirnsberger-Aescht et al. 1989）。

（3）每列老结构中各产生 2 处原基，共同形成新缘棘毛列，如在 *Metaurostylopsis*、*Architricha* 等属内所见（Gupta et al. 2006；Shao et al. 2013b；Song et al. 2001）。

（4）原基来源于老结构一侧独立发生的单一原基团，老结构完全不参与新结构的构建，如 *Ponturostyla enigmatica*（Song 2001）。

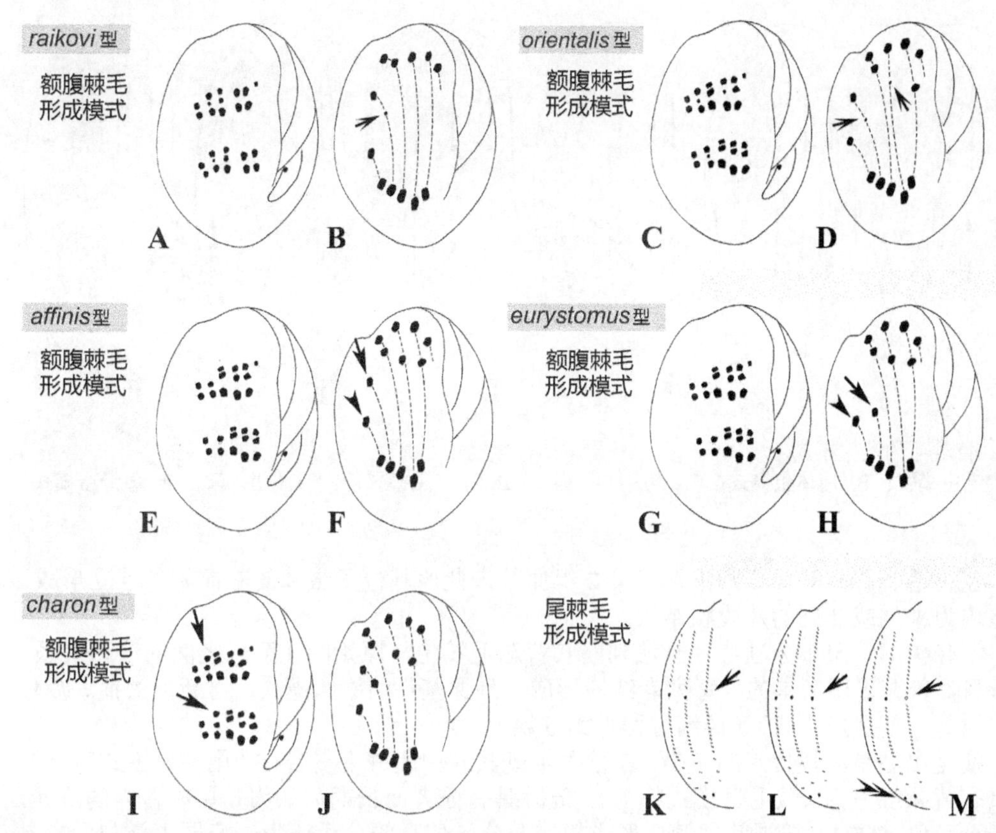

图 6　游仆虫属中不同腹面棘毛发生类型的模式图

原基片段化状态（**A，C，E，G，I**）与发育后的棘毛模式（**B，D，F，H，J**），以示 FVT-原基分段化、额腹棘毛迁移和尾棘毛形成的不同模式，图中虚线连接来源于同一 FVT-原基条带的棘毛

A，B. *raikovi* 型，箭头示额外额棘毛；**C，D.** *orientalis* 型，箭头示额外额棘毛；**E，F.** *affinis* 型，箭头示额棘毛，注意与 **G** 和 **H** 的区分；**G，H.** *eurystomus* 型，箭头示额棘毛，注意与 **E** 和 **F** 的区分；**I，J.** *charon* 型，箭头示额棘毛；**K，L，M.** 图示 *E. focardii*、*E. vannus* 和 *E. charon* 型的尾棘毛发生方式，箭头示前仔虫右侧第 3 列背触毛的末端是否产生尾棘毛，双箭头示后仔虫中最右侧一列背触毛的后方形成 2 根尾棘毛

（5）原基来源于老结构中产生的原基团，于左、右老结构的内侧，如 *Pseudourostyla cristata* 和 *Diaxonella pseudorubra*（Chen et al. 2010c；Shao et al. 2007b），或右缘棘毛列外侧和左缘棘毛列内侧，如在 *Parakahliella macrostoma*、*Allotricha mollis* 和 *Pleurotricha lanceolata* 所见（Berger 1999；Borror & Wicklow 1982）。

2.3　背面纤毛器的发生与演化（图 2，图 4-图 7）

2.3.1　背触毛

背触毛原基在所有的腹毛类各类群中均在老结构内或老结构的附近形成并发育，该原基的形成和发育受已存结构的诱导和定位。

根据背触毛的分布位置和起源，除原腹毛类（凯毛目）无明确的该结构外，最原始的类型应为一组式发生，仅包括 3 列原基和 3 列营养期的背触毛（图 7）。其衍化类型，即经过原基的片段化而形成多于 3 列的背触毛。

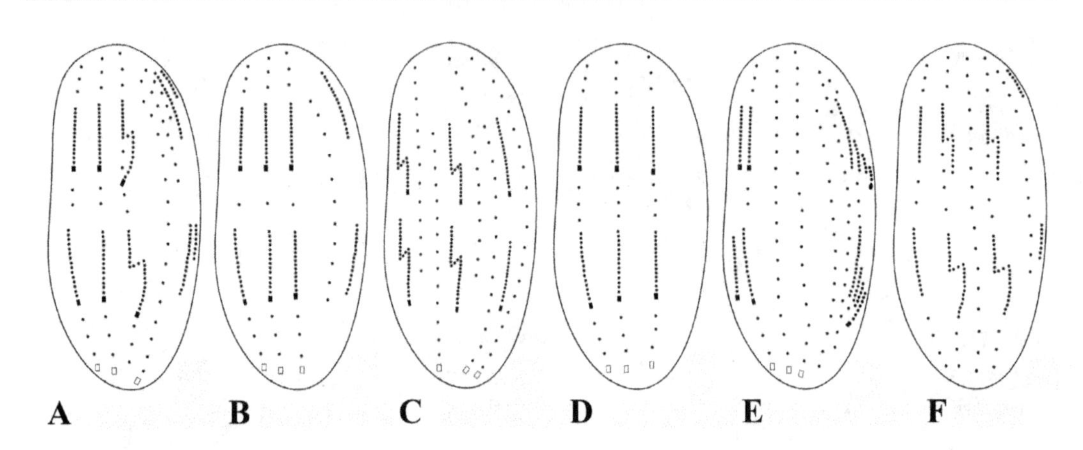

图 7 背触毛的发生模式
A. 尖毛虫模式；**B.** 瘦体虫模式；**C.** 半腹柱虫模式；**D.** 殖口虫模式；**E.** 尖颈虫模式；**F.** 急纤虫模式

在尖毛类等高等类群则出现了第 2 组原基，此原基位于虫体的右前方，独立形成，但普遍为 1 列或 2 列的片段状结构。

游仆类的情况十分独特，无法判断其背触毛发生与原始的 3 列式之间的演化关系。在该目，普遍采用简单的“每列老结构形成一列原基”的原始模式，再断裂为前、后仔虫的原基（初级发生式）（详细过程见第 6 篇）。

瘦尾虫型是比较特殊的一类，在营养期既具有中腹棘毛复合体（尾柱目模式特征），又具有背缘触毛列（散毛目模式特征），但因具有前者而长期被认为是尾柱目内的阶元。Foissner 等（2004）根据其背触毛形成模式及分子信息的分析认为，瘦尾虫类与同样具有背缘触毛列的尖毛类可能具有更为密切的亲缘关系，故而提出了 CEUU（convergent evolution of urostylids and uroleptids）假说。随后，Berger（2006）将其划分于 non-oxytrichid Dorsomarginalia 类群。

因其腹面结构的发育遵循尾柱目模式，故在本书中，我们依然将其归入尾柱目内。

2.3.2 尾棘毛

该结构如存在，通常表现为每列背触毛的末端形成一根尾棘毛，少数情况下形成一短列棘毛，但在背触毛原基发生分段化的类群则仅“保留有最后端结构”的那些原基才形成尾棘毛。

2.4 核器的演化

2.4.1 大核

大核在腹毛类具有 1 至多枚（甚至多达数百枚），但大部分种类为稳定的 2 枚。具有 16 枚或低于此数据的阶元——“大核数目”，这一特征通常是恒定的。

在细胞生理改组或分裂过程中，这些核普遍有一个“融合为一”的过程。在极少数类群中大核间仅发生部分的融合。早期每枚大核均有改组现象，其实质是 DNA 的复制过程并伴随有一显著的（通常由一端发起向另一端移行）复制带。通常改组后发生核间的融合，直至形成单一的融合体，随后再行分裂（为无丝分裂）并将产物分配到子细胞中。

2.4.2 小核

小核在腹毛类通常为 1 至多枚，分裂期各自发生核膜内有丝分裂且不发生小核间的融合。外观上该期有一明显的膨大、变形过程。随着细胞缢缩的完成，小核经分裂而分配到子个体中。

3. 发生学术语

本工作所涉及的常用名词参照宋微波等（1999）、Berger（1999，2006，2008，2011）、Corliss（1979）、Hausmann 等（2003）和 Hemberger（1982）。

Adoral zone of membranelle (AZM)　口围带：数片或更多的由纤毛特化而成的小膜有序地排列成一组协调统一的细胞器，沿虫体口区（或左前侧）排列，主要执行捕食功能；该结构典型地出现在异毛类、腹毛类等高等类群的围口区。

Amphisiellid cirral row (ACR)　小双虫腹棘毛列：特指在小双科的种类中，位于腹面右1列（完整或片段化的）棘毛。发生上来自于右边2至多列的棘毛原基。

Anarchic field　无序化区：特指纤毛虫在形态发生早期，某些原基内的毛基体以非有序化出现的分布区。例如，在口器发生前期于口原基场处的毛基体，通常在细胞表面。

Anlage (pl. anlagen)　原基：等同 primordium（pl. primordia）。尤指纤毛虫在细胞分裂过程中处于起源、发展中的或分化中的（甚至是假想的）前期结构（或复合体），由此结构形成未来营养期细胞的相应结构。可用于各种细胞器，如细胞核、皮层结构、各类纤毛器等。但狭义理解时特指高等类群的呈条带状或片段状的、特化的纤毛器的发生前体，如某些纤毛虫的体棘毛、口围带原基等。

Apokinetal　远生型：普遍在广义腹毛类中表现的一类口器的起源、形成模式。典型特征为，后仔虫的口原基（oral primordium，OP）最早出现在未来虫体腹面分裂沟的附近，与既存老纤毛器结构无直接的关联，因此为“独立”显现。根据 OP 是在细胞表面还是皮层深处形成而分为 2 个亚型：表层远生型（见 epiapokinetal）和深层远生型（见 hypoapokinetal）。

Basal body　基体，毛基体：又称毛基粒，等同于鞭毛虫的生毛体、中心粒等，本术语通常用作纤毛虫毛基体（kinetosome）的同义词，它的一个已废弃且表达不准确的同义词为生毛体或基粒（basal granule）。

Buccal apparatus　口器（=buccal organelle，oral apparatus，oral structure）**：**纤毛虫所特有的结构。指位于胞口区域的特化的复合纤毛器（广义上由参与摄食的所有细胞器组成），通常参与摄食，如小膜、口侧膜及其表膜下纤维结构。

Buccal area　口区：具口器的纤毛虫之口周围的区域，强调口前庭部位。本术语常与 oral area 混用，但后者所指范围可能更宽泛。

Buccal cirrus(cirri)/ row　口棘毛与口棘毛列：特指波动膜右侧边缘的1根或1列棘毛。口棘毛多来自于左侧第2列额-腹-横棘毛原基。

Caudal cirri　尾棘毛：指由某些背触毛原基后1对或几对毛基体分化形成的棘毛。尾棘毛的有无、数目及长短是属间鉴定的依据之一。

Cirrus (pl. cirri)　棘毛：在高等纤毛虫中作为运动胞器的纤毛丛（簇）复合体结构，特别存在于腹毛类纤毛虫中。由至少2根但通常众多的（数十根或更多）纤毛聚合成粗束或毛笔状结构。该结构无专门的外膜，端部常逐渐变细，并独立地行使爬行、支撑等运动功能。对应于纤毛的毛基体呈规则多列模式，毛基体间彼此通过纤维或微管连接。棘毛是纤毛特化的高等形式，在数量上恒定或不定（因类群而异）。在发生上成列或成组形成于虫体的特定腹面，发育后期的棘毛可以进一步分组化并以其位置而加以细分。数量、位置、形成方式及彼此间的空间关系具有重要的分类学意义。

Coronal cirral row 冠状棘毛列：额棘毛在某些特定类群（尾柱类）的特殊排布方式，即分布于额区顶端，以双列（少数单列或 3 列）连续形式排布，与后方的其他棘毛无明显的界限。

Cortex 皮层：广义上指纤毛虫的外表部分或外层，有时指细胞外膜层。在纤毛虫中包括表膜、表膜下纤维结构及纤毛器等，也包括细胞表面的其他结构（如开口、脊、射出体、表膜泡、皮层颗粒、各类色素颗粒等），实际上包括了纤毛虫形态学活体及染色后可识别的全部外层结构。

De-differentiation 去分化：特指已发生了分化、特化的细胞器，如纤毛器，重新失去已分化特征，回归到祖先型或原基型的结构特征这一过程。此演化过程和发展趋势与结构的分化刚好相反。

Dorsal kinety 背触毛：指位于背面（有时也可分布到腹缘处）的若干列"茬状"短纤毛，每个背触毛复合体由 2 个毛基体组成，其中居前者生有一短的茬状纤毛，后边的毛基体则为裸毛基体。背触毛的排列、数目及发生方式具种属稳定性，是鉴别种、属等的重要依据之一。

Endoral (=endoral membrane) 口内膜：见口侧膜（paroral）及波动膜（UM）。

Epiapokinetal 表层远生型：广义的腹毛类（包含盘头类等原始和过渡类群）及大部分寡毛类所具有的发生模式。口原基在细胞表面形成和发展，而不会深入细胞内部。

Frontal cirri 额棘毛：位于虫体前端口围区内，于波动膜右侧。额棘毛来源于细胞发生时额-腹-横棘毛原基前端的棘毛。在高等种类中额棘毛分布的方式具有相对的稳定性，其分化与否可作为低级阶元的划分依据之一。

Frontoterminal cirri 迁移棘毛（=额前棘毛）：特指着生在口围带右后方近细胞右边缘的几根或成一短列的棘毛。额前棘毛来自于形态发生时额-腹-横棘毛原基中右侧 1 列额-腹-横棘毛原基的前移。

Frontoventral cirral row 额腹棘毛列：由额区开始，一直延伸到腹部甚至尾端区域的成列的棘毛。额腹棘毛的列数、棘毛的多少、末端至横棘毛之间的距离，以及它的分布方式具有属及种间的差异并具稳定性；额腹棘毛通常存在于排毛目、散毛目和游仆目某些种类中（有时又简称腹棘毛列）。

Frontoventral transverse cirral anlagen 额-腹-横棘毛原基（FVT-原基）：指形态发生时由此发育演化成前、后仔虫额、腹、横棘毛的那组原基。根据额、腹、横棘毛发生时产生原基的列数可分成多种发生形式，如 5 原基发生型、多原基发生型等。额-腹-横棘毛原基的发生方式及部位通常具有稳定性，是属间及各科、亚目的主要分类依据之一。

Hypoapokinetal 深层远生型：所有的游仆类和少数寡毛类等所具有的口器发生类型。后仔虫的口原基产生于皮膜以下的细胞深层空腔内，发育中后期由深处翻出到细胞表面。

Infraciliature 纤毛图式（=纤毛下器，表膜下纤毛系）：在国内有多种中文译名，但此处推荐使用纤毛图式一词。在纤毛虫中，该名称是指整个虫体表面所有毛基体、纤毛器及与之相联的位于表膜下的微纤维（或微丝）和微管等的集合称谓，此名词在分类学者的专业表述中同时含有（因不同类群而特定的）结构模式等含义。不同种类具有特定的二维或三维结构模式，在适当的染色[如蛋白银染色（protargol impregnation）]后方可显示，是种属鉴定及更高阶元分类学中最重要的依据之一。类似的名词为 ciliature，但后者更强调细胞表面的纤毛器结构或整体排列模式。

Macronucleus　大核：纤毛虫体内具转录和生理活性的核，除核残类中为二倍体外，一律为多倍体，为小核系列10%-90%选择性扩增的结果。大核主管机体的表现型，可以有多个，通常呈致密的球形或椭球形，普遍会呈现各种形状。大核内通常具有许多核仁，有时会出现一系列永久性的微管（如在吸管虫中）。大核既可以是同相的，也可以是异相的。尽管在原始的核残类中完全没有分裂的能力（在那里，大核分裂被小核分裂所取代），但仍具有很强的再生能力。在有性生殖中大核将被吸收并被合子核产物所取代。其同义词有 megalonucleus、meganucleus 与 vegetative nucleus，均已废弃不用。

Marginal row　缘棘毛列：指形态发生时来自于缘棘毛原基的棘毛或棘毛列。缘棘毛可多列（如尾柱目的某些种类）、单列（如散毛目的大部分种类及尾柱目的部分种类）或退化（如游仆目的部分种类）。

Membranelle　小膜：构成连续排列的围口区纤毛复合器（口围带，见前）中的一个基本单元，出现在寡膜类及多膜类纤毛虫口腔或围口区，通常由协调一致的 2-4 列纤毛（或对应的毛基体）构成，可以用来取食或收集食物。本名词不可以与口侧膜（paroral）或波动膜（undulating membrane）相混淆。

Micronucleus　小核：纤毛虫中无转录活性的核，为其遗传信息的贮藏载体，可以有多个，比大核小得多，基因组为二倍体（2*N*），无核仁。在纤毛虫中，小核的有丝分裂常常与细胞分裂相联系，进行周期性的减数分裂，在自体受精及接合生殖中扮演着重要的角色（它的某些产物可以生成大核）。在纤毛虫中，小核又被称为生殖核，与 macronuclear nodule 相对。

Midventral pair　中腹棘毛对：特指以“zig-zag”模式分布于腹部的 2 列棘毛。通常相距较近并彼此交错排列。中腹棘毛普遍存在于尾柱目中，其在发生上来源于斜向排列的多列 FVT-原基。每条原基列在发育过程中通常只提供 2 根或 3 根棘毛，其中前边的 2 根彼此交错串联成为中腹棘毛。

Midventral rows　中腹棘毛列：指尾柱目中，发生上来自于多列 FVT-原基，但不排列成典型的“zig-zag”模式的单列或多列腹棘毛。

One-group mode　一组发生式：背面纤毛器起源的模式。所有的背面纤毛器在起源上同源。

Opisthe　后仔虫：纤毛虫（横向）二分裂中位于分裂沟后部的子代，与 proter（前仔虫）相对。

Oral primordium　口原基：指形态发生时前、后仔虫由其发育演化成口围带及波动膜的原基。在多数种类的形态发生过程中，前仔虫的老口围带部分或全部被前仔虫继承，故前仔虫一般没有像后仔虫一样的口原基。后仔虫的口原基一般在远离虫体老结构处“独立”发生。

Paroral (=paroral membrane)　口侧膜：属于口纤毛器范围，与摄食有关。本术语有时用得较宽泛，具有如下基本结构特征：毛基体呈锯齿状排列，为一单一结构并具有特殊的起源，位于口腔右侧。与之有关的同源结构为口内膜 endoral（二者可同时存在，彼此位置接近）。当口侧膜与口内膜同时存在时，波动膜是指二者的联合。

Physiological re-organization　生理改组：在纤毛虫，特指其因饥饿、环境胁迫等而发生的纤毛器新生结构形成并取代老结构及大小核融合的现象。此过程类似于细胞分裂期间发生的现象。

Pretransverse ventral cirri　横前腹棘毛：在某些腹毛类中，位于虫体横棘毛前端，且十分细弱的棘毛。发生来源上不尽相同。

Primary mode　初级发生式：FVT-原基起源和形成的模式。原基在早期为 1 组，随后横向断为 2 组。

Proter 前仔虫：细胞二分裂中的位于前部的仔虫，与之相对的是后仔虫（见 opisthe）。

Reorganization band 改组带：纤毛虫分裂前，大核上染色后着色较淡的区带。常移动后与另一端横贯核质的相似区带交合，该区参与 DNA 的复制，和组蛋白的合成有关，重组后这些物质的量增加 1 倍。这种带在腹毛类纤毛虫中常见，在管口目和漏斗目只有 1 个带。等同于现流行的名词：replication band（复制带）。

Secondary mode 次级发生式：FVT-原基起源的模式。在前、后仔虫各形成 1 组原基。

Stomatogenesis 口器发生： 即新口的形成。在较为进化的纤毛虫中口器发生很复杂，该二分裂过程中前仔虫及后仔虫大部分或所有老的口纤毛器及皮膜下纤维结构将被重新形成的结构替代，同时伴有一系列的形态发生过程。口器发生区定位于新虫体特定部位。口器发生基本类型有端生型、口生型、侧生型及远生型 4 种，其中，本书所涉及的腹毛类/游仆类的发生均属于远生型下的各种变型。

Transverse cirri 横棘毛：位于虫体腹面近尾端处的棘毛。横棘毛通常较粗壮，发生上来自于每条 FVT-原基中后端的 1 根棘毛。不同种类横棘毛的着生形式不一样，以 5 原基形式发生的种类通常具有 5 根横棘毛，以多原基发生的种类一般可有多根横棘毛。

Two-group mode 两组发生式：背面纤毛器起源的模式。背面纤毛器在起源上不同源，常见于具有背缘触毛列的类群。

UM-primordium 波动膜原基（UM-原基）：独立于口原基以外的 1 列原基，将发育成 1-2 片波动膜，通常其前端还形成 1 根棘毛，即营养期个体左侧第 1 根额棘毛。

Undulating membranes（UM）波动膜：通常是指于胞口内侧的“片状小膜”，在大多数腹毛类中，其包括了口侧膜和口内膜。

Ventral rows/ cirri 腹棘毛列与腹棘毛：一般是指位于口围后方、横棘毛之前、口区之后、缘棘毛之内、着生在腹部的棘毛。严格意义的腹棘毛是指限于腹部区域、发生上来自额-腹-横棘毛原基的棘毛。

第1篇　凯毛目模式

Part 1　Morphogenetic mode: Kiitrichida-pattern

邵晨 (Chen Shao)　　宋微波 (Weibo Song)

长期以来，凯毛虫被认为是广义腹毛类中系统地位最具争议的阶元之一。在此前及截至 Lynn（2008）的纤毛虫系统安排中，该属及相近类群均被归于游仆类或腹毛亚纲内。

与典型的腹毛类相比，凯毛虫在形态学上体现了一系列的祖先型特征：①背触毛尚没有明确分化出，多数情况下，每列背触毛均与棘毛相混合而无界限，此纵向分布的原始"触毛"是由（类似异毛类、肾形类等所具有的）原始的双动基系所构成，即每对毛基体均着生纤毛（在腹毛类中，双动基系中仅前面的毛基体着生短的纤毛）；②体区的几乎所有棘毛均呈同律、原基态的低度分化，基本无特化或分组化；③无缘棘毛；④口侧膜和口内膜以"半原基"的形式存在。

上述特征均显示凯毛虫是代表了广义腹毛类纤毛虫的祖征类群。由于这些原因，施心路等（Shi et al. 1999）以此为模式建立了腹毛类中的一个新阶元，原腹毛亚目。随后，Li 等（2009）因其独特的细胞发生型及在分子系统树中的位置，建议将此升级为原腹毛亚纲，并推断凯毛虫为腹毛类的原始类型，处于 Phacodinidia 与腹毛亚纲之间。Shao 等（2009）在同期开展的研究中，详尽地描述了其细胞发生学特征和细节，进而明确认定和支持了这一新亚纲安排。

凯毛虫作为本目的代表也是到目前为止唯一完成了详细的发生学研究的目内阶元（Shao et al. 2009）。

迄今的工作显示，其整个发生过程极为复杂而特殊：除兼具了腹毛类常见的某些模式外，如前仔虫波动膜来自解聚的老结构、游仆类中典型的后仔虫口原基出现自皮膜深层；棘毛列后方的背触毛列片段以不典型的一组发生式和初级发生式产生并发育。同时又显示了远缘的低等类群如异毛类等的发生学特征（前仔虫 UM-原基来自解聚的老结构；完整的背触毛列通过毛基体对的增生发育，无背触毛原基的形成）。

本类型具有大量在整个广义的腹毛类中仅见的发生学现象（Shao et al. 2006a），主要特征如下。

（1）口器发生为深层远生型，即后仔虫的口原基独立产生自皮层深处。

（2）本发生型的波动膜形成过程十分独特：由老结构去分化形成唯一的原基，该原基经横向断裂，分配到前、后仔虫。因此，后仔虫无 UM-原基的产生，这在所有的腹毛中是仅见的。此外一个罕见现象是 UM-原基不产生额棘毛（与之相对，腹毛类和部分具有额棘毛的异毛类的波动膜均形成 1 根额棘毛）。

（3）与所有已知的腹毛类不同，该种的原基分化和棘毛的形成发生在细胞分裂后期的子细胞分离之后，因此体现了独特的棘毛滞后发育现象。

（4）除原始的多根横棘毛外（长条状，均停留在未继续发育的原基态），其他分布在背、腹面的棘毛均无任何分组化。

（5）新原基直接在老棘毛列中形成。

（6）FVT-原基产生自老结构（除左侧棘毛列外），以初级发生式发育并形成同等数量的棘毛列；第 2 至 n-1 列 FVT-原基条带末端分化出一段原基，随后发育成横棘毛；口围带左侧的棘毛列中无原基产生，在发生过程中被吸收，取而代之的是腹面最右侧棘毛列原基的末端延伸至虫体左侧直至前端 1/3 处。

（7）个体发育结束后，所有的棘毛几乎均停留在分化初期状态，即以约等距排列成条带状；棘毛本身呈现为原始的原基态或片段化期。

（8）在游仆类中，棘毛的发育是由后至前推进的，而在狭义的腹毛类中则是由前至后。凯毛虫体现了独特的方式，即横棘毛最先分化（由后至前型），而其他棘毛则是由前至后分化。此外，凯毛虫的横棘毛是成熟后向前迁移，而在广义的腹毛类中则是向虫体末端迁移。

（9）完全没有典型的背触毛原基的形成过程。背触毛列的形成类似于盾纤类等低等类群：新生的毛基体出现在老结构中并以散布的形式出现，因此完全没有形成任何背触毛“原基”。

总之，所有重要的发生学过程和特征都一致地显示，该类群代表了一个孤立、独特而原始的系统演化地位，其与腹毛类具有明确的亲缘关系并应为一个祖先型而处于腹毛类的原始或初始发育阶段。

第1章 细胞发生学：凯毛虫型
Chapter 1 Morphogenetic mode: *Kiitricha*-type

邵晨 (Chen Shao) 宋微波 (Weibo Song)

凯毛目内种类不多，属于该发生型的阶元中，目前已知包括如下3属内的3个种：海洋凯毛虫（*Kiitricha marina*）、小心毛虫（*Caryotricha minuta*）及心形横尾虫（*Transitella corbifera*）（Iftode et al. 1983；Shao et al. 2009；Tuffrau & Fleury 1994）。其中，已有详细的细胞发生学信息的工作仅一份，即围绕海洋凯毛虫的研究（Shao et al. 2009）。

发生型迄今所知仅一种类型（单一亚型），即海洋凯毛虫亚型。基本特征见第1篇的介绍。

第1节　海洋凯毛虫亚型的发生模式
Section 1　The morphogenetic pattern of *Kiitricha marina*-subtype

邵晨 (Chen Shao)　　宋微波 (Weibo Song)

如前所述，海洋凯毛虫是原腹毛亚纲中迄今首个具有详尽细胞发生学资料的种 (Shao et al. 2009)，该研究显示了大量曾长期不详、原始而独特的发生学特征。这些信息构成了该类群亚纲级地位的成立和系统发育关系定位的重要依据。作为发生型中的唯一模式，本节以此种为基础，给出其发生过程的基本介绍。

基本纤毛图式　口围带高度发达，几乎占体长的90%；2片无特化的波动膜与口区等长并平行排列；除约10根横棘毛外，体部棘毛基本同律，无分组化且无缘棘毛的分化，数目众多并呈纵列分布于体腹面和背面的大部分区域，仅每列最前端1根棘毛明显较长；在虫体腹面，口区至虫体右缘体棘毛多列，口区左侧仅有不规则的1列棘毛。

在背部，部分棘毛列在结构上逐渐向背触毛过渡：靠近虫体右缘分布有多列棘毛，各列内棘毛从右至左在末端逐渐缩短，在其中最左侧的几列棘毛列后端常见同1列棘毛与双动基系的背触毛混杂；靠近虫体左缘分布多列几乎贯穿虫体首尾的背触毛列。

背触毛极特殊：双动基系的2个毛基体均着生纤毛（图1.1.1A-C）。

细胞发生过程

口器　在细胞分裂过程中，老的口围带基本完整并保留给前仔虫，仅在细胞分裂中期，后端少部分小膜外侧发生结构上的解聚，由此形成的毛基体将在原位参与相应小膜缺失部分的重建（图1.1.3C，E）[①]。

由于观察中缺失了最初的环节，波动膜的起源不确定，但极可能是来自两片老结构的解聚和去分化，因此形成了纵长而边界不清的前仔虫的UM-原基（图1.1.2A）。该原基随着细胞分裂过程的进行，向虫体后端延伸并始终贯穿整个虫体（图1.1.3A，C）。伴随着前、后仔虫的形成和中部出现缢缩，UM-原基从赤道线处断裂，分配到前后两个仔虫中（图1.1.3E；图1.1.6O）。

最后，波动膜在两个分裂后的个体分别完成最后的发育，形成营养期细胞的双列结构（图1.1.5C）。

① 图出现的顺序不以文中图的引用顺序为序。

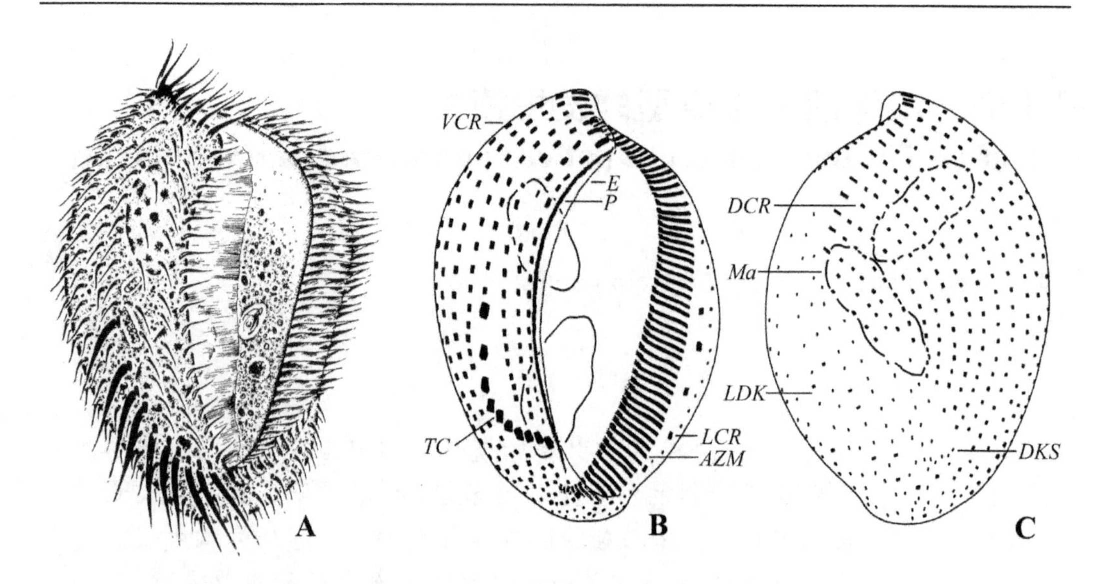

图 1.1.1 海洋凯毛虫的活体观（**A**）和纤毛图式（**B，C**）
A. 腹面观；**B.** 腹面观；**C.** 背面观。*AZM.* 口围带；*DCR.* 背面棘毛列；*DKS.* 背触毛片段；*E.* 口内膜；*LCR.* 左侧棘毛列；*LDK.* 长背触毛列；*Ma.* 大核；*P.* 口侧膜；*TC.* 横棘毛；*VCR.* 腹棘毛列

后仔虫的口器发生始于细胞发生初期：在虫体后 1/3 处、胞口内壁皮膜深层出现一组无序排列的毛基体群，此为初始态的后仔虫口原基场（图 1.1.2A）。伴随着毛基体的增多，后仔虫的口原基逐渐扩大、延伸至虫体前 1/3 处，并由右至左、由后向前地进行口围带小膜的组装，但此时整个口原基仍处于皮膜下发育（图 1.1.2C；图 1.1.6G）。后仔虫的口围带小膜在下一时期基本已组装完毕，其下半部分已冲破皮膜，由深层迁移到细胞表面，但上半部分仍在老口围带下方（图 1.1.3A）。至虫体缢裂完成后，口围带前端完全迁移至细胞表面。

额-腹-横棘毛 在发生早期，虫体的赤道线附近分布的腹面棘毛开始解聚为原基状（图 1.1.2A；图 1.1.6C）。在之后的时期，棘毛列的解聚进程继续进行，并逐渐向虫体的两端蔓延（图 1.1.2C；图 1.1.6E）。此时，每列棘毛前端的第 1 根棘毛尚未发生解聚（图 1.1.2C；图 1.1.6H）。随后，棘毛的原基化基本已延伸到虫体两端，腹面所有的棘毛均已解聚为原基，背面除前端 1 根棘毛外，所有棘毛均已解聚完成（图 1.1.3A，B；图 1.1.6I）。棘毛列后方的背触毛列不参与原基的形成（图 1.1.3D）。

随着虫体的进一步发育，中部出现缢缩，FVT-原基从赤道线处断裂，分配到前后两个仔虫中（图 1.1.3E；图 1.1.6O）（该缢缩时间较已知的任何腹毛类均更早！）。在腹面，除第 1 列及最后 1 列外，所有的 FVT-原基条带，随后均在末端发生断裂，分化出 9 或 10 列横棘毛（图 1.1.4C；图 1.1.7D）。

在背面，FVT-原基分化出最前端的 1 根棘毛（图 1.1.4D）。在下一个时期，腹面和背面的 FVT-原基由前至后开始进行分段化，虫体右缘的原基显然比左侧的原基进行得快（图 1.1.5A，B；图 1.1.7E）。

横棘毛逐渐向虫体左侧迁移，并相互靠拢（图 1.1.5A；图 1.1.7I），腹面第 1 列 FVT-原基和最右侧 FVT-原基并不形成横棘毛（图 1.1.5A；图 1.1.7I）。

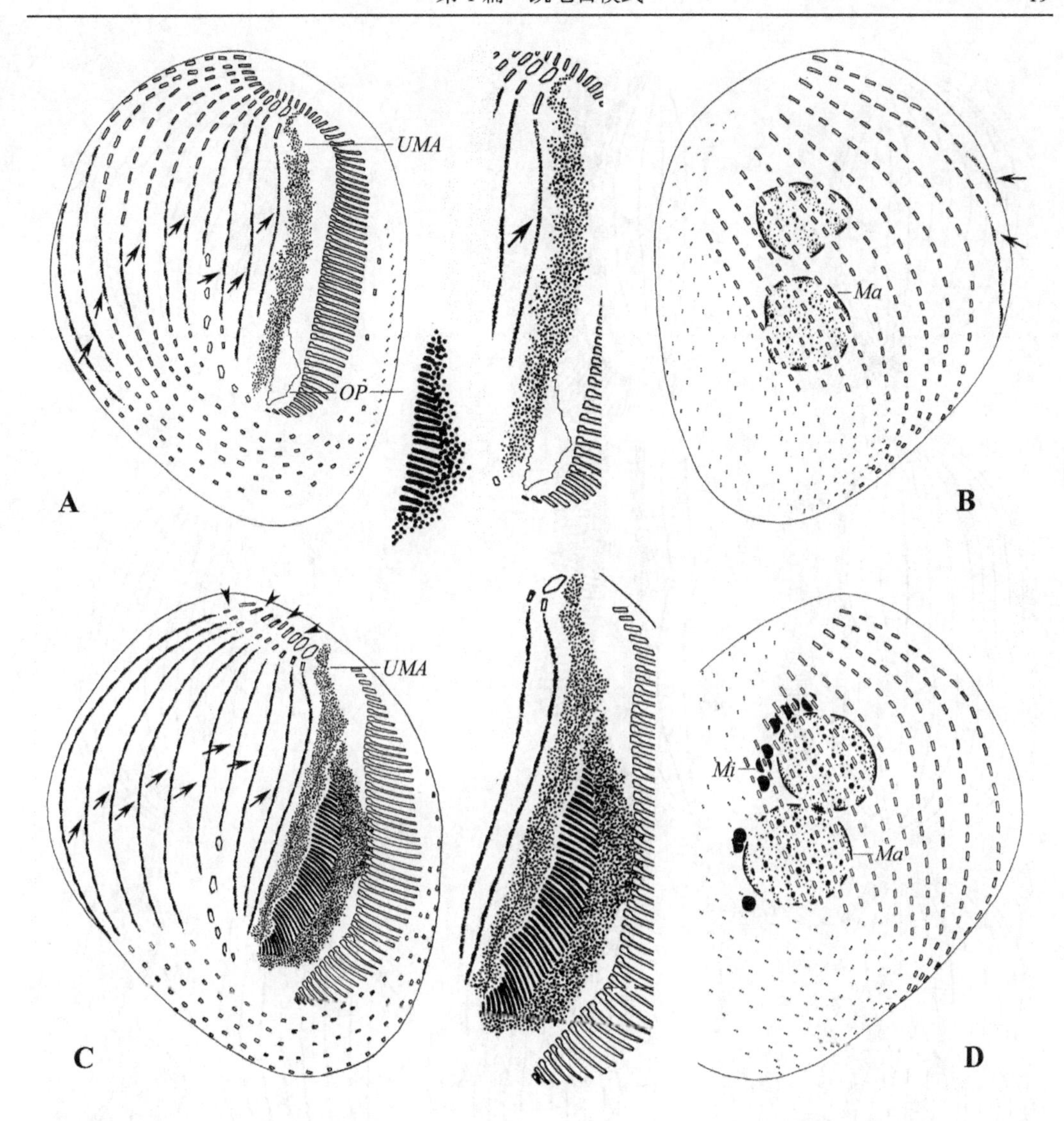

图 1.1.2　海洋凯毛虫的细胞发生

A，B. 发生早期虫体腹面观（**A**）和背面观（**B**），示口原基出现在口腔底面，波动膜开始解聚，在腹面，棘毛开始解聚为 FVT-原基（箭头指示解聚的棘毛）；**C，D.** 发生前期虫体的腹面观（**C**）和背面观（**D**）。注意此时位于口腔底面的口原基通过毛基体的增殖扩大了范围，小膜的组装也近乎完成；老波动膜已解聚为 UM-原基；背面棘毛列尚未发生解聚而成为 FVT-原基；箭头示棘毛已经解聚为 FVT-原基，无尾箭头指示每列棘毛最前端 1 根棘毛尚未解聚。*Ma.* 大核；*Mi.* 小核；*OP.* 口原基；*UMA.* UM-原基

分裂后期，腹面和背面 FVT-原基的分段化结束，形成相同数量的棘毛列，腹面最右侧一列 FVT-原基的末端仍为原基态，并将向虫体的腹面最左侧延伸、迁移，随后断裂形成口围带左侧的棘毛列（图 1.1.5C，D；图 1.1.7H，K，M）。横棘毛原基缩短、加粗，右侧数列向前端迁移，形成新的横棘毛（图 1.1.5C；图 1.1.7L）。

棘毛的产生模式可以总结如下：

在背、腹面，所有的 FVT-原基均在最前端产生 1 根较大棘毛（图 1.1.5C）。

在腹面，横棘毛来自于除第 1 列及最后 1 列的所有 FVT-原基（图 1.1.5C；图 1.1.7L）。

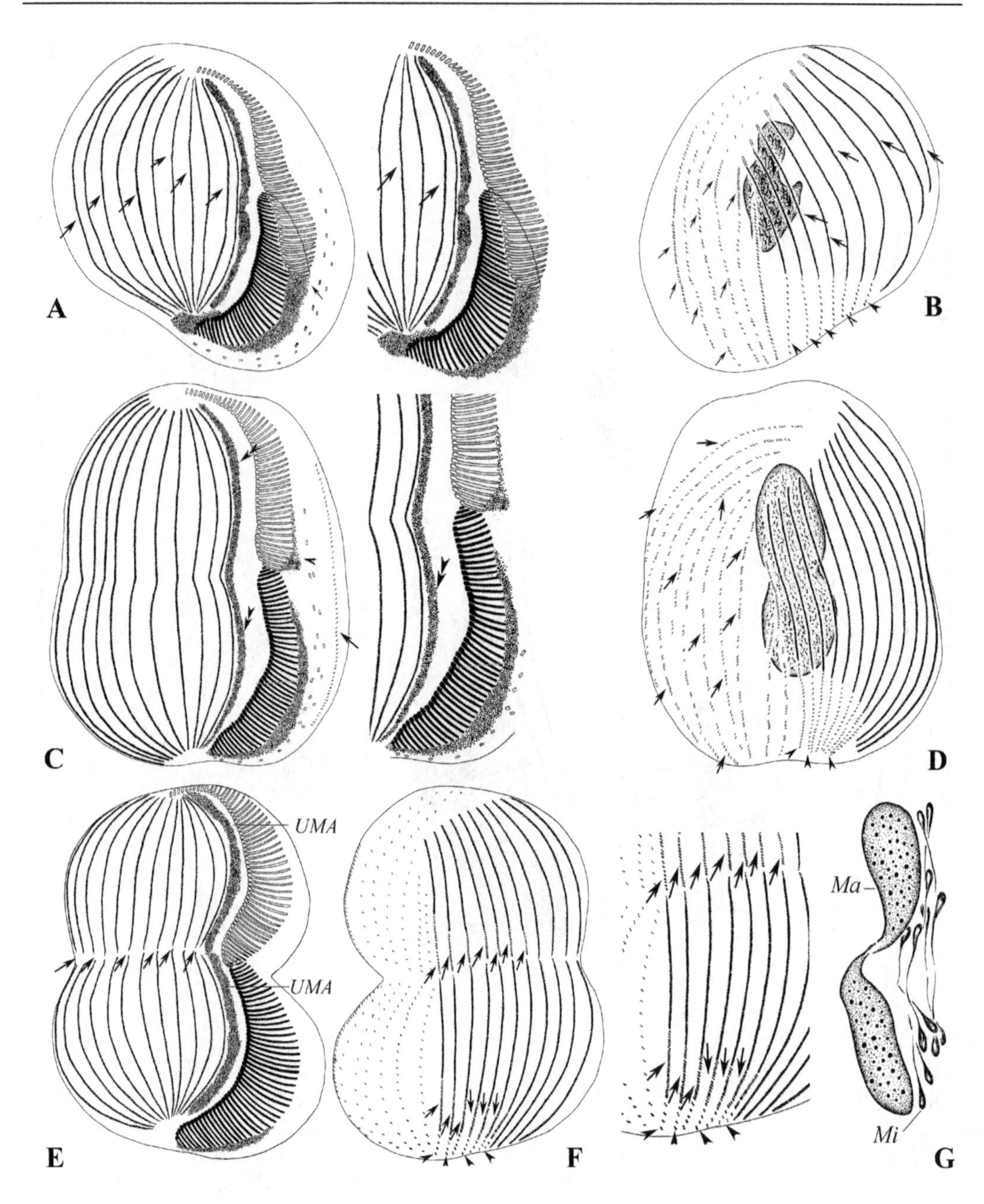

图 1.1.3 海洋凯毛虫中期至晚期的细胞发生

A，B. 发生中期虫体的腹面观（**A**）和背面观（**B**），示所有的腹面和背面的棘毛均已解聚（箭头）。图 **A** 中，小箭头指示口原基仍在皮层下。图 **B** 中，小箭头指示背触毛列中发生毛基体对的增殖，无尾箭头示背触毛。注意大核融合为一个整体；**C，D.** 发生中期虫体的腹面观（**C**）和背面观（**D**）。图 **C** 中，双箭头示 UM-原基随着虫体的拉伸而延长并分布到前后两个仔虫中，无尾箭头示老口围带近端发生重组，箭头示背触毛列中发生毛基体对的增殖。图 **D** 中，箭头示背触毛列中发生毛基体对的增殖，无尾箭头示老的背触毛列；**E，F.** 发生中期虫体的腹面观（**E**）和背面观（**F**）。图 **E** 中，箭头示 FVT-原基从赤道线处断裂，分配到两个仔虫中。图 **F** 中，箭头示在前、后仔虫中，FVT-原基的末端分化出背触毛列；无尾箭头示老的背触毛；**G.** 大核和小核。*Ma.* 大核；*Mi.* 小核；*UMA.* UM-原基口围带左侧的棘毛列来自于腹面最右侧一列 FVT-原基末端（图 1.1.5C；图 1.1.7L）。

背触毛　无任何典型的原基出现。新生结构来自老结构中先存毛基体的增殖、扩展。

在最早可识别的发生早期，老的背触毛列中（不包括与棘毛列混杂的）会不规则地出现新增殖的毛基体对片段并持续增多（图 1.1.3B，D；图 1.1.6J，K）。

在随后的发育期，在前、后仔虫中，背面 FVT-原基的末端分化出背触毛原基（图 1.1.3F；图 1.1.6N），而完整的背触毛列中的毛基体对无规则增殖现象结束，成为均匀分布的毛基体对（图 1.1.4B；图 1.1.7B）。随后，在虫体背面，FVT-原基后方的背触毛列逐渐拉长（图 1.1.5B）。

大核　大核在本种和所有已知的种类中均为借助核间连接而彼此分离的两枚腊肠状结构，在细胞发生期彻底融合。

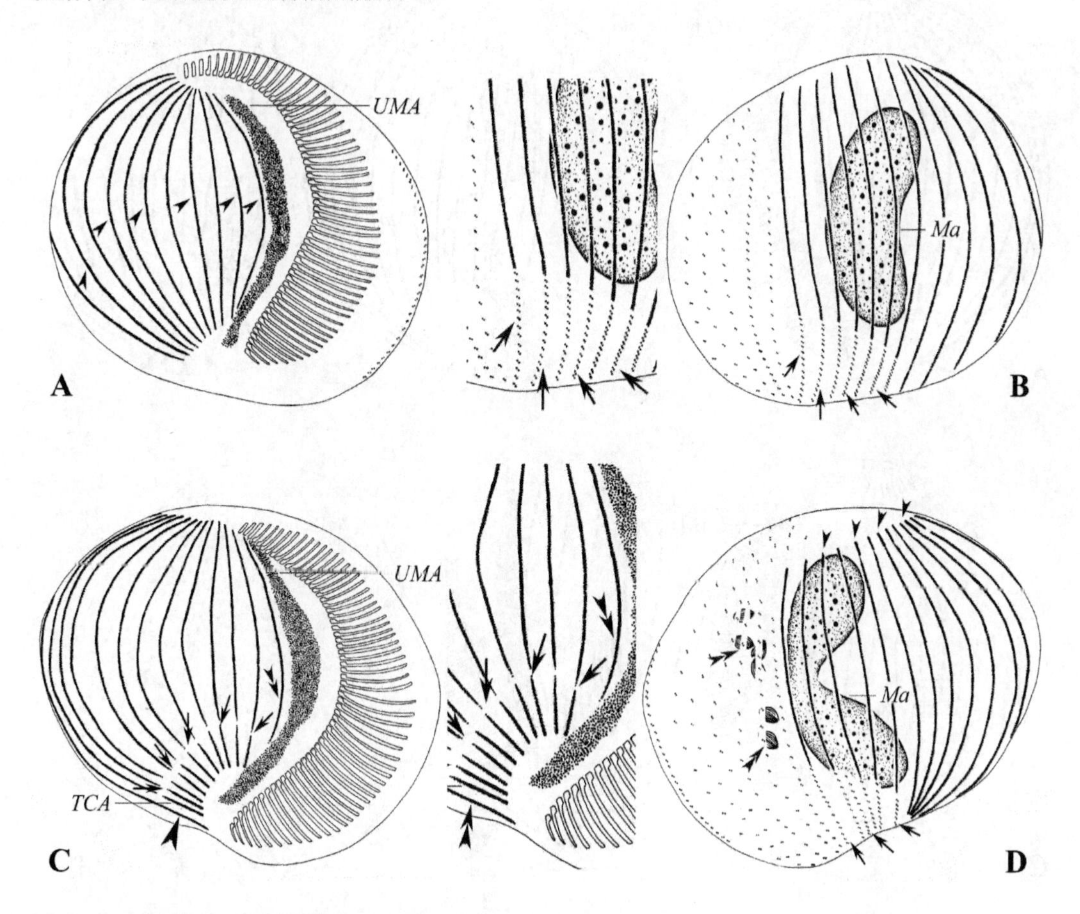

图 1.1.4　海洋凯毛虫中期和后期的细胞发生

A，B. 发生中期虫体的腹面观（**A**）和背面观（**B**）。随着虫体缢裂的完成，FVT-原基和 UM-原基平均分配到了前后两个仔虫中，无尾箭头指示腹面的 FVT-原基，箭头指示 FVT-原基条带的末端新产生新的背触毛列；**C，D.** 发生后期虫体的腹面观（**C**）和背面观（**D**）。图 **C** 中，箭头示 FVT-原基末端发生断裂，形成横棘毛；双箭头示腹面第 1 条 FVT-原基；无尾箭头指示最右列 FVT-原基。图 **D** 中，无尾箭头指示 FVT-原基前端形成 1 根棘毛；双箭头示小核；箭头示新的背触毛列。*Ma*. 大核；*TCA*. 横棘毛原基；*UMA*. UM-原基在早期，大核互相靠近（图 1.1.2B；图 1.1.6D），随后融合为一（图 1.1.3B；图 1.1.6L）。在子细胞分离期前后，大核完成第一次分裂（图 1.1.3G）。最终，在分裂后的仔虫中，大核将再一次分裂（图 1.1.4D；图 1.1.5B，D；图 1.1.7G，N）。

讨论 本发生型内目前所知仅此 1 种亚型（另见第 1 章中对凯毛虫发生型特征的描述）。由于本亚型所体现的大量原始的发生学特征，因而界定了该类群在腹毛类系统发育中的祖先型地位。

（1）前、后仔虫的波动膜均来自同一条 UM-原基的断裂，因此后仔虫口器发育中不形成独立的 UM-原基；此外，该原基前端也不形成额棘毛（几乎所有的典型腹毛类均由 UM-原基形成 1 根额棘毛）。

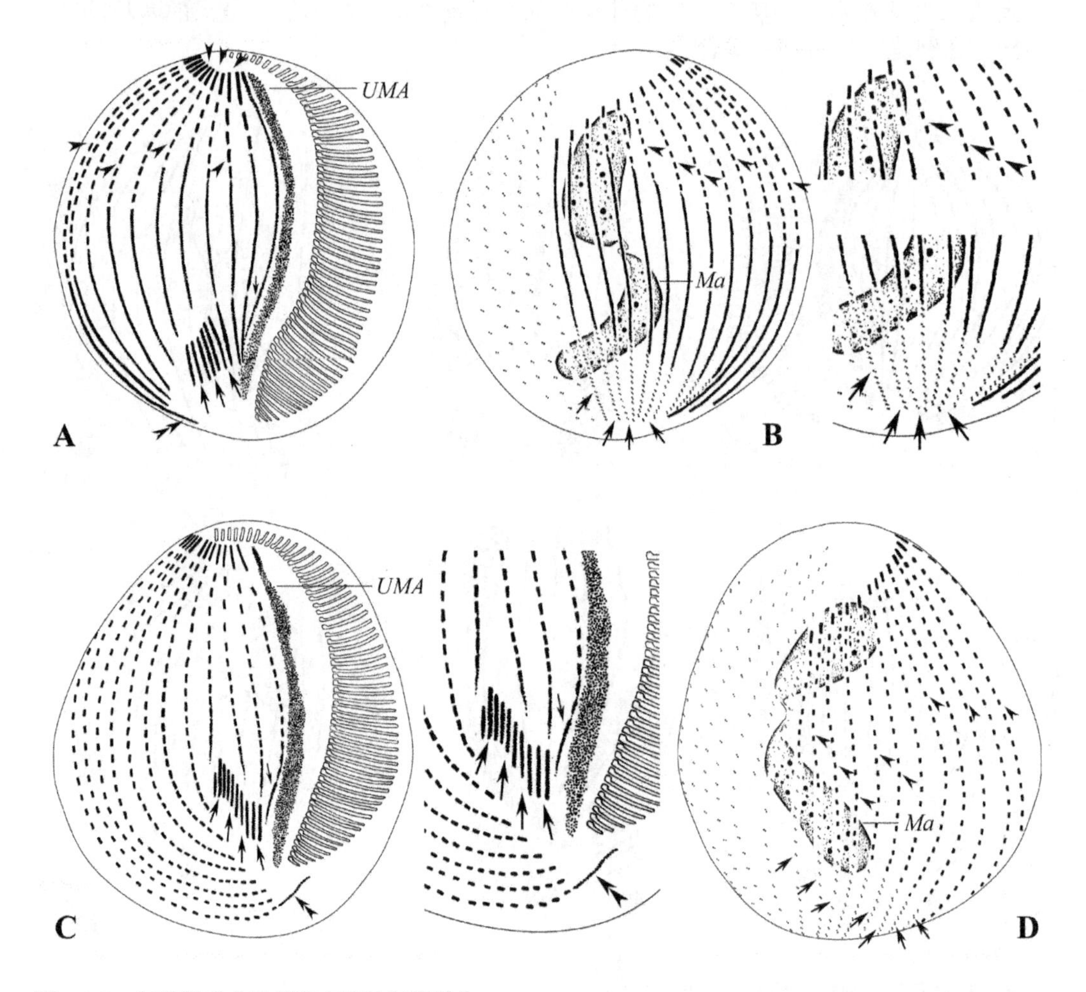

图 1.1.5 海洋凯毛虫后期和末期的细胞发生

A，B. 发生后期虫体的腹面观（**A**）和背面观（**B**），示 FVT-原基分化为棘毛（无尾箭头）。图 **A** 中，箭头示横棘毛原基来自除第 1 列和最右侧一列外的其余所有的 FVT-原基的末端，小箭头示第 1 条 FVT-原基的末端不分化出横棘毛，双箭头示最右侧的 FVT-原基即将向虫体左侧延长。图 **B** 中，箭头指示背触毛列，无尾箭头示刚形成的棘毛；**C，D.** 发生末期虫体的腹面观（**C**）和背面观（**D**）。图 **C** 中，箭头示横棘毛原基开始迁移到既定位置，小箭头示第 1 条棘毛原基，双箭头示最右列 FVT-原基继续向虫体的左侧延长。图 **D** 中，箭头示背触毛列，无尾箭头示背面的棘毛列。注意，此时 UM-原基开始组装。*Ma.* 大核；*UMA.* UM-原基

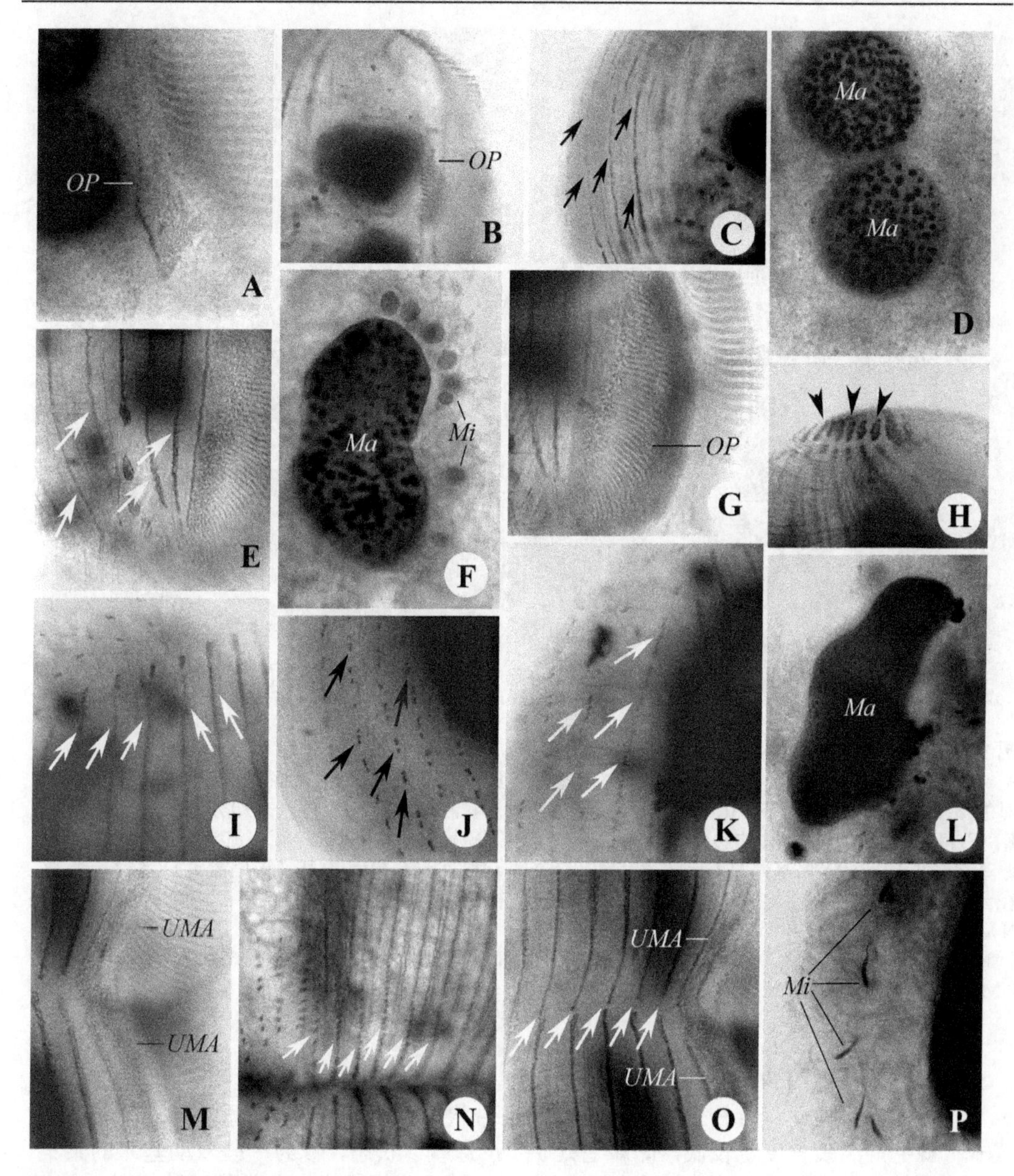

图 1.1.6　海洋凯毛虫细胞发生早期和中期

A. 早期发生个体的腹面观，示口原基出现在口腔底面；**B.** 早期发生个体的腹面观，示口原基在口腔底面继续发育；**C.** 早期发生个体的腹面观，示腹面棘毛列解聚为 FVT-原基（箭头）；**D.** 发生早期个体的背面观，示大核即将融合为一；**E.** 早期发生个体的腹面观，示腹面棘毛已经解聚为 FVT-原基（白色箭头）；**F.** 发生前期个体，示大核已经融合为一；**G.** 早期发生个体的腹面观，示后仔虫的口围带位于口腔底面且通过毛基体的增殖，已经扩大了范围，小膜的组装从右至左并即将完成；**H.** 早期发生个体的腹面观，无尾箭头指示棘毛列前端的棘毛；**I.** 发生中期虫体的背面观，示背面棘毛列已经解聚为原基（箭头）；**J，K.** 发生中期虫体的背面观，箭头示背触毛列中毛基体对的增殖；**L.** 发生中期个体的背面观，示大核已经融合为一；**M.** 发生中期虫体的腹面观，示 UM-原基即将随着虫体的缢裂一分为二，从而分配给前、后两个仔虫；**N.** 发生中期虫体的背面观，箭头指示 FVT-原基末端形成背触毛列原基；**O.** 发生中期虫体的腹面观，箭头示 FVT-原基随着虫体的缢裂从中断裂，即将分配给前、后两个仔虫；**P.** 发生中期个体示分裂中的小核。*Ma.* 大核；*Mi.* 小核；*OP.* 口原基；*UMA.* UM-原基

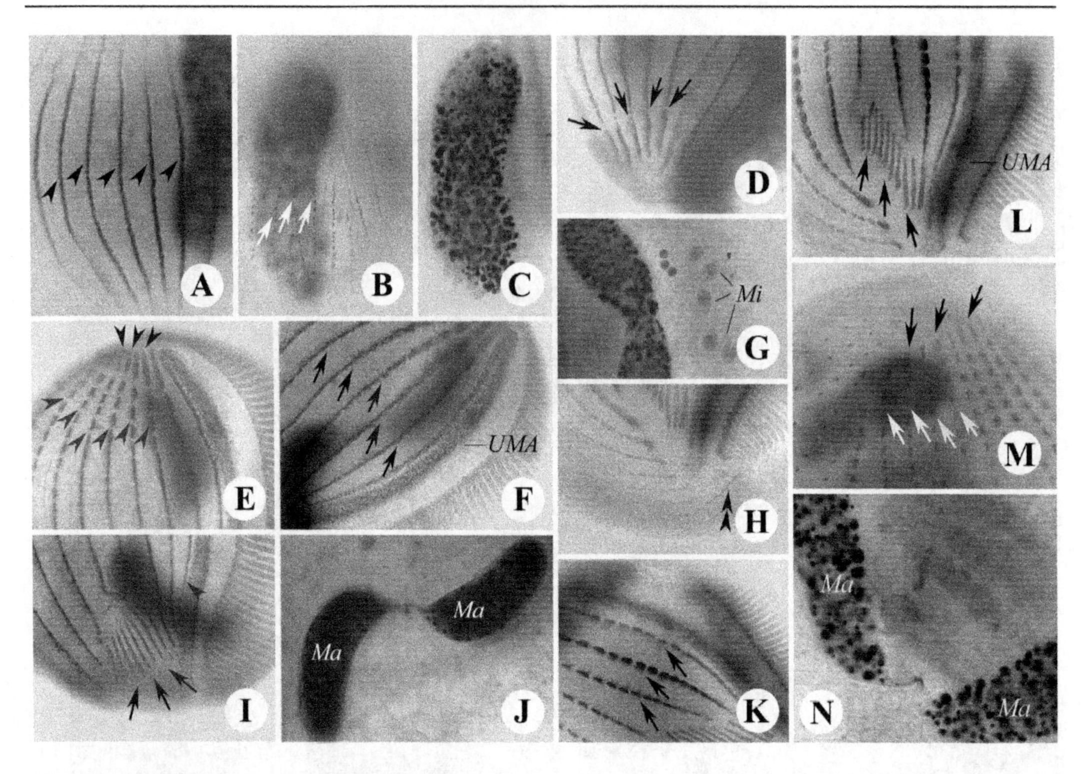

图 1.1.7 海洋凯毛虫细胞发生晚期和末期
A. 发生后期虫体的腹面观，无尾箭头示 FVT-原基；**B.** 发生后期虫体的背面观，示背触毛列中棘毛对的增殖（箭头）；**C.** 大核；**D.** 发生后期虫体的腹面观，箭头指示 FVT-原基末端分化出横棘毛原基；**E，F，I，J.** 发生晚期虫体的腹面观，图 **E** 示 FVT-原基分段化尚未完成（无尾箭头）；图 **F** 示 FVT-原基（箭头）及 UM-原基；图 **I** 示横棘毛原基（箭头）和第 1 条 FVT-原基（无尾箭头）；图 **J** 示大核在分裂；**G.** 示分裂中的大核和小核；**H，K-N.** 发生末期虫体的腹面观（**H，K，L**）和背面观（**M，N**）。图 **H** 示腹面最右侧 FVT-原基（双箭头）；图 **K** 示 FVT-原基分段化（箭头）；图 **L** 示横棘毛原基（箭头）和 UM-原基；图 **M** 示棘毛形成（箭头）；图 **N** 示分裂中的大核。*Ma.* 大核；*Mi.* 小核；*UMA.* UM-原基

（2）几乎所有的老棘毛均参与了新原基的构建。

（3）棘毛分段化程度较低，仅以平行的条带状排布，恰似 FVT-原基刚分段完毕的模式；棘毛的组装程度也较低，即棘毛处于“准原基”状态，似为一些双动基系的聚集体，以上特征从未在腹毛类（广义）中观察到；棘毛分化程度也非常低，除横棘毛外，完全无背腹的分化和缘棘毛分化。

（4）没有典型的背触毛原基产生，背触毛以毛基体无规则增殖方式发生。

属于该发生亚型的阶元中，除本种外，还包括凯毛科另外的两个种类，即小心毛虫（*Caryotricha minuta*）和心形横尾虫（*Transitella corbifera*），其细胞发生学的部分过程也曾有粗略的报道（Iftode et al. 1983；Tuffrau & Fleury 1994），这些工作显示其也具有与海洋凯毛虫相似的主要特征，如下。

（1）所有的 FVT-原基在老的棘毛列中产生并以初级发生式分化。

（2）棘毛均处于“准原基”状态，同律、分化程度很低。

（3）前、后仔虫的波动膜同源，均来自（由老结构去分化形成的）UM-原基的横断分裂。

第2篇 盘头目模式

Part 2 Morphogenetic mode: Discocephalida-pattern

邵晨 (Chen Shao) 宋微波 (Weibo Song)

盘头类是专性栖息于沙质海岸中的类群。以其明显与体部相异的盘状头部（以适应于沙隙中挖掘和运动）、沙隙生境和特殊的纤毛器特征而与其他广义的腹毛类纤毛虫相区别。

由于多种原因，在纤毛虫的系统中，盘头类和伪小双类均被安排在广义的腹毛类中，二者之间的关系及具体的系统发育地位曾一直缺乏检讨。因此，两个类群的系统进化地位长期以来悬而未决。

Corliss（1979）认为盘头类应代表了几个属级阶元并将其归入腹毛目下的游仆科中。同期的另一经典系统中，Jankowski（1979）则将该类群作为科级阶元置于散毛目中。Wicklow（1982）根据其细胞发生学特征将其提升为亚目级阶元并置于腹毛目内。而在同期的系统学安排中，Small 和 Lynn（1985）将此亚目转移到游仆目中。随后，Tuffrau（1986）又将此亚目重新归入腹毛亚纲中，并与游仆目、排毛目和散毛目相互平行。

Puytorac 等于 1993 年在腹毛纲尖毛亚纲下建立了盘头目，此系统随后被 Tuffrau 和 Fleury（1994）所接受。Lynn 和 Small（2002）及 Lynn（2008）则仍然坚持了 Small 和 Lynn（1985）的原安排，将此类作为一个亚目级阶元，纳入游仆目下。

直到新近的工作中，借助分子和发生学信息的帮助，邵晨等（Shao et al. 2008d）才明确提出了盘头类代表了一个独立的目级阶元并应属于腹毛亚纲与游仆亚纲之间的居间类群。在该工作中，盘头类被视为腹毛类（狭义）中的一个祖先型。

本目中的另一个大类群，伪小双科曾被认为是尾柱目的一员（Berger 2006；Shao et al. 2006b），Yi 等（2008）基于分子系统学信息，将伪小双科转移入盘头目中，否定了 Lynn 将其作为游仆类姐妹群的安排。

在最近的报道中，苗苗等（Miao et al. 2011）进一步建议，盘头类和伪小双类具有较近的亲缘关系并应共同作为腹毛亚纲和游仆亚纲的边缘类群。结合形态学及细胞发生学资料，此两类纤毛虫被认为可能分别代表了盘头目（Discocephalida）下的 2 个亚目级阶元，盘头亚目（Discocephalina）和伪小双亚目（Pseudoamphisiellina）。

为维持与上述系统安排的一致性，本章将盘头类与伪小双科的发生型作为两个相邻模式安排在盘头目模式中，即原盘头虫型和伪小双虫型。但如文中所介绍，二者在发生学过程和特征上显示了众多和高度的差异性。这些不相似表明，虽然在分子系统树中，二者可以勉强归入同一进化支（目）内，但在发生学层面上，二者更多地显示了彼此相互隔离、不一致的发育过程。这也许可以解释为：如果它们属于来自同一个祖先的单元发生系，那么也是两个处于高度分化、渐行渐远的不同进化支。总之，本目内两个亚目级阶元（盘头类、伪小双类）分别包括了两个彼此界限分明、发生学及形态学上亲缘关系疏远的两个类群。

作为两个独立的类群，在“目级模式”下，其共享的发生学和形态学特征不多，主要为：纤毛器有高度、完善的分化；FVT-原基多于 5 条且所有 FVT-原基条带均贡献 1 根横棘毛，因此相对产生的横棘毛数目较其他模式显著多；无额前棘毛产生（FVT-原基条带 n 所产生的棘毛不向虫体前端迁移）；FVT-原基条带 1 和 2 的下端各贡献 1 根口棘毛。

额前棘毛的产生（或者说来自 FVT-原基 n 的棘毛向前迁移的现象）在发生学上是权重非常高的特征。除在凯毛目模式及本模式中 FVT-原基不产生额前棘毛，纵览其他发生模式，几乎无一例外地存在来自 FVT-原基 n 的棘毛向前迁移的现象（偶有次生性的退化）。

值得注意的是，本目中的 *Pseudoamphisiella elongata*-亚型和 *Pseudoamphisiella lacazei*-亚型在发生的中、后期均曾产生迁移棘毛，但该结构在细胞分裂末期应迅速地被吸收而消失了（营养期个体不存在迁移棘毛）。

两个发生型在 FVT-原基条带数目方面差异较大，原盘头虫型中条带数目较为接近游仆目模式（6-8 条），伪小双虫型近似尾柱目模式（约 20 条）。

UM-原基在发生后期的发育方式亦不同，原盘头虫型中，UM-原基中部横向断裂形成口内膜及口侧膜（非常独特！目前仅在原盘头虫型中发现），而在后者，两片膜经纵裂形成。

尾棘毛的发育方式差异显著，原盘头虫型的尾棘毛的发生方式似游仆目，即由右侧几列背触毛贡献，且各原基贡献多于 1 根尾棘毛，伪小双虫型为每一列背触毛各贡献 1 根尾棘毛（与部分尾柱目模式下的亚型相似）。

第 2 章　细胞发生学：原盘头虫型
Chapter 2　Morphogenetic mode: *Discocephalus*-type

邵晨 (Chen Shao)　　宋微波 (Weibo Song)

属于本发生型的类群涉及盘头科内的 3 个属，目前已知仅包括 1 个亚型（Shao et al. 2008d；Wicklow 1982）。

除具有盘头目模式的特征外，该发生型尚有如下特点。

（1）后仔虫口原基在皮膜表面独立产生。

（2）前仔虫的口围带通过拼接方式形成，即包括了两部分，前部为保留下来的老口围带，后部则来自老结构后部若干小膜的再建（先发生解体，后原位重组，再建为新小膜），而老波动膜在细胞分裂过程中瓦解、消失。

（3）FVT-原基数目不定，通常 6-8 条。

（4）缘棘毛原基及背触毛原基产生于老结构中；在发生晚期，左缘棘毛列的末端数根棘毛向后迁移到背侧面，最终形成 2 列左缘棘毛片段。

（5）尾棘毛的发生方式类似游仆目，即由右侧几列背触毛贡献，且各原基贡献多于 1 根尾棘毛。

（6）背触毛原基以次级方式形成。

（7）大核在发生过程中融合为一。

第1节 博罗原盘头虫亚型的发生模式

Section 1 The morphogenetic pattern of *Prodiscocephalus borrori*-subtype

邵晨 (Chen Shao) 宋微波 (Weibo Song)

属于该亚型的种类中，目前已知至少包括4个属：盘头虫属、*Psammocephalus*、原盘头虫属和缘毛虫属（Dragesco 1960; Lin et al. 2004; Wicklow 1982）。本节基于邵晨等（Shao et al. 2008d）的工作给出亚型的描述。

基本纤毛图式 该类通常具有显著的与细胞体相区分的“头部”，口围带限于头区；额棘毛数目在不同种属差异较大，但普遍具有十分显著的粗、细之别；腹部棘毛差异更大：从分组、数目稀少到密集呈2列排布；缘棘毛高度分化，均分成前后两组；偶有局部退化或少数极端类群可能单侧缺失；横棘毛普遍存在且发达；具有十分发达的纤毛/棘毛下纤维系统（Lin et al. 2004; Wicklow 1982）。

尾棘毛多根，排列为2-4列，紧随最右侧几列背触毛末端；多列背触毛，均贯穿体部（图2.1.1A-D）。

细胞发生过程

口器 老口围带绝大部分保持不变，仅在细胞分裂的中后期，口围带的后端几片小膜发生解聚、原位重建（图2.1.1E，F，H；图2.1.2A）。该过程不伴有新原基的形成，在分裂后期，经重新组装的小膜与老结构拼接成新的口围带（图2.1.2C，E，G）。

在发生早期，在老口围带右侧的皮膜表面，可以观察到前后两段由无序排列的毛基体组成的条带，以及一个近口围带近端的深层龛状结构（图2.1.1F；图2.1.3C）。随后，在老口围带右侧出现了前仔虫的UM-原基，由于发生时期的缺失，此原基与上一时期的毛基体条带有何关系仍然不得而知（图2.1.1H）。

在后面的细胞分裂阶段，前仔虫的UM-原基继续发育并在前端形成1根额棘毛（图2.1.2A，C；图2.1.3F）。随后，该原基进一步发育并似乎（？[①]）经横向断裂而形成了口侧膜和口内膜，随后两者相互分离，口侧膜向左弯曲，口内膜向左迁移（图2.1.2 C，E，G；图2.1.4G，H）。

后仔虫的口原基出现在赤道线附近的皮层表面，老结构完全不参与此原基场的形成（图2.1.1E）。随后，此原基经过发育、增殖并从前部开始组装出新的小膜（图2.1.1F；图2.1.3D）。在随后的阶段中，小膜逐渐完成发育和迁移，形成后仔虫的口围带（图2.1.1H；图2.1.2A，E，G）。

---

① 书中的？表示推测，不确定，存疑，不明，待证实。

在后仔虫口原基场内小膜形成期间，口原基的右侧出现后仔虫的UM-原基（图 2.1.1H；图 2.1.3F），该结构应为独立形成，随后与前仔虫 UM-原基的发育保持同步（图 2.1.2A，C，E，G）。

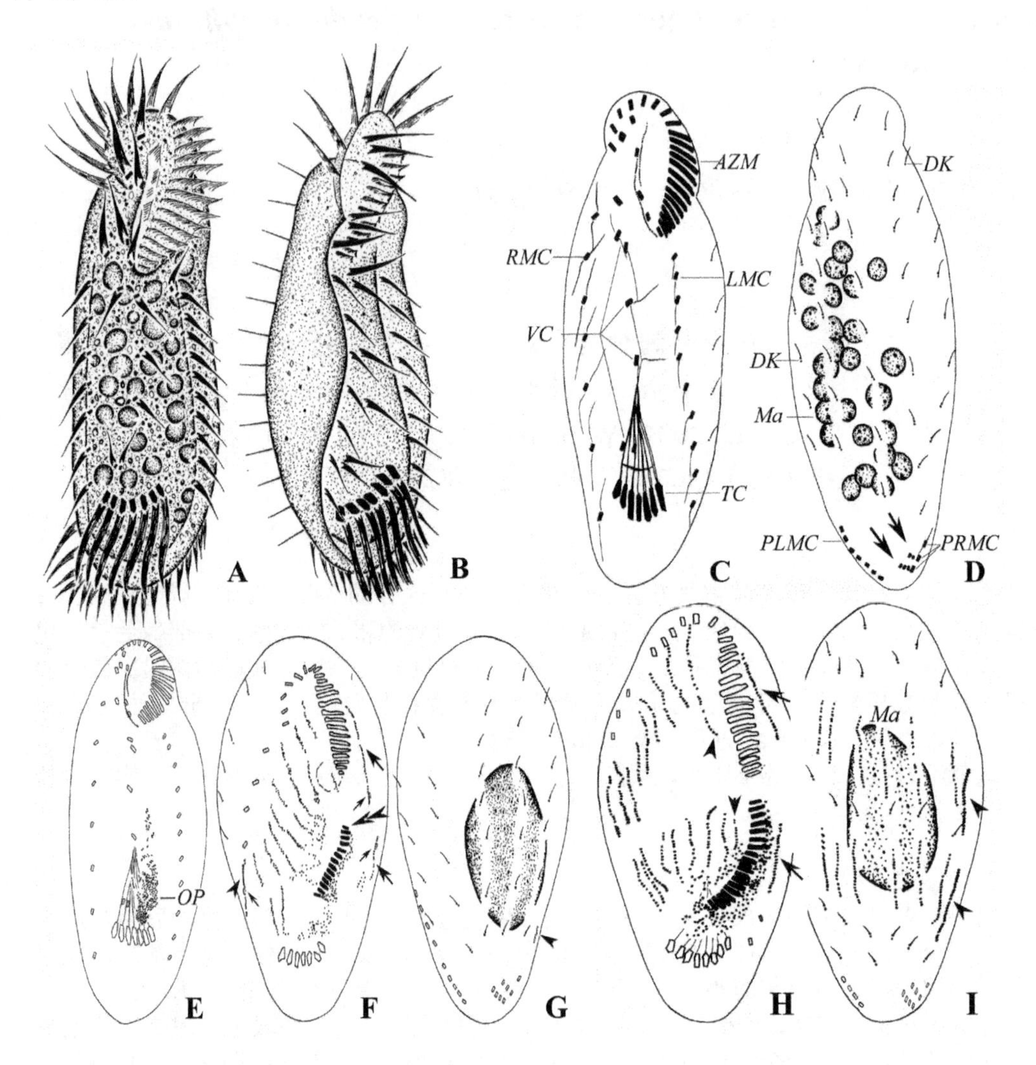

图 2.1.1 博罗原盘头虫的活体（**A**，**B**）、纤毛图式（**C**，**D**）和发生早期（**E-I**）
A. 腹面观；**B.** 侧面观；**C.** 腹面观；**D.** 背面观，箭头示尾棘毛；**E.** 发生早期虫体的腹面观；**F**，**G.** 同一发生个体的腹面观（**F**）和背面观（**G**），无尾箭头示右缘棘毛原基，大箭头示左缘棘毛原基，小箭头示老缘棘毛，双箭头示发育中的后仔虫口原基，大核融合为一；**H**，**I.** 发生前期个体的腹面观（**H**）和背面观（**I**），箭头指示左缘棘毛原基正在发育，无尾箭头示 UM-原基（**H**），无尾箭头示右缘棘毛原基（**I**）。*AZM.* 口围带小膜；*DK.* 背触毛列；*LMC.* 前左缘棘毛；*Ma.* 大核；*OP.* 口原基；*PLMC*/*PRMC.* 后左/右缘棘毛；*RMC.* 前右缘棘毛；*TC.* 横棘毛；*VC.* 腹棘毛

额-腹-横棘毛 约 7 条（少数个体为 8 条）FVT-原基最早以倾斜的条带状出现在老口器的右侧，无法判断老结构是否参与该原基的形成（图 2.1.1F；图 2.1.3D）。最初是以一组的方式产生（初级发生式），在发育的过程中，每条 FVT-原基逐渐分化成两组分配给前、后仔虫（图 2.1.1H）。最终 FVT-原基从左至右以 3∶3∶3∶2∶2∶3∶2 的模式

分化（图 2.1.2A，C）。加上 UM-原基分化的 1 根，共形成 19 根额-腹-横棘毛。

对非分裂期虫体的统计结果显示棘毛恒为 19 根，因此可以推测，在少数具有 8 列 FVT-原基的个体中，由附加原基条带产生的额外棘毛在发生结束之前会被吸收，或某 FVT-原基条带在原基分段化之前被吸收。

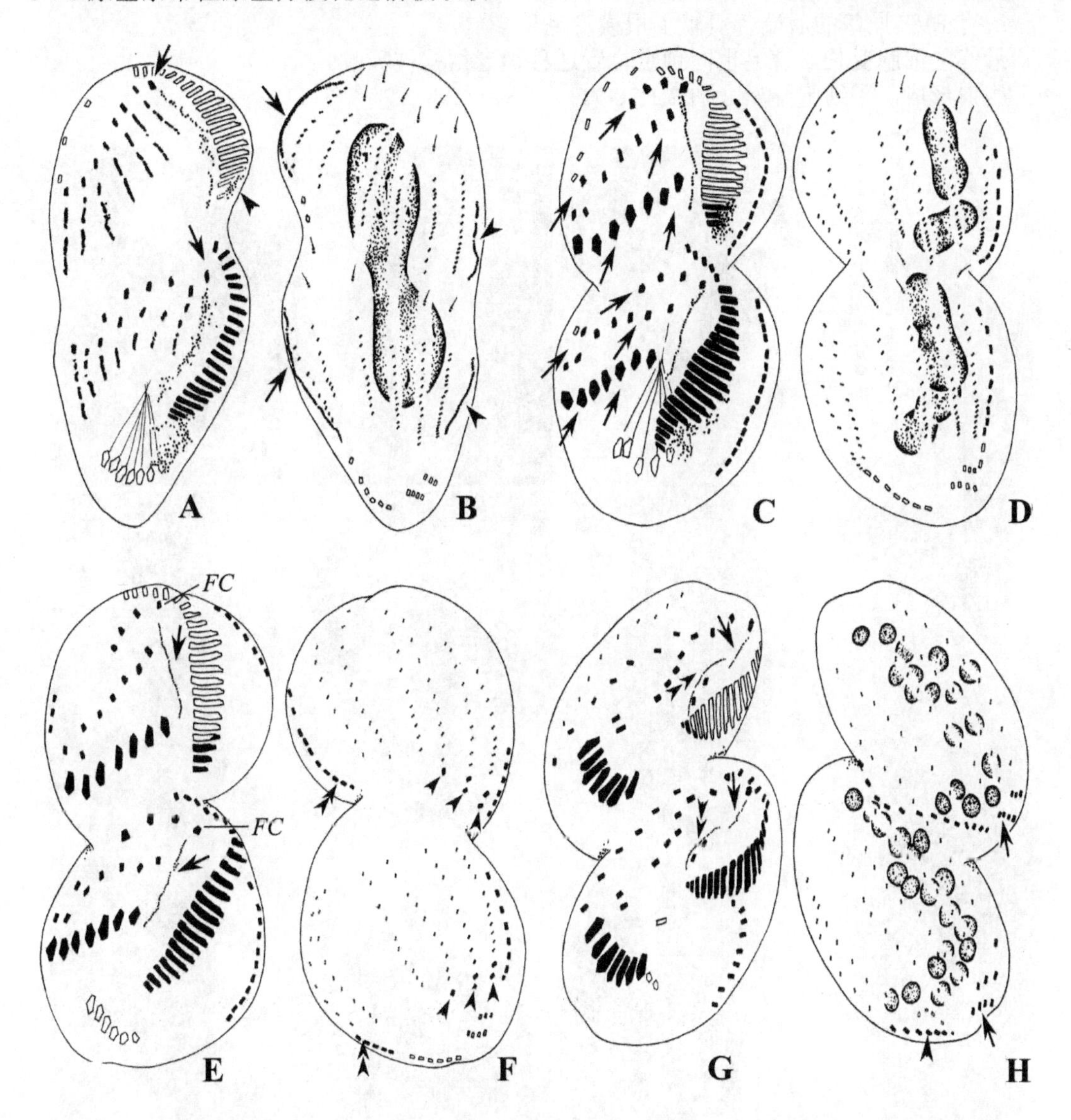

图 2.1.2　博罗原盘头虫的发生中期（**A，B**）及晚期（**C-H**）

A，B. 发生中期虫体的腹面观（**A**）和背面观（**B**）。图 **A** 中，箭头指示第 1 额棘毛，无尾箭头示发生解聚的小膜；图 **B** 中，箭头指示左缘棘毛原基，无尾箭头示右缘棘毛原基；**C，D.** 发生中期虫体的腹面观（**C**）和背面观（**D**）。注意 FVT-原基分段化已经完成并即将向既定位置迁移（箭头）；**E，F.** 发生晚期虫体的腹面观（**E**）和背面观（**F**）。箭头示 UM-原基在中部断裂，无尾箭头示尾棘毛产生自 3 列背触毛，双箭头示左缘棘毛；**G，H.** 发生末期虫体的腹面观（**G**）和背面观（**H**）。双箭头示口侧膜，箭头指示口内膜（**G**），箭头示 5 根尾棘毛排成 2 个纵列（**H**），无尾箭头指示后左缘棘毛。*FC*. 额棘毛约6根额棘毛分别来自UM-原基（1根）和FVT-原基Ⅰ（2根），FVT-原基Ⅱ（2根），FVT-原基Ⅲ（1根）。

6根腹棘毛来自FVT-原基Ⅲ（1根），FVT-原基Ⅳ（1根），FVT-原基Ⅴ（1根），FVT-原基Ⅵ（2根）和FVT-原基Ⅶ（1根）。

所有FVT-原基的后端各贡献1根横棘毛。

最终，细胞变长，棘毛也向预定位置迁移，老结构被吸收。

胞口形成，子细胞分离（图2.1.2G）。

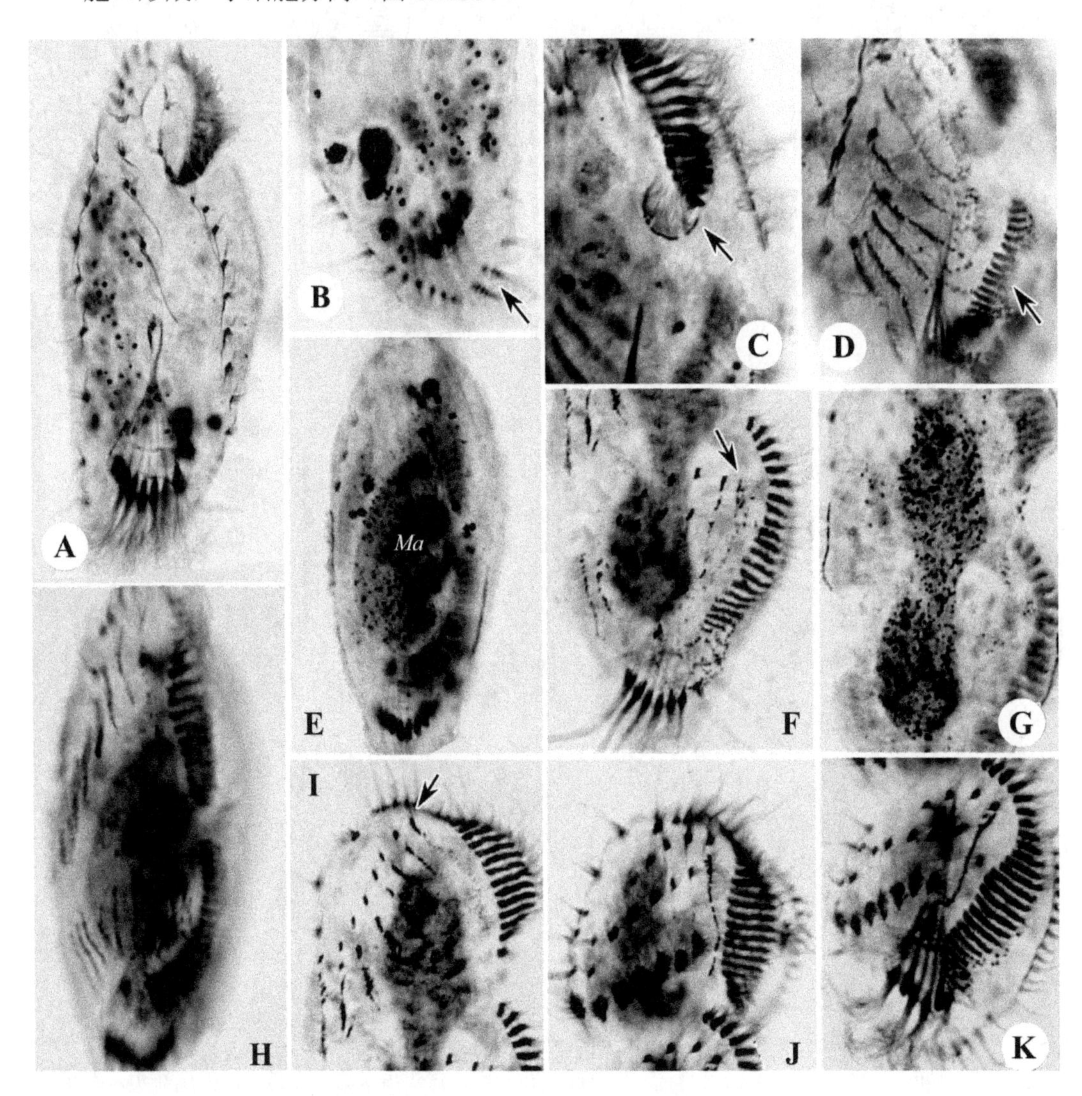

图2.1.3 博罗原盘头虫的发生间期（**A**，**B**）和发生时期（**C-K**）

A. 腹面观示纤毛图式；**B.** 背面观的尾端放大，箭头示尾棘毛；**C**，**D.** 同一发生早期个体的腹面观，图**C**中箭头示口围带近端的深层龛状结构，图**D**中箭头示后仔虫口围带小膜；**E**，**H.** 发生前期个体，大核融合为一；**F**，**G**，**I.** 发生中期腹面观，箭头示UM-原基形成第1额棘毛，图**F**示发生中期个体的后仔虫，图**I**示发生中期个体的前仔虫；**J**，**K.** 腹面观，图**J**示发生后期的前仔虫，图**K**示发生后期的后仔虫。*Ma.* 大核

缘棘毛　缘棘毛原基是以典型的腹毛类方式产生的，即源自老结构。左缘棘毛原基出现在前后 1/3 处左右，右缘棘毛原基出现在 1/2 和后 1/3 处（图 2.1.1F，H）。原基发育并逐渐取代老结构（图 2.1.2B，D-F，H）。在此亚型中比较特殊的一点是，在发生的晚期，左缘棘毛列后端 4-8 根棘毛和右缘棘毛列后端的 3 或 4 根棘毛会迁移到背面，形成后侧左、右缘棘毛列（图 2.1.2F，H；图 2.1.4I）。

背触毛　背触毛的发生与多数腹毛类相似，为次生型，即在前、后仔虫的相应位置，分别在老结构中产生一处原基（图 2.1.1I；图 2.1.2B，D）。在随后的发育阶段，原基形成新的背触毛列，最终替代老结构（图 2.1.2F，H；图 2.1.4A，E，K）。

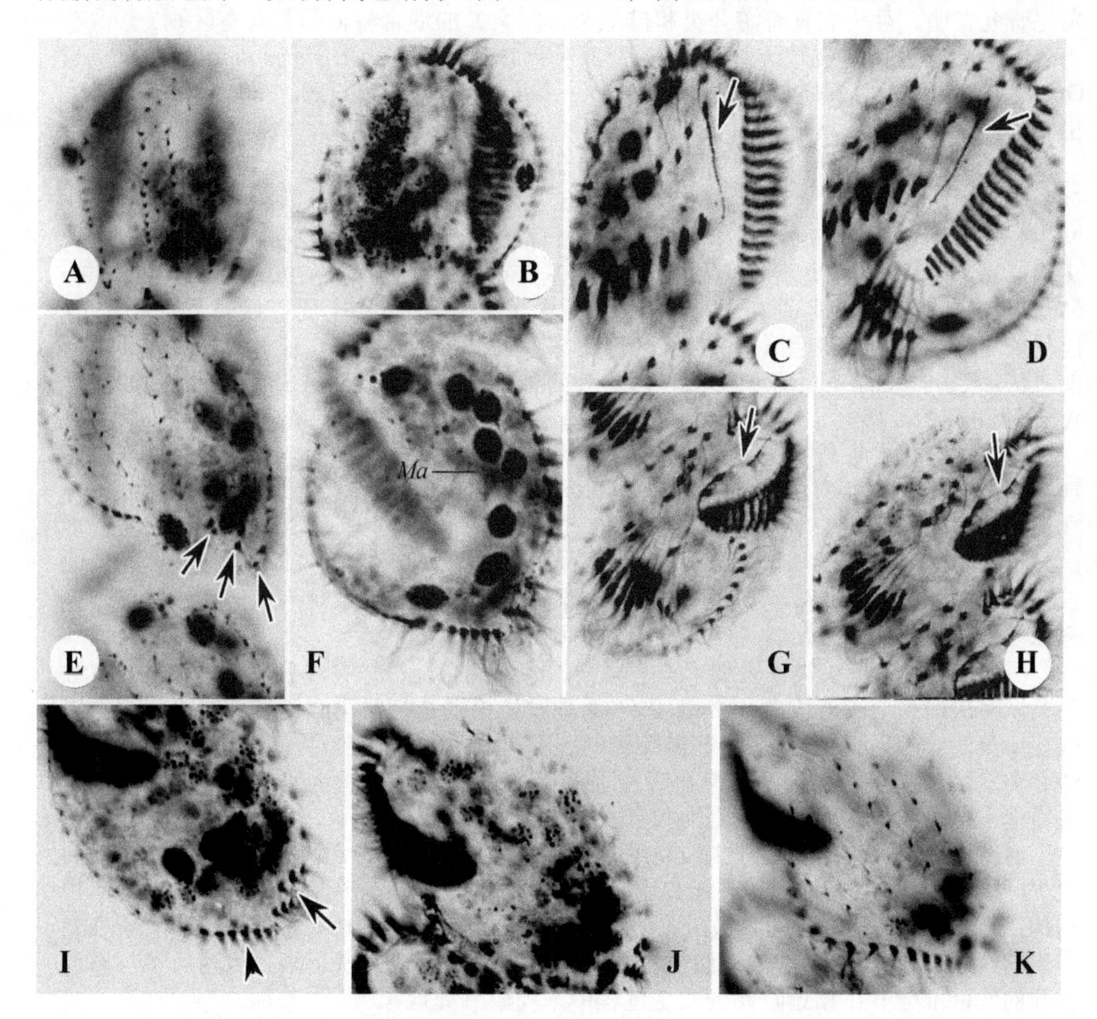

图 2.1.4　博罗原盘头虫的发生中期和晚期
A，B. 发生中期虫体的背面观（**A**）和腹面观（**B**），图 **A** 示背触毛原基，图 **B** 示大核；**C-F.** 同一发生晚期个体的腹面观（**C**，**D**）和背面观（**E**，**F**），图 **C** 和 **D** 中，箭头指示 UM-原基，图 **E** 中，箭头示尾棘毛产生自背触毛末端，图 **F** 中，显示分裂中的大核；**G-K.** 发生末期虫体的腹面观（**G**，**H**）和背面观（**I-K**）。箭头示 UM-原基从中部断裂一分为二，分别形成前仔虫（**H**）和后仔虫（**G**）口内膜和口侧膜（**G**，**H**）。箭头示背触毛列形成尾棘毛，无尾箭头示后左缘棘毛列迁移至虫体背面（图 **I**）。图 **J** 示分裂中的大核，图 **K** 示背触毛列原基向虫体两端延伸并几乎贯穿全长。*Ma.* 大核

尾棘毛的形成遵循了游仆类的模式，即在最右侧 3 列背触毛的末端分化出 3 列尾棘毛，并以 1∶2∶2 的方式排布（图 2.1.2F，H；图 2.1.4E，I）。

大核 在发生初期，多枚大核完全融合成一团（图 2.1.1G，I），在随后的时期中，融合体经过第一次（图 2.1.2B）、第二次（图 2.1.2D）和多次分裂（图 2.1.2H）。

主要特征与讨论 本亚型仅涉及博罗原盘头虫 1 种（另见第 2 章中对原盘头虫发生型特征的描述）。

盘头类仅见于海洋沙隙内，特定的生境导致该类群形成了一系列特殊的结构。细胞发生研究表明，盘头类具有游仆类和排毛类（广义）的混合特征但又互有区别。

迄今，盘头类中被较详细研究的仅 3 种：埃氏盘头虫（*Discocephalus ehrenbergi* Dragesco, 1960）、博罗原盘头虫（*Prodiscocephalus borrori* Lin et al., 2004）和佛瑞缘毛虫（*Marginotricha faurei* Lin et al., 2004）。

三者在发生学上具有以下共同点：①口器发生为表层远生型；②尾棘毛来自右侧几列背触毛的末端，并通常与后右缘棘毛列紧密相邻；③背触毛原基以次生型在老结构中产生；④多于 5 条 FVT-原基以初级发生式发育；⑤老的口围带被完全保留（如埃氏盘头虫）或在近端部分更新，但仍没有新原基产生（如佛瑞缘毛虫和博罗原盘头虫）（Wicklow 1982）。三者区别在于：①埃氏盘头虫在发生的过程中，无右缘棘毛原基形成，而另外两种则有右缘棘毛原基产生；②佛瑞缘毛虫在发生的末期，有 1 列非常规则排列的"伪棘毛列"（pseudorow）形成，而另外两种则无此结构产生（Shao et al. 2008d; Wicklow 1982）。因此，埃氏盘头虫和佛瑞缘毛虫不属于此发生亚型。

盘头类与大多数排毛类（广义）共享以下特征：①缘棘毛在老结构中产生，即表现为多数排毛类所共有的特点；②后仔虫口原基在细胞表面产生，即表层远生型模式；③最左侧额棘毛源于 UM-原基前端；④形成多列 FVT-原基，而非游仆类的 5 条 FVT-原基模式；⑤背触毛原基以次级模式发生。区别在于：①盘头类 UM-原基横裂而形成口内膜和口外膜，而非排毛类（广义）的纵裂；②盘头类中，尾棘毛由最右边的背触毛列以多次断裂模式形成，排毛类（广义）中则极少出现这种现象。

另外一方面，盘头类也表现了一些典型的游仆类特征：①尾棘毛是由最右边的背触毛列以多次断裂模式形成的；②该 FVT-原基发生模式是初级模式，虽然这一特点也出现在少数低等腹毛类中。盘头类与游仆类的区别在于：①盘头类口原基发育在细胞表面，游仆类发育在皮膜之下；②前者 FVT-原基多于 5 条，后者为稳定的 5 条；③前者缘棘毛原基来自老结构，而后者中则为独立发生。

博罗原盘头虫亚型的前仔虫波动膜的来源和老波动膜的命运不甚清楚。由于时期的缺失，无法判断发生初期出现在老口围带右侧的由无序排列的毛基体组成的条带为何种结构，是老波动膜解聚并即将被吸收的残留结构？是老波动膜解聚、消失以后重新独立产生的 UM-原基？还是老波动膜发生解聚和部分吸收，被保留下来并将随后参与原位重建的残余部分？在相近阶元的发生过程中未观察到此现象。

总之，上述信息表明，盘头类在发生学上代表了游仆类和排毛类（广义）之间的居间类群，此结果也支持建立独立的盘头目（Discocephalina），但其亚纲级归属仍存疑。

第 3 章　细胞发生学：伪小双虫型
Chapter 3　Morphogenetic mode: *Pseudoamphisiella*-type

邵晨 (Chen Shao)　宋微波 (Weibo Song)

属于该发生型的已知者涉及伪小双科内 2 个属（伪小双虫属和线双虫属），目前已知包括 3 个亚型（*Pseudoamphisiella elongata*-亚型、*P. alveolata*-亚型和 *P. lacazei*-亚型）。同属内的蠕状线双虫的细胞分裂过程显示其具有部分差异，但鉴于原报道的发生学信息不够完整，许多发生特征未知，故不单独设立亚型，仅在此处做一简短讨论。

拉氏伪小双虫 *P. lacazei* (Maupas, 1883) Song, 1996 和泡状伪小双虫 *P. alveolata* (Kahl, 1932) Song & Warren, 2000，长期以来一直被归入尾柱目内的全列科，直至 Song 等（1997）对其进行了重描述并被归于新建的伪小双科内一新属——伪小双虫属。近年来，Song 等（1997）、Shao 等（2006b）、Hu 和 Suzuki（2006）、邵晨（2008）和 Li 等（2007a, 2010b）分别报道了拉氏伪小双虫、泡状伪小双虫、长伪小双虫及线双虫属的细胞发生学过程。

基于分子系统学的研究，Yi 等（2008）、Miao 等（2011）提议应将伪小双科归入盘头目中。

本发生型具有如下基本特征。

（1）前仔虫的口器包括两种截然不同的类型：由独立新形成的口原基发育成新口器，老口器发生部分原位重组、解体小膜的再建。

（2）FVT-原基独立发生，分别由约 20 条构成，形成非典型的 zig-zag 模式排布的中腹棘毛（似尾柱目模式）。

（3）UM-原基纵裂形成口内膜及口侧膜。

（4）左缘棘毛原基和背触毛原基在老结构中产生。

（5）每一列背触毛均将产生 1 根尾棘毛（除蠕状线双虫中缺失）。

（6）尾棘毛在本型内 3 个亚型中均显示了高度的统一性和唯一性：经迁移，其密集形成沿尾部边缘分布的单列，在两侧或单侧与缘棘毛形成拼接，从而构成一无界限的统一体，从而在非分裂期，该结构完全无法辨识。

（7）左右侧的缘棘毛列在形成位置和起源模式上截然不同，其中，左侧结构的发育为“典型的”腹毛类发生模式，且出现较晚；而右缘棘毛在起源和发育过程中表现出了一系列特征，如其在形成上与 FTV-原基同源，在过程上亦显示了其独特性：前、后仔虫的右缘棘毛原基前后相邻并远离老结构。更为独特的是，此新生原基在初期分别与其左侧的 FTV-原基邻接并与后者同步发育。仅在发育后期，两者（FTV-原基与右缘棘毛原基）才彼此分离。

伪小双虫属内存在发生模式的差异。目前所知的 3 个亚型及蠕状线双虫发生特征之间的比较如表 1 所示。

表 1　*Pseudoamphisiella elongata*-亚型、*P. lacazei*-亚型和 *P. alveolata*-亚型及蠕状线双虫发生学特征的比较

特征	*Pseudoamphisiella elongata*-亚型	*Pseudoamphisiella lacazei*-亚型	*Pseudoamphisiella alveolata*-亚型	蠕状线双虫 *Leptoamphisiella vermis*
老口围带命运	完全更新	完全更新	部分更新	完全更新
老波动膜命运	完全更新	完全更新	完全更新	完全更新
前仔虫口原基	表层独立发生	表层独立发生	原位发生	表层独立发生
后仔虫口原基	表层独立发生	表层独立发生	表层独立发生	未知
后仔虫 UM-原基来源	后仔虫口原基	后仔虫口原基	后仔虫口原基	未知
FVT-原基发育	表层初级发生式	表层次级发生式	表层初级发生式	未知
背触毛原基发育	老结构中发生	老结构中发生	老结构中发生	老结构中发生
右缘棘毛原基来源	独立发生	独立发生	老结构中发生	老结构中发生
左缘棘毛原基产生	老结构中发生	老结构中发生	老结构中发生	老结构中发生
“额外”原基	存在	不存在	存在	不存在
迁移棘毛	出现	出现	不确定	未知
尾棘毛	产生	产生	产生	不产生
大核	完全融合	完全融合	完全融合	未知
文献	Li 等（2010b）	邵晨（2008）	Shao 等（2006b）	Li 等（2007a）

目前所知，虽然 *Pseudoamphisiella elongata* 与 *Pseudoamphisiella alveolata* 为同属种类，但两个亚型差异较显著，主要在于：①老口围带的命运不同：前者中被完全更新，后者的该结构仅发生部分更新；②前者前仔虫口原基为表层

独立发生，后者则为原位发生；③右缘棘毛原基独立于老结构外发生（前者），而后者则产生自老结构中；④前者的最后1列FVT-原基明显向前产生2根棘毛（迁移棘毛/额前棘毛）并在发生期间向前迁移，后者没有此现象。

Pseudoamphisiella lacazei-亚型和 *P. alveolata*-亚型之间也有显著差异：①前者的老口围带被完全更新，后者的老口围带被部分更新，且前者的前仔虫口原基为表层独立发生，后者为原位发生；②后者的右缘棘毛原基右侧产生“额外”原基并随后发育为3或4根迁移右缘棘毛，而在前者无此结构产生；③后者的右缘棘毛原基来自老结构，而前者则来自最后1列FVT-原基；④前者FVT-原基为次级发生式，而后者则是初级发生式。

老口围带同样发生完全的更新，但 *Pseudoamphisiella elongata*-亚型与 *P. lacazei*-亚型的区别在于：①前者的右缘棘毛原基右侧产生“额外”原基并随后发育为3或4根迁移右缘棘毛，而在后者无此结构产生；②前者的最后1列FVT-原基产生的2根迁移棘毛在发生期间向前迁移，后者虽产生迁移棘毛，但很快消失而没有迁移现象；③前者FVT-原基的发育为初级发生式，后者为次级发生式。

蠕状线双虫 *Leptoamphisiella vermis* (Gruber, 1888) Li et al., 2007的细胞发生学特征与 *Pseudoamphisiella lacazei*-亚型最为相近。从目前少量的蠕状线双虫的发生信息可知，二者的相同点在于：老口围带被新结构完全取代，中腹棘毛和横棘毛来自于FVT-原基，左缘棘毛原基和背触毛原基均产生于老结构中。区别在于：*Pseudoamphisiella lacazei*-亚型中右缘棘毛原基独立发生，蠕状线双虫中为在老结构中发生（表1）（Li et al. 2007a，2010b）。

第1节　长伪小双虫亚型的发生模式

Section 1　The morphogenetic pattern of *Pseudoamphisiella elongata*-subtype

李俐琼 (Liqiong Li)　　宋微波 (Weibo Song)

该亚型的发生学信息新近由李俐琼等(Li et al. 2010b)报道。作为一个具有进化节点代表性的属，长伪小双虫的细胞发生显示了属内阶元因快速进化而形成的若干独有的特点，从而构成了该亚型的基本特征。本节的描述基于此工作形成。

基本纤毛图式　具有分化明确的3根额棘毛、2根口棘毛；2列中腹棘毛列高度分离，从而棘毛完全不呈锯齿状排列；横棘毛极为发达，20根左右，前端一直延伸到胞口处；2或3根横前棘毛；左、右缘棘毛各1列（图3.1.1A，B）。

6或7列贯通虫体的背触毛；多根尾棘毛结构十分独特：两侧与缘棘毛无间断地连接，因此在非分裂期完全无法辨识其存在（图3.1.1C）。

细胞发生过程

口器　前仔虫口原基独立发生，其最早出现在老口围带后端的皮层表面，而同期老的口器结构保持完整，不参与该口原基的形成和发育（图3.1.2A；图3.1.4A）。随着小膜在口原基内的组装，老口围带从近端开始解聚，相应位置的小膜逐渐解体、消失（图3.1.2C，D；图3.1.4C）。口器的发育此后与后仔虫的口原基发育基本保持同步，直到老口围带完全被新结构所取代，完成口器的更新（图3.1.2F，G；图3.1.3A，C，E，F；图3.1.4D，E，H-J，Q-V）。

在发生早期，口原基右侧出现的1列毛基体，此为UM-原基。无法判断UM-原基与口原基是否同源（图3.1.2A）。稍后，老的波动膜解聚、消失，不参与UM-原基的发育（图3.1.2B）。UM-原基的毛基体经聚合并在发生中后期形成1根棘毛，即前仔虫的第1额棘毛（图3.1.2F，G；图3.1.4H）。到细胞分裂晚期，UM-原基纵裂形成口侧膜和口内膜（图3.1.3A，C，E；图3.1.4V）。

后仔虫的口原基场最早出现在细胞中部表层，为一小片围绕在老的横棘毛周围的无序排列的毛基体群。此时老的棘毛和纤维结构均保持完整，没有参与口原基的形成（图3.1.2A；图3.1.4A）。随着毛基体的不断增殖、聚集，该原基开始由前至后组装成规整的小膜（图3.1.2C，D；图3.1.4C-E），最终形成后仔虫的口围带（图3.1.2F，G；图3.1.3A，C，E，F；图3.1.4H-J，O-V）。

后仔虫的 UM-原基最早出现在口原基右上方，呈细线状，其后端与口原基场相连（图 3.1.2A；图 3.1.4A）。在发育中后期，UM-原基发育成与后仔虫口围带平行的长线状结构（图 3.1.2C，D，F；图 3.1.4F）。此后，后仔虫 UM-原基的发育与前仔虫同步，前端产生 1 根额棘毛并形成口内膜和口侧膜。

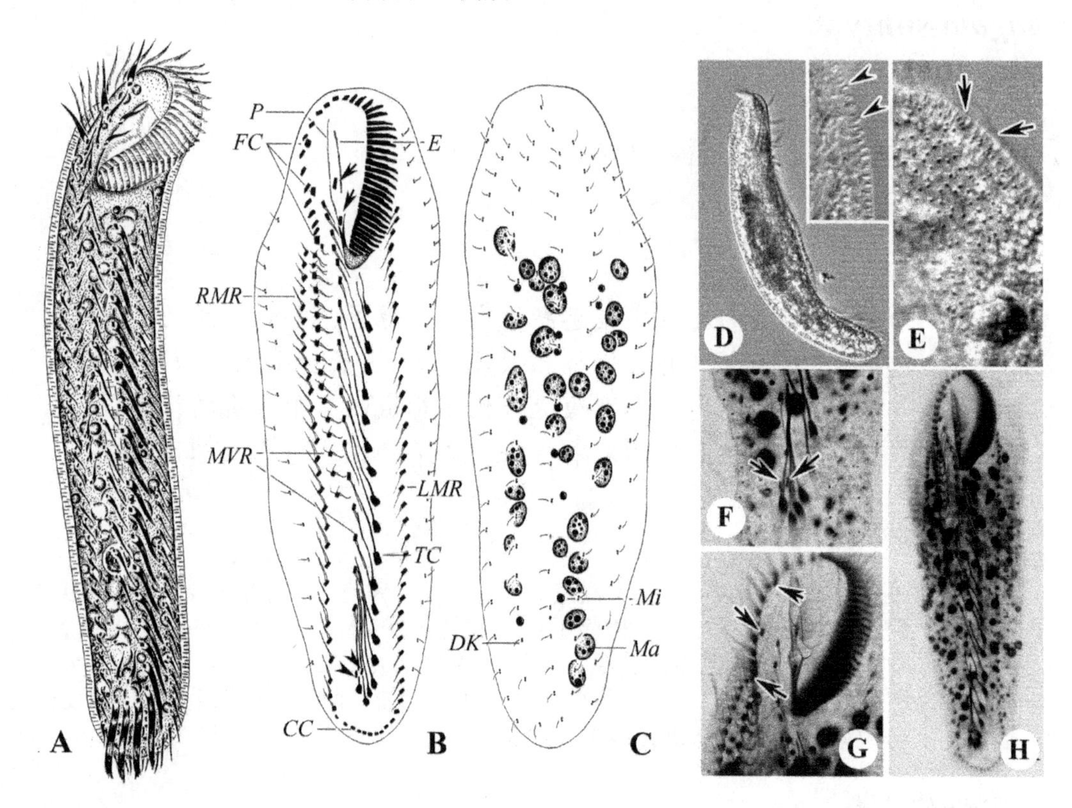

图 3.1.1 长伪小双虫典型个体腹面形态（**A**，**D**，**E**）及纤毛图式的腹面观（**B**，**F-H**）和背面观（**C**）
A. 典型个体腹面观；**B**，**C.** 典型个体纤毛图式腹面观（**B**）及背面观（**C**）；**D.** 侧面观；插图为皮膜局部，无尾箭头指棒状射出体；**E.** 皮膜局部（背侧面观），箭头示射出体；**F.** 虫体后端腹面观，箭头指两根细弱的容易被忽略的横前棘毛；**G.** 体前部腹面观，箭头示额棘毛；**H.** 典型个体银染后腹面观。*CC.* 尾棘毛；*DK.* 背触毛列；*E.* 口内膜；*FC.* 额棘毛；*LMR.* 左缘棘毛列；*Ma.* 大核；*Mi.* 小核；*MVR.* 中腹棘毛列；*P.* 口侧膜；*RMR.* 右缘棘毛列；*TC.* 横棘毛

额-腹-横棘毛 细胞发生初期，在老的横棘毛和左中腹棘毛列之间出现一斜向排列的细线状毛基体群，即 FVT-原基。此时，老结构未瓦解并且不参与原基的形成（图 3.1.2A）。随着毛基体的增殖，当初为一组的 FVT-原基中部逐步发生断裂，并迁移和分配到前、后仔虫（图 3.1.2B；图 3.1.4B）。

稍后，前、后仔虫的 FVT-原基开始排列成阶梯状，每组包含约 20 列原基（图 3.1.2C；图 3.1.4C）。下一阶段，前、后仔虫的 FVT-原基的毛基体开始聚集并片段化（图 3.1.2D；图 3.1.4C）。

随着细胞分裂的继续进行，FVT-原基进一步发育，每列原基开始片段化而形成多个片段（图 3.1.2F；图 3.1.4E）。之后，除最后的 2 列之外，前、后仔虫的每列原基均分别发育形成 3 根棘毛，这些棘毛由前至后串成 3 个纵列。而最后 2 列原基分别形成 4 或 5 根新棘毛（图 3.1.2G；图 3.1.4I）。

由 FVT-原基中的最后 1 列向前产生的 2 根棘毛分别向前方迁移至新的右缘棘毛上方（图 3.1.2G；图 3.1.3A，C，E；图 3.1.4G-J），即额前棘毛（迁移棘毛）。目前不明的是该结构的最终命运：在非分裂时期的虫体中没有发现其存在，推测该结构应在最后阶段被吸收。但也不排除另外一种可能：该结构与新的右缘棘毛前端相混而无法辨认。

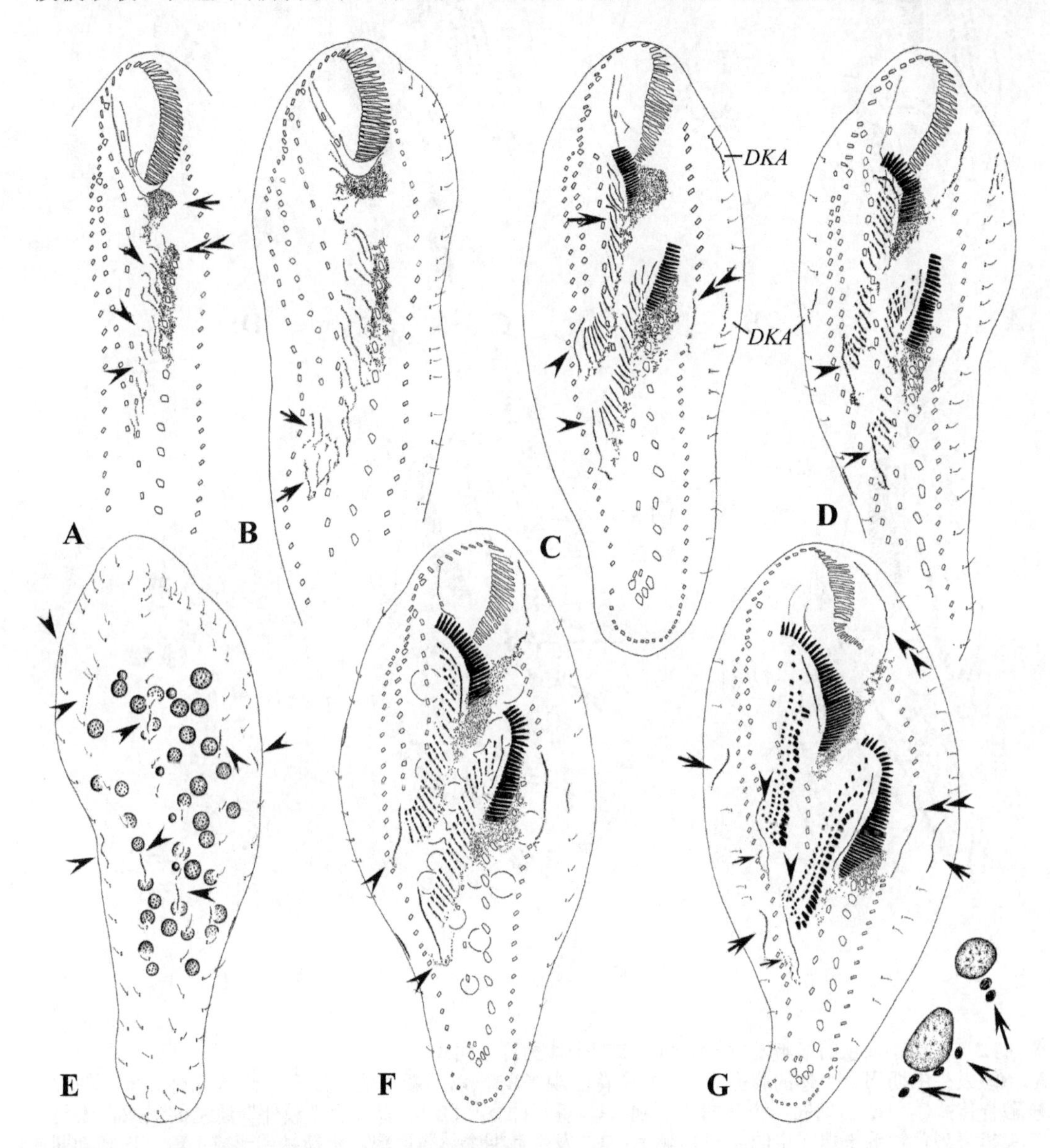

图 3.1.2　长伪小双虫的细胞发生，示早期至中期个体的纤毛图式

A. 发生早期个体腹面观，显示前仔虫（箭头）和后仔虫（双箭头）口原基，无尾箭头指初级 FVT-原基；**B.** 早期个体腹面观，箭头示初级右缘棘毛原基；**C.** 早期个体腹面观，箭头指示 FVT-原基，无尾箭头指右缘棘毛原基，双箭头指后仔虫的左缘棘毛原基；**D，E.** 同一个腹面和背面观，图 **D** 和 **E** 中无尾箭头分别指右缘棘毛原基和背触毛原基；**F.** 稍后发生时期的个体，无尾箭头指"额外棘毛"原基；**G.** 中期个体腹面观，显示背触毛原基（箭头），左缘棘毛原基（双箭头），产生自最后 1 列 FVT-原基的 2 根迁移棘毛（无尾箭头），以及鱼钩状的"额外"原基（小箭头）；插图为大核和小核，箭头指小核。*DKA*. 背触毛原基

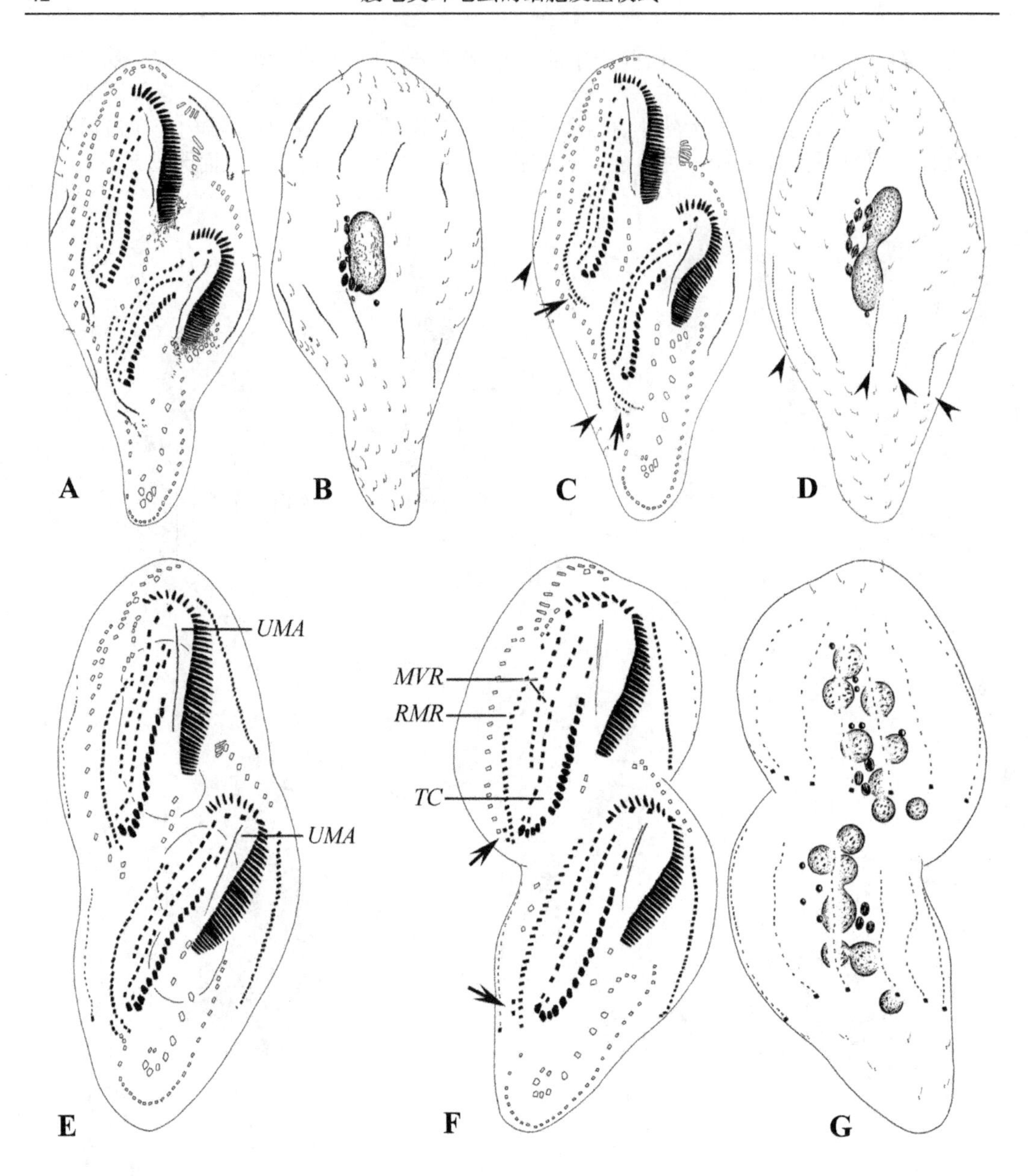

图 3.1.3 长伪小双虫的细胞发生的中期和末期个体的纤毛图式
A，B. 发生中期同一个体的腹面观（**A**）和背面观（**B**），以示新棘毛的发育，注意此时具单一的大核融合体；**C，D.** 后期同一个体的腹面观（**C**）和背面观（**D**），箭头示“额外”原基的形成，无尾箭头指每列背触毛末端产生的 1 根尾棘毛；**E.** 发生后期个体腹面观，示新棘毛形成；**F，G.** 晚期同一个体腹面和背面观，箭头指刚形成的“额外”右缘棘毛原基。*MVR.* 中腹棘毛列；*RMR.* 右缘棘毛列；*TC.* 横棘毛；*UMA.* UM-原基

其他 FVT-原基形成的新棘毛将迁移至预定位置，从而分别成为仔虫的额棘毛、口棘毛、中腹棘毛、横前棘毛和横棘毛。

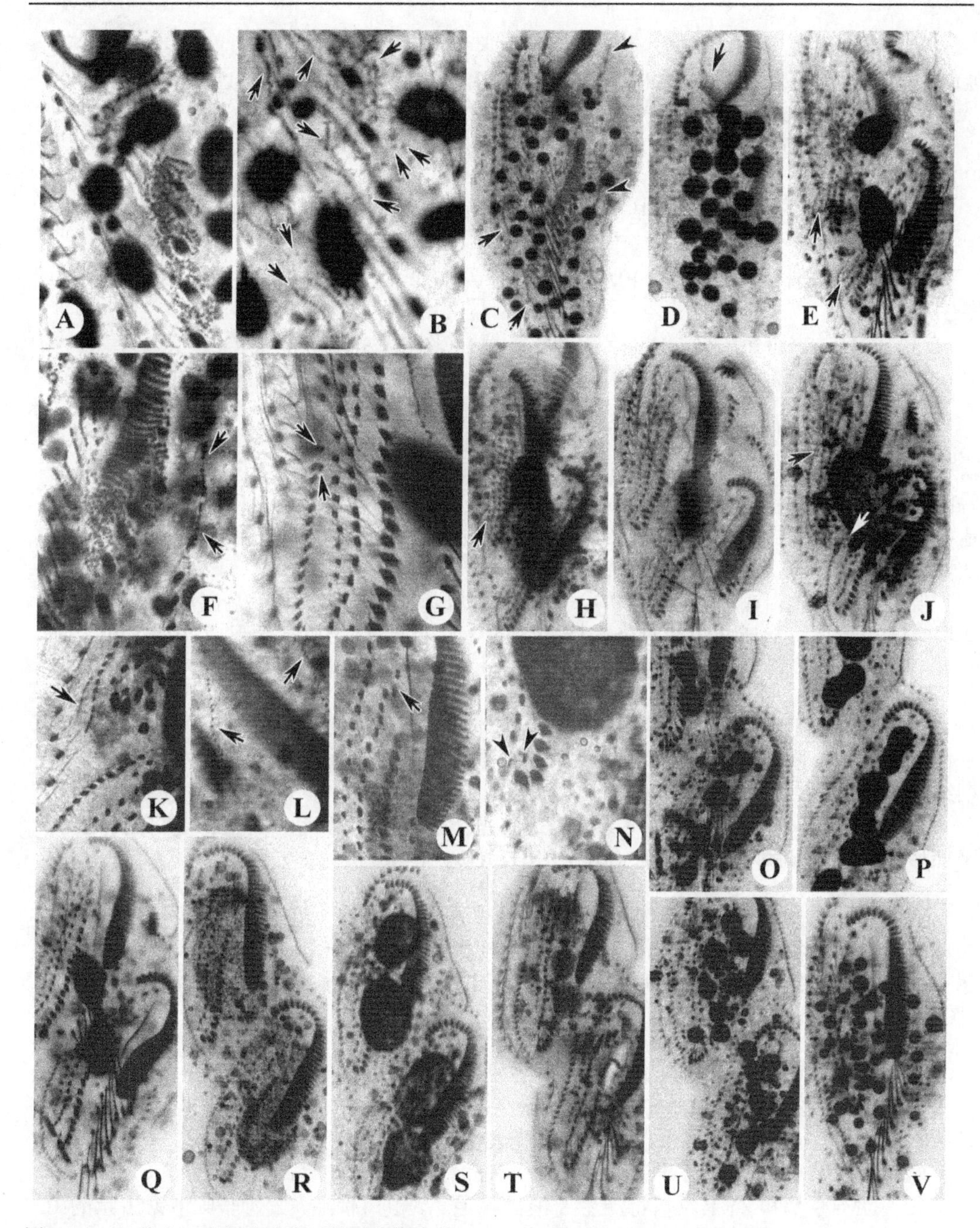

图 3.1.4　长伪小双虫细胞发生早期至晚期个体

A. 示早期个体前、后仔虫的口原基场及未开始解聚的老结构；**B.** 腹面观，箭头指初级 FVT-原基；**C.** 发生早期个体腹面观，无尾箭头和箭头分别指左、右缘棘毛原基；**D.** 显示正在进行融合的大核，箭头指老波动膜的解聚；**E.** 发生中期个体的腹面观，箭头示产生于最后 1 列 FVT-原基的 2 根迁移棘毛；**F.** 箭头指后仔虫的左缘毛原基；**G.** 腹面观，箭头指 2 根迁移棘毛；**H**，**I.** 发生中期不同个体，图 **H** 中箭头指产生于最后 1 列 FVT-原基的 2 根迁移棘毛；**J.** 腹面观，箭头示右缘棘毛原基；**K.** 腹面观，箭头指邻近右缘棘毛原基的“额外”原基；**L.** 背面观，箭头示背触毛原基；**M.** 后期后仔虫腹面观，箭头指示 2 根口棘毛；**N.** 腹面观，无尾箭头示横前棘毛；**O-U.** 示所有纤毛器的迁移及大核的分裂过程；**V.** 后期重组个体腹面观最右侧的几列 FVT-原基发育出的棘毛通常会发生部分产物被吸收的现象，以至于纵向上的腹棘毛和横棘毛在数目上不相等（图 3.1.3E，F；图 3.1.4T，U）。

因此，根据其最终命运，FVT-原基的分化如下。

（1）3 根额棘毛分别来自 UM-原基（1 根）、FVT-原基 I （1 根）、FVT-原基 II（1 根）（图 3.1.3F）。

（2）2 根口棘毛来自 FVT-原基 I （1 根）、FVT-原基 II（1 根）（图 3.1.2G；图 3.1.4M）。

（3）中腹棘毛来自 FVT-原基III至 n-1（各 2 根）、原基 n（1 根）（图 3.1.3E）。

（4）2 或 3 根横前棘毛来自 FVT-原基 n-1（1 或 2 根）、原基 n（1 根）（图 3.1.3F；图 3.1.4N）。

（5）横棘毛来自每一条 FVT-原基（各 1 根）（图 3.1.3F）。

（6）2 根迁移棘毛来自 FVT-原基第 n 列（2 根）（图 3.1.3F；图 3.1.4H）。

缘棘毛 在细胞发生早期，细线状的右缘棘毛原基独立出现在老的右缘棘毛左侧，以及最右边的 FVT-原基列的右侧（图 3.1.2B）。左缘棘毛原基此时还未出现。接下来，后仔虫左缘棘毛原基在老的棘毛列中部形成（图 3.1.2C；图 3.1.4C，F）。前仔虫的该原基稍后才在老结构内出现（图 3.1.2D）。此后，左、右缘棘毛原基延长和片段化，形成众多新棘毛并向前、后伸展以取代老结构。

值得注意的是，在前、后仔虫中，右缘棘毛原基形成初期，其后端出现少量的毛基体聚集区，最终将形成两组“额外”原基（图 3.1.2D）。这个原基会形成 2 或 3 根“额外棘毛”并朝右缘棘毛的后端迁移（图 3.1.3F）。在营养期细胞，这几根棘毛无法辨认。

背触毛 细胞发生早期，两组短列的毛基体群分别出现在老的背触毛列当中，即前、后仔虫的背触毛原基（图 3.1.2C）。此原基经简单的毛基体增殖、延伸而发育为分裂间期细胞的背触毛。

至发生末期，每列背触毛的末端分化出 1 根较细弱的尾棘毛，这些棘毛将向仔虫的尾部移动直至与缘棘毛相互连接（图 3.1.3D，G）。

核器 细胞发生中期，每枚大核均明显开始膨胀（图 3.1.2E）。随后大核逐渐融合并向细胞中间聚集（图 3.1.2F；图 3.1.4D）。后期大核融合为一单一的融合体（图 3.1.2G；图 3.1.3B；图 3.1.4E）。子细胞分离前后，大核将进行多次分裂并分配到前、后仔虫中（图 3.1.3D，G；图 3.1.4O-U）。

主要特征 长伪小双虫细胞发生亚型的发生特征总结如下。

（1）在前仔虫，老的口器完全瓦解，被在皮膜表面独立发生的口原基形成的新口围带所替代；后仔虫的口器亦独立发生自皮膜表面。

（2）前、后仔虫的 FVT-原基出现在细胞表面且为初级发生式。

（3）UM-原基和 FVT-原基将产生 3 根额棘毛、2 根口棘毛、2 列非典型锯齿状的中腹棘毛、1 列发达的横棘毛、2 或 3 根横前腹棘毛和额前棘毛（被吸收？）。

（4）有迁移棘毛的产生，但该结构在细胞分裂完成后将不复存在（被吸收？）。

（5）左缘棘毛原基和背触毛原基在老结构中产生，后者在老结构中以次级发生式产生，每列背触毛的末端产生 1 根尾棘毛。

（6）右缘棘毛原基独立产生于 FVT-原基的右侧、老右缘棘毛列的左侧。

（7）右缘棘毛外侧曾出现 1 短的“额外棘毛”原基，由其产生 2 或 3 根棘毛，在分裂后期将与新形成的右缘棘毛列和尾棘毛列相连接。

有关亚型间的特征比较见下节（泡状伪小双虫亚型的讨论）。

第2节　拉氏伪小双虫亚型的发生模式
Section 2　The morphogenetic pattern of *Pseudoamphisiella lacazei*-subtype

邵晨 (Chen Shao)　　宋微波 (Weibo Song)

拉氏伪小双虫的发生学先后有来自宋微波等（Song et al. 1997）及邵晨（2008）所获得的两个种群的详细资料，显示了清晰、与其他亚型相区别的稳定特征和发生过程。这些发生学特征表明其代表了本模式内的一个亚型。本节描述基于上述两份研究的信息综合。

基本纤毛图式　具稳定的3根额棘毛和2根口棘毛，后者分布于波动膜右侧；2列中腹棘毛明显相互分离是本类群的主要特征之一；横棘毛粗壮、发达、数目较多；左、右缘棘毛各1列；背触毛多列，均贯穿虫体；尾棘毛多根，因与左、右缘棘毛列紧密连接而在营养期细胞中无法辨别出（图3.2.1A-C）。

细胞发生过程

口器　老的口围带完全解体，由新生原基产物所更换。在发生的最初阶段，在口区后方的皮膜表面出现一无序排列的毛基体群，即前仔虫的口原基场，由该原基场演化为前仔虫的口原基（图3.2.2A，C；图3.2.4B）。

在随后的发育阶段，口原基逐渐由前至后组装成小膜（图3.2.2D），并在右侧出现了前仔虫的UM-原基（图3.2.2E，G；图3.2.4F）。细胞分裂后期，小膜组装完毕，老口围带逐步被完全吸收（图3.2.3C，E，G）。至发生末期，新形成的口围带不断前移到被取代的老口围带位置（图3.2.3G）。

后仔虫的口原基几乎与前仔虫的口原基同步发育：其独立出现在横棘毛和左侧中腹棘毛列之间的皮膜表面，最初为数组无序排列的毛基体（图3.2.2A；图3.2.4A）。原基场进一步扩大（图3.2.2C）。在下一发育期，口原基开始由前至后组装成小膜（图3.2.2D），随后与前仔虫保持完全同步（图3.2.3C，E，G），最终新形成的口围带迁移到既定位置（图3.2.3G）。

口原基发生的同时，前、后仔虫的UM-原基在发生早期阶段均出现在各自相应口原基的右侧（图3.2.2D；图3.2.4D），最初为短的条带，伴随着发育，前、后UM-原基均逐渐拉长、变粗（图3.2.2E，G；图3.2.4F，J）。在发生后期，2条UM-原基的前端分别分化出前、后仔虫的第1额棘毛，进而纵裂形成口内膜和口侧膜（图3.2.2G；图3.2.3C，E，G；图3.2.4J）。

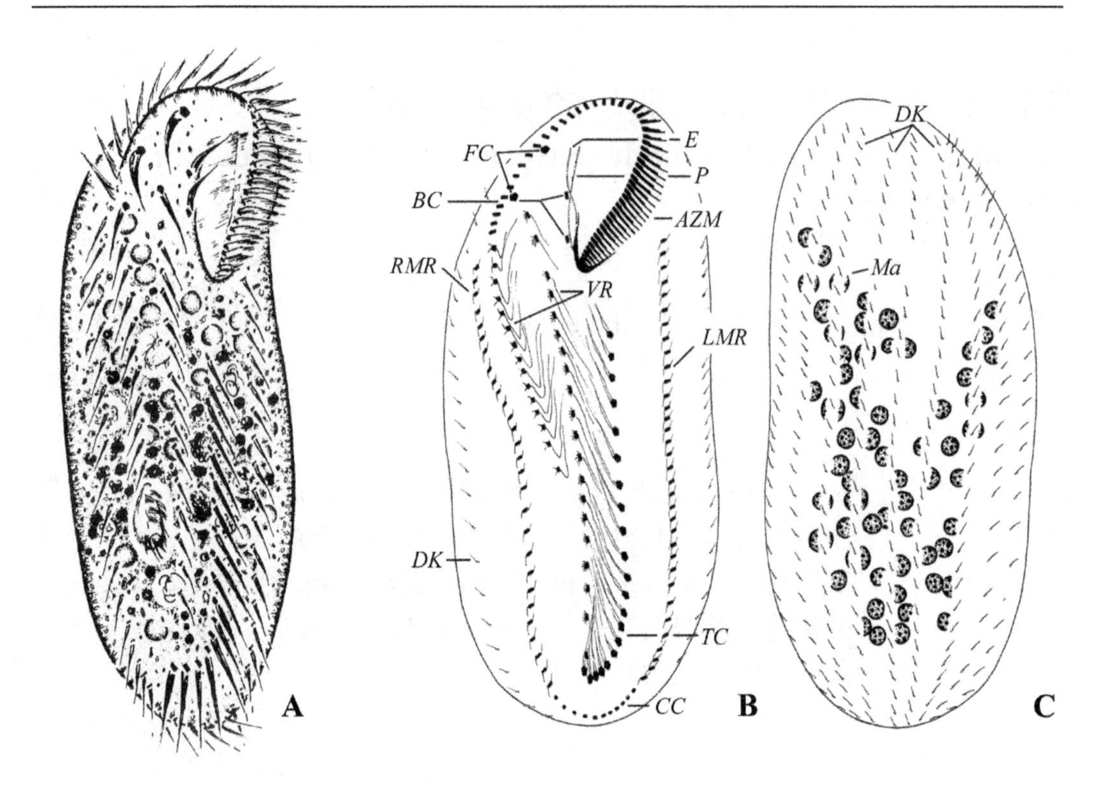

图 3.2.1 拉氏伪小双虫的活体图（**A**）和纤毛图式（**B**，**C**）
A. 腹面观；**B.** 腹面观；**C.** 背面观。*AZM.* 口围带；*BC.* 口棘毛；*CC.* 尾棘毛；*DK.* 背触毛列；*E.* 口内膜；*FC.* 额棘毛；*LMR.* 左缘棘毛列；*Ma.* 大核；*VR.* 腹棘毛列；*P.* 口侧膜；*RMR.* 右缘棘毛列；*TC.* 横棘毛

额-腹-横棘毛 发生早期，前、后仔虫口原基的右后方出现了 2 组斜向排布的原基，并横穿老的中腹棘毛列，这是 FVT-原基的雏形。老结构明显不参与此原基的构建（图 3.2.2C；图 3.2.4C）。在下一阶段，FVT-原基进一步发育，形成了约 20 条斜向条带（图 3.2.2D；图 3.2.4D，E）。

值得提出的是，前、后仔虫的右缘棘毛原基（二者特征性地彼此相邻）出现在 FVT-原基的右侧，起初很短小而不明显，极易与后者相混淆。伴随着发育，其开始向右侧迁移并与 FVT-原基条带分离（图 3.2.2D，E；图 3.2.4E-G）。相较其相邻的 FVT-原基，右缘棘毛原基发育速度明显更快（图 3.2.2E；图 3.2.4G）。FVT-原基开始分段化，如图 3.2.4J 所示。

分段化基本完成后，形成斜向的 3 列棘毛列（图 3.2.3A）。在后期，这些棘毛列相互分离和迁移，从而分化成不同类型的棘毛（图 3.2.3C，E，G）。

与长伪小双虫所见类似，在 FVT 刚刚分段化完成时，FVT-原基 n 似乎也产生了两根额前棘毛（图 3.2.3A；图 3.2.5A），但在其后的各个时期，该结构命运不明，均无法辨识（图 3.2.3C）。

UM-原基和第 1、2 条 FVT-原基的前端各形成 1 根额棘毛，比一般腹棘毛粗壮。发生末期，这 3 根额棘毛向前迁移至口围带顶端附近。第 1 条和第 2 条 FVT-原基各自中部分化出的 1 根棘毛向虫体后方迁移至波动膜的中部和尾部，形成 2 根口棘毛（图 3.2.3A，C，E，G；图 3.2.5A，D）。

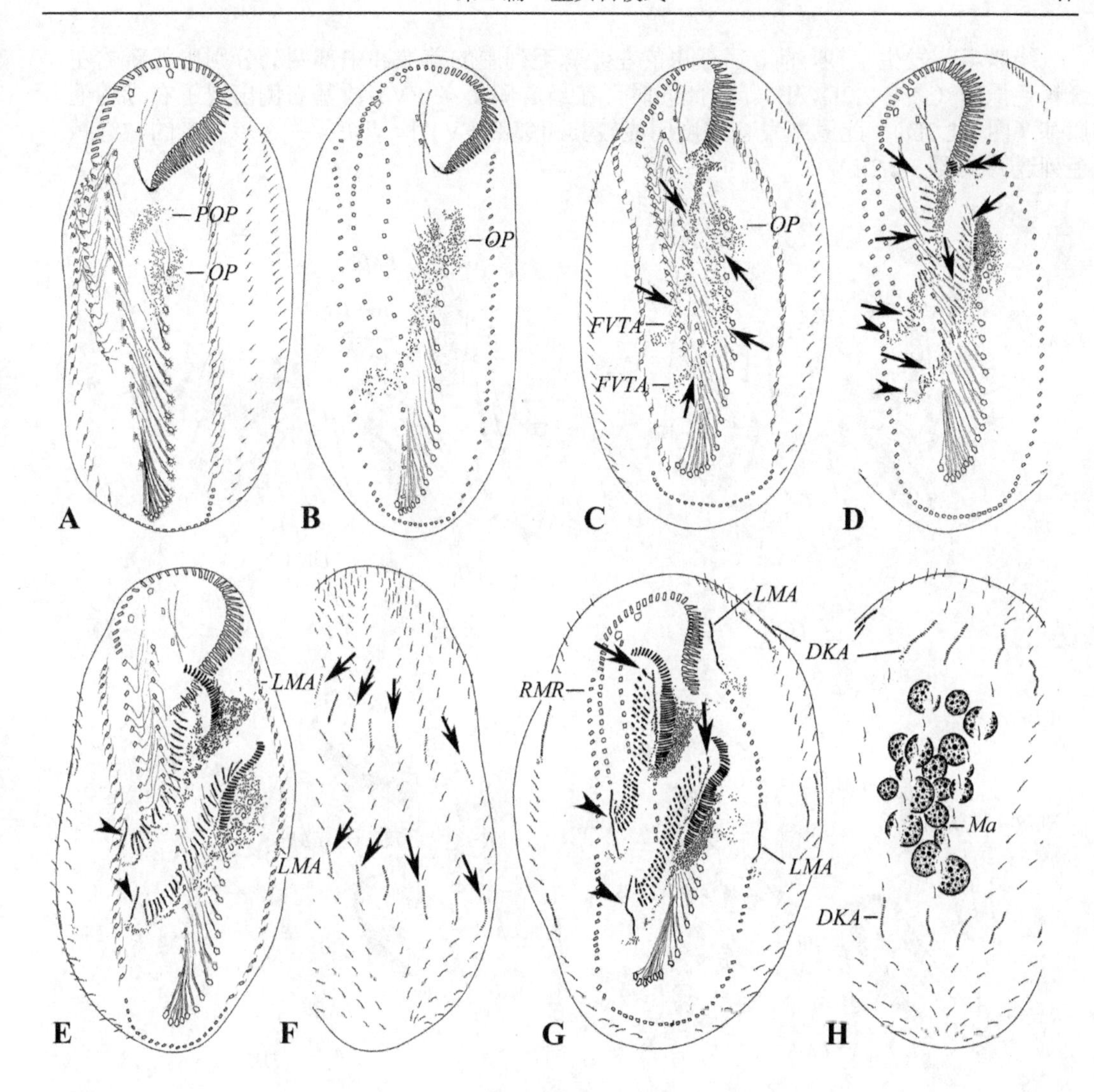

图 3.2.2　拉氏伪小双虫的发生早期（**A**，**C-H**）和改组个体（**B**）的纤毛图式
A. 发生早期个体的腹面观，示前、后仔虫的口原基；**B.** 改组个体的腹面观，示口原基；**C**，**D.** 发生早期个体的腹面观，示 FVT-原基在细胞表面独立发生并且已经开始分段化（箭头），图 **D** 中无尾箭头示右缘棘毛原基出现，双箭头示前仔虫的口原基在皮膜表层并开始组装；**E**，**F.** 同一发生个体的腹面观（**E**）和背面观（**F**），箭头指示背触毛原基出现于每一列老结构的前后两处，无尾箭头示右缘棘毛原基进行毛基体的增生；**G**，**H.** 发生中期虫体的腹面观（**G**）和背面观（**H**），箭头示 UM-原基形成第 1 额棘毛，无尾箭头示右缘棘毛原基继续发育。*DKA*. 背触毛原基；*FVTA*. FVT-原基；*LMA*. 左缘棘毛原基；*Ma*. 大核；*OP*. 口原基；*POP*. 前仔虫口原基；*RMR*. 右缘棘毛列

第 3-n 列 FVT-原基的前端各自形成 2 根棘毛、2 条中腹棘毛列，是所谓的“伪棘毛列”。这 2 列中腹棘毛在发生的中后期向相互反向迁移并最终相互远远分离。所有 FVT-原基的后端均形成 1 根横棘毛，横棘毛较其他棘毛粗壮，并在发生的中后期向虫体的尾端迁移（图 3.2.3A，C，E，G）。

缘棘毛 发生早期，前、后仔虫的左缘棘毛列中的前端和中部两处分别出现新的左缘棘毛原基（图 3.2.2D，E）。与此同时，在最右侧 1 条 FVT-原基右侧出现了右缘棘毛原基（图 3.2.2D），此原基发育速度明显较其相邻的 FVT-原基快，并逐步向老的右缘棘毛列迁移（图 3.2.2E）。

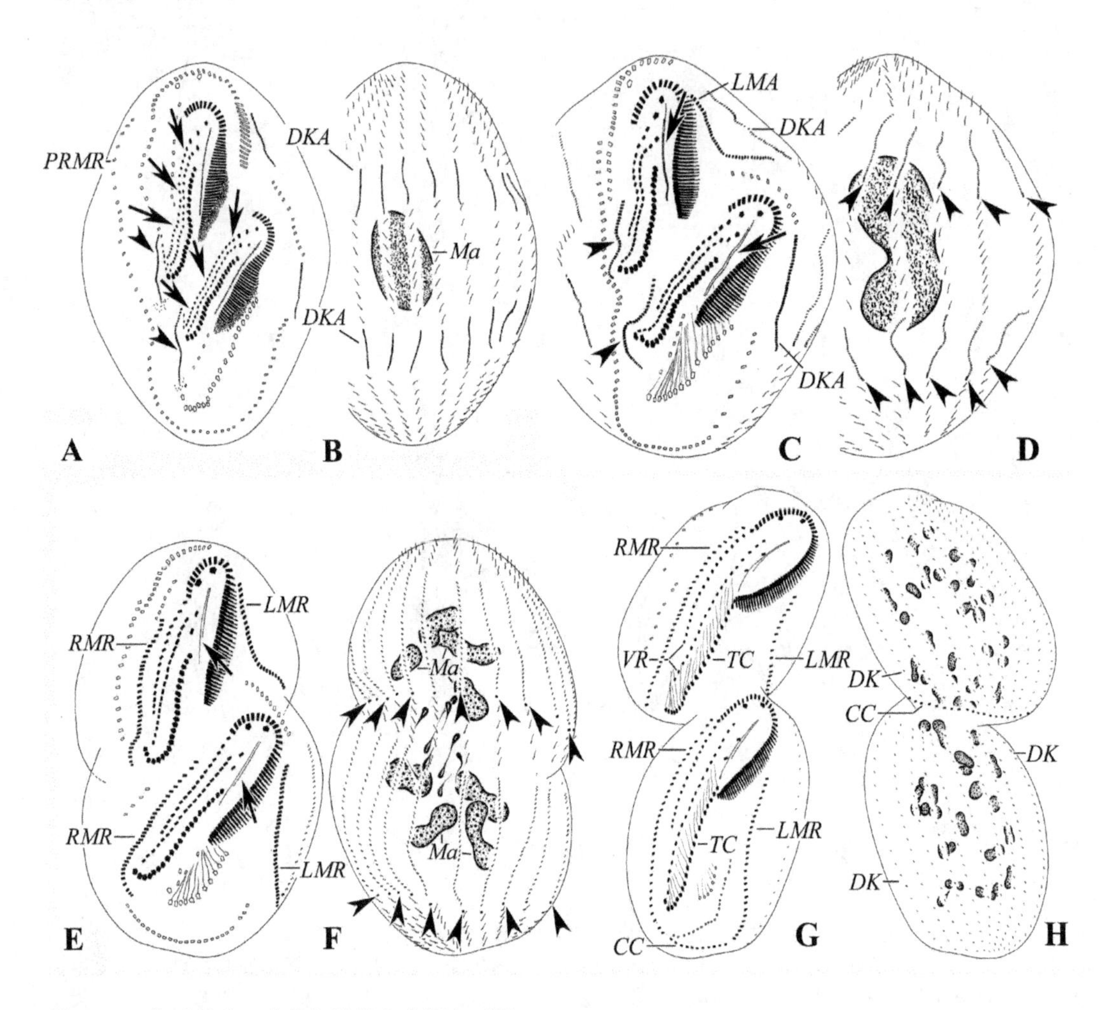

图 3.2.3 拉氏伪小双虫的细胞发生中期和后期
A，B. 发生中期个体的腹面观（**A**）和背面观（**B**），箭头示 FVT-原基分段化已经完成，无尾箭头示右缘棘毛原基的发育；**C，D.** 发生中期个体的腹面观（**C**）和背面观（**D**），箭头示 UM-原基纵列形成口内膜和口侧膜，图 **C** 中的无尾箭头示右缘棘毛原基，图 **D** 中的无尾箭头示背触毛末端分化出尾棘毛；**E，F.** 发生末期虫体的腹面观（**E**）和背面观（**F**），箭头示 UM-原基纵列成口内膜和口侧膜，无尾箭头示尾棘毛；**G，H.** 发生后期虫体的腹面和背面观。*CC*. 尾棘毛；*DK*. 背触毛列；*DKA*. 背触毛原基；*LMA*. 左缘棘毛原基；*LMR*. 左缘棘毛列；*Ma*. 大核；*RMR*. 右缘棘毛列；*PRMR*. 前仔虫的右缘棘毛列；*TC*. 横棘毛；*VR*. 腹棘毛

在随后的分裂阶段，左、右缘棘毛原基向前后两端延伸并逐渐取代老的结构（图 3.2.2G；图 3.2.3A，C，E，G；图 3.2.4K，L）。

背触毛 发生早期，每一列老的背触毛中的前后 1/3 两处分别出现了一处原基，此为前、后仔虫的背触毛原基（图 3.2.2F），随后，该背触毛原基继续发育最终取代老结构（图 3.2.2H；图 3.2.3B，D，F，H；图 3.2.4I；图 3.2.5B）。

每列背触毛的末端在细胞分裂后期均贡献 1 根尾棘毛，尾棘毛最终迁移至虫体的尾端并完全与左、右缘棘毛列构成连续的结构（图 3.2.3D，F，H）。

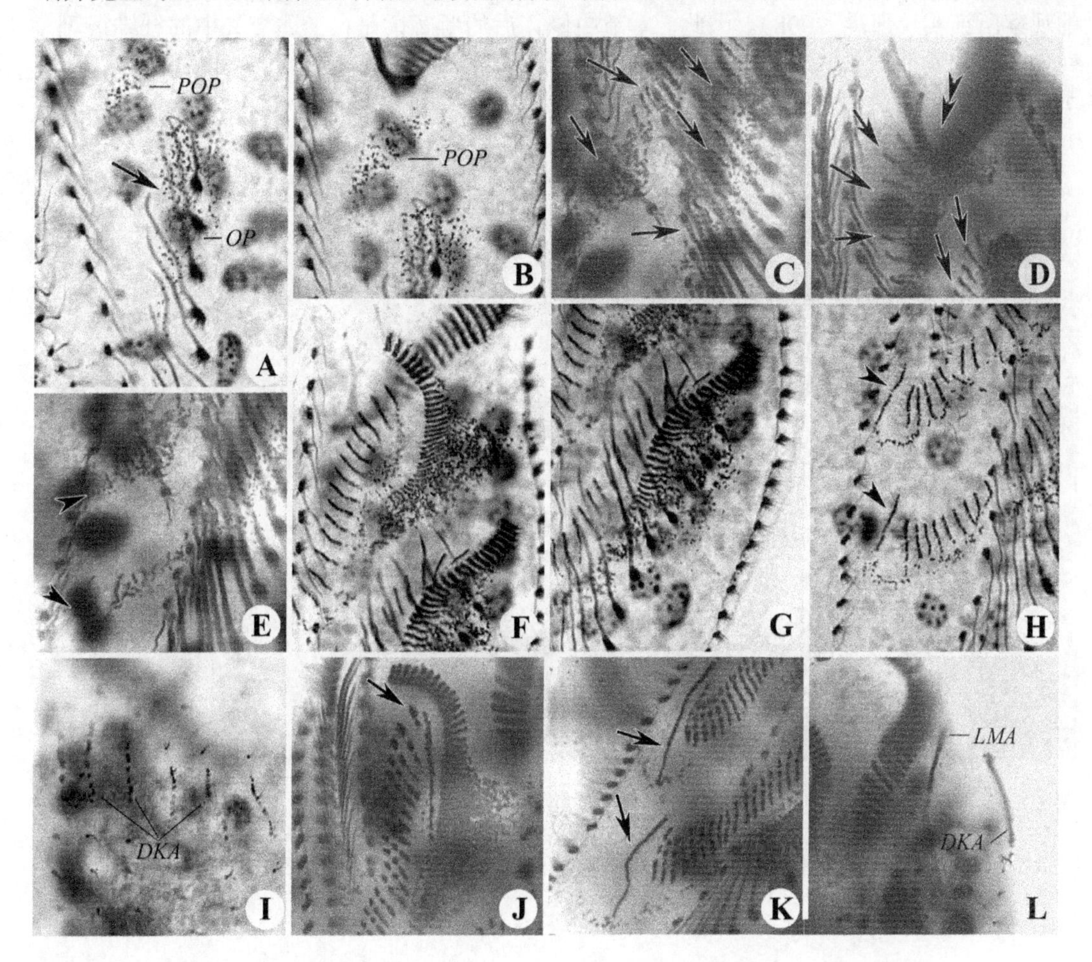

图 3.2.4　拉氏伪小双虫的细胞发生

A，B. 发生早期的腹面观，示前、后仔虫的口原基，箭头示老结构不参与新原基的形成；**C-E.** 发生早期虫体的腹面观，箭头示 FVT-原基，双箭头示口原基开始组装，无尾箭头示右缘棘毛原基；**F-I.** 发生早期个体的腹面观（**F-H**）和背面观（**I**），示 FVT-原基在发育中（**F**，**G**），无尾箭头示右缘棘毛原基（**H**）和背触毛原基；**J-L.** 发生中期个体的腹面观，图 **J** 示 FVT-原基开始进行分段化；图 **J** 中箭头示 UM-原基形成第 1 额棘毛，图 **K** 中箭头示右缘棘毛原基继续进行毛基体的增殖，图 **L** 示左缘棘毛原基和背触毛原基。*DKA*. 背触毛原基；*LMA*. 左缘棘毛原基；*OP*. 口原基；*POP*. 前仔虫的口原基

大核　本种大核的发育过程与多数腹毛类类群一致，即在发生的前期，大核相互靠拢（图 3.2.2H；图 3.2.5C），随后融合成一团并继而进入连续的分裂状态（图 3.2.3B，D，F，H；图 3.2.5F）。

讨论与主要特征　本亚型目前仅涉及拉式伪小双虫 1 种。迄今已有两份独立的工作对两个种群完成了详细的研究（Song et al. 1997；邵晨 2008）。在前者的报道中，曾将前、后仔虫的口原基和 FVT-原基描述为均发生自皮膜深处，原因是其在工作中发现，当后仔虫的口原基及 FVT-原基已发育接近成熟时（已形成完整、连续的条带结构），在其上层（？）仍可观察到清晰、完整的（与横棘毛相连的）纤维结构，而这些结构与 FVT-原基形成空间交叉并非穿插在原基之中（Song et al. 1997）。但这个现象没有被后来的观察所证实（邵晨 2008）。因此，本节中修订后的新解读是：上述交叉中的纤维很可能分布在原基的深处（仍有待扫描电镜工作等核实），而因焦深和判读原因误认为在原基的表面了，即新的 FVT-原基应是在细胞表面出现和发育的。

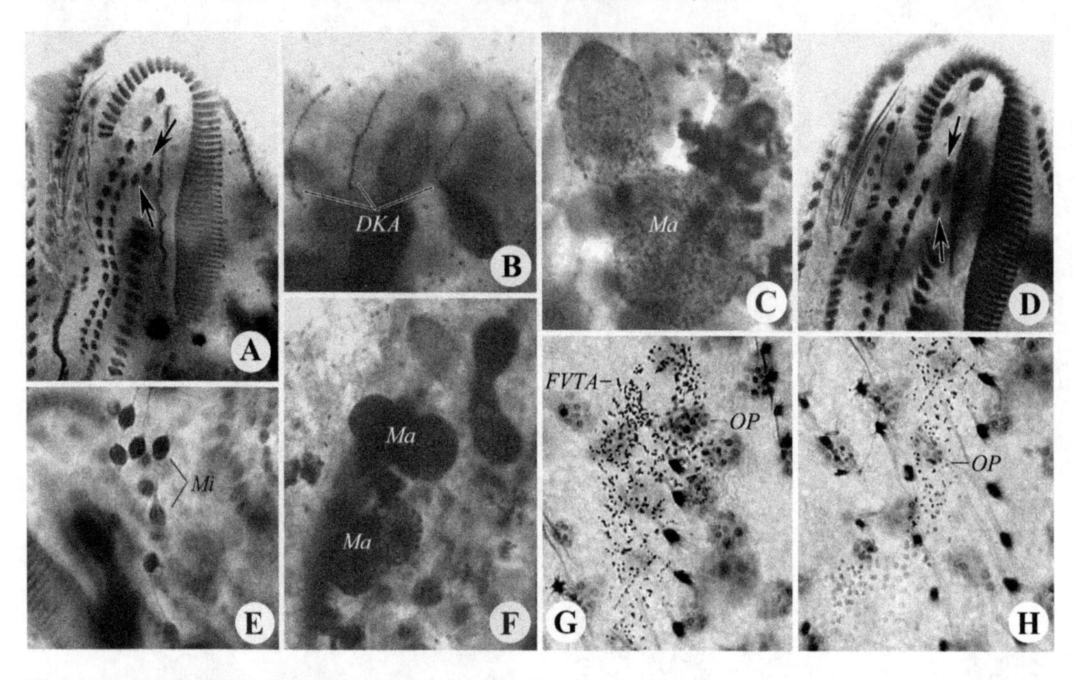

图 3.2.5 拉氏伪小双虫细胞发生（**A-F**）和细胞重组期（**G，H**）
A-C. 发生晚期，图 **A** 示前仔虫的 FVT-原基，箭头指示口棘毛开始迁移；**D-F.** 发生末期个体，图 **D** 中箭头示口棘毛即将迁移到既定位置；**G，H.** 口原基和 FVT-原基发生于细胞表面。*DKA*. 背触毛原基；*FVTA*. FVT-原基；*Ma*. 大核；*Mi*. 小核；*OP*. 口原基

对拉氏伪小双虫细胞发生亚型的发生特征总结如下。

（1）老的口器彻底解体，完全被（很可能系皮膜表面）独立发生的新口原基产物所替代；后仔虫的口器亦独立发生自皮膜表面。

（2）前、后仔虫中的 2 组 FVT-原基各自独立产生，并均出现自细胞表面。

（3）斜条状的 FVT-原基产生 2 根额棘毛、2 根口棘毛、2 列非典型锯齿状的中腹棘毛、1 列发达的横棘毛及 2 根额前棘毛（随后被吸收）。

（4）左缘棘毛原基在老结构中产生；右缘棘毛原基为独立发生。

（5）背触毛原基在老结构中以次级发生式产生，且每列背触毛的末端产生 1 根尾棘毛。

（6）发生过程中大核发生完全的融合。

有关亚型间的特征比较见下节（泡状伪小双虫亚型的讨论）。

第 3 节　泡状伪小双虫亚型的发生模式
Section 3　The morphogenetic pattern of *Pseudoamphisiella alveolata*-subtype

邵晨 (Chen Shao)　　宋微波 (Weibo Song)

泡状伪小双虫的形态学首先由 Song 和 Warren（2000）完成了详细的重描述。细胞发生模式的建立最初由 Hu 和 Suzuki（2006）完成，随后经邵晨等做了再次的观察和补充描述（Shao et al. 2006b），从而形成了完整的发生链条。本节的描述基于后者的研究工作。

基本纤毛图式　波动膜 2 片；3 根额棘毛，2 根口棘毛，2 列中腹棘毛明显相互分离，是本类群的主要特征之一；横棘毛粗壮、发达、数目较多；左、右缘棘毛各 1 列。

背触毛多列，均贯穿虫体；尾棘毛多根，与上述两种类似，但仅在左侧与缘棘毛形成无连续的连接结构（图 3.3.1A-D）。

细胞发生过程

口器　在前仔虫，老口围带经历了一个不完全的更新过程，该更新过程出现得较晚：口围带末端的数片小膜在细胞分裂的中、后期始发生解聚（图 3.3.2F）。随后老口围带的后半段中部分小膜被吸收或解聚（图 3.3.2H）。在细胞分裂后期，这些解聚后的毛基粒在原位重新组装为新的小膜并与前部的老结构拼接为新的口围带（图 3.3.3A，C）。

老的波动膜在发生中完全解体，不参与前仔虫 UM-原基的形成。该原基在口围带的右侧出现，似乎与 FVT-原基或（口围带后部解聚而成的）毛基粒场同源（图 3.3.2F，H；图 3.3.3A）。到发生末期，该原基先形成最左侧的第 1 额棘毛，后纵裂而形成口侧膜与口内膜（图 3.3.3C，E；图 3.3.4F，J；图 3.3.5C，E）。

在后仔虫，口器形成始于独立出现的无序排列的毛基体群，其位于口围带后、左缘棘毛和左侧中腹棘毛列之间的皮膜表层（图 3.3.2A）。

此原基场内的毛基体数量剧增，但所有的腹棘毛保持完整（毛基体及纤维尚存），表明老结构不参与原基的形成（图 3.3.2B，C）。

分裂中后期，小膜在原基内由前至后完成组装、延伸和迁移，并逐渐形成新的口围带（图 3.3.2E，F，H；图 3.3.3A，C；图 3.3.4J）。到发生末期，小膜到达既定位置（图 3.3.3E，G；图 3.3.5A，B）。

后仔虫的 UM-原基出现在口原基和 FVT-原基之间，在起源上应与口原基同源。其基本的发育过程同前仔虫（图 3.3.2H；图 3.3.3A，C，E，G）。

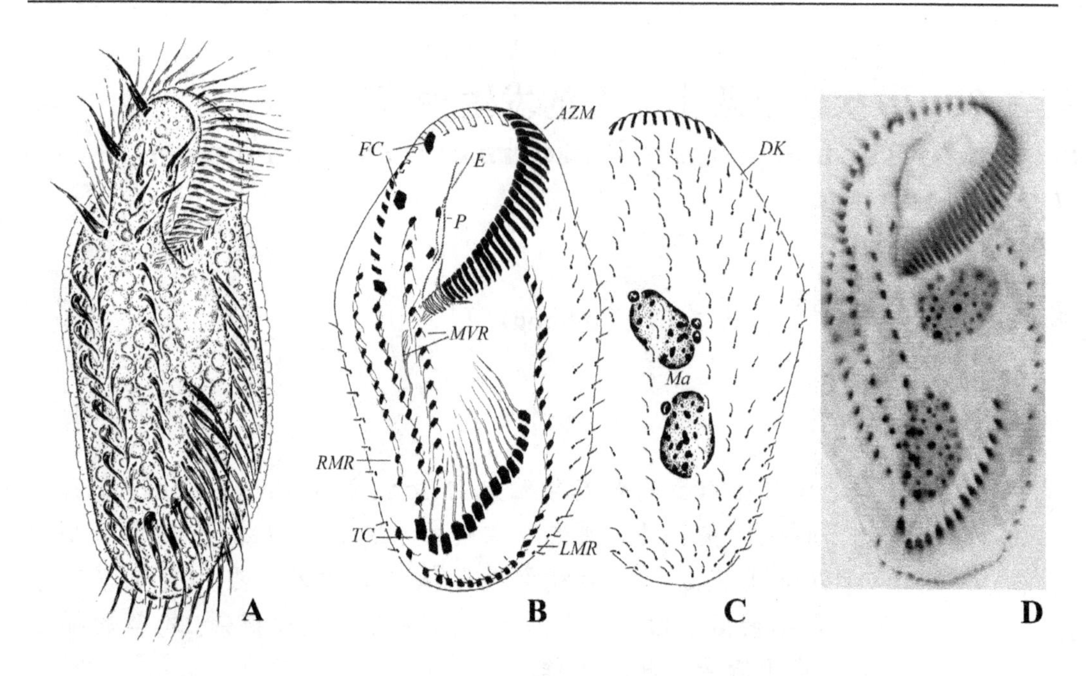

图 3.3.1 泡状伪小双虫的活体形态（**A**）和纤毛图式（**B-D**）的腹面观
AZM. 口围带；*DK*. 背触毛列；*E*. 口内膜；*FC*. 额棘毛；*LMR*. 左缘棘毛列；*Ma*. 大核；*MVR*. 中腹棘毛列；*P*. 口侧膜；*RMR*. 右缘棘毛列；*TC*. 横棘毛

额-腹-横棘毛 在发生早期，左侧中腹棘毛列旁出现 1 组条带状原基（图 3.3.2C）。随后，原基进一步延长，初级 FVT-原基横断为二，分别形成前、后仔虫的 FVT-原基（图 3.3.2D），每组原基约由 20 条倾斜的条带组成，发生于皮层表面，且老结构明显不参与此原基的构建（图 3.3.2E；图 3.3.4B，C）。前、后仔虫的 FVT-原基几乎同步发育（图 3.3.2F，H）。

到下一时期，FVT-原基的分化即将完成（图 3.3.3A）。每列 FVT-原基形成 3 根棘毛，并纵向排成 3 列（图 3.3.3C；图 3.3.4J）。最右侧的几条 FVT-原基所形成的棘毛通常会有几根被吸收而消失，因此纵向上的腹棘毛和横棘毛数目不等。

UM-原基、第 1 条和第 2 条 FVT-原基的前端各分化出 1 根额棘毛。发生末期，这 3 根额棘毛向前迁移至口围带顶端附近（图 3.3.3A，C，E，G）。

同时，第 1 列和第 2 列 FVT-原基各自分化出 1 根口棘毛，此棘毛在发生的中后期会向后迁移并定位在波动膜的中、后部（图 3.3.3A，C，E，G）。

第 3-n 列 FVT-原基的前端各自形成 2 根棘毛，形成 2 条中腹棘毛列，即所谓的“伪棘毛列”。这 2 条中腹棘毛列在发生的中后期阶段向相互的反方向迁移，相互分离（图 3.3.3A，C，E，G）。

FVT-原基的后端均形成 1 根粗壮的横棘毛，其形成一横排并在发生的中后期向虫体的尾端迁移（图 3.3.3A，C，E，G）。

到细胞分裂末期，大部分老的棘毛分别瓦解。随着细胞的拉长，每列棘毛逐渐增大并延伸、定位到最终位置（图 3.3.3E，G；图 3.3.5A）。这个迁移过程将持续到两个子细胞分开后：虫体伸长，新的棘毛彼此分离并向最终位置移行（图 3.3.3G）。此时，一些老的棘毛仍然未被完全吸收，该过程将在后续阶段完成（图 3.3.3G；图 3.3.5I）。

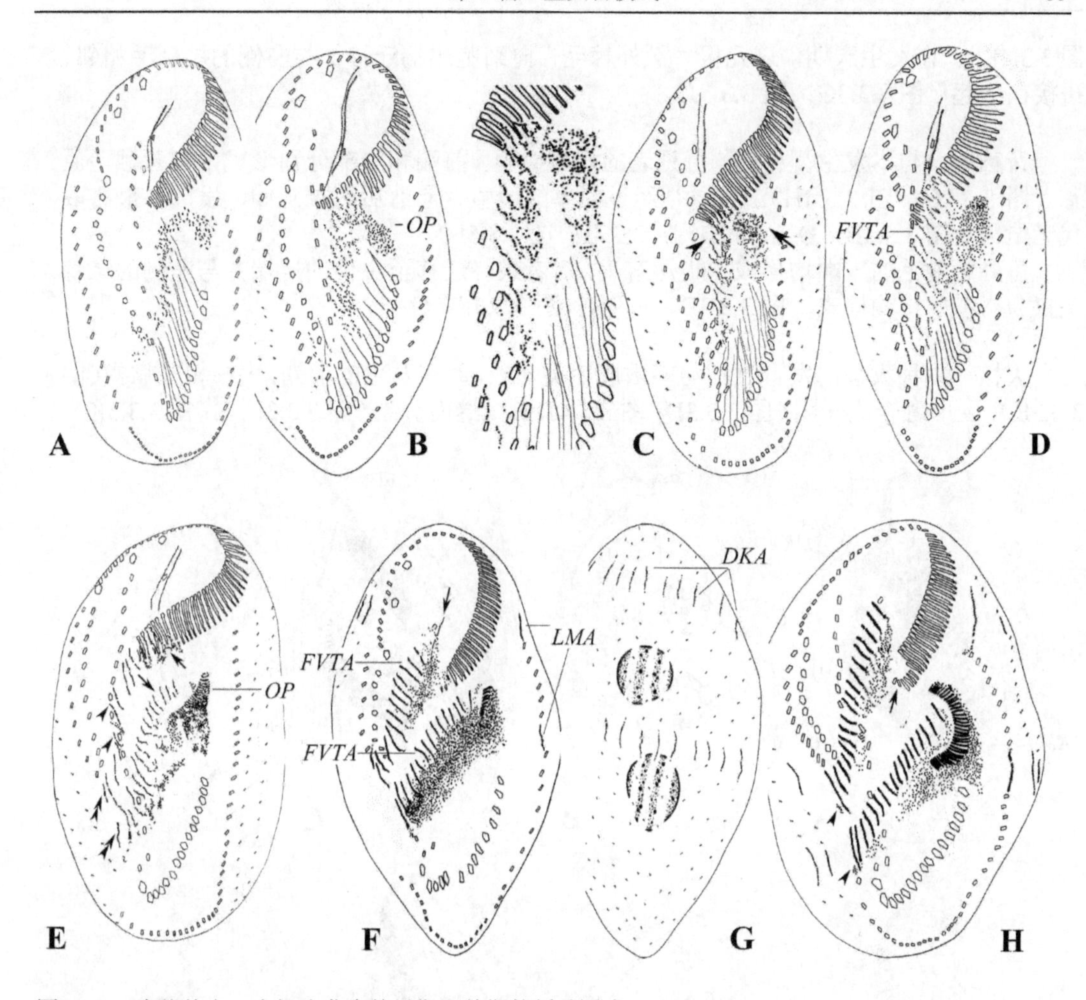

图 3.3.2　泡状伪小双虫细胞发生的早期和前期的纤毛图式
A，B. 早期发生个体的腹面观，示后仔虫口原基出现在皮膜表面；**C.** 早期发生个体的腹面观，箭头示后仔虫的口原基，无尾箭头示初级 FVT-原基出现；**D.** 早期发生个体的腹面观，示初级 FVT-原基的发育；**E.** 腹面观，示前、后仔虫的 FVT-原基在皮膜表面发育（箭头）及老结构不参与新原基的形成（无尾箭头），双箭头示右缘棘毛原基出现在老结构中；**F，G.** 同一发生个体的腹面观（**F**）和背面观（**G**），示左缘棘毛原基和背触毛原基的形成，图 **F** 中的箭头示老的波动膜正在解聚；**H.** 箭头示口原基的近端被吸收，无尾箭头示额外原基。*DKA*. 背触毛原基；*FVTA*. FVT-原基；*LMA*. 左缘棘毛原基；*OP*. 口原基

缘棘毛　与其他两个亚型类似，左、右侧棘毛原基的形成有显著的时间和起源位置的差异，即右侧先出现：在细胞发生的早期，右缘棘毛与 FVT-原基同步、同源形成。前、后仔虫的该原基彼此相距不远，在位置上则位于老结构（右缘棘毛列）的后端，此期可见有数根缘棘毛消失解聚（图 3.3.2E；图 3.3.4C）。

左缘棘毛原基形成于老结构中：两列原基分别出现在左缘棘毛列的前端和中部，彼此远相分离（图 3.3.2F）。在随后的时期里，左、右缘棘毛原基延伸、取代老结构（图 3.3.2H；图 3.3.3A，C，E，G；图 3.3.4J；图 3.3.5A，D）。

在前、后仔虫的发生早期，同样有两组“额外”原基出现在右缘棘毛原基的右侧（图 3.3.2H）。随后，“额外”原基进一步发育、分化出 3 或 4 根“额外棘毛”（图 3.3.3A，C；

图 3.3.4K)。在发生末期，这几根“额外棘毛”向细胞尾端迁移，与左侧的尾棘毛相邻、拼接在一起（图 3.3.3G；图 3.3.5J)。

背触毛 与本发生型相同：每列老的背触毛中，前端和中部分别形成 1 列背触毛原基（图 3.3.2G；图 3.3.4H)。该原基经过简单的增殖、向前后两端延伸、发展并最终取代老结构（图 3.3.3B，D，F，H；图 3.3.4I；图 3.3.5F)。

每列背触毛的末端均形成 1 根尾棘毛，后者最终迁移至虫体的尾端并与左侧的缘棘毛拼为本型的结构模式（图 3.3.3D，F，H；图 3.3.5F，G)。

大核 本种大核的发育过程与多数腹毛类一致，即在发生的前期，大核相互靠拢（图 3.3.3B)，随即融合成一团（图 3.3.3D；图 3.3.4J，L)，继而分裂（图 3.3.3F，H；图 3.3.5K)。

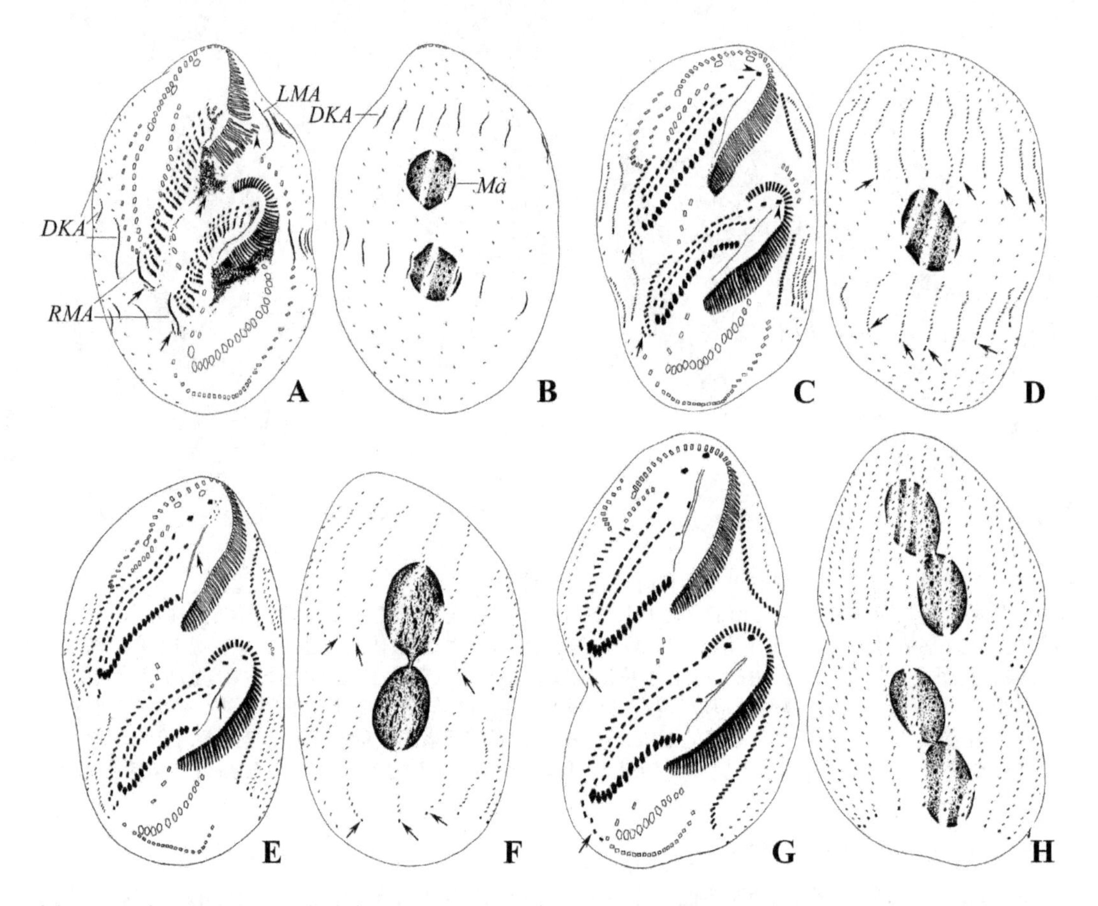

图 3.3.3 泡状伪小双虫形态发生早期（**A，B**)、中期（**C，D**）和后期（**E-H**)
A，B. 中期分裂个体，示条带状原基不断分化，向虫体后部延伸，形成约 18 条斜向的条带，以及左缘棘毛原基和背触毛原基毛基体的增殖，无尾箭头示老口围带的后半段开始被吸收和重组，双箭头指示前仔虫的口原基，箭头显示右缘棘毛原基分化出的“额外”原基；**C，D.** 发生中期腹面（**C**）和背面（**D**）的纤毛图式，图 **C** 中，箭头指示“额外”原基的分化，无尾箭头指示第 1 额棘毛，图 **D** 中，箭头指示尾棘毛；**E，F.** 发生晚期个体的背腹面（同一虫体)，图 **E** 中箭头示前、后仔虫的 UM-原基发生纵列，形成口侧膜和口内膜，图 **F** 中箭头显示每一列背触毛的末端形成 1 根尾棘毛；**G，H.** 示所有的纤毛器即将达到预定位置，箭头示右缘棘毛右侧的 3 或 4 根“额外棘毛”向虫体末端迁移。*DKA*. 背触毛原基；*LMA*. 左缘棘毛原基；*Ma*. 大核；*RMA*. 右缘棘毛原基

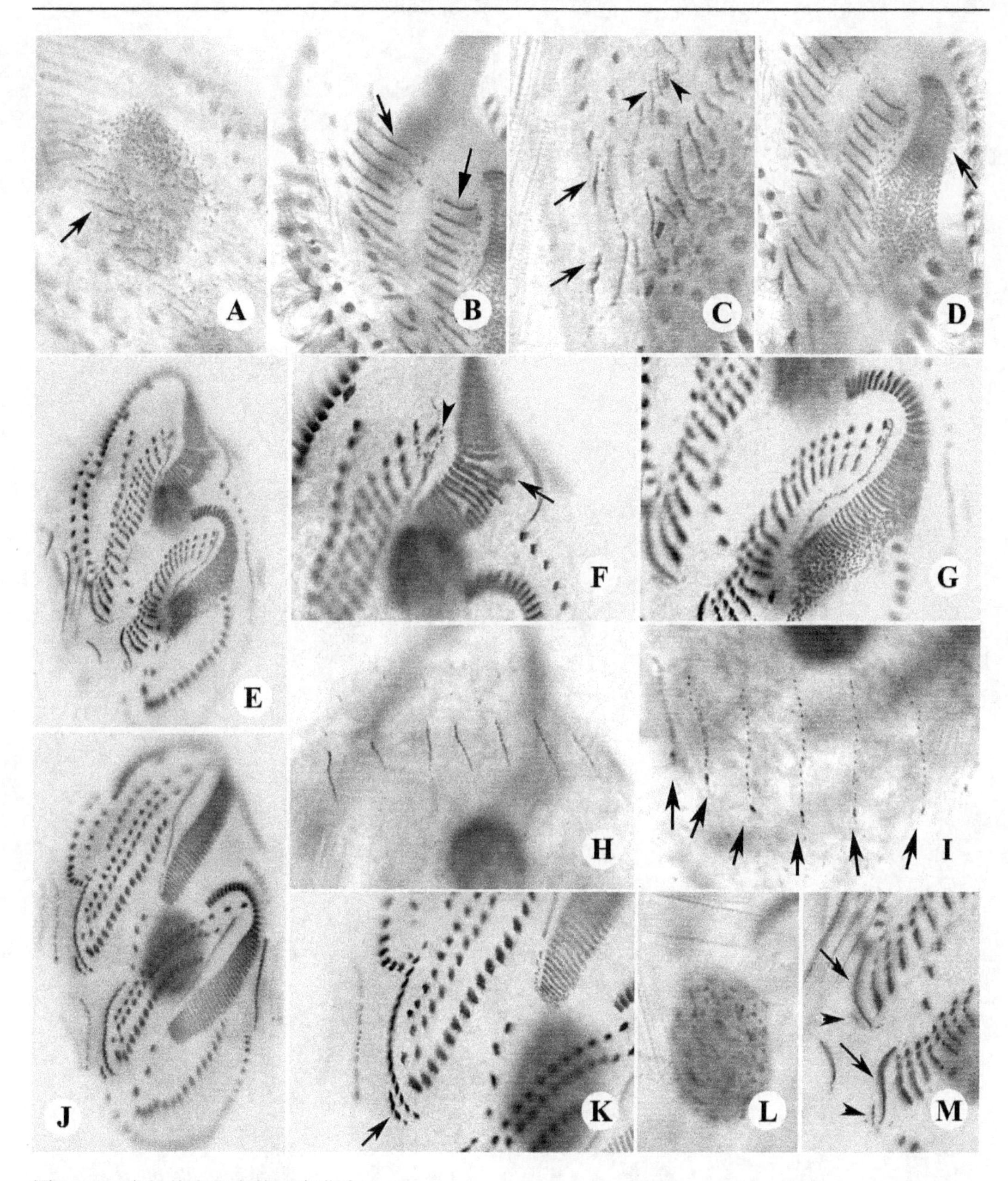

图 3.3.4　泡状伪小双虫的形态发生

A. 早期发生虫体的腹面观，箭头示后仔虫的 FVT-原基；**B.** 早期细胞发生虫体的腹面观，示前、后仔虫的 FVT-原基在皮膜表层（箭头）；**C，D.** 细胞发生早期腹面观，图 **C** 中的箭头示右缘棘毛原基出现于老结构中，老的腹棘毛不参与 FVT-原基的形成（图 **C** 中的无尾箭头），图 **D** 中的箭头指示后仔虫的口原基，FVT-原基进一步发育；**E-H，M.** 一个稍晚的时期，示约 18 条 FVT-原基，左缘棘毛原基和背触毛原基出现，图 **F** 中，箭头示老口围带开始解聚和吸收，无尾箭头示第 1 额棘毛，图 **M** 中，箭头示右缘棘毛原基，无尾箭头示"额外"原基；**I-L.** 发生中期虫体的背腹面观示所有的棘毛均已形成，图 **I** 示背触毛原基内毛基体的增殖，图 **K** 中的箭头示"额外"原基分化出 3 或 4 根"额外棘毛"，图 **L** 示融合成一团的大核

主要特征 本亚型仅涉及泡状伪小双虫 1 种。

对泡状伪小双虫细胞发生亚型的发生特征总结如下。

（1）前仔虫的老口围带末端发生局部的解体、重建和原位更新，但该过程并无新的、独立的口原基的形成。

（2）后仔虫的口原基出现在细胞表面，与 FVT-原基来自同一个原基场；老结构不参与后仔虫口原基和前、后仔虫 FVT-原基的构建。

（3）FVT-原基数量众多，其形成与本发生型内另外两个亚型不同，为初级发生式。

（4）UM-原基和 FVT-原基产生 3 根额棘毛、2 根口棘毛、2 列非典型锯齿状的中腹棘毛和 1 列发达的横棘毛。

（5）左、右缘棘毛及背触毛的发育过程均与其他亚型类似，但右侧的缘棘毛原基在位置上出现在老结构内。

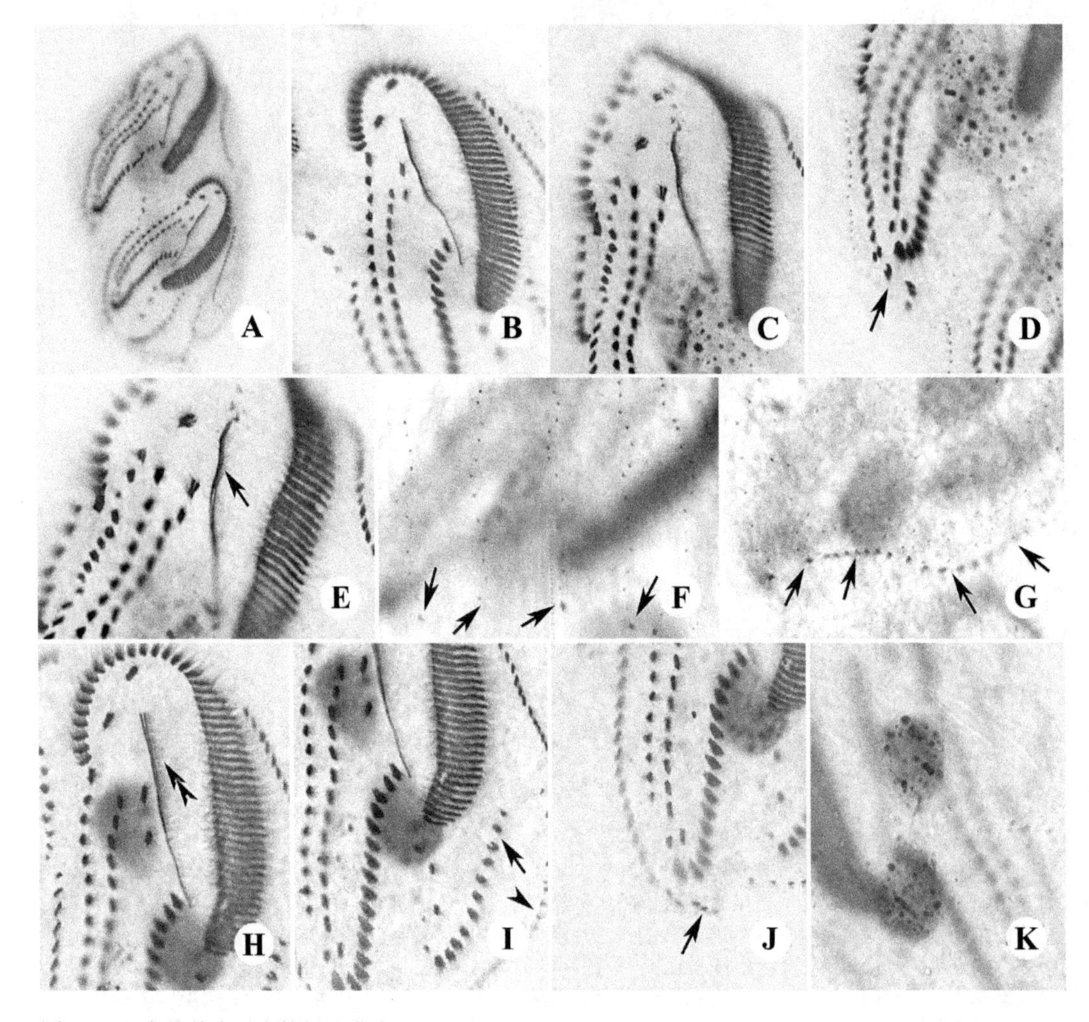

图 3.3.5 泡状伪小双虫的细胞发生

A-F. 发生晚期个体的背腹面观，图 **B** 示后仔虫，图 **C** 示前仔虫，图 **D** 中的箭头示 3 或 4 根额外右缘棘毛，图 **E** 中的箭头示纵裂中的 UM-原基，图 **F** 中的箭头指示每列背触毛；**G.** 背面观，示尾棘毛；**H-K.** 同一发生个体的腹面观（**H-J**）和背面观（**K**），双箭头指示波动膜，无尾箭头示老的缘棘毛，图 **I** 中的箭头示老的横棘毛，图 **J** 中的箭头指示“额外棘毛”，图 **K** 示大核

（6）“额外”原基出现在右缘棘毛原基右侧，所形成的数根棘毛与尾棘毛形成了无界限连接结构。

（7）没有观察到迁移棘毛（额前棘毛）是否形成的过程。

Shao等（2006b）与Hu和Suzuki（2006）分别报道了泡状伪小双虫青岛种群和日本种群。相较之下，二者的发生过程十分相似。

在本发生型内的3个亚型中，最突出的差异表现在老口器的命运上，其中两个亚型的口围带为完全更新、一个亚型为低烈度的局部更新，而且后者并无口原基的形成过程。这样巨大的差异出现在同一属内不同种之间是十分罕见的。也许这个现象显示，伪小双虫属是一个古老而多向演化的类群，其中，前仔虫通过独立发生的口原基发育出新的口器、替换老结构这一过程实际是一个原始的特征。但令人费解的是：在一个属级阶元内，是如何完成老口器从完全更新到（非原基发育式的）局部更新的转换的？这里应该跨越了一个巨大的演化步骤。

伪小双虫这一原始而独特的系统进化位置也同样可以从该发生型具有一系列独特的发生学特征得到印证：像右缘棘毛原基的形成过程、位置及与老结构间的关系等都显示了其孤立的演化位置。

另外一个突出的不同之处在于尾棘毛的形成和命运：迄今为止所有的具有多列背触毛的腹毛类中，仅在极少数类群中发生每列原基均形成1根尾棘毛的现象，而所形成的尾棘毛重新定位后完全“融入”左、右缘棘毛列的现象更是绝无仅有的。这样的融入，导致了在非分裂期完全无法辨认尾棘毛的存在。在纤毛门内，这样的形态学特征完全找不到相近的亲缘类群。

在右缘棘毛列外方出现的“额外棘毛”也是一个暂时不明的结构。在泡状伪小双虫亚型中，可以跟踪到其在分裂间期细胞中的存在，因此可以判断其应该是属于一个缘棘毛的次生或额外结构或与缘棘毛具有最密切的关系，尽管该结构后来（在营养期细胞中）因与无法辨认的尾棘毛相互拼接而没有与其前方的右缘棘毛列相连。

因所获发生期的限制，不能确定本亚型中是否也有额前棘毛的形成，在本亚型中，始终没有出现该结构。但如在前两节所介绍，*Pseudoamphisiella lacazei*-亚型和*Pseudoamphisiella elongata*-亚型中均出现了额前棘毛产生又消失的现象。这样的过程同样刻画了这样的进化途径（如果认定该发生型为一偏祖先类型）：迁移棘毛的出现是一个祖征态，而更进化的类群中无该结构的出现，代表了一个衍征。

总之，大量的发生学信息均一致地指明，伪小双虫型代表了一个孤立、原始的类群，将之视为典型腹毛类的一个祖先型有充分的合理性，其系统关系的精确刻画目前尚不能完成。但有一点是可以明确的，即将之与盘头类归入同一目内依然是一个权宜安排，其或许代表了一个地位更高的、独立的目级或以上阶元。

第3篇　排毛目模式

Part 3　Morphogenetic mode: Stichotrichida-pattern

邵晨 (Chen Shao)　　宋微波 (Weibo Song)

本模式见于排毛目内的绝大多数种类，口器发生型为典型的表层远生型。

其他主要发生学特征包括：①腹面棘毛明确分化，普遍存在无分组化、纵贯虫体的多列长的腹棘毛列；②在发生时期具有数目不定（通常4-8条）的FVT-原基条带；③FVT-原基不产生尾柱目典型的中腹棘毛复合体；④在排毛目的不同类群中，腹棘毛列发育的命运和所承担的功能不甚相同，例如，会普遍出现某条FVT-原基为主干、其余1至多条FVT-原基为辅的拟合发育现象，后者将在棘毛形成过程中并入前者，共同形成营养期细胞的某列棘毛，因此体现为：一条腹棘毛列实际可能来自多列FVT-原基的“混合”构成。

本目内的模式基本包括小双虫和表裂毛虫两种类型。

本模式下的特征多元化程度较高，具体表现如下。

老口围带的命运基本有2种，在多数亚型中为完全保留（*Lamtostyla salina*-亚型、*Paraurostyla weissei*-亚型、*Pseudouroleptus caudatus*-亚型、*Perisincirra paucicirrata*-亚型、*Deviata brasiliensis*-亚型、*Bistichella cystiformans*-亚型、*Pseudokahliella marina*-亚型、*Schmidingerothrix elongata*-亚型和*Hypotrichidium paraconicum*-亚型）；少数类型中为部分保留、部分发生解体后的原位重建（*Amphisiella annulata*-亚型和*Strongylidium orientale*-亚型）。

老波动膜的命运：仅在*Schmidingerothrix elongata*-亚型中为完全保留，这也体现出了该属的特殊性，其余亚型中则遵循了腹毛亚纲纤毛虫发生过程中的常态：老结构解聚参与形成前仔虫UM-原基。

后仔虫口原基仅在*Deviata brasiliensis*-亚型中原位产生，其余亚型中均为独立发育。

FVT-原基分为“5原基”与“非5原基”发生型。

FVT-原基发育分为初级发生和次级发生两种方式，前者包括*Amphisiella annulata*-亚型和*Lamtostyla salina*-亚型，后者则以*Paraurostyla weissei*-亚型、*Strongylidium orientale*-亚型、*Perisincirra paucicirrata*-亚型、*Deviata brasiliensis*-亚型和*Schmidingerothrix elongata*-亚型为代表。所有亚型中，原基的形成和后期发育过程均不同程度地有老结构的参与。

缘棘毛原基无特殊之处也无差异，均为在老结构中形成和发育。

背触毛原基的发育模式较为多元化，目前已知至少有3种方式：①老结构中产生（*Amphisiella annulata*-亚型、*Lamtostyla salina*-亚型、*Paraurostyla weissei*-亚型、*Perisincirra paucicirrata*-亚型、*Deviata brasiliensis*-亚型、*Bistichella cystiformans*-亚型和*Pseudokahliella marina*-亚型）；②独立+来自老结构混合方式（*Pseudouroleptus caudatus*-亚型及*Strongylidium orientale*-亚型）；③完全不产生（*Schmidingerothrix elongata*-亚型）。

尾棘毛的发育也可分为两种：①形成尾棘毛（*Paraurostyla weissei*-亚型、*Strongylidium orientale*-亚型、*Pseudouroleptus caudatus*-亚型和*Perisincirra paucicirrata*-亚型）；②不存

在尾棘毛（*Amphisiella annulata*-亚型、*Lamtostyla salina*-亚型、*Deviata brasiliensis*-亚型、*Bistichella cystiformans*-亚型、*Pseudokahliella marina*-亚型、*Schmidingerothrix elongata*-亚型和 *Hypotrichidium paraconicum*-亚型）。

排毛目的设立，更多是因其纤毛图式中普遍存在的数目不定、“无分组化”的额-腹-横棘毛（列），这些棘毛（列）不同程度地显示了同律性和低分化度。但发生学特征并不能明显将其与“更高等的”散毛类区分开。换言之，排毛类与后面将叙述的散毛类共享了很多基本的发生模式或过程。同样，以小核糖体亚基基因为基础的分子系统学分析也不能将之很好地廓清出来。因此，有关该目的外延和内涵实际是一个并没有解决的问题。但在本书中，暂时按照 Lynn（2008）的安排，将本目作为一个独立的阶元论述。

在本目的模式中，*Schmidingerothrix elongata*-亚型的发生过程非常特殊：其纤毛图式和发生模式较一般腹毛类高度简化，尤其是背触毛和口侧膜这两个在进化上高度保守的结构完全缺失。因此被一些学者（Foissner et al. 2014）理解为其代表一种非常接近祖先的原始状态并据此提出了一个假说，认为：“……其他腹毛类应是从一个类似施密丁虫属的祖先进化而来。”

与 Foissner 的观点不同，Berger（2008）则推测，腹毛类最近的共同祖先应类似于现今的尖毛虫，即具有 18 根额-腹-横棘毛、2 列缘棘毛、3 列背触毛、3 根尾棘毛和 2 片波动膜这样的基本结构模式。

上述两个推测中的祖先型无论在纤毛图式结构还是细胞发生过程均差别巨大，而且两个假说均无法得到分子信息的支持。

作者更倾向于给出的解释是：二者均为高度特化（包括结构的退化）的类群，而非祖先型。相比起来，也许施密丁虫保留有更多低级分化的特征。而尖毛虫代表了众多的相邻科属类群（尖毛科、棘尾科等），普遍具有完善、高度的 FVT-原基的分化、十分稳定而相近的发生过程和恒定的 FTV 原基数目，这显然不应理解为巧合现象，这样大范围、高度的相近和类似，必然是演化的结果，而不应是祖先型。

第 4 章　细胞发生学：小双虫型
Chapter 4　Morphogenetic mode: *Amphisiella*-type

邵晨 (Chen Shao)　　宋微波 (Weibo Song)

该发生型的基本特征为：产生“混合腹棘毛列”，即由来自不同原基的棘毛列拼接而成，在营养期细胞中表现为连续、完整的棘毛列。

目前已知属于该发生模式的涉及两个科，即小双科 Amphisiellidae 和旋纤科 Spirofilidae，包括 5 个亚型（*Amphisiella annulata*-亚型、*Lamtostyla salina*-亚型、*Strongylidium orientale*-亚型、*Pseudouroleptus caudatus*-亚型和 *Paraurostyla weissei*-亚型）。

5 个亚型除各自的某些特征外，还共享下列发生学特征：①前仔虫无口原基出现，老口围带完整保留或仅仅在最后端的数片小膜发生非常不显著的解体-重组；②FVT-原基均为 5 原基发生型，老的棘毛部分地参与新原基的产生；③均存在由多列 FVT-原基参与“混合腹棘毛列”的形成过程；缘棘毛原基在老结构中发育；④大核完全融合。

在上述共有特征中，尽管 5 个亚型中均有“混合腹棘毛列”产生，但基本上可再细分为两类。一类包括 3 个亚型：*Amphisiella annulata*-亚型、*Lamtostyla salina*-亚型和 *Paraurostyla weissei*-亚型，其“混合腹棘毛列”由两部分组成，即 FVT-原基 n-1 贡献下半部分，FVT-原基 n 贡献上半部分，该类有横棘毛形成。另一类包括两个亚型：*Strongylidium orientale*-亚型和 *Pseudouroleptus caudatus*-亚型，其中“混合腹棘毛列”由三部分组成，即前、中、后三部分分别由 FVT-原基Ⅳ、Ⅵ和Ⅴ贡献，该类不形成横棘毛。

Amphisiella annulata-亚型和 *Lamtostyla salina*-亚型中无尾棘毛产生，而 *Paraurostyla weissei*-亚型中有尾棘毛产生；*Amphisiella annulata*-亚型和 *Lamtostyla salina*-亚型间的

差异较小，仅存在于：前者 FVT-原基产生的混合腹棘毛列较长（终止于虫体 1/2 以下），每 1 条 FVT-原基都贡献横棘毛，且背触毛原基数目较多（约 6 列）；后者 FVT-原基产生的混合腹棘毛列较短（终止于虫体 1/2 以上），仅后侧 2 或 3 条 FVT-原基贡献横棘毛，且背触毛原基数目较少（普遍为 3 列）。

Pseudouroleptus caudatus-亚型和 *Strongylidium orientale*-亚型的区别主要在于：①背触毛原基 3 在前者中断裂并在后方形成第 4 列背触毛，在后者不发生断裂；②右腹棘毛列在前者中独立发生，而后者则为在老结构的内部形成，即老结构参与了原基的形成和发育。

第1节　条纹小双虫亚型的发生模式

Section 1　The morphogenetic pattern of *Amphisiella annulata*-subtype

李俐琼 (Liqiong Li)　　胡晓钟 (Xiaozhong Hu)

迄今有关小双虫属的发生学了解较少，其中，条纹小双虫是研究得最为详细的。Berger（2004a）和胡晓钟等（Hu et al. 2004a）分别完成了对获取的有限几个发生或重组个体的描述，二者普遍缺乏早期至中期阶段的信息（Berger 2004a; Chen et al. 2013e; Hu et al. 2004b）。本节基于李俐琼（Li et al. 2009）的新报道，对本亚型发生过程予以介绍。

基本纤毛图式　具分化明确的4根额棘毛、1列额棘毛和1根口棘毛（图4.1.1B），具1列小双虫典型的腹棘毛列；左、右缘棘毛各1列，横棘毛和横前棘毛存在（图4.1.1B，D）。

5-8列纵贯体长的背触毛，无尾棘毛（图4.1.1C）。

细胞发生过程

口器　没有观察到老口围带中小膜的解聚或新口原基的形成，但是在发育的中后期可观察到老的口围带除最前端的部分小膜外全部被更新。该过程似乎是集中发生在一个较短时期内，因此没有观察到任何初期阶段（图4.1.2D，E）。

老的波动膜的命运不详，有两种可能：完全被吸收，并被独立产生的UM-原基产生的新生结构所替代，或瓦解为毛基体，进而发育为前仔虫的UM-原基（图4.1.2B，C）。该原基随着毛基体的发育而进一步延长，并向前端产生1根棘毛，即最左边1根额棘毛（图4.1.2E，G；图4.1.3A；图4.1.5E-G）。毛基体接着紧密聚集，到发生末期才纵裂成口内膜与口侧膜（图4.1.3A，C；图4.1.4A，C；图4.1.5H）。

细胞发生最早表现在后仔虫口原基的出现：紧邻小双虫腹棘毛列中部以后的数根棘毛，其左上部出现小而无序排列的毛基体群（图4.1.2A）。在这些老的棘毛仍然完整保留的情况下，毛基体数目稳步增加，从而相互连接形成一纵向、长条形的口原基（图4.1.2B，C）。随后，口原基的毛基体组装成规则排列的小膜（图4.1.2C，D）。

最后，新的小膜完成最后的塑形，成为后仔虫新的口围带（图4.1.2E，G；图4.1.3A，C；图4.1.4A，C）。

后仔虫口原基于开始组装小膜的同时，在右侧出现UM-原基（图4.1.2D）。其发育进程与前仔虫基本一致。

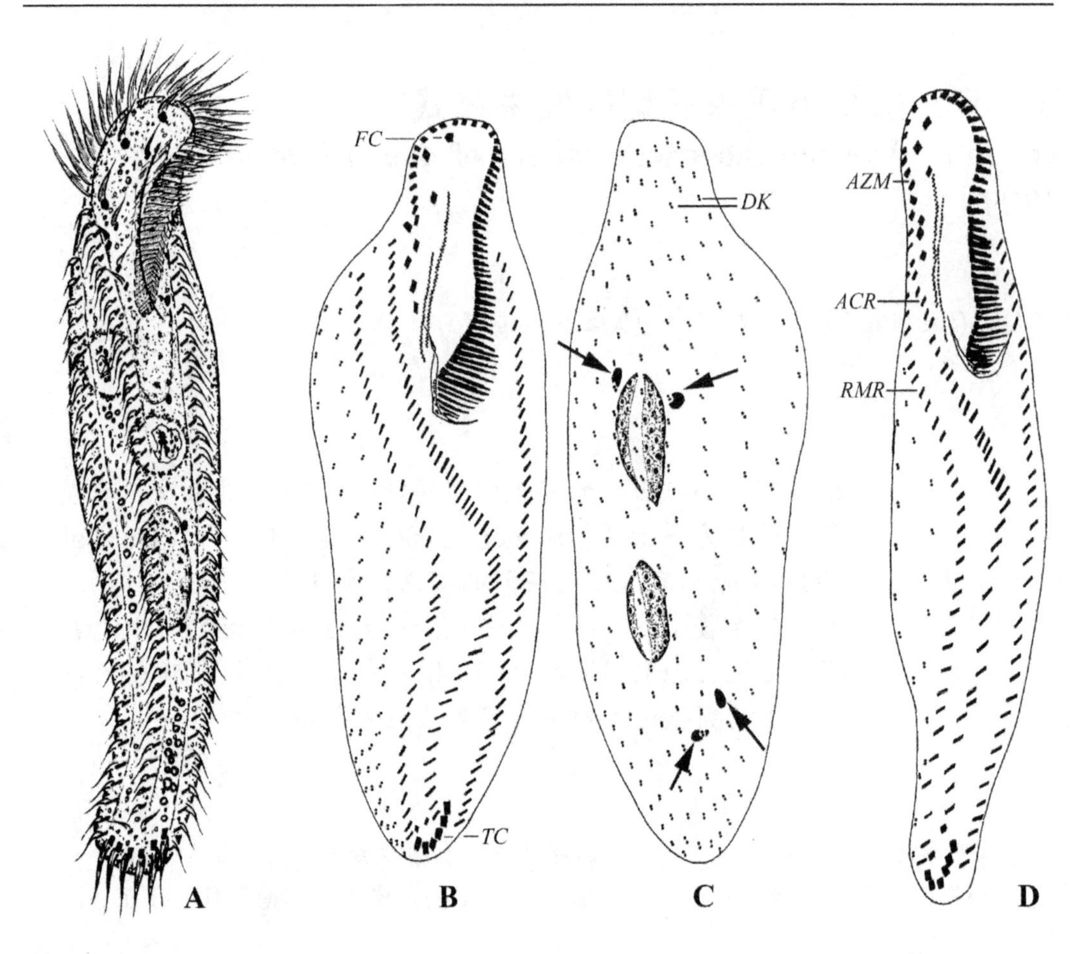

图 4.1.1 条纹小双虫活体形态（**A**）及纤毛图式的腹面观（**B**，**D**）和背面观（**C**）
图 **C** 中长尾箭头示小核。*ACR*. 小双虫腹棘毛列；*AZM*. 口围带；*DK*. 背触毛列；*FC*. 额棘毛；*RMR*. 右缘棘毛列；*TC*. 横棘毛

额-腹-横棘毛 细胞发生早期，在前仔虫中，伴随着部分老额棘毛、波动膜和小双虫腹棘毛列的瓦解，出现了 5 列条带状 FVT-原基及 1 列由波动膜解聚而形成的无序排列的毛基体群（图 4.1.2C），这 6 列 FVT-原基自左至右依次编号为 UM-原基和 FVT-原基 Ⅰ-Ⅴ。不久之后，在胞口附近也出现 1 组 FVT-原基，从而构成了前后 2 组 FVT-原基。其中原基Ⅴ出现在老小双虫棘毛列里，其余原基的来源不详。

后仔虫这一组向后迁移至口原基附近（图 4.1.2D）。随着发生过程的进行，这些原基列延长，并开始片段化。多余的片段被吸收后，最终形成前、后仔虫除缘棘毛之外所有新的棘毛（图 4.1.2E，G；图 4.1.3C；图 4.1.5G，H）。

4 根额棘毛来自 UM-原基（1 根），FVT-原基Ⅰ（1 根）和 FVT-原基Ⅱ（2 根）（图 4.1.2E，G；图 4.1.3C；图 4.1.5G，H）。

额棘毛列来自 FVT-原基Ⅲ（3 根）（图 4.1.3A，C；图 4.1.4A，C；图 4.1.5G，H）。

1 根口棘毛来自 FVT-原基Ⅰ（1 根）（图 4.1.3A，C；图 4.1.4A，C；图 4.1.5G，H）。

小双虫腹棘毛列来自 FVT-原基Ⅳ（后部）和 FVT-原基Ⅴ（前部）（图 4.1.4A，C；图 4.1.5H）。

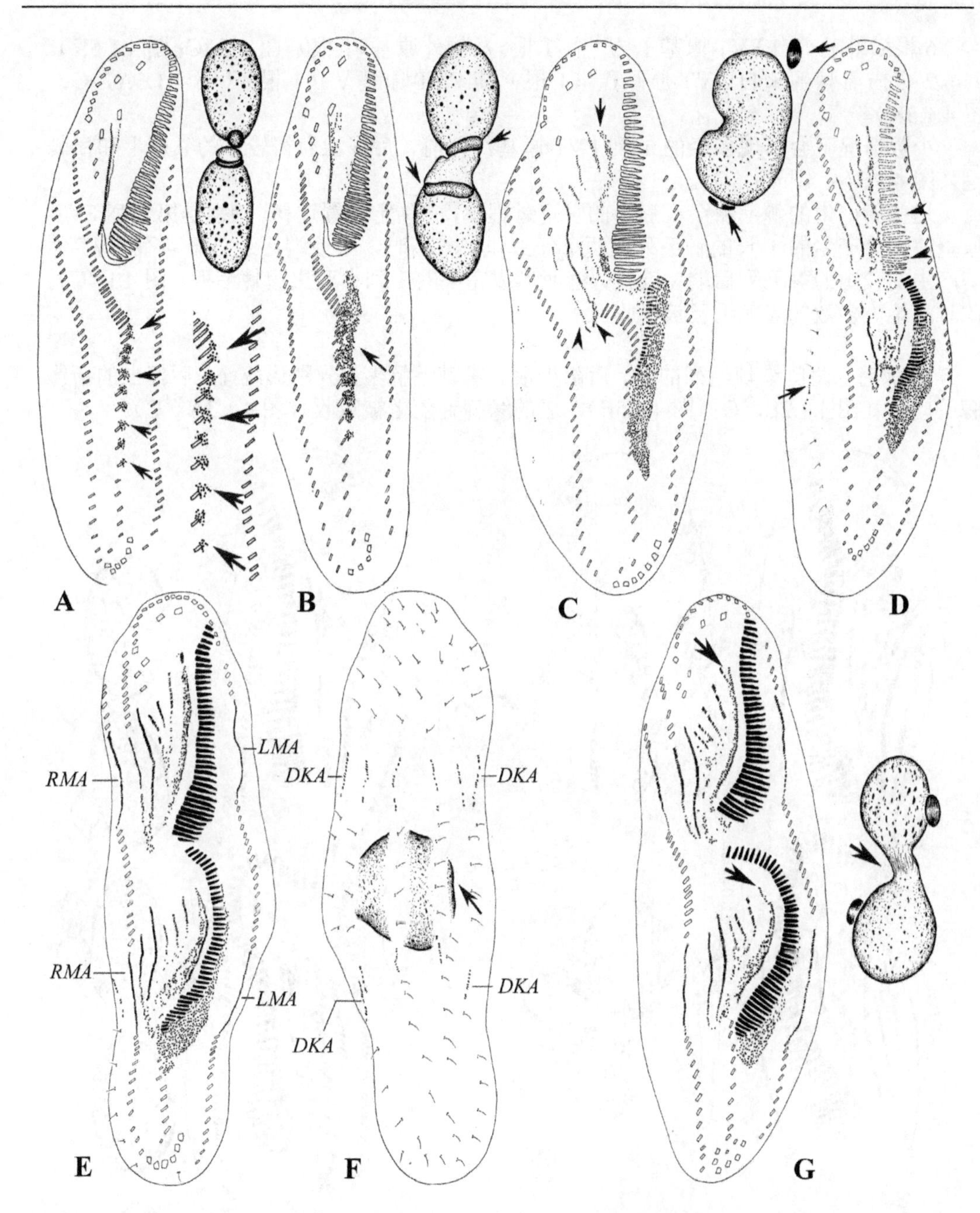

图 4.1.2 条纹小双虫细胞发生早期（**A-D**）和中期（**E-G**）的纤毛图式
A. 早期发生个体腹面观，箭头示小的毛基体群，注意，老结构并不参与口原基的形成，插图为大核及大核复制带；**B.** 早期发生个体腹面观，箭头指稍增大的后仔虫口原基，老结构并不参与口原基的形成，插图为刚刚进行融合的大核及大核复制带（箭头）；**C.** 早期发生个体腹面观，箭头示解体的波动膜，无尾箭头指初形成的后仔虫 FVT-原基；**D.** 发生早期个体的腹面观，无尾箭头指示瓦解的小膜，箭头指背触毛原基，插图为几近完全融合的大核，箭头示小核；**E，F.** 发生中期同一个体腹面及背面观，图 **F** 中箭头指大核的单一融合体，注意通过毛基体的增殖，FVT-原基、UM-原基和缘棘毛原基均向虫体两端延伸并加粗；**G.** 发生中期个体腹面观，箭头指一小段由 UM-原基向前分离出的棘毛片段，此片段会发育为前、后仔虫的第 1 额棘毛，注意，此时 FVT-原基开始发生片段化，插图为单一融合体的分裂（箭头）。*DKA*. 背触毛原基；*LMA*. 左缘棘毛原基；*RMA*. 右缘棘毛原基

6 根横棘毛来自 FVT-原基Ⅰ-Ⅴ（各 1 根）及额外原基（1 根）（图 4.1.4C；图 4.1.5K）。

2 根横前棘毛来自 FVT-原基Ⅳ（1 根）和 FVT-原基Ⅴ（1 根）（图 4.1.3A，C；图 4.1.5K）。

少数情况下会出现多余的 1 列 FVT-原基，使前、后仔虫获得较多的额棘毛和横棘毛（图 4.1.3A；图 4.1.5G）。

这些新产生的棘毛将会在后面的发育过程中，向预定位置迁移。特别是第 5 列 FVT-原基前部分产生的 1 长的棘毛列在两个仔虫即将分离时，其前端已经与第 4 列 FVT-原基产生的较短的棘毛列后端相连接，继而形成完整的 1 列小双虫腹棘毛列（图 4.1.4C）。此时，绝大多数的老棘毛已被吸收。

缘棘毛　两侧缘棘毛列的前、后部少数老缘棘毛解聚，分别形成前、后仔虫的新缘棘毛原基（图 4.1.2E，G；图 4.1.5E），老的缘棘毛随之被吸收（图 4.1.3A，C）。

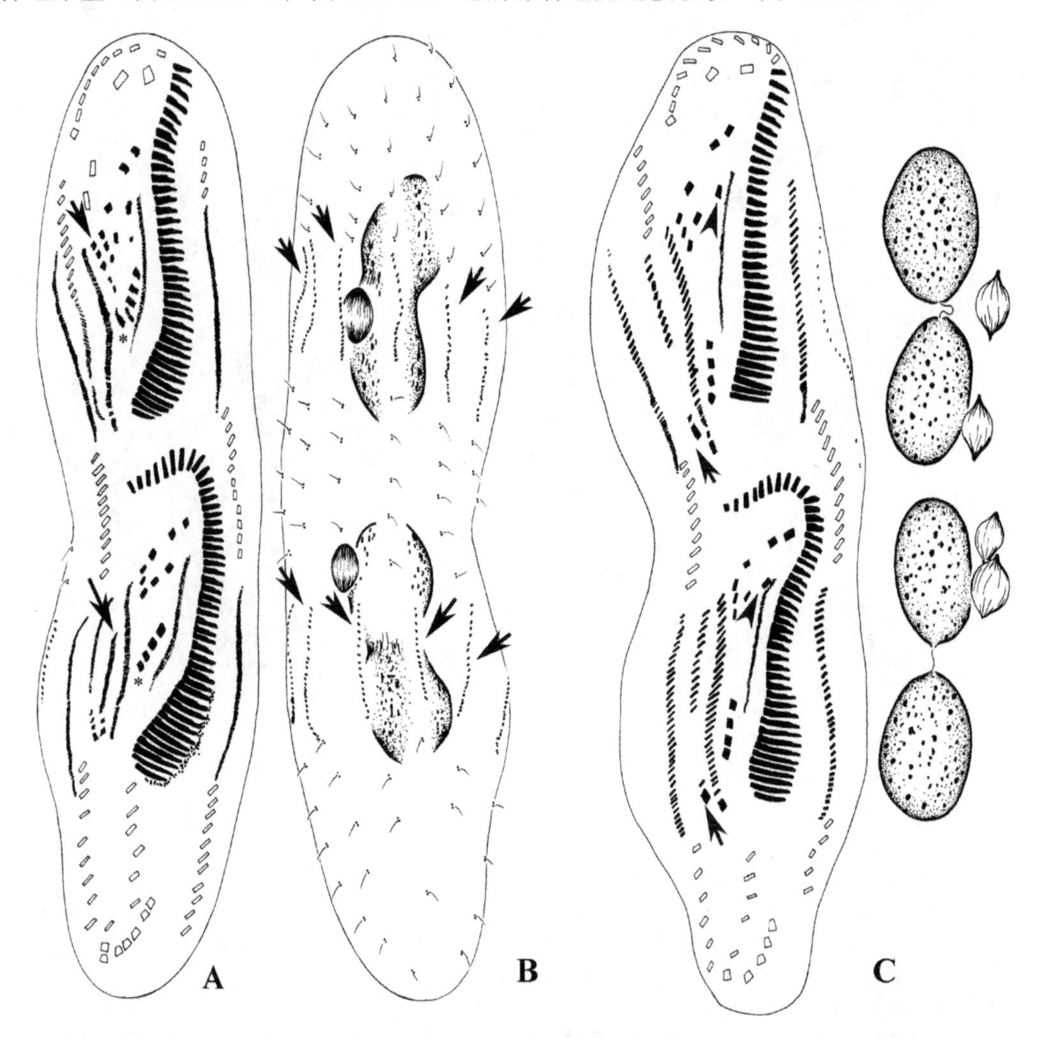

图 4.1.3　条纹小双虫细胞发生中至晚期纤毛图式

A，B. 同一发生个体腹面及背面观，图 **A** 中箭头示前、后仔虫中多余的原基，* 指示额外原基所产生的棘毛，图 **B** 中箭头指背触毛原基；**C.** 发生个体腹面观以示新形成的棘毛，箭头和无尾箭头分别指示新的横棘毛和口棘毛。插图：大核及小核

背触毛　背触毛原基出现的时间比缘棘毛原基稍晚，为原始的一组式，并且原基于每列背触毛的前后分别产生。后期的发育无分段化过程，简单地取代老结构（图 4.1.2F；图 4.1.3B；图 4.1.4B）。无尾棘毛产生。

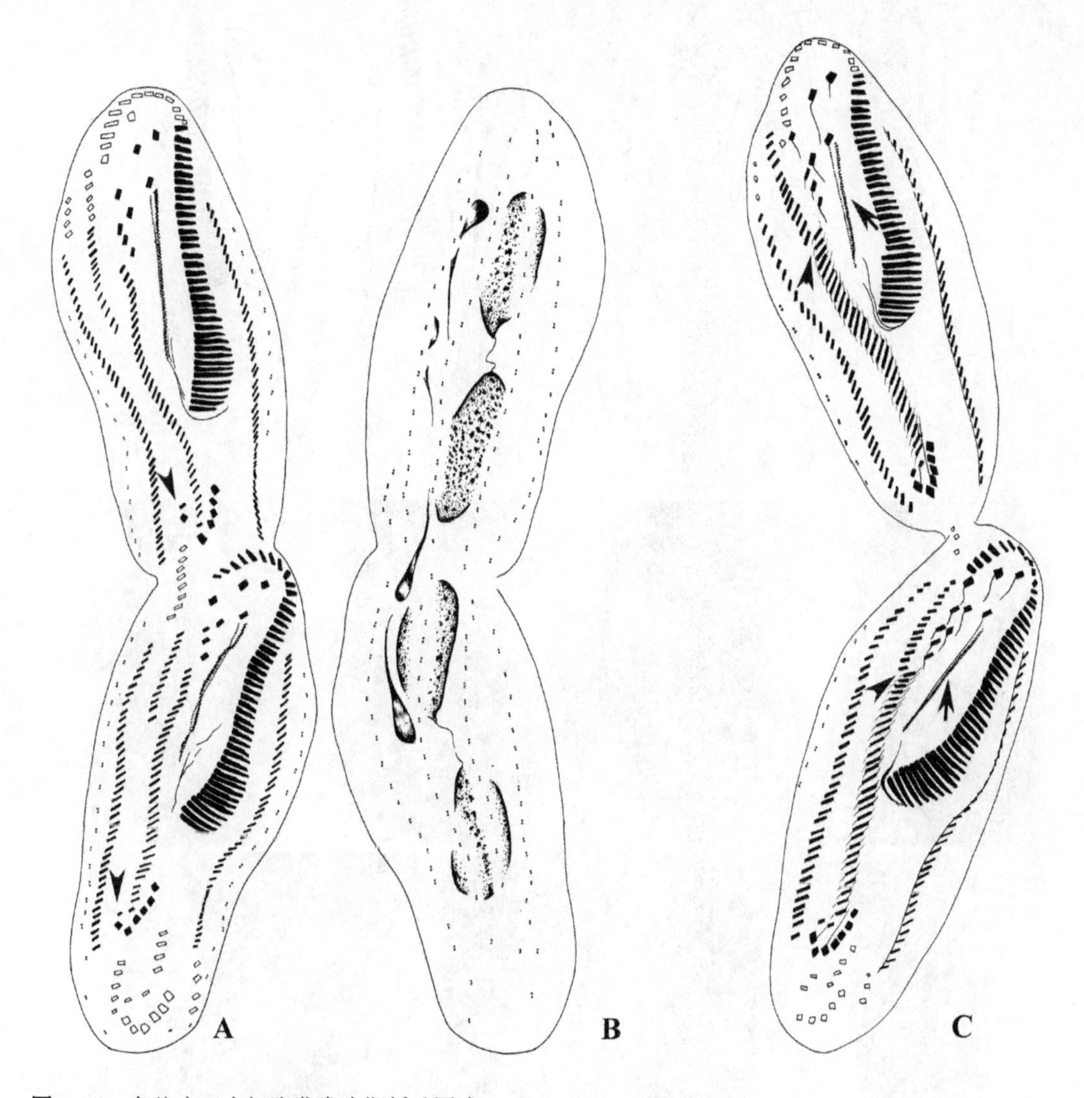

图 4.1.4　条纹小双虫细胞发生晚期纤毛图式

A，B. 同一发生个体腹面及背面观，图 **A** 中无尾箭头示前、后仔虫新形成的横前棘毛，注意，此时小双虫腹棘毛列尚未形成；**C.** 即将分裂的个体腹面观，箭头指分离后的波动膜，无尾箭头指示两棘毛列前后相接形成小双虫腹棘毛列时中间的连接处

核器　复制带的出现早于纤毛器发生时期（图 4.1.2A，B），大核以常规的形式发生，即发生过程中大核融合为一（图 4.1.2C，F），随后分裂为二，分配给两个仔虫（图 4.1.2G；图 4.1.3B）并在两仔虫中再分裂一次（图 4.1.3C；图 4.1.4B）。

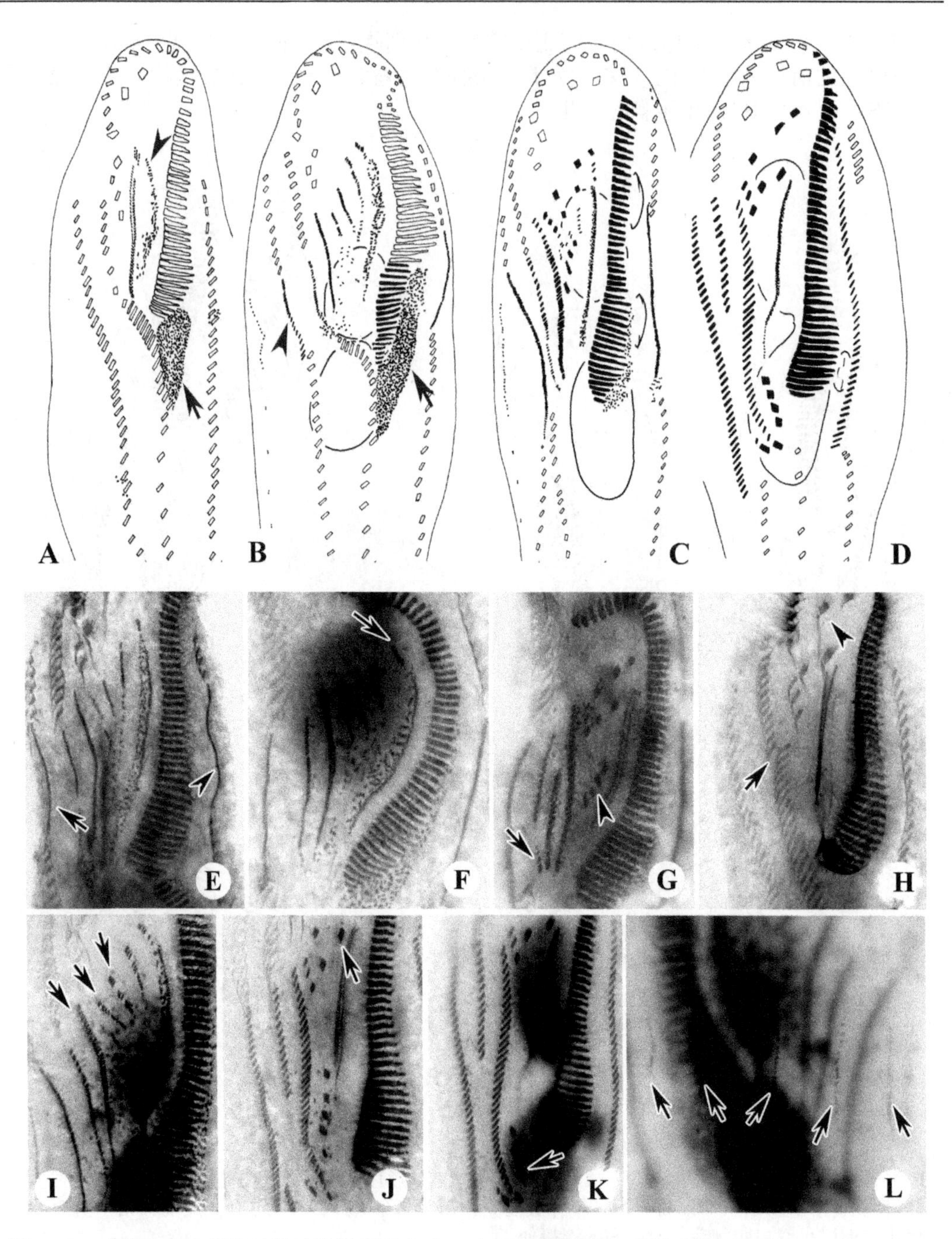

图 4.1.5 条纹小双虫细胞重组时期纤毛图式（**A-D**）及细胞发生和重组时期（**E-L**）
A. 无尾箭头示独立发生的一小列毛基体群，箭头示口原基；**B.** 示老口围带的瓦解及新形成的 FVT-原基，箭头示口原基，无尾箭头指右缘棘毛原基；**C.** 示 FVT-原基的片段化及新的小膜；**D.** 晚期重组个体腹面观，示棘毛分化方式；**E.** 细胞发生中期个体前仔虫腹面观，箭头和无尾箭头分别示右及左缘棘毛原基；**F.** 发生中期个体后仔虫腹面观，箭头示第 1 额棘毛；**G.** 发生中至晚期个体后仔虫腹面观，箭头指将要发育成为最后 1 根横前棘毛和横棘毛的片段，无尾箭头指新的横棘毛；**H.** 晚期个体前仔虫腹面观，无尾箭头指示新的额棘毛，箭头示形成小双虫腹棘毛列的两棘毛列中的衔接处；**I.** 中期重组个体腹面观，箭头示 FVT-原基；**J，K.** 两个中至晚期重组个体腹面观，图 **J** 中箭头指新的口棘毛，图 **K** 中箭头指新的横棘毛；**L.** 箭头示背触毛原基

细胞重组　共观察到 4 个不同时期的重组个体。其皮膜演化主要过程为：最早期在老波动膜解聚之前，口区出现无序排列的毛基体群，我们无法判断这是口原基还是 UM-原基，以及老波动膜随后是会解聚产生 UM-原基还是会被完全吸收。同时，老口围带后端与小双虫腹棘毛列中部左侧之间团状口原基形成（图 4.1.5A）。左、右缘棘毛列中分别有 1、2 根棘毛发生解聚，随后发育为缘棘毛原基（图 4.1.5A，B）。

而新的口围带小膜随着老口围带后端瓦解吸收进行组装。5 列 FVT-原基也在部分棘毛参与的基础上形成于皮膜表面（图 4.1.5B，I）。

UM-原基此时向前形成 1 个毛基体片段（图 4.1.5B，I）。之后随着小膜组装的完成，各原基列的毛基体不断聚集和片段化形成新的棘毛。其棘毛分化形式，以及缘棘毛和背触毛发生过程与细胞发生相同（图 4.1.5B，C，J-L）。

最后，新棘毛不断迁移至预定位置，老棘毛被吸收，直至形成成熟的营养期细胞（图 4.1.5D）。

主要特征及讨论　迄今已知的小双虫属中经过发生学研究的物种较少，其中条纹小双虫（*Amphisiella annulata*）研究得最为详细。Berger（2004a）和 Hu 等（2004b）分别对获取的有限几个发生或重组个体进行了描述，但这些工作普遍缺乏对早期至中期分裂相的观察信息，某些晚期重要阶段的信息目前也不够完整（Berger 2004a；Chen et al. 2013e；Hu et al. 2004b）。

基于这些观察及李俐琼（2009）的报道，对条纹小双虫亚型的发生学特征可以总结如下。

（1）在细胞分离早期，老口围带的中后部小膜发生解体和原位重建，由此完成对大部分老结构的更新，但该过程无新口原基的形成。

（2）FVT-原基为稳定的 5 列。

（3）FVT-原基中最右侧两列前后叠加形成小双虫腹棘毛列。

（4）缘棘毛原基在老结构中发生。

（5）背触毛的形成为一组式、次级发生式，新生原基形成于每一列老结构内，无分段化。

一个有待证实的现象是老口围带的变化：可以明确的是，除最前端的小膜外，主体部分均发生原位的解体和重建，由此完成对老结构的替换。但由于迄今所观察到的均为其发育的偏后期，之前的变化细节均不详。因此，是否仅仅发生老结构简单的在原位发生解体、小膜重建和替代老口围带及详细的过程，依然有待补充观察。

除条纹小双虫外，小双虫属内还有其他 4 个种细胞发生学信息已知。其中，*Amphisiella sinica*、*A. pulchra* 和 *A. milnei* 都仅有少数 1 或 2 个发生时期的报道，*A. candida* 时期相对较多。从仅有信息推断，小双虫属内 5 列 FVT-原基、缘棘毛及背触毛的发生模式稳定，而前、后仔虫口原基发生学特征是否一致还有待进一步研究（Chen et al. 2013e）。

小双科的 FVT-原基为类似于散毛目的 5 原基发生型，但二者在原基来源与棘毛分化命运上都具有显著的区别。

此外，小双虫腹棘毛列在发生上来自最右边的 2 列 FVT-原基。在尖毛虫相近的散毛目类群中，目前也有少数类群发生 3 列 FVT-原基的前后叠加（如 *Protogastrostyla*）：原基 V 组成前部、原基III组成中部、原基IV组成后部（Berger 1999, 2008；Foissner 1988；Li et al. 2007b）。

第 2 节　盐拉姆虫亚型的发生模式
Section 2　The morphogenetic pattern of *Lamtostyla salina*-subtype

芦晓腾 (Xiaoteng Lu)　　邵晨 (Chen Shao)

拉姆虫属最初由 Buitkamp（1977）根据模式种拉姆拉姆虫（*Lamtostyla lamottei*）建立，该属最主要的特征在于额、腹、横棘毛普遍发生显著的退化，腹棘毛列（ACR）十分短，仅后延至体长约 1/3 处。盐拉姆虫细胞发生学由董静怡等新近完成（Dong et al. 2016），该工作显示：腹棘毛列的前、后部分分别来自 FVT-原基 n 和 n-1；老结构参与 FVT-原基的构建，原基 n-1 在 ACR 中产生，原基 n 在 ACR 的右侧形成。作为特点之一，盐拉姆虫的 FVT-原基数目可变，为 5-7 列。本节对本属的发生学特征和本属发生学过程的多元化予以介绍。

基本纤毛图式　小双虫腹棘毛列十分短，分布在虫体前 1/3，具 3 根额棘毛、1 根口棘毛和约 3 根细弱的横棘毛，左侧具多列片段样的额腹棘毛列；左、右缘棘毛通常各 1 列，无尾棘毛（图 4.2.1A，B）。

背触毛罕见地仅具 2 列，纵贯虫体（图 4.2.1C）。

细胞发生过程

口器　前仔虫中无新口原基的形成，老口围带完全保留。

由于相关时期的缺失，无法判断前仔虫 UM-原基的来源，但推测系来自老结构的解体，并在细胞发生早期即已形成（图 4.2.2C，E）。接下来，UM-原基内的毛基体不断延长并逐步分化，由无序到形成单列，其前端形成 1 根棘毛，UM-原基纵裂形成口侧膜与口内膜（图 4.2.2H；图 4.2.3A，C）。

后仔虫口原基在皮膜发生最初起始于虫体胞口后出现的无序排列的毛基体群（图 4.2.2A）。毛基体不断扩增，口原基组装为口围带小膜（图 4.2.2C，F，H）。至后期，形成了新的问号形的口围带（图 4.2.3A，C）。

在发生前期，后仔虫的 UM-原基出现在口原基的右前方（图 4.2.2C，F）。随后，该原基与前仔虫完全同步发育，形成 1 根额棘毛及前仔虫的口内、口侧膜（图 4.2.2F，H；图 4.2.3A，C）。

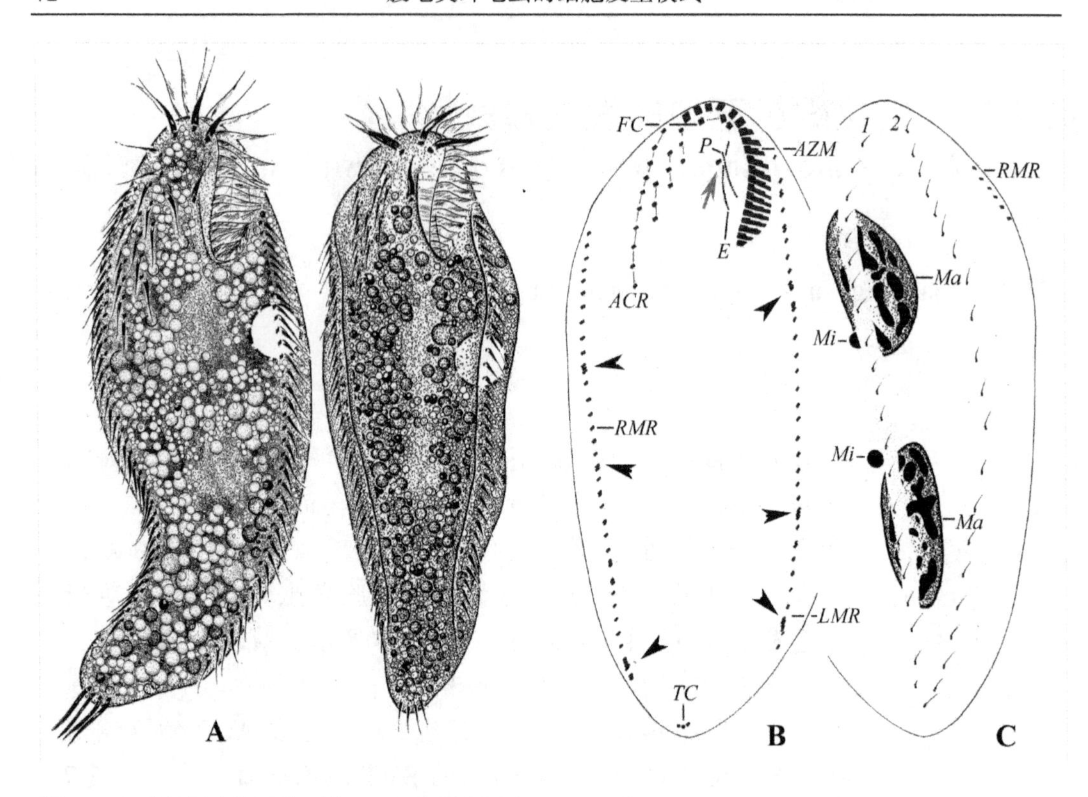

图 4.2.1 盐拉姆虫的活体形态（**A**）和纤毛图式（**B**，**C**）
A. 典型个体的腹面观；**B**，**C.** 纤毛图式腹面观（**B**）和背面观（**C**），无尾箭头示残基样的缘棘毛，箭头示口棘毛。*ACR.* 小双虫腹棘毛列；*AZM.* 口围带；*E.* 口内膜；*FC.* 额棘毛；*LMR.* 左缘棘毛列；*Ma.* 大核；*Mi.* 小核；*P.* 口侧膜；*RMR.* 右缘棘毛列；*TC.* 横棘毛；*1*，*2.* 背触毛列

额-腹-横棘毛 发生早期，FVT-原基出现在口区右后侧，并与口原基前端相连（图 4.2.2A）。FVT-原基进一步增殖分化，在前仔虫 UM-原基右侧随机形成 4-6 列 FVT-原基（从原基的长度及中部的间隔推断，这是 1 组初级原基），其中老的小双虫棘毛列消失，表明它们参与 FVT-原基的形成（图 4.2.2C，E）。其中 FVT-原基Ⅰ-Ⅲ分别来自口棘毛、FVR_1 和 FVR_2。但由于缺乏相关时期，对于 FVT-原基 n-1 和 n 的来源，我们不能十分确定（见本节讨论）。

随后，FVT-原基进一步扩增并横裂，为前、后仔虫分别贡献 1 组原基，两组原基互相分离（图 4.2.2F，H）。最终，前、后仔虫的 FVT-原基同步完成分化，原基 n 和 n-1 分别形成小双虫棘毛列的前后部分（图 4.2.3A，C）。

根据来源，下面各类棘毛与原基的关系如下。

左侧额棘毛来自 UM-原基。

口棘毛和中间的额棘毛来自 FVT-原基Ⅰ。

右侧额棘毛来自 FVT-原基Ⅱ。

FVR_1- FVR_4 分别来自 FVT-原基Ⅱ-Ⅴ。

小双虫棘毛列的前、后部分分别来自 FVT-原基 n 和 n-1。

横棘毛来自右侧 2 或 3 条 FVT-原基末端。

缘棘毛　老结构参与缘棘毛原基的形成：发生起始不久，左、右缘棘毛列的前部和中部约 1/3 处的棘毛解体形成原基（图 4.2.2F），这些原基向上下方延伸并最终取代老结构（图 4.2.2H；图 4.2.3A，C）。

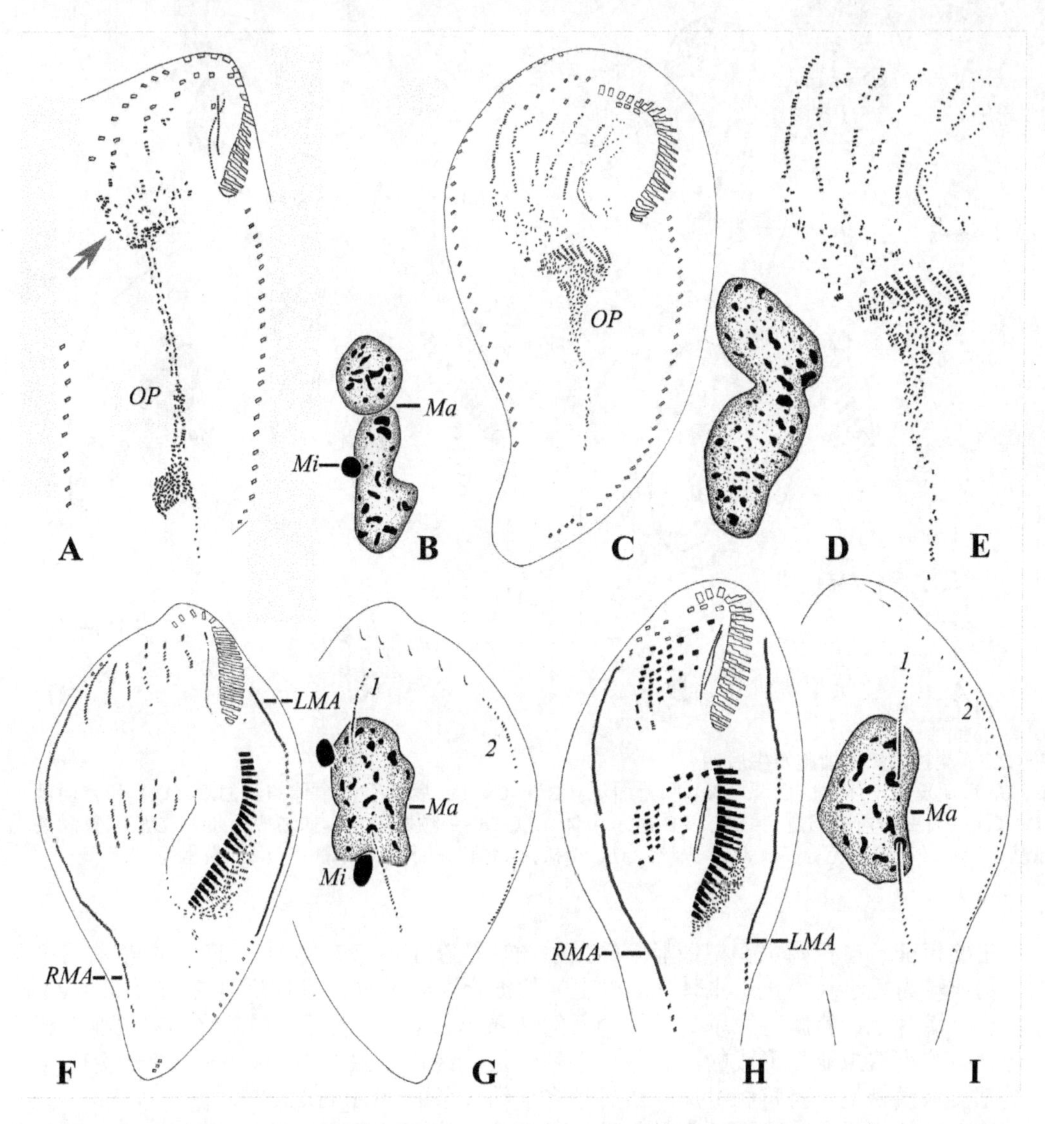

图 4.2.2　盐拉姆虫的细胞发生前期（**A，B**）和中期（**F-I**），以及细胞重组前期（**C-E**）的纤毛图式
A，B. 前期发生个体，箭头示 FVT-原基的分化；**C-E.** 前中期改组个体；**F，G.** 中期发生个体的腹面观（**F**）和背面观（**G**）；**H，I.** 中后期发生个体的腹面观（**H**）和背面观（**I**）。*LMA.* 左缘棘毛原基；*Ma.* 大核；*Mi.* 小核；*OP.* 口原基；*RMA.* 右缘棘毛原基；*1，2.* 背触毛列

背触毛　背触毛原基分别在老结构中产生并以腹毛类一般方式继续发育。该过程不形成尾棘毛（图 4.2.2G，I；图 4.2.3B，D）。

核器　细胞发生中期大核融合成单一融合体（图 4.2.2G，I）。至发生后期，经过分裂分配给前后两个仔虫（图 4.2.3B，D）。

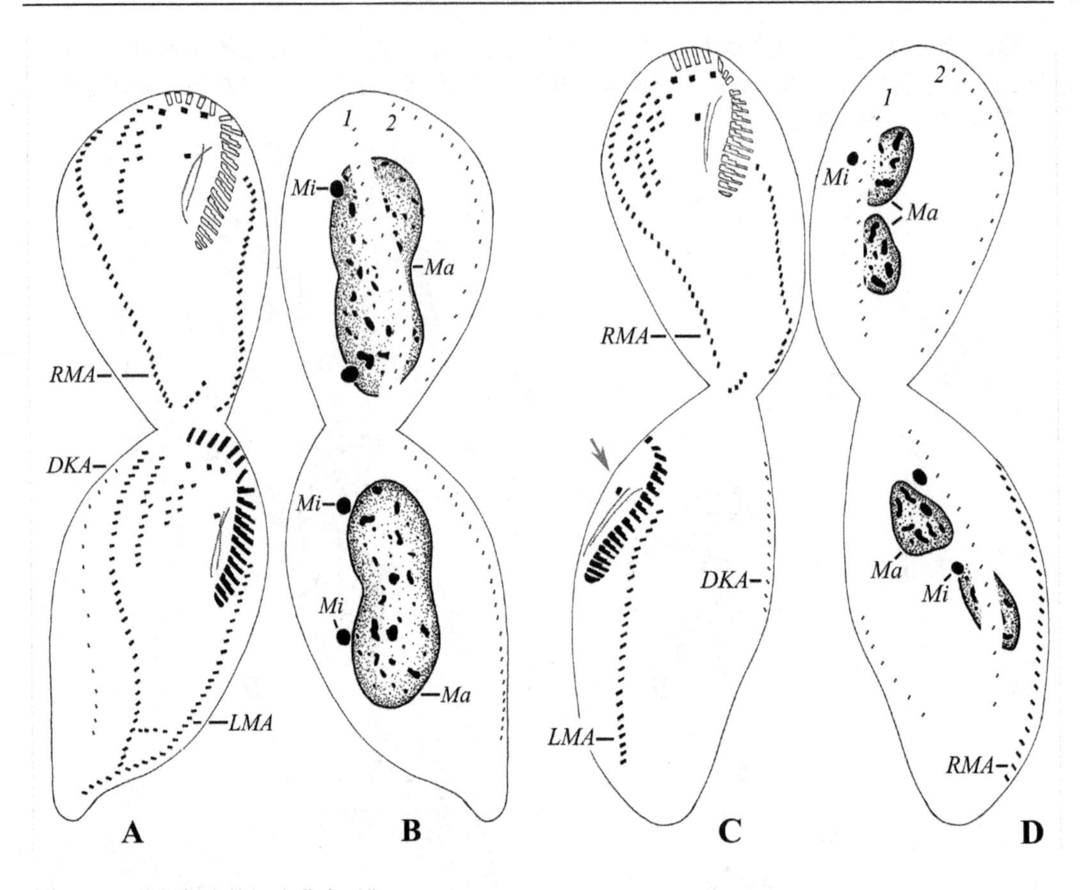

图 4.2.3 盐拉姆虫的细胞发生后期

A，B. 后期发生个体的腹面观（**A**）和背面观（**B**）；**C，D.** 后期发生个体的腹面观（**C**）和背面观（**D**）（注：因虫体角度问题，图 **C** 和 **D** 所示个体无法观察到额腹棘毛，如箭头所示）。*DKA*. 背触毛原基；*LMA*. 左缘棘毛原基；*Ma*. 大核；*Mi*. 小核；*RMA*. 右缘棘毛原基；*1*，*2*. 背触毛列

主要特征 盐拉姆虫亚型最显著的发生学特征在于：最右侧两列 FVT-原基前后叠加，构成较为短小（终止于虫体 1/2 以上）的混合腹棘毛列，且仅后侧 2 或 3 条 FVT-原基贡献横棘毛，背触毛原基数目较少（约 3 条），这一特征可以与条纹小双虫亚型相区分，条纹小双虫亚型形成的混合腹棘毛列较长（终止于虫体 1/2 以下），每一条 FVT-原基都贡献横棘毛，且背触毛原基数目较多（约 6 条）（Berger 2008）。

迄今，拉姆虫属内已有 6 个种的发生学信息：澳洲拉姆虫（*Lamtostyla australis*）、冰岛拉姆虫（*L. islandica*）、派利拉姆虫（*L. perisincirra*）、装饰拉姆虫（*L. decorata*）和纤长拉姆虫（*L. longa*）和本节所描述的盐拉姆虫，其中澳洲拉姆虫和本节所描述的盐拉姆虫的研究最为详细（Berger 2008；Dong et al. 2016）。其中，仅盐拉姆虫的 FVT-原基数目可变，为 4-6 列，而其他种类均具有稳定的 5 列 FVT-原基。

该亚型的特征总结如下。

（1）前仔虫老口围带完全保留。

（2）前仔虫老额腹棘毛参与 FVT-原基的形成。

（3）FVT-原基数量为不稳定的 4-6 列，在起源上为初级发生式。

（4）小双虫棘毛列的前、后部分分别来自 FVT-原基 n 和 n-1。

（5）缘棘毛原基来源于老结构。

（6）两列背触毛原基以简单模式直接形成于老结构中，无尾棘毛产生。

一个值得注意的现象是盐拉姆虫的缘棘毛发生模式：大多数个体左右各为1列缘棘毛，但存在左、右2或3列的现象。由于在发生个体中没有形成多余的原基，推测多列的缘棘毛很可能是来自部分老结构的保留。

在多数间期个体中，缘棘毛列的排列不尽规则：缘棘毛大小不一、间距不等，棘毛间的界限常不清晰而且棘毛边缘不规整（毛基体排列呈原基状态），表明盐拉姆虫缘棘毛的发育不够完全（相比之下，属内其他种的缘棘毛结构则稳定且分化完全）。这些特征很可能代表了其偏于原始的发育状态，但也不排除在极端环境胁迫下虫体表现出的不稳定态（畸形）这一可能性。

在所有以拼接方式形成腹棘毛列的小双科阶元中，甚至是所有排毛目类群中，同种内个体间FVT-原基数目均比较稳定，本亚型所表现出的FVT-原基数目高变是一个特例。这种不稳定性或许是极端生存环境（该种采集自高硫化物环境）的胁迫作用导致的，即表现为一种畸形状态。同样的现象在与采自相同生境中的中华殖口虫也有出现（见第18章第1节）。

由于缺乏相关时期，一个有待证实的信息是FVT-原基n-1和n的形成方式，有两种可能：①FVT-原基n-1独立形成，FVT-原基n来自小双虫棘毛列；②FVT-原基n-1来自小双虫棘毛列，而原基n在小双虫棘毛列右侧产生。我们倾向于后者。

本亚型与中华殖口虫亚型（见第5篇）的发生模式有相似，即它们都具有约5列FVT-原基，且都是初级发生式。但是二者的重要区别在于：本亚型最右侧两列FVT-原基前后叠加，构成1列腹棘毛列，后者没有此现象。

第3节　魏氏拟尾柱虫亚型的发生模式
Section 3　The morphogenetic pattern of *Paraurostyla weissei*-subtype

陈旭淼 (Xumiao Chen)　　邵晨 (Chen Shao)

作为排毛目的重要代表及一个独立的亚型，魏氏拟尾柱虫的细胞发生过程是迄今了解得最为详尽的种（Jerka- Dziadosz 1965；Jerka-Dziadosz & Frankel 1969；Wirnsberger et al. 1985；邱子健和史新柏 1991）。本章节的描述基于施心路等（1999）对中国种群的研究工作。

基本纤毛图式　单一口棘毛，若干额棘毛，多列延伸到后端的腹棘毛列和发达的横棘毛；左右各1列缘棘毛。

4列纵贯虫体全长的背触毛，尾棘毛3列（图4.3.1）。

细胞发生过程

口器　老的口围带完全不发生变化，被前仔虫完整继承（图4.3.2C）。

老波动膜（或其中的一片？）经去分化并在原位发展成前仔虫新的UM-原基（图4.3.1C，E），该原基随后按照常规模式发育：前端形成第1额棘毛，后部分化、纵裂为口侧膜和口内膜（图4.3.1G；图4.3.2A，C）。

后仔虫的口原基出现在形态发生早期，在口后、第1列腹棘毛列的左侧出现数组相互分离的簇状丛集的毛基体（图4.3.1A），随即这些毛基体纵向扩展并彼此汇聚成1长带状的毛基体群，即后仔虫之口围带原基区（图 4.3.1C）。随后，原基内组装出规整排列的小膜，最后形成完整的口围带（图4.3.1E，G）。

在后仔虫口原基前部组装小膜的同时，其UM-原基在口原基之右侧出现(图4.3.1C，E)，其随后发育过程同前仔虫（图4.3.1G；图4.3.2A，C）。

额-腹-横棘毛　本亚型具有多于5列（7-8列）的FVT-原基。细胞发生近中期，虫体腹面第1列腹棘毛（左边第1列）首先开始部分瓦解（图4.3.1C），随后其余的腹棘毛及额棘毛也开始解聚，并分别在口区及胞口下方自后而前形成两组FVT-原基，均为7或8列，呈条带状（图4.3.1C，E），即为前、后仔虫的FVT-原基。

至发生中后期，原基伸长并断裂成若干段，然后通过分化形成独立的棘毛(图4.3.1G)。

额棘毛从左至右分别来自于UM-原基、FVT-原基Ⅰ前端和随后的几列FVT-原基。

1 根口棘毛来自 FVT-原基 I 后部。

中部的若干列 FVT-原基前部形成多列腹棘毛列。

横棘毛来自最后几列 FVT-原基的后部。

最后 1 列 FVT-原基形成 1 列棘毛（迁移棘毛），向前迁移并与倒数第 2 列 FVT-原基所形成的 1 列结构拼接形成虫体最右端较长的小双虫腹棘毛列。

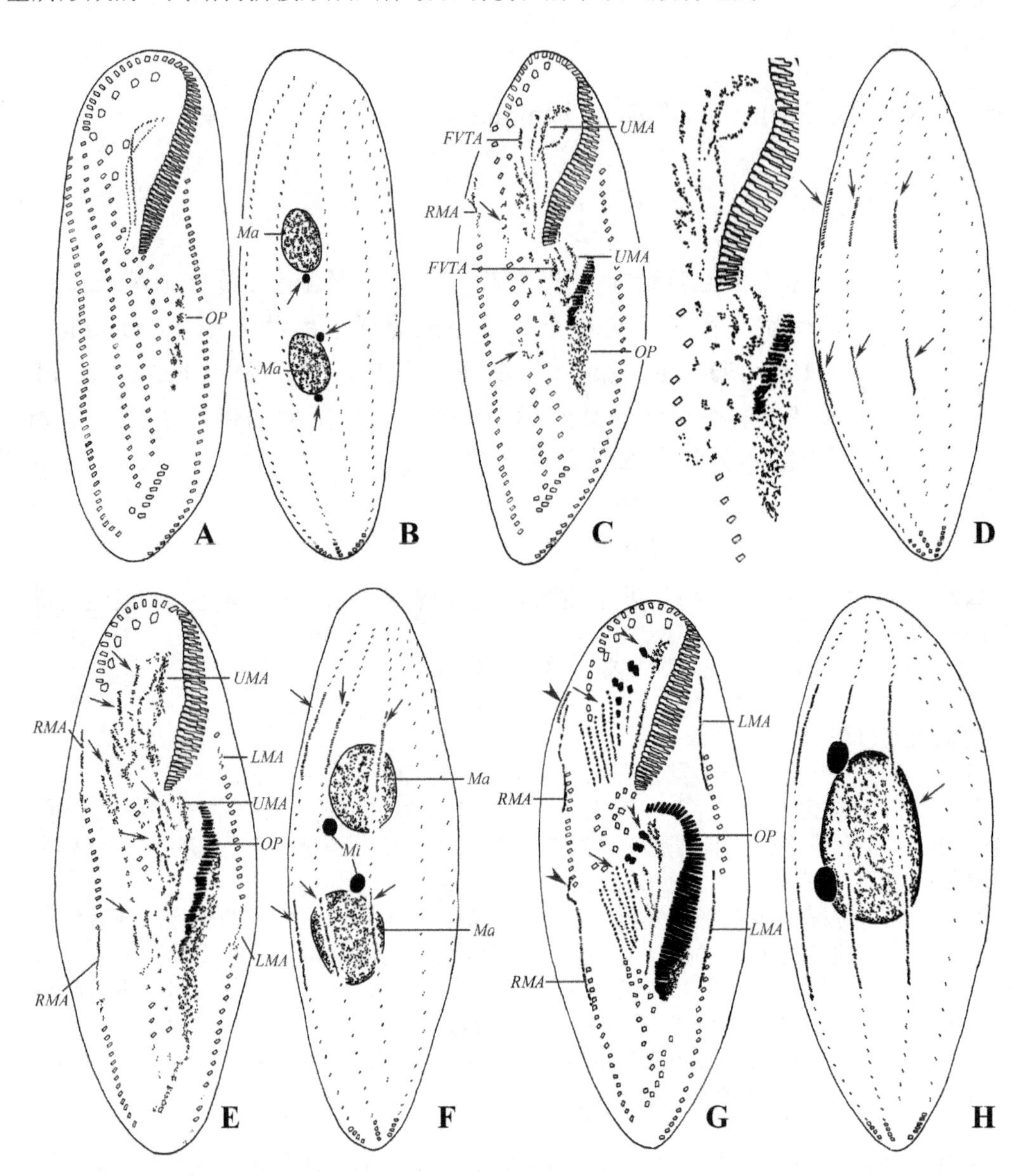

图 4.3.1 魏氏拟尾柱虫细胞发生过程中的纤毛图式

A，B. 早期个体腹面观（**A**）和背面观（**B**），箭头示小核；**C，D.** 同一个体腹面观（**C**）和背面观（**D**），箭头分别示腹棘毛列（**C**）和背触毛列（**D**）解聚、重组形成原基；**E，F.** 同一细胞发生中期个体腹面观（**E**）和背面观（**F**），箭头分别示 FVT-原基（**E**）和背触毛原基（**F**）；**G，H.** 同一个体腹面观（**G**）和背面观（**H**），无尾箭头示背缘触毛列的原基，双箭头示 UM-原基向前形成 1 根额棘毛，箭头分别示多列腹棘毛（**G**）和融合的大核（**H**）。*FVTA*. FVT-原基；*LMA*. 左缘棘毛原基；*Ma*. 大核；*Mi*. 小核；*OP*. 后仔虫口原基；*RMA*. 右缘棘毛原基；*UMA*. UM-原基

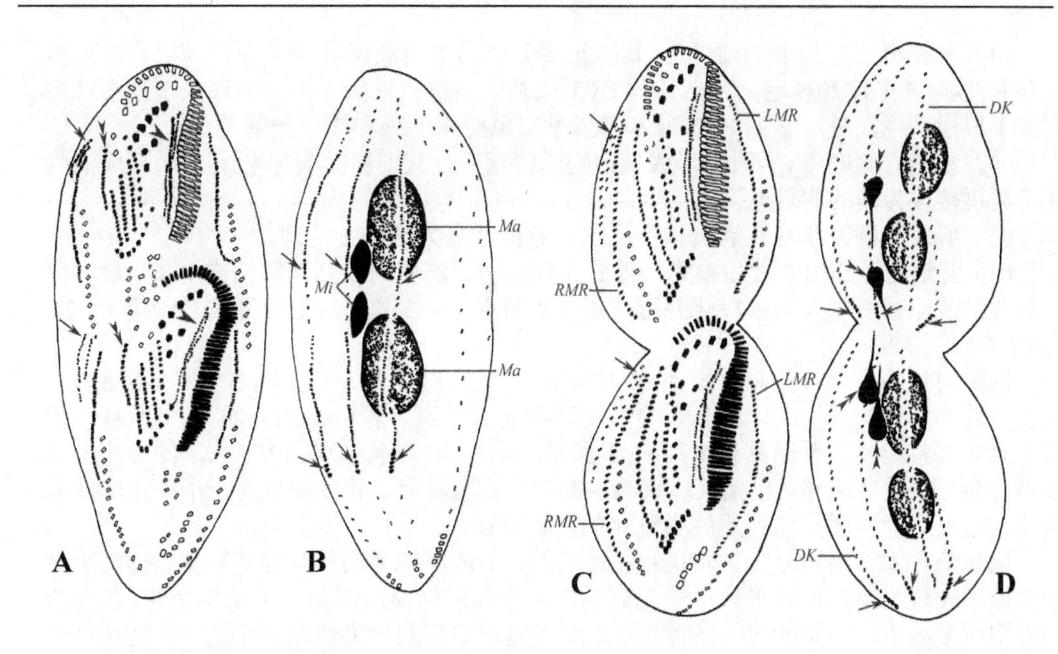

图 4.3.2　魏氏拟尾柱虫形态发生末期的纤毛图式

A，B. 细胞发生晚期个体腹面观（**A**）和背面观（**B**），箭头分别示背缘触毛列原基的分化（**A**）和背触毛列末端分化出尾棘毛（**B**），无尾箭头示 UM-原基纵裂为口侧膜和口内膜，双箭头示最后 1 列 FVT-原基形成的棘毛列向前迁移；**C，D.** 即将分离的虫体腹面观（**C**）和背面观（**D**），箭头分别示新形成的背缘触毛列（**C**）和尾棘毛（**D**），双箭头示分裂的小核。*DK.* 背触毛列；*LMR.* 左缘棘毛列；*Ma.* 大核；*Mi.* 小核；*RMR.* 右缘棘毛列

缘棘毛　缘棘毛原基出现于细胞发生中期，在老结构中，前、后仔虫各形成一组原基，解体的老棘毛显然参与了原基的形成和发育（图 4.3.1C，E）；原基随后逐步发展、分化为新的缘棘毛列（图 4.3.1G）。其中右侧原基的前端经片段化形成背缘棘毛原基（图 4.3.1G，图 4.3.2A，C）。

背触毛　背触毛为两组发生式：第 1 组原基出现在第 1-3 列背触毛前后部的中位，此 3 列原基由其两端向前后伸展并代替了老的背触毛（图 4.3.1D，F，H）；其中，第 3 列背触毛原基在发生后期断裂成两段，从而形成新个体的第 4 列背触毛（图 4.3.2B，D）。

第 5、6 列背触毛原基作为第 2 组原基产生于右缘棘毛原基之右前方（二者同源），共形成两列短的原基（图 4.3.1G），此发育成 2 列背触毛，随虫体的分裂逐渐移至虫体的背面（图 4.3.2A，C）。

尾棘毛独特地成 3 列，分别在第 1、2、4 列背触毛的末端形成（图 4.3.2B，D）。

核器　2 枚大核在形态发生前形成复制带，发生过程中融为一体，再进行 2 次分裂分配至新的子细胞中（图 4.3.1B，F，H；图 4.3.2B，D）。

主要发生特征与讨论　该亚型仅涉及魏氏拟尾柱虫 1 种，主要发生学特征如下。

（1）老的口器完全不发生变化，前仔虫继承了老的口围带。

（2）老结构参与前、后仔虫 FVT-原基的形成。

（3）UM-原基贡献 1 根额棘毛。

（4）具有超过 6 列 FVT-原基，其中原基Ⅰ形成 1 根额棘毛和 1 根口棘毛，随后的几列 FVT-原基形成额棘毛，最后几列 FVT-原基（不包括最后 1 列）均形成 1 列腹棘毛列和 1 根横棘毛，最后 2 列 FVT-原基形成小双虫腹棘毛列和 2 根横棘毛。

（5）由最右侧的 FVT-原基形成长列的迁移棘毛，其前移并与原基 n-1 所形成的腹棘毛类拼接成为新的腹棘毛列。

（6）缘棘毛列原基均在老结构中产生，右侧 2 列为背缘触毛列。

（7）背触毛以 2 组式发生：第一组的 3 列原基于左侧的 3 列背触毛内形成；最右侧一列背触毛原基后端发生片段化并形成第 4 列背触毛；3 列尾棘毛分别来自于第 1、2、4 列背触毛末端。

值得讨论的是，目前归入排毛目中的类群，大多数均具有稳定的 5 列 FVT-原基。仅在少数“低等类群”中，才具有与本亚型类同的多列（多于 5 列）的 FVT-原基。相对于第 4 篇将描述的普遍具有多列 FVT-原基的尾柱类，本亚型在 FVT-原基的模式上可以理解为一个过渡类型，包括其迁移棘毛的产生，均显示了其作为目内一个分化较低等类群，后续可能发展出向着尾柱类进化的发育途径。

尾棘毛在本亚型也是一大特征：在排毛类，形成尾棘毛的类群并非罕见，但几乎无一例外地表现为单列原基形成单一尾棘毛。在少数尾柱类，例如，第 7 章第 13 节介绍的典型类全列虫，也保留这一发育模式。形成尾棘毛在腹毛类似是一个衍征，而这种一列原基形成一列尾棘毛的形式也因缺少过渡状态（在发育过程中并没有原基发育初期形成多个片段的过程），而无法判断“存在多列尾棘毛”是衍征亦或是祖征。如是前者（可能性更大），则这一特征在不同目级阶元内出现，有可能系独立演化。总之，目前尚难解释本亚型与尾柱类中那些远缘类群中这一特征的保留是否意味着某种系统发育上的联系。

第4节　东方圆纤虫亚型的发生模式
Section 4　The morphogenetic pattern of *Strongylidium orientale*-subtype

陈旭淼 (Xumiao Chen)　　邵晨 (Chen Shao)　　宋微波 (Weibo Song)

圆纤虫属种类较多并广泛分布，包括生活在海水、淡水、土壤等多种生境内，但其形态学和细胞发生的信息此前均较匮乏；Paiva 和 Silva-Neta (2007) 曾对该属已知种类进行了清理和重厘定。东方圆纤虫具有2列较长的腹棘毛列，左右各1列缘棘毛，其细胞发生模式近期由陈旭淼等（Chen et al. 2013d）描述和建立，该工作详细地给出了该亚型完整的发生学过程和特征。

基本纤毛图式　单一口棘毛，3根清晰分化的额棘毛，1根额腹棘毛，2列斜向分布的发达的腹棘毛列；无横棘毛；左、右缘棘毛各1列。

3列背触毛；3根细弱的尾棘毛（图4.4.1）。

细胞发生过程

口器　前仔虫无口原基的形成，但在发育中期，老口围带的最后段发生小范围的解聚：最后2、3片小膜发生解聚、重建和原位更新（图4.4.2E；图4.4.3F）。

老的波动膜迟至细胞发生中期才发生解体，解聚产物在原位形成前仔虫的UM-原基（图4.4.2A，B，D；图4.4.3B）；在细胞分裂中后期，该原基纵裂形成口侧膜与口内膜并分化出1根额棘毛（图4.4.2F，H；图4.4.3D，F）。

后仔虫的口原基形成于细胞发生早期，左腹棘毛列附近出现1个狭长的、紧密排列的毛基体群（图4.4.2A；图4.4.3A）。随后，其内的毛基体数目增多，使得该毛基场变宽并且由前至后分化出若干口围带小膜（图4.4.2B，E；图4.4.3B）。个体发育中后期，前端分化出的口围带小膜数目不断增多（图4.4.2F；图4.4.3D）。至细胞发生末期，后仔虫口围带形成并渐渐向虫体右侧发生弯折（图4.4.2H；图4.4.3F）。

后仔虫的UM-原基形成于细胞发生中期（图4.4.2F）；至细胞发生末期，UM-原基纵裂形成口侧膜和口内膜，并且形成虫体最左侧的1根额棘毛（图4.4.2H；图4.4.3F）。

额-腹-横棘毛　本亚型为稳定的5原基类型，以次级方式形成原基。

细胞发生早期，波动膜后方和左腹棘毛列中部独立形成3列FVT-原基；至发育中期，前仔虫的原基增至5列，新增的2列分别在老结构内形成（于两个腹棘毛列内）：

可见腹棘毛列内的棘毛发生解聚、原位形成新的原基（图 4.4.2B，D，E；图 4.4.3B，D）。

发生后期，后仔虫也形成 5 列 FVT-原基（图 4.4.2F），并分化形成独立的棘毛。

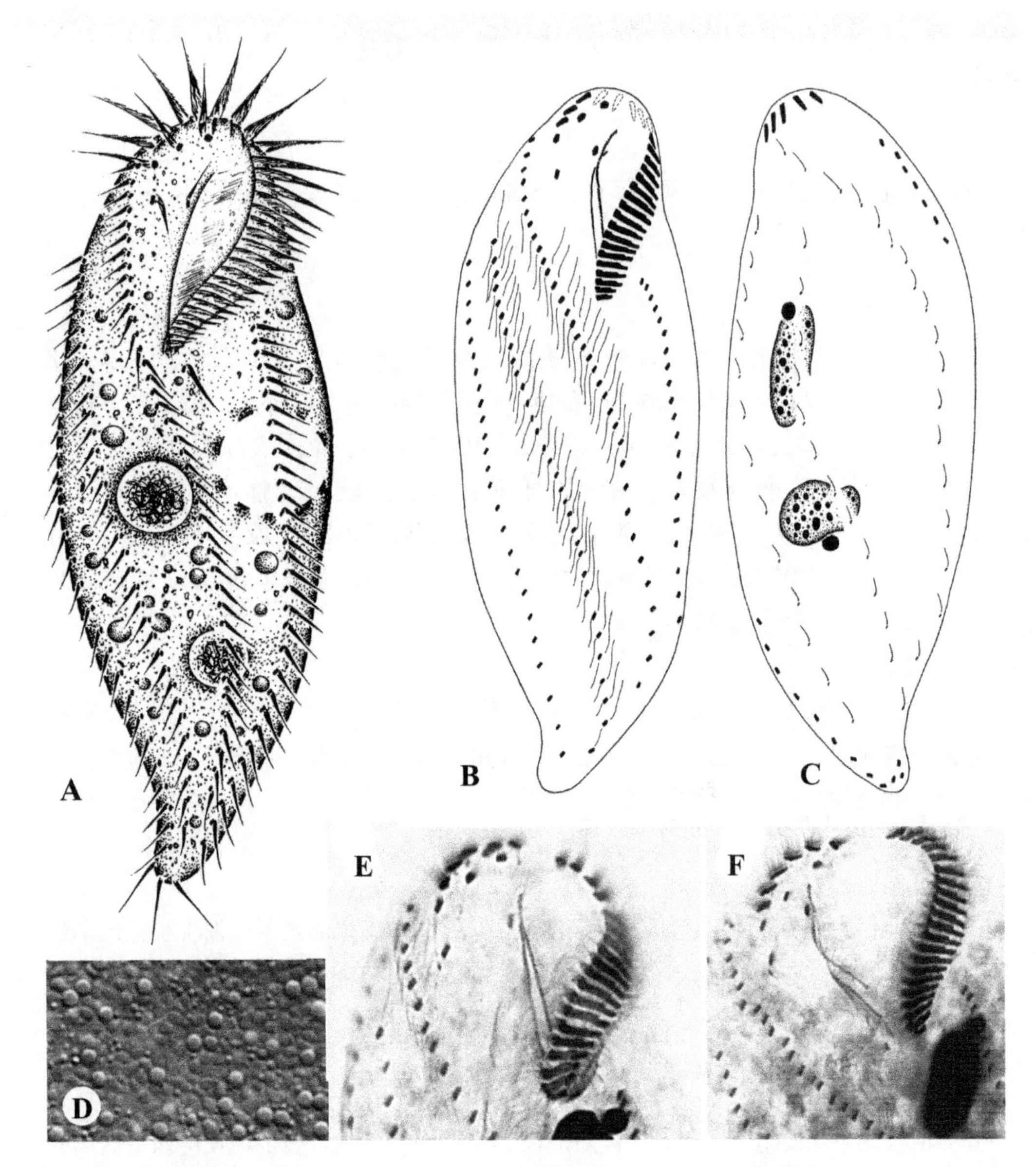

图 4.4.1 东方圆纤虫的活体图（**A**，**D**）、纤毛图式腹面观（**B**，**E**，**F**）和背面观（**C**）

根据其起源，腹毛棘毛的形成分别如下。

3 根额棘毛从左至右分别来自 UM-原基和 FVT-原基Ⅰ、Ⅱ前端。

1 根口棘毛来自 FVT-原基Ⅰ后部；1 根额腹棘毛来自 FVT-原基Ⅱ后部；1 根口后腹棘毛来自 FVT-原基Ⅲ后部；左腹棘毛列来自 FVT-原基Ⅲ前部、FVT-原基Ⅴ前部和 FVT-原基Ⅳ的拼接。

右腹棘毛列来自FVT-原基V的后部。

细胞分裂后，新形成的腹面棘毛逐渐分区化、迁移至最终位置（图4.4.3H）。

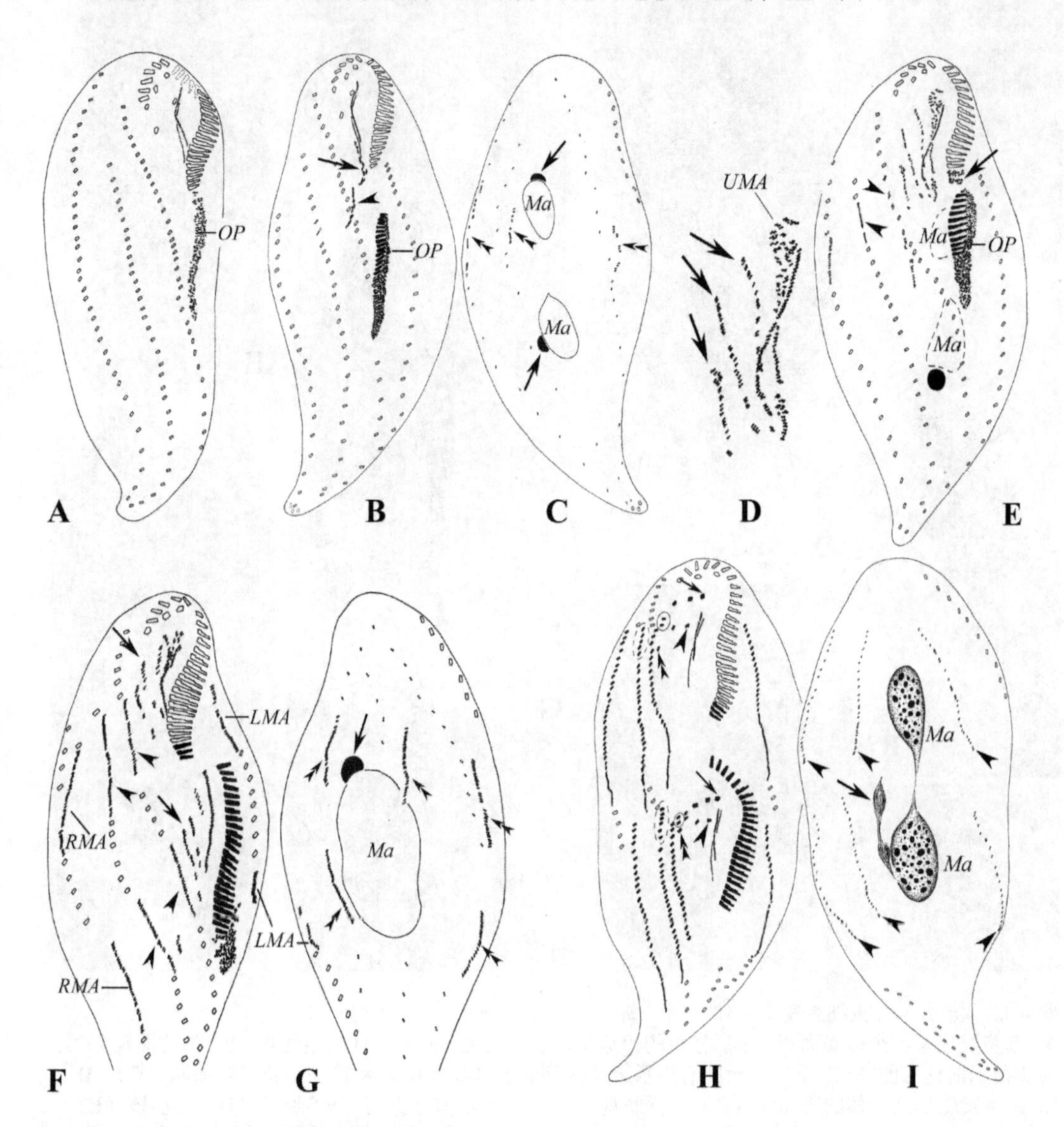

图4.4.2 东方圆纤虫细胞发生过程中的纤毛图式

A. 细胞发生早期个体的腹面观，示后仔虫的口原基形成长条状的无序排列毛基场；**B，C.** 同一个体的腹面观（**B**）和背面观（**C**），箭头分别表示前仔虫的FVT-原基（**B**）和小核（**C**），无尾箭头示无序排列的毛基场，双箭头示背触毛原基；**D，E.** 细胞发生中期同一个体的腹面观，图**D**示虫体前部的局部细节，箭头分别指示前仔虫的FVT-原基（**D**）和老口围带后部小膜的去分化（**E**），无尾箭头示左右腹棘毛列的原基由老结构解聚形成；**F，G.** 细胞发生后期同一个体的腹面观（**F**）和背面观（**G**），箭头分别指示前、后仔虫的FVT-原基（**F**）和小核（**G**），无尾箭头示腹棘毛列的原基，双箭头示背触毛原基；**H，I.** 细胞发生末期同一个体的腹面观（**H**）和背面观（**I**），箭头分别指示最左边额棘毛来自UM-原基（**H**）和正在分裂的小核（**I**），无尾箭头分别表示口棘毛（**H**）和来自背触毛末端的尾棘毛（**I**），双箭头示新形成的口后腹棘毛。虚线圈示左腹棘毛列前端的棘毛；实线圈示左腹棘毛列中部的棘毛。*LMA*. 左缘棘毛原基；*Ma*. 大核；*OP*. 后仔虫口原基；*RMA*. 右缘棘毛原基；*UMA*. UM-原基

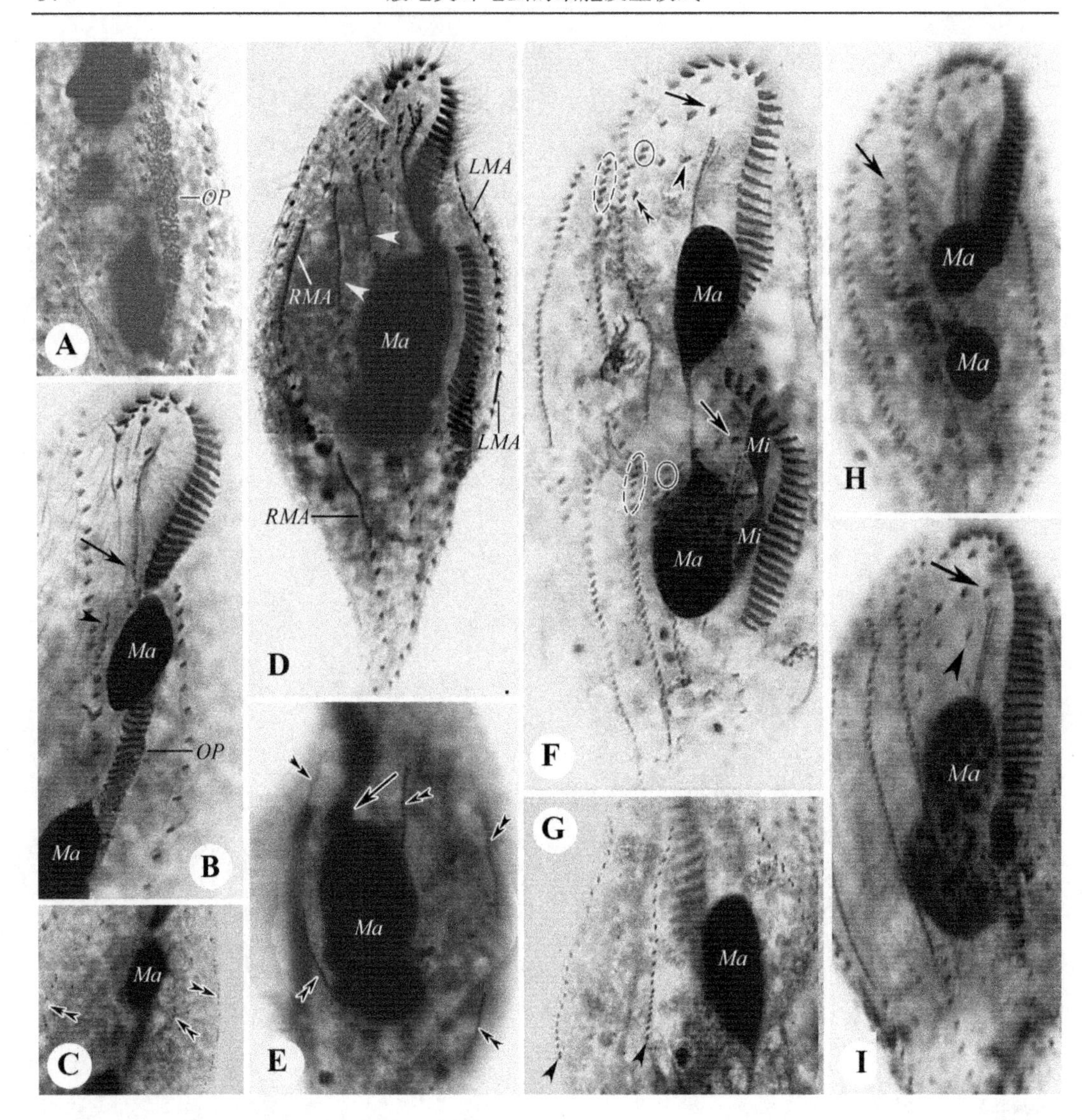

图 4.4.3 东方原纤虫细胞发生个体

A. 细胞发生早期个体腹面观，示后仔虫的口原基出现；**B，C.** 同一个体的腹面观（**B**）和背面观（**C**），箭头指示前仔虫的 FVT-原基、无尾箭头示无序排列的毛基场（**B**），双箭头示背触毛原基（**C**）；**D，E.** 细胞发生后期个体的腹面观（**D**）和背面观（**E**），箭头示前仔虫的 FVT-原基（**D**）和小核（**E**），无尾箭头示左右腹棘毛列的原基来自老结构的解聚（**D**），双箭头指示背触毛原基；**F，G.** 细胞发生末期个体的腹面观（**F**）和背面观（**G**），箭头示最左侧额棘毛来自于 UM-原基（**F**），无尾箭头分别指示口棘毛（**F**）和背触毛原基形成的尾棘毛（**G**），双箭头示前仔虫的口后腹棘毛，虚线圈示左腹棘毛列前端的棘毛，实线圈示左腹棘毛列中部的棘毛；**H.** 新形成个体的腹面观，箭头示右腹棘毛列的最前端；**I.** 生理改组个体的腹面观，示 UM-原基形成最左面的额棘毛（箭头）和新形成的口棘毛（无尾箭头）。*LMA*. 左缘棘毛原基；*Ma*. 大核；*Mi*. 小核；*OP*. 口原基；*RMA*. 右缘棘毛原基

缘棘毛 缘棘毛原基出现于细胞发生前期（图 4.4.2E）和中期（图 4.4.2F；图 4.4.3D），新生原基均来自老结构解聚、重组形成且右缘棘毛原基出现较早。至个体发育后期，形成新的缘棘毛列，向虫体前后两端延伸（图 4.4.2H；图 4.4.3F）。

背触毛 背触毛以原始的一组式、3 列原基模式形成。原基大部分为独立起源或不严格地形成自老结构：普遍于老结构旁侧形成和发育，无片段化（图 4.4.2C; 图 4.4.3G）。细胞分裂后期，每列背触毛末端各形成 1 根尾棘毛（图 4.4.2I；图 4.4.3G）。

核器 表现为常规模式：在细胞发生的过程中，2 枚大核先融为一团，随后再分裂（图 4.4.2C，E，G，I；图 4.4.3B-H）。

生理改组 皮膜演化的过程表现出与细胞发生过程中前仔虫相似的特征（图 4.4.3I）。

主要发生特征与讨论 该亚型的主要发生学特征如下。

（1）老口围带几乎完全保留，仅在后部几片小膜发生原位更新，主体部分则直接被前仔虫继承。

（2）后仔虫的口原基独立发生，UM-原基与后仔虫 FVT-原基一起形成。

（3）本亚型为稳定的 5 列 FVT-原基，次级发生式。

（4）5 列 FVT-原基在起源上存在异质性：3 列为独立起源，而另外 2 列来自老结构，即左、右腹棘毛列经解聚、原位形成新原基。

（5）最终的左腹棘毛列（即小双虫腹棘毛列）来自原基产物的拼接，包括三部分：最右侧一列 FVT-原基前部形成的几根棘毛+右腹棘毛列原基前端形成的 1 短列棘毛+左腹棘毛列原基形成的整列棘毛。

（6）背触毛原基为原始的一组、3 列模式，部分（或全部）原基为独立形成，而非来自老结构。

（7）每列背触毛在尾端各形成 1 根尾棘毛。

该亚型涉及 1 属 3 种，其发生过程十分一致。

Paiva 和 Silva-Neto（2007）在报道 *Strongylidium pseudocrassum* 时称：老的口围带完全保留并被前仔虫所继承（其文献原文译为：AZM 最后端的几片小膜发生原位重组）。这个结论很可能是一个错误判读：合理的解释是，Paiva 和 Silva-Neto 的观察中忽略了细节或其工作中缺失了相应的分裂相，因该部位的变化细微，很容易被忽略。

圆纤虫属与伪瘦尾虫属（*Pseudouroleptus*）和半小双虫属（*Hemiamphisiella*）在形态学的基本特征上均相近，并且它们左腹棘毛列（小双虫腹棘毛列）在细胞发生过程中，均来自三部分。差异表现在右腹棘毛列的形成方式。

不能确定的是背触毛原基的起源：如对该种的观察，部分原基偏离了老结构，因此其形成和发育与老的触毛无关。不明的是，这一现象是否具有较大的演化或系统发育意义？在通常所见的一组、3 列原基的阶元中，新生原基几乎总是严格地限定在老结构内，即由老结构参与其形成。同属于本亚型的属内种类也表明：新生原基可以完全离开老结构而独立发生（自作者，未发表）。因此，这个现象具有稳定性并且很可能是一个高级的演化模式。

本亚型稳定的 5 列 FVT-原基模式代表了一个高级演化形式。事实上，目前广为采用的系统学安排中，部分排毛类与散毛类无明确界限，本身表明了二者间的密切关系。本亚型无疑属于与典型散毛类存在演化联系的类群。比较显示（见第 13 章第 3 节），本亚型应该与某些经典的“腹柱类”具有较近的亲缘联系，例如，共同表现了 3 列背触毛原基、形成 3 根尾棘毛、老口围带在细胞分裂过程中不发生或几乎不发生改变、右侧两列 FVT-原基的产物（棘毛）数目不稳并通过拼接方式形成营养期细胞的相应棘毛列等。

由于排毛类中的发生学和分子信息均相对较少，而且基于小核糖体亚基所构建的分子树中，大量的排毛类与散毛类形成交叠和混杂排列（Huang et al. 2016）。这个背景导致了目前的一个混乱局面：在流行的几个系统学安排中，核心的腹毛类（狭义）均被分成 3 个目级类群，即排毛类、尾柱类和散毛类。一个普遍接受的观点是，排毛类的系统演化位置最低，而散毛类的系统地位最高。

但由于上述的排毛类与散毛类界限不清问题，目前存在一个突出的困扰：尾柱类与散毛类存在演化关系吗？如果不存在，即尾柱类或来自某个排毛类的祖先型，则散毛类可以直接与部分“高级演化的”排毛类形成演化连接。这个解释比较合理，但另一个问题则需要提出：目前被归入排毛类的阶元中，哪些为散毛类的始祖类群或居间类群？例如，本节所描述的原纤虫等。

从形态发生学角度上看，以本亚型为代表的高级排毛类应该可以明确地定位为散毛类的祖先型，也许由其而经过腹柱类等低级 5-FVT-原基类群而演化出其他高等的散毛类。

目前分子信息没有很好地反映这条演化路线，这可能存在两个原因：一些关键类群的分子信息缺失导致了树形偏差，或者（排毛类、散毛类）二者间确实并不存在清晰的界限，即目前的分类安排（将各科属级阶元分在两个目内）存在太多的主观因素。当然，另外一个因素也不容忽视：腹毛类本身为一个多维演化并且高度分化的类群，其内在关系的复杂性远远超过了人们的预期。

第5节 尾伪瘦尾虫亚型的发生模式
Section 5 The morphogenetic pattern of *Pseudouroleptus caudatus*-subtype

邵晨 (Chen Shao)

伪瘦尾虫属由 Hemberger（1985）建立，其纤毛图式与圆纤虫属（*Strongylidium*）高度相似，二者的主要区别在于右腹棘毛列的起源不同。尾伪瘦尾虫为本属的模式种，细胞发生学则为陈凌云等（Chen et al. 2015b）新近完成，本节以此为准，对此亚型予以介绍。

基本纤毛图式 波动膜2片；3根额棘毛，1根拟口棘毛位于最右侧额棘毛后方，口棘毛1根，约1/4的个体于口围带近端后方具1根口后棘毛，2列发达的腹棘毛；无横棘毛；左、右缘棘毛各1列。

4列完整的背触毛贯穿虫体；3-6根细弱的尾棘毛（图4.5.1A-C）。

细胞发生过程

口器 前仔虫的老结构几乎维持不变：仅在老口围带最后端的数片小膜可观察到有少量的无序毛基体对的出现（图4.5.4A）。因此应认为老口围带应为（或近于）完全保留，至多仅有极少部分的小膜发生局部更新。

后仔虫的口原基出现在发生初期，于左腹棘毛列中段左侧出现一狭长的由无序排列的毛基体组成的区域（图4.5.2A；图4.5.4A）。口围带小膜的组装逐步完成，远端小膜逐渐完善化（图4.5.2B；图4.5.4B）。

前、后仔虫中均有UM-原基产生，前仔虫的UM-原基极有可能来自于亲体口内膜和口侧膜的解聚，但因为时期的缺失，此结论并不十分确定（图4.5.2B，D；图4.5.4B，D）。在随后的阶段，前、后仔虫波动膜的发育过程相同（图4.5.2B，D，F；图4.5.4G）：在前端形成左侧额棘毛，随后分裂为口侧膜和口内膜（图4.5.3E）。

额-腹-横棘毛 5列FVT-原基均出现在发生的早期阶段：在左腹棘毛列中，约口原基前端的相应位置处，部分棘毛发生解聚（图4.5.2A）。我们推测此条带是FVT-原基Ⅳ（图4.5.2B）。随后，FVT-原基Ⅳ继续发育，UM-原基和FVT-原基Ⅰ-Ⅲ在口原基和FVT-原基Ⅳ之间相继出现，FVT-原基Ⅴ产生于FVT-原基Ⅳ的右侧（图4.5.2B，D，F）。前仔虫FVT-原基的发育与后仔虫相同，最后各原基加粗、继续组装、断裂并形成棘毛（图4.5.2D，F；图4.5.3A，C，E）。至发生末期，FVT-原基的分化完成。

FVT-原基Ⅰ形成中间额棘毛和口棘毛。

FVT-原基Ⅱ贡献最右侧额棘毛和拟口棘毛。

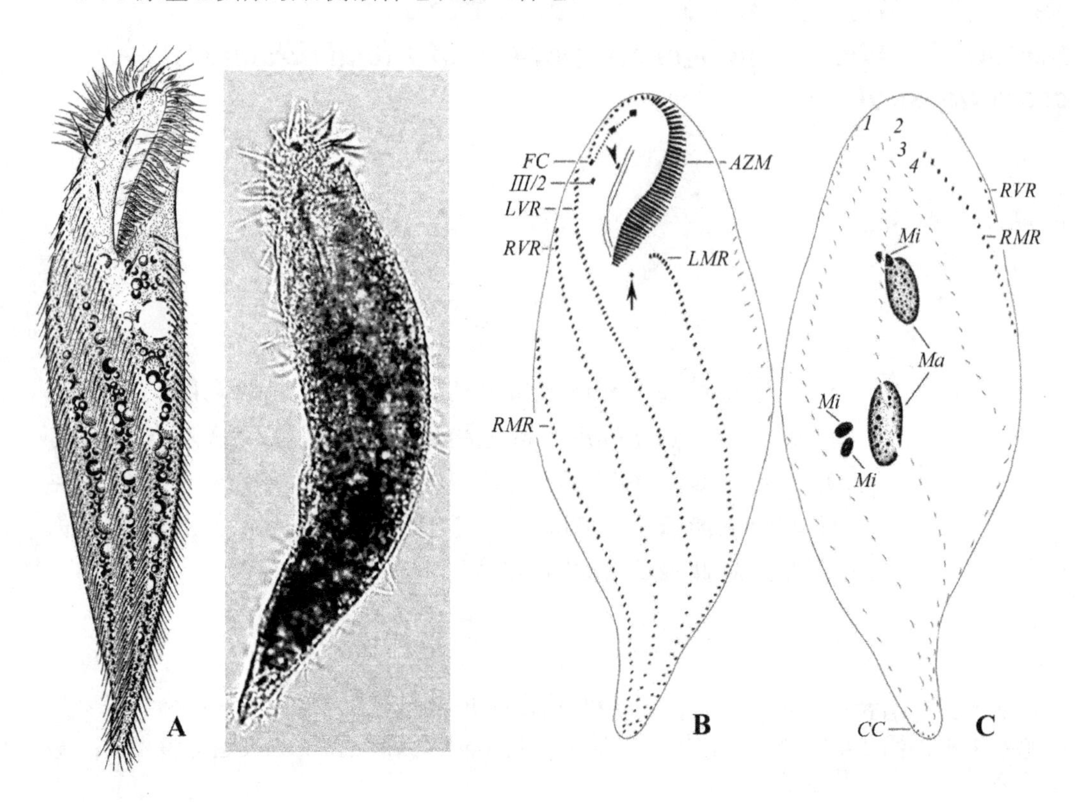

图 4.5.1 尾伪瘦尾虫的活体图（**A**）和纤毛图式（**B，C**）
A. 腹面观；**B.** 腹面观，无尾箭头指示口棘毛，箭头指示口后棘毛；**C.** 背面观。*AZM.* 口围带；*CC.* 尾棘毛；*FC.* 额棘毛；*III/2.* 拟口棘毛；*LMR.* 左缘棘毛列；*LVR.* 左腹棘毛列；*Ma.* 大核；*Mi.* 小核；*RMR.* 右缘棘毛列；*RVR.* 右腹棘毛列；*1-4.* 背触毛列

FVT-原基Ⅲ贡献左腹棘毛列中段和口后棘毛。

FVT-原基Ⅳ形成左腹棘毛列后段。

FVT-原基Ⅴ产生右腹棘毛列和左腹棘毛列前段。

发生末期，棘毛逐渐迁移至各自既定位置：左腹棘毛列中段迁移至左腹棘毛列后段前方，左腹棘毛列前段则迁移至左腹棘毛列中段前方，形成了混合棘毛列（图 4.5.3E）。

缘棘毛　在发育中期，前、后仔虫的老缘棘毛列中各出现了一处原基（图 4.5.2B，D，F；图 4.5.3A，C；图 4.5.4B，E）。毛基粒的增殖使得原基逐步发育，并最终取代老结构（图 4.5.3E）。

背触毛　背触毛的发育起始于发生早期（图 4.5.2C；图 4.5.4C）。

背触毛原基在起源上为混合型：原基 1、2 似乎在前、后仔虫中均在老结构中发生，而第 3 列原基（至少在前仔虫中）以独立发生的方式出现在老背触毛列的右侧，后仔虫中似乎在老背触毛列中形成（图 4.5.2C）。

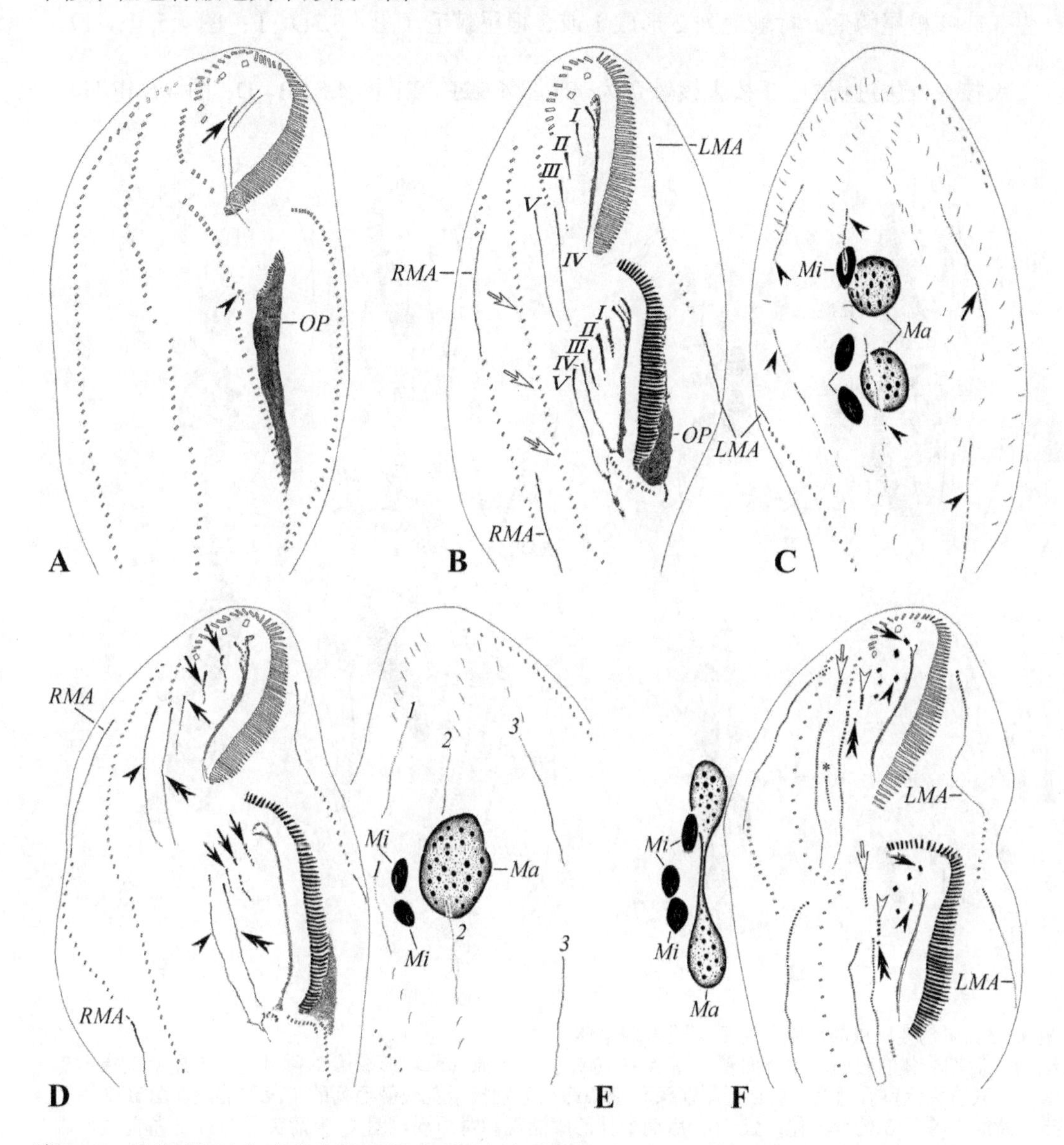

图 4.5.2　尾伪瘦尾虫细胞发生的早期至后期的纤毛图式

A. 发生早期个体的腹面观，示后仔虫的口原基为一狭长区域，箭头示解聚的口棘毛，无尾箭头示 FVT-原基产生于老腹棘毛列；**B，C.** 发生早期个体的腹面观和背面观，示前仔虫中背触毛原基 3 为独立发生（图 **C** 中箭头），其余背触毛原基均在老结构中产生（图 **C** 中无尾箭头），图 **B** 中的空心箭头示老的右腹棘毛列；**D，E.** 发生中期个体的腹面和背面观，箭头示前、后仔虫 FVT-原基分化，双箭头和无尾箭头分别示左、右腹棘毛列原基；**F.** 晚期发生个体的腹面观，箭头指示 UM-原基前端贡献第 1 额棘毛，无尾箭头示口棘毛，双箭头示口后棘毛，空心无尾箭头示左腹棘毛列的中间片段，空心箭头示左腹棘毛列前段。*I*-*V*. FVT-原基 Ⅰ-Ⅴ；*LMA*. 左缘棘毛原基；*Ma*. 大核；*Mi*. 小核；*OP*. 口原基；*RMA*. 右缘棘毛原基；*1-3*. 背触毛列在随后的阶段，背触毛原基形成新的毛基体对，并最终取代老结构（图 4.5.2E）。在晚期的发育阶段，前、后仔虫各自的背触毛原基 3 分别在后端断裂。因此，每个子细胞中各具 4 条背触毛（图 4.5.3B，D；图 4.5.4F）。

在发生末期的前、后仔虫中，尾棘毛分别来自左侧的两列背触毛末端：背触毛列 1 产生 3 或 4 根尾棘毛，背触毛列 2 形成 1 或 2 根尾棘毛（图 4.5.3D，F；图 4.5.4H，I）。

大核　发生过程中，2 枚大核融合为一（图 4.5.2E，F；图 4.5.3B，D；图 4.5.4F-H）。

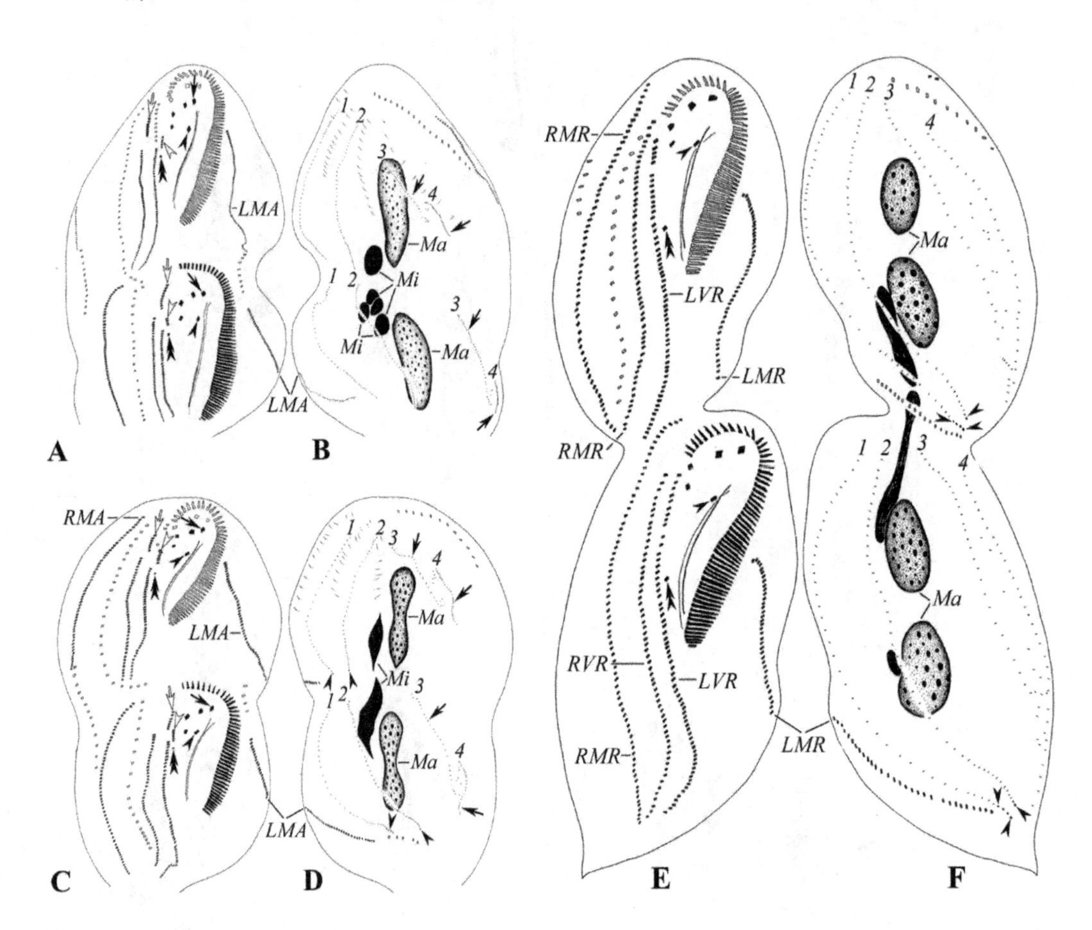

图 4.5.3　尾伪瘦尾虫的细胞发生后期至末期个体
A，B. 后期个体的腹面观和背面观，图 **A** 中箭头示 UM-原基前端形成第 1 额棘毛，无尾箭头指示口棘毛，双箭头示口后棘毛，空心无尾箭头和空心箭头分别指示左腹棘毛列的中段和前段，图 **B** 中箭头指示背触毛原基 3 的分段化；**C，D.** 后期个体的腹面观和背面观，图 **C** 中箭头示 UM-原基前端形成第 1 额棘毛，无尾箭头指示口棘毛，双箭头示口后棘毛，空心无尾箭头和空心箭头分别指示左腹棘毛列的中段和前段，图 **D** 中箭头指示背触毛原基 3 的分段化，部分背触毛列末端贡献尾棘毛（图 **D** 中无尾箭头）；**E，F.** 末期虫体的腹面和背面观，示所有棘毛均到达既定位置，图 **E** 中无尾箭头示口棘毛，双箭头示口后棘毛，图 **F** 中无尾箭头示尾棘毛。*LMA.* 左缘棘毛原基；*LMR.* 左缘棘毛列；*LVR.* 左腹棘毛列；*Ma.* 大核；*Mi.* 小核；*RMA.* 右缘棘毛原基；*RMR.* 右缘棘毛列；*RVR.* 右腹棘毛列；*1-4.* 背触毛列

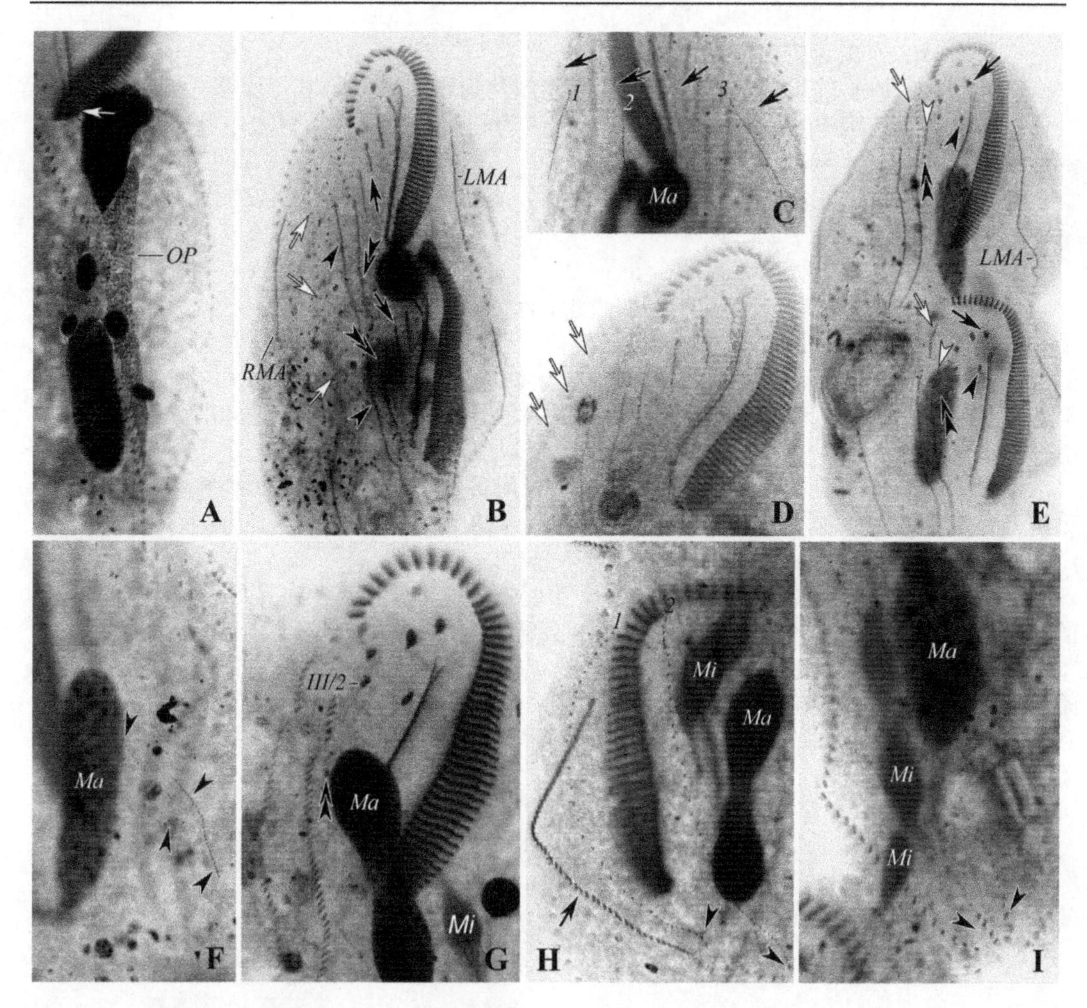

图 4.5.4　尾伪瘦尾虫的细胞发生个体的显微照片

A. 发生早期个体的腹面观，示后仔虫的口原基为一狭长区域，箭头指示少量的毛基粒群；**B.** 发生早期个体的腹面观，箭头示前、后仔虫的 FVT-原基，双箭头和无尾箭头分别示左、右腹棘毛列原基，空心箭头指示老的右腹棘毛列；**C.** 虫体前段背面观，示背触毛原基（箭头）；**D.** 额区腹面观，白色箭头指示老的右腹棘毛列；**E.** 中期发生个体的腹面观，箭头指示前、后仔虫的第 1 额棘毛，无尾箭头示口棘毛，双箭头示口后棘毛，空心无尾箭头示左腹棘毛列的中间片段，空心箭头示左腹棘毛列前段；**F.** 背面观，示背触毛原基 3 的分段化（无尾箭头）；**G.** 晚期发生个体前仔虫的腹面观，双箭头指示口后棘毛；**H.** 后仔虫的背面观，示形成的尾棘毛（无尾箭头）和左缘棘毛列（箭头）；**I.** 前仔虫后段背面观，无尾箭头示尾棘毛来自于背触毛列 1 和 2 的末端。*III/2.* 拟口棘毛；*LMA.* 左缘棘毛原基；*Ma.* 大核；*Mi.* 小核；*OP.* 口原基；*RMA.* 右缘棘毛原基；*1-3.* 背触毛列

主要特征与讨论　本亚型目前仅涉及尾伪瘦尾虫 1 种（Chen et al. 2015b）。

该亚型的主要发生学特征如下。

（1）老口围带几乎全部保留给前仔虫，仅最后端发生部分小膜的原位更新（？）。

（2）具有稳定的 5 列 FVT-原基，其中左腹棘毛列来源于 3 条 FVT-原基：前段来自于 FVT-原基Ⅴ的前段，中段来自于 FVT-原基Ⅲ的前段，后段产生于 FVT-原基Ⅳ。

（3）右腹棘毛列独立发生。

（4）缘棘毛列在老结构中发生。

（5）背触毛原基的来源包括独立起源与老结构内形成两种形式：原基 1、2 在前、后仔虫中均在老结构中发生，原基 3 在前仔虫中为独立发生而在后仔虫中则为老结构内部形成和发育。

（6）尾棘毛仅由左侧的两列背触毛（原基）末端产生：其中，最左侧的原基形成 1 短列，第二列原基形成 1 或 2 根。

（7）大核在发生过程中完全融合。

目前，有关本亚型老口围带的命运问题还有待证实。在发生早期，一些无序排列的毛基体出现在老口围带近端的皮膜表面。然而，在后面的时期，没有观察到小膜组装期的个体，因此无法判断这些毛基体的命运也无法确定老口围带为完全保留抑或部分更新。但很有可能的是，老口围带仅在后近端几片小膜发生原位更新，主体部分则直接被前仔虫继承。

本亚型和圆纤虫亚型的区别主要在于：①背触毛原基 3 在前者中断裂并在后方形成第 4 列背触毛，在后者不发生断裂；②右腹棘毛列在前者中独立发生，而在后者则为老结构内部发生。

有关背触毛原基形成尾棘毛的情形在本亚型中表现十分特殊：在具多于 3 根尾棘毛的尖毛类中，通常尾棘毛分别来自于第 1、2、4 列背触毛（如 *Notohymena* 和 *Hemioxytricha*）。本亚型中则仅 2 列背触毛形成尾棘毛；另外，在“少于 3 列背触毛参与尾棘毛形成”的阶元中，通常每列背触毛仅分化出 1 根尾棘毛（如 *Pseudocyrtohymena*、*Apourosomoida* 和 *Hemiurosomoida*）。有关此差异的演化意义目前尚无法确定。

第 5 章　细胞发生学：表裂毛虫型
Chapter 5　Morphogenetic mode: *Perisincirra*-type

邵晨 (Chen Shao)　　宋微波 (Weibo Song)

本发生型目前已知者涉及 3 个科（卡尔科 Kahliellidae、施密丁科 Schmidingerotrichidae、旋纤科 Spirofilidae）内 6 个属：表裂毛虫属、戴维虫属、双列虫属、伪卡尔虫属、施密丁虫属和下毛虫属，普遍为种类较少而发生学了解不多的类群。上述阶元可能分别代表了 6 个发生亚型：*Perisincirra paucicirrata*-亚型、*Schmidingerothrix elongata*-亚型、*Deviata brasiliensis*-亚型、*Bistichella encystica*-亚型、*Pseudokahliella marina*-亚型和 *Hypotrichidium paraconicum*-亚型，其中最后一个亚型的归属依然高度存疑，因此为暂时性安排（见下毛虫亚型的讨论部分）。

该发生型的基本特征为：在发生过程中，不产生"混合棘毛列"。

在本章所涉及的 6 个亚型中，仅 *Pseudokahliella marina*-亚型具有多于 5 条 FVT-原基条带。

在具有 5 条及<5 条 FVT-原基的其余 5 种亚型中，均有一个普遍现象，即老腹棘毛对新 FVT-原基的参与度极高，几乎每一条棘毛列都参与 FVT-原基的形成。在这 5 个亚型中，*Schmidingerothrix elongata*-亚型是特化（退化）程度最高的，也是最特殊的一例：在整个发生过程中，无口棘毛、横棘毛、背触毛和尾棘毛发生，波动膜亦仅发育 1 片，形态学特征显示背部纤毛结构高度退化。这些发育特征的组合在本书的所有亚型中都是绝无仅有的。

下毛虫亚型具有高度的特殊性。从形态学角度看，该属虫体在赤道区之后等距地分布了 6 条斜向排列的绕体棘毛列，无明确的缘棘毛和尾棘毛，也无口棘毛。但从发生学过程可知，这些结构并非同源：其分别源于 FVT-原基的末端、独立起源的棘毛原基（从性质上来讲为缘棘毛列）及背触毛原基（因此，应为尾棘毛列）。除此以外，背触毛原基在尾棘毛列已高度发育后才发生片段化（形成2列背触毛），如此，显示了高等散毛类的发育模式。

Perisincirra paucicirrata-亚型、*Deviata brasiliensis*-亚型和 *Bistichella encystica*-亚型较为相似，发育的模式略有不同：*Perisincirra paucicirrata*-亚型中有尾棘毛分化且形成多列右缘棘毛列，后两者则无尾棘毛分化且仅形成1列右缘棘毛；此外，前两者中无横棘毛分化，而 *Bistichella encystica*-亚型中有。

第1节 弱毛表裂毛虫亚型的发生模式
Section 1 The morphogenetic pattern of *Perisincirra paucicirrata*-subtype

邵晨 (Chen Shao)

表裂毛虫是一类典型的土壤生小型种，目前所知不多。在Berger(2011)的系统中隶属于卡尔科(Kahliellidae)，在Lynn(2008)的系统安排中则将之归入尾柱科(Urostylidae)。李凤超等(Li et al. 2013)新近围绕弱毛表裂毛虫的研究支持了Berger的安排。该发生模式由李凤超等(Li et al. 2013)描述和建立，本处基于其研究工作形成如下汇总。

基本纤毛图式 额棘毛3根，位于额区顶端，1根口棘毛位于口侧膜中部右侧，2根拟口棘毛紧随最右侧1根额棘毛后方；左缘棘毛约3列，右缘棘毛恒为2列。

背触毛3列，每列后端伴随1根尾棘毛（图5.1.1A-C）。

细胞发生过程

口器 亲体的口围带在整个发生过程中完全保留（图 5.1.2G，H；图 5.1.3D，E，G，K）。

在发生早期，老口内膜解聚为 UM-原基（图 5.1.2G；图 5.1.3D，E），随后，该原基进一步发育组装，纵列形成前仔虫的口内膜和口侧膜（图 5.1.2H；图 5.1.3K）。十分罕见的是，原基前端不贡献额棘毛（图 5.1.3G）。

后仔虫的口原基出现于细胞发生初期（图 5.1.2A；图 5.1.3A）。该原基进一步发育，从其右前部分开始组装为口围带小膜（图 5.1.2B）。此后，在其右侧出现了 UM-原基（图 5.1.2C），伴随着口围带小膜的组装（图 5.1.2C，D，F-H），最终形成既定形状（图 5.1.2J）。

在发生初期，后仔虫口原基右上方出现了几条斜向排布的条带，距离口原基最近的1条即为 UM-原基（图 5.1.2C，D）。该原基经过一系列的发育后，在其前端形成第1额棘毛（图 5.1.2F，G）。通过进一步的组装，到发生中后期，该原基纵列为后仔虫的口侧膜和口内膜（图 5.1.2H，J）。

额-腹-横棘毛 在发生初期，后仔虫口原基右上方出现若干 FVT-原基条带（图 5.1.2C），随即该原基发育为3条短的 FVT-原基（图 5.1.2D）。与此同时，在前仔虫中，口棘毛旁边出现了2对毛基体（图 5.1.2D；图 5.1.3B）。到下一时期，后仔虫中的3条 FVT-原基通过发育均变长加宽。

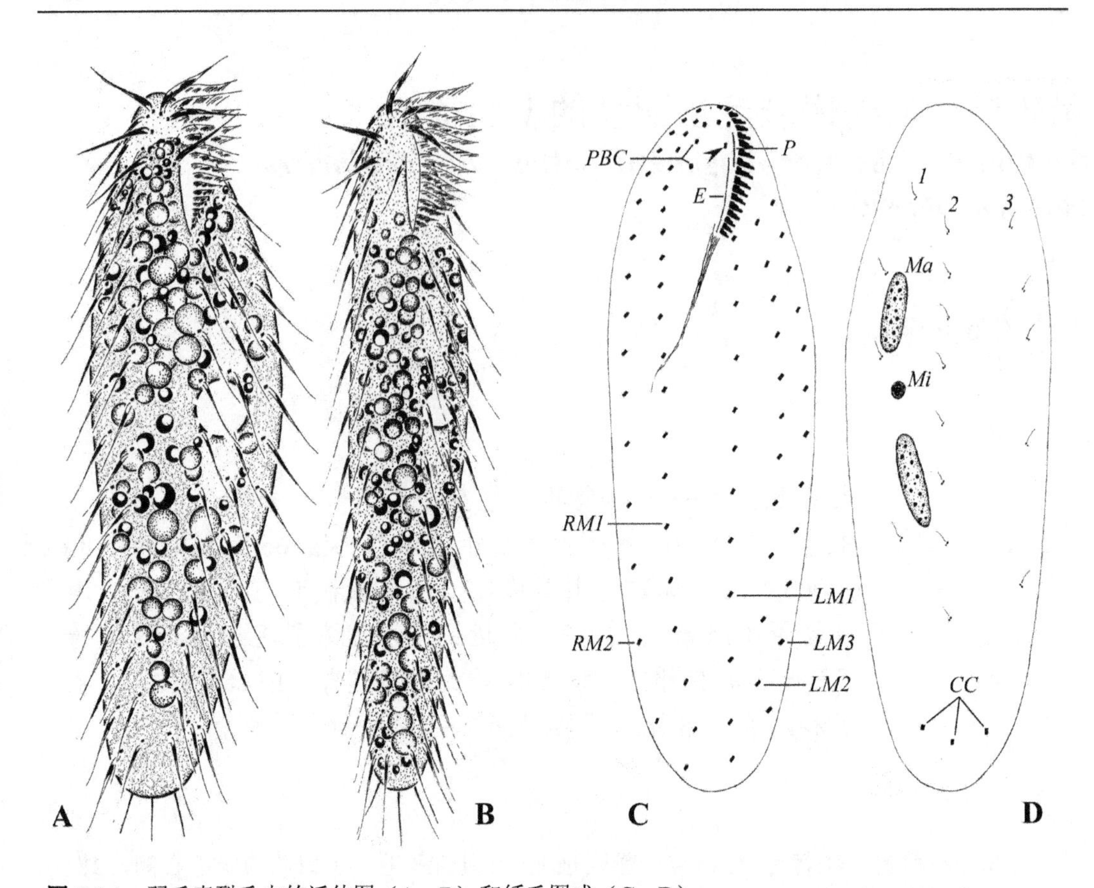

图 5.1.1 弱毛表裂毛虫的活体图（**A**，**B**）和纤毛图式（**C**，**D**）
A，**B.** 腹面观；**C.** 腹面观，无尾箭头指示口棘毛；**D.** 背面观。*CC.* 尾棘毛；*E.* 口内膜；*LM1-LM3.* 左缘棘毛列 1-3；*Ma.* 大核；*Mi.* 小核；*PBC.* 拟口棘毛；*P.* 口侧膜；*RM1-RM2.* 右缘棘毛列 1-2；*1-3.* 背触毛列 1-3

而在前仔虫中，第 1 额棘毛原基产生自解聚的老口侧膜前端（图 5.1.2F；图 5.1.3D，E），原基Ⅰ来自老口棘毛旁独立产生的 2 对毛基体（图 5.1.2D，F），原基Ⅱ来源于解聚的前拟口棘毛（图 5.1.2F）。老口棘毛完全被吸收（图 5.1.2F；图 5.1.3C）。

到下一时期，老口侧膜的下半部分完全被吸收，且前仔虫 FVT-原基Ⅲ产生于后拟口棘毛（图 5.1.2G；图 5.1.3D）。至此，前、后仔虫的 FVT-原基发育节奏开始同步（图 5.1.2G；图 5.1.3E）。在随后时期中，FVT-原基继续发育并开始分段化形成棘毛（图 5.1.2H，J；图 5.1.3F，L）。

原基的分段化及命运按照如下的模式进行。

前仔虫中，第 1 额棘毛产生于口侧膜前端去分化形成的第 1 额棘毛原基。后仔虫中，第 1 额棘毛来源于 UM-原基。

FVT-原基Ⅰ贡献中间额棘毛和口棘毛。

FVT-原基Ⅱ发育最右侧额棘毛和前拟口棘毛。

FVT-原基Ⅲ产生后拟口棘毛。

最终，各棘毛向既定的位置迁移（图 5.1.2H，J；图 5.1.3M）。

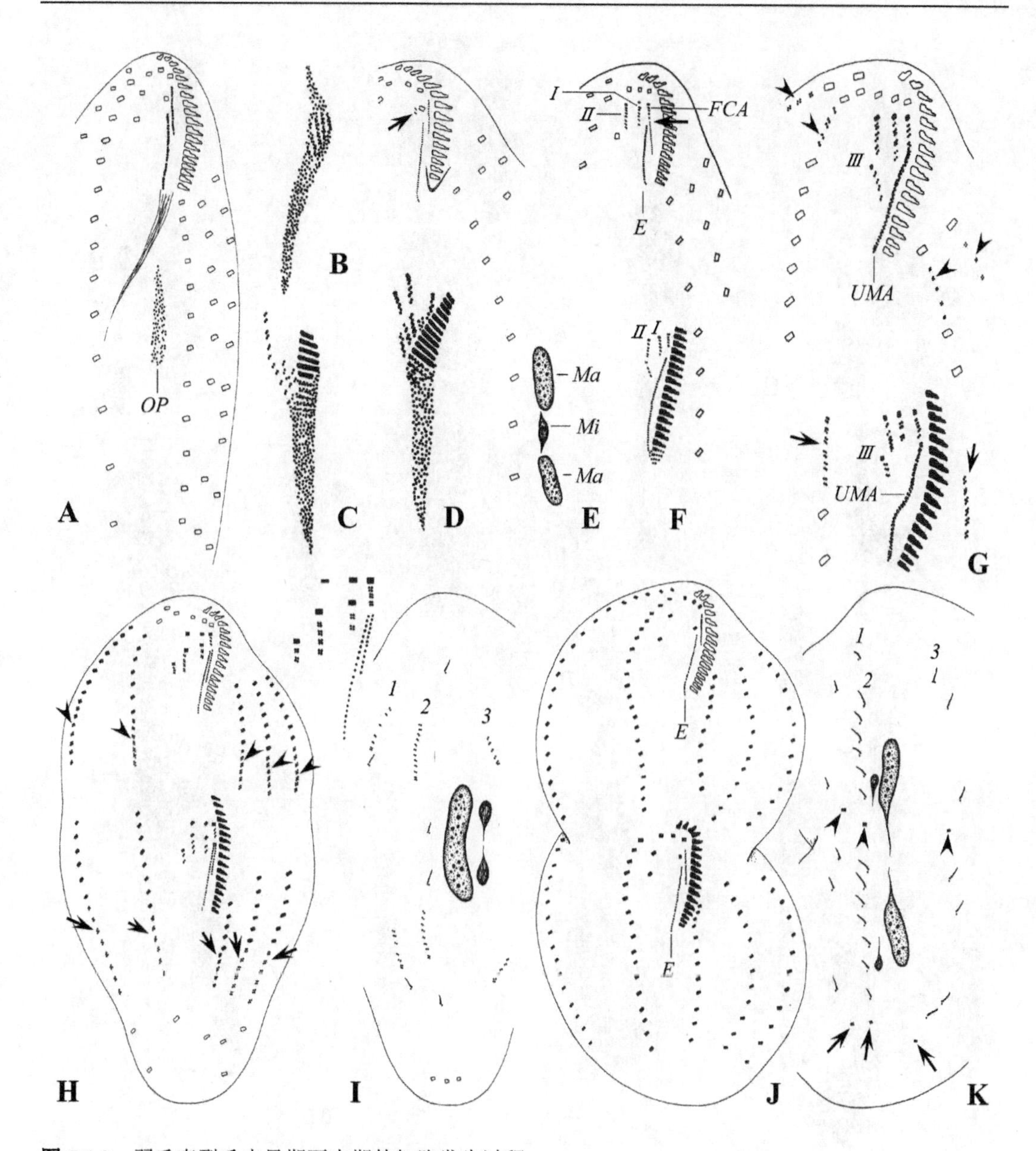

图 5.1.2　弱毛表裂毛虫早期至末期的细胞发生过程

A. 发生早期个体的腹面观，示口原基出现在左、右缘棘毛列间的裸毛区；**B.** 稍后时期个体的腹面观，示后仔虫口原基内的小膜分化；**C.** 稍后发生早期个体的腹面观，示口原基右侧出现原基条带；**D.** 发生早期个体的腹面观，示 FVT-原基发生于后仔虫口原基旁和前仔虫口棘毛旁（箭头）；**E.** 大核和小核（与图 **D** 所示同一个体）；**F.** 早期发生个体的腹面观，示 FVT-原基形成，箭头指示口侧膜前端解聚为原基，此原基随后发育为前仔虫的 FVT-原基Ⅰ，此时期，口侧膜的后部分保持完整；**G.** 早期发生个体的腹面观，示老口侧膜后部被吸收及 UM-原基产生自解聚的亲体口内膜，箭头和无尾箭头分别指示后仔虫和前仔虫的缘棘毛原基；**H，I.** 发生中期个体的腹面观和背面观；图 **H** 示前、后仔虫中，UM-原基纵列口内膜和口侧膜，箭头和无尾箭头分别指示后仔虫和前仔虫的缘棘毛原基，图 **I** 示每列老背触毛列中有两处原基产生，大核融合为一融合体，插图为分化中的 4 条 FVT-原基和纵列中的口内膜和口侧膜；**J，K.** 细胞发生晚期个体的腹面观（**J**）和背面观（**K**），**K** 中箭头和无尾箭头分别示后仔虫和前仔虫中的尾棘毛。*E.* 口内膜；*FCA.* 第 1 额棘毛原基；*I-III.* FVT-原基Ⅰ-Ⅲ；*Ma.* 大核；*Mi.* 小核；*OP.* 口原基；*UMA.* UM-原基；*1-3.* 背触毛原基

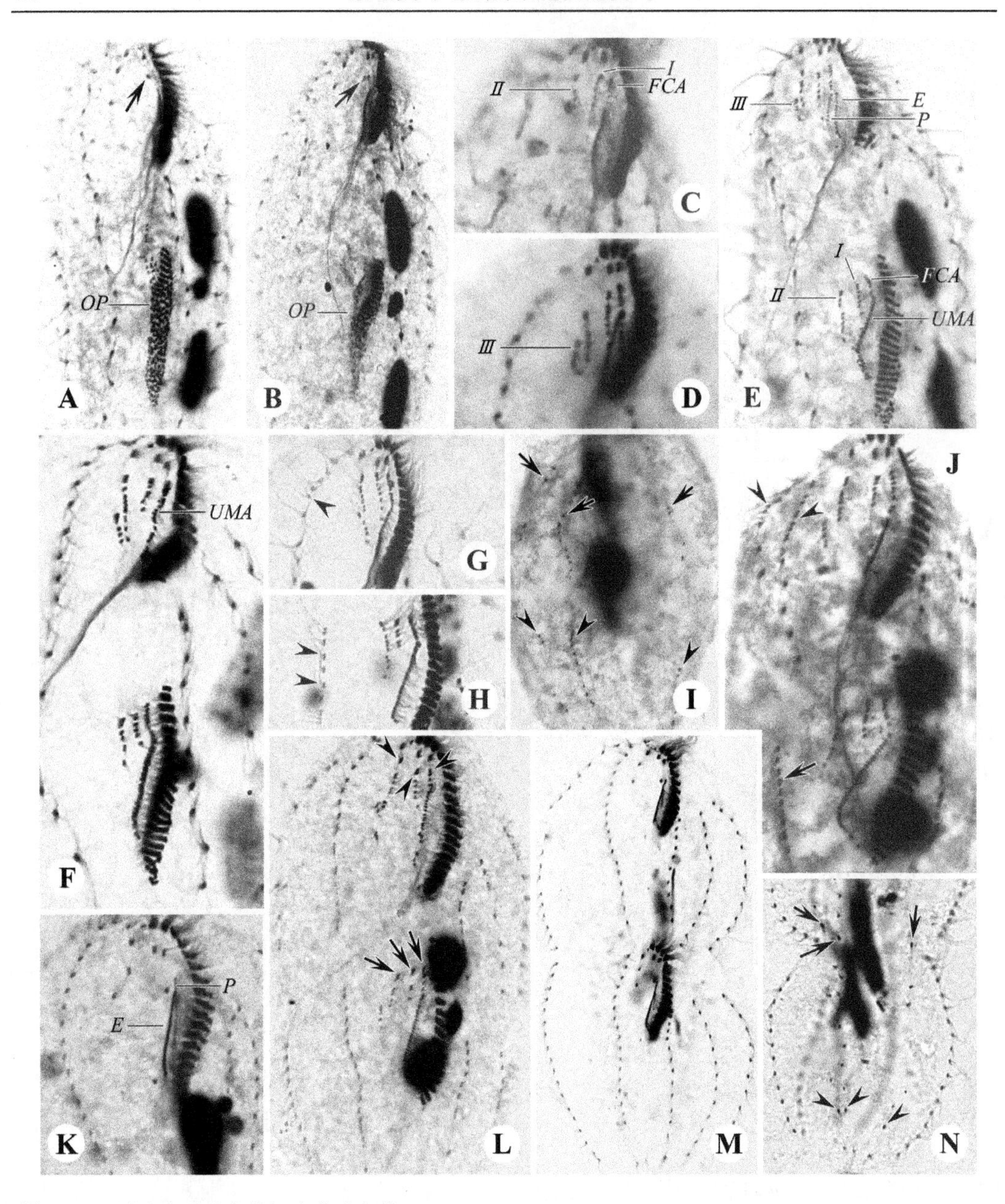

图 5.1.3 弱毛表裂毛虫的细胞发生个体

A. 早期发生个体的腹面观，示后仔虫的口原基，箭头示口棘毛；**B.** 发生早期个体，箭头指示 2 个毛基体出现在口棘毛右侧；**C.** 腹面观，示老口侧膜前端解聚为 FVT-原基Ⅰ；**D.** 腹面观，前仔虫中的 4 条 FVT-原基形成；**E.** 早期发生个体的腹面观，示 UM-原基和 FVT-原基（注：口侧膜后端将被吸收，口内膜将解聚并参与前仔虫的 UM-原基的构建）；**F.** 早期发生个体的腹面观，示前仔虫中的 UM-原基；**G，H.** 发生中期个体的腹面观，无尾箭头示缘棘毛原基来自于老结构，并逐步向虫体两端延伸；**I.** 发生中期个体的背面观，箭头和无尾箭头分别示前、后仔虫的背触毛原基；**J.** 发生中期个体的腹面观，箭头和无尾箭头分别示后仔虫和前仔虫的缘棘毛原基；**K.** 晚期发生个体的腹面观，示新口内膜和口侧膜形成；**L.** 发生晚期个体的腹面观，示 UM-原基和 FVT-原基Ⅰ、Ⅱ的分化；无尾箭头和箭头分别示前仔虫和后仔虫中的 3 根额棘毛；**M.** 发生末期个体的腹面观，示前、后仔虫中的口内膜和口侧膜形成；**N.** 背面观，箭头和无尾箭头示前、后仔虫的尾棘毛。*E.* 口内膜；*FCA.* 第 1 额棘毛原基；*I-III.* FVT-原基；*P.* 口侧膜；*OP.* 口原基；*UMA.* UM-原基

缘棘毛　缘棘毛的发育与多数腹毛类类似，即在发育初期，每一列老结构的前后两处均产生 1 处原基（图 5.1.2G；图 5.1.3G，H，J），随后该原基进一步发育，向两极延伸，形成棘毛列，并最终替代老结构（图 5.1.2H，K）。

背触毛　以次级方式形成，在每一列老结构中的前、后 1/3 处各产生 1 处原基（图 5.1.2I；图 5.1.3I），原基无分段化，简单地发育成长列并逐渐向虫体两端延展并最终取代老结构（图 5.1.2K）。

前、后仔虫中，每一列背触毛的末端均形成 1 根尾棘毛（图 5.1.2K；图 5.1.3N）。

大核　在发育的过程中，2枚大核融合成1个融合体（图5.1.2I；图5.1.3I），随后，伴随着虫体的进一步发育，该融合体分裂，分配给前后两个仔虫（图5.1.2K；图5.1.3J，L）。

主要特征与讨论　该亚型目前仅涉及弱毛表裂毛虫 1 种。

自 Jankowski（1978）建立表裂毛虫属以来，本属中无任何一种被报道过细胞发生学过程。Berger（2011）曾推测本属种类具 3 条 FVT-原基，Li 等（2013）的工作证实了这一点。但 Berger（2011）提出，因证据不足，无法判断虫体左右侧的棘毛列是缘棘毛列还是额腹棘毛列，Li 等（2013）的研究证实了该结构为缘棘毛列。

该亚型的主要发生学特征可以总结为如下几方面。

（1）老口围带完全保留。

（2）前仔虫中，UM-原基来自解聚的老口内膜。

（3）前仔虫第 1 额棘毛原基来源于老的口侧膜前端（后端被吸收）；后仔虫第 1 额棘毛原基来源于 UM-原基。

（4）FVT-原基仅为（独特的）3 列。

（5）在前仔虫中，FVT-原基 I 独立发生，FVT-原基 II 来自于老的前拟口棘毛，FVT-原基 III 来自于老的后拟口棘毛。

（6）后仔虫的 UM-原基和 FVT-原基 I -III 均在表膜独立发生。

（7）缘棘毛原基和背触毛原基均在老结构中产生，后者以次级模式形成，无分段化。

（8）大核在发生过程中完全融合。

值得讨论的是，本亚型稳定地出现 3 列 FVT-原基。这在腹毛类（广义）中是罕见的而且是迄今所知数目最少的。与之相似的长施密丁虫亚型 FVT-原基数目与本亚型相同，同为 3 列。作为一个孤立的现象，目前还不能对此做出演化上的推断：在低等类群，FVT-原基普遍数量较多至极多，而在高等类群，则呈稳定的 5 列模式并且产物也将构成稳定的排列模式。因此，从原基结构上讲，基本的演化路径是数量逐渐减少并且产物（棘毛）的数量也趋于稳定。总之，本亚型中所表现的现象在上述演化路径中显然缺少亲缘类群。

第2节　巴西戴维虫亚型的发生模式

Section 2　The morphogenetic pattern of *Deviata brasiliensis*-subtype

罗晓甜 (Xiaotian Luo)　　樊阳波 (Yangbo Fan)

戴维虫属（*Deviata* Eigner，1995）自建立起就被临时性归入卡尔科(Kahliellidae)，目前的科级地位不明(Jankowski 2007; Küppers et al. 2007; Lynn 2008; Lynn & Small 2002)。在 Berger（2011）的系统中该属被视为无背缘触毛类群。随后，李凤超等（Li et al. 2014）和罗晓甜等（Luo et al. 2016）基于形态发生学及分子系统学的研究显示戴维虫属与卡尔科模式属卡尔虫属关系较远，而更支持Berger对其的系统安排。本节中对亚型的信息表述基于罗晓甜等（Luo et al. 2016）对巴西戴维虫的研究。

基本纤毛图式　口围带为不典型的殖口虫型；波动膜2片；额棘毛3根；口棘毛1根；口旁棘毛1或2根；3长列额腹棘毛列，右侧2列延伸至体后端；左缘棘毛约3列，右缘棘毛1列。

背触毛2列，其中右侧1列触毛排布稀疏，呈退化状（图5.2.1A-K）。

细胞发生过程

口器　在细胞发生过程中，除波动膜外，老的口围带完全不发生变化，由前仔虫继承（图5.2.2A-D，E，G；图5.2.3A，C，E）。

老的口侧膜在发生中期解聚并参与形成前仔虫的UM-原基，口内膜似乎解体后消失（图5.2.2G；图5.2.3M），该原基在发育后期将纵裂为两片新的波动膜且原基前端形成第1额棘毛（图5.2.3A，C，E）。

后仔虫的口原基场出现在发生的最初阶段，在第1列额腹棘毛的中部出现成组排列的数个毛基体团，部分邻近的老结构解聚后可能参与了原基的发育（图5.2.2A；图5.2.3I）。成组排列的原基团经发育、扩大范围并彼此紧密相连，从而形成后仔虫的口原基（图5.2.2B）。随后，口原基拉长、扩展、逐步完成小膜的构建、新口围带的弯折及最终的迁移定位（图5.2.2C-E，G；图5.2.3A，C，E）。

在发生早期阶段，后仔虫的UM-原基出现在口原基的右侧（图5.2.2D，E），极有可能与口原基来自同一原基场，随后的发育过程和产物遵循常规，分别形成波动膜和1根额棘毛（图5.2.2G；图5.2.3A，C，E）。

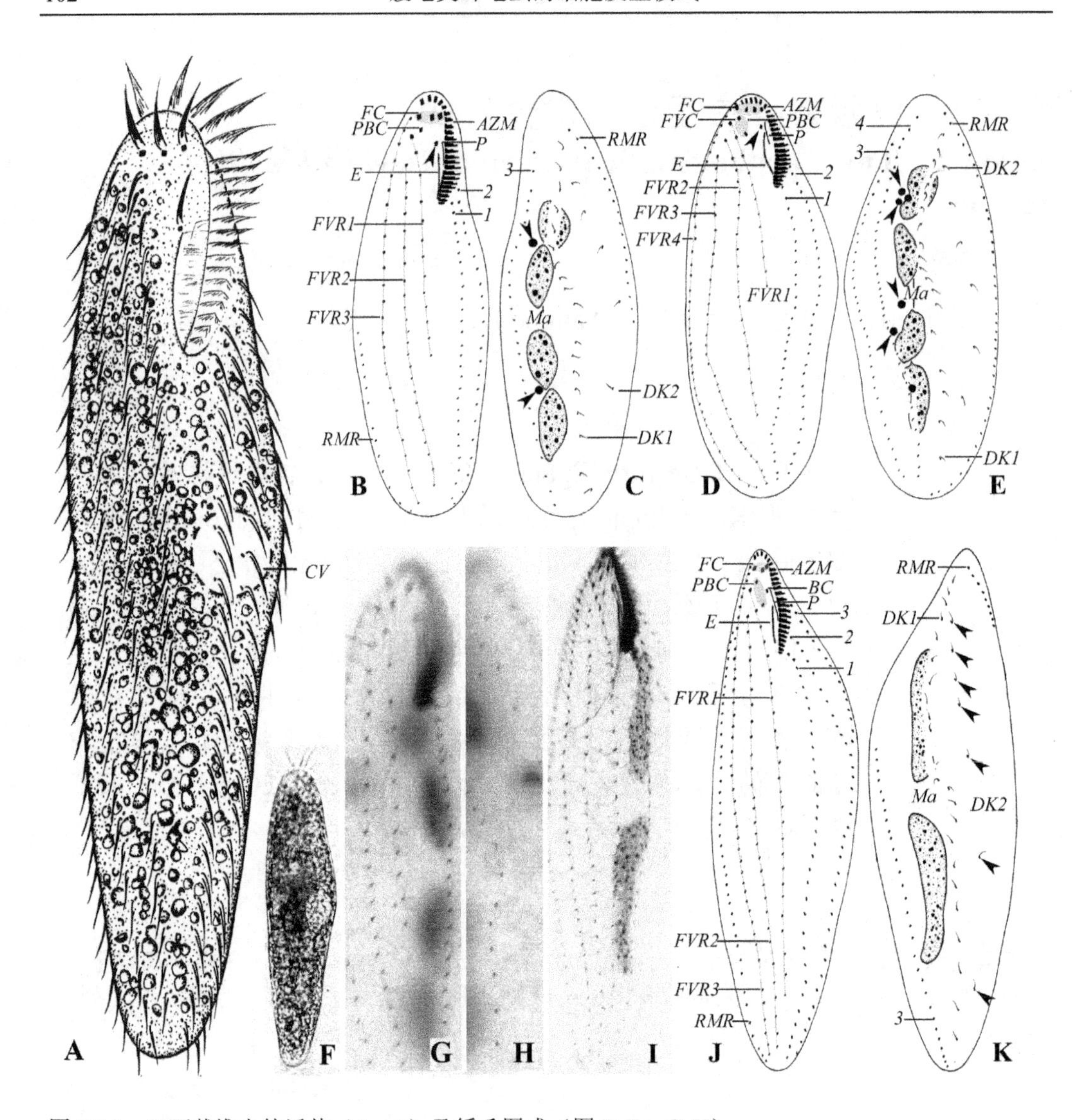

图 5.2.1 巴西戴维虫的活体（**A，F**）及纤毛图式（图 **B-E，G-K**）

A，F. 活体腹面观，示典型体形；**B-E，G-J.** 腹面观（**B，D，G，I，J**）和背面观（**C，E，H，K**），无尾箭头示口棘毛（**B，D**），小核（**C，E**）及第 2 列背触毛的毛基体（**K**）。*AZM.* 口围带；*BC.* 口棘毛；*CV.* 伸缩泡；*DK1*，*DK2.* 背触毛列 1，2；*E.* 口内膜；*FC.* 额棘毛；*FVC.* 额腹棘毛；*FVR1- FVR4.* 额腹棘毛列 1-4；*Ma.* 大核；*PBC.* 口旁棘毛；*P.* 口侧膜；*RMR.* 右缘棘毛列；*1-3.* 左缘棘毛列 1-3

额-腹-横棘毛 稳定地形成 5 列 FVT-原基：发生早期，第 3 列老额腹棘毛列内部产生初级 FVT-原基Ⅴ（图 5.2.2D；图 5.2.3J）。随后，初级 FVT-原基Ⅴ断裂形成前、后仔虫的 FVT-原基Ⅴ，后仔虫口原基的右侧出现了后仔虫的 UM-原基和 FVT-原基Ⅰ、Ⅱ，这些原基很可能与口原基来自同一原基场。前仔虫中，老口棘毛开始解聚（图 5.2.2E）。

发生中期，后仔虫中：FVT-原基Ⅲ在第 2 列老额腹棘毛列内部产生，很可能是由老棘毛解聚形成；原基Ⅳ在第 2 列老额腹棘毛列右侧出现，来源不清。

在前仔虫中：老口侧膜、口棘毛、口旁棘毛分别解聚形成 UM-原基和 FVT-原基Ⅰ、

Ⅱ，老口内膜逐渐解体，消失；第 1 列老额腹棘毛列最顶端的棘毛解聚形成 FVT-原基Ⅲ，第 2 列老额腹棘毛列最顶端的棘毛解聚形成 FVT-原基Ⅳ（？待证实），FVT-原基Ⅴ在第 3 列老额腹棘毛列右侧向前延伸（图 5.2.2G）。下一时期，FVT-原基开始分段化（图 5.2.3A，C）。各原基的贡献如下。

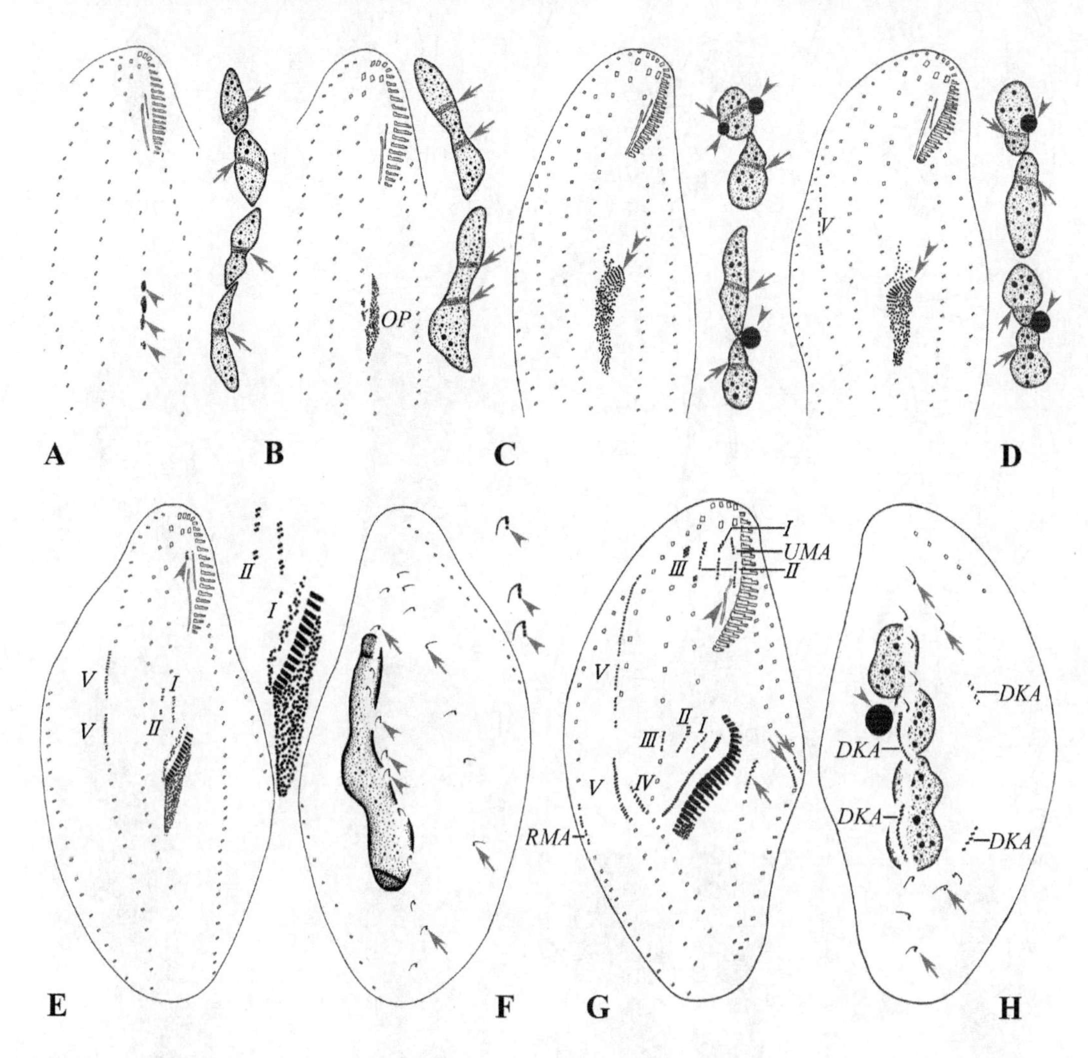

图 5.2.2　巴西戴维虫的发生早期（**A-D**）和中期个体（**E-H**）的纤毛图式

A-D. 发生早期个体腹面观，示大核改组带（箭头），后仔虫的口原基及初级 FVT-原基Ⅴ，图 **A** 无尾箭头示成组排布的后仔虫口原基的毛基体，图 **C**，**D** 无尾箭头示小核，图 **C**，**D** 双箭头示新形成的口围带小膜；**E，F.** 同一发生个体的腹面观（**E**）和背面观（**F**），示后仔虫 UM-原基、FVT-原基Ⅰ，Ⅱ及由初级 FVT-原基Ⅴ断裂形成的前、后仔虫原基Ⅴ，图 **E** 无尾箭头指示开始解聚的老口棘毛，图 **F** 无尾箭头示背触毛原基进行毛基体的增生，图 **F** 箭头示老的背触毛；**G，H.** 同一发生个体的腹面观（**G**）和背面观（**H**），图 **G** 无尾箭头示未完全消失的老口内膜，箭头示左缘棘毛原基，图 **H** 无尾箭头示融合的小核，箭头示老背触毛。*DKA*. 背触毛原基；*I*-*V*. FVT-原基Ⅰ-Ⅴ；*OP*. 口原基；*RMA*. 右缘棘毛原基；*UMA*. UM-原基

UM-原基，FVT-原基Ⅰ、Ⅱ的前端各形成1根额棘毛。

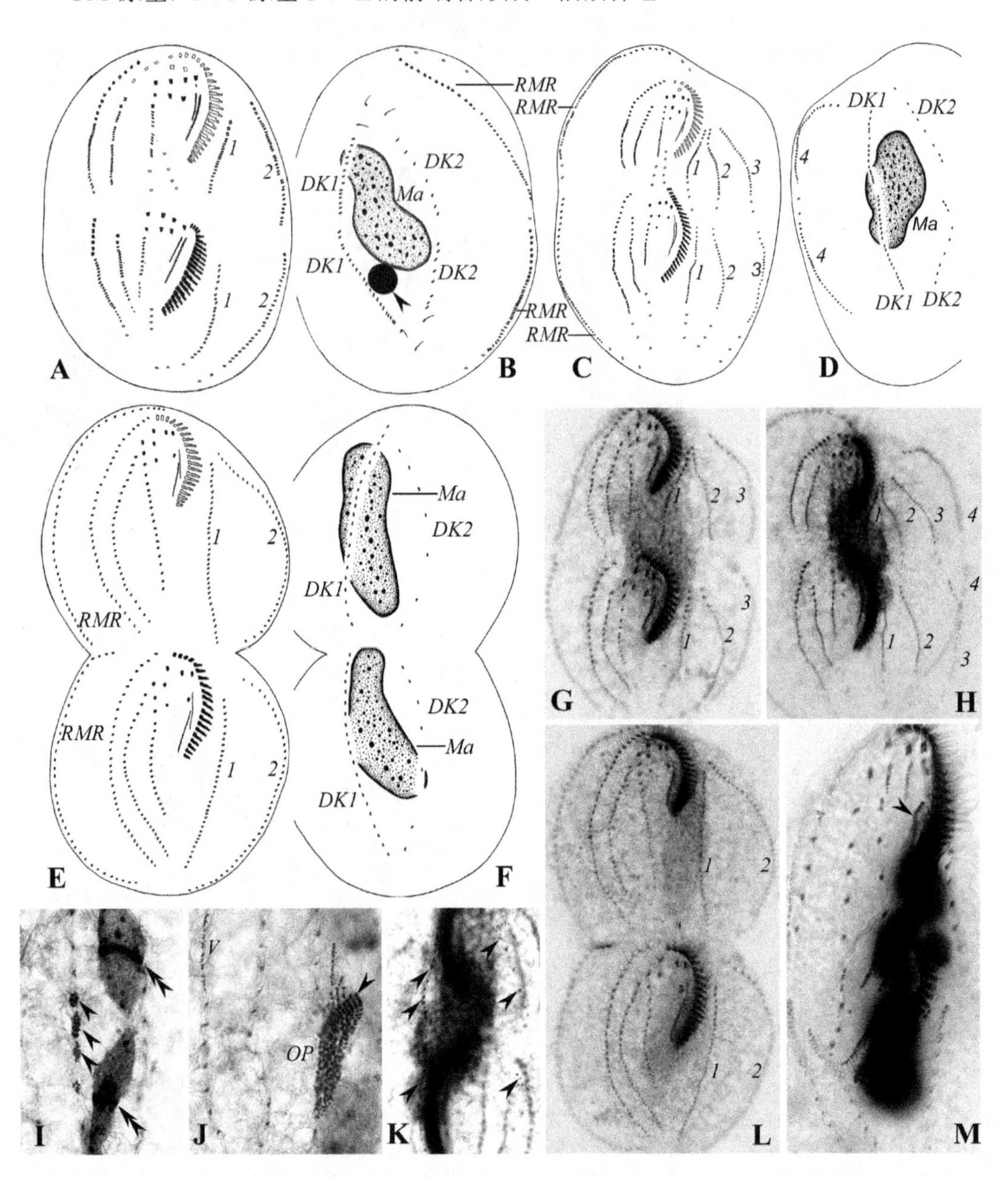

图 5.2.3 巴西戴维虫的细胞发生早期（**I，J**），中期（**A-D，G，H，K，M**）和后期个体（**E，F，L**）的纤毛图式

A-D. 发生中期个体的腹面观和背面观，无尾箭头示融合小核；**E，F.** 同一发生后期个体的腹面观和背面观；**G，H.** 发生中期虫体的腹面观，示3列（**G**）、4列（**H**）左缘棘毛原基；**I.** 发生早期个体局部腹面观，示大核改组带（双箭头）及成组排布的口原基的毛基体（无尾箭头）；**J.** 发生早期个体局部腹面观，示新形成的口围带小膜（无尾箭头）及初级FVT-原基Ⅴ；**K.** 发生中期个体背面观，示背触毛原基（无尾箭头）；**L.** 发生晚期个体腹面观（与**E**为同一个体）；**M.** 发生中期个体腹面观，无尾箭头示UM-原基。*DK1*，*DK2*. 新形成的背触毛列1，2；*Ma*. 大核；*OP*. 口原基；*RMR*. 新形成的右缘棘毛列；*1-4*. 左缘棘毛原基1-4

FVT-原基 I 后方分化出 1 根口棘毛。

FVT-原基 II 后方分化出 1 或 2 根口旁棘毛。

FVT-原基III-V分别形成第 1-3 列额腹棘毛列。

缘棘毛　发生中期，每列左缘棘毛列中部老结构解聚形成后仔虫的左缘棘毛原基，与此同时，右缘棘毛列中部偏下的老棘毛解聚形成后仔虫的右缘棘毛原基（图 5.2.2G）。前仔虫的左、右缘棘毛原基也在相应老结构内部产生，相比后仔虫产生较晚。在随后的时期里，左、右缘棘毛原基继续进行毛基体的增殖、分段组装，并向前后两端延伸，并逐渐取代老的结构（图 5.2.3A-E，G，H，L）。

背触毛　以次级模式形成于老结构中：最初每列老的背触毛内，部分毛基体后方增生出现新的毛基体（图 5.2.2F），随后，在老结构中分别出现了 2 处原基条带，此为前、后仔虫的背触毛原基（图 5.2.2H），接下来，背触毛原基继续发育并向前后两端延伸，最终取代老结构（图 5.2.3B，D，F，K）。

背触毛末端无尾棘毛产生。

大核　在发生前期，每个大核产生复制带并相互靠拢（图 5.2.2A-D；图 5.2.3I），随即融合并形成一团（图 5.2.2F，H；图 5.2.3B，D），继而拉长并随着细胞分裂而分配到前、后仔虫中（图 5.2.3F）。

主要特征　对巴西戴维虫细胞发生亚型的发生特征总结如下。

（1）老口围带完整地由前仔虫继承；后仔虫口原基独立形成于第 1 列额腹棘毛列的中后部，解体的老棘毛有可能（？）参与原基的后期发育。

（2）FVT-原基为稳定的 5 原基模式。

（3）后仔虫 UM-原基、FVT-原基 I 和 II 很可能与口原基来自同一原基场，原基III来自第 2 列老额腹棘毛解聚。

（4）前仔虫 UM-原基、FVT-原基 I 和 II 由老口侧膜、口棘毛、口旁棘毛解聚形成，原基III来自第 1 列老额腹棘毛解聚。

（5）FVT-原基 V 在第 3 列老额腹棘毛列中形成，后分裂为前、后仔虫原基 V。

（6）无口后腹棘毛、迁移棘毛、横前腹棘毛或横棘毛的产生。

（7）左、右缘棘毛原基在老结构中产生。

（8）两列背触毛原基在老结构中产生，次级发生式，无分段化也无尾棘毛的产生。

戴维虫属内目前已有 7 个种的形态发生学过程得到了研究，包括模式种收缩戴维虫（*Deviata abbrevescens* Eigner, 1995），巴西戴维虫（*Deviata brasiliensis* Siqueira-Castro et al., 2009），杆形戴维虫[*Deviata bacilliformis* (Gelei, 1954) Eigner, 1995]，拟杆形戴维虫（*Deviata parabacilliformis* Li et al., 2014），埃氏戴维虫（*Deviata estevesi* Paiva & Silva-Neto, 2005），多毛戴维虫（*Deviata polycirrata* Küppers & Claps, 2010）和罗西塔戴维虫（*Deviata rositae* Küppers et al., 2007）（Berger 2011；Li et al. 2014；Luo et al. 2016）。

戴维虫属内各种发生学特征相似之处在于：①老口围带由前仔虫继承；②5 列 FVT-原基；③缘棘毛、背触毛发生过程相同，为老结构内发育（罗西塔戴维虫 *Deviata rositae* 第 2 列背触毛原基发生来源不详）；④分裂完成后，无老结构残留；⑤大核发生过程完全融合。

细微的区别包括：①（后仔虫）口原基的来源可能存在差异。据报道，杆形戴维虫

（*Deviata bacilliformis*）和拟杆形戴维虫（*Deviata parabacilliformis*）口原基为独立发生，而其他种的新口原基在发育过程中或许（？）有部分邻近老结构的参与，例如，第 1 列老额腹棘毛列（在 *Deviata rositae* 不详）。根据 Berger（2011）的解释，这些差异可能是额腹棘毛列的长度不同所致，但同样也可能系诠释上的不同：因该类群个体较小，原基出现的空间很有限，所以，上述"差异"也许实际并不存在。②埃氏戴维虫（*Deviata estevesi*）前仔虫的 UM-原基生成 1 列棘毛，其他种只产生 1 根棘毛。③5 列 FVT-原基在"起源"上似乎在不同种间（据描述）也存在一定的差异。同样的原因，这些差异也许源于不同的解读。

总之，属内目前所知的种类，均属于本发生亚型。

值得关注的是本种口原基的起源问题。Siqueira-Castro 等（2009）描述的模式种群多数个体新口原基的发生模式与 Luo 等（2016）所描述的中国种群相同，即新的口原基来自第 1 列老额腹棘毛的解聚。但是 Siqueira-Castro 等（2009）提到，有一早期发生个体的口原基出现在第 1 列老额腹棘毛列左侧，很可能为独立发生。作者认为，这并不能排除第 1 列老额腹棘毛最末端的棘毛参与原基形成的可能性。中国种群和模式种群发生过程中老口围带完全由前仔虫继承，但是模式种群中出现了一个近端口围带小膜发生原位重建的个体，我们认为这很可能是观察错误，因为戴维虫属内所有的已知发生信息都显示老口围带未发生任何变化并由前仔虫完全继承（Berger 1999；Li et al. 2014；Luo et al. 2016；Siqueira-Castro et al. 2009）。

巴西戴维虫中国种群的发生学特征与模式种群基本一致，不同或不确定之处在于以下几个方面：①前仔虫 FVT-原基Ⅳ来源不清，很可能来自第 2 列老额腹棘毛列（同模式种群）；②后仔虫 FVT-原基Ⅳ的来源在中国种群和模式种群中都未能给出明确结论，有可能与收缩戴维虫（*Deviata abbrevescens*）一样，起源于第 3 列老额腹棘毛列，然后延伸至第 2 列老额腹棘毛列（Luo et al. 2016；Siqueira-Castro et al. 2009）。

第3节 成囊双列虫亚型的发生模式

Section 3 The morphogenetic pattern of *Bistichella cystiformans*-subtype

樊阳波 (Yangbo Fan) 胡晓钟 (Xiaozhong Hu)

双列虫属（*Bistichella*）为 Berger 于 2008 年建立，模式种为 *B. buitkampi*，因其腹面具有 2 列长腹棘毛列而得名。由于发生学信息缺失，特别是其 2 腹棘毛列的来源一直不明，其科级归属曾长期未定。樊阳波等（Fan et al. 2014b）新建成囊双列虫，并以此为材料，对该属及该亚型的细胞发生过程完成了详细的观察和描述，从而对本属的发育模式有了清晰的解读。本节基于此工作形成。

基本纤毛图式及形态学 口围带连续，两片波动膜近等长；额棘毛 3 根，其后为两列额区棘毛；口棘毛 1 列；腹棘毛多列，斜向排布，由左至右逐渐增长；具横棘毛；左、右缘棘毛各 1 列，无尾棘毛；稳定的 4 枚大核（图 5.3.1A-E；图 5.3.4A-C）。

具 3 列完整的背触毛（图 5.3.1F；图 5.3.4A-C）。

细胞发生过程

口器 在前仔虫，老的口围带小膜不发生变化（图 5.3.2A，C，F，I；图 5.3.4F-I），最终完全被继承（图 5.3.3A，C；图 5.3.4J）。

老波动膜在细胞发生早期发生解聚（图 5.3.2A；图 5.3.4F），解聚产物很有可能参与 UM-原基的构建（图 5.3.2A；图 5.3.4F）。随后，该原基前端分化出 1 根额棘毛，后部至发生末期纵裂形成口侧膜与口内膜（图 5.3.2C，D；图 5.3.4E，G）。

由于缺失部分细胞发生初期个体，后仔虫的口原基的最初形成部位、早期发育过程不详。在所获的稍晚期的个体中，后仔虫的口原基已基本成型，并已开始由前至后分化出新的小膜（图 5.3.2A，C）。在细胞发生中后期，后仔虫口原基前端分化出小膜带并且逐步向虫体右侧弯折（图 5.3.2F，G，I；图 5.3.4G，I）。

细胞发生的末期，后仔虫的新口围带内小膜完成全部的组装，口围带整体迁移至既定位置（图 5.3.3A，C；图 5.3.4I）。

后仔虫的 UM-原基形成于较早时期，发生在口原基的右侧，最初为 1 条密集条带（图 5.3.2A）。随后的发育如同前仔虫，发育成 1 根额棘毛（图 5.3.2C，D；图 5.3.4E）和新的波动膜（图 5.3.2F，G，I；图 5.3.3A，C；图 5.3.4H，J）。

额-腹-横棘毛　次级发生式：细胞发生早期，在前仔虫波动膜和后仔虫口原基右侧，分别形成 5 列条带状 FVT-原基（图 5.3.2A；图 5.3.4D，F）。

细胞发生中期，毛基体不断增殖而使 5 列 FVT-原基逐渐发育、延长、增粗，并从前端向后开始分段分化出独立的棘毛。

在后期阶段里，棘毛相互分离，形成不同类型的棘毛（图 5.3.3A）。

棘毛的发育总结如下。

2 根额棘毛从左至右分别来自于 FVT-原基 I 和 II 的前端。

口棘毛列来自于 FVT-原基 I 中部。

额腹棘毛列 I 来自于 FVT-原基 II 中部。

额腹棘毛列 II 来自于 FVT-原基 III 前部。

额腹棘毛列 III 来自于 FVT-原基 IV 前部。

额腹棘毛列 IV 来自于 FVT-原基 V。

4 根横棘毛由左至右分别来自于 FVT-原基 I -IV 的后端。

细胞发生后期，腹面棘毛逐渐分区化并最终迁移至既定位置（图 5.3.3C；图 5.3.4J）。

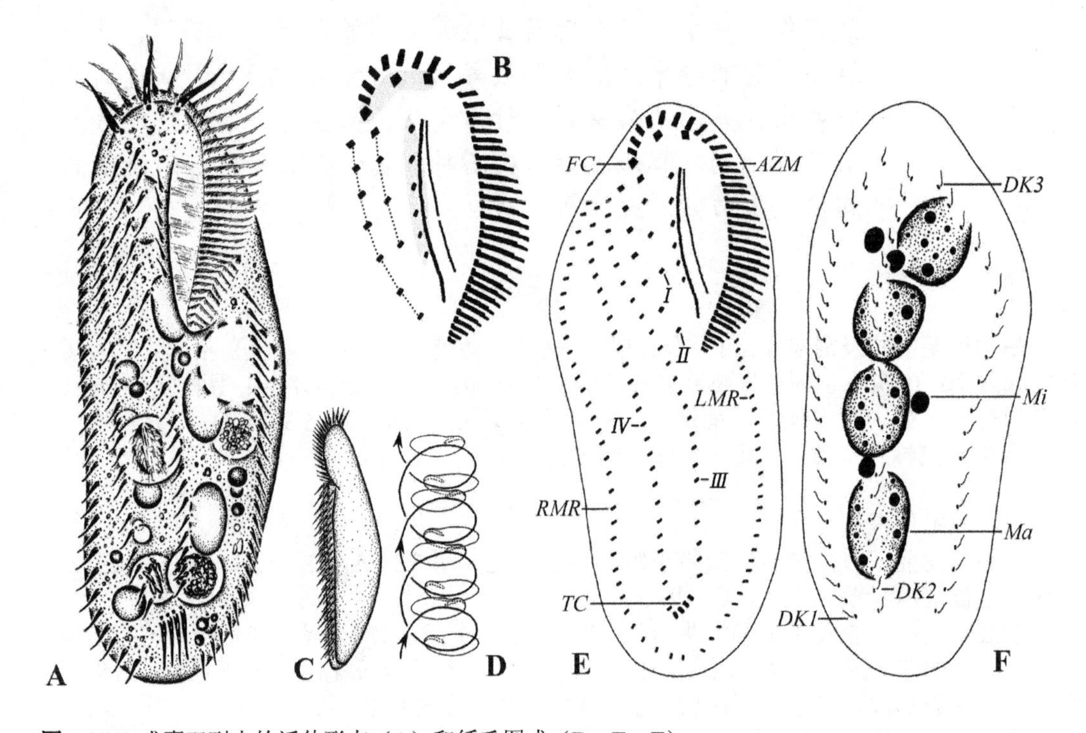

图 5.3.1　成囊双列虫的活体形态（**A**）和纤毛图式（**B，E，F**）
A. 腹面观示具典型体形的个体；**B.** 额区腹面观；**C.** 典型个体的侧面观；**D.** 运动轨迹；**E，F.** 纤毛图式的腹面观（B）和背面观（C）。*AZM.* 口围带；*DK1-DK3.* 背触毛列 1-3；*FC.* 额棘毛；*II-IV.* 额腹棘毛列；*LMR.* 左缘棘毛列；*Ma.* 大核；*Mi.* 小核；*RMR.* 右缘棘毛列；*TC.* 横棘毛

缘棘毛　分别在老结构内形成：发生早期，左、右缘棘毛列前、后处的部分棘毛解聚而形成前、后仔虫的左、右缘棘毛原基（图 5.3.2A，C，F）。随后，该原基向两极延伸，形成棘毛列，并最终取代老结构（图 5.3.2I；图 5.3.3A，C；图 5.3.4G，I，J）。

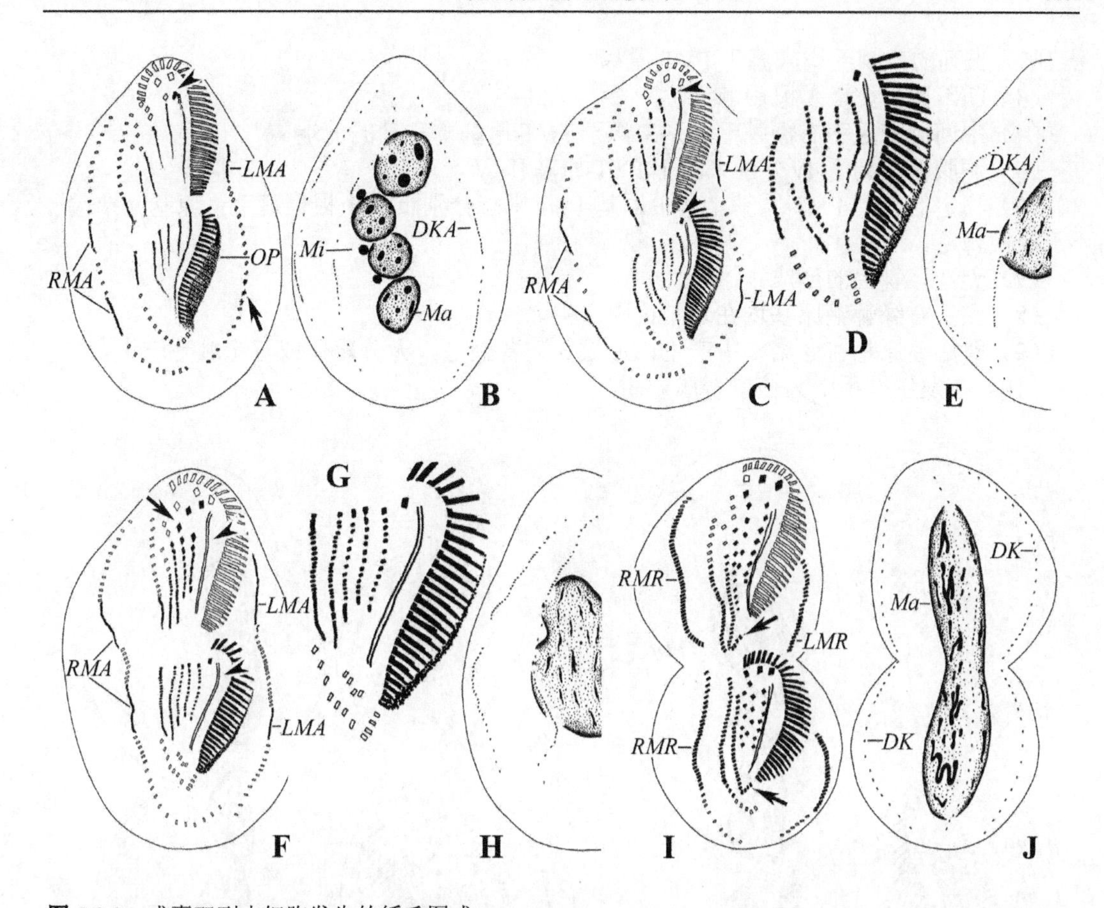

图 5.3.2 成囊双列虫细胞发生的纤毛图式

A，B. 中早期个体腹面观（**A**）和背面观（**B**），示后仔虫口原基及前、后仔虫 FVT-原基、缘棘毛和背触毛原基，无尾箭头示前仔虫 UM-原基前端开始形成左额棘毛，箭头示后仔虫左缘棘毛原基由老结构解聚形成；**C-E.** 发生中期个体腹面观（**C，D**）和背面观（**E**），示 FVT-原基开始片段化形成棘毛，无尾箭头示前、后仔虫的左额棘毛，此时大核融合为一团；**F-H.** 发生中期个体的腹面观（**F，G**）和背面观（**H**），示额棘毛分化完成（箭头），大核开始分裂，无尾箭头示 UM-原基纵裂形成口内膜和口侧膜；**I，J.** 发生中后期个体腹面观（**I**）和背面观（**J**），示 FVT-原基片段化基本完成，箭头示新形成的横棘毛。*DK*. 背触毛列；*DKA*. 背触毛原基；*LMA*. 左缘棘毛原基；*LMR*. 左缘棘毛列；*Ma*. 大核；*Mi*. 小核；*OP*. 口原基；*RMA*. 右缘棘毛原基；*RMR*. 右缘棘毛列

背触毛 次级发生式，3 列原基分别在老结构内形成：细胞发生早期，每列老背触毛前后分别产生一处原基（图 5.3.2B），这些原基无片段化过程，也不形成尾棘毛，而是直接发育为新的触毛列，老结构最终被取代、吸收（图 5.3.2E，H；图 5.3.3B，D）。

大核 细胞分裂过程中，4 枚大核完全融合成 1 个融合体（图 5.3.2E，H；图 5.3.4G，I），继而，随着虫体的进一步发育，融合体发生多次分裂，形成前、后仔虫中各 4 枚大核（图 5.3.2J；图 5.3.3B，D；图 5.3.4J）。

主要特征与讨论 本亚型目前仅涉及成囊双列虫 1 种。

对成囊双列虫细胞发生亚型的发生特征总结如下。

（1）老的口围带完全保留，并由前仔虫继承；UM-原基来自老结构的去分化。

（2）长列的口棘毛均来源于FVT-原基Ⅰ。

（3）UM-原基贡献1根额棘毛。

（4）中间额棘毛和右额棘毛分别来源于FVT-原基Ⅰ和Ⅱ的前端。

（5）额腹棘毛列Ⅰ-Ⅳ分别来源于FVT-原基Ⅱ-Ⅴ。

（6）稳定的5列FVT-原基，其中原基Ⅰ-Ⅳ末端分别贡献1根横棘毛；原基Ⅴ末端不形成横棘毛。

（7）无迁移棘毛的形成。

（8）左、右缘棘毛原基均在老结构中产生。

（9）背触毛原基在老结构中产生，形成3列背触毛，无分段化或背缘触毛产生。

（10）在发生过程中大核融合成一团。

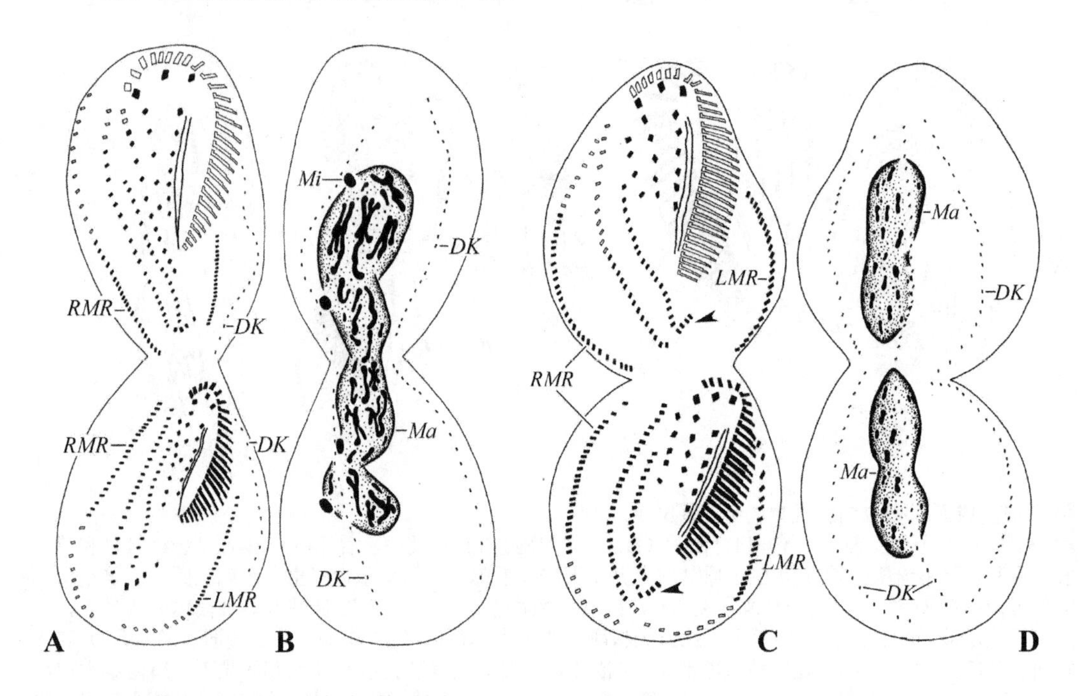

图 5.3.3 成囊双列虫细胞发生的纤毛图式

A，B. 后期个体的腹面观（**A**）和背面观（**B**），示棘毛开始迁移，大核进一步分裂；**C，D.** 末期个体的腹面观（**C**）和背面观（**D**），示前、后仔虫棘毛基本完成迁移，无尾箭头示新形成的横棘毛。*DK.* 背触毛列；*LMR.* 左缘棘毛列；*Ma.* 大核；*Mi.* 小核；*RMR.* 右缘棘毛列

Berger（2008）建立了双列虫属 *Bistichella* 并将原属于伪瘦尾虫属 *Pseudouroleptus* 中的4个种和小双虫属 *Amphisiella* 的1个种转移到该属。

此划分为细胞发生学研究工作所支持：双列虫亚型在细胞发生中无背缘触毛原基形成和背触毛原基断裂的发生，此点与伪瘦尾虫亚型明显不同（Berger 1999）。此外，双列虫属的2列长腹棘毛分别来源于1列FVT-原基，也明显不同于小双虫中的单一棘毛列来源于2或3列FVT-原基（Berger 2008；Chen et al. 2013e）。

双列虫亚型与后瘦尾虫的细胞发生非常相似，主要表现为：①老的口围带不发生更新而为前仔虫所继承；②额-腹-横棘毛为5原基发生模式，每一列腹棘毛列来源于1列FVT-原基；③左、右缘棘毛原基均在老结构中产生；④前、后仔虫的背触毛原基在老结构中分别产生，无背触毛原基断裂及背缘触毛原基的发生。二者的主要不同点在于后瘦尾虫中背触毛列在其后端分化出尾棘毛，而前者则无。通常认为，有无尾棘毛的分化往往被视为属级鉴别特征（Berger 2006，2008，2011）。但这些差异不足以将其归入不同的发生亚型。

本亚型尚具一个独特的发生学特征，即最右侧的一列 FVT-原基末端不贡献横棘毛，而其他 FVT-原基则贡献横棘毛，这在腹毛类中是极为罕见的。

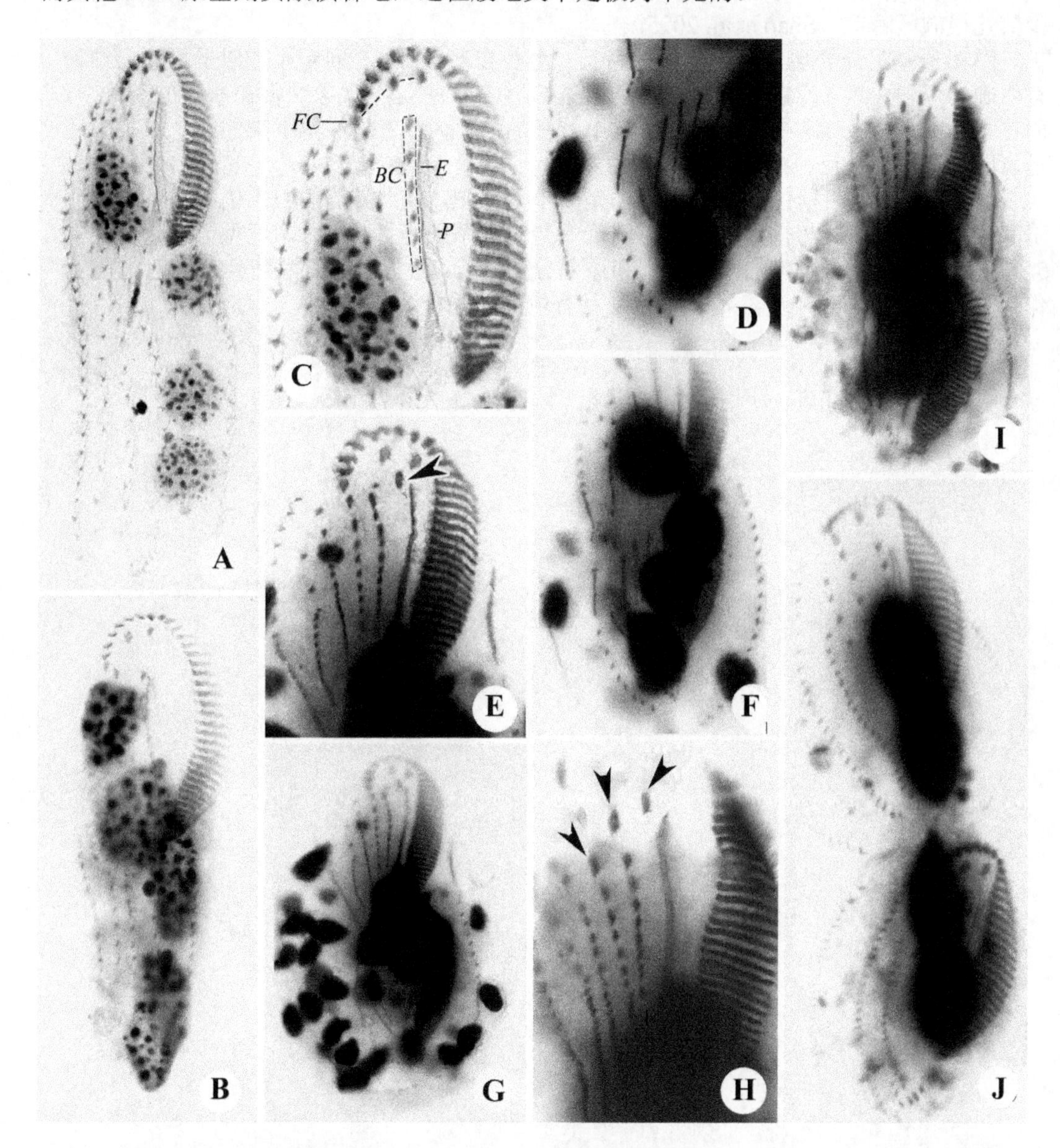

图 5.3.4　成囊双列虫分裂间期（**A-C**）和细胞发生（**D-J**）

A，B. 腹面观，示纤毛图式和核器；**C.** 前部腹面观，示额区棘毛排布；**D，F.** 早期个体的腹面观，示后仔虫 FVT-原基；**E，G.** 中期个体的腹面观，示 FVT-原基开始片段化形成棘毛，大核融合成一团，无尾箭头示前仔虫 UM-原基开始形成左额棘毛；**H，I.** 中期个体的腹面观，示大核开始分裂，无尾箭头示前仔虫 3 根新形成的额棘毛；**J.** 末期个体的腹面观，示前、后仔虫棘毛分化完成并开始迁移，大核进一步分裂。*BC.* 口棘毛；*E.* 口内膜；*FC.* 额棘毛；*P.* 口侧膜本亚型表现了两个原始性状：5 列 FVT-原基中，左侧的 3 列原基产物均为数目不定并且无进一步的分组化。换言之，这个产物在系统发育水平上相当于原基在分段化后（形成棘毛片段）不再进一步发育，每个片段直接形成营养期的额区棘毛（或称短的“额腹棘毛列”）和长列的口棘毛。这个过程在多数高等的散毛类中均可看到，但在高等类群中，这些“多余的”棘毛通常均在迁移过程中被吸收、瓦解了，最终仅剩一根口棘毛及少数几根额区棘毛（Shao et al. 2015）。

FVT-原基另外表现一个较原始的特征：至少在前仔虫，5 列新原基似乎均与老结构有明确的位置关系（或老结构参与了新原基的形成？），这个现象通常在原始的类群中，而在高等类群是较罕见的。目前不明这个特征的演化内涵：是保留下来的一个祖征？还是表明该亚型确实比目前所判断的更为原始？

如前讨论到，目前的排毛类实际仍是一个大熔炉，很大类群的归入仍存在各类不明确和混乱。但散毛类与排毛类具有更明确的亲缘关系则是肯定的。本亚型无论是稳定的 5 列 FVT-原基，还是基本的发生过程和原基分化产物，已与低等的散毛类很近似。因此，作为“排毛类”中的一员，本亚型无疑具有较高的系统演化地位。

第4节 海洋伪卡尔虫亚型的发生模式
Section 4 The morphogenetic pattern of *Pseudokahliella marina*-subtype

胡晓钟 (Xiaozhong Hu) 宋微波 (Weibo Song)

作为本属的代表种，海洋伪卡尔虫长期以来一直被安排在卡尔科内。直到最近，Berger（2011）才将其列为“非背缘触毛腹毛类”中系统地位不明类群。该模式最初由Foissner等（1982）建立，随后胡晓钟和宋微波（Hu & Song 2003）基于中国种群给出了细致的重描述。目前对本亚型的了解尚待完善：在迄今仅有的两份工作中，仍存在若干不明之处，包括背触毛原基的来源。因此本节对该亚型的刻画仍有待未来工作的核实和补充。

基本纤毛图式 波动膜在模式种群中报道为由两片膜组成，而在本节所观察种群中仅含单片膜；腹面前端具粗壮但分界不明确的额棘毛（与后面的棘毛列不能截然区分）；多列斜行的额腹棘毛自额区延伸至体后部，右侧少数几列的前部分转至背面；横棘毛无分化；左缘棘毛1或2列；右缘棘毛列与额腹棘毛列不能明确区分，因此其数目不定（图5.4.1A，B）。

背面具3列背触毛，其后端无尾棘毛的分化（图5.4.1C）。

细胞发生过程

口器 老口围带在发生过程中无任何变化，完整地被前仔虫完全继承。

前仔虫的 UM-原基发生要晚，源自老波动膜的原位解聚。最终其前部分化出 1 根额棘毛（图 5.4.3A），而后部发育成单片波动膜。

后仔虫的细胞发生始于口区后部、额腹棘毛列和左缘棘毛列之间的狭长口原基的形成。其最初表现为一长形的松散的毛基体聚合体。此原基在形成过程中，无任何老棘毛参与（图 5.4.1D）。口原基扩大，延至第 6、7 列额腹棘毛的后部（图 5.4.1E）。口原基继续发育，并逐渐由前向后分化出口小膜（图 5.4.1F；图 5.4.2A；图 5.4.4A，G）。进一步发育，口小膜组装完毕，此新形成的后仔虫口围带前端开始向虫体的右侧弯折（图 5.4.2B，D，E；图 5.4.4E，H）。至后期，新形成的口围带在分裂前迁移到既定位置（图 5.4.3A，B，E；图 5.4.4J，K）。

在发生早期，后仔虫的 UM-原基出现于口原基的右侧，并与后者在后部紧密相连（图 5.4.1F；图 5.4.2A），最终其前部分化出 1 根额棘毛（图 5.4.3A），而后部发育成单片波动膜。

额-腹-横棘毛 发生过程中腹面先后有多达11列的原基形成：伴随着细胞发育，口区右侧最前部的一些老棘毛发生解聚，从而形成细线状的多列 FVT-原基（图 5.4.1F；图 5.4.4G）。随着更多老棘毛解聚后毛基体的加入，原基增大、条索数目增加，多至11条（图 5.4.2A；图 5.4.4A，B）。

至中期，前、后仔虫各有1套FVT-原基（图 5.4.2B，D，E；图 5.4.4D，E），且每套都超过5条原基。与其他腹毛类一样，随后这些原基分段、重组成新棘毛，其中第1和2列FVT-原基前端各分化出1根额棘毛（图 5.4.3A，B，E；图 5.4.4C，H，J-L）。

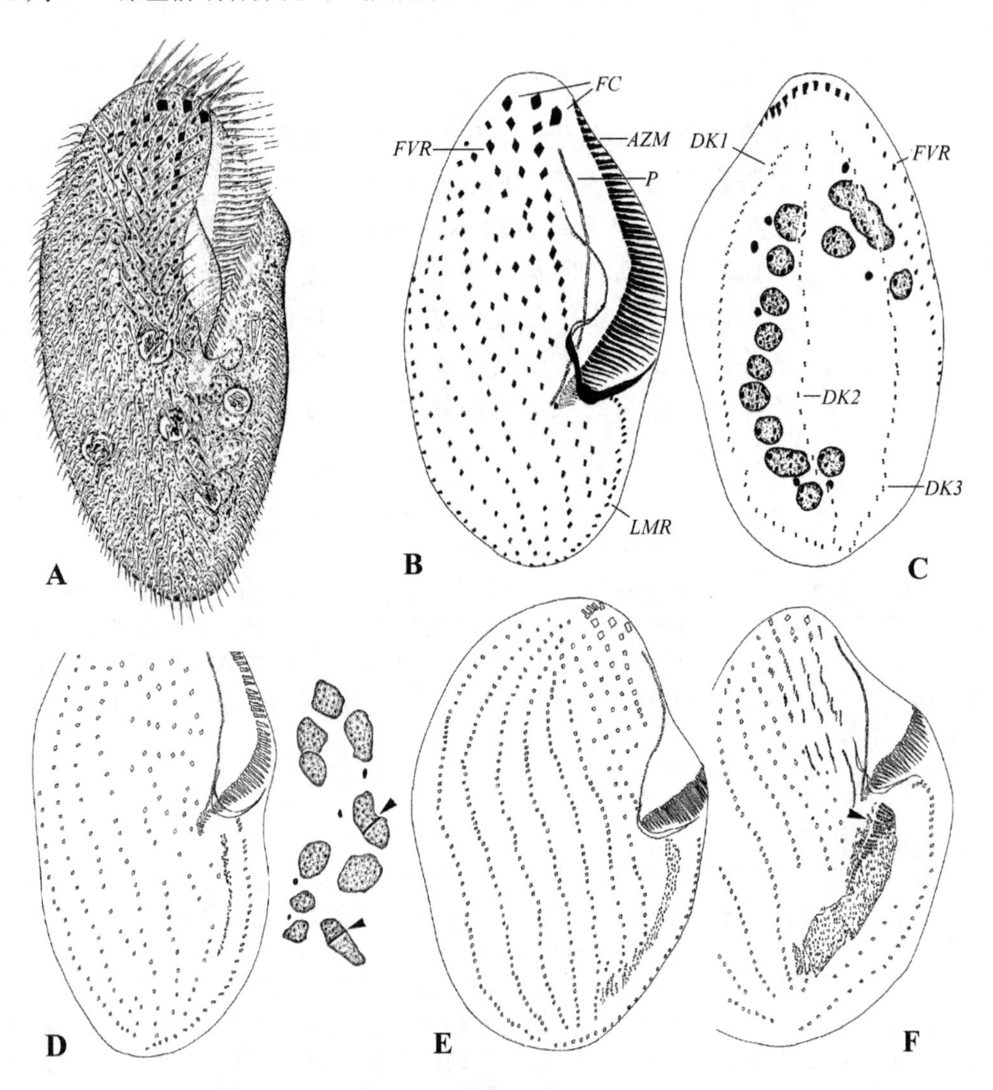

图 5.4.1 海洋伪卡尔虫的纤毛图式（**A-C**）和细胞发生（**D-F**）
A. 活体腹面观，示体形和棘毛排布；**B，C.** 同一个体的腹面和背面观，示纤毛器和核器；**D.** 早期个体的腹面观，示后仔虫的口原基，插图为大核和小核，无尾箭头示改组带；**E.** 早期个体的腹面观，示口原基发育增大；**F.** 早中期个体的腹面观，口原基前端开始分化出新小膜，在其右侧出现 UM-原基（无尾箭头），口区右侧部分老的额腹棘毛解聚形成新的 FVT-原基。*AZM.* 口围带；*DK1-DK3.* 1-3 列背触毛；*FC.* 额棘毛；*FVR.* 额腹棘毛列；*LMR.* 左缘棘毛列；*P.* 口侧膜

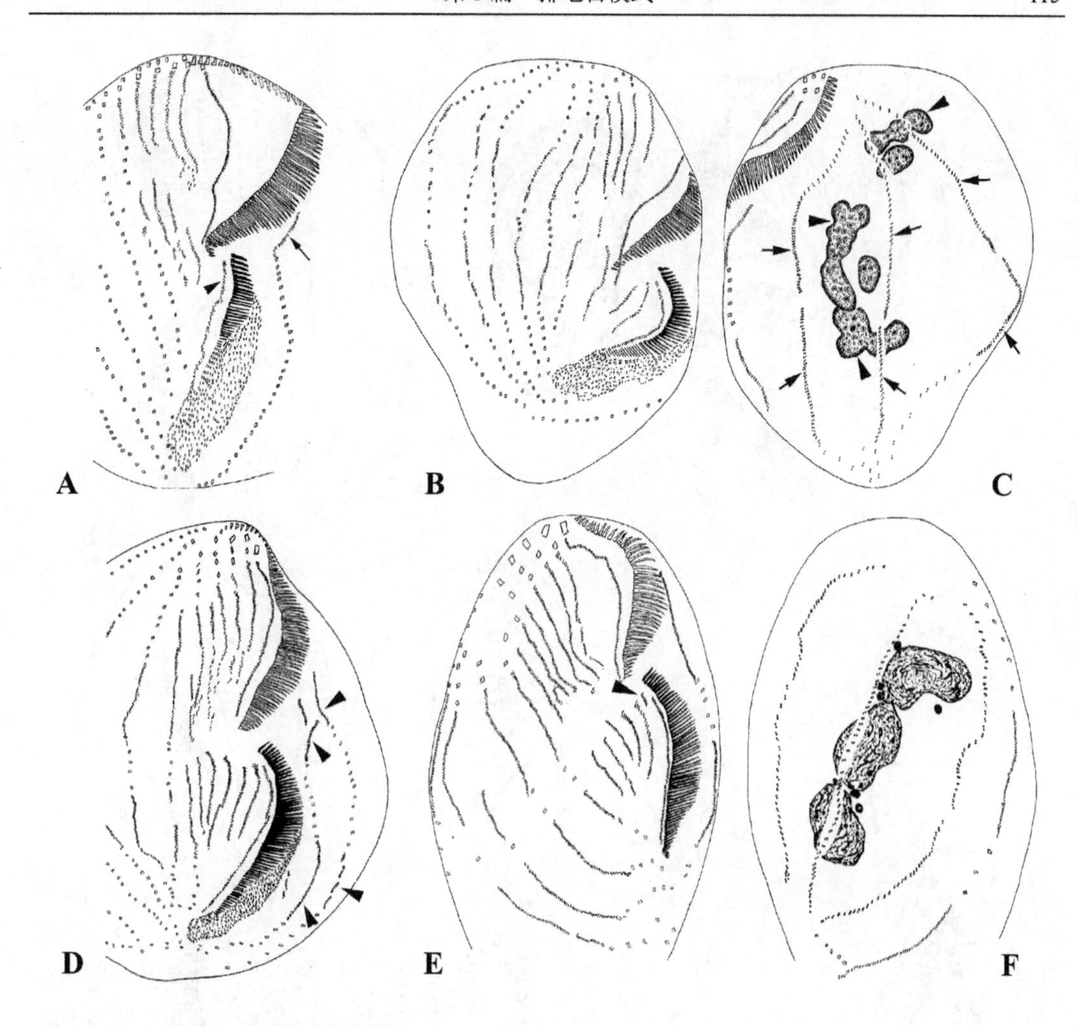

图 5.4.2　海洋伪卡尔虫的细胞发生

A. 早中期个体的腹面观，示口原基和 FVT-原基的发育及缘棘毛原基的发生（箭头），无尾箭头示后仔虫的 UM-原基；**B，C.** 同一中期个体的腹面观和背面观，前、后仔虫中 FVT-原基和背触毛原基（箭头）已完全形成，无尾箭头示本时期中大核开始融合；**D.** 中期虫体的腹面观，各原基进一步发育，后仔虫的口原基进一步组装为小膜，前、后仔虫在老的左缘棘毛列中各出现 1 条原基（无尾箭头）；**E，F.** 同一中期个体的腹面观和背面观。后仔虫口原基中小膜数逐渐增多。UM-原基右前方分化出一小的 FVT-原基（无尾箭头）。注意，在本时期中大核进一步融合

缘棘毛　FVT-原基出现后不久，老左缘棘毛列前端出现前仔虫的左缘棘毛原基，后仔虫的左缘棘毛原基发生于老棘毛列中部；右缘棘毛原基分别原位发生于老棘毛列的前部和中部（图 5.4.2B，C）。具 2 列左缘棘毛的个体于老结构中分别出现原基（图 5.4.2D）。

其后，这些原基向两端延长并增宽（图 5.4.2E）。至中、后期，这些原基进一步片段化并发育成新的棘毛，老结构消失（图 5.4.3A-E）。

背触毛　很遗憾，本研究没有观察到背触毛原基发生的最初现象。然而，从细胞发生中期个体可以看出，老的背触毛列的前部和后部分别出现原基（图 5.4.2C）；其不断向两端发育延伸并最终替代老结构（图 5.4.2F；图 5.4.3C-E）。

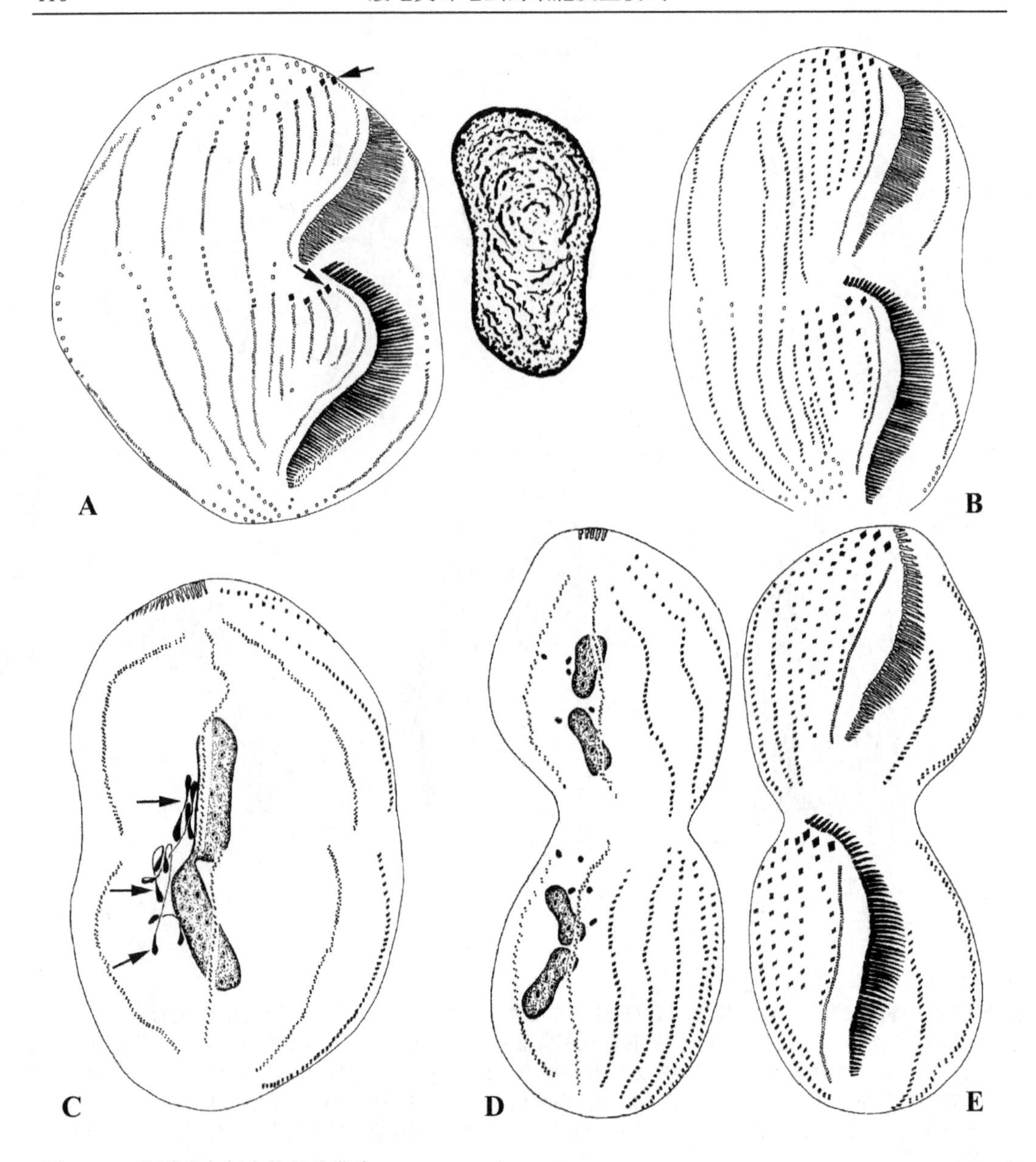

图 5.4.3 海洋伪卡尔虫的细胞发生

A. 中期个体腹面观，口原基的发育接近完成，FVT-原基自前至右开始分化出棘毛，后仔虫 UM-原基前端分化出 1 根额棘毛（箭头），老的波动膜前方也产生 1 根额棘毛，后部分则解聚成原基，插图示融合大核；**B，C.** 同一后期个体腹面观和背面观，所有 FVT-原基发育完成，出现 3 根额棘毛，大核和小核（箭头）进一步分裂；**D，E.** 同一末期个体腹面观和背面观，示新结构的迁移，细胞中部出现分裂沟

大小核 本种大核的发育过程与多数具多核的腹毛类物种一致，即在口原基出现的同时，大核中出现改组带（图 5.4.1D 插图）。在发生的中期，大核相互靠拢并融合成一团（图 5.4.2C，F；图 5.4.3A；图 5.4.4H），继而分裂（图 5.4.3C，D；图 5.4.4I-L）。细胞发生的后期个体明显可见小核的分裂（图 5.4.3C，D）。

主要发生特征与讨论　该亚型的主要发生学特征如下。

（1）老口围带完全为前仔虫所继承，但波动膜发生更新。

（2）前、后仔虫中额腹棘毛和缘棘毛原基分别产生于老结构中；老的棘毛在分裂后个体中被完全吸收。

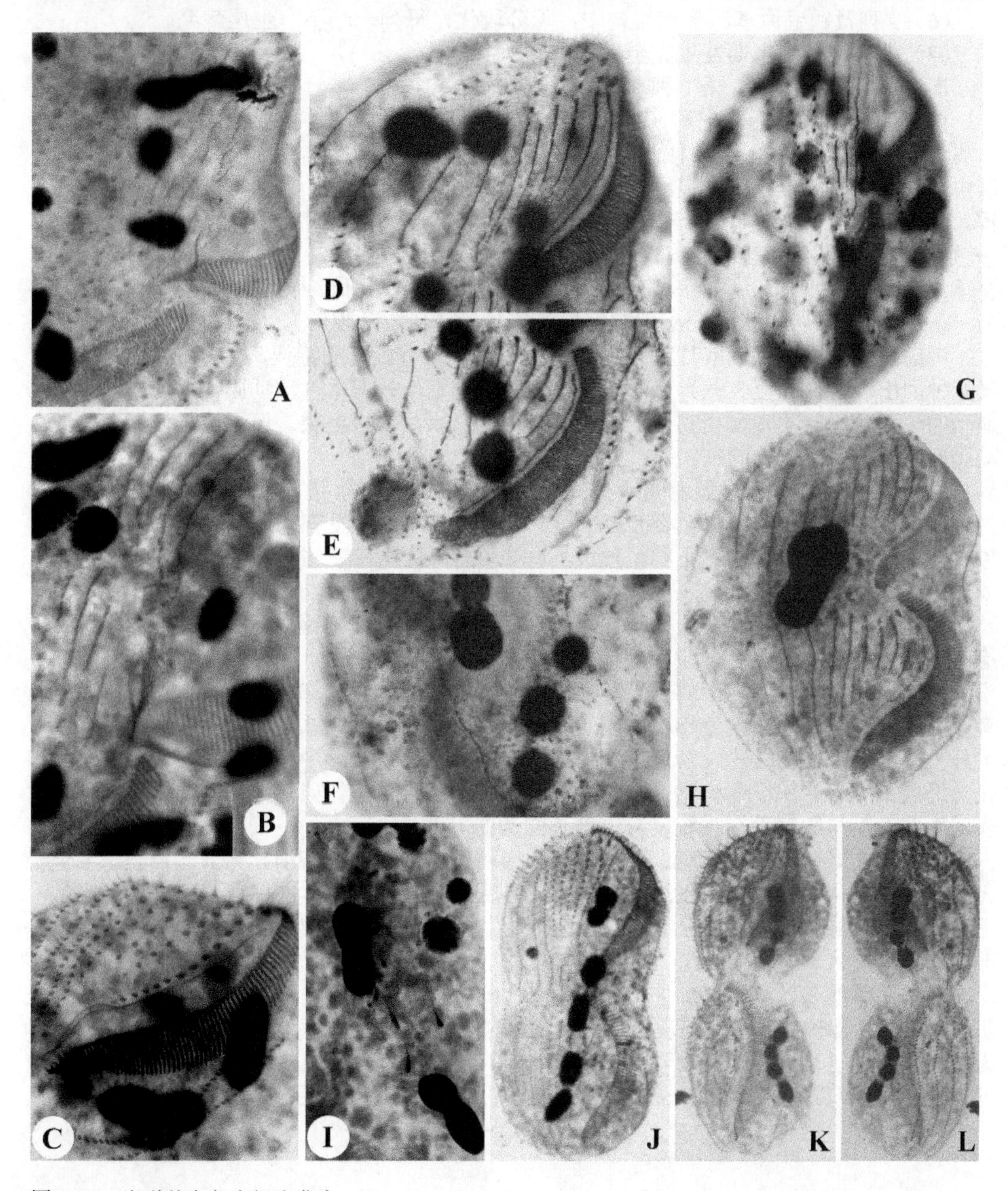

图 5.4.4　海洋伪卡尔虫细胞发生

A，B，G. 早期个体的腹面观，示 FVT-原基和口原基的发育；**C.** UM-原基前端分化出 1 根额棘毛；**D，E.** 同一细胞前后部分的腹面观，前、后仔虫各出现 2 条左缘棘毛原基；**F.** 部分背面观，示背触毛原基；**H.** 中期细胞的腹面观，示融合大核，FVT-原基前端开始分化出棘毛；**I.** 大小核的分裂；**J-L.** 后期和末期细胞的纤毛图式和核器，大核进一步分裂，棘毛发生迁移

（3）UM-原基和第 1、2 列 FVT-原基前端各产生 1 根额棘毛。

（4）UM-原基后部分化为 2 片膜或单片膜。

（5）具有多于 5 列的 FVT-原基，均在老结构中形成并为次级发生式，其在发育后期无横棘毛分化。

（6）3 列背触毛原基源于老结构中，无分段化，每列末端不产生尾棘毛。

（7）大核在发生中期发生完全融合。

迄今本亚型仅包含 1 属 1 种。

该亚型最初由 Foissner 等（1982）建立，基于中国种群的细胞发生学工作则由 Hu 和 Song（2003）完成。两个种群仅有的发生学差异就在于 UM-原基的发育：在模式种群中其分化成口侧膜和口内膜两片膜，而在中国种群中没有观察到 UM-原基再分裂的过程。在所有检查的分裂间期个体中，也仅观察到单片波动膜。目前还无法解释造成此种“差别”的原因，但不排除这是一个伪现象，即原始报道中的错误解读，该亚型实际仅有单片波动膜，另外一片实际为右侧口区翼状突出的边缘（此结构在重染的个体中显示为一条弯曲的嗜染线，Foissner 因此误以为这是另一片波动膜？）。

考虑到波动膜单片或双片在系统发育中是一个权重极高的特征，不应在同属内种群甚至种间出现这样的巨大差异。但如果该种确实稳定地具有单片波动膜，则与本亚型所显示的一系列原始的特征相吻合：这是一个低等、原始的排毛类。但无论如何，有关波动膜问题亟待后续工作的证实。

FVT-原基的形成模式显示了十分原始的特征：即每列原基均严格地限定在老结构内，这点与更为原始的原腹毛类（第 1 篇）十分相似，后者没有缘棘毛列的明确分化现象也与本亚型中缘棘毛列的不稳定形成具有类似性。这些特征的相同或相近不应理解为演化中的偶然相似，极可能表明了其脱胎于后者的演化轨迹。

另外一个有待明了的问题是有关本亚型的额腹棘毛列和右缘棘毛列的数目。由于右缘棘毛列和右侧额腹棘毛列在棘毛结构、排布方式、空间位置上十分相似，而目前的观察并没有显示任何发生学上的差异，因此依然无法明确地区分二者。可以推测：或许两者在发生时序上存在细微差异，但因一些关键的发生期环节缺失，这个差异被掩盖了；另外一个可能是，该属种代表了广义腹毛类纤毛虫在系统演化中原始的阶段，即其在进化上仍处于“棘毛初级分组化，但尚未完善”这个原始状态。如果这个假说属实，则也表明额腹棘毛与缘棘毛在系统发育上曾是同源的。

本亚型在老口围带的命运、额腹棘毛和缘棘毛原基的起源和演化方式、具额棘毛但无横棘毛的分化等方面和卡尔虫十分相似，但后者在分裂后个体中保留了部分老的缘棘毛，并具有背缘触毛（Berger 2011）。这些发生学差异表明两者属于不同的高级阶元，即本属不应归入卡尔科。

可以明确的是，本亚型发生中老口围带的完全保留、缘棘毛和背触毛原基的原位发生、超过 5 列 FVT-原基的出现、明确分化出额棘毛，以及横棘毛和背缘触毛的缺失，无疑代表了 1 个独立的发生亚型。*Saudithrix* 的发生模式与此发生亚型类似，但不同之处在于，其 FVT-原基的末端具横棘毛的分化并且老口围带在发生过程中发生了解聚。

第5节 长施密丁虫亚型的发生模式
Section 5 The morphogenetic pattern of *Schmidingerothrix elongata*-subtype

芦晓腾 (Xiaoteng Lu) 邵晨 (Chen Shao)

施密丁虫属为新近由 Foissner（2012）基于模式种特异施密丁虫（*Schmidingerothrix extraordinaria*）而建立。该属最主要的特征在于其极度退化的纤毛器，即口侧膜、背触毛、尾棘毛、横棘毛等均缺失。此外，口围带小膜仅包含3列动基系。迄今该属已知有3个种，均发现自高盐的水体或盐碱性土壤中，即盐土施密丁虫，*S. salinarum* Foissner et al., 2014、盐生施密丁虫 *S. salina*（Shao et al., 2014）和长施密丁虫 *S. elongata* Lu et al., 2018。三者均有完备的发生学研究资料。本节的描述主要依据芦晓腾等（2018）最近对长施密丁虫所做的发生学观察。

基本纤毛图式与形态学 虫体细长蠕虫状，具尖尾；纤毛器普遍退化：波动膜仅有单一的口内膜；口侧膜、口棘毛、横前腹棘毛、横棘毛均缺失；口围带分两段，口围带小膜由3排毛基体组成；通常具3列额腹棘毛；左、右缘棘毛各1列，约8枚大核呈念珠状成列排布（图 5.5.1A，B）。

无背触毛和尾棘毛（图 5.5.1C）。

细胞发生过程

口器 老口围带和口内膜在发生过程中无变化，被前仔虫完全保留（图 5.5.2E，G；图 5.5.3A，C，E，G）。

后仔虫的口原基起始于虫体中部左缘棘毛右侧出现的无序排列的毛基体群（图 5.5.1D；图 5.5.2A）。随后，口原基从前向后、从右向左开始组装，形成仅由2列毛基体组成的口围带小膜（图 5.5.1D-I；图 5.5.2C，E，G）。

口围带部分小膜上第3列短的毛基体也分化出来（图 5.5.1J，K；图 5.5.3A）。接下来，后仔虫小膜的组装几乎完成，额区的3片小膜与腹区小膜分离，形成明显的间隙，口围带形成既定形状（图 5.5.3E，G）。

发生前期，在后仔虫中，UM-原基出现在口原基右侧并组装成 1 条双动基列（图 5.5.1D-I；图 5.5.2E，G）。随后，UM-原基进一步增殖、分化，形成由等距的单毛基体组成的口内膜（图 5.5.1J，K；图 5.5.3A，C，E，G）。

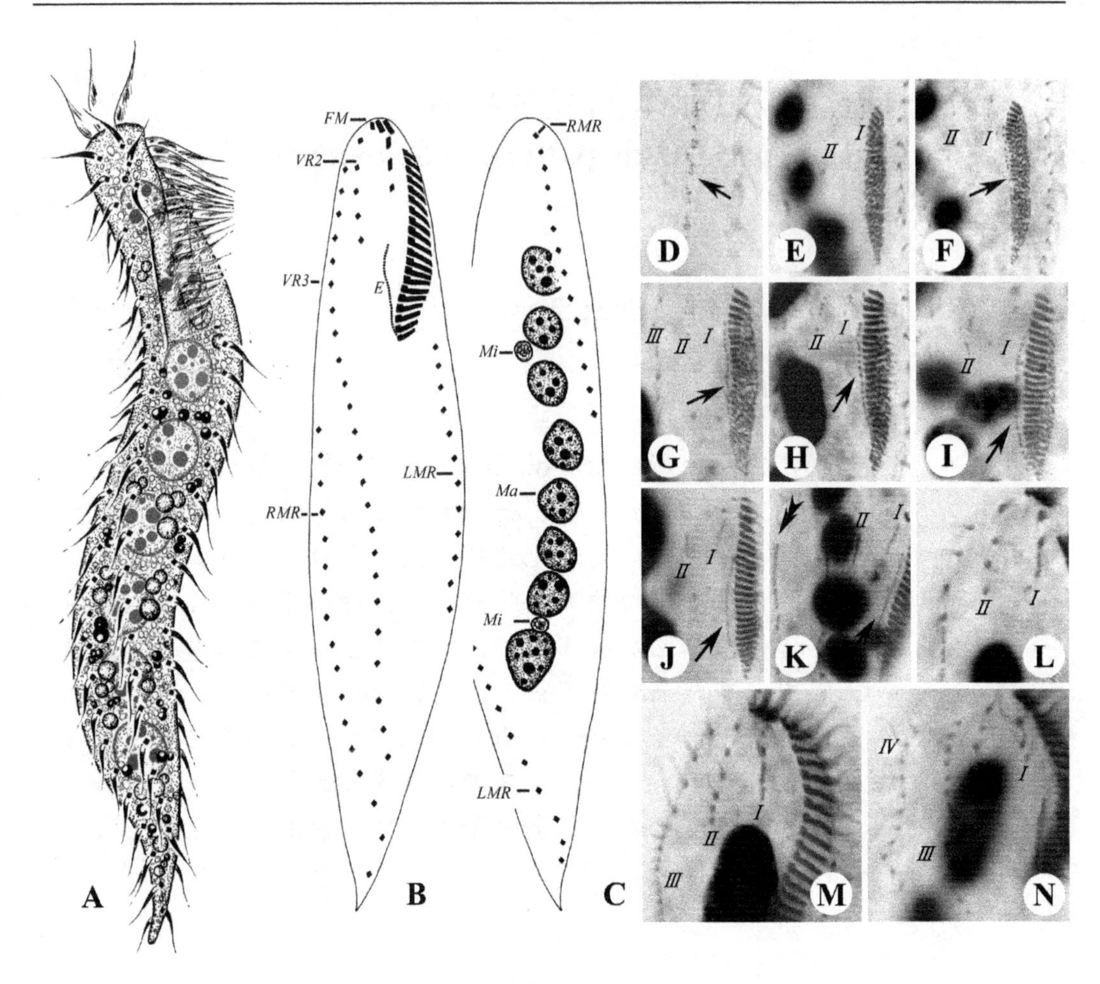

图 5.5.1 长施密丁虫的活体形态（**A**）、纤毛图式（**B-N**）
A. 典型个体腹面观；**B，C.** 正模标本腹面观（**B**）和背面观（**C**）；**D-K，N.** 后仔虫口原基和 FVT-原基的发育，图 **D** 中箭头示口原基，图 **F-J** 中箭头示 UM-原基，图 **K** 中双箭头示右缘棘毛原基，箭头示波动膜原基；**L，M.** 前仔虫 FVT-原基的发育。*E.* 口内膜；*FM.* 额区小膜；*Ⅰ-Ⅳ.* FVT-原基Ⅰ-Ⅳ；*LMR.* 左缘棘毛列；*Ma.* 大核；*Mi.* 小核；*RMR.* 右缘棘毛列；*VR2*，*VR3.* 第 2 和 3 列额腹棘毛

额-腹-横棘毛 FVT-原基仅为 3 列。

发生初期，在后仔虫口区右侧独立产生 FVT-原基Ⅰ和Ⅱ，而 FVT-原基Ⅲ在老的第 3 列额腹棘毛中产生（图 5.5.1E-I；图 5.5.2E，G）。

前仔虫 FVT-原基Ⅰ-Ⅲ分别产生自老的第 1-3 列额腹棘毛（图 5.5.1L，M；图 5.5.2E，G；图 5.5.3A）。所有 FVT-原基同步进行增殖、组装并最终完全取代老结构，形成新的额腹棘毛列（图 5.5.3C，E，G）。

值得注意的是，在所获的发生个体中，有 2 个个体具有 FVT-原基Ⅳ（图 5.5.1N；图 5.5.3E），并由此形成第 4 列额腹棘毛。

FVR_1 来自 FVT-原基Ⅰ。

FVR_2 来自 FVT-原基Ⅱ。

FVR_3 来自 FVT-原基Ⅲ。

FVR_4 来自 FVT-原基Ⅳ。

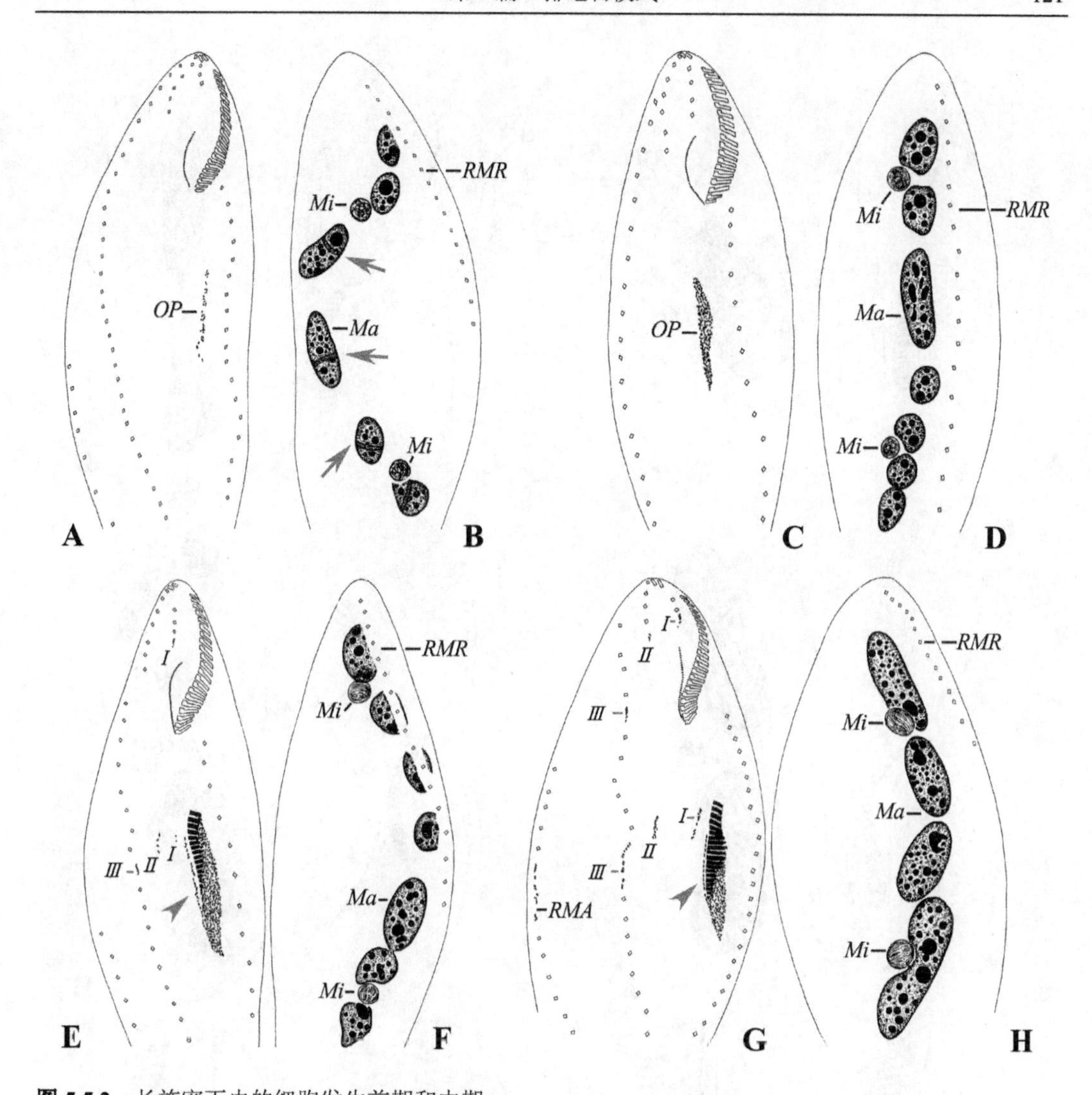

图 5.5.2　长施密丁虫的细胞发生前期和中期

A，B. 前期发生个体的腹面观（**A**）和背面观（**B**），箭头示大核改组带；**C，D.** 前期发生个体的腹面观（**C**）和背面观（**D**），示后仔虫的口原基通过毛基体的增殖不断的发育、扩大范围；**E，F.** 前中期发生个体的腹面观（**E**）和背面观（**F**），无尾箭头示 UM-原基；**G，H.** 中期发生个体的腹面观（**G**）和背面观（**H**），无尾箭头示 UM-原基。*I-III.* FVT-原基Ⅰ-Ⅲ；*Ma.* 大核；*Mi.* 小核；*OP.* 口原基；*RMA.* 右缘棘毛原基；*RMR.* 右缘棘毛

缘棘毛　发生早期，左、右缘棘毛列前部和中部约 1/3 处的棘毛解聚成原基（图 5.5.2G；图 5.5.3A）。这些原基产生新缘棘毛并最终取代老结构（图 5.5.3C，E，G）。

背触毛　无背触毛和尾棘毛产生（图 5.5.2B，D，F，H；图 5.5.3B，D，F，H）。

核器　发生中期大核融合成单一融合体。至发生后期，经过分裂分配给前后两个仔虫（图 5.5.2B，D，F，H；图 5.5.3B，D，F，H）。

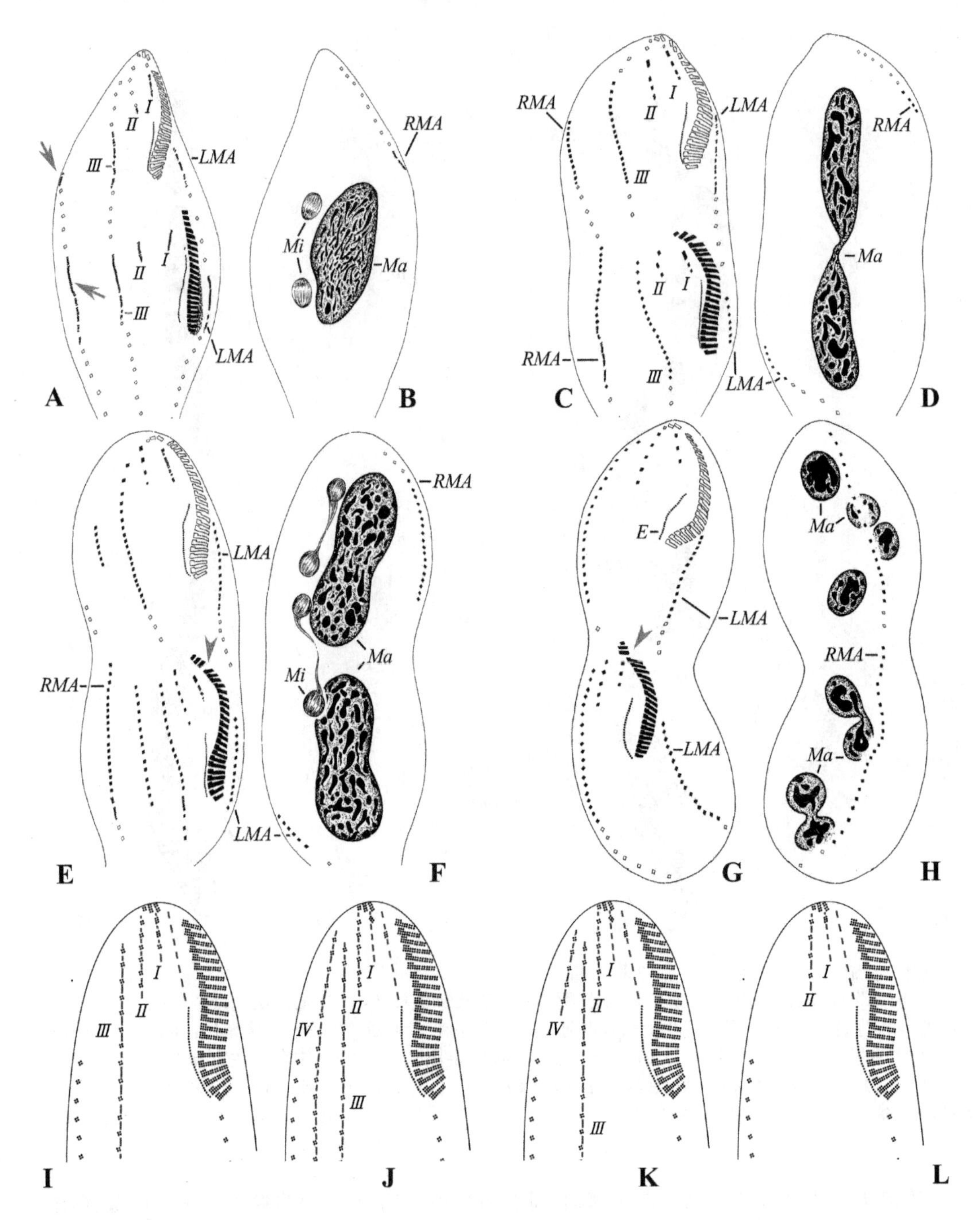

图 5.5.3 长施密丁虫的细胞发生中期和后期，以及施密丁虫属 4 个种的发生模式的比较（**I-L**）
A，B. 中期发生个体的腹面观（**A**）和背面观（**B**），箭头示右缘棘毛原基；**C，D.** 细胞发生中后期发生个体的腹面观（**C**）和背面观（**D**）；**E，F.** 后期发生个体的腹面观（**E**）和背面观（**F**），无尾箭头示额、腹区小膜的间隙；**G，H.** 后期发生个体的腹面观（**G**）和背面观（**H**），无尾箭头示口围带间隙；**I.** 长施密丁虫；**J.** 海盐拟枝毛虫（自 Shao et al. 2014a）；**K.** 特异施密丁虫（自 Foissner 2012）；**L.** 盐土施密丁虫（自 Foissner et al. 2014）。*E*. 口内膜；*I*-*IV*. FVT-原基Ⅰ-Ⅳ；*LMA*. 左缘棘毛原基；*Ma*. 大核；*Mi*. 小核；*RMA*. 右缘棘毛原基；虚线表示来自于同一列 FVT-原基的棘毛

主要特征与讨论　该亚型的主要发生学特征如下。

（1）无口侧膜和背触毛产生。

（2）老口围带完全保留。

（3）FVT-原基数目为恒定的5条，或可变的2-4列。

（4）UM-原基贡献或不贡献额棘毛。

（5）后仔虫口器（口围带、口内膜）和短的额腹棘毛列（仅位于在额区）独立发生，长的额腹棘毛列（延伸到虫体后端）产生自老结构。

（6）大核融合成1个单一的融合体。

由上可知，该属的4个种均已有发生学的观察，它们具有基本一致的发生学特征。总体来讲，施密丁虫属的细胞发生模式相对简单，与非分裂期纤毛系极度简化的形态学特征相对应（口围带小膜仅由3排毛基体组成；口侧膜、口棘毛、横前腹棘毛、横棘毛、尾棘毛和背触毛缺失）。4个种的发生特征仅在某些细节处有差异，详细的发生学比较见图5.5.3I-L和表2（Foissner 2012；Foissner et al. 2014；Shao et al. 2014a）。

表2　施密丁虫属种类的发生学特征比较

特征	1	2	3	4
前仔虫UM-原基	缺失	存在	存在	缺失
前仔虫FVT-原基数目（大部分）	2	5	5	3
后仔虫FVT-原基数目（大部分）	3	5	5	4
前仔虫FVT-原基Ⅰ的发生方式	独立发生	独立发生	独立发生	来自老结构
后仔虫FVT-原基Ⅰ的发生方式	独立发生	独立发生	独立发生	独立发生
前仔虫FVT-原基Ⅱ的发生方式	来自老结构	来自老结构	来自老结构	来自老结构
后仔虫FVT-原基Ⅱ的发生方式	独立发生	独立发生	独立发生	独立发生
前仔虫FVT-原基Ⅲ的发生方式	—	来自老结构	来自老结构	来自老结构
后仔虫FVT-原基Ⅲ的发生方式	—	来自老结构	来自老结构	来自老结构
前仔虫FVT-原基Ⅳ的发生方式	—	来自老结构	来自老结构	—
后仔虫FVT-原基Ⅳ的发生方式	—	独立发生	来自老结构	—
起源于UM-原基的额棘毛数目	0	1	1	0
起源于FVT-原基Ⅰ的额棘毛数目	1	1	1	3

注：1-4列分别代表特异施密丁虫、盐土施密丁虫、海盐拟枝毛虫和长施密丁虫（Foissner 2012；Foissner et al. 2014；Lu et al. 2018；Shao et al. 2004a）

施密丁虫属在口器构型上与殖口虫相似，即具有殖口虫模式的口围带。但是本亚型与中华殖口虫亚型的发生模式有显著的区别：①本亚型的 FVT-原基在本亚型为次级发生式，而后者为初级发生式；②本亚型的背部结构极为退化，不形成背触毛原基，背触毛缺失或高度退化（Shao et al. 2014a）；后者具有背触毛原基并分化出背触毛。

可以肯定的是，背触毛高度退化为一个衍征，该特征也许与其对特殊的生境适应有关（？）：属内已知种普遍具有细长的外形、发达的前端小膜（明显较长）、高度减少、退化的棘毛。这种形态学特征通常与适于在土壤颗粒缝隙中生活有关（更利于通过变形而穿过狭窄的空间）。如目前所知，该属已知种均生活在高盐、含盐土壤环境中，前者意味着水体随时有干涸的危机存在，因此与含盐土壤是同类的。施密丁虫在这里已无需某些与感觉相关的纤毛器（如背触毛），由此导致了该结构的退化或消失。令人费解的是，在个体发育过程中无法跟踪到该结构的变化，这似乎表明，该结构的丢失已是非常久远的演化事件了。

一个重要的发生学现象是：本亚型仅有单列的波动膜（口内膜），而且老的口内膜在整个发生过程中完整保留（不发生解聚或去分化形成 UM-原基，也没有新的 UM-原基出现），这一点在腹毛类（广义）中极其特殊。相比于与本属结构类似、亲缘关系也较近的殖口虫属，后者的波动膜发生完全的解聚，解聚产物随后参与 UM-原基的构建。本亚型的这一特征是否为一个衍征态仍有待证实。

本亚型的另外一个特点是 FVT-原基数目不定（多数为 3 列，少数 4 列）。这在尾柱类中是一个较普遍的现象，而在排毛类或散毛类中均少见。但原基数目趋于稳定并且数量减少在总体上是一个演化后的高等特征。因此，数量减少与数目变动是一对矛盾的现象。显然，围绕此现象有一个待解答的科学问题：分别对其祖先型或原始模式进行溯源和确定，将有助于判读该发生学特征的进化意义。

此外，值得注意的是，长施密丁虫和中华殖口虫的 FVT-原基均为非恒定型：前者通常形成 3 列 FVT-原基，有时在 FVT-原基III的右侧产生原基IV；后者通常形成 4 列 FVT-原基，但有时会出现第 5 列原基。一个新问题是，这条额外原基的形成方式究竟如何？一种可能性是额外原基独立发生；另一种可能则是，该结构与其左侧的原基起源自同一个原基场。

第6节　拟锥形下毛虫亚型的发生模式
Section 6　The morphogenetic pattern of *Hypotrichidium paraconicum* -subtype

邵晨 (Chen Shao)　　宋微波 (Weibo Song)

下毛虫属（*Hypotrichidium*）由Ilowaisky于1921年建立，目前已知仅数种，模式种为锥形下毛虫（*H. conicum*）。本属在形态学上高度适应游泳性运动，即虫体为樽形或圆柱形，后部形成尖尾；体区后半部的棘毛列不限于腹面，而是环绕背腹并呈螺旋状排列。该属的系统学地位长期存疑，直到最近才由分子信息做了初步定位（Chen et al. 2013c）。该类群的发生学信息迄今严重残缺，本节对亚型的介绍基于前人（Fleury & Fryd-Versavel 1984）对锥形下毛虫的研究及陈凌云等（Chen et al. 2013c）新近完成的发生学观察。

基本纤毛图式与形态学　虫体呈樽形，横断面近圆形，因此体形在腹毛类中极为罕见，后端形成尖尾，两枚大核（图5.6.1B，C；图5.6.3F）。

口围带及两片波动膜均发达；体区纤毛图式高度特化：额棘毛1根，位于额区顶端，无口棘毛；口区右侧分布有4列短的额区棘毛列；虫体无明确可辨的左、右缘棘毛，在背、腹两面赤道线以下分布有6列螺旋形排列的绕体棘毛列，该结构分别为特化的来自FVT-原基发育产物的2列（？）腹棘毛、2列（？）缘棘毛及2列尾棘毛列（见本节讨论；图5.6.3A，B，D，E，G）。

背触毛3列，发生过程中的两列尾棘毛构成绕体棘毛列（图5.6.1C；图5.6.3）。

细胞发生过程

口器　老口围带在发生过程中完整保留，由前仔虫所继承。

因早期分裂相缺失，所以，老波动膜的命运不明，但参照同属种类（*H. conicum*），UM-原基应来自老结构的解体和重建，至少口内膜参与其中（图5.6.4C，双箭头）。同样，从位置判断，第1额棘毛也应来自UM-原基。

后仔虫口原基的形成、发展同样也因分裂个体的缺失而不明。但在后期，可以观察到其出现在口后并极可能在皮膜下（深层）形成（图5.6.2C，图5.6.4C）。

后仔虫UM-原基的发育过程同样不详，根据*H. conicum*稍晚期的发生个体判断，该原基应与口原基同源并与常规腹毛类的UM-原基发育过程类似，即形成第1额棘毛（图5.6.4C）。

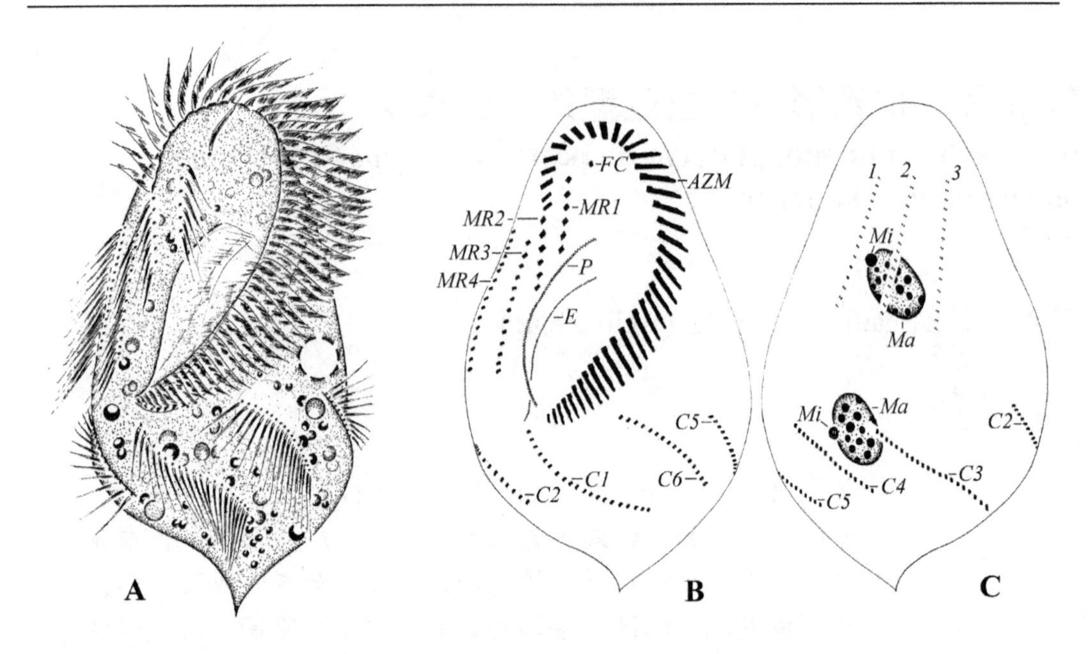

图 5.6.1 拟圆锥下毛虫的活体（**A**）和非分裂期细胞的纤毛图式（**B**，**C**）
A. 活体图；**B.** 腹面观；**C.** 背面观。*AZM.* 口围带；*C1-C6.* 第 1-6 绕体棘毛列；*E.* 口内膜；*FC.* 额棘毛；*MR1-MR4.* 额区棘毛列；*Ma.* 大核；*Mi.* 小核；*P.* 口侧膜；*1-3.* 背触毛列

额-腹-横棘毛 从目前已知的若干分裂期来看，在前、后仔虫各有 4 列 FVT-原基形成，其中最右侧一列显著较长，其后期应发生片段化而形成一“绕体棘毛列”（*C6*？）。在前仔虫，部分新生原基的发育可能与老结构有关（图 5.6.4C 中的箭头）。

后期的原基发育应分别在额区和赤道后完成，其中，在额区，4 列 FVT-原基形成 4 列额区棘毛，因此，最左侧一根孤立的额棘毛应来自 UM-原基（图 5.6.3H，J）。

缘棘毛 无法界定该结构，但在图 5.6.4C，D 中应该有 2 列（或多列？见讨论）独立起源的原基分别属于“左、右缘棘毛原基”（如图 5.6.4 C 中的 *C2A*、*C6A*）。这些“缘棘毛原基”均偏离在老结构之外，在细胞分裂完成前迁移到子细胞的赤道以下，最终与来自 FVT-原基的 1 列（？）及来自“背触毛原基”的 2 列棘毛，共同构成螺旋走向的 6 列绕体棘毛。

背触毛 细胞分裂过程中出现 2 列背触毛原基，应为一组式次级发生（图 5.6.4D 中的 *C3A*、*C4A*）。这些原基显然是独立发生，而与老结构无关。

在发生后期，每列原基形成异相结构：前端为触毛状，后部则形成一长列的“尾棘毛”，后者将在细胞分裂完成前变构为“绕体棘毛”。而在右侧一列原基的前端发生片段化，从而分化出两列（图 5.6.4D 中的无尾箭头、双箭头）。因此，非分裂期细胞的 3 列背触毛应来自两列原基（图 5.6.3I）。

主要特征与讨论 本亚型涉及锥形下毛虫和拟锥形下毛虫两种。

Fleury 和 Fryd-Versavel（1984）、Tuffrau（1970，1972）先后研究了同属于本亚型的锥形下毛虫（*Hypotrichidium conicum*）的细胞发生学过程，这些工作对该种部分早期和中期个体的发生过程完成了观察和描述。Chen 等（2013c）则补充报道了拟锥形下毛虫

（*H. paraconicum*）的部分晚期发生个体。从已知信息推测，二者具有高度一致的发生学特征和过程。

结合锥形下毛虫和拟锥形下毛虫的已有信息，该亚型的主要发生学特征可以大约地总结为如下几方面。

（1）老口围带完整地保留给了前仔虫。

（2）老的波动膜解聚后很可能经去分化而形成新的UM-原基，后者形成最左侧的第1额棘毛。

（3）后仔虫的口原基独立形成，在发育早期和中期极可能是在皮层下完成；UM-原基与口原基应是同源的。

（4）稳定的4列FVT-原基，独立发生，其分别形成非分裂期的4列额区棘毛列，以及（很可能）1列（2列？）后期分离的片段，后者经迁移而构成绕体棘毛列之一。

（5）无口棘毛形成。

（6）缘棘毛难以确定，但至少应左、右各1列，其相应的原基为独立形成，其发育产物后期特化为虫体赤道后方的绕体棘毛列之一。

（7）背触毛原基2列，在前、后仔虫独立发生；其前端形成触毛并经片段化而形成营养期细胞的3列背触毛，后部形成长的棘毛列，也将构成绕体棘毛。

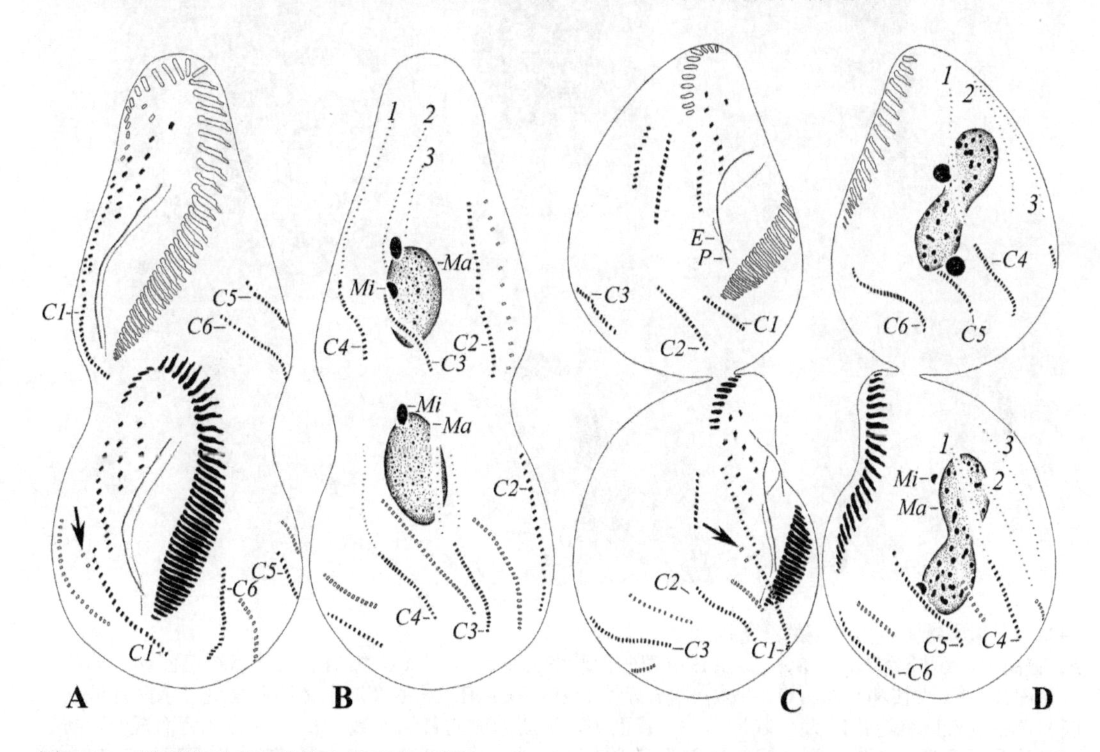

图 5.6.2 拟圆锥下毛虫的发生晚期和末期

A，B. 发生晚期个体的腹面观和背面观，显示FVT-原基分段化已完成，棘毛已基本迁移至既定位置，箭头示第1列老棘毛被吸收；**C，D.** 发生末期个体的腹面观和背面观，箭头指示第1列老棘毛已被吸收（注意，此期口原基的后部仍在新生的棘毛列之下，即仍在皮层深处）；图 **D** 中可见，3列新的背触毛后部对应于2列新生的绕体棘毛列。*C1-C6.* 绕体棘毛列1-6；*E.* 口内膜；*Ma.* 大核；*Mi.* 小核；*P.* 口侧膜；*1-3.* 背触毛列

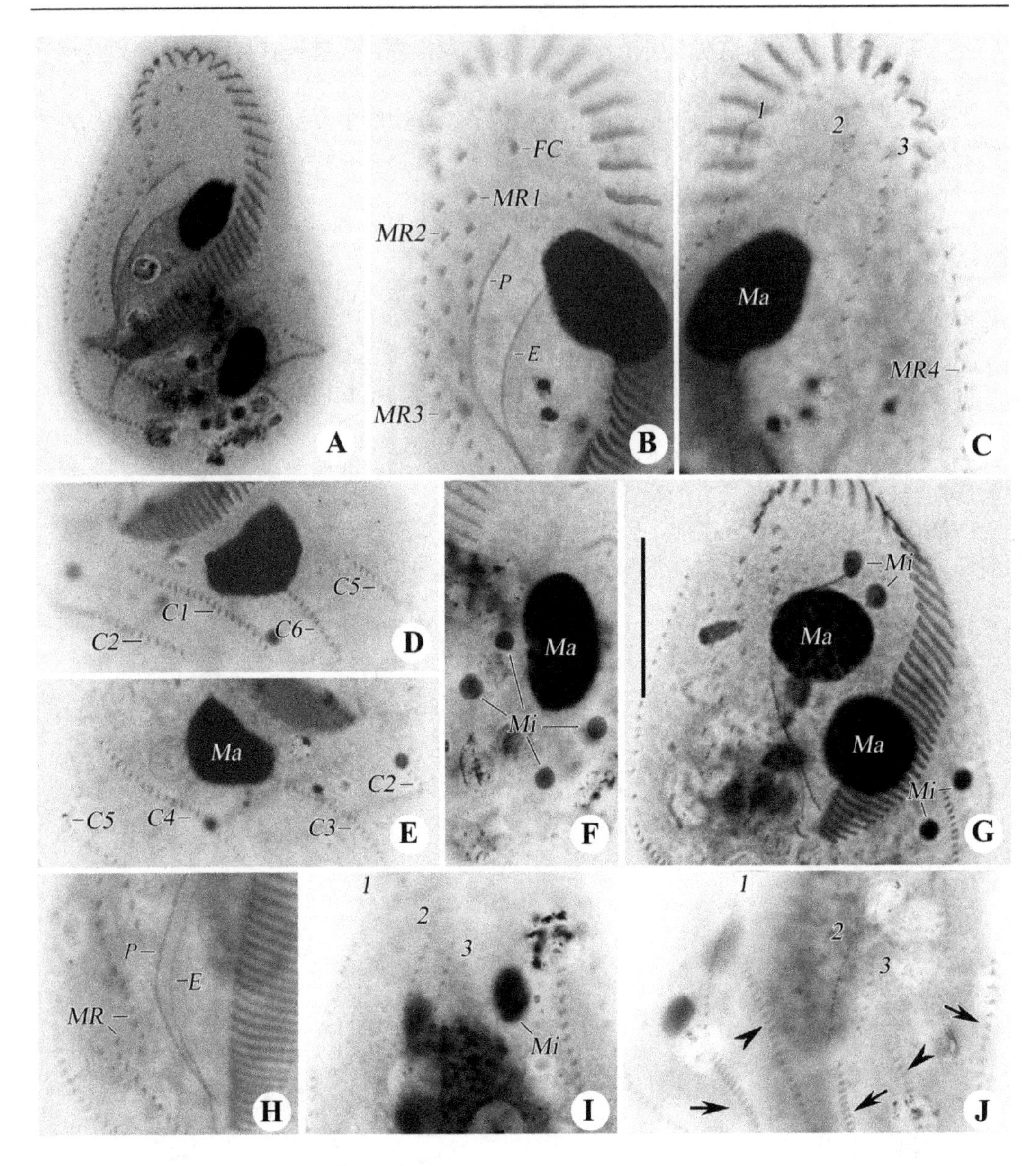

图5.6.3 拟圆锥下毛虫各期的纤毛图式

A. 腹面观，示纤毛图式；**B，C.** 虫体前端腹面和背面的纤毛图式；**D，E.** 虫体后端腹面和背面的纤毛图式；**F.** 大核和小核；**G.** 虫体前端，示大核和小核；**H.** 发生晚期个体的腹面观，示两片波动膜和新生的额区棘毛；**I.** 发生晚期个体，背面观，示新形成的背触毛列；**J.** 后仔虫的背面观，示新形成的背触毛列，老棘毛列（箭头）和新形成的棘毛列（无尾箭头）。*C1-C6.* 绕体棘毛列；*E.* 口内膜；*FC.* 额棘毛；*Ma.* 大核；*Mi.* 小核；*MR1-MR4.* 额区棘毛列；*P.* 口侧膜；*1-3.* 背触毛列

（8）6 列绕体棘毛在起源上应该有 3 个来源：2 列来自背触毛原基，1-2 列（？）来自 FVT-原基，而另外一部分则来自缘棘毛原基。

例如，特征性的绕体棘毛列，在本属为一高度特化的结构并由不同的原基共同发育而成。有关其来源目前仍不明确：究竟由 FVT-原基形成 1 列亦或 2 列棘毛列？从原基的早期形态看，似乎仅有一列（最右侧一列）具有足够的长度来形成后部的绕体棘毛列。但不排除另一相邻原基列经后期发育而担负起同样的分化功能。6列绕体棘毛中目前能确定的是2列来自背触毛原基，而“缘棘毛”如为两列，则仍有一列无源可溯。

上述问题的存在，还导致了缘棘毛界定的混乱：本属左、右缘棘毛是单列还是存在复列结构？因此，详细的工作有待开展。

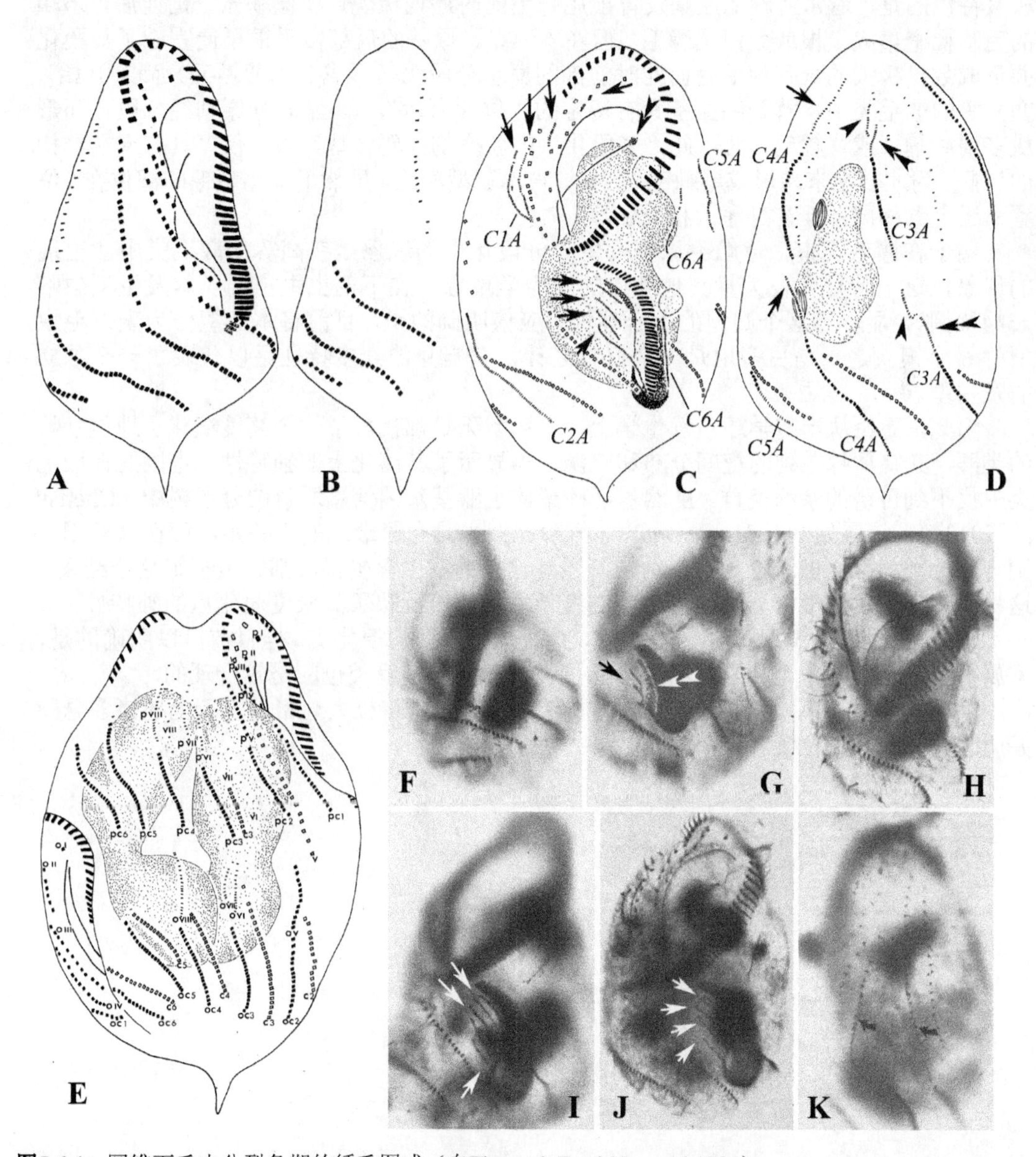

图5.6.4 圆锥下毛虫分裂各期的纤毛图式（自Fleury & Fryd-Versavel 1984）

A，B. 腹、背面观；**C，D.** 分裂中期腹面观和背面观，图**C**示新生的FVT-原基（箭头）、去分化初期的口内膜（双箭头）；图**D**示分段化的背触毛原基（无尾箭头、双箭头）及第一列背触毛（箭头）；**E.** 为一个发生中期背腹相连的骈体；**F-K.** 示各分裂相的局部结构，图 **G** 双箭头示口原基，箭头示FVT-原基；图**I，J** 示4列FVT-原基，箭头示FVT-原基。*C1A-C6A.* 绕体棘毛原基及背触毛原基由于许多早、中期的发生信息不完整，目前诸多疑问等待答案。

如前所述，本亚型后仔虫口原基似乎是在皮层下出现和发育的，这个现象一直维持到细胞分裂的较晚阶段（见图 5.6.4C：新生的口围带后部仍然在深层）。这是一个孤立的现象，在排毛类和散毛类中几乎是绝无仅有的。

此外，两列背触毛原基分别形成（前端）背触毛和（后端）长列的“尾棘毛”。但极具特色的是：通常背触毛原基发育出尾棘毛的时序均极晚，在原基充分延伸后，末端的毛基粒密集成一根或数根尾棘毛。但在本亚型，原基的后部似乎很早便完成了片段化并形成数目极大的长列棘毛。而此时前部的原基分段化（形成 2 列背触毛）尚未开始。在高等的散毛类中，背触毛原基具有特定的“位置命运”，即当 1 列原基经分段化而形成多列原基（或背触毛）时，此“多段化”的新产物（新原基）中，仅“具有末端结构的”那一列才会在末端形成尾棘毛。因此，与本亚型相比，虽然形成尾棘毛的部位在“位置命运上”相同，但在时序上相反了。

鉴于在腹毛类中，背触毛原基发生“分段化”的现象是在高等的散毛类中才出现的现象，这一特征（及大量其他独特的发生学现象）在下毛虫中出现（本发生型中唯一的特例），显示了这个归型的不合理性。应该明确的是，目前将本亚型作为表裂毛虫型的 6 个模式之一是更多地是一个权宜之计，其自身的众多特征足以代表了一个独立的发生型。

因此，无论从形态学还是发生学上，本亚型无疑都代表了一个高度演化、地位独特的类群，其绕体棘毛列的空间分布和来源，均显示了其演化上的独特性。也因此在腹毛类中找不到可辨的亲缘类群。虽然基于核糖体小亚基基因信息所建的分子树中（Chen et al. 2013c），该属显示与 *Neokeronopsis* 等阶元似乎具有“最近的”关系，而在其外围，则与散毛类相聚，但无论是形态结构，还是已有的发生学资讯，都完全拒绝这个结果。这种形态学、发生学与分子信息上的高度矛盾，恰恰反映了其极度演化后的独特性。

总之，该类群无疑代表了一个独特、系统地位不明的演化支。但目前可以明确的是，本属很可能代表了一个独立的科级阶元，而暂时归入排毛类也应是较合理的。

尽早完成对该亚型完整的发生学观察十分有意义，将极大地帮助澄清上述诸多悬疑并明确其系统发育位置。

第 4 篇　尾柱目模式
Part 4　Morphogenetic mode: Urostylida-pattern

邵晨 (Chen Shao)　　宋微波 (Weibo Song)

尾柱目为腹毛类（狭义）中最大的目，在发生学上显示了极高的多样性。

腹面纤毛器的基本特征为：由多列 FVT-原基形成本目典型的双列"中腹棘毛列"或（某些学者称为的）"中腹棘毛复合体"。来自每列 FVT-原基的两根棘毛在大多数情况下由前至后排列成锯齿形（zig-zag）模式，前端起于虫体的额棘毛之下，通常向后延伸至虫体中部甚至纵贯至尾端。

本模式目前已知者至少包括 7 个发生型，分别为额斜虫型、伪角毛虫型、异角毛虫型、伪尾柱虫型、后尾柱虫型、拟双棘虫型和瘦尾虫型。

按照不同结构的发生学特征，可以总结如下。

老口围带命运：包括 3 种基本模式，即完全保留（由前仔虫所继承）、完全更新及半保留模式（老结构部分保留与部分发生重建和更新）。

后仔虫口原基：与典型的腹毛类相同，口原基几乎全部属于表层远生型，即独立产生于虫体腹面的细胞表面。极少数例外，如耳状额斜虫亚型，原基的早期发育系在细胞皮层深处完成的。

UM-原基：原基除形成两片波动膜外，在绝大多数的亚型中，UM-原基前端形成 1 根额棘毛，极个别亚型中形成 2 根甚至 3 根额棘毛。

口棘毛：在绝大多数亚型中，FVT-原基条带 I 后端产生 1 根或多根棘毛，到发生后期，这些棘毛沿着波动膜向后迁移至波动膜中部前后，形成口棘毛；但在极个别的亚型中，该原基后端形成的棘毛不发生迁移，即无口棘毛形成。

FVT-原基：FVT-原基以初级或次级发生两种方式形成有关棘毛。

（1）**额棘毛**：在本目表现为"原始模式""冠状排列"及明确分化的 3 根额棘毛 3 种形式。其中，"原始模式"是指 *Epiclintes auricularis*-亚型，为一种祖先型，即每列 FVT-原基片段化形成短小的棘毛列，因终止发育而没有形成分组，棘毛在形态上为同律、无明确分化的"额棘毛"。后二者的主要区别在于棘毛的发育程度：前者为单列到 3 列，为连续分布结构（与后面的中腹棘毛列无间断），形态上的分化程度也较低，大小相近；而在高度分化的类群，棘毛发育程度最高，额棘毛（通常 3-5 根）与中腹棘毛列中的棘毛大小相差显著，彼此有清晰的界限。

（2）**额前棘毛**：多数亚型中形成此结构。该列棘毛 2 至数根，由 FVT-原基中最后（或最右侧）一列 FVT-原基产生，在发生后期沿着中腹棘毛复合体向口围带小膜的远端迁移，形成额前棘毛。但在少数部分亚型中，最后一列 FVT-原基的前端产生的棘毛不向前迁移，即无额前棘毛的产生（额斜虫型、异角毛虫型和拟双棘虫型）。

（3）**腹区棘毛**：泛指额棘毛之后、横棘毛（如存在）之前的所有棘毛或棘毛列，包括中腹棘毛列、独立的腹棘毛（列）等结构。

除本目特征性的中腹棘毛列外，另有多种非典型的纤毛器，在形成模式或排列上具有高的多样性，包括下面几种类型：①额斜虫型是较为特殊的一例。其中的 *Epiclintes auricularis*-亚型中，原基仅完成片段化，形成的多余棘毛不被吸收，并没有形成 zig-zag 模式排布的棘毛。代表了中腹棘毛复合体进化历程的初级阶段，为祖先型。②额斜虫型中另一亚型——卵圆博格虫亚型也非常特殊：产生口后腹棘毛列、左侧腹棘毛列和非迁移棘毛列的现象仅在本发生型中存在。③除博格虫外，澳洲虫属和趋角虫属中亦产生（通常具有吸触功能的）特化的腹棘毛列，常为斜向而密集排列。这些结构也来自 FVT-原基的后部，但与中腹棘毛列有本质不同，每列均为长列结构。④FVT-原基有时并不形成典型的中腹棘毛列，即不构成锯齿状。在发生过程中，每列 FVT-原基的产物（两个棘毛）彼此远离，因此最终形成疏松排列的双列棘毛（见 *Thigmokeronopsis stoecki*-亚型和 *Apokeronopsis crassa*-亚型）。这一现象的系统演化意义不详。但 Berger（2006）在其系统中认为此特征具有科级的分类学权重。

（4）**横棘毛**：多数亚型存在此结构。从发生学的意义来讲，横棘毛严格地来自多列 FVT-原基的最后端，每列相关原基形成 1 根，这些产物在细胞分裂后经迁移而形成一横向排列的一组。

缘棘毛原基：缘棘毛的数量和形成方式变化较大，单列缘棘毛的发育以两种方式进行：独立产生和老结构中产生。在多列的情形下，有些结构可能是临时性的，即仅出现在新近完成分裂的个体（随后将逐渐解体、消失）或源于某些未明的原因而（往往以片段结构）短时、不稳定地存在。

而在稳定地具有多列缘棘毛的类群中，缘棘毛列以以下几种方式发育：①一部分缘棘毛列来自于独立发生的原基分化，另一部分则来自于老结构的保留，如在 *Trichototaxis marina* 和 *Coniculostomum monilata* 中（Lu et al. 2014；Kamra & Sapra 1990）；②与上述发生方式不同，*Engelmanniella mobilis* 中虽也有部分老缘棘毛列保留，但部分新缘棘毛列来自于老结构中产生的缘棘毛原基（Wirnsberger-Aescht et al. 1989）；③每列老结构中各自产生 2 处原基，如在 *Metaurostylopsis*、*Architricha* 和 *Urostyla* 等属内所见；④缘棘毛原基来源于老结构右侧独立发生的单一原基团，老结构完全不参与新结构的构建，如 *Ponturostyla enigmatica*（Song 2001）；⑤原基来源于在老结构中产生的原基团，如 *Pseudourostyla* 种类和 *Diaxonella pseudorubra*（左、右缘棘毛列的内侧）（Chen et al. 2010c；Shao et al. 2007b）及 *Parakahliella macrostoma*、*Allotricha mollis* 和 *Pleurotricha lanceolata*（右缘棘毛列外侧和左缘棘毛列内侧）（Berger 1999；Berger et al. 1985；Borror & Wicklow 1982）；⑥混合型，即棘毛列由部分来自老结构和部分独立发生的原基所产生，如 *Neogeneia hortualis*（Eigner 1995）；⑦随机型，见于 *Trichototaxis songi*-亚型的左缘棘毛列（Shao et al. 2014b）。在部分个体中，每列左缘棘毛内前后有两处原基分别产生，老结构被新结构完全更替，如此保证了缘棘毛列数目的稳定。在其他个体中，左缘棘毛列的数目不稳定，其原基数目的增加是通过在老结构中产生的左缘棘毛原基旁独立发生新的原基片段，以及在老结构中产生的左缘棘毛原基片段化实现的。上述因素导致了左缘棘毛列数目的高度变化。

背触毛原基：形成于老结构中或独立形成，产物则通常为典型的贯穿体长的背触毛。以两种方式发育：独立发生与新原基于老结构中形成。3 列背触毛为祖征态，3 列以上为衍征态。形成或不形成尾棘毛。

瘦尾虫型是本模式中比较特殊的一类，除具有贯穿体长的典型背触毛以外，还具有背缘触毛列，背缘触毛列的发育与散毛目模式下的部分发生型一致，即最初出现在右缘棘毛原基的右上方，在发育过程中逐渐向虫体背侧面迁移并延伸。瘦尾虫类因具有尾柱类典型的中腹棘毛复合体而长期被认为是尾柱目内的阶元。

但与上述观点不同，Foissner 等（2004）根据分子信息的分析结果而提出 CEUU（convergent evolution of urostylids and uroleptids）假说。这一观点认为，瘦尾虫类与尖毛类具有更为接近的亲缘关系（与尖毛类均具有背缘触毛列），而非传统观念中的尾柱类。随后，Berger（2006）将其划分隶属于 non-oxytrichid Dorsomarginalia 类群。但因其腹面结构的发育遵循尾柱目模式，在本书中，我们依然将其归入尾柱目模式。

大核：本类群普遍具有数目众多的大核。在细胞分裂过程中，大多数发生完全的融合（与本书其他模式相同）。此外，还有两种特殊方式：伪角毛科类群中融合为若干部分，即融合程度非常低，所涉及的亚型有 *Pseudokeronopsis erythrina*-亚型、*Apokeronopsis crassa*-亚型、*Thigmokeronopsis stoecki*-亚型、*Uroleptopsis citrina*-亚型、*Trichototaxis songi*-亚型和 *Trichototaxis marina*-亚型。与之不同，*Metaurostylopsis struederkypkella*-亚型中大核融合为枝杈状的统一体。

第6章　细胞发生学：额斜虫型
Chapter 6　Morphogenetic mode: *Epiclintes*-type

邵晨 (Chen Shao)　　宋微波 (Weibo Song)

本发生型在本书中包括了2个亚型，涉及2个科（额斜科和博格科）内2个属（额斜虫属和博格虫属），但需要明确的是，二者体现了大量不同的特征，是否属于同一发生型仍高度存疑。目前将二者视为同一模式内的两个亚型，更多地是一种临时的安排。

额斜虫显然代表一个尾柱类内原始而独特的模式，因为FVT处于中腹棘毛复合体进化历程的初级阶段，为祖先型。具体表现为：每列FVT-原基贡献的棘毛均为刚完成片段化且形成的多余棘毛尚未被吸收的状态，并没有排布成zig-zag模式。此外，其前、后仔虫的口原基均独立并十分独特地出现在皮膜深层，因此显示了与几乎所有典型腹毛类所不同的起源位置。仅从上述两个特征判断，该"亚型"极可能代表了一个孤立而有远缘的系统发育位置。鉴于目前残缺的信息，我们无法给出更精确的判读而留给未来一个重大的科学悬疑。

而博格虫则有可能是一个自远祖型分化很久远的一个特殊类型（？）。其仍保留有原始的形式，例如，两列MV互相分离，因此相应的棘毛不再构成本目中典型的zig-zag模式。而无论是"无明确分化的额棘毛"，还是"大量无序排列的横棘毛"都具有显著的原始特征，这些似乎均提示，该发生型的棘毛分化仍在"待进行中"。

目前依然无把握判断的是，本章内两个亚型是否存在较近的亲缘关系？如不是，则两个亚型可以肯定并不属于同一发生型。此问题有待后续研究的解答。

第 1 节　耳状额斜虫亚型的发生模式

Section 1　The morphogenetic pattern of *Epiclintes auricularis*-subtype

胡晓钟 (Xiaozhong Hu)　　宋微波 (Weibo Song)

基于耳状额斜虫独特的细胞发生模式和形态学特征，Berger（2006）将额斜虫属安排在尾柱超科下的额斜科内。此安排为 Lynn（2008）的新系统所认可。胡晓燕等（Hu et al. 2009b）基于核糖体小亚基基因序列分析及细胞发生学信息，进一步确立了其在尾柱类群内的系统地位。该发生模式最初由 Wicklow 和 Borror（1990）描述和建立，本节对此过程的刻画基于胡晓钟等（Hu et al. 2009a）对中国种群的研究。

基本纤毛图式　该类普遍具有极强的伸缩性，虫体可以清晰地分头、躯干和尾 3 部分（图 6.1.1A，B）；口围带仅限于头部；波动膜典型地由口侧膜和口内膜组成；腹面具额棘毛的分化，无口棘毛（图 6.1.1D）；多列斜行的中腹棘毛列自额区延伸至体后部；横棘毛普遍存在且发达；左、右缘棘毛各 1 列（图 6.1.1E）。

背面具 3 列背触毛，无尾棘毛（图 6.1.1F）。

细胞发生过程

口器　前仔虫有新口原基形成：部分老的口围带发生解体并被由口原基新形成的结构所取代。没有观察到最初的形成过程，但在较早期的分裂个体中老的口围带后端皮膜下（深层！）可见一盘状毛基体的聚集区（图 6.1.2A）。之后邻近的老口围带小膜发生解聚，其解聚产物或许（？）参与了原基的后期发育。该口原基进一步向前增大、小膜在逐渐发育形成并在虫体分裂前向前延伸并与老口围带的前部拼接，从而共同构成前仔虫的口器（图 6.1.2B，D，F，H；图 6.1.3E，K）。

前仔虫 UM-原基的发生晚于口原基，推测其源自老结构的解聚。其最终前部分化出 3 根额棘毛，后部则纵裂形成口侧膜和口内膜（图 6.1.2B，D，F，H；图 6.1.3 E-G，K）。

有关后仔虫的口原基：早期的分裂个体没有观察到，但在所获的最早的分裂个体中，口原基场已具相当规模，故推测口原基形成于细胞发生早期。其最初出现在皮膜下，为深层发生，该口原基位于左侧的缘棘毛列下方深处。老棘毛并不参与原基的形成。口原基的前端逐渐分化出新小膜（图 6.1.2A）。最终，后仔虫新形成的口围带迁移到既定位置（图 6.1.2B，D，F，H；图 6.1.3E-G，K）。

在发生早期，后仔虫的UM-原基独立地出现于口原基的前方，与后者无任何联系，但与FVT-原基平行（图 6.1.2A），其随后的演化如同前仔虫（图 6.1.2B，F，H）。

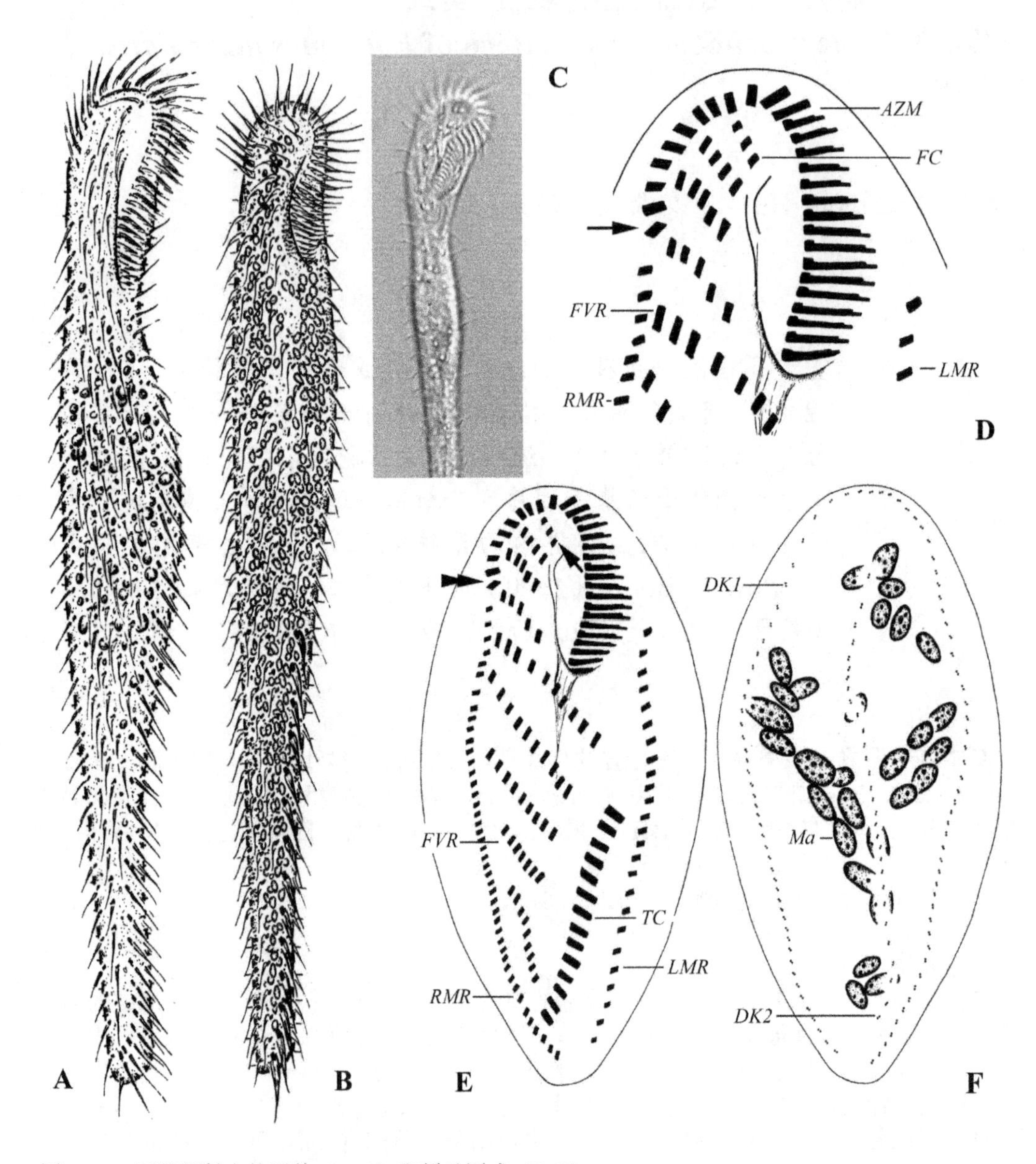

图 6.1.1 耳状额斜虫的活体（**A-C**）和纤毛图式（**D-F**）

A，B. 腹面观；**C.** 虫体前部腹面观；**D.** 口区局部，示口器和额棘毛，箭头示口围带最远端；**E.** 腹面观，示口器和腹面棘毛的排布，箭头示第 1 列额棘毛；双箭头示口围带最远端；**F.** 背面观，示触毛列和大核。*AZM.* 口围带；*DK1*，*DK2*. 第 1，2 列背触毛；*FC.* 额棘毛；*FVR.* 额腹棘毛列；*LMR.* 左缘棘毛列；*Ma.* 大核；*RMR.* 右缘棘毛列；*TC.* 横棘毛

额-腹-横棘毛 伴随着后仔虫口原基的发育，在虫体中部出现前、后两组相互分离、斜向排列的基体条索，此为FVT-原基（图 6.1.2A）。其中一部分位于老的棘毛列附近，在其形成过程中，有一部分老棘毛的参与；另一部分则独立产生。进一步发育则导致原

基增大、条索数目增多（图 6.1.2B；图 6.1.3E）。和多数相近的腹毛类一样，随后这些原基分段化，每列产生 2 至多根棘毛（图 6.1.2D）。

来自每列 FVT-原基的最后 1 根棘毛基体较大，向后迁移成为横棘毛（图 6.1.2D，F）。

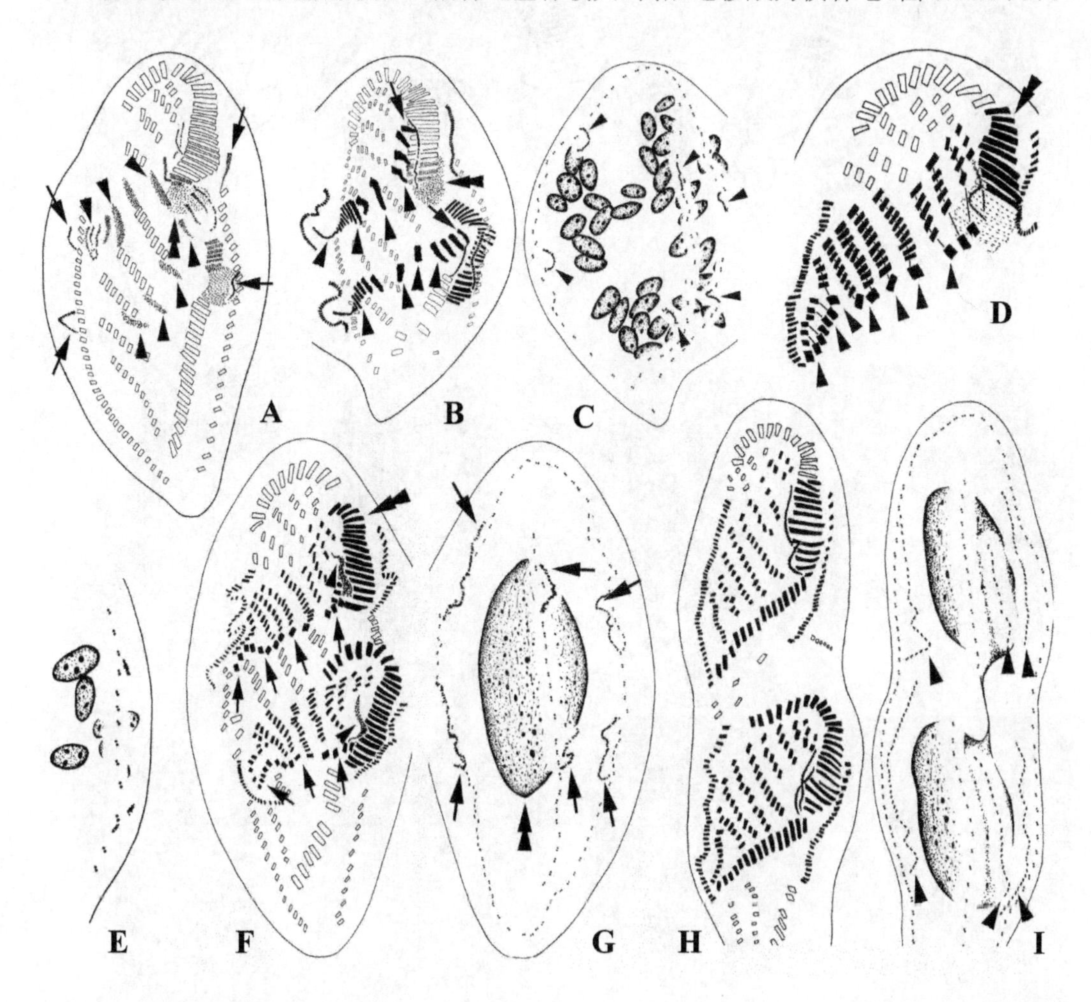

图 6.1.2　耳状额斜虫的细胞发生

A. 早期个体的腹面观。箭头示独立发生的缘棘毛原基；无尾箭头示 FVT-原基开始形成，部分老棘毛参与此原基的发生；后仔虫口原基中新小膜开始组装；前仔虫中，近胞口处皮下出现新口原基（双箭头）；**B，C.** 同一中期个体的腹面观和背面观，示前、后仔虫的 UM-原基（**B** 中箭头）、FVT-原基数目增多（**B** 中无尾箭头）、前仔虫口原基（**B** 中双箭头）和背触毛原基（**C** 中无尾箭头）的发育；**D.** 示前仔虫口原基分化出新小膜（双箭头），FVT-原基已分化完成并且每列末端贡献 1 根横棘毛（无尾箭头）、UM-原基在其前端分化出 3 根额棘毛；箭头指示最左边 1 根横棘毛；**E.** 背面观，示 2 条背触毛原基分别独立发生于老结构附近；**F，G.** 同一后期个体的腹面观和背面观，示前、后仔虫中新的额腹棘毛列和横棘毛（**F** 中箭头）、前仔虫新口小膜（**F** 中双箭头）、发育着的 UM-原基（**F** 中无尾箭头）和背触毛原基（**G** 中箭头）及融合的大核（**G** 中双箭头）；**H，I.** 同一末期个体的腹面观和背面观，示前、后仔虫中口器和体纤毛器发育的完成，显示前仔虫的口围带由前部的旧小膜和新形成的小膜拼接而来；无尾箭头示新形成的背触毛列将替代老结构

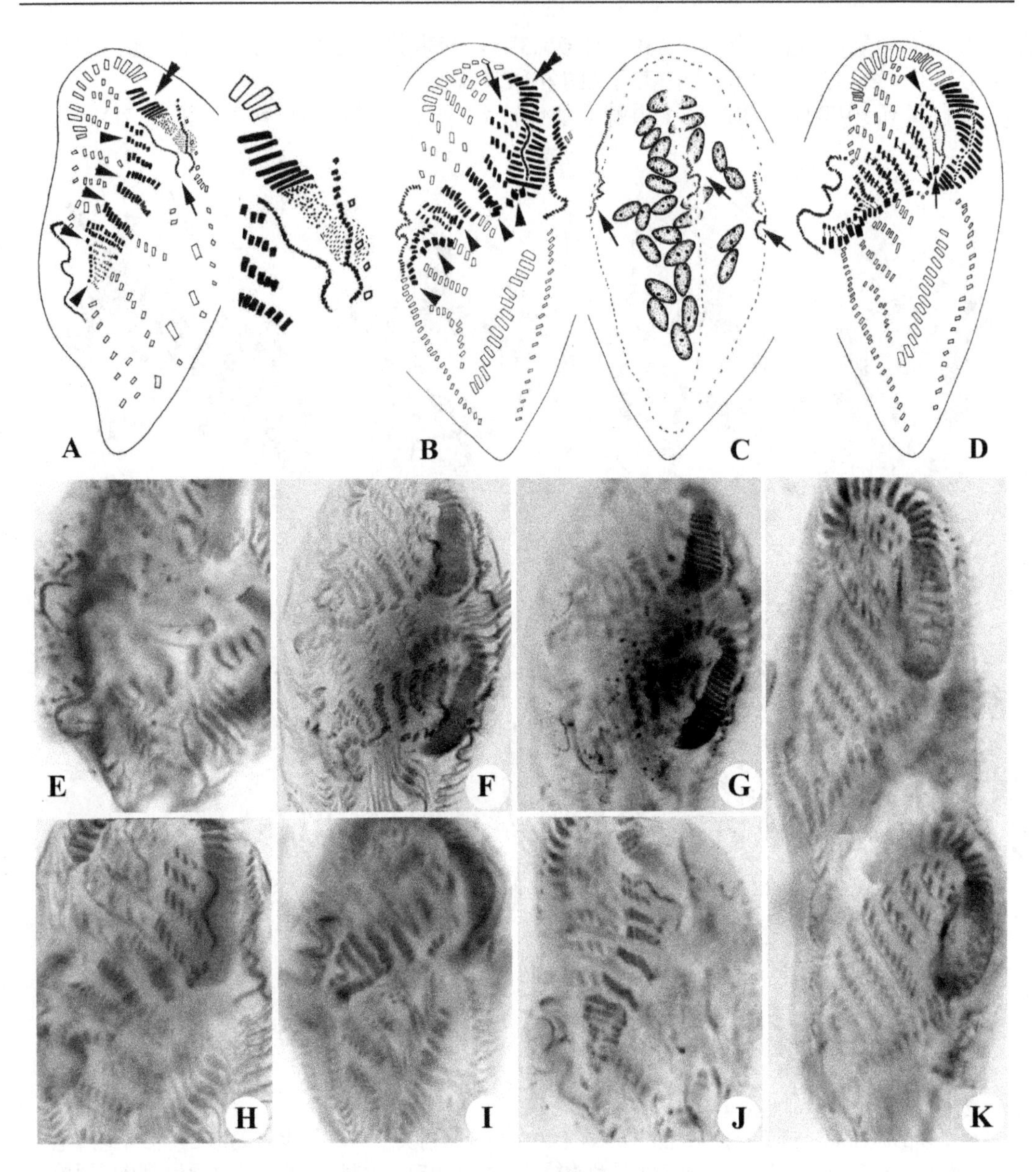

图 6.1.3 耳状额斜虫的生理重组（**A-D**，**H-J**）和细胞发生（**E-G**，**K**）

A. 早中期个体的腹面观，示口原基产生的新的小膜将替换近端部分老结构（双箭头）、UM-原基（箭头）、FVT-原基（无尾箭头）及缘棘毛原基的发生；**B**，**C.** 同一中期个体的腹面观和背面观，示口原基已完全分化成小膜（双箭头），每列 FVT-原基后端产生 1 根横棘毛（无尾箭头），图 **B** 中箭头示 UM-原基前端分化出 3 根额棘毛，图 **C** 中箭头示背触毛原基；**D.** 后期虫体的腹面观，示新口小膜和老口围带小膜拼接成新口器，UM-原基前端分化出 3 根棘毛，而后部纵裂为口侧膜和口内膜（无尾箭头），每列 FVT-原基在其后端产生 1 根稍粗大的横棘毛，包括第 1 列 FVT-原基（箭头）；短线连接源自同一原基的棘毛；**E.** 中期个体的腹面观；示前、后仔虫的 FVT-原基；**F**，**G.** 同一后期个体的腹面观，示前、后仔虫中新的额腹棘毛列和横棘毛；**H.** 中期个体的腹面观，示口原基已完全分化成小膜，每列 FVT-原基后端产生 1 根横棘毛，UM-原基前端分化出 3 根额棘毛；**I.** 后期虫体的腹面观，示新口小膜和老口围带小膜拼接成新口器，每列 FVT-原基在其后端产生 1 根稍粗大的横棘毛；**J.** 早中期个体的腹面观，示口原基、UM-原基、FVT-原基及缘棘毛原基的发生；**K.** 末期个体的腹面观，示前、后仔虫口器和体纤毛器发育的完成。前仔虫的口围带由前部的旧小膜和新形成的小膜拼接而来源自后面数列 FVT-原基前端的所有棘毛共同组成最后 1 列中腹棘毛（图 6.1.2F）。

前面多列 FVT-原基每个产生 1 列中腹棘毛列（图 6.1.2D，F，H；图 6.1.3F，G，K）。

缘棘毛　与 FVT-原基出现的同时，新的缘棘毛原基分别独立发生于老棘毛列的前部和中部（图 6.1.2A）。其后原基向两端延长并增宽（图 6.1.2B）。至中、后期，这些原基进一步片段化并发育成新的棘毛以逐渐替代老的结构（图 6.1.2D，F，H）。

背触毛　细胞发生早期，前、后仔虫的背触毛原基分别独立发生于老背触毛列前半部和后半部的附近（图 6.1.2C）。这些原基向两端延伸并发育成新的背触毛列（图 6.1.2E，G，I）。每列原基的末端并不产生尾棘毛。

大核　本种大核的发育过程与多数腹毛类物种一致，即在发生的前期，大核相互靠拢（图 6.1.2C），随即融合成一团（图 6.1.2G），继而分裂（图 6.1.2I）。

生理重组　仅观察到 3 个时期（图 6.1.3A-D，H-J），其基本过程类似于细胞发生中的前仔虫，呈现出以下特点：老口围带前部分被保留，仅后部分发生更新；多列 FVT-原基分化出数个中腹棘毛列和多根横棘毛；UM-原基前端产生 3 根额棘毛；缘棘毛和背触毛原基均独立发生于老结构旁。

主要特征　对耳状额斜虫细胞发生亚型的发生学特征总结如下（Hu et al. 2009a）。

（1）前、后仔虫的口原基均独立形成于皮膜下，因此为独特的深层发生。

（2）老的口围带大部分均发生解体，解体部分由（独立发生的）新口原基产生的小膜取代，因此，前仔虫的口围带是由新、老结构拼接而成的。

（3）存在数量众多的 FVT-原基，在前、后仔虫中两组原基分别发生。

（4）相较于其他尾柱类，本亚型的 FVT-原基发育仍处于初级分化阶段，即片段化形成棘毛时期。

（5）缘棘毛原基在前、后仔虫分别独立于老结构发生。

（6）背触毛原基在前、后仔虫亦分别独立于老结构发生（？）；每列末端不产生尾棘毛。

（7）大核片段在发生中期发生完全融合。

讨论　围绕本亚型的发生过程，目前仅有两处报道（Hu et al. 2009a；Wicklow & Borror 1990），两个种群在口器和体纤毛器的演化方式上十分吻合，仅有的细微差异在于 FVT-原基及其分化的中腹棘毛列、额棘毛和横棘毛的数目，以及最后 1 列额腹棘毛的起源，其中，后者的不同具有亚型间区分的意义。但由于无论是前人的报道还是本作者的工作都存在相同的问题，即太多的发生期没有观察到，因此，两种可能性均存在：额腹棘毛的起源差异判读很可能缘于分裂期的缺失（无法详细探究）。而另一个可能性则可能是在种群间确实存在差异（？），此问题有待进一步的研究去解答。

但可以明确的是，本亚型发生中老口围带的半保留方式、缘棘毛原基和可能的背触毛原基的独立发生过程、多个中腹棘毛列的出现，以及每一列 FVT-原基在后端分化出横棘毛等组合特征明显区分于尾柱目中其他属，无疑代表了 1 个独立的发生类型。

由于缺乏早期的细胞发生个体，因此本亚型前、后仔虫口原基的起源，以及其与老结构是否存在相承关系依然不十分确定，有待于将来工作的揭示。

正如在本发生型的简介处所谈，本亚型与博格虫并行置于同一个发生型内是一个临时的安排。由于其前、后仔虫口原基均表现了十分独特的“深层发生”的特征。而在其他尾柱类中，深层发生虽有出现，但最多表现在前仔虫（包括在另一亚型，即卵圆博格虫亚型），因此，这是一个在典型腹毛类中没有近系亲缘类群的阶元。在其远亲的若干游仆类中，我们可以找到类似的模式，如双眉虫等。但无法判断的是，如果这是一个同源的特征，如何在久远的进化历程中，将此特征完整地保留在两个缺乏亲缘关系的类群中？

另外一个特征是，额-腹-横棘毛的分化仍处于一个初始阶段：数量众多的原基没有像其他尾柱类那样进一步形成 zig-zag 的双列结构，而是停留在“原基片段化形成棘毛”的较初级阶段，这一特征显示了其在尾柱目进化中的原始位置。

同样，本亚型在发育过程中无口棘毛的形成也应该是一个原始的特征：在所有的高度演化的类群，该结构一致地来自第一列 FVT-原基的后半部，并且在绝大多数类群中数目恒定，这些特征显然是一个进化后的衍征。从这一点而言，额斜虫也处于一个初级演化阶段。

总之，围绕额斜虫的发生学还有大量的未知需要揭示。而有关其系统定位，也是一个需要更多新信息来协助解答的问题。

第2节 卵圆博格虫亚型的发生模式
Section 2 The morphogenetic pattern of *Bergeriella ovata*-subtype

邵晨 (Chen Shao) 宋微波 (Weibo Song)

基于独特的形态学、分子信息和细胞发生学特征，刘炜炜等（Liu et al. 2010）建立了尾柱目内的一个新科，——博格科（Bergeriellidae），其内含一新属，即模式属 *Bergeriella*，1新种（卵圆博格虫）。细胞发生模式亦由刘炜炜等（Liu et al. 2010）报道，但目前仍存在若干不明之处，包括多个发生环节缺失、大核是否融合等仍不甚明了。因此对该亚型的刻画有待未来工作的核实和补充。

基本纤毛图式 额棘毛数目众多，排列成3列冠状棘毛区；口棘毛1-4根，沿口侧膜分布；2列完全分散排列的中腹棘毛列；无典型的横棘毛，代之存在多列斜向排列的口后腹棘毛；左腹棘毛多列，在虫体左腹侧面斜向排布；1列非迁移棘毛列，几乎纵贯虫体；左、右缘棘毛各1列（图6.2.1A-D；图6.2.3A-E）。

3列完整的背触毛，无尾棘毛（图6.2.1E；图6.2.3F）。

细胞发生过程

口器 在前仔虫中，老结构完全解体，新口围带来自独立形成的口原基，其发生于口腔深处（？很可能）的皮膜下（图6.2.2A，B；图6.2.3G，I）。在随后的发育过程中，口原基迁至皮膜表面，逐渐完成小膜的组装，至细胞分裂后期，新形成的口围带最终完全替代老口围带（图6.2.2D；图6.2.3K）。

前仔虫UM-原基的早期发展不详，该结构很可能与口原基同源（图6.2.3G），随后，通过进一步的发育、组装和分化，形成前仔虫的口内膜和口侧膜（图 6.2.2D）。因相应时期缺失，无法判断该原基是否形成额棘毛。但由一个重组期个体反推，UM-原基应该在前端产生1根额棘毛（图6.2.2H）。

后仔虫的口原基出现在细胞的发生初期，在口围带近端和口后腹棘毛之间的皮膜表面出现了一簇无序排列的毛基体（图6.2.2A）。此时附近的腹棘毛均保持完整，表明老结构不参与此原基的构建（图6.2.2A）。后仔虫的口原基不断扩张，并开始由前至后进行口围带小膜的组装（图6.2.2B）。之后的发育同前仔虫，并迁移至既定位置（图6.2.2D；图6.2.3L）。

后仔虫UM-原基出现在口原基与FVT-原基之间，后部与口原基融为一体，显示其在起源上应与后者同源。其发育过程与前仔虫类似（图6.2.2B）。

额-腹-横棘毛 因早期发生个体的缺失，FVT-原基的起源不详。所观察到的现象如下：在发生初期，分别由约20条斜向的原基条带组成的两组FVT-原基出现在前、后仔虫UM-原基的右侧（图6.2.2B）。随后，这些原基条带开始从右至左分化为棘毛。

本亚型具有数量众多的FVT-原基，其中，第1至第3或4条FVT-原基条带各分化出3或4根棘毛，随后形成额棘毛和口棘毛。

中部约10条FVT-原基发育出2根棘毛，形成中腹棘毛对。

后方除原基n外的5-8条FVT-原基条带的分化高度多元化，每条FVT-原基前端贡献1对中腹棘毛，中部产生5-7根粗壮的口后腹棘毛（形成口后腹棘毛列），后端剩余部分分化出左侧腹棘毛（最终形成左侧腹棘毛列）（图6.2.2D）。

FVT-原基n通过发育向前延伸，最终沿着虫体右侧边缘形成非迁移棘毛列（图6.2.2D）。

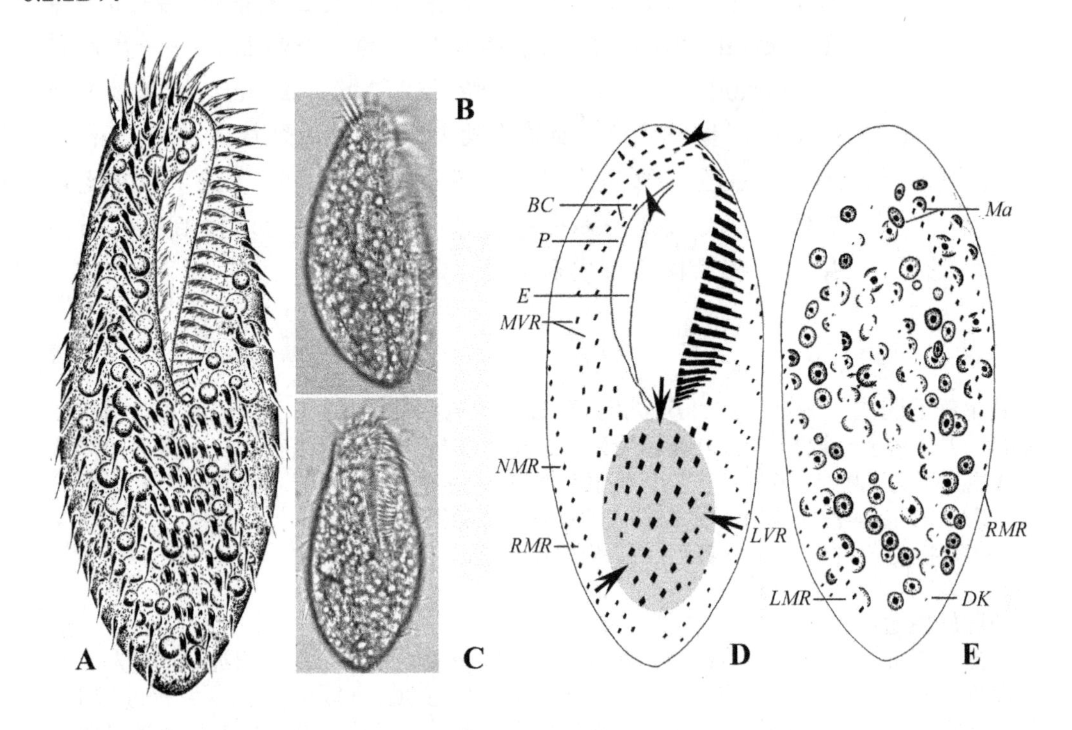

图 6.2.1 卵圆博格虫的活体图（**A-C**）和纤毛图式（**D，E**）
A. 腹面观；**B，C.** 活体腹面观，示不同体形；**D.** 腹面观，无尾箭头示额棘毛列，箭头和阴影区域示口后腹棘毛列；**E.** 背面观。*BC.* 口棘毛；*DK.* 背触毛列；*E.* 口内膜；*LMR.* 左缘棘毛列；*LVR.* 左侧腹棘毛列；*Ma.* 大核；*MVR.* 中腹棘毛列；*NMR.* 非迁移棘毛列；*P.* 口侧膜；*RMR.* 右缘棘毛列

缘棘毛 每列老结构中前、后仔虫相应位置产生缘棘毛原基，通过进一步发育，形成新缘棘毛，延伸，最终替代老结构（图6.2.2E；图6.2.3M）。

背触毛 表现为最原始的发育模式：发生初期，在每列老结构内的前、后部位均出现一处背触毛原基（图6.2.2C；图6.2.3H）。此后，该原基逐渐延伸、分化出背触毛并最终取代老结构（图6.2.2E；图6.2.3M）。

背触毛原基无分段化，末端也不形成尾棘毛。

大核　在早期阶段，部分大核开始膨胀，并逐渐分为两簇，分别位于虫体左、右两侧（图6.2.2C；图6.2.3I）。到了发生晚期，若干椭圆形的大核融合体出现，明显可以看出其中一部分正在分裂和刚分裂完成（图6.2.2E；图6.2.3J，M）。因为中期个体的缺失，无法判断大核在整个分裂过程中是否发生完全的融合。

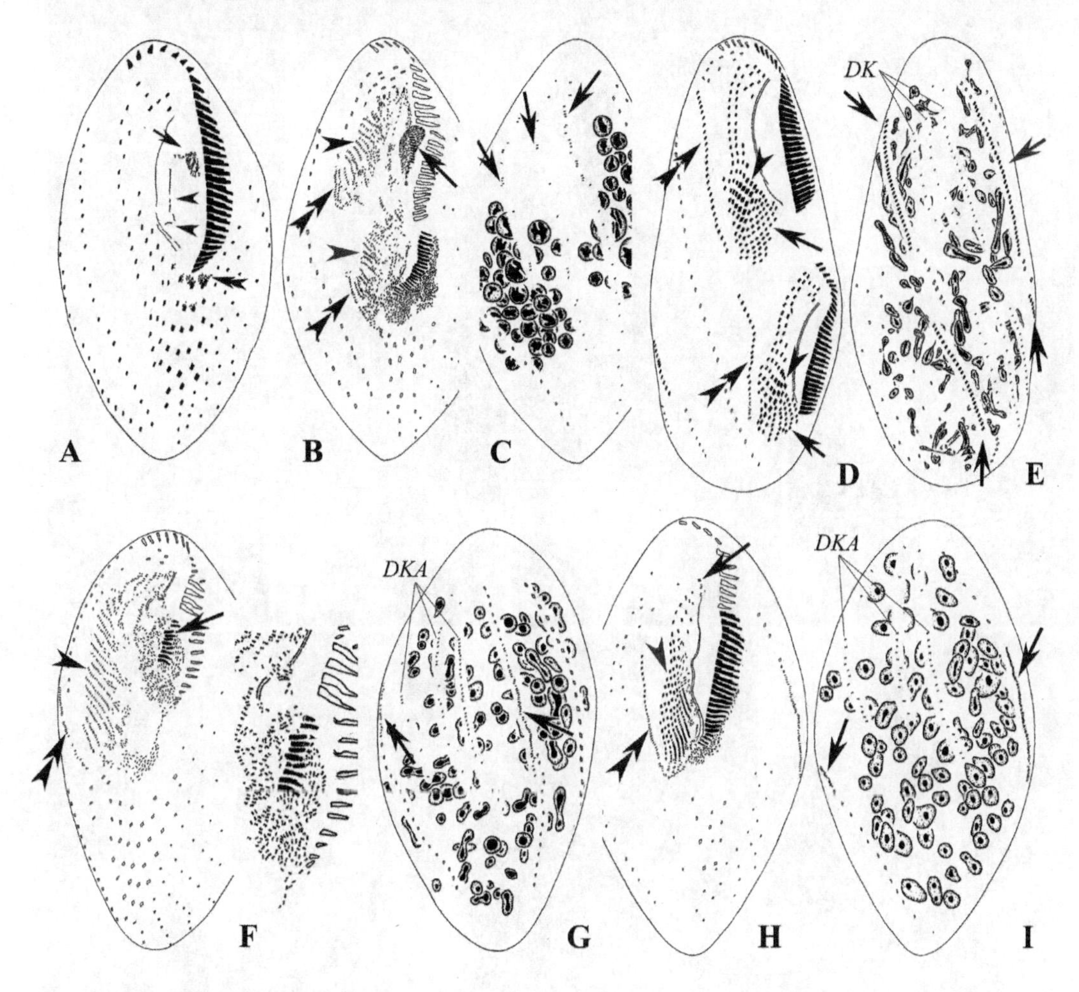

图6.2.2　卵圆博格虫的细胞发生（**A-E**）和细胞重组（**F-I**）
A. 早期发生个体的腹面观，箭头示前仔虫的口原基，无尾箭头示解聚中的老口内膜，双箭头示后仔虫的口原基；**B.** 早期发生个体，示前仔虫的口原基（箭头），前、后仔虫的 FVT-原基（无尾箭头），双箭头示非迁移棘毛列的原基（最后 1 条 FVT-原基）；**C.** 与 **B** 为同一发生个体，示背触毛原基的形成（箭头）；**D，E.** 发生晚期个体的腹面观（**D**）和背面观（**E**）（图 **D** 中，所有棘毛均分化完毕，无尾箭头示即将发育为口后腹棘毛的棘毛，箭头指示即将发育为左侧腹棘毛的棘毛，双箭头示非迁移棘毛列的原基；图 **E** 中，箭头示分化中的缘棘毛列）；**F，G.** 早期重组个体的腹面观和背面观，示口原基（**F** 中箭头），FVT-原基（无尾箭头），非迁移棘毛列（双箭头）和背触毛原基（**G** 中箭头示在老结构中发育的左、右缘棘毛原基）；**H，I.** 中期重组个体的腹面观和背面观，示第 1 额棘毛（**H** 中的箭头），FVT-原基（无尾箭头），非迁移棘毛列原基（双箭头）和左、右缘棘毛原基（**I** 中的箭头）。*DK.* 背触毛列；*DKA.* 背触毛原基

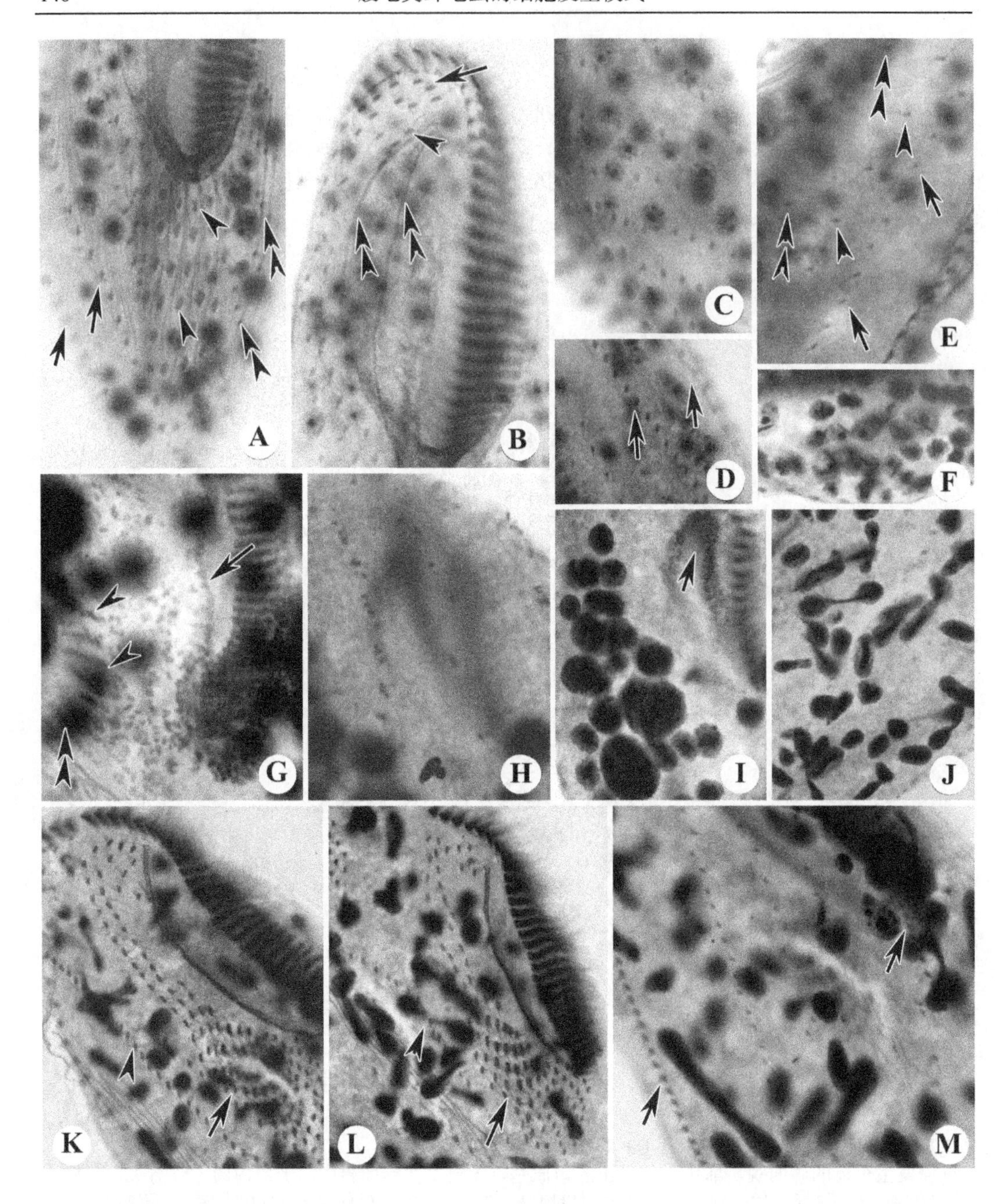

图6.2.3 卵圆博格虫发生间期及发生个体

A. 虫体后部腹面的纤毛图式，示非迁移棘毛列和右缘棘毛列（箭头），口后棘毛（无尾箭头）和左侧腹棘毛列（双箭头）；**B.** 虫体前部腹面的纤毛图式，示额棘毛（箭头），口棘毛（无尾箭头）及波动膜（双箭头）；**C.** 左侧面，示左侧腹棘毛列和左缘棘毛列；**D.** 背触毛列（箭头）；**E.** 背面观，示非迁移棘毛列的前部（箭头）和中腹棘毛复合体（无尾箭头，双箭头）；**F.** 示大核；**G，H.** 早期发生个体的腹面观和背面观，示UM-原基（**G** 中箭头），FVT-原基（无尾箭头），非迁移棘毛列的原基（双箭头），图 **H** 示背触毛原基；**I.** 早期发生个体，示口原基（箭头）和大核；**J.** 分裂中的大核；**K，L.** 发生晚期个体的腹面观，示前仔虫（**K**）和后仔虫（**L**）的纤毛图式，箭头示迁移中的口后腹棘毛列和左侧腹棘毛列，无尾箭头示非迁移棘毛列的原基；**M.** 晚期个体的背面观，示缘棘毛原基（箭头）和新的背触毛列

细胞重组　重组个体的发育特征体现在如下 5 个方面：①老口围带被部分更新；②UM-原基前端贡献额棘毛；③后方几条 FVT-原基条带产生中腹棘毛对，口后腹棘毛列和左侧腹棘毛列；④非迁移棘毛列来自于 FVT-原基 n；⑤缘棘毛原基和背触毛原基均来自于老结构（图 6.2.2F-I）。

讨论　对卵圆博格虫细胞发生亚型的发生学特征总结如下。

（1）老结构完全解体，前仔虫口原基独立产生于口腔底部（深层发生？）。

（2）后仔虫口原基和 UM-原基来自于皮膜表面。

（3）前 3 或 4 条 FVT-原基条带分别分化出 3 或 4 根棘毛，随后形成额棘毛和口棘毛。

（4）中部的 10 条 FVT-原基发育出 2 根棘毛，形成中腹棘毛对。

（5）后方除原基 n 外的 5-8 条 FVT-原基条带的分化多元化，每条 FVT-原基前端贡献 1 对中腹棘毛，中部产生 5-7 根粗壮的口后腹棘毛，后端剩余部分分化出左侧腹棘毛。

（6）非迁移棘毛列来自于 FVT-原基 n。

（7）缘棘毛原基和背触毛原基均来自于老结构。

（8）无尾棘毛形成。

有关前仔虫的口原基最初位置并不明确：很可能类似前面的额斜虫模式，即最初在皮膜深处，后期发育并移到细胞表面。此点暂存疑，等待未来工作的核实。

因为发生早期时期不足，导致若干重要的发生学细节无法获得：如老波动膜的命运，前、后仔虫 UM-原基是否分化额棘毛，前后 FVT-原基的起源，以及大核在发生过程中的融合程度。

尽管在分裂期个体中没有获得 UM-原基形成额棘毛的信息（Liu et al. 2010），但在重组个体中可知，UM-原基前端曾形成额棘毛片段（似乎 2 或 3 个片段），但不明的是，这些产物在后期的发育中是否部分或全部的片段被吸收而不形成营养期细胞的额棘毛？如是全部被吸收而不存在来自 UM-原基的额棘毛，则在形态学上，本亚型与上一亚型（额斜虫亚型）具有高度的相似性：在额区，棘毛均无分组化或加粗、迁移等特化，而是表现为多列而同律的形式，这在原基片段化过程中，处于低分化状态。

在绝大多数腹毛类中，发生个体和重组个体中老口围带的命运往往是一致的，这一点在本种中没有得到印证：本种的发生个体中，老口围带被完全更新，而重组个体中则被部分更新。

在多数其他腹毛类中，最后数列 FVT-原基的后端会分别形成 1 根横棘毛。在其他无横棘毛的类群中，通常不会产生其他类型的棘毛。本亚型的特殊之处在于，最后多列 FVT-原基形成多类不同的结构：除原基 n 外的后方 5-8 条 FVT-原基分别形成中腹棘毛、口后腹棘毛和左侧的腹棘毛，而 FVT-原基 n 仅形成非迁移棘毛列。这个特征（特别是形成数目众多的口后腹棘毛列）迄今在尾柱目中是唯一的，应该理解为这是一个因适应其生活方式（趋触性，借此协助虫体在基质上的吸附作用）而演化出的特征。

第 7 章　细胞发生学：伪角毛虫型
Chapter 7　Morphogenetic mode: *Pseudokeronopsis*-type

邵晨 (Chen Shao)　　宋微波 (Weibo Song)

本发生型的基本特征为：老口围带中呈现出多样化，包括完全消失、半保留或完全保留；多列 FVT-原基几乎无例外地形成典型的中腹棘毛列模式（两列棘毛紧密靠拢，因此形成 zig-zag 模式）；额棘毛成列（弯成冠状）或分化成数根独立的棘毛；普遍有额前棘毛的分化。

目前已知属于该发生型的有 14 个亚型，涉及 3 个科（全列科、巴库科和尾柱科）内 11 个属。

各亚型的发生学过程多元化极高，表现在：①老口围带的命运为完全保留、部分保留或完全更新；②老结构参与或不参与后仔虫口原基的形成；③UM-原基贡献 1 根或 2 根棘毛；④额区形成冠状或明确分化的额棘毛；⑤有或无口棘毛/横棘毛/尾棘毛产生；⑥FVT-原基以初级/次级发生式发育，形成的 2 列"伪棘毛列"在发生后期互相靠近/分离，贡献或不贡献中腹棘毛列；⑦缘棘毛原基和背触毛原基为原位或独立发生；⑧大核众多，分裂期发生部分或完全的融合。

各亚型根据额棘毛结构特征基本可以划分为两大类：额区棘毛形成冠状结构者（*Pseudokeronopsis erythrina*-亚型、*Apoholosticha sinica*-亚型、*Uroleptopsis citrina*-亚型、*Thigmokeronopsis stoecki*-亚型和 *Apokeronopsis crassa*-亚型），产生明确分化的 3 根额棘毛者，至少包括 9 个亚型（*Anteholosticha manca*-亚型、*Anteholosticha petzi*-亚型、*Anteholosticha marimonilata*-亚型、*Holosticha heterofoissneri*-亚型、*Uncinata bradburyae*-亚型、*Bakuella subtropica*-亚型、*Bakuella edaphoni*-亚型、*Paragastrostyla lanceolata*-亚型和 *Holostichides typicus*-亚型）。

前者中包括 5 个亚型，其发生过程非常相似（如老口围带被完全更新，后仔虫口原基在表层独立发生，无尾棘毛发生），仅在个别方面有异同：①*Apoholosticha sinica*-亚型的大核在发生过程中完全融合，而其余4个亚型为部分融合；②*Apokeronopsis crassa*-亚型和*Thigmokeronopsis stoecki*-亚型的缘棘毛原基和背触毛原基为独立发生，且FVT-原基形成的2列“伪棘毛列”在发生后期发生迁移，互相分离，其余3个亚型的缘棘毛原基和背触毛原基为老结构中发生，且FVT-原基形成的2列“伪棘毛列”在发生后期不发生迁移，相互靠近；③*Uroleptopsis citrina*-亚型中无横棘毛产生且UM-原基贡献2根棘毛，其余4种亚型均有横棘毛产生且UM-原基仅贡献1根棘毛；④*Apoholosticha sinica*-亚型和*Uroleptopsis citrina*-亚型中无口棘毛产生，其余3种亚型中均有口棘毛产生；⑤*Thigmokeronopsis stoecki*-亚型最独特的发生特征是，所有的FVT-原基（除最后几列外）均形成额外的特化棘毛，最终形成触毛区，其余4种亚型则无此现象。

第二类中的9个亚型，除共同点外（后仔虫的口原基产生于细胞表面，大核在发生过程中融合为一），在其余方面差别较大（表3）。

（1）老口围带的命运也涉及3种类型：①完全保留（*Holosticha heterofoissneri*-亚型、*Paragastrostyla lanceolata*-亚型和*Holostichides typicus*-亚型）；②部分保留（*Anteholosticha marimonilata*-亚型、*Bakuella edaphoni*-亚型和*Uncinata bradburyae*-亚型）；③完全更新（*Anteholosticha manca*-亚型、*Bakuella subtropica*-亚型和*Anteholosticha petzi*-亚型）。

（2）*Paragastrostyla lanceolata*-亚型和*Holostichides typicus*-亚型中老结构参与后仔虫口原基的形成，其余亚型中不参与（*Bakuella edaphoni*-亚型不能确定）。

（3）缘棘毛原基和背触毛原基在老结构中产生（*Anteholosticha manca*-亚型、*Anteholosticha marimonilata*-亚型、*Anteholosticha petzi*-亚型、*Holosticha heterofoissneri*-亚型、*Bakuella subtropica*-亚型、*Bakuella edaphoni*-亚型、*Paragastrostyla lanceolata*-亚型和*Holostichides typicus*-亚型）或独立发生（*Uncinata bradburyae*-亚型）。

表3　伪角毛虫型内各亚型发生学特征比较

特征	额区棘毛	老口围带的命运	后仔虫口原基产生方式	缘棘毛/背触毛原基发生方式	FVT-原基形成模式	UMA形成棘毛数	中腹棘毛对是否分离	有无横棘毛分化	有无口棘毛分化	有无中腹棘毛列分化	有无尾棘毛	有无触毛区棘毛产生	背触毛原基是否断裂	大核融合情况
Pseudokeronopsis erythrina-亚型	冠状	完全更新	独立	老结构中	次级	1	否	有	有	无	无	无	否	部分融合
Apoholosticha sinica-亚型	冠状	完全更新	独立	老结构中	次级	1	否	有	无	无	无	无	否	完全融合
Uroleptopsis citrina-亚型	冠状	完全更新	独立	老结构中	次级	2	否	无	无	无	无	无	否	部分融合
Apokeronopsis crassa-亚型	冠状	完全更新	独立	独立	次级	1	是	有	有	无	无	无	否	部分融合
Thigmokeronopsis stoecki-亚型	冠状	完全更新	独立	独立	次级	1	是	有	有	无	无	有	否	部分融合
Anteholosticha manca-亚型	明确分化	完全更新	独立	老结构中	次级	1	否	有	有	无	无	无	否	完全融合
Anteholosticha petzi-亚型	明确分化	完全更新	独立	老结构中	初级	1	否	有	有	无	无	无	否	完全融合
Anteholosticha marimonilata-亚型	明确分化	部分更新	独立	老结构中	初级	1	否	有	有	无	无	无	否	完全融合
Holosticha heterofoissneri-亚型	明确分化	完全保留	独立	老结构中	混合	1	否	有	有	无	无	无	是	完全融合
Uncinata bradburyae-亚型	明确分化	部分更新	独立	独立	次级	1	否	有	无	无	无	无	未知	完全融合
Bakuella subtropica-亚型	明确分化	完全更新	独立	老结构中	次级	1	否	有	有	有	无	无	否	完全融合
Bakuella edaphoni-亚型	明确分化	部分更新	老结构中?	老结构中	未知	1	否	有	有	有	无	无	否	完全融合
Holostichides typicus-亚型	明确分化	完全保留	老结构中	老结构中	次级	1	否	无	有	有	无	无	否	完全融合
Paragastrostyla lanceolata-亚型	明确分化	完全保留	老结构中	老结构中	混合	1	否	无	无	有	有	无	否	完全融合

（4）FVT-原基的形成方式分别以初级发生（*Anteholosticha petzi*-亚型和 *Anteholosticha marimonilata*-亚型）、次级发生（*Anteholosticha manca*-亚型、*Uncinata bradburyae*-亚型、*Bakuella subtropica*-亚型和 *Holostichides typicus*-亚型）（*Bakuella edaphoni*-亚型不确定）或混合方式发育（*Paragastrostyla lanceolata*-亚型和 *Holosticha heterofoissneri*-亚型）。

（5）形成横棘毛（*Anteholosticha manca*-亚型、*Anteholosticha petzi*-亚型、*Anteholosticha marimonilata*-亚型、*Uncinata bradburyae*-亚型、*Holosticha heterofoissneri*-亚型、*Bakuella edaphoni*-亚型和 *Bakuella subtropica*-亚型）或不分化（*Paragastrostyla lanceolata*-亚型和 *Holostichides typicus*-亚型）。

（6）具有口棘毛（*Anteholosticha manca*-亚型、*Anteholosticha petzi*-亚型、*Anteholosticha marimonilata*-亚型、*Holostichides typicus*-亚型、*Holosticha heterofoissneri*-亚型、*Bakuella edaphoni*-亚型、*Bakuella subtropica*-亚型和 *Uncinata bradburyae*-亚型）或不形成口棘毛（*Paragastrostyla lanceolata*-亚型）。

（7）除 *Paragastrostyla lanceolata*-亚型和 *Holostichides typicus*-亚型形成尾棘毛外，其余各亚型均无尾棘毛。

（8）FVT-原基末期的分化在某些亚型中也表现出特别之处：在 *Paragastrostyla lanceolata*-亚型、*Bakuella subtropica*-亚型、*Bakuella edaphoni*-亚型和 *Holostichides typicus*-亚型中，后端几条 FVT-原基形成中腹棘毛列，在其余亚型中则仅存在额腹棘毛对。

（9）背触毛原基通常不发生断裂，但在 *Holosticha heterofoissneri*-亚型中显示了断裂现象。

第1节　赤色伪角毛虫亚型的发生模式
Section 1　The morphogenetic pattern of *Pseudokeronopsis erythrina*-subtype

陈旭淼 (Xumiao Chen)　　宋微波 (Weibo Song)

伪角毛虫属由Borror和Wicklow建立于1983年，种类较多。作为典型的尾柱类纤毛虫，近年来该属的细胞发生过程被多位研究者做了大量报道，研究最为完整的有5个种：赤色伪角毛虫、红色伪角毛虫、肉色伪角毛虫、黄色伪角毛虫和相似伪角毛虫（Hu & Song 2001a；Hu et al. 2004b；Shi et al. 2007；Sun & Song 2005），属于同一发生亚型。本亚型介绍依据陈旭淼等（Chen et al. 2011）对赤色伪角毛虫的研究。

基本纤毛图式与形态学　虫体普遍具有色素颗粒而颜色鲜艳；额棘毛呈典型的双列冠状排布，其后连接由若干对棘毛组成的中腹棘毛复合体；具横棘毛和迁移棘毛，1根口棘毛；左、右缘棘毛各1列。

3列纵贯虫体全长的背触毛（图7.1.1A-G）。

细胞发生过程

口器　老口围带彻底解体并被新生结构所完全替换：此前仔虫的口原基在细胞分裂早期独立形成于口区右侧、口腔底部的皮膜深层内，最初为一团无序排列的毛基场（图7.1.2A；图7.1.4G，M）；随着原基场的增殖、分化并组装出新的口围带小膜，细胞发生中、后期，前仔虫新口围带的发育基本完成（图7.1.2C-E，G；图7.1.3A，C；图7.1.4H；图7.1.5A，D）；至末期，新形成的口围带完成发育并形成前仔虫的新口器（图7.1.3E，G；图7.1.5G，I）。

在细胞分裂中期，前、后仔虫的UM-原基分别在各自的口原基和FVT-原基之间形成，可以明确的是，新原基的形成均为无老结构的参与（图7.1.2E，G；图7.1.5A，B）；至细胞发生后期和末期，原基在前、后仔虫分别于前端形成1根额棘毛（图7.1.2G；图7.1.3A，C，E；图7.1.5C，D），自身纵裂并发育为口侧膜和口内膜（图7.1.3C，E，G；图7.1.5E，G-J）。

后仔虫的口原基独立形成于细胞发生的最早期，该结构出现在中腹棘毛复合体左侧（图7.1.2A；图7.1.4E，F）；其内毛基体由前至后组装出口围带小膜（图7.1.2D，E，G；图7.1.4I；图7.1.5B，C）。至发生晚期，后仔虫口围带内小膜完成组装；在细胞分离完成前，该新生口围带前移并完成构型的调整，从而成为后仔虫的口器（图7.1.3A，C，E，G；图7.1.5E，H，J）。

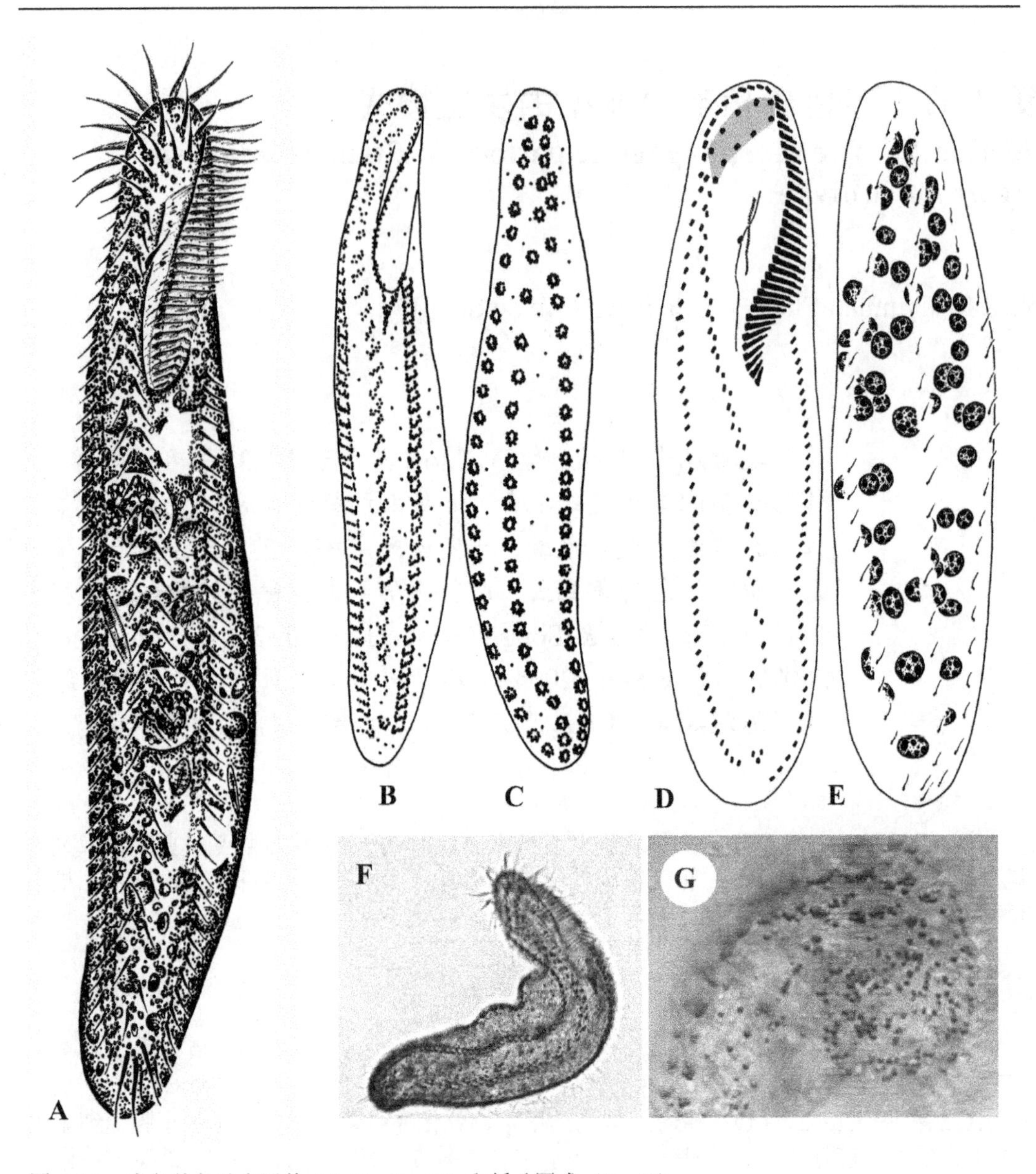

图 7.1.1 赤色伪角毛虫活体（**A-C**，**F**，**G**）和纤毛图式（**D**，**E**）
B，**C**，**F**，**G**. 示腹面及背面的皮色素粒

额-腹-横棘毛 前、后仔虫的 FVT-原基分别独立形成，数量众多。其中，前者在老的中腹棘毛复合体左侧、口区偏后方出现，应在细胞表面，最初为一细长的条带状原基场（图 7.1.2A，C；图 7.1.4G，H，L）；后仔虫的 FVT-原基稍晚出现，于口原基的右侧形成（图 7.1.2D；图 7.1.4I）。随后，前、后仔虫的原基发育基本同步：毛基体增殖，形成多列 FVT-原基（图 7.1.2E，G；图 7.1.5A-C），每列 FVT-原基逐渐发育，在后期，由前向后发生断裂、分化形成独立的棘毛（图 7.1.3A，C；图 7.1.4D，E）。

双列的额棘毛呈弧形（冠状）分布，后部与相连的中腹棘毛列完全无界限分割。这些棘毛分别来自于 UM-原基（1 根）、前部的 FVT-原基和随后数列 FVT-原基。

其中，口棘毛 1 根来自 FVT-原基 I 后部。

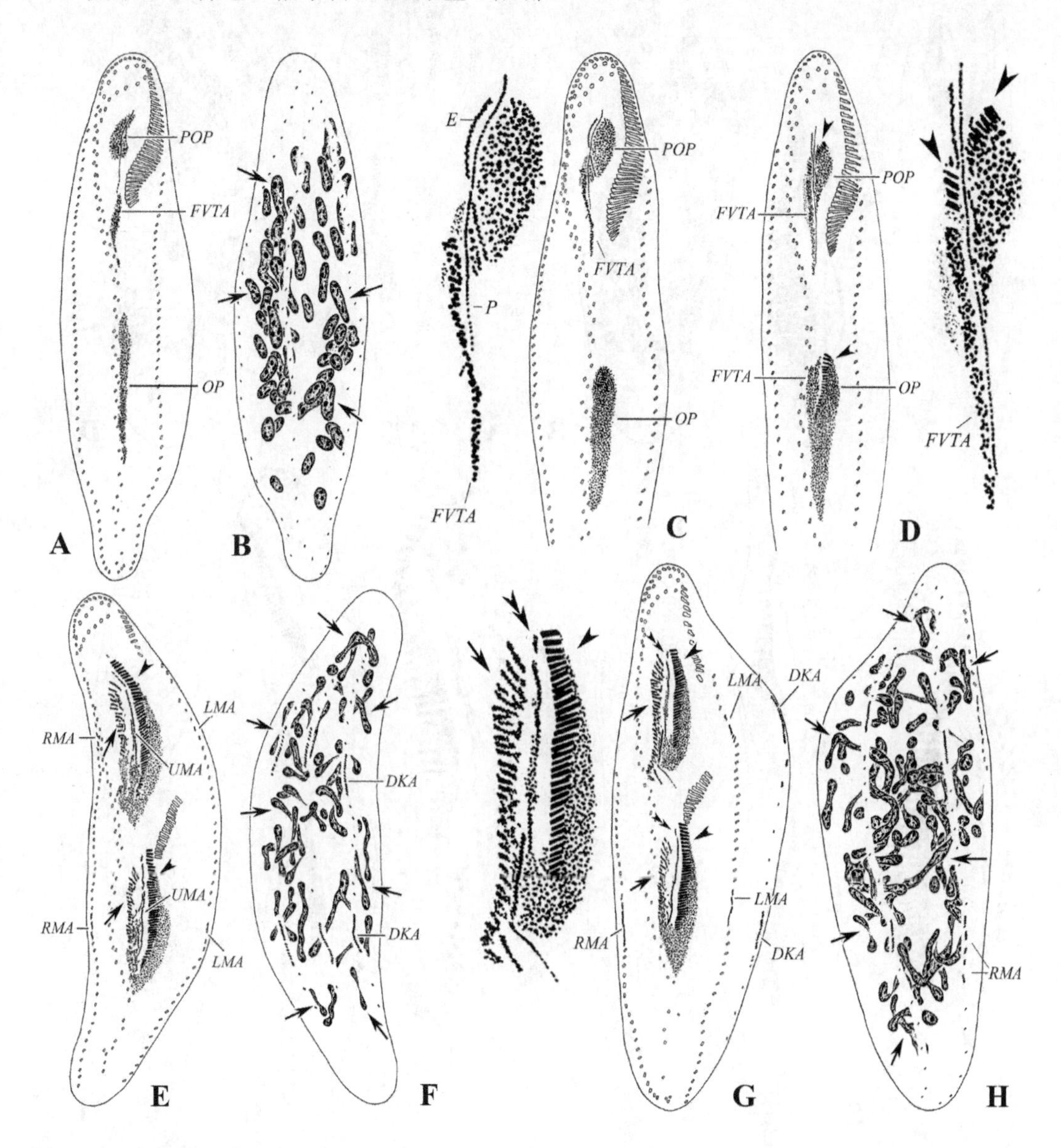

图 7.1.2　赤色伪角毛虫细胞发生过程中

A，B. 细胞发生早期个体的腹面观（**A**）和背面观（**B**），箭头示拉长的大核，此时前仔虫口原基、后仔虫口原基和 FVT-原基已出现，背触毛原基和缘棘毛原基尚未出现；**C，D.** 两个细胞发生前期个体的腹面观，图 **C** 示后仔虫口原基进一步发育，图 **D** 中无尾箭头示前、后仔虫口原基新形成的口围带小膜，插图示两个个体前仔虫口原基的局部细节；**E，G.** 两个细胞发生中期个体的腹面观，无尾箭头示前、后仔虫新形成的口围带小膜，箭头示前、后仔虫 FVT-原基形成的倾斜的原基列，双箭头表示前、后仔虫的 UM-原基即将形成 1 根最左边的额棘毛，图 **G** 插图示前仔虫新形成的口器局部细节，注意此时左、右缘棘毛原基和背触毛原基已经出现；**F，H.** 两个细胞发生中期个体的背面观，箭头示大核的分裂，注意背触毛原基在发育中。*DKA*. 背触毛原基；*E*. 口内膜；*FVTA*. FVT-原基；*LMA*. 左缘棘毛原基；*POP*. 前仔虫口原基；*OP*. 后仔虫口原基；*P*. 口侧膜；*RMA*. 右缘棘毛原基；*UMA*. UM-原基

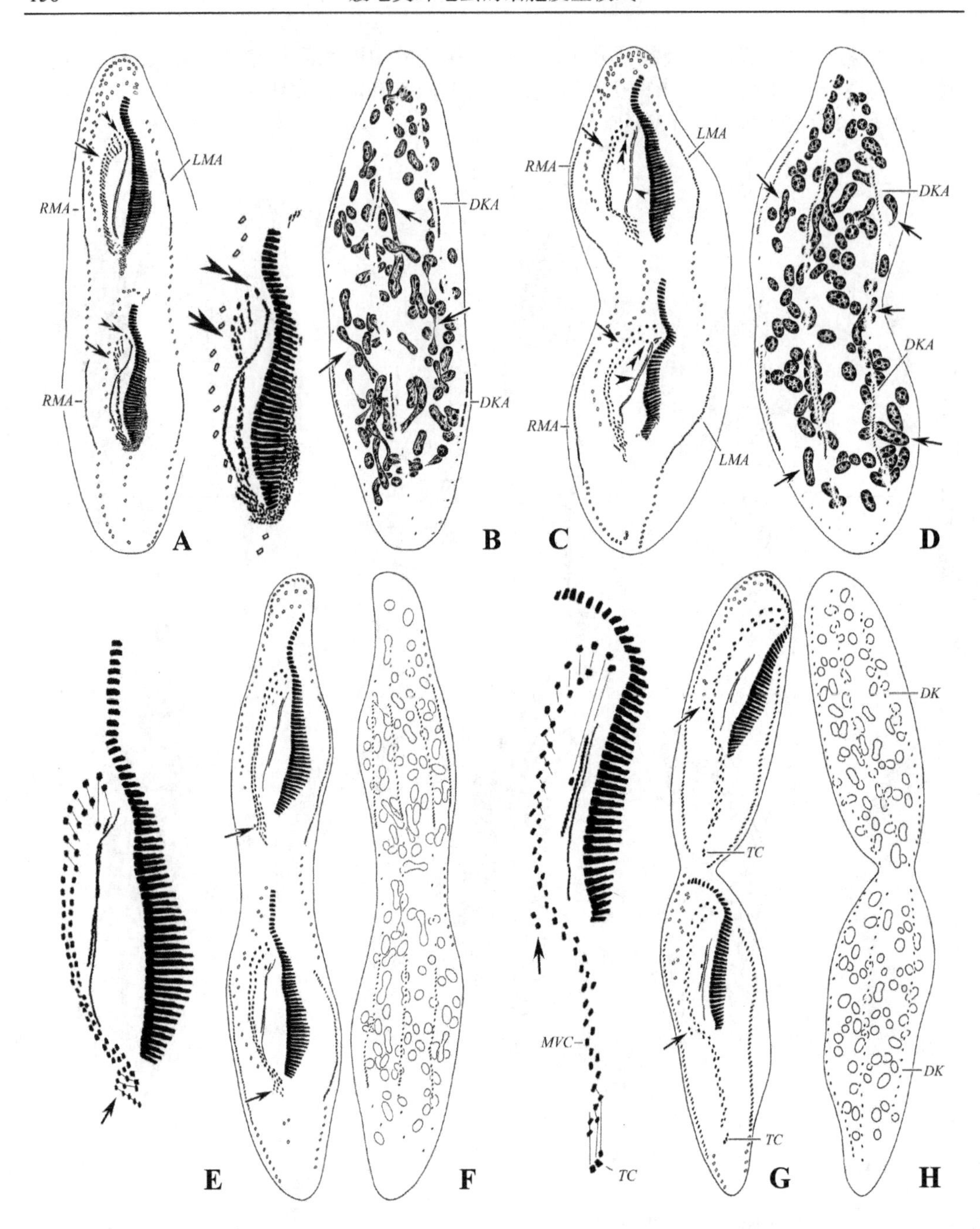

图 7.1.3 赤色伪角毛虫细胞发生中期、后期和末期的纤毛图式

A，C. 细胞发生中期和后期个体的腹面观，箭头示子细胞中 FVT-原基的分化；在前、后仔虫中，UM-原基向前形成最左边的 1 根额棘毛（**A** 中的双箭头）。图 **C** 中，UM-原基分化为口侧膜和口内膜（无尾箭头），双箭头示口棘毛；**B，D.** 细胞发生中期和后期个体的背面观，箭头示正在分裂的大核；**E，G.** 细胞发生末期个体的腹面观，插图示后仔虫额-腹-横棘毛分化的局部细节，直线将来自同一组原基的棘毛连接在一起。箭头示来自最后 1 列 FVT-原基的 2 根迁移棘毛，向虫体前端逐步迁移；**F，H.** 细胞发生末期个体的背面观。*DK*. 背触毛列；*DKA*. 背触毛原基；*LMA*. 左缘棘毛原基；*MVC*. 中腹棘毛复合体；*RMA*. 右缘棘毛原基；*TC*. 横棘毛

双列的中腹棘毛复合体来自中后部的数十列FVT-原基，如同其他尾柱类，每列FVT-原基仅形成两根棘毛，在发育过程中可见的多余原基片段化产物将很快被吸收。

横棘毛来自最后数列FVT-原基的后部。2根迁移棘毛来自最后1列FVT-原基前部，在细胞分裂即将完成时，完成向额区的迁移。在发生后期，腹面所有棘毛逐渐完成发育和分区化、迁移，构成最终的棘毛分布模式（图7.1.3E，G；图7.1.5G-J）。

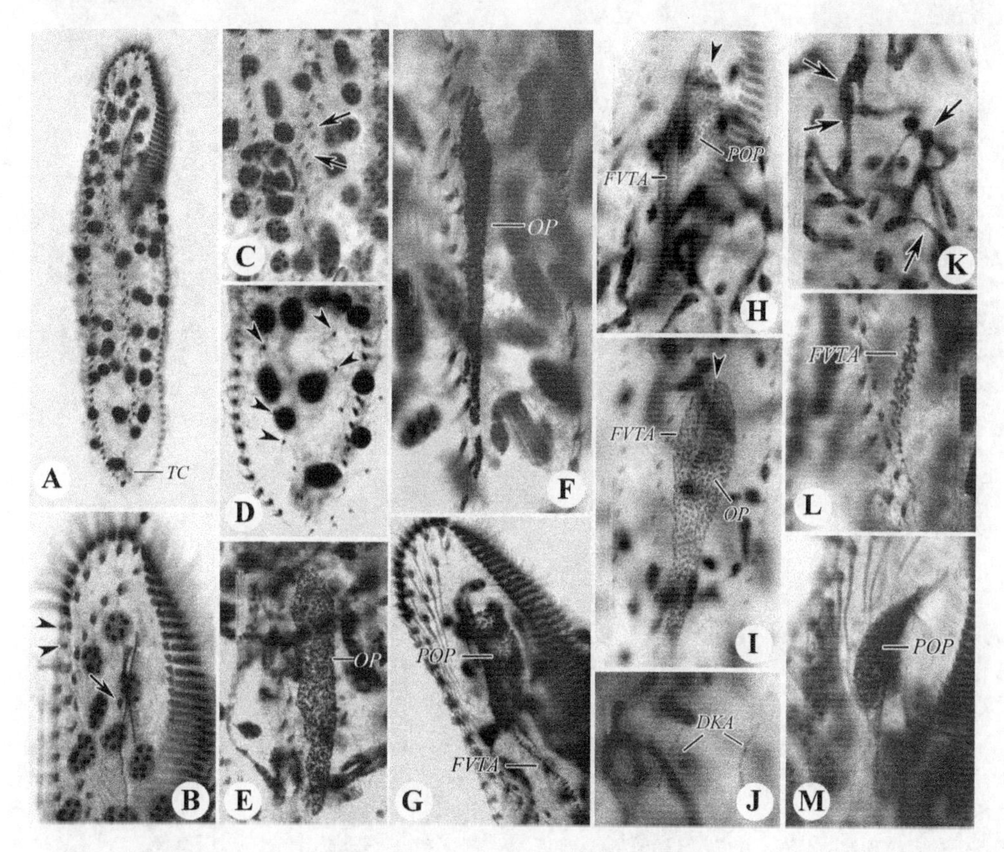

图7.1.4 赤色伪角毛虫细胞发生间期（**A-D**）和发生早期个体（**E-M**）
A，B. 典型个体的腹面观，图 **A** 示纤毛图式的整体，图 **B** 示虫体纤毛图式前端局部，无尾箭头示2根迁移棘毛，箭头示1根口棘毛；**C.** 典型个体的腹面观，示虫体中部局部，箭头示中腹棘毛复合体一组Z形结构中有3根棘毛；**D.** 典型个体的背面观，无尾箭头示背面纤毛器，即背触毛列；**E，F.** 细胞发生早期个体的腹面观，示后仔虫的口原基为一无序排列的毛基体团，通过毛基体的增殖，不断变宽边长，扩大范围，逐渐变为一狭长的楔形条带；**G，L，M.** 细胞发生早期个体的腹面观，示前仔虫的口原基位于皮膜深处，并不断进行发育而扩大范围，而前仔虫的FVT-原基则位于皮膜表面，为多个并排细小的条带；**H，I.** 同一细胞发生前期个体的腹面观，**H** 为前仔虫，**I** 为后仔虫，无尾箭头示前、后仔虫的口原基前端开始组装、分化出口围带小膜；**J，K.** 细胞发生前期个体的背面观，示背触毛原基形成于老结构中（**J**）和融合中的大核（**K** 中箭头）。*DKA*. 背触毛原基；*FVTA*. FVT-原基；*OP*. 后仔虫口原基；*POP*. 前仔虫口原基；*TC*. 横棘毛

缘棘毛 缘棘毛原基出现在细胞发生的中前期，在细胞的前、后、左、右各1列原基于老结构中形成（老结构应该参与了原基的发育）（图7.1.2E；图7.1.5C，D）。随着发生过程的推移，各原基逐步发育、片段化形成新棘毛，老结构被吸收（图7.1.2G，H；图7.1.3A，C，E，F，G；图7.1.5G-J）。

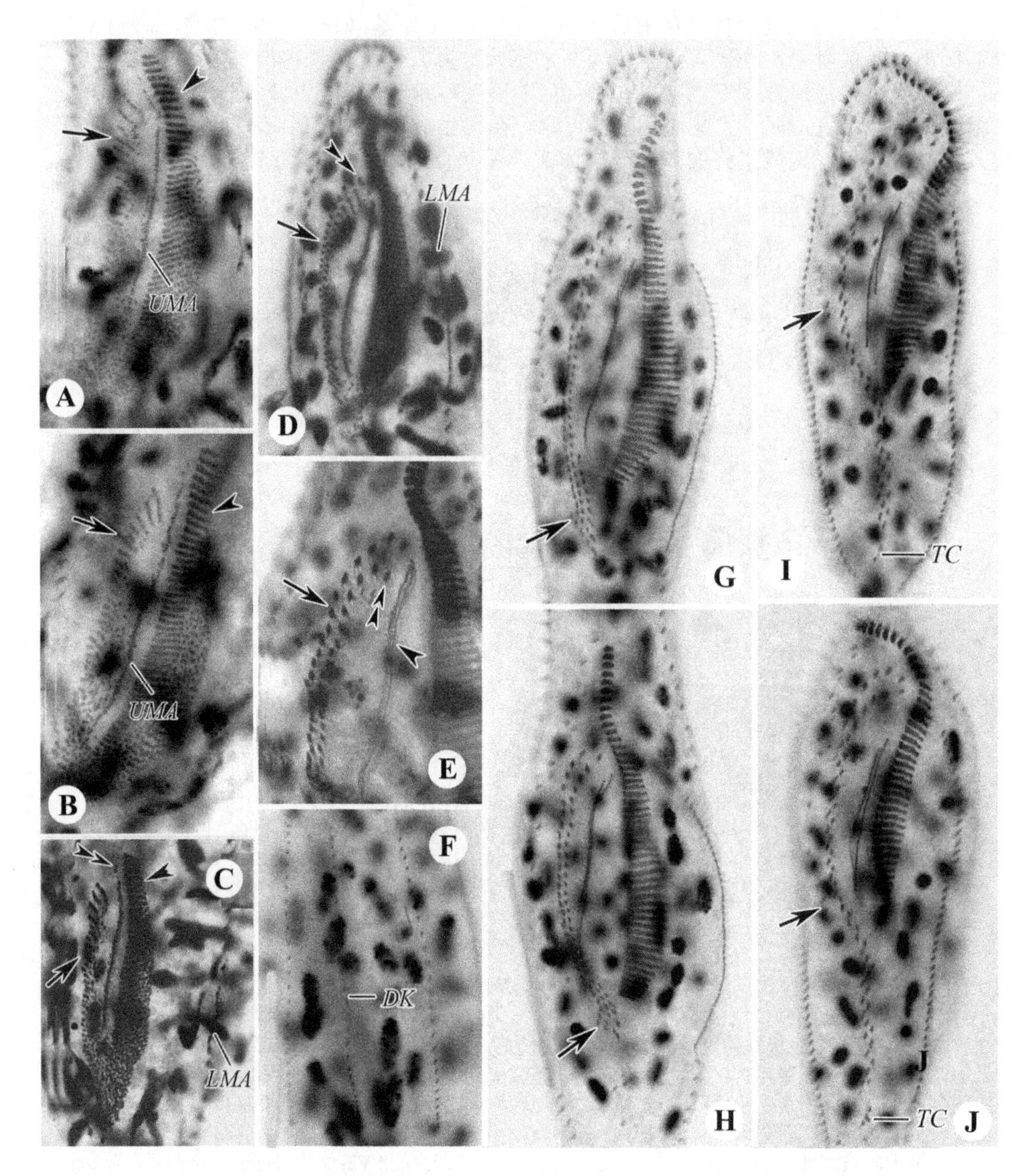

图 7.1.5 赤色伪角毛虫细胞分裂各期的个体

A-D. 细胞发生中期个体的腹面观，箭头示 FVT-原基，无尾箭头示口原基新形成的口围带小膜，图 **C** 和 **D** 中双箭头示 UM-原基向前形成最左边的 1 根额棘毛；**E.** 细胞发生后期个体的腹面观，箭头示 FVT-原基分化成中腹棘毛复合体，双箭头指示口棘毛，无尾箭头示新形成的波动膜；**F.** 细胞发生晚期个体的背面观，示新形成的背触毛列；**G-J.** 细胞发生末期个体的腹面观，图 **G** 和 **I** 展示前仔虫，图 **H** 和 **J** 展示后仔虫，箭头示新形成的迁移棘毛迁移至其最终的位置。*DK.* 背触毛列；*LMA.* 左缘棘毛原基；*UMA.* UM-原基；*TC.* 横棘毛

背触毛　背触毛原基出现于细胞发生中前期，在每列老结构中形成，后逐步发展（图 7.1.2F；图 7.1.3B，D；图 7.1.4J）、分化成新的背触毛，逐步替代老结构，此间无尾棘毛的形成（图 7.1.3F，H；图 7.1.5F）。

大核　大核数目众多，在细胞发生过程中始终不发生融合为一的现象，甚至未见明显的融合。但在较早中期，可见各枚大核出现膨大、拉长或呈哑铃状结构，这显示其可能发生了程度极低的融合现象（如两两相融合？）；随后大核恢复营养期的形态（图 7.1.2B，F，H；图 7.1.3B，D，F，H；图 7.1.4K；图 7.1.5G-J）。

主要发生特征与讨论　该亚型的主要发生学特征如下。

（1）在前仔虫，老的口器彻底解体，新口器来自独立的新生口原基的再建，该口原基非常可能是在口腔底部的皮膜深层发生；后仔虫的口原基于细胞表层独立发生。

（2）在前、后仔虫，UM-原基于细胞表面形成并位于口原基右侧，二者均发育自同一原基场。

（3）前、后仔虫的 FVT-原基均为独立发生，老结构完全不参与其形成。

（4）UM-原基贡献 1 根额棘毛，FVT-原基 I 形成 1 根额棘毛和 1 根口棘毛，随后的 4-6 列 FVT-原基各形成 2 根额棘毛，中部的十几至近 40 列 FVT-原基各分化为 1 对中腹棘毛，最后几列 FVT-原基（不包括最后 1 列）形成 1 对中腹棘毛和 1 根横棘毛，最后 1 列 FVT-原基形成迁移棘毛和 1 根横棘毛。

（5）缘棘毛列原基于老结构中产生。

（6）3 列原始的背触毛原基分别在老结构中形成和发育，次级发生式，无尾棘毛形成。

（7）大核在发生过程中未见可见的融合现象。

一个依然不明的现象是前仔虫的口原基的最初形成位置：由于缺乏详细的口腔内立体结构的信息，无法了解两片波动膜的存在部位，而口原基注定是单独占据一个发生表面。因此存在两个可能：①新原基于口腔的内表面，前提是两片波动膜分别于口腔的腹面有自己的着生空间，或者（更可能是）②新原基最初出现在口腔背层的表膜深处（此时，口内膜占据了口腔背面的表层空间）。在确切证实前，作者暂推测为后者，即口原基为“深层发生”于表膜之下，在随后的发育过程中才迁移至表面。因此，该过程与原始的额斜虫模式相同。

大核完全不发生融合这个特征在整个（狭义）腹毛类中都是非常特殊的：在具多数大核的种类中，大核普遍要发生彻底的融合，从而形成一团（或分枝状）融合体。在极少数类群中则发生较低度的融合，因此，大核数量可见明显减少。本亚型中的大核完全不融合现象应该代表了一个原始的特征或高度特化（？）的结果。在少数尾柱目类群中也发现有居间或近似的现象（见第 10 章），即大核发生部分的融合，因此表现为大核体积在某特定的细胞分裂期表现出体积大小高度不同的现象。从演化时序上判断，大核从不融合，到部分融合，再到完全融合，很可能代表了一个渐进性进化的过程。

赤色伪角毛虫（*Pseudokeronopsis erythrina*）主要的细胞发生特征与之前所报道的红色伪角毛虫（*P. rubra*）、肉色伪角毛虫（*P. carnea*）和黄色伪角毛虫（*P. flava*）在细胞发生过程中表现的特征完全相符（Hu & Song 2001a；Hu et al. 2004b；Sun & Song 2005），显示了属内阶元高度的一致性和保守性。

第2节　中华偏全列虫亚型的发生模式
Section 2　The morphogenetic pattern of *Apoholosticha sinica*-subtype

樊阳波 (Yangbo Fan)　　邵晨 (Chen Shao)

中华偏全列虫为樊阳波等（Fan et al. 2014a）新建属的模式种。在 Lynn（2008）的分类系统中，该属应隶属于伪角毛科（Pseudokeronopsidae）。由于细胞发生过程中和分裂间期均无口棘毛的形成而区别于其他已知的相邻阶元。目前该亚型仅涉及偏全列虫属。

基本纤毛图式　口围带在前部存在一明显的间断，从而分为前、后两部分；无口棘毛，额棘毛分化已基本明确（或呈非典型的冠状排布），具中腹棘毛列和部分散布的棘毛；具横棘毛及额前棘毛；左、右缘棘毛各 1 列（图 7.2.1A-D）。

具 3 列贯穿虫体的背触毛（图 7.2.1E）。

细胞发生过程

口器　老口器在发育过程中将完全解体：在最初阶段，前仔虫口围带右侧的口腔内（皮膜下？）出现前仔虫的口原基场（图 7.2.2B；图 7.2.3B）。该发育过程中老结构完全不参与该口原基的形成。口原基随着细胞发育由前至后组装成小膜（图 7.2.2C；图 7.2.3G）。发生后期，前仔虫新形成的口围带向前延伸、弯折并逐渐取代老结构。老口围带则同步被吸收而消失（图 7.2.2E；图 7.2.3I）。细胞分裂前，新形成的口围带迁移到前仔虫的既定位置（图 7.2.2E；图 7.2.3N）。

老的波动膜也同样解体并被新生结构所取代。新生结构来自前仔虫的 UM-原基，其在发生早期出现在口原基的右侧（图 7.2.2C；图 7.2.3G）。发生末期，其前端分化出 1 根额棘毛并纵裂形成口侧膜与口内膜（图 7.2.2E；图 7.2.3G，I，J）。

后仔虫的口原基场出现在细胞发生的最初阶段，于中腹棘毛列左侧的皮膜表面独立出现（图 7.2.2A；图 7.2.3A）。随后的过程一如常规模式：伴随着毛基体的增殖，原基场进一步扩大，口原基开始由前至后组装成小膜（图 7.2.2B；图 7.2.3C）。发生后期，小膜组装完毕，后仔虫新形成的口围带与前仔虫保持同步（图 7.2.2E；图 7.2.3J）。最终，后仔虫新形成的口围带迁移到既定位置。

后仔虫的 UM-原基形成于较早时期，发生在口原基的右侧并很可能与后者同源（图 7.2.2C；图 7.2.3D），最初为短的条带，逐渐拉长。随后，UM-原基的前端形成 1 根额棘毛（图 7.2.2E；图 7.2.3J）。

最终，进一步发育，纵裂形成口内膜和口侧膜（图 7.2.2E；图 7.2.3I，J）。

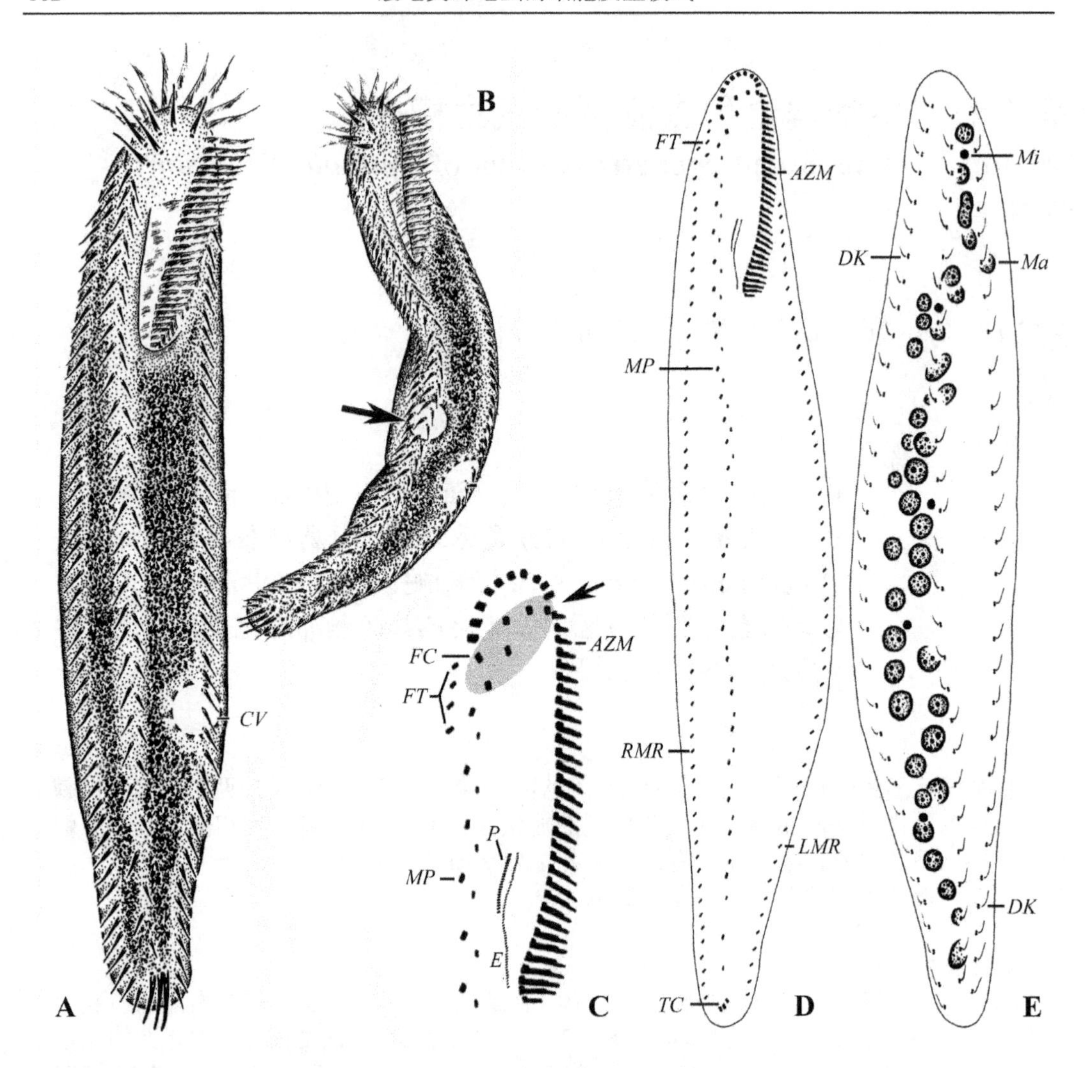

图 7.2.1 中华偏全列虫的活体形态（**A**，**B**）和纤毛图式（**C-E**）
A. 腹面观；**B.** 弯曲的个体的腹面观，箭头示伸缩泡；**C-E.** 纤毛图式的腹面观（**C**，**D**）和背面观（**E**），箭头示额棘毛。*AZM.* 口围带；*CV.* 伸缩泡；*DK.* 背触毛列；*E.* 口内膜；*FC.* 额棘毛；*FT.* 额前棘毛；*LMR.* 左缘棘毛列；*Ma.* 大核；*Mi.* 小核；*MP.* 中腹棘毛对；*P.* 口侧膜；*RMR.* 右缘棘毛列；*TC.* 横棘毛

额-腹-横棘毛 发生早期，在皮膜表面，前、后仔虫口原基的右后方分别出现两组斜向排布的 FVT-原基，该原基横穿老的中腹棘毛列。老结构似乎不参与新原基的构建和发育。在随后的发育阶段，两组 FVT-原基均增多、增粗并最终形成约 25 条斜向的条带（图 7.2.2C；图 7.2.3D）。

随后，FVT-原基开始分段并分化，形成斜向的 2 列棘毛列（图 7.2.2E；图 7.2.3I，J）。

在后期阶段里，棘毛列相互分离，分化成不同类型的棘毛。

UM-原基和第 1 条 FVT-原基的前端各形成 1 根额棘毛，以及第 2 和第 3 条 FVT-原基形成的 2 根额棘毛，在发生末期向前迁移至口围带顶端附近。

第 n 条 FVT-原基产生多根棘毛，除最后 1 根外，前端棘毛（约 4 根）在发生后期向前迁移至口围带远端和右缘棘毛列前端之间，形成额前棘毛（图 7.2.2E；图 7.2.3I，M）。

第 4 至第 n-2 条 FVT-原基的前端各自形成 2 根棘毛，形成 2 条中腹棘毛列，是所谓的“伪棘毛列”。这 2 条中腹棘毛列在发生的中后期阶段向各自的反方向迁移，相互分离（图 7.2.2E；图 7.2.3I，J）。

第 n-1 条 FVT-原基前端形成 3 根棘毛，参与构成中腹棘毛（图 7.2.2E；图 7.2.3I，J）。

第 n-2 至第 n 条 FVT-原基的末端均形成 1 根横棘毛，较其他棘毛粗壮，并在发生的中后期向虫体的尾端迁移（图 7.2.2E；图 7.2.3I）。

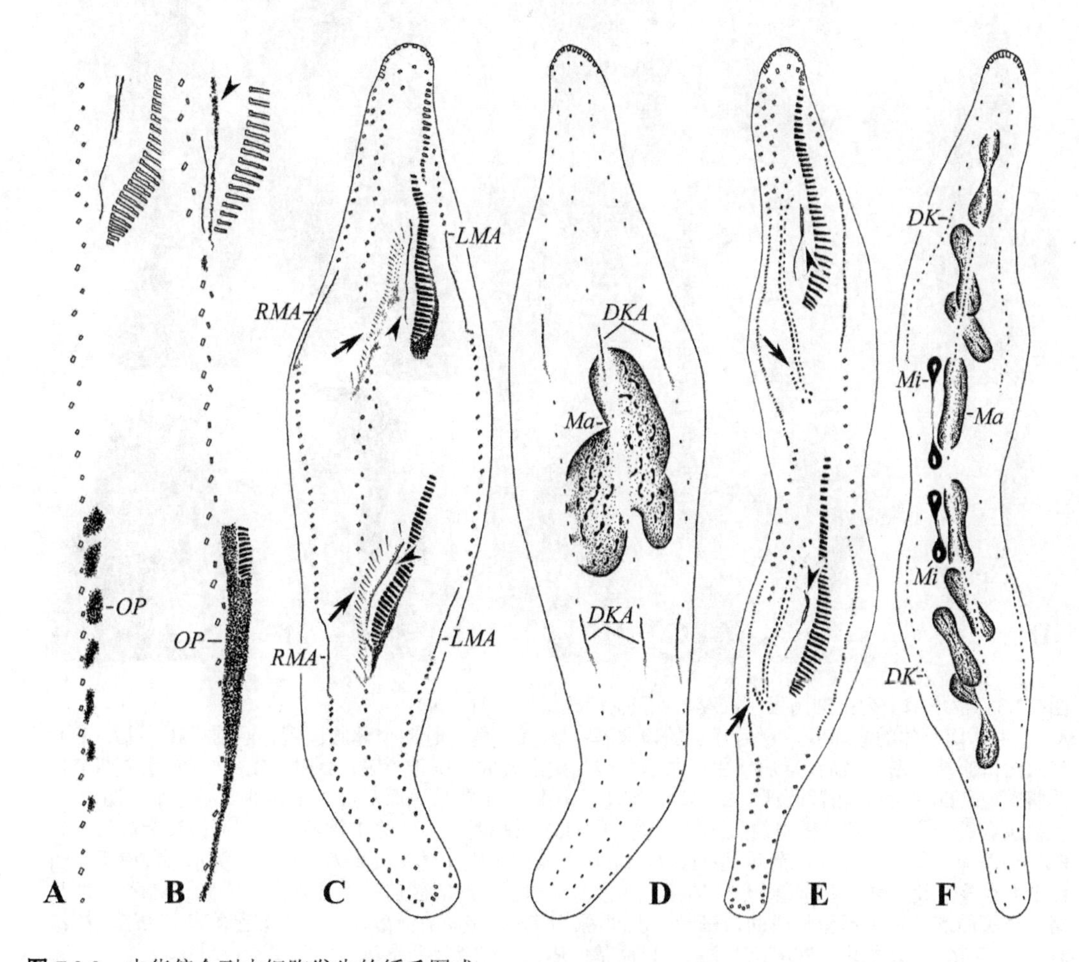

图 7.2.2　中华偏全列虫细胞发生的纤毛图式

A，B. 发生早期个体的局部腹面观，示后仔虫的口原基开始形成，并且逐步发育，图 **B** 无尾箭头示前仔虫的口原基；**C，D.** 发生中期个体腹面观（**C**）和背面观（**D**），图 **C** 箭头示 FVT-原基条带已经形成并在前仔虫中开始分段化，无尾箭头示 UM-原基已经形成一狭长条带状结构，注意此时大核融合为一团；**E，F.** 发生晚期个体的腹面观（**E**）和背面观（**F**），示 FVT-原基片段化基本完成，大核和小核开始分裂，图 **E** 箭头示额前棘毛从最后 1 列 FVT-原基中分化出来并开始向虫体前端迁移，无尾箭头示前、后仔虫的 UM-原基纵裂分别形成两个仔虫的口内膜和口侧膜。*DK*. 背触毛列；*DKA*. 背触毛原基；*LMA*. 左缘棘毛原基；*Ma*. 大核；*Mi*. 小核；*OP*. 口原基；*RMA*. 右缘棘毛原基

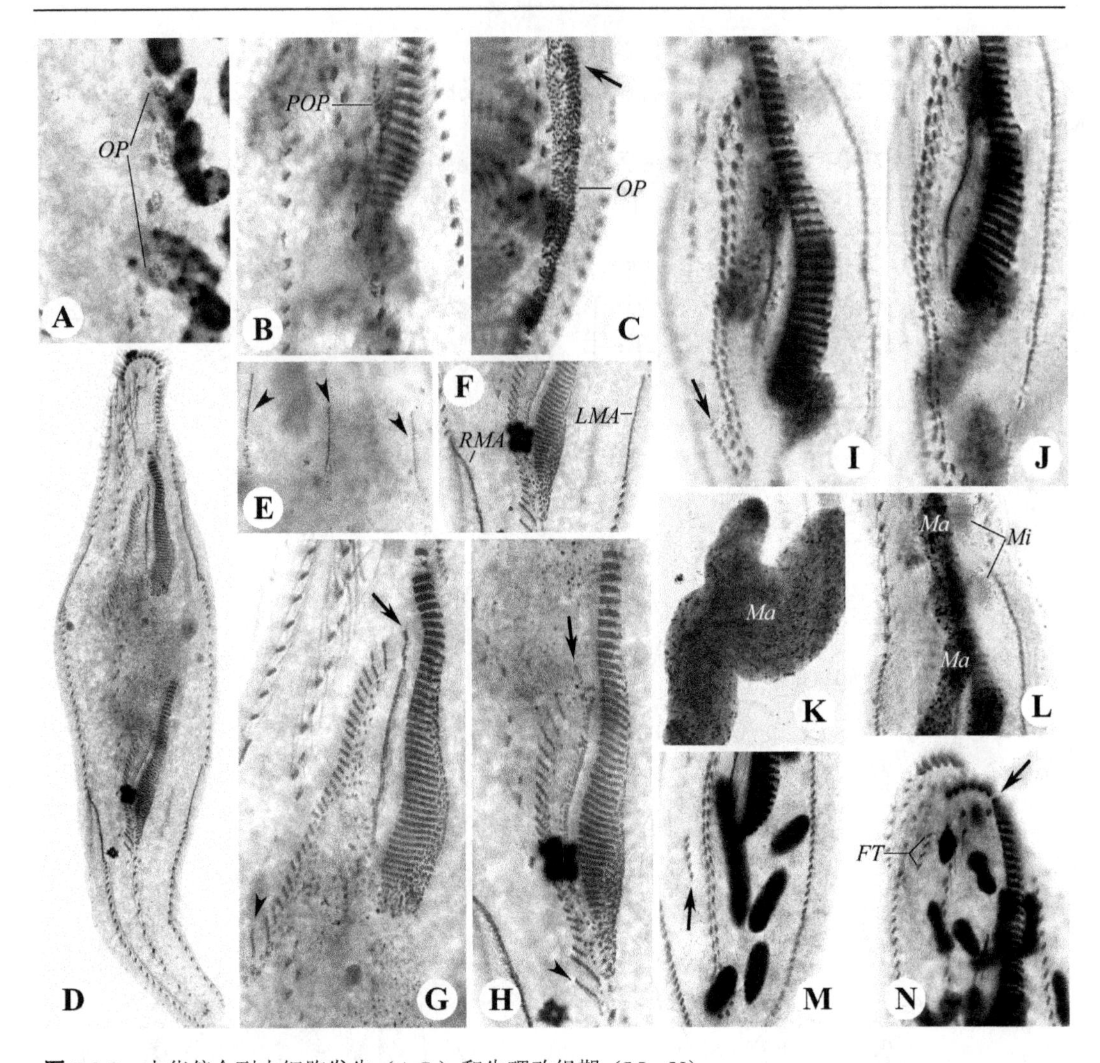

图 7.2.3　中华偏全列虫细胞发生（**A-L**）和生理改组期（**M**，**N**）
A. 发生早期个体的腹面观，示后仔虫的口原基；**B**，**C.** 稍晚时期个体腹面观，示前（**B**）、后（**C**）仔虫的口原基，图 **C** 箭头示后仔虫口原基前端开始组装成口围带小膜；**D-H**，**K.** 同一发生中期个体的腹面观（**D**，**F-H**）和背面观（**E**、**K**），图 **E** 无尾箭头示背触毛原基，图 **F** 示缘棘毛原基，图 **K** 示大核融合成一团，图 **G**，**H** 中箭头示前、后仔虫 UM-原基即将形成第 1 额棘毛，无尾箭头示最后 1 列 FVT-原基条带即将发育为额前棘毛；**I**，**J**，**L.** 同一发生晚期个体的腹面观，图 **I** 箭头示额前棘毛，图 **L** 示大小核分裂；**M.** 晚期重组个体的腹面观，箭头示新形成的额前棘毛开始向前迁移；**N.** 稍晚期重组个体腹面观，箭头示新形成的口围带出现间隔。*FT*. 额前棘毛；*LMA*. 左缘棘毛原基；*Ma*. 大核；*Mi*. 小核；*OP*. 口原基；*POP*. 前仔虫的口原基；*RMA*. 右缘棘毛原基

缘棘毛　发生早期，左、右缘棘毛列中的前后 1/3 处分别出现了前、后仔虫的左、右缘棘毛原基（图 7.2.2C；图 7.2.3F）。在随后的时期里，左、右缘棘毛原基继续进行毛基体的增殖、组装，并向前后两端延伸，逐渐取代老结构（图 7.2.2E；图 7.2.3J）。

背触毛　在细胞发生的早期，每一列老的背触毛中的前后 1/3 处分别出现了一处原基条带，此为前、后仔虫的背触毛原基（图 7.2.2D；图 7.2.3E），随后，背触毛原基继续发育并向前后两端延伸，最终取代老结构（图 7.2.2F）。

核器　大核的发育过程与多数腹毛类类群一致，即在发生的中期，大核融合成一团（图 7.2.2D；图 7.2.3K），继而分裂（图 7.2.2F；图 7.2.3L）。

主要特征与讨论　本亚型仅涉及 1 属 1 种。

对中华偏全列虫细胞发生亚型的发生特征总结如下。

（1）前仔虫的口原基在口腔底部（皮层下？）独立形成，新生口围带取代完全解体的老口围带。

（2）后仔虫口原基独立产生于中腹棘毛列左侧的皮膜表面。

（3）前、后仔虫中的两组 FVT-原基各自独立产生，除第 1 列和最后 2 列 FVT-原基外，其余每列 FVT-原基产生 2 根棘毛。

（4）第 1 列 FVT-原基只产生 1 根额棘毛，无口棘毛产生。

（5）最后 2 列 FVT-原基末端贡献 1 根横棘毛。

（6）倒数第 2 列 FVT-原基前端形成 3 根中腹棘毛。

（7）最后 1 列 FVT-原基贡献迁移棘毛。

（8）左、右缘棘毛原基和背触毛原基以次级方式在老结构中产生。

（9）发生过程中大核融合成一团。

目前，偏全列虫属仅有中华偏全列虫的细胞发生学过程完成了详细的研究（Fan et al. 2014a；Hu et al. 2015），其发生学过程与伪角毛虫属 *Pseudokeronopsis* 及类瘦尾虫属 *Uroleptopsis* 非常相似（Berger 2006；Chen et al. 2011；Hu et al. 2004b），与后者的主要差异包括：①发生全过程中无口棘毛产生；②倒数第 2 列 FVT-原基贡献 3 根中腹棘毛；③大核发生完全融合。

第 3 节 柠檬类瘦尾虫亚型的发生模式

Section 3 The morphogenetic pattern of *Uroleptopsis citrine*-subtype

胡晓钟 (Xiaozhong Hu) 宋微波 (Weibo Song)

本亚型所在的类瘦尾虫属无论在 Berger（2006）还是在 Lynn（2008）的系统中均被视为尾柱目下伪角毛科的成员。该亚型的发生模式最初由 Mihailowitsch 和 Wilbert（1990）以 *Pseudokeronopsis ignea* 为名描述和建立。Foissner（1995）将该种组合入类瘦尾虫属中。随后，Berger（2004b）和潘莹等（2012）分别研究了柠檬类瘦尾虫不同种群的细胞发生模式。本亚型的主要特征为老口围带发生完全更新、无口棘毛、无横棘毛的分化。目前属于该亚型的仅有部分同属种类（Berger 2004b；Mihailowitsch & Wilbert 1990）。此处基于中国种群给出本亚型发生过程的介绍。

基本纤毛图式 口围带不连续，由一明显的间隔分成前后两部分；具口侧膜和口内膜（图 7.3.1A，B）；额棘毛呈双冠状排布；无口棘毛；中腹棘毛多成对分布；横棘毛不存在；左、右缘棘毛各 1 列（图 7.3.1A）。

背面具 3 列纵贯体长的背触毛（图 7.3.1H）。

细胞发生过程

口器 老的口器似乎完全解体，前仔虫口原基场出现于口腔内的皮膜深层，腹面观位于波动膜“下方”（很可能为皮膜深层？）。该结构初为一无序排列的毛基体群（图 7.3.1B），经发育、分化出新的小膜。后期，新生结构逐渐取代老口围带从而完成前仔虫的结构再建（图 7.3.1C-E，G；图 7.3.2A，C，E，F，H；图 7.3.3D，E，O）。

老的波动膜在此过程中发生解聚，新的原基与口原基场同源并在其右侧形成（图 7.3.1D，E）。随后其前部形成 2 根额棘毛，后部则发育为口侧膜和口内膜（图 7.3.1G；图 7.3.2A，C；图 7.3.3I，L）。

后仔虫口原基的发生稍早于前仔虫。最早呈现为口区后方、中腹棘毛复合体左侧之独立发生的数个毛基体群（图 7.3.1A；图 7.3.3A）。随后这些毛基体群融合为一（图 7.3.1B，C；图 7.3.3B，C）。随着原基场的进一步发育，小膜组装、形成新的口围带（图 7.3.1D，E；图 7.3.2A，E，F；图 7.3.3K）。最终，在细胞分裂前，新生的口围带迁移到后仔虫的既定位置（图 7.3.2H）。

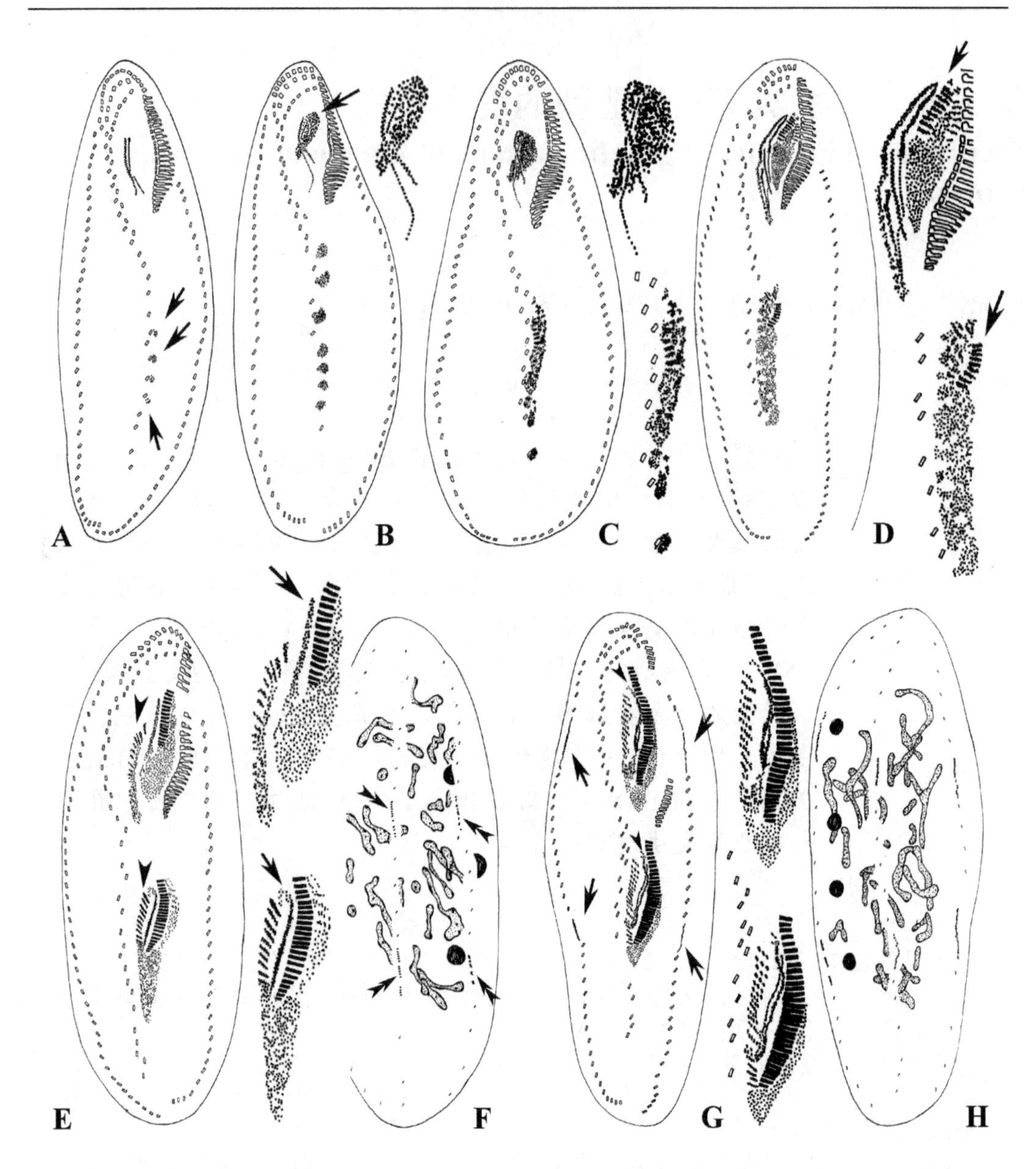

图 7.3.1　柠檬类瘦尾虫的细胞发生
A. 早期个体的腹面观，箭头示后仔虫的口原基出现在后方几根中腹棘毛的左侧；**B.** 早期个体的腹面观，箭头示前仔虫口原基在口腔底部（皮膜深层？）；**C，D.** 早中期个体的腹面观，图 **C** 插图示前、后仔虫口原基的细节，前仔虫口原基位于口腔底部，图 **D** 插图中的箭头示口原基前部开始组装成小膜；**E，F.** 中期个体的腹面观和背面观，插图中的箭头示 UM-原基出现在口原基的右侧，无尾箭头示 FVT-原基出现于皮膜表面，双箭头示背触毛原基出现在老结构中；**G，H.** 同一中期个体的腹面观和背面观，箭头示缘棘毛原基，无尾箭头示 UM-原基开始分化，注意，此时期大核开始部分融合和变形

后仔虫的波动膜形成于发生早期，在口原基场同源并在其右侧形成（图 7.3.1E，G；图 7.3.3F，H），其随后的发育过程和在前仔虫相同（图 7.3.2A，C，E，F，H；图 7.3.3I，K）。

额-腹-横棘毛　前仔虫的FVT-原基独立发生：其出现在细胞表面，于口原基场的右侧出现；而在后仔虫则与之不同，其后端显示与口原基及UM-原基为同源发生（图7.3.1E）。在前、后仔虫，原基经发育而分别形成多列的条带状结构。经进一步发育，前、后仔虫中FVT-原基发生片段化，分别形成1-4根棘毛（图7.3.1G；图7.3.2A，C；图7.3.3I，K）。老的中腹棘毛不参与这些原基的形成和发育过程。

最后1列FVT-原基前端2根（少数个体为3根）棘毛向前迁移形成额前棘毛。

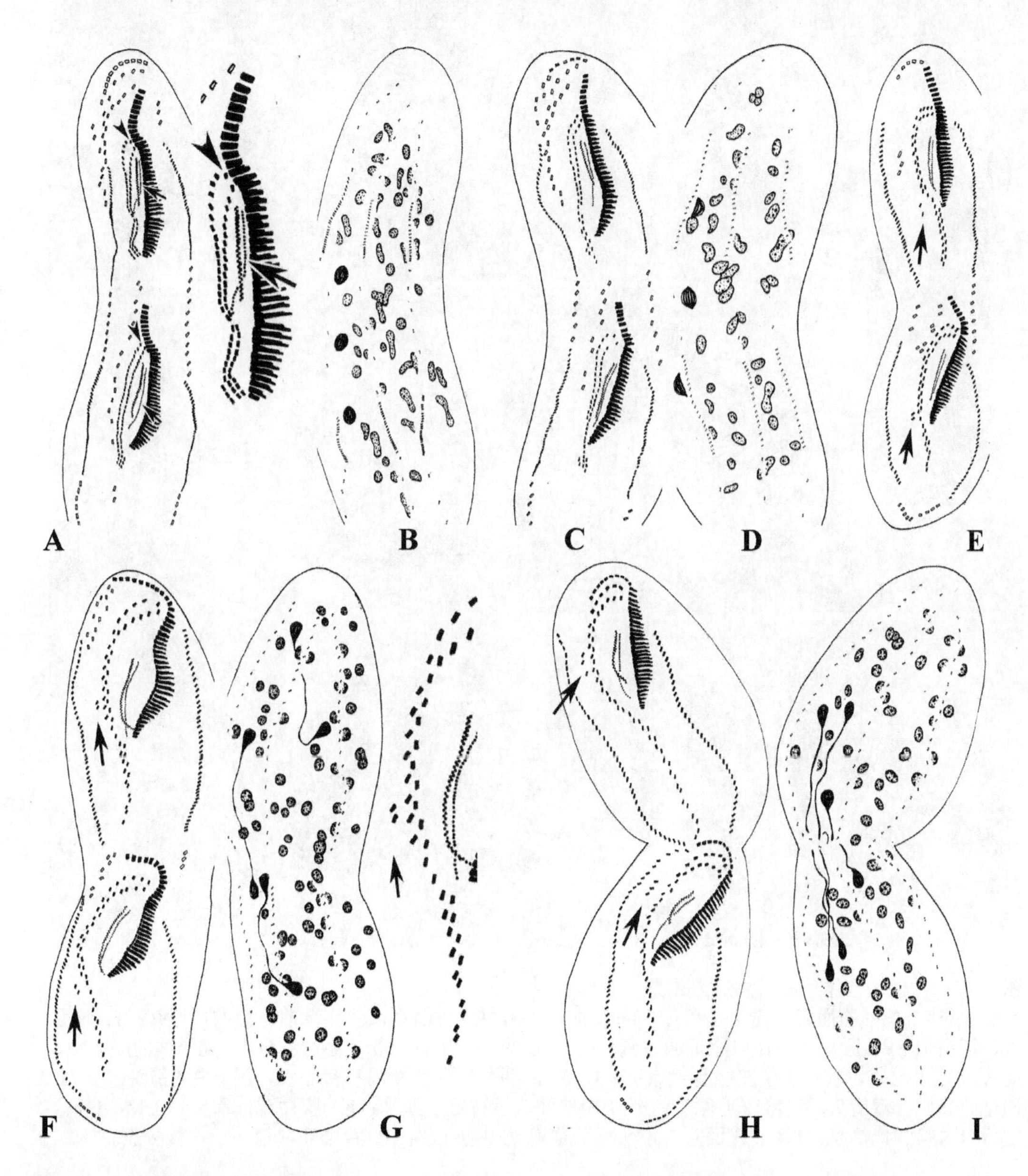

图7.3.2　柠檬类瘦尾虫的细胞发生

A，B. 中期个体的腹面观和背面观，无尾箭头示UM-原基前端形成2根额棘毛，箭头示新的口侧膜和口内膜；**C，D.** 后期个体的腹面观和背面观，FVT-原基的分段化已经完成；**E-G.** 后期个体的腹面观（**E，F**）和背面观（**G**），箭头示额前棘毛向虫体的前端迁移；**H，I.** 末期个体的腹面观（**H**）和背面观（**I**），箭头示额前棘毛几乎要到达既定位置，老结构也基本完全被吸收，注意，最终没有口棘毛形成

FVT-原基的前段若干原基分别形成两根棘毛，与来自 UM-原基的 2 根棘毛共同构成双冠状结构。

其余棘毛形成“锯齿状”排布的中腹棘毛复合体延伸至细胞后端（图 7.3.2E，F，H；图 7.3.3K-O）。

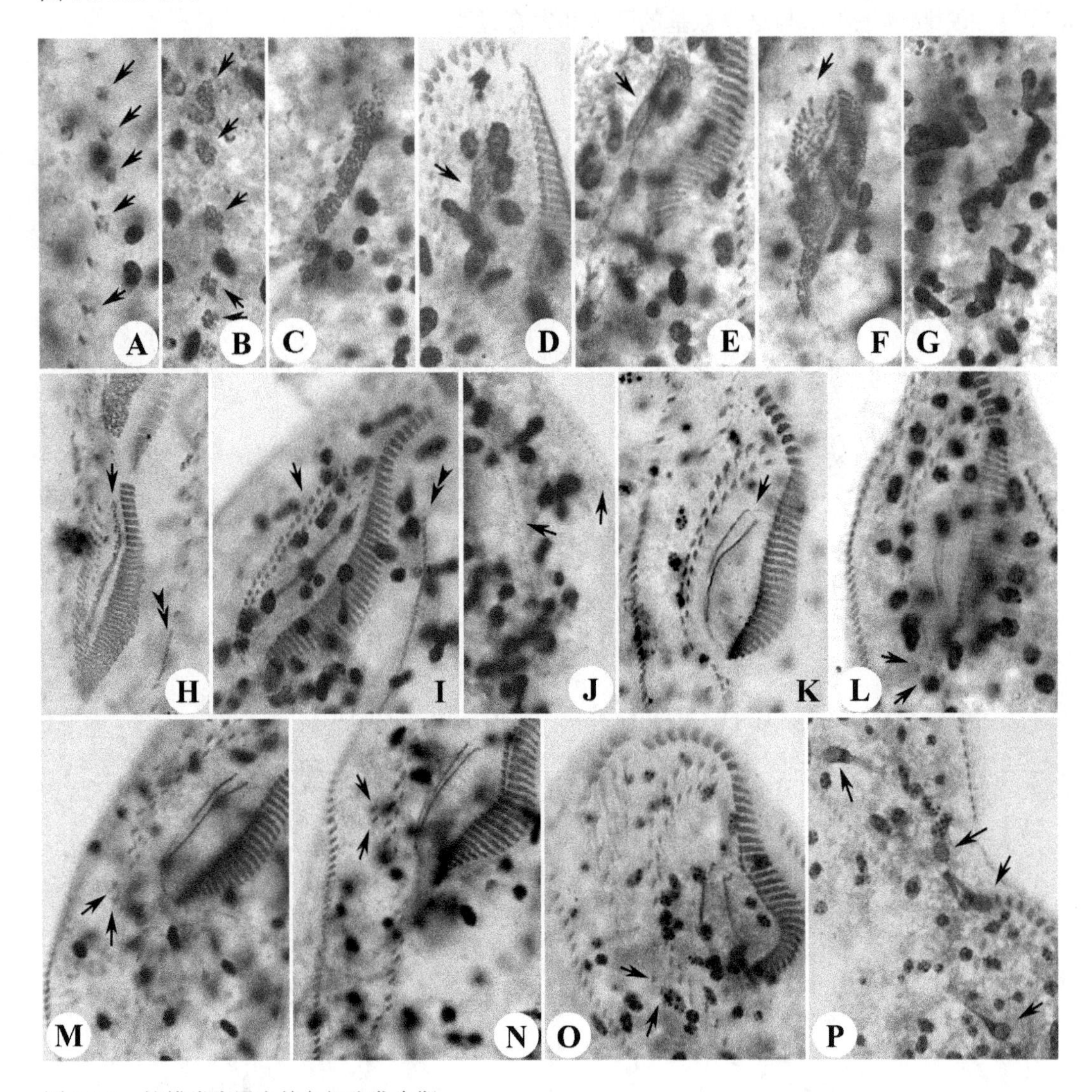

图 7.3.3 柠檬类瘦尾虫的各细胞发生期
A-C. 早期个体的腹面观，箭头示后仔虫的口原基；**D，E.** 腹面观，箭头示前仔虫的口原基；**F.** 腹面观，箭头示 FVT-原基出现在口原基的右侧；**G.** 背面观，示大核的初步融合；**H.** 早期个体的腹面观，箭头示 UM-原基，双箭头示左缘棘毛原基；**I，J.** 后期个体的腹面观和背面观，图 **I** 中的箭头示 FVT-原基的分化，双箭头示左缘棘毛原基，图 **J** 中的箭头示背触毛原基；**K.** 腹面观，箭头示 UM-原基分化成口内膜和口侧膜；**L-O.** 腹面观，箭头示额前棘毛向前迁移；**P.** 背面观，箭头示小核分裂

缘棘毛 缘棘毛原基的发育晚于 FVT-原基。发生中期，虫体两侧部分老的缘棘毛参与前、后仔虫缘棘毛原基的形成（图 7.3.1G；图 7.3.3H）；随后，分化出新的缘棘毛（图 7.3.2A，C，E；图 7.3.3I），并最终取代老结构（图 7.3.2F，H）。

背触毛　背触毛原基发生稍早于缘棘毛（图 7.3.1F）。每列老结构中部前后各出现两处原基，其内的毛基体逐渐增殖，形成新的背触毛列，老结构被吸收（图 7.3.1F，H；图 7.3.2B，G，I；图 7.3.3J）。

大核　大核的演化与赤色伪角毛虫亚型接近，仅表现为细胞发育中期部分（？）大核形成了较低程度的融合，此时可见部分融合的大核明显较其他没有融合的核体积较大，因此总数目略少（图 7.3.1F，H；图 7.3.2B，D，G，I；图 7.3.3G，P）。

主要发生特征与讨论　该发生亚型的主要发生特征总结如下。

（1）前仔虫的口原基在口腔底部（皮膜深层？）独立发生，老的口围带应完全解体并被更新。

（2）前仔虫中的 FVT-原基在皮膜表面独立发生，老结构不参与其构建。

（3）FVT-原基不产生横棘毛，其中第 1 列 FVT-原基无“口棘毛”的形成过程，最后 1 列 FVT-原基则形成 2 或 3 根额前棘毛。

（4）UM-原基分化出 2 根额棘毛。

（5）缘棘毛和 3 列背触毛原基均在老结构当中产生，后者为次级发生式。

（6）大核仅发生低度的融合，因此，表现为某些分裂期大核数量的减少。

围绕本亚型（本种）的发生学过程目前已有两次报道（Berger 2004b；Pan et al. 2012）。两者在口器和体纤毛器及大核的演化方式上完全吻合，细微的差异在于：在 Berger（2004b）所报道的新模种群中，FVT-原基在虫体中部（某些分裂相中）还可产生几列短的棘毛列，而这在中国种群中没有观察到。可以理解为，这些多余的棘毛将很快被吸收而消失。

仍不能完全确定的是前仔虫的口原基及 UM-原基是否在深层发生？与中华偏全列虫亚型类似，由于腹面观两片老的波动膜与新生的口原基场空间完全交叠，而波动膜的着生位置是否均在口腔的“腹面”无法确定，因此目前无法判断，口原基是在口腔背面（？）还是皮层深处形成并发展的。在此问题核实之前，我们对本亚型的解读暂时维持为“前仔虫口原基的形成部位为深层发生”。

除本种外，迄今对同属种类 *Uroleptopsis ignea* 的细胞发生也有了深入的了解（Mihailowitsch & Wilbert 1990）。二者在老口围带的完全更新、FVT-原基的次级发生及没有横棘毛的分化等方面，前者与柠檬类瘦尾虫的发生模式完全吻合。但两者在 UM-原基的产物上存在显著的差异，在前者，其 UM-原基产生 1 根额棘毛，而后者则罕见地产生 2 根。此外，后者的第 1 列 FVT-原基后部所产生的“口棘毛”不发生向口侧的迁移（而前者则如同绝大多数典型腹毛类那样，后迁至口侧而成为营养期个体的口棘毛），这两个突出的特征差异显示，*Uroleptopsis ignea* 应代表了一不同于本模式的独立亚型。

与中华偏全列虫亚型相比，最大的差异在于口棘毛是否形成、有无横棘毛及大核在发生期间的融合度。两个亚型间无疑具有密切的关联：前者所谓的缺失口棘毛是由于第 1 列 FVT-原基产物中的后面一根棘毛没有向口区迁移，这显然是一个祖征，在本亚型则完成了该结构的后续发育。大核间是否融合则刚好相反，本亚型表现了一个较为原始的状态。横棘毛有无分化也分别代表了一个祖征（无）和衍征（形成横棘毛）。在中华偏全列虫中，尾部腹面已形成数根弱小的横棘毛，在系统演化中该结构的发育显然仍处于初始阶段。而本亚型的缺失可以视为一个原始状态。

此外，本亚型所在的类瘦尾虫属在新口器的来源、额-腹棘毛和缘棘毛及背触毛原基的产生，以及核器演化方式上与伪角毛虫属也十分类似，但伪角毛虫产生口棘毛且后端 FVT-原基在其后端发育出横棘毛，而前者中则均不产生。同样，UM-原基产生两根额棘毛的过程也是一个重要的差异，因此，两者显然代表了不同的细胞发生模式（Hu & Song 2001a；Hu et al. 2004b；Wirnsberger et al. 1987）。

在目前的 Lynn（2008）系统安排中，异角毛虫和偏全列虫均与类瘦尾虫同归入伪角毛科，三者确实表现出了部分相同的发生学特征。但与本亚型不同的是，异角毛虫中大核发生完全的融合、不产生额前棘毛但分化有横棘毛（Pan et al. 2013）。而偏全列虫中大核亦发生完全融合、FVT-原基形成了明确的横棘毛（Fan et al. 2014a）。这些不同点均是权重较大的差异，这表明在系统关系上，它们三者之间不仅边界清晰并且未必具有较近的亲缘关系。因此，未来如做新的科级阶元拆分或系统重建，则上述因素应充分考虑。

第 4 节　厚偏角毛虫亚型的发生模式
Section 4　The morphogenetic pattern of *Apokeronopsis crassa*-subtype

邵晨 (Chen Shao)　　宋微波 (Weibo Song)

作为一个新属，偏角毛虫鉴别特征之一来自厚偏角毛虫的细胞发生学资料（Shao et al. 2007a）。同样，对博格偏角毛虫的发生学研究也证明了该属建立的合理性，以及发生学信息对于类群界定和系统定位的重要作用。此处基于邵晨（Shao et al. 2007a）和李俐琼等（Li et al. 2008c）的工作，对该亚型的发生过程介绍如下。

基本纤毛图式　额棘毛完全无分化，在额区形成双列冠状结构，额前棘毛存在，口棘毛 1 列，2 列中腹棘毛列，平行但左右相分离；横棘毛高度发达；左、右缘棘毛各 1 列（图 7.4.1A-C；图 7.4.8A，B）。

3 列纵贯体长的背触毛（图 7.4.1D；图 7.4.8C）。

亚型模式1　厚偏角毛虫的细胞发生过程

口器　厚偏角毛虫的细胞发生起始于虫体前后两个区域。标志为这两个区域内无序排列的前、后仔虫的原基场的出现。

在前仔虫中，口原基出现于口腔的底面（皮膜深层），老结构明显不参与此原基的发育(图 7.4.2A)。原基发育后，新的小膜开始组装，老的波动膜和口棘毛开始解聚(图 7.4.2E，G；图 7.4.5E，G)。在随后的一发育期，新的口围带逐渐形成，老的波动膜和口棘毛已经完全被吸收，口围带的后部此期仍处于皮层深处（图 7.4.3A，C，E；图 7.4.6D)。在晚期的发生个体中，新生的口围带完成构建并迁出细胞表面（图 7.4.3G；图 7.4.7A)。

前仔虫的UM-原基出现在口原基右侧，在起源上与口原基同源(图 7.4.2E；图 7.4.5E，G)。后期产物符合典型的基本发育过程：前端形成 1 根棘毛，即虫体左边的第 1 额棘毛；后部纵裂形成口侧膜与口内膜（图 7.4.3A，C；图 7.4.6A，E)。

在后仔虫中，口原基在口围带后方、横棘毛列与左侧中腹棘毛列之间形成无序排列的原基场（图 7.4.2A；图 7.4.5A)。在这个过程中，全部的中腹棘毛均保持完整（纤毛和纤维可见)，表明老的毛基体不参与原基的形成（图 7.4.2A；图 7.4.5A)。在随后的阶段，后仔虫的口原基在腹棘毛附近形成多簇毛基粒群（图 7.4.2B；图 7.4.5B)。新的口围带小膜开始由前至后进行组装（图 7.4.2E；图 7.4.5E，F)。随后的发育同前仔虫。

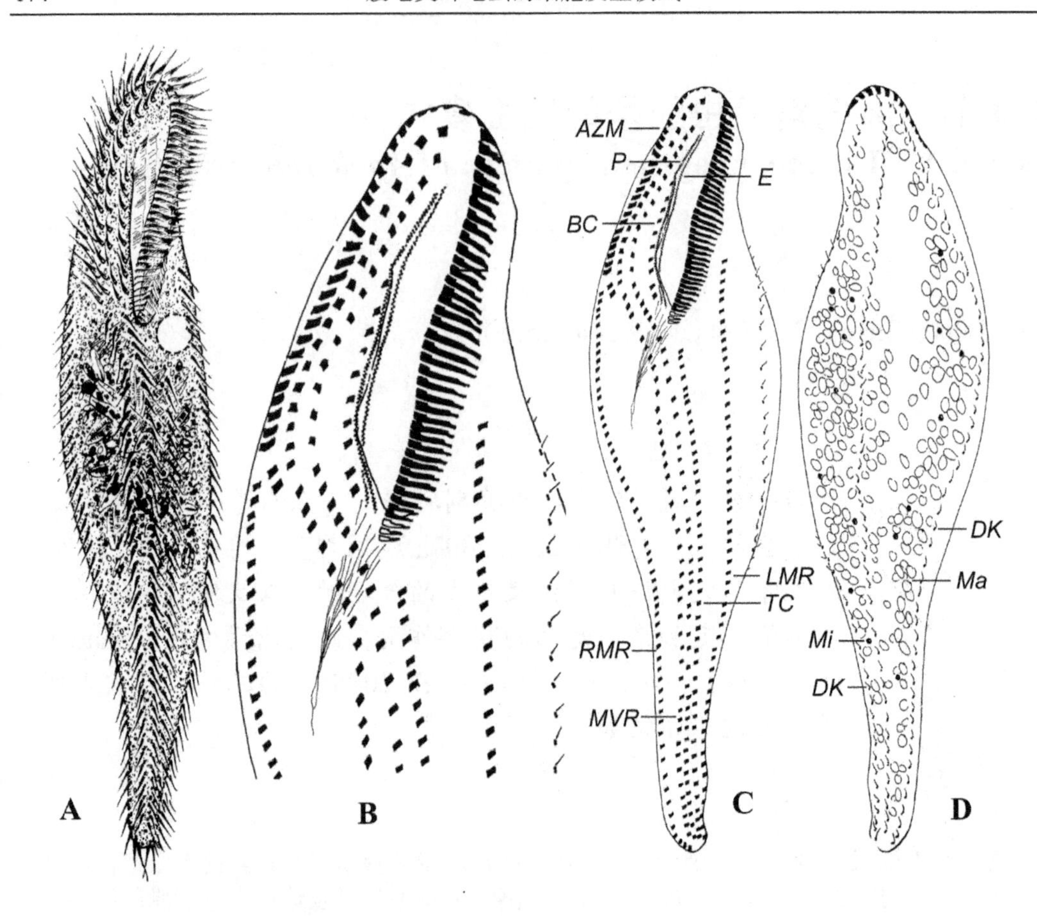

图 7.4.1 厚偏角毛虫的活体形态（**A**）及纤毛图式（**B-D**）
A. 典型个体的腹面观；**B，C.** 纤毛图式的腹面局部（**B**）、腹面整体（**C**）和背面观（**D**）。*AZM.* 口围带；*BC.* 口棘毛；*DK.* 背触毛；*E.* 口内膜；*LMR.* 左缘棘毛列；*Ma.* 大核；*Mi.* 小核；*MVR.* 中腹棘毛列；*P.* 口侧膜；*RMR.* 右缘棘毛列；*TC.* 横棘毛

发生早期，后仔虫的 UM-原基出现在口原基右侧，与口原基同源（图 7.4.2E；图 7.4.5E，F）。随后的发育在两个仔虫中完全保持同步（图 7.4.2G；图 7.4.5K）。

额-腹-横棘毛 后仔虫的 FVT-原基出现在口原基的右侧（图 7.4.2C）。在前仔虫，在老的口棘毛右侧出现一组毛基粒；即前仔虫的 FVT-原基（图 7.4.2C）。中腹棘毛和口棘毛仍旧存在，显示它们不参与新原基的形成（图 7.4.5D）。这些是 FVT-原基独立发生的有力佐证。

接下来 FVT-原基进一步发育，向后方延伸形成了许多倾斜的条带状原基（图 7.4.2E；图 7.4.5E）。前、后仔虫的 FVT-原基横穿老的中腹棘毛列，但此时老结构尚未开始被吸收（图 7.4.2E；图 7.4.5F，H）。随后，FVT-原基的发育在两个仔虫中完全保持同步（图 7.4.2G；图 7.4.5L，M）。FVT-原基开始分化。第 1 列 FVT-原基条带分化出一列（约 10 根）棘毛（图 7.4.3A；图 7.4.6A）。FVT-原基的分段化基本完成。除去最右侧 2 列之外，每一列 FVT-原基形成 2 或 3 根棘毛，即形成了倾斜的 3 列棘毛（图 7.4.3C；图 7.4.6E，H）。第 1 列 FVT-原基产生的棘毛，除前端的第 1 根外，均沿着波动膜向后方迁移形成口棘毛（图 7.4.3C；图 7.4.6C）。额前棘毛来自最后 1 列 FVT-原基的最前端，随后向体前端迁移（图 7.4.3E；图 7.4.6I）；最后的几条 FVT-原基末端形成横棘毛（图 7.4.3E）。在所有观察的个体中，口棘毛列均迁移至口腔的底部（图 7.4.3E；图 7.4.6K），并与 FVT-原基在空间上相交（图 7.4.3E；图 7.4.6K，L）。

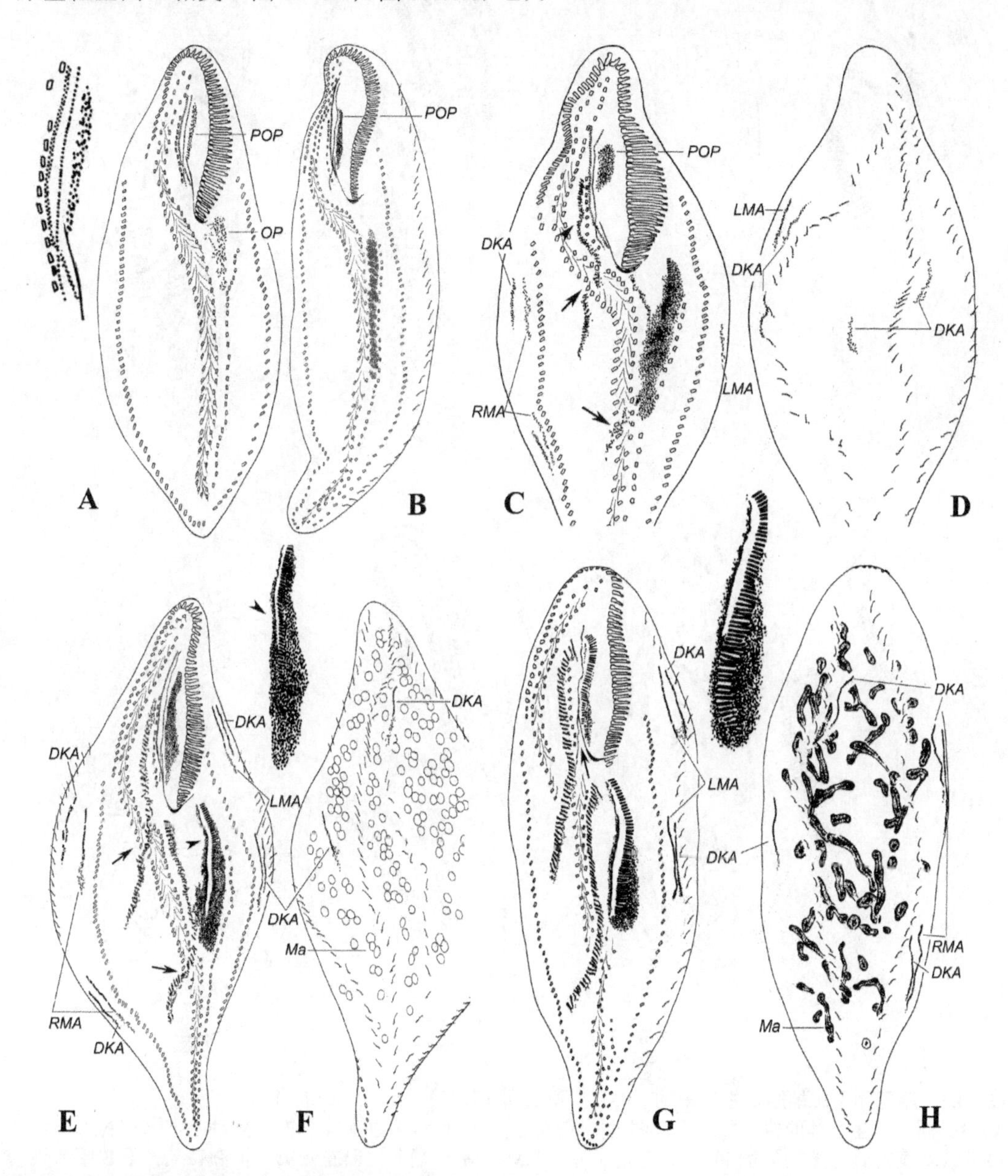

图7.4.2　厚偏角毛虫细胞发生的早期和中期

A. 前、后仔虫的口原基；**B.** 发生早期个体的腹面观，示两组口原基内毛基粒的增殖；**C，D.** 相同个体的腹面观（**C**）和背面观（**D**），示后仔虫的 FVT-原基由口原基分化形成，前仔虫的 FVT-原基在老波动膜右侧的皮膜表层独立发生（无尾箭头），老的中腹棘毛列不参与前、后仔虫 FVT-原基的构建（箭头），缘棘毛原基和背触毛原基独立发生；**E，F.** 示前、后仔虫的口原基分化出 UM-原基（无尾箭头），FVT-原基截断并穿越老的中腹棘毛列（箭头）；**G，H.** 发生中期个体的腹面观（**G**）和背面观（**H**），**G** 中箭头示老的波动膜和口棘毛开始解聚；**H.** 示大核部分融合。*DKA*. 背触毛原基；*LMA*. 左缘棘毛原基；*Ma*. 大核；*OP*. 后仔虫口原基；*POP*. 前仔虫口原基；*RMA*. 右缘棘毛原基

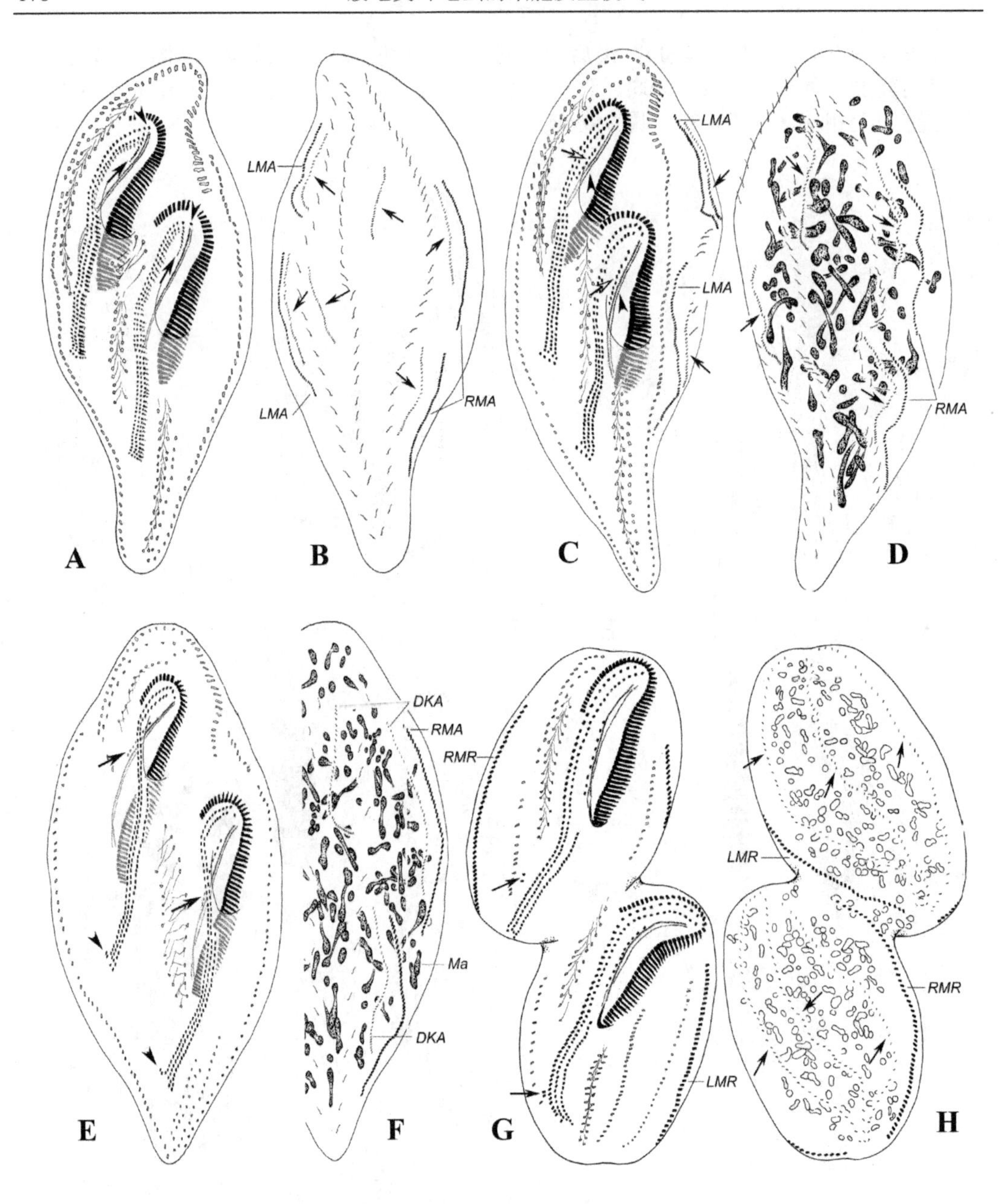

图7.4.3 厚偏角毛虫细胞发生的中期（**A-D**）和晚期（**E-H**）

A，B. 同一发生个体的背、腹面观；图 **A** 中箭头示第 1 列 FVT-原基发育为 1 列棘毛，这列棘毛即将沿着波动膜向后迁移，成为口棘毛，无尾箭头示 UM-原基前端分化出左侧第 1 根额棘毛；图 **B** 中箭头示背触毛原基发育于老结构之外；注意缘棘毛原基在老结构之外独自发育；**C，D.** 稍晚期发生个体的背腹面观，空心箭头示来自第 1 列 FVT-原基的棘毛沿着波动膜迁移形成口棘毛，无尾箭头示 UM-原基分化形成口内膜和口侧膜，小箭头示背触毛原基在老结构之外发育。注意前、后仔虫新口围带的后端仍在皮层深处（**C**），大核发生融合（**D**）；**E，F.** 相同发生个体的背腹面观。箭头示口棘毛折入口腔深层，无尾箭头示迁移棘毛产生于最后一条 FVT-原基，并即将向虫体前端迁移。大核进入分裂期；**G，H.** 分裂晚期个体的腹面观（**G**）和背面观（**H**），图 **G** 中箭头示迁移棘毛向虫体前端迁移，图 **H** 中箭头示背触毛列已经发育完毕，即将贯穿整个虫体。*DKA*. 背触毛原基；*LMA*. 左缘棘毛原基；*LMR*. 左缘棘毛列；*Ma*. 大核；*RMA*. 右缘棘毛原基；*RMR*. 右缘棘毛列在发生晚期的个体中，中腹棘毛列、缘棘毛列和背触毛列的解体仍在进行中（图 7.4.3G；图 7.4.7A）。

本亚型棘毛的形成方式可以总结如下。

第 1 根额棘毛来自 UM-原基（1 根），其他额棘毛来自于约前 20 条 FVT-原基（FVT-原基 I 贡献 1 根，其余各贡献 2 根）（图 7.4.3G）。

由多根棘毛构成的口棘毛列来自 FVT-原基 I （约 10 根）（图 7.4.3G）。

中腹棘毛来自约第 20 列 FVT-原基至 n-1（各 2 根）（图 7.4.3G）。

2 根横前棘毛来自 FVT-原基 n-1（1 根），原基 n（1 根）（图 7.4.3G）。

2 根迁移棘毛来自 FVT-原基 n（2 根）（图 7.4.3G）。

横棘毛来自后方约 20 列 FVT-原基（图 7.4.3G）。

缘棘毛 在前、后仔虫中，每列左右老结构旁独立形成两组原基（图 7.4.2C，D；图 7.4.5D）。缘棘毛原基不断向虫体两端扩张（图 7.4.2E，G；图 7.4.3B-D，F；图 7.4.6G），直至其贯穿整个体长（图 7.4.3G，H；图 7.4.7A，B）。老的缘棘毛列在这一过程中保持完整。

背触毛 每列老的背触毛附近独立形成两组原基（图 7.4.2C，D）。背触毛原基向虫体两端逐步扩张（图 7.4.2E-H；图 7.4.3B-D，F；图 7.4.6G），直至完全取代老结构，该过程无尾棘毛产生（图 7.4.3H；图 7.4.7B）。

大核 大核分裂过程中最显著的特点是大核之间仅发生部分融合，从而在细胞分裂中期形成大核数目较低（约 50 枚）的聚合期，后期将分裂并完成在子细胞内的分配（图 7.4.2F，H；图 7.4.3D，F，H；图 7.4.5O；图 7.4.6J）。

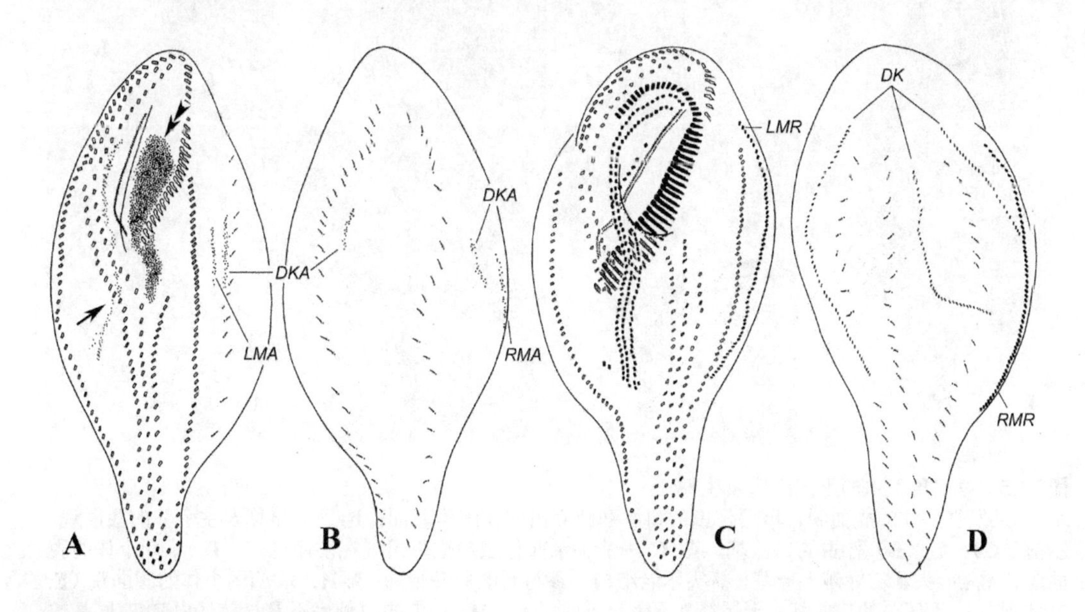

图7.4.4 厚偏角毛虫的细胞重组

A，B. 改组早期个体的腹面观（**A**）和背面观（**B**），箭头示 FVT-原基，双箭头示口原基，示缘棘毛原基和背触毛原基独立形成；**C，D.** 改组晚期个体的腹面观（**C**）和背面观（**D**），示发育模式与细胞发生期的前仔虫相似。*DK*. 背触毛列；*DKA*. 背触毛原基；*LMA*. 左缘棘毛原基；*LMR*. 左缘棘毛列；*RMA*. 右缘棘毛原基；*RMR*. 右缘棘毛列

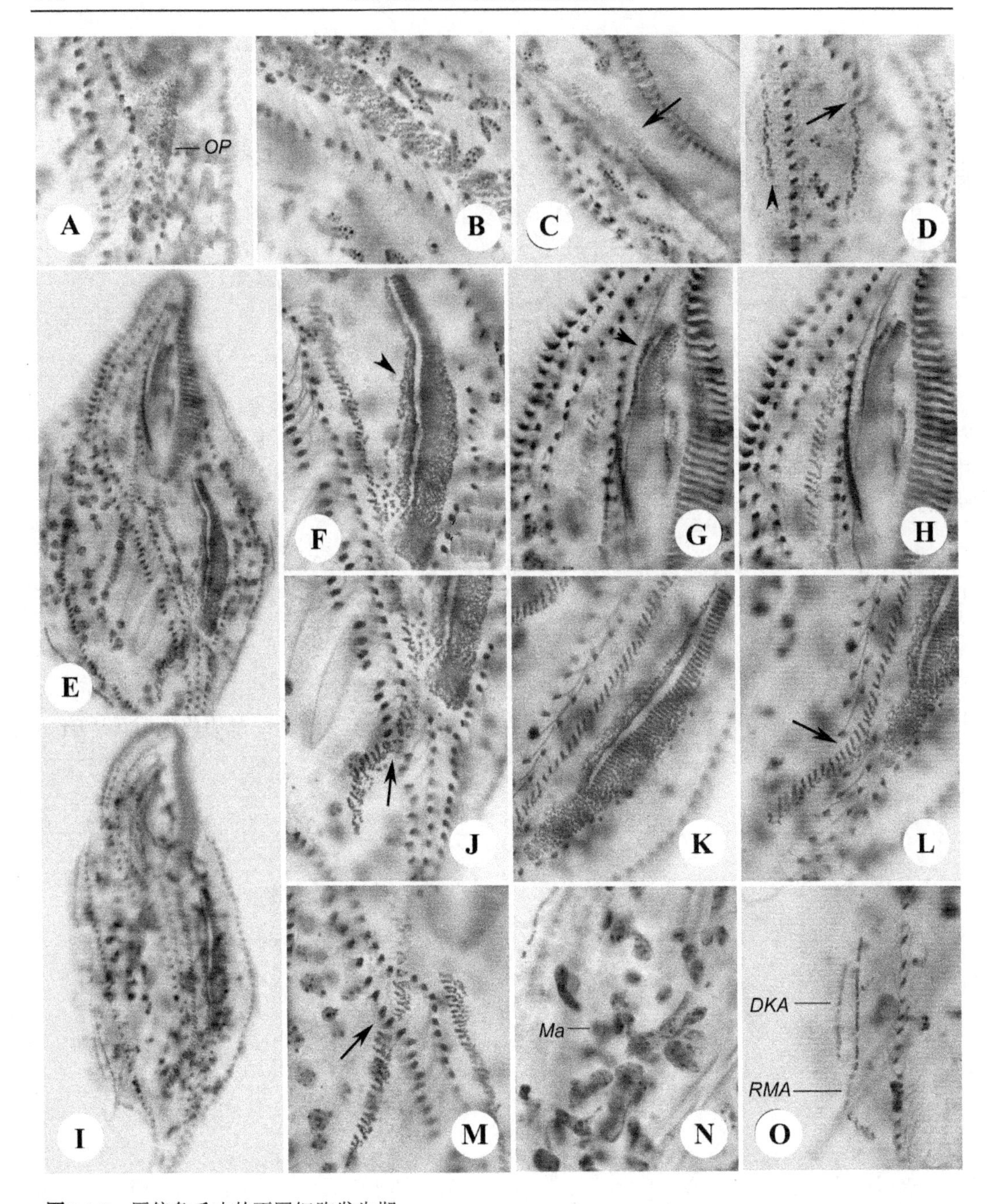

图7.4.5 厚偏角毛虫的不同细胞发生期

A. 早期发生个体的腹面观，示后仔虫的口原基独立出现在细胞表面；**B，C.** 早期发生个体的腹面观，示前（**C**）、后（**B**）仔虫的口原基，图 **C** 中箭头示前仔虫口原基出现在皮膜深层；**D.** 早期个体的腹面观，无尾箭头示右缘棘毛原基，箭头示老结构不参与新的原基形成；**E-H，J.** 相同个体的腹面观（**E.** 整体观；**F.** 后仔虫的口原基，无尾箭头示 UM-原基；**G，H.** 示老的口棘毛不参与前仔虫 FVT-原基的形成，无尾箭头示 UM-原基的分化；**J.** 箭头示老结构不参与新的原基形成）；**I，K-O.** 相同个体的腹面观（**I，K-M，O**）和背面观（**N**）（**I.** 整体观；**K.** 后仔虫口原基；**L，M.** 箭头示 FVT-原基；**N.** 大核；**O.** 右缘棘毛原基和背触毛原基）。*DKA*. 背触毛原基；*Ma*. 大核；*OP*. 口原基；*RMA*. 右缘棘毛原基

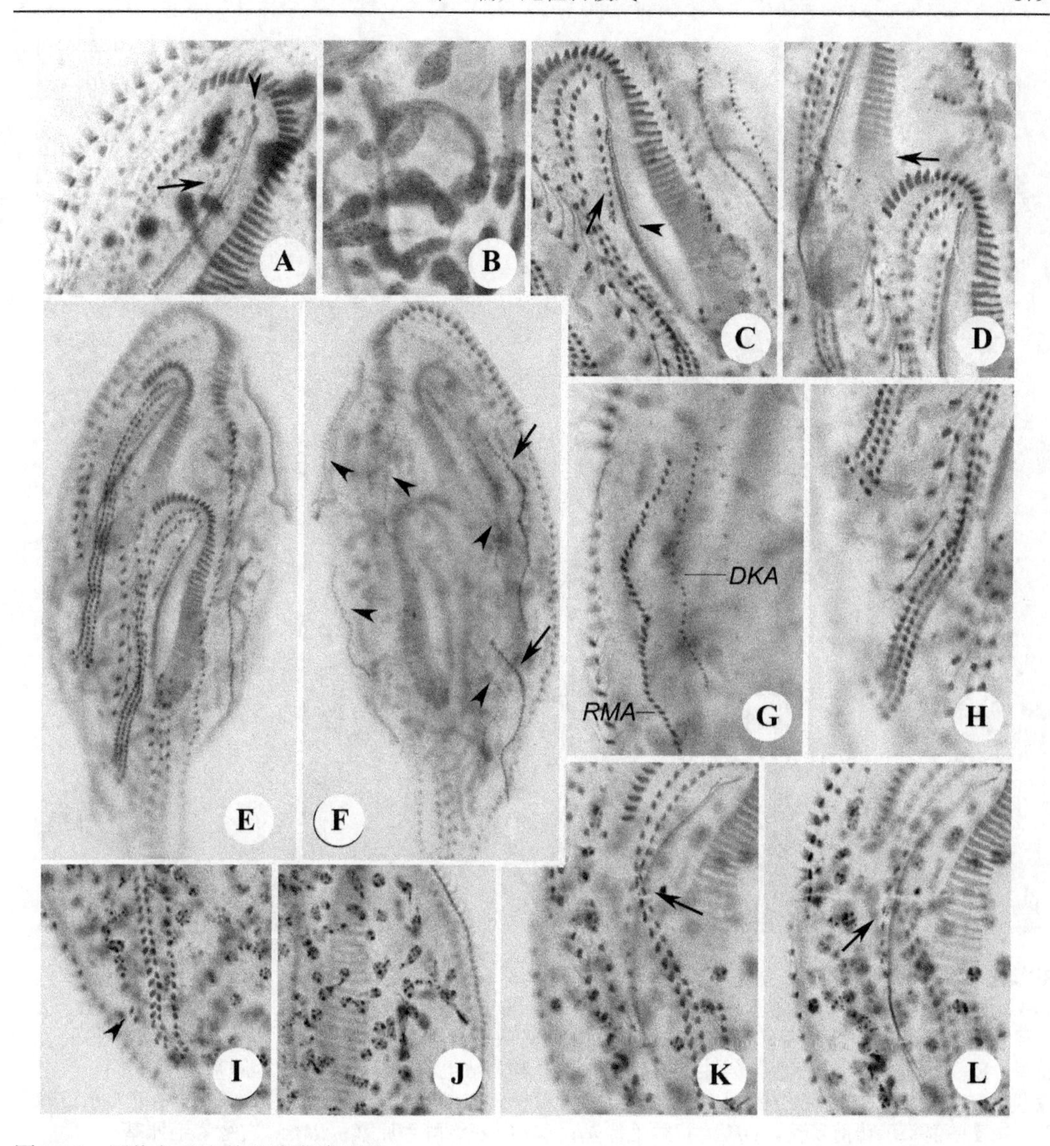

图7.4.6　厚偏角毛虫的细胞发生后期

A. 腹面观，示左侧第 1 根额棘毛来自 UM-原基（无尾箭头），箭头示口棘毛；**B.** 大核部分融合；**C-H.** 相同个体的腹面观（**C-E**，**H**）和背面观（**F**，**G**）[**C.** 后仔虫的口原基，箭头示口棘毛列，无尾箭头示口内膜和口侧膜；**D.** 示前仔虫的新口围带的后部仍位于皮膜深层（箭头）；**E**，**F.** 整体观，图 **F** 中箭头示右缘棘毛原基，无尾箭头示背触毛原基；**G.** 右缘棘毛原基和背触毛原基；**H.** 前、后仔虫 FVT-原基右端]；**I-L.** 晚期个体的腹面观[**I.** 示额前棘毛在迁移过程中（无尾箭头）；**J.** 示正在分裂的大核；**K**，**L.** 示额-腹-横棘毛（箭头）]。*DKA*. 背触毛原基；*RMA*. 右缘棘毛原基

细胞重组　观察到生理改组的多个时期，表明改组个体皮膜演化的主要过程与分裂期十分相似，包括：①口原基和 UM-原基在口腔底部深层独立形成；②FVT-原基在老结构右侧的皮膜表层形成，老结构不参与新原基的构建；③口棘毛来源于第 1 列 FVT-原基；④UM-原基贡献第 1 额棘毛；⑤缘棘毛和背触毛原基独立发生，并且每个背触毛原基与分裂期个体位置相似；⑥最后 1 列 FVT-原基贡献 2 根额前棘毛（图 7.4.4A-D；图 7.4.7E-J）。

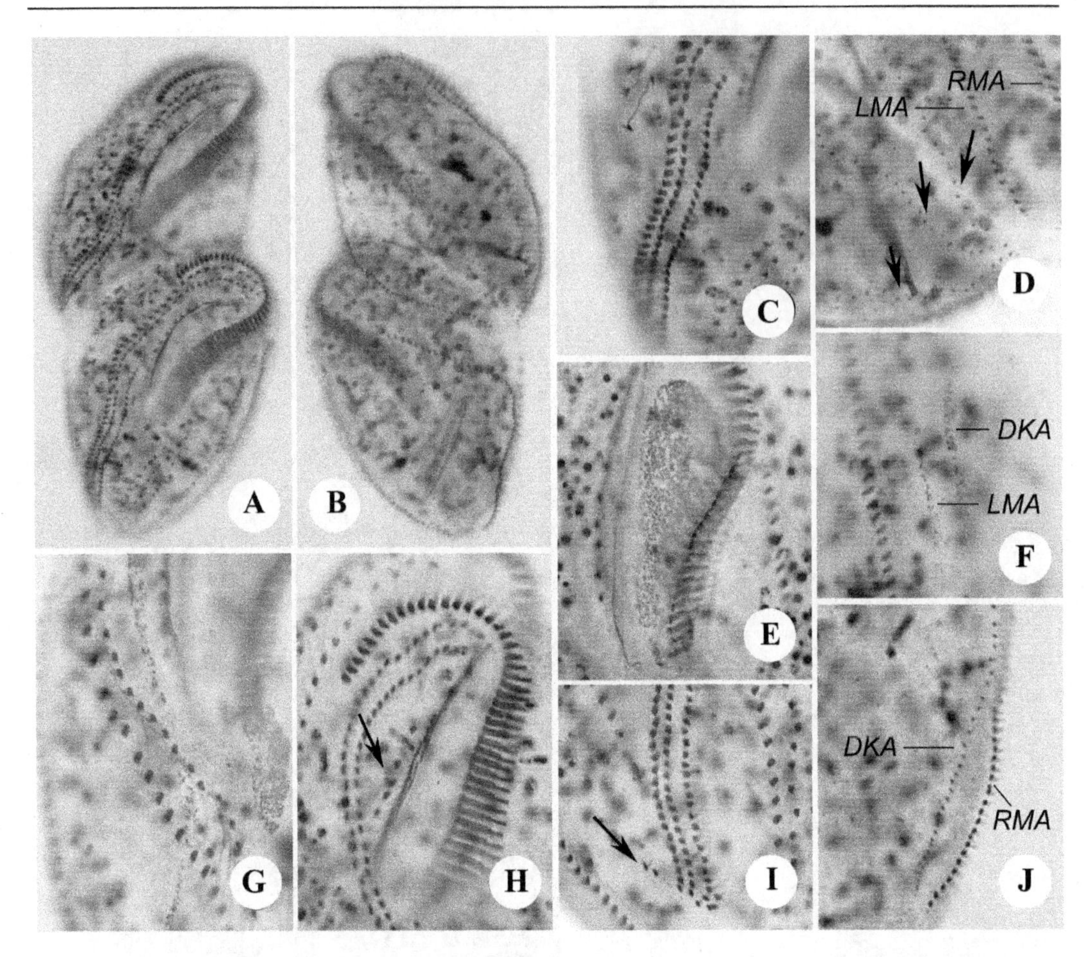

图7.4.7 厚偏角毛虫细胞发生晚期（**A-D**）和改组个体（**E-J**）
A-D. 发生晚期个体的腹面观（**A，C**）和背面观（**B，D**）。**A，B.** 整体观；**C.** FVT-原基右部；**D.** 示前仔虫的左缘棘毛原基和后仔虫的右缘棘毛原基，箭头示背触毛原基；**E-G.** 同一改组早期个体的腹面观。**E.** 示口原基；**F.** 示独立发生的左缘棘毛原基和背触毛原基；**G.** 示 FVT-原基；**H-J.** 同一改组晚期个体的腹面观（**J**）和背面观（**H，I**），示发育模式与细胞发生前仔虫相似，图 **H** 中箭头示口棘毛，图 **I** 中箭头示额前棘毛。*DKA.* 背触毛原基；*LMA.* 左缘棘毛原基；*RMA.* 右缘棘毛原基

亚型模式2　博格偏角毛虫的细胞发生过程

口器　前仔虫在细胞发生初期形成独立的口原基：该原基出现在口腔深处（皮膜之下），形成一匙状的毛基体聚合群，即新生的口原基场（图 7.4.9C；图 7.4.11C）。此时的老口器结构还未开始解体，后面的分裂期显示，老结构完全不参与口原基的发育。

随后，毛基体的增殖使得此原基场左侧的毛基体群开始与右侧相分离，逐渐移向细胞表面并由前向后组装出新的小膜。与此同时老口围带后端开始瓦解（图 7.4.9D）。此后，前仔虫口围带形成既定形状且到达既定位置，直到最终老口围带全部瓦解并被吸收，新口围带将之替代。

前仔虫的 UM-原基出现于口原基场右侧。老的波动膜也完全不参与新结构的产生（图 7.4.9A）。与后仔虫一样，前仔虫 UM-原基不断发育为 1 列与新口围带平行的聚合毛

基体群，并向前生成 1 根额棘毛，直到晚期才相互分离（图 7.4.10D）。老波动膜在发生过程中逐渐瓦解并被吸收和替代。

后仔虫的口原基在细胞发生之初始于紧邻左边的中腹棘毛发生的一系列小的毛基体群（图 7.4.9A，B）。随着发生进行，毛基体群扩大从而形成一长形的区域，即后仔虫无序排列的发生场（图 7.4.9C；图 7.4.11A）。至此，中腹棘毛仍保留，并未参与原基的形成。随后，该毛基体场继续增殖扩大（图 7.4.9D）并从前至后、由右向左的方向开始组装成新的小膜（图 7.4.9D）。到发生晚期，口围带末端向右后方大幅弯曲，最终成为后仔虫新的口围带（图 7.4.9E，G；图 7.4.10A，C，D，F）。

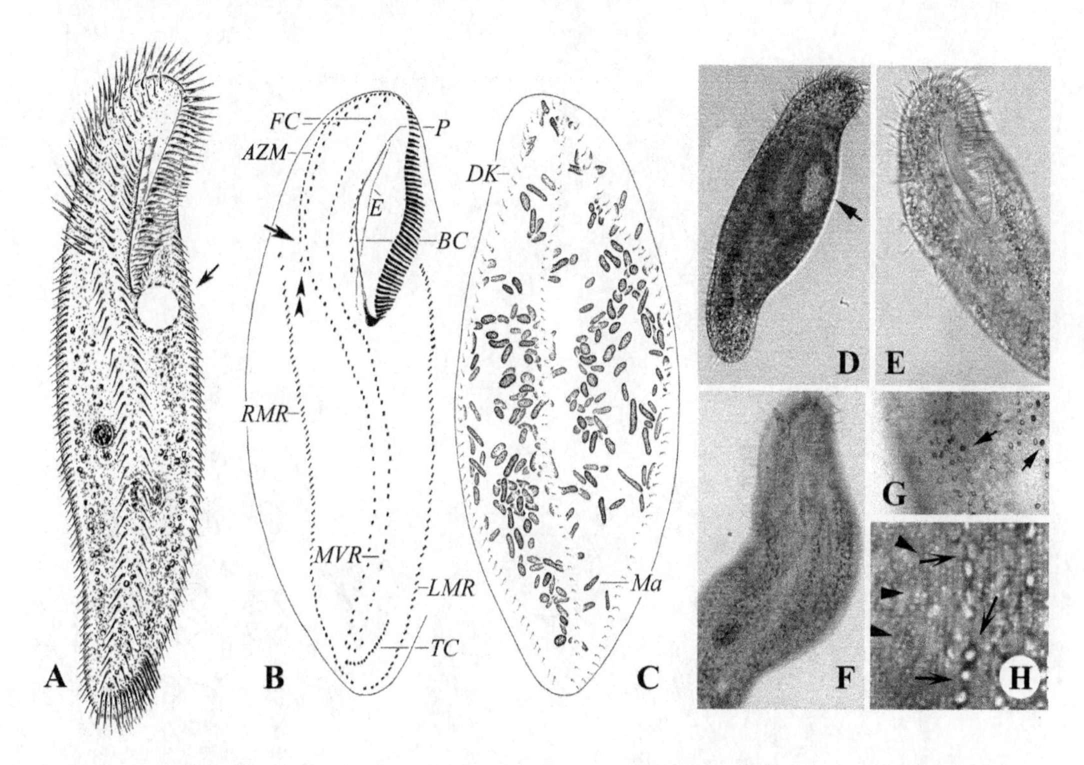

图 7.4.8　博格偏角毛虫典型个体活体形态（**A**，**D-H**），纤毛图式的腹面观（**B**）和背面观（**C**）
图 **A** 中箭头指伸缩泡；图 **B** 中箭头示口围带末端，双箭头指额前棘毛；**D.** 典型个体腹面观，箭头示伸缩泡；**E.** 前端腹面观，显示一颜色稍浅个体；**F.** 个体的腹面观，示不同体形；**G.** Ⅱ型表膜颗粒，箭头指示深红色颗粒，注意其他大多数还是黄绿色；**H.** 背面观，无尾箭头示小而无色的Ⅰ型表膜颗粒，箭头示Ⅱ型表膜颗粒。*AZM.* 口围带；*BC.* 口棘毛；*DK.* 背触毛列；*E.* 口内膜；*FC.* 额棘毛；*LMR.* 左缘棘毛列；*Ma.* 大核；*MVR.* 中腹棘毛列；*P.* 口侧膜；*RMR.* 右缘棘毛列；*TC.* 横棘毛

后仔虫的 UM-原基出现自口原基的右侧，其后端与 FVT-原基及口原基共享同一个原基场。随后逐渐聚合为与新的小膜相互平行的长列毛基体群（图 7.4.9E；图 7.4.11G）。与在前仔虫所展现的过程相同，随着发育的进一步进行，UM-原基开始向前产生 1 根棘毛，即最左边 1 根额棘毛（图 7.4.10D）。

在细胞发生晚期，UM-原基纵裂形成空间上相互交叉的口侧膜和口内膜（图 7.4.10D，F）。

额-腹-横棘毛 前、后仔虫的FVT-原基均独立出现在细胞表面。该结构分别形成数十列斜向密集排列的原基条，经发育、片段化形成新的棘毛并前后延伸，整个过程中均无老结构的参与（图 7.4.9D，E；图 7.4.11G）。

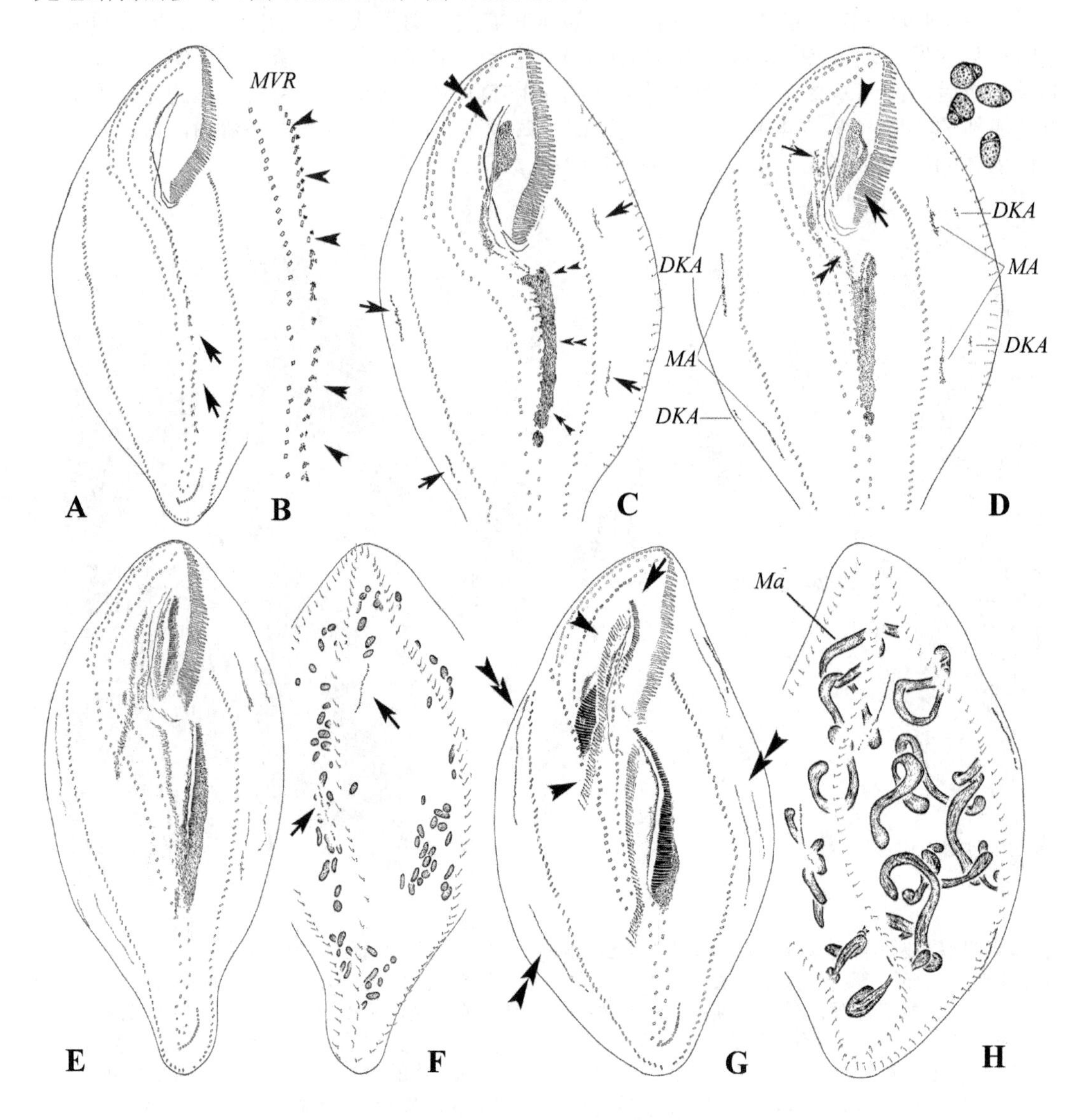

图 7.4.9 博格偏角毛虫的细胞发生过程，示早期至中期个体的纤毛图式

A. 细胞发生早期个体腹面观，箭头指紧邻左缘棘毛左侧形成的毛基体群；**B.** 图 **A** 中同一个体的局部结构，无尾箭头示毛基体群紧邻左缘棘毛；**C.** 细胞发生早期个体，双小箭头示后仔虫的口原基场，箭头示缘棘毛原基，双大箭头指前仔虫的口原基场在皮膜深层；**D.** 细胞发生早期个体腹面观，双小箭头和小箭头分别指示后、前仔虫的FVT-原基，大箭头示老口围带后方正解聚，无尾箭头指前仔虫的口原基场，插图为出现复制带的大核；**E，F.** 同一个体的腹面观及背面观，箭头指背触毛原基；**G.** 腹面观，箭头示前仔虫形成的新的口围带小膜，无尾箭头指前仔虫的FVT-原基，双箭头示缘棘毛原基；**H. G** 中同一个体背面观，显示不完全融合的大核。*DKA*. 背触毛原基；*MA*. 缘棘毛原基；*Ma*. 大核；*MVR*. 中腹棘毛列（中腹棘毛复合体）

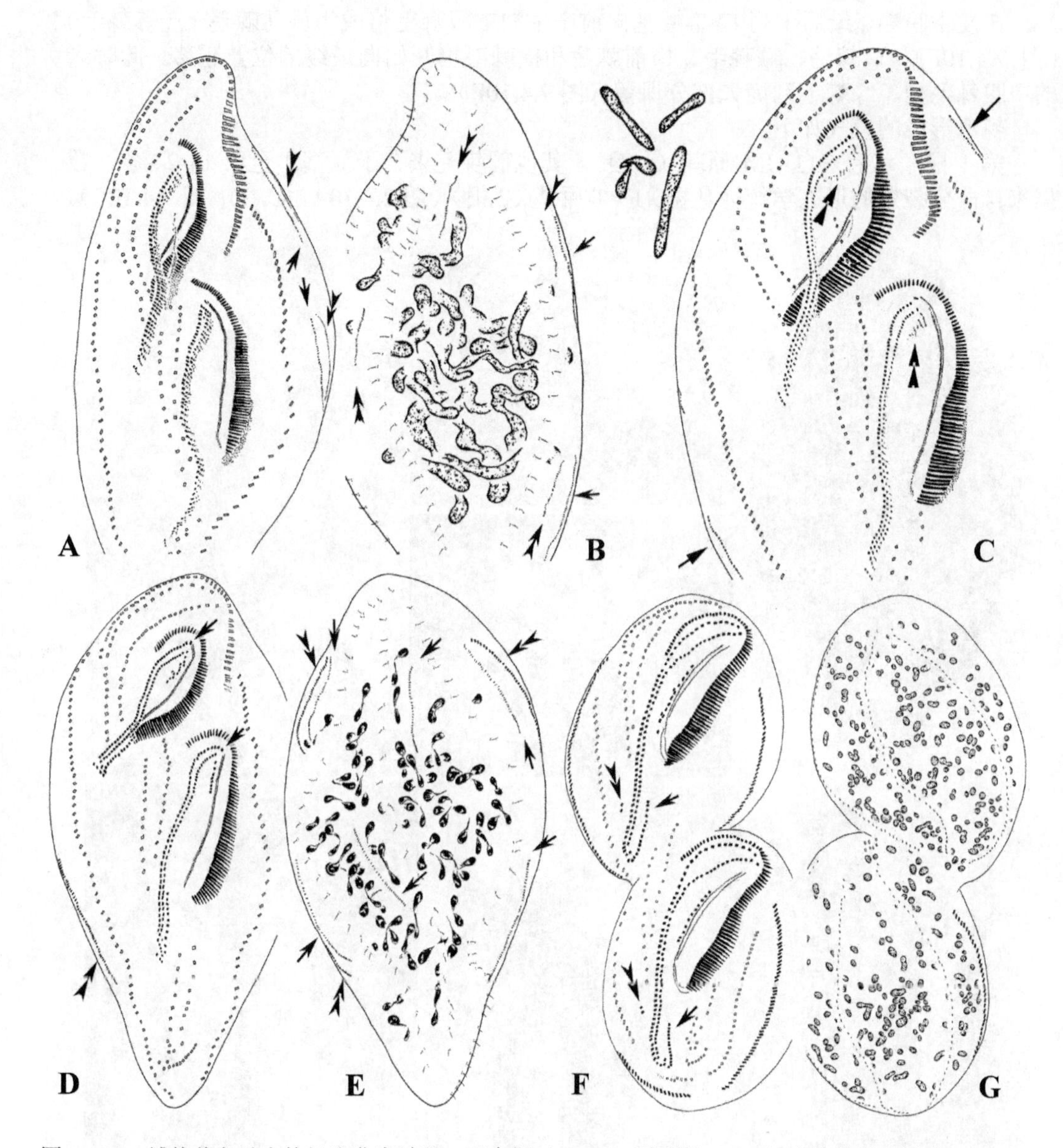

图 7.4.10　博格偏角毛虫的细胞发生过程，示中期（**A，B**）至后期（**C-G**）个体的纤毛图式
A，B. 发生中期同一个体的腹面观及背面观，双箭头示背触毛原基独立产生，箭头指缘棘毛原基独立产生；**C.** 细胞发生中期个体的腹面观，双箭头指示前边数列 FVT-原基向后产生的 1 个片段，并向左后方向迁移，箭头指缘棘毛原基，插图为分裂的大核；**D.** 发生晚期个体腹面观，箭头示前、后仔虫的 UM-原基均向前产生 1 根额棘毛，双箭头指右缘棘毛原基；**E.** 与 **D** 同一个体背面观，箭头示背触毛原基，双箭头指缘棘毛原基；**F，G.** 同一个体的腹面观及背面观，箭头指新的横棘毛，双箭头指额前棘毛

在原基片段化的过程中，原基前端出现一列不规则的棘毛，似乎来自相应的多列 FVT-原基的末端（各贡献 1 根棘毛），此列棘毛向新生的波动膜方向迁移，将成为后仔虫的口棘毛列（图 7.4.10F；图 7.4.12F）。而后端的 FVT-原基每列形成 1 根横棘毛。原基 n 与 n-1 中部产生的 1 根棘毛将成为横前棘毛。其他的由 FVT-原基产生的新的棘毛会成为后仔虫的额棘毛和中腹棘毛（图 7.4.10F；图 7.4.12F）。

在发生晚期，最后 1 列 FVT-原基向前产生的 2 根棘毛将成为额前棘毛（迁移棘毛）（图 7.4.10F）。口棘毛、额棘毛、横前棘毛和横棘毛也开始向最终的位置迁移。此时老的中腹棘毛列、缘棘毛列尚大部分保留（图 7.4.10F）。

棘毛形成的模式如下。

第 1 根额棘毛来自 UM-原基（1 根），其他额棘毛来自于原基 I 至第 14-24 条（数据来自非分裂期的形态学统计数据）FVT-原基（2 根）（图 7.4.10A，C，D；图 7.4.12E）。

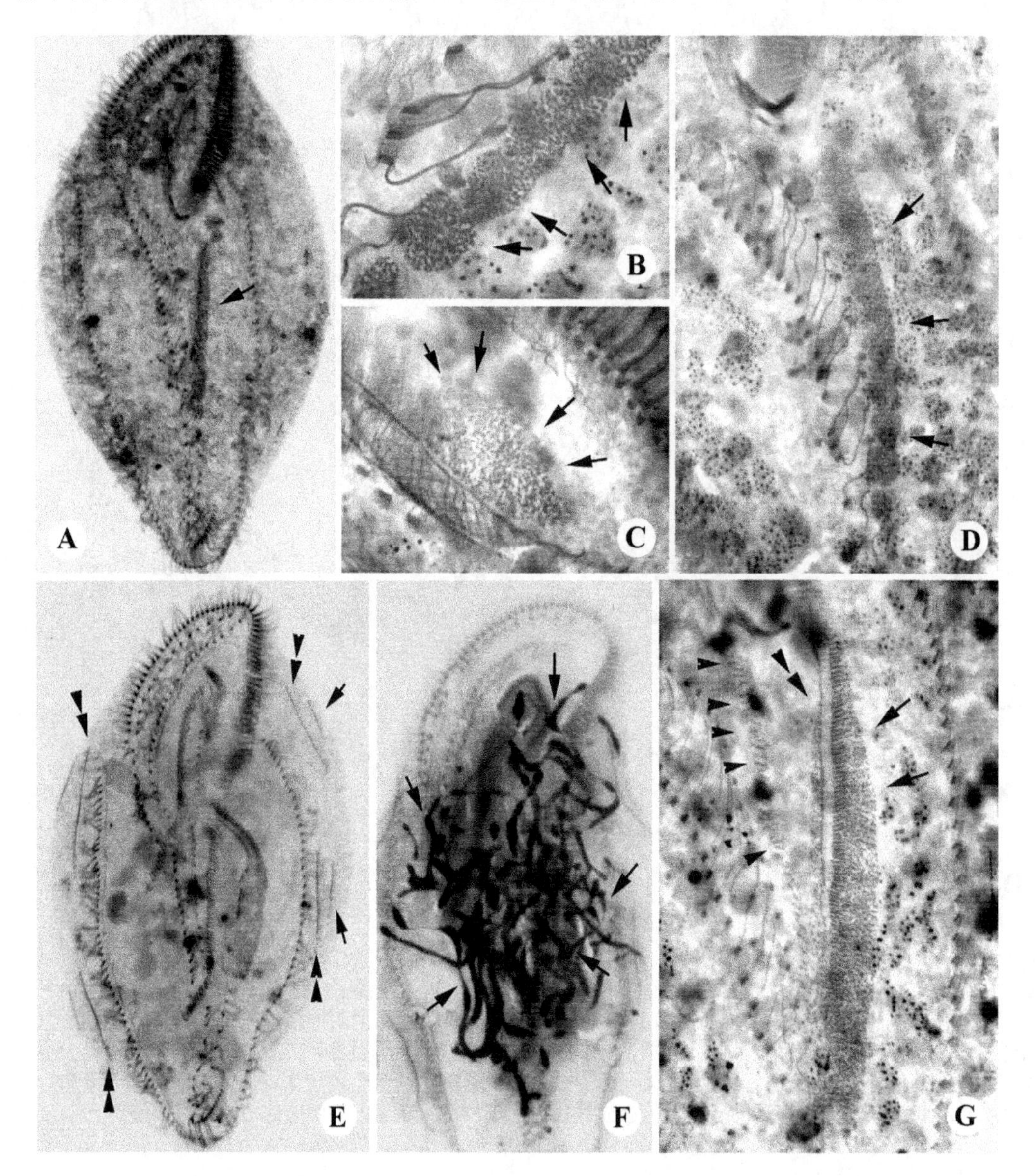

图 7.4.11 博格偏角毛虫的细胞发生

A. 发生早期个体腹面观，箭头指后仔虫的口原基；**B，D.** 细胞中部腹面观，箭头示后仔虫无序排列的原基场，老结构不参与该原基的形成；**C.** 老的口区腹面观，箭头示前仔虫口原基产生在口腔底面；**E.** 腹面观，双箭头指缘棘毛原基独立于老结构出现，箭头示背触毛原基独立于老结构出现；**F.** 腹面观，箭头指大核部分融合；**G.** 后仔虫腹面观，无尾箭头指 FVT-原基，箭头指口原基，双箭头指示 UM-原基长列的口棘毛分别来自 FVT-原基前约 10 列原基的后端片段化产物，每列原基各形成 1 根棘毛（图 7.4.10C，D，F）。因此，该形成方式十分独特：口棘毛不同于其他类似的亚型，并非来自第一列 FVT-原基，而是来自多列原基共同产物的拼接。

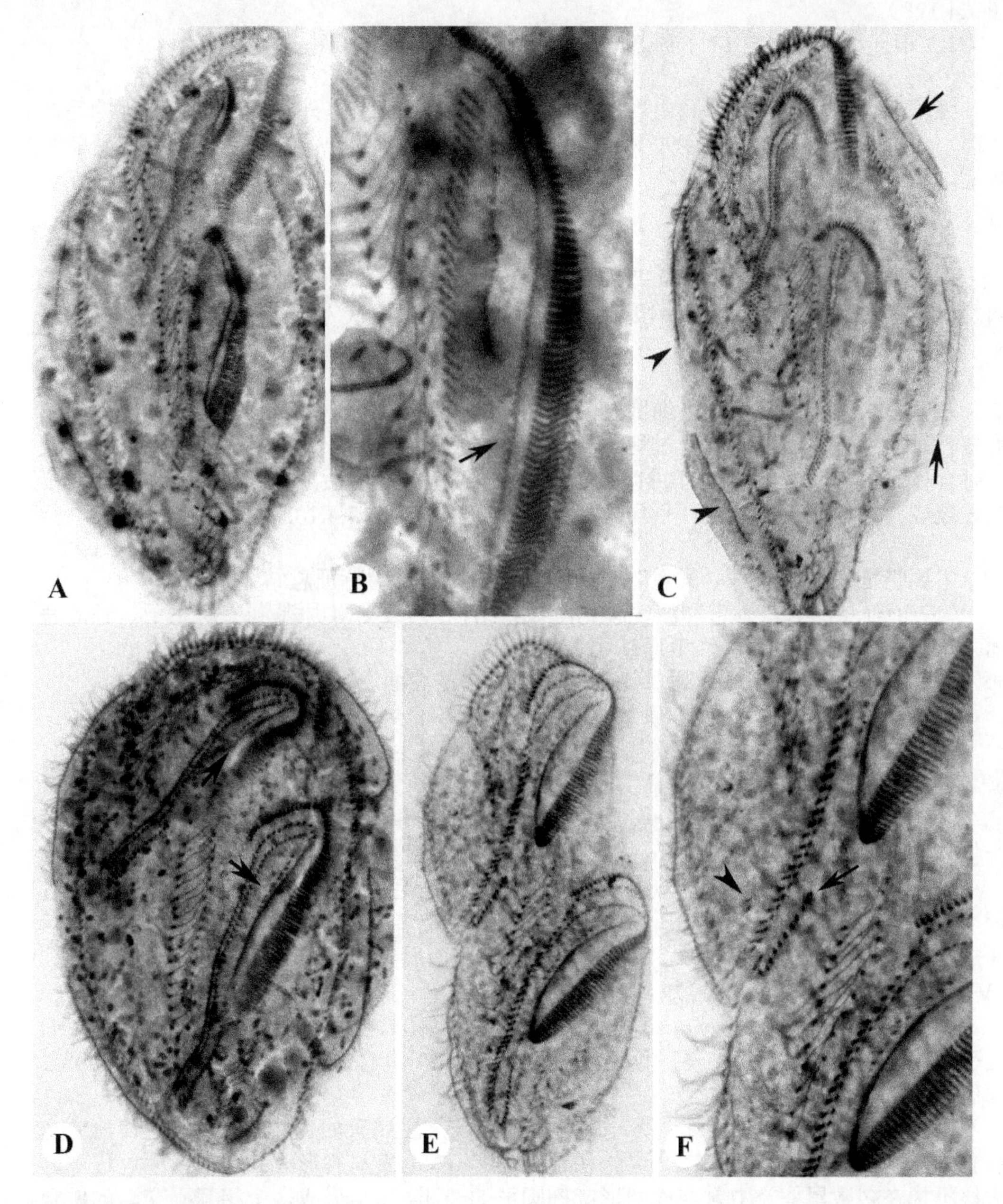

图 7.4.12　博格偏角毛虫细胞发生

A. 晚期个体的腹面观，以显示 FVT-原基发育成了斜向排列的若干小条带群。注意老的口围带在解聚中，并即将被吸收；**B.** 图 **A** 中同一个体的后仔虫的腹面观，箭头指示后仔虫的 UM-原基出现在口原基的右侧；**C-E.** 细胞发生后期个体的腹面观，显示新棘毛的形成和迁移及细胞缢裂。图 **C** 中无尾箭头和箭头分别指右缘棘毛原基和左缘棘毛原基，图 **D** 中的箭头指示新形成的口棘毛；注意，图 **C** 所显示的个体中，FVT-原基的分段化基本完成；**F.** 发生晚期个体的腹面观，无尾箭头指正向前迁移的额前棘毛，箭头指新的横棘毛中腹棘毛来自第15-25列（形态学统计数据）原基至n-1（2根）（图7.4.10D，F）。

2根横前棘毛来自FVT-原基n-1（1根），原基n（1根）（图7.4.10F；图7.4.12F）。

横棘毛来自倒数第12-23列（形态学统计数据）原基至n（1根）（图7.4.10D，F；图7.4.12F）。

1-3根迁移棘毛来自FVT-原基n（1-3根）（图7.4.10F；图7.4.12F）。

缘棘毛 几乎在口原基场出现的同时，每列老的缘棘毛之外独立产生2组小的毛基体群，即缘棘毛原基（图7.4.9C）。所有的原基会向前后延伸，并片段化，形成新的缘棘毛，随着老棘毛的解聚和吸收，将渐渐取代老结构（图7.4.9G；图7.4.10A，C，D，F；图7.4.11E）。

背触毛 背触毛原基以独立方式发生，即每列老的背触毛前部和中部两处附近形成两组原基，3列原基经简单的增殖、延伸而取代老结构（图7.4.10B，E，G）。

无尾棘毛的产生。

核器 大核复制带出现在细胞发生早期（图7.4.9D插图；图7.4.11B）。在发生中期大核开始进行较高程度的融合过程，表现为数枚大核融合为一，最终构成数十个腊肠状的融合体（图7.4.9H；图7.4.10B；图7.4.11F）。细胞分裂中后期，每个融合体拉伸并不断分裂成为数枚卵形新大核，平均分配到子细胞当中（图7.4.10E，G）。

主要特征及讨论 对厚偏角毛虫细胞发生亚型的发生特征总结如下。

（1）前仔虫的老口围带和波动膜完全被新结构取代；UM-原基独立产生于口腔的底面（皮膜深层）并明显与FVT-原基相分离。

（2）前、后仔虫的FVT-原基均独立发生于皮层表面。

（3）口棘毛列来自于FVT-原基前端的多列原基的共同贡献。

（4）缘棘毛原基和背触毛原基于老结构外独立发生。

（5）最后1列FVT-原基向前贡献约2根额前棘毛。

（6）大核在发生过程中部分融合，形成数十个腊肠状融合体，即从不形成单一的融合体。

博格偏角毛虫（*Apokeronopsis bergeri*）与厚偏角毛虫（*A. crassa*）相比，在发生过程上几乎一致，两者的差异在于口棘毛的来源。在前者，前面数列FVT-原基各形成后面的1根棘毛，一起向后迁移、定位成为口棘毛；而后者的数根口棘毛均来自于第1列FVT-原基（Shao et al. 2007a）。

卵圆偏角毛虫（*Apokeronopsis ovalis*）虽然在纤毛图式上与博格偏角毛虫（*A. bergeri*）几乎相同，但在发生模式上与厚偏角毛虫（*A. crassa*）没有丝毫差别（Shao et al. 2008a；邵晨 2008）。

偏角毛虫属、伪角毛虫属、类瘦尾虫属和趋角毛虫属有如下共同点：①老口器完全被独立产生的新结构所代替；②老结构不参与新FVT-原基的形成；③在发生过程中，大核不像在多数尾柱类中融合成圆形或椭圆形的一团，而是形成多个相互不交汇的融合体（除相似伪角毛虫外）（Berger 2006）。

但上述4个属间也存在大量差异点：①第1列FVT-原基贡献1根冠状区棘毛和1根（伪角毛虫属和类瘦尾虫属）口棘毛，而在趋角毛虫属和偏角毛虫属中产生1至多根口棘毛；②在伪角毛虫属和类瘦尾虫属中，老的缘棘毛列和背触毛列参与新原基的构建，而在其余两属中则完全为独立发生；③在伪角毛虫属和类瘦尾虫属中，中腹棘毛列相互紧密并列形成典型的“zig-zag”模式，而在其余两属中则明显相互分离；④在类瘦尾虫属中，FVT-原基仅形成中腹棘毛列，而无横棘毛，在其余 3 个属中最后几条 FVT-原基各贡献 1 根横棘毛；⑤在趋角毛虫属中，所有的 FVT-原基（除第 1 列与最后几列外）均贡献额外的几根棘毛，最终形成触毛区，而在其他 3 个属中无此现象；⑥在偏角毛虫属和类瘦尾虫属的所有种类和伪角毛虫属的大多数种类中（除相似伪角毛虫，大核完全融合成一椭圆体），大核在发生的过程中融合成多个相互不交汇的融合体，而在趋角毛虫中则完全融合成 1 个分枝状结构（Berger 2006）。

基于 Wicklow（1981）所提出的系统，Borror 和 Wicklow（1983）将伪角毛虫属和趋角毛虫属一并归入伪角毛科中。Eigner 和 Foissner（1992）同样也认为这两个属是姐妹群。随后 Berger（2004b，2006）提出了不同并且更为详细的伪角毛科内的系统关系。但上述安排都没有很好地与分子信息相印证：在以小核糖体亚基基因为主体构建的系统树中，上述各属普遍存在外延不清的现象（Yi & Song 2011）。这个混乱可能反映了两个基本问题：①目前科的界限设置不当，导致了属的收入融入了太多的主观因素，同时又忽视了不同的纤毛图式结构所代表的发生学权重存在显然不同的差异；②目前的分子系统树也没有精确地给出相关类群实际的亲缘关系，由于不同属内多个结构的演化位置和程度不同，有限基因不能正确反映其彼此间的联系。

总之，围绕上述科属级类群的系统关系绘制，我们仍有很长的路要走，发生学和分子信息均需要继续补充。

第5节　斯泰克趋角虫亚型的发生模式
Section 5　The morphogenetic pattern of *Thigmokeronopsis stoecki*-subtype

李俐琼 (Liqiong Li)　　邵晨 (Chen Shao)

趋角虫属（*Thigmokeronopsis* Wicklow，1981）的发生学迄今了解不多，作为一大型的尾柱类，其以左缘棘毛与中腹棘毛复合体之间特化的触毛区为名，该区内的棘毛排列密而众多，无明确的行列模式。本节对亚型的发生学介绍主要基于陈旭淼等（Chen et al. 2013b）的研究。

基本纤毛图式　额棘毛无分化，呈双列冠状排列，后端与中腹棘毛相接；2根额前棘毛，1根口棘毛；存在横前腹棘毛和发达的横棘毛，中腹棘毛复合体不以典型的锯齿状排列，左、右缘棘毛各1列；口后触毛区高度发达，占据了腹面约一半的空间，包括10余列紧密排列的棘毛列（图7.5.1A，B）。

3列完整的背触毛，大核多于100枚（图7.5.1C）。

细胞发生过程

口器　老口器完全解体，前仔虫的口原基场形成于细胞发生初期，最初为口腔后部皮层下方的一小团无序排列的毛基体群（图 7.5.2A）。之后，口原基发育并组装出新的小膜。新生结构延伸、拼接为新的口围带，随后前端的小膜开始塑形，最终完全替代老结构（图7.5.2B，C，E-G；图7.5.3B）。

前仔虫 UM-原基出现在发生早期，于口原基右侧的细胞表面，因此很可能为一独立发生的结构，该结构与几乎同步出现的FVT-原基也无可见的联系（图7.5.2A，C；图7.5.3B）。老波动膜同步解聚并且不参与新原基的形成（图 7.5.2A，C；图 7.5.3B）。后期的发育如常规：原基前端形成1根额棘毛，后部则纵裂、分化为口内膜和口侧膜（图7.5.2E-G）。

在后仔虫，口原基场出现在细胞发生之初，在细胞表面左列中腹棘毛左侧出现的一长列无序排列的毛基体群（图 7.5.2A；图 7.5.3A）。此时老棘毛尚未瓦解，因此没有参与新结构的产生。接下来，这些毛基体随之增殖、扩大，由右至左组装成规整的小膜结构（图7.5.2A-C）。最终成为后仔虫的口围带（图7.5.2E-G；图7.5.3C，E，F）。

后仔虫的 UM-原基产生于口原基的右侧，因此其与口原基场为同源发生（图7.5.2C）。随着发生进行，该原基增长并向前分离出 1 个棘毛片段，即第 1 额棘毛（图7.5.2C，E；图7.5.3D）。到发生后期波动膜将纵向分离成为空间上相互交叉的口内膜和口侧膜（图7.5.2F；图7.5.3F）。

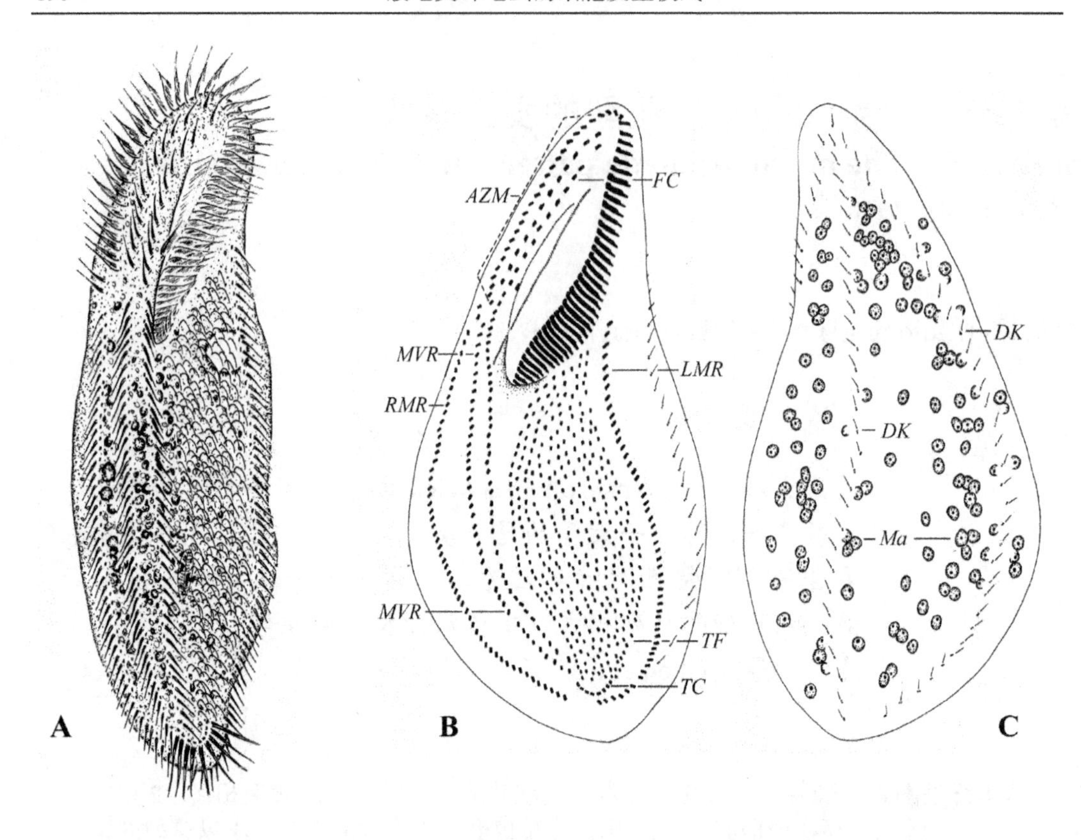

图 7.5.1 斯泰克趋角虫活体形态（**A**）及纤毛图式的腹面观（**B**）和背面观（**C**）
AZM. 口围带；*DK*. 背触毛列；*FC*. 额棘毛；*LMR*. 左缘棘毛列；*Ma*. 大核；*MVR*. 中腹棘毛；*RMR*. 右缘棘毛列；*TC*. 横棘毛；*TF*. 触毛区

额-腹-横棘毛 前、后仔虫 FVT-原基分别独立出现在细胞表面，其中的毛基体散乱无序。此时，老的中腹棘毛复合体只是被 FVT-原基从中截断，和其他老的棘毛一样仍然保留（图 7.5.2B；图 7.5.3B）。

接下来，各个原基进一步发育，前、后仔虫的皮膜演化显示出高度的同步性。随着毛基体的增殖与聚集，FVT-原基已排列成数十列斜向排列的短列。每一列又片段化，形成新的棘毛（图 7.5.2C；图 7.5.3C）。

发生中期，FVT-原基的棘毛分化已十分明确，除最后几列外，每列原基产生的棘毛前 2 根较为粗壮，剩下的均很细弱并排列紧密，这些细弱的棘毛停留在片段化阶段不再发育和迁移，因此构成了新细胞的触毛区结构（图 7.5.2E；图 7.5.3D，E）。

随后，新产生的棘毛开始迁移、分化为营养期模式（图 7.5.2F；图 7.5.3F）。

本亚型中新棘毛的形成模式总结如下。

UM-原基产生最左边的 1 根额棘毛。

FVT-原基 I 贡献 1 根额棘毛和 1 根口棘毛（图 7.5.2C，E；图 7.5.3D，G）。

原基 II 至前 6-15 列 FVT-原基产生 2 根额棘毛和数根触毛。

前 7-16 列 FVT-原基至原基 n-8 则分别贡献 2 根中腹棘毛及多根触毛。

FVT-原基 n-3 至 n-7 均贡献 2 根腹棘毛和 1 根横棘毛。

FVT-原基 n-2 产生 2 根中腹棘毛、1 根横棘毛和 1 根横前腹棘毛（图 7.5.2F，G）。

除此以外，FVT-原基 n（最后 1 列 FVT-原基）产生的 4 根棘毛，前 2 根不断向前端迁移，即额前棘毛，后 2 根成为横棘毛和横前腹棘毛（图 7.5.2F，G）。

在子细胞将要发生分离之前，腹面细弱的棘毛接合成一片，向左后迁移，定位于左缘棘毛与中腹棘毛复合体之间，形成触毛区（图 7.5.2G；图 7.5.3H）。双列的中腹棘毛没有进一步的规则化分布（因此棘毛不呈锯齿状排列），彼此分离。

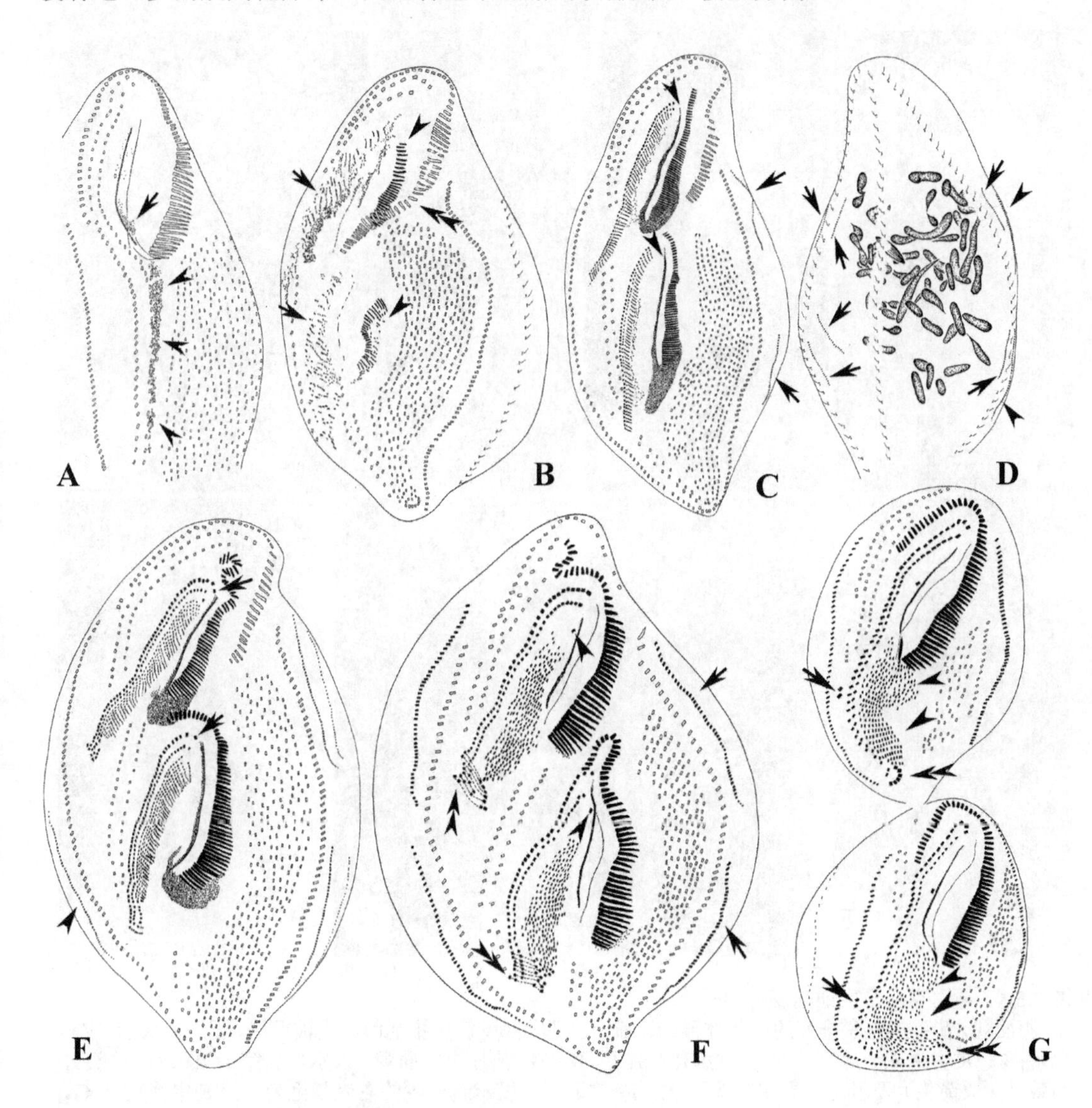

图 7.5.2　斯泰克趋角虫细胞发生期间的纤毛图式
A. 早期发生个体腹面观，箭头和无尾箭头分别示前、后仔虫口原基场；**B.** 腹面观，双箭头示正解聚的老的小膜，箭头和无尾箭头分别指前、后仔虫的 FVT-原基与口围带原基；**C，D.** 发生中期同一个体腹面观及背面观，图 **C** 中箭头与无尾箭头分别指左缘棘毛原基和 UM-原基，图 **D** 中箭头与无尾箭头分别示背触毛原基及右缘棘毛原基；**E.** 腹面观，无尾箭头示后仔虫右缘棘毛原基，箭头指示 UM-原基分化出的第 1 额棘毛；**F.** 晚期发生个体腹面观，箭头指新的左缘棘毛列，无尾箭头指新的口棘毛，双箭头指额前棘毛；**G.** 即将分裂的晚期个体腹面观，以示额前棘毛（箭头）和触毛（无尾箭头），双箭头指横棘毛

缘棘毛 缘棘毛原基在前、后仔虫中均出现 1 组，且独立于老结构之外产生（图 7.5.2C）。这些原基经发育向两端延伸，老结构消失（图 7.5.2E，F；图 7.5.3E）。

背触毛 背触毛的发生也是独立于老结构之外（图 7.5.2D，E）。前、后两组，每组 3 列原基均出现在老的背触毛附近，原基简单地通过毛基体的增殖而取代老结构。

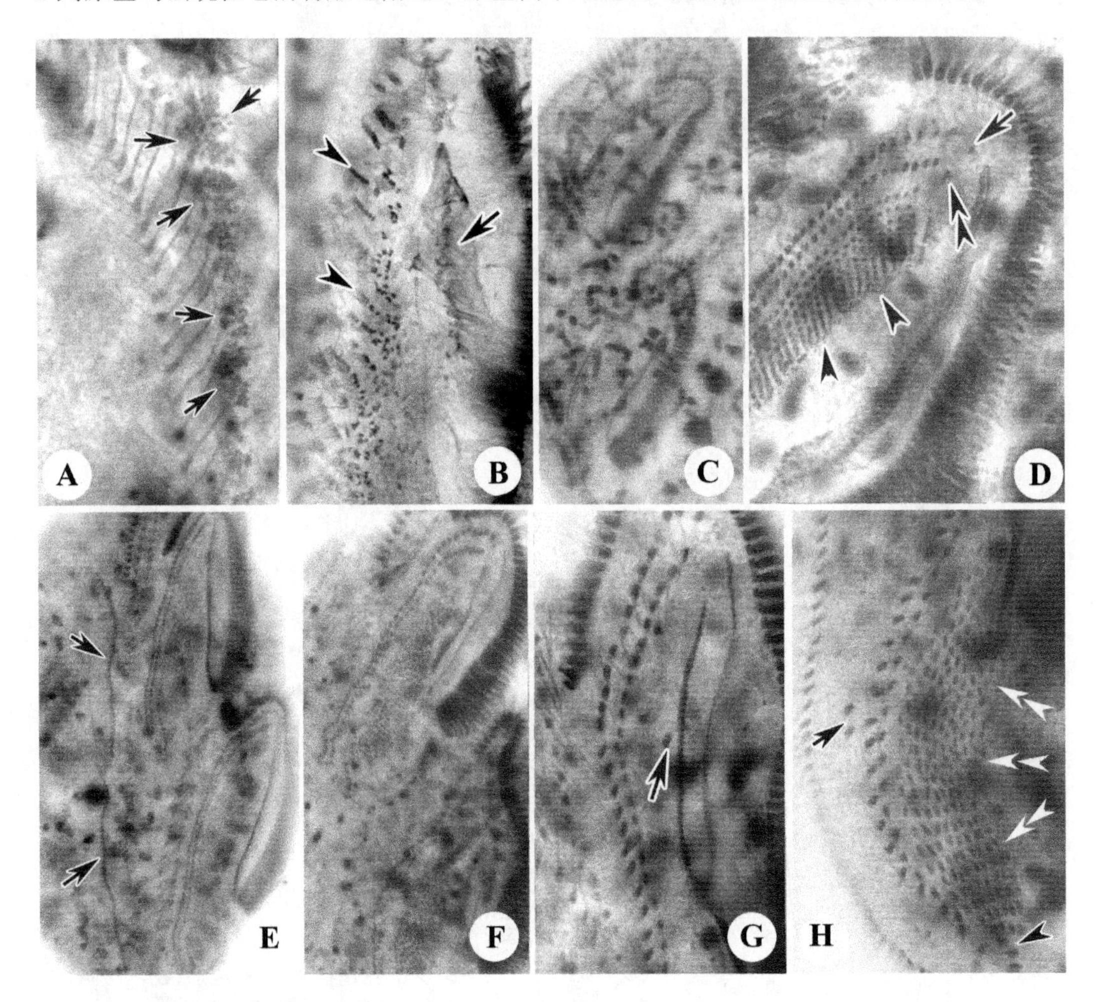

图 7.5.3 斯泰克趋角虫细胞发生
A. 腹面观，箭头指无序排列的毛基体群；**B.** 前仔虫腹面观，箭头指瓦解的老波动膜，无尾箭头示 FVT-原基；**C.** 发生中期个体腹面观，注意口围带的发育；**D.** 前仔虫腹面观，以示新的第 1 额棘毛（箭头），口棘毛（双箭头）及触毛（无尾箭头）；**E，F.** 腹面观，以示新产生的右缘棘毛列（图 **E** 中箭头）；**G，H.** 同一发生个体腹面观，示新的口棘毛（图 **G** 中箭头），额前棘毛（图 **H** 中箭头），触毛区（双箭头）及横棘毛（图 **H** 中无尾箭头）

核器 在所观察到的虫体中大核仅仅看到轻度的融合（图 7.5.2D）。完全没有成为单一的团状或融合体。此后可见大核发生拉伸，不断分裂成为数枚卵形大核并平均分配到子细胞当中。

主要特征及讨论 对本亚型的发生特征总结如下。

（1）老口围带和波动膜完全被新结构取代；前仔虫的口原基发生于皮膜深层，UM-原基很可能是独立形成。

（2）前、后仔虫的 FVT-原基均独立发生于皮层表面；FVT-原基的中、后部分化出数量众多的触毛；最后 1 列 FVT-原基形成 2 根额前棘毛。

（3）缘棘毛原基和背触毛原基于老结构外独立发生。

（4）在背面，老结构不参与形成背触毛原基，最终被吸收。

（5）大核仅有低度的融合现象。

趋角虫属建立以来，比较明确的已知种有 6 种，分别是 *T. jahodai* Wicklow, 1981（模式种），*T. crystallis* Petz, 1995，*T. antarctica* Petz, 1995，*T. rubra* Hu, Warren & Song, 2004，*T. magna* Wilbert & Song, 2005，*T. stoecki* Shao et al., 2008（Berger 2006；Hu et al. 2004a；Petz 1995；Shao et al. 2008c）。这些种的纤毛图式十分相似，主要是活体特征及统计学数据上存在差别。

迄今为止，细胞发生学经过研究过的种类有 *Thigmokeronopsis stoecki*，*T. rubra*，*T. jahodai*，*T. antarctica* 和 *T. crystallis*。其中对前 2 种的相关报道最为详细。

斯泰克趋角虫与红色趋角虫的细胞发生过程大致相同，只是由于前者缺乏某些过渡时期的个体，一些比较关键的发生学特点无法确认和进行对比。例如，大核融合程度（后者，枝杈状单一融合体 vs. 前者，轻度融合为数个单元？），以及后仔虫 FVT-原基的来源（后者，分离自口原基场 vs. 前者，独立产生？）。除此之外，二者具有共同的趋角虫属典型的细胞发生学特征：①老口围带和波动膜完全被新结构取代；前仔虫的口原基发生于皮膜深层；②前仔虫的 FVT-原基独立发生于皮层表面；③FVT-原基将分化出多列触毛；④缘棘毛原基和背触毛原基于老结构外独立发生；⑤最后 1 列 FVT-原基向前贡献 2 根额前棘毛；⑥老结构不参与形成原基，最终被吸收（Hu et al. 2004a）。

Thigmokeronopsis jahodai、*T. antarctica* 和 *T. crystallis* 的细胞发生学信息并不十分完整。依据目前的资料，排除大核融合程度问题，如果正确解读发生期纤毛图式，可以推断，趋角虫各个种之间在总体发育过程上具有极强的稳定性（Hu et al. 2004a；Wicklow 1981）。

第6节　柔弱异列虫亚型的发生模式
Section 6　The morphogenetic pattern of *Anteholosticha manca*-subtype

李俐琼 (Liqiong Li)　　宋微波 (Weibo Song)

经典的全列虫属（*Holosticha*）曾是尾柱目中一个种类繁多的大属，Berger（2003）根据其形态学的特征对这个属进行了拆分和重新定义并在此基础上又建立了另外两个属，其中之一即为异列虫属（*Anteholosticha*）。该属目前已知者超过30种，至少分属于3个发生学亚型。本节对柔弱异列虫亚型的描述基于李俐琼等（Li et al. 2008a）对其无性生殖期间的细胞发生学的报道。

基本纤毛图式　口围带为连续结构；具1根口棘毛，存在额前棘毛，额棘毛分化明确；4或5根横棘毛，中腹棘毛列发达；左右各1列缘棘毛。

3列背触毛（图7.6.1B）。

细胞发生过程

口器　老口围带在发生过程中完全解体、消失。前仔虫的口原基场最初出现在口腔底部（应为皮膜下深层），表现为一些稀疏排列的毛基体，老结构明确不参与新原基的形成和发育。该原基场经过增殖、扩大而形成椭圆形的口原基（图7.6.2A-C；图7.6.4A，C）。随后该原基经发育、组装小膜并形成前仔虫的新口围带。老口围带则开始从后端向前逐渐瓦解并被吸收（图7.6.3E，F；图7.6.4H）。

老波动膜发生原位的解聚和去分化，经由原基而发育成新的UM-原基。原基在发育后期前端分化出前仔虫的第1根额棘毛（图7.6.2E；图7.6.3A，C，E，F；图7.6.4G）。其剩余部分在发生中期左右将发育成空间上相互交叉的口内膜和口侧膜（图7.6.2E；图7.6.3C）。

后仔虫口原基形成于形态发生初期，最初为多个斑块状无序排列的毛基体群（图7.6.2A；图7.6.4B），该原基场经过增殖、扩大并延长至前仔虫口围带的后端，形成后仔虫口原基（图7.6.2B，C；图7.6.4G）。在此过程中，老的中腹棘毛似乎没有参与（图7.6.2B-D；图7.6.4G）。随细胞分裂的进程，该原基右侧形成UM-原基，因此，二原基是同源发生。后期，口原基内经小膜组装、形成后仔虫的口围带（图7.6.2D；图7.6.3A，C，E，F；图7.6.4L）。

UM-原基的发育无特征：其发育过程和产物与前仔虫相同（图7.6.2D；图7.6.4F）。

额-腹-横棘毛 在前仔虫，FVT-原基于口区右侧独立形成，同期某些老的中腹棘毛发生解聚，似乎并不参与原基的后期发育（图 7.6.2D，E；图 7.6.4E）。随后的过程无特色：每列 FVT-原基伸长并分化成若干段，经分组化、迁移分别形成前仔虫的各部位新棘毛（图 7.6.2D，E；图 7.6.4I）。

在细胞的中部，随着后仔虫口原基场的发育，出现斜向排列的 FVT-原基，此原基似乎与后仔虫的 UM-原基同源（图 7.6.2D，E；图 7.6.4F）。在此过程中，绝大多数老的中腹棘毛逐渐解体、消失。

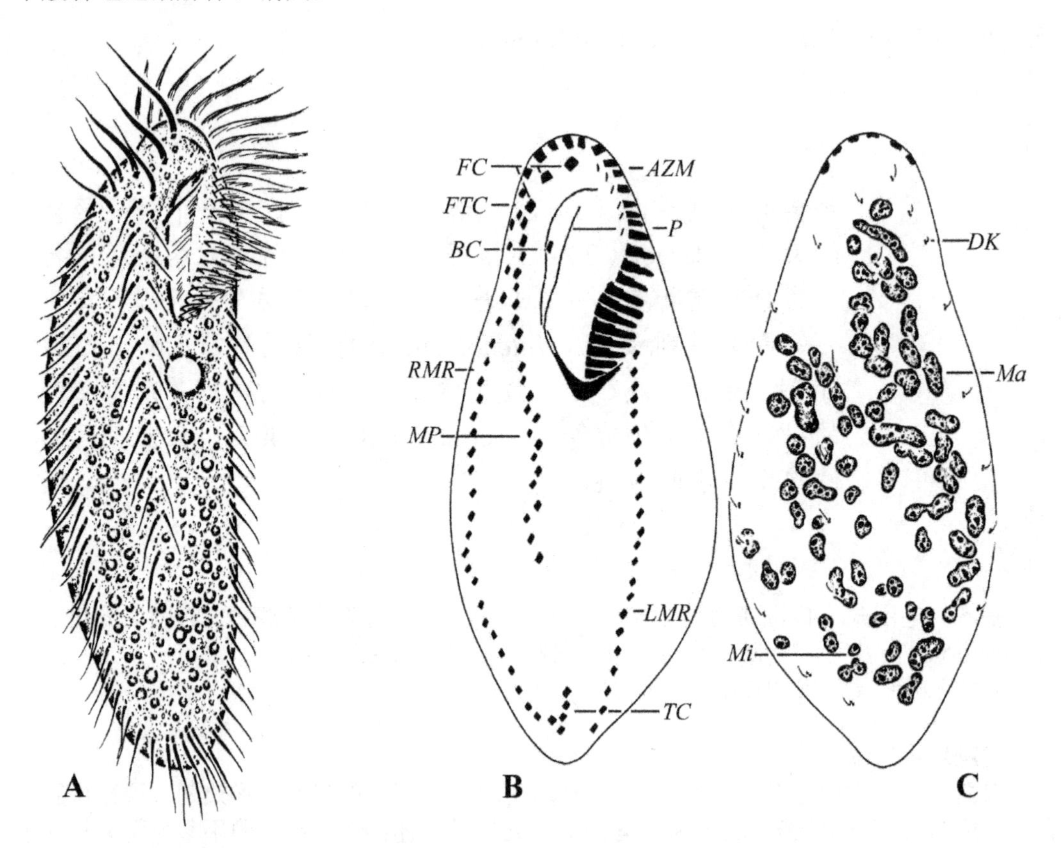

图 7.6.1 柔弱异列虫典型个体活体形态（**A**）及纤毛图式的腹面观（**B**）和背面观（**C**）
AZM. 口围带；*BC*. 口棘毛；*DK*. 背触毛列；*FC*. 额棘毛；*FTC*. 额前棘毛；*LMR*. 左缘棘毛列；*Ma*. 大核；*Mi*. 小核；*MP*. 中腹棘毛对（中腹棘毛复合体）；*P*. 口侧膜；*RMR*. 右缘棘毛列；*TC*. 横棘毛

在该原基分化过程中，FVT-原基的产物包括：除后端的 4 或 5 列外，其余每列原基均产生 2 根棘毛，这些棘毛将排列为锯齿状的中腹棘毛列。最后端的原基分别形成额前棘毛和横棘毛（图 7.6.2E；图 7.6.3E；图 7.6.4I）。

3 根额棘毛分别来自 UM-原基（1 根）及最前面的 2 列 FVT-原基（各 1 根）（图 7.6.3C，E，F；图 7.6.4K）。

1 根口棘毛来自 FVT-原基 I （1 根）（图 7.6.3A，E，F；图 7.6.4K）。

横棘毛来自后端的 4 或 5 列 FVT-原基（各 1 根）（图 7.6.3E，F）。

最终，细胞分裂完成前，各组棘毛也向预定位置迁移。所有残留的老结构均被完全吸收、消失（图 7.6.3F）。

缘棘毛　新原基在老缘棘毛列内形成，在虫体的前、后两侧各形成一列原基，即前、后仔虫的缘棘毛原基，该原基经发育和延伸，最终取代老的结构（图 7.6.2E；图 7.6.3A-G）。

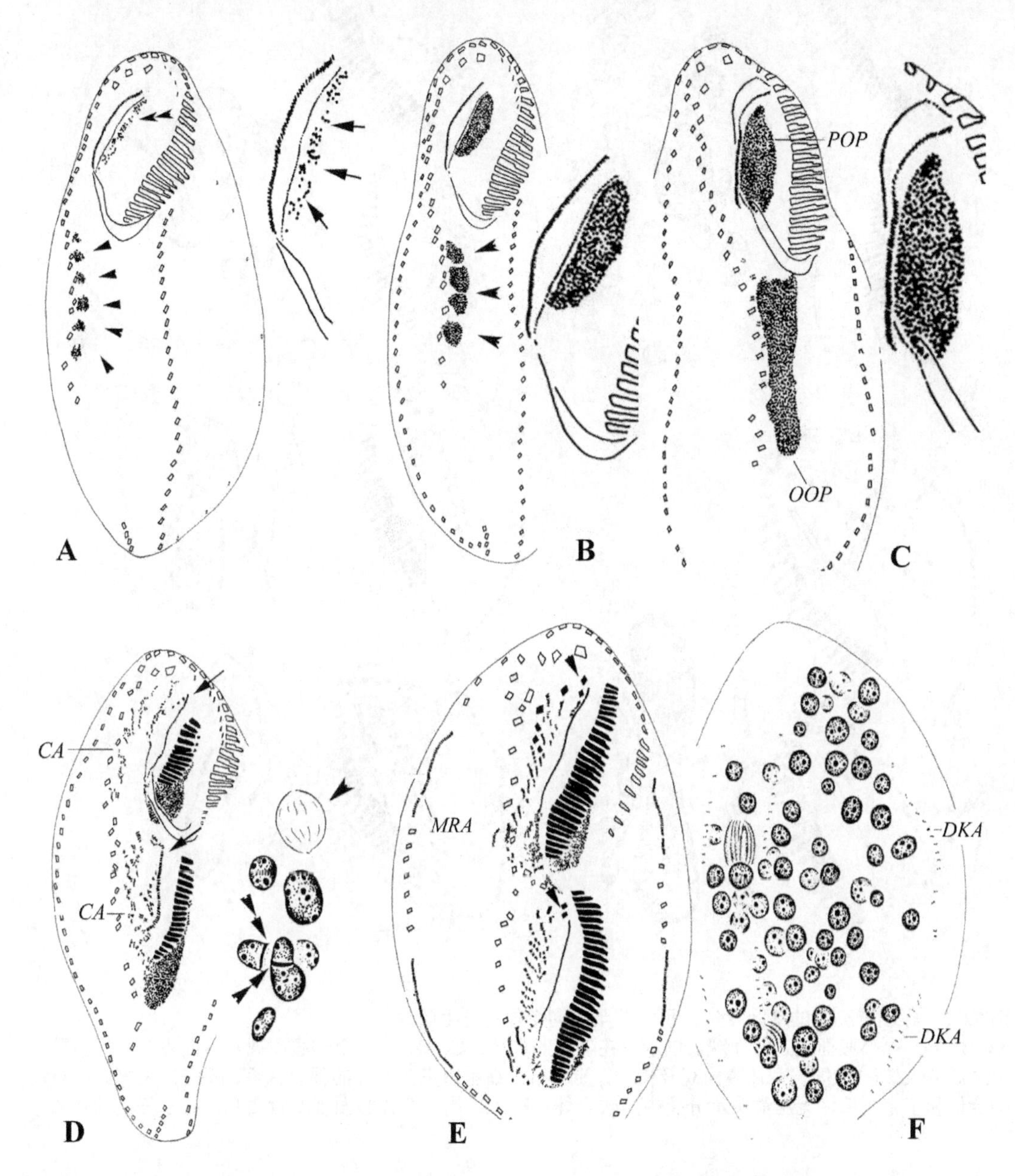

图 7.6.2　柔弱异列虫的细胞发生，示早期（**A-D**）至中期（**E，F**）个体的纤毛图式
A-C. 细胞发生早期个体腹面观，以显示口原基场；无尾箭头指出现在左中腹棘毛列旁边的毛基体群，即后仔虫的口原基，注意，老结构并不参与此原基的形成；箭头及双箭头示发生自老的口内膜下方的无序排列的毛基体群；**D.** 细胞发生早期个体的腹面观，示 FVT-原基，双箭头指大核复制带；无尾箭头示小核；箭头指示 UM-原基的前端即将形成 1 根额棘毛；**E，F.** 同一细胞发生早期个体的腹面观和背面观，显示缘棘毛及背触毛原基在老结构中发生和发育，无尾箭头指两个子细胞中由 UM-原基产生的 1 根额棘毛。*CA*. FVT-原基；*DKA*. 背触毛原基；*MRA*. 缘棘毛原基；*OOP*. 后仔虫口原基；*POP*. 前仔虫口原基

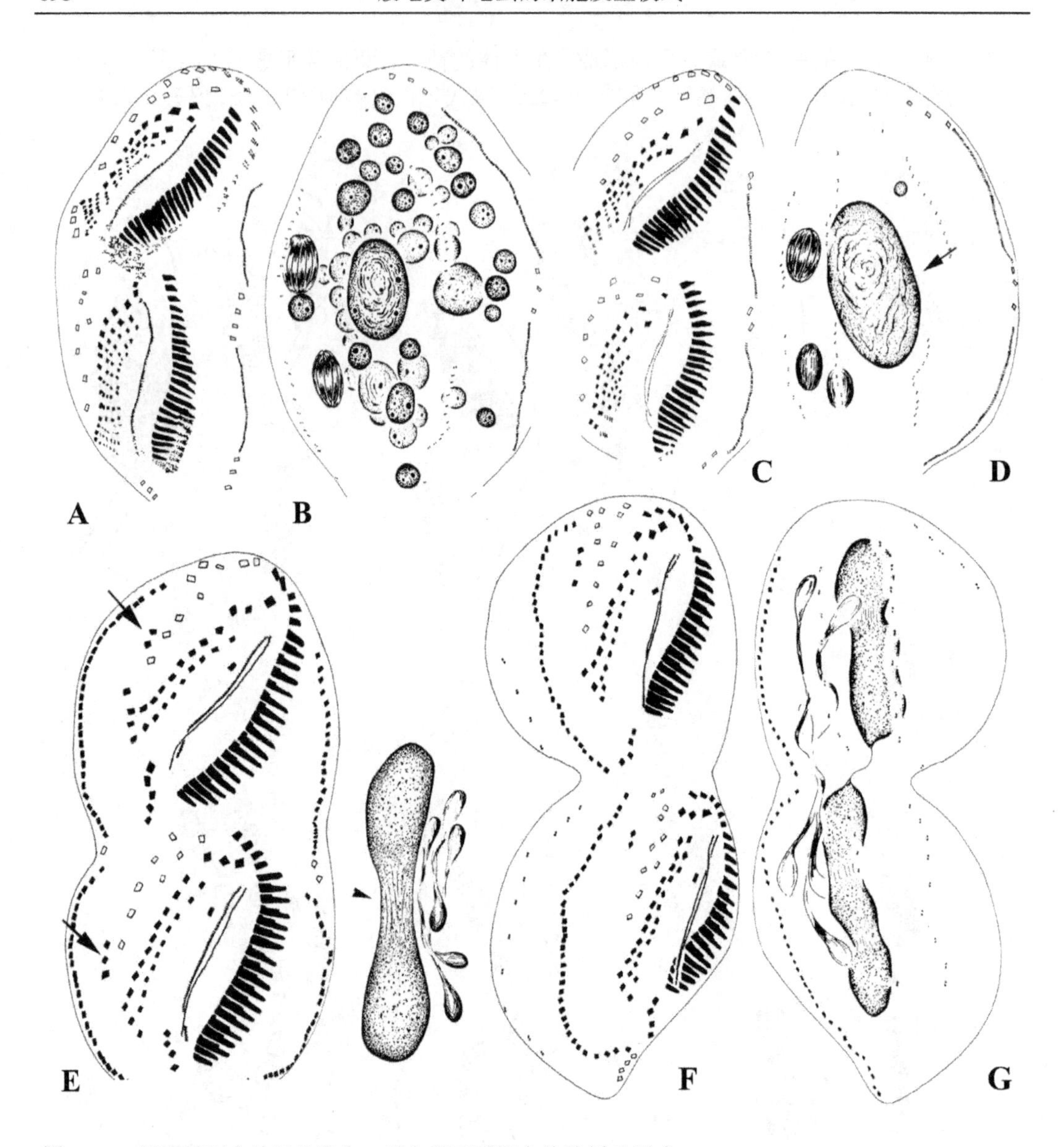

图 7.6.3 柔弱异列虫的细胞发生，示中期至后期个体的纤毛图式

A，B. 同一个体腹面观及背面观，以示正在融合的大核；**C，D.** 同一个体腹面观及背面观，箭头指融合之后的大核；**E.** 同一个体腹面观及核器，箭头指子细胞中正在迁移的额前棘毛，插图为大核的单一融合体和多个小核，无尾箭头示分裂中的融合体；**F，G.** 同一个体腹面观及背面观，以示纤毛图式

背触毛 3 列背触毛原基以初级发生式形成，后期的发育均在老结构内，无尾棘毛形成，最终经简单延伸后取代老的背触毛（图 7.6.2F；图 7.6.3B，D，G；图 7.6.4J）。

核器 大核完全融合为一团，再经过多次分裂形成多数大核分配给子细胞（图 7.6.3B，D，E，G；图 7.6.4I）。值得一提的是，在发生的早期出现明显的大核复制带（图 7.6.2D 插图）。如同大多数的多核种类，大核的分裂活动通常在细胞分离后持续很长时间（图 7.6.4L）。

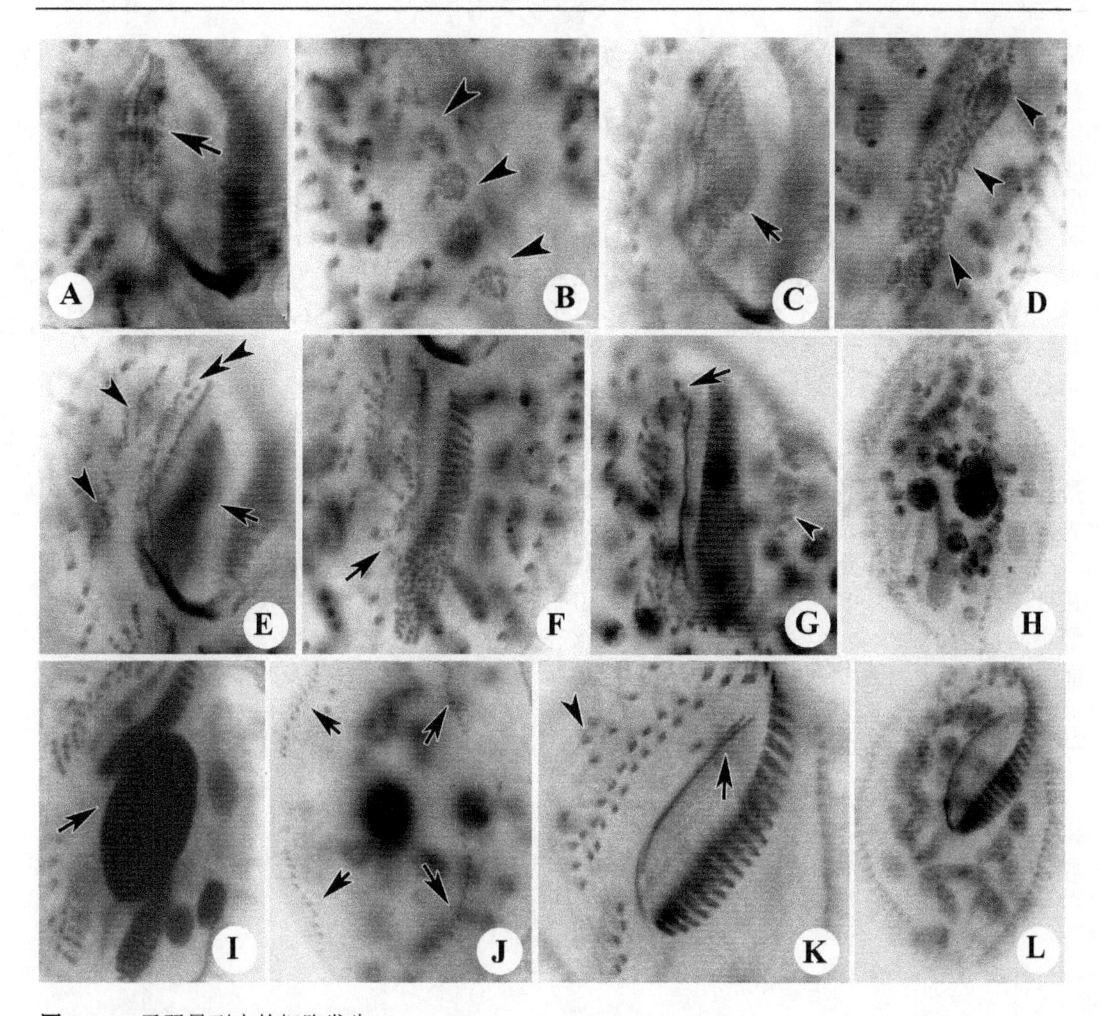

图 7.6.4　柔弱异列虫的细胞发生
A. 发生早期个体的前部腹面观，箭头示前仔虫口原基场；**B.** 早期发生个体腹面观，无尾箭头指产生于左列中腹棘毛左侧的毛基体群；**C.** 箭头指示前仔虫口原基场；**D.** 图 **C** 中同一个体腹面观，无尾箭头指后仔虫口原基场；**E.** 腹面观，无尾箭头示前仔虫的 FVT-原基，双箭头指老波动膜正在分化，箭头示口原基场发生自老的口腔深层；**F.** 同一个体腹面观，箭头指后仔虫原基后方；**G.** 腹面观，箭头指产生于前仔虫 UM-原基的棘毛，无尾箭头示老口围带后端小膜正解体；**H，I.** 腹面观以示大核的融合，箭头指完全融合为 1 个融合体的大核；**J.** 背面观，箭头指背触毛原基；**K.** 前仔虫腹面观，无尾箭头指迁移中的额前棘毛，箭头指分离中的波动膜；**L.** 子细胞腹面观，显示纤毛图式及分裂中的大核

主要特征及讨论　对柔弱异列虫发生亚型的特征可以总结如下。

（1）前仔虫的口原基独立发生于老的口内膜之下，因此为深层发生，老口围带完全解体并被新结构取代。

（2）后仔虫口原基独立发生。

（3）UM-原基在前、后仔虫均分别形成 1 根棘毛，即第 1 额棘毛。

（4）前、后仔虫的 FVT-原基分别独立产生，为次级发生式；后部数列 FVT-原基产生横棘毛、额前棘毛。

（5）缘棘毛和背触毛原基均产生于老结构中，后者为次级发生式，这些原基均经过简单地延伸、发育并更新老结构，无片段化或形成尾棘毛。

（6）大核在细胞分裂之前融合为单一的团状融合体。

与相近属的发生模式相比，柔弱异列虫在发生过程中老口围带被全部替代，这显著地区别于形态相近的类群，如束状全列虫、异弗氏全列虫（老口围带无需再建而由前仔虫简单继承）和玻博瑞具钩虫（老口围带前部保留，与新结构一起共同拼接形成前仔虫的口围带）等阶元（Hu & Song 2001b；Hu et al. 2000b，2003），这个高权重的特征，显示了柔弱异列虫自身代表了一个独立的发生亚型，也表明该属的独立地位。

考虑到前仔虫口原基的形成和发生涉及了一系列复杂的发生学过程和变化，包括对老结构的更替，是一个高度演化的衍征，因此有理由推测，传统意义上的“全列虫”阶元之间，很可能具有比目前所普遍认为的亲缘关系更疏远。

本亚型与派茨异列虫亚型关系显然最为密切，二者共享有几乎所有的发生学特征和过程，唯一不同之处在于：本亚型的 FVT-原基的形成方式为明确的次级发生式，而派茨异列虫亚型为初级模式。同样，FVT-原基的初级与次级形成模式在系统演化中具有较大的权重意义，因此，二者分别代表了一个亚型。

此外，本亚型的纤毛器或皮层结构的基本发生过程与伪角毛虫属及相邻阶元也比较相近（见第 7 章第 1-5 节），这显示了它们应隶属于相互关联的系统发育支。但与本亚型不同，伪角毛虫等属内，普遍表现有大核在发生过程中并不融合的现象（有例外），而且 FVT-原基在额区于后者也不再继续分化，因此维持了数目众多的额棘毛并排列成冠状构型（Hu et al. 2004b；Wirnsberger 1987），这些差异又反映了它们之间的前后演化关系。

第 7 节　派茨异列虫亚型的发生模式
Section 7　The morphogenetic pattern of *Anteholosticha petzi*-subtype

邵晨 (Chen Shao)

异列虫属（*Anteholosticha*）中迄今共有 6 种已完成了细胞发生学的研究（Berger 2006，2008；Hemberger 1982，1985；Hu et al. 2000a；Li et al. 2008a；Park et al. 2013；Shao et al. 2011；Xu et al. 2011），这些研究显示其发生过程分属多个亚型。本节所涉及的亚型先后两次报道（Hu et al. 2000a；Shao et al. 2011），本节基于邵晨等的工作并形成如下汇总。

基本纤毛图式　口围带为连续结构，额棘毛分化完善，1 根口棘毛，存在额前棘毛，2 列典型 zig-zag 模式排布的中腹棘毛，具横前腹棘毛和发达的横棘毛；左、右缘棘毛各 1 列（图 7.7.1A，D-I；图 7.7.4A）。

背触毛 3 列，贯通虫体（图 7.7.1C）。

细胞发生过程

口器　在前仔虫，伴随新口原基的形成，老口器在发生过程中完全解体、消失。新原基出现在发生初期，独立地出现在口腔的底面、老波动膜背方，其边缘十分清晰，很有可能形成了一个腔室，此为前仔虫的口原基场（图 7.7.2A；图 7.7.4C）。随后，口原基从前至后组装成新的小膜和新口围带。在细胞分裂后期，新的口围带发育完成并完全取代老结构（图 7.7.2C，I，K；图 7.7.4F）。

前仔虫的 UM-原基出现在口原基的右上方，或许与口原基同源，此时老的波动膜和口棘毛已消失，因此应不参与 UM-原基的发育（图 7.7.2C；图 7.7.4C）。随后，UM-原基继续发育，其产物包括前端形成 1 根棘毛（将发育成子细胞的第 1 额棘毛），原基后部分裂成口侧膜和口内膜（图 7.7.2E，G，I，K；图 7.7.4K）。

后仔虫的口原基形成于发生早期：于横棘毛之上、左列腹棘毛附近独立出现的成簇的口原基场（图 7.7.2A；图 7.7.4E）。后经与前仔虫类似的发育过程形成后仔虫的口围带。

后仔虫的 UM-原基出现在口原基的右前方，应该与口原基同源。该原基的发育产物与前仔虫相同（图 7.7.2C，E；图 7.7.4I）。

额-腹-横棘毛　本亚型的 FVT-原基几乎可以肯定是“初级发生式”，即最初仅出现一组原基，随后分裂成两组，分别发育为前、后仔虫的 FVT-原基（图 7.7.2A，C）。

在所观察的分裂相中，最初有 1 组 10 余列 FVT-原基出现在中腹棘毛的左侧，为无序的毛基体群。右侧部分老棘毛发生解体，或许并不参与新原基的发育（图 7.7.2A）。在此后的阶段里，FVT-原基分裂为两组。此时，老的中腹棘毛列已基本完全被吸收（图 7.7.2C；图 7.7.4D，G）。

随后，前、后仔虫中，FVT-原基的发育节奏相同并开始分段化。每列原基（除了最右侧的 2 个）均形成 2 或 3 根棘毛，形成 3 列斜向的棘毛。像多数尾柱类一样，额前棘毛也在最右侧一列 FVT-原基中形成，并向虫体前端迁移。到细胞分裂后期，前、后仔虫新的棘毛分化完毕并达到预定位置（图 7.7.2E，I，K；图 7.7.4J，K）。

本亚型中 FVT-原基的分化与产物可以总结如下。

额棘毛来自于 FVT-原基 I 和 II 的前端。

1 根口棘毛来自 FVT-原基 I 的后端。

原基III至 n-1，每列 FVT-原基的产物共同形成中腹棘毛列的棘毛对。

2 根横前腹棘毛来源于最后 2 条 FVT-原基的中部。

横棘毛为多列后部 FVT-原基的共同产物。

2 根额前棘毛产生自原基 n 的前端。

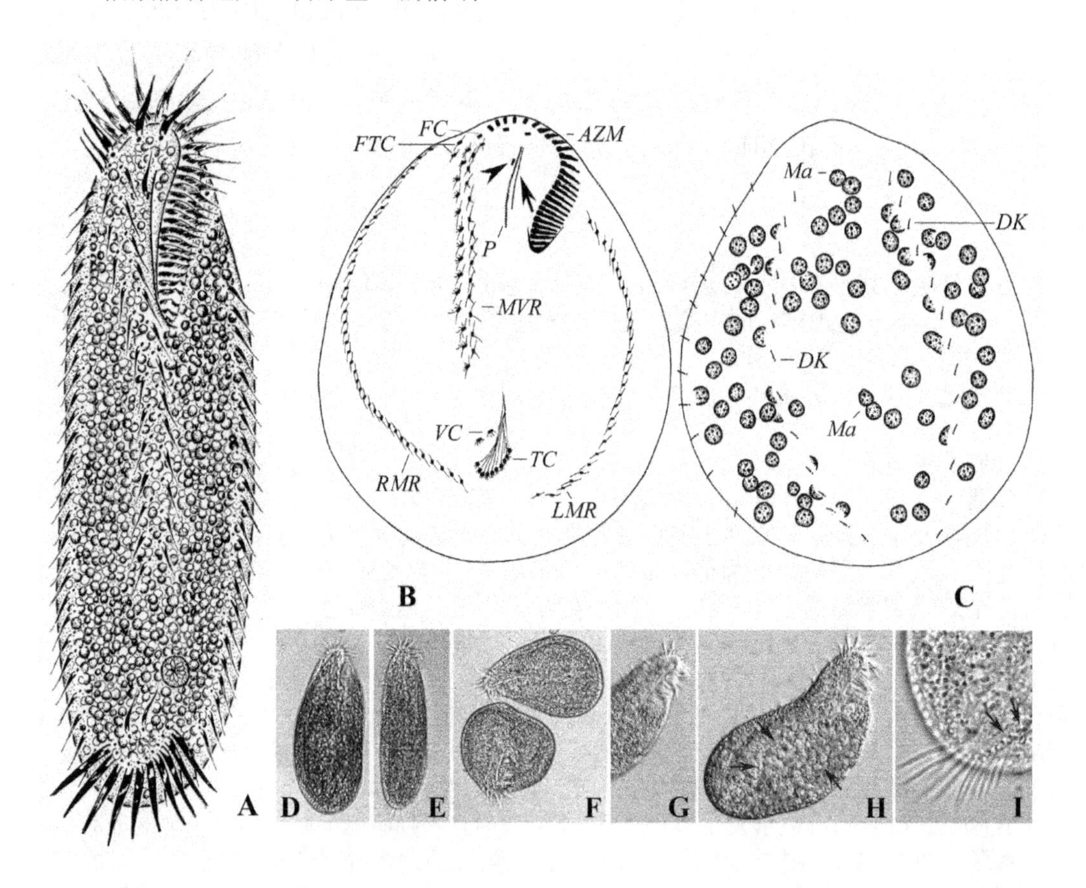

图 7.7.1 派茨异列虫的活体图和纤毛图式

A. 腹面观；**B.** 腹面观，箭头示口内膜，无尾箭头示口棘毛；**C.** 背面观；**D-G.** 不同体形；**H.** 箭头示内质；**I.** 箭头示围绕横棘毛的皮层颗粒。*AZM*. 口围带；*DK*. 背触毛；*FC*. 额棘毛；*FTC*. 额前棘毛；*LMR*. 左缘棘毛列；*Ma*. 大核；*MVR*. 中腹棘毛列；*P*. 口侧膜；*RMR*. 右缘棘毛列；*TC*. 横棘毛；*VC*. 腹棘毛

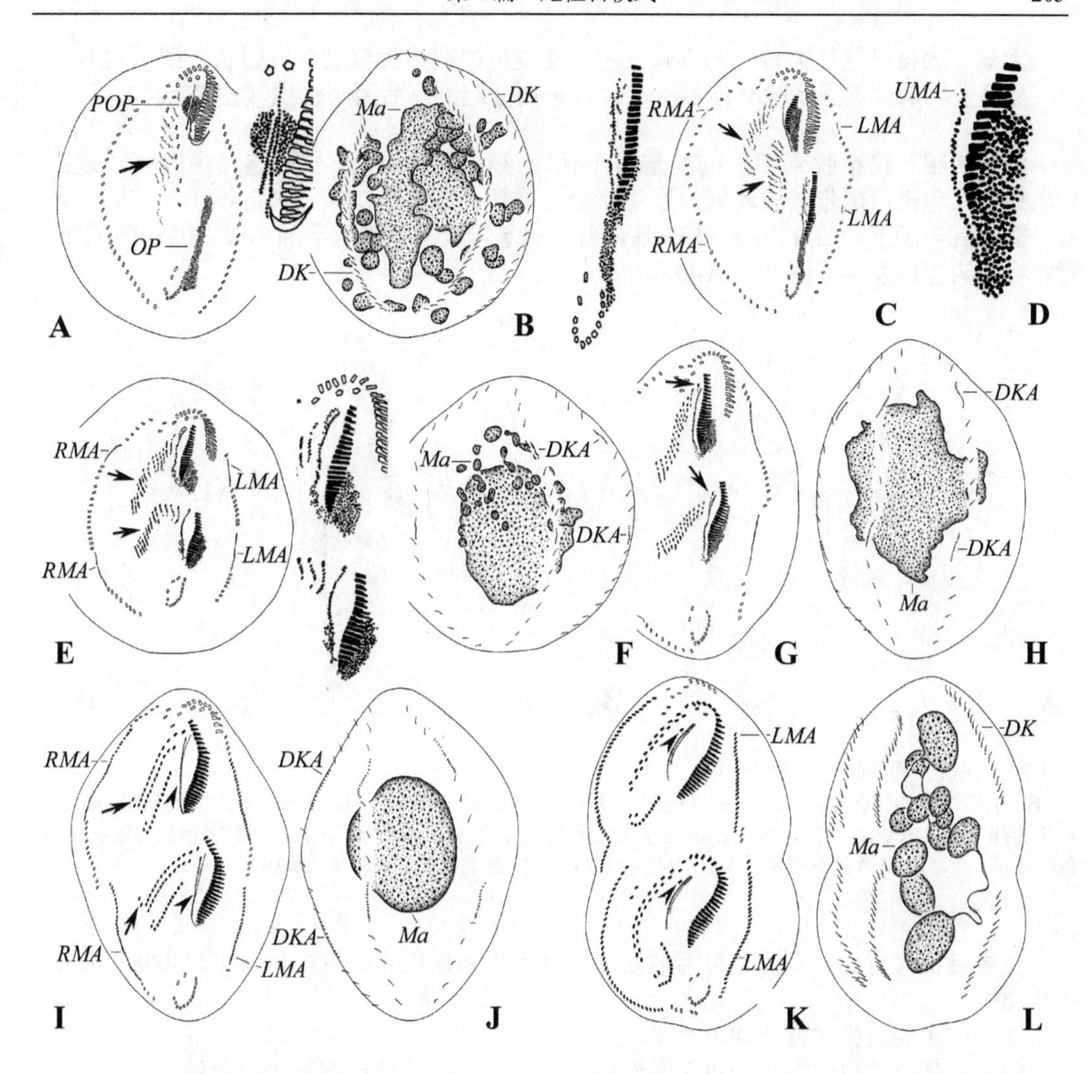

图 7.7.2　派茨异列虫的细胞发生
A，B. 早期发生个体的腹面观和背面观，前、后仔虫的口原基出现，大核开始融合，初级 FVT-原基出现（箭头）；**C，D.** 稍晚时期的腹面观，示前、后仔虫的口原基发生了毛基体的增殖，箭头示 FVT-原基一分为二，分配给前、后仔虫；**E，F.** 发生中期个体的腹面观和背面观，箭头示 FVT-原基开始进行分段化，缘棘毛原基开始出现；**G，H.** 发生中期个体的腹面观和背面观，箭头示 UM-原基形成第 1 根额棘毛，大核融合为一团；**I，J.** 晚期发生个体的腹面观和背面观，UM-原基分化成口内膜和口侧膜（无尾箭头）和背触毛原基的发育，箭头示额前棘毛迁移；**K，L.** 同一个体的腹面观和背面观，无尾箭头示口棘毛迁移。*DK*. 背触毛；*DKA*. 背触毛原基；*LMA*. 左缘棘毛原基；*Ma*. 大核；*OP*. 口原基；*POP*. 前仔虫口原基；*RMA*. 右缘棘毛原基；*UMA*. UM-原基

缘棘毛　均于老结构内发生。于细胞发生起始不久，在左、右缘棘毛列的前部和中部出现缘棘毛原基（图 7.7.2C）。这些原基逐渐加粗并最终取代老结构（图 7.7.2K）。

背触毛　每一列老结构中的前、后 1/3 处各产生 1 处原基（图 7.7.2F）。原基经简单地延长并最终形成前、后仔虫的背触毛列，老结构被吸收（图 7.7.2H，J，L）。

大核 大核以尾柱类普遍的方式发生。在发生中期，大核融合成团状（图 7.7.2H，J）。至发生后期，该团状融合体多次分裂，平均分配给前后两个仔虫（图 7.7.2L）。

细胞重组 仅检获到部分细胞重组个体，该种的重组特征与细胞发生过程一致：①老口器（包括口围带、波动膜）发生完全的更新；②单一口棘毛来自第 1 列 FVT-原基，额前棘毛源于最后 1 列 FVT-原基，所有原基均参与了横棘毛的形成；③缘棘毛和背触毛均为原位发生（图 7.7.3A-D）。

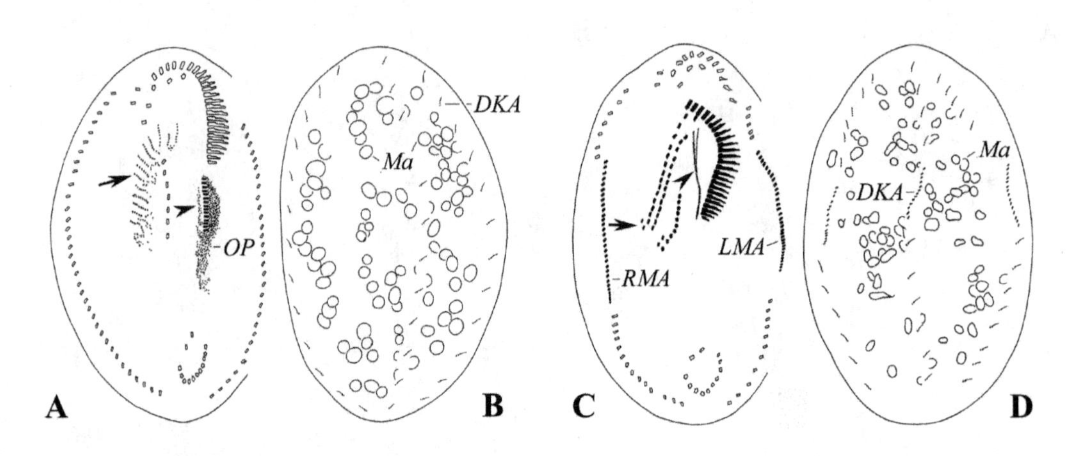

图 7.7.3 派茨异列虫的细胞重组个体
A，B. 早期个体的腹面观，示口原基（无尾箭头），箭头示 FVT-原基；**C，D.** 同一重组个体的腹面观和背面观，示口原基，FVT-原基和 UM-原基（无尾箭头），箭头示额前棘毛向虫体前端迁移。*DKA*. 背触毛原基；*LMA*. 左缘棘毛原基；*Ma*. 大核；*RMA*. 右缘棘毛原基；*OP*. 口原基

主要特征与讨论 本亚型目前涉及派茨异列虫和沃伦异列虫（Hu et al. 2000a；Shao et al. 2011）。

亚型的主要发生学特征如下。

（1）前仔虫的口器完全被更新，新的口原基很可能发育自细胞皮层深处。

（2）后仔虫的口原基出现在细胞表面，老结构不参与新原基的形成。

（3）额棘毛分别来源于 UM-原基（1 根）与 FVT-原基 I 和 II，单一的口棘毛来自第 1 列 FVT-原基。

（4）FVT-原基为初级发生式，且其发育与老结构无关。

（5）额前棘毛源于最后 1 列 FVT-原基，似乎所有原基均参与了横棘毛的形成。

（6）缘棘毛和背触毛均为原位发生，即形成于老结构中。

（7）大核发生完全的融合。

到目前为止，异列虫属内共有 9 个种的细胞发生学已被研究过：*Anteholosticha monilata*、*A. marimonilata*、*A. multistilata*、*A. warreni*、*A. pulchra*、*A. heterocirrata*、*A. multicirrata*、*A. petzi* 和 *A. manca*。这些研究表明，本形态属内阶元的发生学表现了高度的多样性，分别属于不同的亚型（Berger 2006，2008；Hemberger 1982，1985；Hu et al. 2000a；Li et al. 2008a；Park et al. 2013；Shao et al. 2011；Xu et al. 2011）。

由于某些分裂期的缺失，目前没有直接观测到本种的 FVT-原基一分为二的全过程，但在沃伦异列虫（Hu et al. 2000a）及从本种的前后相邻阶段可以明确判断，FVT-原基在本亚型为初级发生式：在图 7.7.2A 所示的发育期中，部分 FVT-原基的中部已经表现出了断裂；且根据图 7.7.2A 和图 7.7.2C 阶段的分裂相内 FVT-原基的位置判断，后面一个时期的 FVT-原基似是从上一个时期的 FVT-原基断裂并分别向前后迁移而来。

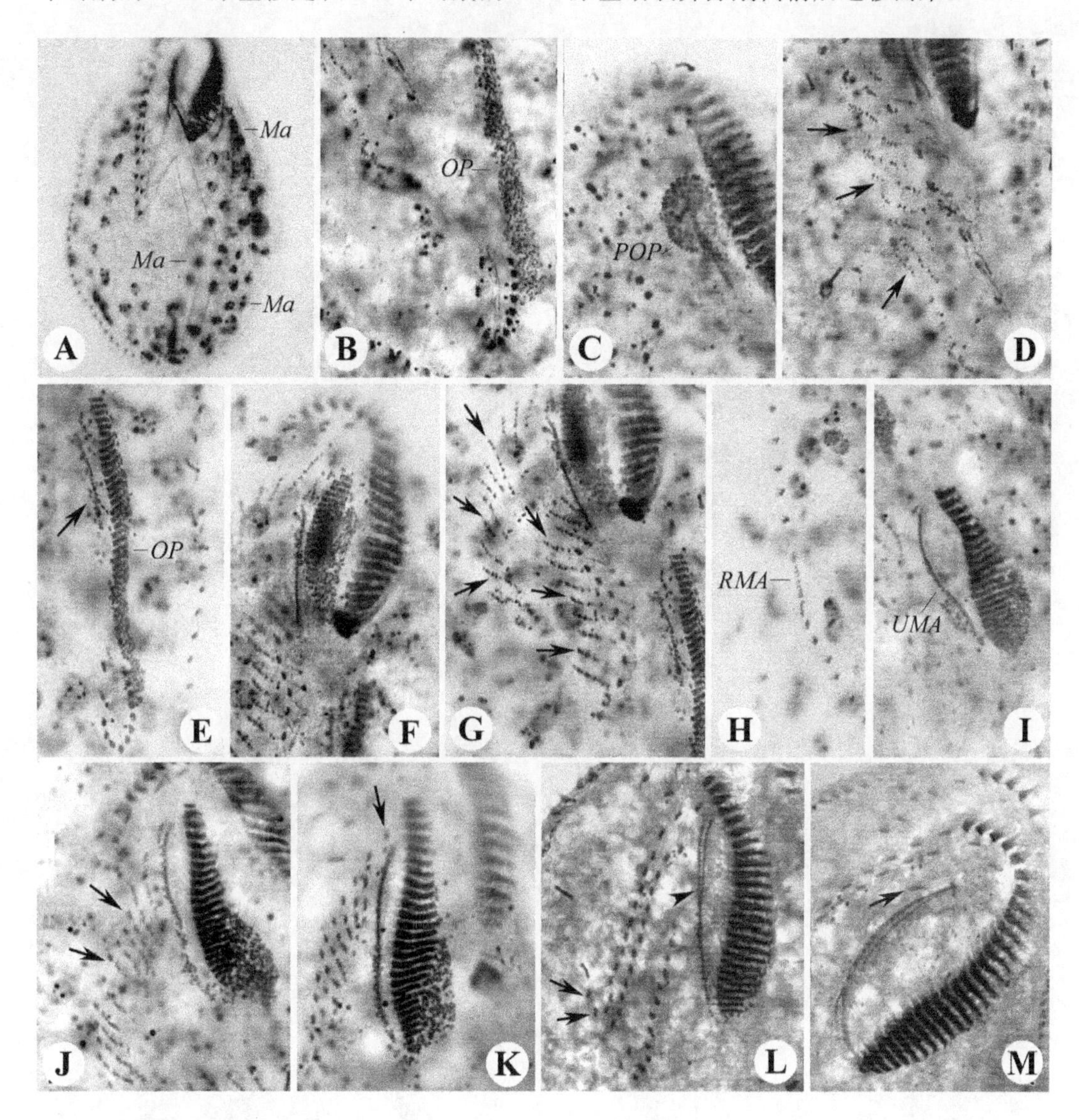

图 7.7.4　派茨异列虫的细胞发生

A. 大核在融合过程中；**B-D.** 同一个体的腹面观，示前（**B**）、后（**C**）仔虫中，UM-原基前端形成第1额棘毛，箭头示 FVT-原基；**E.** 腹面观，箭头示 UM-原基；**F，G.** 示 FVT-原基（箭头）；**H.** 右缘棘毛原基；**I.** 腹面观，示 UM-原基；**J，K.** 示 FVT-原基（**J** 中箭头）和第 1 额棘毛（**K** 中箭头）；**L，M.** 发生末期个体的腹面观，示额前棘毛（**L** 中箭头）、波动膜（**L** 中无尾箭头）和口棘毛（**M** 中箭头）。*Ma*. 大核；*OP*. 口原基；*POP*. 前仔虫口原基；*RMA*. 右缘棘毛原基；*UMA*. UM-原基

第8节　海珠异列虫亚型的发生模式
Section 8　The morphogenetic pattern of *Anteholosticha marimonilata*-subtype

姜佳枚 (Jiamei Jiang)　　宋微波 (Weibo Song)

本亚型以海珠异列虫为代表，其区别于另外两个相邻亚型的主要特征在于：发生过程中老口围带发生部分老结构的原位重建和更新，但无口原基的形成；FVT-原基为初级发生式。该模式最初由许媛等（Xu et al. 2011）描述和建立，本处对亚型的介绍主要基于此工作。

基本纤毛图式　形态学特征及纤毛图式如图 7.8.1 所示，具 3 根完善分化的额棘毛、2 根额前棘毛，横前棘毛、口棘毛、横棘毛均存在；中腹棘毛列终止于体后 1/5 处；左、右缘棘毛各 1 列。

背触毛为完整的 4 或 5 列；大核 8 枚。

细胞发生过程

口器　前仔虫无口原基的形成但老口围带发生局部重建：大部分的老结构保持不变，仅在发生中期见其最后端的数片小膜外侧发生不显著的解聚、原位重新组装成小膜，新组装的小膜与前部未发生变化的老结构一起，共同形成前仔虫的口围带（图 7.8.2G；图 7.8.3A-C；图 7.8.5A，C，E，F）。因此前仔虫的口围带是由新、老结构共同拼接而成的。

老的波动膜最初的变化（似乎）是由口内膜解体去分化而形成一簇椭圆形的毛基体群（罕见！）（图 7.8.2C），随后口侧膜发生解体（图 7.8.2D）。随后该毛基体形成前仔虫的 UM-原基（图 7.8.2F，G；图 7.8.4C），细胞分裂后期 UM-原基前端分化出 1 根额棘毛，并纵列为口内膜和口侧膜（图 7.8.3A；图 7.8.5C）。

后仔虫的口原基出现于横棘毛附近，最初为独立产生的一个巨大的原基场，从口后一直延伸到横棘毛处（图 7.8.2A）。该原基场经毛基体的增殖、发育，从前至后逐步组装成新的小膜（图 7.8.2B-D，F，G；图 7.8.4A，B）。到发生晚期，小膜的组装基本完毕，形成了后仔虫的新口器（图 7.8.3A，B）。

后仔虫的 UM-原基出现在后仔虫口原基的右前方（图 7.8.2D；图 7.8.4I）。随后的发育完全与前仔虫的 UM-原基同步发育，最终产物也为口侧膜和口内膜及一根额棘毛（图 7.8.2F，G；图 7.8.3A；图 7.8.5C，F，H）。

额-腹-横棘毛　早期的发生过程缺失。最先观察到的分裂期个体中，FVT-原基已形成，其位于分裂个体的前半区，形成尚未完全分离的两组 FVT-原基，每组包括 10 余列短的原基，此时老结构均已消失，似乎没有参与原基的形成和发育（图 7.8.2C；图 7.8.4C-E）。由此分裂相判断，本亚型的 FVT-原基为初级发生式。在随后的发育过程中，原基经发育、片段化而形成新棘毛（图 7.8.2G；图 7.8.3A；图 7.8.5C）。

在新棘毛形成的过程中，每条 FVT-原基（除了最右侧的 2 个）均贡献 2 或 3 根棘毛，形成 3 列斜向的棘毛，部分后部的原基形成横棘毛（图 7.8.3B；图 7.8.5E）。像大多数尾柱类一样，额前棘毛也在最右侧一列 FVT-原基中形成并沿着虫体右侧向虫体前端迁移（图 7.8.3B；图 7.8.5G）。到后期，新棘毛分化完毕并到达既定位置（图 7.8.2C）。

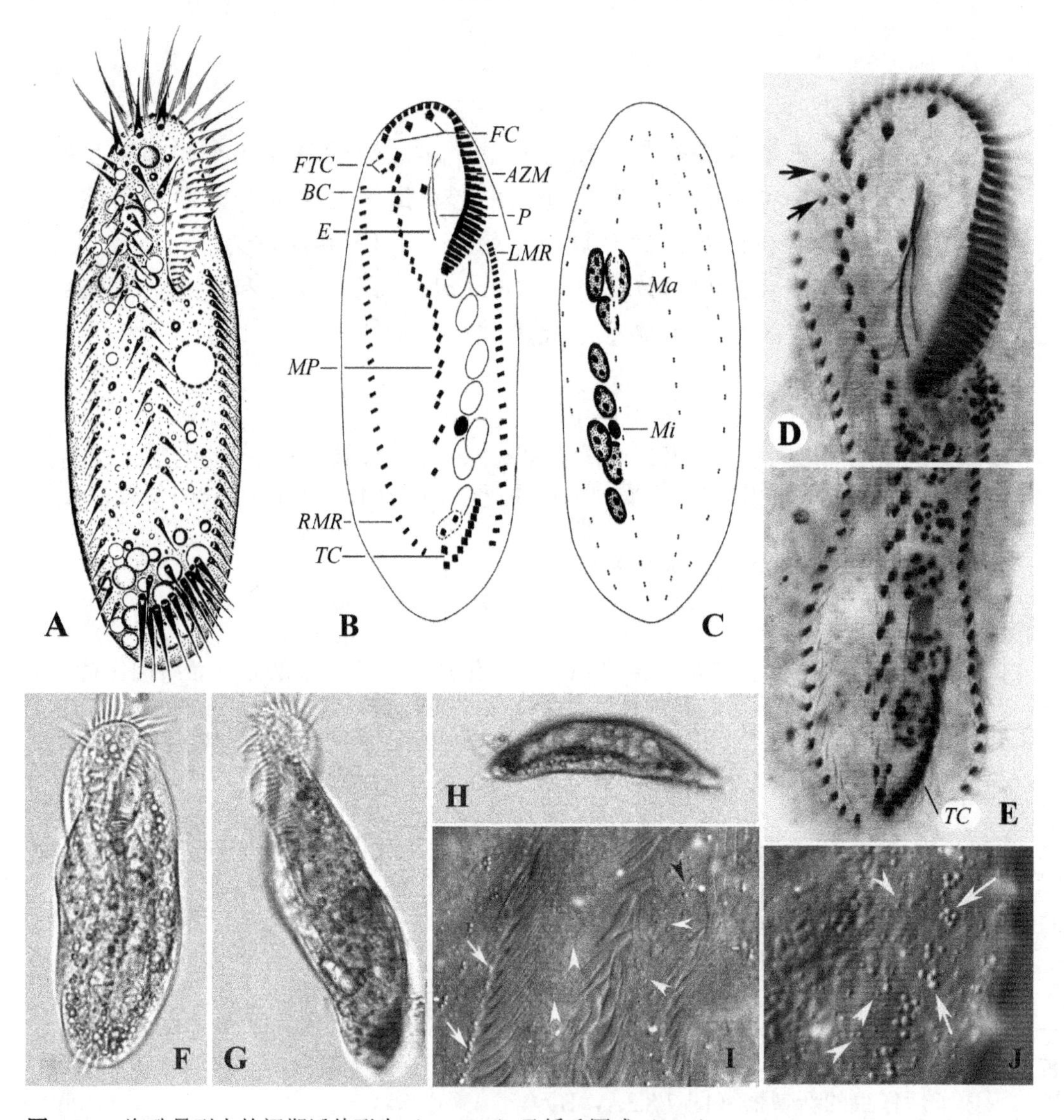

图 7.8.1　海珠异列虫的间期活体形态（**A**，**F-J**）及纤毛图式（**B-E**）

A，**F.** 典型个体腹面观；**B**，**C.** 腹面观（**B**）及背面观（**C**），示发生间期的纤毛图式；**D**，**E.** 腹面观，示前部（**D**）及后部（**E**）纤毛图式，箭头示额前棘毛；**G**，**H.** 侧面观；**I**，**J.** 无尾箭头示小皮层颗粒，箭头示大皮层颗粒。*AZM.* 口围带；*BC.* 口棘毛；*E.* 口内膜；*FC.* 额棘毛；*FTC.* 额前棘毛；*LMR.* 左缘棘毛列；*MP.* 中腹棘毛对；*P.* 口侧膜；*Ma.* 大核；*Mi.* 小核；*RMR.* 右缘棘毛列；*TC.* 横棘毛

3根额棘毛分别来自于UM-原基和FVT-原基Ⅰ、Ⅱ的前端。
1根口棘毛由第1列FVT-原基条带后端产生。
拟口棘毛来自于FVT-原基Ⅱ的后端。

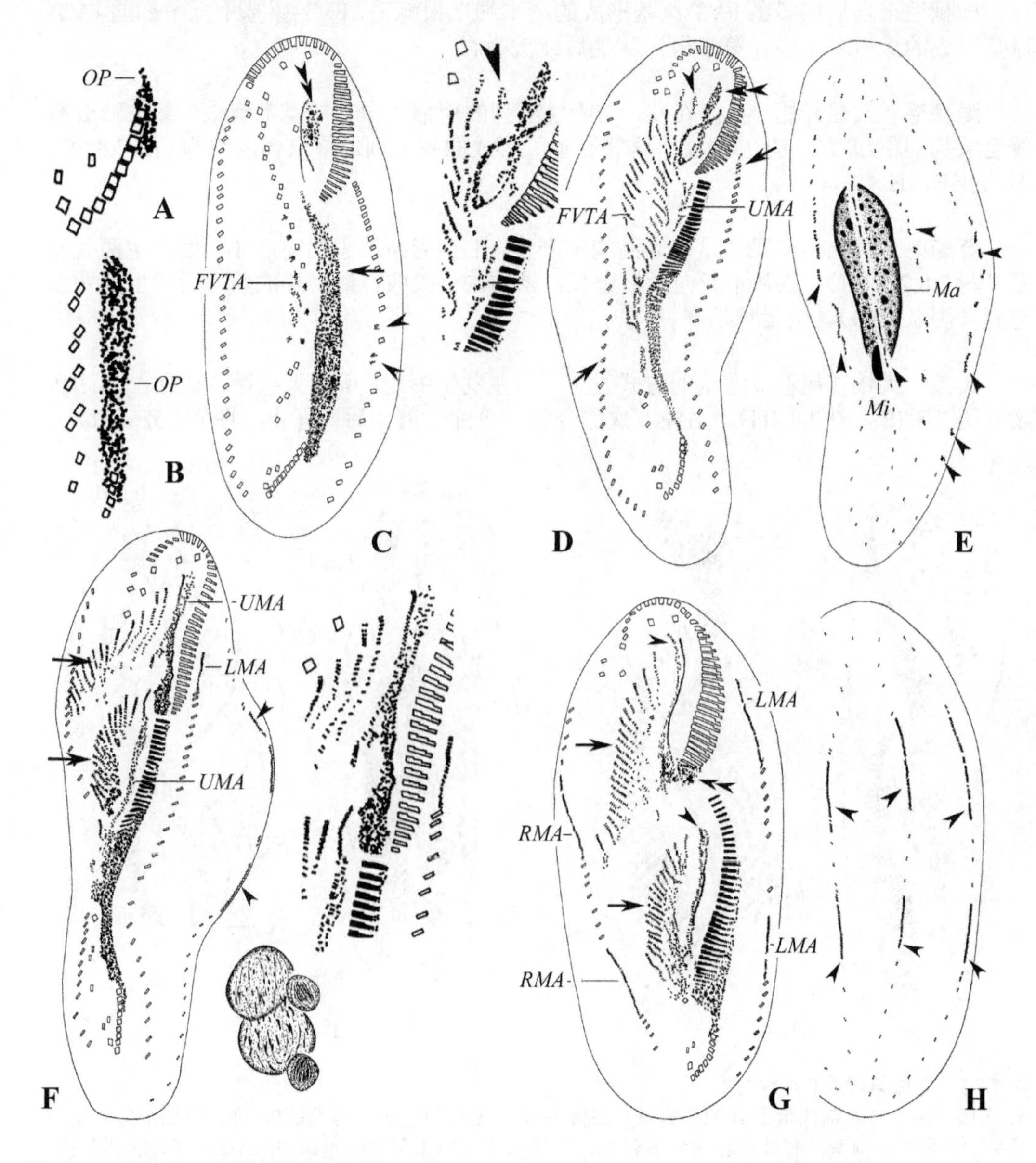

图 7.8.2　海珠异列虫的细胞发生过程

A，B. 示后仔虫口原基出现于最左侧1根横棘毛左侧；**C.** 稍后时期，口原基加长（箭头），FVT-原基出现，缘棘毛原基出现（无尾箭头），老口内膜开始解聚（双箭头）；**D，E.** 稍后发生时期个体腹面观和背面观，图**D**中箭头示缘棘毛原基，无尾箭头示分化中的口棘毛，双箭头示解聚中的老口侧膜，**E**中无尾箭头示背触毛原基；**F.** 进一步发育的个体，大小核已开始分裂，箭头示FVT-原基，无尾箭头示背触毛原基；**G，H.** 发生近中期个体的腹面观和背面观，**G**中箭头示FVT-原基，无尾箭头示UM-原基，双箭头示解聚中的老口围带后端，**H**中无尾箭头示背触毛原基。*FVTA*. FVT-原基；*LMA*. 左缘棘毛原基；*Ma*. 大核；*Mi*. 小核；*OP*. 口原基；*RMA*. 右缘棘毛原基；*UMA*. UM-原基中腹棘毛列如典型的尾柱类，分别来自 FVT-原基III至 n-1。

2 根横前棘毛来自最后 2 条 FVT-原基的中部。

2 根额前棘毛产生自最后一列 FVT-原基的前端。

横棘毛来自后部多条 FVT-原基形成的最末端 1 根棘毛，FVT-原基 I 至中部的 FVT-原基形成的最后端 1 根（第 3 根）棘毛后续被吸收。

缘棘毛 发生起始不久，在左、右缘棘毛列的前部和中部的棘毛解聚，参与形成缘棘毛原基（图 7.8.2G；图 7.8.4D）。这些原基所形成的棘毛列最终取代老结构（图 7.8.3C；图 7.8.5E，H）。

背触毛 背触毛的发生是在老结构中产生，1 列老结构中的前后 1/3 处产生两处原基（图 7.8.2E，H）。原基不断向两极延长，老结构被吸收，最终形成前、后仔虫的背触毛列（图 7.8.5D）。无尾棘毛产生。

大核 大核以尾柱类普遍的方式发生。即在发生中期，所有大核融合成单一的团状物（图 7.8.2E；图 7.8.4H）。后经多次的分裂，分配给前、后两仔虫（图 7.8.5E，H）。

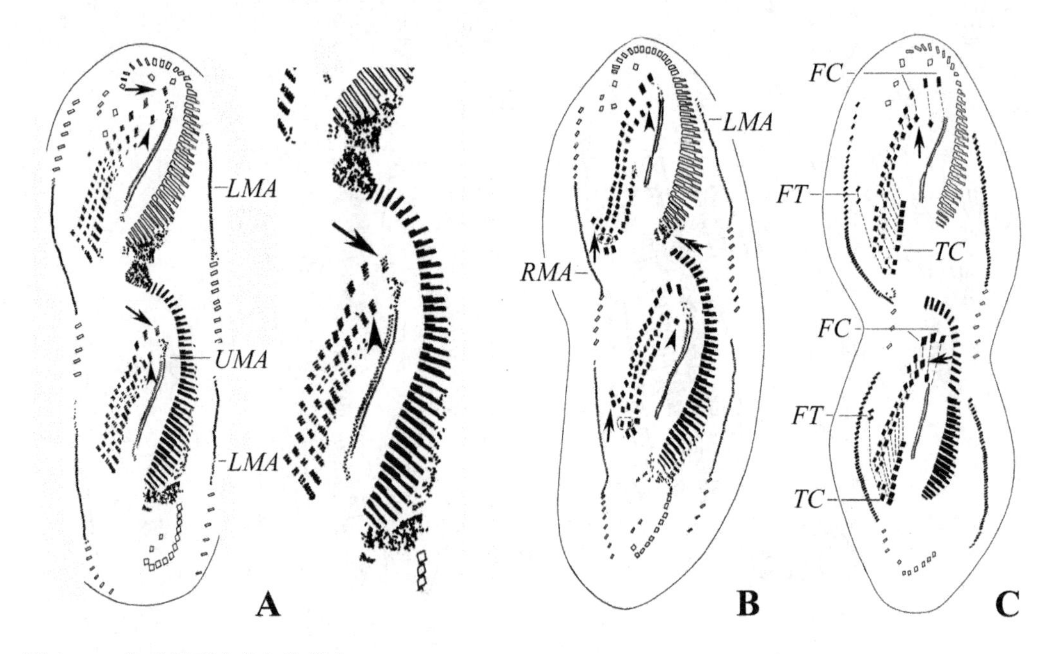

图 7.8.3 海珠异列虫的细胞发生

A. 分裂中期个体，箭头示 UM-原基贡献 1 根额棘毛，无尾箭头示口棘毛；**B.** 分裂中期个体，无尾箭头示口棘毛，箭头示将要迁移的额前棘毛，双箭头示老口围带末端重组中的小膜；**C.** 后期个体，示口器和棘毛的进一步发育、迁移，箭头示自 FVT-原基 II 的拟口棘毛。*FC.* 额棘毛；*FT.* 额前棘毛；*LMA.* 左缘棘毛原基；*RMA.* 右缘棘毛原基；*TC.* 横棘毛；*UMA.* UM-原基

主要特征与讨论 该亚型的主要发生学特征如下。

（1）老口围带大部分完整保留，仅末端数片小膜出现解聚、原位重建。

（2）后仔虫的口原基场出现在细胞表面，未来的口原基及 UM-原基共同起源自该原基场。

（3）FVT-原基极可能为初级发生式，部分老棘毛似乎参与了该原基的形成。

（4）老的波动膜（似乎）解聚并参与 UM-原基的构建。

（5）2 根额前棘毛源于最后 1 列 FVT-原基，后部 FVT-原基参与了横棘毛的形成。

（6）缘棘毛原基和 4 列背触毛原基均为在老结构中原位发生，后者为次级发生式，原基无分段化，亦不形成尾棘毛。

（7）大核发生完全融合。

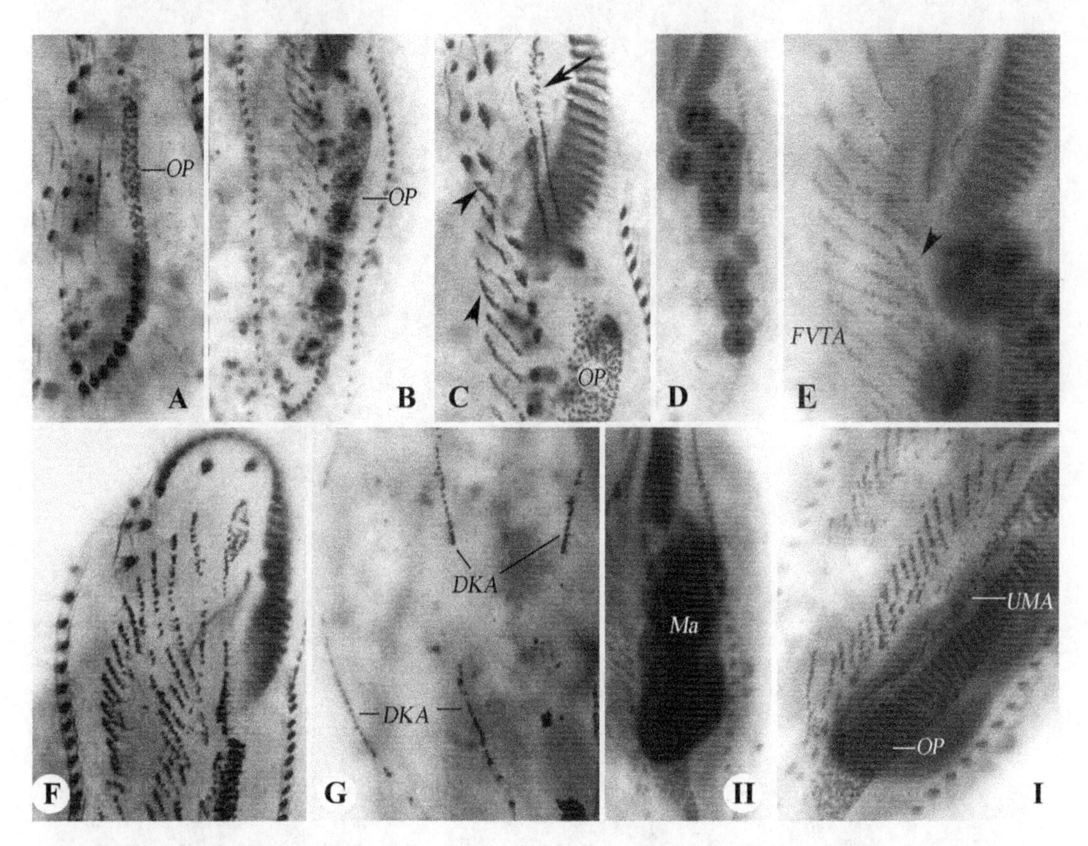

图 7.8.4　海珠异列虫的细胞发生
A. 发生初期，示口原基；**B，C.** 稍后时期，同一个体后部（**B**）及前部（**C**），示口原基扩大和波动膜解聚（箭头）及中腹棘毛（无尾箭头）；**D.** 融合中的大核；**E.** 示额-腹-横棘毛条状原基的形成，无尾箭头示解体中的中腹棘毛；**F.** 示 FVT-原基的断裂；**G.** 背面观，示背触毛原基的形成；**H.** 示完全融合的大核；**I.** 示后仔虫口原基的发育和 UM-原基的形成。*DKA*. 背触毛原基；*FVTA*. FVT-原基；*Ma*. 大核；*OP*. 口原基；*UMA*. UM-原基

如上节所述，异列虫属内具有细胞发生学信息的共有 9 个种，至少隶属于 3 个亚型（另参见本章第 6、7 节），本亚型的特点包括如下的组合：①前仔虫无口原基形成，老口围带几乎维持不变，仅其末端少数小膜发生原位的解聚、重建和更新；②FVT-原基为初级发生式；③具有多于 3 列（原始型）的背触毛，而且原基于每列老结构内形成。

基于这些特征，特别是具有多于 3 列的背触毛原基，使得本类群代表了一个独立的亚型，因为这个特征代表了一个飞跃式的演化结果。虽然目前还无从判断，此“变异”是否来自 3 列原基的原始类型的演化？如是，则意味着某列原基发生了分段化或通过其他方式分生出新的原基。目前所知，该亚型仅含本种。

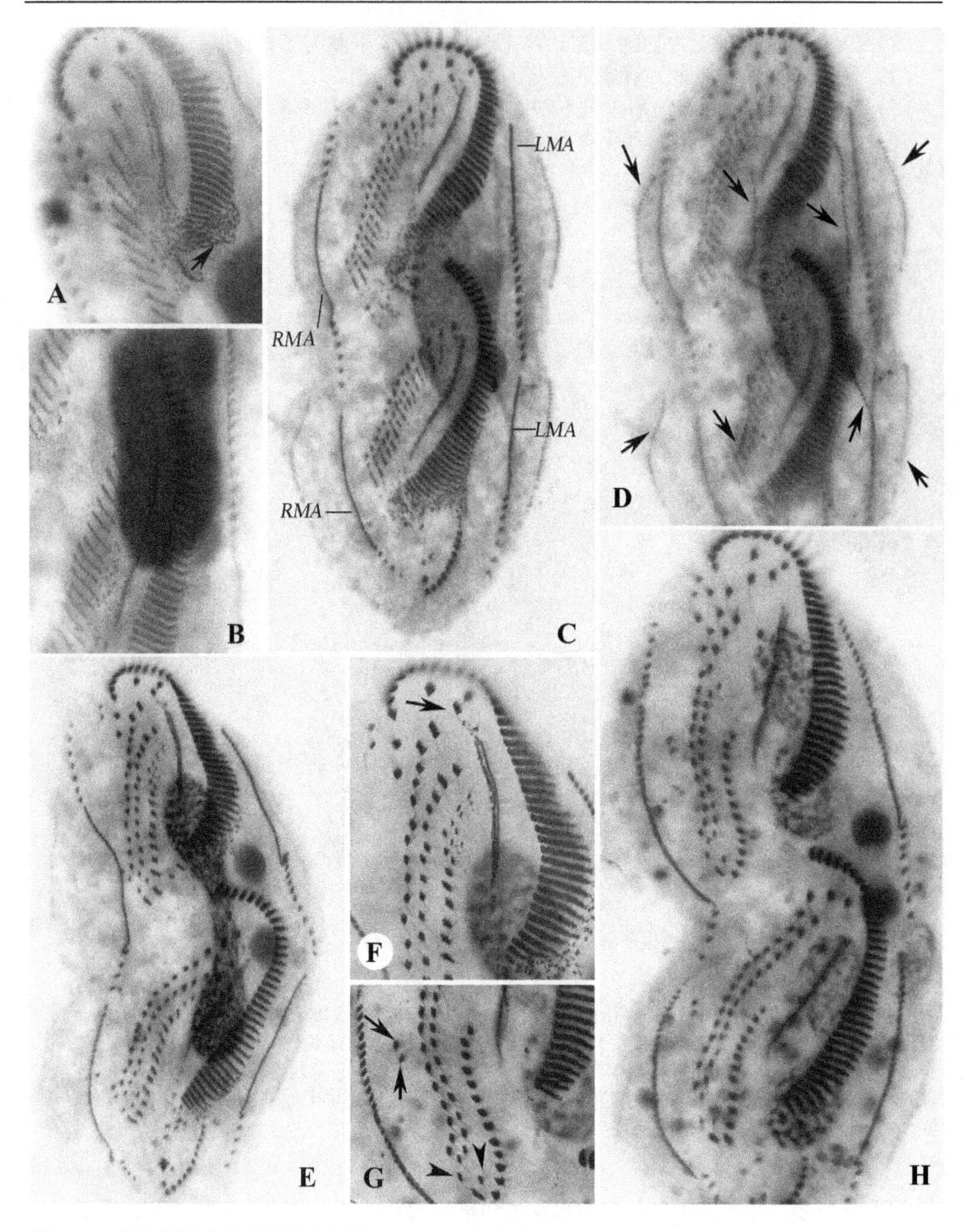

图 7.8.5 海珠异列虫的细胞发生后期

A. 前仔虫口区腹面观，箭头示原位解体重建中的小膜；**B.** 中期个体后仔虫腹面观；**C，D.** 中期同一个体腹面观及背面观，示左、右缘棘毛原基，箭头示背触毛原基；**E，F.** 同一分裂后期个体的整体腹面观及前部放大观，箭头示自口侧膜分化出的 1 根额棘毛；**G，H.** 发生末期个体整体腹面观（**H**）及前仔虫后部放大观（**G**），箭头示迁移棘毛（额前棘毛），无尾箭头示横前棘毛。*LMA*. 左缘棘毛原基；*RMA*. 右缘棘毛原基

第 9 节　异弗氏全列虫亚型的发生模式
Section 9　The morphogenetic pattern of *Holosticha heterofoissneri*-subtype

胡晓钟 (Xiaozhong Hu)　　宋微波 (Weibo Song)

异弗氏全列虫所在的全列虫属在 Berger（2006）的安排中被视为尾柱超科内的全列科内成员。该模式连同该种最初由胡晓钟和宋微波（Hu & Song 2001b）描述和建立。作为一个亚型，其突出特征是老口围带完全为前仔虫所继承、FVT-原基Ⅰ的独立分化及第 1 列背触毛原基的片段化。目前对本亚型的了解尚待完善：在迄今仅有的一份工作中，仍存在若干不明之处，包括 FVT-原基的产生方式。因此本节对该亚型的刻画仍有待未来工作的核实和补充。

基本纤毛图式　口围带不连续，分成前、后两部分；波动膜由口侧膜和口内膜组成；具 3 根额棘毛和 1 根口棘毛；中腹棘毛多成对排布；横棘毛存在；左、右缘棘毛各 1 列（图 7.9.1A-D）。

背面具 5 列近乎贯穿体长的背触毛（图 7.9.1E）。

细胞发生过程

口器　在整个细胞分裂过程中，老口围带不发生任何可见的变化，将完整地被前仔虫所继承（图 7.9.3B，D，F）。

老的波动膜发生解聚、去分化形成新的 UM-原基（图 7.9.2A）。随后其前部发育成 1 根额棘毛，后部形成前仔虫的口侧膜和口内膜（图 7.9.2B，D-F；图 7.9.3B，D，F）。

后仔虫口器发生始于口区和横棘毛间无序毛基体群（原基场）的形成，由此发育成口原基（图 7.9.1F）。其在位置上较为罕见：至少在多个发生期个体可见，口原基的后部应似乎是在皮膜下完成的（图 7.9.2A，F）（见本节讨论部分）。随后的发育与多数腹毛类的过程相同：原基内逐渐组装出新小膜，至发生后期，新形成的口围带经变构、迁移并完成最终的定位（图 7.9.1H；图 7.9.2A，B，D-F）。

后仔虫的 UM-原基形成在口原基的右侧（图 7.9.1H；图 7.9.2A），在早期其后端和口原基似乎发生联系。后期的发育过程与前仔虫相同，最终形成波动膜及 1 根额棘毛（图 7.9.2B，D-F）。

额-腹-横棘毛　有可能是以初级模式形成：伴随着后仔虫口原基的发育，在虫体中部、中腹棘毛列与右缘棘毛列之间的纵长区域内出现一组 10 余列斜向排列的基体条索，此为 FVT-原基（图 7.9.1H）。随后部分原基每列很可能横断为二（？）或整组原基整体上分成上下两组，从而形成前、后仔虫的 FVT-原基，每组约含 15 列（图 7.9.2A，B）。在这些原基的形成和发育过程中，老棘毛很可能并不参与。原基经进一步发育，在前、后仔虫，各形成一“额外”原基（FVT-原基Ⅰ），位于上述 FVT-原基和 UM-原基之间，其最后分化出 3 根棘毛（图 7.9.2A）。

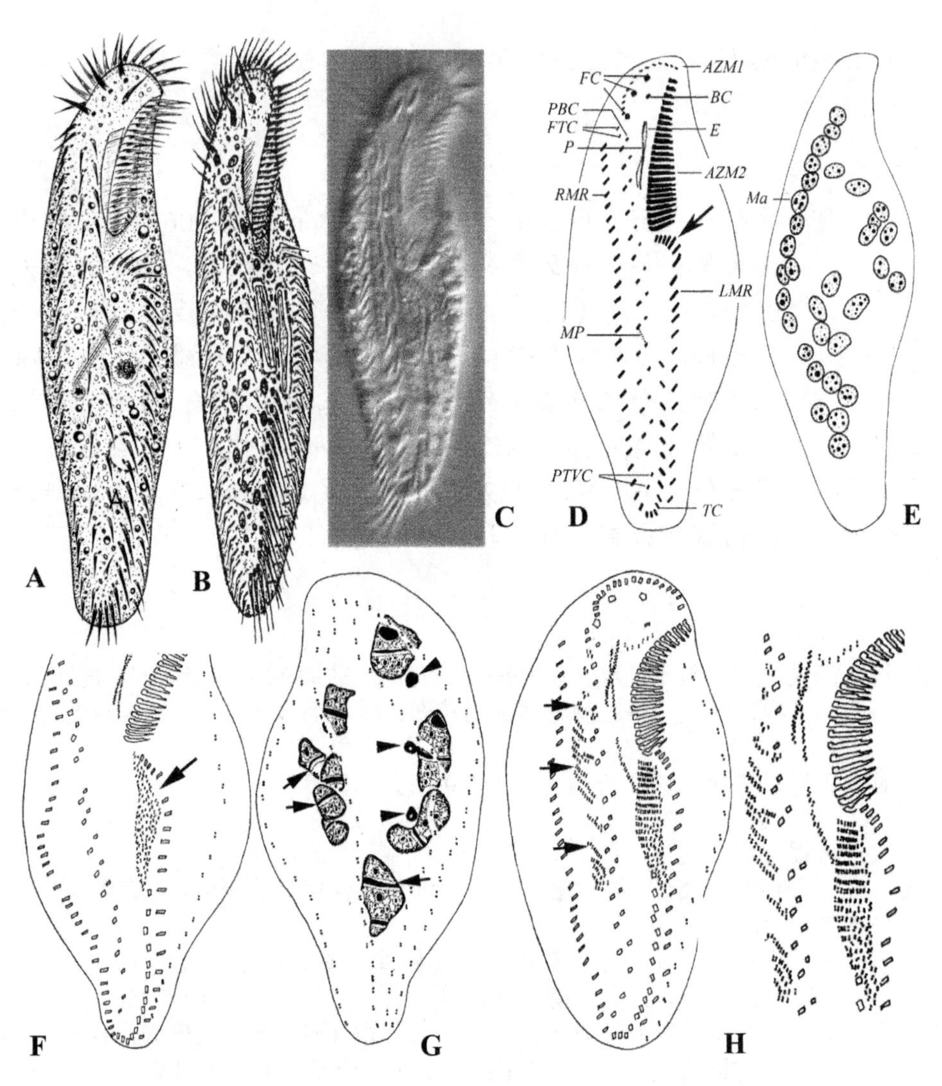

图 7.9.1 异弗氏全列虫的活体（**A-C**）、纤毛图式（**D**，**E**）和细胞发生（**F-H**）
A-C. 腹面观，示体形和棘毛排布；**D**，**E.** 同一个体的腹面观和背面观，示口器、棘毛排布、背触毛列和大核；**F**，**G.** 同一个体的腹面观和背面观，图 **F** 中箭头示口原基，图 **G** 中箭头示大核改组带，无尾箭头示小核；**H.** 腹面观，箭头示 FVT-原基，插图为口原基和 FVT-原基的放大

3 根额棘毛来自于 UM-原基和 FVT-原基Ⅰ与Ⅱ。
FVT-原基Ⅰ贡献口棘毛，FVT-原基Ⅱ贡献拟口棘毛。

除了最后的 2 列 FVT-原基各产生 4 或 5 根棘毛外，其余每列均分化出 3 根棘毛。
FVT-原基 n 形成 2 根棘毛向前迁移而成为额前棘毛（图 7.9.2F；图 7.9.3B，F）。
来自后面 2 列 FVT-原基的第 3 根棘毛成为横前腹棘毛（图 7.9.2F；图 7.9.3B，D，F）。
每列 FVT-原基的末端均贡献 1 根横棘毛（图 7.9.2F；图 7.9.3B，D，F）。
其余棘毛发育为典型的中腹棘毛（图 7.9.2F；图 7.9.3B，D，F）。

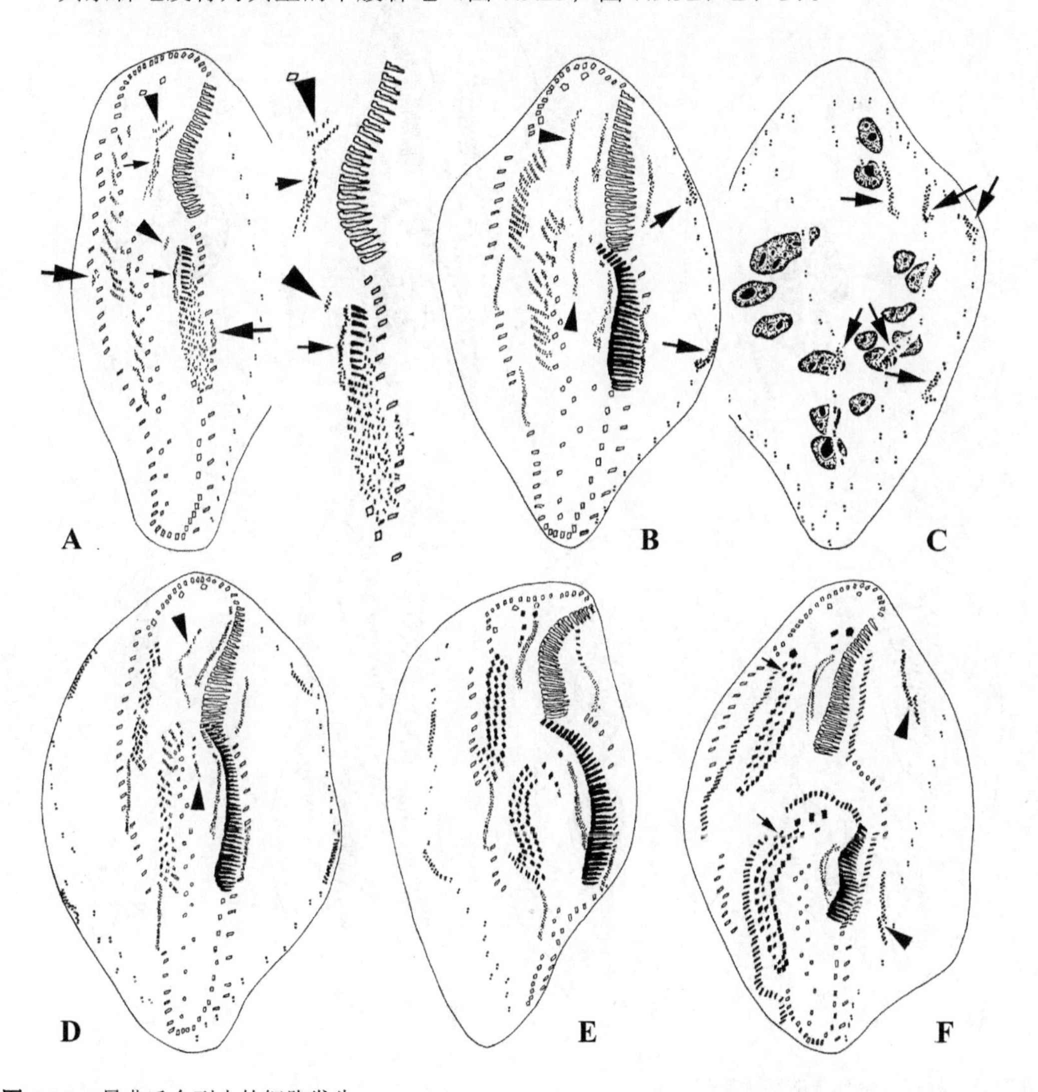

图 7.9.2　异弗氏全列虫的细胞发生
A. 腹面观，大箭头示缘棘毛原基，无尾箭头示 FVT-原基，小箭头示 UM-原基，插图为后仔虫口原基和前仔虫口器的放大；**B，C.** 同一个体的腹面观和背面观，箭头示背触毛原基，无尾箭头示“额外棘毛”原基；**D.** 腹面观，无尾箭头示“额外棘毛”原基的发育；**E，F.** 不同细胞的腹面观，无尾箭头示第 1 列背触毛原基在后部的断裂，箭头示新的额前棘毛

缘棘毛　缘棘毛原基的发育晚于 FVT-原基，最初发生在老结构中。开始在左、右缘棘毛列的后、中部少数棘毛发生解聚，分别产生后仔虫的左缘棘毛原基和前仔虫的右缘棘毛原基（图 7.9.2A）。随后，右缘棘毛列中后部的几根棘毛发生解聚，形成后仔虫

的右缘棘毛原基；前仔虫的左缘棘毛原基则发生在老棘毛列的前端、老口围带的左方（图7.9.2B）。其后，这些原基向两端延长并增宽（图 7.9.2D）。至中、后期，这些原基进一步片段化并发育成新的棘毛以逐步替代老结构（图 7.9.2E，F；图 7.9.3B，D，F）。

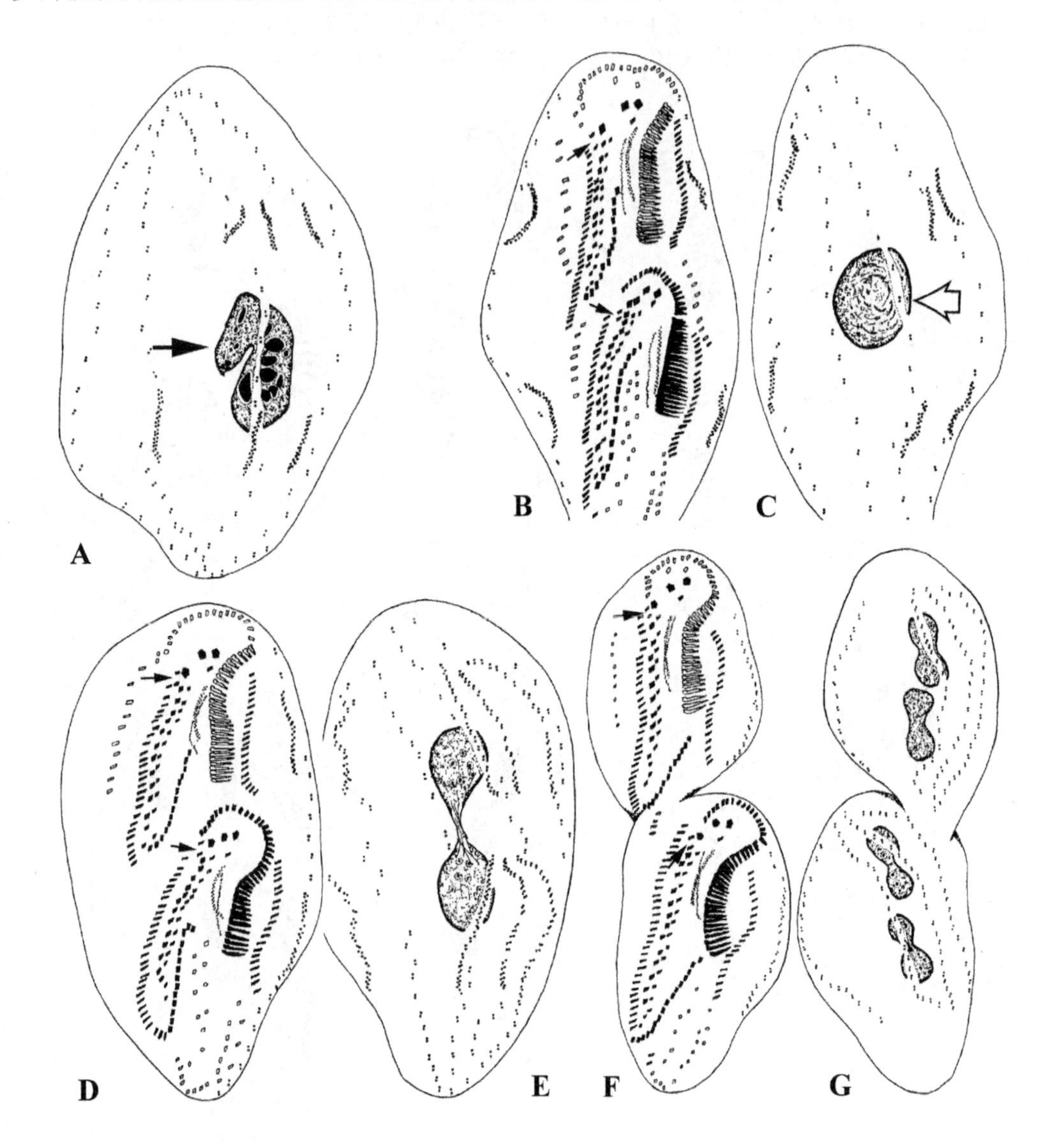

图 7.9.3 异弗氏全列虫的细胞发生
A. 图 7.9.2F 个体的背面观，箭头示大核片段的融合；**B，D，F.** 腹面观，显示腹面纤毛器的迁移，箭头示新的额前棘毛；**C，E，G.** 背面观，显示背触毛的更新和大核的分裂，空心箭头示融合大核

背触毛 背触毛原基的发生在前、后仔虫稍有不同：最初均为 4 列。其中 3 列原基在前、后仔虫中的位置相同，分别出现于第 1、4、5 列老背触毛的前部和后部（图7.9.2B-D），另外 1 列原基在前仔虫独立出现于第 4 列和第 5 列老结构中间相应位置，而在后仔虫则产生于第 3 列老背触毛的后部（图 7.9.2C；图 7.9.3A）。

原基在后期的发育中发生部分分段化现象：至分裂中后期，左侧第 1 列原基在后部发生断裂而一分为二（图 7.9.2F），至此前、后仔虫均具 5 列原基（图 7.9.3B，C）。随后经发育、延伸而形成 5 列新的背触毛以更新老结构（图 7.9.3D-G）。

大核　大核的演化过程简单，其最早的标志为在细胞发生的早期出现大核改组带（图 7.9.1G）。随后大核逐渐发生融合，至中期出现融合大核，以后又分裂数次，以使仔虫细胞均具有十数枚大核（图 7.9.2C；图 7.9.3A，C，E，G）。

主要特征　对异弗氏全列虫细胞发生亚型的发生学特征总结如下。

（1）在发生过程中老口围带完全保留，由前仔虫所继承。

（2）后仔虫的口原基（至少某个阶段）后半部可能为“埋在”老结构之下的，即应该为处于凹陷内（？）或皮层下深层（？）发育。

（3）UM-原基在前仔虫由老结构去分化形成，在后仔虫则与口原基同源形成。

（4）前、后仔虫的 FVT-原基最初为一组，出现在虫体中腹棘毛列与右缘棘毛列之间的纵长区域内。后经部分原基的断裂或分离（推测！）而形成前、后仔虫的 FVT-原基；其中，FVT-原基 I 独立于主体结构发生，其最终分化成 1 根额棘毛、1 根口棘毛和 1 根横棘毛。

（5）每列 FVT-原基的末端均分化出 1 根横棘毛。

（6）前、后仔虫的缘棘毛原基分别发生于老棘毛中。

（7）背触毛原基以次级模式形成，在发育过程中显示了异相发生的特点：二者不同步，且位置不固定，但似乎均为独立发生。原基发育过程中伴有罕见的片段化现象：第 1 列背触毛原基发生片段化。

（8）大核片段在发生初期出现改组带，在中期则发生完全的融合。

讨论　围绕本种的发生，目前仅有一次报道（Hu & Song 2001b）。

目前所知，属于本亚型的仅有 1 种，其中一些发生学特征（诸如老口围带被完整保留、缘棘毛原基和多数背触毛原基在老结构中产生）为一些尾柱类（包括其同属种紧缩全列虫和 *Holosticha pullaster*、*Periholosticha lanceolata*、*Paragastrostyla lanceolata*）所共有（Berger 2006；Hemberger 1982；Hu et al. 2000b），至少从某些方面显示出其在尾柱目中的系统发育地位。

由于缺少部分细胞发生早期的证据，本亚型前、后仔虫 FVT-原基主体部分究竟是初级还是次级发生目前仍不明确。但 FVT-原基 I 在前、后仔虫分别独立发生，无疑是尾柱类中罕见的发生现象。有关此特征的进化意义目前仍不明，亦有待未来的研究去解答。

本亚型中所表现的背触毛原基的形成位置特别是断裂现象（可能）是迄今尾柱类中仅有的（Berger 2006，2008）。不同于典型散毛目尖毛科种类中，背触毛原基断裂通常发生在第 3 列原基（Berger 1999）。

一个高度存疑的问题是，该亚型的后仔虫口原基的形成部位：如文内所提及，至少在某发育阶段，原基后部（全部？）是位于老结构之下（作缘棘毛列等），这显示该原基可能是于皮层下深层发生！由于在两个发生期的相同结构、相同位置上分别观察到此现象，显然不能用（制片过程中形成的）假象来解释。如此，这是一个罕见的现象，特别是与相邻的类群相比，似乎也仅见于玻博瑞具钩虫亚型，后者也显示了同样的现象。这个特征具有高度的发生学意义（足以构成独立的发生模式），并显然属于一个演化上的衍征（绝大多数腹毛类的后仔虫口原基均是在细胞表面形成和发育的）。鉴于其具体的位置（凹陷式的半埋形式？或完全位于皮层下？）仍不明，该问题无疑急需要新工作和补充观察去核实。

在本亚型中，最初形成的 4 列背触毛原基实际均应为独立发生，虽然有些原基似乎出现在老结构附近。在后期的发生个体中可知，老结构应该仅起到定位作用，并不参与背触毛原基的发育。

另外一个意义非凡的现象是，第 1 列背触毛原基出现的分段化，此现象可能代表着腹毛类纤毛虫由尾柱类向散毛类进化的一个原始阶段。另外，前、后仔虫在背触毛原基产生方式表现出不同：前、后仔虫多数原基出现于老结构当中，但前仔虫中则有 1 列背触毛原基独立发生。

上述这些发生学差异在系统进化上有何意义，目前仍不十分明朗。但可以明确的是，本种发生中老口围带完全保留、FVT-原基 I 的独立发生及其棘毛分化，以及背触毛在发生过程中显示的一系列罕见现象，无疑代表了一个独立的细胞发生亚型。

第10节　玻博瑞具钩虫亚型的发生模式
Section 10　The morphogenetic pattern of *Uncinata bradburyae*-subtype

胡晓钟 (Xiaozhong Hu)

玻博瑞具钩虫所在的具钩虫属在 Berger（2006）及 Lynn（2008）的系统安排中分别被视为尾柱超科和排毛亚纲下的地位不明类群。该模式最初由胡晓钟等（Hu et al. 2003）以玻氏全列虫描述和建立。该亚型的突出特征就是老口围带部分保留，腹面FVT-原基独立发生，前、后仔虫的口原基均在深层发生、背触毛原基为独立的两组式发生。目前明确属于该亚型的仅有1属1种。

基本纤毛图式　口围带不连续，分成前、后两部分；具3根发达的额棘毛，单一口棘毛，中腹棘毛列中的棘毛呈典型的zig-zag模式排列，横棘毛和额前棘毛存在；左、右缘棘毛各1列，且左列前端向右特征性地以锐角弯折（图7.10.1A）。

背触毛多达9-11列（图7.10.1A，B）。

细胞发生过程

口器　在前仔虫，口围带部分来自保留的老结构、部分来自新生原基的产物：在发生初期，原基场在虫体口区、口腔底部（深层？）出现，此为前仔虫的口原基（图7.10.1D；图7.10.3B）；同时，老的口围带从后部向前发生渐次地解体、消失（图7.10.1D；图7.10.3A），这个解体、消失仅仅发生在老口围带的后2/3区域。随着毛基体的增殖，原基向左后方扩大并由前至后、自右至左地开始组装新小膜（图7.10.1E）。后来，新生的口围带向前延伸；与此同时，老口围带后部逐渐被吸收（图7.10.1F，H；图7.10.2A）。至发生后期，来自新口原基的小膜和保留下来的老口围带的最前部的部分小膜共同构成前仔虫的口器（图7.10.2C，D，F）。

UM-原基出现于口原基的右侧，很可能来自老结构的去分化，此UM-原基前部产生1根额棘毛，后部则发育成新的波动膜（图7.10.1E，F，H；图7.10.2A，C）。

后仔虫口器发生早于前仔虫，始于邻近横棘毛前端部分的无序毛基体群的出现，其随后发育成后仔虫的口原基，由稍后的发育期个体可以判断，该原基也应（或至少原基的局部？）在皮层深处发生（图7.10.1C，E，F，H；图7.10.3C）。该原基形成过程中没有老结构的参与。随着毛基体数目的增加，口原基加长、增宽。至发生中、后期，小膜组装完毕，后仔虫新形成的口围带，前端开始向虫体的右侧弯折（图7.10.1F）。最终，后仔虫新形成的口器迁移到既定位置（图7.10.2A，C，D）。

与此同时，在口原基的右侧（细胞表面！）有一独立的线状新原基形成，此即后仔虫的 UM-原基（图 7.10.1D；图 7.10.3L），其随后的发育和前仔虫中一样（图 7.10.1E，F；图 7.10.3L）。

额-腹-横棘毛 伴随着口原基内毛基体的增生，在虫体中部出现两组长带状 FVT-原基（图 7.10.1D；图 7.10.3K，L）。

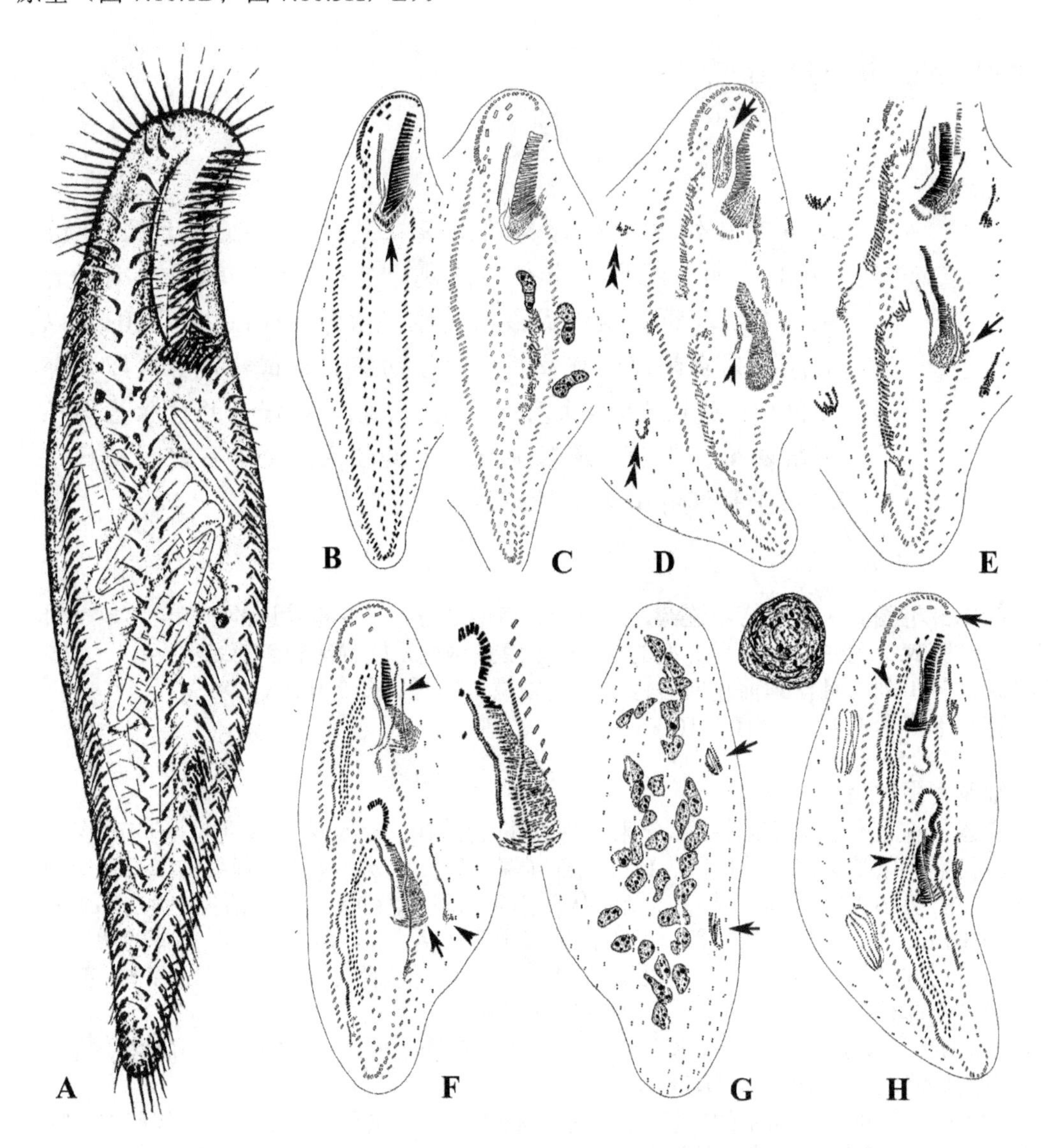

图 7.10.1 玻博瑞具钩虫的活体形态（**A**），纤毛图式（**B**）和细胞发生（**C-H**）
B. 间期个体的腹面观，示纤毛器，箭头示口围带后端特征性的长小膜；**C.** 腹面观，示口原基和大核改组带；**D.** 早中期的腹面观，示前仔虫口原基（箭头）、后仔虫 UM-原基（无尾箭头）和背触毛原基（双箭头）的发育；**E.** 早中期的腹面观，示各原基的发育，箭头示后仔虫口原基仍在皮层深处；**F，G.** 同一时期个体的腹面观和背面观，示 FVT-原基分段发育成新棘毛，图 **F** 中箭头示皮层深处的口原基，无尾箭头示新形成的背触毛原基，图 **G** 中的箭头示背触毛原基；**H.** 腹面观，示两组背触毛原基的进一步发育，插图为融合大核，箭头示保留的老口围带，无尾箭头示迁移棘毛

此原基均处于中腹棘毛列的右侧，为独立发生，老结构似乎也没有参与其后期的发育（图 7.10.2A，C，D）。除了最后的 2 列 FVT-原基通常分化出 4 或 5 根棘毛外，其余每列 FVT-原基发育成 3 根棘毛（图 7.10.2D，F）。

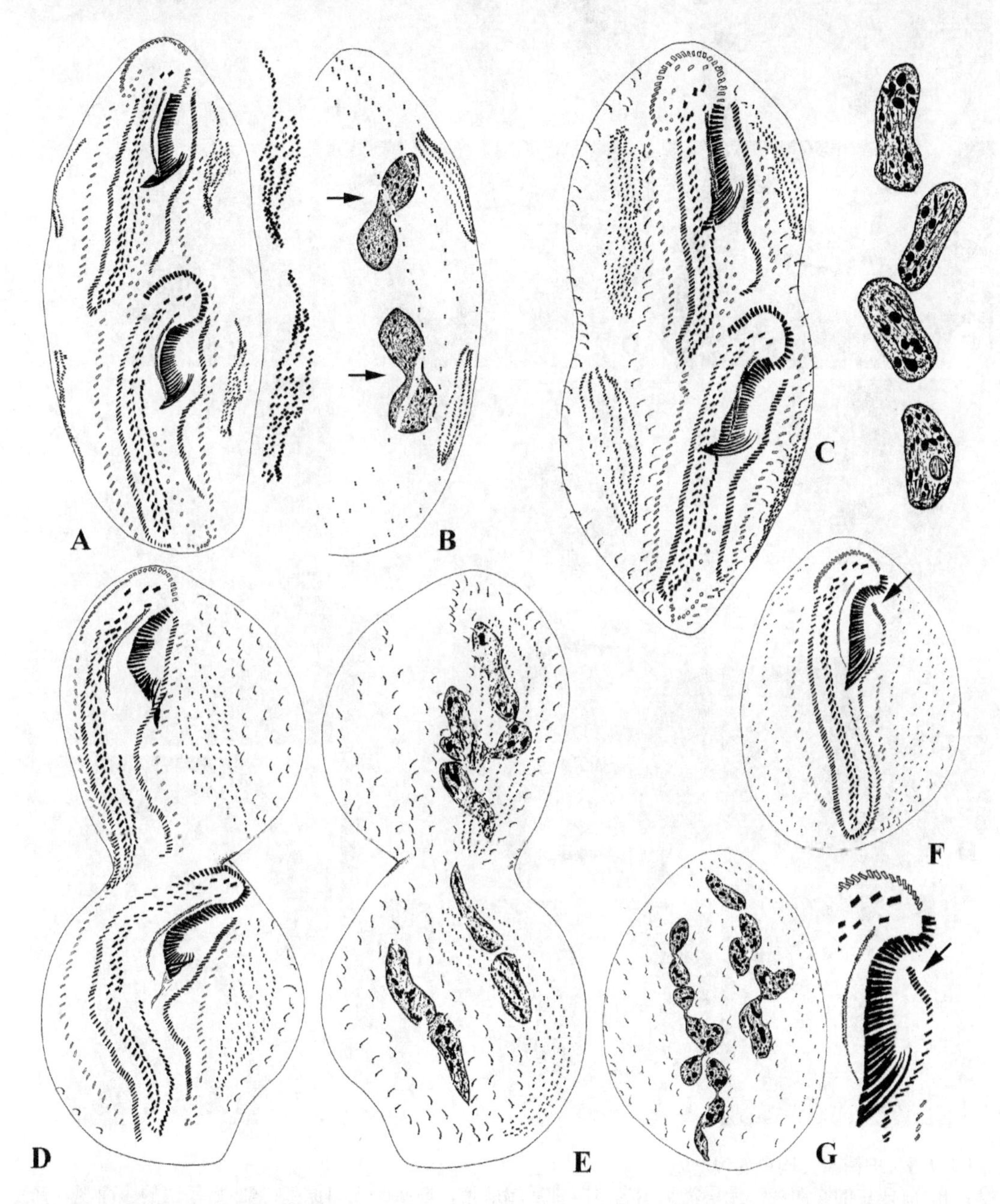

图 7.10.2　玻博瑞具钩虫的细胞发生

A，B. 发生中后期同一标本的腹面观和背面观，箭头示分裂的大核片段，插图为左侧一组背触毛原基；**C.** 发生后期的腹面观，插图为大核片段的分裂；**D，E.** 发生末期同一个体腹面和背面的纤毛图式，细胞中部出现分裂沟；**F，G.** 分裂后前仔虫细胞的腹面观和背面观，箭头示左缘棘毛列前部分的弯曲

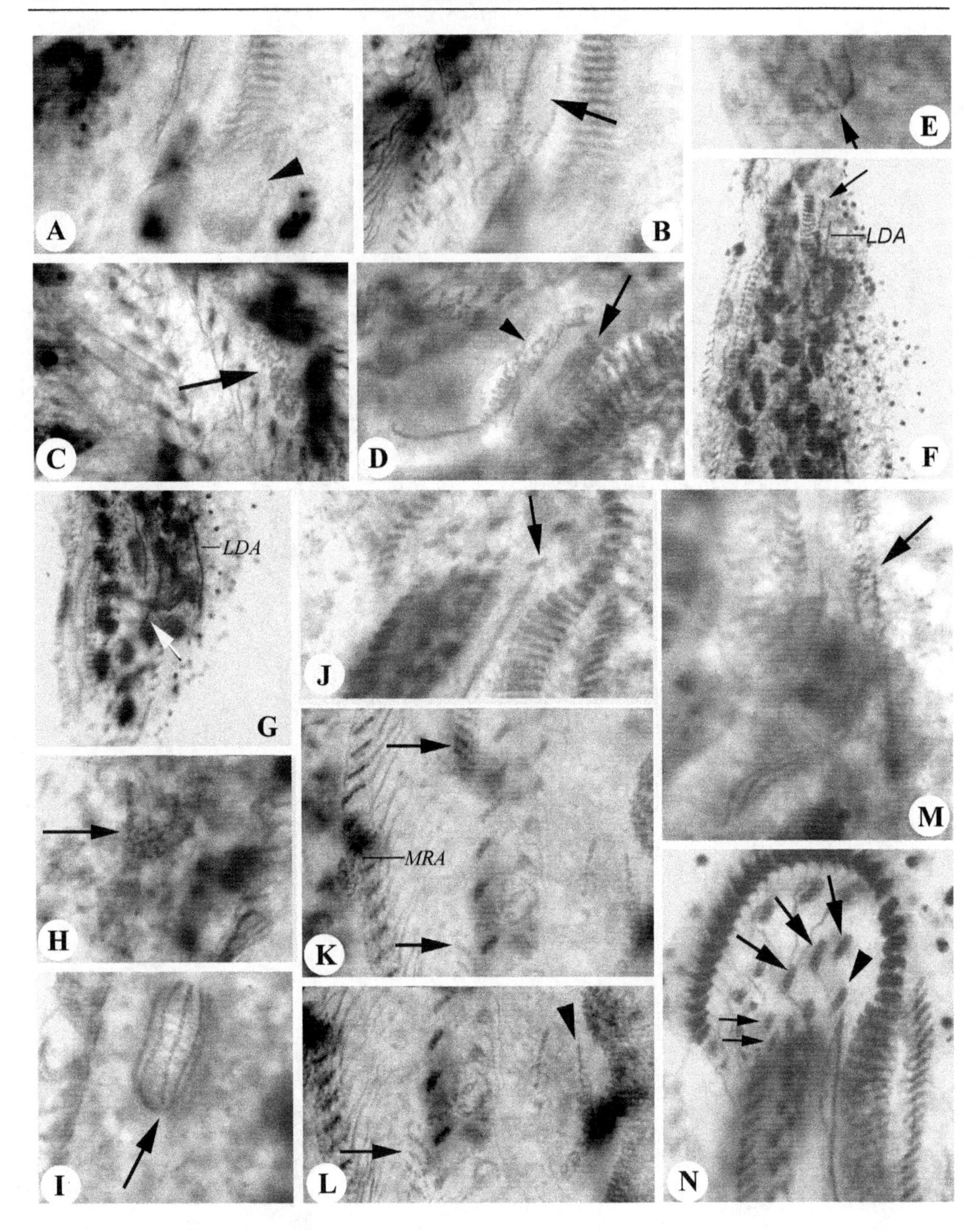

图 7.10.3 玻博瑞具钩虫的细胞发生

A，B. 前仔虫的腹面观，无尾箭头示老口围带后端解聚，箭头示新口原基；**C.** 后仔虫的腹面观，箭头示口原基；**D.** 前仔虫的腹面观，箭头示新口原基中新小膜的分化，无尾箭头示波动膜的重组；**E.** 部分背面观，箭头示右侧背触毛原基；**F.** 前仔虫的腹面观，箭头示左缘棘毛原基的发育；**G.** 后仔虫的腹面观，箭头示左缘棘毛原基的发育；**H，I.** 箭头示右侧背触毛原基；**J.** 前仔虫前部腹面观，箭头示来自 UM-原基前端的额棘毛；**K，L.** 腹面观，箭头示 FVT-原基，无尾箭头示后仔虫的 UM-原基；**M.** 箭头示前仔虫的左缘棘毛原基；**N.** 后仔虫前部腹面观，大箭头示额棘毛，小箭头示额前棘毛，无尾箭头示口棘毛。*LDA*. 左侧背触毛原基；*MRA*. 缘棘毛原基棘毛的发育可以总结如下。

迁移棘毛两根，没有观察到早期的迁移，图 7.10.1H 显示为迁移的后期，2 根额前棘毛（应来自最后 1 列 FVT-原基）已向前移至额区（7.10.3N）。

分别来自 UM-原基及最前面 2 列 FVT-原基的前 1 根棘毛组成额棘毛（图 7.10.1H；图 7.10.3N）。

从第 1 列 FVT-原基后部分化出的中间棘毛迁移至口侧膜和最前端的额棘毛之间，成为口棘毛（图 7.10.3N）。

每列 FVT-原基的末端均形成 1 根横棘毛。

缘棘毛　缘棘毛的更新几乎与额-腹-横棘毛同步，其原基在前、后仔虫均独立于老结构起源，并平行于老的缘棘毛列而向两端延伸（图 7.10.1D-F，H；图 7.10.3F，G，M）。老的缘棘毛明显没有参与原基的形成和发育。至后期，左缘棘毛列的前端开始向右折（图 7.10.2F）。

背触毛　背触毛的更新和发育过程十分独特：在前、后仔虫，此原基均由两组独立发生的原基场发育而来。起初，在最左侧和最右侧的背触毛列附近的前、后仔虫相应位置各出现一组无序排列的毛基体群（图 7.10.1D，E；图 7.10.3H，I）。原基成为形态不同的两组。该过程均与老结构无任何关联。

直至细胞发育中期，左边的一组原基由 1 长列和数短列的毛基体组成，而右边的一组原基则包含 5 或 6 列等长的毛基体（图 7.10.1F-H；图 7.10.2A，B；图 7.10.3I）。最后，由这些原基发育而来的新的背触毛列向背面迁移以替代老结构（图 7.10.2C-G）。

大核　在发生早期，明显可见大核改组带（图 7.10.1C）。核的演化过程同其他多核尾柱类，这里不再赘述（图 7.10.1G，H 插图；图 7.10.2B，C 插图，E，G）。另外，细胞分裂后大核片段的分裂仍需继续进行（图 7.10.2G）。

主要特征及讨论　对玻博瑞具钩虫细胞发生亚型的发生特征总结如下。

（1）前仔虫保留了老口围带的前半部，而后半部则由（很可能是皮膜下深层）自独立发生的新口原基产生的新小膜所替代，因此，前仔虫的口围带来自二者的拼接。

（2）后仔虫的口原基很可能（？或至少原基的后部）也是在皮膜下形成和发育的。

（3）前、后仔虫的 UM-原基均与口原基同源发生。

（4）FVT-原基为次级发生式，在较罕见的中腹棘毛列与右缘棘毛之间出现。

（5）缘棘毛原基独立发生。

（6）背触毛的发生十分独特，即由两组与老结构无关联的原基发育成的新产物共同构成新的背触毛列。

（7）大核片段在发生初期出现改组带，在中后期则发生完全的融合。

本亚型目前所知仅涉及本节所描述的种（Hu et al. 2003）。

以本种为代表的玻博瑞具钩虫细胞发生亚型中所揭示的背触毛的发生模式为迄今尾柱目乃至腹毛（狭义）纤毛虫独有的发生现象。

研究显示，该属内的模式种，巨大具钩虫的细胞发生表现了与玻博瑞具钩虫相同的背触毛演化模式，两者很可能同属一亚型（Luo et al. 2015）。迄今几乎所有的尾柱类纤毛虫均以“一组式”产生新的背触毛，即原基全部或部分出现于老结构中，而另一部分则独立发生，但其形态几乎完全相同（Berger 2006）。不少尖毛类常以“两组式”更新背触毛，一组出现于老结构中，往往发育成纵贯体长的背触毛列，而另一组则源于右缘棘毛列的右前方，通常发育成较短的背缘触毛列（Berger 1999）。其中有些种类通过第3列背触毛原基多次断裂形成数目众多的背触毛列。本亚型所呈现的“两组”背触毛原基形态完全不同，且其发生均与老结构无关，在相邻类群甚至所有的旋唇类中都十分独特。考虑到该种的腹面棘毛已有明确分化并分组，其背触毛的演化方式很可能代表了一个衍化的特征。

前仔虫口器的“拼接式”发生在尾柱类较少见，目前仅出现在相似异列虫中，但在后者，新口原基均为原位发生，且老的口围带参与原基的形成，不同于本种中的异位发生（Hemberger 1982）。由于缺少扫描电镜照片的证据，目前尚不能明确前仔虫的新口原基是否为深层发生，此问题留待未来工作解答。

缘棘毛原基的独立起源也是本亚型的特征之一，在“相邻类群”中几乎找不到过渡类群，但其发生学意义不详。

基于部分细胞发生中期的纤毛图式，可以推测后仔虫的口原基也应该是（至少是后部分）于皮膜下发生、发育的，此现象在腹毛类纤毛虫中十分罕见。而这种口原基的“深层远生型”为不少游仆亚纲纤毛虫所普遍拥有并且是一个发生学意义重大的特征，但两个类群间显然不存在密切的演化关系。因此，有关本亚型后仔虫口原基的形成位置，需要未来电镜等工作的介入，结果如得到证实，则说明广义的纤毛虫中，其口器发生或许经历了多方向或反复的演化。

总之，以本亚型为代表的阶元在发生学过程中表现了一系列的重要特征，这也许表明，该亚型离开某个共同的始祖型已很久，众多特征是其沿着一个孤立的演化路线发展的结果。

第 11 节　亚热带巴库虫亚型的发生模式
Section 11　The morphogenetic pattern of *Bakuella subtropica*-subtype

陈旭淼 (Xumiao Chen)　　宋微波 (Weibo Song)

巴库虫属是尾柱目中的旗舰类群之一，普遍具有大的体型和高度可辨识的纤毛图式：连续的口围带、单根或 1 列口棘毛、长列的迁移棘毛、发达的横棘毛，中腹棘毛复合体由典型的 zig-zag 模式排布的中腹棘毛和多列斜向排列的中腹棘毛列组成。该属包括来自海洋、淡水、苔藓和土壤等生境的多个种。目前所知，本属阶元分属两种发生学亚型。本亚型的介绍主要基于陈旭淼等（Chen et al. 2013a）的研究。

基本纤毛图式　额棘毛分化完善，具有口棘毛、迁移棘毛、横前棘毛和横棘毛，中腹棘毛复合体普遍发达，前部为 zig-zag 模式排布的棘毛对，后部为 1 或 2 列短的腹棘毛（分别具有 3-5 根棘毛）；左、右缘棘毛各 1 列（图 7.11.1A，B，D-F）。

稳定的 3 列背触毛（图 7.11.1C）。

细胞发生过程

口器　在前仔虫，老口器在发生过程中完全解体，新口围带来自独立起源的口原基。其中，前仔虫的口原基稍晚于后仔虫口原基的形成，其最初（很可能）在口腔内的皮膜深层独立发生（图 7.11.2C，D；图 7.11.4C，E）；随后在口区发育成新的口围带小膜（图 7.11.2E，F，H；图 7.11.4F，G），至末期，新形成的口围带向虫体前端迁移并完全替代老结构（图 7.11.3A，C；图 7.11.4K，L）。

两片老波动膜在发生早期也同步发生解聚、逐渐被吸收而不参与新原基的构建；因此，前仔虫新的波动膜来自于独立（或与口原基同源？）形成的 UM-原基（图 7.11.2C，F；图 7.11.4C，G）；该原基前端也分化出 1 根额棘毛，主体部分纵裂为口侧膜和口内膜（图 7.11.2H；图 7.11.3A，C；图 7.11.4I，K，L）。

在后仔虫，中腹棘毛复合体左侧的皮膜表层形成排成长串的毛基体团，其随后经增殖而聚成一体，形成后仔虫的口原基场（图 7.11.2A，B；图 7.11.4A，B）。随后，该原基组装出新的口围带小膜并最终形成完整的后仔虫口围带（图 7.11.2C-F，H；图 7.11.3A，D；图 7.11.4D-F，H，I，M）。

后仔虫的 UM-原基形成于细胞发生中期（图 7.11.2F；图 7.11.4H），与前仔虫的原基发育过程相同：前端分化出 1 根额棘毛，至细胞发生末期纵裂为口侧膜和口内膜（图 7.11.2H；图 7.11.3A，D；图 7.11.4I，M）。

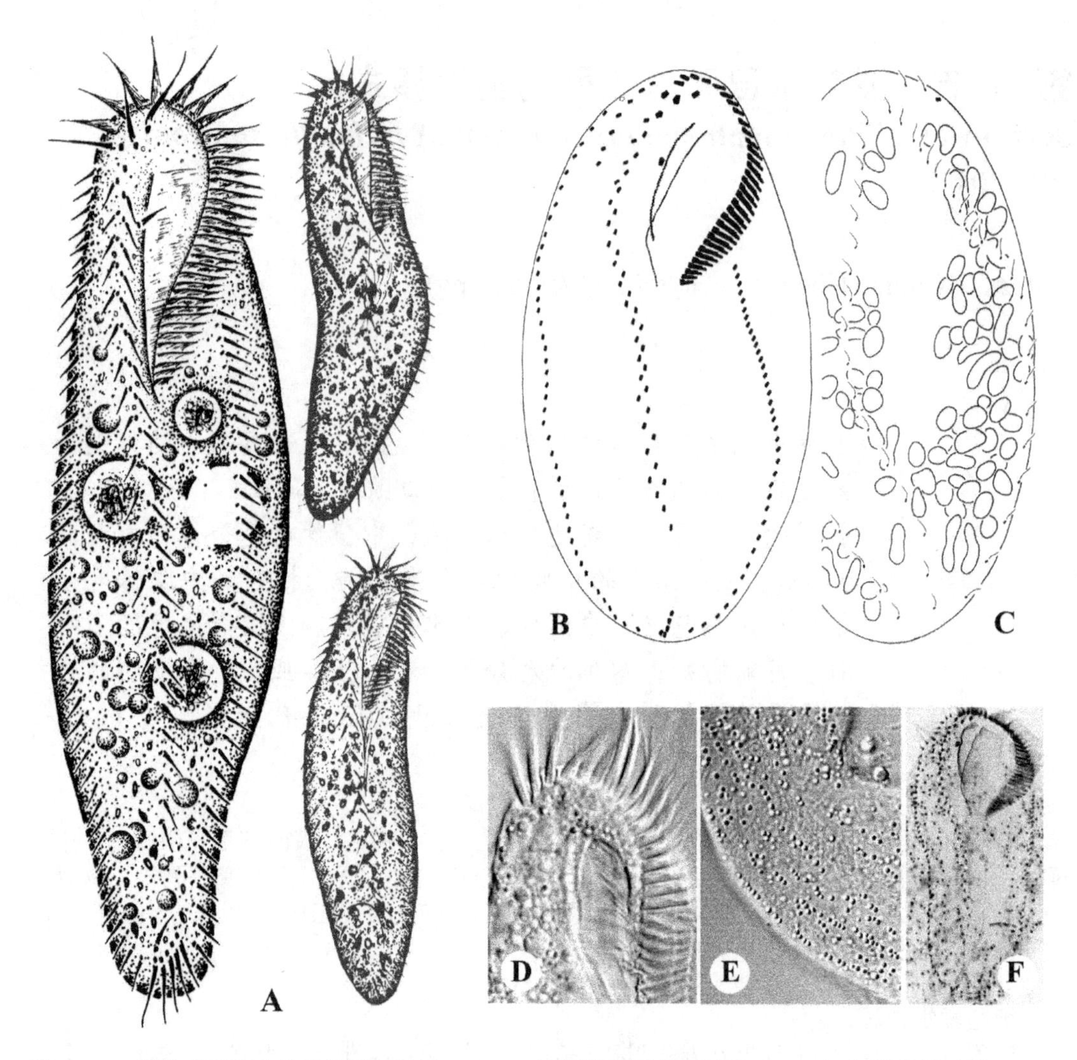

图 7.11.1 亚热带巴库虫的活体腹面观（**A**，**D**，**E**）和纤毛图式腹面观（**B**，**F**）和背面观（**C**）

额-腹-横棘毛 细胞发生早期，在前仔虫，FVT-原基于口区与中腹棘毛列之间独立形成；与此同时，后仔虫的 FVT-原基在其口原基和 UM-原基右侧形成，这个过程无老结构的参与（图 7.11.2F；图 7.11.4G，H）。随后，前、后仔虫的 FVT-原基基本同步增殖，形成条带状的原基列并分段化形成各组棘毛（图 7.11.2H；图 7.11.3A；图 7.11.4I，K）。

额棘毛来自 UM-原基、FVT-原基 I 和 FVT-原基 II 前端。

1 根口棘毛来自 FVT-原基 I 后部。

中腹棘毛复合体和中腹棘毛列来自中部的若干列 FVT-原基和最后几列 FVT-原基（不包括最后 1 列）的前部。

横棘毛来自最后几列 FVT-原基的后部。

迁移棘毛来自最后 1 列 FVT-原基前部。

发生后期，腹面棘毛逐渐分区，向最终位置迁移（图 7.11.3C，D；图 7.11.4L，M）。

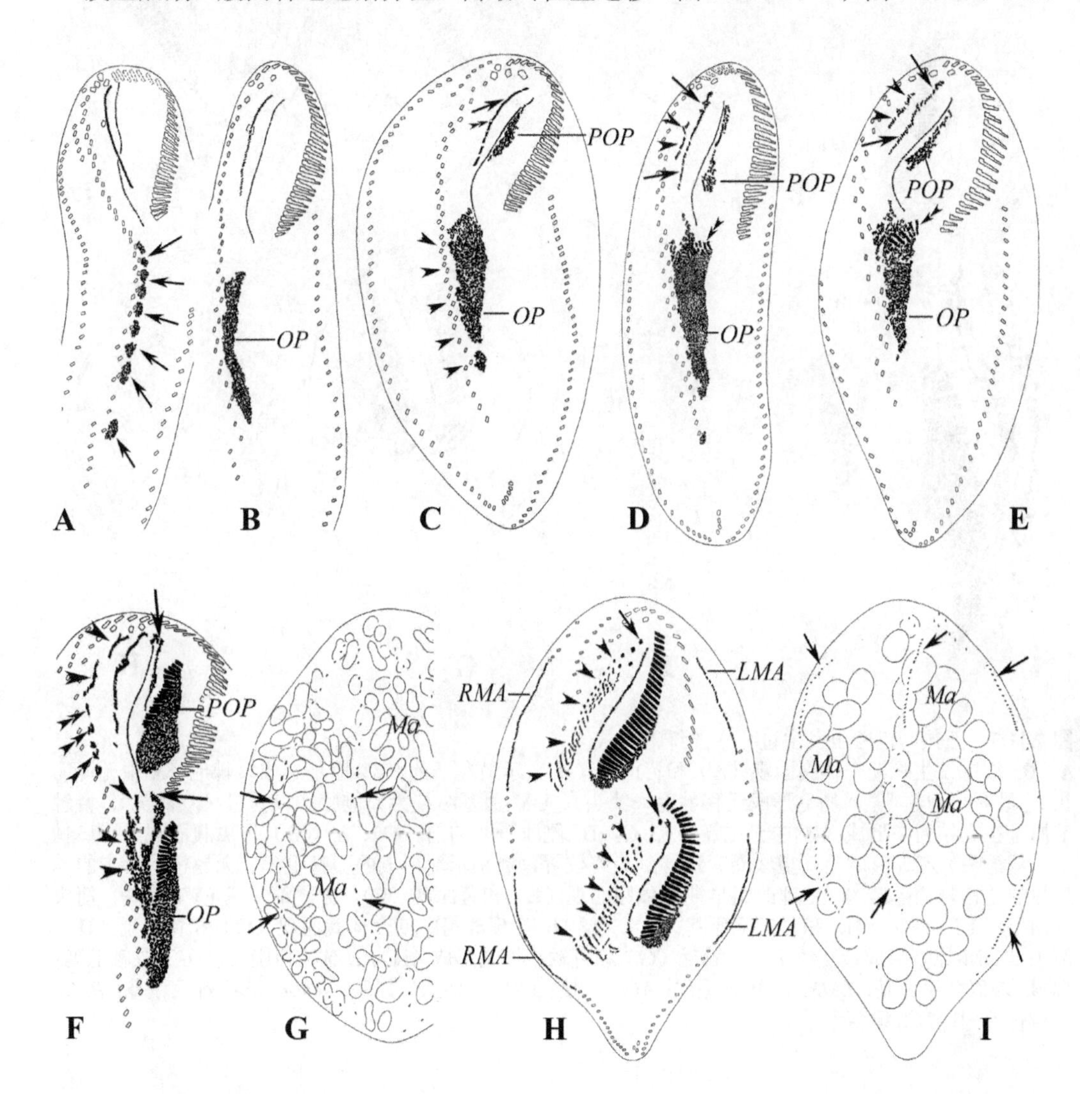

图 7.11.2　亚热带巴库虫细胞发生过程中的纤毛图式

A，B. 早期个体腹面观，箭头示正在形成的后仔虫口原基；**C.** 腹面观，箭头示老的口侧膜毛基体疏松，无尾箭头示中腹棘毛复合体中的棘毛对不参与后仔虫口原基的形成；**D，E.** 细胞发生中期不同个体腹面观，在前仔虫，老的口侧膜解聚（箭头）、FVT-原基独立形成（无尾箭头），在后仔虫，双箭头示口原基进一步发育，向后分化出新的小膜；**F，G.** 同一细胞发生中期个体腹面观（**F**）和背面观（**G**），无尾箭头示正在发育的 FVT-原基，双箭头示老的中腹棘毛复合体解聚，参与前仔虫 FVT-原基的形成，箭头分别指示 UM-原基形成最左 1 根额棘毛（**F**），背触毛原基在老结构中形成（**G**）；**H，I.** 同一个体腹面观（**H**）和背面观（**I**），无尾箭头示 FVT-原基分化为棘毛，箭头分别示最左 1 根额棘毛来自 UM-原基（**H**）和背触毛原基（**I**）。*LMA*. 左缘棘毛原基；*Ma*. 大核；*OP*. 后仔虫口原基；*POP*. 前仔虫口原基；*RMA*. 右缘棘毛原基；*UMA*. UM-原基

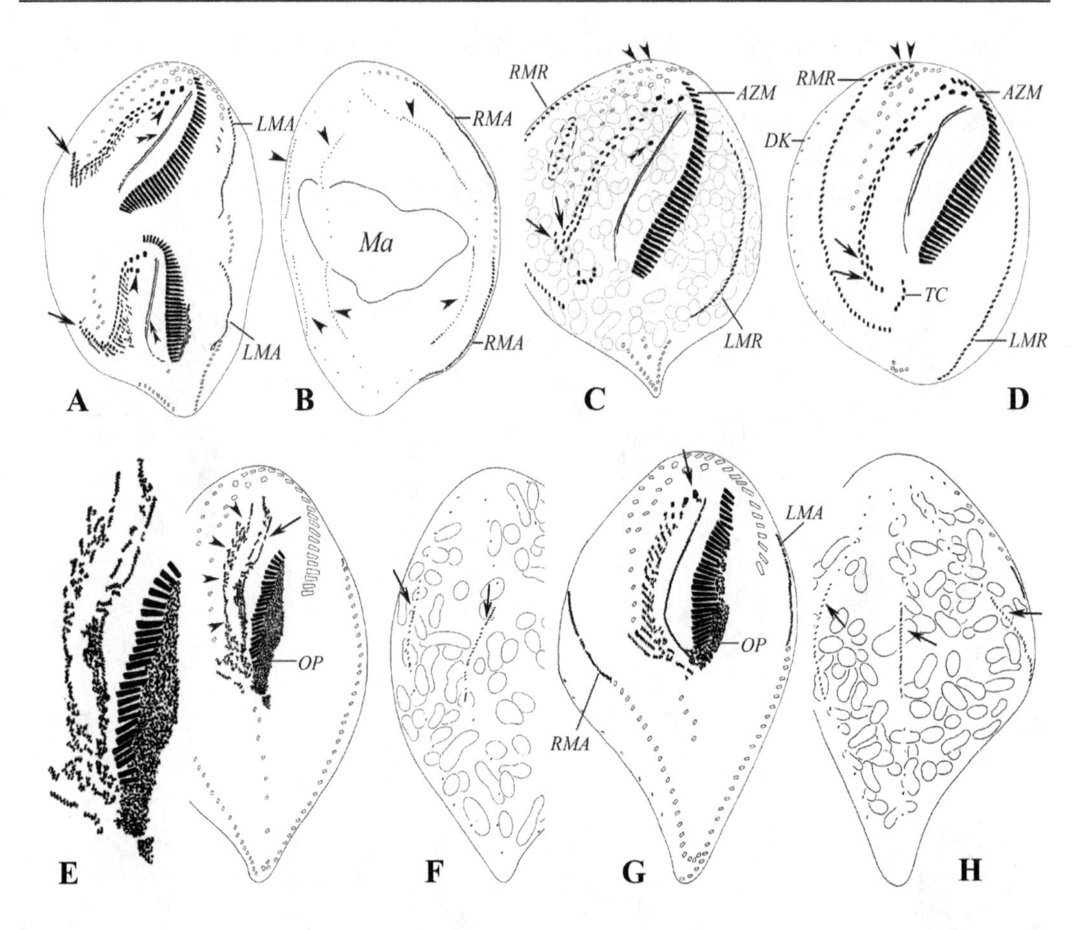

图 7.11.3 亚热带巴库虫发生过程中的纤毛图式
A，B. 细胞发生晚期个体腹面观（**A**）和背面观（**B**），示最左一列 FVT-原基形成口棘毛（**A** 中无尾箭头）、最右一列额-腹-横棘毛形成迁移棘毛（箭头）、UM-原基纵裂为口侧膜和口内膜（双箭头）、背触毛原基在老结构中形成（**B** 中无尾箭头）；**C，D.** 刚刚分离的前（**C**）、后（**D**）仔虫腹面观，示口棘毛（双箭头）和迁移棘毛（虚线圈）迁移到最终位置，箭头示新形成的腹棘毛列、无尾箭头示老的或新生的迁移棘毛；**E，F.** 生理改组早期个体腹面观（**E**）和背面观（**F**），无尾箭头示 FVT-原基，箭头分别指示 UM-原基（**E**）和背触毛原基（**F**）；**G，H.** 生理改组中期个体腹面观（**G**）和背面观（**H**），箭头示 UM-原基形成最左边 1 根额棘毛（**G**）和背触毛原基形成（**H**）。*AZM.* 口围带；*DK.* 背触毛列；*LMA.* 左缘棘毛原基；*LMR.* 左缘棘毛列；*Ma.* 大核；*OP.* 后仔虫口原基；*RMA.* 右缘棘毛原基；*RMR.* 右缘棘毛列；*TC.* 横棘毛

缘棘毛 细胞发生过程的中后期，前后、左右各有一组缘棘毛原基（图 7.11.2H；图 7.11.4J）出现在老结构中，老的棘毛通过解聚参与新原基的形成；随着细胞发生过程的推移，原基逐步发展（图 7.11.4K）、分化成新的左、右缘棘毛（图 7.11.3A，B），并且进一步向虫体前后两端延伸（图 7.11.3C，D；图 7.11.4L，M）。

背触毛 背触毛原基（图 7.11.2G）出现于细胞发生中后期，原基形成于老结构中，前、后仔虫的相应位置各形成一组（图 7.11.2I），其随后简单地增殖、分化成新的背触毛（图 7.11.3B，D）。2 对额外的毛基体出现在右缘棘毛前端：在前仔虫，可能继承了相应的老结构（图 7.11.3C）；在后仔虫，可能来自最右侧的老的背触毛（图 7.11.3D）。

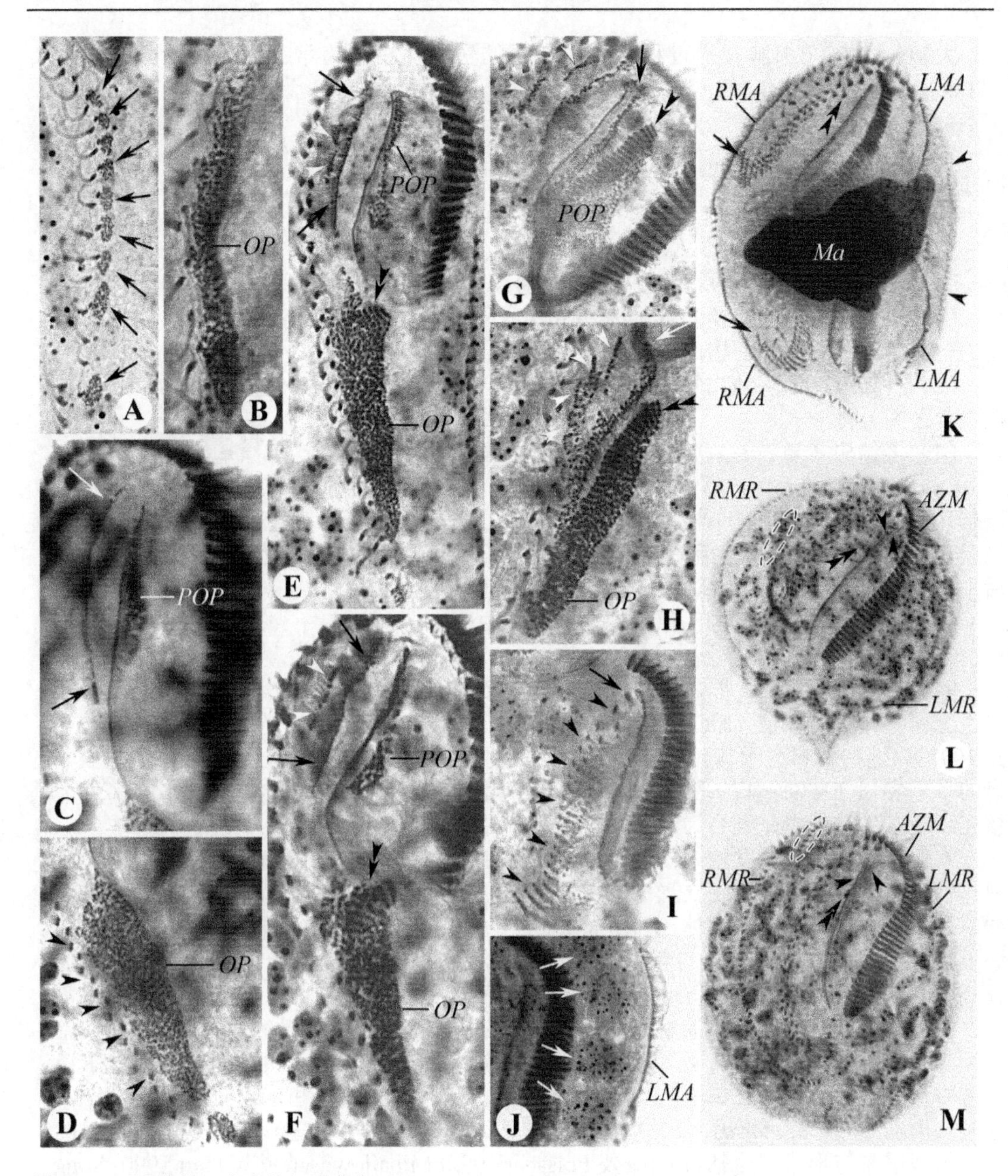

图 7.11.4　亚热带巴库虫的细胞发生

A，B. 腹面观，箭头示正在形成的后仔虫口原基；**C，D.** 腹面观，箭头示老的口侧膜毛基体疏松，无尾箭头示中腹棘毛复合体中的棘毛对不参与后仔虫口原基的形成；**E，F.** 中期个体的腹面观，在前仔虫，老的口侧膜解聚（箭头），额-腹-横棘毛独立发生，在后仔虫，口原基进一步发育并且由前至后分化出新的小膜（双箭头）；**G，H.** 腹面观，示正在发育的 FVT-原基、箭头示 UM-原基向前形成最左边的额棘毛，前仔虫口原基进一步发育并且由前至后分化出新的小膜（双箭头）；**I，J.** 腹面观（**I**）和背面观（**J**），无尾箭头示 FVT-原基分化成棘毛，箭头示最左 1 根额棘毛来自 UM-原基（**I**）、多枚大核融合成多个融合体（**J**）；**K.** 发生末期个体腹面观，示最左一列 FVT-原基形成口棘毛（双箭头）、最右一列 FVT-原基形成迁移棘毛（箭头）、无尾箭头示背触毛原基；**L，M.** 新形成的前仔虫（**L**）和后仔虫（**M**），示 UM-原基纵裂形成口侧膜和口内膜（无尾箭头），口棘毛（双箭头）和迁移棘毛（虚线圈）逐步迁移至其最终位置。*AZM*. 口围带；*LMA*. 左缘棘毛原基；*LMR*. 左缘棘毛；*Ma*. 大核；*OP*. 后仔虫口围带；*POP*. 前仔虫口原基；*RMA*. 右缘棘毛原基；*RMR*. 右缘棘毛

大核 大核在细胞发生过程中发生完全的融合，后期为常态性分裂、分配（图 7.11.2G，I；图 7.11.3B，C；图 7.11.4J-L）。

生理改组 生理改组个体显示，皮膜演化与细胞发生过程中（前仔虫）相同。由口原基形成新的口围带，最终取代老结构（图 7.11.3F，H）。

主要发生特征与讨论 本亚型涉及巴库虫属内至少 3 个种（亚热带巴库虫、*B. pampinaria* 和 *B. salinarum*）。其主要特征如下。

（1）前仔虫的口原基及 UM-原基独立形成于口腔底部的皮膜表层（？），借此形成新的口器，完全取代老结构。

（2）后仔虫口原基独立发生，似乎与 FVT-原基共同来自同一个原基场，UM-原基在二者之间分化形成。

（3）老结构（老棘毛）似乎通过解聚而参与了前、后仔虫 FVT-原基的发育。

（4）UM-原基形成 1 根额棘毛，FVT-原基 I 形成 1 根额棘毛和 1 根口棘毛，FVT-原基Ⅱ形成 1 根额棘毛和 1 根拟口棘毛，中部的若干列 FVT-原基各形成 1 对中腹棘毛，最后几列 FVT-原基（不包括最后 1 列）形成中腹棘毛对、横前棘毛和几根横棘毛，最后 1 列 FVT-原基形成迁移棘毛、1 根横棘毛和 1 根横前腹棘毛。

（5）缘棘毛原基和背触毛原基均在老结构中产生。

（6）大核发生完全的融合。

除亚热带巴库虫外，同属本亚型的还有 2 个种（*B. pampinaria* 和 *B. salinarum*）的发生过程被详细研究过（Eigner & Foissner 1992；Mihailowitsch & Wilbert 1990；Song et al. 1992）。这些资料显示其相似性和发生模式的保守性表现在以下方面：①在前仔虫，老的棘毛参与 FVT-原基的形成；②缘棘毛和背触毛原基，在老结构中形成；③多枚大核在细胞发生过程中先融合为一体，再进行分裂。

本亚型与相近类群发生模式的差异性表现在老口围带的起源和命运：如本节所述，亚热带巴库虫的老结构被独立形成的口原基产物所完全替代；但在 *B. salinarum*，老结构中最前端的数片小膜不解体，其将与由独立产生的口原基产物（包括 90%以上的小膜）通过拼接方式而构成前仔虫的新口围带，因此，二者是否同属于一个亚型仍有待认证（Eigner & Foissner 1992；Mihailowitsch & Wilbert 1990）。

值得提及的是老波动膜的解聚和重组，属内不同种显示了细微的差异：在本种（本亚型）的前仔虫口原基形成期，口侧膜发生了明显的解聚，但似乎并没有参与前仔虫口原基的形成；在另一个已知种，*B. edaphoni*，其波动膜通过解聚和重组而形成新的 UM-原基；而在 *B. pampinaria*，仅见口侧膜出现解聚而形成 UM-原基，口内膜前端增殖的毛基体似乎参与形成口原基（Eigner & Foissner 1992；Mihailowitsch & Wilbert 1990；Song et al. 1992）。

一个完全明了的结构是迁移棘毛的来源：在亚热带巴库虫、*B. salinarum* 和 *B. pampinaria*，迁移棘毛来自最右一列 FVT-原基前端；在土生巴库虫，此迁移棘毛似乎（？）来自右边的第 2 列 FVT-原基（Song et al. 1992）。

第 12 节　土生巴库虫亚型的发生模式

Section 12　The morphogenetic pattern of *Bakuella edaphoni*-subtype

邵晨 (Chen Shao)　　宋微波 (Weibo Song)

巴库虫属内的种类在发生模式上目前已知包括了至少两个亚型：上节介绍的亚热带巴库虫亚型及本节所描述的土生巴库虫亚型（Song et al. 1992）。两亚型在老口器的命运等方面截然不同。

基本纤毛图式　3 根额棘毛，1 列口棘毛，2 根拟口棘毛，具迁移棘毛和横棘毛，中腹棘毛复合体前部成“锯齿状”模式排布的棘毛对，后部为本属特征性的若干列斜向排列的腹棘毛列，左、右缘棘毛各 1 列；稳定的 3 列背触毛（图 7.12.1A-D）。

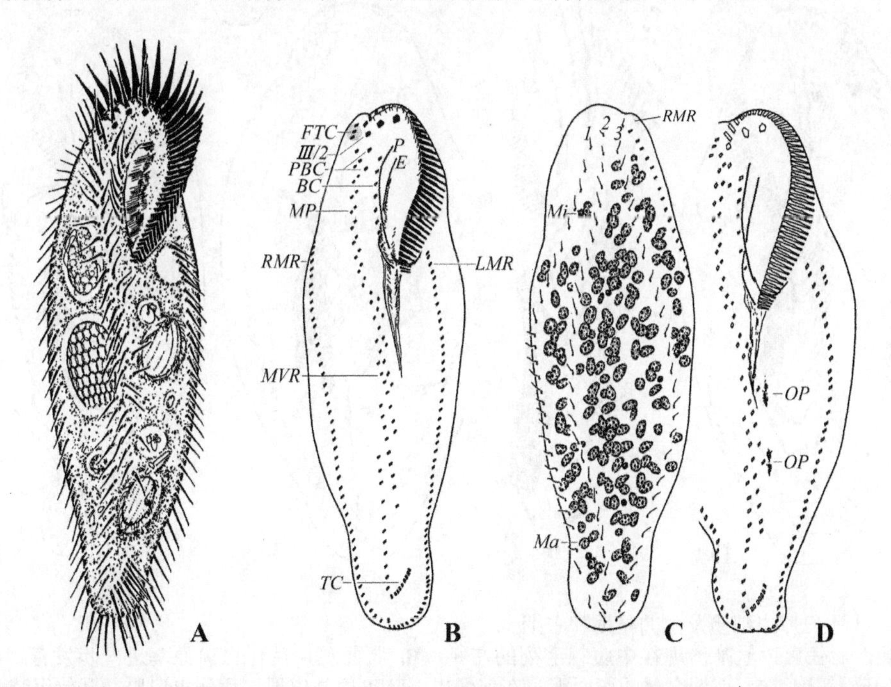

图 7.12.1　土生巴库虫的活体腹面观（**A**）、纤毛图式腹面观（**B**）和背面观（**C**）及早期发生个体
BC. 口棘毛；*E*. 口内膜；*FTC*. 额前棘毛；*III/2*. III/2 棘毛；*LMR*. 左缘棘毛列；*Ma*. 大核；*Mi*. 小核；*MP*. 中腹棘毛对；*MVR*. 中腹棘毛列；*OP*. 后仔虫口围带；*P*. 口侧膜；*PBC*. 拟口棘毛；*RMR*. 右缘棘毛列；*TC*. 横棘毛；*1-3*. 背触毛列

细胞发生过程

口器 在整个细胞分裂过程中，老口围带基本维持不变，仅在发生的中期前后，老口围带近胞口端的几片（少于 10 片）小膜发生不显著的轻度解聚和原位重建，随后由前仔虫所继承（图 7.12.2F；图 7.12.3A，C）。

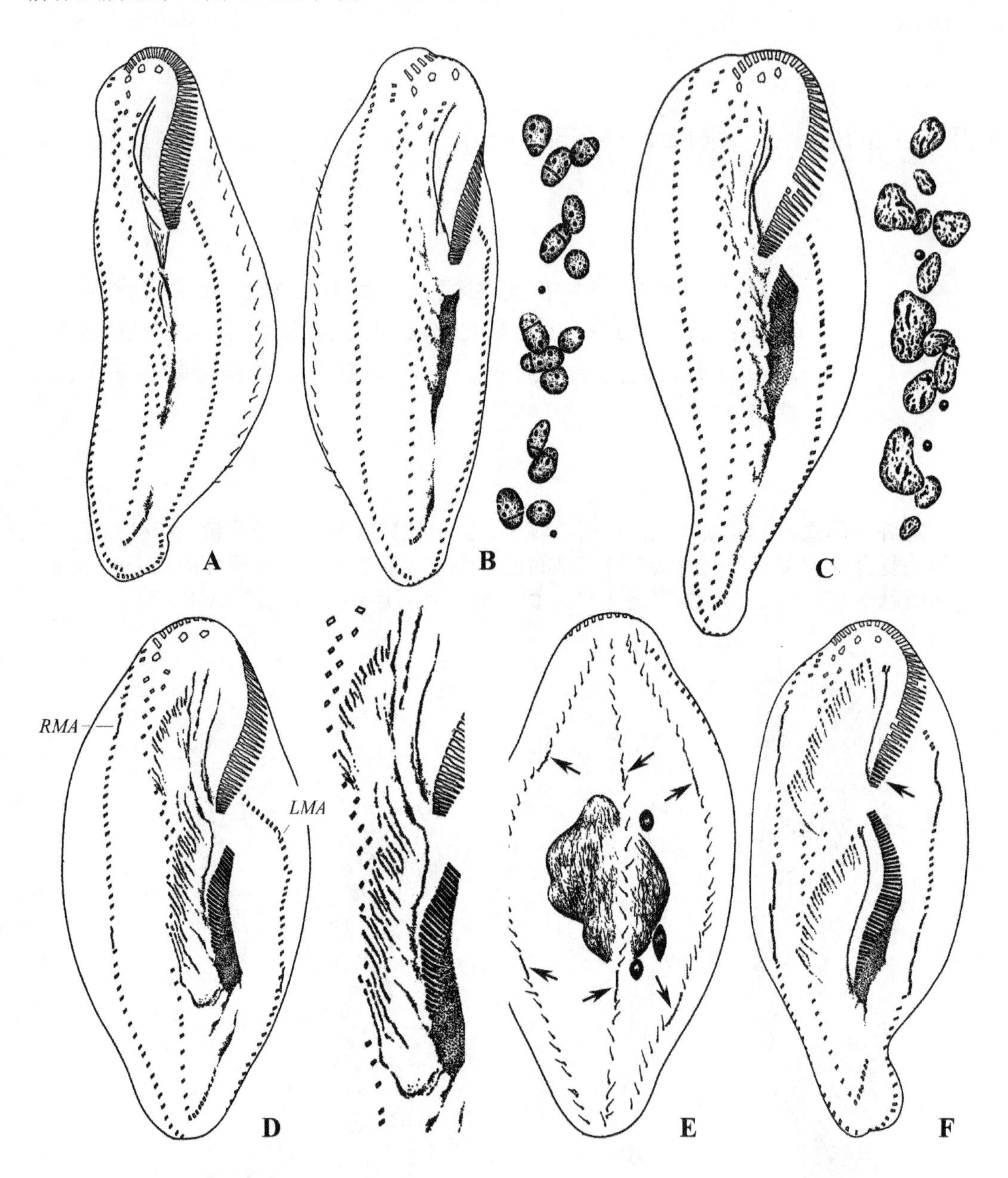

图 7.12.2 土生巴库虫细胞发生的早期和中期

A. 腹面观，后仔虫口原基出现在中腹棘毛列的左侧；**B.** 腹面观，后仔虫口原基进一步发育，前仔虫口棘毛开始解聚；**C.** 前期个体的腹面观，在前仔虫，FVT-原基出现，后仔虫口原基开始组装；**D, E.** 腹面观和背面观，示 FVT-原基的发育和后仔虫口围带小膜的进一步组装，箭头示背触毛原基；**F.** 腹面观，示 FVT-原基开始分段化，箭头示前仔虫老口围带近端开始解聚。*LMA*. 左缘棘毛原基；*RMA*. 右缘棘毛原基

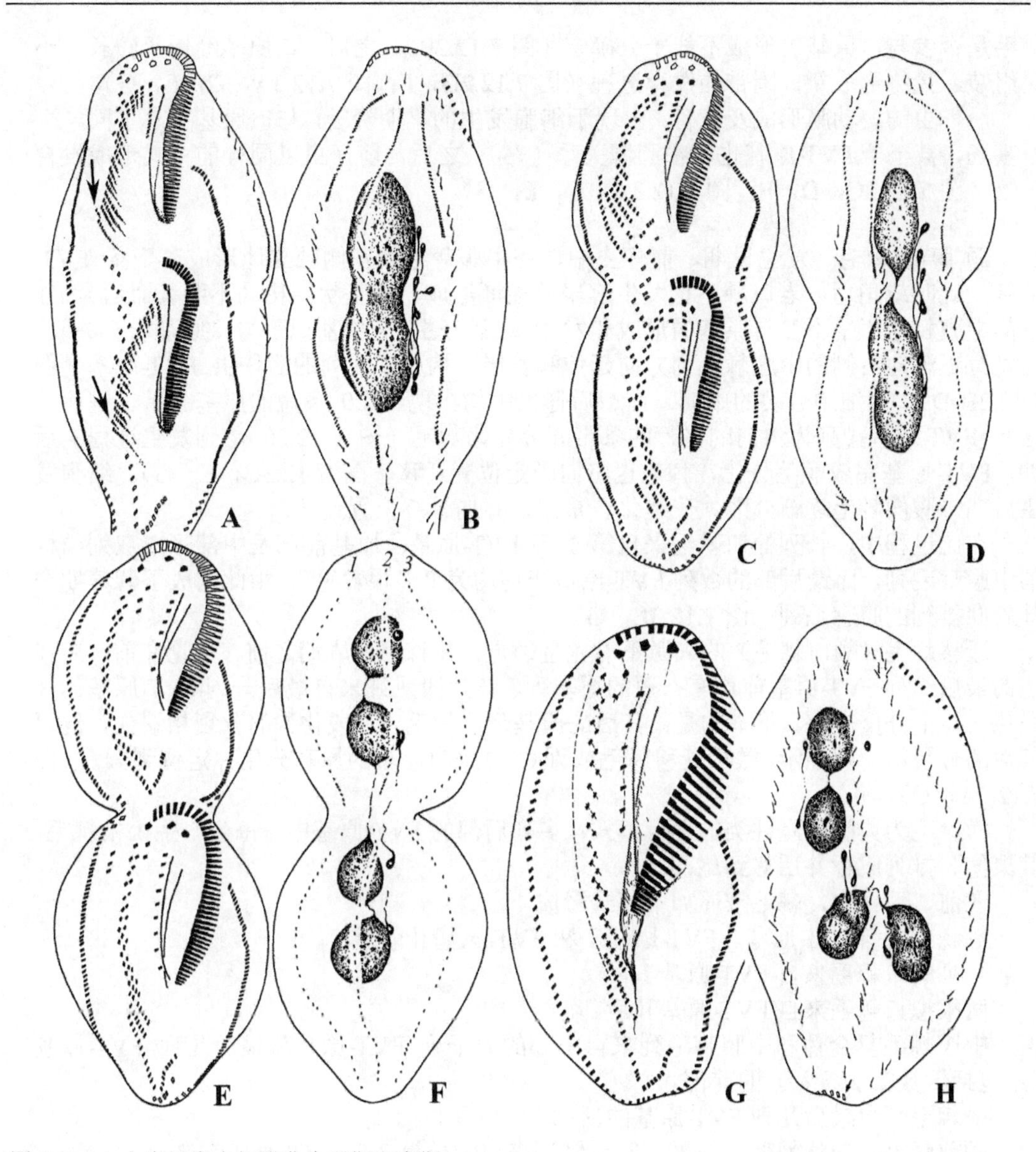

图 7.12.3　土生巴库虫细胞发生后期和末期

A，B. 腹面观和背面观，示 FVT-原基、缘棘毛原基和背触毛原基进一步发育，箭头示 FVT-原基 n-1 贡献额前棘毛；**C，D.** 腹面观和背面观，示 FVT-原基分段完毕；**E，F.** 晚期个体的腹面观和背面观；示额前棘毛向虫体前端迁移，口棘毛基本已经迁移到既定位置；**G，H.** 腹面观和背面观，示发生末期、细胞已经分裂完毕的子细胞，虚线连接来自同一原基的棘毛。*1-3.* 背触毛列

老波动膜的变化与大部分腹毛类相同：发生早期，口内膜和口侧膜发生解聚，推测解聚的老结构很可能参与了 UM-原基的形成（图 7.12.2B，C）。后期的发展无特征：分化出第 1 额棘毛、重新形成前仔虫的两片波动膜（图 7.12.3A，C，E）。

在后仔虫，口器形成的基本过程如下：发生初期，虫体后 1/3 处的中腹棘毛列左侧出现了两处无序排列的毛基体组成的原基场（图 7.12.1D）。随后，最左侧一根横棘毛上方出现了另外一口原基场（图 7.12.2A）。两个原基场逐步发育、向彼此延伸后连接在一起，并形成统一的结构。前方的原基团似乎包围了老的中腹棘毛列中的棘毛，但最终该棘毛是否参与口原基的形成不能十分确定（图 7.12.2B）。之后，口原基经历了拉长、小膜组装、最终形成新口围带的发育过程（图 7.12.2D，F；图 7.12.3A，C，E，G）。

后仔虫的波动膜形成及发育：出现于细胞发生的早期阶段，与口原基共享了同一个原基场，甚至于 FVT-原基也存在同源关系（？），之后与前仔虫以同样的方式形成发育产物（图 7.12.2C，D，F；图 7.12.3A，C，E，G）。

额-腹-横棘毛　发生早期，前仔虫中，在中腹棘毛列左侧独立地形成若干条 FVT-原基，此时或稍后，老口棘毛也发生解聚并逐渐形成一原基状结构（不明其命运），邻近的中腹棘毛似乎不参与原基的形成和发育。在后仔虫，此原基似乎与口原基场有关联，经发育逐渐向右侧的中腹棘毛列方向延伸和发展，构成了多列的后仔虫 FVT-原基（图 7.12.2B-D）。至细胞分裂的中期，前、后仔虫中均出现约 20 条短的原基条带，进而，这些 FVT-原基排列为斜向的平行的条带并分化为棘毛（图 7.12.2F）。到发生过程的后期，FVT-原基完成棘毛分化，棘毛也将向既定位置迁移（图 7.12.3C，E，G）。细胞发生后期，腹面棘毛逐渐分区、分组化、重排，并向最终位置迁移。

在此过程中，长列的口棘毛来自第 1 列 FVT-原基；原基前部及中部形成双列结构的中腹棘毛列，而最后部的数列 FVT-原基产物均为“多根棘毛”，由此构成了营养期个体斜向排列的腹棘毛列（图 7.12.3E，G）。

迁移棘毛（额前棘毛）的来源不能完全确定：在棘毛形成期之前，可见在前、后仔虫的最后一列 FVT-原基前均有一短的原基列，该片段或许来自最后一列 FVT-原基的片段化（？十分反常!）。不幸的是，其后的原基形成棘毛（片段化）的分裂相缺失，但再其后的分裂期个体显示，数根迁移棘毛或许（？）来自此短的原基分化并定位到额前（图 7.12.3A，C）。

横棘毛为典型的尾柱类的发育模式：多列后部的 FVT-原基中，每列产生 1 根棘毛，其聚集、排列成行并后移到尾部。

在前、后仔虫，棘毛按照如下模式形成。

额棘毛来自 UM-原基、FVT-原基Ⅰ和 FVT-原基Ⅱ前端。

长列的口棘毛来自 FVT-原基Ⅰ。

两根拟口棘毛来自 FVT-原基Ⅱ后部。

中腹棘毛复合体和中腹棘毛列来自中部的若干列 FVT-原基和最后几列 FVT-原基（不包括倒数第 2 条？）的前部。

横棘毛来自最后几列 FVT-原基的后部。

额前棘毛（迁移棘毛）似乎（？孤例）来自倒数第 2 条 FVT-原基前部。

缘棘毛　无特征：发生早期，左、右缘棘毛列中的前后部位分别出现了前、后仔虫的左、右缘棘毛原基（图 7.12.2D）。在随后的时期里，原基向前后两端延伸、发育并逐渐取代老结构（图 7.12.2F；图 7.12.3A，C，E，G）。

背触毛　出现在细胞发生的早期，每一列老的背触毛中的前后 1/3 处分别出现了一处原基条带，此为前、后仔虫的背触毛原基（图 7.12.2E），随后，背触毛原基继续发育并向前后两端延伸，最终取代老结构（图 7.12.3B，D，F，H）。

核器　大核的发育过程与多数腹毛类类群一致，即在发生的中期，大核融合成一团（图 7.12.2E），继而分裂（图 7.12.3B，D，F，H）。

主要发生特征与讨论　本亚型目前所知仅涉及土生巴库虫 1 种。

本亚型的主要特征如下。

（1）前仔虫无口原基的形成，老口围带几乎完全维持不变化，仅在近胞口部位的少数几片小膜发生不显著的解聚和原位重建。

（2）额棘毛分别来自 UM-原基、FVT-原基Ⅰ前端和 FVT-原基Ⅱ；口棘毛列来自 FVT-原基Ⅰ后部；拟口棘毛来自 FVT-原基Ⅱ后部。

（3）中腹棘毛复合体和中腹棘毛列来自中部的若干列 FVT-原基和最后几列 FVT-原基（不包括倒数第 2 条？）的前部。

（4）横棘毛来自最后几列 FVT-原基的后部。

（5）迁移棘毛或许（?）来自后方第 2 条 FVT-原基前部或最后 1 列 FVT-原基的片段化。

（6）缘棘毛列和背触毛列的原基均在老结构中产生。

（7）多枚大核融为一体。

起源不确定的结构为迁移棘毛。如图 7.12.3A，C 所显示，该结构应是来自片段状的、倒数第二条 FVT-原基（？），或来自最后一列 FVT-原基的片段化（？）。但因此后分裂期个体的缺失，此点悬疑无法解答。如果该结构确实是来自独立的、n-1 列 FVT-原基，则将是非常特殊的现象，因为在所有具有额前棘毛的腹毛类中，该结构无一例外地来自最后一条 FVT-原基。同样，如该迁移棘毛是来自最后一列 FVT-原基的断裂，则此起源模式仍是很具特色的：因为通常该结构是在原基分化的最后阶段，即棘毛片段化期间，棘毛已经形成，而部分继续迁移并与（该列 FVT-原基所形成的）其余棘毛相互分离而形成。

与亚热带巴库虫亚型相比，一个巨大的差异在于前仔虫的老口围带的命运：在本亚型，老的口围带几乎原封不动地被前仔虫所继承，所发生的变化仅仅在于口围带最后端的几片小膜发生原位解聚、重建。而整个发育期间，从不形成口原基。相对于此，在亚热带巴库虫亚型，老结构完全解体，前仔虫的口围带由独立形成的口原基发育而成。这种差异通常不会在同一属内不同种间出现，结合口棘毛数量上的差异（多根构成长列 vs. 单一根），该属更应该拆分为两个属级阶元。

第 13 节　典型类全列虫亚型的发生模式

Section 13　The morphogenetic pattern of *Holostichides typicus*-subtype

陈旭淼 (Xumiao Chen)　　宋微波 (Weibo Song)

拟巴库虫属及其模式种（典型拟巴库虫）的细胞发生过程均由 Song 和 Wilbert（1988）所建立。Eigner（1994）将其作为一个新组合而移入类全列虫属（*Holostichides*）内，后者迄今种类不多，唯一具有细胞发生学信息的阶元为这个组合后的种。本亚型的发生学描述基于原始报道。

基本纤毛图式　单一口棘毛，4 根额棘毛，其后连接由若干对棘毛组成的中腹棘毛复合体和数列斜向排列的中腹棘毛列；无横棘毛，但具有多列短的尾棘毛；具迁移棘毛；左、右缘棘毛各 1 列（图 7.13.1A）。

4 列纵贯虫体全长的背触毛，大核数量多。

细胞发生过程

口器　老口围带完全无变化，因此，前仔虫继承老结构（图 7.13.1A-D，F-H；图 7.13.2A，C）。

老的波动膜在细胞发育早期逐步解聚、去分化形成原基（图 7.13.1C，D），后期该原基分别形成 1 根额棘毛和两片新波动膜（图 7.13.1F-H）。

在后仔虫中，细胞发生上为数组毛基体群出现在腹面中部，初始为数个纵向排列的无序毛基粒群，后融合为一，构成口原基场。此过程中，老的棘毛也在同步解聚，但似乎并不参与（？）形成口原基（图 7.13.1A）。原基由前至后组装出口围带小膜（图 7.13.1B-D）。细胞发生中后期，小膜的分化逐步完成，口围带向前延伸、向右弯折成完善的构型（图 7.13.1F-H；图 7.13.2A，C）。

后仔虫的 UM-原基在细胞发生中期出现在口原基的右侧，显然与口原基同源，甚至与同期出现的 FVT-原基也是同源的（图 7.13.1D）。随后的发育过程同前仔虫（图 7.13.1F-H）。

额-腹-横棘毛　在前、后仔虫中分别独立形成：细胞发生早中期，多列的 FVT-原基同步出现在老的中腹棘毛复合体和中腹棘毛列中或左侧，部分老结构发生解聚并可能参与其中（图 7.13.1C）。原基随后形成多列倾斜的条带并逐步分段化、形成独立的棘毛（图 7.13.1D，F，G，H）。最右侧一列 FVT-原基形成的一列棘毛前移成为额前棘毛（迁移棘毛）（图 7.13.1H）。

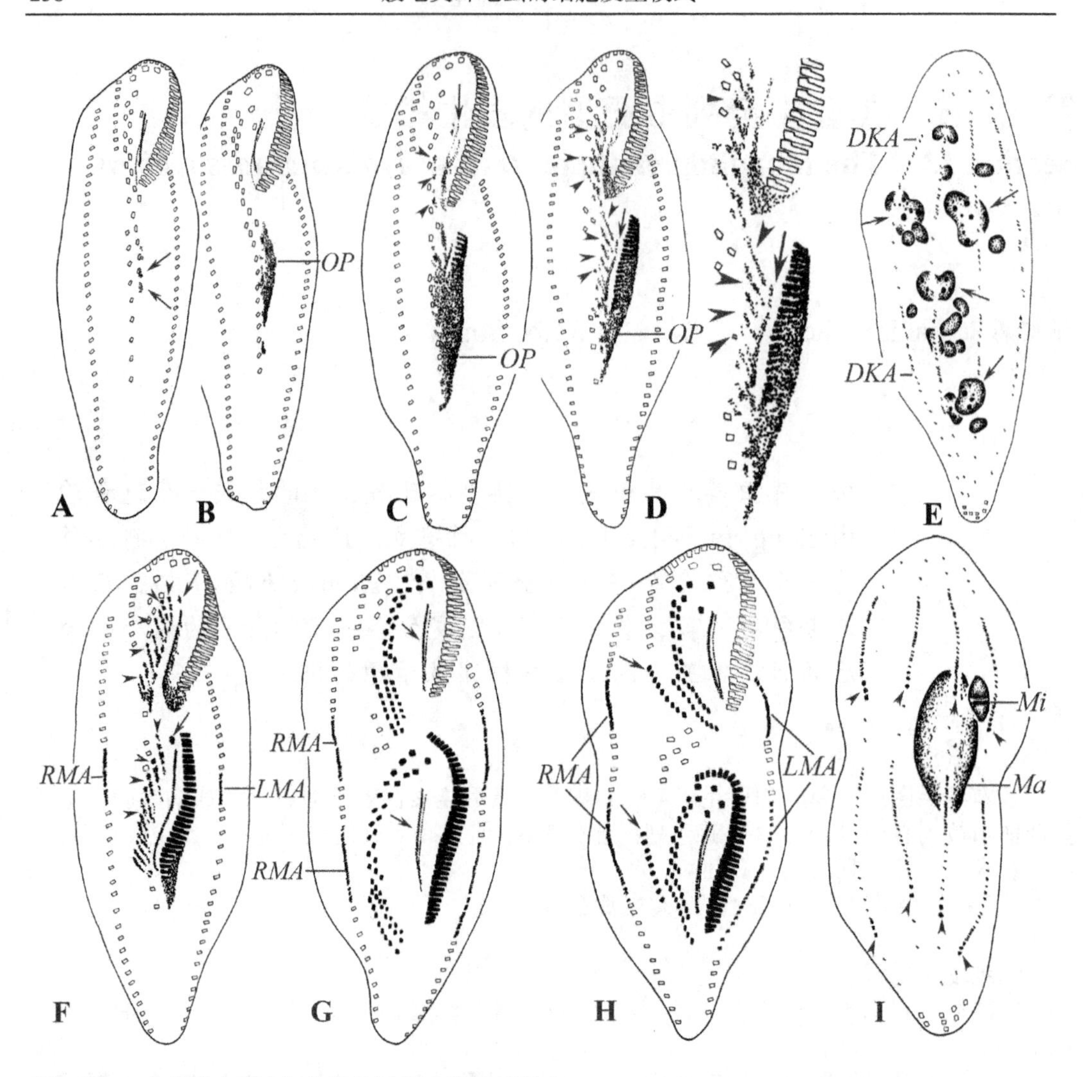

图 7.13.1 典型类全列虫细胞发生过程中的纤毛图式

A，B. 早期个体腹面观，箭头示正在形成的后仔虫口原基；**C.** 腹面观，箭头示老的口侧膜毛基体疏松，无尾箭头示中腹棘毛复合体中的棘毛对参与后仔虫口原基的形成；**D，E.** 细胞发生中期个体腹面观（**D**）和背面观（**E**），示前、后仔虫的口侧膜原基（**D** 中箭头）、融合中的大核（**E** 中箭头）和 FVT-原基逐步形成（无尾箭头）；**F，G.** 不同细胞发生中后期个体腹面观，无尾箭头示正在发育的 FVT-原基，箭头分别指示 UM-原基形成最左 1 根额棘毛（**F**）、纵裂为口侧膜和口内膜（**G**）；**H，I.** 同一个体腹面观（**H**）和背面观（**I**），箭头示最后 1 列 FVT-原基形成迁移棘毛向前迁移，无尾箭头示背触毛原基后端分化出尾棘毛。*DKA*. 背触毛原基；*LMA*. 左缘棘毛原基；*Ma*. 大核；*Mi*. 小核；*OP*. 后仔虫口原基；*RMA*. 右缘棘毛原基

FVT-原基的分化与命运可以总结如下。

额棘毛从左至右分别来自于 UM-原基、FVT-原基 I 前部和 FVT-原基 II。

1 根口棘毛来自原基 I 后端。

1 根拟口棘毛来自原基 II 后端。

中腹棘毛对来自中部的若干列 FVT-原基。

中腹棘毛列来自除最后 1 列之外的倒数几列 FVT-原基。

迁移棘毛来自最后1列FVT-原基。

无横棘毛的形成。

随着细胞分裂进入尾声，各类棘毛进一步分组化并向既定位置迁移。

缘棘毛　细胞发生中期，老的缘棘毛解聚，在缘棘毛列的前后部老结构中分别形成前、后仔虫的缘棘毛原基（图7.13.1F-H）。随着发生过程的推移，原基逐步发展、分化成新的左、右缘棘毛并向虫体前后两端延伸而取代老结构（图7.13.2C）。

背触毛　4列背触毛原基在细胞发生早期出现于每列老结构中，在前、后仔虫各形成一组（图7.13.1E）；原基逐步发展、分化成新的背触毛，向虫体前后两端延伸；在细胞分裂结束前，每列原基末端产生数根尾棘毛（图7.13.1I；图7.13.2B）。

大核　多枚大核自细胞发生较早期即开始逐步融合（图7.13.1E）；在中后期融为一团（图7.13.1I），后分裂形成新的大核并最终分配至子细胞中（图7.13.2B）。

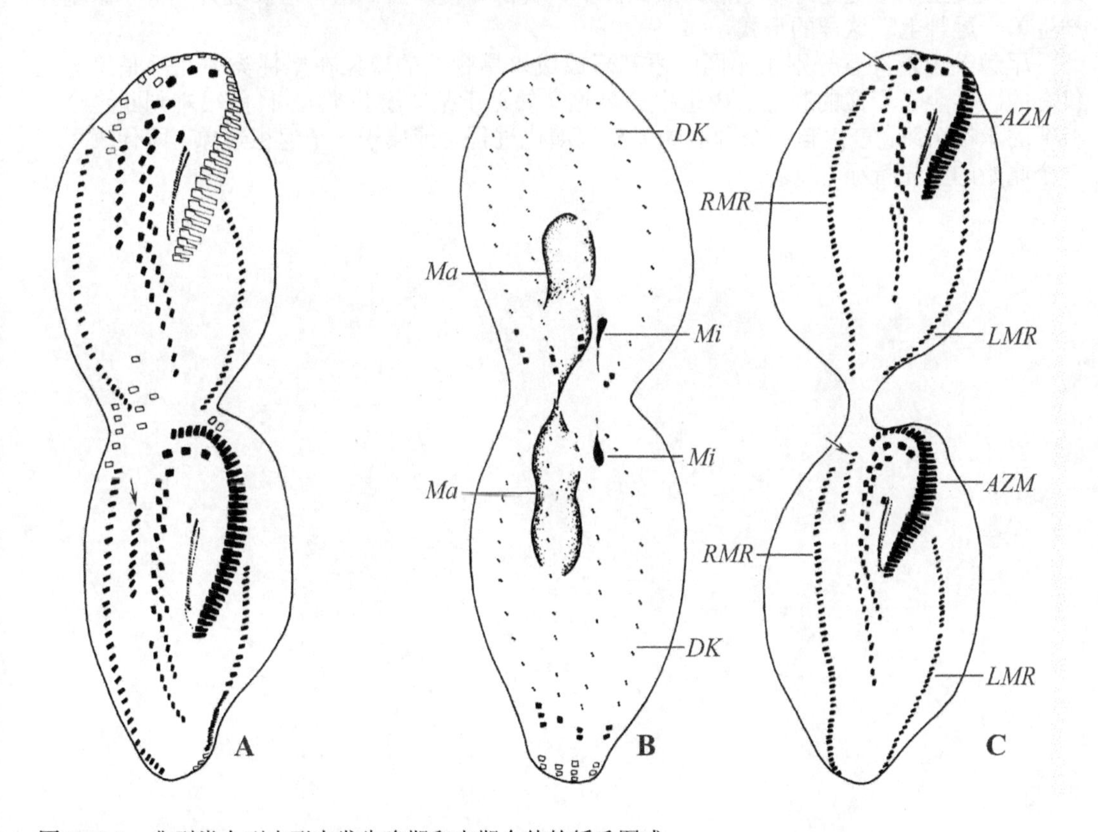

图7.13.2　典型类全列虫形态发生晚期和末期个体的纤毛图式

A，B. 细胞发生晚期个体腹面观（**A**）和背面观（**B**），箭头示最右一列额-腹-横棘毛形成迁移棘毛，并向虫体前端迁移；**C.** 即将分离的发生末期虫体的腹面观，箭头示迁移棘毛迁移到最终位置。*AZM.* 口围带；*DK.* 背触毛列；*LMR.* 左缘棘毛列；*Ma.* 大核；*Mi.* 小核；*RMR.* 右缘棘毛列

主要发生特征与讨论　该亚型的主要发生学特征如下。

（1）前仔虫无口原基的形成，继承保留的老口围带。

（2）在前仔虫，老波动膜原位解聚、去分化形成新的 UM-原基。

（3）FVT-原基以两组（次级发生）式独立形成。其中，原基 I 形成 1 根额棘毛和 1 根口棘毛，FVT-原基 II 形成 1 根额棘毛和 1 根拟口棘毛，随后的若干列 FVT-原基各形成中腹棘毛对和几列中腹棘毛列。

（4）最后 1 列 FVT-原基形成迁移棘毛，无横棘毛形成。

（5）缘棘毛列和背触毛列的原基在老结构中形成，每列背触毛原基后部形成数根尾棘毛。

（6）多枚大核在分裂前先融为一团。

该属内其他两种（*Holosctichides chardezi* Foissner, 1987 和 *H. dumonti* Foissner, 2000）的细胞发生过程均尚未得到清晰的认识，在仅有的零星分裂个体中可知，二者与典型类全列虫后仔虫口原基的发育位置相同（Foissner 1987b，2000）。

本亚型的界定来自组合的 3 个发生学性状：背触毛列分别形成数根尾棘毛、存在斜向的腹棘毛列而无横棘毛。其中，最为突出的特征是尾棘毛的形成，在整个尾柱目中，绝大多数发生型中均无尾棘毛的形成，极少数类群即便产生，也普遍表现为“单一原基产生单一尾棘毛”这样的形式。

尾棘毛出现并且分别由不同的原基形成成串尾棘毛的现象在尾柱类中几乎是绝无仅有的。甚至在广义的腹毛类中也十分罕见（偶见于某些游仆类）。目前很难判断这个特征的承接关系：产生自一个独立的突变式演化过程？或属于一个返祖现象，即代表了一个原始的祖先特征？

第14节　矛形拟腹柱虫亚型的发生模式
Section 14　The morphogenetic pattern of the *Paragastrostyla lanceolata*-subtype

邵晨 (Chen Shao)　宋微波 (Weibo Song)

该亚型的原始描述是基于维氏表列虫 *Periholosticha wilberti* Song, 1990 开展的，其为一土壤内的小型种类，曾作为新种报道并同步完成了对其细胞发生的研究。由于该种的形态学与矛形拟腹柱虫 *Paragastrostyla lanceolata* Hemberger, 1985 非常相似，Berger（2006）将前者认作后者的同物异名[*Paragastrostyla wilberti*（Song, 1990）Berger, 2006]并将二者合并。本节对亚型的描述主要基于宋微波（Song, 1990）的原始报道。

基本纤毛图式　具两片短的波动膜；额棘毛分化明确，无口棘毛，若干典型的中腹棘毛对及单列的中腹棘毛列，具额前棘毛；左、右缘棘毛各1列。

背触毛2列，尾棘毛2根（图7.14.1A-D）。

细胞发生过程

口器　老口围带完全保留，由前仔虫继承（图7.14.2E，F，J；图7.14.3A，C）。

前仔虫的波动膜似乎经过新原基而形成，其最初出现在老的波动膜下方（一片无序排列的毛基体），此期老结构也发生解聚，因此无法判断解聚产物是否参与新原基的发育（图7.14.2E）。随后，原基在前端分化出第1额棘毛，并进一步形成口侧膜和口内膜（图7.14.2F，H，J；图7.14.3C）。

后仔虫的口原基起源于中腹棘毛末端几根棘毛左侧：最初为一无序排列的原基场，此原基场成为后期口原基和 FVT-原基的共同发源地。中腹棘毛或许（？）参与了该原基场的后期发育（图7.14.2A）。伴随细胞分裂的进行，原基场内毛基体增生、形成楔形的口原基（图 7.14.2C）。 在发生后期，原基进入小膜组装阶段，直至形成新的口围带（图7.14.2E，F，H，J；图7.14.3A，C）。

后仔虫的 UM-原基初期发生情况不详，或许独立发生。在所见的（最早的）分裂期中可见此原基已基本发育完成并可能（？）与 FVT-原基同源。随后的发育过程与前仔虫相同，包括贡献1根额棘毛（图7.14.2E，F，H，J；图7.14.3A，C）。

额-腹-横棘毛　缺失细节，但应为次级发生式。在较早的发生期，后仔虫口原基右侧出现若干条带状原基。随后，在前仔虫中亦出现了一组若干条带状原基，老的中腹棘毛很可能（？）参与新原基的构建（图 7.14.2C，E）。在随后的发育阶段中，各原基条带加粗、延长，经片段化形成若干棘毛（图 7.14.2F，H，J）。

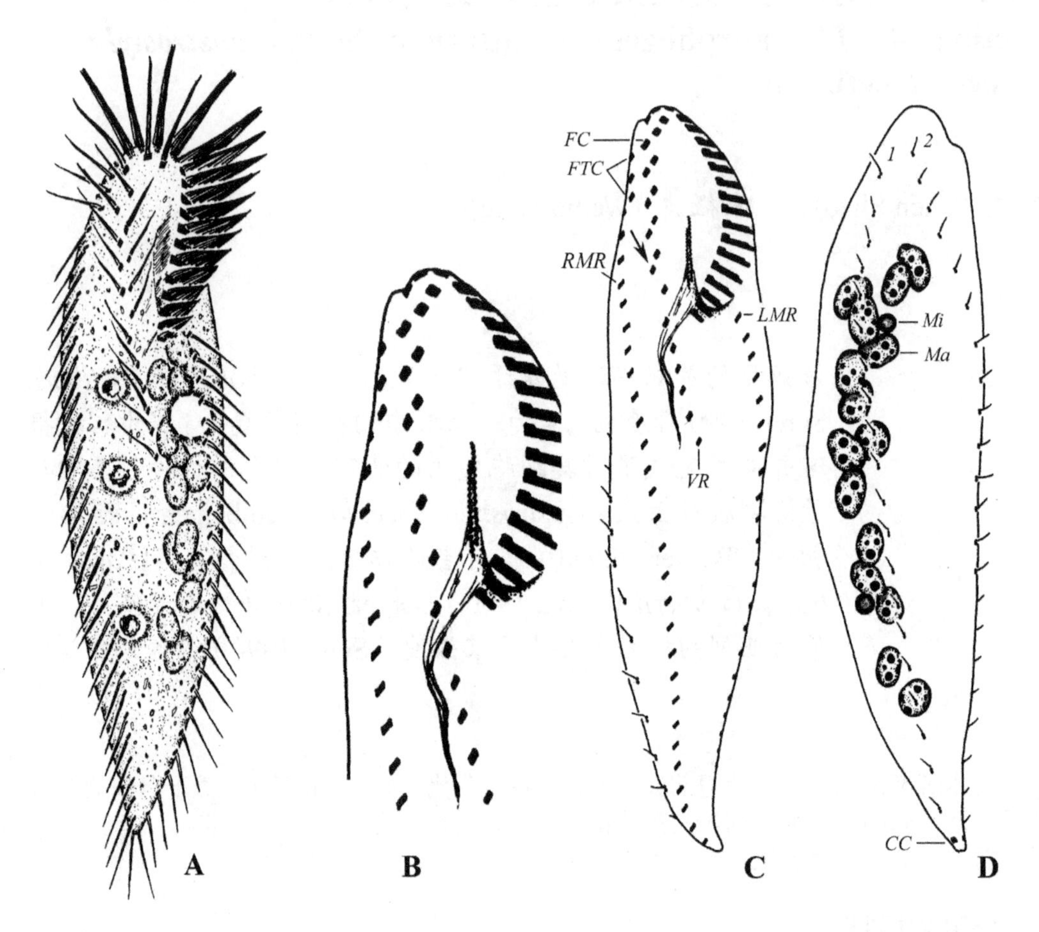

图 7.14.1 矛形拟腹柱虫的活体图（**A**）和纤毛图式（**B-D**）
A. 活体图；**B.** 口区放大图；**C.** 腹面观；**D.** 背面观。*CC.* 尾棘毛；*FC.* 额棘毛；*FTC.* 额前棘毛；*LMR.* 左缘棘毛列；*Ma.* 大核；*Mi.* 小核；*RMR.* 右缘棘毛列；*VR.* 中腹棘毛列；*1*，*2.* 背触毛列

FVT-原基的分化模式如下。

原基 I 通常仅形成 1 根额棘毛（偶见个体产生 2 根棘毛，但后端的 1 根命运不详，很可能很快被吸收）。

原基 II 贡献最右侧额棘毛和“拟口棘毛”（不迁移到口侧）。

原基III至 n-2 产生中腹棘毛对。

原基 n-1 形成 5-8 根棘毛，在发生晚期向虫体后段迁移，形成中腹棘毛列。

原基 n 产生 3 或 4 根棘毛，在发生晚期向口围带后端迁移，形成额前棘毛。

缘棘毛 在发生初期，右缘棘毛列中的前、后仔虫的相应位置出现了右缘棘毛原基（图 7.14.2F）。随后，左缘棘毛列中出现了前、后仔虫的左缘棘毛原基（图 7.14.2H）。缘棘毛原基逐渐发育、分段化（图 7.14.2J），最终分化成前、后仔虫的左、右缘棘毛列并取代老结构（图 7.14.3A，C）。

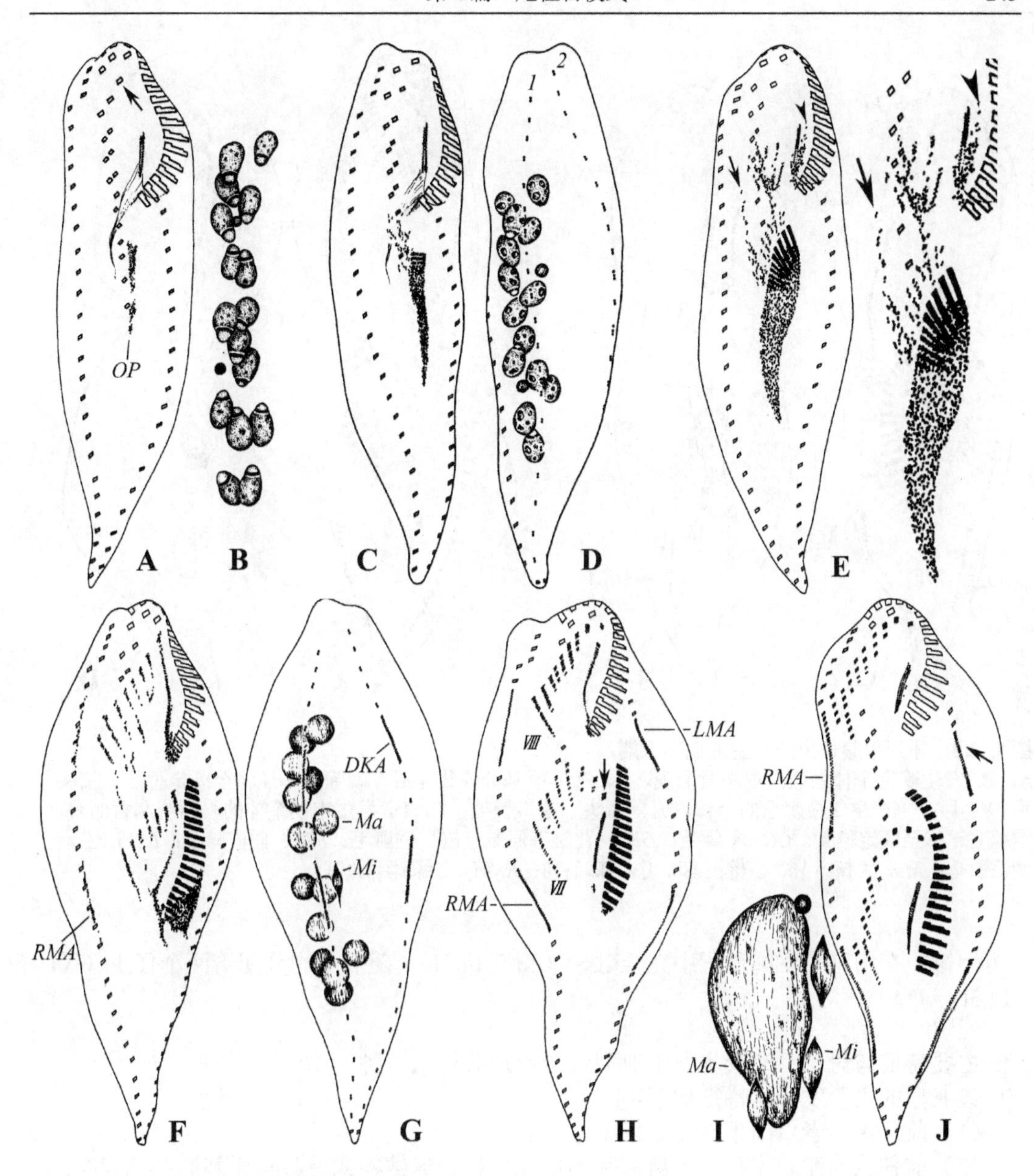

图 7.14.2　*矛形拟腹柱虫细胞发生早期和中期*

A，B. 发生早期个体的腹面观和大核，示后仔虫的口原基，箭头示额外产生的棘毛；**C，D.** 稍晚时期的腹面观和背面观，示后仔虫的口原基和 FVT-原基；**E.** 发生前期个体的腹面观，无尾箭头示前仔虫的 UM-原基，箭头示 FVT-原基 n 为初级原基；**F，G.** 发生前期个体的腹面观和背面观，示背触毛原基出现在老结构中，注意图 **F** 中老口围带近端进行小膜重组；**H.** 发生前期个体的腹面观，示 FVT-原基开始分段化；**I，J.** 发生中期个体的腹面观，示 FVT-原基的分段化基本完成，UM-原基分化亦基本完成，大核融合为单一融合体，箭头指示左缘棘毛原基。*DKA*. 背触毛原基；*LMA*. 左缘棘毛原基；*Ma*. 大核；*Mi*. 小核；*OP*. 口原基；*RMA*. 右缘棘毛原基；*VII*，*VIII*. 原基Ⅶ和Ⅷ；*1*，*2*. 背触毛列

背触毛　在发生初期，前、后仔虫的相应位置的背触毛内部，各出现一处背触毛原基（图 7.14.2G），此原基发育并向虫体两端延伸，最终取代老结构。每列原基的末端各形成 1 根尾棘毛（图 7.14.3B，D）。

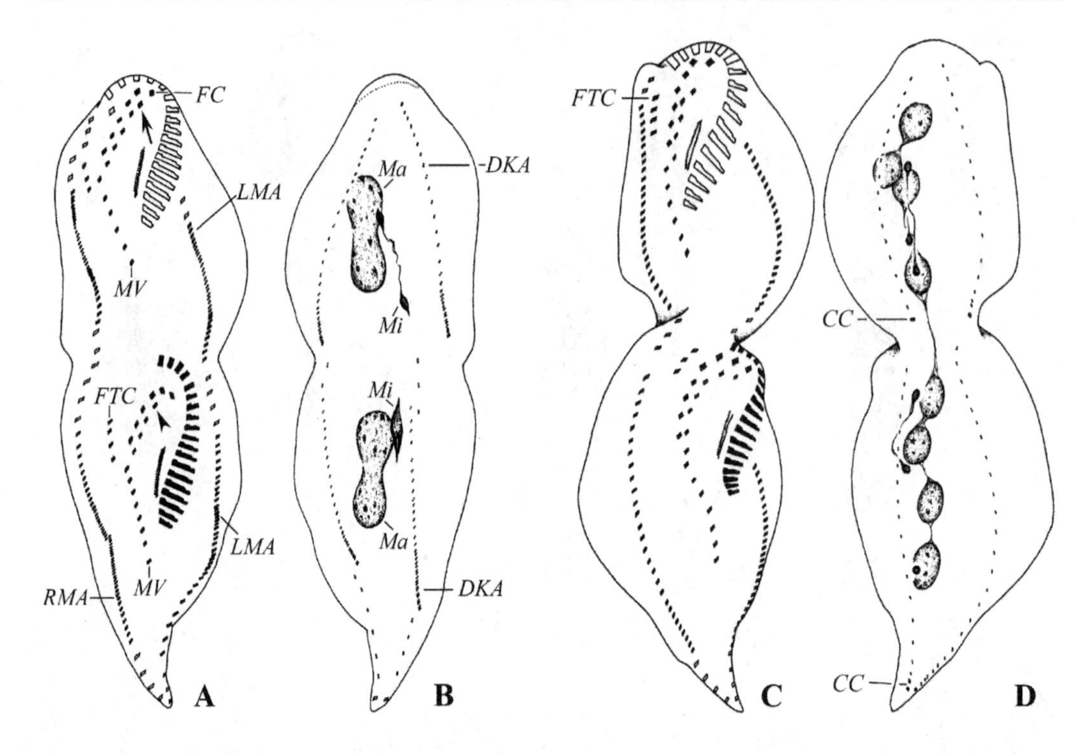

图 7.14.3 矛形拟腹柱虫的发生晚期和末期
A，B. 发生晚期个体的腹面观和背面观，示 FVT-原基分段化完成，棘毛基本迁移至既定位置，箭头示 FVT-原基Ⅰ产生 2 根棘毛的个体，无尾箭头示拟口棘毛；**C，D.** 发生末期个体的腹面观和背面观，示棘毛迁移至既定位置。*CC*. 尾棘毛；*DKA*. 背触毛原基；*FC*. 额棘毛；*FTC*. 额前棘毛；*LMA*. 左缘棘毛原基；*Ma*. 大核；*Mi*. 小核；*MV*. 中腹棘毛列；*RMA*. 右缘棘毛原基

大核　在细胞发生的过程中完全融合（图 7.14.2I），随后平均分配给两个仔虫（图 7.14.3B，D）。

主要特征与讨论　涉及本发生亚型仅矛形拟腹柱虫 1 种。

该亚型的主要发生学特征如下。

（1）前仔虫的老口围带被完全保留。

（2）前仔虫的波动膜有一个新原基的形成过程，老结构或许参与原基的后期发育。

（3）FVT-原基为次级发生式，该原基产生中腹棘毛列、腹棘毛列、额前棘毛，但不产生横棘毛，也不形成口棘毛。

（4）缘棘毛原基在老结构中发育。

（5）背触毛原基在老结构中发育，末端产生尾棘毛。

（6）大核融合为单一个体。

在少数分裂个体中可见 FVT-原基Ⅰ产生 2 根棘毛，而且后端的 1 根并不向后迁移形成口棘毛。在非分裂期个体中没有观察到相应棘毛的存在。目前不明的是，该棘毛是在细胞分裂结束后消失还是继续存在。

第 8 章　细胞发生学：异角毛虫型
Chapter 8　Morphogenetic mode: *Heterokeronopsis*-type

邵晨 (Chen Shao)　　宋微波 (Weibo Song)

异角毛虫发生型在尾柱目内具有代表性，作为众多具有“冠状额棘毛列”结构的科属之一，该发生型最重要的特征为FVT-原基在分化过程中完全无额前棘毛的形成。

本型目前已知包括 2 个亚型：*Apobakuella fusca*-亚型和 *Heterokeronopsis pulchra*-亚型。属于该发生型的目前已知者涉及 2 个科（伪角毛科 Pseudokeronopsidae 和巴库科 Urostylidae）内 2 个属（偏巴库虫属 *Apobakuella* 和异角毛虫属 *Heterokeronopsis*）。

两个亚型的主要发生过程相似，主要特征为：①老口器完全解体，前仔虫的口原基在皮膜深层独立发生，UM-原基前端贡献 1 根额棘毛；②多列的 FVT-原基为次级发生式，产生典型的中腹棘毛复合体；③无迁移棘毛；④缘棘毛及背触毛原基均在老结构中产生，无尾棘毛产生；⑤大核在发育过程中高度融合。

两亚型间的特征性区别在于：*Apobakuella fusca*-亚型中有横棘毛、拟口棘毛及明确分化的额棘毛产生，而在 *Heterokeronopsis pulchra*-亚型中无横棘毛及拟口棘毛产生，FVT-原基在前部分化为冠状额棘毛列而非独立的额棘毛。

第 1 节　美丽异角毛虫亚型的发生模式
Section 1　The morphogenetic pattern of *Heterokeronopsis pulchra*-subtype

胡晓钟 (Xiaozhong Hu)

美丽异角毛虫及其所在的异角毛虫属为潘莹等于 2013 年建立。同期进行的细胞发生学研究显示其代表了一个新亚型。该亚型的特征为老口器完全更新、产生中腹棘毛列、无横棘毛和额前棘毛的分化，以及大核发生完全融合。目前属于该亚型的仅 1 属 1 种。基于潘莹等（Pan et al. 2013）的原始描述，本节简要介绍该亚型的发生过程。

基本纤毛图式　口围带分成前、后两部分；波动膜包含 2 片膜，但口侧膜十分短小；额区棘毛排列成不明显的双冠状；口棘毛和额前棘毛普遍存在；典型的中腹棘毛复合体由 zig-zag 模式的中腹棘毛对和 1 列中腹棘毛组成；无横棘毛；左、右缘棘毛各 1 列（图 8.1.1B，D；图 8.1.3A-D）。

具 3 列纵贯体长的背触毛列（图 8.1.1E）。

细胞发生过程

口器　老的口围带完全解体，前仔虫口器来自形成独立的口原基。其最初为一组独立发生的毛基体群，位于口围带右侧的围口龛腔内的皮层深处（图 8.1.2B；图 8.1.4F，I）。

随后，口侧膜解聚，无法确定解聚产生的毛基体完全被吸收还是参与到前仔虫的口原基发育过程中（图 8.1.2C 及插图）。伴随着老的口器逐渐被吸收，该口原基开始由前往后组装成新的小膜（图 8.1.2D；图 8.1.4K）。

与此同时，在口原基的右侧出现 UM-原基，其与口原基同源（图 8.1.2D；图 8.1.4K）。不久其前端分化出 1 根额棘毛（图 8.1.2F 及插图；图 8.1.5D，E），其余部分则纵裂产生口侧膜和口内膜（图 8.1.2H）。口侧膜前端的毛基体组装形成锯齿状结构，后端的毛基体则被逐步吸收，因此其长度变短（图 8.1.3C；图 8.1.6B，C）。

后仔虫的口原基最初出现在老的中腹棘毛左侧，为一些斑块状无序排列的毛基体群（图 8.1.2A，B；图 8.1.4E，G）。在原基形成过程中部分老的棘毛或许参与其发育。随着毛基体数目的增加，口原基加长增宽。随后，此原基左侧部分由前向后开始组装成新的小膜（图 8.1.2C，D；图 8.1.4H）。发生中、后期，小膜组装完毕，后仔虫新形成的口围带前端开始向虫体的右侧弯折（图 8.1.2F，H；图 8.1.3A，C）。最终，后仔虫新口器迁移到既定位置。

在发生前期，后仔虫口原基场的右侧出现一线状的毛基体区，此即 UM-原基（图 8.1.2C，D；图 8.1.4H，L），其经聚合后形成新的波动膜和 1 根额棘毛（图 8.1.2F，H；图 8.1.3A；图 8.1.5C）。

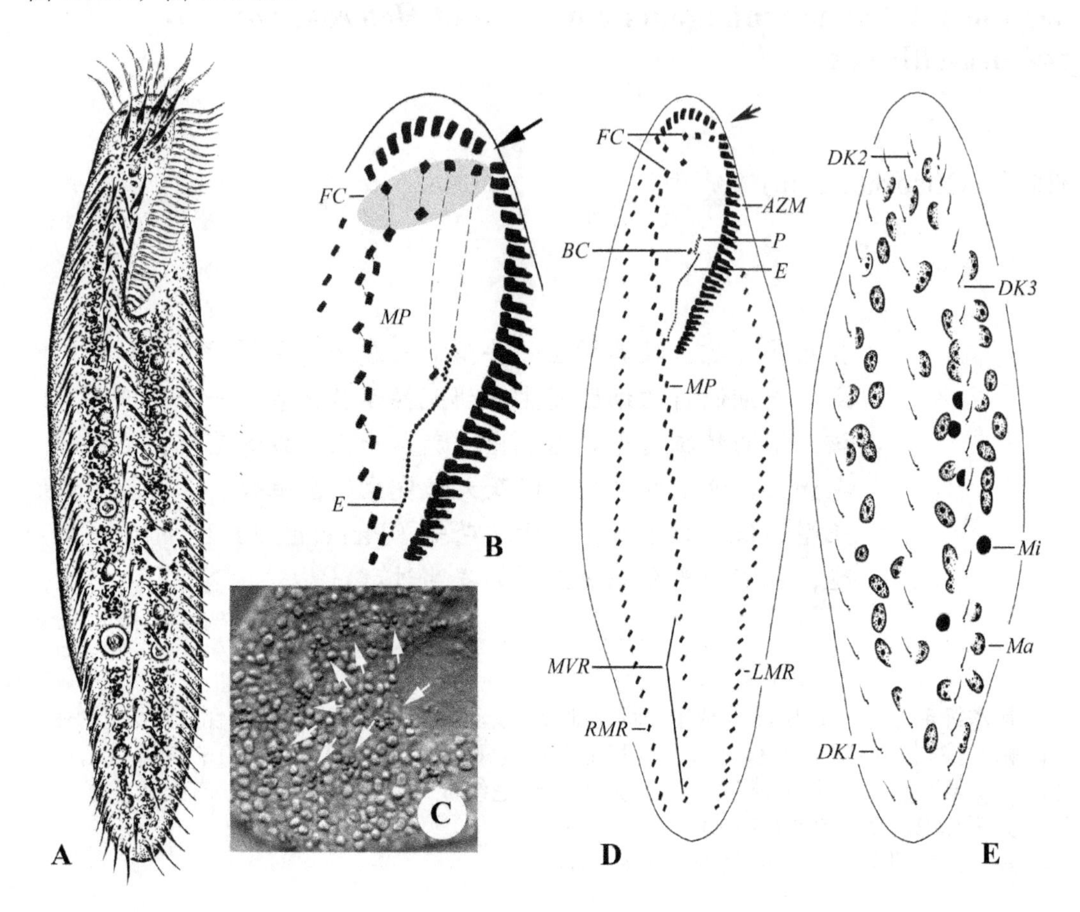

图 8.1.1 美丽异角毛虫的活体和纤毛图式

A. 活体腹面观；**B.** 虫体前部腹面观，示口器，箭头示口围带前、后两部分间的空白处；**C.** 背面观局部，箭头示背触毛附近的色素颗粒群；**D，E.** 同一个体的腹面观和背面观，示纤毛器和核器，箭头示口围带前、后两部分间的空白处。*AZM.* 口围带；*BC.* 口棘毛；*DK1-DK3.* 1-3 列背触毛；*E.* 口内膜；*FC.* 额棘毛；*LMR.* 左缘棘毛列；*Ma.* 大核；*Mi.* 小核；*MP.* 中腹棘毛对；*MVR.* 中腹棘毛列；*P.* 口侧膜；*RMR.* 右缘棘毛列

额-腹-横棘毛 在前仔虫中，FVT-原基产生于前仔虫口原基右侧的细胞表面。在此原基的形成过程中，极少数老的中腹棘毛解聚后可能参与（？），而多数则保持不变，并最终被新结构所替代。进一步发育后，这些 FVT-原基分段化而发育成新棘毛。

后仔虫的 FVT-原基最早出现于后仔虫口原基右侧前方，开始是细线状（图 8.1.2C；图 8.1.4H）。此时，后仔虫的口原基与 FVT-原基在后端相连，可能显示出两者间的某种联系（图 8.1.2D；图 8.1.4L）。

除最后 1 列 FVT-原基形成 1 列腹棘毛外（图 8.1.3C；图 8.1.5F；图 8.1.6D，E），其他每列 FVT-原基均产生 2 根中腹棘毛（图 8.1.3C；图 8.1.5J）。

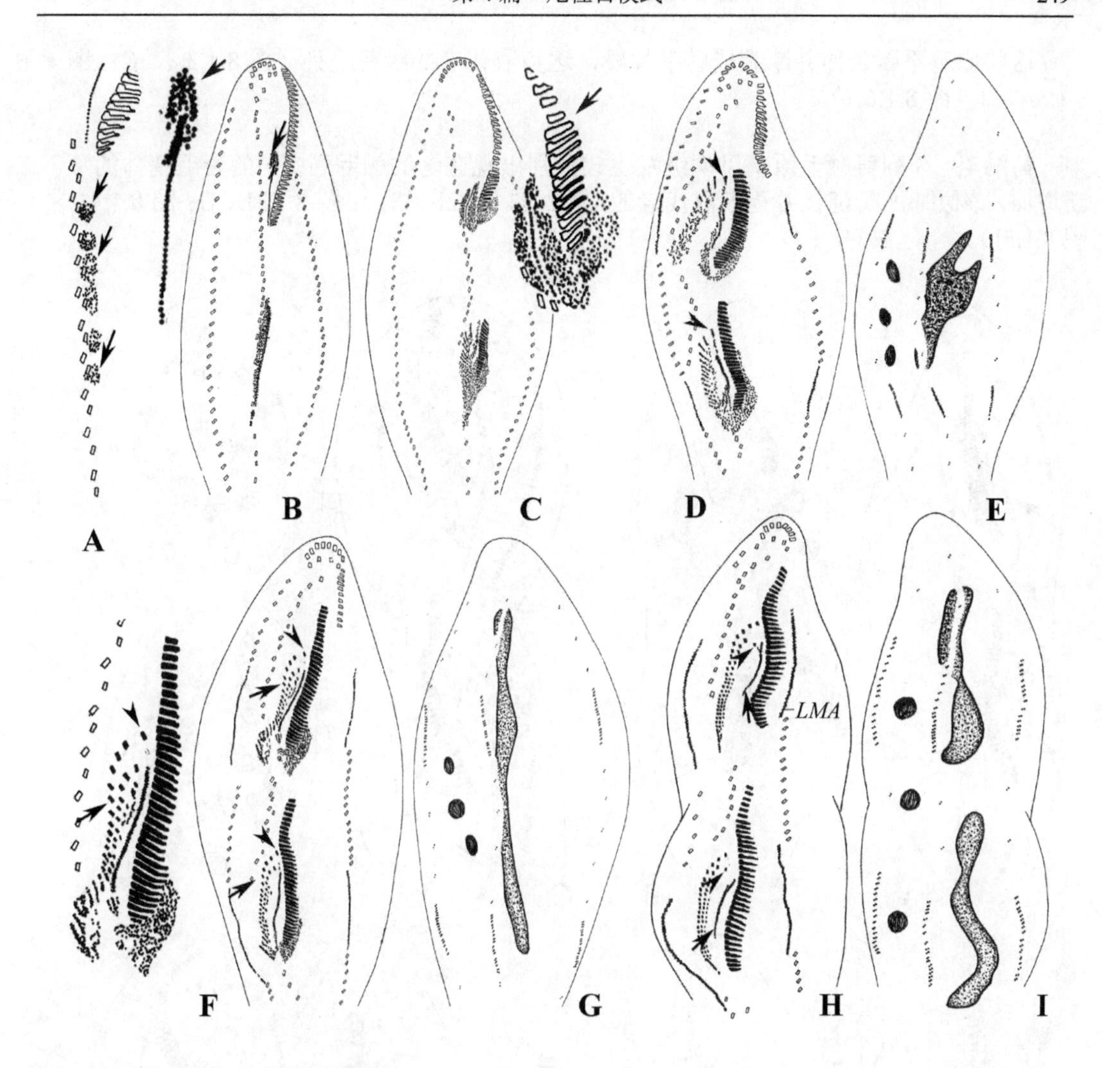

图 8.1.2　美丽异角毛虫的细胞发生

A. 早期个体的局部观，箭头指后仔虫的口原基；**B.** 腹面观，示前、后仔虫的口原基，插图示前仔虫口原基出现在口侧膜下方（箭头）；**C.** 稍晚时期个体的腹面观，示后仔虫口原基开始分化，插图示前仔虫口原基放大观，箭头指老的口围带小膜；**D，E.** 较晚时期个体的腹面观和背面观，示 UM-原基（无尾箭头），缘棘毛原基和背触毛原基出现于老结构内，注意此时大核开始融合；**F，G.** 中期个体的腹面观和背面观，示 FVT-原基开始分化（箭头），前、后仔虫的左额棘毛从 UM-原基中分化出来（无尾箭头），插图示前仔虫口原基放大观；**H，I.** 后期个体的腹面观和背面观，示前、后仔虫的 UM-原基（箭头）断裂为口侧膜和口内膜，口棘毛由第 1 列 FVT 原基中分化（无尾箭头）。*LMA.* 左缘棘毛列

此外，第 1 列 FVT-原基产生的前端 1 根棘毛、第 2、3 列 FVT-原基分化出的 4 根棘毛，以及来自 UM-原基的棘毛共同构成额棘毛。

来自第 1 列 FVT-原基的后端 1 根棘毛向口侧膜迁移，并最终定位形成口棘毛（图 8.1.3A；图 8.1.6B，C）。其余的棘毛呈锯齿状排列，构成中腹棘毛复合体。

缘棘毛　形成于老结构中：在左、右缘棘毛列的前、后 1/3 处，部分老棘毛解聚，可能参与了缘棘毛原基的形成（图 8.1.2D；图 8.1.4L）。

这些原基不断延伸并断裂成棘毛片段，逐步取代老的缘棘毛列（图 8.1.3A，C；图 8.1.5A，J；图 8.1.6A）。

背触毛 3 列背触毛原基以次级发生式分别出现在老的触毛列中，随着毛基体的不断增加，该原基不断延长并逐渐取代老的结构（图 8.1.2E，G，I；图 8.1.3B，D；图 8.1.4J；图 8.1.5I）。

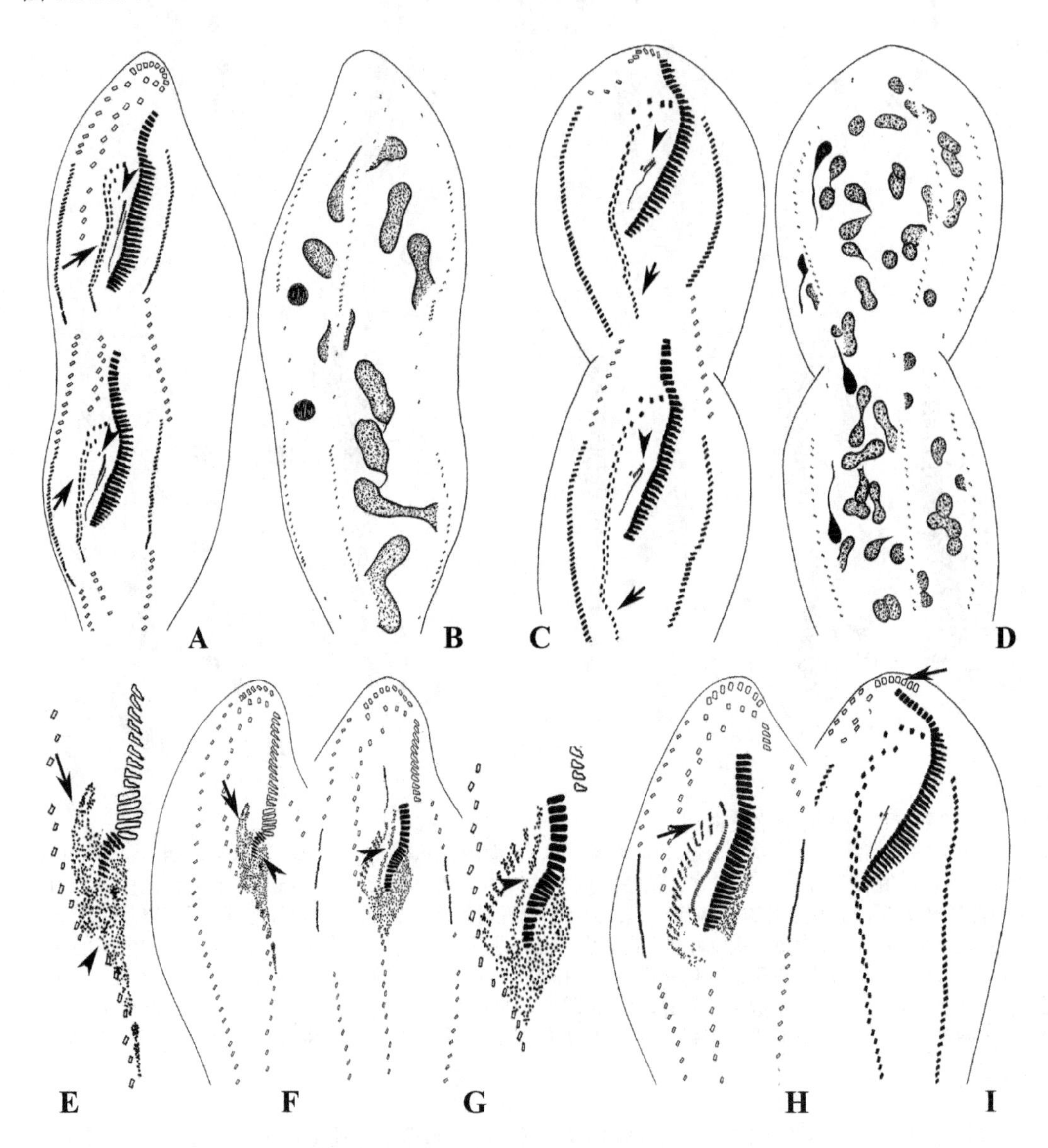

图 8.1.3 美丽异角毛虫的细胞发生及生理重组

A，B. 示口棘毛（无尾箭头）和分裂中的大核，注意 FVT-原基分化已近完成（箭头）；**C，D.** 同一末期个体的腹面观和背面观，示新形成的波动膜（无尾箭头）、口棘毛和最后 1 列 FVT-原基形成的腹棘毛列（箭头），注意两个子细胞中正在分裂的大小核；**E，F.** 同一早期重组个体腹面观及放大腹面观，示口原基（无尾箭头）和 FVT-原基（箭头）；**G.** 稍后时期个体的腹面观及其放大，示 UM-原基（无尾箭头）和左、右缘棘毛原基的出现；**H.** 中期个体的腹面观，示 FVT-原基开始分化（箭头）；**I.** 晚期个体的腹面观，示新形成的纤毛图式，注意老的口围带（箭头）渐被新口围带完全取代

大核　大核的发育过程同其他低等尾柱类纤毛虫非常相似。

所有的大核在细胞发生中期完全融合为一团状结构，随后该结构经多次、连续的分裂分配到2个子细胞中（图8.1.2E，G，I；图8.1.3B，D；图8.1.4H，I，M；图8.1.5A，J；图8.1.6A）。

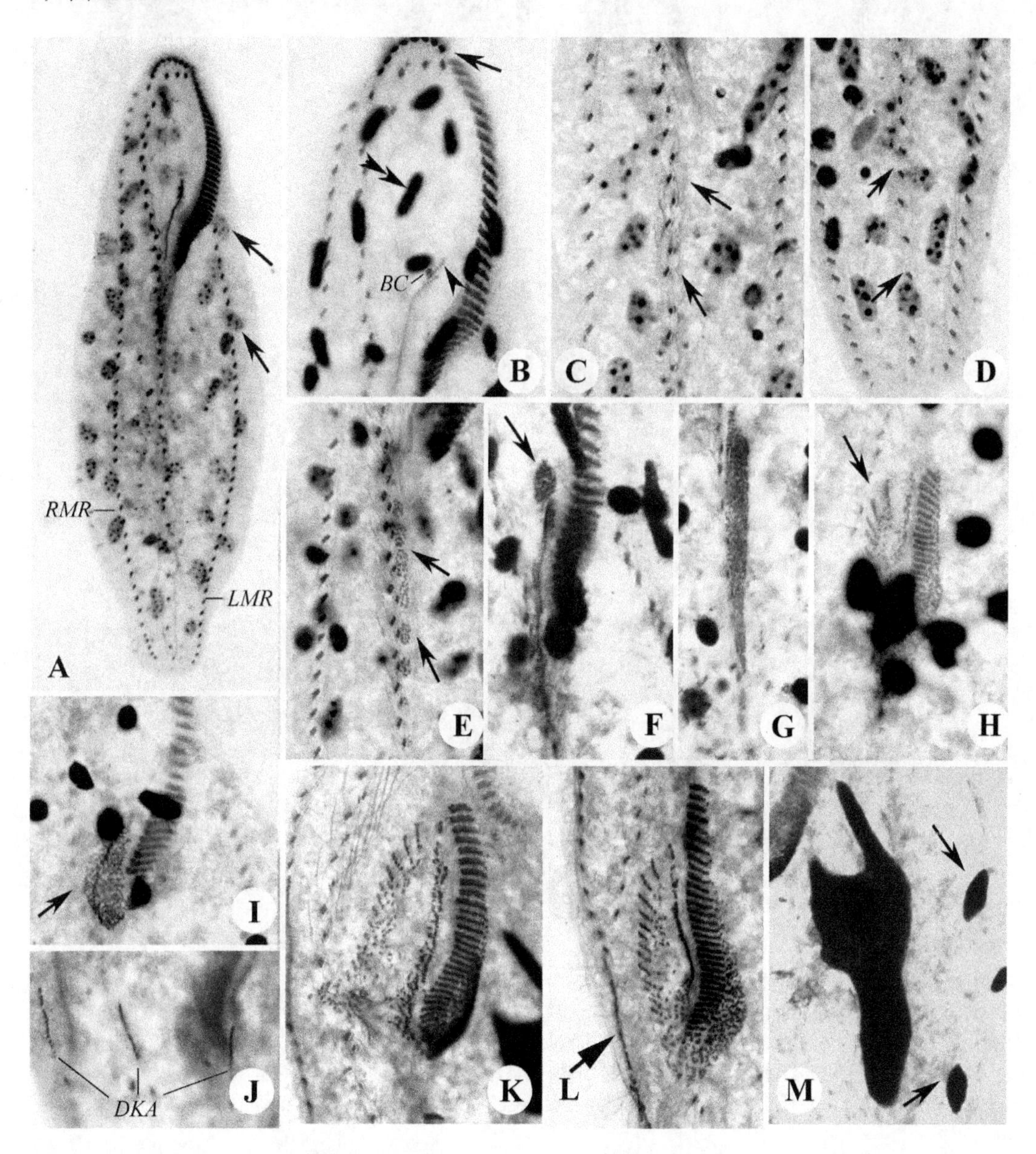

图8.1.4　美丽异角毛虫的纤毛图式（**A-D**）和细胞发生（**E-M**）
A-D. 间期腹面观，示左、右缘棘毛列，大核（**A**，箭头；**B**，双箭头），口围带间隔（**B**，箭头），口侧膜（**B**，无尾箭头），口棘毛，中腹棘毛对（**C**，箭头）和中腹棘毛列（**D**，箭头）；**E.** 早期个体的腹面观，箭头示后仔虫的口原基；**F，G.** 稍晚时期个体的腹面观，示前（**F**，箭头）、后（**G**）仔虫的口原基；**H，I.** 同一个体腹面观，示前仔虫的口原基出现在口侧膜之下（**I**，箭头）及FVT-原基开始出现（**H**，箭头）；**J-M.** 稍晚时期同一个体，示前（**K**）、后（**L**）仔虫的UM-原基，融合的大核（**M**），背触毛原基（**J**）和缘棘毛原基（**L**，箭头），**M** 中箭头指小核。*BC*. 口棘毛；*DKA*. 背触毛原基；*LMR*. 左缘棘毛列；*RMR*. 右缘棘毛列

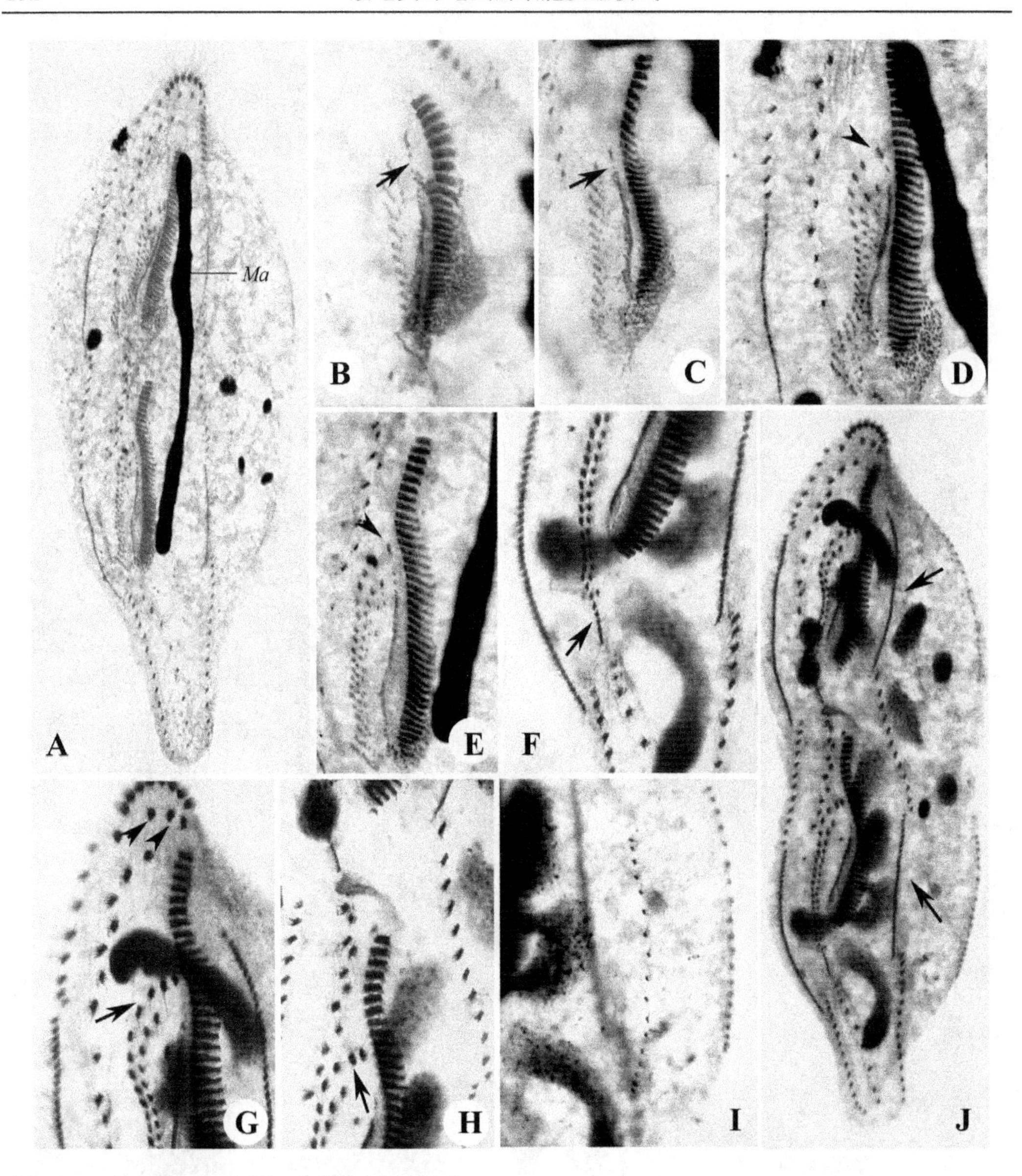

图 8.1.5 美丽异角毛虫的细胞发生中期至末期
A，D，E. 同一中期个体的腹面观，示长棒状大核（**A**）及前、后仔虫中的左额棘毛从 UM-原基前端分离出来（无尾箭头）；**B，C.** 同一个体的腹面观，示前、后仔虫的口原基，箭头指 UM-原基开始断裂；**F-J.** 稍晚时期同一个体背面观（**I**）和腹面观（**F-H，J**），示老的额棘毛（**G**，无尾箭头），前（**G**，箭头）、后（**H**，箭头）仔虫新形成的额棘毛，新出现的背触毛原基（**I**）和缘棘毛原基（**J**，箭头）。*Ma.* 大核

生理改组 生理改组与常规细胞发生过程十分相似，只是始终具有一组口原基和体纤毛器原基（图 8.1.3E；图 8.1.6F-K）。

改组过程如下：①口原基独立产生并最终取代老的口器；②FVT-原基产生于老的口器右侧皮层表面；③UM-原基产生 1 根额棘毛；④口棘毛由第 1 列 FVT-原基产生；⑤缘棘毛和背触毛原基产生于老结构内；⑥最后 1 列 FVT-原基分化为 1 列中腹棘毛。

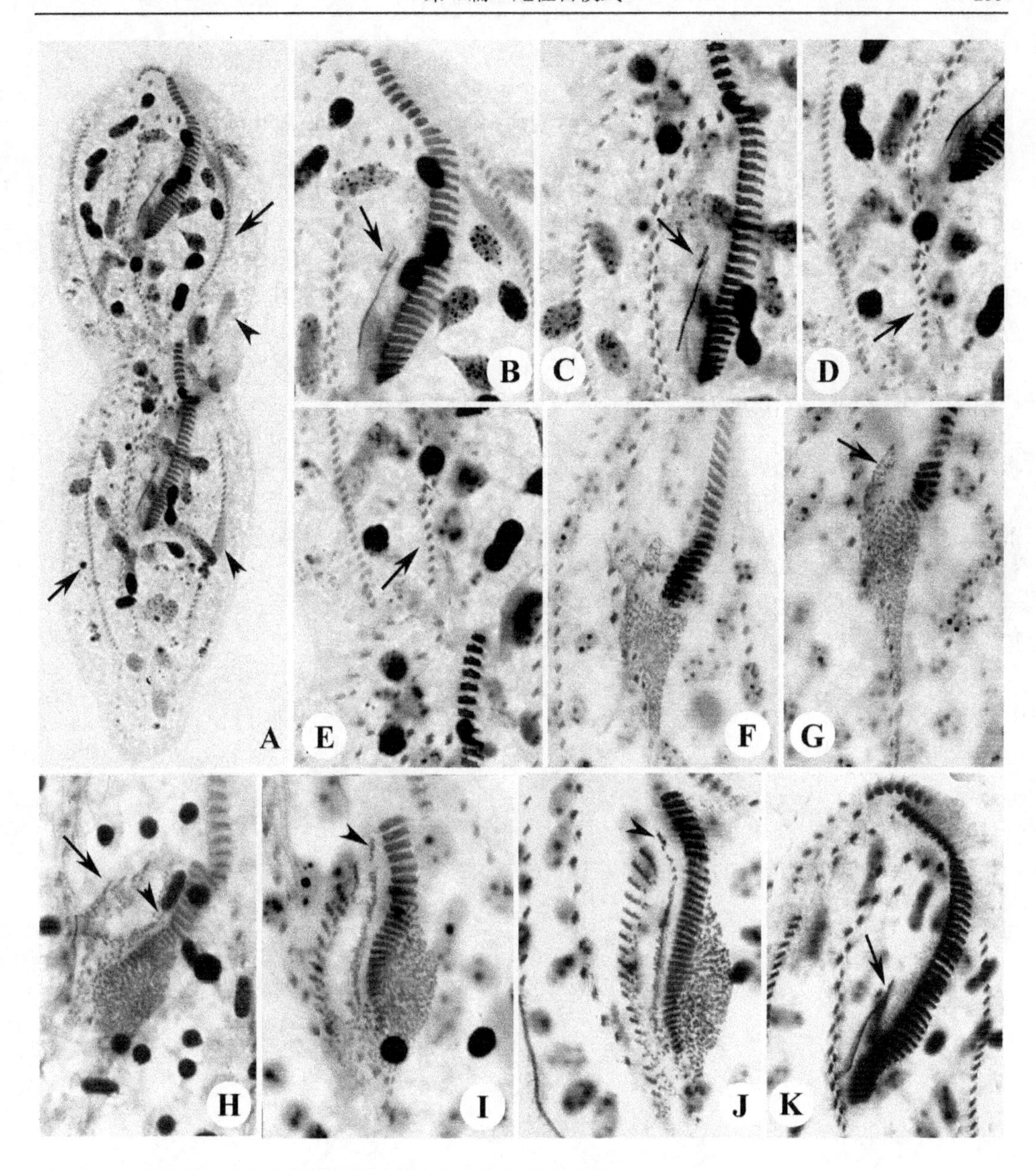

图 8.1.6　美丽异角毛虫的细胞发生末期（**A-E**）和重组个体
A-E. 同一晚期发生个体的腹面观，示缘棘毛列（**A**，箭头），小核（无尾箭头），最后 1 列 FVT-原基产生的中腹棘毛列（**D**，**E**，箭头）及前、后仔虫波动膜旁边的口棘毛（**B**，**C**，箭头）；**F.** 早期重组个体的腹面观，示口原基；**G**，**H.** 稍晚重组个体的腹面观，示 FVT-原基（箭头），新形成的小膜和 UM-原基（无尾箭头）；**I**，**J.** 稍晚重组个体的腹面观，示 FVT-原基的分段化、UM-原基前端分化出一小段棘毛原基（无尾箭头）；**K.** 晚期重组个体的腹面观，示新形成的口棘毛（箭头）和波动膜

主要发生特征与讨论　涉及本发生亚型者仅美丽异角毛虫 1 种。

本发生亚型的主要发生特征可以总结为如下几方面。

（1）前仔虫的口器来自独立、深层发生的新原基，老口围带和波动膜完全被更新。

（2）FVT-原基在前、后仔虫中分别发生。

（3）最后的 1 列 FVT-原基产生中腹棘毛列；无横棘毛和额前棘毛的分化。

（4）缘棘毛和背触毛原基分别以次级方式产生于老结构内。

（5）UM-原基产生 1 根额棘毛，单一口棘毛来自第 1 列 FVT-原基。

（6）大核片段在发生中期完全融合。

目前仅有一次围绕本亚型发生的报道（Pan et al. 2013）。其细胞发生过程中所揭示的"前仔虫口器完全来自口原基再造"为一些伪角毛科（如伪角毛虫、类瘦尾虫、偏全列虫、偏角毛虫）种类所共有的发生学现象，但同时亦表现出自己的特点。本亚型种类细胞发生过程中的大核行为和偏全列虫一样，但与后者不同的是无横棘毛和额前棘毛的分化而有口棘毛的发生。

在尾柱类的个体发育过程中，众多的大核表现为完全融合与部分融合这两种模式。例如，不同于本亚型大核的完全融合，类瘦尾虫和偏角毛虫这两个亚型均不发生大核的完全融合。这两种模式应代表了进化的不同阶段，显然，大核发生完全融合为演化的终极形式。

此外，有关口棘毛的形成，类瘦尾虫无口棘毛的分化，但异角毛虫产生了口棘毛。前者属于首列 FVT-原基发育终止在分段化阶段，因此，后面这部分没有进一步向后迁移，而停留在原位或被吸收。这应理解为属于一个低级分化形式。

相邻亚型间的其他区别还在于，偏角毛虫具有横棘毛和额前棘毛，异角毛虫则没有，但其产生了中腹棘毛列，而这在前者是缺失的。

第2节　棕色偏巴库虫亚型的发生模式
Section 2　The morphogenetic pattern of *Apobakuella fusca*-subtype

姜佳枚 (Jiamei Jiang)　　宋微波 (Weibo Song)

棕色偏巴库虫由姜佳枚等（Jiang et al. 2013）发现于中国南方的半咸水生境并被同步完成了分类学和细胞发生学的研究，该工作进一步明确了一个新的单型属——偏巴库虫属（*Apobakuella*）。作为一个独立的亚型，其细胞发育过程中最大的特征在于：最后1列FVT-原基产生的棘毛不发生向虫体前方的迁移，因此间期个体无额前棘毛。

基本纤毛图式　本种的形态学特征及纤毛图式如图8.2.1A-H所示，有明确分化的额棘毛，口棘毛1列，沿波动膜排列；拟口棘毛2或3列，位于口棘毛右侧；具典型的中腹棘毛，其后分布有数列斜向排列的发达的中腹棘毛列，具腹棘毛列和横棘毛；右缘棘毛为复列，左缘棘毛为单列。

背触毛为完整的3列（图8.2.1D）。

细胞发生过程

口器　老结构完全解体，新口围带来自独立发生的口原基：早期的标志是老的口内膜左侧皮层下出现1列毛基体密集排布的口原基场（图8.2.2A），随后该原基场经增殖、扩展（图8.2.2B；图8.2.3E），后期向表层发育并形成新的口围带（图8.2.2D，F）。整个过程中老结构（波动膜等）均未参与口原基的形成。

前仔虫的UM-原基出现于口原基右侧，应与口原基来自同一个原基场（图8.2.2C；图8.2.3D）。随着发育进行，UM-原基的前端向前分化出1根额棘毛（图8.2.2D），其余部分发育为前仔虫的波动膜（图8.2.2F，I）。老波动膜被完全吸收。

在后仔虫，形态发生初期，在细胞中部左侧出现多组无序排列的毛基体群（图8.2.1I；图8.2.2A），即为后仔虫的口原基场。此过程未见老棘毛的参与。后仔虫口原基随后的发育过程同前仔虫（图8.2.2B-D，F；图8.2.3C，F）。

后仔虫的UM-原基出现在口原基的右侧，似乎与其左侧的FVT-原基同源（图8.2.2C；图8.2.3F），其后期的发育过程同前仔虫（图8.2.2F；图8.2.3H，I）。

额-腹-横棘毛　在前、后仔虫的口原基开始组装小膜阶段，前、后仔虫的FVT-原基分别开始形成，老的棘毛似乎参与了FVT-原基的后期发育（图8.2.2C）。

前、后仔虫FVT-原基的发育节奏基本同步：各自形成了20条左右的条状原基（图

8.2.3H)。最终，这些条状 FVT-原基由右向左分段、分化为多根棘毛（图 8.2.2F），其中两端的 FVT-原基，尤其是最末 1-4 列 FVT-原基，分化的棘毛数较多（图 8.2.2H; 8.2.3A）。

在棘毛迁移的最后阶段，没有额前棘毛的前迁过程。因此，最后一列 FVT-原基的产物成为一列腹棘毛列。

对额-腹-横棘毛的形成可以总结如下。

3 根额棘毛来自于 UM-原基和 FVT-原基Ⅰ、Ⅱ的前端。

口棘毛列来自 FVT-原基Ⅰ。

拟口棘毛来自 FVT-原基Ⅱ及随后数列 FVT-原基后端。

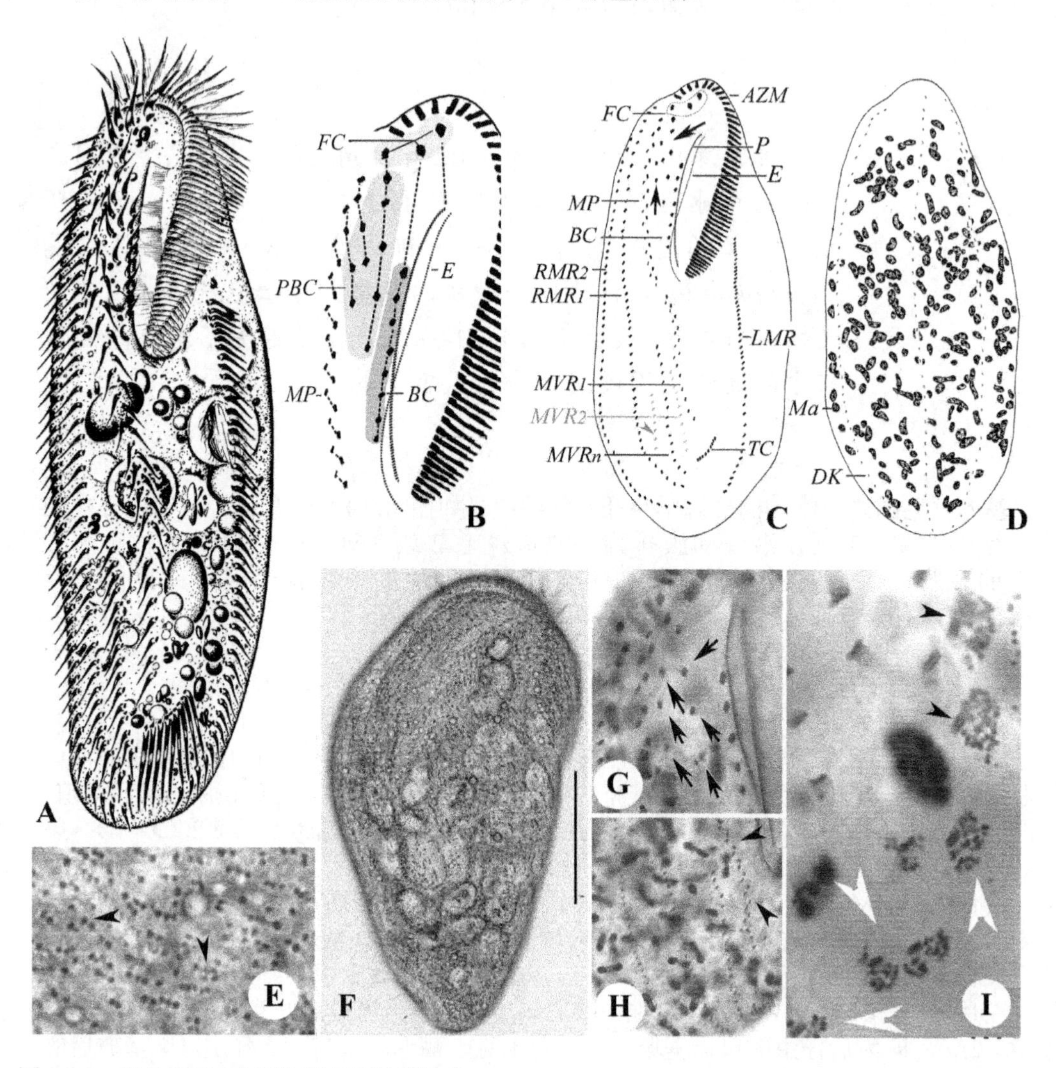

图 8.2.1 棕色偏巴库虫活体形态和纤毛图式

A. 典型个体，示虫体腹面；**B.** 虫体前端纤毛图式放大观；**C，D.** 背（**D**）腹（**C**）观，箭头示拟口棘毛，无尾箭头示外侧较短的中腹棘毛列，灰色棘毛列表示大多数个体具有、少数个体缺失的棘毛列；**E，F.** 背面观，示皮层颗粒的分布（无尾箭头）；**G，H.** 示发生间期虫体前端（**G**，箭头）及后端（**H**，无尾箭头）的纤毛图式；**I.** 发生早期个体的腹面观，无尾箭头示后仔虫口原基。*AZM.* 口围带；*BC.* 口棘毛；*DK.* 背触毛列；*E.* 口内膜；*FC.* 额棘毛；*LMR.* 左棘毛列；*Ma.* 大核；*MP.* 中腹棘毛对；*MVR1*，*MVR 2*，*MVR n.* 中腹棘毛列 1，2，n；*P.* 口侧膜；*PBC.* 拟口棘毛；*RMR1*，*RMR2.* 右缘棘毛列 1，2；*TC.* 横棘毛

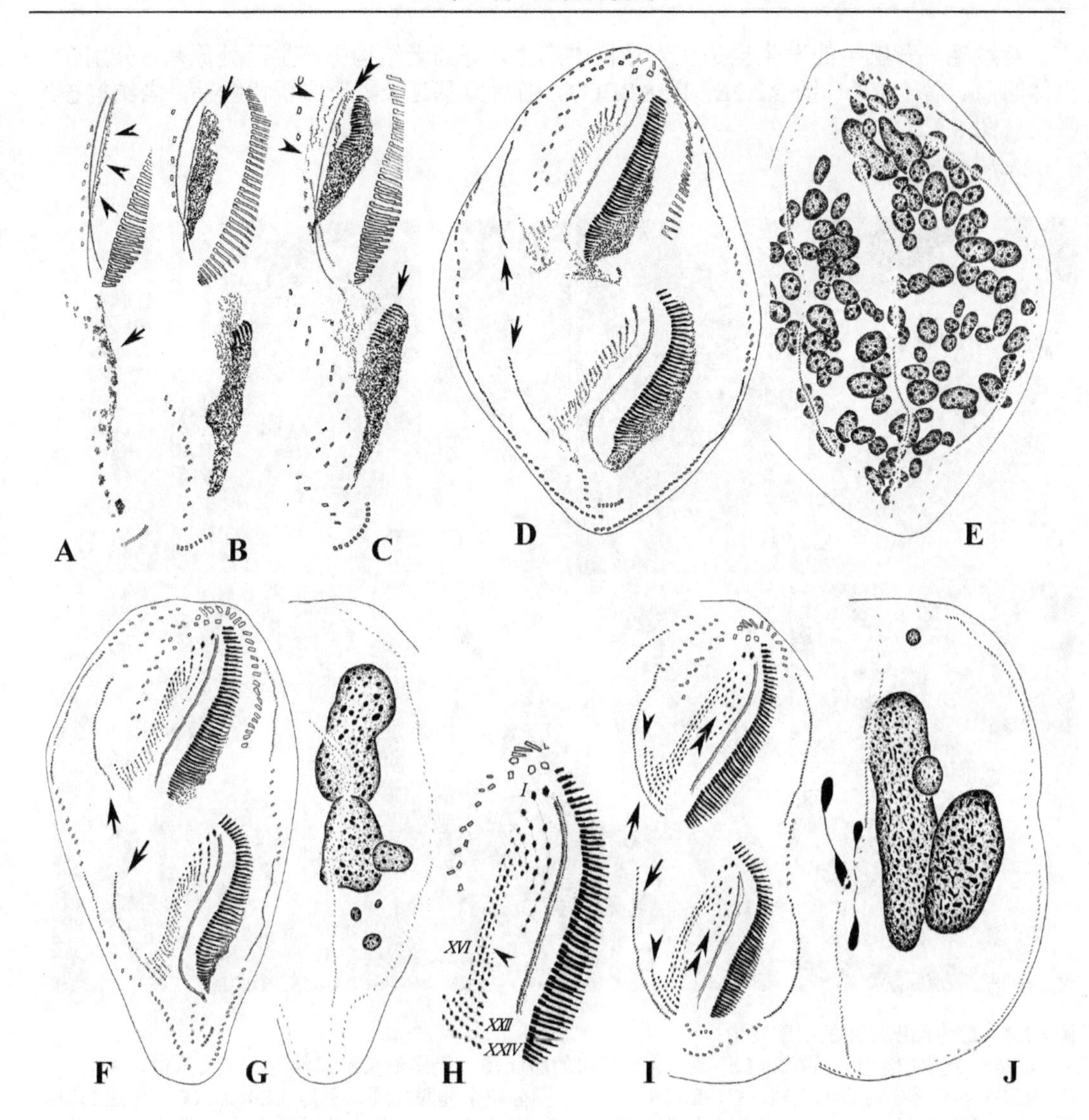

图 8.2.2　棕色偏巴库虫的细胞发生

A. 发生初期腹面观，无尾箭头和箭头分别标示前、后仔虫的口原基；**B.** 随后阶段，箭头示前仔虫口原基；**C.** 继续发生阶段，双箭头示 UM-原基，无尾箭头示解聚中的老口棘毛，箭头示后仔虫分化中的口围带小膜；**D，E.** 同一个体背（**E**）、腹（**D**）观，箭头示缘棘毛原基；**F，G.** 稍后发生时期个体背（**G**）、腹（**F**）观，箭头示内侧缘棘毛列；**H-J.** 发生中期个体的背（**J**）、腹（**H，I**）观，**H** 为 **I** 的前端放大图，图 **H** 中的无尾箭头示吸收中的多余棘毛，图 **I** 中的无尾箭头示新中腹棘毛列，箭头示内侧缘棘毛列，双箭头示拟口棘毛。*I - XXIV*. FVT-原基Ⅰ- XXIV

中腹棘毛对来自原基III- XV（数目不定，可能有变动）的前端。

后部的多列 FVT-原基均参与形成横棘毛，最后数列则形成腹棘毛列。

缘棘毛　缘棘毛原基均为在老结构内发生。细胞发生起始不久，在左、右缘棘毛列的前部和中部约 1/3 处的棘毛解体，缘棘毛原基出现（图 8.2.2D，E；图 8.2.3G）。这些原基分段化形成新棘毛并最终取代老结构（图 8.2.2F，I）。

背触毛　背触毛的发生也是在老结构中产生，每列老结构中产生两处原基，分别在虫体的前、后1/3处（图8.2.2E；图8.2.3G）。随后原基延长，形成新背触毛，老结构被吸收（图8.2.2G，J）。

无尾棘毛形成。

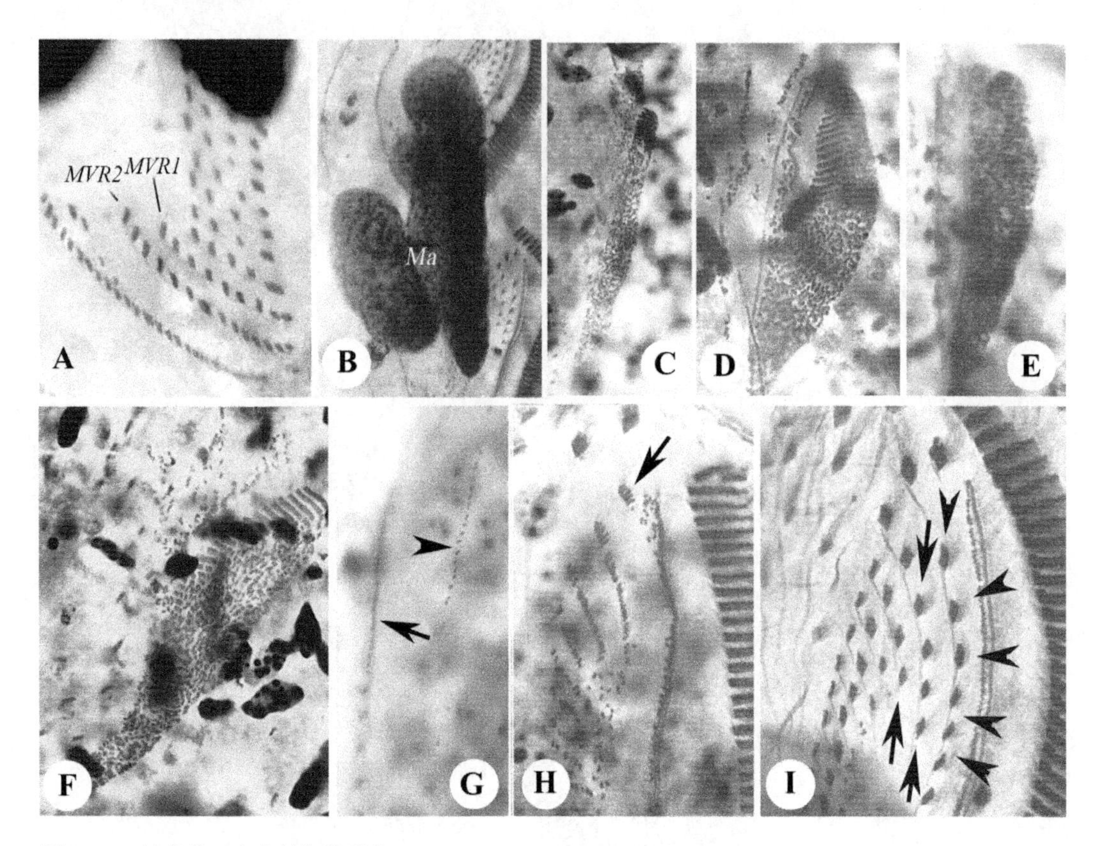

图8.2.3　棕色偏巴库虫的细胞发生

A，I. 同一发生中期个体的前（**I**）、后（**A**）仔虫的腹面观，无尾箭头示口棘毛，箭头示拟口棘毛；**B.** 发生中期个体中融合的大核；**C，E.** 同一发生早期分裂个体腹面观，示前（**E**）后（**C**）仔虫的口原基；**D，F.** 早期稍后阶段的分裂个体腹面观，示前（**D**）后（**F**）仔虫的口原基；**G.** 发生早期个体的背面观，示背触毛原基（无尾箭头）和左缘棘毛原基（箭头）；**H.** 发生早期前仔虫腹面观，箭头示最左侧的额棘毛。*MVR1*，*MVR2*. 中腹棘毛列1，2；*Ma*. 大核

大核　众多大核在发生早中期即开始逐步融合（图 8.2.2E）。由于缺乏部分发生时期的观察，暂不清楚大核在前、后仔虫发生分离之前是发生完全的融合还是停留在如图8.2.2G和图8.2.3B所示的状态（部分融合）。

主要特征与讨论　涉及本发生亚型者仅棕色偏巴库虫1种。

该亚型的主要发生学特征如下。

（1）老口围带完全被更新，新口原基为皮膜深层、独立产生。

（2）后仔虫的口原基出现在细胞表面、横棘毛的前方、中腹棘毛对左侧，老结构不参与新原基的形成。

（3）老的波动膜也完全解体，新结构因此来自皮膜深层形成的新UM-原基。

（4）FVT-原基为次级发生式，老结构可能参与了前仔虫 FVT-原基的后期发育。

（5）口棘毛列来自 FVT-原基 I，拟口棘毛来自前部数列 FVT-原基，后部数列 FVT-原基参与了横棘毛的形成，最末数列 FVT-原基贡献形成中腹棘毛列。

（6）缘棘毛和背触毛均为在老结构中原位发生。

（7）无迁移（额前）棘毛形成。

Apobakuella fusca-亚型表现了一个重要特征，即最后一列 FVT-原基产物不发生向额区的迁移，而是在原位构成了一列腹棘毛列。在尾柱类中，这个特征是不多见的。通常该列 FVT-原基的发育产物是完整前移或前端部分片段迁移，由此构成了营养期的额前棘毛（迁移棘毛）。这一特征可以理解为尾柱类系统发育过程中的一个衍征，因为多个（不存在额棘毛的）属共享此特征，而且在更高等的散毛类，均（普遍）不再有迁移棘毛的形成过程。

与相近的巴库虫属（*Bakuella*）相比，本亚型所在属的不同表现在老口围带命运和额前棘毛的存在与否上。其中，在巴库虫，其前仔虫的口器发生过程中并无新生口原基的出现，而是老结构发生部分的解体，借其原位重建而形成新的口围带（见第 7 章第 11、12 节）。

第 9 章 细胞发生学：伪尾柱虫型
Chapter 9 Morphogenetic mode: *Pseudourostyla*-type

邵晨 (Chen Shao) 宋微波 (Weibo Song)

伪尾柱虫属是一个著名的旗舰种，对其发生学的研究有大量的报道并因此定义了一个以此为核心的发生模式：伪尾柱虫发生型。

该模式包括下面两个重要的发生学特征：①额前棘毛来自最后一列 FVT-原基的前迁；②具有多列的缘棘毛且方式发育为“单一原基团”模式，即虫体同侧多列缘棘毛，在其中一列老结构中的前、后仔虫相应位置各产生一组原基，再由这一组原基分化形成多列缘棘毛原基，进而发育为多列的缘棘毛。

该发生型目前包括 2 个亚型：*Pseudourostyla cristata*-亚型和 *Diaxonella pseudorubra*-亚型。

除上述的基本特征外，两亚型具有其他一些共同点：①前仔虫的口原基于皮膜深层独立发生；②UM-原基贡献 1 根额棘毛；③FVT-原基为次级发生式，老结构很可能参与前仔虫 FVT-原基形成；④产生口棘毛和横棘毛；⑤背触毛原基在老结构中发育，不产生尾棘毛；⑥大核完全融合为单一融合体。

两亚型间的区别在于：前者的 FVT-原基产生冠状额棘毛和多列右缘棘毛，老结构参与后仔虫 FVT-原基的形成；后者形成明确分化的额棘毛和 1 列右缘棘毛，后仔虫 FVT-原基为完全独立形成。

值得强调的是，本发生型的基本特征之一，即“单一原基团”模式产生多列缘棘毛这一现象是非常特殊的发生学特征。在所有目前已知的腹毛类中，仅见于包括本章内两亚型所涉及的冠突伪尾柱虫和伪红色双轴虫在内的少数几个种，伪尾柱虫属和伪红色双轴虫则是其中仅有的尾柱目类群。除了这种发育方式以外，在具有多列缘棘毛的腹毛类中，缘棘毛列还以其他的方式发育（见绪论）。

属于本发生型的目前已知两科（伪尾柱科 Pseudourostylidae 和尾柱科 Urostylidae）两属（伪尾柱虫属 *Pseudourostyla* 和双轴虫属 *Diaxonella*）。

尾柱虫属（*Urostyla*）是一个与伪尾柱虫属形态学特征非常近似的阶元，两者长期被认为具有最近的亲缘关系。Wicklow（1981）及 Borror 和 Wicklow（1983）提出在尾柱虫属和伪尾柱虫属之间存在的多列缘棘毛起源方式的差异所代表的权重非常高。随后，Eigner 和 Foissner（1992）的工作进一步证明这种差异达到了科级标准。

Shao 等（2007b）通过对双轴虫属的研究发现，该属与伪尾柱虫属的多列缘棘毛的起源方式一致，因此提出双轴虫属与伪尾柱虫属具有近缘关系这一推测。然而，在一些基于分子信息而构建的系统树中，二者并没有一致地聚在一起。

这种不一致性有两种可能：第一，双轴虫属与伪尾柱虫属共有的多列缘棘毛的“单一原基团”模式可能仅是一个稳定的较原始的特征，因此并不指向两者间更密切的亲缘关系；第二，多列缘棘毛的“单一原基团”模式确实是一个衍征，但在系统关系定位中的权重并没有迄今人们所估计得那么高。总之，更多的研究需要开展。

第1节　冠突伪尾柱虫亚型的发生模式
Section 1　The morphogenetic pattern of *Pseudourostyla cristata*-subtype

陈旭淼 (Xumiao Chen)　　胡晓钟 (Xiaozhong Hu)

伪尾柱科（Pseudourostylidae）内阶元的形态学和发生学特征为：口围带小膜的远端向虫体后部方向大幅弯折，具有多列的缘棘毛，且同侧的缘棘毛列来自于共同的原基场，“单一原基团”的衍生产物（Berger 2006）。其模式属，伪尾柱虫属（*Pseudourostyla*），具有冠状模式排布的额棘毛，左、右均具有多列缘棘毛，且同侧的多列缘棘毛来自共同的缘棘毛原基。本亚型的发生学报道较多，作为属内的重要代表，冠突伪尾柱虫，此处其细胞发生模式的描述基于陈旭淼等（Chen et al. 2010c）的重新报道。

基本纤毛图式　额棘毛双冠状排布，其后与中腹棘毛列无间隔地相连，后者棘毛以典型的 zig-zag 模式排布；具横棘毛和迁移棘毛，单根口棘毛；多列左、右缘棘毛（图 9.1.1B）。

8-10 列背触毛，几乎纵贯虫体全长（图 9.1.1C）。

细胞发生过程

口器　老的口器前端保留，后部彻底解体，新的口原基独立形成于口腔底部皮膜深层。其最初为一形成于胞口处的毛基场（图 9.1.2A；图 9.1.4A）；最后由前至后组装出新的小膜（图 9.1.2B，C）。至细胞发生末期，新生结构与保留的老的小膜拼接形成新的口围带（图 9.1.2E；图 9.1.3A，C；图 9.1.5A）。

前仔虫 UM-原基于口原基旁出现，但是否为独立发生仍不明（？）。如是，则很可能也是起自皮膜深层（图 9.1.2A，B）。随后原基经过增殖和发育，产生 1 根额棘毛并纵裂形成口侧膜和口内膜（图 9.1.2B，E，H；图 9.1.4D，G-I）。

后仔虫口原基独立形成于中腹棘毛复合体左侧的细胞表面（图 9.1.2A；图 9.1.4B）；随后的发育过程与前仔虫类似：原基场内毛基体增殖、分化，组装出口围带小膜从而形成后仔虫的新生口围带（图 9.1.2C，E，H；图 9.1.3A，C；图 9.1.5A）。

细胞发生接近中期，后仔虫 UM-原基在口原基右侧形成，二者应该同源，随后的发育产物与前仔虫相同（图 9.1.2A，B，E，H；图 9.1.4B，D，G-I；图 9.1.5B）。

额-腹-横棘毛　老的中腹棘毛复合体通过解聚参与到前、后仔虫FVT-原基的形成中（图9.1.2A；图9.1.4A，B）；前、后仔虫的FVT-原基发育基本同步：毛基体增殖、形成多列原基，每列原基发生断裂、分化形成独立的棘毛（图 9.1.2B，C，E；图 9.1.4D，G-J；图9.1.5C）。

额棘毛从左至右分别来自于UM-原基、FVT-原基Ⅰ前端和随后的数列FVT-原基（图9.1.2H）。

1根口棘毛来自FVT-原基Ⅰ后部（图9.1.2H）。

中腹棘毛对来自中部若干列FVT-原基和最后几列FVT-原基（不包括最后1列）的前端（图9.1.2H）。

横棘毛来自最后几列FVT-原基的后部（图9.1.2H）。

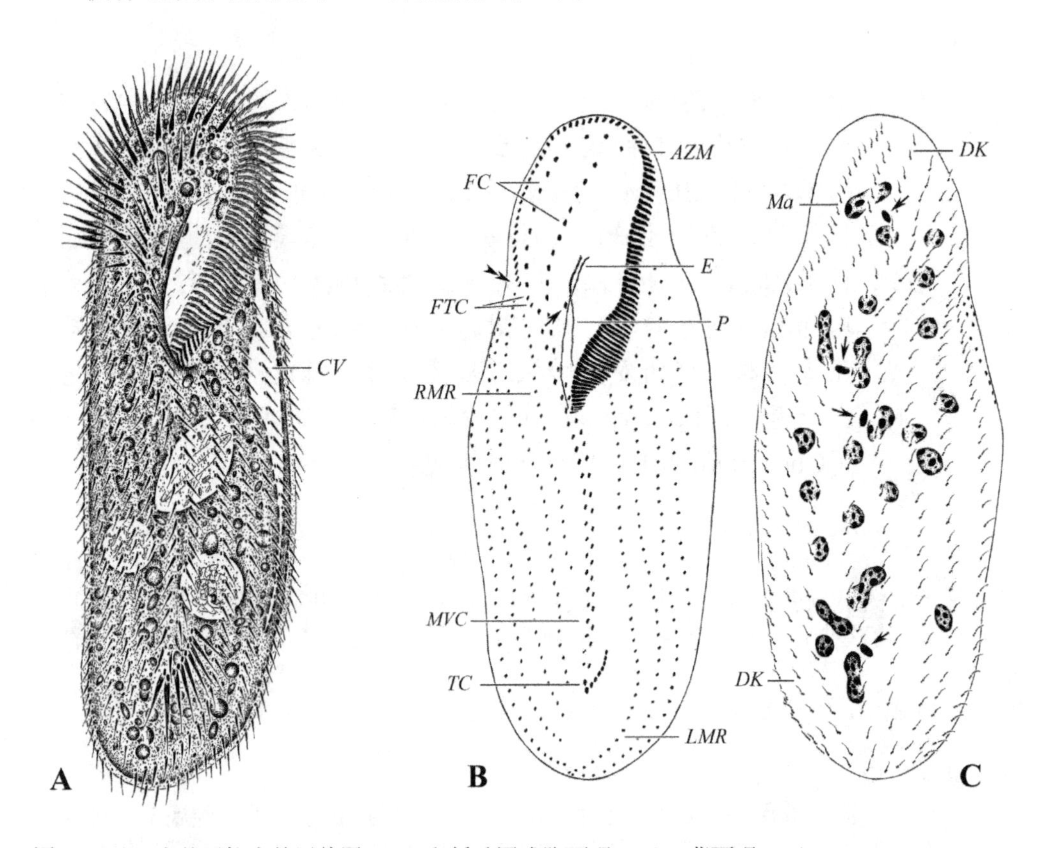

图9.1.1　冠突伪尾柱虫的活体图（**A**）和纤毛图式腹面观（**B**）、背面观（**C**）
图**B**中箭头示口棘毛、双箭头示口围带的远端，图**C**中箭头示小核。*AZM*. 口围带；*CV*. 伸缩泡；*DK*. 背触毛列；*E*. 口内膜；*FC*. 额棘毛；*FTC*. 迁移棘毛；*LMR*. 左缘棘毛列；*Ma*. 大核；*MVC*. 中腹棘毛复合体；*P*. 口侧膜；*RMR*. 右缘棘毛列；*TC*. 横棘毛

迁移棘毛来自最后1列FVT-原基前部（图9.1.2H；图9.1.3A，C；图9.1.5A）。

缘棘毛　缘棘毛原基最初作为单一结构均出现在最右一列老结构中（图 9.1.2A）。随着原基的发育，在左右、前后分别分化成5或6列原基，然后再逐步形成多列独立的棘毛（图9.1.2B，F；图9.1.4E，K）；在细胞发生末期，新生棘毛迁移并取代老结构（图9.1.3A，C；图9.1.5D）。

背触毛　背触毛原基（图 9.1.2D；图 9.1.4F）出现于细胞发生中期，在每列老结构的前、后仔虫中各自形成一组原基；随后逐步发展（图 9.1.2I；图 9.1.4L）、分化成新的背触毛，并且进一步向虫体前后两端延伸（图 9.1.3B，D）。

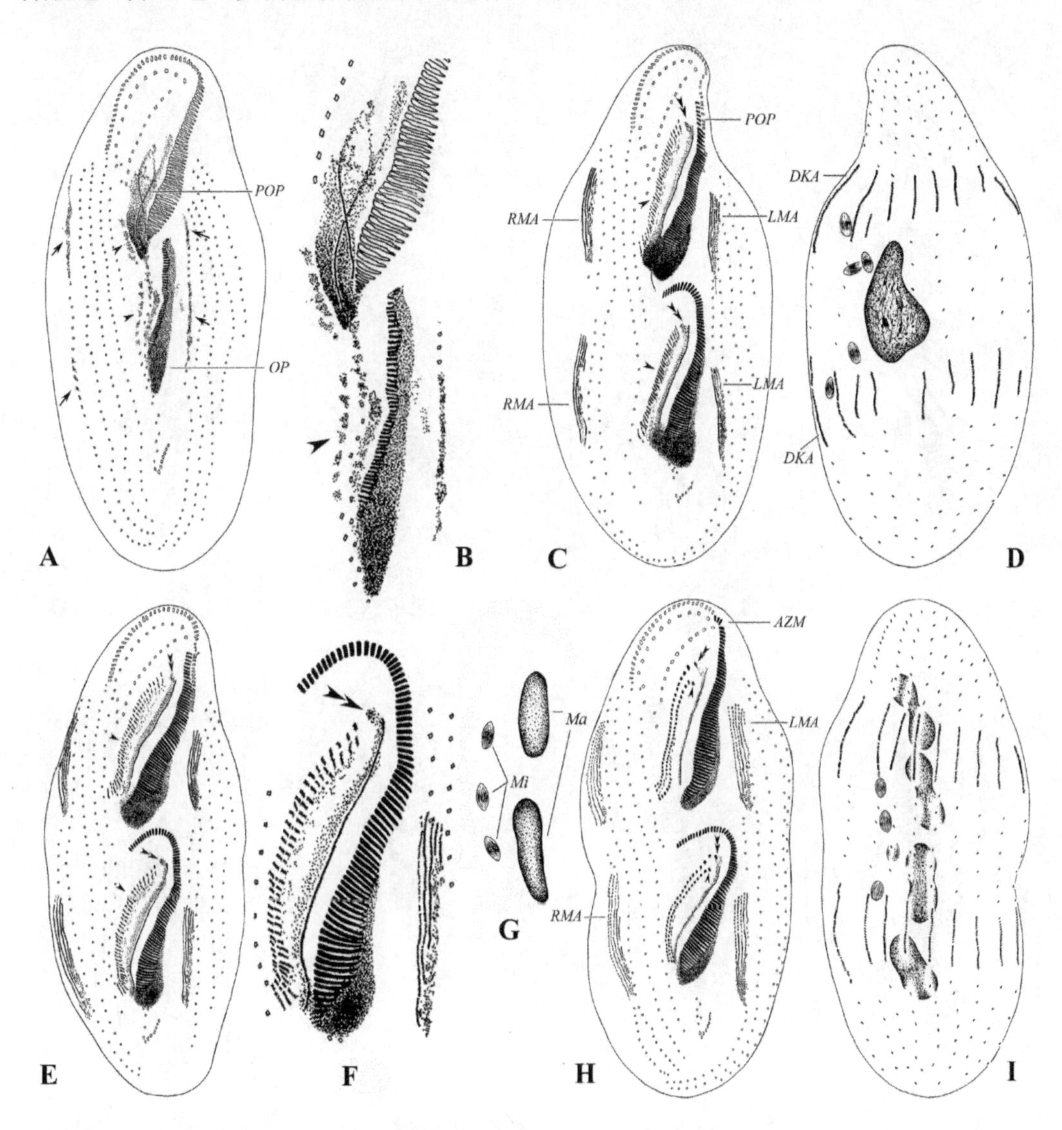

图 9.1.2　冠突伪尾柱虫细胞发生过程中的纤毛图式

A. 细胞发生早期个体腹面观，示前、后仔虫的口原基，部分老的中腹棘毛解聚（无尾箭头）和缘棘毛原基在老结构中形成（箭头）；**B.** 与图 **A** 为同一个体，示口原基（无尾箭头）和最初出现的 FVT-原基；**C**，**D.** 同一个体的腹面观（**B**）和背面观（**C**），示 FVT-原基由多列倾斜的条带组成（无尾箭头），UM-原基前端分离出小的原基（双箭头），背触毛原基来自老结构，以及融合为一体的大核；**E.** 腹面观，示 FVT-原基的片段化（无尾箭头）和形成最左边额棘毛的原基（双箭头）；**F.** 与图 **G** 为同一个体，示 UM-原基形成第 1 额棘毛（双箭头）；**G.** 与图 **F** 为同一个体，示大小核的分裂；**H**，**I.** 同一个体腹面观（**H**）和背面观（**I**），示新形成的口棘毛（无尾箭头）和最左端的额棘毛（双箭头）。*AZM*. 口围带；*DKA*. 背触毛原基；*LMA*. 左缘棘毛原基；*Ma*. 大核；*Mi*. 小核；*OP*. 后仔虫口原基；*POP*. 前仔虫口原基；*RMA*. 右缘棘毛原基

大核 在细胞发生过程中，多枚大核融合为一巨大的单体（图 9.1.2D）。其随后完成连续分裂等过程，从而形成众多分裂产物，随着前、后仔虫的缢裂，大核分配至新形成的子细胞中（图 9.1.2G，I；图 9.1.3B，D）。

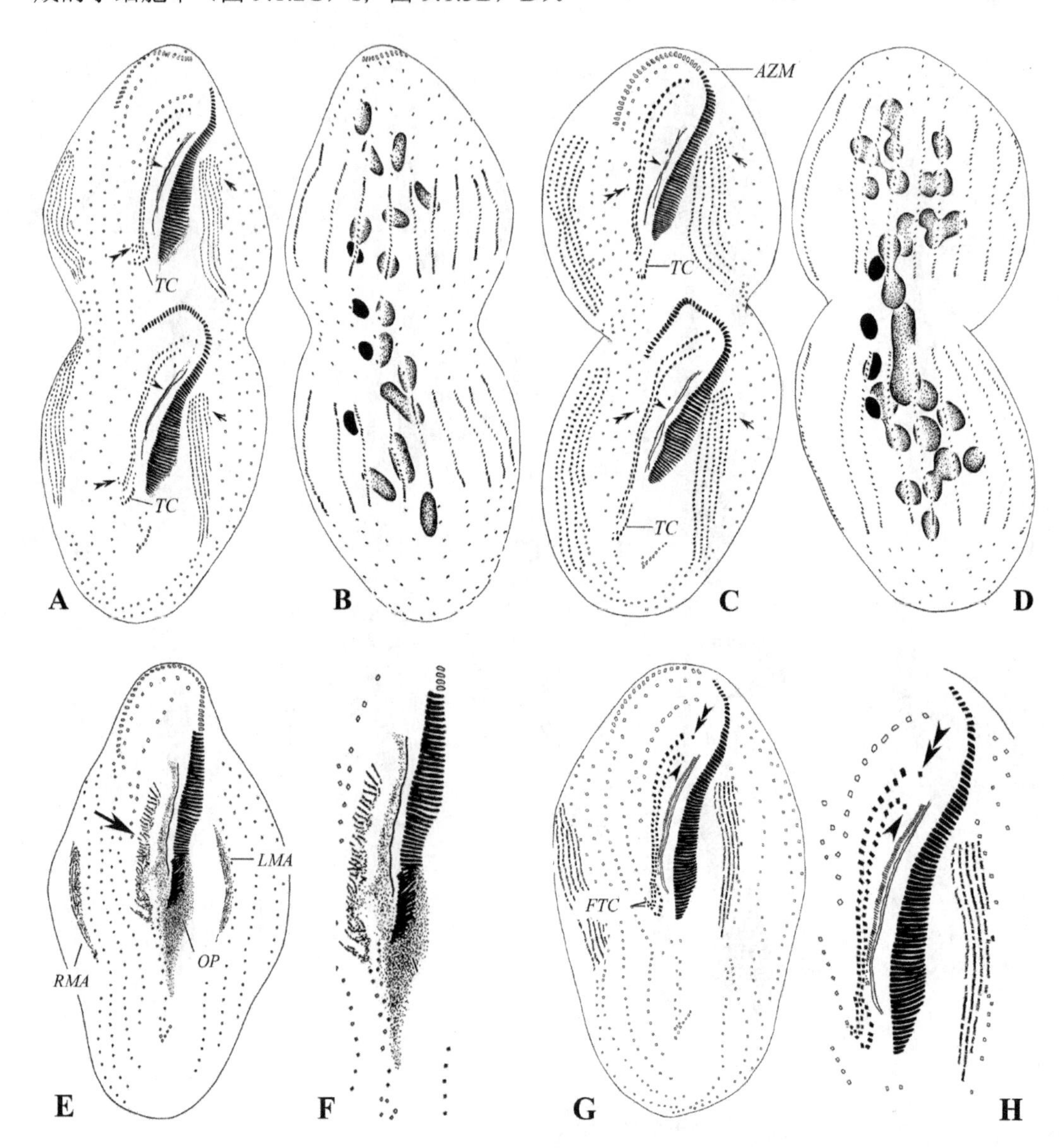

图 9.1.3 冠突伪尾柱虫细胞发生（**A-D**）及生理改组（**E-H**）过程中的纤毛图式
A，B. 细胞发生晚期个体的腹面观（**A**）和背面观（**B**），箭头示缘棘毛的分化基本完成，无尾箭头示 UM-原基纵列为口侧膜和口内膜，双箭头示迁移棘毛的迁移。大核继续分裂，棘毛和触毛的分化几乎完成；**C，D.** 细胞发生晚期个体的腹面观（**C**）和背面观（**D**），箭头示缘棘毛的分化基本完成，无尾箭头示 UM-原基纵列为口侧膜和口内膜，双箭头示迁移棘毛的迁移。大核继续分裂，棘毛和触毛的分化几乎完成；**E.** 生理改组中期个体腹面观，箭头示倾斜条带状的 FVT-原基；**F.** 图 **A** 中个体口区局部放大；**G.** 生理改组晚期个体腹面观，示新形成的口棘毛（无尾箭头）和最左端额棘毛（双箭头），额前棘毛已产生；**H.** 图 **G** 中个体口区局部放大，示新形成的口棘毛（无尾箭头）和最左端额棘毛（双箭头）。*AZM*. 口围带；*FTC*. 迁移棘毛；*LMA*. 左缘棘毛原基；*OP*. 口原基；*RMA*. 右缘棘毛原基；*TC*. 横棘毛

生理改组　生理改组过程与细胞发生过程类似，口原基在皮膜深层形成，然后发育形成新的口围带并伸出到细胞表面，该过程很可能也是（？因居间个体的缺失，无法确认）仅形成口围带的大部分，因此前端的老的结构可能不完全解体，而是与新生小膜拼接形成新口围带（图 9.1.3E，G；图 9.1.5E）。

FVT-原基中，最左侧的一列原基的后部形成口棘毛（图 9.1.3E，F）；最后 1 列原基形成迁移棘毛（图 9.1.3G；图 9.1.5G）。缘棘毛原基来自最右面 1 列老结构，然后分化为多列缘棘毛原基（图 9.1.3E，G）。

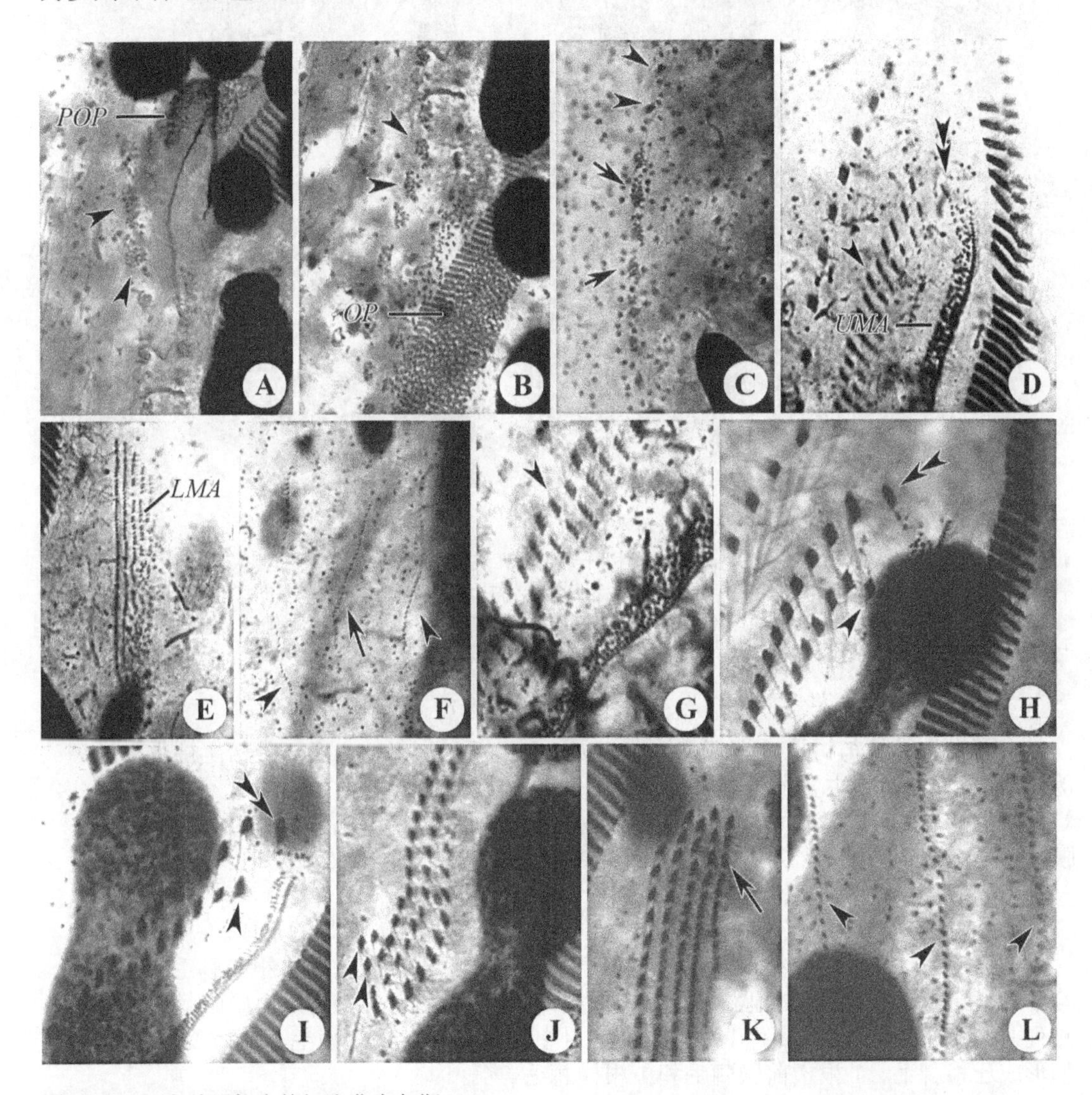

图 9.1.4　冠突伪尾柱虫的细胞发生各期
A-C. 早期个体腹面观，示前、后仔虫的口原基、FVT-原基（**A**，**B** 中无尾箭头）和来自老结构（**C** 中无尾箭头）的缘棘毛原基（箭头）；**D.** 中期个体腹面观，示 FVT-原基（无尾箭头）和 UM-原基即将分化出额棘毛（双箭头）；**E.** 示缘棘毛原基分化为 5 个条带；**F.** 中期个体背面观，示背触毛原基（无尾箭头）和额外的原基（箭头）；**G.** 中期个体腹面观，示 FVT-原基（无尾箭头）；**H**，**I.** 中晚期个体腹面观，示前（**H**）、后（**I**）仔虫新形成的口棘毛（无尾箭头）和最左边的额棘毛（双箭头）；**J.** 腹面观示迁移棘毛（无尾箭头）；**K.** 腹面观示最左边的缘棘毛短列（箭头）；**L.** 背面观示背触毛原基（无尾箭头）。*LMA*. 左缘棘毛原基；*OP*. 后仔虫口原基；*POP*. 前仔虫口原基；*UMA*. UM-原基

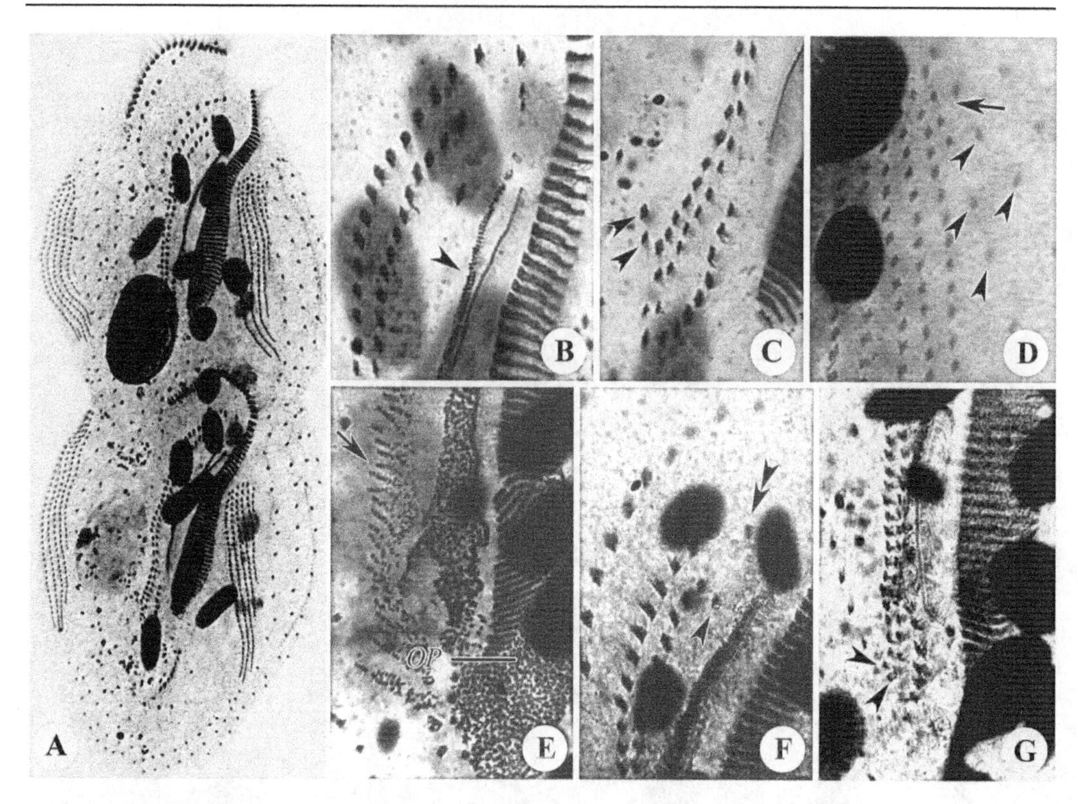

图 9.1.5 冠突伪尾柱虫细胞发生和生理改组个体
A-C. 同一细胞发生末期个体腹面观，示核器和纤毛图式，图 **B** 中无尾箭头示口侧膜和口内膜，图 **C** 中无尾箭头示迁移棘毛；**D.** 左缘棘毛列，箭头示最外侧的短列，无尾箭头示老的棘毛；**E-G.** 生理改组个体的腹面观，示 FVT-原基（图 **E** 中箭头）和新形成的口棘毛（图 **F** 中无尾箭头）、最左边的额棘毛（图 **F** 中双箭头）、迁移棘毛（图 **G** 中无尾箭头）。*OP*. 口原基

主要发生特征与讨论 该亚型涉及 1 属 3 种（新伪尾柱虫、亚热带伪尾柱虫与冠突伪尾柱虫）。亚型的主要发生学特征如下。

（1）前仔虫口原基在口腔底部的皮膜深层独立发生，其形成新口围带中的大部分小膜，并与部分保留的老结构（老的小膜）拼接为前仔虫的口围带。

（2）后仔虫的口原基独立发生。

（3）老的中腹棘毛复合体通过解聚参与前、后仔虫 FVT-原基的形成。

（4）UM-原基贡献 1 根额棘毛，FVT-原基 I 形成 1 根额棘毛和 1 根口棘毛，随后的若干列 FVT-原基各形成 2 根额棘毛，中部数列 FVT-原基各分化为 1 对中腹棘毛，最后几列 FVT-原基（不包括最后 1 列）形成 1 对中腹棘毛和 1 根横棘毛，最后 1 列 FVT-原基形成迁移棘毛、1 根横前腹棘毛和 1 根横棘毛。

（5）在最右侧的 1 列老结构中分别在前、后仔虫各产生一组原基，再由这一组原基分化形成多列缘棘毛原基，进而产生多列缘棘毛。

（6）背触毛列的原基在每列老结构中产生。

（7）多枚大核融为单一的团块。

有一个过程仍然不详：老口围带前端所保留的部分小膜是如何与新生结构完成拼接的？鉴于该分裂期的个体不足，细节无法认证，我们仅仅是通过对相关分裂期的个体做出此推断。但有利的支持信息来自 Shi 等（1999）在其报道的另一中国种群：观察时，作者看到了相同的过程并给出了类似的表述，即前仔虫的口围带确实是来自老结构与新生结构的拼接。

同样不能确定的是老波动膜的命运：最可能的结果是该结构解体、消失，但也可能参与了新的 UM-原基的后期发育？该原基最初是在皮膜深层出现并与新的口原基伴随发育。由于中间环节的缺失，这个推测也需等待未来的观察确认。

根据目前的报道，伪尾柱虫属内的新伪尾柱虫 *Pseudourostyla nova* Wiackowski, 1988 和亚热带伪尾柱虫 *P. subtropica* Chen et al., 2014（Chen et al. 2014；Wiackowski, 1988）的细胞发生过程与冠突伪尾柱虫 *P. cristata* 完全一致；由此可见，该属的细胞发生模式十分保守。

第2节　伪红色双轴虫亚型的发生模式
Section 2　The morphogenetic pattern of *Diaxonella pseudorubra*-subtype

邵晨 (Chen Shao)　　李俐琼 (Liqiong Li)

伪红色双轴虫为一个种类很少、了解不多的属。在 Lynn（2008）的系统中隶属于尾柱科，在 Berger（2006）的安排中被视为尾柱超科内全列科的成员。Jerka-Dziadosz 和 Janus（1972）曾经报道过本种的细胞发生（误定为红色角毛虫）。但在他们的工作中，缺乏对发生早期的描述，同时在描记的某些环节存在一些明显的错误解读。本节描述主要根据邵晨等（Shao et al. 2007b）对中国种群发生学的报道。

基本纤毛图式　3 根发育完善的额棘毛，具拟口棘毛，其后具有 1 列罕见的额棘毛列；口棘毛 1 列，具额前棘毛；2 列中腹棘毛列以典型的 zig-zag 模式排布；具横棘毛；左缘棘毛多列、右缘棘毛单列（图 9.2.1A-C）。

稳定的 3 列背触毛贯通整个虫体（图 9.2.1D）。

细胞发生过程

口器　老的口围带完全解体，前仔虫的口器由新生原基发育而成：最初为沿着老的口内膜出现的一细条状的毛基体场，此原基位于口腔底面皮膜深处（图 9.2.2A，B，F；图 9.2.5B，G）。该口原基场经发育并逐渐开始小膜的组装（图 9.2.2G；图 9.2.5I）。细胞发生后期，小膜组装完毕，新口围带前端小膜向右发生迁移，形成前仔虫的新口器并逐渐取代老结构（图 9.2.3D）。

在 UM-原基出现之前，老口侧膜前端可见发生解聚（图 9.2.2E；图 9.2.5F）。随后的分裂阶段未观察到，无法判断老波动膜是消失还是参与形成 UM-原基（图 9.2.2G；图 9.2.5I）。稍后，从 UM-原基顶端分化出左侧的第 1 根额棘毛（图 9.2.2H；图 9.2.5J）。在细胞发生的后期，原基纵裂成相互平行的两部分，之后二者相互分离，形成口侧膜与口内膜（图 9.2.3A，D；图 9.2.4A，C；图 9.2.5N；图 9.2.6L）。

在后仔虫，口原基形成于细胞发生开始时，在细胞赤道线正后方，左侧中腹棘毛列左侧，独立产生若干簇紧密排列的毛基体群（图 9.2.2A；图 9.2.5A）。口原基进一步发育，产生了一个长条状的、无序排列的原基场。老的毛基体明显不参与新原基的构建，腹棘毛尚未发生变化（图 9.2.2C；图 9.2.5C）。随着细胞发育的进行，该口原基通过毛基体的增殖、小膜组装、前后延伸形成新的口围带（图 9.2.2C-E，G-H；图 9.2.3D；图 9.2.4A，C；图 9.2.5H，J）。

口原基右侧的 UM-原基为细长的条带并在后端与口原基相连，该原基沿着口原基向虫体的前部延伸（图 9.2.2G；图 9.2.5H）。随后，后仔虫的 UM-原基同前仔虫以相似的模式发育：该原基的前端产生最左侧的第 1 额棘毛，以及口侧膜与口内膜（图 9.2.2H）。

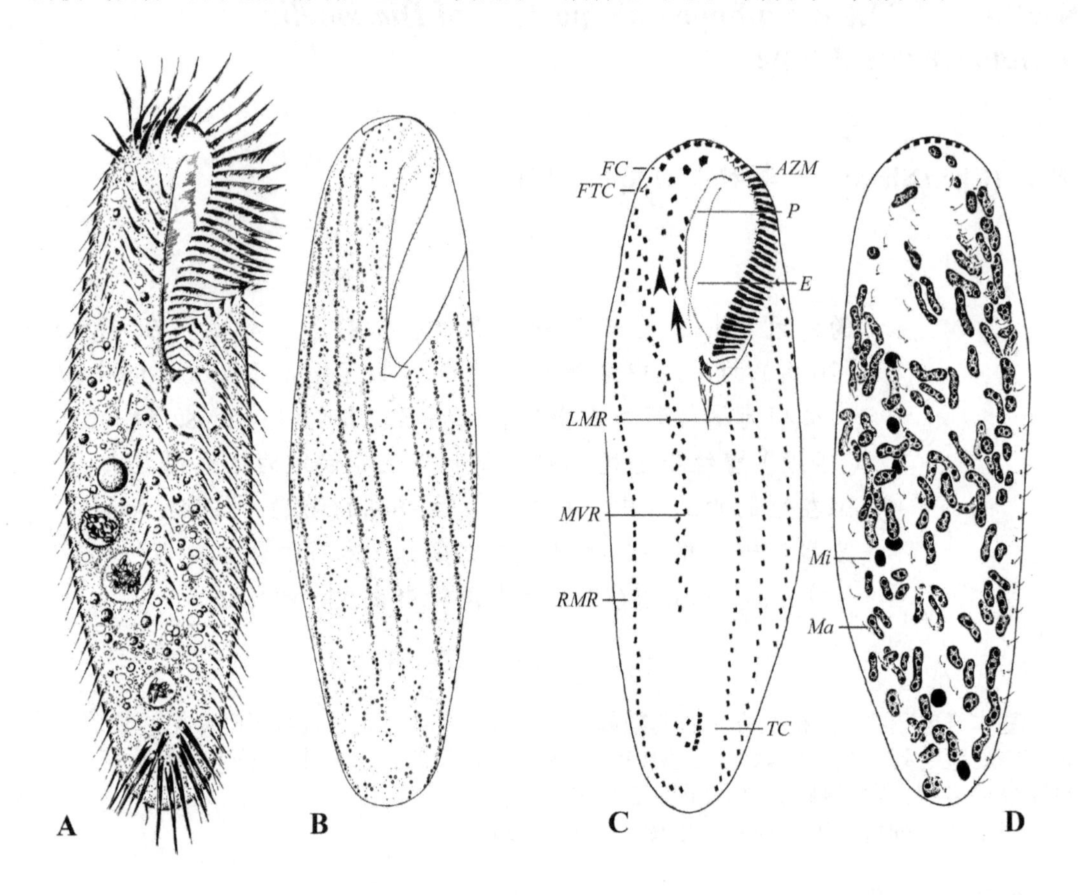

图 9.2.1 伪红色双轴虫的活体图（**A**，**B**）和纤毛图式（**C**，**D**）
A. 典型个体的腹面观，示一般体形；**B.** 皮层颗粒；**C.** 染色个体的腹面观，箭头示口棘毛列，无尾箭头示额棘毛列；**D.** 染色个体的背面观，示背面纤毛器。*AZM.* 口围带；*E.* 口内膜；*FC.* 额棘毛；*FTC.* 额前棘毛；*LMR.* 左缘棘毛列；*Ma.* 大核；*Mi.* 小核；*MVR.* 中腹棘毛列；*P.* 口侧膜；*RMR.* 右缘棘毛列；*TC.* 横棘毛

额-腹-横棘毛 FVT-原基在前、后仔虫中几乎同步形成，最初为位于口原基右侧的一组由无序排列的原基场，似乎与UM-原基来自同一个原基场（图9.2.2E；图9.2.5E）。随后在其右侧分别形成约20列带状原基（图9.2.2E-H；图9.2.5F，H，J）。

接下来，这些FVT-原基在前、后仔虫独立发展。FVT-原基经片段化由前至后地分化出各组棘毛。随后，新的棘毛形成，并分别构成额棘毛、中腹棘毛的zig-zag模式及后迁形成横棘毛；与大部分的尾柱类相同，最后一列FVT-原基形成的两根棘毛向前迁移，最终到达额前区的最终位置；最前面的两列FVT-原基则维持多根棘毛的格局，分别向前形成额棘毛，向后形成一列口棘毛和额棘毛列（图9.2.3D；图9.2.6A）。

FVT-原基的产物可以总结如下。

3根额棘毛分别来自于UM-原基（1根）、FVT-原基Ⅰ（1根）和FVT-原基Ⅱ（1根）。

多根口棘毛来源于FVT-原基Ⅰ后端。

额棘毛列产生自FVT-原基Ⅱ后端。

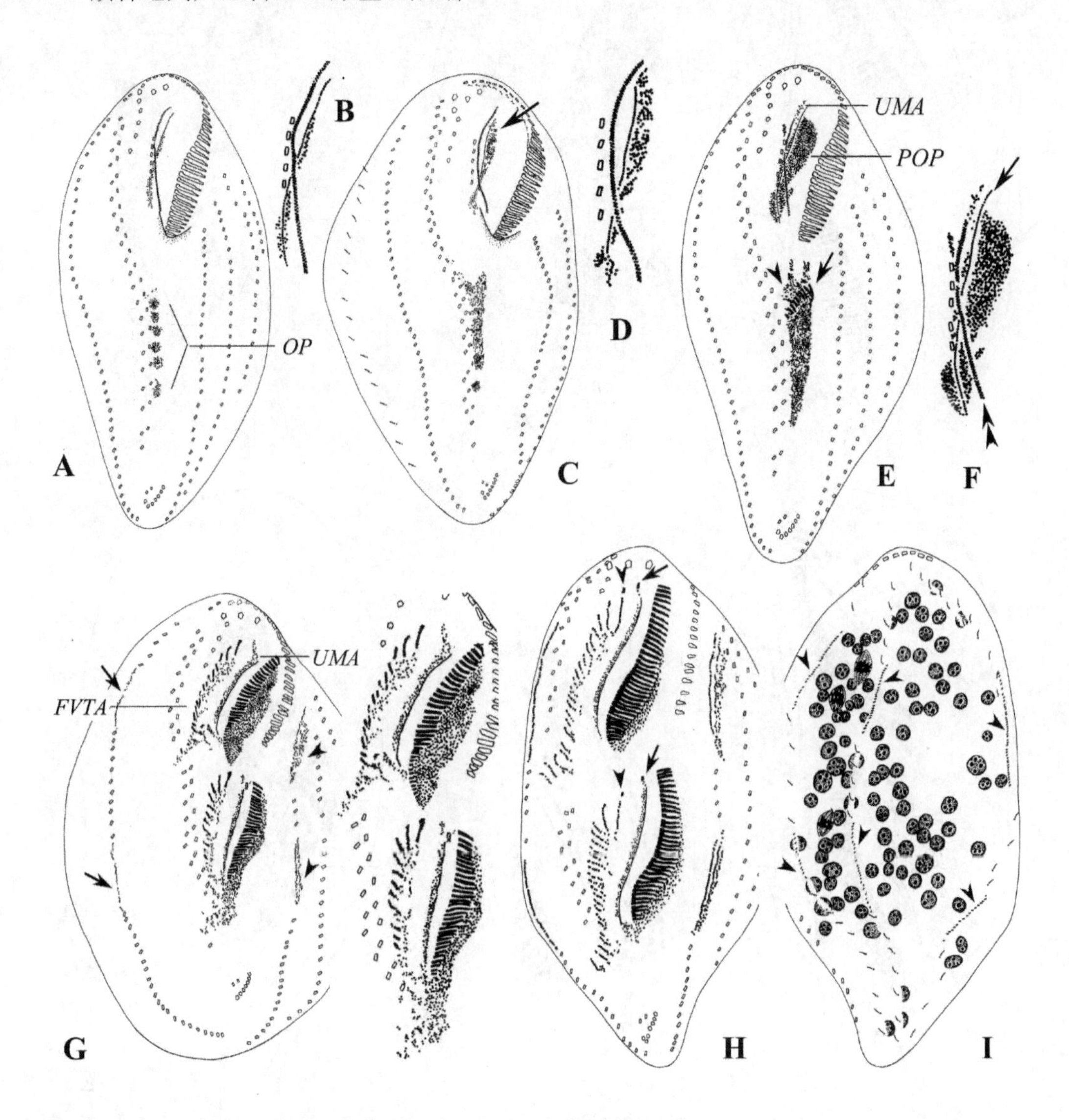

图 9.2.2　伪红色双轴虫发生早期的腹面观（**A-H**）和背面观（**I**）

A. 发生早期个体的腹面观；**B.** 图 **A** 中所示个体的口区放大，示前仔虫的口原基；**C.** 发生早期个体的腹面观，箭头示前仔虫口原基出现于波动膜与口围带小膜之间；**D.** 图 **C** 中所示个体的口区放大，示前仔虫口原基位于皮膜深层；**E.** 发生早期个体的腹面观，示老的波动膜右侧出现一些毛基体并且波动膜从前方开始解聚，无尾箭头示后仔虫的 FVT-原基，箭头示新的小膜；**F.** 图 **E** 中所示个体的老波动膜，示前仔虫口原基来自口腔内皮膜下方，箭头示口内膜，双箭头示口侧膜；**G.** 早期发生个体，示 FVT-原基、缘棘毛原基的出现与前仔虫 UM-原基的发育，无尾箭头示左缘棘毛列已出现一个原基团，箭头示右缘棘毛原基；**H，I.** 早期发生个体，示毛基体进一步增殖，分化出约 20 列倾斜的条带状原基。箭头（**H**）示前、后仔虫形成第 1 额棘毛，无尾箭头（**H**）示中间 1 根额棘毛，无尾箭头（**I**）示背触毛原基的出现。*FVTA*. FVT-原基；*OP*. 口原基；*POP*. 前仔虫口原基；*UMA*. UM-原基

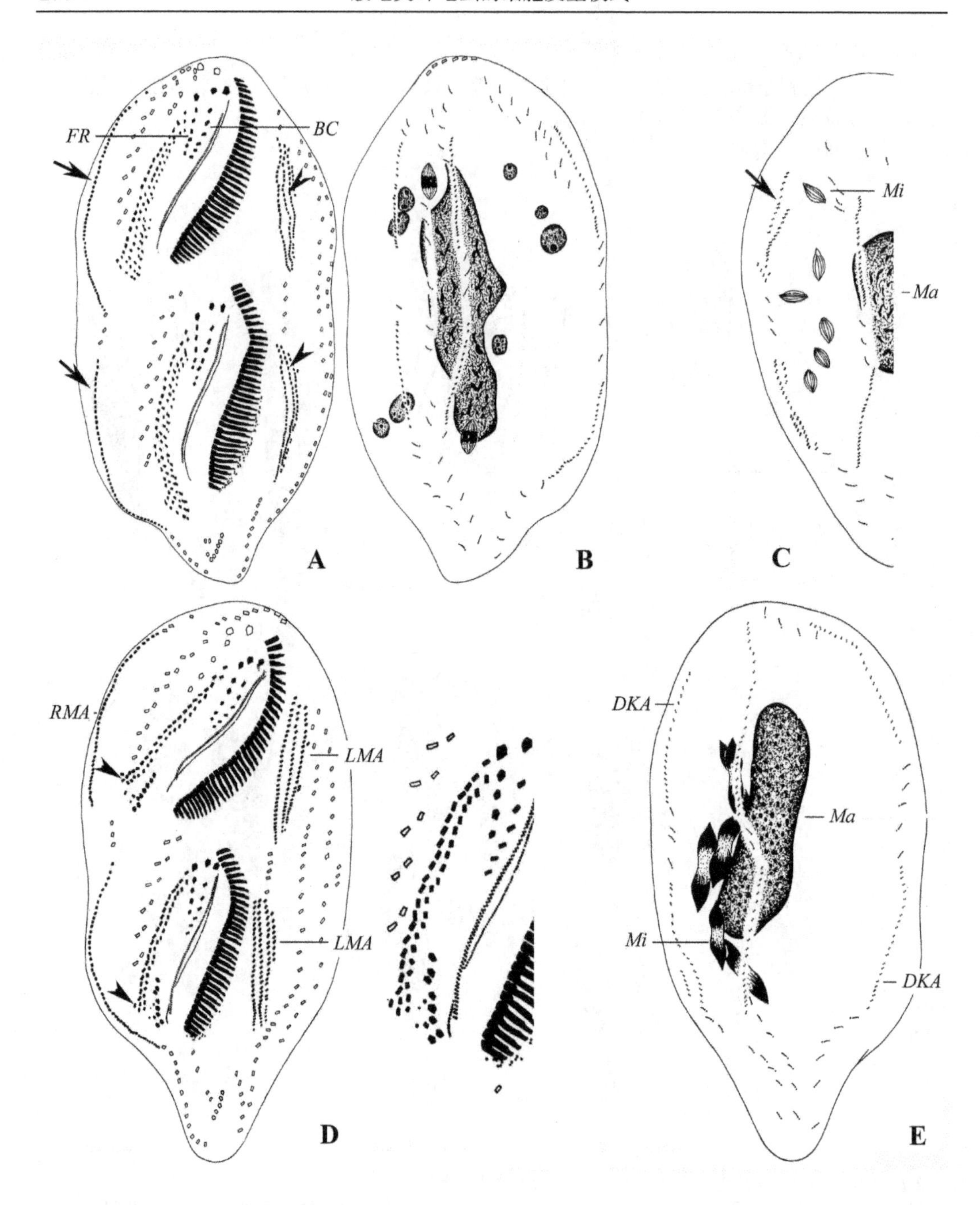

图 9.2.3 伪红色双轴虫发生中期的纤毛图式

A，B. 同一中期细胞发生个体的腹面观（**A**）和背面观（**B**），箭头示右缘棘毛原基，无尾箭头示左缘棘毛原基；**C.** 发生中期个体的背面观，示具 4 列背触毛原基的个体，箭头示“额外的”片段化的背触毛原基；**D，E.** 同一细胞发生中期个体的腹面观（**D**）和背面观（**E**），所有棘毛均已分化完全，无尾箭头示最右边的 FVT-原基，即新的额前棘毛，大小核即将分裂；插图显示 FVT-原基断裂的模式和棘毛的形成。*BC*. 口棘毛；*DKA*. 背触毛原基；*FR*. 额棘毛列；*Ma*. 大核；*Mi*. 小核；*LMA*. 左缘棘毛列原基；*RMA*. 右缘棘毛列原基

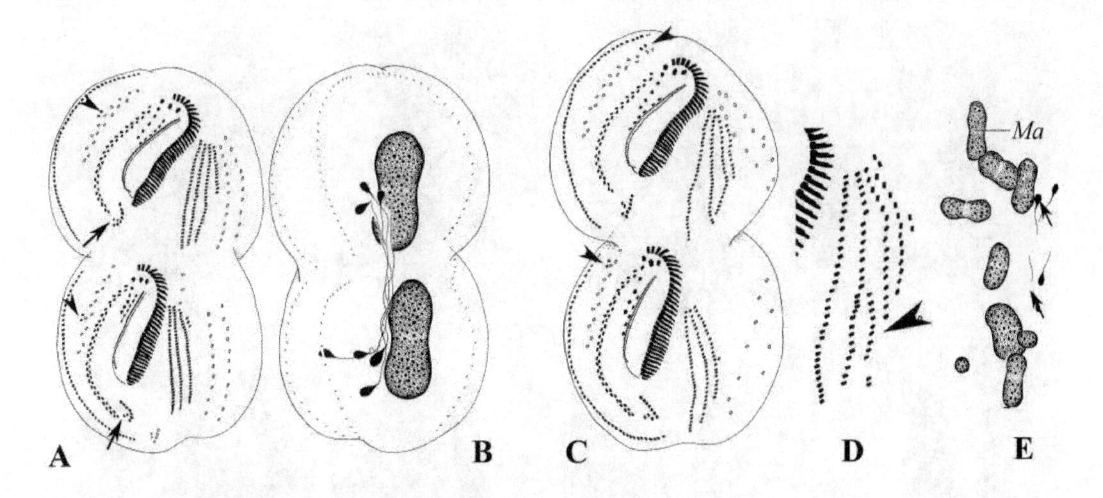

图 9.2.4 伪红色双轴虫细胞发生后期的纤毛图式

A，B. 同一个体的腹面观（**A**）和背面观（**B**），示所有纤毛器均到达或接近其最终位置，无尾箭头示新的迁移棘毛，箭头示横前腹棘毛；**C.** 发生末期个体的腹面观，无尾箭头示迁移棘毛沿老的中腹棘毛列迁移；**D.** 具有第 5 列缘棘毛（无尾箭头）个体的腹面观；**E.** 示分裂的大小核，箭头示小核。*Ma.* 大核

中腹棘毛对来自于FVT-原基Ⅲ至n-1。

2根横前腹棘毛来自FVT-原基n-1和n。

横棘毛来源于后方7列（大约）FVT-原基的后端。

额前棘毛来自于最后1列FVT-原基前端。

至细胞分裂完成，新形成的棘毛将完成在子细胞内的构型，所有老结构将完全被吸收（图9.2.4A，C；图9.2.6E，I，L）。

缘棘毛 在右侧，原基出现在细胞发生开始不久：新原基于老结构内形成，分别于虫体的前后部位，老结构以通常的方式解聚并参与新生缘棘毛原基的发生和发育（图9.2.2G）。

本种的多列左缘棘毛原基作为一个独立、一组结构出现在前、后仔虫最右侧的老结构中（靠近细胞前端1/3的和位于后1/3处的），即所有左缘棘毛列原基最初来自同一个原基场（图9.2.2G）。

此新原基的毛基粒最初为无序排列，后逐渐形成条带状结构（图9.2.2G；图9.2.5H，I）。相应部分的老棘毛或许并不参与新原基的构成（图9.2.2G；图9.2.5H，I）。随后，从右至左逐步形成排列整齐的条带状的左缘棘毛原基（图9.2.2H；图9.2.3A，D；图9.2.5K，M）。随后，这些原基分化成4列左缘棘毛（图9.2.3D；图9.2.4A，C；图9.2.6J），并逐渐向背部延伸从而取代老结构。在一些分裂个体中，也曾观察到第5列左缘棘毛的形成（图9.2.4D；图9.2.6K），但之后可能被吸收（？），因为在非分裂期个体中未观察到。

背触毛 背触毛原基来自每列老结构：在每列老结构的前、后位置形成2列原基。这些原基沿着背触毛向虫体两端延伸。与此同时，老的背触毛列完全被吸收（图9.2.2I；图9.2.3B，C，E；图9.2.4B；图9.2.5L，O）。

无尾棘毛形成，也无原基片段化发生。

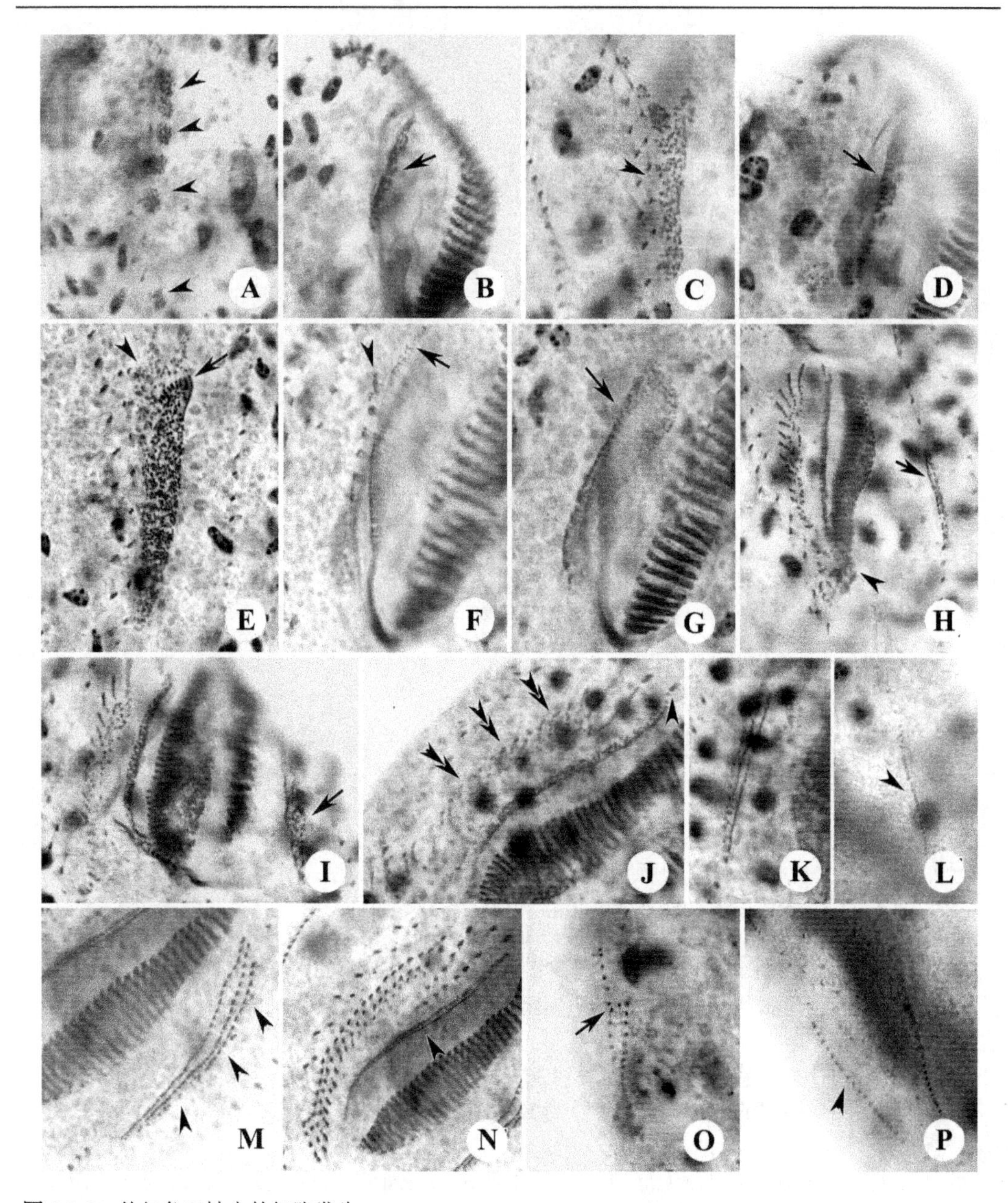

图 9.2.5 伪红色双轴虫的细胞发生

A，B. 早期个体的腹面观，箭头和无尾箭头示前（**B**）、后（**A**）仔虫的口原基；**C，D.** 早期个体的腹面观，箭头和无尾箭头示前（**D**）、后（**C**）仔虫的口原基内毛基体的增殖；**E.** 示口原基右前方（无尾箭头）无序排列的毛基体形成小的斑块状区域，口围带小膜开始组装（箭头）；**F.** 发生早期个体，示老波动膜右侧的一些毛基体开始形成补丁状的区域（无尾箭头），老的口侧膜开始解聚（箭头）；**G.** 图 **F** 中个体的腹面观，箭头示前仔虫口原基毛基体的增殖；**H，I.** 细胞发生早期个体的腹面观，示前（**I**）、后（**H**）仔虫的口原基，图 **H** 中，无尾箭头示口原基，箭头示左缘棘毛原基，图 **I** 中，箭头示左缘棘毛原基；**J.** 细胞发生前期个体，示约 20 根条带状原基（双箭头），UM-原基分化出最左面的额棘毛（无尾箭头）；**K.** 早期个体，示左缘棘毛原基；**L.** 发生早期个体，示背触毛原基（无尾箭头）；**M.** 细胞发生中期个体的腹面观，示左缘棘毛原基的发育（无尾箭头）；**N.** 中期发生个体，示额棘毛、额棘毛列和口棘毛，口侧膜与口内膜纵裂（无尾箭头）；**O.** 细胞发生中期个体的背面观，示“额外的”片段状的背触毛原基（箭头）；**P.** 细胞发生中期个体的背面观，示背触毛原基的发育（无尾箭头）

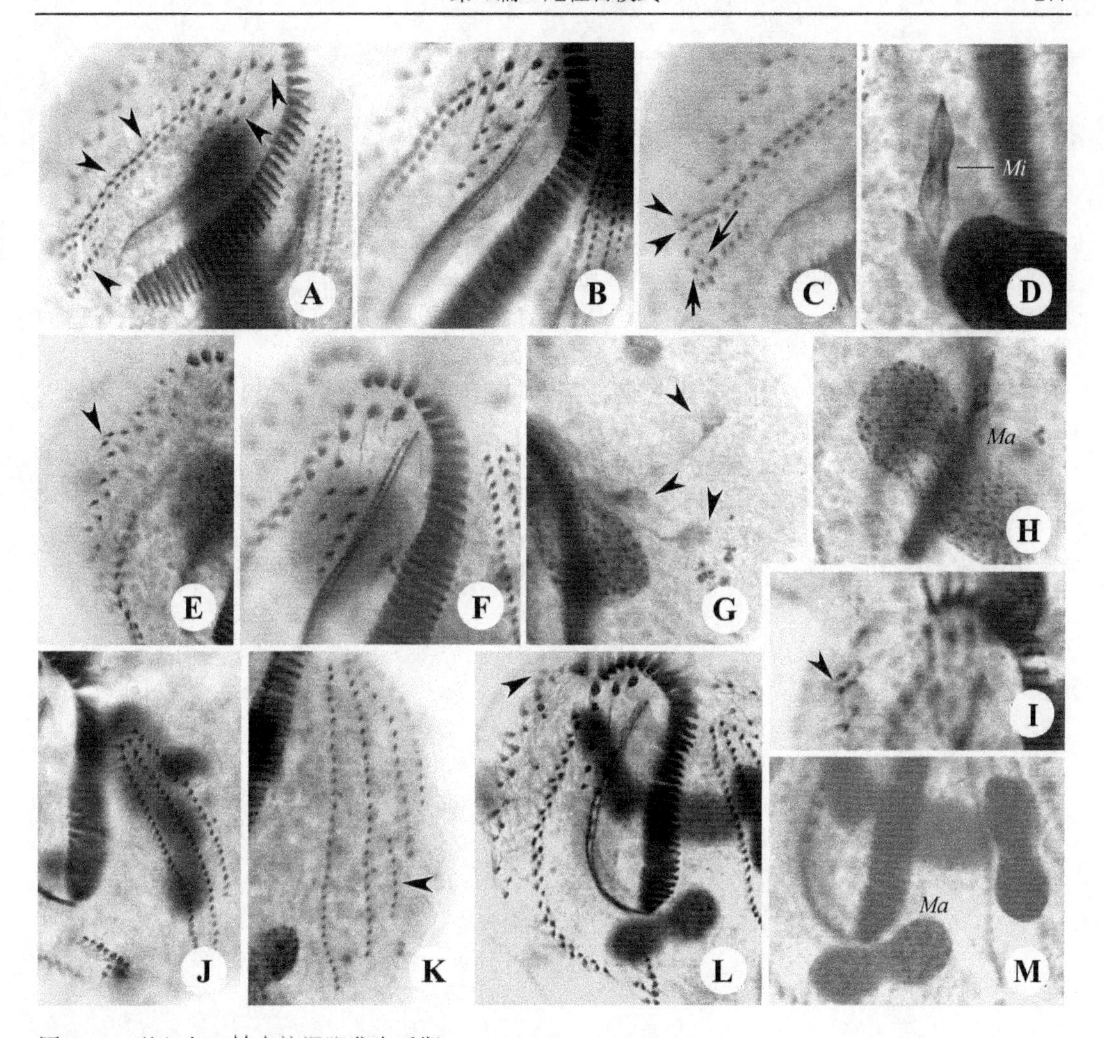

图 9.2.6　伪红色双轴虫的细胞发生后期
A. 细胞发生中期个体，所有纤毛均已分化（无尾箭头）；**B.** 细胞发生中期个体的腹面观，示口棘毛；**C.** 发生中期个体，示迁移棘毛（无尾箭头）和腹棘毛（箭头）；**D.** 发生中期个体，示小核；**E.** 发生后期个体，示迁移棘毛的迁移（无尾箭头）；**F.** 细胞发生后期个体腹面观，示口棘毛迁移至最终位置；**G.** 小核的分裂（无尾箭头）；**H.** 晚期个体，示大核的分裂；**I.** 腹面前部的纤毛图式，示迁移棘毛（无尾箭头）；**J.** 细胞发生末期个体，示左缘棘毛列；**K.** 发生末期个体，示具有 5 列左缘棘毛的个体（无尾箭头）；**L.** 末期个体，示口纤毛器和棘毛已位于最终位置，无尾箭头指示迁移棘毛沿老的中腹棘毛列迁移；**M.** 末期个体，示大核在分裂中。*Ma.* 大核；*Mi.* 小核

大核　全部的大核在分裂中期融合成一团（图9.2.3C），随后多次分裂，分配给两个仔虫（图9.2.3E；图9.2.4B，E）。值得一提的是：在发生过程当中，不曾观察到大核的复制带，而在某些营养期个体中（非分裂期），可以观察到某些大核中复制带的存在，故可以推测，大核的复制很可能发生在细胞发生即将开始之前。

主要特征与讨论　本亚型仅涉及伪红色双轴虫 1 种。该亚型的主要发生学特征如下。
（1）老口器彻底被更替，前仔虫的口原基在口腔底部皮层深处独立形成。
（2）在前、后仔虫中，两组FVT-原基以次级发生式产生了口棘毛、额棘毛、迁移棘毛、横前腹棘毛、横棘毛和中腹棘毛。

（3）左缘棘毛列来自同一个最初的原基场，由此形成一个包含了多列原基的“原基团”；该原基团出现在最右侧一列的老结构附近（或其内）；多列的原基来自此原基团。

（4）背触毛原基以原始的方式发生，即在每列老结构中形成。

（5）核器的发生与大多数尾柱类相似，即大核在分裂前融合成一个整体。

Jerka-Dziadosz 和 Janus（1972）曾报道，本种前仔虫的口原基是在老的口内膜中产生，此外左中腹棘毛列也参与了后仔虫口原基的构建。新的观察证实，这是一个错误解读（Shao et al. 2007b），实际情况是前、后仔虫的口原基均为独立发生，且前仔虫口原基发生在皮膜深层。

冠突伪尾柱虫亚型与本亚型的区别在于：前者的 FVT-原基产生冠状额棘毛和多列右缘棘毛，老结构参与后仔虫 FVT-原基的形成；本亚型形成明确分化的额棘毛和 1 列右缘棘毛，后仔虫 FVT-原基为完全独立形成。

左缘棘毛原基团现象是一个衍征，偶而也出现在其他尾柱类中，甚至是在散毛目中（见第 5 篇），因此表现了孤立、多发现象。考虑到这个发育过程十分复杂，似乎也不应简单地理解为“趋同进化”，所以，有关其演化意义有待深入去了解。

第 10 章　细胞发生学：后尾柱虫型

Chapter 10　Morphogenetic mode: *Metaurostylopsis*-type

邵晨 (Chen Shao)　　宋微波 (Weibo Song)

属于该发生型的包括 4 个发生亚型：*Apourostylopsis sinica*-亚型、*Metaurostylopsis struederkypkella*-亚型、*Trichototaxis marina*-亚型和 *Trichototaxis songi*-亚型。目前已知涉及 2 个科（Urostylidae 和 Bakuellidae）内 4 个属：后尾柱虫属、新尾柱虫属、偏尾柱虫属和列毛虫属。

纤毛器发育的重要特征为：形成额前棘毛；左缘棘毛和/或右缘棘毛多列，每列老缘棘毛列中均产生 1 列新原基。

4 个发生亚型中除部分共同点外（前仔虫口原基在皮膜深层独立产生；FVT-原基为次级发生式；均形成口棘毛和横棘毛；背触毛原基在老结构中产生，无尾棘毛产生），大致可以归为两类：第一类为 *Metaurostylopsis struederkypkella*-亚型和 *Apourostylopsis sinica*-亚型，第二类为 *Trichototaxis marina*-亚型和 *Trichototaxis songi*-亚型。两类的主要区别在于：前者中形成多列右缘棘毛且产生明确分化的额棘毛，后者中仅 1 列右缘棘毛列形成且形成冠状构型排列的额区棘毛列。

第一类中的 2 种亚型较为相似，所涉及的种级阶元也具有较近的亲缘关系。其中，*Apourostylopsis sinica* 最初由 Shao 等（2008b）以 *Metaurostylopsis sinica* 为名建立。在此基础上，Song 等（2011）建立了偏尾柱虫属并将 *Apourostylopsis sinica* 指定为新属的模式种。两者发生学的差异在于：①*Metaurostylopsis struederkypkella*-亚型中倒数第 2 条 FVT-原基形成 1 列腹棘毛，并跟随中腹棘毛迁移至虫体中部，而在 *Apourostylopsis sinica*-亚型中，此原基条带产生 1 根横前腹棘毛，并向横棘毛迁移；②*Metaurostylopsis struederkypkella*-亚型中，最右 1 条 FVT-原基产生额前棘毛和横棘毛，而在

Apourostylopsis sinica-亚型中，最右 1 条 FVT-原基产生额前棘毛、腹棘毛和横棘毛。

第二类涉及 2 种类型，其发生学存在以下差异：①UM-原基贡献的额棘毛数目不同，*Trichototaxis marina*-亚型仅为 1 根，*Trichototaxis songi*-亚型则是 2 根；②*Trichototaxis marina*-亚型缘棘毛原基独立发育，*Trichototaxis songi*-亚型则在老结构内发育；③*Trichototaxis marina*-亚型具 2 或 3 列左缘棘毛，外侧的 1 或 2 列来自于老结构的保留，仅内侧 1 列为新结构；*Trichototaxis songi*-亚型左缘棘毛列的数目高度变化，且无老结构保留。

值得提及的是，大核的融合程度在 4 种亚型间存在显著差异：*Metaurostylopsis struederkypkella*-亚型中大核融合成单一的枝杈状结构；*Trichototaxis songi*-亚型和 *Trichototaxis marina*-亚型中大核融合为多个融合体而非单一结构；*Apourostylopsis sinica*-亚型大核融合为腹毛类中最常见的单一融合体。

第1节 斯特后尾柱虫亚型的发生模式
Section 1 The morphogenetic pattern of *Metaurostylopsis struederkypkella*-subtype

李俐琼 (Liqiong Li) 宋微波 (Weibo Song)

宋微波等（Song et al. 2001）在个体发生学和分子信息的基础上，建立了一新属——后尾柱虫属。该工作同时描述了该属种细胞分裂期的主要发生学特征，这些信息显示该属种代表了一个独立的亚型。本节以此为基础予以介绍。

基本纤毛图式 具有3根显著分化的额棘毛，1根拟口棘毛，多根额前棘毛，1根口棘毛，具横棘毛，中腹棘毛复合体包括中腹棘毛列及1列腹棘毛，延伸至体中部，左、右缘棘毛均多列（图10.1.1B）。

稳定而完整的3列背触毛（图10.1.1C）。

细胞发生过程

口器 老口围带解体，前仔虫的口器完全由新生原基形成：细胞发生初期，口腔底部的皮膜深层独立出现一椭圆形无序排列的毛基体群，其明显位于尚未开始解聚的老波动膜下方，此为新生的口原基场（图10.1.2A；图10.1.4A）。很明显，老结构不参与此原基的构建和发育。随着细胞分裂进程的推进，口原基逐渐移至细胞表面，进而增殖、发育、组装，最终形成新的口围带并逐步迁移，取代老结构。老口围带不参与上述整个过程，而是逐渐解体、被吸收而消失。

前仔虫UM-原基的形成也与老结构无关，该原基出现自口原基场右侧（图10.1.2C，D）。经过发育延长并由前端分化出1根额棘毛（图10.1.2E，G；图10.1.3A，C，E，G；图10.1.4H，I）。后期，原基将纵裂成空间相互交叉的口内膜与口侧膜（图10.1.3C，E，G；图10.1.4K）。老的波动膜在细胞发生早期即开始瓦解，最终被吸收而消失（图10.1.2C，D；图10.1.4G）。

在后仔虫，口原基场出现在细胞发生早期，于中腹棘毛列左侧老棘毛附近，最初为一小列无序排列的毛基体群（图10.1.2A；图10.1.4B）。口围带的发育过程和时序与前仔虫的过程相同（图10.1.2B-E，G；图10.1.3C，E，G；图10.1.4C，D，I；图10.1.5J，K）。

后仔虫的UM-原基产生于口原基场的右侧。早期也分离出1根额棘毛，在发生后期将形成空间交叉的两片波动膜（图10.1.2E，G；图10.1.3A，E，G；图10.1.4H，I）。

额-腹-横棘毛 前、后仔虫的FVT-原基均发育在口原基场的右侧（图10.1.2B；图

10.1.4C)。老结构不参与其形成和发育，二者均在皮膜表层（图 10.1.2B）。接下来，FVT-原基随之排列为多列斜向排列的原基（图 10.1.2C；图 10.1.4G；图 10.1.5B）。

随着 FVT-原基的增殖、发育并开始片段化，从而形成新的棘毛。这个过程中，除最后明显较长的 2 列原基之外，其他原基分别在前端形成 2 或 3 根棘毛，这些新生的棘毛由前至后串联成锯齿状的新中腹棘毛列。到后期，多余的棘毛将被吸收，所有新生的棘毛进一步分化和发育并向预定的位置迁移。最右侧的两列 FVT-原基单独发展：其中第 n 列（最右侧一列）将前移，发展成为额前棘毛；n-1 列 FVT-原基留在原地，形成多根棘毛，从而形成一列长的腹棘毛列（图 10.1.3A，C，E，G；图 10.1.4H，I；图 10.1.5H-L）。

根据 FVT-原基的起源和发育命运，腹面棘毛的形成可以总结如下。

3 根额棘毛分别来自 UM-原基（1 根）和 FVT-原基Ⅰ（1 根）、FVT-原基Ⅱ（1 根）（图 10.1.3C；图 10.1.4H，I）。

1 根口棘毛来自 FVT-原基Ⅰ（1 根）（图 10.1.3E）。

拟口棘毛来源于 FVT-原基Ⅱ。

4-7 对中腹棘毛来自 FVT-原基Ⅲ（2 根）至原基 n-2（2 根）（图 10.1.3G；图 10.1.4K）。

4-6 根额前棘毛列来自 FVT-原基的最后 1 列。

短的腹棘毛列（含 4-8 根棘毛）来自 FVT-原基的第 n-1 列。

约数根横棘毛来自 FVT-原基的最后几列（图 10.1.3E，G；图 10.1.4K；图 10.1.5I）。

缘棘毛　原基发生在每一列老结构中：在每列左、右缘棘毛列的前、后部，部分棘毛解聚参与形成缘棘毛原基（图 10.1.2C，D；图 10.1.4E，G）。原基随后按照普通的发育模式形成新结构（图 10.1.3C，G；图 10.1.4H，K；图 10.1.5E-L）。

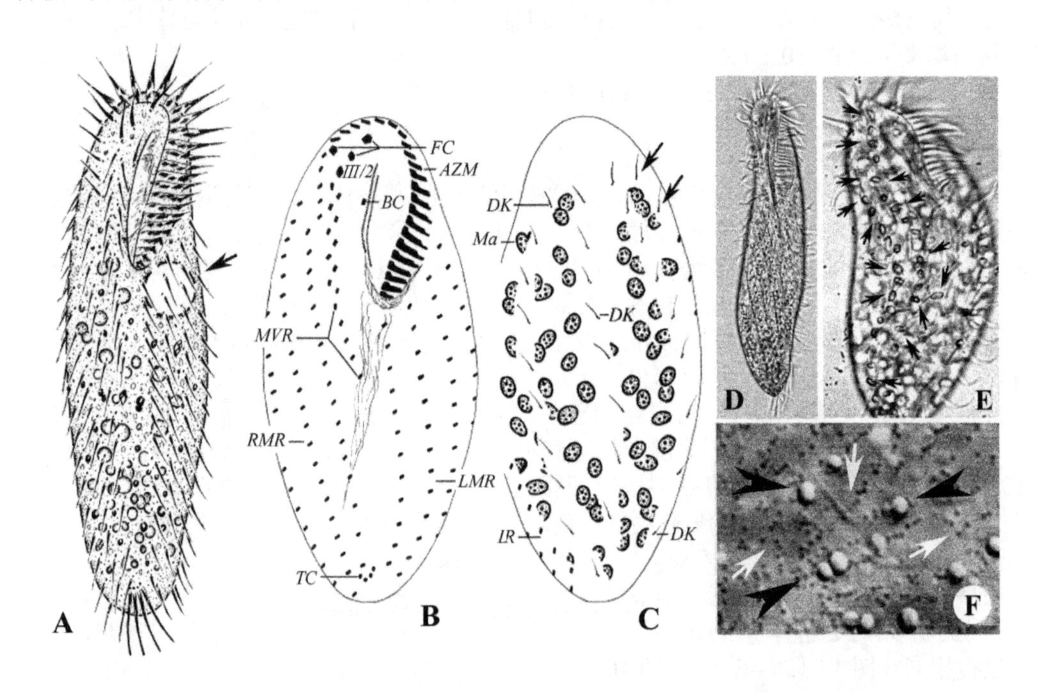

图 10.1.1　斯特后尾柱虫典型个体活体形态（**A**，**D-F**）及纤毛图式的腹面观（**B**）和背面观（**C**）
图 **A** 中箭头示伸缩泡位于口围带近端左后方；图 **C** 中箭头示“额外”的背触毛；图 **D** 示虫体活体照片，图 **E**，**F** 示皮膜表面，箭头和无尾箭头示皮层颗粒。*AZM*. 口围带；*BC*. 口棘毛；*DK*. 背触毛列；*FC*. 额棘毛；*III/2*. 拟口棘毛；*LMR*. 左缘棘毛列；*Ma*. 大核；*MVR*. 腹棘毛列；*RMR*. 右缘棘毛列；*TC*. 横棘毛

背触毛　背触毛原基在老结构中产生，通常一列老结构中产生两处原基（图 10.1.3B）。这些原基经过发育、延长并最终取代老结构（图 10.1.2F；图 10.1.3B，D，F；图 10.1.4F，J）。多产生的触毛将被吸收，但在新完成分裂的个体中，也常见 3 列完整背触毛列外多余的短列（图 10.1.3H）。

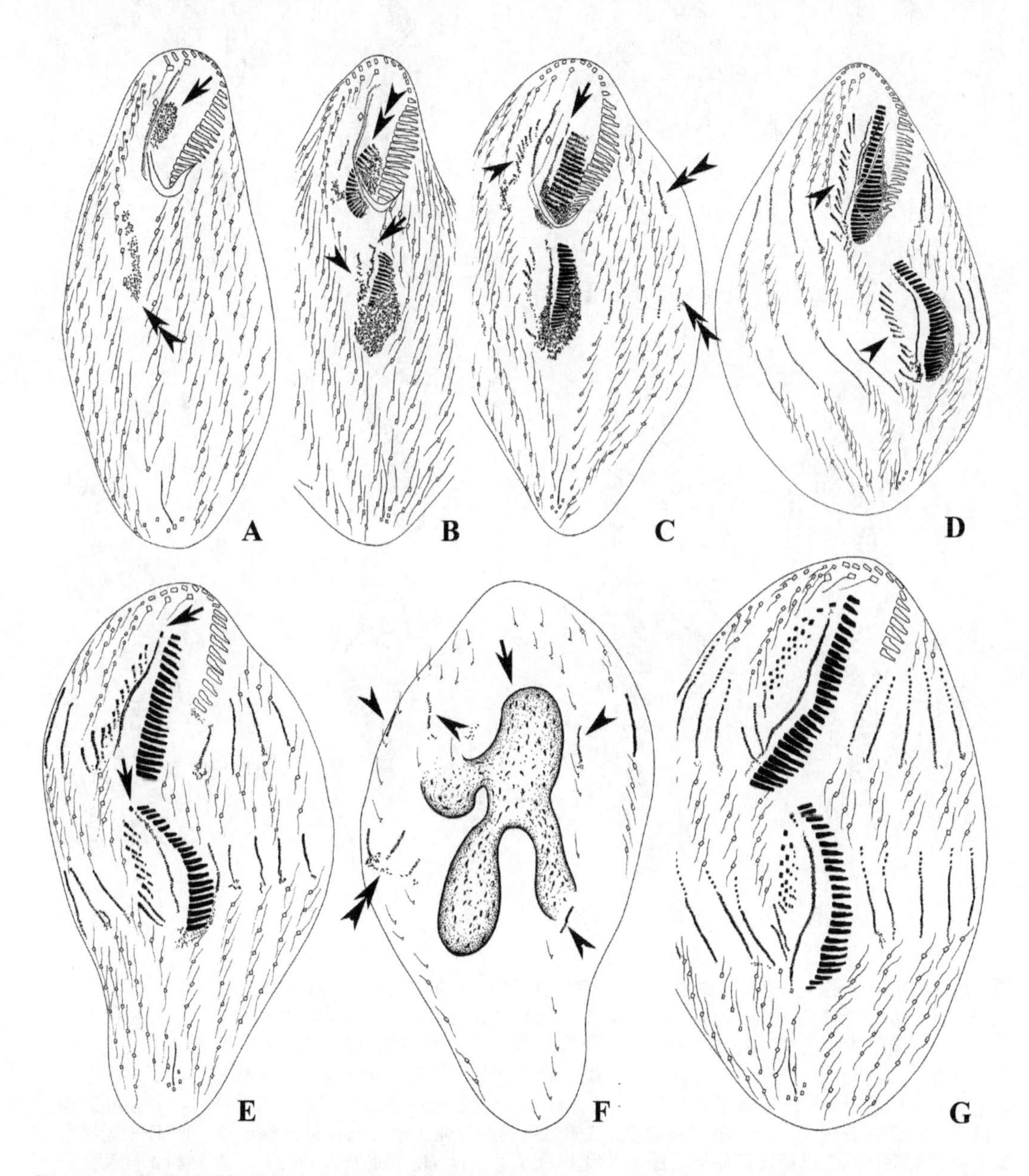

图 10.1.2　斯特后尾柱虫细胞发生早至中期个体的纤毛图式

A. 早期个体腹面观，双箭头和箭头分别指示后仔虫与前仔虫口原基；**B.** 双箭头示前仔虫口原基，箭头示 UM-原基，无尾箭头指 FVT-原基；**C.** 无尾箭头示 FVT-原基，箭头示 UM-原基，双箭头指左缘棘毛原基；**D.** 无尾箭头示前、后仔虫 FVT-原基；**E，F.** 同一发生个体腹面观及背面观，图 **E** 中箭头示 UM-原基产生的第 1 额棘毛，图 **F** 中箭头指枝杈状单一大核融合体，无尾箭头示一般的背触毛原基，双箭头示多根背触毛原基的形成；**G.** 中期发生个体腹面观，以示新棘毛的产生与老的口围带小膜的瓦解

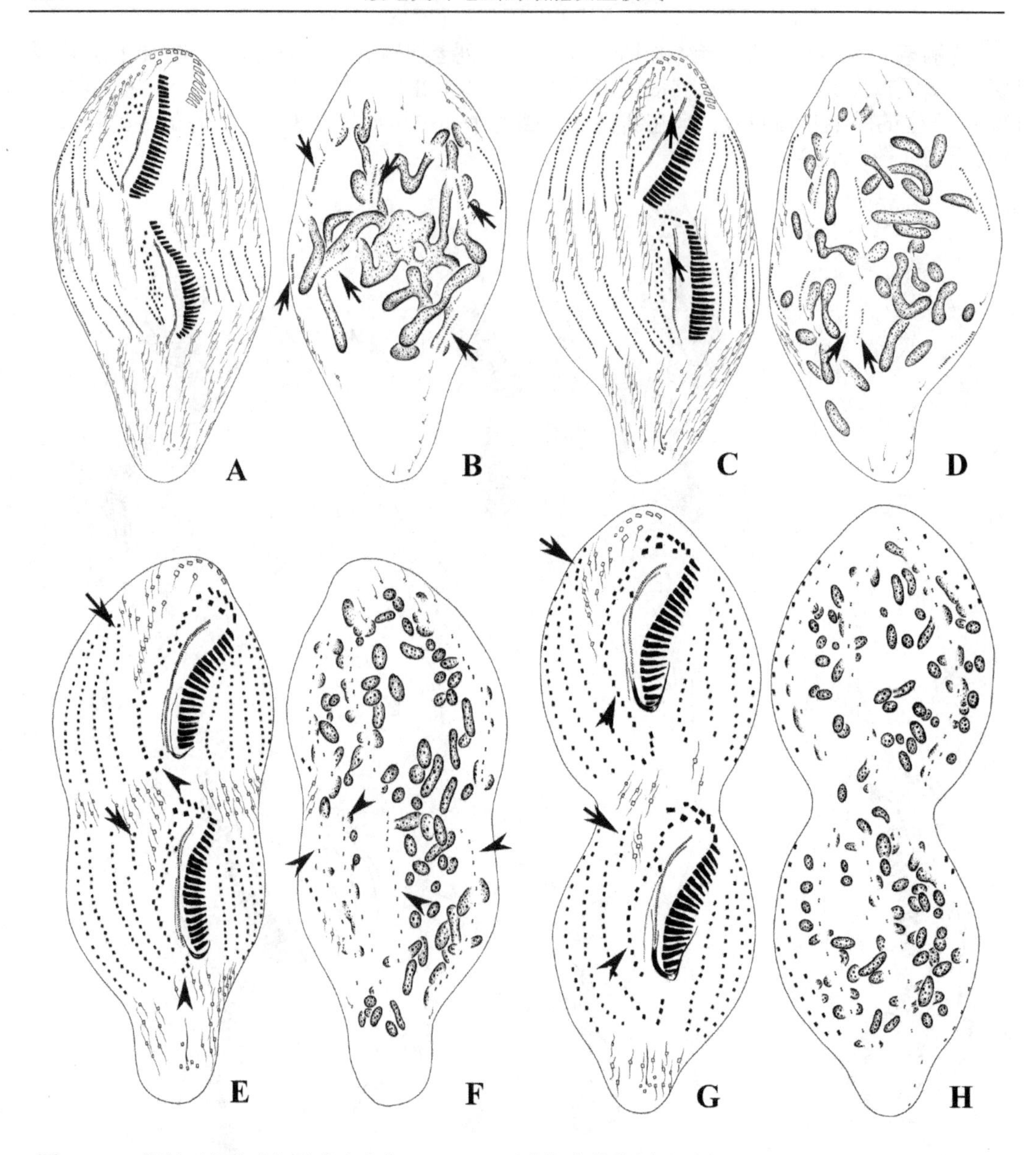

图 10.1.3 斯特后尾柱虫细胞发生中期（**A，B**）至晚期个体的纤毛图式（**C-H**）
A，B. 同一发生个体的腹面观及背面观，箭头示背触毛原基出现在每一列老结构的前、后仔虫的相应位置，并在老结构中发育；**C，D.** 同一发生个体的腹面观及背面观，以示口棘毛（图 **C** 中箭头）已经产生并即将沿波动膜向波动膜后方迁移，图 **D** 中箭头指示偶尔会在某一个发生个体中发现了后仔虫中的第 2 列老的背触毛列中产生了 2 列原基；**E，F.** 同一发生晚期个体的腹面观及背面观，以示新的额前棘毛即将迁移到虫体顶端（图 **E** 中箭头），横棘毛已经分化出来并向虫体后端迁移（图 **E** 中无尾箭头）及背触毛列几乎已经发育完毕（图 **F** 中无尾箭头）；**G，H.** 腹面观及背面观，箭头和无尾箭头分别指前、后仔虫新的额前棘毛及中腹棘毛列

大核 数目众多的大核在发生的中期完全融合成一个枝杈状的统一体（图 10.1.2F；图 10.1.5D）。该融合体随后经过多次快速的分裂而重新形成营养期大小的新大核，后者分配到两个子细胞中（图 10.1.3B，D，F，H；图 10.1.5F，G）。

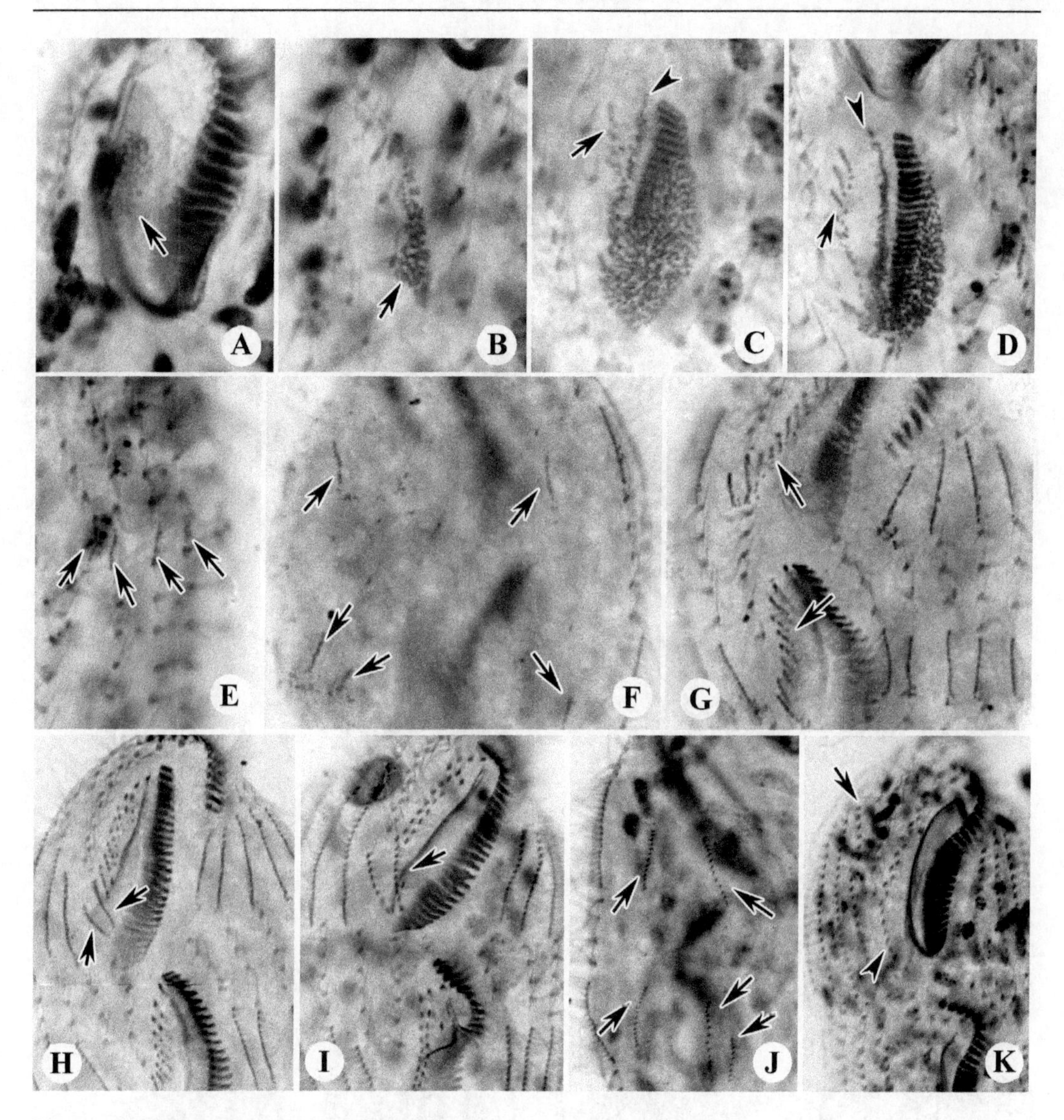

图 10.1.4　斯特后尾柱虫细胞发生的早期个体
A. 早期发生个体腹面观，箭头示前仔虫口原基；**B.** 箭头示后仔虫口原基；**C，D.** 无尾箭头与箭头分别示后仔虫的 UM-原基和 FVT-原基；**E.** 箭头示左缘棘毛原基；**F.** 背面观，箭头示背触毛原基；**G.** 腹面观，箭头示线状的 FVT-原基；**H.** 腹面观，箭头示最后 2 列拉长的 FVT-原基；**I.** 腹面观，箭头示倒数第 2 列 FVT-原基；**J.** 背面观，箭头示背触毛原基；**K.** 晚期发生个体腹面观，箭头和无尾箭头分别示前仔虫中新的额前棘毛和中腹棘毛列

主要特征及讨论　3 种后尾柱虫的细胞发生过程已被报道过：海洋后尾柱虫 *Metaurostylopsis marina*、红色后尾柱虫 *M. rubra* 与斯特后尾柱虫 *M. struederkypkella*（Berger 2006）。斯特后尾柱虫与海洋后尾柱虫的发生过程一致，也与粗略报道的红色后尾柱虫部分发生阶段相符合。

基于上述过程，对本亚型的发生特征总结如下。

（1）前仔虫口原基出现在皮膜深处，老的口器被完全解体、消失；后仔虫的口原基独立发生在细胞表面，老结构不参与新原基的形成。

（2）FVT-原基为次级发生式，且与老结构无关。

（3）缘棘毛和背触毛均为原位发生。

（4）最后 2 列 FVT-原基分别形成额前棘毛列和单列的腹棘毛。

（5）大核融合成一个完整的枝杈状融合体。

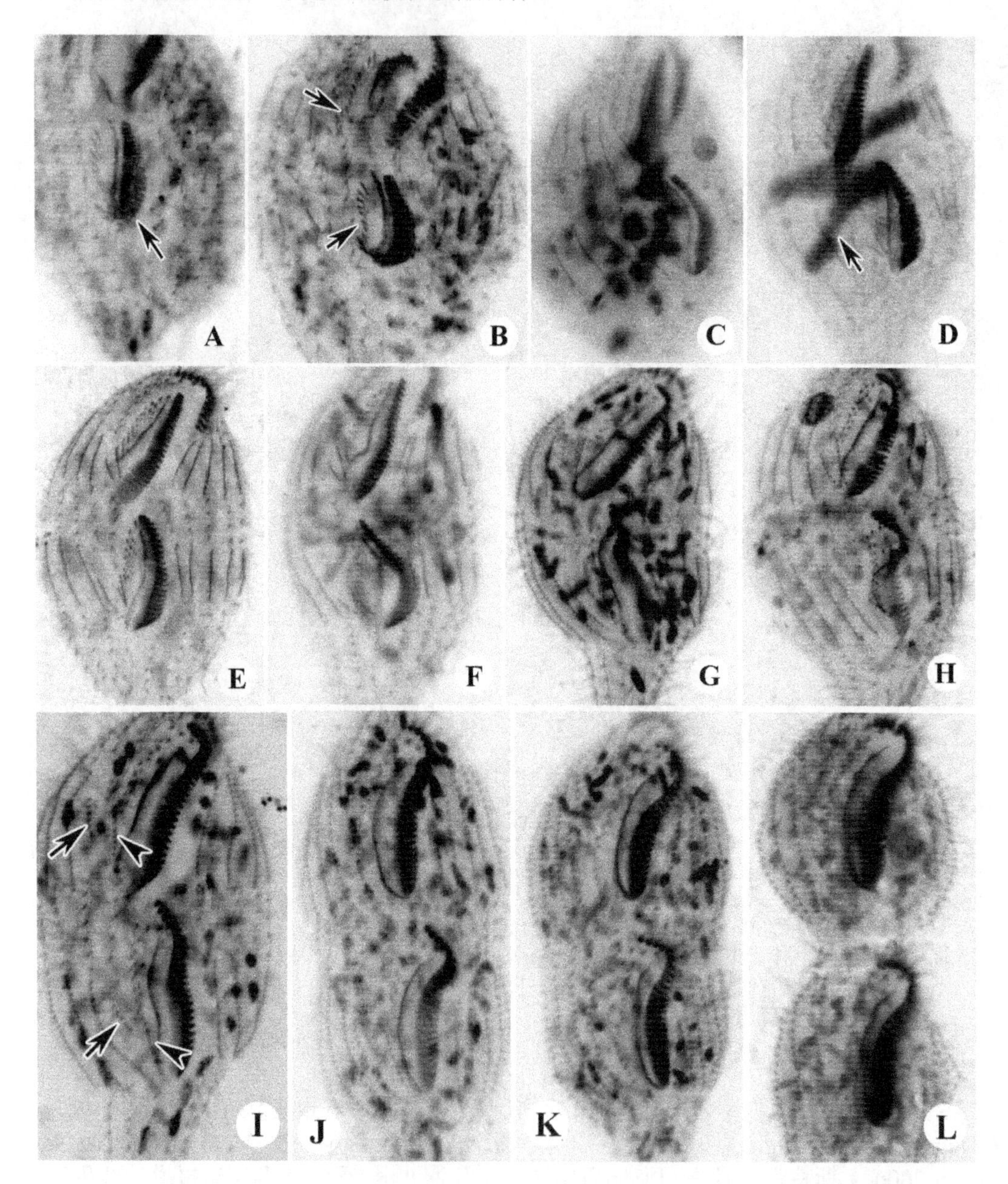

图 10.1.5 斯特后尾柱虫细胞发生的中期和后期个体

A. 腹面观，以示后仔虫口原基，箭头示口原基；**B.** 腹面观，箭头示前、后仔虫的 FVT-原基；**C，D.** 大核的融合，图 **D** 中箭头示单一的枝杈状融合体；**E-H.** 发生中期不同个体腹面观，注意口器和体纤毛器的发育；**I-L.** 发生晚期不同个体腹面观，图 **I** 中箭头指额前棘毛，无尾箭头示中腹棘毛列斯特后尾柱虫亚型与中华偏尾柱虫亚型的比较及进化关系见本章第2节讨论部分。

在整个尾柱类中，本亚型代表了完整、初级而又典型的发育模式，这体现在本亚型所在类群具有所有代表性结构：典型的中腹棘毛列，来自最后一列FVT-原基的腹棘毛列、横棘毛、完善分化的额棘毛、口棘毛及迁移棘毛等。包括多列缘棘毛来自各自对应的原基等，都代表了一个尚未进入进一步演化（特化）时序的系统发育阶段。因此，在尾柱目中，该亚型代表了一个较原始的模式。

迄今所知，新尾柱虫属（*Neourostylopsis*）的发生过程与本亚型相似，二者之间的显著差异在于前者的 FVT-原基产物全部形成中腹棘毛列而无腹棘毛列的形成。此外，前者产生数根横前腹棘毛而后者无（Berger 2006；Chen et al. 2013f；Lei et al. 2005；Shao et al. 2008b；Song et al. 2001，2011；Wang et al. 2011）。

第2节　中华偏尾柱虫亚型的发生模式

Section 2　The morphogenetic pattern of *Apourostylopsis sinica*-subtype

邵晨 (Chen Shao)　　宋微波 (Weibo Song)

中华偏尾柱虫的发生学和形态学最初为邵晨等（Shao et al. 2008b）以中华后尾柱虫（*Metaurostylopsis sinica*）为名报道，并由此建立了该种的发生模式。随后，基于其细胞发生和形态学特征，宋微波等（Song et al. 2011）建立了一新属——偏尾柱虫属（*Apourostylopsis*），并将该种作为模式种归入偏尾柱虫属中。细胞发生学和形态学信息仍表明该种与后尾柱虫属有非常近的亲缘关系。本节内容基于邵晨等的报道。

基本纤毛图式　3根额棘毛，1根拟口棘毛，1根口棘毛，中腹棘毛呈典型的zig-zag模式排布，后延至横棘毛处；具横前腹棘毛、横棘毛和额前棘毛；左、右缘棘毛均多列（图10.2.1A，B）。

3列背触毛纵贯虫体（图10.2.1C）。

细胞发生过程

口器　在前仔虫，老口围带完全解体。口原基最初是一个由无序排列的毛基体构成的原基场，该结构最初出现在老的波动膜和口围带之间的口腔的底面（皮膜深处），边缘十分清晰，很有可能形成了一个腔室（图 10.2.2B；图 10.2.4B）。在随后的阶段里，原基场内毛基体增殖、组装成新的小膜并从深处迁移到细胞表面。分裂后期，新生的口围带形成新口器（图10.2.2D，F；图10.2.4F，I）。

前仔虫的UM-原基的来源不甚明确（很可能是独立发生自口原基附近？或与口原基同源发生？），该原基的前端形成1根棘毛，随后，这根棘毛将发育成第1额棘毛（图10.2.3A；图10.2.5B）。UM-原基分裂成口侧膜和口内膜（图10.2.3C；图10.2.5H）。

后仔虫的口器发生起始于腹棘毛附近独立出现的成簇的毛基体，即新生的口原基场。随后的发育过程与前仔虫相同（图10.2.2A；图10.2.3C；图10.2.4A；图10.2.5J）。

后仔虫的UM-原基和FVT-原基最初出现在后仔虫口原基的右前方（图10.2.2D；图10.2.4F）。随后的发育与后仔虫相同，形成1根额棘毛和新的波动膜（图10.2.3A，C；图10.2.5C，J）。

额-腹-横棘毛　前仔虫中，FVT-原基最初出现在老的口棘毛的右侧，表现为一无序的毛基体群，老的口棘毛和中腹棘毛不参与新原基的构建（图10.2.2B；图10.2.4C）。

口棘毛后期发生解聚消失（图 10.2.2D）。在后仔虫中，口原基作为数列斜向的条带出现在口原基的右侧（图 10.2.2D，F；图 10.2.4F，I）。

随着细胞分裂的进程，FVT-原基穿越老的中腹棘毛列并发育成若干斜向的条带。这些原基继续发育和分化，每条 FVT-原基（除最右侧的两列外）均贡献 2 根或 3 根棘毛，形成特征性的锯齿状排列的中腹棘毛（图 10.2.3C）。最右的两列 FVT-原基则各产生 4 根棘毛，除了各贡献 1 根横棘毛和 1 根横前棘毛外，原基 n-1 另外贡献 1 对中腹棘毛，原基 n 另外贡献 2 根额前棘毛，其在细胞发生后期向前迁移到额前。

最终，随着细胞分裂的完成，棘毛按照预定位置迁移到位（图 10.2.3G；图 10.2.5O）。

由此，本亚型中腹面的额-腹-横棘毛的起源与产物可以总结如下。

UM-原基的前端形成 1 根额棘毛（图 10.2.3A；图 10.2.5B，C）。

FVT-原基 I 贡献第 2 额棘毛（图 10.2.3E）。

FVT-原基 II 产生第 3 额棘毛（图 10.2.3E）。

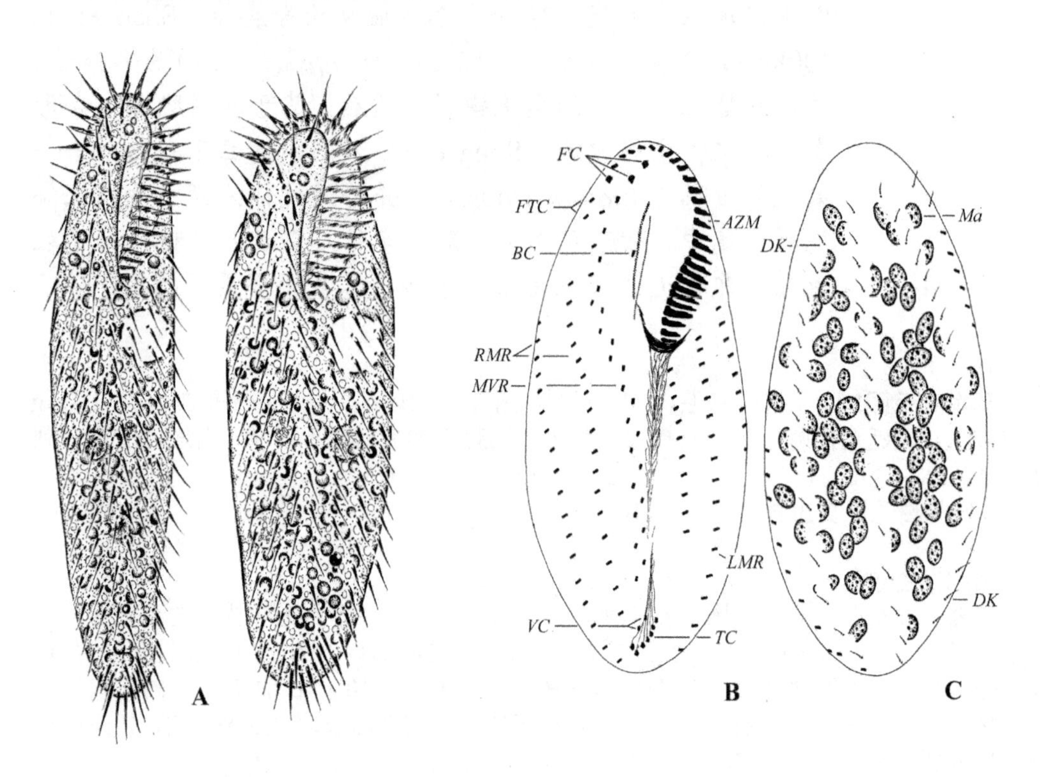

图 10.2.1 中华偏尾柱虫的活体图（**A**）和纤毛图式（**B，C**）

A. 腹面观示典型体形；**B.** 典型个体的腹面观；**C.** 典型个体的背面观。*AZM.* 口围带；*BC.* 口棘毛；*DK.* 背触毛；*FC.* 额棘毛；*FTC.* 额前棘毛；*LMR.* 左缘棘毛列；*Ma.* 大核；*MVR.* 中腹棘毛列；*RMR.* 右缘棘毛列；*TC.* 横棘毛；*VC.* 腹棘毛

FVT-原基 I 后端形成的棘毛沿着波动膜向后迁移形成口棘毛（图 10.2.3C；图 10.2.5H，I）。

FVT-原基 II 后端形成拟口棘毛（图 10.2.3E）。

原基 III 至 n-1 各形成 1 对中腹棘毛（图 10.2.3E）。

FVT-原基 n 和 n-1 各贡献 1 根横前腹棘毛（图 10.2.3E）。

FVT-原基 n 的前端形成额前棘毛并在发育后期向虫体前端迁移（图 10.2.3E；图 10.2.5L）。

每列 FVT-原基的后端均会形成额外的 1-3 根棘毛，其中最后 1 根将成为横棘毛，其余的则被吸收（图 10.2.3A，C，E）。

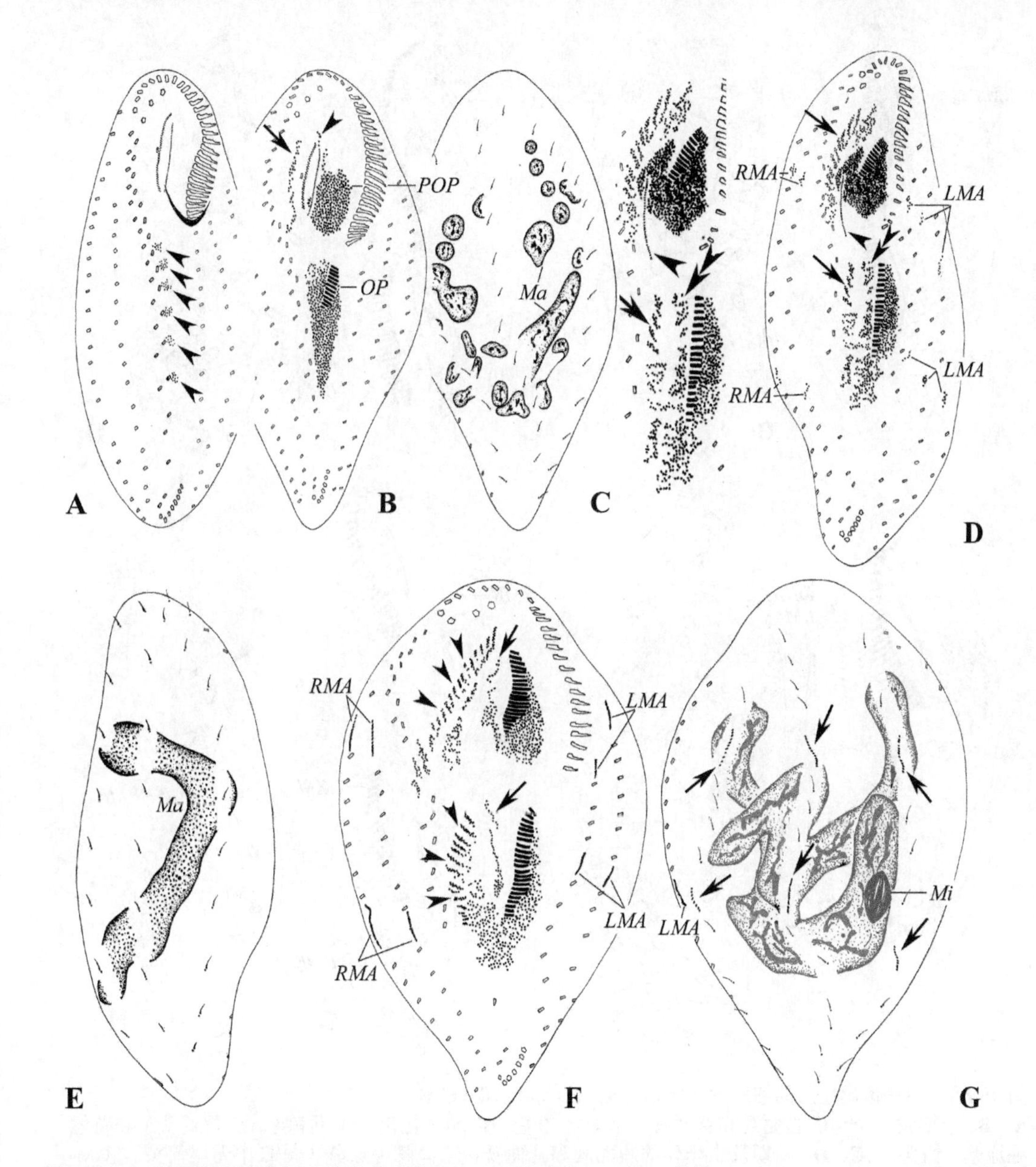

图 10.2.2　中华偏尾柱虫细胞发生的早期（**A-C**）和中期（**D-G**）个体
A. 早期发生个体的腹面观，无尾箭头示口原基，老结构并不参与该原基的形成；**B，C.** 同一个体的腹面观和背面观，无尾箭头示 UM-原基开始解聚，箭头示前仔虫的 FVT-原基形成；**D，E.** 同一早期发生个体的腹面观和背面观，箭头示前、后仔虫的 FVT-原基，双箭头示 UM-原基，无尾箭头示老的波动膜正在被吸收，注意左、右缘棘毛原基出现及大核融合；**F，G.** 中期发生个体的腹面观和背面观。图 **F** 中，无尾箭头示 FVT-原基，箭头示 UM-原基；图 **G** 中，箭头示背触毛原基。*LMA.* 左缘棘毛原基；*Ma.* 大核；*Mi.* 小核；*OP.* 口原基；*POP.* 前仔虫的口原基；*RMA.* 右缘棘毛原基

缘棘毛 原基在老结构中形成：细胞发生开始不久，在每列缘棘毛的前部和中部约1/3处，部分棘毛发生解聚形成缘棘毛原基（图 10.2.2D，F，G）。这些缘棘毛原基经发育、延伸并最终取代老结构（图 10.2.3A-H；图 10.2.5B-D）。

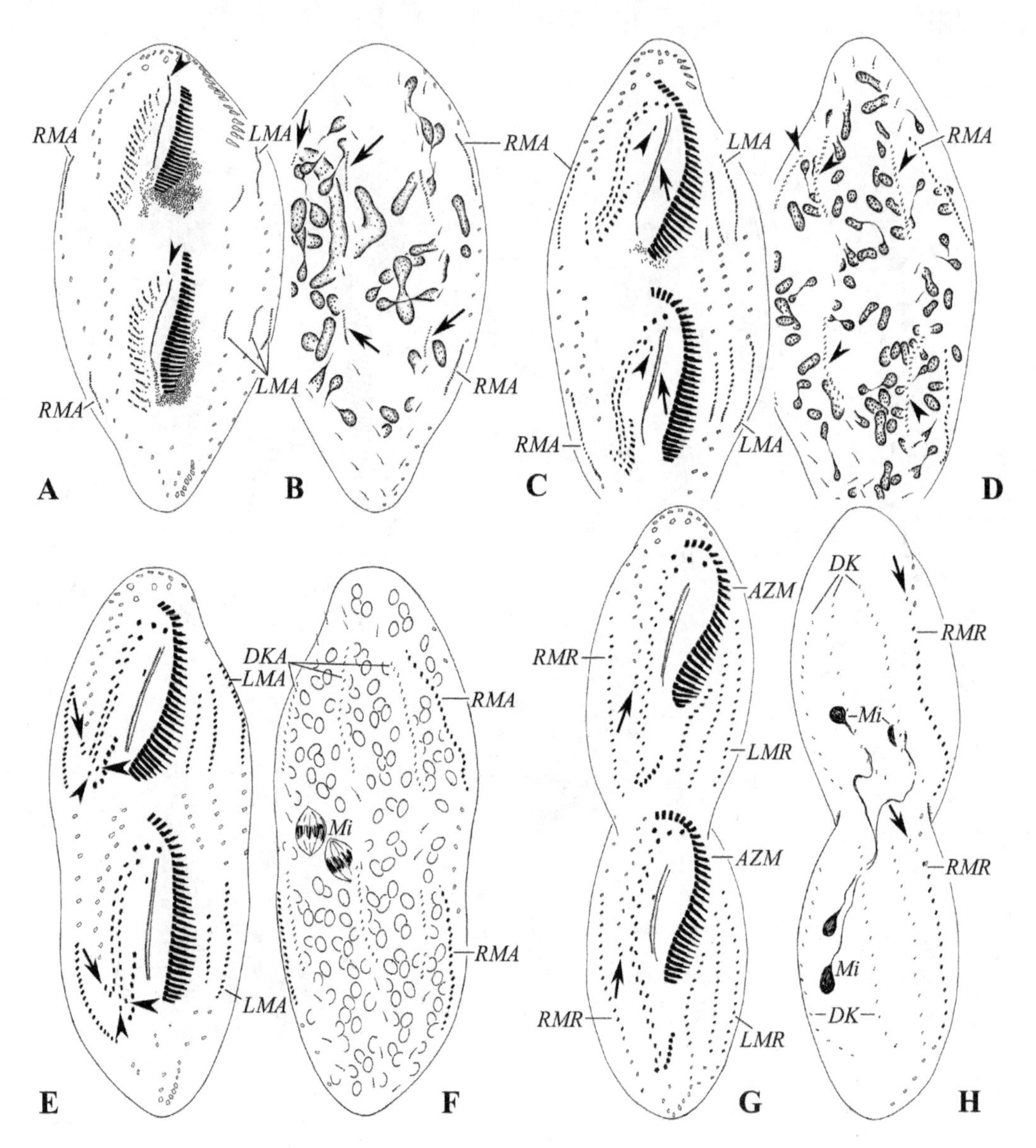

图 10.2.3 中华偏尾柱虫的细胞发生中期（**A，B**）和晚期（**C-H**）

A，B. 中期发生个体的腹面观和背面观，示 UM-原基的前端分化出第 1 额棘毛（无尾箭头）和背触毛原基（箭头）；**C，D.** 晚期发生个体的腹面观和背面观，示口棘毛迁移（图 **C** 中无尾箭头），UM-原基分化成口内膜和口侧膜（图 **C** 中箭头）和背触毛原基的发育（图 **D** 中无尾箭头）；**E，F.** 同一个体的腹面观和背面观，示额前棘毛即沿着新产生的中腹棘毛复合体向虫体前端迁移（箭头）和腹棘毛产生自 FVT-原基 n 和 n-1 的中部（无尾箭头）；**G，H.** 发生末期个体的腹面观和背面观，示额前棘毛迁移（图 **G** 中箭头）和最右侧缘棘毛原基前端贡献两对毛基体对（图 **H** 中箭头）。*AZM*. 口围带；*DK*. 背触毛；*DKA*. 背触毛原基；*LMA*. 左缘棘毛原基；*LMR*. 左缘棘毛列；*Mi*. 小核；*RMA*. 右缘棘毛原基；*RMR*. 右缘棘毛列

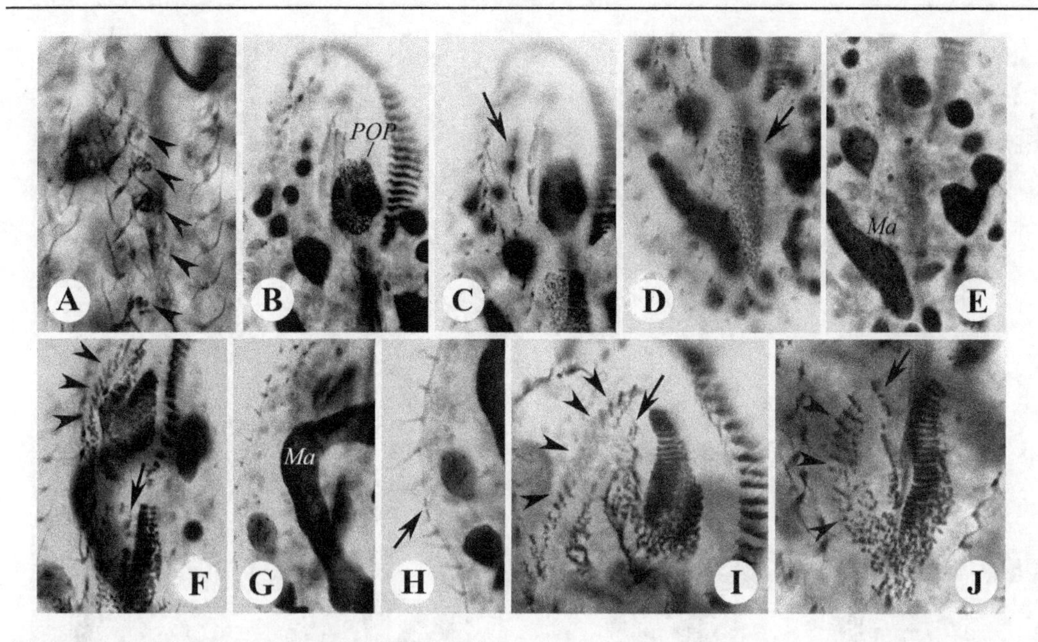

图 10.2.4　中华偏尾柱虫的细胞发生的早期个体

A. 早期发生个体的腹面观，示后仔虫的口原基独立发育在皮膜表层（无尾箭头）；**B-E.** 同一发生个体的腹面观（**B-D**）和背面观（**E**），示前仔虫的口原基独立发育在皮膜深层（**B**），前仔虫 FVT-原基出现（图 **C** 中箭头），后仔虫口原基继续发育（图 **D** 中箭头），注意大核正在融合的过程中（图 **E**）；**F.** 早期发生个体的腹面观，示前仔虫的 FVT-原基（无尾箭头）和后仔虫的 UM-原基（箭头）；**G，H.** 同一个体的背面观，示大核融合成香肠状（图 **G**）和背触毛原基（图 **H** 中箭头）；**I，J.** 同一个体腹面观，示 FVT-原基（无尾箭头）和 UM-原基（箭头）。*Ma.* 大核；*POP.* 前仔虫的口原基

背触毛　背触毛原基的形成也是在老结构中产生，每列老结构中，在前、后各产生 1 列短的原基。随后，原基延长，形成新的背触毛列，老结构被吸收（图 10.2.2G；图 10.2.3B，D，F，H；图 10.2.4H；图 10.2.5E，K）。

在所有非分裂个体中均发现其最右侧的右缘棘毛列前端另外生有 2 根背触毛，可以证明的是：额外的背触毛形成于最右侧的右缘棘毛原基顶端而不是背触毛原基（图 10.2.3H）。本亚型发育中无尾棘毛的形成。

大核　大核以尾柱类普遍具有的方式发生。简言之，在发生中期，大核融合成单一的香肠状团块（图 10.2.2E），随后经过多次分裂，形成大量的新大核，继而分配给前、后仔虫（图 10.2.2G；图 10.2.3B，D，F；图 10.2.5A，F，H）。

主要特征　本亚型仅涉及偏尾柱虫属内的中华偏尾柱虫。

该亚型的主要发生学特征可以总结如下。

（1）前仔虫的口原基形成于皮膜深处，独立发育。

（2）老的口围带完全解体、消失；老的波动膜也解体，不参与新 UM-原基的形成和发育。

（3）FVT-原基为次级发生式，其形成和发育与老结构无关。

（4）后仔虫的口原基独立出现，老结构不参与口原基的形成和发育。

（5）最后 2 列 FVT-原基形成 2 根横前棘毛。

（6）最后 1 列 FVT-原基前移、发育为额前棘毛。

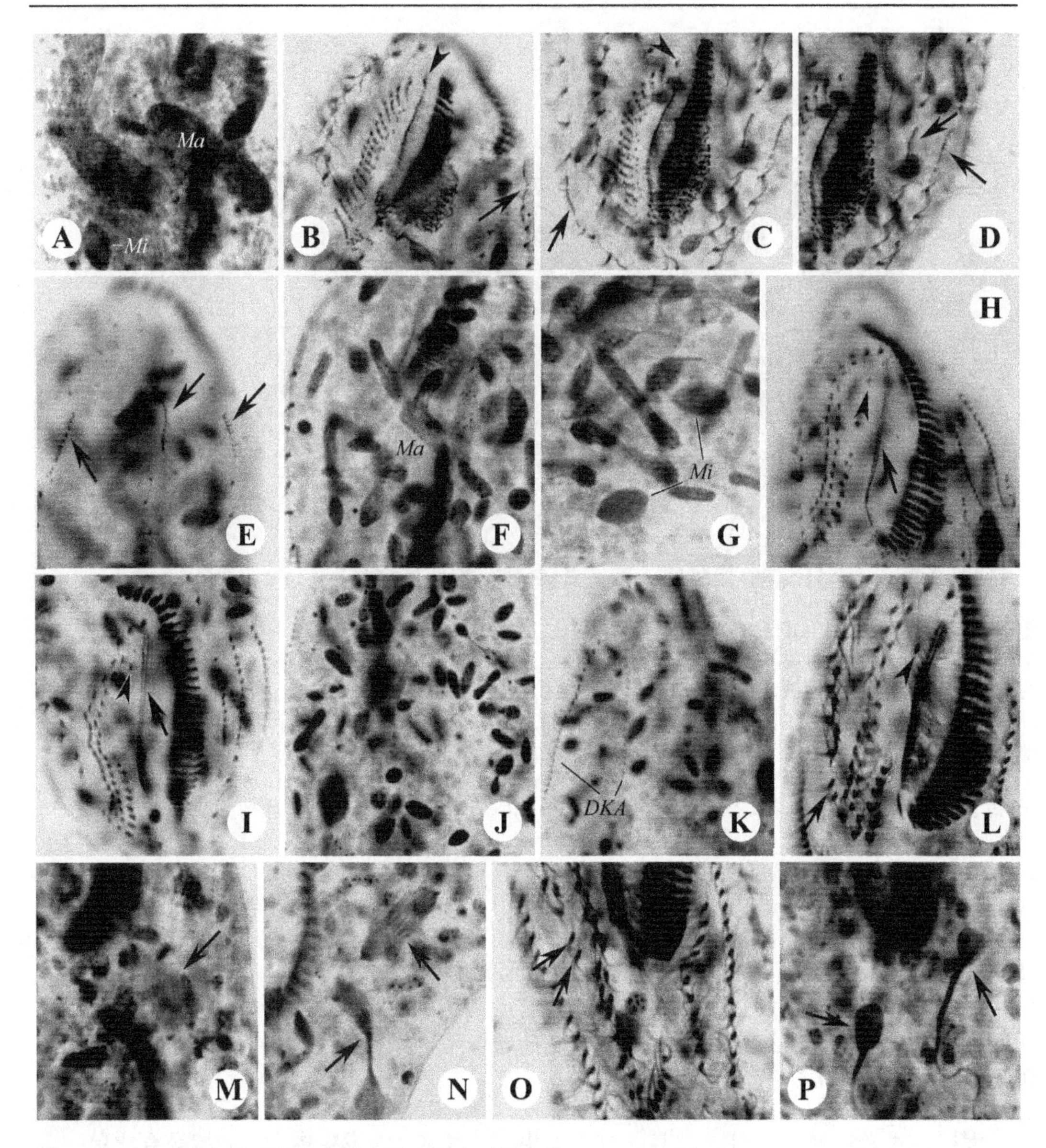

图 10.2.5 中华偏尾柱虫的细胞发生的中期和后期个体
A. 大核在融合过程中；**B-D.** 同一个体的腹面观，示前（**B**）、后（**C**）仔虫中，UM-原基前端形成第1额棘毛（无尾箭头），箭头示缘棘毛原基；**E.** 背面观，箭头示背触毛原基；**F，G.** 示大核（**F**）和小核（**G**）；**H-K.** 晚期个体的腹面观（**H，I**）和背面观（**J，K**），示前仔虫（**H**）和后仔虫（**I**）中的口棘毛（图 **H** 和 **I** 中的无尾箭头）和UM-原基分化成口内膜与口侧膜（图 **H** 和 **I** 中的箭头），注意背触毛原基（**K**）和大核（**J**）；**L.** 腹面观，示口棘毛（无尾箭头）和额前棘毛（箭头）；**M，N，P.** 小核（箭头）；**O.** 发生末期个体的腹面观，示额前棘毛（箭头）。*DKA*. 背触毛原基；*Ma*. 大核；*Mi*. 小核

（7）缘棘毛和背触毛均为原位发生，老结构参与其形成与发育。

（8）大核融合成单一的融合体。

中华偏尾柱虫亚型与斯特后尾柱虫亚型非常相似，仅存在如下不同点：①斯特后尾柱虫亚型中，大核融合成枝杈状，而本亚型则是香肠状（近似多数低等尾柱类）；②在斯特后尾柱虫亚型中，倒数第 2 根 FVT-原基形成 1 列腹棘毛并跟随中腹棘毛迁移至虫体前端，而在本亚型中，此原基条带产生 1 根横前腹棘毛并随横棘毛向后迁移（近似多数低等尾柱类）；③斯特后尾柱虫亚型中，除横棘毛外，来自最右 1 根 FVT-原基的所有棘毛均向前迁移形成额前棘毛，而在本种中，最右 1 根 FVT-原基产生 2 根额前棘毛、1 根腹棘毛和 1 根横棘毛（近似多数低等尾柱类）（Shao et al. 2008b；Song et al. 2001）。

目前所知，除相似伪角毛虫这一个种外，所有的伪角毛科种类在发生过程中，核器均为部分融合（而在其他低等尾柱类中，大核在细胞分裂过程中几乎全部有融合成一体的阶段），这也是伪角毛科独立为一个科的依据之一。新近的研究发现，目前已知的后尾柱虫的大核普遍融合成一枝杈状的单一体而非一个团状结构（Song et al. 2001）。Berger（2006）认为这一特征应代表了一个系统演化阶段：自后尾柱虫属开始，显现了大核不（再）完全融合的雏形，并认为后尾柱虫属与伪角毛科互为姐妹群。

这个解读或许仍有待讨论：因为 Berger 的上述推断是建立在“不融合为一体”是一个更高级的进化阶段这一前提上的。但大核从数目众多到数目减少、融合后再分裂的现象，在广义的腹毛类中是一个基本和共有的趋势。因此，数目减少与融合为一应是进化的较高级阶段。按照这个推论，则从“仅部分融合”，到“形成枝杈状统一体”，再到“形成团状统一体”才是在时序上彼此联系的演化过程。

Shao 等（2008b）的工作揭示了中华偏尾柱虫的大核融合成香肠状而不再是枝杈状，说明该种大核的融合程度较后尾柱虫更进一步，结合上述中华偏尾柱虫亚型与斯特后尾柱虫亚型其他发生学特征的比较，我们推测偏尾柱虫属与后尾柱虫属互为姐妹群，后尾柱虫属更接近低等的其他尾柱类并与伪角毛科距离较近。

第3节　宋氏列毛虫亚型的发生模式

Section 3　The morphogenetic pattern of *Trichototaxis songi*-subtype

邵晨 (Chen Shao)

宋氏列毛虫最初由 Chen 等（2007）建立，该种最突出的特征在于其数目不稳定的左缘棘毛：从单列到多列不等。鉴于缘棘毛列数在尾柱类内是属级阶元定位和区分的一个重要依据，该属因其数目的不稳定而科级归属存疑。邵晨等（Shao et al. 2014b）新近对本种完成了细胞发生学的研究，该工作表明，宋氏列毛虫代表了一个独立的亚型。

基本纤毛图式　额区具2列冠状额棘毛列，其后为锯齿状排列的中腹棘毛列，延伸至近虫体尾端；单根口棘毛；额前棘毛位于口围带远端小膜后方；横棘毛弱小，通常仅2根；右缘棘毛1列，左缘棘毛1至多列（图10.3.1A，B）。

3列背触毛纵贯虫体（图10.3.1C）。

细胞发生过程

口器　老结构完全解体。前仔虫的新口原基最初是一个由无序毛基体形成的椭圆形的原基场出现在老的波动膜和口围带之间的口腔的底面（皮膜深处），其边缘清晰，很有可能形成了一个腔室(图10.3.2C)。所有的老结构均不参与该原基的发育(图10.3.2C)。在口原基发育的后期，新生的口围带从深处迁移到细胞表面并最终完全取代老结构（图10.3.2G；图10.3.3A，C）。

前仔虫的 UM-原基产生于口原基右侧，老的波动膜和口棘毛解体，似乎并不参与UM-原基的后期发育（图10.3.2E）。在接下来的发生阶段，UM-原基的前端形成（罕见的）2根棘毛，此构成额区最左边的2根额棘毛，原基主体部分纵裂形成口侧膜与口内膜（图10.3.2G；图10.3.3A，C）。

后仔虫的口器发生最早始于口后腹棘毛对的左侧，早期也为无序排列的毛基体群，即口原基场（图10.3.2A；图10.3.5A）。其后，伴随着该原基场的发育，在腹棘毛附近形成范围更大的毛基体群（图10.3.2B；图10.3.5B）。在这个过程中，部分中腹棘毛列左侧的棘毛解体，可能参与了口原基的形成（图10.3.2B）。分裂中、后期，后仔虫的口原基内完成新小膜的组装、发育并逐渐形成后仔虫新的口围带（图10.3.2C；图10.3.3A，C；图10.3.5F，K）。

在后仔虫中，UM-原基出现在发生早期，口原基的右侧（图10.3.2E）。原基接下来的发育过程和产物与前仔虫完全相同（图10.3.2G；图10.3.3A，C；图10.3.5F）。

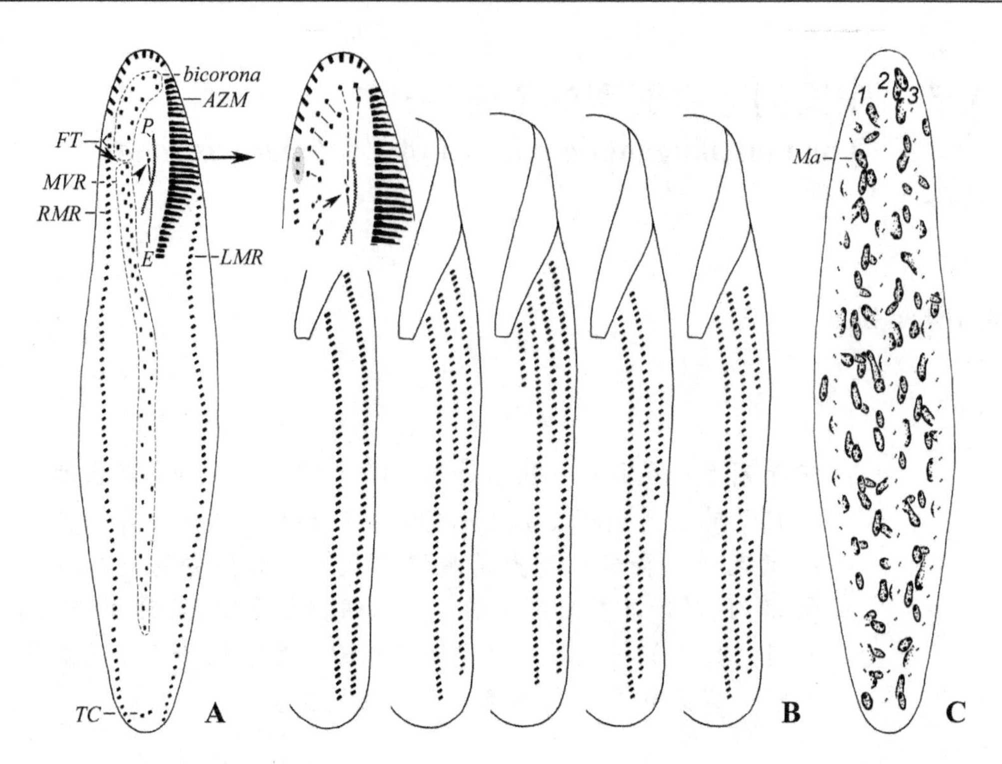

图10.3.1 宋氏列毛虫的纤毛图式
A. 腹面观，无尾箭头示口棘毛，箭头示冠状棘毛列和中腹棘毛列之间的间隔，插图为口区棘毛放大图，虚线连接同一FVT-原基条带贡献的棘毛；**B.** 数量高度变化的左缘棘毛列；**C.** 背面观。*AZM.* 口围带；*bicorona.* 冠状棘毛列；*E.* 口内膜；*FT.* 额前棘毛；*LMR.* 左缘棘毛列；*Ma.* 大核；*MVR.* 中腹棘毛列；*P.* 口侧膜；*RMR.* 右缘棘毛列；*TC.* 横棘毛；*1-3.* 背触毛列

额-腹-横棘毛 发生初期，在前仔虫，在老的口棘毛右侧出现一组毛基体，即前仔虫的FVT-原基（图10.3.2C；图10.3.5C）。稍晚时期，后仔虫的FVT-原基出现在口原基的右侧（图 10.3.2E；图 10.3.5E）。前仔虫的中腹棘毛仍旧存在，显示它们不参与新原基的形成（图10.3.2E）。

接下来，FVT-原基和 UM-原基的发育在两个仔虫中完全保持同步，FVT-原基进一步扩大规模，向后方延伸形成众多斜向排列的条带状原基（图10.3.2E，G；图10.3.5E，F，H）。

在发生的最后阶段，FVT-原基经分段化而完成新棘毛的分化。其中，第1列FVT-原基条带分化出2根棘毛，前方的1根形成额棘毛，后方的1根形成口棘毛（图10.3.3A；图10.3.5J）。除最后1列FVT-原基外，每一列FVT-原基形成2根或3根棘毛，即形成了倾斜的3列棘毛，但部分最左侧的1根会逐渐被吸收，仅最后1条或2条条带后端的棘毛不被吸收，形成横棘毛（图10.3.3A，C；图10.3.5L，M）。最后1列FVT-原基分化出多根棘毛，前端的2根向前迁移，形成额前棘毛，最后端1根成为横棘毛（图10.3.3A，C；图10.3.5L，M）。

因此，各类FVT-原基的分化如下。

冠状额棘毛列来自于UM-原基和上端6-9条FVT-原基。

中腹棘毛列来自于中部第7-10条FVT-原基至原基n-1。

横棘毛来源于最后2条FVT-原基。

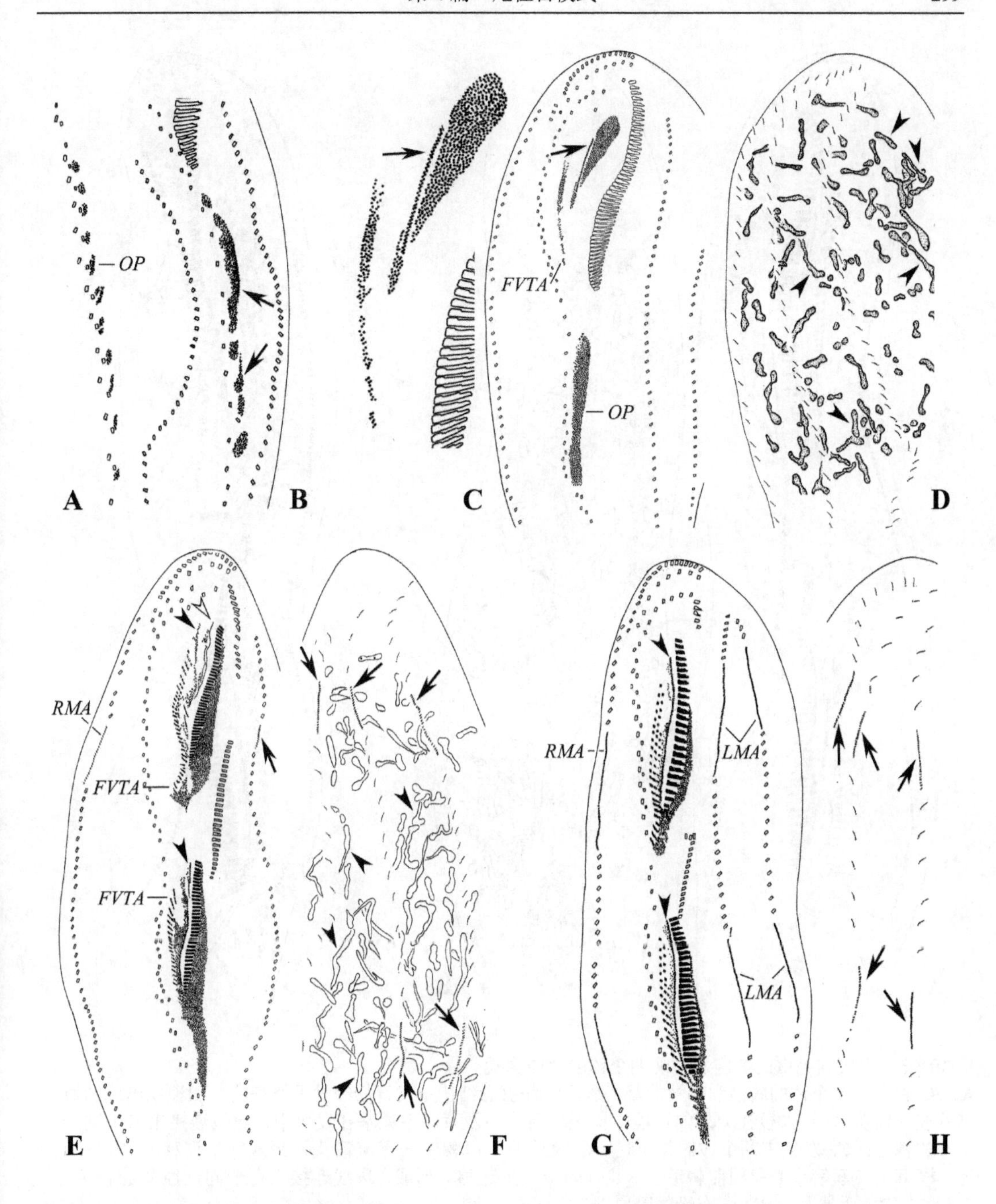

图 10.3.2　宋氏列毛虫的细胞发生前期（**A-D**）和中期（**E-H**）的纤毛图式

A，B. 早期发生个体后部的腹面观，箭头示后仔虫的口原基，注意老的中腹棘毛参与了该原基的构建；**C，D.** 早期发生个体的腹面观和背面观，显示发育中的前仔虫（箭头）和后仔虫的口原基，注意大核正在进行融合（图 **D** 中无尾箭头）；**E，F.** 中期发生个体的腹面观和背面观，显示 UM-原基前端即将形成额棘毛（图 **E** 中无尾箭头），老波动膜（空心无尾箭头）和 FVT-原基[注：右缘棘毛列、左缘棘毛列（图 **E** 中箭头）和背触毛原基（图 **F** 中箭头）均在老结构中产生]，大核融合成多个融合体（图 **F** 中无尾箭头），即部分融合；**G，H.** 发生中期个体的腹面观和背面观，无尾箭头示前、后仔虫的 UM-原基即将形成第 1 额棘毛，箭头示背触毛原基，注意左缘棘毛原基在老结构中产生及 FVT-原基的分段化基本完成。*FVTA*. FVT-原基；*LMA*. 左缘棘毛原基；*OP*. 口原基；*RMA*. 右缘棘毛原基

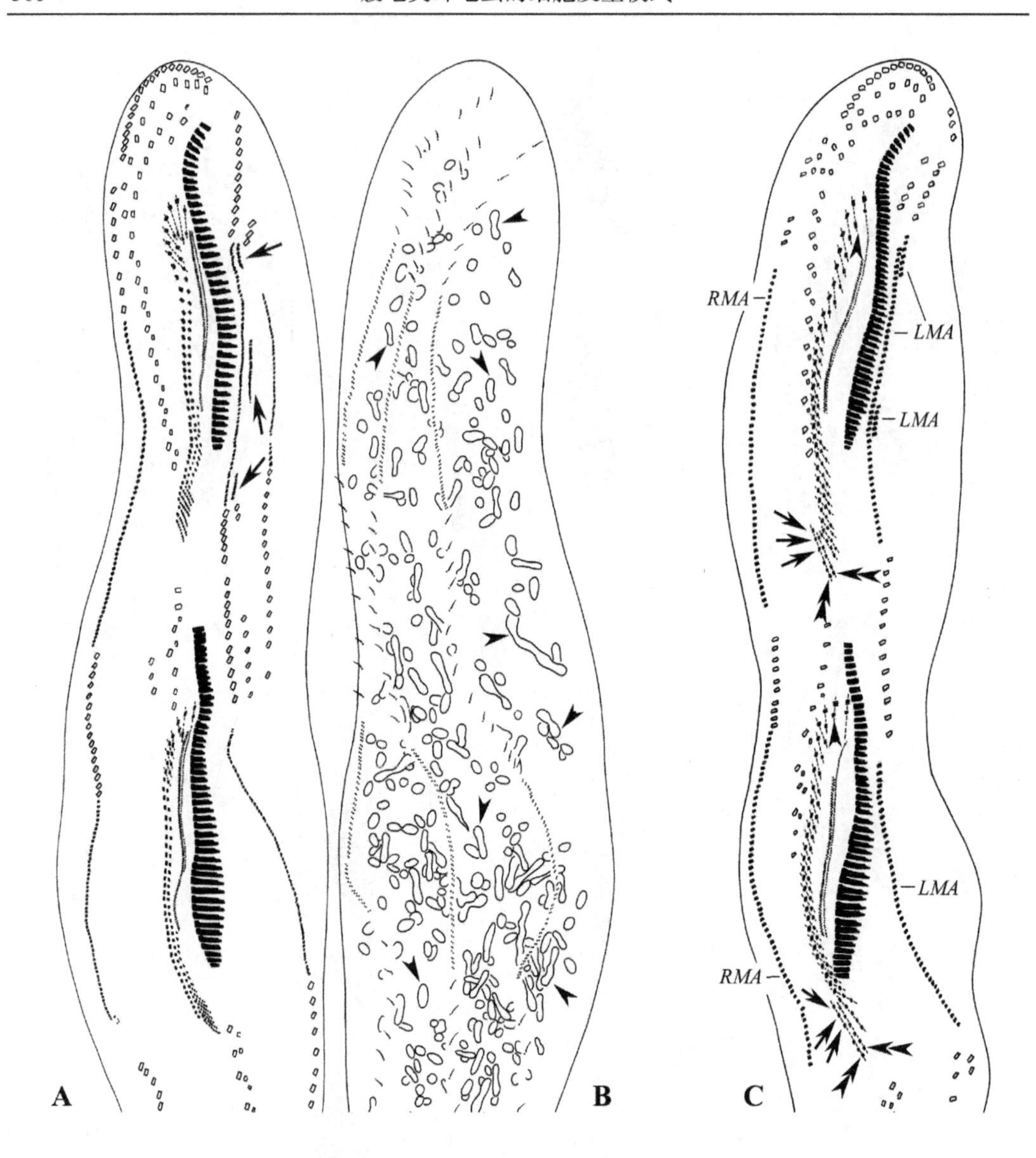

图 10.3.3 宋氏列毛虫的细胞发生晚期个体的背腹面观

A，B. 晚期发生个体的腹面观和背面观，显示前仔虫老结构中发育的缘棘毛原基的左侧独立出现的原基片段（箭头），示大核在分裂的过程中（无尾箭头）及背触毛原基在发育中，虚线连接来自于同一原基的棘毛；**C.** 发生末期个体的腹面观，示额棘毛、口棘毛（无尾箭头，尚未发生迁移）、中腹棘毛、横棘毛（双箭头）和额前棘毛（箭头，尚未发生迁移）形成，虚线连接来自于同一原基的棘毛。*LMA.* 左缘棘毛原基；*RMA.* 右缘棘毛原基

缘棘毛 新原基在老结构内形成：每列老缘棘毛列内的前端几根棘毛解聚，各形成1处原基（图 10.3.2E）。随后每条老结构中部略下部分处各出现 1 处原基（图 10.3.2G）。通过毛基体的增殖，这些原基逐渐延长变粗（图 10.3.3A；图 10.3.5H），形成新的缘棘毛，并逐步取代老结构（图 10.3.3C）。

值得注意的一个特征在于，左缘棘毛原基的数目是变化的，即便是在同一个发生个体的前、后仔虫间（图10.3.3A，C；图10.3.5K）：

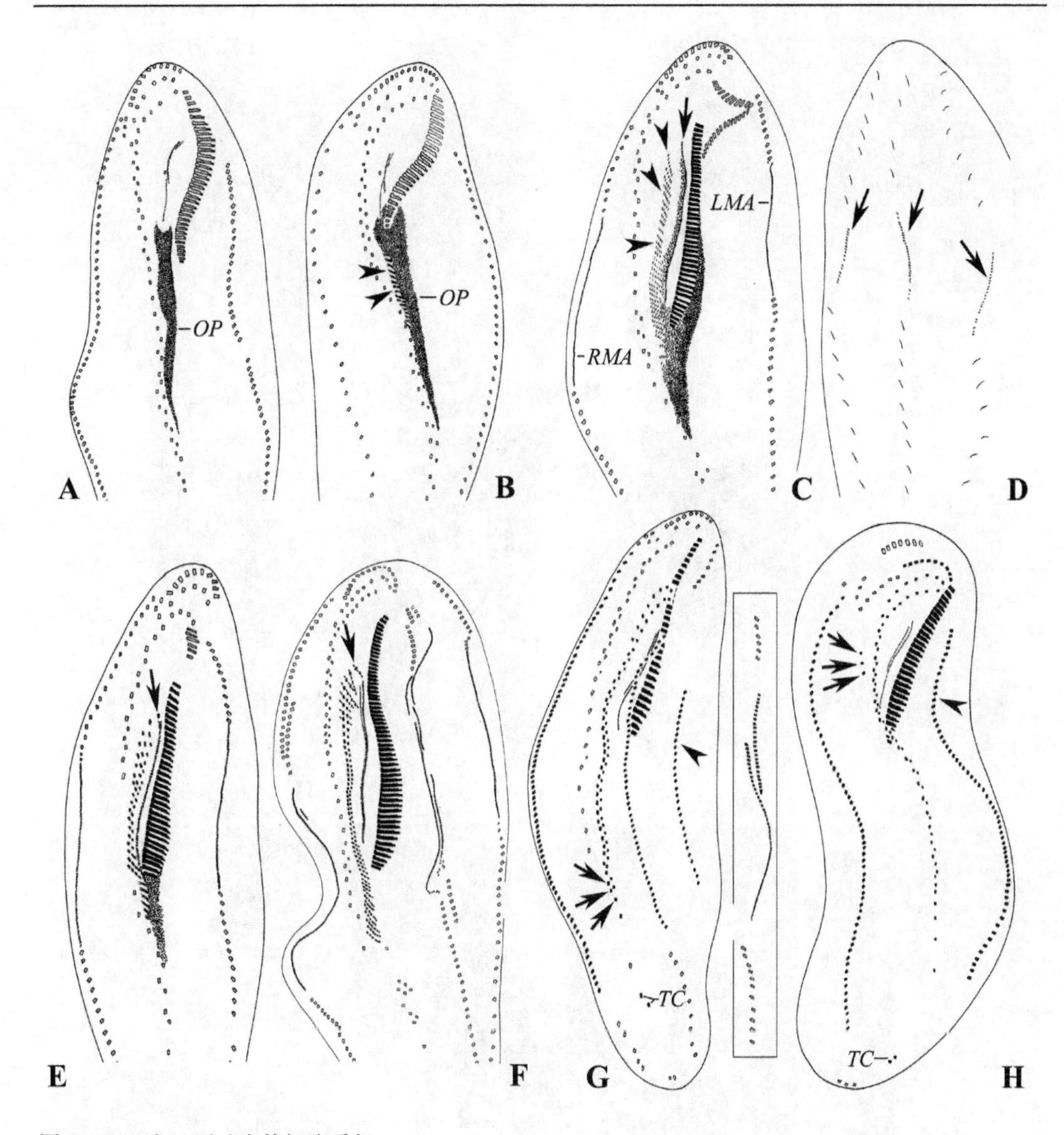

图 10.3.4　宋氏列毛虫的细胞重组
A，B. 早期重组个体的腹面观，示口原基（无尾箭头）；**C，D.** 中期重组个体的腹面观和背面观，图 **C** 中的箭头示 UM-原基，无尾箭头示 FVT-原基，图 **D** 中的箭头示背触毛原基出现在老结构中；**E，F.** 中期和晚期重组个体的腹面观，示 UM-原基前端形成 2 根冠状区棘毛（箭头）；**G，H.** 晚期重组个体的腹面观，示额前棘毛的迁移（箭头），无尾箭头示片段状缘棘毛原基出现，插图为另一晚期重组个体，示左缘棘毛原基的片段化。*LMA*. 左缘棘毛原基；*OP*. 口原基；*RMA*. 右缘棘毛原基；*TC*. 横棘毛

在某些分裂个体中，老结构中形成的左缘棘毛原基的一侧会独立出现若干小的片段状原基（图 10.3.3A，C；图 10.3.5K），考虑到营养期个体常见相应的片段状棘毛列，从来源上推测应是这些“额外”原基的产物。

部分后仔虫老的缘棘毛列在产生原基前被吸收，这样残留的老结构在发生期表现为不再是完整的棘毛列而是片段化的，并通常在后仔虫中缺失，而新原基的产生需要老结构参与，因此，后仔虫中没有相应的原基产生（图 10.3.3A，C）。

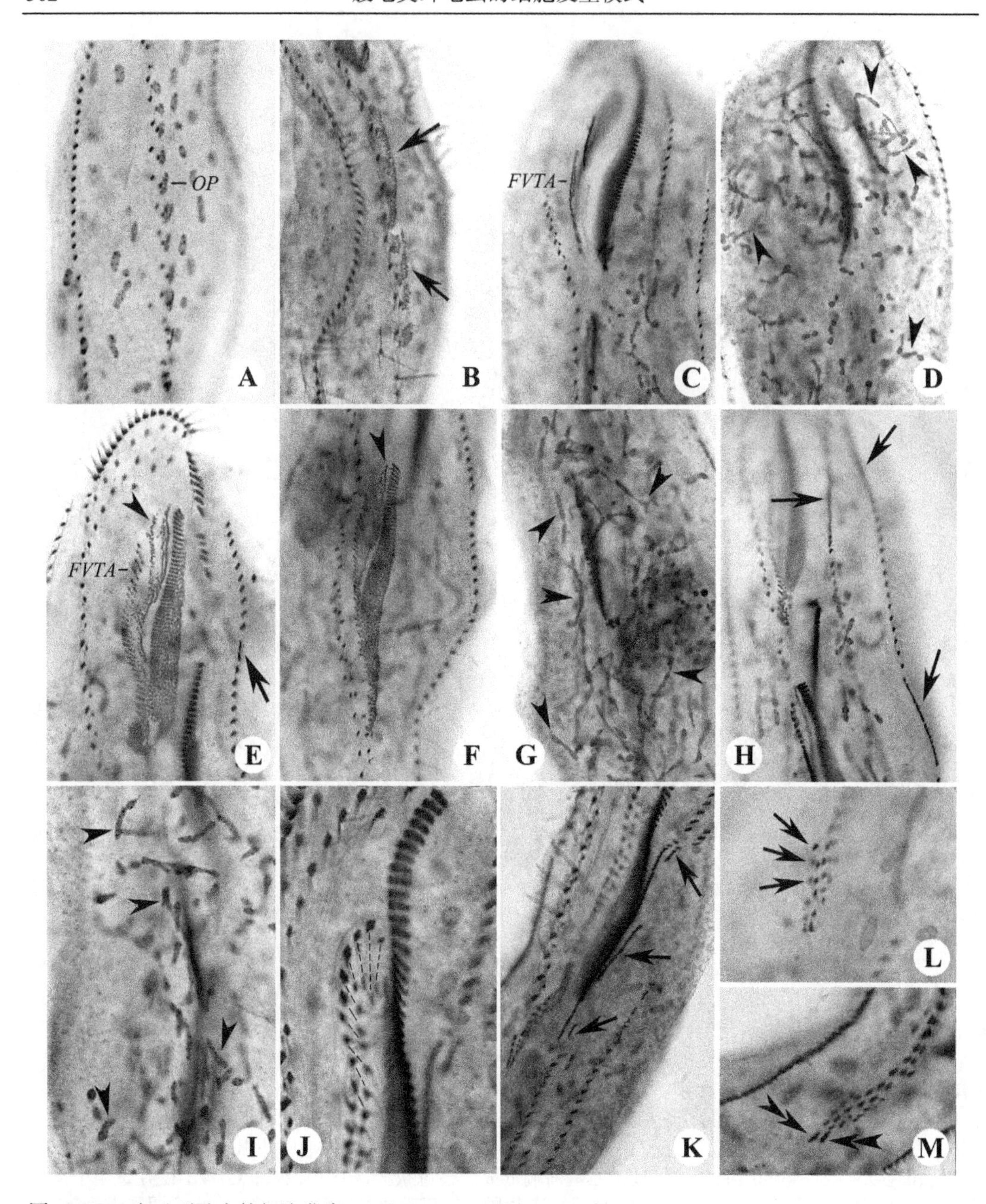

图 10.3.5 宋氏列毛虫的细胞发生

A，B. 早期发生个体的腹面观，箭头示后仔虫的口原基，注意老结构参与了该原基的形成；**C，D.** 早期发生个体的腹面观和背面观，示前仔虫的 FVT-原基，无尾箭头示融合中的大核；**E-G.** 发生中期个体的腹面观和背面观，示前、后仔虫中的 UM-原基前端即将形成额棘毛（图 **E**，**F** 中的无尾箭头），发育在老结构中的左缘棘毛原基（箭头）和发育中并刚刚开始分段化的 FVT-原基，图 **G** 中的无尾箭头示大核融合成若干融合体；**H，I.** 发生中期个体腹面观和背面观，图 **I** 中的无尾箭头示大核正在进行分裂，图 **H** 中的箭头示左缘棘毛原基在每一列老结构中发生；**J，K.** 晚期发生个体，示 FVT-原基的分化，图 **K** 中的箭头示前仔虫中，老结构中发生的左缘棘毛原基旁独立发生的原基片段，虚线连接同一原基产生的棘毛；**L，M.** 末期发生个体腹面观，示最后几条 FVT-原基的后端产生横棘毛（图 **M** 中的双箭头），最后 1 条 FVT-原基的前端产生额前棘毛（图 **L** 中的箭头）。*FVTA*. FVT-原基；*OP*. 口原基

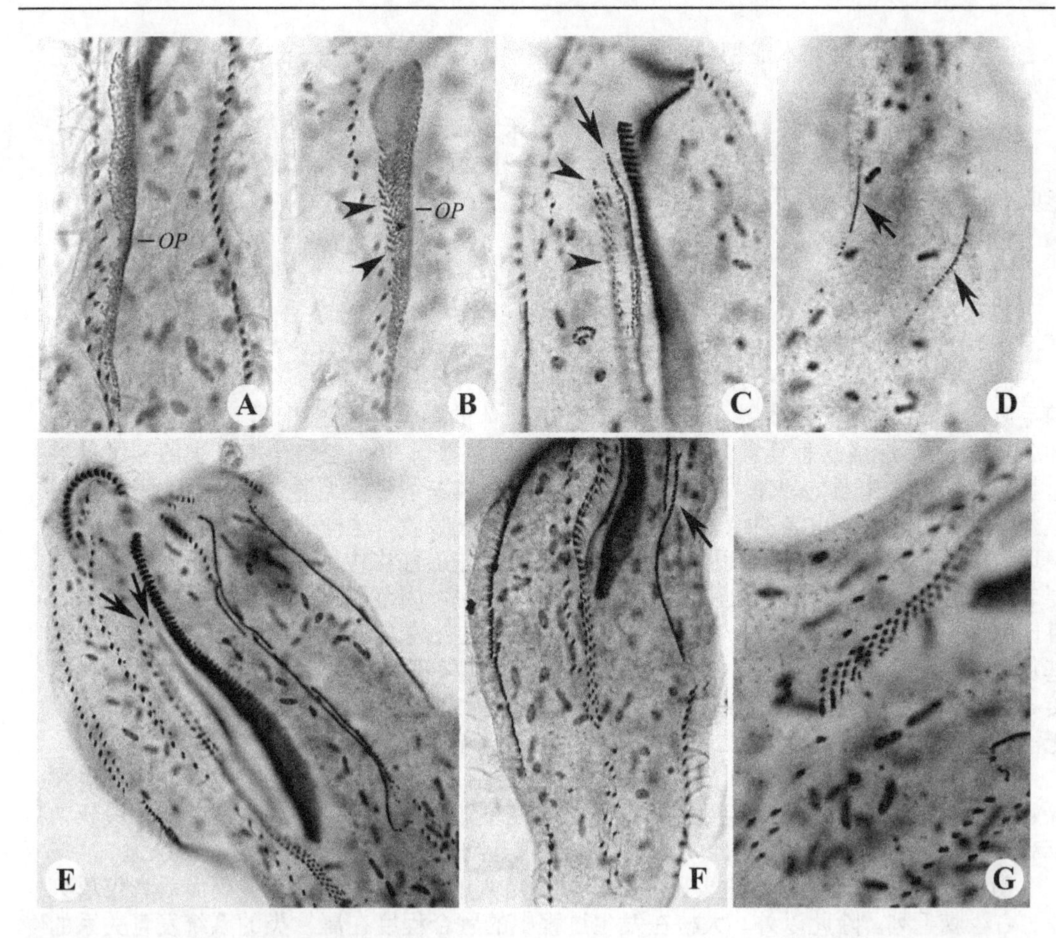

图 10.3.6　宋氏列毛虫的细胞重组个体
A，B. 早期重组个体的腹面观，无尾箭头示 FVT-原基；**C，D.** 早期重组个体的腹面观和背面观，图 **C** 中，箭头示 UM-原基，无尾箭头示 FVT-原基，图 **D** 中箭头示背触毛原基在老结构中发生；**E.** 中期重组个体的腹面观，示 UM-原基的前端贡献 2 根冠状区棘毛（箭头）；**F.** 晚期重组个体的腹面观，示左缘棘毛原基（箭头）；**G.** 末期重组个体的腹面观，示 FVT-原基的分化。*OP*. 口原基

背触毛　背触毛以典型的次级方式发生，即 3 列原基分别在老结构的前、后部位产生，此原基将来分别形成前、后仔虫的新背触毛（图 10.3.2F，H；图 10.3.3B）。

大核　大核分裂过程中最显著的特点是大核发生部分性融合：在发生中期，众多枚大核融合成约 60 个融合体（图 10.3.2D，F；图 10.3.5D，G，I）。至发生后期，每个融合体将再次分裂并分配给前后两个仔虫（图 10.3.3B）。

细胞重组　观察到生理改组的多个时期，表明改组个体皮膜演化的主要过程与分裂期相似，包括：①老口围带完全被替代；②老结构参与毛基体群形成后仔虫口原基的过程；③口棘毛来源于第 1 列 FVT-原基；④UM-原基贡献 2 根额棘毛；⑤右缘棘毛和背触毛原基以一般方式发育；⑥最后 1 列 FVT-原基贡献额前棘毛（图 10.3.4A-H）；⑦引起左缘棘毛列数目变化主要有两种方式：老结构中产生的左缘棘毛原基旁独立出现若干原基片段（图 10.3.4G），以及老结构中产生的左缘棘毛原基分段化（图 10.3.4G 插图）。

主要特征与讨论 本亚型目前已知仅涉及宋氏列毛虫 1 种（Shao et al. 2014b）。主要发生学特征如下。

（1）老口器完全解体，前仔虫的新口围带来自独立发生的口原基产物。

（2）后仔虫的口原基产生自细胞表面，部分中腹棘毛列左侧的棘毛参与了毛基体群形成后仔虫口原基的过程。

（3）UM-原基贡献 2 根冠状区棘毛。

（4）右缘棘毛和背触毛原基以一般方式发育。

（5）大核仅低度融合，形成数目众多的融合体。

（6）通常每列左缘棘毛内前、后共有 2 处原基分别产生，此形成新的缘棘毛列。

值得讨论的是，本亚型左缘棘毛列的形成方式并不稳定，因此在部分个体中，左缘棘毛列的数目高度变化，甚至在同一个发生个体的前、后仔虫中数目亦有不同（图 10.3.3A，C）。造成这种现象的原因是：在一些发生个体中，老结构中产生的左缘棘毛原基旁独立发生出新的原基片段，从而导致间期个体左缘棘毛原基数目增加；另一些发生个体中，部分后仔虫老的缘棘毛列在产生原基前被吸收，这样残留的老结构在发生期表现为不再是完整的棘毛列而是片段化的，并通常在后仔虫中缺失，而新原基的产生需要老结构参与。因此，后仔虫中没有相应的原基产生，从而导致后仔虫左缘棘毛原基数目比前仔虫少。在一些重组个体中，老结构中产生的左缘棘毛原基旁独立发生出新的原基片段，另一些重组个体中，老结构中产生的左缘棘毛原基发生片段化，这两种方式直接导致原基数目增加，从而在间期产生了较多的左缘棘毛列数。因未获得相应的时期，无法判断发生个体中是否发生老结构中产生的左缘棘毛原基片段化（图 10.3.3C）。

在发生个体中，缘棘毛列数目减少是在产生缘棘毛原基前，通过吸收后仔虫的老左缘棘毛列致使无相应的缘棘毛原基产生（另一种推测是，该缘棘毛列本身即为片段状棘毛列，在后仔虫中缺失），因此，后仔虫的缘棘毛列数目少于亲体（图 10.3.3A）。

伪尾柱科和伪角毛科的主要区别在于缘棘毛列的数目，前者具有多列而后者仅单列左、右缘棘毛列。除此以外，大核在发生过程中的融合程度在尾柱类的系统发育关系的判断中具有相当重要的权重（Berger 2006），绝大多数伪角毛科物种中大核在发生过程中均融合为多个融合体（除相似伪角毛虫外），多数伪尾柱科的物种中大核为全部融合或融合为枝杈状，然而隶属于伪尾柱科的列毛虫中大核融合为多个融合体，体现了向伪角毛科过渡的状态。此外，在伪角毛科的 *Uroleptopsis* (*Uroleptopsis*)中，UM-原基亦形成 2 根冠状区棘毛（Shao et al. 2014b），列毛虫和 *Uroleptopsis* 或具有相近的亲缘关系，推测两者为两科的居间类群。

第4节　海洋列毛虫亚型的发生模式
Section 4　The morphogenetic pattern of *Trichototaxis marina*-subtype

芦晓腾 (Xiaoteng Lu)　　胡晓钟 (Xiaozhong Hu)

海洋列毛虫作为一个新种由芦晓腾等（Lu et al. 2014）所建立，也是属内目前所知的唯一的海洋种。新种建立的同时，发生学的研究也同步完成，这项工作显示，其发生学过程代表了一个新的亚型。本节基于该研究予以介绍。

基本纤毛图式　口围带小膜连续分布；波动膜2片，其中口侧膜明显短于口内膜；无额棘毛的分化，代之为双冠状结构，该结构与发达的中腹复合棘毛列无间隔地相连，向后延伸至近体尾端；口棘毛近口侧膜右后端；额前棘毛位于口围带远端小膜后方；存在横前棘毛和横棘毛；右缘棘毛1列，左缘棘毛2-3列（图10.4.1A，B）。

背触毛6列，纵贯虫体（图10.4.1C）。

细胞发生过程

口器　老口围带在发生过程中完全解体。前仔虫口器的更新始于出现在口腔底面的新口原基场的形成（图 10.4.2A，B，E）。在随后的发育阶段，该口原基场由前至后、自右至左组装为小膜，到末期，组装完毕的口围带经变构、迁移而形成前仔虫的新结构（图 10.4.2E，I-K，M；图 10.4.3A，C；图 10.4.5A）。在此过程中，老口棘毛、老波动膜、老的口围带小膜彻底解聚并被吸收。

前仔虫的 UM-原基产生于口原基右侧，二者同源，初期与口原基在后端相连（图10.4.2I-K）。UM-原基的产物包括前端分化出 1 根额棘毛，后部则发育成口侧膜和口内膜（图 10.4.2J，M；图 10.4.3A，C；图 10.4.5A）。

后仔虫口原基出现于口后、中腹棘毛复合体的左侧，最初呈现为无序排列的毛基体群（图 10.4.2A，C；图 10.4.4B）。随后口原基进而发育为更大的毛基体群；在此过程中，未见老中腹棘毛的解聚，表明老结构不参与原基的形成（图 10.4.2D，I）。随后，后仔虫口原基的演化与前仔虫完全相同（图 10.4.2 I，J，M；图 10.4.3A，C；图 10.4.5A）。

后仔虫的 UM-原基同样出现在口原基的右侧，该原基随后的发育过程与前仔虫完全相同（图 10.4.2D，M；图 10.4.3A，C；图 10.4.4H，M，O；图 10.4.5A）。

额-腹-横棘毛　发生初期，在前、后仔虫 UM-原基右侧分别出现了斜向的带状结构；即前、后仔虫的 FVT-原基（图 10.4.2I；图 10.4.4C，D）。老的中腹棘毛似乎没有参与新原基的形成，且 FVT-原基与口原基无任何关联。接下来，FVT-原基进一步发育而增大，其中的条索数目增多，条索增粗（图 10.4.2J）。FVT-原基的发育在前、后仔虫中完全保持同步（图 10.4.2I，J，M；图 10.4.4H，I，M-O）。进一步发育，FVT-原基开始片段化，从而形成新的棘毛（图 10.4.3A，C；图 10.4.5A-C）。在此过程中，除右侧数列 FVT-原基每列产生 3 或 4 根棘毛外，其他原基则每列分化出 2 根棘毛。到后期，这些新生棘毛向预定的位置迁移。

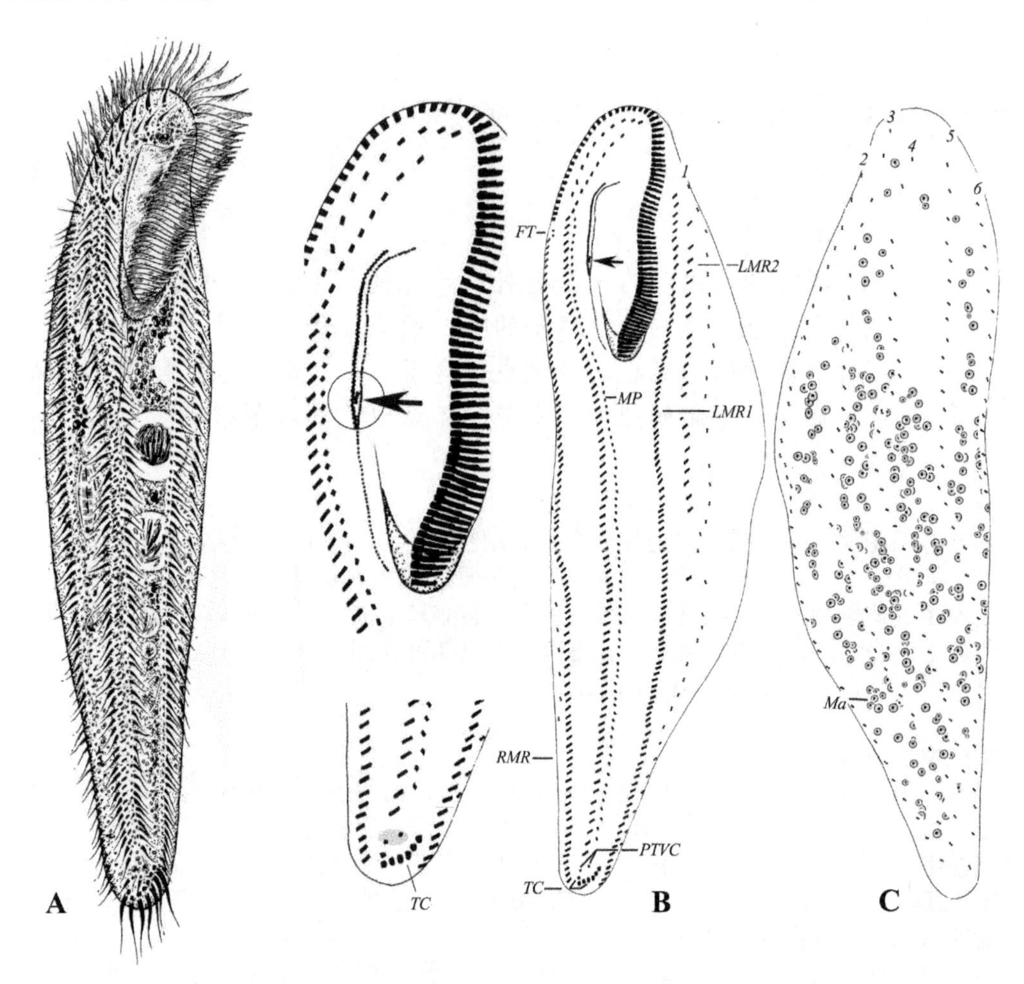

图 10.4.1 海洋列毛虫的活体图（**A**）和纤毛图式（**B，C**）
A. 腹面观；**B，C.** 同一个体的腹面观（**B**）和背面观（**C**），箭头示口棘毛，插图为前后部纤毛图式的局部放大。*FT.* 额前棘毛；*LMR1*，*LMR2.* 左缘棘毛列 1，2；*Ma.* 大核；*MP.* 中腹棘毛列；*PTVC.* 横前腹棘毛；*RMR.* 右缘棘毛列；*TC.* 横棘毛；*1-6.* 背触毛列 1-6

根据 FVT-原基的起源和演化，腹面棘毛的形成可以总结如下。

UM-原基和第 1 至 6-9 条 FVT-原基贡献冠状额棘毛列。

FVT-原基 I 的后端贡献 1 根口棘毛。

中腹棘毛列来自于中部第 7-10 条至第 n-1 条 FVT-原基。

最后的 5-7 列 FVT-原基各自贡献其后端的一根棘毛而形成横棘毛。

最后 2 列 FVT-原基各分化出 1 根横前棘毛。

来自最后1列FVT-原基前端的2根棘毛向前迁移，形成额前棘毛（图10.4.3A，C；图10.4.5A，C）。

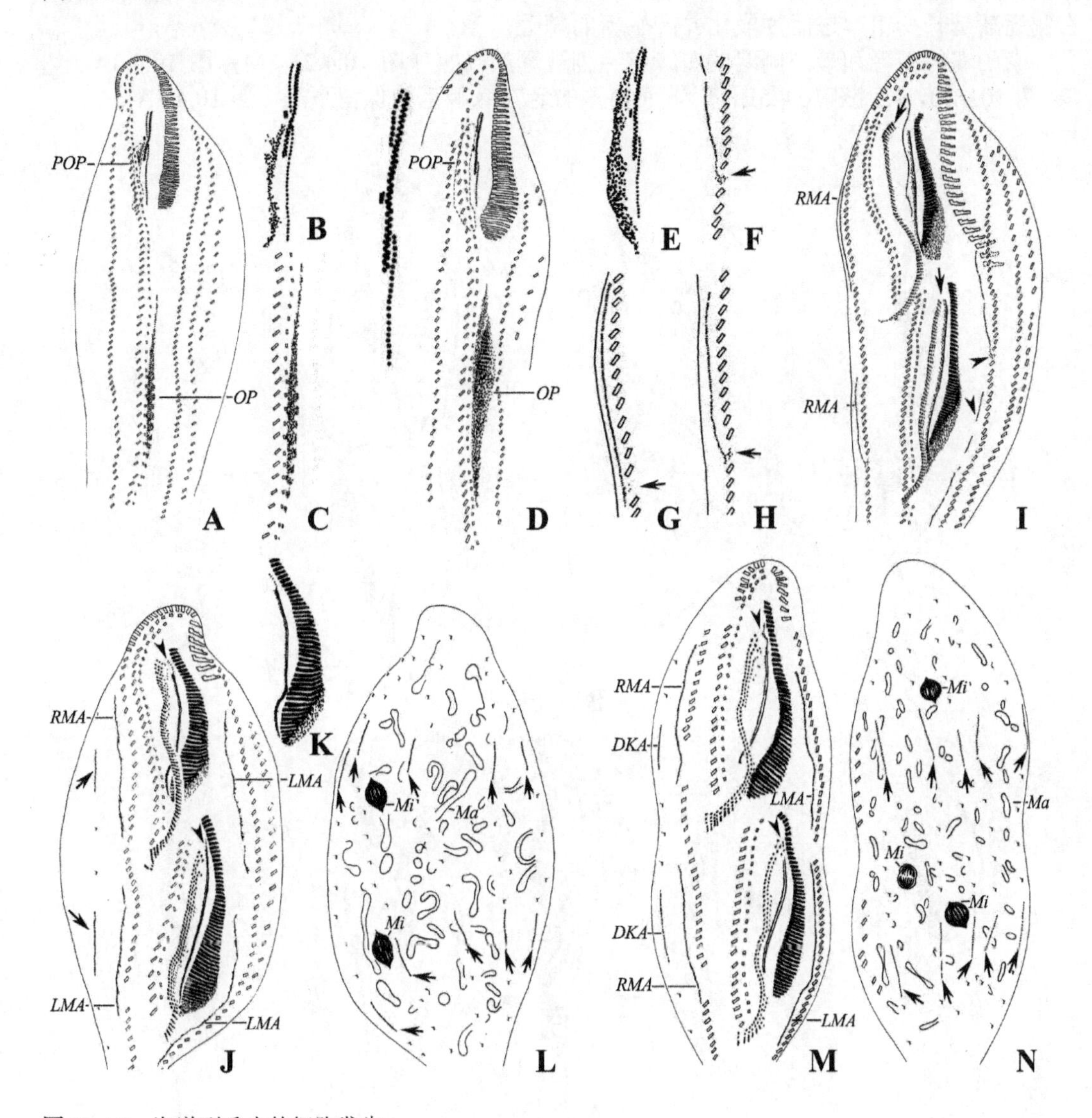

图10.4.2　海洋列毛虫的细胞发生
A-E. 早期发生个体的腹面观，图**B**和**C**为图**A**中前仔虫和后仔虫口原基的放大；图**E**示图**D**中前仔虫的口原基；**F-I.** 中前期发生个体的腹面观[注：1根老左缘棘毛参与左缘棘毛原基构建（图**F**中箭头，**I**中无尾箭头）、1根老右缘棘毛参与右缘棘毛原基构建（图**G**，**H**，箭头）和FVT-原基（图**I**箭头）]；**J-L.** 中期发生个体的腹面观和背面观，图**K**为图**J**中前仔虫口原基和UM-原基（无尾箭头）的放大，箭头指背触毛原基；注意此时大核开始融合为多个结节；**M，N.** 中后期发生个体的腹面观和背面观，示FVT-原基开始分化成棘毛、UM-原基（无尾箭头）和背触毛原基（箭头）的进一步发育。*DKA*. 背触毛原基；*LMA*. 左缘棘毛原基；*Ma*. 大核；*Mi*. 小核；*OP*. 口原基；*POP*. 前仔虫口原基；*RMA*. 右缘棘毛原基

缘棘毛　新生原基均于老结构的右侧独立形成：细胞发生早期，可见右缘棘毛列的中上部和中下部分别有1根棘毛解聚，并向前在老结构的右侧产生两条细线状的右缘棘

毛原基（图 10.4.2G-I；图 10.4.4F）；与此同时，在最右侧的老左缘棘毛列的中部和后部以同样方式形成左缘棘毛原基（图 10.4.2F，I；图 10.4.4E，G）。这些原基在老结构的右侧逐渐延长变粗，进而片段化并产生新的棘毛。

老的右缘棘毛和最外侧老的左缘棘毛列被逐渐吸收（图 10.4.2J，M；图 10.4.3A，C；图 10.4.4J，K；图 10.4.5E，F），而内侧的老左缘棘毛被保留下来（图 10.4.3A，C）。

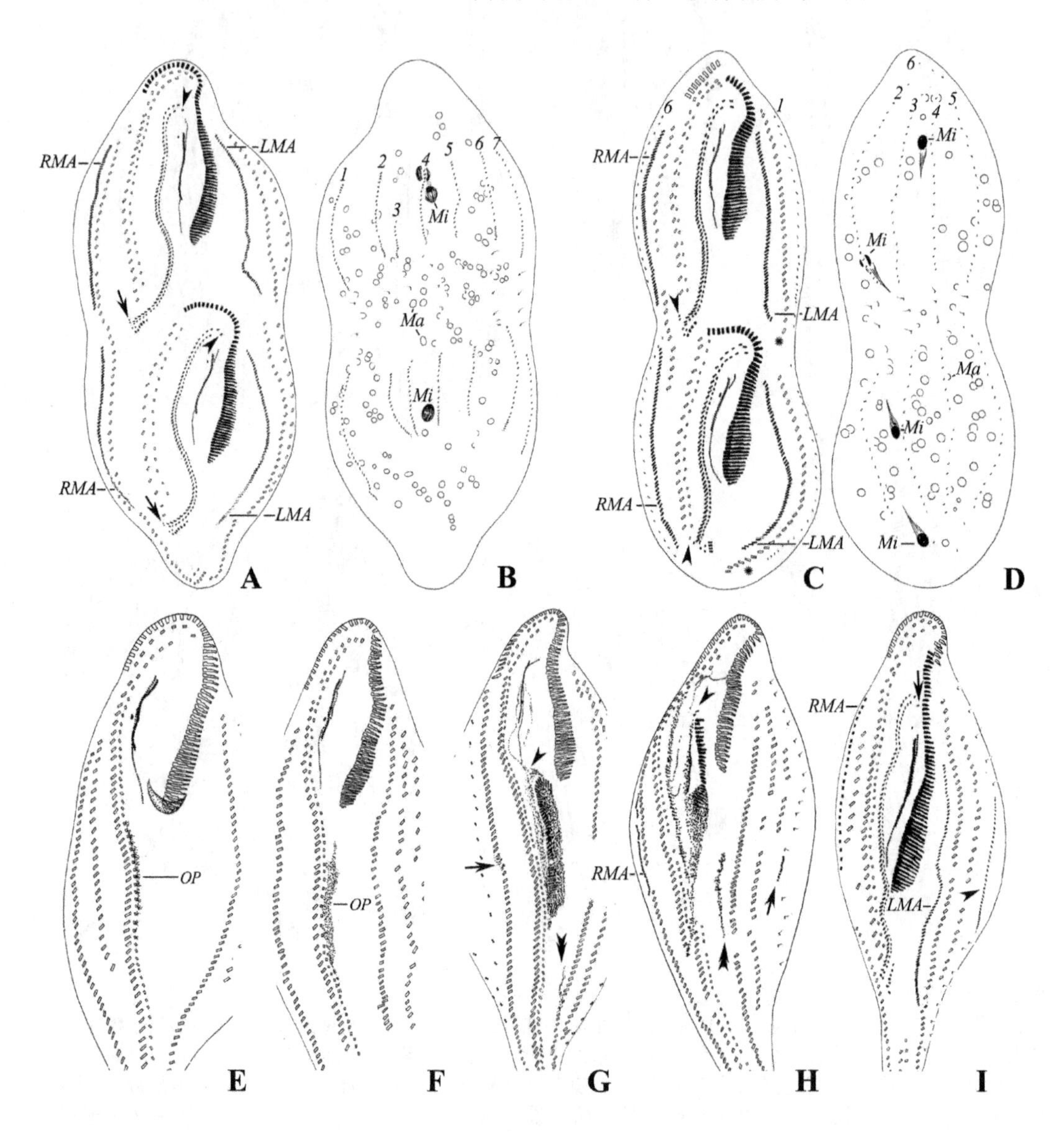

图 10.4.3　海洋列毛虫的细胞发生（**A-D**）和生理改组（**E-I**）

A，B. 晚期个体的腹面观和背面观[注：前、后仔虫 UM-原基前端贡献 1 根额棘毛（无尾箭头）和正在迁移的额前棘毛（箭头）]；**C，D.** 末期个体的腹面观和背面观，示细胞中部出现分裂沟[注：正在迁移的额前棘毛（无尾箭头）]；**E，F.** 早期个体的腹面观，示口原基；**G.** 中前期个体的腹面观[注：UM-原基（无尾箭头）、老右缘棘毛毛基体分解参与右缘棘毛原基形成（箭头）和左缘棘毛原基（双箭头）]；**H.** 中期个体的腹面观[注：UM-原基（无尾箭头）、背触毛原基（箭头）和左缘棘毛原基（双箭头）]；**I.** 晚期个体的腹面观，示 UM-原基前端贡献 1 根额棘毛（箭头）和背触毛原基（无尾箭头）。*LMA.* 左缘棘毛原基；*Ma.* 大核；*Mi.* 小核；*OP.* 口原基；*RMA.* 右缘棘毛原基；*1-7.* 背触毛列

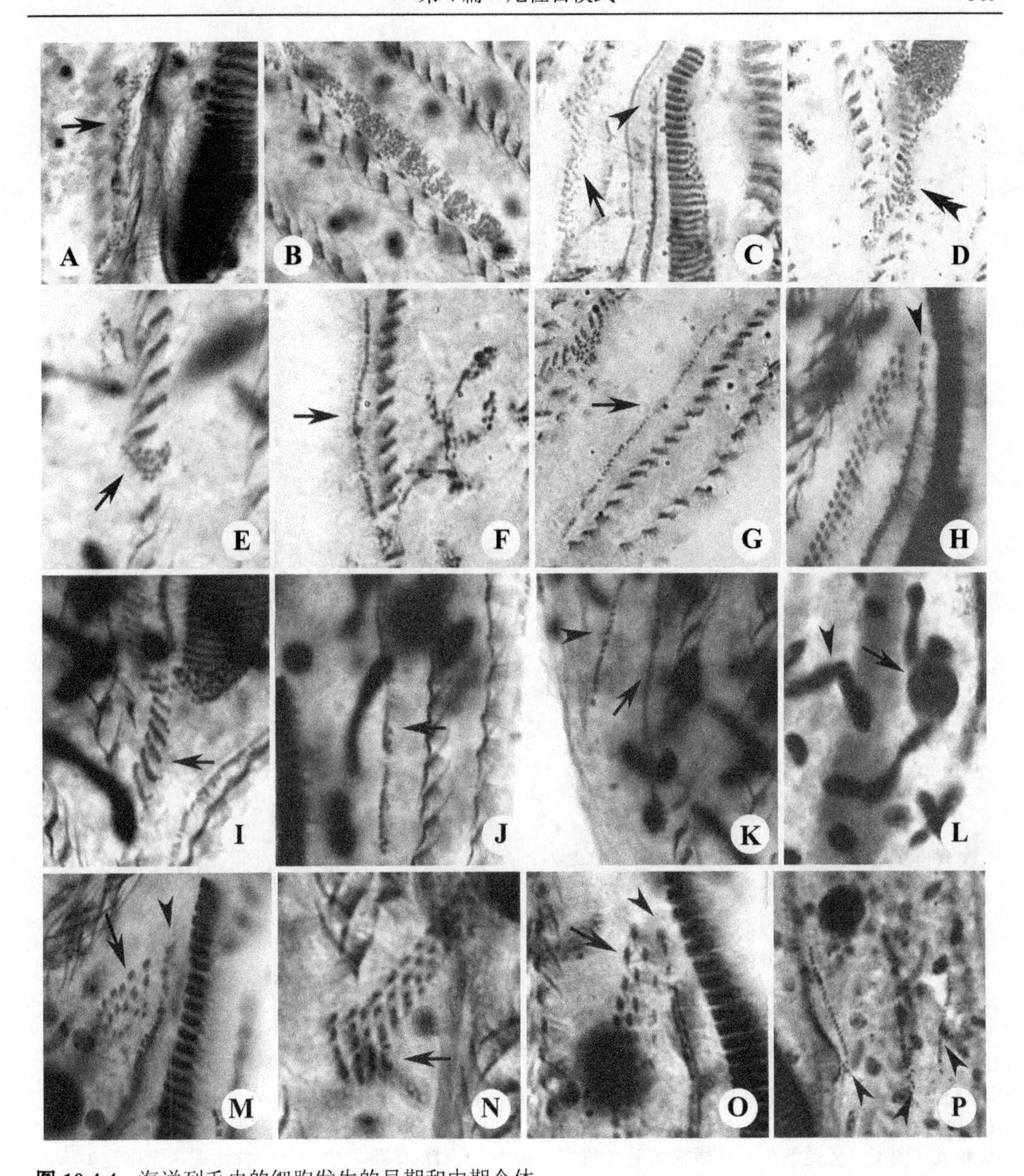

图 10.4.4 海洋列毛虫的细胞发生的早期和中期个体
A，B. 早期个体的腹面观[注：前仔虫口原基（图 **A**，箭头）和后仔虫口原基（**B**）]；**C-G.** 中前期个体的腹面观[注：UM-原基（图 **C**，无尾箭头）、FVT-原基（图 **C**，箭头；图 **D**，双箭头）、左缘棘毛原基（图 **E** 和 **G**，箭头）和右缘棘毛原基（图 **F**，箭头）]；**H-P.** 中后期个体的腹面观（**H-K**，**M-O**）和背面观（**L**，**P**）[注：UM-原基（图 **H**，**M**，**O**，无尾箭头）、FVT-原基（图 **I**，**M-O**，箭头）、左缘棘毛原基（图 **J**，箭头）、右缘棘毛原基（图 **K**，箭头）、背触毛原基（图 **K**，**P**，无尾箭头）、大核（图 **L**，无尾箭头）和小核（图 **L**，箭头）]

背触毛 背触毛的更新发生在老结构当中，即在每列老结构的中部和后部，老的触毛似乎并未参与形成新原基（图 10.4.2L，N）。伴随着发生的进行，这些原基向虫体两端延伸，分化出新的背触毛并取代老结构（图 10.4.3B，D；图 10.4.4P；图 10.4.5D）。

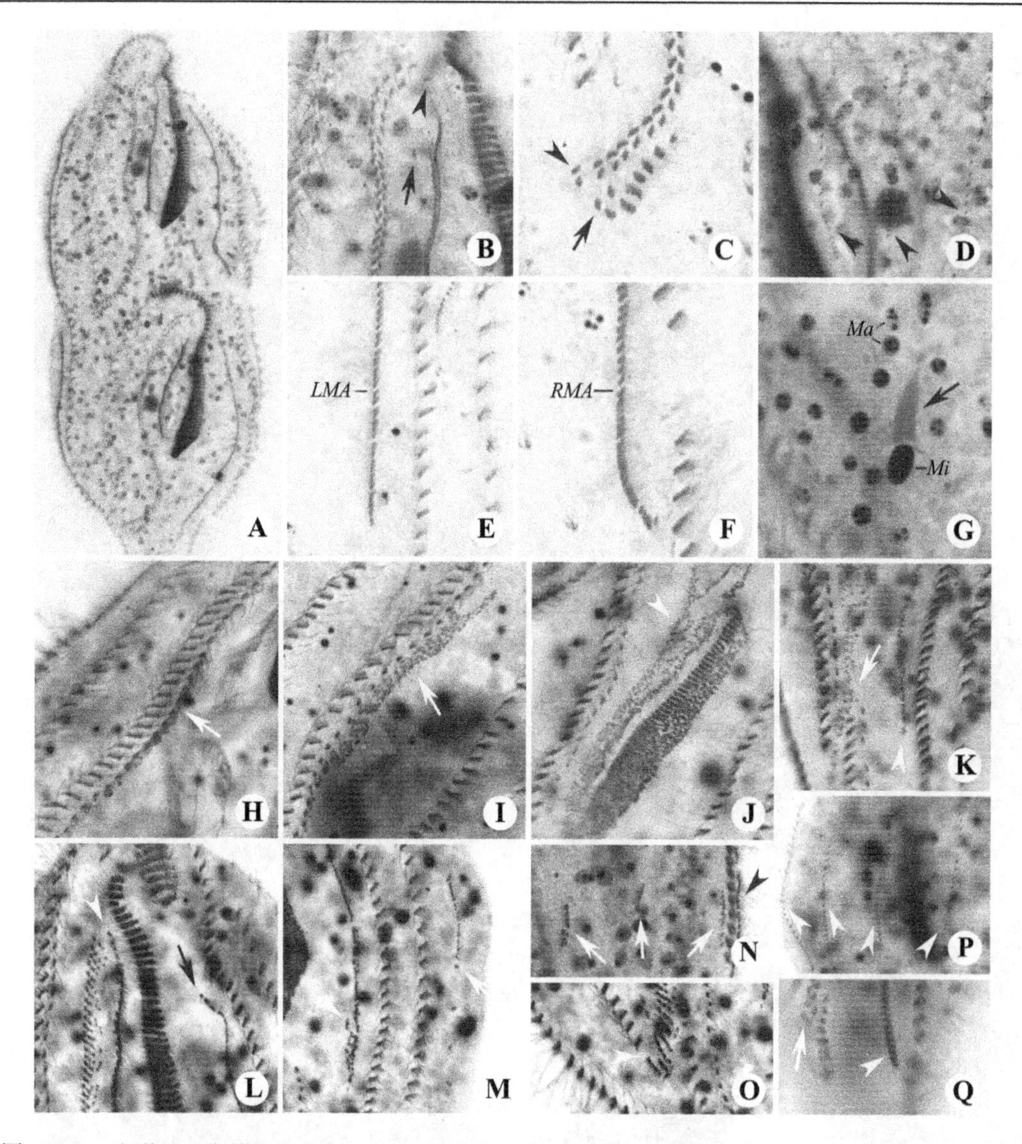

图 10.4.5 海洋列毛虫的细胞发生（**A-G**）和生理改组（**H-Q**）个体的显微照片
A-C. 晚期个体的腹面观[注：UM-原基贡献 1 根额棘毛（图 **B**，无尾箭头）、新口棘毛（图 **B**，箭头）、额前棘毛（图 **C**，无尾箭头）和横前棘毛（图 **C**，箭头）]；**D.** 晚期发生个体的背面观，无尾箭头示背触毛原基；**E，F.** 晚期个体左、右缘棘毛原基；**G.** 晚期个体的背面观，箭头示小核有丝分裂产生的纺锤体；**H，I.** 早期改组个体的腹面观，箭头示口原基；**J，K.** 中前期改组个体的腹面观[注：FVT-原基（图 **J**，无尾箭头；图 **K**，箭头）和左缘棘毛原基（图 **K**，无尾箭头）]；**L，M，O.** 中期个体的腹面观[注：UM-原基（图 **L**，无尾箭头）、左缘棘毛原基（图 **L**，箭头；图 **M**，无尾箭头）、背触毛原基（图 **M**，箭头）]；**N，P.** 中后期个体的背面观[注：背触毛原基（图 **N**，箭头；图 **P**，无尾箭头）、右缘棘毛原基（图 **N**，无尾箭头）]；**Q.** 后期个体的腹观，箭头示正在迁移的额前棘毛；无尾箭头示左缘棘毛原基。*LMA.* 左缘棘毛原基；*Ma.* 大核；*Mi.* 小核；*RMA.* 右缘棘毛原基

大核 大核分裂过程中最显著的特点是在发生的中期，100 多枚大核融合成多个（总数量约减半）香肠状聚合体（图 10.4.2L，N；图 10.4.4L）。至发生后期，再分裂并分配给前后两个仔虫（图 10.4.3B，D；图 10.4.5G）。

细胞重组　重组个体皮膜演化的主要特征与二分裂中前仔虫十分相似，区别仅在于口原基的发生位置不同，前者在老口器后方的皮膜表面，而后者在老口腔底部。主要特点包括：老口器完全被新结构所替代；FVT-原基在皮膜表层形成，老结构不参与新原基的构建；UM-原基贡献 1 根额棘毛；口棘毛来源于第 1 列 FVT-原基；缘棘毛和背触毛原基与发生个体一致；最后 1 列 FVT-原基贡献 2 根额前棘毛；最后 2 列 FVT-原基各分化出 1 根横前棘毛；最后 5-7 列 FVT-原基末端各形成 1 根横棘毛（图 10.4.3E-I；图 10.4.5H-Q）。

主要特征与讨论　本亚型仅涉及海洋列毛虫 1 种。

该亚型的主要发生学特征如下（Lu et al. 2014）。

（1）前仔虫口原基在皮膜深层发生，老口器完全消失并且不参与新口器的更新。

（2）老的棘毛不参与前、后仔虫口原基和 FVT-原基的构建。

（3）UM-原基贡献 1 根额棘毛。

（4）大核融合为多个融合体，而非单一融合体。

（5）缘棘毛原基在老结构外（右侧）独立发生，老结构不参与原基的形成和发育。

（6）多列左缘棘毛的产生源于新结构的产生及部分老结构的保留。

在老口器的命运和新口原基及 FVT-原基的产生和演化方面，本亚型与伪角毛科所涉及的几个亚型十分吻合，主要区别仅在于核器演化的不同。

海洋列毛虫在分裂间期具多列左缘棘毛，该结构的发育与形成是本亚型最突出的特点：多列左缘棘毛源于新结构的产生及部分老结构的保留。最外侧的左缘棘毛列来自于老结构的保留（原本最内侧的老的左缘棘毛列在发生过程中不被吸收，完整保留在新的左缘棘毛列外侧），最内侧的左缘棘毛为新生结构（图 10.4.3C）。基于本特征，本亚型区别于前述亚型。此外，本亚型缘棘毛的发育仅涉及极少数老棘毛，而前述亚型中老缘棘毛对原基的形成和发育的参与度明显高（Chen et al. 2007）。

此外，作为特点之一，缘棘毛原基的形成显然与老结构无关，而是独立地在其一侧发育，这个特征在尾柱类中较为特殊。

第 11 章 细胞发生学：拟双棘虫型
Chapter 11 Morphogenetic mode: *Parabirojimia*-type

邵晨 (Chen Shao) 宋微波 (Weibo Song)

作为一个种类不多的小类群，该发生型表现了如下特征：老的口围带前部为前仔虫所继承，而后部则由新形成的小膜替代，口原基独立产生；无额前棘毛列的形成；背触毛发生在老的结构当中；左缘棘毛和/或右缘棘毛形成多列结构，每列老的缘棘毛参与形成一列新原基。

本发生型包括 2 个亚型：*Parabirojimia similis*-亚型和 *Australothrix xianica*-亚型。目前已知涉及 1 个科（Bakuellidae）内 2 个属（拟双棘虫属和澳洲毛虫属）。但 *Parabirojimia similis*-亚型中有横棘毛产生（横棘毛起源于 FVT-原基和部分右缘棘毛原基的后端）、无尾棘毛和口后腹棘毛列形成；*Australothrix xianica*-亚型中无横棘毛产生，有尾棘毛和口后腹棘毛列形成。

第1节　相似拟双棘虫亚型的发生模式

Section 1　The morphogenetic pattern of the *Parabirojimia similis*-subtype

胡晓钟 (Xiaozhong Hu)

基于相似拟双棘虫独特的形态学和细胞发生学特征，胡晓钟等（Hu et al. 2002）建立了一新属，*Parabirojimia*（拟双棘虫属）。Berger（2006）根据其中腹棘毛列的存在将其安排在巴库科。Lynn（2008）在其系统中则将其置于尾柱科。同期，伊珍珍等（Yi et al. 2008）在分子信息分析的基础上，建议设立新科——拟双棘科（Parabirojimidae）。鉴于有效的分类学地位的缺失，戴仁海和徐奎栋（Dai & Xu 2011）对该科予以了正式建立。目前该属包含2种，且仅1种有发生学信息（Chen et al. 2010a；Hu et al. 2002），对该亚型的完整刻画仍有待未来工作的核实和补充。

基本纤毛图式　胞口左前方具一喙状突，将口围带分成前、后两部分（图 11.1.1A）；单根口棘毛；额棘毛明确分化并较粗壮；中腹棘毛仅数对，仅限于额区；其后连接单列的高度发达的腹棘毛列（自额区延伸至虫体后部）；横棘毛数根；左缘棘毛单列，右缘棘毛多列（图 11.1.1A，B）。

背面具3列背触毛（图 11.1.1C）。

细胞发生过程

口器　老口围带前部保留，在发生过程中后半部分更新：在较早的时期，老口器的后半部分发生完全的解聚，解聚后的毛基体在原位形成新的口原基场，其后，原基场内逐渐发育出新的小膜（图11.1.2C，E，F；图11.1.4B）。至发生末期，新组装的口围带与保留未变的老口围带前部分小膜共同构成前仔虫的口围带。

发生早期，老波动膜解聚，口原基右侧出现UM-原基（图11.1.2B，C）。无法判断UM-原基为独立发生或来自老波动膜解聚或与口原基有联系。UM-原基以后发育产生1根额棘毛和新的口侧膜和口内膜（图11.1.2E，F；图11.1.3B，C）。

在后仔虫，口原基出现在细胞发生的最初期。在口围带后方，中腹棘毛列左侧出现紧密排列的毛基体组。其后这些组融合形成一长条状结构，此为后仔虫的口原基（图11.1.2A）。相邻中腹棘毛均保持完整，表明老结构不参与此原基的构建。通过毛基体的增殖，此原基场不断扩张，其左侧部分开始由前至后进行口围带小膜的组装（图11.1.2C，

E，F）。到中后期，小膜的组装基本完毕，前端小膜向虫体前端延伸并向右侧弯曲（图11.1.3A，C）。

UM-原基出现在发生早期，新口围带小膜的右侧，并与后者末端相接（图11.1.2C，E，F）。到中后期，UM-原基前端分化出1根额棘毛，后部分则纵裂为口侧膜和口内膜（图11.1.3C）。

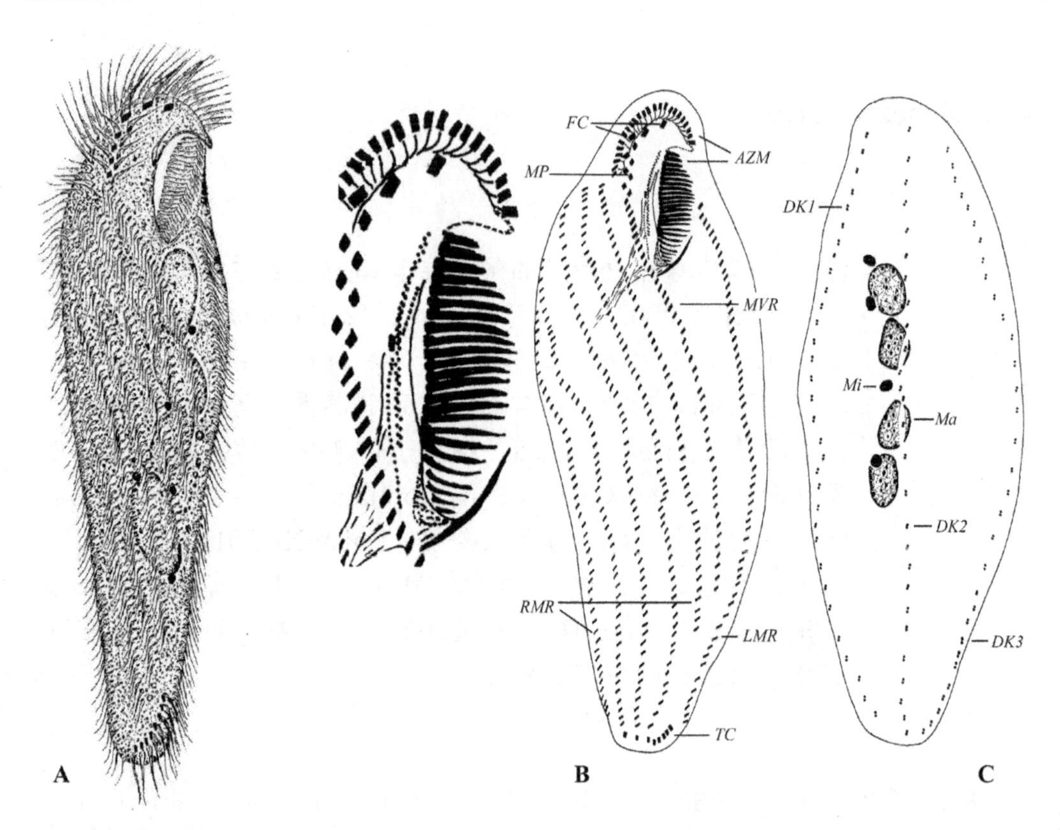

图11.1.1 相似拟双棘虫的活体和纤毛图式

A. 活体腹面观；**B.** 腹面观，示口器和棘毛排布；**C.** 背面观，示背触毛列、大核和小核。*AZM.* 口围带；*DK1-DK3.* 1-3 列背触毛；*FC.* 额棘毛；*LMR.* 左缘棘毛列；*Ma.* 大核；*Mi.* 小核；*MP.* 中腹棘毛列；*MVR.* 中腹棘毛列；*RMR.* 右缘棘毛列；*TC.* 横棘毛

额-腹-横棘毛 前、后仔虫的发育几乎同步：最初FVT-原基在前、后仔虫均出现在口原基的右侧，老结构显然不参与原基的形成（图11.1.2B）。随着毛基体的增殖，其将发育为后仔虫的FVT-原基。前仔虫中口棘毛和老的波动膜及部分中腹棘毛发生解聚，或许（？）参与FVT-原基的后期发育（图11.1.2A，B）。

至发生的中期，FVT-原基由雏形发育至 6 或 7 列短线状的原基（图 11.1.2C，E，F）。在 FVT-原基的最右侧、老的中腹棘毛列内部，前、后仔虫的相应部位各出现 1 条较长的FVT-原基（图 11.1.2C）。

随后，FVT-原基分段并逐渐发育成新的棘毛（图11.1.2E；图11.1.3B，C；图11.1.4D）。

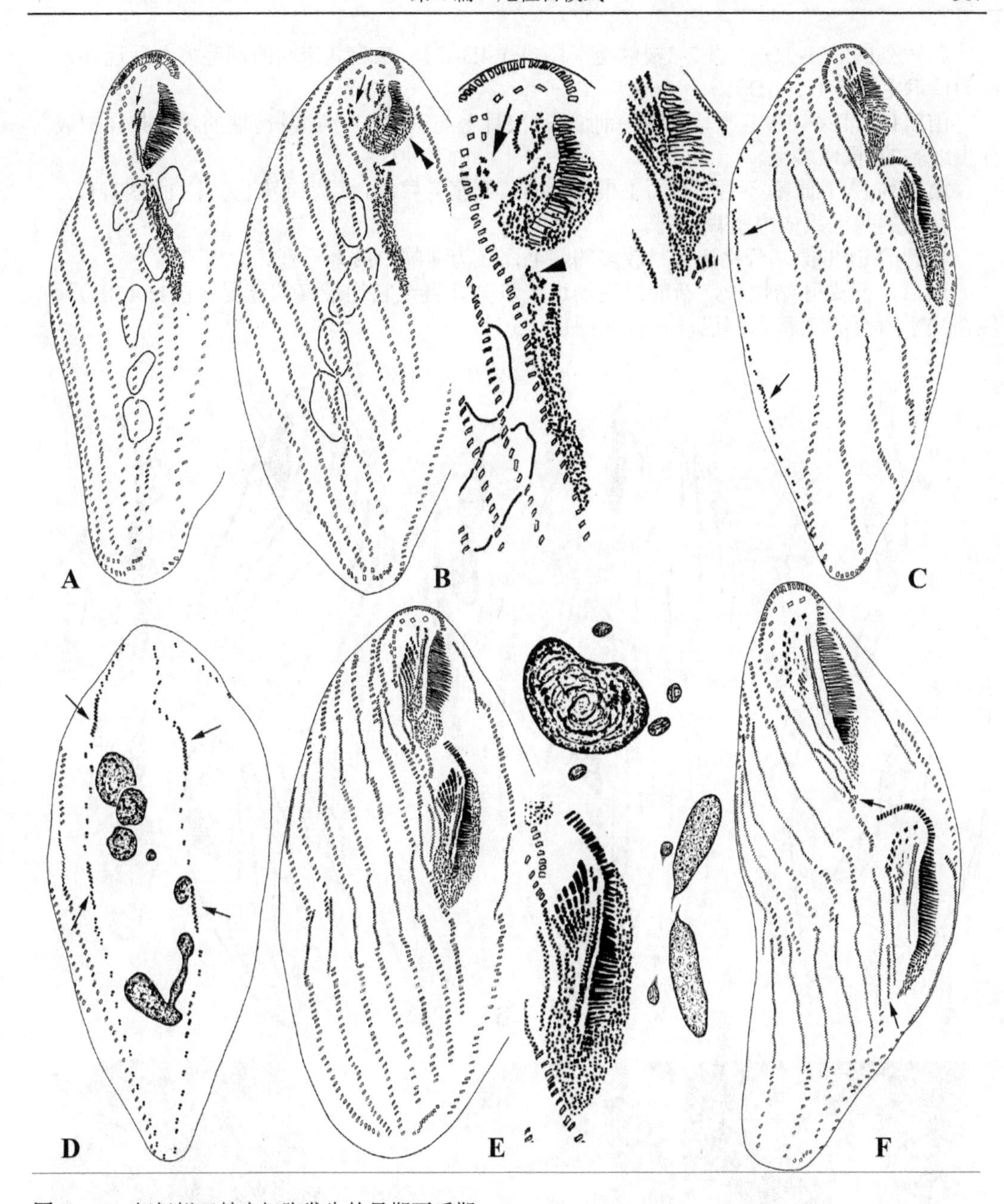

图11.1.2　相似拟双棘虫细胞发生的早期至后期

A，B. 早期个体的腹面观；箭头示口棘毛和波动膜的解聚，无尾箭头示后仔虫中的 FVT-原基，双箭头示老口围带后端之解聚；**C，D.** 早中期个体的腹面观（C）和背面观（D）；显示前、后仔虫中 FVT-原基和缘棘毛原基的次级发生；老口围带继续向前解聚；后仔虫口原基左侧部分开始向后分化出口小膜。箭头示每列老背触毛列中发生 2 处原基；**E.** 中期发生个体的腹面观，示发育着的右缘棘毛原基；FVT-原基开始分段、组装成新棘毛；插图示小核和融合大核；**F.** 后期发生个体的腹面观，显示原基的继续发育；插图示大小核的分裂；箭头示短的右缘棘毛原基即将分别延伸至两个仔虫的两端各短列的FVT-原基产生2-3根棘毛（图11.1.4D-G），来自其末端的棘毛多向后迁移，成为横棘毛（图11.1.3D）。

由第1、第2列 FVT-原基产生的前面各1根棘毛与来自 UM-原基前端的棘毛共同构成仔虫细胞的3根额棘毛。

第 1 列 FVT-原基产生的后面 1 根棘毛向口侧膜旁移动，成为口棘毛（图 11.1.3B，C）。

其余的棘毛组成中腹棘毛列。

长列的 FVT-原基分化出数目较多的棘毛而成为新的中腹棘毛列。

最后，仔虫开始拉长，新的纤毛器进一步分开直至它们最终的位置（图11.1.3B）。现在几乎所有的老棘毛都已被吸收（图11.1.3C）。

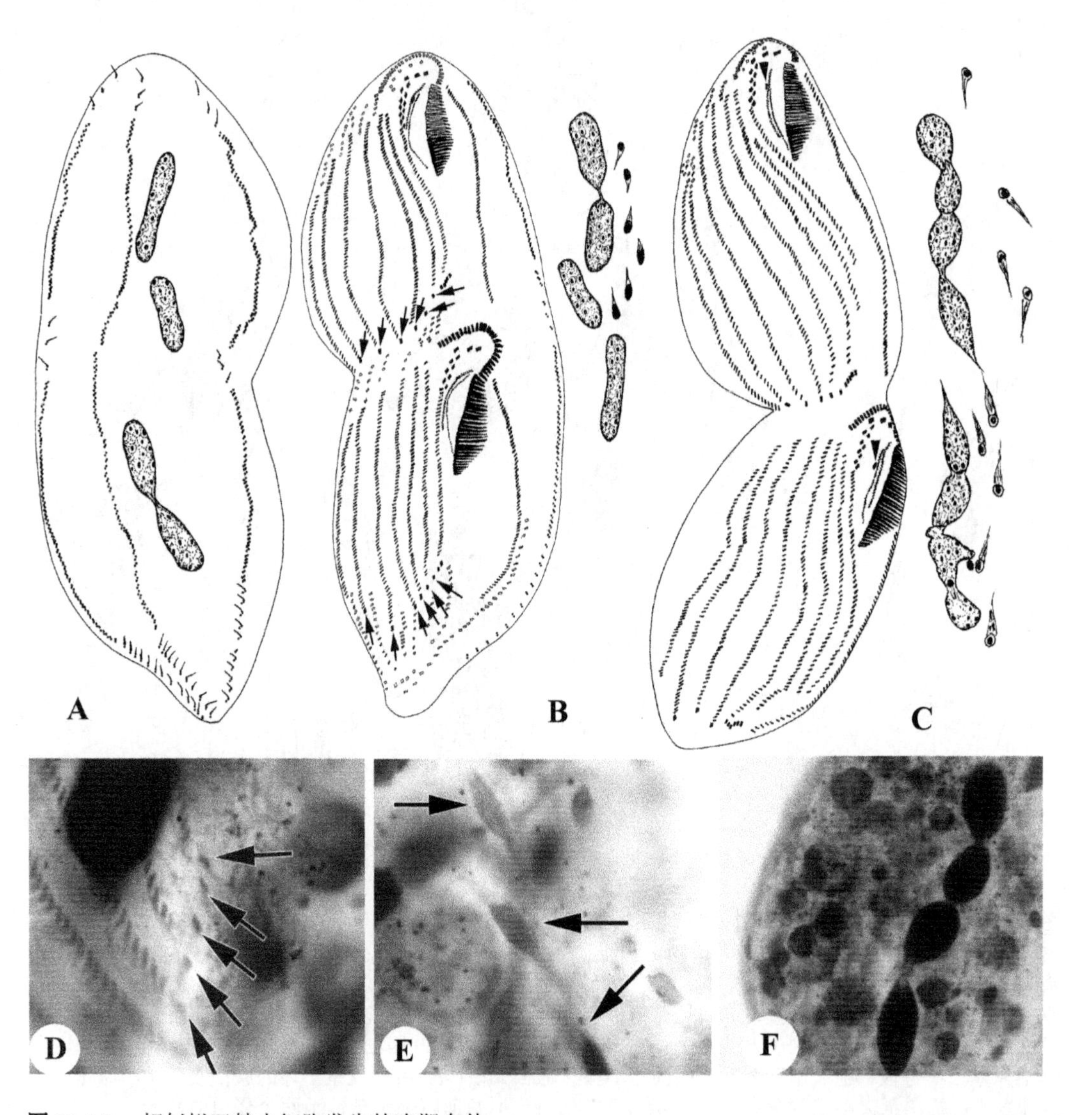

图 11.1.3 相似拟双棘虫细胞发生的晚期个体

A. 中期个体的背面观，示大核分裂；**B.** 后期个体的腹面观，口器和腹面纤毛器已分化完毕；箭头示来自右缘棘毛原基末端的横棘毛；插图示大、小核的分裂；**C.** 末期个体的腹面观，新形成的结构发生移位；箭头示口棘毛；插图示大、小核的分裂；**D.** 后仔虫中新棘毛的形成；箭头示来自右缘棘毛原基末端的横棘毛；**E，F.** 示大核和小核的分裂（箭头）

胞口形成后，仔虫细胞开始分离。

缘棘毛　在老结构内形成：发生初期，每列老缘棘毛内的前、后仔虫相应位置处各出现了1处缘棘毛原基（图11.1.2D；图11.1.3A；图11.1.4D）。随后该原基延长并组装成棘毛列以替代老结构。值得注意的一个重要特征是：每列（除最右侧的1列外）右缘棘毛原基的末端贡献1根棘毛，最终，这些棘毛形成横棘毛。

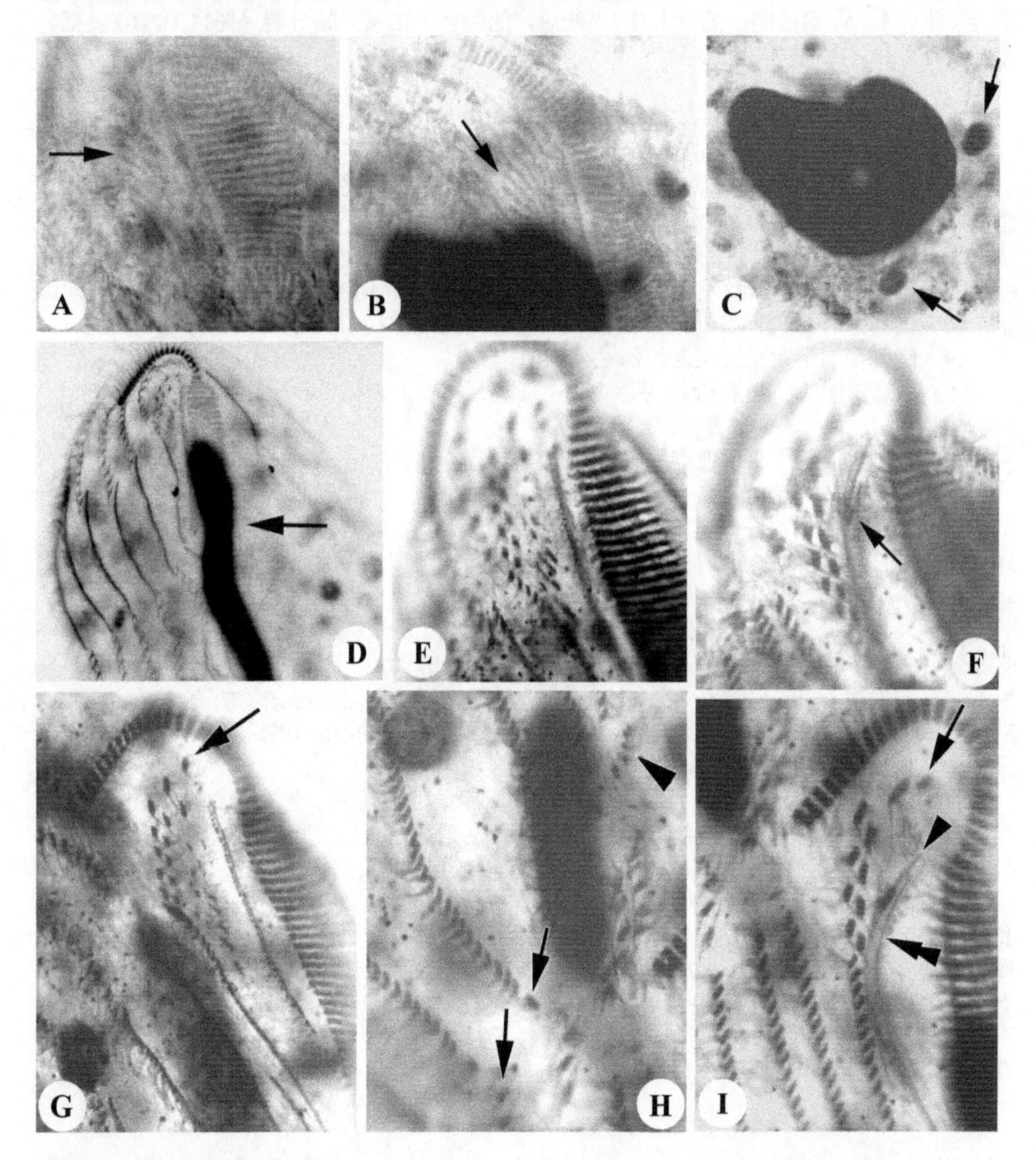

图 11.1.4　相似拟双棘虫的细胞发生

A，B. 箭头示前、后仔虫中 FVT-原基的分段；**C.** 示小核（箭头）和融合大核；**D.** 细胞前腹面观，箭头示融合大核正在分裂；**E，F，H.** 前仔虫中新棘毛的形成，图 **F** 中箭头示口棘毛，图 **H** 中的箭头和无尾箭头则分别示来自右缘棘毛原基和FVT-原基末端的横棘毛；**G，I.** 后仔虫中新棘毛的形成，图 **G**，**I** 中的箭头示来自 UM-原基的额棘毛，图 **I** 中的无尾箭头和双箭头分别示口侧膜和口内膜

背触毛 背触毛的发育和缘棘毛同步。其原基亦是以次级方式出现于老结构当中（图11.1.2D）。此后原基逐渐延伸，分化出背触毛，并最终取代老的背触毛（图11.1.3A）。原基末端无尾棘毛的分化。

大核 在细胞发生的很早时期，大核膨大，几乎每一枚大核都有一改组带，从一侧向另一侧移动，以完成遗传物质的复制。随即开始变形并互相融合，直至形成单一球形结构（图11.1.2A，B插图；图11.1.3F）。随后，此融合大核又开始分裂（图11.1.2D-F及插图；图11.1.3A-C；图11.1.4C）。

主要发生特征与讨论 本亚型仅涉及相似拟双棘虫 1 种。

该亚型的主要发生学特征如下。

（1）前仔虫中仅老口围带的后半段发生更新，新生原基来自解体后老结构的原位重建；而前端被完全保留；老的波动膜被更新。

（2）FVT-原基在前、后仔虫分别独立产生，并由此分化出额棘毛、口棘毛、中腹棘毛、中腹棘毛列和部分横棘毛。最左侧的1根额棘毛来自UM-原基的前端。

（3）前、后仔虫的FVT-原基发生上与口原基紧密相关。

（4）缘棘毛的更新发生在老的棘毛列当中。

（5）除最右侧的一列右缘棘毛原基外，其余各列原基末端各分化出（十分独特！）1根“横棘毛”。

（6）背触毛原基也出现在老的触毛列当中；无尾棘毛分化。

（7）大核发生完全融合。

本亚型最突出的特征是其右缘棘毛列的发育产物：除最右侧一列外的所有右缘棘毛列，从排布的位置及来源上遵循了尾柱类缘棘毛的一般模式。因此本节及原作者（Hu et al. 2002）均把该结构称为右缘棘毛列。

然而，这些原基的末端在发生过程中（十分独特！）分别形成 1 根横棘毛，即从细胞发生的角度来讲，这些棘毛原基虽然在起源上属于缘棘毛（起于缘棘毛列中，与 FVT-原基非同源发生），但在发育产物上，与 FVT-原基近似。在迄今已知的所有广义的腹毛类纤毛虫中，横棘毛无一例外地产生于 FVT-原基的末端（Borror 1979；Shi et al. 1999）。因此，此点在整个腹毛亚纲中都是独有的。

目前还无法判断这个发生特征的进化意义，但很可能代表了一个十分原始的祖征：在原腹毛类（如凯毛虫）是无缘棘毛结构的，但腹面棘毛列已发育成熟。本亚型的右侧缘棘毛的发生过程，可能代表了早期该结构初始分化时的某些特征？

另外一个发生学特点就是前仔虫口器的“拼接式”发生。此点在尾柱目（如尾柱虫和全列虫）中是较罕见的，而常见于散毛目和游仆目类群中，如原腹柱虫属、半腹柱虫属、尾刺虫属等（Hu & Song 2000；Song & Hu 1999）。而前仔虫的新口原基来自解体后老结构的原位重建，这一点也与尾柱类的典型过程不同。

上述这些特征也可能表明，拟双棘虫属在尾柱类当中是特别分化的一支，或处于尾柱类与散毛类的过渡阶段。

第 2 节　西安澳洲毛虫亚型的发生模式
Section 2　The morphogenetic pattern of *Australothrix xianica*-subtype

芦晓腾 (Xiaoteng Lu)　　邵晨 (Chen Shao)

澳洲毛虫属由 Blatterer 和 Foissner（1988）根据模式种澳洲毛虫（*Australothrix australis*）建立，该属最主要的特征在于其具有多列中腹棘毛列和/或缘棘毛列（Berger 2006）。此前该属的发生学信息尚未被报道。吕昭等近期对西安澳洲毛虫的分离过程进行了追踪，基本明确了其主要的发生环节，该工作显示，澳洲毛虫属的发生学特征代表了一个新的发生学亚型。

基本纤毛图式　具 3 根分化完善的额棘毛；中腹棘毛列极短，其左后侧紧随 4 或 5 列高度发达的腹棘毛列，延伸至近虫体后部；口棘毛近口侧膜中部右侧；额前棘毛、横前棘毛和横棘毛均缺失；左缘棘毛 1 列，右缘棘毛 2 列（图 11.2.1A-C）。

背触毛 4 或 5 列，纵贯虫体；尾棘毛 4 或 5 根（图 11.2.1D）。

细胞发生过程

口器　在前仔虫中，由于若干分裂期缺失，无法判断该亚型中老结构的更新情形，以及是否有口原基形成。但可以肯定的是，老口围带的绝大部分均完整地保留下来，很可能发生的仅仅是口围带近端的几片小膜出现解体、原位重建形成了对缺失部分的补充（图 11.2.2B；图 11.2.3A，B，D）。到细胞发生后期，前仔虫口围带的重建结束，重建部分与老的结构联为一体（图 11.2.2D，E；图 11.2.3F）。

前仔虫的 UM-原基产生于老口围带右侧（图 11.2.2B；图 11.2.3B）。同样因为时期缺乏的关系，无法判断老的波动膜是完全消失还是解聚、重建为新结构。接下来，UM-原基的前端产生 1 根棘毛，最终形成了最左边的 1 根额棘毛，后部纵裂形成口侧膜与口内膜（图 11.2.3F）。

后仔虫口原基始于虫体中部、中腹棘毛列左侧，初期为多组无序排列的毛基体群，后不断增殖并融合为一完整的原基场（图 11.2.2A；图 11.2.3A）。在这个过程中，老的中腹棘毛似乎不参与原基的形成（图 11.2.2A；图 11.2.3A）。随后，后仔虫口原基从前向后、从右向左组装口围带小膜（图 11.2.2B，C；图 11.2.3D）。至发生后期，形成了新的口围带（图 11.2.3F）。

在后仔虫中，UM-原基出现在口原基的右侧（图 11.2.2B；图 11.2.3B）。随后，UM-原基延长并开始组装（图 11.2.2C；图 11.2.3D）。接下来的发育与后仔虫完全同步（图

11.2.2C-E；图 11.2.3D，F）。

额-腹-横棘毛 发生前期，前、后仔虫 UM-原基右侧分别出现 5-6 条 FVT-原基（图 11.2.2B；图 11.2.3B）。部分老的中腹棘毛消失，显示它们可能（？）参与新原基的形成或发育（图 11.2.2B；图 11.2.3B）。接下来，前、后仔虫的 FVT-原基同步延伸，开始分段化形成棘毛并移动到相应的位置（图 11.2.2D，E；图 11.2.3D，F）。

根据 FVT-原基的分化和新棘毛的起源，可以认定下列结构。

左侧额棘毛来自 UM-原基。

口棘毛和中间的额棘毛来自 FVT-原基Ⅰ。

右侧额棘毛来自 FVT-原基Ⅱ。

约有 3 或 4 对中腹棘毛形成自 FVT-原基Ⅱ至 n 的前部。

口后腹棘毛列来自 FVT-原基Ⅱ至 n 的后部。

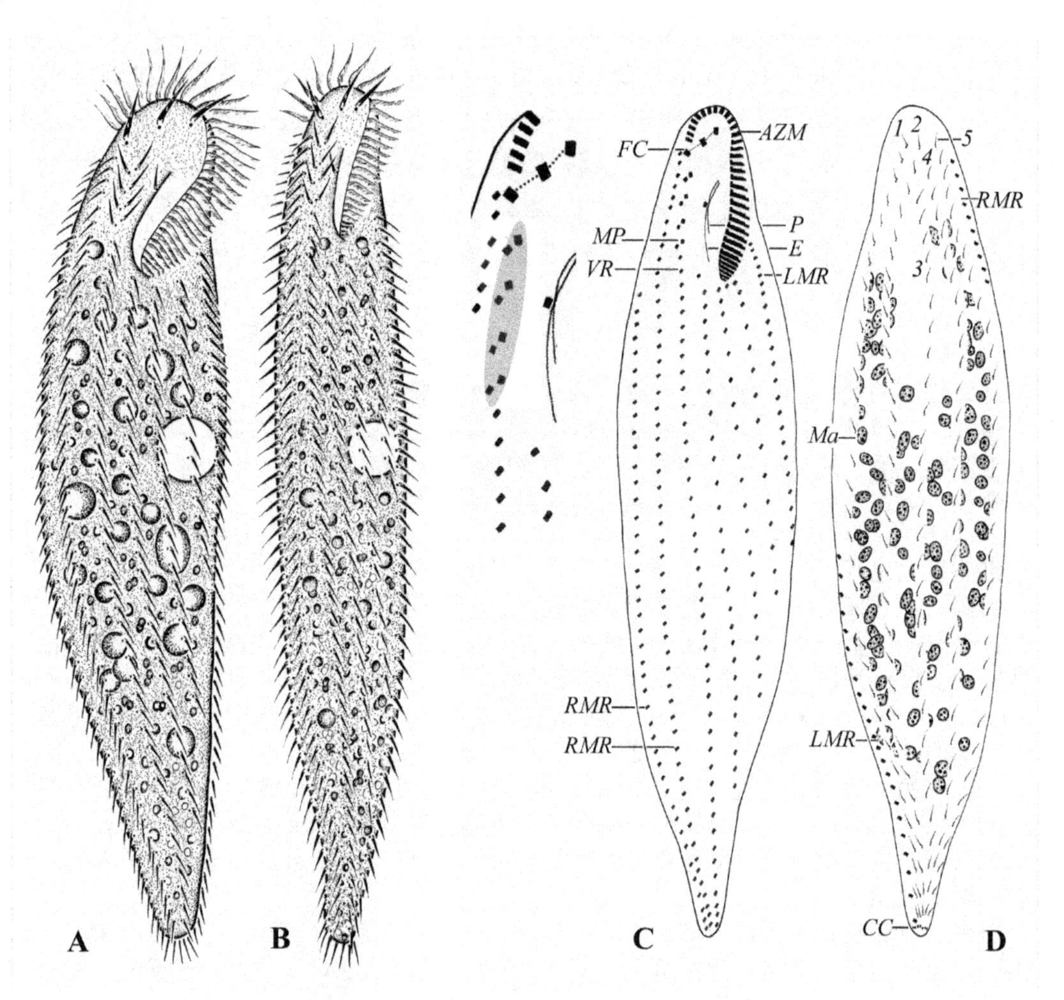

图 11.2.1 西安澳洲毛虫的活体图（**A**，**B**）和纤毛图式（**C**，**D**）

A-D. 腹面观（**A-C**）和背面观（**D**）。*AZM*. 口围带；*CC*. 尾棘毛；*E*. 口内膜；*FC*. 额棘毛；*LMR*. 左缘棘毛列；*Ma*. 大核；*MP*. 中腹棘毛列；*P*. 口侧膜；*RMR*. 右缘棘毛列；*VR*. 腹棘毛列；*1-5*. 背触毛列 1-5

缘棘毛　新原基形成于老结构中：细胞发生起始不久，在左、右缘棘毛列的前部和中部约 1/3 处的棘毛解聚形成原基（图 11.2.2C）。这些原基逐步形成新棘毛并最终取代老结构（图 11.2.2D-F）。

背触毛　背触毛以次级模式形成，即每列老结构中产生 2 处背触毛原基（图 11.2.3C）。随后，该原基发育为新的背触毛，每列原基末端产生 1 根尾棘毛（图 11.2.3E，G）。老背触毛列被吸收。

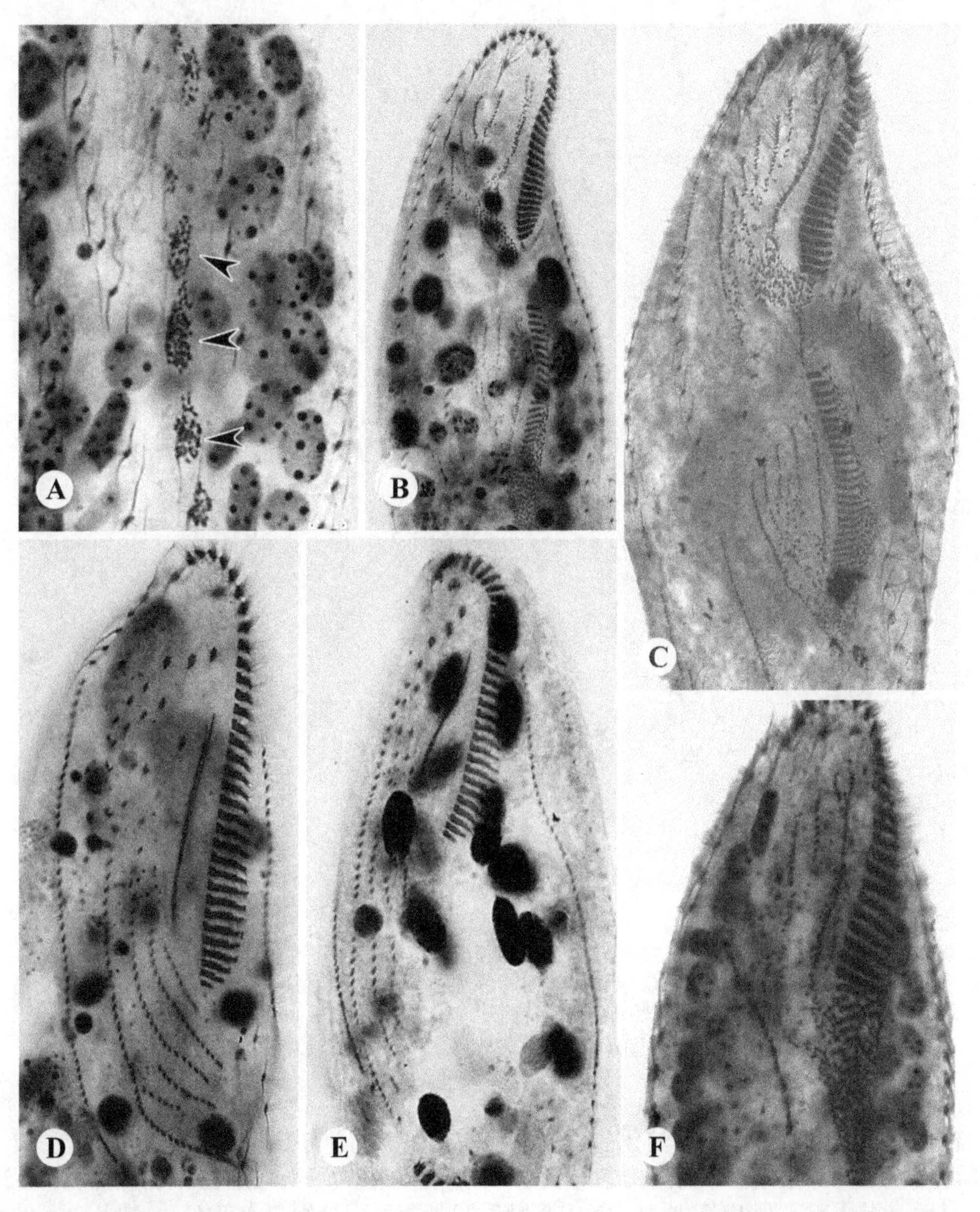

图 11.2.2　西安澳洲毛虫的发生期（**A-F**）

A. 发生初期口原基（无尾箭头）；**B，C.** 发生中期 FVT-原基和口原基的分化；**D，E.** 发生后期前仔虫 FVT-原基的分化；**F.** 改组期 FVT-原基和口原基

大核　分裂中期，多枚大核融合成单一融合体。至发生后期，大核融合体经过多次分裂分配给前后两个仔虫（图 11.2.3C，E，G）。

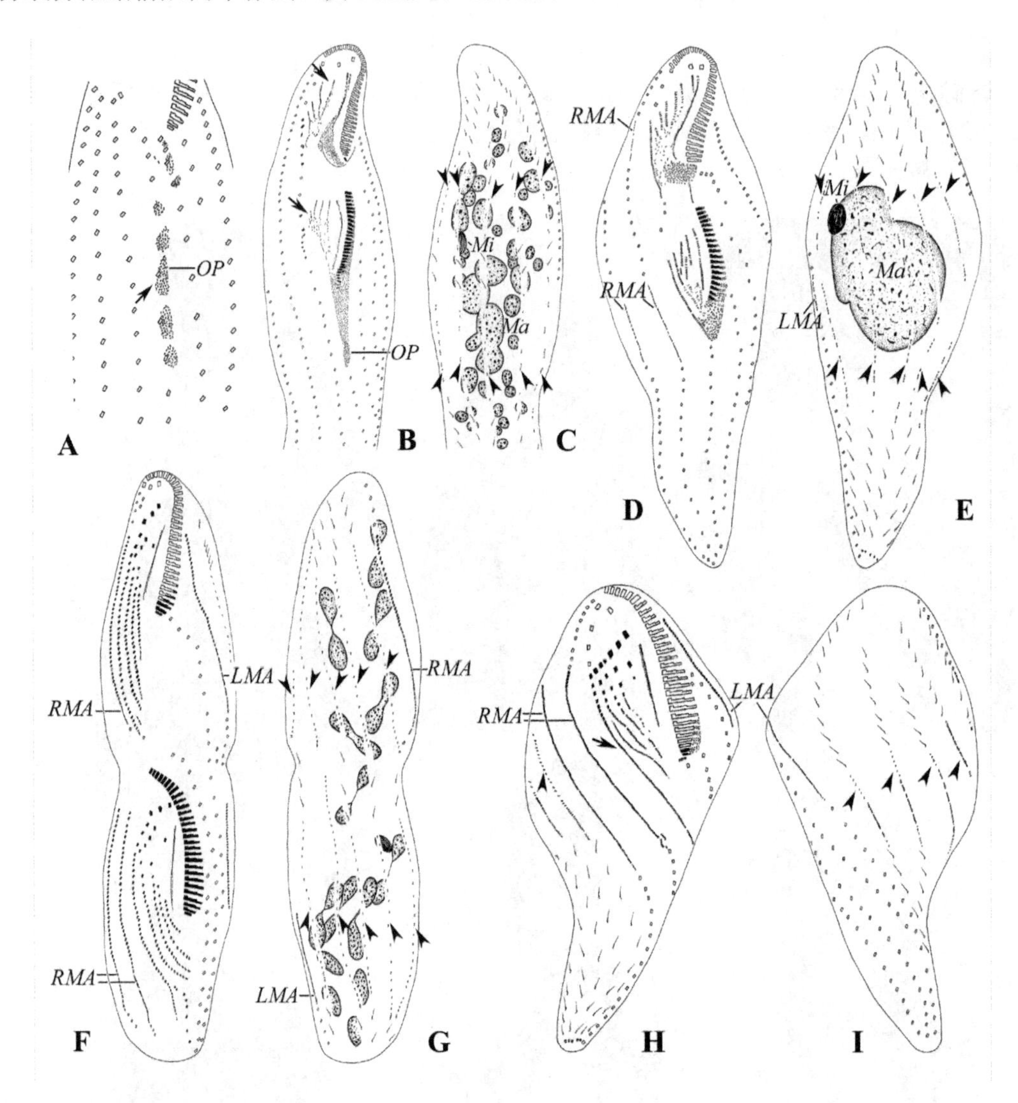

图 11.2.3　西安澳洲毛虫的细胞发生（**A-G**）和重组时期（**H，I**）
A. 前期个体，箭头示口原基；**B-E.** 中期发生个体的腹面观（**B，D**）和背面观（**C，E**），箭头示 FVT-原基，无尾箭头示背触毛原基；**F，G.** 后期发生个体的腹面观（**F**）和背面观（**G**），无尾箭头示背触毛原基；**H，I.** 改组中期个体的腹面观（**H**）和背面观（**I**），箭头示 FVT-原基，无尾箭头示背触毛原基。*LMA*. 左缘棘毛原基；*Ma*. 大核；*Mi*. 小核；*OP*. 口原基；*RMA*. 右缘棘毛原基

细胞重组　重组个体皮膜演化的主要过程与分裂期的前仔虫十分相似，包括：①口围带近端发生局部重建；②老结构参与 FVT-原基的构建；③UM-原基贡献 1 根额棘毛；④口棘毛来源于第 1 列 FVT-原基；⑤中腹棘毛和腹棘毛列分别来自 FVT-原基Ⅱ至 n 的前、后部；⑥缘棘毛原基和背触毛原基在老结构中产生、延伸，最终取代老结构（图 11.2.2F；图 11.2.3H，I）。

主要特征与讨论　该亚型的主要发生学特征如下。

（1）老口围带几乎完整保留，但近口端的少数小膜发生局部的解聚和重建。

（2）后仔虫的口原基产生自细胞表面。

（3）FVT-原基为次级发生式，分别与 UM-原基同源发生。

（4）UM-原基贡献 1 根额棘毛。

（5）中腹棘毛列和腹棘毛列分别来自 FVT-原基Ⅱ至 n 的前、后部。

（6）大核融合为单一融合体。

由于早期的若干分裂相缺失，该亚型中老口器更新的详细情形及老波动膜的命运等信息还有待补充。但基本的过程是：老口围带近端数片小膜发生解体、原位重建，大部分老结构保留给前仔虫，其间不产生新的口原基。

在本亚型中，FVT-原基的发育并不属于5原基发生型，虽然在前、后仔虫（除UM-原基外），有时可见约5列FVT-原基，但这应是一个巧合。整个发生过程通常有约4对中腹棘毛形成，其余特征均显示了与排毛目发生型类似的棘毛形成过程。

与相似拟双棘虫亚型相比，本亚型不存在横棘毛，但除此之外，其FVT-原基的发育和腹面棘毛的形成过程高度相似，这是两个亚型放在同一发生型内的依据。但同时需要指出，这个安排同样不尽精确，二者同时存在多个巨大的差异：除不形成横棘毛外，相似拟双棘虫亚型的老口器的命运与本亚型截然不同，即前者（在前仔虫）形成了新口原基，由其产生的口围带（部分）通过拼接方式与残留的老结构拼接成前仔虫的新口围带（见第11章第1节）。而本亚型则完全无口原基的形成。另外一个差异在于，缘棘毛原基在前者是于老结构内形成，而后者却是在老结构外独立发生。

种种迹象表明，两个亚型在很多方面都代表了不同的发生模式。

第 12 章　细胞发生学：瘦尾虫型
Chapter 12　Morphogenetic mode: *Uroleptus*-type

邵晨 (Chen Shao)　　宋微波 (Weibo Song)

瘦尾虫属（*Uroleptus*）在 Lynn（2008）的系统中隶属于尾柱科（Urostylidae）。因其具有尾柱类典型的 zig-zag 模式的中腹棘毛列和尖毛类所普遍存在的背缘触毛列等特征，Foissner 等（2004）提出 CEUU（convergent evolution of urostylids and uroleptids）假说，认为该类群与尖毛类具有更近的亲缘关系，而非传统观念中的尾柱类。据此，Berger（2006）将其划分至 non-oxytrichid Dorsomarginalia 类群。

对该类型的发生过程，目前的研究已较充分，有关信息一致地显示了其高度的稳定性。属于该发生型的目前已知仅涉及 1 个亚型。

该发生型（亚型）的主要发生学特征如下：老口围带完整保留；老棘毛不参与后仔虫口原基的形成和发育；FVT-原基以初级发生式发生；与部分尾柱类模式相似，发生过程中产生 3 根额棘毛，1 根口棘毛，1 根拟口棘毛，若干中腹棘毛、横棘毛和额前棘毛；缘棘毛原基和背触毛原基均在老结构中发生；背触毛以两组发生式方式发育，背缘触毛列起源于右缘棘毛原基的右侧；发生过程中，有尾棘毛的形成，大核发生融合。

第 1 节　线形瘦尾虫亚型的发生模式
Section 1　The morphogenetic pattern of *Uroleptus magnificus*-subtype

邵晨 (Chen Shao)

属于该亚型的种类,目前已知至少涉及如下 2 个属:*Uroleptus* 及 *Rigidothrix*。本节综合何维等（He et al. 2011）的工作，给出本亚型发生过程的基本介绍。但本亚型内其他种/种群的细胞发生过程迄今了解甚少，仍存在若干不明之处，包括前仔虫 UM-原基的起源和 FVT-原基分化仍不甚明了（Chen et al. 2016；Eigner 2001；Martin et al. 1981；Olmo 2000）。因此，对该亚型的刻画有待未来工作的核实和补充。

基本纤毛图式及形态学　作为属的特征，虫体有显著的瘦尾；额棘毛 3 根，口棘毛 1 根，拟口棘毛 1 根，典型的中腹棘毛高度发达，其一直延伸到虫体的尾部；具尾棘毛、额前腹棘毛和横棘毛；左、右缘棘毛各 1 列。

背触毛数目众多（约 10 列）：左侧几列几乎贯穿虫体；其余较短并从左至右依次缩短，在发生上均来自另一组原基（图 12.1.1A，B）。

细胞发生过程

口器　老的口围带完全不发生变化而被前仔虫所继承。

老波动膜则解体，新结构通过原基而重建：在发生早期，老口侧膜开始解聚，在其一侧独立出现UM-原基。老的结构似乎逐渐解体，不参与新UM-原基的发育（图12.1.2A；图12.1.4F，I）。最终，UM-原基发育出1根额棘毛，后部则纵裂成为前仔虫的口内膜和口侧膜（图12.1.2F；图12.1.5E）。

后仔虫口原基的发育起始于发生初期，口后区域内几根中腹棘毛对左侧棘毛旁出现的细小的、斜向排列的毛基体群（图12.1.1C；图12.1.3B，C）。随后，这些毛基体群通过毛基体的增生形成了一个楔形区域。此时，一些短小的条带出现在该口原基的右上方（口区和中腹棘毛列之间）（图12.1.1D；图12.1.3D）。至下一时期，口原基进一步扩展并在其前端开始组装成口围带小膜（图12.1.1E-H；图12.1.2A；图12.1.3G-J）。发生中、末期，完成小膜的组装和口围带向既定形状的变化（图12.1.2C，D，F；图12.1.4J-L）。

后仔虫UM-原基出现在后仔虫口原基的右前方（图12.1.1F；图12.1.4B）。随后，UM-原基发生分化，其前端形成第1额棘毛（图12.1.2A，C；图12.1.4L），最终分化为口内膜和口侧膜（图12.1.2D，F；图12.1.5F）。

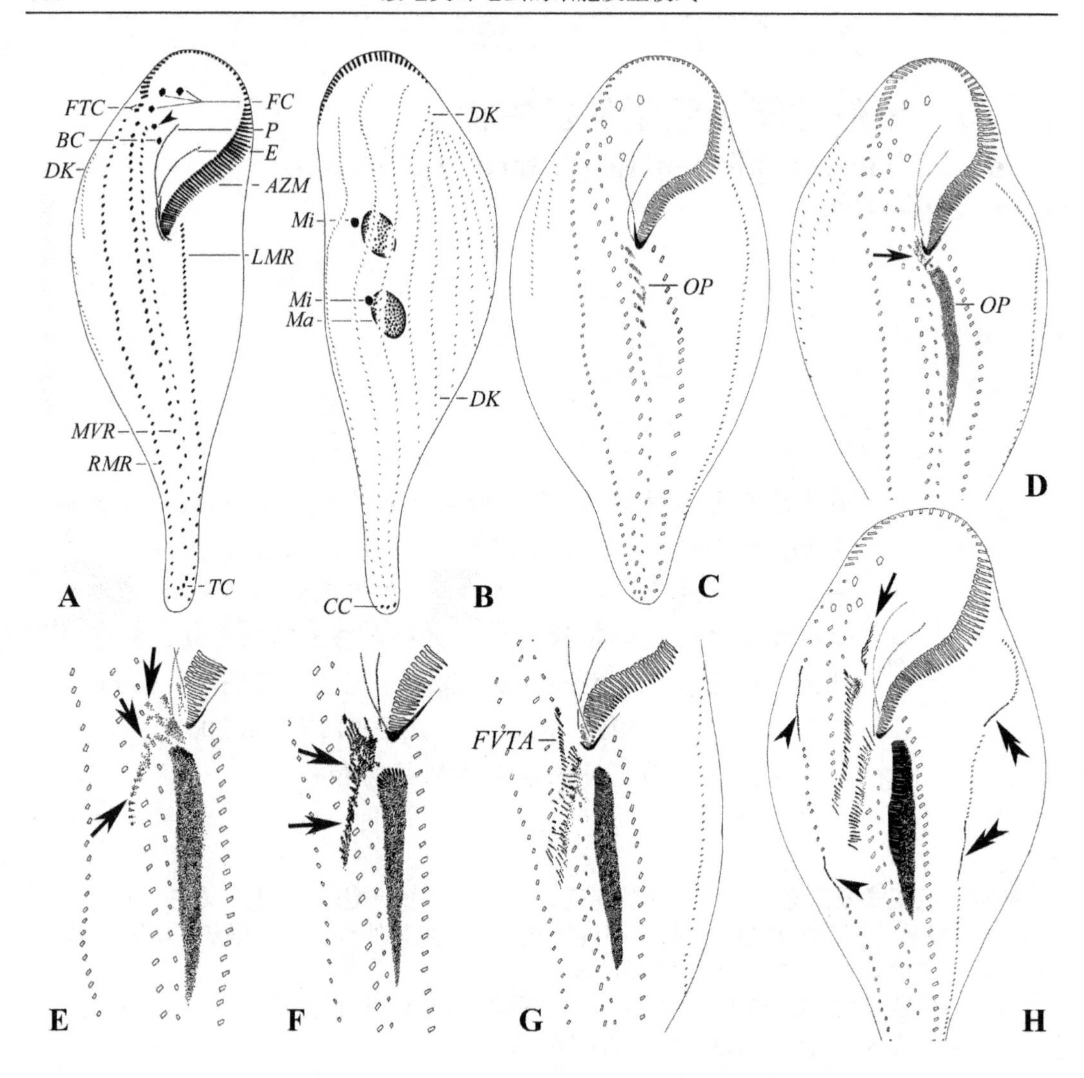

图 12.1.1 线形瘦尾虫间期（**A，B**）和细胞发生（**C-H**）的纤毛图式

A. 腹面观，无尾箭头示拟口棘毛；**B.** 背面观；**C.** 早期发生个体的腹面观，示后仔虫的口原基；**D.** 稍晚时期的个体腹面观，箭头示 FVT-原基出现在后仔虫口原基的右上方；**E-G.** 发生早期个体的局部腹面观，箭头示 FVT-原基的发育；**H.** 发生早期个体的腹面观，示 FVT-原基一分为二，分配给前、后仔虫，箭头示口棘毛解聚为前仔虫的 UM-原基，双箭头示左缘棘毛原基，无尾箭头示右缘棘毛原基。*AZM.* 口围带；*BC.* 口棘毛；*CC.* 尾棘毛；*DK.* 背触毛；*E.* 口内膜；*FC.* 额棘毛；*FTC.* 额前棘毛；*FVTA.* FVT-原基；*LMR.* 左缘棘毛列；*Ma.* 大核；*Mi.* 小核；*MVR.* 中腹棘毛列；*OP.* 口原基；*P.* 口侧膜；*RMR.* 右缘棘毛列；*TC.* 横棘毛

额-腹-横棘毛 以初级发生式形成，初为一组，后分裂成两组：最早为若干斜向且不规则的毛基体条带出现在老口围带近端附近并横穿中腹棘毛列（图12.1.1E，F；图12.1.3E-H）。随后，斜向的原基进一步发育，产生了众多独立的、斜向的原基条带（图12.1.1F；图12.1.3I，J）。稍后，这些独立的初级原基一分为二，形成前、后仔虫的FVT-原基（图12.1.3K；图12.1.4B）。下一时期，前、后仔虫的FVT-原基完全分离并开始分段化（图12.1.1H；图12.1.2A；图12.1.4B，E-H）。与此同时，老口棘毛解聚为前仔虫的FVT-原基Ⅰ，随后该原基分化出中部额棘毛和口棘毛（图12.1.1H；图12.1.2A，C）。

可以明确的是下面这些棘毛结构的形成。

UM-原基贡献第1额棘毛。

FVT-原基Ⅰ分化出中间额棘毛和口棘毛。

FVT-原基Ⅱ产生最右侧额棘毛和拟口棘毛。

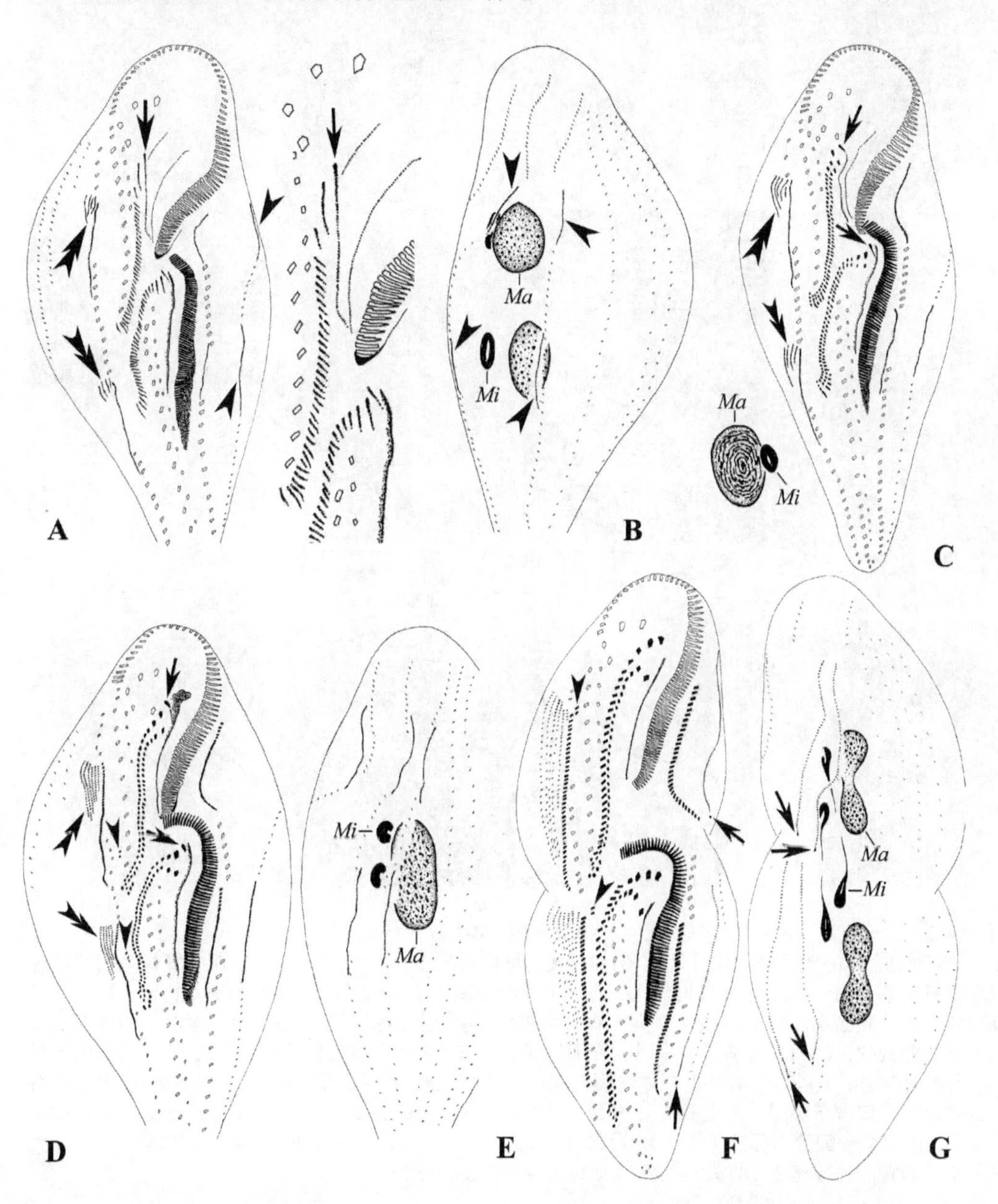

图 12.1.2　线形瘦尾虫的细胞发生

A，B. 发生前期个体的腹面观和背面观，箭头示口侧膜中部形成第 1 额棘毛，双箭头示背缘触毛列原基，无尾箭头示背触毛原基；**C.** 发生中期个体的腹面观，箭头示第 1 额棘毛，双箭头示背缘触毛列原基，插图为大核融合的过程；**D，E.** 发生中期个体的腹面观和背面观，箭头示第 1 额棘毛，双箭头示背缘触毛列原基，无尾箭头示额前棘毛；**F，G.** 发生晚期个体的腹面观和背面观，示纤毛器的发育，无尾箭头示额前棘毛，箭头示尾棘毛。*Ma.* 大核；*Mi.* 小核

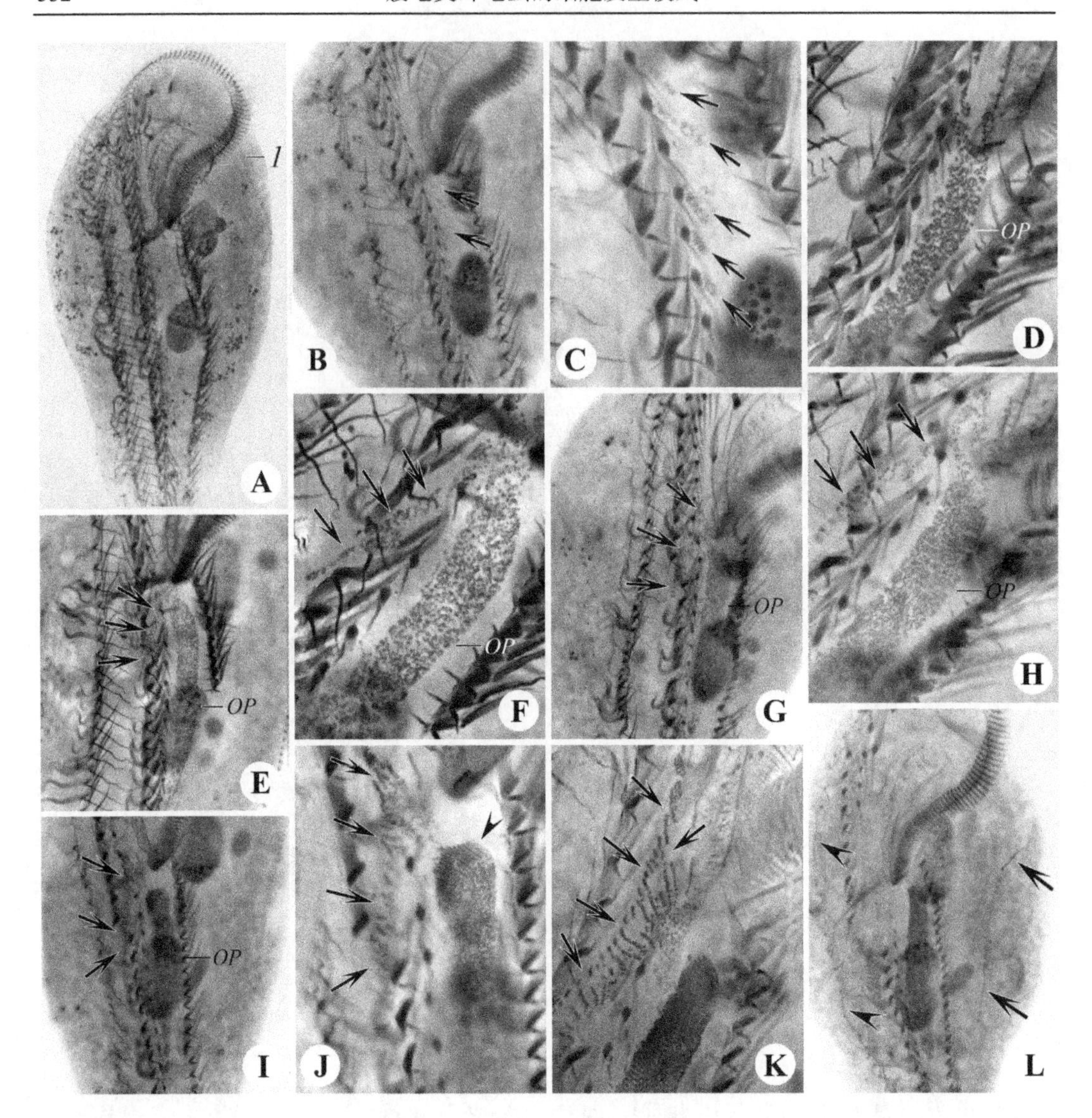

图 12.1.3 线形瘦尾虫的纤毛图式（**A**）和细胞发生（**B-L**）

A. 分裂间期个体的腹面纤毛图式和核器；**B，C.** 早期发生个体，示口原基最早在中腹棘毛列左侧区域中以斜向条带的形式出现（箭头）；**D.** 前仔虫的口原基，中腹棘毛明显不参与原基构建；**E，F.** 早期发生个体的腹面观，FVT-原基（箭头）从口原基的右前方起至贯穿中腹棘毛列，老的中腹棘毛不参与新原基的构建；**G，H.** 早期至中期个体的腹面观，示 FVT 贯穿中腹棘毛列（箭头），老口棘毛明显不参与原基构建；**I，J.** 中期发生个体的腹面观，示贯穿中腹棘毛列的 FVT-原基（箭头），口原基前端开始组装为口围带小膜（无尾箭头）；**K.** 中期发生个体，示初级发生式的 FVT-原基开始在中部横断为 2 组，前部分分配给前仔虫（箭头），后部分分配给后仔虫；**L.** 中期发生个体，示右缘棘毛原基（无尾箭头）和背触毛原基 1（箭头）。*OP*. 口原基；*1*. 背触毛列 1

原基 n 发育 2 根额前棘毛、1 根横前腹棘毛（但最终此棘毛似乎不被保留）和 1 根横棘毛，随后，这 2 根棘毛向口围带的远端迁移。

原基 n 以外的最后 2-4 条 FVT-原基各贡献 3 或 4 根棘毛，最后端的发育成横棘毛，前端发育成中腹棘毛列。FVT-原基 n-1 额外形成 1 根横前棘毛(但最终此棘毛似乎不被保留)。

每条FVT-原基条带的左侧会产生多余的散布的毛基体，但最终逐渐被完全吸收（图12.1.2C，D，F；图12.1.4K，L；图12.1.5A-C）。

除上述原基外的每一条FVT-原基将发育出2根棘毛，即1个中腹棘毛对（图12.1.2C，D，F；图12.1.4J-L；图12.1.5A-F）。

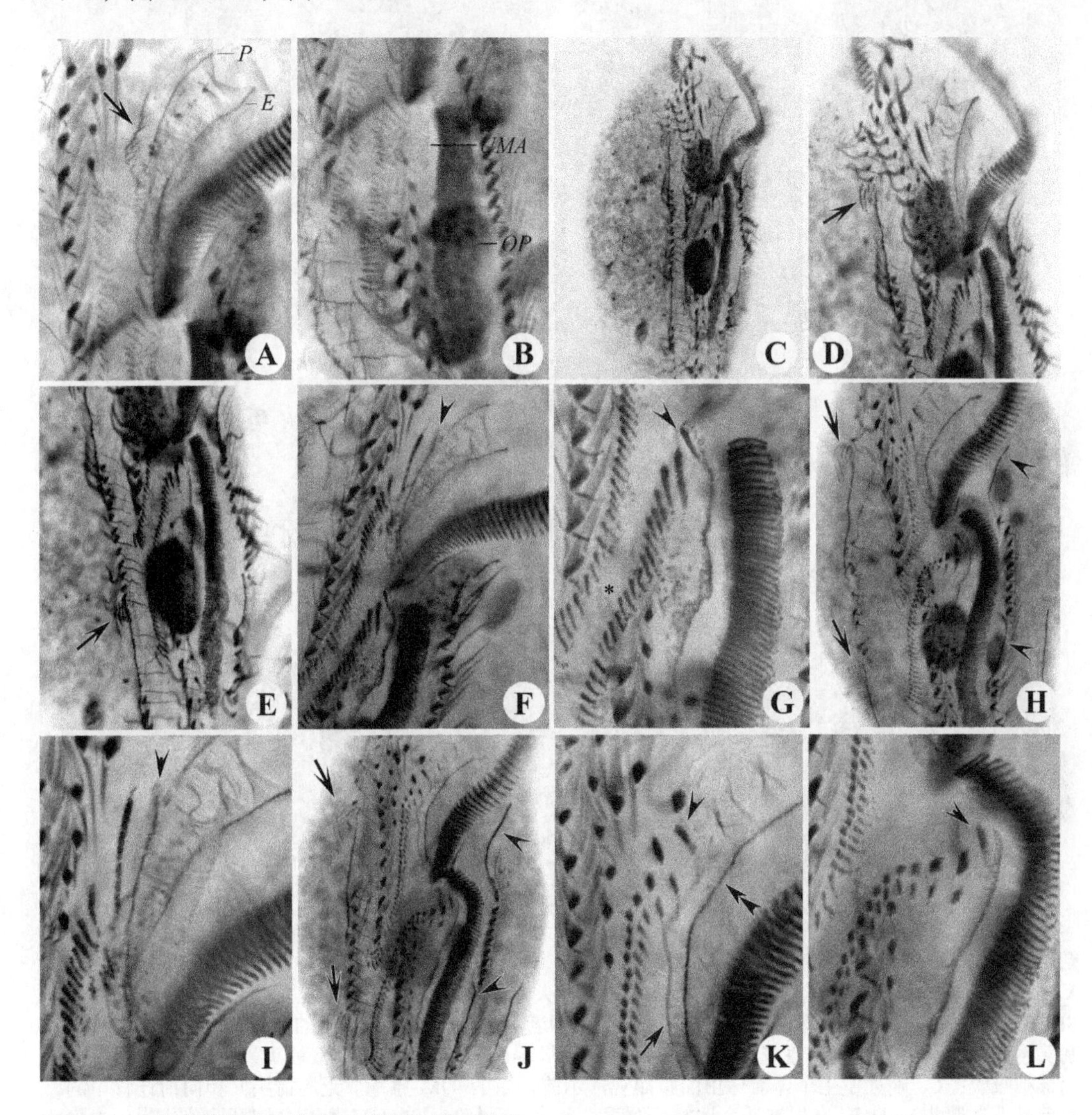

图 12.1.4　线形瘦尾虫细胞发生过程的纤毛图式

A，B. 发生早期个体的腹面观，老波动膜开始解聚，箭头示新形成的 UM-原基，一些零散的毛基体出现在后仔虫的口原基的右前方，将发育成后仔虫 UM-原基；**C-E.** 同一早期发生个体的腹面观，示背缘触毛列原基出现在右缘棘毛原基的右前方（箭头），前、后仔虫的 FVT-原基已明显互相分离；**F，G，I.** 同一发生个体的腹面观，老口侧膜贡献第 1 额棘毛（图 **F**，**I** 中的无尾箭头），后仔虫中的最左 1 根额棘毛来自于 UM-原基（图 **G** 中无尾箭头），图 **G** 中星号指示前、后仔虫 FVT-原基的间隙；**H.** 早期发生个体的腹面观，示背缘触毛列原基（箭头）和左缘棘毛原基（无尾箭头）；**J-L.** 同一早期发生个体的腹面观，示背缘触毛列原基（图 **J** 中箭头），左缘棘毛原基（图 **J** 中无尾箭头），以及前仔虫（图 **K**）和后仔虫（图 **L**）中最左额棘毛的出现（图 **K**，**L** 中无尾箭头），老口侧膜的后端开始被吸收（图 **K** 中箭头），以及老口内膜解聚为前仔虫的 UM-原基（图 **K** 中双箭头）。*E*. 老口内膜；*OP*. 口原基；*P*. 老口侧膜；*UMA*. 后仔虫 UM-原基

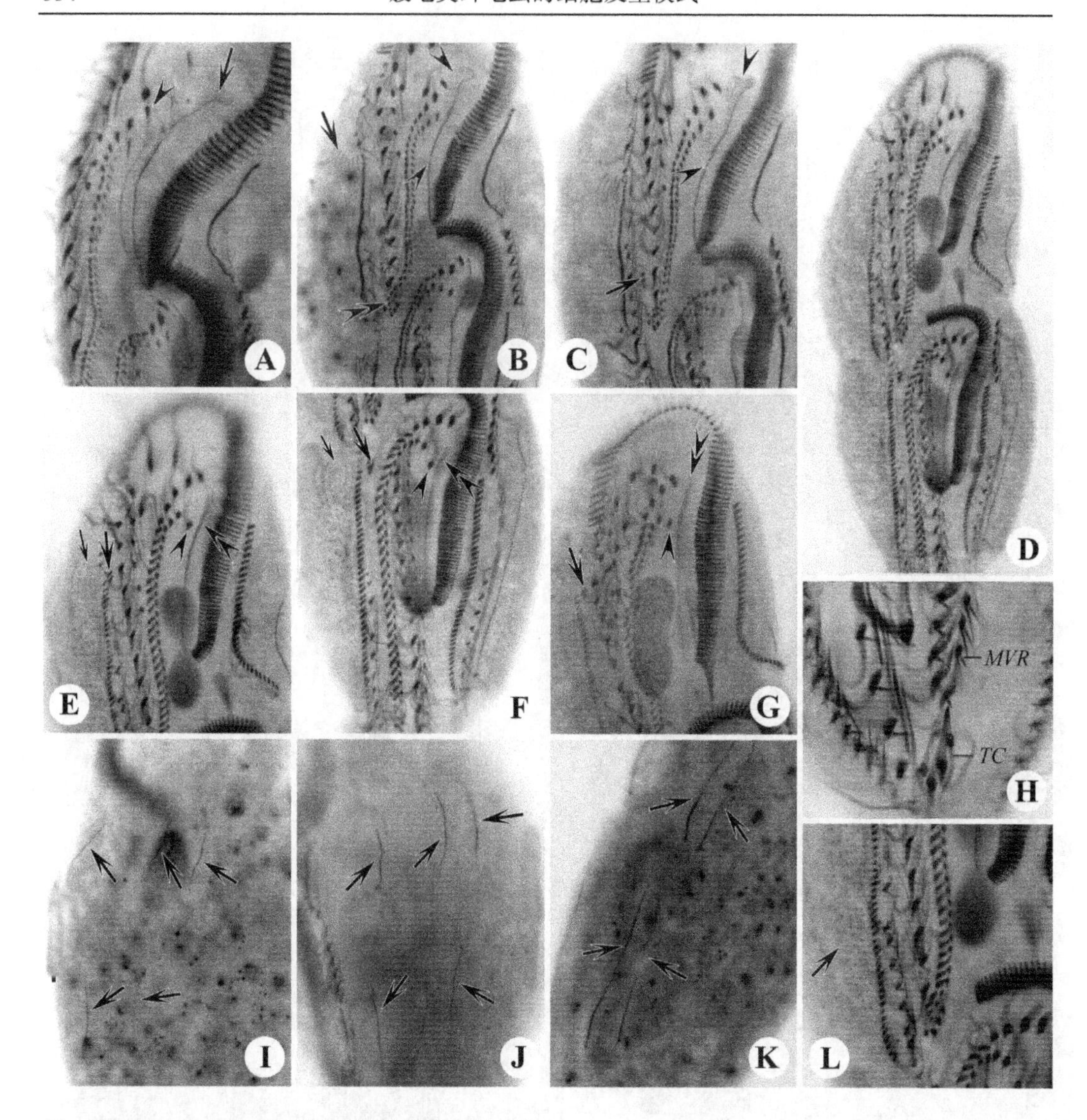

图 12.1.5 线形瘦尾虫的细胞发生中期及后期个体
A. 发生中期个体的腹面观，最左侧额棘毛（无尾箭头）产生自解聚的老口侧膜，老口内膜成为前仔虫的UM-原基（箭头）; **B.** 晚期发生个体的腹面观，示老口内膜解聚为前仔虫的UM-原基（无尾箭头），箭头示前仔虫的背缘触毛列原基，注仅FVT-原基n和n-1产生4根棘毛（双箭头），以及横前腹棘毛明显被吸收; **C.** 晚期发生个体前仔虫的腹面观，示前仔虫的UM-原基（无尾箭头）和向前迁移中的额前棘毛（箭头）; **D-F.** 发生末期个体的腹面观，示前、后仔虫中的UM-原基分别开始分化为口内膜和口侧膜（双箭头），无尾箭头指示产生自FVT-原基Ⅰ的新口棘毛，大箭头示额前棘毛向前迁移，小箭头示背缘触毛列依然在新的右缘棘毛列右侧（**E** 示前仔虫，**F** 示后仔虫）; **G，H.** 发生末期个体的腹面观，示UM-原基（双箭头）开始纵列为口内膜和口侧膜，无尾箭头示口棘毛，箭头示额前棘毛，**H** 显示后仔虫的后半部分，示新产生的横棘毛和新老中腹棘毛列; **I-K.** 示背触毛列1-3的细胞发生（箭头）; **L.** 晚期个体示前仔虫的背缘触毛列（箭头），注FVT-原基n-1贡献最后1对中腹棘毛，左侧1根横前腹棘毛。*MVR.* 新形成的中腹棘毛; *TC.* 横棘毛

最终，新产生的棘毛向既定位置迁移。在末期阶段，额前棘毛达到最前1对中腹棘毛和最远端一片小膜之间（图12.1.2F）。

缘棘毛　缘棘毛原基形成于老结构内，即发生中期，在每列老结构中前、后仔虫的相应位置均产生一处原基。右侧原基先于左侧原基产生，但在前仔虫和后仔虫中同步（图12.1.1H；图12.1.3L；图12.1.4H，J；图12.1.5B，C）。最后缘棘毛原基继续发育，形成缘棘毛列，并最终替代老结构（图12.1.2A，C，D，F；图12.1.5C-E）。

背触毛　背触毛以*Urosomoida*模式发生，即背触毛原基1-3出现在老背触毛列1-3中（图12.1.1H；图12.1.2C-G；图12.1.3L；图12.1.5I-K）；其余6-8列背缘触毛列的原基产生自另一组（背缘棘毛）原基（图12.1.2A，C；图12.1.4D，J）。背缘触毛列的原基从左至右逐步缩短，在发生末期向虫体背面迁移并形成背触毛列4至9-11（图12.1.2D，F；图12.1.5E，F，L）。

背触毛列1-3的末端各产生1根尾棘毛（图12.1.2G；图12.1.5K）。

大核　大核的发育遵循了腹毛类的常规模式。在发生过程中，2枚大核融合为一单独融合体，随后分裂并分配给两个仔虫（图12.1.2E，G；图12.1.5D；图12.1.6A-E）。

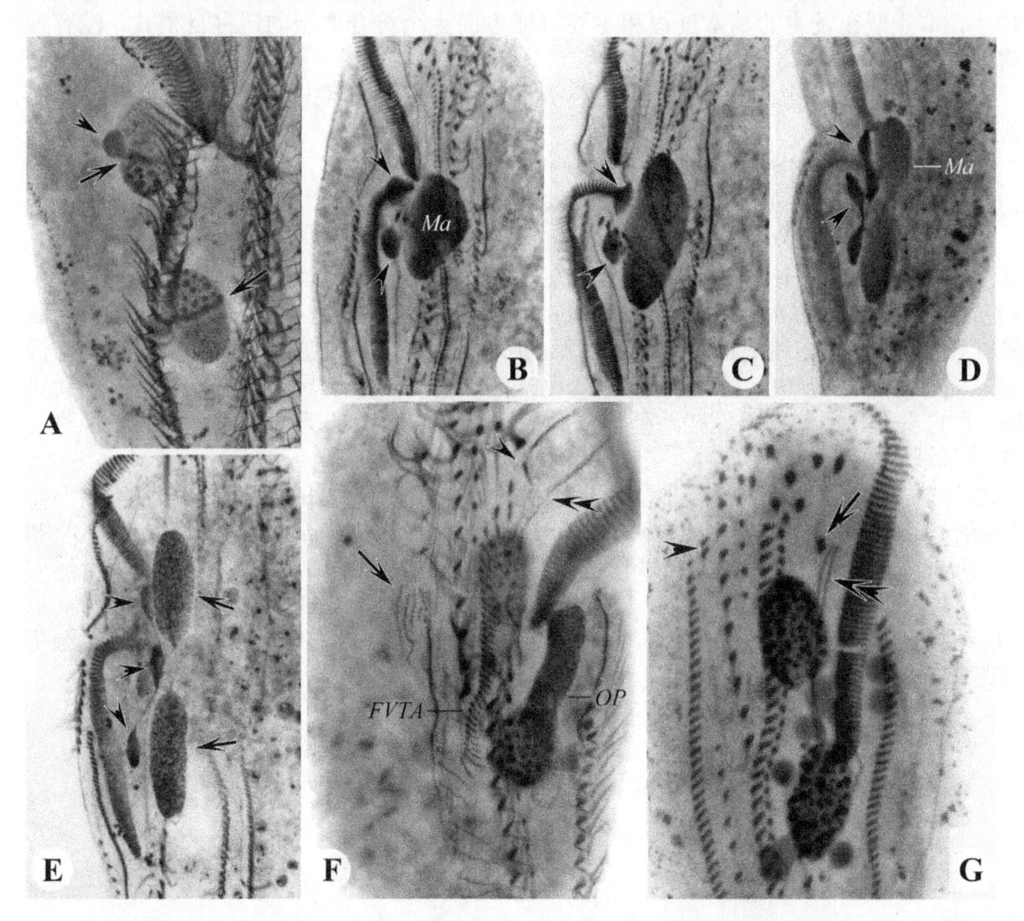

图 12.1.6　线形瘦尾虫的细胞发生（**A-E**）和细胞重组（**F**，**G**），示纤毛图式与核器
A-E. 背面观示核器分裂，图 **A** 中箭头示复制带，图 **A-E** 中无尾箭头示分裂中的小核，图 **E** 中箭头示前、后仔虫中的大核；**F.** 中期重组个体的腹面观，示 UM-原基（双箭头），新的第 1 额棘毛（无尾箭头）和背缘触毛列原基（箭头）；**G.** 晚期重组个体的腹面观，双箭头示纵列的 UM-原基，箭头示新的口棘毛，无尾箭头示新的额前棘毛。*FVTA*. FVT-原基；*Ma.* 大核；*OP.* 口原基

细胞重组 根据对部分重组个体的观察，可以将特征总结如下：①口原基形成于老口围带后方区域，产生约30片口围带小膜，最终替代老口围带的近端；②FVT-原基、缘棘毛原基和背触毛原基与细胞发生以同样的模式发生；③背缘触毛列在右缘棘毛原基右上方形成（图12.1.6F，G）。

主要特征与讨论 该亚型的主要发生学特征如下。

（1）老口围带完全被保留。

（2）前仔虫的 UM-原基很可能是独立形成的；前仔虫第 1 额棘毛来源于 UM-原基。

（3）FVT-原基以初级发生式发生。

（4）缘棘毛原基和背触毛原基在老结构中发生。

（5）背缘触毛列发生于右缘棘毛原基的右前方。

（6）发生过程中，两枚大核融合为一。

Foissner等（2004）根据分子信息的分析结果提出了瘦尾虫类与散毛目具有更为接近的亲缘关系（其与尖毛类均具有背缘触毛列），认为不应再安排在尾柱目内。如本节所描述，本亚型在发生的基本过程和主要特征方面完全符合典型的尾柱目模式，没有理由将之从该目中移出。

本亚型与本模式中的其他亚型主要区别于本亚型中背触毛以两组发生式发育，即有背缘触毛列产生。

有关前仔虫的UM-原基的起源及产物目前亦存在混乱：据报道，He等（2011）认为*Uroleptus* cf. *magnificus*前仔虫的第1额棘毛来自于解聚的老口侧膜中部，而前仔虫的UM-原基则来源于老口内膜的解聚。Martin等（1981）对*Uroleptus musculus* sensu Martin et al., (1981)的报道与He等（2011）对*Uroleptus* cf. *magnificus*的解读相似（该文图4-7）。在*Uroleptus longicaudatus*、*U. lepisma* sensu Olmo (2000) 和*U. caudatus* sensu Eigner (2001)（疑似？）的描述中认为前仔虫的第1额棘毛来源于UM-原基，但UM-原基的来源未知。而在*R. goiseri* 中，前仔虫第1额棘毛来源于老口侧膜解聚，UM-原基产生于新第1额棘毛的左侧，无法判断这些毛基体来源的背景下，Foissner和Stoeck（2006）推测是FVT-原基残余。

尽管以上报道对6个种前仔虫UM-原基和第1额棘毛的来源的解读差异较大，然而比较*Uroleptus* cf. *magnificus*、*Uroleptus longicaudatus*、*U. lepisma* sensu Olmo (2000) 和*Rigidothrix goiseri*的原始图版，可知四者的特征实际非常相似。因此，可以认为上述差异的产生很可能存在解读错误。在本节中，作者倾向于认为该UM-原基为独立起源（或许口棘毛参与了该原基的形成？），而非来自解体的口侧膜或口内膜，但有关其起源仍有待核实。

第5篇　散毛目模式
Part 5　Morphogenetic mode: Sporadotrichida-pattern

邵晨 (Chen Shao)　　宋微波 (Weibo Song)

散毛目是腹毛亚纲纤毛虫中进化最高等的类群。在形态学上，该类群具有简洁、高度分化的纤毛器，其腹面普遍表现了较简化且数目趋于稳定的棘毛，与较低等类群相比，这些棘毛往往进一步地分组化并且普遍具有稳定的着生位置。在背面，不同类群则具有完全稳定的分组模式。散毛类普遍具有较少（多数为两枚）的大核。极少数为4枚或多枚。即便是多枚大核，在数量上也趋于稳定到恒定。

而在发生过程中，形成这些纤毛器的原基也几乎恒定为5列。本类群具典型的5条FVT-原基发生模式（有些学者也将UM-原基归入"FVT-原基"，因此称为"6-原基发生模式"），大多数类群的FVT-原基产物按照8：5：5模式形成18根额-腹-横棘毛的分组。

而在背面，背触毛的发生过程和模式均表现出了高度分化现象。背面纤毛器的排布模式在属间差异亦较大，可分为一组式和两组式两个基本类型，具有不同的原基来源。在后者，有些研究者称第二组背触毛为"背缘触毛列"，其在起源上与右缘棘毛原基同源（在低等散毛类）或在其前端外侧独立形成（在尖毛类等高等类群）。

总之，该类群几乎在所有性状上都体现了演化、发育至最终阶段的模式。

该目类群的发生学模式属于典型的表层远生型，即新的（后仔虫的）口原基独立地形成于腹面细胞表层。

老口器的命运在多数类群中为完全保留或近端由（产生自老结构去分化形成的）原基经原位重建而更新。目前所知，在较低等的尖颈虫型中，老口器会完全解体、消失，由独立发生的口原基形成的新结构替代；在较低等的"半腹柱虫类"，老口器近端由独立发生的口原基的发育产物所代替。

FVT-原基包括初级和次级发生式，体现了在散毛类中该结构仍处于一个活跃的进化阶段。

多数发生型中，缘棘毛原基产生自老结构，仅在缩颈桥柱虫亚型中为原基团模式；在"半腹柱虫类"中为部分独立发生。

背面纤毛器的发育模式有以下 6 种。

尖毛虫属模式：属于两组发生式，3 列背触毛参与原基构建，第 3 列背触毛原基发生断裂，背缘触毛列存在。尾棘毛如存在，则通常 3 根，形成于背触毛列 1、2 和 4 的末端。

瘦体虫属模式：属于两组发生式，3 列背触毛参与原基构建，第 3 列背触毛原基不发生断裂，背缘触毛列存在。尾棘毛如存在，则通常 3 根，形成于背触毛列 1-3 的末端。

半腹柱虫属模式：属于一组发生式，3 列背触毛参与原基构建（或最初独立产生 3 列背触毛原基），2 列背触毛原基发生断裂，背缘触毛列缺失。尾棘毛如存在，则通常形成于具有尾端结构的背触毛列的末端。

殖口虫属模式：属于一组发生式，2 列背触毛参与原基构建，第 3 列背触毛原基不发生断裂，背缘触毛列缺失。尾棘毛如存在，则通常 3 根，形成于背触毛列 1-3 的末端。

尖颈虫属模式：属于一组发生式，2 列背触毛参与原基构建，其中第 1 列原基经 3 次断裂而形成 4 列新结构，背缘触毛列缺失。尾棘毛如存在，则通常形成于具有尾端结构的背触毛的末端。

急纤虫属模式：属于两组发生式，3 列背触毛参与原基构建，其中 2 列背触毛原基发生断裂，背缘触毛列存在。尾棘毛如存在，则通常形成于具有末端结构的背触毛列的末端。

这些高度多样化的背面结构发生模式，几乎重演了腹毛类全部类群背面纤毛图式从低等到高等的完整演化过程：从最原始的 3 列原基，到其中部分原基发生片段化；从初级发生式到次级发生式；从无尾棘毛形成到形成尾棘毛；从一组模式到两组模式。这些不同精确刻画出了散毛类既是一个单源发生系，又在其内部存在清晰和明确的演化过程，显示了从原始到高度进化的系统发育关系。

本篇主要依据背面纤毛器的发育模式划分各发生型，包括尖毛虫型、瘦体虫型、半腹柱虫型、尖颈虫型、急纤虫型、殖口虫型、偏腹柱虫型和异急纤虫型。其中，殖口虫型、偏腹柱虫型和异急纤虫型的背面纤毛器的发育模式均为殖口虫属模式，三者的区别在于：殖口虫型为非典型的 5 原基发生型、不发育为典型的 18 根额-腹-横棘毛，老口围带完全保留，棘毛列为“真”棘毛列；偏腹柱虫型为典型的 5 原基发生型，老口围带被部分更新，额腹棘毛成列排布（“伪”棘毛列）；异急纤虫型为典型的 5 原基发生型，老口围带完全保留，额腹棘毛不成列。

第 13 章　细胞发生学：尖毛虫型
Chapter 13　Morphogenetic mode: *Oxytricha*-type

邵晨 (Chen Shao)　　宋微波 (Weibo Song)

尖毛虫型主要表现有如下发生学特征：老的口围带完整保留；5 列 FVT-原基以次级模式起源，按照散毛目的典型模式形成腹面的 3 组棘毛；背触毛为尖毛虫属的形成模式，即来自两组发生（背缘触毛列存在）；第一组的第 3 条原基发生断裂而产生新的背触毛列；通常有尾棘毛形成。

属于该发生模式的类群分别隶属于 3 个亚型：*Gastrostyla steinii*-亚型、*Oxytricha-Stylonychia*-亚型和 *Ponturostyla enigmatica*-亚型。

3 个亚型的发育过程均具有如下特征：老口围带完全保留，老波动膜通过解聚、去分化而构成新的 UM-原基；按照某些进化意义不明的报道，Ⅳ/3 棘毛和Ⅲ/2 拟口棘毛可能参与前仔虫 FVT-原基的构建，口后腹棘毛参与后仔虫 FVT-原基的构建。

3 种发生亚型的主要区别在于：①*Oxytricha-Stylonychia*-亚型，腹面棘毛为典型的 8∶5∶5 模式（即额、腹、横棘毛的数量分别为 8 根、5 根和 5 根），左右各 1 列缘棘毛，具有尾棘毛；②*Gastrostyla steinii*-亚型，腹面棘毛无分组化或分组化不明显，FVT-原基产物数量不恒定，不构成典型的 8∶5∶5 模式，左右各 1 列缘棘毛，具有尾棘毛；③*Ponturostyla enigmatica*-亚型，腹面棘毛分组完善，也具有典型的 8∶5∶5 模式，形成多列左、右缘棘毛，无尾棘毛。

目前已知该发生型涉及尖毛科内几乎所有的属。

第 1 节　尖毛虫-棘尾虫亚型的发生模式
Section 1　The morphogenetic pattern of *Oxytricha-Stylonychia*-subtype

陈旭淼 (Xumiao Chen)　罗晓甜 (Xiaotian Luo)　邵晨 (Chen Shao)

本亚型介绍两个属种：犬牙硬膜虫（*Rigidohymena candens*）和鬃异源棘尾虫（*Tetmemena pustulata*），二者均为尖毛虫-棘尾虫复合系内成员。由于前者普遍具有坚实的皮膜、阔大的口区、高度发达的波动膜及口后腹棘毛后移等特征（并且细胞发生过程中不参与原基的形成），因此 Berger（2011）建立了硬膜虫属（*Rigidohymena*）。异源棘尾虫属（*Tetmemena*）由 Eigner（1999）建立，其特征包括横棘毛不分为两组、虫体并非异常坚实而与棘尾虫相区别。两属均隶属于棘尾虫亚科（Stylonychinae）。

基本纤毛图式　两个属具有相似的纤毛图式：口区右侧 3 根粗壮的额棘毛，单一口棘毛，4 根额腹棘毛以 V 形模式排布，5 根腹棘毛分为 3 根口后腹棘毛和 2 根横前腹棘毛，5 根发达的横棘毛；左、右缘棘毛各 1 列（图 13.1.1A，B）。

具 4 列完整的背触毛和 2 列较短的背缘触毛，3 根尾棘毛位于第 1、2、4 列背触毛末端（图 13.1.1C）。

亚型模式1　犬牙硬膜虫的细胞发生过程

口器　在前仔虫，老口围带完全保留，在发生过程中不发生任何可见的变化（图 13.1.1D，E，G；图 13.1.2A，C，E；图 13.1.3H，I，K，N，O）。

老波动膜在细胞发生早期起即逐步解聚，解聚产物经聚合、重组并在原位参与前仔虫的 UM-原基的形成（图 13.1.2A，C，D；图 13.1.3H，I）。至细胞分裂末期，原基完成结构的重建并发生纵裂、形成前仔虫的新波动膜（口侧膜与口内膜）。两个子细胞分裂完成后，两片波动膜相互分离、分别迁移到口腔的背、腹面，形成空间的“交叉”这一本属的基本模式；同期其前端分化出 1 根额棘毛（图 13.1.2E，G；图 13.1.3N，O）。

后仔虫的口原基形成于细胞发生早期，在虫体横棘毛左上方出现一组紧密排列的毛基体群，形成一个狭长的无序排列毛基场（图 13.1.1D；图 13.1.3A）。随后，这组原基内毛基体不断扩增，使该原基场拉长、变宽（图 13.1.1E；图 13.1.3C），在最前端由前至后逐步分化出新的口围带小膜（图 13.1.1G；图 13.1.2A，C，D）。

在细胞发生中后期，后仔虫口原基前端分化出的小膜数目越来越多（图 13.1.2A，C，D；图 13.1.3H）；并且逐步向虫体右侧弯折（图 13.1.2E；图 13.1.3N）。到达细胞发生末期，后仔虫的新口围带完成迁移和定位（图 13.1.2G；图 13.1.3O）。

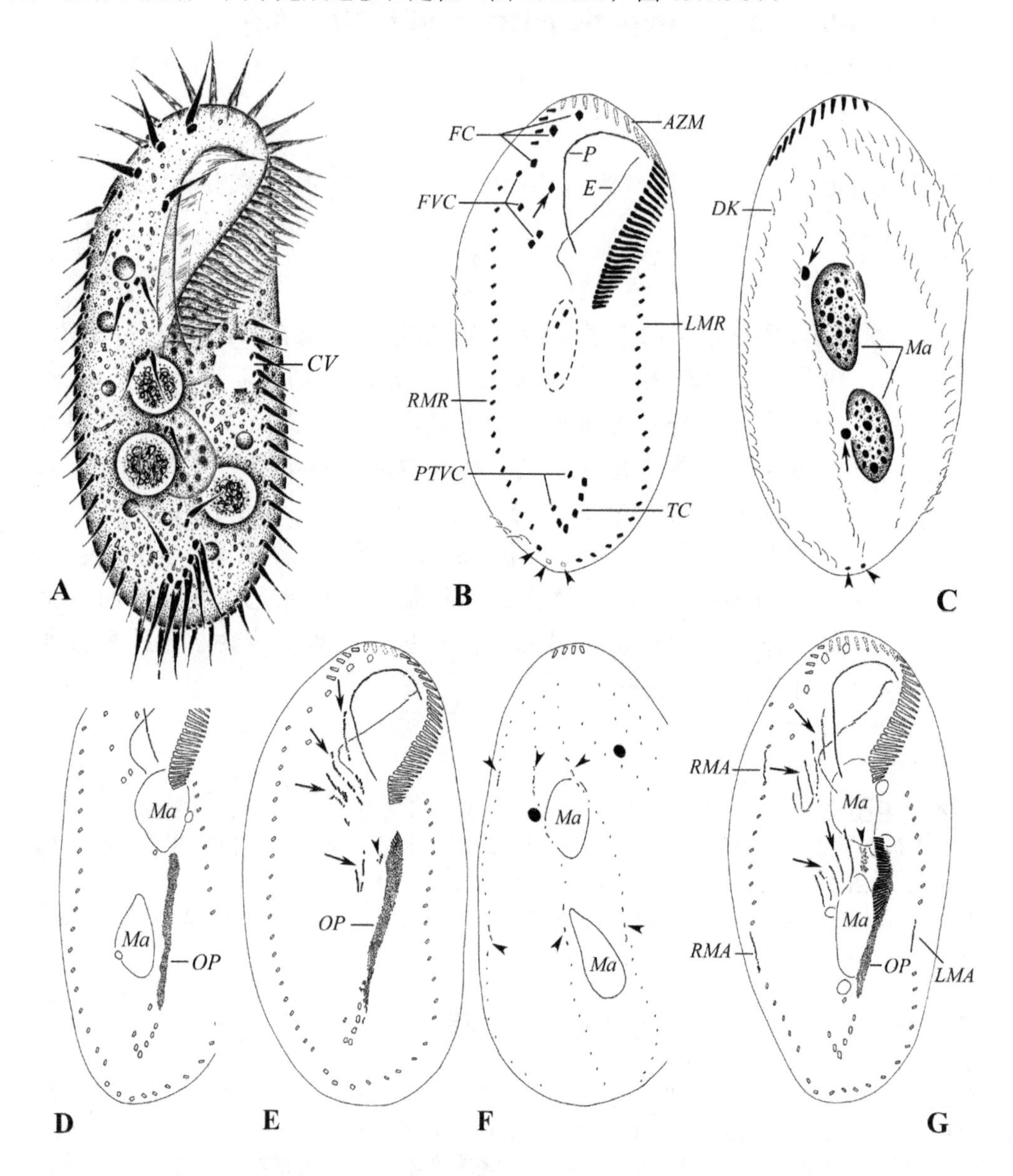

图 13.1.1 犬牙硬膜虫的形态学特征（**A-C**）及早期至中期的纤毛图式（**D-G**）
A-C. 活体（**A**）和纤毛图式腹面观（**B**）、背面观（**C**），箭头分别指示 1 根口棘毛（**B**）和小核（**C**），无尾箭头指示尾棘毛，虚线圈示 3 根口后腹棘毛；**D.** 细胞发生早期个体的腹面观；**E，F.** 同一个体的腹面观（**E**）和背面观（**F**），箭头示前、后仔虫的 FVT-原基，后仔虫口原基前端向后分化出小膜，无尾箭头分别指示后仔虫的 UM-原基（**E**）和背触毛原基（**F**）；**G.** 细胞发生中期个体腹面观，箭头示 FVT-原基，无尾箭头示后仔虫的 UM-原基，此时，左、右缘棘毛原基开始出现。*AZM.* 口围带；*CV.* 伸缩泡；*DK.* 背触毛列；*E.* 口内膜；*FC.* 额棘毛；*FVC.* 额腹棘毛；*LMA.* 左缘棘毛原基；*LMR.* 左缘棘毛列；*Ma.* 大核；*OP.* 后仔虫口原基；*P.* 口侧膜；*PTVC.* 横前腹棘毛；*RMA.* 右缘棘毛原基；*RMR.* 右缘棘毛列；*TC.* 横棘毛

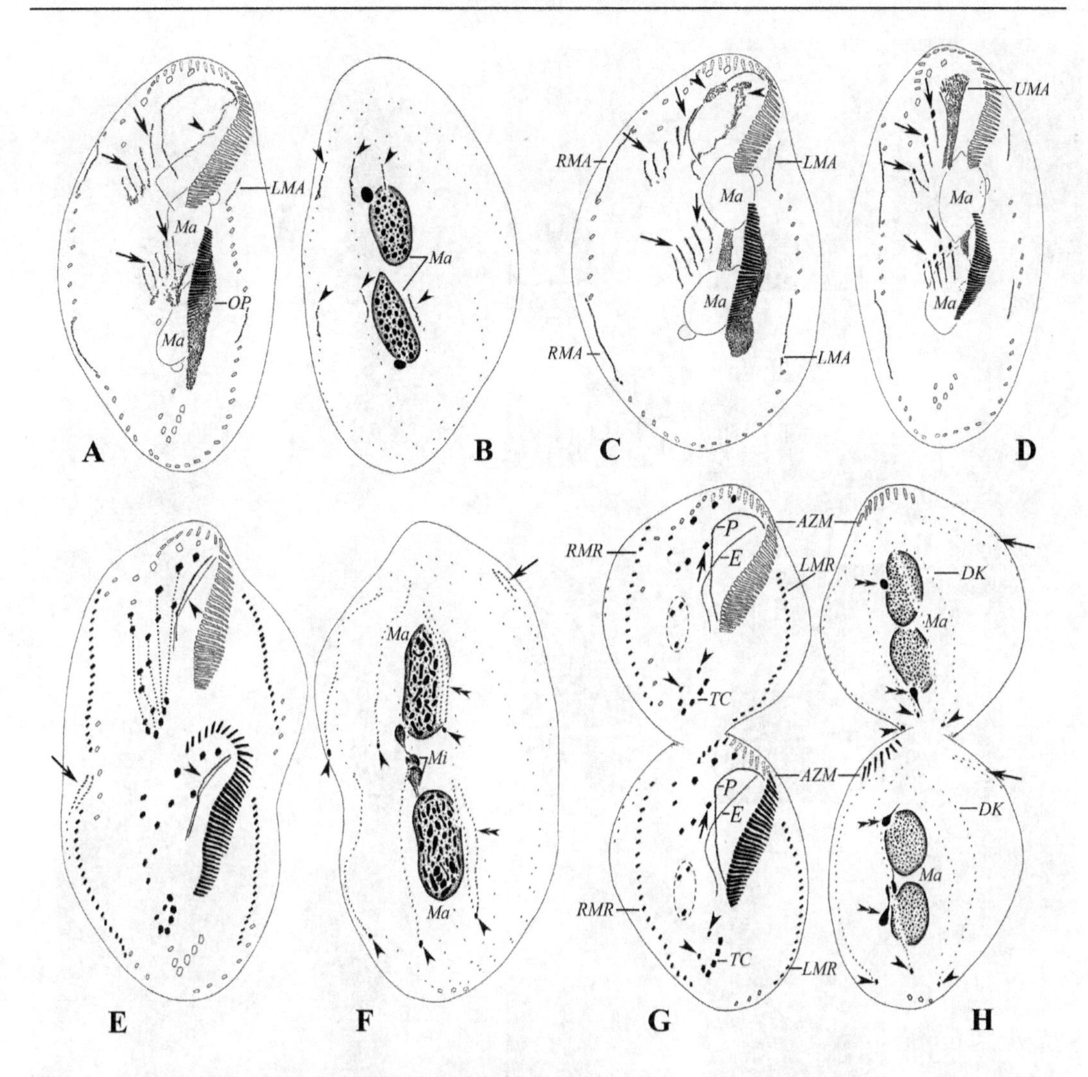

图 13.1.2　犬牙硬膜虫细胞发生期的纤毛图式
A，B. 细胞发生中期个体的腹面观（**A**）和背面观（**B**），箭头示前、后仔虫正在发育的 FVT-原基，无尾箭头分别指示 UM-原基（**A**）和背触毛原基（**B**）；**C.** 腹面观，示正在发育的 FVT-原基（箭头）、UM-原基（无尾箭头）和左、右缘棘毛原基；**D.** 腹面观，箭头示 FVT-原基正逐步分化出棘毛；**E，F.** 细胞发生后期个体的腹面观（**E**）和背面观（**F**），箭头示正在形成的背缘触毛原基，无尾箭头分别指示 UM-原基纵裂为口内膜和口侧膜（**E**），以及 3 列背触毛末端形成尾棘毛（**F**），双箭头示第 4 列背触毛出现，虚线将来自相同 FVT-原基列的棘毛连在一起；**G，H.** 细胞发生末期个体的腹面观（**G**）和背面观（**H**），图 **G** 中箭头示口棘毛、无尾箭头示横前腹棘毛、虚线圈示口后腹棘毛，图 **H** 中无尾箭头示尾棘毛、箭头示背缘触毛列、双箭头示小核。*AZM.* 口围带；*DK.* 背触毛；*E.* 口内膜；*LMA.* 左缘棘毛原基；*LMR.* 左缘棘毛列；*Ma.* 大核；*Mi.* 小核；*OP.* 后仔虫口原基；*P.* 口侧膜；*RMA.* 右缘棘毛原基；*RMR.* 右缘棘毛列；*TC.* 横棘毛

后仔虫的 UM-原基形成于较早时期（图 13.1.1E），整个过程与后仔虫一致：随着毛基体的逐步增殖，组装成密集的毛基场。至细胞发生末期，后仔虫的 UM-原基纵裂为口侧膜和口内膜，拉伸形成典型的管膜虫波动膜排布模式（图 13.1.1G；图 13.1.2A，C-E，G；图 13.1.3H，J，L，O）；与此同时，原基也形成虫体最左侧的 1 根额棘毛。

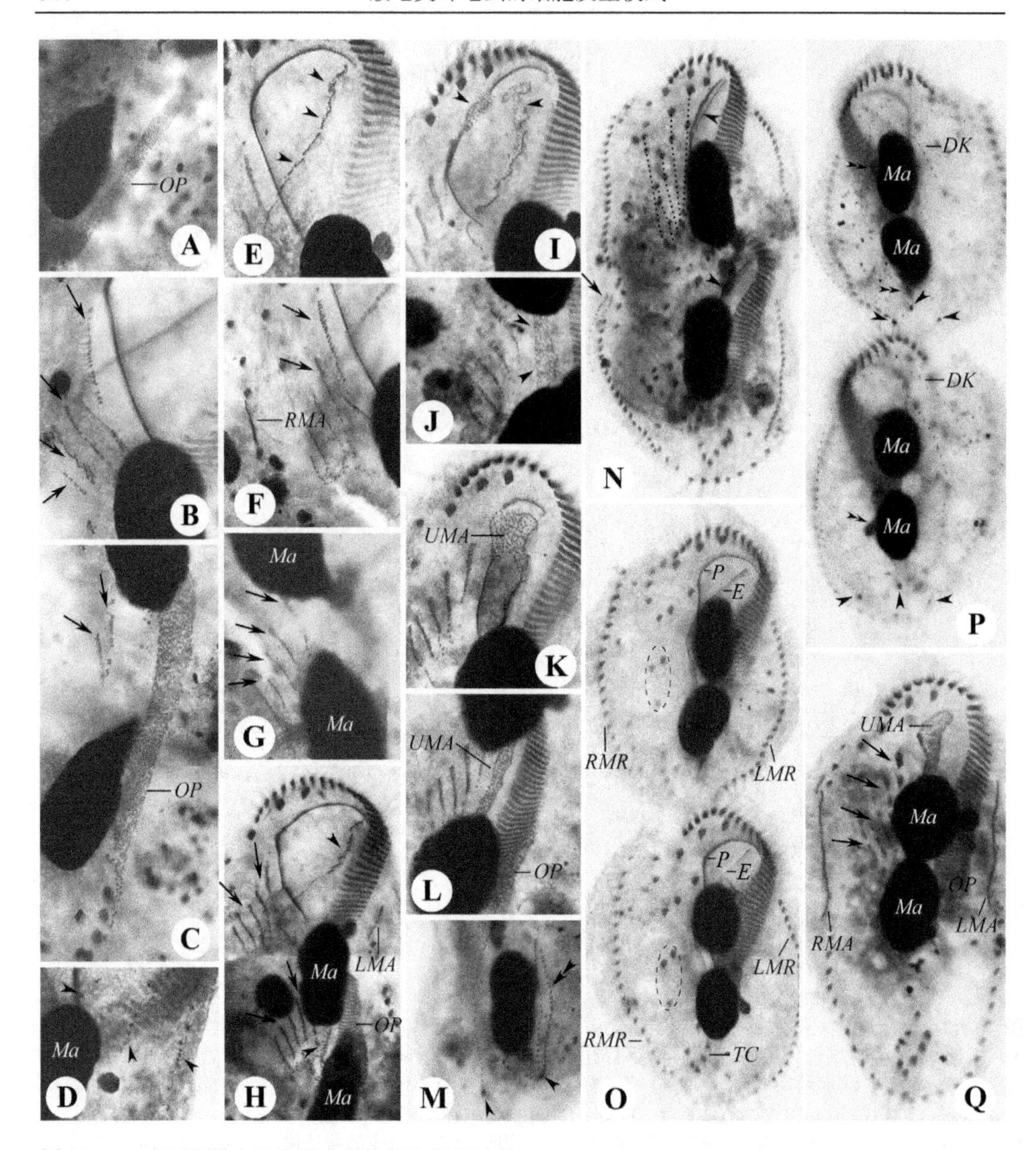

图 13.1.3 犬牙硬膜虫早期至末期的细胞发生过程

A. 细胞发生早期个体腹面观；**B-D.** 同一个体腹面观（**B**，**C**）和背面观（**D**），箭头示 FVT-原基，无尾箭头示背触毛原基；**E-G.** 同一个体腹面，无尾箭头示老的口内膜毛基体疏松，箭头示发育的 FVT-原基；**H.** 细胞发生中期个体腹面观，无尾箭头示新形成的 UM-原基，箭头示 FVT-原基；**I-L.** 腹面观，示前（**I**，**K**）后（**J**，**L**）仔虫正在形成的 UM-原基（无尾箭头）；**M**，**N.** 同一细胞发生末期个体腹面观（**N**）和背面观（**M**），无尾箭头分别表示新形成的尾棘毛（**M**）和纵裂为口侧膜和口内膜的 UM-原基（**N**），双箭头示第 3 列背触毛原基形成 2 列背触毛，箭头示背缘触毛列，虚线将来自相同 FVT-原基列的棘毛连在一起；**O**，**P.** 即将分裂个体的腹面观（**O**）和背面观（**P**），虚线圈示口后腹棘毛，无尾箭头示尾棘毛，双箭头示小核；**Q.** 生理改组中期个体腹面观，箭头示 FVT-原基正在分化出棘毛，注意 UM-原基、左缘棘毛原基和右缘棘毛原基都在发育中。*DK*. 背触毛；*E*. 口内膜；*LMA*. 左缘棘毛原基；*LMR*. 左缘棘毛；*Ma*. 大核；*OP*. 后仔虫口原基；*P*. 口侧膜；*RMA*. 右缘棘毛原基；*RMR*. 右缘棘毛列；*TC*. 横棘毛；*UMA*. UM-原基

额-腹-横棘毛　腹面棘毛在前、后仔虫分别同步发生。

细胞发生早期，前、后仔虫的 FVT-原基分别形成 5 列狭长的条带状原基（FVT-原基Ⅰ-Ⅴ）（图 13.1.1E，G；图 13.1.2A，C），出现于 UM-原基的右侧。进入细胞发生中期，前、后仔虫 5 列 FVT-原基逐渐增殖、变粗，进而从前端向后分化出独立的棘毛（图 13.1.2A，C，D；图 13.1.3H）。

其中，3 根额棘毛从左至右分别来自于 UM-原基和 FVT-原基Ⅰ、Ⅱ前端。

1 根口棘毛来自 FVT-原基Ⅰ中部。

4 根额腹棘毛由左至右分别来自 FVT-原基Ⅱ、FVT-原基Ⅲ和 FVT-原基Ⅴ（2 根）。

3 根口后腹棘毛由左至右分别来自 FVT-原基Ⅲ中部和 FVT-原基Ⅳ前端（2 根）。

2 根横前棘毛来自 FVT-原基Ⅳ和 FVT-原基Ⅴ中部。

5 根横棘毛由左至右分别来自 FVT-原基Ⅰ-Ⅴ后端。

细胞发生后期，腹面棘毛逐渐分区化，向其最终位置迁移（图 13.1.2E，G；图 13.1.3N，O）。

缘棘毛　缘棘毛原基形成于老结构中，部分老棘毛发生原位解聚和重组，参与此结构的重建（图 13.1.1G；图 13.1.2A，C，G；图 13.1.3F，H，O）。

背触毛　新的背触毛来自两组原基：一组出现在细胞发生早期，产生于虫体最左边 3 列老背触毛列中（图 13.1.1F；图 13.1.2B），3 条原基随后逐步增殖。至细胞发生末期，最右侧的 1 列原基片段化形成 2 列背触毛（图 13.1.2F，H；图 13.1.3M）。最终这组形成 4 列近乎纵贯虫体全长的背触毛（图 13.1.2H；图 13.1.3P）。从左至右第 1、2、4 列背触毛末端各形成 1 根尾棘毛（图 13.1.2F，H；图 13.1.3M，P）。

另一组原基出现在细胞发生中后期，形成于右缘棘毛的右上侧，这 2 列较短的原基随后迁移至虫体背部（图 13.1.2E，F；图 13.1.3N），形成 2 列较短的背缘触毛列（图 13.1.2G，H）。

大核　由于缺失某些细胞发生早期的个体，大核的增殖过程不详，不确定 2 枚大核在中期是否融合为一体（图 13.1.1D，F，G；图 13.1.2A-D，F，H；图 13.1.3D，G，H，P）。

生理改组　在生理改组中期的个体中，老的口围带后部发生毛基体的解聚和重组，分化出新的口围带小膜；UM-原基来自老结构的改组；5 列 FVT-原基；缘棘毛原基也来自老结构；具背触毛列原基和背缘触毛列原基（图 13.1.3Q）。

亚型模式 2　鬃异源棘尾虫的细胞发生过程

口器　老的口围带完全被保留（图 13.1.4C-E，G；图 13.1.5A，C，E，G）。

老波动膜的发育十分独特：在发生前期，其解聚仅发生在老结构的前 1/3 部位，后部 2/3 维持不变化。原位重建后新形成的部分和后面未发生变化的部分拼接成前仔虫的波动膜（图 13.1.4D，E，G；图 13.1.5A）。原位形成的原基前端形成第 1 额棘毛（图 13.1.4G）。

在后仔虫，口原基出现在皮膜演化早期，口后腹棘毛左侧独立出现了1列小的无序排列的毛基体群（图13.1.4A，B）。随后口原基扩大并开始由前至后，由右至左进行小膜的组装，最终完成既定形状的塑造（图13.1.5A）。

后仔虫波动膜起源于较早时期，最终纵裂成口侧膜与口内膜并形成虫体最左侧的 1 根额棘毛（图 13.1.4C-E，G）。

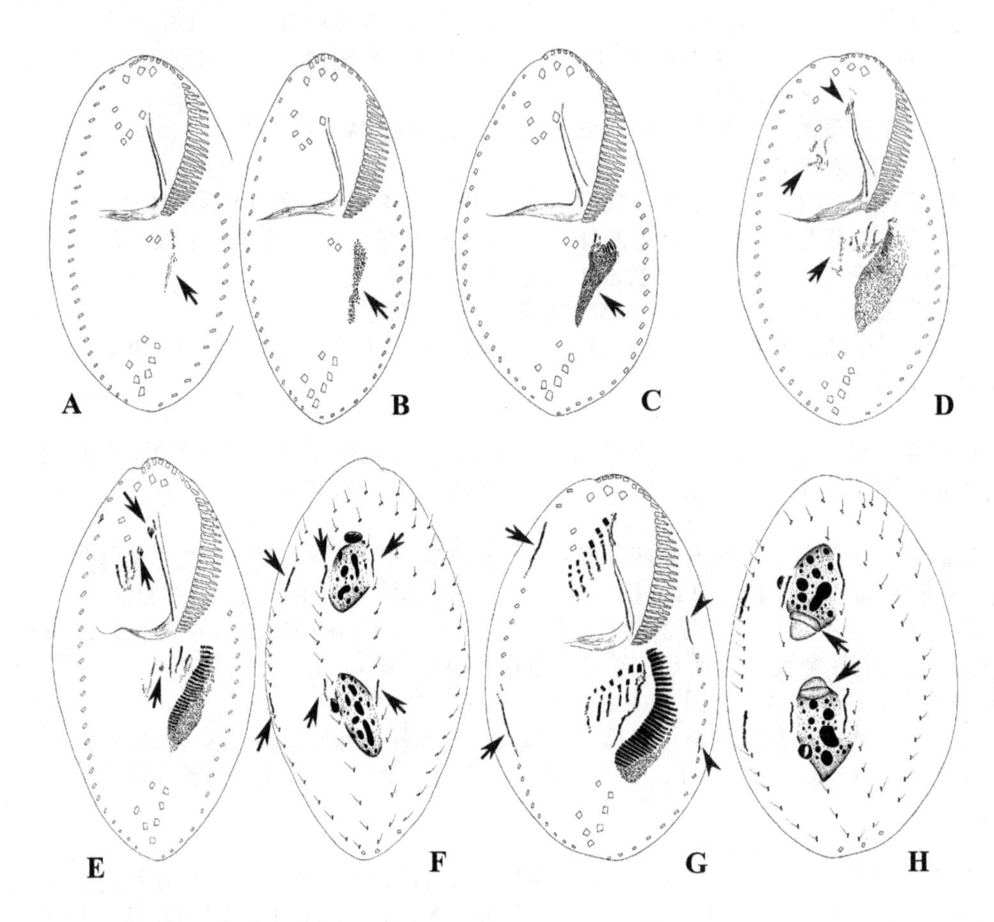

图 13.1.4 鬃异源棘尾虫早期至中期的细胞发生

A-C. 早期发生个体腹面观，箭头指后仔虫的口原基；**D.** 腹面观，箭头指前、后仔虫的 FVT-原基，无尾箭头示开始解聚的老波动膜与口棘毛；**E.** 腹面观，箭头指正解聚的棘毛；**F.** 图 **E** 中同一个体背面观，箭头示背触毛原基；**G，H.** 同一发生个体腹面观及背面观，以示左（图 **G** 中无尾箭头）、右（图 **G** 中箭头）缘棘毛原基，图 **H** 中箭头示大核复制带

额-腹-横棘毛 在细胞发生早期，两组各 5 列 FVT-原基分别出现在前后区域。在前仔虫，2 根额腹棘毛（棘毛Ⅲ/2、棘毛Ⅳ/3）和前面 2 根口后腹棘毛的位置均出现了零星的毛基体，这就是前、后仔虫 FVT-原基的雏形（图 13.1.4D）。

接下来的时期，前仔虫的原基Ⅲ-Ⅴ排列成线状。老的口棘毛及左边的额腹棘毛（棘毛Ⅲ/2）明显发生解聚并将发育为前仔虫的原基Ⅰ和原基Ⅱ。

在后仔虫，5 列 FVT-原基和 1 列 UM-原基先后出现在口原基的右侧，早期的 UM-原基和 FVT-原基Ⅰ、FVT-原基Ⅱ、FVT-原基Ⅳ、FVT-原基Ⅴ均为短的细线状（图 13.1.4E）。部分老结构（棘毛）似乎参与了这些新原基的形成和发育，例如，1 根口后腹棘毛（棘毛Ⅳ/2）参与发育为后仔虫原基Ⅲ（图 13.1.4E）。

在细胞分裂中期，前、后仔虫中 5 列 FVT-原基均排列成线状。5 列 FVT-原基经过片段化和分化，分别产生 3 根、3 根、3 根、4 根、4 根棘毛（图 13.1.4G；图 13.1.5A）。

如此，棘毛的形成按照下面的模式完成。

3根额棘毛从左至右分别来自于UM-原基和FVT-原基Ⅰ和FVT-原基Ⅱ前端。

1根口棘毛来自FVT-原基Ⅰ中部。

4根额腹棘毛由左至右分别来自FVT-原基Ⅱ、FVT-原基Ⅲ和FVT-原基Ⅴ（2根）。

3根口后腹棘毛由左至右分别来自FVT-原基Ⅲ中部和FVT-原基Ⅳ前端（2根）。

2根横前棘毛来自FVT-原基Ⅳ和Ⅴ中部。

5根横棘毛由左至右分别来自FVT-原基Ⅰ-Ⅴ后端。

在细胞分离完成前后，18根新生的棘毛开始向预定的位置迁移（图13.1.5E，G）。

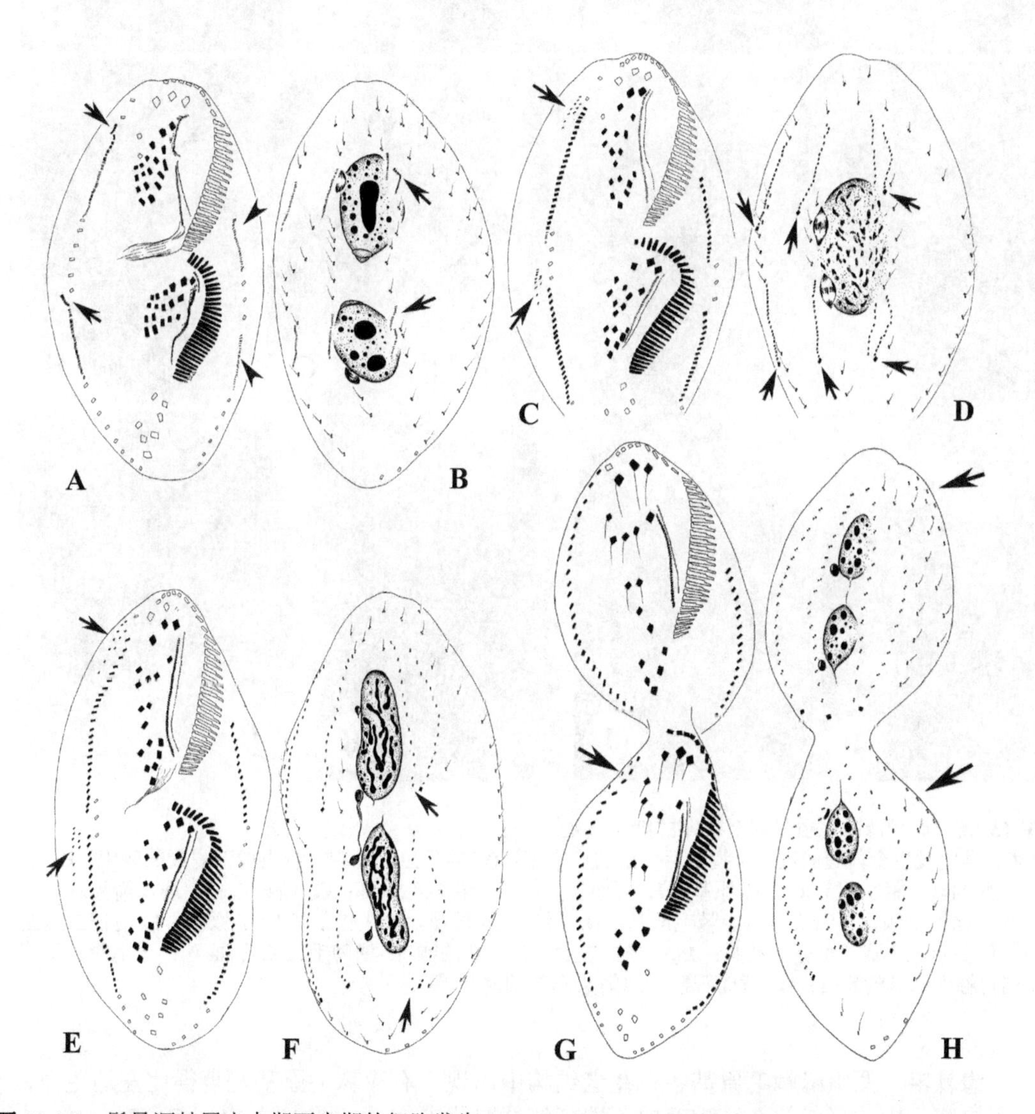

图13.1.5　鬃异源棘尾虫中期至末期的细胞发生

A，B. 同一发生个体的腹面观及背面观，图**A**中箭头示背缘触毛原基，无尾箭头指左缘棘毛原基，图**B**中箭头指示第4列背触毛出现；**C，D.** 同一发生个体的腹面观及背面观，以示新产生的背缘触毛原基（图**C**中箭头）与新的尾棘毛（图**D**中箭头）；**E，F.** 同一晚期发生个体的腹面观及背面观，以示背缘触毛原基（图**E**中箭头）与第4列背触毛的出现（图**F**中箭头）；**G，H.** 即将分裂的晚期发生个体的腹面观及背面观，以示新棘毛的迁移，箭头指背缘触毛列

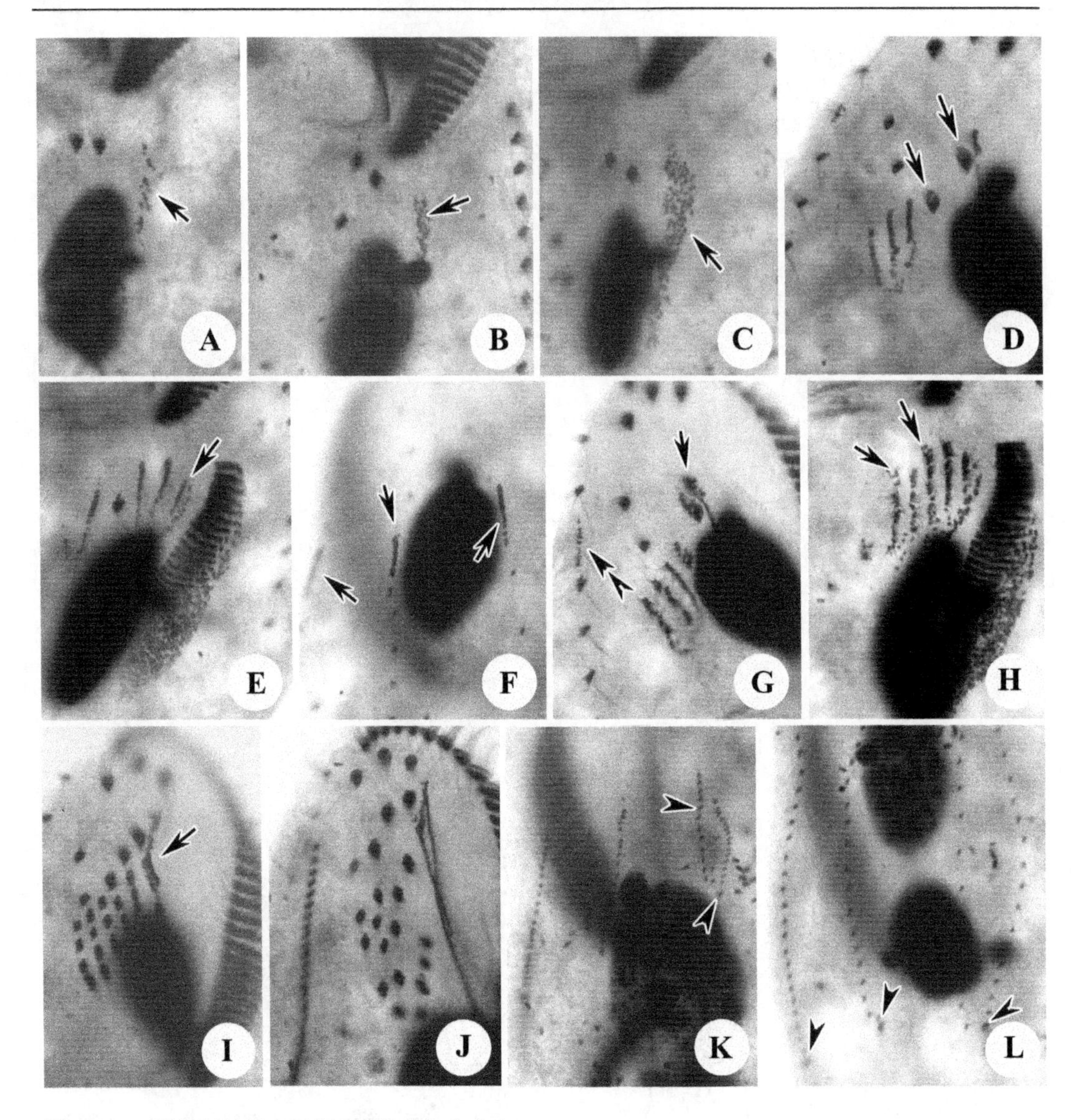

图 13.1.6 鬃异源棘尾虫早期至末期的细胞发生

A-C. 早期发生个体腹面观，箭头指后仔虫的口原基；**D.** 前仔虫腹面观，箭头指正解聚的棘毛；**E.** 后仔虫腹面观，箭头指新的 UM-原基；**F.** 背面观，箭头示背触毛原基；**G.** 前仔虫腹面观，箭头示开始解聚的老波动膜，双箭头示右缘棘毛原基；**H.** 后仔虫腹面观，箭头指条状 FVT-原基；**I.** 前仔虫腹面观，箭头示新形成的部分波动膜；**J.** 前仔虫腹面观，示新的额-腹-横棘毛；**K.** 背面观，无尾箭头示第 3 列背触毛原基的断裂；**L.** 背面观，无尾箭头示新的尾棘毛

缘棘毛 两组缘棘毛原基各自在老结构中出现，右缘棘毛原基发育得比左边更早，也更快些。由此形成的新缘棘毛向两端延伸并取代老棘毛（图 13.1.5A，C，E，G）。

背触毛 背触毛列 1-3 中，前后分别出现 1 列短的背触毛原基（图 13.1.4F）。第 3 列原基的后端在发育后期将发生断裂，分化出第 4 列背触毛（图 13.1.5B）。第 1、2、4 列背触毛不断延长并各自在末端产生 1 根尾棘毛（图 13.1.5D）。

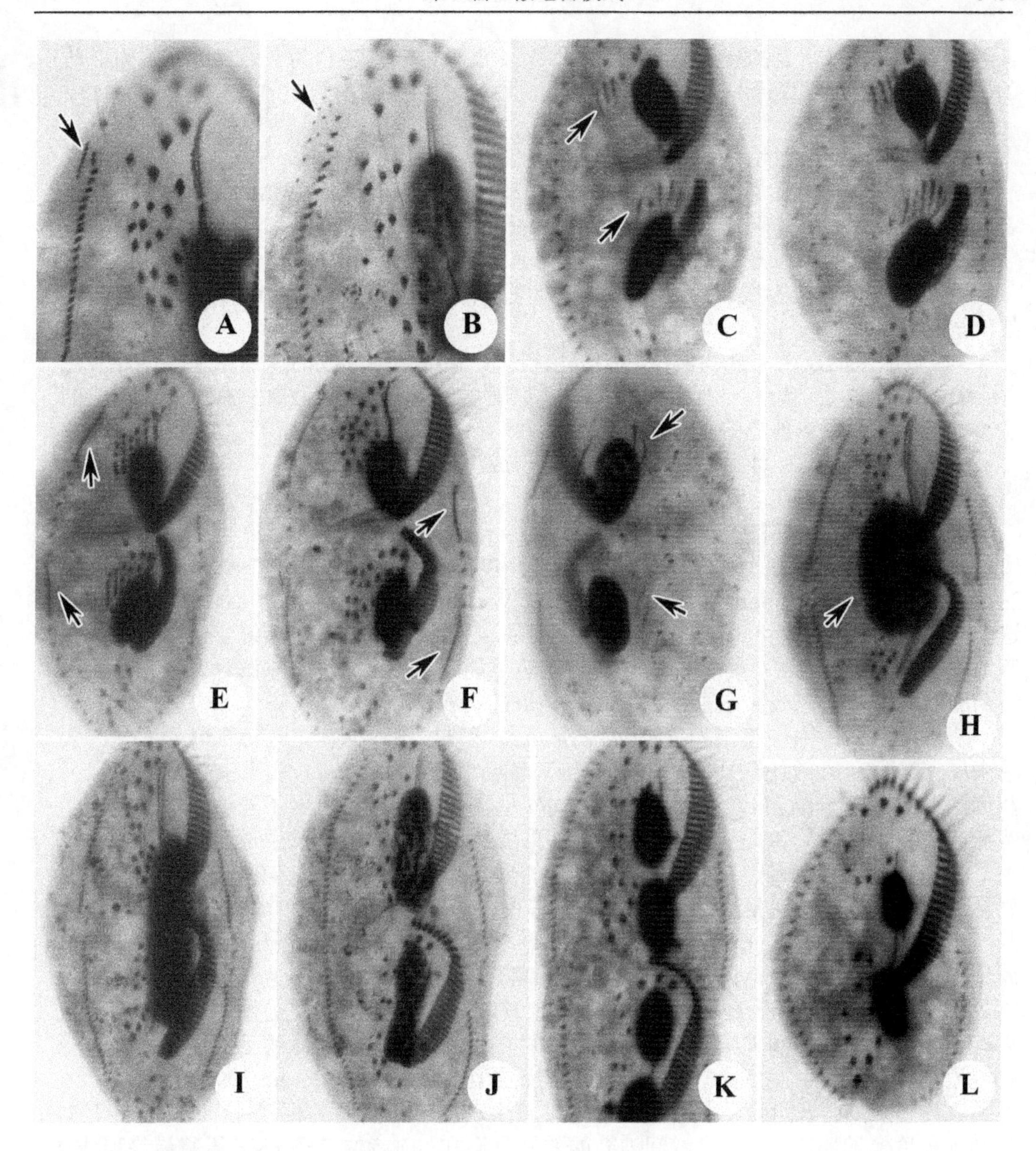

图 13.1.7　鬃异源棘尾虫细胞发生时期的显微照片
A，B. 前仔虫腹面观，箭头示背缘触毛原基；**C，D.** 腹面观，箭头指条状 FVT-原基；**E.** 腹面观，箭头指右缘棘毛原基；**F，G.** 同一发生个体腹面观及背面观，示左缘棘毛原基（图 **F** 中箭头）及第 3 列背触毛原基的断裂（图 **G** 中箭头）；**H.** 腹面观，箭头示单一的大核融合体；**I-K.** 腹面观，示大核的分裂及新棘毛的迁移；**L.** 新分裂出的前仔虫腹面观

在发生前期，右缘棘毛前端右侧出现一极短的原基（图 13.1.5A）。随后，该原基纵向分化（分裂？先后独立形成？）成两小段（图 13.1.5C），其后期分别发育为细胞的第 5、6 列背缘触毛列（图 13.1.5C）。这些新生结构随后将与其他完整的背触毛一起取代老的结构（图 13.1.5F，H）。

大核 大核以常见的形式完成分裂，即发生过程中大核融合为一，随后分裂为 2 枚分配给两个仔虫，在两个仔虫中再分裂一次（图 13.1.4F，H；图 13.1.5B，D，F，H）。

主要发生特征与讨论 该亚型的基本演化特征如下。

（1）前仔虫完全继承了老的口围带；老波动膜全部或部分被 UM-原基产生的新生结构所取代，UM-原基来自老结构的解聚和原位重建。

（2）后仔虫的口原基独立发生。

（3）8 根额棘毛、5 根腹棘毛和 5 根横棘毛来自 UM-原基和 5 列 FVT-原基，其自左至右分别形成 1∶3∶3∶3∶4∶4 根棘毛。

（4）背触毛的发生方式为典型的尖毛虫模式：老结构中形成的 3 列原基经过片段化而形成 4 列背触毛（最右一列原基断裂为 2 列背触毛）；右缘棘毛原基右侧前方形成的第二组原基发育为 2 列短的背缘触毛。

（5）左起第 1、2、4 列背触毛各在尾端形成尾棘毛。

（6）缘棘毛原基在老结构中产生。

本节介绍的两个属的发生学过程均属于同一亚型。

尖毛科种类在细胞发生学水平上体现了高度的一致性（Berger 1999；Chen et al. 2013g；Lv et al. 2013；Song 2004；Voss 1991；Wirnsberger et al. 1986；罗晓甜等 2016），这个特征既体现了尖毛科内成员间的密切关系，又显示了该类群在系统演化中所处的高等地位，众多稳定的演化特征和演化产物显然不能用“趋同进化”来解释。特别是背面结构的形成过程，充分显示了纤毛器在该类群的终极演化形式。

就目前所知，除硬膜虫属（*Rigidohymena*）和异源棘尾虫属（*Tetmemena*）外，尖毛虫属（*Oxytricha*）、假膜虫属（*Notohymena*）、棘毛虫属（*Sterkiella*）、侧毛虫（*Pleurotricha*）和棘尾虫属（*Stylonychia*）等尖毛科类群同样也在发生过程中显示了若干细微的差异。例如，口后腹棘毛Ⅴ/3 是否参与 FVT-原基形成。假膜虫的细胞发生过程中，口后腹棘毛Ⅴ/3 通过解聚参与前、后仔虫 FVT-原基的形成；而棘毛虫属、棘尾虫属和硬膜虫属表现一致，口后腹棘毛Ⅴ/3 未参与 FVT-原基形成。

也正是因为此，在 Berger 的系统安排中，棘毛虫属、棘尾虫属和硬膜虫属共同隶属于棘尾虫亚科（Stylonychinae），而口后腹棘毛Ⅴ/3 不参与 FVT-原基形成为该亚科建立的重要特征之一（Berger 1999，2011）；在各条 FVT-原基分段化方面，尖毛科内各属略有差异，从而导致额-腹-横棘毛数量在属间有小范围的浮动；缘棘毛的产生方面，缘棘毛原基在老结构中产生，只是在棘毛列的数量上略有差异（Berger 1999）。

在硬膜虫属内，四棘毛硬膜虫与犬牙硬膜虫表现出了高度的相似性，证实了该亚型的细胞发生模式非常保守。二者间细微的差别表现在：前者的 5 列 FVT-原基最终形成 4 根横棘毛，而犬牙硬膜虫每列额-腹-横棘毛均形成 1 根即共形成 5 根横棘毛。此外，后仔虫口原基在四棘毛硬膜虫产生于横前腹棘毛附近，而由于缺失早期发生个体，对于犬牙硬膜虫此信息不详。

第2节 缩颈桥柱虫亚型的发生模式
Section 2 The morphogenetic pattern of *Ponturostyla enigmatica*-subtype

樊阳波 (Yangbo Fan) 宋微波 (Weibo Song)

桥柱虫属为尖毛科内形态学上十分独特的一个属，其最突出的特征为左、右侧均具有多列的缘棘毛及多枚大核，同时具有稳定的 8：5：5：3 棘毛模式。该亚型的发生学过程由宋微波（Song 2001）以缩颈桥柱虫为材料完成了观察和报道，结果显示其代表了尖毛科内一独特的模式。

基本纤毛图式及形态学 波动膜及额、腹、横棘毛为典型的尖毛虫属结构；数根粗壮、分化完善的额棘毛，单一口棘毛，3 根口后腹棘毛，2 根横前腹棘毛，5 根横棘毛；左右各具有多列的缘棘毛。稳定的 4 枚大核（图 13.2.1A，B）。

背触毛分为两组：左侧具 4 列完整的及分布于第 3、第 4 列之间的数列片段化触毛，虫体右缘另有 2 或 3 列背缘触毛（图 13.2.1C）。

细胞发生过程

口器 在前仔虫，老的口围带完全不发生变化，最终被前仔虫所继承（图 13.2.2A，B，D-F；图 13.2.3A，C，E，G）。

老的波动膜在细胞发生早期发生解聚并应参与 UM-原基的形成（图 13.2.2B），但因部分分裂期的缺失，无法判断具体哪片膜参与了 UM-原基的构建（图 13.2.2D-F；图 13.2.4E）。至细胞发生末期，新原基延伸并纵裂，形成口侧膜、口内膜和 1 根额棘毛（图 13.2.3A，E，G；图 13.2.4H，I，K，L）。

后仔虫口原基的形成早于前仔虫，最初的发生过程中，有可能部分老棘毛参与（?）了口原基的构建。在稍晚些的“早期发生个体”中，虫体中部形成一组楔形的口原基场，其内毛基体群排列密集而无序（图 13.2.2A；图 13.2.4C）。随后，原基内毛基体不断增殖、发育，使该原基场拉长、扩展、由前至后分化出新的口围带小膜（图 13.2.2B，D；图 13.2.4 D，M）。

在细胞发生中后期，后仔虫口原基完成对小膜的构建、延伸并形成后仔虫的新口围带（图 13.2.2E，F；图 13.2.3A，E，G）。

后仔虫的 UM-原基形成于口原基形成以后。随着毛基体的逐步增殖，形成 UM-原基（图 13.2.2B；图 13.2.4D）。至细胞发生末期，后仔虫的 UM-原基纵裂后彼此分开，形成口侧膜和口内膜（图 13.2.3A，E，G），同时，前端形成虫体最左侧的 1 根额棘毛（图 13.2.3D，F，H）。

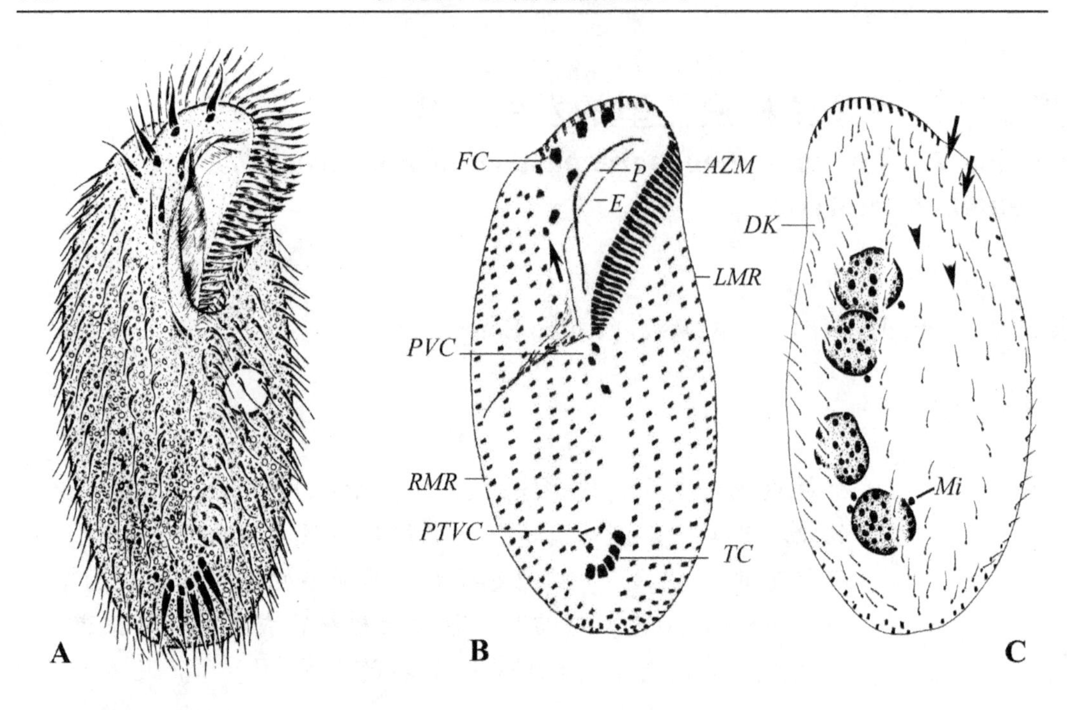

图 13.2.1 缩颈桥柱虫的活体形态（**A**）和纤毛图式（**B，C**）
A. 典型个体腹面观，示一般活体体形；**B，C.** 纤毛图式的腹面观（**B**）和背面观（**C**），箭头示位于虫体背面右缘的背缘触毛列，无尾箭头示背触毛列片段。*AZM.* 口围带；*DK.* 背触毛列；*E.* 口内膜；*FC.* 额棘毛；*LMR.* 左缘棘毛列；*Mi.* 小核；*P.* 口侧膜；*PTVC.* 横前腹棘毛；*PVC.* 口后腹棘毛；*RMR.* 右缘棘毛列；*TC.* 横棘毛

额-腹-横棘毛 前、后仔虫的棘毛发育几乎同步且十分类似。细胞发生早期，在前、后仔虫 UM-原基右侧，分别形成了 5 列狭长的条带状原基，为前、后仔虫的 FVT-原基（图 13.2.2B；图 13.2.4D）。进入细胞发生中期，5 列 FVT-原基逐渐增殖、变粗，进而从前向后分化出独立的棘毛。5 列 FVT-原基分别产生的棘毛数目为 3∶3∶3∶4∶4（图 13.2.2D-F；图 13.2.3A；图 13.2.4E，H，K，L）。

在前、后仔虫，棘毛的起源分别如下。

3 根额棘毛分别来自于 UM-原基和 FVT-原基Ⅰ、FVT-原基Ⅱ。

1 根口棘毛来自 FVT-原基Ⅰ。

4 根额腹棘毛由左至右分别来自 FVT-原基Ⅱ、FVT-原基Ⅲ和 FVT-原基Ⅴ。

3 根口后腹棘毛由左至右分别来自 FVT-原基Ⅲ和 FVT-原基Ⅳ。

2 根横前棘毛来自 FVT-原基Ⅳ和 FVT-原基Ⅴ。

5 根横棘毛由左至右分别来自 FVT-原基Ⅰ-Ⅴ后端各 1 根。

细胞发生后期，腹面棘毛逐渐分区化，向其最终位置迁移（图 13.2.3C，E，G；图 13.2.4N）。

缘棘毛 原基很可能（？）为独立形成：其形成于细胞发生早期，分别在左、右缘棘毛列最右侧前、后 1/3 处，最初为单列结构的原基场，相邻的老结构在随后有可能（？）参与了其发育过程（图 13.2.2B；图 13.2.4B）。再之后，以这原基场为基础，自右向左逐渐形成多列的缘棘毛原基（图 13.2.2D）。

随着细胞发生的推进，在各原基组内，各列原基逐步增殖、分化（图 13.2.2E，F；图 13.2.3A；图 13.2.4E），每列原基形成 1 列新的缘棘毛列，而老结构最终被吸收（图 13.2.3C，E，G；图 13.2.4N，O）。

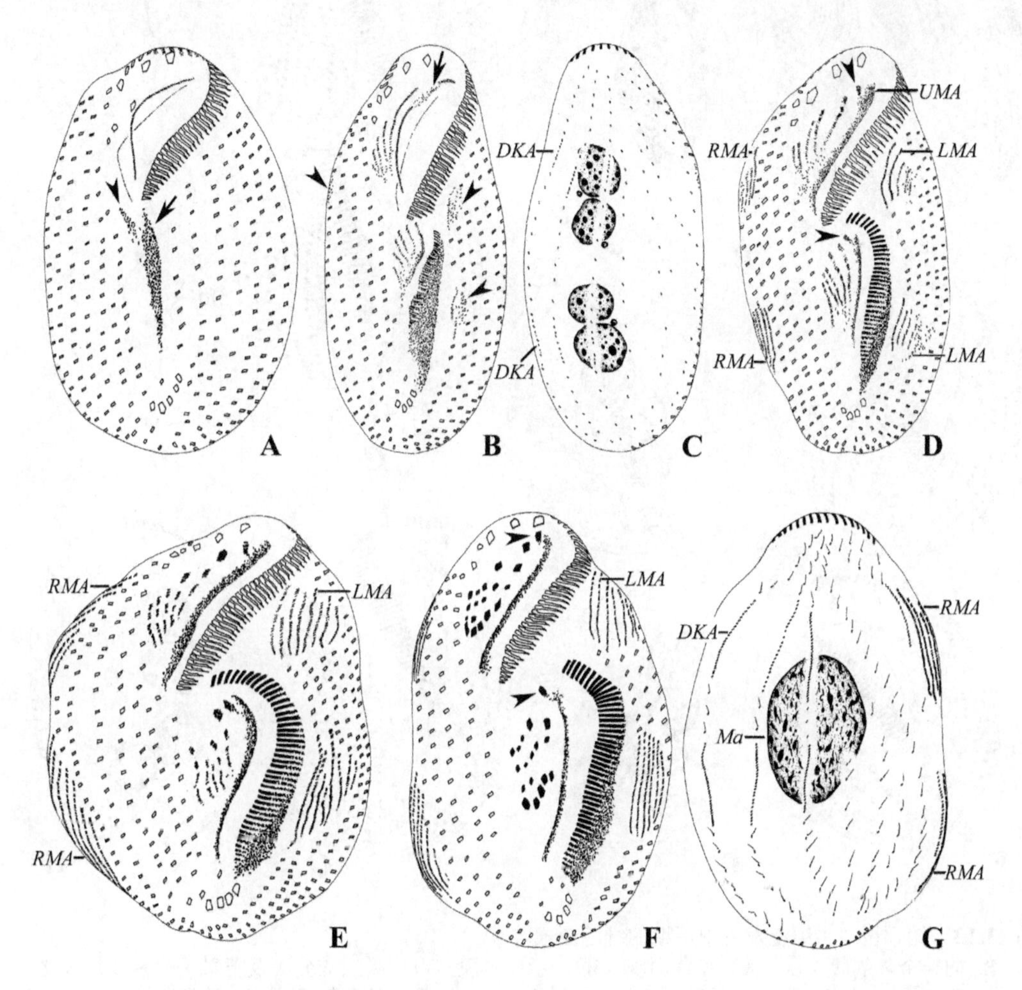

图 13.2.2 缩颈桥柱虫细胞发生早期至中期的纤毛图式

A. 细胞发生早期个体的腹面观，箭头示后仔虫口原基，无尾箭头示后仔虫的 FVT-原基；**B，C.** 同一细胞发生早期个体的腹面观（**B**）和背面观（**C**），图 **B** 箭头示前仔虫老的波动膜前端开始解聚形成前仔虫的 UM-原基，无尾箭头示缘棘毛原基；**D.** 细胞发生中早期个体的腹面观，示缘棘毛原基从中间向两侧形成，无尾箭头示来源于 UM-原基的第 1 根额棘毛；**E.** 细胞发生中期个体腹面观，示 FVT-原基开始片段化形成棘毛，缘棘毛原基数目与间期缘棘毛列数不对应；**F，G.** 同一发生中期个体腹面观（**F**）和背面观（**G**），图 **F** 中无尾箭头示前、后仔虫的第 1 根额棘毛，此时，大核融为一团。*DKA*. 背触毛原基；*LMA*. 左缘棘毛列原基；*Ma*. 大核；*RMA*. 右缘棘；*UMA*. UM-原基

背触毛 新的背触毛来自两组原基：一组出现在细胞发生早期，前、后仔虫各一组，产生于虫体最左边 3 列亲体背触毛中（图 13.2.2C），伴随着毛基体的增殖而逐步向两端延长（图 13.2.2G）。至细胞发生末期，最右端的 1 列原基发生片段化（？）产生 2-4 列背触毛（图 13.2.3B；图 13.2.4G），最初的 3 条原基最终形成 4 列贯穿虫体的新触毛和数列较短的触毛片段（图 13.2.3D，F，H）。

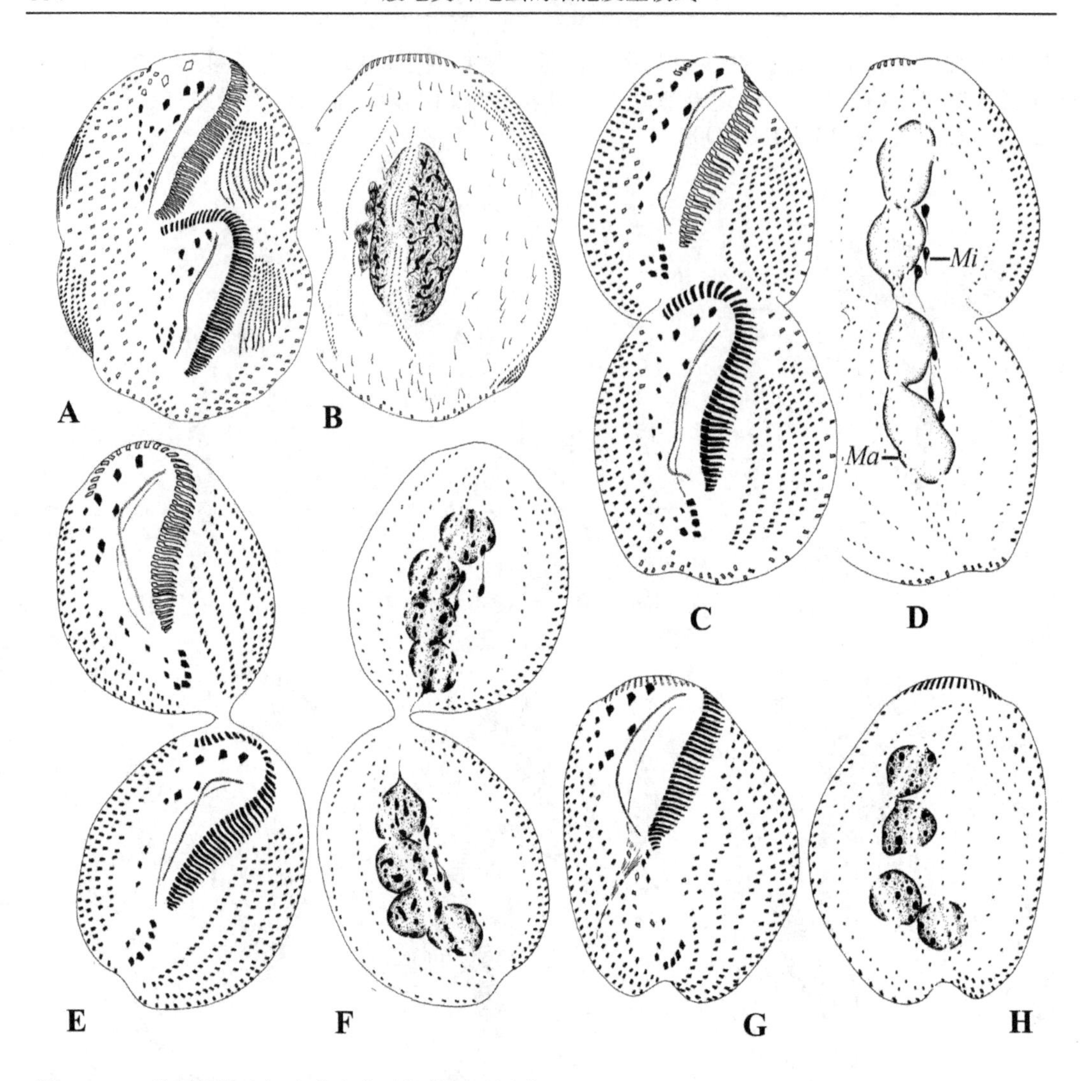

图 13.2.3　缩颈桥柱虫细胞发生中后期的纤毛图式
A，B. 同一个体的腹面观（**A**）和背面观（**B**），示口内膜与口侧膜完成分离及背触毛原基 3 片段化；**C，D.** 刚完成分裂的个体的腹面观（**C**）和背面观（**D**），示额外的背触毛原基 3 片段化；**E，F.** 细胞发生后期个体腹面观（**E**）和背面观（**F**），示棘毛迁移至最终位置，一些老的背触毛仍保留；**G，H.** 细胞发生末期个体腹面观（**G**）和背面观（**H**），示大核分裂已完成。*Ma.* 大核；*Mi.* 小核

另一组原基于细胞右边缘处形成和发育，其未来将形成 2 或 3 列较短的原基并将定位在虫体背面的右前方边缘处，即背缘触毛列（图 13.2.2G；图 13.2.3B，F，H；图 13.2.4J）。

大核　4 枚大核在细胞发生的中期融合为一体（图 13.2.2G；图 13.2.3B；图 13.2.4K），继而再分裂并完成在子细胞内的分配（图 13.2.3D，F，H）。

主要发生特征与讨论　本亚型仅涉及缩颈桥柱虫1种。
对缩颈桥柱虫细胞发生亚型的发生特征总结如下。
（1）前仔虫完全继承了老的口围带，UM-原基来自老结构的解聚。

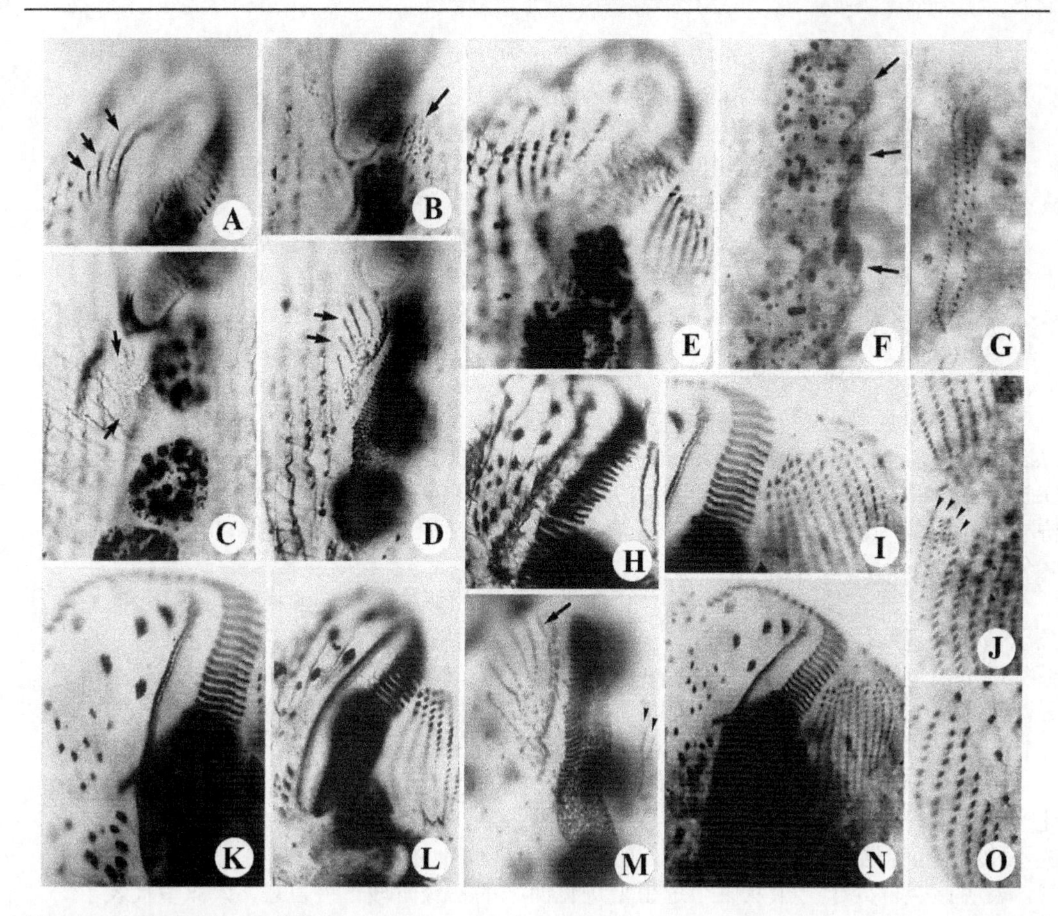

图 13.2.4　缩颈桥柱虫细胞发生

A-C. 细胞发生早期个体的腹面观，图 **A** 中箭头示前仔虫 FVT-原基，图 **B** 中箭头示左缘棘毛原基，图 **C** 中箭头示后仔虫正在形成的 FVT-原基；**D.** 细胞发生早期个体的腹面观，箭头示后仔虫的 5 列 FVT-原基和 UM-原基；**E.** 细胞发生早中期个体腹面观，示前仔虫的 FVT-原基和缘棘毛原基；**F.** 细胞发生中期合成一团的大核，箭头示小核正在分裂；**G.** 细胞发生中期个体背面观，示 *DK3* 原基片段化形成 3 段；**H.** 细胞发生后期个体腹面观，示新形成的棘毛开始向最终位置迁移；**I.** 细胞发生中期个体的腹面观，示新形成的左缘棘毛；**J.** 细胞发生中期个体背面观，示最右侧缘棘毛前端开始形成背缘触毛（无尾箭头）；**K.** 细胞发生后期个体腹面观，示新形成的棘毛；**L.** 细胞发生后期个体腹面观，示新形成的额-腹-横棘毛；**M.** 细胞发生早期发生个体腹面观，示后仔虫的 FVT-原基（箭头）和口原基（无尾箭头）；**N.** 刚完成分裂的个体腹面观，示间期腹面棘毛排布；**O.** 细胞发生后期个体腹面观，示新形成的右缘棘毛

（2）额-腹-横棘毛按照如下结构模式分组：3 根额棘毛、1 根口棘毛、4 根额腹棘毛、3 根口后腹棘毛、2 根（横前）腹棘毛和 5 根横棘毛；这些棘毛分别来自 UM-原基和 5 列 FVT-原基，其自左至右分别形成 1∶3∶3∶3∶4∶4 根棘毛。

（3）缘棘毛原基很可能是独立地产生于老结构旁，但老的棘毛似乎参与了后期的发育，多列缘棘毛来源于单一原基的分化，而老结构最终被重吸收。

（4）背触毛的发生方式为两组式：在老结构中形成的 3 列原基最终形成 5-7 列背触毛（最右一列断裂形成 2 列完整的和 2-4 列较短的背触毛）；另外一组为在细胞右前方独立形成 2 或 3 列原基，发育为虫体的背缘触毛列。

作为腹毛类中分化最高等的类群，尖毛科体现了一系列高等的结构演化形式，特别是腹面的棘毛。包括完全稳定的原基片段化产物、稳定的分组化模式和最终空间布局、多属共享的原基起源和演化模式（Shao et al. 2015）。在这些类群中，桥柱虫显然代表了一个极有代表性的进化支，包括大核和缘棘毛所体现的祖征。

4枚大核似乎代表了一个由具有更多大核的类群，如尖颈虫（见第19章），向两枚大核进化过程中的居间现象。从现有资料可知，在腹毛类中，大核数目体现了一个从多到少、从数目不稳到数目恒定的演化过程。腹毛类中绝大多数类群均为稳定的两枚，相当于细胞完成分裂后，分配到每个子细胞中的两枚大核不再继续分裂。而与之相对的现象是，上述大核继续分裂，直至数目众多。应该理解为，这个及时终止"继续分裂"的过程是一个对于子代细胞而言节省能量、及时进入营养期的进化方案，具有更好的避免风险、实现自我保护性的意义。

除桥柱虫属外，目前已知另有5个属具有典型尖毛类棘毛模式及多列的缘棘毛：*Pleurotricha* Stein, 1859，*Onychodromopsis* Stokes, 1887，*Allotricha* Sterki, 1878，*Parurosoma* Gelei, 1954和*Coniculostomum* Njiné, 1979（Berger 1999）。与所有其他5个属不同，缩颈桥柱虫的多列缘棘毛来源于独立产生的单一原基群（原基场），这使得它与其他属明显区分（Chen et al. 2010c）。

在具有多列缘棘毛的尾柱类中，少数类群具有相似的原基起源模式，即缘棘毛原基源于单一原基场。应该理解为这是一个单独形成、保守的发育模式。为何这一特征在尖毛类这个高度演化的类群中仅仅在桥柱虫中得以保留，仍是一个令人费解的问题。但无疑，这应是一个权重很高的发生学特征。结合其形态学上的一系列特征（多大核、多列缘棘毛），该属虽然作为一个亚型来描述，其系统演化地位仍代表了一个孤立的样本。

另外一个特征也需要提及，即背触毛在本亚型显示了不稳定性：第3列原基的片段化产物存在多样性，由此导致了数目不定的背触毛。此外，背缘触毛列同样因原基分化的不稳定性而导致数目上的变化。这个特征可能与上述的多列缘棘毛同属较原始的祖征，表明该类群处于一个从某个远祖型进化而来的初级阶段，换言之，该亚型代表了一个尖毛科中的原始类群。

第3节 斯坦腹柱虫亚型的发生模式
Section 3 The morphogenetic pattern of *Gastrostyla steinii*-subtype

罗晓甜 (Xiaotian Luo)

斯坦腹柱虫是腹柱虫属的模式种，由 Engelmann 于 1862 年首次报道。随后多位学者对该种的欧洲、亚洲等多个种群进行了发生学研究（Berger 1999；Foissner et al. 2002），这些工作都一致地表明，其稳定的发生过程代表了一个独立的亚型。本节描述主要基于作者新近完成的工作。

基本纤毛图式 额棘毛3根；口棘毛、口旁棘毛及口后腹棘毛各1根；额腹棘毛呈不规则的1列，从额区延伸至横棘毛处，棘毛数目不恒定；共由3部分组成，即前部约4根（来自FVT-原基Ⅴ），中部1根（来自FVT-原基Ⅲ），后部约11根（来自FVT-原基Ⅳ）；横前腹棘毛通常多于2根，于右侧横棘毛前端成列排布；横棘毛4根；左、右缘棘毛各1列；罕见地具有4枚大核（图13.3.1A，C，E，F，I-M）。

尾棘毛3根；具有4列背触毛和2列较短的背缘触毛（图13.3.1B，D，G，H，N）。

细胞发生过程

口器 老口围带在细胞分裂过程中不发生任何变化，后期由前仔虫所继承（图13.3.2C，E，F；图13.3.3A，C，E）。

老的波动膜在发生中早期解聚并形成前仔虫的UM-原基（图13.3.2E），随着细胞发生的推进，该原基发育为两片新的波动膜。其间由该UM-原基的前端分化出1根额棘毛（图13.3.2F；图13.3.3A，C，E）。

后仔虫口原基出现在细胞发生早期，最初的原基场于横棘毛上方、额腹棘毛列左侧独立产生（图13.3.2A）。接下来，口原基向前延伸，小膜组装，新口围带前端向右侧弯折，最终新的口围带迁移到既定位置（图13.3.2B，C，E，F；图13.3.3A，C，E）。

在发生早期阶段，后仔虫UM-原基出现在FVT-原基与口原基之间，由于发生时期缺失，无法确定其出现的时机，也无法判断UM-原基、FVT-原基Ⅰ和FVT-原基Ⅱ与口原基是否同源（图13.3.2C）。随后的发育过程与前仔虫一致（图13.3.2E，F；图13.3.3A，C，E）。

额-腹-横棘毛 FVT-原基在前、后仔虫分别发生，为典型的次级发生式。但5列FVT-原基的出现有一个逐渐发育的过程。

发生早期，在前仔虫中，部分老结构参与了 FVT-原基的形成。例如，口棘毛参与形成 FVT-原基Ⅰ，口旁棘毛参与形成 FVT-原基Ⅱ，老棘毛Ⅲ/3 参与形成 FVT-原基Ⅲ-Ⅴ，老原基Ⅳ形成的棘毛是否参与原基Ⅲ-Ⅴ的形成不能确定（图 13.3.2C）。

后仔虫中，数列 FVT-原基出现在老口围带右前方，部分老结构参与了这些原基的形成。口后腹棘毛参与形成 FVT-原基Ⅲ，老原基Ⅳ形成的棘毛参与形成 FVT-原基Ⅳ和 FVT-原基Ⅴ（图 13.3.2C）。

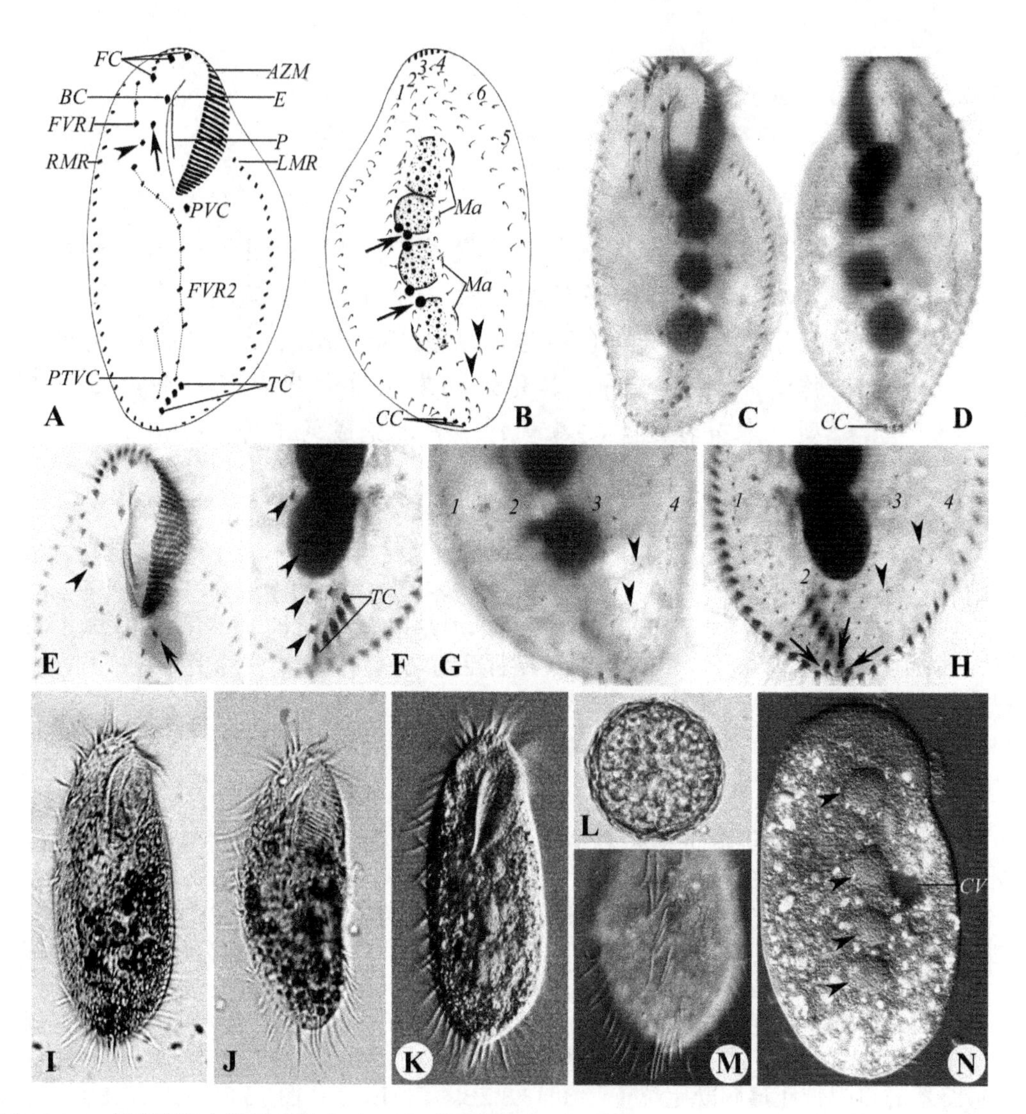

图 13.3.1　斯坦腹柱虫的纤毛图式（**A-H**）及活体形态（**I-N**）

A-D. 腹面观（**A，C**）及背面观（**B，D**），示棘毛Ⅲ/2（图 **A** 箭头），棘毛Ⅵ/3（图 **A** 无尾箭头），小核（图 **B** 箭头）及背触毛列 3 和 4 之间的 2 对毛基体（图 **B** 无尾箭头）；**E.** 纤毛图式前部腹面观，示口后腹棘毛（黑色箭头）、棘毛Ⅲ/2（白色箭头）及棘毛Ⅵ/3（无尾箭头）；**F.** 后部腹面观，示 5 根横棘毛及 4 根横前腹棘毛（无尾箭头）；**G，H.** 后部背面观，示背触毛列 3 和 4 之间的 2 对毛基体（无尾箭头）及尾棘毛（箭头）；**I-K.** 活体腹面观，示正常体形；**L.** 包囊；**M.** 长额腹棘毛列；**N.** 挤压个体腹面观，示大核（无尾箭头）和伸缩泡。*AZM*. 口围带；*BC*. 口棘毛；*CC*. 尾棘毛；*E*. 口内膜；*FC*. 额棘毛；*FVR1*. 额腹棘毛列前部；*FVR2*. 额腹棘毛列后部；*LMR*. 左缘棘毛列；*Ma*. 大核；*P*. 口侧膜；*PTVC*. 横前腹棘毛；*PVC*. 口后腹棘毛；*RMR*. 右缘棘毛列；*TC*. 横棘毛；*1-6*. 背触毛列 1-6

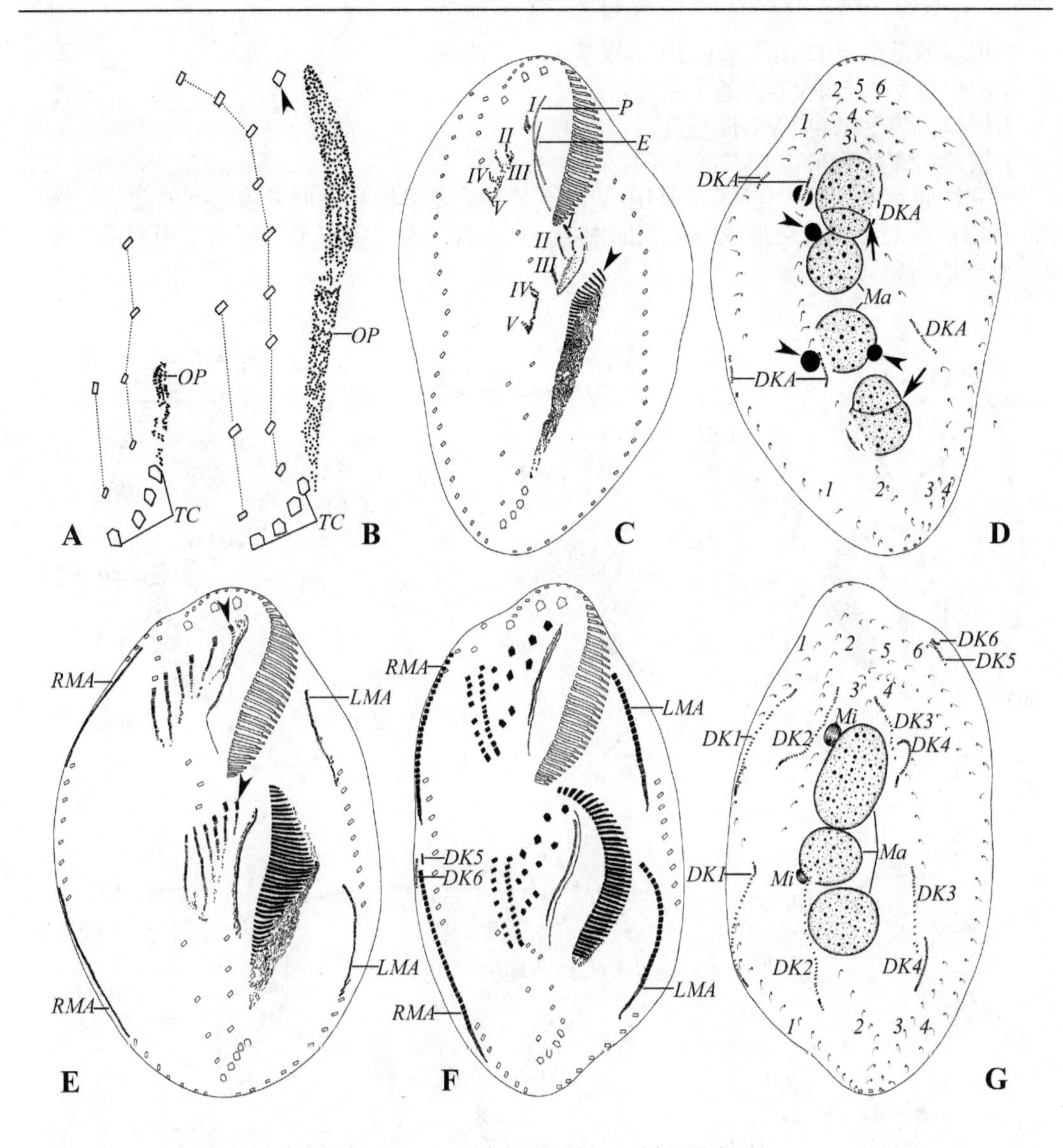

图 13.3.2　斯坦腹柱虫的发生早期（**A-D**）和中早期（**E-G**）纤毛图式

A，B. 发生早期个体，示后仔虫口原基，无尾箭头示口后腹棘毛；**C，D.** 发生早期个体腹面观和背面观，示 FVT-原基，新形成的口围带小膜（图 **C** 无尾箭头），小核（图 **D** 无尾箭头），大核复制带（箭头）和背触毛原基；**E.** 发生中早期个体的腹面观，示条带状 FVT-原基、缘棘毛原基和由 UM-原基形成的左侧额棘毛（无尾箭头）；**F，G.** 发生中早期个体的腹面观和背面观，示 FVT-原基和缘棘毛原基分化为棘毛及背触毛原基 3 断裂形成第 4 列背触毛。*DKA.* 背触毛毛原基；*DK1-DK6.* 新背触毛列 1-6；*E.* 老口内膜；*I-V.* FVT-原基Ⅰ-Ⅴ；*LMA.* 左缘棘毛列原基；*Ma.* 大核；*Mi.* 小核；*OP.* 口原基；*P.* 老口侧膜；*RMA.* 右缘棘毛列原基；*1-6.* 老背触毛列 1-6

随后，前、后仔虫的 5 列 FVT-原基经伸长、扩展和分段化，最终按 2∶3∶3∶（11-13）∶（7-10）的方式分化成棘毛并迁移到既定位置，连同来自 UM-原基形成的 1 根额棘毛，共形成下列新棘毛：3 根额棘毛、1 根口棘毛、1 根口旁棘毛、1 根口后腹棘毛、1 列额腹棘毛列、1 列横前腹棘毛和 4 根横棘毛，具体来源如下（图 13.3.2E，F；图 13.3.3A，C，E）。

3 根额棘毛来自 UM-原基和 FVT-原基Ⅰ、Ⅱ前端。

1 根口棘毛来自 FVT-原基Ⅰ后端。

1 根口旁棘毛来自 FVT-原基Ⅱ。

1 根口后腹棘毛来自 FVT-原基Ⅲ。

1 列额腹棘毛列源于 FVT-原基Ⅲ-Ⅴ：原基Ⅴ前端多根棘毛形成棘毛列的前部，源于原基Ⅲ前端的 1 根棘毛形成棘毛列的中部，原基Ⅳ整列（除去最后端的 1 根棘毛）形成棘毛列的后部。

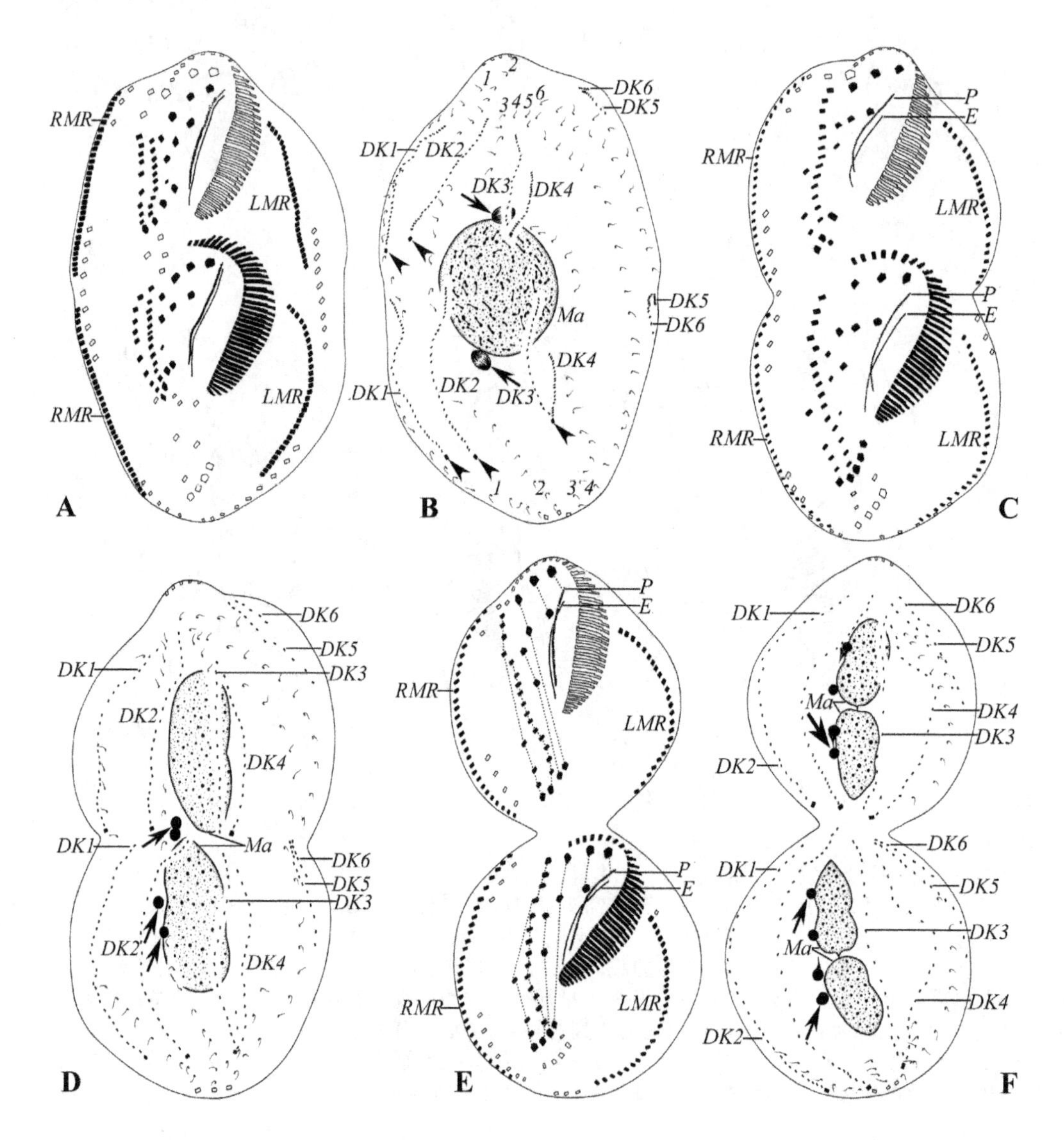

图 13.3.3 斯坦腹柱虫发生中期（**A，B**）和后期（**C-F**）纤毛图式

A，B. 发生中期个体，示新形成的尾棘毛（无尾箭头），融合的大核（箭头）；**C-F.** 发生后期个体的腹面观（**C，E**）和背面观（**D，F**），示新形成的口内膜，口侧膜和分裂的小核（箭头）。*DK1-DK6.* 新背触毛列 1-6；*E.* 新口内膜；*LMR.* 新左缘棘毛列；*Ma.* 大核；*P.* 新口侧膜；*RMR.* 新右缘棘毛列

1列横前腹棘毛源自FVT-原基Ⅴ后端。

4根横棘毛由左至右分别来自FVT-原基Ⅱ-Ⅴ后端各1根。

缘棘毛　以常规模式形成：细胞发生中前期，老的左、右缘棘毛列的前部和后部的部分棘毛解聚形成前、后仔虫的缘棘毛原基（图13.3.2E）。原基不断增殖、分化为棘毛并最终取代老结构（图13.3.2F；图13.3.3A，C，E）。

背触毛　背触毛的发生方式为两组式，且为典型的*Oxytricha*模式。前、后仔虫在老结构中分别形成3列原基，第3列原基发生断裂形成第4列背触毛，最终这一组形成第1-4列背触毛。另一组原基在右缘棘毛原基前端出现，又称为背缘触毛列原基，其初为一短的片段，后演化为两列，并在后期发育过程中形成虫体的2列背缘触毛列（图13.3.2G；图13.3.3B，D，F）。

3根尾棘毛形成于第1、2、4列背触毛的末端（图13.3.3B，D，F）。

大核　4枚大核在细胞发生的中期融合为一体（图13.3.3B），继而再经过3次分裂完成在子细胞内的分配（图13.3.3D，F）。

主要特征　涉及本亚型的腹柱虫属有4种（*Gastrostyla steinii*，*Gastrostyla setifera*，*Gastrostyla opisthoclada*及*Gastrostyla muscorum*）。

对斯坦腹柱虫细胞发生亚型的发生特征总结如下。

（1）老的口器完全保留并由前仔虫所继承。

（2）FVT-原基为典型的5原基发生模式。

（3）FVT-原基产生多于18根棘毛，其中，原基Ⅳ、Ⅴ分别形成7根以上的棘毛。

（4）横前腹棘毛多于2根。

（5）FVT-原基Ⅱ-Ⅴ各产生1根横棘毛，少数情况原基Ⅰ也产生横棘毛。

（6）背触毛原基以两组式发生，第3列原基末端断裂形成第4列背触毛；2列背缘触毛原基发生于右缘棘毛原基右上方。

（7）第1、2、4列背触毛末端各产生1根尾棘毛。

（8）发生过程中大核融合成一团。

与高等的或“典型的”尖毛类相比，腹柱虫已显示了非常相似的发生模式，其中主要的差异仅表现在本亚型所形成的额-腹-横棘毛的数目不尽稳定，以及分组化尚不完全这两个方面。这也从另外一个角度显示它们之间所存在的前后演化关系，以及表明高等尖毛类的发生模式有一个逐渐形成的过程。

腹柱虫属目前已知种有6种：*Gastrostyla steinii*，*Gastrostyla setifera*，*Gastrostyla opisthoclada*，*Gastrostyla muscorum*，*Gastrostyla mystacea*和*Gastrostyla bavariensis*。除*Gastrostyla muscorum*外的其余各种都有了较详细的发生学信息（Berger 1999；Foissner 2016；Foissner et al. 2002；Shi et al. 2003；施心路等 1999；徐朝晖等 2000），这些信息显示，属内所有已知阶元均属于同一个发生亚型。

模式种*Gastrostyla steinii*与其他种最明显的不同在于横棘毛数目，*Gastrostyla steinii*多数情况下产生4根横棘毛（FVT-原基Ⅱ-Ⅴ各贡献1根），其他各种则产生5根横棘毛（FVT-原基Ⅰ-Ⅴ各贡献1根）。

值得关注的是背触毛发生过程中老结构的命运。在发生早期，背触毛列1-3的前、后半部的中间少量毛基体参与形成前、后仔虫的背触毛原基，随后背触毛原基沿老结构左侧或者右侧延伸，老的结构不再参与形成新结构而是完全被吸收。

本节所描述的过程与前人报道的细胞发生特征基本一致（Hemberger 1982；Foissner et al. 2002），细微区别在于本种群的 FVT-原基Ⅴ和 FVT-原基Ⅵ产物：与 Hemberger（1982）所描述的种群相比产生较多的棘毛。这个过程也许代表了种群间的变动，但同样反映了腹柱虫所处的系统演化地位，即这是一个 FVT-原基产物从不稳定（高等尖毛类）到高度稳定过渡期的一个中间环节。

Foissner 等（2002）根据发生学的一些细微特征将 *Gastrostyla* 内各种分在了 3 个亚属之内：①亚属 *Gastrostyla* (*Gastrostyla*)，包括 *G. steinii*，*G. setifera*，*G. opisthoclada* 及发生信息不明的 *G. muscorum*。其特征为 FVT-原基次级发生，后仔虫的 FVT-原基Ⅰ未延伸过前仔虫口区，额腹棘毛列中间部分只有 1 根棘毛（FVT-原基Ⅲ贡献 1 根棘毛）。②亚属 *Spetastyla*，为单一种，*S. mystacea*，特征为前、后仔虫 FVT-原基至少一部分为初级发生，后仔虫的 FVT-原基Ⅰ延伸超过前仔虫口区，额腹棘毛列中间部分只有 1 根棘毛（FVT-原基Ⅲ贡献 1 根棘毛）。③亚属和其代表种 *Kleinstyla bavariensis*，特征为前、后仔虫 FVT-原基至少一部分为初级发生，后仔虫的 FVT-原基Ⅰ延伸超过前仔虫口区，额腹棘毛列中间部分有多根棘毛（FVT-原基Ⅲ贡献多根棘毛）。

一个不容忽视的现象是，这些亚属间的细微发生学差异是否确凿和稳定的存在，目前依据仍嫌不足。因为其中大部分的报道仍为孤例，有关其稳定性并无充分的证据，甚至很多描述存在判读不当和错误。同样，即便这些细微的差异确实存在，仍需要小心地验证，目前的权重是否赋予过度？总之，这仍需要未来的工作去证实。

第 14 章　细胞发生学：瘦体虫型
Chapter 14　Morphogenetic mode: *Urosomoida*-type

邵晨 (Chen Shao)　　宋微波 (Weibo Song)

瘦体虫型所涉及的类群不多。该发生型包括如下主要特征：老口器完整保留并为前仔虫所继承；FVT-原基的发育为典型的 5 列且为初级模式起源；具有两组触毛原基，左面一组原基的发育过程中第 3 列背触毛原基不发生断裂，背缘触毛列（第二组）独立起源或与右缘棘毛原基同源（来自后者的分段化和迁移）。

该发生模式已知涉及 2 科（尖毛科、瘦尾科）内的 2 属（赭尖虫属、异腹柱虫属），包括 2 个发生亚型：*Rubrioxytricha haematoplasma*-亚型和 *Heterogastrostyla salina*-亚型。

两亚型的区别在于：前者 FVT-原基按照 8∶5∶5 模式片段化，仅第 3 列背触毛贡献尾棘毛，而后者为非典型的 8∶5∶5 模式且 1-3 背触毛均贡献尾棘毛。

在上述亚型中，除尖毛类发生的普遍特征外，共同的现象是：老口围带均完全保留，老波动膜解聚并去分化形成 UM-原基，缘棘毛原基各自在老结构中发生。

此外，按照仍有待证实的推论（主要来自 Berger 的新近总结），在发生过程中，Ⅳ/3 棘毛和Ⅲ/2 棘毛参与了前仔虫 FVT-原基的构建，口后腹棘毛则参与了后仔虫 FVT-原基的构建。Berger（1999）的建议是，这个特征可以用来廓清本发生型中的原基形成模式。本章节中重复此点表述，并不表明作者的观点，而是将问题提出：未来的工作应该对此推论和假说予以证实和证伪。

第1节　血红赭尖虫亚型的发生模式
Section 1　The morphogenetic pattern of *Rubrioxytricha haematoplasma*-subtype

陈旭淼 (Xumiao Chen)　　邵晨 (Chen Shao)

赭尖虫具有稳定的8：5：5棘毛模式，但仅有1或2根尾棘毛，该属的背面触毛发生模式较通常的尖毛虫模式更为简化，即第3列背触毛原基不发生断裂，这明显区别于大多数的尖毛虫。其口后腹棘毛Ⅴ/3在个体发育过程中通过解聚参与原基形成，因此无法被放入棘尾虫亚科（Stylonychinae）。有关细胞发生学的过程，本属内仅有两个种，即 *Rubrioxytricha haematoplasma* 和 *R. indica* 有较为详尽的资料（Chen et al. 2015a；Naqvi et al. 2006）。本亚型由陈文萍等（Chen et al. 2015a）描述和建立。

基本纤毛图式　波动膜为尖毛虫属模式；单一口棘毛，3根额棘毛，4根额腹棘毛以V形模式排布，5根腹棘毛分为两组，即3根口后腹棘毛和2根横前腹棘毛，5根横棘毛；左、右缘棘毛各1列（图14.1.1A-C）。

具有3列纵贯虫体全长的背触毛，1列略短的背缘触毛；1根尾棘毛，位于第3列背触毛末端（图14.1.1D）。

细胞发生过程

口器　在前仔虫，老的口围带小膜在个体发育过程中保持完整（图14.1.2A-C，E，G；图14.1.3A；图14.1.4B，D-F，I），被前仔虫完全继承（图14.1.3C）。

老的波动膜在细胞发生较早时期出现结构的解体、去分化并形成新的UM-原基场（图14.1.2B；图14.1.4B）；在随后的过程中原基场发育形成前仔虫的UM-原基（图14.1.2C，E；图14.1.4D，E）。该原基后期进一步增殖变成狭长的条带状原基并且于前端分化出1根额棘毛（图14.1.2G；图14.1.4F）。到细胞发生末期，经纵裂、组装形成口侧膜与口内膜（图14.1.3A，C；图14.1.4I）。

后仔虫口原基独立形成于个体发育早期，在横棘毛上方出现一组狭长、紧密、无序排列的口原基场（图14.1.2A；图14.1.4A）。之后，毛基体增殖而使该原基场逐渐拉长，由前至后分化出新的口围带小膜（图14.1.2B，C；图14.1.4C，D）。至细胞发生中后期，其前端分化出的口围带小膜越来越多（图14.1.2E；图14.1.4E）；并渐渐向虫体右侧发生弯折（图14.1.2G；图14.1.4G）。直至发生末期，形成后仔虫的口围带（图14.1.3A）。

后仔虫的 UM-原基在个体发育较早时期形成（图 14.1.2C；图 14.1.4D）；随着毛基体增殖，组装成密集、狭长条带状毛基场，并开始在前端形成棘毛（图 14.1.2E，G；图 14.1.4E）。至细胞发生的后期和末期，UM-原基纵裂形成口侧膜和口内膜，并且在其前端形成虫体最左侧的 1 根额棘毛（图 14.1.3A，C）。

额-腹-横棘毛 以初级发生式形成。但由于最早期的分裂相缺失，无法精确描述 FVT-原基的早期形成过程。在可见的分裂阶段，前、后仔虫的 FVT-原基已接近完成分化，即已初步形成前、后两组，每组包括 5 列条带状原基（FVT-原基Ⅰ-Ⅴ）（图 14.1.2B；图 14.1.4C）；后期两组原基各自发育，形成独立的棘毛（图 14.1.3A，C；图 14.1.4I）。

3 根额棘毛从左至右分别来自 UM-原基和 FVT-原基Ⅰ、FVT-原基Ⅱ的前端。

1 根口棘毛来自 FVT-原基Ⅰ中部。

4 根额腹棘毛由左至右分别来自 FVT-原基Ⅱ中部、FVT-原基Ⅲ前端和 FVT-原基Ⅴ前端（2 根）。

3 根口后腹棘毛由左至右分别来自 FVT-原基Ⅲ中部和 FVT-原基Ⅳ前端（2 根）。

2 根横前棘毛来自 FVT-原基Ⅳ和 FVT-原基Ⅴ中部。

5 根横棘毛分别来自 FVT-原基Ⅰ-Ⅴ后端。

细胞发生后期，腹面棘毛逐渐分区化、向其最终位置迁移（图 14.1.3C）。

缘棘毛 缘棘毛原基出现于细胞发生前期，来自老结构的解聚和重组（图 14.1.2E；图 14.1.4E）。随着细胞发生过程的推进，逐步增殖、分化（图 14.1.2G；图 14.1.3A；图 14.1.4F，I），形成新的缘棘毛列，向虫体前后两端延伸（图 14.1.3C）。

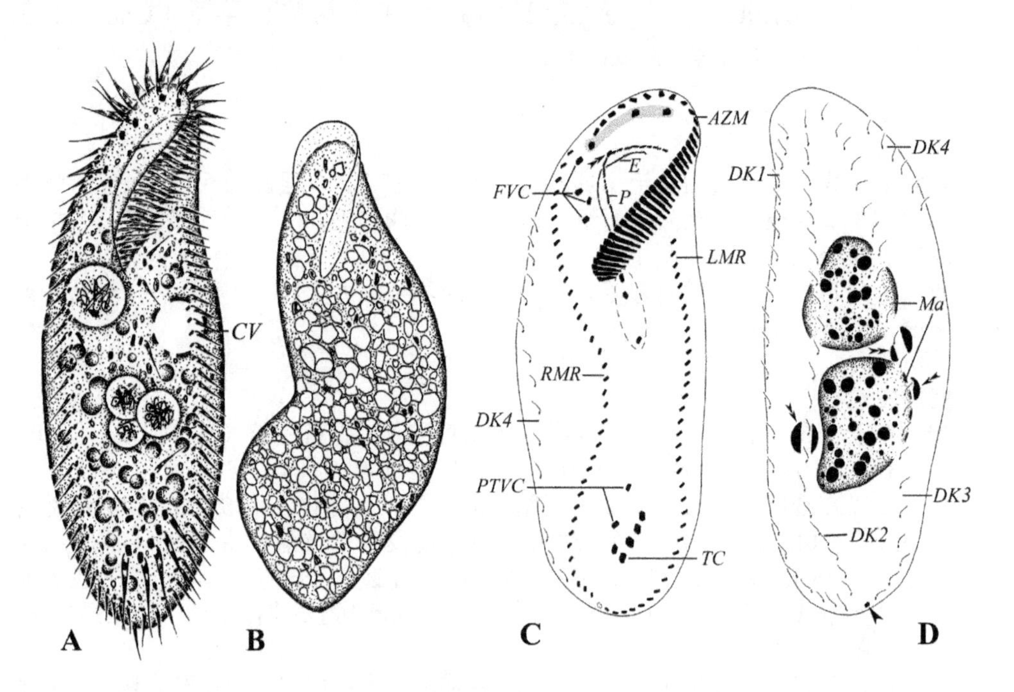

图 14.1.1 血红赭尖虫的活体（**A**、**B**）和纤毛图式腹面观（**C**）、背面观（**D**）
箭头示口围带小膜；双箭头分别指示口棘毛（**C**）和小核（**D**），无尾箭头指示尾棘毛；灰色区域示 3 根额棘毛；虚线圈示 3 根口后腹棘毛。*AZM*. 口围带；*CV*. 伸缩泡；*DK1-DK4*. 背触毛列 1-4；*E*. 口内膜；*FVC*. 额腹棘毛；*LMR*. 左缘棘毛列；*Ma*. 大核；*P*. 口侧膜；*PTVC*. 横前腹棘毛；*RMR*. 右缘棘毛列；*TC*. 横棘毛

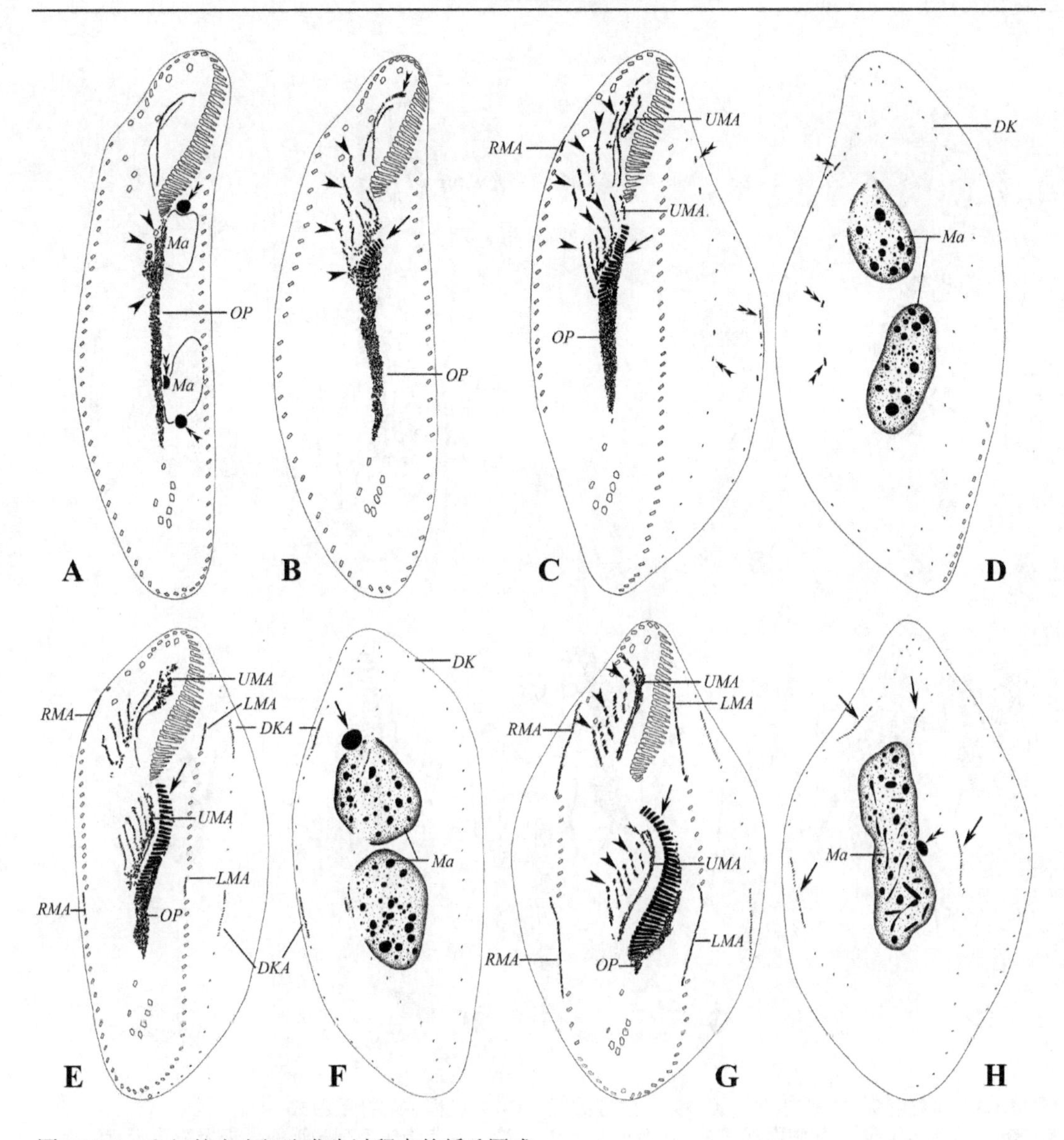

图 14.1.2　血红赭尖虫细胞发生过程中的纤毛图式

A，B. 细胞发生早期个体的腹面观，示后仔虫口原基的毛基体形成狭长的区域（**A**）和小核（**A** 中双箭头），此时 3 根口后腹棘毛保持完整（**A** 中无尾箭头），随后，后仔虫口原基前端形成新的小膜（**B** 中箭头），腹面棘毛参与形成 FVT-原基（**B** 中无尾箭头），同时前仔虫波动膜解聚（**B** 中双箭头）；**C，D.** 同一细胞发生早期个体的腹面观（**C**）和背面观（**D**），箭头示后仔虫口原基形成新的小膜，无尾箭头示前、后仔虫条带状的 FVT-原基，双箭头示背触毛原基；**E-H.** 细胞发生中期个体的腹面观（**E，G**）和背面观（**F，H**），箭头分别示后仔虫口原基前端分化的小膜向前延伸（**E，G**）、小核（**F**）和背触毛原基（**H**）；无尾箭头（**G**）示 FVT-原基分化出独立的额腹棘毛，双箭头分别表示最左边 1 根额棘毛的形成（**G**）和小核（**H**）。*DK*. 背触毛列；*DKA*. 背触毛原基；*LMA*. 左缘棘毛原基；*Ma*. 大核；*OP*. 后仔虫口原基；*RMA*. 右缘棘毛原基；*UMA*. UM-原基

背触毛　新的背触毛来自两组原基：一组在细胞发生早期产生于前、后仔虫最左边 3 列背触毛的老结构中（图 14.1.2C，D），它逐步增殖（图 14.1.2E-H；图 14.1.4E），并向虫体前后端延伸（图 14.1.3A，B）；最终形成 3 列纵贯虫体的背触毛列（图 14.1.3D）。

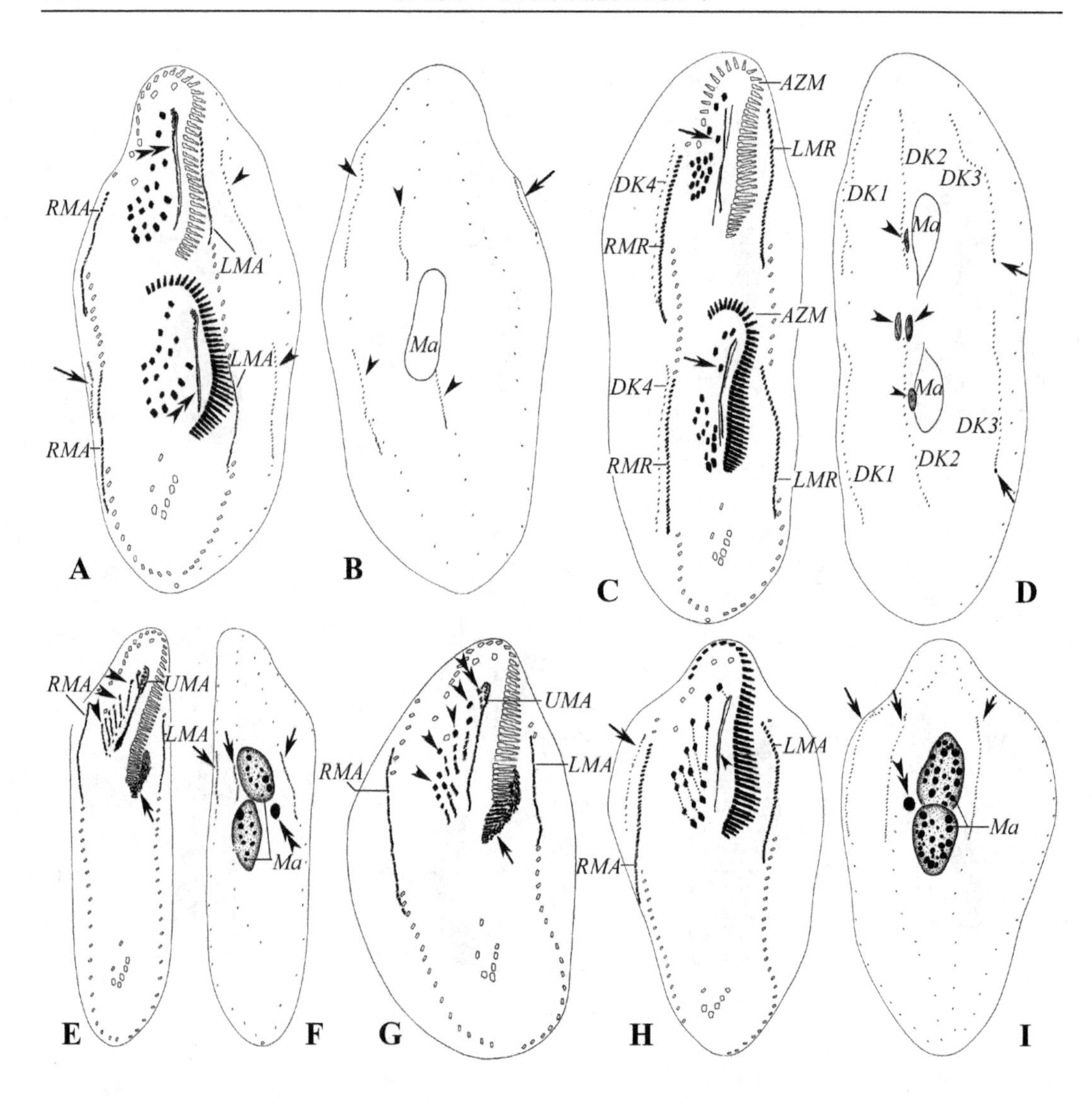

图 14.1.3 血红赭尖虫细胞发生（**A-D**）和生理改组（**E-I**）过程中的纤毛图式
A，B. 细胞发生后期个体腹面观（**A**）和背面观（**B**），箭头示背缘触毛列的形成，无尾箭头示背触毛原基向前后延伸，双箭头示 UM-原基纵裂为口侧膜和口内膜；**C，D.** 细胞发生末期个体腹面观（**C**）和背面观（**D**），箭头分别指示口棘毛（**C**）和第 3 列背触毛末端形成 1 根尾棘毛（**D**），无尾箭头示正在分裂的小核；**E，F.** 同一生理改组早期个体的腹面观（**E**）和背面观（**F**），箭头分别指示在老口围带后部出现的口原基（**E**）和背触毛原基（**F**），无尾箭头示条带状的 FVT-原基，双箭头示小核；**G.** 生理改组中期个体腹面观，箭头示口围带后部小膜解聚，无尾箭头示 FVT-原基分化出独立的棘毛，双箭头示 UM-原基即将形成最左边的 1 根额棘毛；**H，I.** 同一生理改组晚期个体腹面观（**H**）和背面观（**I**），箭头示背缘触毛列（**H**）和背触毛列（**I**），无尾箭头示 UM-原基纵裂为口侧膜和口内膜，双箭头示小核，虚线将来自相同原基的棘毛连在一起。*AZM.* 口围带；*DK1-DK4.* 背触毛列 1-4；*LMA.* 左缘棘毛原基；*LMR.* 左缘棘毛列；*Ma.* 大核；*RMA.* 右缘棘毛原基；*RMR.* 右缘棘毛列；*UMA.* UM-原基

但仅在最右侧一列背触毛末端形成 1 根尾棘毛（图 14.1.3D）。

另一组原基出现于细胞发生中后期，在右缘棘毛原基的右侧发生（图 14.1.3A，B），逐渐迁移至虫体背部，形成 1 列略短的背缘触毛列（图 14.1.3C）。

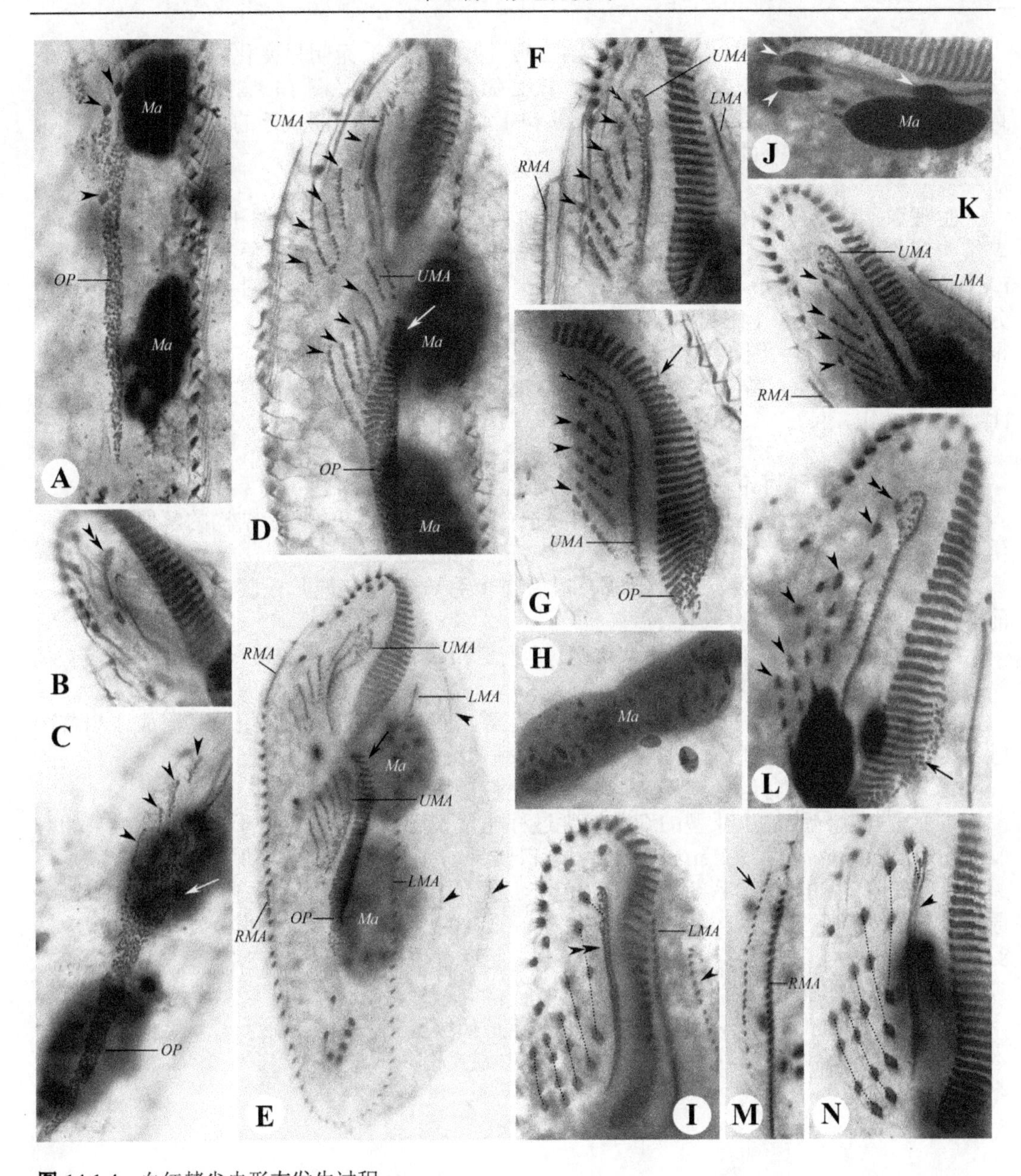

图 14.1.4　血红赭尖虫形态发生过程

A. 细胞发生早期腹面观，无尾箭头示 3 根口后腹棘毛保持完整；**B，C.** 同一细胞发生早期个体前（**B**）后（**C**）仔虫的腹面观，双箭头示波动膜解聚，箭头示后仔虫的口围带小膜，无尾箭头示 FVT-原基；**D，E.** 细胞发生中期个体，腹面观，无尾箭头指示发育的 FVT-原基（**D**）和背触毛原基（**E**），箭头示后仔虫小膜；**F，G.** 同一发生期个体前（**F**）、后（**G**）仔虫的腹面观，无尾箭头示 FVT-原基分化成独立棘毛，双箭头示最左端 1 根额棘毛，箭头示后仔虫新口围带小膜；**H.** 细胞发生中期个体，大核融合为一；**I，J.** 细胞发生晚期个体腹面观（**I**）和背面观（**J**），双箭头示新的口侧膜和口内膜，无尾箭头指示新的背触毛（**I**）和小核（**J**），虚线将来自相同原基的棘毛连在一起；**K，L.** 生理改组早期（**K**）和中期（**L**）个体腹面观，无尾箭头示 FVT-原基，双箭头示正在形成的最左端 1 根额棘毛，箭头示口原基；**M，N.** 同一生理改组末期个体腹面观，箭头示背缘触毛列，无尾箭头示 UM-原基纵裂为口侧膜和口内膜，虚线将来自相同原基的棘毛连在一起。*LMA*. 左缘棘毛原基；*Ma*. 大核；*OP*. 后仔虫口原基；*RMA*. 右缘棘毛原基；*UMA*. UM-原基

大核 细胞发生早期，大核（图 14.1.2A；图 14.1.4A）无明显变化；进入中期，大核明显膨大（图 14.1.2D，F；图 14.1.4D，E），随后融为一体（图 14.1.2H；图 14.1.4H）。直至末期，大核一分为二（图 14.1.3D；图 14.1.4J），但因为时期缺乏的关系，未观察到大核由 2 个分裂为 4 个的过程。

生理改组 在早期的个体中，老的口围带后部形成口原基（图 14.1.3E）；随后，老结构解聚（图 14.1.3G；图 14.1.4L），估计解聚的老结构参与了原基的构建。5 列 FVT-原基有老棘毛的参与：形成倾斜的条带状原基（图 14.1.3E；图 14.1.4K），随后分化出独立棘毛（图 14.1.3G；图 14.1.4L）。由左至右分别形成 1∶3∶3∶3∶4∶4 根棘毛（图 14.1.3H；图 14.1.4N）。UM-原基来自老结构解聚和重组（图 14.1.3E；图 14.1.4K），逐步发育、纵裂为口侧膜和口内膜，且向前贡献 1 根额棘毛（图 14.1.3G，H；图 14.1.4L，N）。

主要发生特征和讨论 该亚型的主要发生学特征如下。

（1）前仔虫完全继承了老的口围带，前仔虫的 UM-原基来自老结构的解聚、去分化形成。

（2）FVT-原基以初级发生式形成；口后腹棘毛Ⅴ/3 与其他几根腹面棘毛一起参与前、后仔虫 FVT-原基的形成。

（3）18 根额-腹-横棘毛来自 UM-原基+5 列 FVT-原基（自左至右分段模式为 1∶3∶3∶3∶4∶4）。

（4）背触毛的发生方式为简化的瘦体虫模式：老结构中产生的 3 组原基形成 3 列背触毛（最右一组不发生断裂）+独立形成的 1 列背缘触毛列。

（5）左起第 3 列背触毛在尾端形成 1 根尾棘毛。

本亚型与盐异腹柱虫亚型的细胞发生过程非常相近，其共同点在于：两者背触毛的发育均为 *Urosomoida* 型（Berger 1999），老口围带均完全保留，老波动膜解聚形成 UM-原基，Ⅳ/3 棘毛和Ⅲ/2 棘毛参与前仔虫 FVT-原基的构建，口后腹棘毛参与后仔虫 FVT-原基构建，缘棘毛原基各自在老结构中发生。二者的区别在于：前者腹面发育为典型的 8∶5∶5 模式且仅第 3 列背触毛贡献尾棘毛，而后者为非典型的 8∶5∶5 模式且第 1-3 列背触毛均贡献尾棘毛。

从图 14.1.2B 推断，FVT-原基Ⅲ-Ⅴ很可能是初级发生式发育，这一点比较特殊，与本篇多数亚型（全部 FVT-原基次级发生）发生方式不同。

第 2 节　盐异腹柱虫亚型的发生模式

Section 2　The morphogenetic pattern of *Heterogastrostyla salina*-subtype

芦晓腾 (Xiaoteng Lu)　邵晨 (Chen Shao)

异腹柱虫属的腹面结构与腹柱虫属相似，即额腹棘毛通常多于 13 根，且额腹棘毛呈近似线形排列。但是二者的背面结构有显著的区别：异腹柱虫属以瘦体虫模式发生，即第 3 列背触毛原基不发生断裂，最终仅产生 3 列背触毛和 1 列背缘触毛；而腹柱虫属以尖毛虫属模式发生，即背触毛原基 3 发生断裂，最终形成 4 列背触毛和 1 或 2 列背缘触毛。在发生上，异腹柱虫代表了一个独立的亚型。

基本纤毛图式　波动膜近似尖毛虫属模式；额棘毛 3 根；口棘毛 1 根；额腹棘毛和口后腹棘毛多于 7 根，且近似成 1 列；横前腹棘毛 2 根，横棘毛 5 根；左、右缘棘毛各 1 列（图 14.2.1A，B）。

背触毛 3 列，背缘触毛 1 列，尾棘毛 3 根（图 14.2.1C）。

细胞发生过程

口器　在细胞分裂过程中，老口围带不发生变化，完整地保留给前仔虫(图 14.2.2A，C，E，G，I；图 14.2.3A)。

老的波动膜解体，新的 UM-原基产生于老口围带的右侧，老结构是否参与了原基的后期发育不能确定（图 14.2.2A，C，D)。随后，UM-原基经发育、分化，其前端形成 1 根额棘毛，形成了最左边的 1 根额棘毛，后端纵裂形成口侧膜与口内膜(图 14.2.1G；图 14.2.2G，I；图 14.2.3A）。

在后仔虫，口原基形成于发生最初，其始于虫体胞口后出现的无序排列的毛基体群，此为新生的口原基场（图 14.2.2A)。伴随着毛基体的扩增，口原基从前向后、从右向左组装出口围带小膜（图 14.2.2E，G)。至发生后期，后仔虫小膜的组装几乎完成，口围带前部完成变构，最终形成了新的口围带（图 14.2.2I；图 14.2.3A)。

在发生中前期，在后仔虫中，UM-原基出现在口原基的右侧(图 14.2.1E；图 14.2.2E)。UM-原基接下来的发育过程，与前仔虫完全同步（图 14.2.1D，F；图 14.2.2E，G，I；图 14.2.3A)。

额-腹-横棘毛　FVT-原基为罕见的初级发生式：发生中前期，前仔虫 UM-原基的右侧出现 5 条 FVT-原基，其间老的额腹棘毛消失，推测很可能并不参与新原基的形成（图 14.2.2A）。

很快，该 FVT-原基前后断裂成两组，分别构成了前、后仔虫的 FVT-原基（图 14.2.2E）。接下来，两组 FVT-原基在前、后仔虫中各自发育并几乎同步发生片段化，分别以 3∶3∶4∶5∶5 的形式分化并移动到相应的位置（图 14.2.1D-G；图 14.2.2G，I；图 14.2.3A）。

从各类棘毛的来源进行如下介绍。

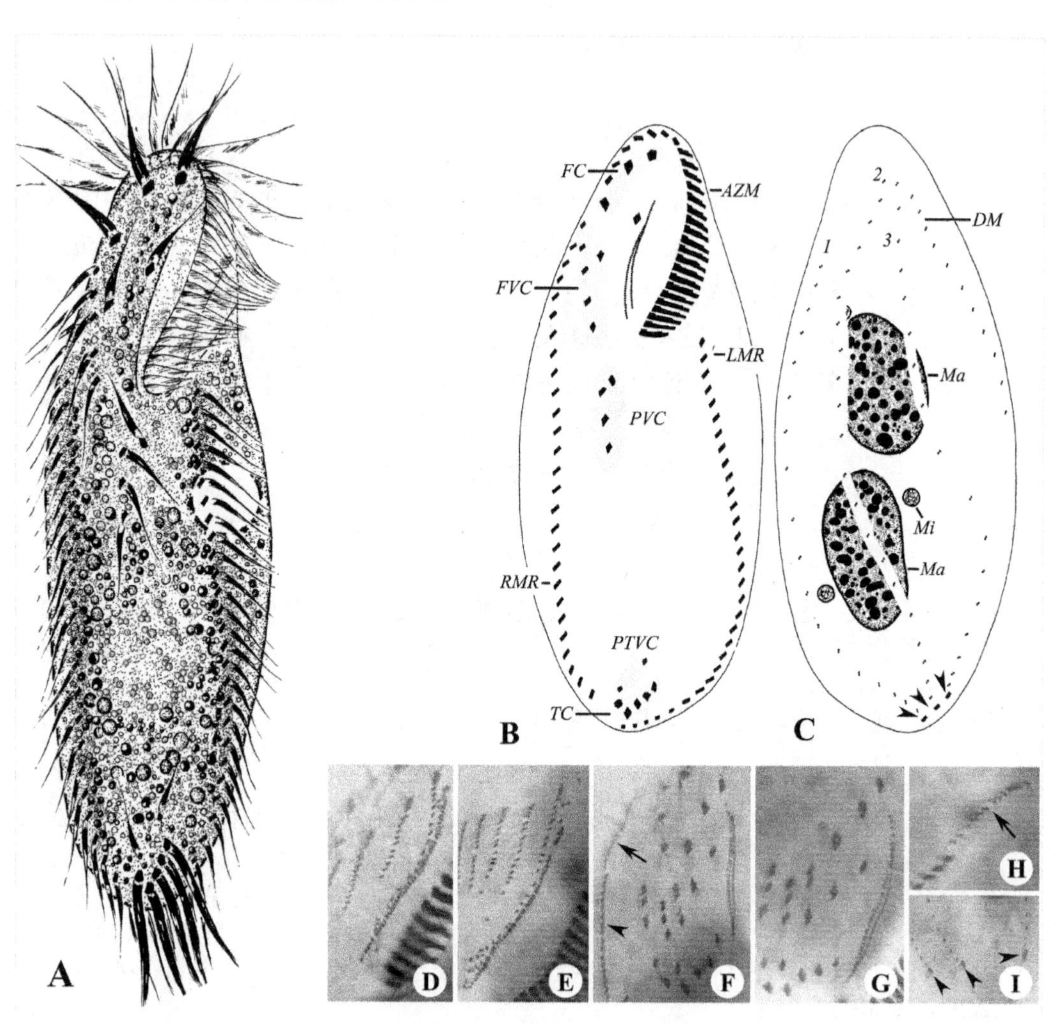

图 14.2.1　盐异腹柱虫的活体形态（**A**）和纤毛图式（**B-I**）
A. 典型个体腹面观；**B，C.** 正模标本纤毛图式腹面观（**B**）和背面观（**C**），无尾箭头示尾棘毛；**D，F.** 前仔虫 FVT-原基的发育，图 **F** 中箭头示背缘触毛原基，无尾箭头示右缘棘毛原基；**E，G.** 后仔虫 FVT-原基的发育；**H.** 背缘触毛原基（箭头）；**I.** 背触毛原基，无尾箭头示尾棘毛。*AZM.* 口围带；*DM.* 背缘触毛；*FC.* 额棘毛；*FVC.* 额腹棘毛；*LMR.* 左缘棘毛列；*Ma.* 大核；*Mi.* 小核；*PTVC.* 横前腹棘毛；*PVC.* 口后腹棘毛；*RMR.* 右缘棘毛列；*TC.* 横棘毛；*1-3.* 第 1-3 列背触毛

左侧额棘毛来自UM-原基。

口棘毛和中间的额棘毛来自FVT-原基Ⅰ。

右侧额棘毛来自FVT-原基Ⅱ。

6根额-腹-横棘毛分别来自FVT-原基Ⅱ（1根），FVT-原基Ⅲ（2根）和FVT-原基Ⅴ（3根）。

4根口后腹棘毛分别来自FVT-原基Ⅲ（1根）和FVT-原基Ⅳ（3根）。

2根横前腹棘毛分别来自FVT-原基Ⅳ（1根）和FVT-原基Ⅴ（1根）。

5根横棘毛分别来自FVT-原基Ⅰ-Ⅴ（每条原基贡献1根）的末端。

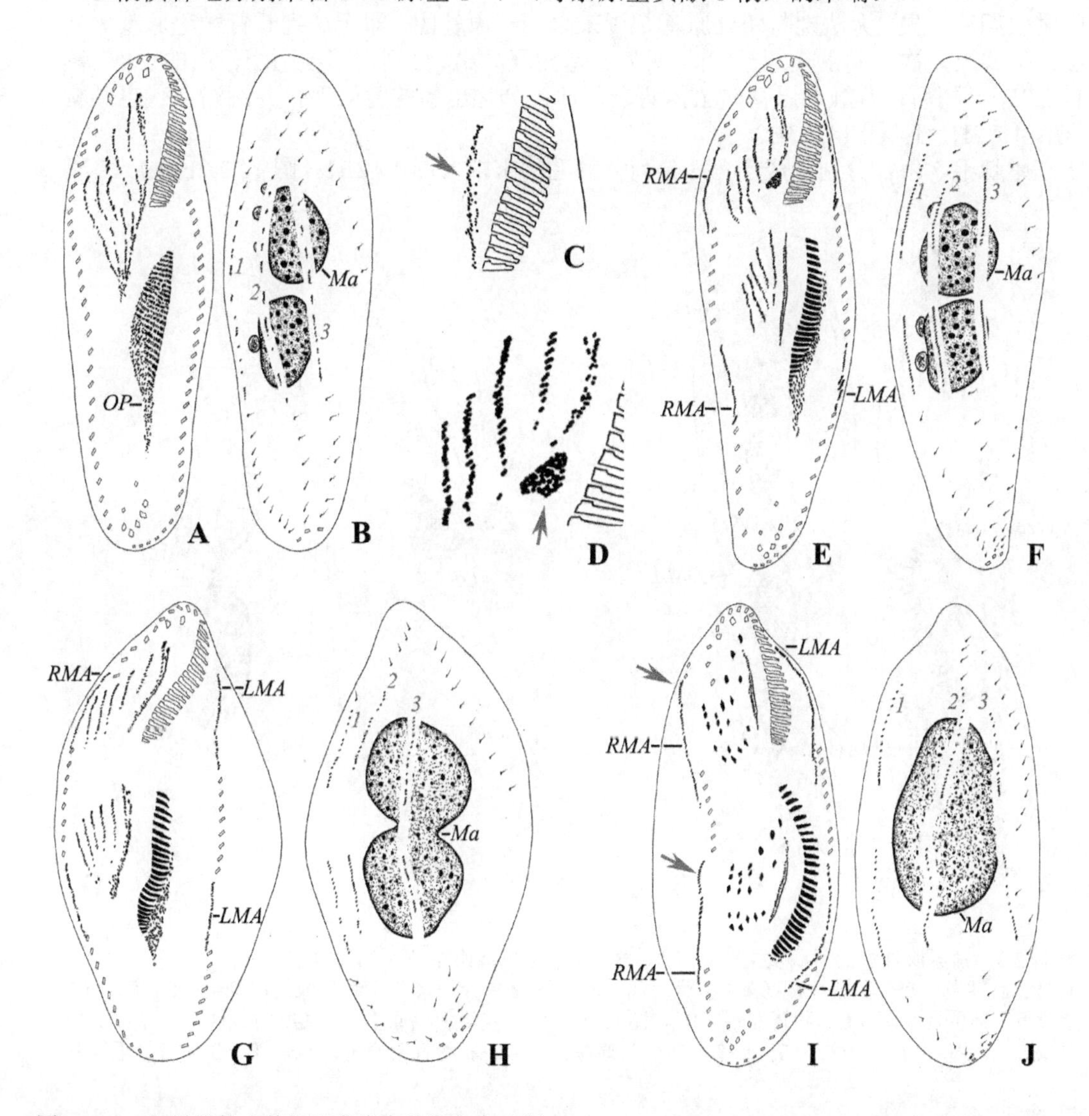

图 14.2.2　盐异腹柱虫的细胞发生中前期和中后期

A-C. 中前期发生个体的腹面观（**A**，**C**）和背面观（**B**），图**C**示老波动膜正在解体（箭头）；**D-F.** 腹面观（**D**，**E**）和背面观（**F**），图**E**示前仔虫口围带右侧形成的一个毛基体团，图**D**中箭头指示UM-原基下方的原基团；**G**，**H.** 中期发生个体的腹面观（**G**）和背面观（**H**）；**I**，**J.** 中后期发生个体的腹面观（**I**）和背面观（**J**），箭头示背缘触毛原基。*LMA.* 左缘棘毛原基；*Ma.* 大核；*OP.* 口原基；*RMA.* 右缘棘毛原基；*1-3.* 第1-3列背触毛原基

缘棘毛 在老结构内形成：发生起始不久，左、右缘棘毛列的前、后约 1/3 处的棘毛解聚成原基（图 14.2.2E）。这些原基分段化、延伸并最终取代老结构。其中，右侧原基的前端在发生后期将通过片段化而一分为二，前面的片段将向背面迁移并形成第二组背触毛原基，进而形成一列背触毛，经过扩增和分化，延伸至虫体背面（图 14.2.1F，H；图 14.2.2G，I；图 14.2.3A）。

背触毛 以 *Urosomoida* 模式发生。

每列老结构中形成两处背触毛原基（图 14.2.2B）。两处原基的位置非常近，因为居间发生期的缺失，无法判断两处原基是否来自同一原基团，即无法判断背触毛原基为初级发生式还是次级发生式。接下来，两处原基相互分离，分别迁移至两个仔虫的中部（图 14.2.2F）。随后，背触毛原基向虫体两端延伸，分化出新的背触毛，并逐渐取代老结构（图 14.2.2H，J；图 14.2.3B）。

尾棘毛 3 根，分别形成于第 1-3 列背触毛的末端（图 14.2.1I；图 14.2.2H，J）。

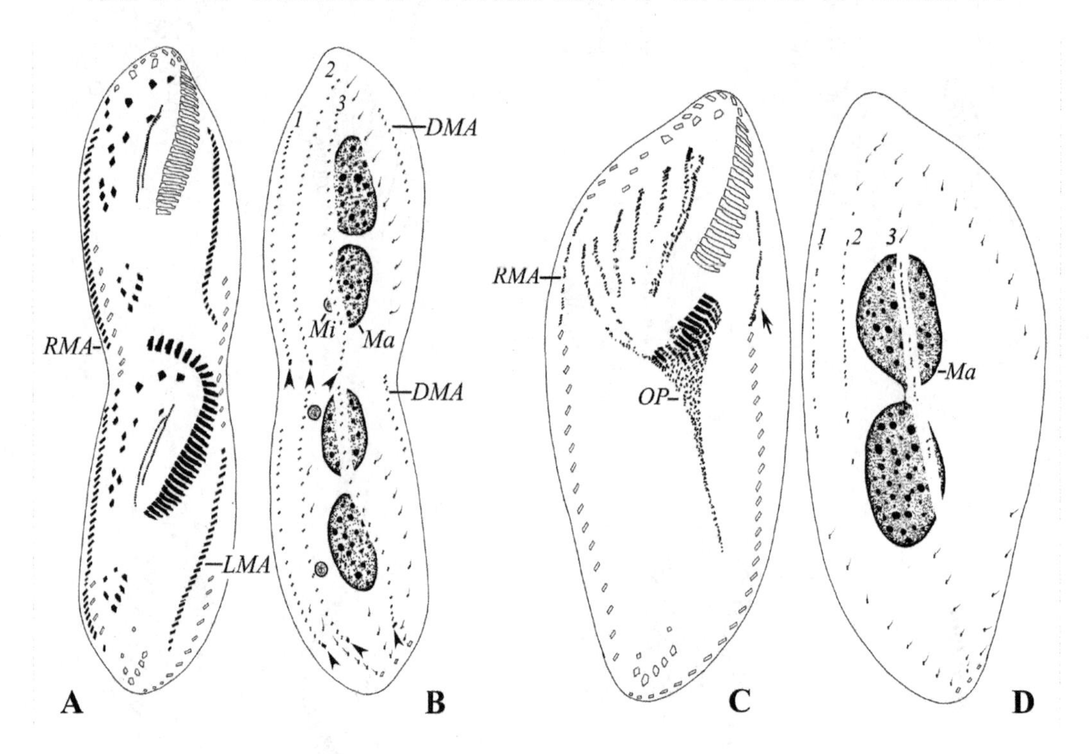

图 14.2.3 盐异腹柱虫的后期发生个体（**A**，**B**）和前中期改组个体（**C**，**D**）
A，**B.** 后期发生个体的腹面观（**A**）和背面观（**B**），图 **B** 中无尾箭头示新形成的尾棘毛；**C**，**D.** 前中期改组个体的腹面观（**C**）和背面观（**D**），图 **C** 中箭头示左缘棘毛原基。*DMA*. 背缘触毛原基；*LMA*. 左缘棘毛原基；*Ma*. 大核；*Mi*. 小核；*OP*. 口原基；*RMA*. 右缘棘毛原基；*1-3*. 第 1-3 列背触毛原基

核器 发生过程中大核融合成单一融合体。至发生后期，经过分裂分配给前后两个仔虫（图 14.2.2B，F，H，J；图 14.2.3B）。

细胞重组　观察到1个重组中前期，表明重组个体皮膜演化的主要特征与分裂期的前仔虫类似（图14.2.3C，D）。

主要特征　涉及本发生亚型的仅盐异腹柱虫1种。

该亚型的主要发生学特征如下。

（1）前仔虫老口围带完全保留，后仔虫口原基独立发生。

（2）5列FVT-原基为初级发生式。

（3）背触毛原基包括两组，左侧3列，右侧单列，来自右缘棘毛原基前端的片段化和迁移。

（4）左侧的一组背触毛原基不发生片段化，形成1根尾棘毛。

（5）缘棘毛原基在老结构中发生。

本亚型的腹面发生过程与半腹柱虫型和偏腹柱虫型相似，即稳定的5列FVT-原基为初级发生式，最终分化出通常多于18根的额-腹-横棘毛并且额腹棘毛成列而非明确分组化。这些特征与本篇中的半腹柱虫型、偏腹柱虫型相似。

半腹柱虫型和僵硬偏腹柱虫亚型也显示有本亚型所不具有的其他一些特征，例如，营养期存在“额外棘毛”、背面纤毛器发育为一组发生式、形成独立发育的前仔虫口原基、右缘棘毛原基独立发育。

其他特征还包括：本亚型中背触毛原基不发生断裂且具有背缘触毛；半腹柱虫型中2列原基后部发生断裂，不具有背缘触毛列；僵硬偏腹柱虫亚型不产生背缘触毛列；美丽原腹柱虫亚型中不产生背缘触毛列且多列背触毛老结构保留。

由上述比较可以推测：在高等尖毛类中，盐异腹柱虫或为一个较低等的类群，而与低等原始的“半腹柱虫类”（拟缩颈半腹柱虫、缩颈半腹柱虫、僵硬偏腹柱虫）和美丽原腹柱虫具有更近的系统关系，是原始的美丽原腹柱虫向高等尖毛类进化的过渡型（见拟缩颈半腹柱虫亚型）。

第 15 章　细胞发生学：半腹柱虫型
Chapter 15　Morphogenetic mode: *Hemigastrostyla*-type

邵晨 (Chen Shao)　　宋微波 (Weibo Song)

属于该发生型的目前已知者仅涉及 1 个属，即半腹柱虫属，属内发生模式包括 2 个亚型：*Hemigastrostyla enigmatica*-亚型与 *H. paraenigmatica*-亚型。

该发生型包括如下基本发生学特征：老口围带大部分将解体，仅保留前端部分小膜，因此，前仔虫的口围带为新老结构拼接而成，其中，新生的口原基为深层独立发生；5 列 FVT-原基以初级发生式形成，经片段化后形成不甚稳定的 17 根额-腹-横棘毛；背面的纤毛器发生为半腹柱虫属模式，即一组发生式，最初产生 3 列背触毛原基，其中 2 列发生断裂，最终形成 5 列背触毛；在非分裂期，右缘棘毛列末端（横棘毛右侧）有来源不明的 2 根“额外棘毛”。

除此以外，该发生型还具有如下一般特征：老波动膜在发生过程中解聚并参与 UM-原基的构建，老的额腹棘毛和口后腹棘毛（很可能）参与前、后仔虫 FVT-原基的构建。

Hemigastrostyla enigmatica-亚型与 *H. paraenigmatica*-亚型之间的区别在于：前者中背触毛原基为独立发生，而后者则在老结构中产生；前者中右缘棘毛列前端的动基列片段缺失，而后者中则有此结构；前者中尾棘毛来自于背触毛列 2、4、5 的末端，而在后者中则来自背触毛列 2、3、5 的末端。

第1节　拟缩颈半腹柱虫亚型的发生模式

Section 1　The morphogenetic pattern of *Hemigastrostyla paraenigmatica*-subtype

胡晓钟 (Xiaozhong Hu)　　宋微波 (Weibo Song)

本亚型的形态学曾由 Song 和 Wilbert（1997）以已知种 *Hemigastrostyla enigmatica* (Dragesco & Dragesco-Kernéis, 1986) 予以重描述。邵晨等（Shao et al. 2012）为该种群建立了新种，拟缩颈半腹柱虫。半腹柱虫属在 Berger（1999）和 Lynn（2008）的系统中均被安排在散毛目、尖毛科内。该发生模式最初由宋微波、胡晓钟（Song & Hu 1999）描述和建立，该亚型的突出特征是老口围带近口端出现独立形成的前仔虫口原基，其形成的小膜将取代大部分的老结构，腹面 FVT-原基和背触毛原基为罕见的初级发生式，第 1、2 列背触毛原基发生片段化。对本亚型的介绍基于上述发生学工作。

基本纤毛图式　虫体坚实，前端略呈头状（图 15.1.1A）；口侧膜和口内膜均发达；额棘毛、腹棘毛、横棘毛和尾棘毛按 8∶5∶5∶3 模式排布；横棘毛的右侧恒具 2 根额外的棘毛；左、右缘棘毛各 1 列（图 15.1.1B，D）。

5 列完整或片段化的背触毛，尾棘毛 3 根（图 15.1.1C）。

细胞发生过程

口器　老的结构大部分解体，代之在细胞分裂过程中形成（前仔虫的）新口原基，其最初出现在老口围带的近胞口处，在皮层深处（图 15.1.2B，C）。随后，邻近的部分口围带小膜发生解聚，解聚的毛基体或许并不（？）参与口原基场的后期发育（图 15.1.2D，E）。该原基的发育紧贴在老结构的右侧，后期逐渐分化出新的小膜并逐步取代其左侧的老结构，相应位置上的老的小膜同步消失。至细胞分裂后期，新生的小膜带前伸至虫体顶区并与未发生变化的部分老结构相交汇，从而通过这种特殊的拼接方式完成前仔虫口围带的重建（图 15.1.3A，B，D，F，G，I）。

与上述过程同步，老波动膜也发生解聚并在原位参与 UM-原基的构建，其最终与绝大多数腹毛类的发生过程相同，先后分化出前仔虫的第 1 额棘毛和口侧膜与口内膜（图 15.1.2A-E；图 15.1.3A，B，D，F）。

后仔虫口器发生始于口原基的独立出现，最初呈现为一长列无序排布的原基场，位于胞口和横棘毛之间（图 15.1.2A）。该原基场经发育、增大并逐渐按照常规模式由前至后地组装出后仔虫的口围带（图 15.1.2A，B；图 15.1.3A，B，D，F）。

后仔虫 UM-原基出现在口原基的右侧（图 15.1.2C-E；图 15.1.3A）。与在前仔虫中的过程类似，UM-原基最终也发育为 1 根额棘毛及新的口内膜和口侧膜（图 15.1.3D，I）。

额-腹-横棘毛　本亚型中 FVT-原基为较少见的初级发生式：原基最先以一组模式出现在胞口右侧，最初呈细线状，伴随着口棘毛和部分额、腹棘毛的解聚（或许参与该原基的发育），原基数目增至 5 条（图 15.1.2B，C）。

随后，该组原基中的每列均发生横向断开，从而形成前后 2 组（图 15.1.2D，F）。其后的发育为常规模式：每列 FVT-原基扩展、以 3∶3∶3∶4∶4 的模式分段化而形成棘毛（图 15.1.3A，B，D），其将随着细胞分裂的结束而逐步移行到预定位置。由此，5 列 FVT-原基自左至右共产生 17 根新棘毛。营养期的两根“额外棘毛”始终不见消失，在前仔虫亦没有观察到相应的新结构的形成（15.1.3F，G，I）。

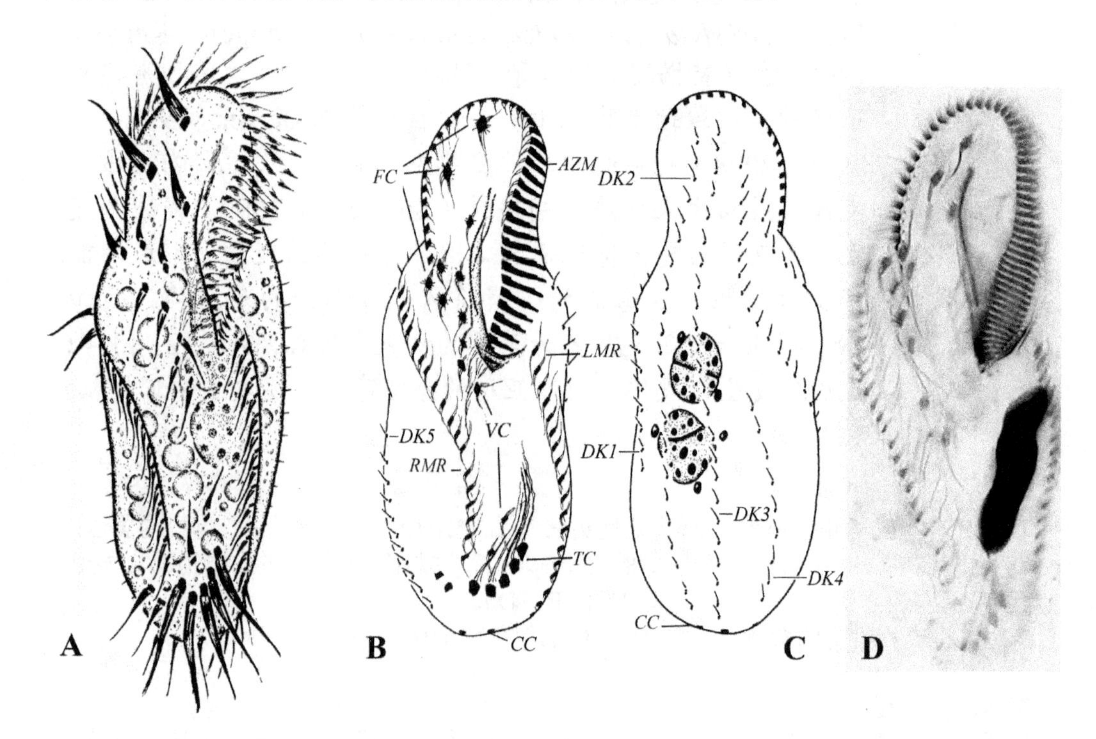

图 15.1.1　拟缩颈半腹柱虫的活体和纤毛图式
A. 活体腹面观；**B，C.** 同一个体的腹面观和背面观，示纤毛器和核器；**D.** 腹面观；示纤毛器和大核。*AZM.* 口围带；*CC.* 尾棘毛；*DK1-DK5.* 1-5 列背触毛；*FC.* 额棘毛；*LMR.* 左缘棘毛列；*RMR.* 右缘棘毛列；*VC.* 腹棘毛；*TC.* 横棘毛

因此，FVT-原基的分化命运及产物可以总结如下。

其中，2 根额棘毛分别来自 FVT-原基Ⅰ、FVT-原基Ⅱ的前端。

1 根口棘毛来自第 1 列 FVT-原基的中部。

4 根额腹棘毛来自第 2、3 列 FVT-原基的中部和第 5 列 FVT-原基的前端。

3 根口后腹棘毛来自第 3 列 FVT-原基的中部（1 根）和第 4 列 FVT-原基的前端（2 根）。

2 根横前腹棘毛来源于第 4、5 列 FVT-原基的中部。

5 根横棘毛分别来自第 1-5 列 FVT-原基的末端。

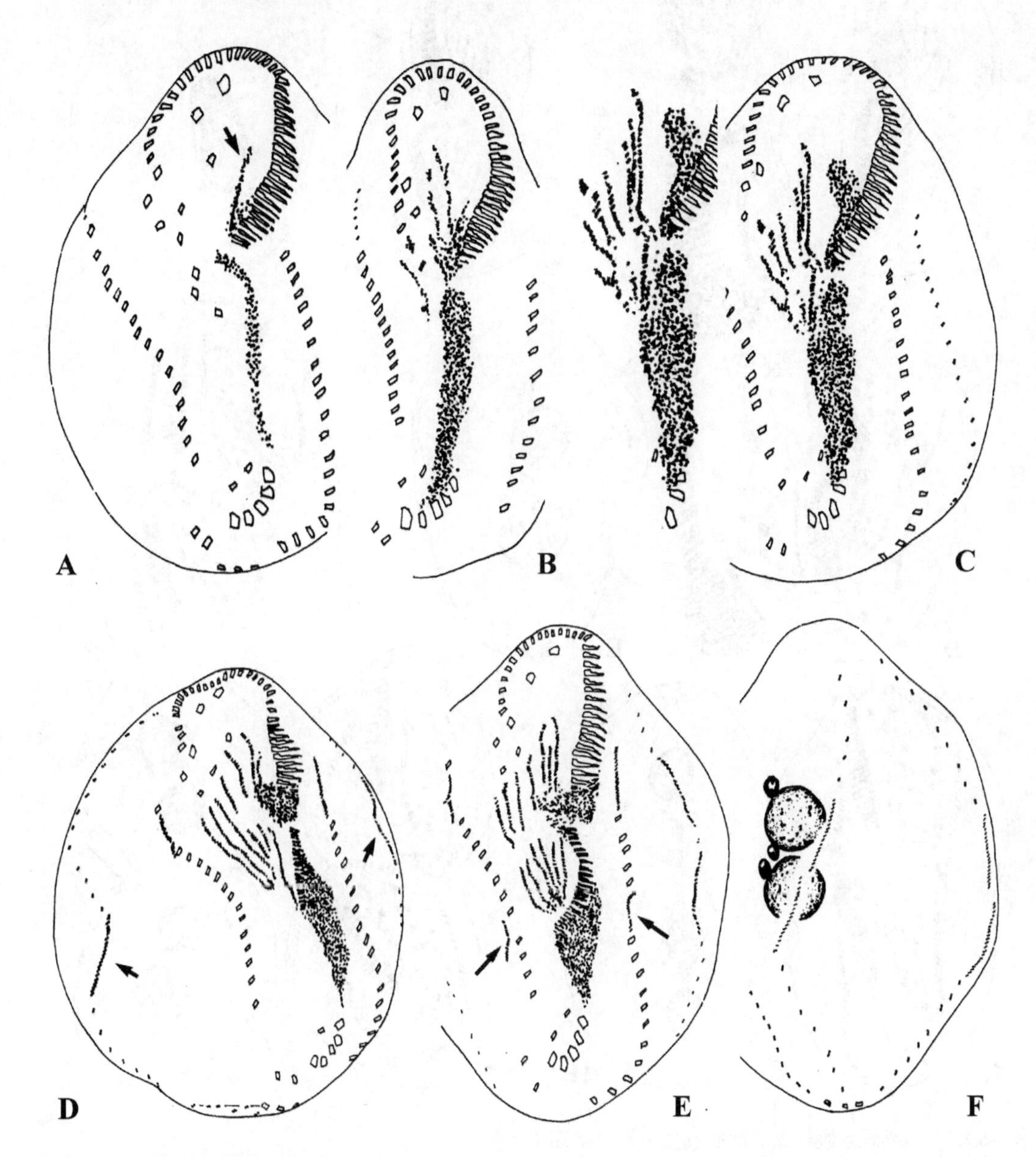

图 15.1.2　拟缩颈半腹柱虫的细胞发生早期个体

A. 早期个体的腹面观，示后仔虫的口原基出现在虫体中部、口后腹棘毛左侧的裸毛区，箭头示前仔虫的 UM-原基；**B.** 稍晚时期个体的腹面观，示部分额腹棘毛、口后腹棘毛和口棘毛解聚参与初级 FVT-原基；**C.** 早期个体的腹面观，后仔虫口原基发育增大，在其右侧产生 UM-原基，5 条细线状的 FVT-原基形成，老波动膜解聚形成前仔虫的 UM-原基，老口围带近口端开始解聚，插图为原基的放大；**D.** 中期个体的腹面观，FVT-原基条索向前后延伸，并自左至右从中部一分为二，左缘棘毛列前端独立出现原基，箭头示每列背触毛中部产生 1 列原基；**E，F.** 中期个体的腹面观（**E**）和背面观（**F**），前、后仔虫各出现 1 组 FVT-原基，左箭头示左缘棘毛列中部几根老棘毛解聚形成后仔虫缘棘毛原基，右箭头示右缘棘毛列中部右侧出现原基，背触毛原基从中部一分为二

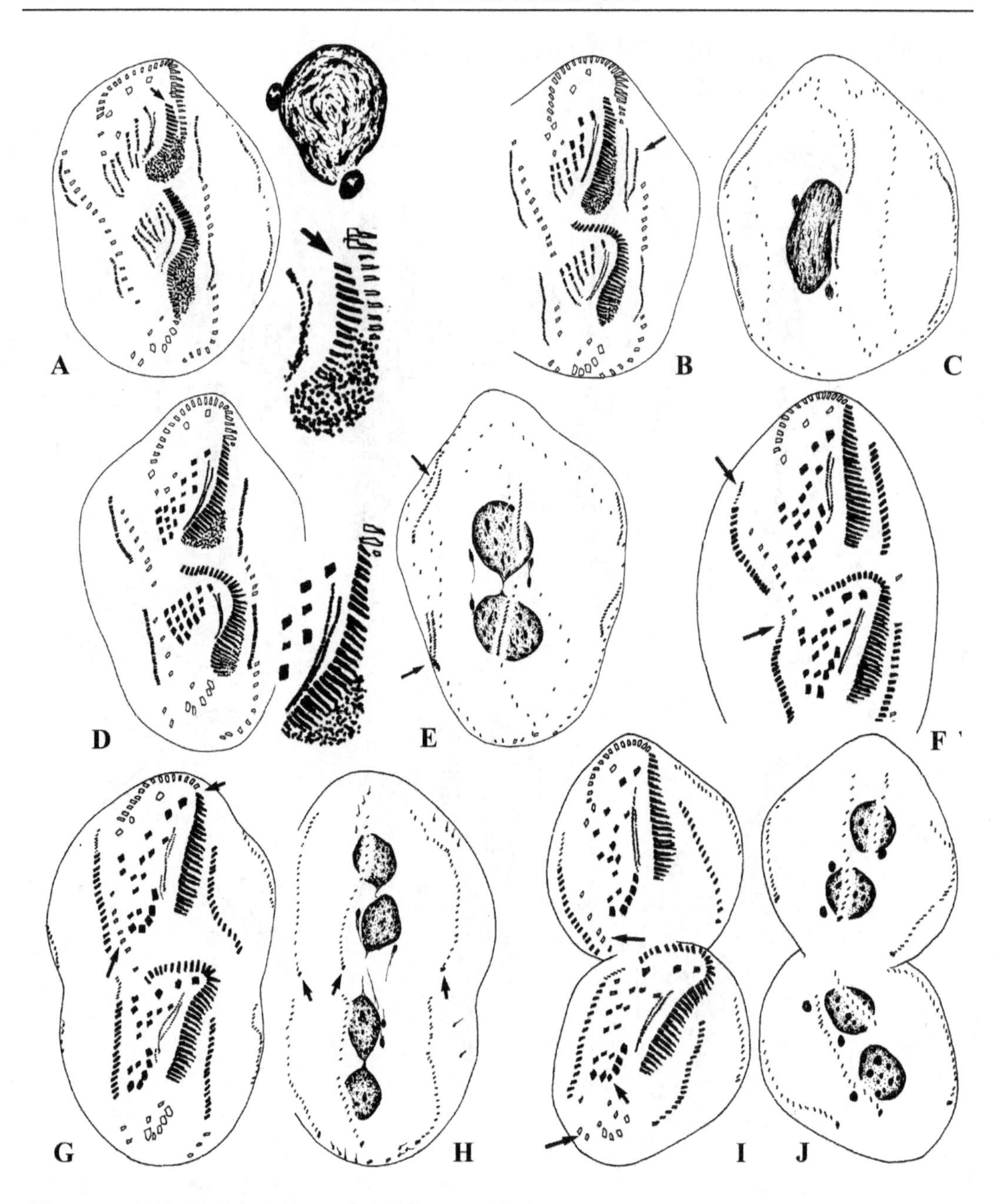

图 15.1.3 拟缩颈半腹柱虫的细胞发生中期至末期个体

A. 中期个体的腹面观，箭头示新口小膜形成，插图为小核和融合大核；**B，C.** 中期个体的腹面观和背面观，箭头示前仔虫中额外的左缘棘毛原基；**D，E.** 后期个体的腹面观和背面观，口原基继续发育，UM-原基前端产生 1 根额棘毛，后部发育成口侧膜和口内膜，FVT-原基分化结束，缘棘毛原基前端开始分化出新棘毛，第 1 列背触毛原基发生断裂（箭头），大、小核在分裂；**F.** 后期个体的腹面观，FVT-原基发育完成，右缘棘毛列前端出现数对毛基体（箭头），新棘毛开始迁移，前仔虫中新的口小膜和老的口小膜拼接成新口围带；**G，H.** 后期个体的腹面观和背面观，新棘毛继续迁移，图 **G** 中箭头示老棘毛，而较短的箭头示前仔虫口围带的拼接，第 2、3、5 列背触毛的末端各分化出 1 根尾棘毛（图 **H** 中箭头），核继续分裂；**I，J.** 末期个体的腹面观和背面观，较长箭头示部分老棘毛，其可能保留为间期细胞的“额外棘毛”（？），较短箭头示来自额外原基的横棘毛，第 2 列背触毛原基分为 2 段，细胞从中部发生缢缩，前、后仔虫均分大、小核

缘棘毛　缘棘毛分别在老结构中（左侧原基）和老结构外（右侧原基）形成。其中，老结构应该参与了左缘棘毛的起源和发育，而右缘棘毛原基则在老结构的右侧独立形成。随后，原基按照常规模式发育、片段化并替代老结构（图 15.1.2D，E）。

在部分发生期个体虫偶然可见到 2 列左缘棘毛原基（图 15.1.3B），其命运不明，但极可能很快被吸收。一个稳定的现象是：在前、后仔虫，右缘棘毛原基的前端均不发生片段化，因此不形成棘毛，而是以片段状背触毛样结构存在，即形成短列的毛基体对（图 15.1.3G，I）。

在发生末期，若干老结构依然未被吸收，包括 2 根老的“额外棘毛”（图 15.1.3G，I）。

背触毛　由最早可见的发生期个体判断，原基的起源在本亚型很可能采用了初级发生式，即起初在老的第 1、3 和 5 列背触毛中部出现一组 3 列原基（图 15.1.2D），后可能由此横断（？）为两组，使得虫体前后各具 3 列原基（图 15.1.2E，F）。

至细胞分裂后期，背触毛原基 1、2（左侧的两列）发生片段化并分别分生出 1 列新的背触毛，连同第 3 列原基，共形成新个体中的 5 列背触毛（图 15.1.3E，J）。其中，第 2、3、5 列新背触毛列的末端各分化出 1 根尾棘毛（图 15.1.3H，J）。

大核　大核以普通发育方式发生，即在发生初期，2 枚大核融合为一（图 15.1.2F；图 15.1.3A，C），在细胞分裂后期发生两次分裂后分配到 2 个子细胞中（图 15.1.3E，H，J）。

主要特征与讨论　涉及本亚型目前所知仅拟缩颈半腹柱虫 1 种。

该亚型的主要发生学特征可以总结如下。

（1）老口器大部分解体，仅保留前端部分小膜；前仔虫口原基在皮膜深层独立发生，其发育成新小膜并与残留的老口围带以“拼接”方式构成新的口围带。

（2）FVT-原基以初级发生式起源，分别以 3∶3∶3∶4∶4 的模式产生棘毛。

（3）右侧缘棘毛原基独立形成，左侧缘棘毛原基形成于老结构中。

（4）背触毛为一组发生式，很可能为初级发生式，3 列原基出现在老结构中。

（5）第 1 和第 2 列背触毛原基经片段化各形成 2 列新的背触毛。

（6）3 根尾棘毛分别在第 2、3、5 列背触毛末端形成。

围绕本亚型的发生，目前仅有一次报道（Song & Hu 1999）。

以本种为代表的发生亚型中所揭示的第 1 、2 列背触毛发生片段化为高等腹毛类纤毛虫中比较罕见的发生现象，相同的现象仅在少数属种中有报道，如缩颈半腹柱虫（Shao et al. 2013a）和异弗氏全列虫（Hu & Song 2001b），而在更低等的类群中找不到同源现象。因此，该特征或应理解为一个进化中的衍生特征而非原始特征。

有关背触毛是否为初级发生式，由于相应分裂期个体的缺失不能肯定，但很可能是初级发生式。如该特征被证实，则又是一个与尖毛类差距甚远的原始特征。

此外，在尖毛类中普遍存在的背缘触毛在本亚型中也是缺失的。但代之在右侧缘棘毛原基的前端存留一段不再迁移也不发生片段化的形成棘毛的结构。因此，在营养期细胞中，始终以短列的背触毛模式存在。这样的结构同样无法溯源。但在多组式形成背触毛原基的高等尖毛类，其第二组（背缘触毛）原基同样无法在低等类群中找到祖先形式。因此，或许可以解释为：本亚型的该结构与高等尖毛类的背缘触毛有可能是一个同源结构或存在某种联系，前者在演化过程中发生了向外的迁移、再分化（如由单列分化出双列），从而形成了后者的发育模式。

本亚型与同发生型内的另一亚型（缩颈半腹柱虫为代表，见本章第 2 节）相比，两者在口器演化与 FVT-原基的产生方式上非常相似，但在背触毛原基和尾棘毛的起源上不同：背触毛原基在前者为初级发生式并且最初出现在老结构中，而在后者则为次级发生式并且独立发生于老结构以外。此外，本亚型中第 2、3、5 列背触毛的末端各产生 1 根尾棘毛，而在缩颈半腹柱虫中多达 5 根的尾棘毛中的 3 根分别出现在第 2、4、5 列背触毛的末端。

所有这些发生差异的存在，显示本种代表了一特殊的尖毛类群，从而表明本亚型在系统发育中处于一个特别的地位。

在个别发生期个体中观察到了“第 6 列”FVT-原基（图 15.1.2E）。这里可能包含一个错误解读：由于在中期和后期的多个发育个体中，一律严格地维持着 5 列 FVT-原基的结构。合理的推测是，这列“多余的原基”有可能为解聚后的老波动膜，该结构将发生解聚、消失或参与形成 UM-原基。此外，在极少数末期发生个体有“多余”棘毛的形成现象。但该类现象将类似于在其他腹毛类中常见的那样，随着细胞分裂的完成将自行吸收，以保证分裂间期的个体具有稳定的额-腹-横棘毛数目（Song & Wilbert 1997）。

值得提及的是，横棘毛及右缘棘毛右侧的两根“额外棘毛”的来源依然不明：该结构在营养期个体中稳定地存在，但在细胞发生过程没有跟踪到其起源。其中，由于在发生过程中可以见到两根老棘毛始终存在，因此，其可能由后仔虫所继承（？）。但在前仔虫，完全无法找到其踪迹。一个可能的机制是：该结构形成于细胞完成分裂后，由右缘棘毛的末端迁移出两根棘毛。如果这个假说正确，则原来一直存在的老结构（留在后仔虫的相应部分）也应解体、消失，新的棘毛采取相同的模式形成。此结构在相邻的几个属也存在（见第 16 章），并且均无法在发生过程中找到其起源信息。总之，这是一个稳定的、多类群共有的衍征，显然具有演化上的定位意义，因此属于一个亟待解答的悬疑之一。

第2节　缩颈半腹柱虫亚型的发生模式
Section 2　The morphogenetic pattern of *Hemigastrostyla enigmatica*-subtype

邵晨 (Chen Shao)　　宋微波 (Weibo Song)

作为一个独立的亚型，缩颈半腹柱虫背面结构的细胞发生过程与拟缩颈半腹柱虫亚型差异显著，从而作为两个不同的亚型分别介绍。本章节的描述基于邵晨等（Shao et al. 2013a）的新近工作。

基本纤毛图式　3根额棘毛，1根口棘毛，4根额腹棘毛以V形排布，3根口后腹棘毛排列为1列，2根横前腹棘毛，恒定5根横棘毛；尾端具两根“额外棘毛”，位于横棘毛右侧；左、右缘棘毛各1列（图15.2.1A，B）。

5或6列背触毛；尾棘毛5根（图15.2.1C）。

细胞发生过程

口器　老口围带仅前端保留，大部分将解体并由新原基产物所替代：在发生早期，口原基场于老口围带近端附近的皮膜深层形成，随着该原基的发育，附近的老结构发生小膜解体、消失（图15.2.2A，C）。随后的口原基发育遵循常规模式，即新小膜在原基内组装并迅速在老口围带的右侧发育（图15.2.2E，G）。至发生后期，新生的口围带向前延伸并与残留的老口围带的前端相接（图15.2.3A，C），从而形成了一个新老小膜混合的结构。

前仔虫波动膜的起源不详（独立发生？或老波动膜解聚？）（图15.2.2A）。在中后期，原基不断地延长变粗并在其前端形成1根额棘毛，后部分化形成新的口内膜和口侧膜（图15.2.2C，E，G；图15.2.3A，C）。

后仔虫口原基的发生起始于虫体中部（图15.2.4A），通过毛基体的增殖，口原基不断地变长变宽，随后口原基从右上方开始组装口围带小膜（图15.2.2A；图15.2.4C）。当小膜组装即将完毕的时候，口围带的前端开始向虫体的右侧弯曲并最终达到既定位置（图15.2.2A，C；图15.2.3A，C；图15.2.4O）。

后仔虫的UM-原基最早以条带的形式在发生早期出现在后仔虫口原基的右上方（图15.2.2A；图15.2.4E），其后的发育过程与前仔虫UM-原基相同（图15.2.2C，E，G；图15.2.3A，C）。

额-腹-横棘毛　FVT-原基为次级发生式形成：其最初包括5或6列，出现在老结构附近，在前、后仔虫，各自的FVT-原基前后彼此邻接（见本节讨论部分）（图15.2.2A）。

接下来，各条FVT-原基经发育、分段化，分别以3∶3∶3∶4∶4的模式共产生17根棘毛（图15.2.2G）。在此时期，若干老结构依然尚未被吸收，包括2根“额外棘毛”（图15.2.3A，C）。

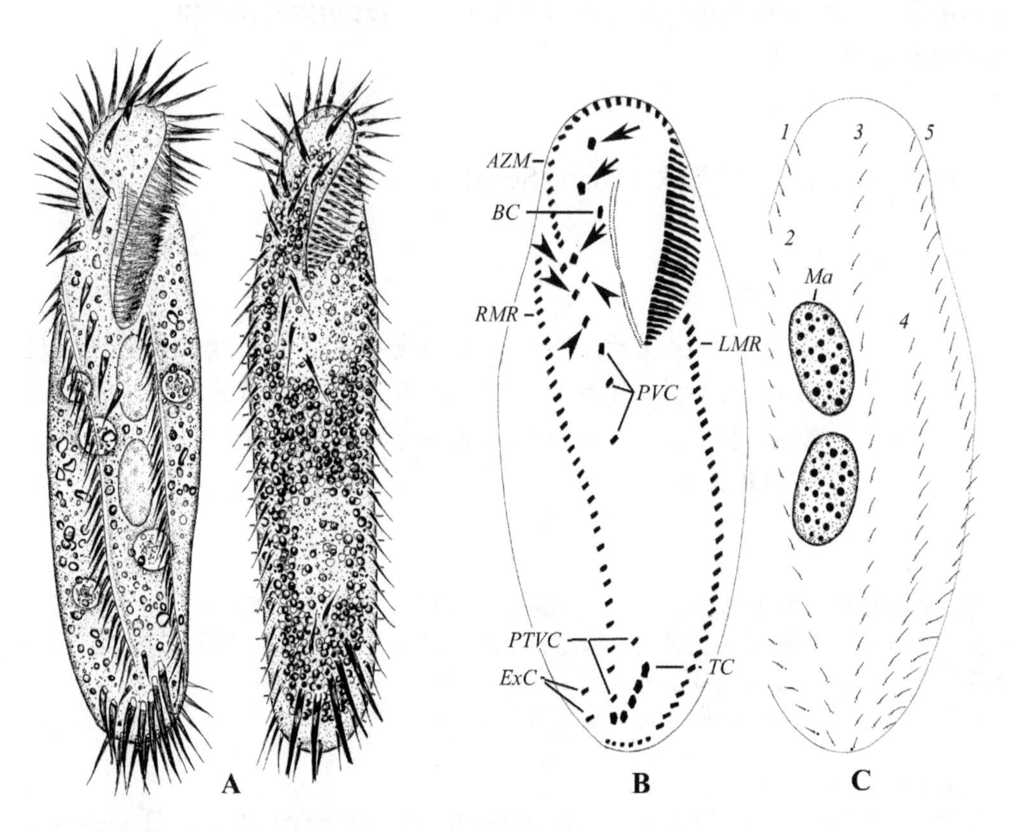

图 15.2.1 缩颈半腹柱虫的活体图（**A**）和纤毛图式（**B**，**C**）
A. 腹面观；**B.** 腹面观，箭头示额棘毛，无尾箭头示额腹棘毛；**C.** 背面观。*AZM.* 口围带；*BC.* 口棘毛；*ExC.* “额外棘毛”；*LMR.* 左缘棘毛列；*Ma.* 大核；*PTVC.* 横前腹棘毛；*PVC.* 口后腹棘毛；*RMR.* 右缘棘毛列；*TC.* 横棘毛；*1-5.* 背触毛列

各组棘毛的形成模式如下。

3根额棘毛分别来自于UM-原基和FVT-原基Ⅰ，FVT-原基Ⅱ的前端。

1根口棘毛来自于FVT-原基Ⅰ的中部。

4根额腹棘毛来自于FVT-原基Ⅱ的中部、FVT-原基Ⅲ的中部和FVT-原基Ⅴ的前端（2根）。

3根口后腹棘毛来自于FVT-原基Ⅲ的中部和FVT-原基Ⅳ的前端（2根）。

2根横前腹棘毛来源于FVT-原基Ⅳ和FVT-原基Ⅴ的中部。

5根横前棘毛来源于FVT-原基Ⅰ-Ⅴ的后端。

缘棘毛　缘棘毛原基的发育开始于FVT-原基出现后，在前、后仔虫的左、右缘棘毛原基均为独立发生，虽然左侧一列在前仔虫似乎与老结构有位置上的交叠（见本节讨论部分）（图15.2.2A）。随后各原基逐渐变宽并向虫体两极延伸，并最终产生新的棘毛列以替代老结构（图15.2.2C，E，G；图15.2.3A，C）。

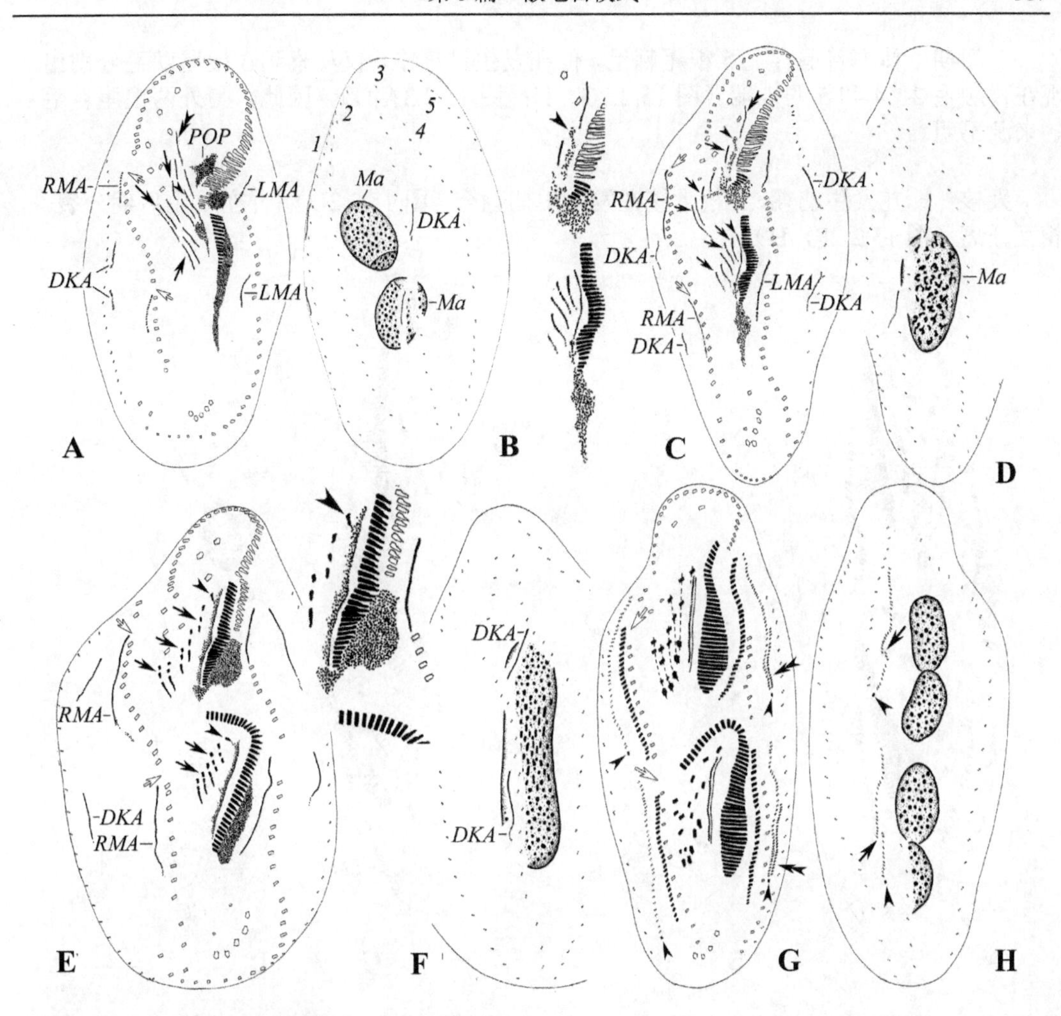

图 15.2.2　缩颈半腹柱虫细胞发生的早期和中期

A，B. 早期发生个体的腹面观和背面观，示老的波动膜（双箭头）和后仔虫的 UM-原基（无尾箭头）。示以初级发生式发生的 FVT-原基即将在中部横断为二，前半部分分配给前仔虫而后半部分分配给后仔虫（箭头）。空心箭头指示可能参与缘棘毛原基形成的老棘毛的位置；**C，D.** 中期发生个体的腹面观和背面观，示前、后仔虫中的 FVT-原基（箭头）。无尾箭头示两个仔虫中的 UM-原基，双箭头示老的波动膜，空心箭头示可能参与缘棘毛原基构建的老棘毛的位置。注意大核融合成一团状融合体；**E，F.** 中期发生个体的腹面观和背面观，示前、后仔虫的 UM-原基的前端分别形成最左侧 1 根额棘毛（无尾箭头），FVT-原基正在分化成棘毛（箭头）。空心箭头示可能参与缘棘毛原基构建的老棘毛的位置；**G，H.** 晚期发生个体的腹面观和背面观，示尾棘毛（无尾箭头），分段化中的背触毛原基（双箭头，箭头）。空心箭头示可能参与缘棘毛原基构建的老棘毛的位置。*DKA*. 背触毛原基；*LMA*. 左缘棘毛原基；*Ma*. 大核；*POP*. 前仔虫的口原基；*RMA*. 右缘棘毛原基；*1-5*. 背触毛列

背触毛　以次级发生式形成：在前、后仔虫的背触毛列之间分别独立出现了 3 条背触毛原基（图 15.2.2B，D）。原基 I 出现在老背触毛列 1 的左侧，原基 3 出现在老背触毛列 5 的右侧，而原基 2 则在前仔虫和后仔虫中分别在老背触毛列 3 的右侧和左侧出现（图 15.2.2B，D）。

至发生中、后期，原基 1 和 2 在后端发生断裂，因此形成了 5 条背触毛（图 15.2.2H；图 15.2.3A，B）。

在间期个体中普遍存在 5 根尾棘毛，但在发生过程中，仅观察到 3 根尾棘毛分别出现在背触毛 2、4 和 5 的末端（图 15.2.2G，H；图 15.2.3A-D）。因此，另外两根尾棘毛的来源不明。

大核 即在发生初期，2 枚大核在发生中期融合（图 15.2.2D），并在发生后期分裂，相互分离（图 15.2.2F，H）。

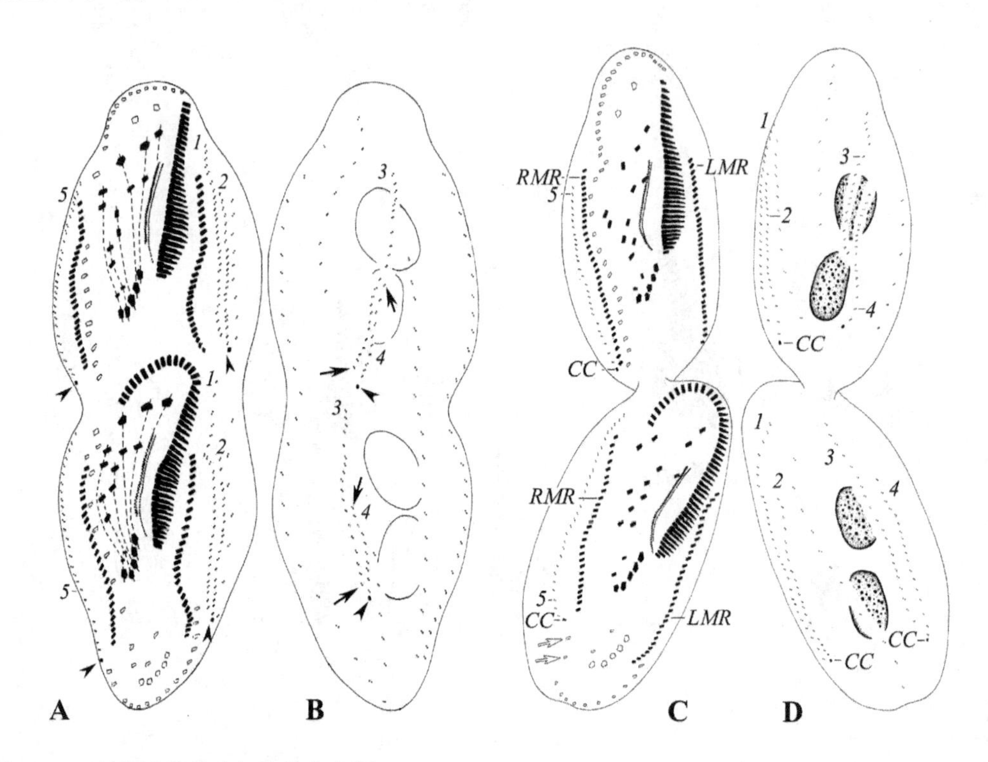

图 15.2.3 缩颈半腹柱虫细胞发生晚期

A，B. 晚期发生个体的腹面观和背面观，示尾棘毛形成（无尾箭头）和背触毛列 3 的末端在发生末期没有贡献尾棘毛（箭头），示棘毛向既定位置前移；**C，D.** 发生末期个体的腹面观和背面观，示棘毛即将迁移至既定位置，空心箭头指示 2 根老的“额外棘毛”仍存在，虚线连接同一原基产生的棘毛。*CC.* 尾棘毛；*LMR.* 左缘棘毛列；*RMR.* 右缘棘毛列；*1-5.* 背触毛原基 1-5

主要特征与讨论 涉及本发生亚型仅缩颈半腹柱虫 1 种。

该亚型的主要发生学特征如下（Shao et al. 2013a）。

（1）老口围带前端保留；前仔虫的口原基于皮层下独立发生，其产物最终替代老口围带近端部分并与老结构的远端相接成前仔虫的新口围带。

（2）前仔虫的波动膜起源不详，或许与新口原基同源。

（3）FVT-原基以初级发生式产生，并以 3∶3∶3∶4∶4 的模式共产生 17 根棘毛。

（4）“额外棘毛”来源不详，发生期无该结构的形成过程。

（5）缘棘毛原基均为独立发生并位于老结构的外侧，老结构完全不参与其发育。

（6）背触毛原基为次级发生式并独立起源，其中原基 1 和 2 分别通过片段化形成两列新的背触毛。

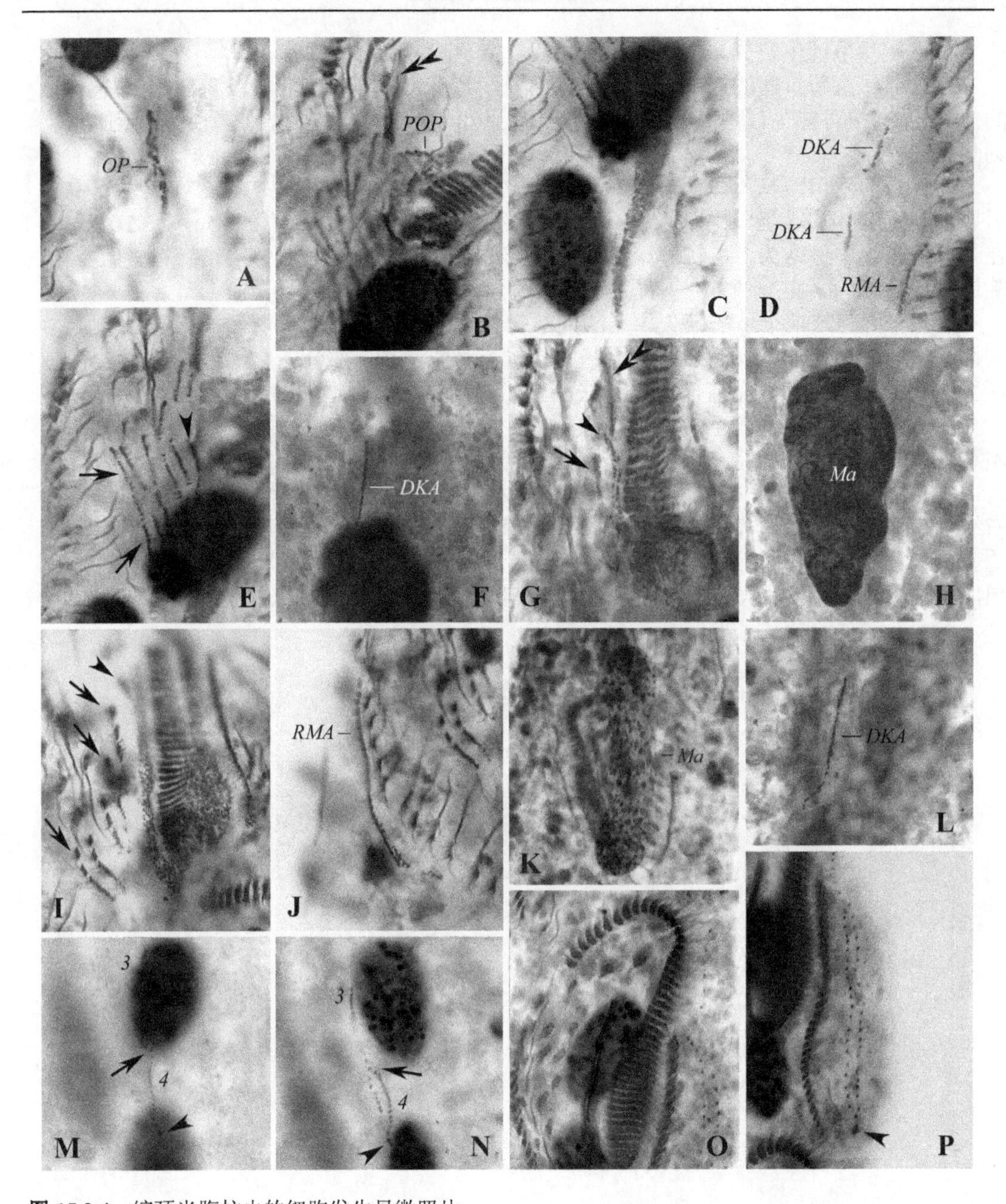

图 15.2.4 缩颈半腹柱虫的细胞发生显微照片

A. 早期发生个体的腹面观，示后仔虫的口原基；**B，C，E.** 同一发生个体，示前仔虫（**B**）和后仔虫（**C**）的口原基，老波动膜（双箭头），后仔虫的UM-原基（图**E**，无尾箭头）和FVT-原基（图**E**，箭头）；**D，F.** 早期发生个体；**G，H.** 同一发生个体的腹面观和背面观，示前仔虫的UM-原基（无尾箭头），老的波动膜（双箭头）和FVT-原基（箭头），注意大核融合成一个团状结构；**I-L.** 中期发生个体的腹面观和背面观，示UM-原基的前端形成最左侧额棘毛（无尾箭头），FVT-原基开始分化出棘毛（箭头），以及发育中的右缘棘毛原基（**J**）和背触毛原基（**J**）；**M，N.** 发生晚期个体的背面观，示背触毛原基的分段化（箭头），在前仔虫（**M**）和后仔虫（**N**）中，箭头示尾棘毛产生自第4列背触毛的末端；**O，P.** 发生末期个体的腹面观，示新产生的棘毛向既定位置前移（**O**），以及背触毛列1、2和尾棘毛（无尾箭头）。*DKA*. 背触毛原基；*Ma*. 大核；*OP*. 口原基；*POP*. 前仔虫的口原基；*RMA*. 右缘棘毛原基；*3*，*4*. 背触毛列

（7）尾棘毛产生自具末端结构的第 2、4、5 列背触毛的末端。

有关前仔虫新口器的形成，目前仍有部分疑点有待核实：老的波动膜似乎解体，新的 UM-原基很可能与口原基同源发生。但因部分早期分裂相缺乏，这个过程无法精确刻画。

前仔虫的新口原基可以明确系深层（独立）发生，但不能确定的是，在其发育中、后期，邻近解体的（老口围带近端）部分小膜是否参与原基的发育。Shao 等（2013a）在其原始报道中曾认为，最初解聚后的小膜形成了口原基，此显然为错误解读。但不排除这些近体端的小膜解体并参与了口原基中后期发育的可能性。

此外，因为末期个体的缺失，无法判断营养期细胞 5 根尾棘毛的形成来源：在发生间期，仅观察到 3 根尾棘毛形成于原基中。一个可能性是，部分老尾棘毛保留下来，与新生结构形成拼接。但在前仔虫，无法从上述推测中得到合理的解释。

对于本种的两根横棘毛右侧的“额外棘毛”的来源，与拟缩颈半腹柱虫亚型类似，本节中依然无答案并等待未来的工作去阐释。

与拟缩颈半腹柱虫亚型相比，本亚型至少存在下列不同点：背触毛为次级发生式；右缘棘毛原基前端发生完全的片段化，形成棘毛，而非“背触毛片段”状结构；缘棘毛原基全部为独立起源（vs. 右缘棘毛原基独立形成，左缘棘毛原基形成于老结构中）；3 根尾棘毛分别在第 2、4、5 列（后者分别来自 2、3、5 列）背触毛的末端形成。

第 16 章　细胞发生学：偏腹柱虫型
Chapter 16　Morphogenetic mode: *Apogastrostyla*-type

邵晨 (Chen Shao)　　宋微波 (Weibo Song)

该发生型包括如下基本发生学特征：5 列 FVT-原基在形成初期很可能为初级发生式；老口围带大部分解体并被更新，前仔虫的新口原基独立发生；背面结构发育基本为殖口虫属模式，即背触毛原基不发生断裂，背缘触毛列缺失；形成的腹棘毛列为“伪棘毛列”。

属于该发生型的目前已知涉及 1 个科（尖毛科）内 2 个属，代表了 2 个亚型。重要发生学特征包括：①老口围带前部保留，与前仔虫口原基产生的新的小膜拼接形成新的口围带；②稳定的 5 列 FVT-原基以初级方式产生，发育为典型（*Apogastrostyla rigescens*-亚型）或不典型的 18 根额-腹-横棘毛（或无特定数目的棘毛，*Protogastrostyla pulchra*-亚型）；③背触毛原基在老结构中产生（*Apogastrostyla rigescens*-亚型）或独立产生（*Protogastrostyla pulchra*-亚型）；④右缘棘毛原基独立发生，左缘棘毛原基在老结构内产生（*Apogastrostyla rigescens*-亚型）或独立产生（*Protogastrostyla pulchra*-亚型）；⑤*Apogastrostyla rigescens*-亚型有“额外棘毛”的形成（尽管起源不详）。

背触毛列的发生在 *Protogastrostyla pulchra*-亚型较为特殊：其余亚型中老背触毛列均将解体、消失，而 *P. pulchra*-亚型中表现独特：某些老背触毛列将保留给后仔虫，由此而形成营养期细胞背触毛数目的不恒定。

尽管基于背面结构的发育模式，前述的拟缩颈半腹柱虫亚型、缩颈半腹柱虫亚型，以及本章中涉及的僵硬偏腹柱虫亚型被分别安排在 2 个章中。但事实上，它们的个体发育过程和纤毛图式的特点显示了它们之间有密切的关系：①均在非分裂期存在两根“额外棘毛”，如前所述，这一结构的来源迄今不明确，但应为一个特殊且保守的衍征。该结构的存在，表明了 3 个亚型具有非常近的亲缘关系并且处于同一进化支（尽管目前认为背面结构的发育模式在腹毛类系统发育分析中应被赋予相当的权重）。②3 个亚型中 FVT-原基均为祖征，即初级发生式。在其余散毛类中至少已知美丽原腹柱虫、盐异腹柱虫和膜状急纤虫的 FVT-原基也为典型的初级发生式。因此可以推测，拟缩颈半腹柱虫亚型、缩颈半腹柱虫亚型和僵硬偏腹柱虫亚型的代表种构成了一个单独的进化支，具有独立的进化地位，而美丽原腹柱虫和盐异腹柱虫位于其外围（见盐异腹柱虫亚型）。这一特征也体现了"半腹柱虫类"（拟缩颈半腹柱虫、缩颈半腹柱虫和僵硬偏腹柱虫）是尖毛类中较为低等的类群。

比较特殊的是，上述 3 个亚型和美丽原腹柱虫亚型的前仔虫口原基均为独立发生并与残留老结构以拼接形式形成新口围带（衍征），相较目前已知的高等尖毛类的完全保留（祖征），进一步验证了该 3 种亚型的代表种及美丽原腹柱虫亲密的发育关系。同样支持这个结论的是：4 个亚型中，额腹棘毛和口后腹棘毛均排成特定的长列并通常由多于 13 根额腹棘毛所组成，该特征也十分保守！可以推测该特征为原始的祖征态。右侧缘棘毛原基普遍采取特征性的独立发生模式（衍征）并表现出了高度保守性，也进一步表明了 4 个亚型之间的亲缘关系，以及位于同一进化支中这一事实。

另外一个需要比较的现象是：背触毛原基为一组发生式（祖征），即无尖毛类特征性的背缘触毛原基出现；原基不发生片段化（祖征，僵硬偏腹柱虫），或采用特殊的方式片段化。这体现了本类群之间的过渡关系：僵硬偏腹柱虫位于"半腹柱虫类"中较原始地位，同时也成为"半腹柱虫类"独立于高等尖毛类之外的佐证。

综上所述，"半腹柱虫类"（拟缩颈半腹柱虫、缩颈半腹柱虫和僵硬偏腹柱虫）、美丽原腹柱虫代表了一个关系密切的低等散毛目类群，其很可能处于同一个演化节点上。

第1节　僵硬偏腹柱虫亚型的发生模式
Section 1　The morphogenetic pattern of *Apogastrostyla rigescens*-subtype

李俐琼 (Liqiong Li)　邵晨 (Chen Shao)　宋微波 (Weibo Song)

李俐琼等（Li et al. 2010a）依据纤毛图式、细胞发生学及分子系统学等信息，在对半腹柱虫属（*Hemigastrostyla* Song & Wilbert, 1997）重新厘定的基础上，建立了偏腹柱虫属，该工作同时完成了对僵硬偏腹柱虫的细胞发生学研究，其过程显示了作为一个独立亚型的发育特征。

基本纤毛图式　口围带前端高度弯折，终止于近口区；3根额棘毛分化完善，1根口棘毛；4根额腹棘毛与3根口后腹棘毛相邻接，排列为一斜列；5根发达的横棘毛，2根横前棘毛，存在2根“额外棘毛”；左、右缘棘毛各1列（图16.1.1A，B，D-F）。

尾棘毛3根，具有3列贯通虫体的背触毛（图16.1.1C）。

细胞发生过程

口器　老口围带绝大部分均将解体，仅保留前端少数小膜。因此，前仔虫口器的主体来自新的口原基产物：该口原基场最初现于口区末端（在细胞表层？深层？），包括一纵长的无序排列的毛基体场。解体的老结构（小膜）在口原基的早期发育阶段很可能即已参与其中（？）：此期老口围带后半部分的小膜及波动膜均发生完全的瓦解并可见与口原基完全“融为一体”（图16.1.2A）。接下来前仔虫的口原基的发育按照常规模式进行：组装出小膜并向额区延伸（图16.1.2B）。发生后期新生的口围带进一步发育、延长，其前端将与保留的老口围带拼接，从而形成前仔虫的口围带（图16.1.2C）。

老的波动膜发生瓦解（解聚），可能参与形成前仔虫的UM-原基。但因发生期的不足，也不排除另外一个可能，即老结构彻底解体，新原基于其一侧独立形成（图16.1.2A，箭头所示）。随后原基按照尖毛类普通模式发育：前端形成1根棘毛（成为最左边的额棘毛）、纵裂形成空间上相互交叉的口侧膜与口内膜（图16.1.2A-C，E）。

后仔虫的口原基最初为口后腹棘毛与横前棘毛之间出现的条带状毛基体群（图16.1.2A）。其后，该原基场以常规模式组装出新的小膜，直至新口围带形成、前移，最终完成对后仔虫口器的构建（图16.1.2B，C，E）。

后仔虫的UM-原基出现在后仔虫口原基的右前方，二者在位置上似乎无关联，前者在早期与同步出现的5列FVT-原基相邻发育（图16.1.2B）。随后的过程与前仔虫的波动膜发育相同（图16.1.2B，C，E）。

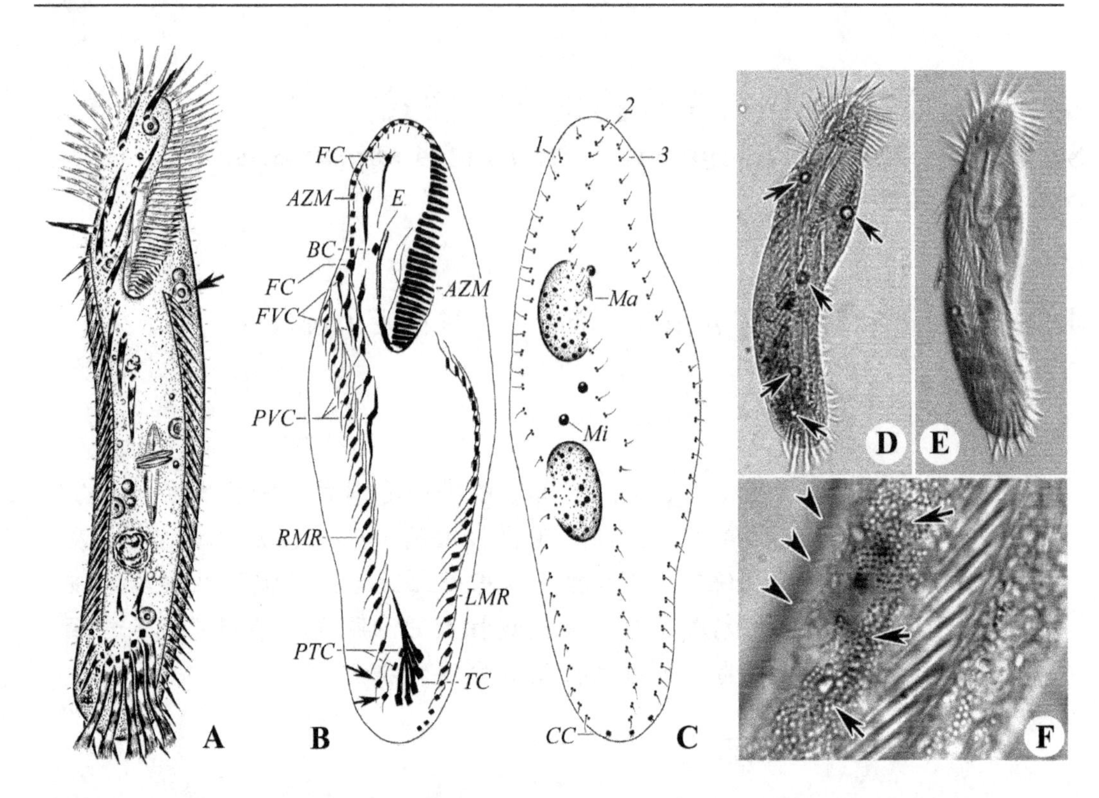

图 16.1.1 僵硬偏腹柱虫典型个体活体形态（**A**，**D-F**）及纤毛图式的腹面观（**B**）和背面观（**C**）
图 **A**，**D** 中箭头示环状结构；图 **B** 中箭头示“额外棘毛”；图 **C** 中 1，2，3 示背触毛列，图 **F** 中箭头示皮层颗粒，无尾箭头示背触毛。*AZM*. 口围带；*BC*. 口棘毛；*CC*. 尾棘毛；*E*. 口内膜；*FC*. 额棘毛；*FVC*. 额腹棘毛；*LMR*. 左缘棘毛列；*Ma*. 大核；*Mi*. 小核；*PTC*. 横前棘毛；*PVC*. 后腹棘毛；*RMR*. 右缘棘毛；*TC*. 横棘毛；*1-3*. 背触毛列

额-腹-横棘毛 早期发生期缺失，但从稍后的发生期个体可知，FVT-原基极可能以初级发生式形成。随后，一组的原基断裂为两组，形成前、后仔虫的 5 列 FVT-原基，这个过程可能为独立形成（图 16.1.2B）。

在发育后期，5 列 FVT-原基经片段化，分别以 3∶3∶3∶4∶4 的模式形成新的棘毛并且数目恒定（图 16.1.2C，E）。细胞分裂后期，新产生的棘毛完成发育，向预定位置迁移、定位，最终，老结构被吸收（图 16.1.2E）。

各棘毛的形成与原基间的关系如下。

3 根额棘毛分别来自 UM-原基（1 根）、FVT-原基Ⅰ（1 根）和 FVT-原基Ⅱ（1 根）。

1 根口棘毛来自 FVT-原基Ⅰ。

4 根额腹棘毛来自 FVT-原基Ⅱ（1 根），FVT-原基Ⅲ（1 根），FVT-原基Ⅴ（2 根）。

3 根后腹棘毛来自 FVT-原基Ⅲ（1 根），FVT-原基Ⅳ（2 根）。

2 根横前棘毛来自 FVT-原基Ⅳ（1 根），FVT-原基Ⅴ（1 根）。

5 根横棘毛来自 FVT-原基Ⅰ-Ⅴ（各 1 根）。

缘棘毛 前、后仔虫的左缘棘毛原基在老结构中产生，而右缘棘毛原基为独立发生并且老结构不参与其后期的发育。至细胞分裂后期，老的右缘棘毛大部分仍尚未被吸收，而此期老的左缘棘毛则大部分被吸收（图 16.1.2C，E）。

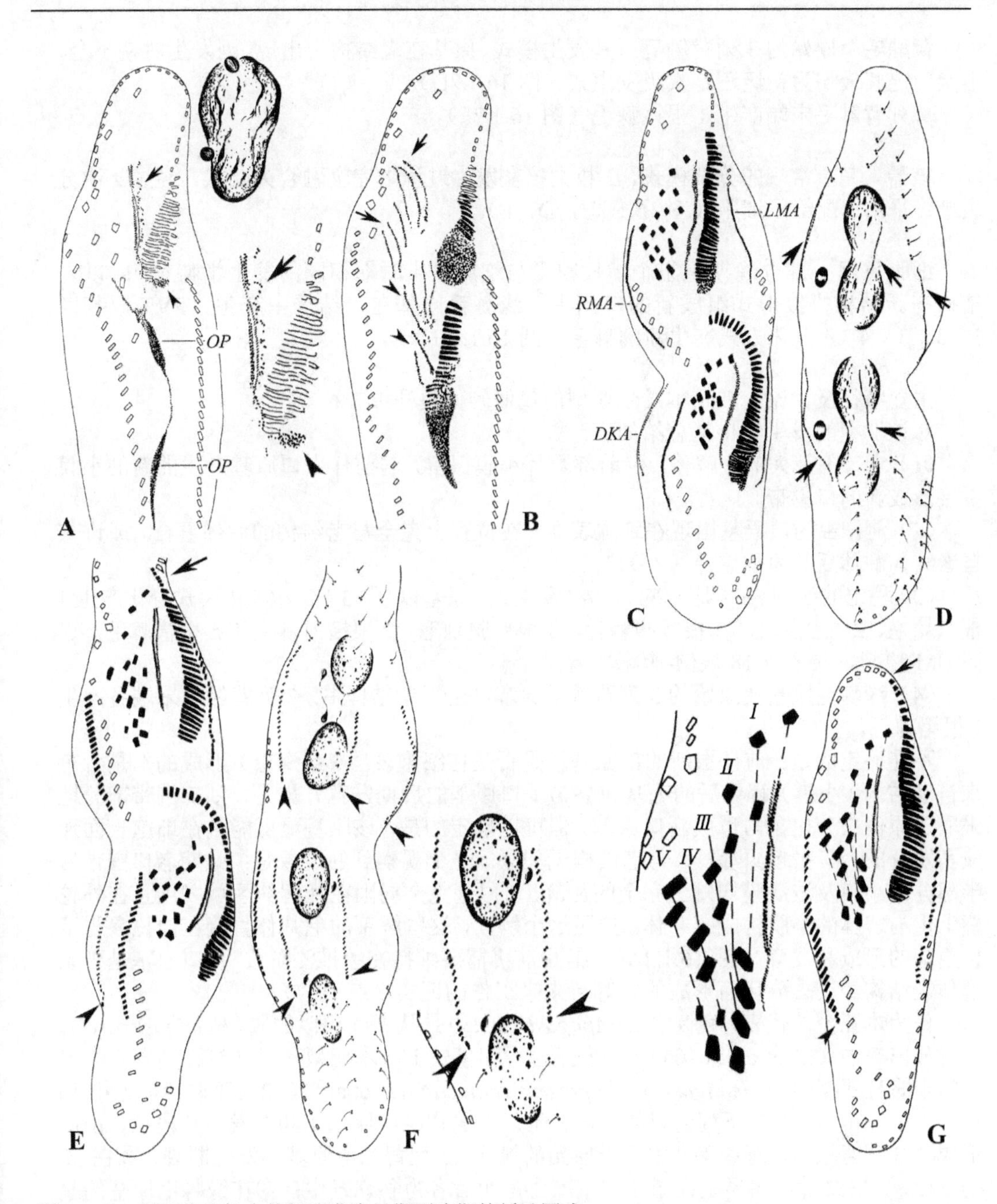

图 16.1.2　僵硬偏腹柱虫的细胞发生早期至晚期的纤毛图式

A. 早期发生个体腹面观，箭头指瓦解的老波动膜，无尾箭头指前仔虫口原基；**B.** 细胞发生早期个体的腹面观，箭头与无尾箭头分别指前、后仔虫的线状的 FVT-原基和 UM-原基；**C，D.** 同一发生晚期个体腹面观（**C**）及背面观（**D**），图 **D** 中箭头指背触毛原基，注意此时缘棘毛原基已经发育至相当程度，FVT-原基的分段化已经完成；**E，F.** 同一发生晚期个体腹面观（**E**）及背面观（**F**），以示前仔虫新的小膜最前端（图 **E** 中箭头）与产生自每列背触毛末端的尾棘毛（图 **E**，**F** 中无尾箭头）；**G.** 晚期重组个体腹面观，显示新棘毛已经分化完毕，箭头指示保留的老的小膜与新小膜的拼接点，可以看出在重组个体中，老口围带也是部分被更新的，无尾箭头示右缘棘毛列末端。*DKA*. 背触毛原基；*I*-*V*. FVT-原基；*LMA*. 左缘棘毛原基；*OP*. 口原基；*RMA*. 右缘棘毛原基

背触毛 原始的 3 列背触毛原基发生模式，原基在老结构中出现。因发生时期不全，不能确定其最初为初级还是次级发生式（图 16.1.2D）。

每列背触毛末端产生 1 根尾棘毛（图 16.1.2F）。

核器 完全常规的分裂模式，2 枚大核在发生过程中完全融合为团状，经过 2 次分裂最终平均分配给子细胞（图 16.1.2B，D，F）。

细胞重组 部分晚期重组个体反映了与细胞发生时期相同的发生学特征，即以老结构与新结构拼接形式组成新的口围带，缘棘毛原基在老结构中产生，FVT-原基以 3∶3∶3∶4∶4 分化方式产生新的棘毛（图 16.1.2G）。

主要特征及讨论 涉及本发生亚型的仅僵硬偏腹柱虫 1 种。

对该亚型的发生学特征总结如下。

（1）老口围带大部分解体，仅前部数片小膜保留，与前仔虫口原基产生的新的小膜拼接形成新的口围带。

（2）前仔虫的口原基出现在细胞表面，在位置上完全与老结构的后部重合，或许来自老结构解体后的原位重建（？）。

（3）稳定的 5 列 FVT-原基应为初级发生式，原基以 3∶3∶3∶4∶4 模式分化产生 1 根口棘毛、2 根额棘毛、4 根额腹棘毛、3 根后腹棘毛、2 根横前棘毛和 5 根横棘毛。连同 UM-原基，共形成 18 根额-腹-横棘毛。

（4）缘棘毛原基及原始的 3 列背触毛原基产生于老结构中，3 列背触毛末端各产生 1 根尾棘毛。

不能确定的是：前仔虫新的口原基场是否是在细胞表层（或深层）形成的？是否有来自老结构（小膜）解体后的毛基粒参与了口原基的后期发育？如是，则口围带部分地采取了原位去分化参与形成新口原基。但可以确定的是，该原基更可能是在细胞表面形成和发育的，其在起源阶段，与老结构无关联。一个观察到的现象是：此期老口围带后半部分的小膜及波动膜均发生完全的瓦解，口原基完全局限在瓦解的区域发展且在外轮廓上也与解体的小膜构成统一体。按照这个解读，这些解聚的毛基体直接在原位参与了口原基的形成和发育（图 16.1.2A）。但目前仍需要维持在“推测阶段”：口原基是否系解体老结构经过去分化而形成的？等待未来工作的证实（或证伪）。

作为本亚型的代表，偏腹柱虫（*Apogastrostyla*）是从高度相似的属（*Hemigastrostyla*）中拆分出来的（Li et al. 2010a）。在发生过程和模式上，本亚型与目前有详细发生学报道的半腹柱亚型中的 *Hemigastrostyla paraenigmatica* Shao et al., 2012（亚型特征见第 15 章第 1 节）相比，存在下列明显的不同：①后者的背触毛原基 1 和 2 发生片段化，由此形成共 5 列背触毛，而本亚型中为最原始的模式，3 列背触毛原基不发生断裂；②在 *A. rigescens*，右缘棘毛明显是在老结构中产生，而后者为独立发生；③在缘棘毛原基的起源上，前者该原基来自老结构，后者中基本为独立发生（Li et al. 2010a；Shao et al. 2013a；Song & Hu 1999）。

此外，与多个相邻阶元相同，本亚型中营养期个体横棘毛右侧 2 根“额外棘毛”的来源同样不明，围绕这一高度保守的结构，起源问题亟待解答。

第2节 美丽原腹柱虫亚型的发生模式
Section 2 The morphogenetic pattern of *Protogastrostyla pulchra*-subtype

胡晓钟 (Xiaozhong Hu) 宋微波 (Weibo Song)

长期以来，腹柱虫属作为一个阶元“熔炉”，被纳入了多个纤毛图式相近、发生学不明的类群（Berger 1999）。基于美丽原腹柱虫独特的细胞发生模式和形态学特征及分子信息，龚骏等建立了原腹柱虫属（*Protogastrostyla*）并被视为一系统地位不明的阶元（Gong et al. 2007）。在Berger（2008）的系统安排中原腹柱虫属被视为小双科成员。该模式最初由胡晓钟、宋微波（Hu & Song 2000）所建立。但因多个分裂期缺失，本亚型迄今仍未完全明了（包括重要的额-腹-横原基的起源、前仔虫口原基的出现时机和位置等）。因此，对该亚型的刻画有待未来工作的核实和补充。

基本纤毛图式 除3根粗壮的额棘毛外，额腹棘毛显著超过13根并程度不同地成列而非分组排布；无“额外棘毛”，左、右缘棘毛在后方交叉（图16.2.1A-C）。

背触毛多于3列，其中部分排列不规则；具3根难以辨识的尾棘毛（图16.2.1D）。

细胞发生过程

口器 老口围带后部解体，新生的口原基独立发生。由于最早期个体缺失，此过程不甚明了，但基本过程为：新口原基场于老结构的深层（？）形成，在随后的发生时期，小膜在原基中逐渐形成，新生的口围带迁移至表面并沿着老结构向前延伸；在此过程中老的口围带同步解体并被吸收，没有参与新口围带的形成和发育（图16.2.2E；图16.2.3A，C，E；图16.2.4A，B，G）。由于新生结构与老结构一直处于密切邻接状态，因此，极容易混淆新、老结构的界限。

分裂后期，新形成的口围带向前延伸至老口围带的近顶端并与保留的老口围带完成拼接，从而共同构成仔虫的新口器（图16.2.3A，C，E）。

老波动膜的命运如同多数腹毛类：老的波动膜发生解聚、去分化，从而在原位形成新的UM-原基并由其发育成新的口侧膜和口内膜，以及左侧的1根额棘毛（图16.2.1F；图16.2.2E；图16.2.3A，C，E）。

后仔虫口原基的出现早于前仔虫（图16.2.1E）。初为一长形的口原基场，其出现在横棘毛的前方。老结构似乎不参与新原基的构建。随着毛基粒的增殖，口原基的前端逐渐分化出新小膜（图 16.2.2A，C，E）。发生后期，小膜组装完毕，新形成的口围带经变构、迁移到既定位置（图 16.2.3A，E）。

在口原基的右前方产生后仔虫的 UM-原基（图 16.2.2A），其最终分化出口侧膜和口内膜及 1 根额棘毛（图 16.2.2C，E；图 16.2.3A）。

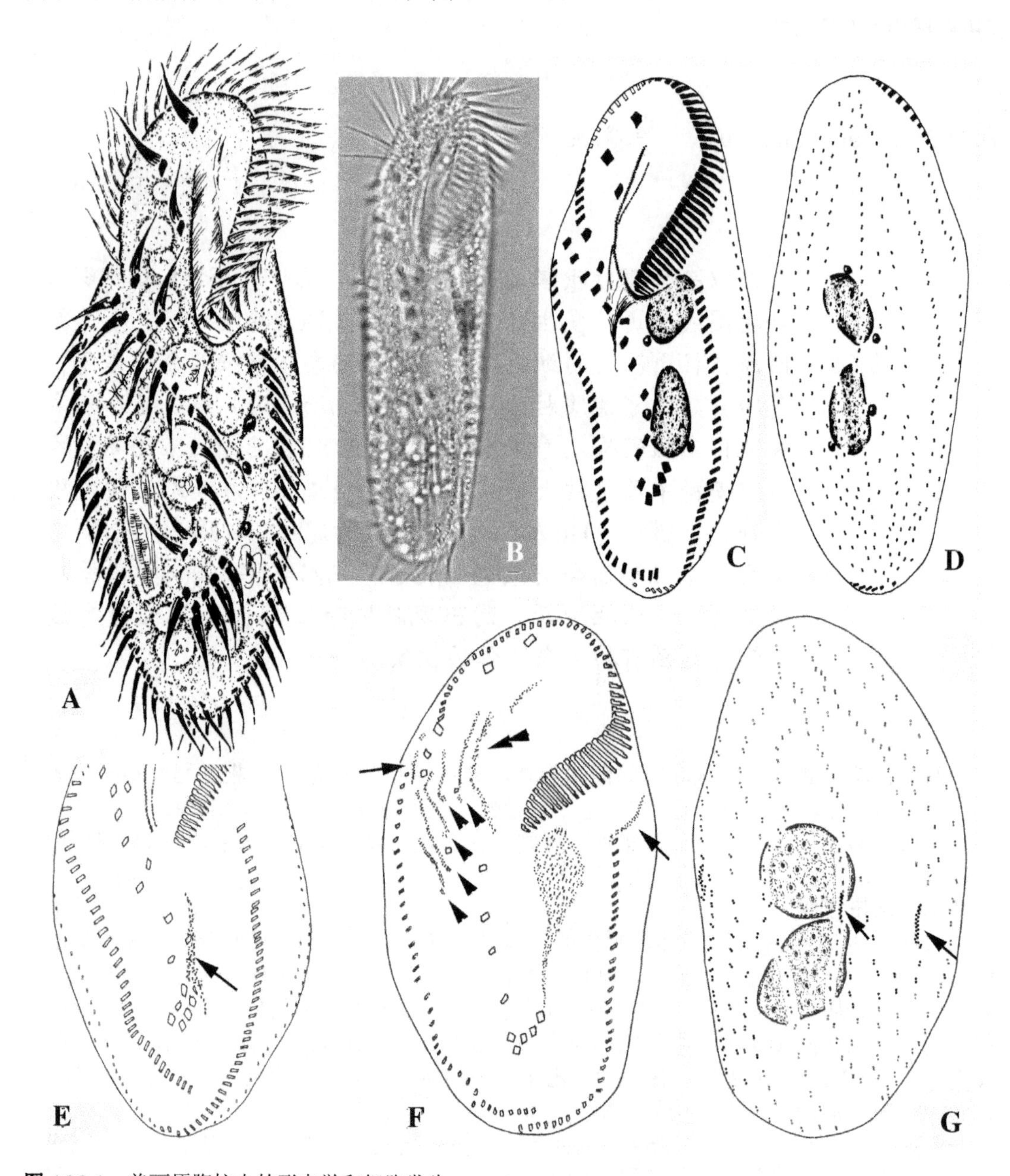

图 16.2.1 美丽原腹柱虫的形态学和细胞发生

A，B. 活体腹面观；**C，D.** 同一个体的腹面观和背面观，示口器、纤毛器和核器；**E.** 发生早期个体的腹面观，箭头示后仔虫的口原基；**F，G** 同一发生个体的腹面观和背面观，示 FVT-原基（无尾箭头）由 5 条基体条索组成，部分老棘毛可能参与原基的形成，随着毛基粒的复制，口原基增大，缘棘毛原基如图 **F** 中箭头所示，图 **F** 中双箭头示 UM-原基，图 **G** 中箭头示背触毛原基

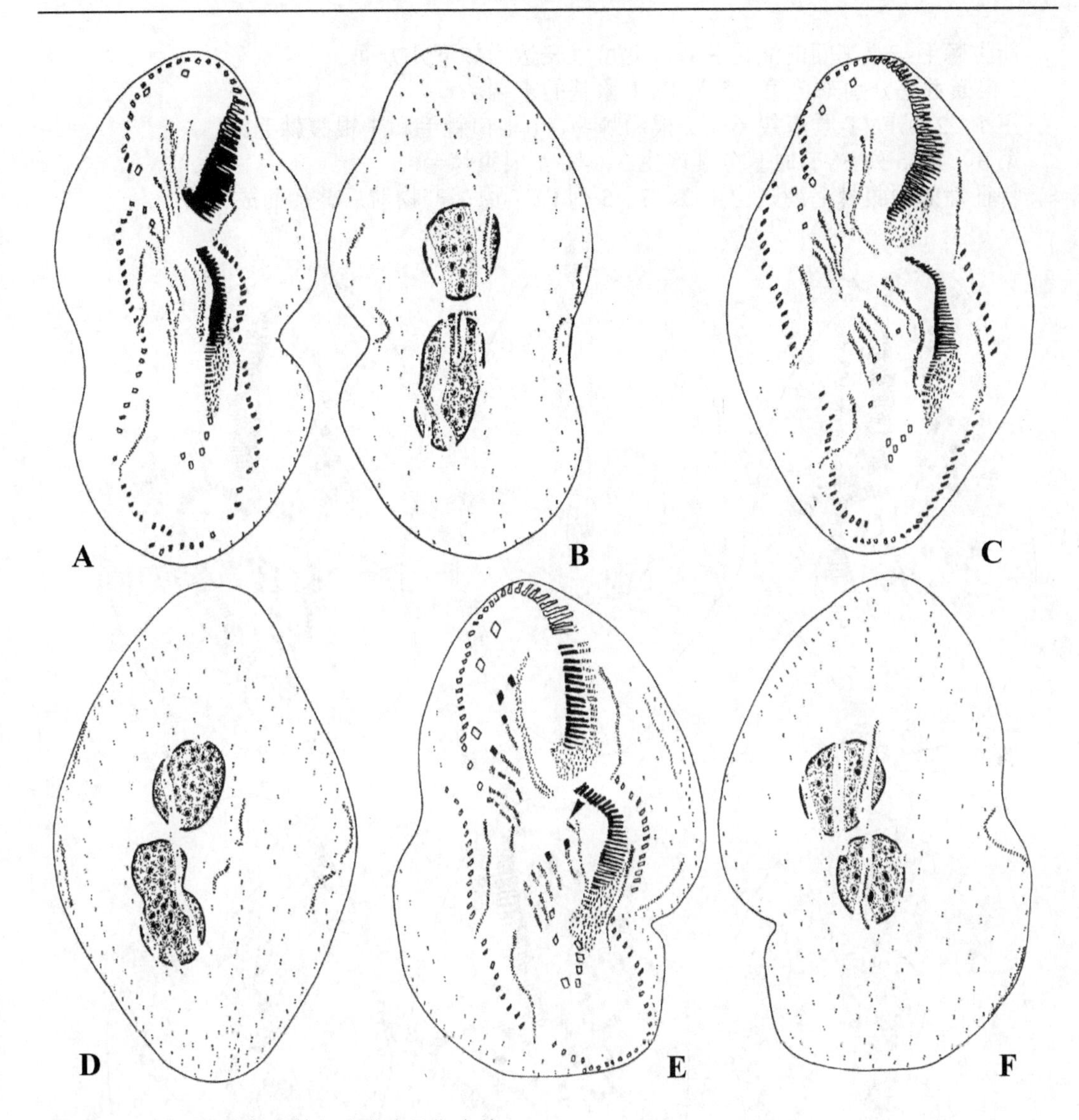

图 16.2.2　美丽原腹柱虫的细胞发生早期个体

A，B. 同一发生后期个体的腹面观（**A**）和背面观（**B**），示 FVT-原基从中部分裂为两组，后仔虫的左、右缘棘毛原基已独立出现于老结构旁，两组 UM-原基已出现，两组背触毛原基发生在虫体中部；**C，D.** 同一发生后期个体的腹面观（**C**）和背面观（**D**），示原基进一步发育增大，后仔虫口原基中新小膜开始向右弯折，老口围带近口端发生去分化，UM-原基的右前方出现一小的原基；**E，F.** 同一发生末期虫体的腹面观（**E**）和背面观（**F**），无尾箭头示形成中的第 1 额棘毛

额-腹-横棘毛　FVT-原基以初级发生式形成。

在后仔虫口原基发生的早期，胞口右侧出现 5 列基体 FVT-原基（图 16.2.1F）。在这些原基的形成和后期发育过程中，解体的老棘毛可能参与其中。随着更多的额腹棘毛的解聚，这些原基中间一分为二，而形成前、后两组部分（图 16.2.2A，C；图 16.2.4C，D）。

后期的发育在前、后仔虫同步进行，这些原基经分段化并最终产生前、后仔虫的 3 根额棘毛、1 根口棘毛、12 根腹棘毛及 5 根横棘毛（图 16.2.2C，E；图 16.2.3A，C，E;；图 16.2.4E）。棘毛在细胞分裂后完成分组化、空间移位并迁至相应的位置。

新生棘毛与原基间的演化关系因此可以表达为如下几方面。

5 根横棘毛分别来自第 1-5 列 FVT-原基的末端。

第 1、2 列 FVT-原基共形成 2 根额棘毛、1 根口棘毛和 1 根腹棘毛。

第 3、4、5 列 FVT-原基分别产生 3、4、4 根腹棘毛。

特征性的额腹棘毛列则由第 3、4、5 列 FVT-原基产物前后叠加而成。

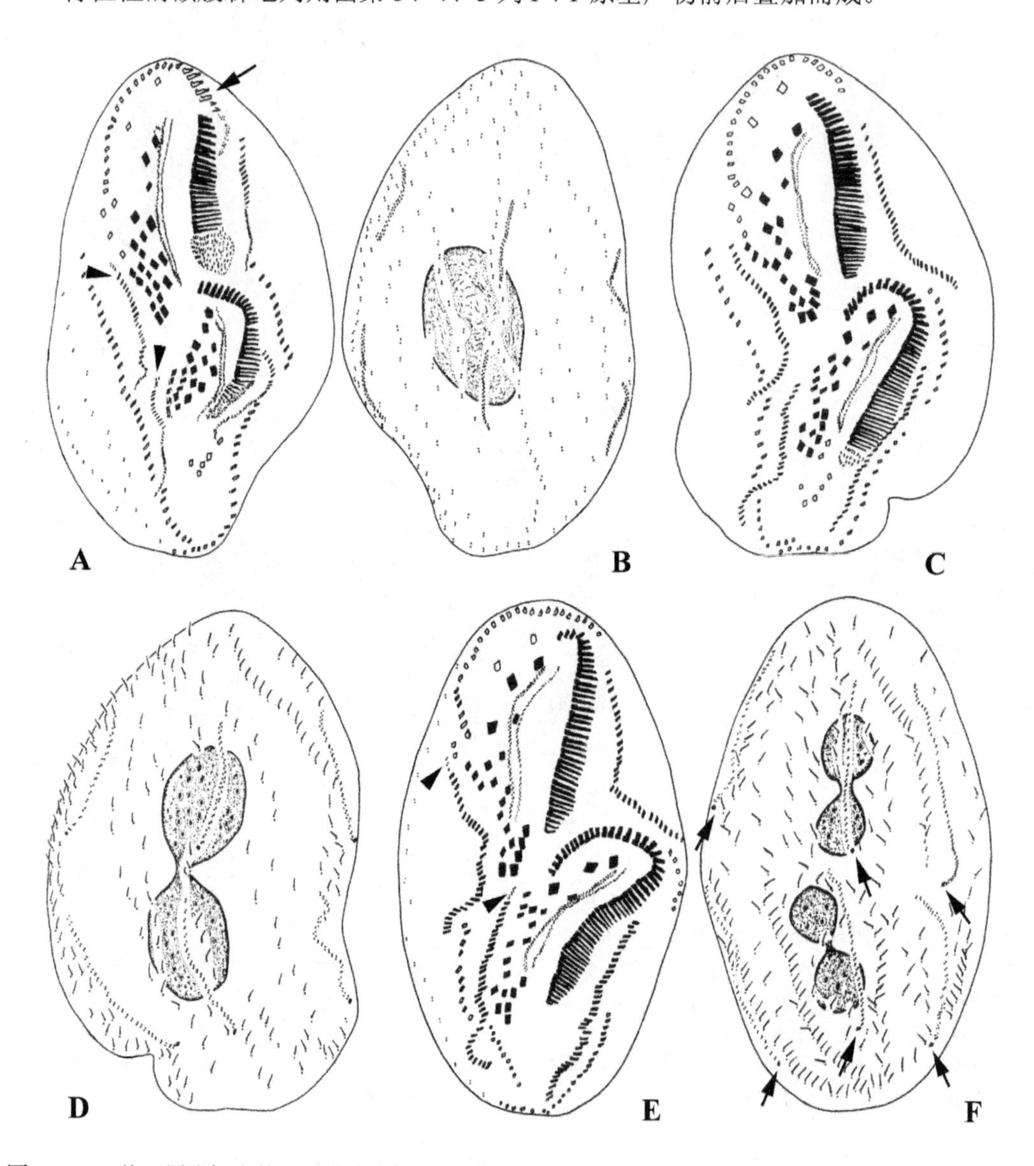

图 16.2.3 美丽原腹柱虫的细胞发生中期至后期

A，C，E. 后期个体的腹面观，显示口器和纤毛器的进一步发育，箭头示新的口围带小膜和老结构交接处，无尾箭头示新的右缘棘毛列前端之毛基粒对；**B，D，F.** 后期个体的背面观，显示背触毛原基的发育，箭头示新的尾棘毛

缘棘毛 十分特殊：右侧的缘棘毛原基在老结构的内侧，基本与 FVT-原基并列形成和发育。而左侧的原基则分别在老结构内（在前仔虫）和其内侧（在后仔虫）独立发

生（图 16.2.1F）。

后期的原基发育按照常规模式：原基经延伸、片段化而替代老结构，所有的老棘毛最后均彻底消失（图 16.2.2A，C）。

与前述拟缩颈半腹柱虫亚型相似（见第 15 章第 1 节），在本亚型的前、后仔虫，右缘棘毛原基的前端有数对毛基体为原基状态：既不分化成棘毛，也不向背面迁移。其最终在非分裂期细胞中，以动基列片段的形式存在于缘棘毛列前端（图 16.2.3A，E）。

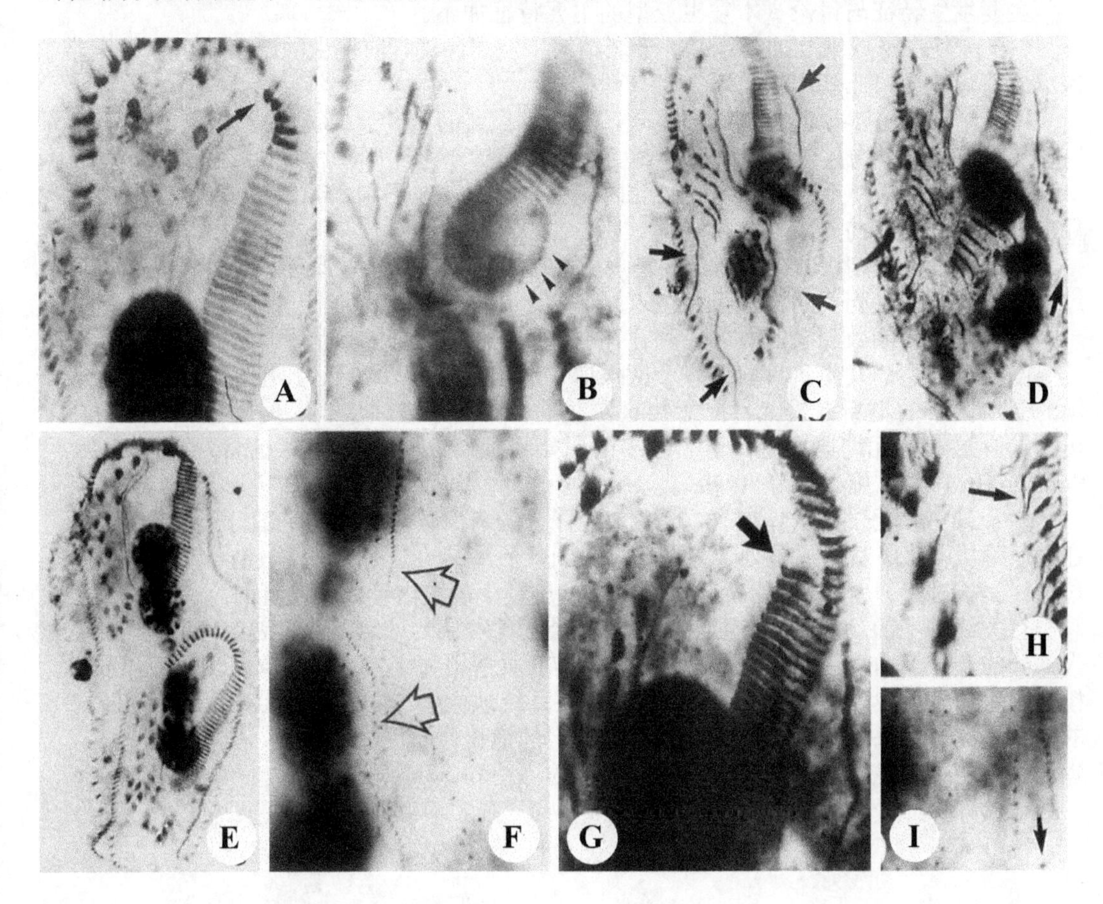

图 16.2.4　美丽原腹柱虫的细胞发生显微照片

A. 口区腹面观，箭头示前端新形成的口小膜；**B.** 口区腹面观，无尾箭头示前仔虫中新形成的口原基；**C，D.** 腹面观，箭头示独立发生的缘棘毛原基；**E.** 发生后期腹面观，示腹面棘毛和口器演化的完成；**F.** 背面观，箭头示背触毛；**G.** 前仔虫口区腹面观，箭头示新形成的口小膜向前替代老结构；**H.** 部分腹面观，箭头示左缘棘毛的后纵纤维；**I.** 部分背面观，箭头示新的背触毛列后端的尾棘毛

背触毛　背触毛的发生属于初级发生式和一组式，包括 3 列最初的原基。

起初在老的背触毛列中部出现初级 3 列原基，后每列原基均横断为二，使得虫体前后各有一组原基（图 16.2.1G；图 16.2.2B；图 16.2.4F）。至分裂后期，这些原基发育成新的背触毛列并原位替代老的结构。

3 列背触毛末端各形成 1 根尾棘毛（图 16.2.2B，D，F；图 16.2.3F；图 16.2.4I）。

与其他具“背触毛数目众多的”腹毛类不同的是，本亚型中的原基并无片段化发生。非分裂期细胞的背触毛由新老结构混合而成：在细胞发生过程中，多数老的背触毛（数目似乎不恒定）仍维持不变，这些保留下来的老结构将由两个仔虫所继承，从而使得营养期个体具有较多数目的背触毛列（图 16.2.3B，D，F）。

大核 本亚型大核的发育过程与多数腹毛类纤毛虫一致，即在发生的中期，大核相互靠拢、融合成一团，继而分裂、分配到子细胞内（图 16.2.3B，D，F）。

主要发生特征与讨论 本发生亚型的主要特征如下。

（1）前仔虫形成独立的口原基，于老结构下深层起源，前仔虫的新口器由老口围带保留的前段与由口原基产生的新小膜共同构成。

（2）5 列的 FVT-原基为初级发生式，其形成稳定的、多于 18 根的额、腹、横棘毛；原基 3-5 的部分产物共同参与了额-腹棘毛列的构建。

（3）右侧的缘棘毛原基在老结构的内侧独立形成，左侧缘棘毛似乎（？）在前、后仔虫中分别于老结构内或独立发生。

（4）背触毛以初级方式形成：3 列原基系在老结构中产生，原基均无片段化或断裂过程，分别形成 1 列新的背触毛并在末端产生 1 根尾棘毛。

（5）发生期间数列老的背触毛列存在并在细胞分裂间期被保留下来。

围绕本亚型的发生，目前仅有一次报道（Hu & Song 2000）。其在发生过程中所表现的老口围带的更新方式就目前所知只在散毛目中的半腹柱虫属、偏腹柱虫等类群中出现过。这些阶元均典型地保留了较多的原始特征（Hu et al. 2002；Shao et al. 2012；Song & Hu 1999；施心路等 1999）。

由于某些早期发生个体缺失，因此，前仔虫的口原基具体的发生部分不能确认。但在稍后阶段，该原基明显是处于老结构（口围带后端）的较深层次并具有十分规则的外边缘（呈椭圆形），由此应判断，该原基是在皮膜下的腔内形成和发育的。

有关缘棘毛的起源：其右侧缘棘毛原基独立发生且罕见地出现在老结构的内侧，在大部分的分裂期内，该原基与同期形成的 FVT-原基相邻接。这个现象在伪小双虫发生模式中也曾普遍出现（见第 3 章）。但后者在系统地位上与本亚型相距甚远。不能判读的是：该共有现象为一巧合？亦或为一个稳定的遗传性状？如是后者，则应该理解为，本亚型中的该发生学现象来自一个原始性状的保留和重现。

第17章　细胞发生学：异急纤虫型
Chapter 17　Morphogenetic mode: *Heterotachysoma*-type

邵晨 (Chen Shao)　　宋微波 (Weibo Song)

作为散毛目中高度演化、进化的代表性类群之一，该发生型包括了如下基本的特征：FVT-原基为次级模式、典型的5原基发生型，原基产物为稳定的18根额-腹-横棘毛；棘毛的分组化十分明晰，分段化及迁移模式恒定，由此构成了特定的分布模式；老的口围带完整保留给前仔虫；缘棘毛原基和背触毛原基在老结构内产生；背面结构发育表现为原始模式，即一组式发生，由原始的3列原基形成，原基不发生断裂，也不形成尾棘毛。

属于该发生型的目前已知涉及1个科（尖毛科）内1个属，代表了1个亚型。

第 1 节　卵圆异急纤虫亚型的发生模式
Section 1　The morphogenetic pattern of *Heterotachysoma ovatum*-subtype

樊阳波 (Yangbo Fan)　　宋微波 (Weibo Song)

急纤虫属（*Tachysoma*）为一被人们熟知、体型较小的尖毛科纤毛虫，该属内种类较少，其纤毛图式突出的特点在于额-腹-横棘毛为 8∶5∶5 模式，背触毛结构简单而原始、无尾棘毛。其相邻近的属，异急纤虫属（*Heterotachysoma*）为邵晨等（Shao et al. 2013a）基于新的背触毛发生模式而建立。作为该属的模式种，卵圆异急纤虫，其细胞发生模式由 Song 和 Warren（1999）描述和建立，该工作给出了大部分的发生学信息，这些工作显示该属种代表了与中华殖口虫亚型相近但又不同的一个独立亚型。

基本纤毛图式　除缺少尾棘毛外，纤毛图式显示了典型的尖毛虫模式：额-腹-横棘毛按照 8∶5∶5 模式排布，左、右缘棘毛各 1 列（图 17.1.1A，B）。

具 3 列完整的背触毛（图 17.1.1C）。

细胞发生过程

口器　老的口围带不发生变化，最终完全被前仔虫所继承（图 17.1.2A-E）。

如同在绝大多数尖毛科成员中所见，老波动膜在细胞发生中期通过解聚和去分化而参与形成前仔虫的 UM-原基（图 17.1.2C）。

但该过程似乎进行得不彻底（不典型）：口侧膜与口内膜内解聚的毛基体并未融合在一起（形成 1 列“UM-原基”），而是始终分离、形成 2 列“原基”（也有可能是因为时期的缺乏导致未观察到处于融合状态的原基）（图 17.1.2D）。至发生末期，上述原基分别形成前仔虫的口侧膜与口内膜并在前端分化出 1 根额棘毛（图 17.1.2E）。

后仔虫的口原基出现于细胞表面，在早期发生个体中，于虫体口后腹棘毛和左缘棘毛之间出现一小片口原基场（图 17.1.2A）。其内的毛基体经增殖、发育，使原基场拉长、扩大（图 17.1.2B）。随后，口原基内逐渐完成新小膜的分化并形成口围带（图 17.1.2C）。至细胞分裂的中前期，新口围带的组装逐渐完成，因细胞表面的空间不足，致使新老结构中的小膜挤在一起（图 17.1.2D）。到细胞分离前，新形成的口围带完成在后仔虫的构型、迁移和定位（图 17.1.2E）。

后仔虫的 UM-原基形成于细胞分裂中前期（图 17.1.2D），应是（？）独立地形成与后仔虫口原基的右侧。该原基的发生过程同前仔虫 UM-原基（图 17.1.2D，E）。

额-腹-横棘毛 FVT-原基以非同步发育的次级发生式形成。

细胞发生初始，在老口器的右后方，出现一些散布的毛基体群，附近的一些棘毛随后解聚并应参与了该毛基群的增殖和扩大进程。随后逐渐形成 5 列 FVT-原基，此为新生的前仔虫 FVT-原基，早期阶段，5 条 FVT-原基与 UM-原基并列在一起，难以区分（图 17.1.2B-D）。

在后仔虫，FVT-原基迟至发生中期才出现：其紧靠在口原基的右侧并随着毛基体增殖，迅速发育成 5 列的 FVT（图 17.1.2D，E）。

在随后的细胞分裂过程中，前、后仔虫的棘毛发育保持同步，分别按照 3∶3∶3∶4∶4 的分化模式，从前向后发育为独立的棘毛，后者再继续完成后续的迁移、分组化和形态分化（图 17.1.2E）。

FVT-原基、UM-原基的分化命运及棘毛产物可以总结如下。

3 根额棘毛从左至右分别来自于 UM-原基和 FVT-原基Ⅰ、FVT-原基Ⅱ。

1 根口棘毛来自 FVT-原基Ⅰ。

4 根额腹棘毛产生自 FVT-原基Ⅱ（1 根），FVT-原基Ⅲ（1 根）和 FVT-原基Ⅴ（2 根）。

3 根腹棘毛分化自 FVT-原基Ⅲ（1 根）和 FVT-原基Ⅳ（2 根）。

2 根横前腹棘毛由 FVT-原基Ⅳ（1 根）和 FVT-原基Ⅴ（1 根）分化而成。

5 根横棘毛由左至右分别来自 FVT-原基Ⅰ-Ⅴ。

缘棘毛 在细胞发生中期，左侧缘棘毛列内的前、后部位分别出现前、后仔虫的左缘棘毛原基，老结构显然参与了新原基的构建和发育（图 17.1.2E）。而右缘棘毛原基出现得明显较晚，因发生期的缺失，没有观察到原基形成及以后的分裂个体。

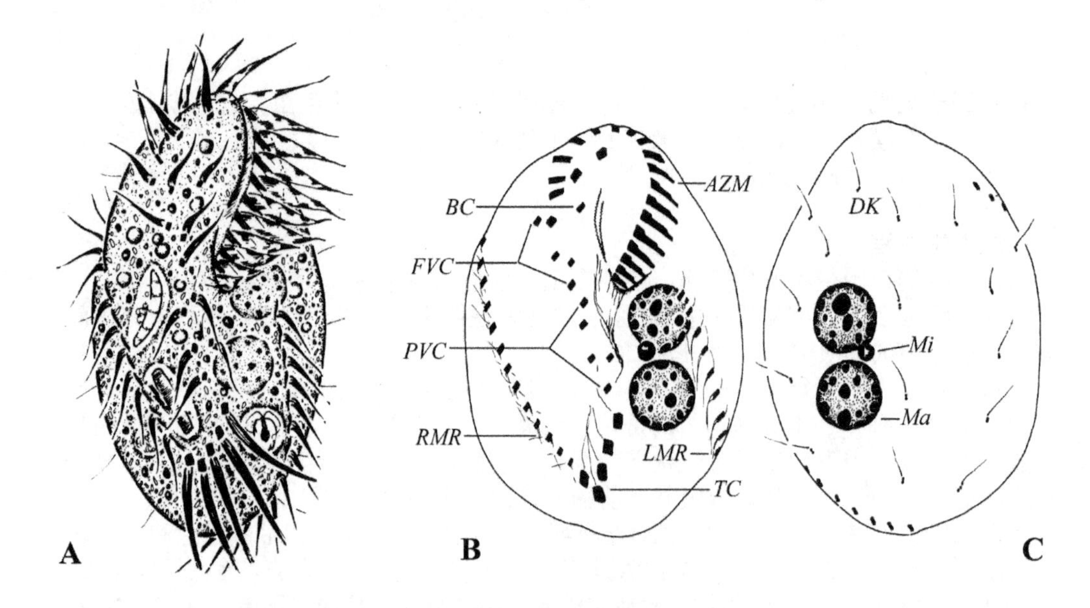

图 17.1.1 卵圆异急纤虫的活体形态（**A**）和纤毛图式（**B**，**C**）
A. 典型个体腹面观；**B**，**C.** 纤毛图式的腹面观（**B**）和背面观（**C**）。*AZM.* 口围带；*BC.* 口棘毛；*DK.* 背触毛列；*FVC.* 额腹棘毛；*LMR.* 左缘棘毛列；*Ma.* 大核；*Mi.* 小核；*PVC.* 口后腹棘毛；*RMR.* 右缘棘毛列；*TC.* 横棘毛

随后的发生过程因此无从了解，但应是按照缘棘毛发育的常态模式：原基逐步增殖、分化，形成新的缘棘毛列，替换掉老结构。

背触毛　背触毛为原始的3列原基模式，即一组式发生。在每列老结构中的前、后仔虫相应位置各形成1列原基，因此，每组共为3列背触毛原基（图17.1.2F）。原基在随后的发育过程中不发生片段化或形成尾棘毛，而是简单地前后延伸，最终取代老结构（图17.1.2F）。

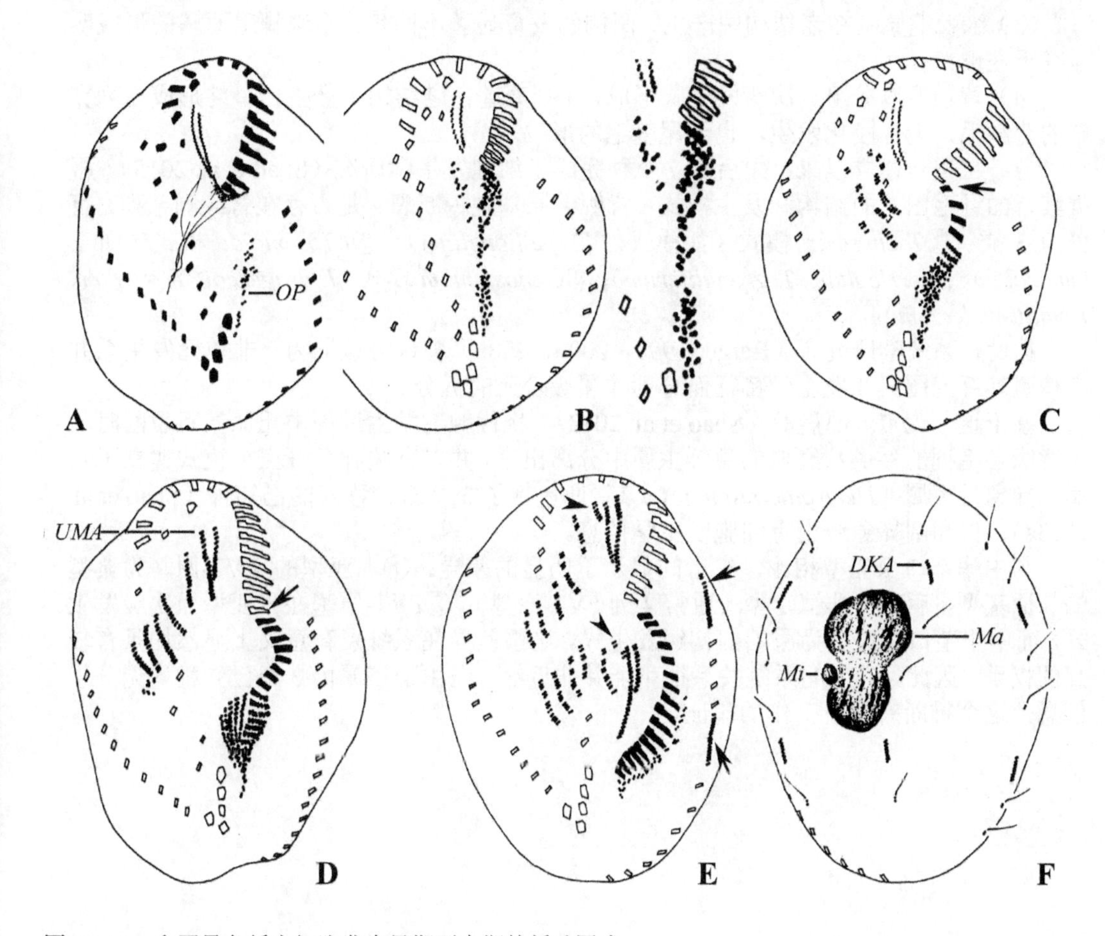

图17.1.2　卵圆异急纤虫细胞发生早期至中期的纤毛图式

A. 细胞发生早期第一阶段个体的腹面观，示后仔虫口原基的毛基体形成一个狭长的区域；**B.** 细胞发生早期第二阶段个体的腹面观，示口原基前端分离出前仔虫的FVT-原基；**C.** 细胞发生早期第三阶段个体的腹面观，示部分老结构参与形成前仔虫FVT-原基，箭头示后仔虫口原基前端向后分化出小膜；**D.** 细胞发生中早期个体腹面观，示后仔虫口原基分离出后仔虫FVT-原基，箭头示老与新的口围带的分界；**E，F.** 细胞发生中期个体腹面观（**E**）和背面观（**F**），图**E**箭头示前、后仔虫的缘棘毛原基，无尾箭头示来源于UM-原基的第1根额棘毛，此时，大核融为一团。*DKA*. 背触毛原基；*Ma*. 大核；*Mi*. 小核；*OP*. 后仔虫口原基；*UMA*. UM-原基

大核　细胞发生中期，2枚大核融合为一体（图17.1.2F），应在细胞分离完成前后经再次的分裂而形成前、后仔虫的大核。

主要发生特征与讨论 本亚型目前仅涉及卵圆异急纤虫 1 种。

本亚型发生过程的基本特征如下。

（1）前仔虫完全继承老的口围带；UM-原基维持低分化的状态，即始终为两列分离的结构。

（2）FVT-原基为次级发生式并为典型的 5 原基模式。各列 FVT-原基自左至右分别形成 3 根、3 根、3 根、4 根、4 根棘毛。因此，最终形成 8 根额棘毛、5 根腹棘毛和 5 根横棘毛。

（3）缘棘毛原基在老结构中产生，两侧的发育显著不同步：右缘棘毛原基的形成明显晚于左侧。

（4）背触毛以单组、次级发生式形成，3 列原基在老结构中产生，最终形成 3 列完整的背触毛，无片段化发生，也无尾棘毛的形成。

急纤虫属自建立以来，先后有 7 个种完成了细胞发生学研究（Shao et al. 2015），根据其背面纤毛图式的结构和发生模式（背触毛原基是否断裂、是否存在背缘触毛列）可分为 3 类：①*Tachysoma* 模式（如模式种 *T. pellionellum*）；②*Urosomoida* 模式（如 *T. humicolum*、*T. terricolum*、*T. granuliferum*）；③*Gonostomum* 模式（*T. dragescoi*、*T. ovatum*、*T. multinucleatum*）。

据此，系统学研究者（Berger 1999，2006，2008）曾认为该属为一非单元发生系并应按照其纤毛图式和发生学特征而分别作属级阶元的拆分。

基于这一观点，邵晨等（Shao et al. 2013a）将背触毛发生过程中无原基断裂同时又无背缘触毛列的种类从经典的急纤虫属中分离出来，并以卵圆异急纤虫为模式建立了新属，异急纤虫属（*Heterotachysoma*），该新属包括了 3 个新转移入的已知种（Shao et al. 2013a），仅卵圆异急纤虫有细胞发生学信息。

与中华殖口虫亚型相比，二者间显示了明显的差异：①本亚型的 FVT-原基为典型的 5 原基型，后者为非恒定型（通常 4 列 FVT-原基）；②FVT-原基在本亚型为次级发生式，而中华殖口虫亚型为原始的初级发生式。这些差异在系统发育意义上显然均具有较高的权重。因此，二者的系统关系很可能并非近缘。但由于该属内 3 个已知种均无分子信息，这个推断有待新工作的印证。

第 18 章　细胞发生学：殖口虫型
Chapter 18　Morphogenetic mode: *Gonostomum*-type

邵晨 (Chen Shao)　　宋微波 (Weibo Song)

殖口虫在尖毛科内是一个十分特殊的类群。其在形态学和纤毛图式上的特点包括：虫体普遍具有尖锐的顶端，口围带在前部终止在虫体顶端而几乎不向后弯折；口侧膜高度退化，其内的毛基粒呈单列、短而松散的结构；腹面棘毛无额、腹棘毛的分化，通常为数列长短不一的片段状排布，其内的棘毛数目变化而不恒定，也无分组化；横棘毛少于 5 根；恒具有 3 列原始的背触毛；大核恒为两枚。此外，迄今所知的该属种类几乎仅发现自土壤或苔藓中。

在广义的尖毛科内的各属级阶元中，殖口虫显示了一系列独有的发生学现象，例如，背触毛原基不发生片段化、背缘触毛列的缺失；FVT-原基数目不恒定，即多数为 5 列、少数为 4 列 FVT-原基，初级发生式（存在非 5 原基型）、不发育为典型的 18 根额-腹-横棘毛（或无特定数目的棘毛），以及腹面棘毛形成过程中的高度不稳定性，由此而导致了不同种间纤毛图式的多样性。

其他重要的发生学特征为：①老口围带完全保留；②老腹棘毛参与前、后仔虫 FVT-原基的构建；③缘棘毛原基和背触毛原基在老结构内产生；④形成的棘毛列为“真棘毛列”。

属于该发生型的目前已知涉及 1 个科（殖口科）内 1 个属，代表了 1 个亚型。

第1节　中华殖口虫亚型的发生模式
Section 1　The morphogenetic pattern of *Gonostomum sinicum*-subtype

芦晓腾 (Xiaoteng Lu)　邵晨 (Chen Shao)　宋微波 (Weibo Song)

殖口虫属最主要的特征在于其口器的构型：口围带沿虫体左缘伸展，前端几乎不后折；两片几乎前后交错的波动膜。在发生上第3列背触毛原基不断裂，背缘触毛列缺失。目前已知发生学信息的已有多种，信息显示所有已知种均属同一个亚型。

作为属内一新种，中华殖口虫的形态学与发生学均为本节作者新近完成（Lu et al. 2017），与同属其他种相比，中华殖口虫的FVT-原基数目可变（4或5列）：在不同个体，甚至在同一个体的前、后仔虫中FVT-原基数目均可不同。本节以中华殖口虫为材料介绍本亚型的发生学过程。

基本纤毛图式　具3根额棘毛、1根口棘毛；3或4列长度不一的额腹棘毛，1列长额腹棘毛延伸至胞口后侧；两根细弱的额棘毛（图18.1.1A，B）。

具3列贯穿虫体的背触毛；尾棘毛3根（图18.1.1C）。

细胞发生过程

口器　在发生过程中，老的口围带完全保留并由前仔虫所继承（图18.1.2A，B，D，E，G；图18.1.3A，C，E，G）。

前仔虫UM-原基的形成应是来自老波动膜的解聚：经去分化而形成原基（图18.1.2D）。随后，该原基如常规模式一样分别在前端形成1根额棘毛并在中部纵裂而形成新的两片波动膜（图18.1.1G，J；图18.1.2G；图18.1.3A）。较特殊的是：该过程仅涉及原基约前1/3段，纵裂出的其中一部分由稀疏排列的毛基体组成，该结构很快前移而与后面的主体部分前后交错排列，此为新的口侧膜。后面长列的主体部分则形成毛基体排列紧密的口内膜（图18.1.3C，E，G）。

后仔虫的口原基最初起始于虫体胞口后的细胞表面：最初为长列的无序排列的原基场，该原基场紧靠胞口（图18.1.2A，B）。伴随着毛基体的不断增殖，口原基形成并从前向后组装出新的小膜。至发生后期，新生结构完成发育，经变构、弯曲，形成后仔虫的新口围带（图18.1.2D，E，G；图18.1.3A，C，E，G）。

在后仔虫中，UM-原基形成于口原基的右侧（图18.1.2E）。随后，伴随着毛基体的不断增殖，该原基发育过程和形式与前仔虫 UM-原基相同并同步开展（图 18.1.1D-F，H，I；图 18.1.2E，G；图 18.1.3A，C，E，G）。

额-腹-横棘毛　FVT-原基以初级模式独立形成：老结构很可能参与（？）原基的起源或后期发育。4 或 5 列原基经横向断裂形成前、后仔虫的两组原基。

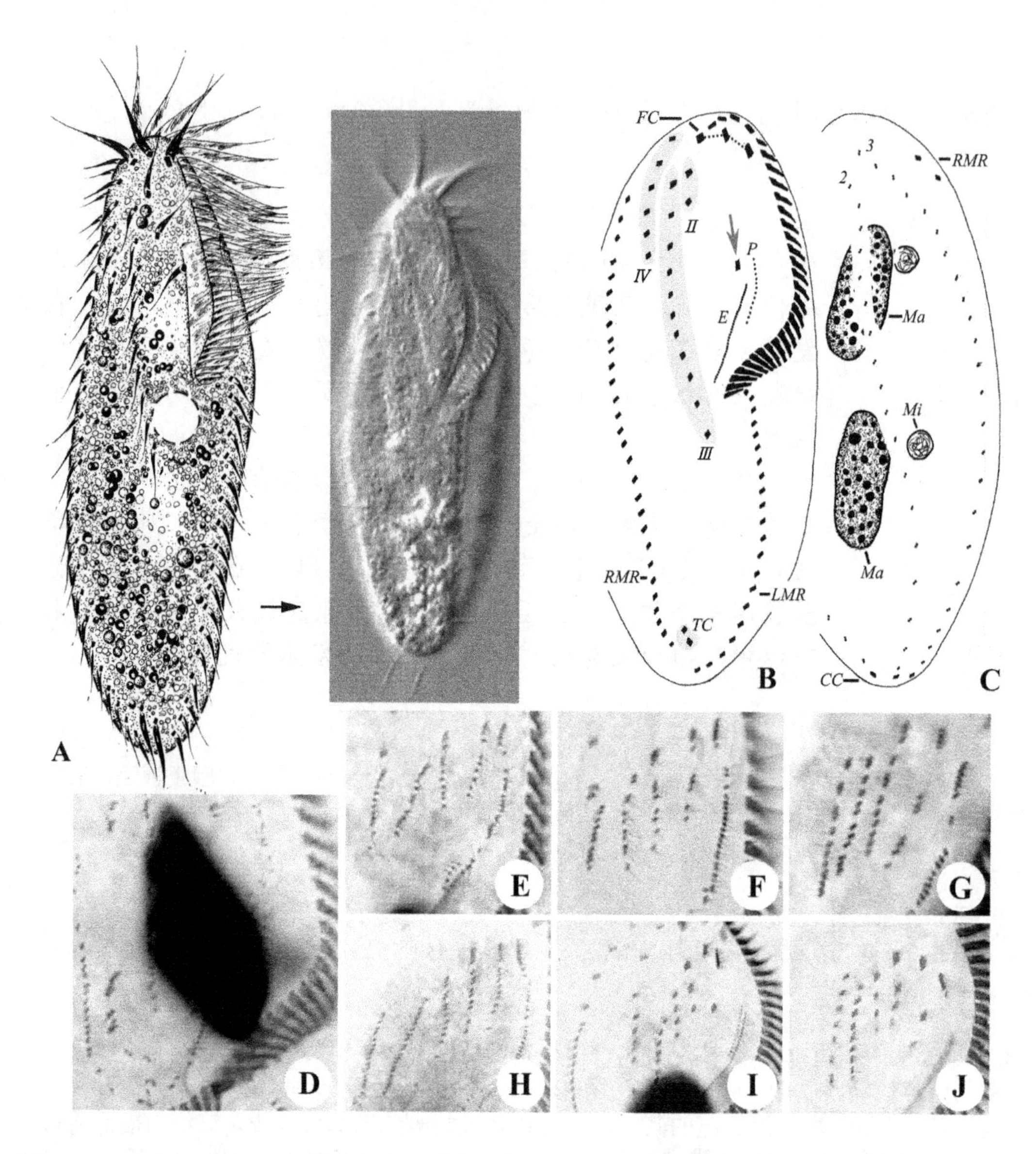

图 18.1.1　中华殖口虫的活体形态（**A**）、非分裂期的纤毛图式（**B，C**）和细胞发生个体（**D-J**）
A. 典型个体腹面观；**B，C.** 正模标本纤毛图式腹面观（**B**）和背面观（**C**），箭头示口棘毛；**D-F，H，I.** 前仔虫 FVT-原基的发育；**G，J.** 后仔虫 FVT-原基的发育。*CC.* 尾棘毛；*E.* 口内膜；*FC.* 额棘毛；*II-IV.* FVT-原基Ⅱ-Ⅳ；*LMR.* 左缘棘毛列；*Ma.* 大核；*Mi.* 小核；*P.* 口侧膜；*RMR.* 右缘棘毛列；*TC.* 横棘毛；*2，3.* 第 2、3 列背触毛

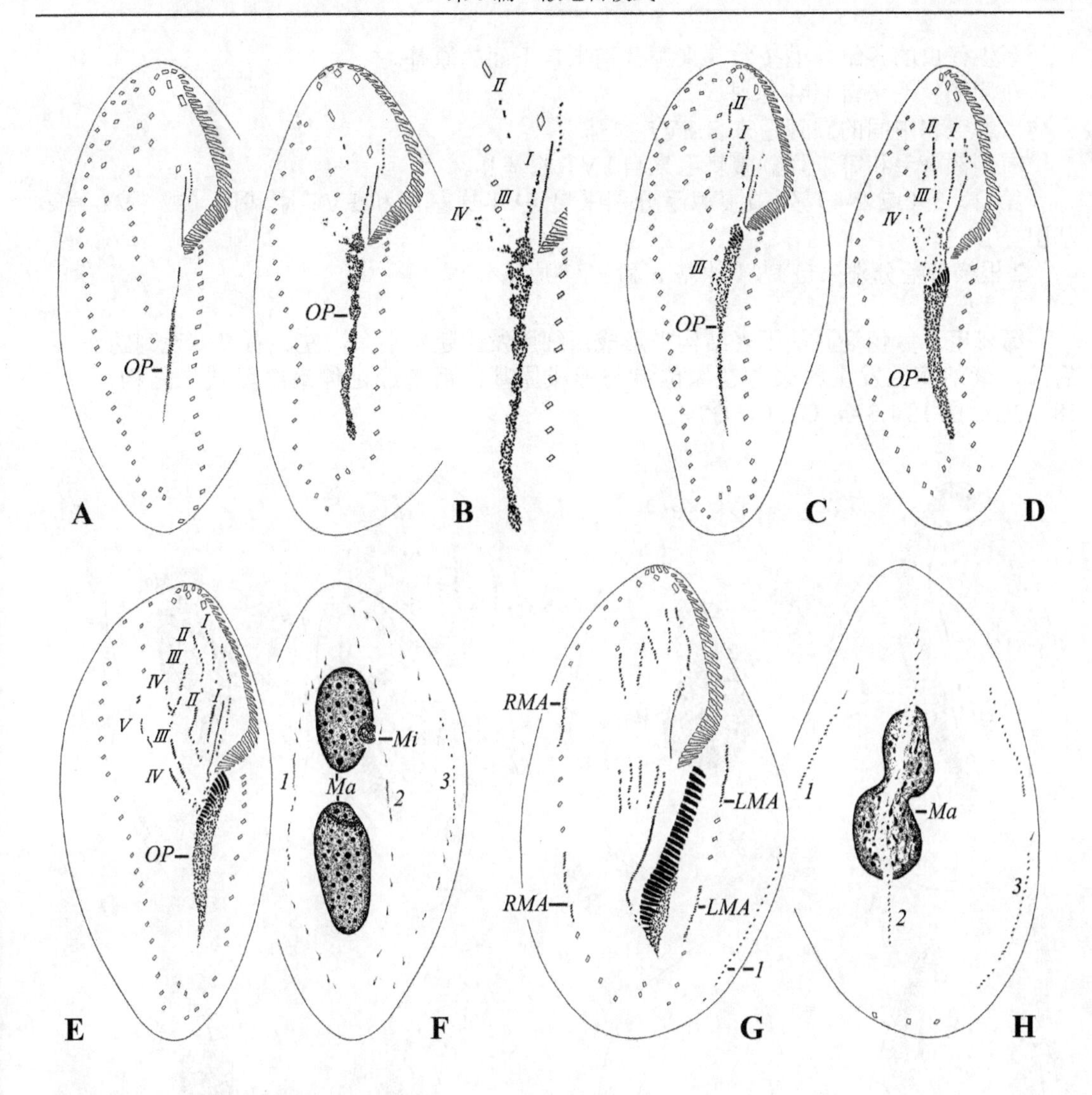

图 18.1.2　中华殖口虫的细胞发生和前期个体
A，B. 细胞发生前期发生个体的腹面观，示口原基；**C，D.** 前、中期的发生个体；**E，F.** 中期发生个体的腹面观（**E**）和背面观（**F**）；**G，H.** 中后期发生个体的腹面观（**G**）和背面观（**H**）。*I-V*. FVT-原基Ⅰ-Ⅴ；*LMA*. 左缘棘毛原基；*Ma*. 大核；*Mi*. 小核；*OP*. 口原基；*RMA*. 右缘棘毛原基；*1-3*. 第1-3列背触毛

发生初期，通常4列FVT-原基最先形成，原基经常与其左侧的UM-原基排列在一起，因此难以辨别。这个过程中，第1-3列额腹棘毛发生解聚并可能参与原基的构建（图18.1.1D；图18.1.2B，D）。细胞分裂后期，条带状的FVT-原基横裂为前、后仔虫的相应结构，分别形成前、后仔虫的1组原基（图18.1.1D-J；图18.1.2E，D，G）。

在多数发生个体中，前、后仔虫具相同数目的FVT-原基（图18.1.2G；图18.1.3A，E，G）；在少数个体中，可见前、后仔虫具数目不等的原基（4或者5列）（图18.1.2E；图18.1.3C）。

随后，FVT-原基逐渐延伸、发育并分化成数目不定的棘毛，后者经迁移而分布到相应的位置，这个过程中无棘毛的分组化（图18.1.3A，C，E，G）。

新生仔虫的各组棘毛按照其来源分别来自下面的原基。

左侧额棘毛来自 UM-原基。

口棘毛和中间的额棘毛来自 FVT-原基Ⅰ。

右侧额棘毛和第 1 列额腹棘毛来自 FVT-原基Ⅱ。

第 2、3（或 2-4）列额腹棘毛分别来自 FVT-原基Ⅲ和 FVT-原基Ⅳ（或 FVT-原基Ⅲ-Ⅴ）。

2 根横棘毛分别来自 FVT-原基 n 和 FVT-原基 n-1。

缘棘毛 缘棘毛原基于老结构中形成：细胞发生起始不久，左、右缘棘毛列的前、后部，老的棘毛发生解聚并在原位参与形成原基，后者经延伸最终取代老结构（图 18.1.2G；图 18.1.3A，C，E，G）。

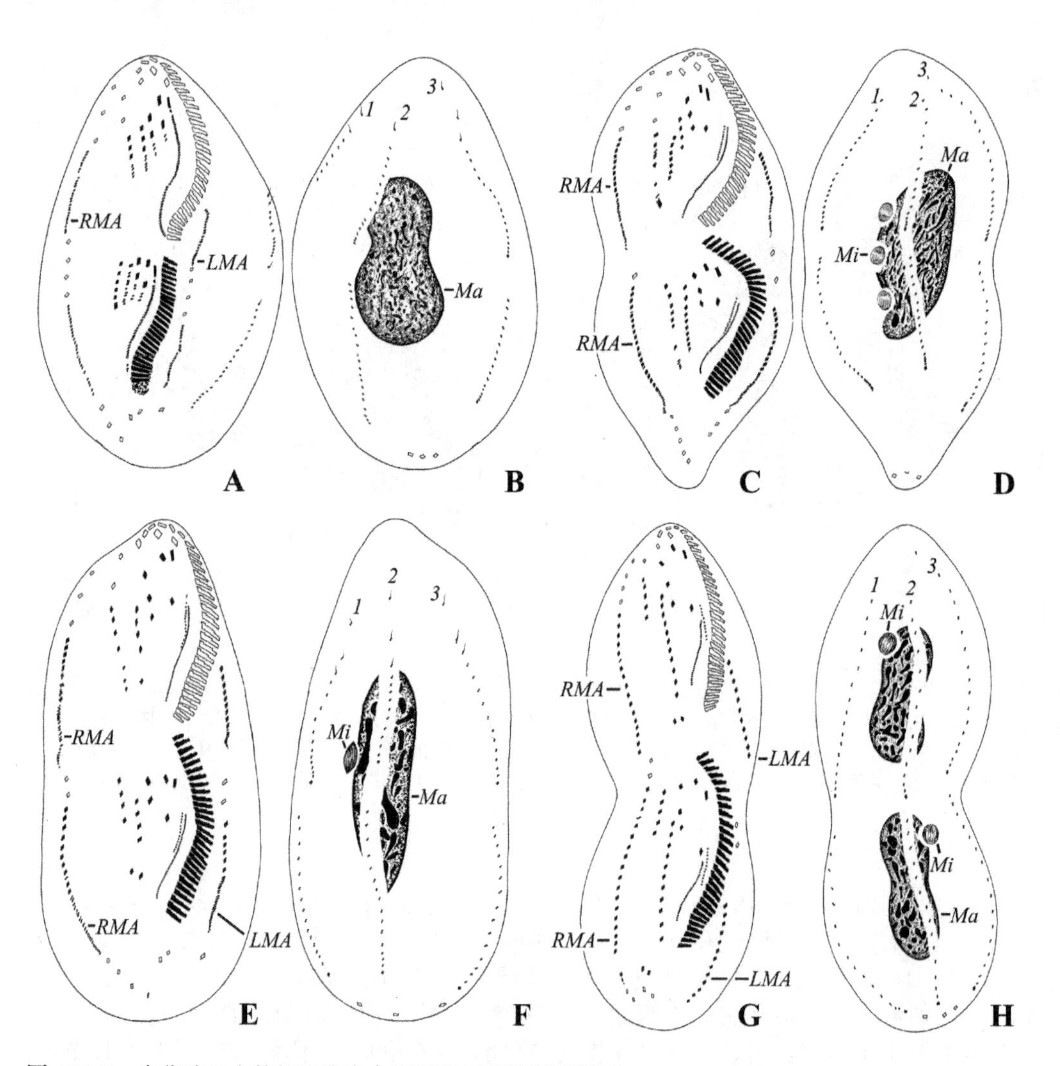

图 18.1.3 中华殖口虫的细胞发生中后期和后期的纤毛图式

A，B. 发生中后期发生个体的腹面观（**A**）和背面观（**B**），示 FVT-原基分段化完成；**C，D.** 发生中后期发生个体的腹面观（**C**）和背面观（**D**），示棘毛开始迁移；**E，F.** 发生后期发生个体的腹面观（**E**）和背面观（**F**），示棘毛迁移；**G，H.** 发生后期发生个体的腹面观（**G**）和背面观（**H**），示棘毛迁移完成。*LMA*. 左缘棘毛原基；*Ma*. 大核；*Mi*. 小核；*RMA*. 右缘棘毛原基；*1-3*. 第 1-3 列背触毛

背触毛 以原始的殖口虫属的模式发生，即3列背触毛原基分别在老结构中产生，无原基的断裂或片段化，无背缘触毛列或原基的形成。3根尾棘毛分别形成于3列背触毛的末端（图18.1.2F，H；图18.1.3B，D，F，H）。

核器 发生中期大核融合成单一融合体。至发生后期，经过分裂分配给前、后两个仔虫（图18.1.2F，H；图18.1.3B，D，F，H）。

主要特征与讨论 本亚型的主要发生学特征如下。

（1）前仔虫老口围带完全保留，后仔虫口原基独立发生。

（2）具数目不恒定的（4或5列）FVT-原基，初级发生式，后期产物形成数目不定的棘毛。

（3）缘棘毛原基产生于老结构中。

（4）背触毛为原始的一组式发生，3列原基形成于老结构内，无断裂或片段化。

（5）3根尾棘毛形成于3列背触毛末端。

殖口虫属内目前已报道过发生学信息的9个种：近缘殖口虫（*Gonostomum affine*）、藻生殖口虫（*G. algicola*）、库氏殖口虫（*G. kuehnelti*）、强壮殖口虫（*G. strenuum*）、类殖口殖口虫（*G. gonostomoidum*）、盐生殖口虫（*G. salinarum*）、辛格殖口虫（*G. singhii*）、凤梨生殖口虫（*G. bromelicola*）和本节所述的中华殖口虫（Berger 2011；Berger and Foissner 1997；Dong et al. 2016；Eigner 1999；Foissner 1987a，2016；Foissner et al. 2002；Hemberger 1982；Song 1990）。

所有上述这些种类的发生模式均属于同一亚型。

中华殖口虫与这些种类相比存在一个不同点：其FVT-原基的数目可变（4或5列），这个变化表现在不同个体，甚至在同一个体的前、后仔虫之间均可不同。目前所知，其他种类均具有稳定的5列FVT-原基（Berger 2011）。这个特点也许代表了从排毛类到散毛类过渡中的一个阶段，殖口虫显然属于一个原始的类群。

一个值得关注的问题是：本亚型中的FVT-原基为初级发生式，这与散毛目中的高等类群（如尖毛类）截然不同，此发生模式通常见于低等的尾柱类和排毛类中（见第3，4篇）。目前还无法解释这个祖征与其他散毛类的系统学联系，以及是如何稳定和孤立地保留在本亚型（及相关类群）中的。

值得讨论的另一个特征是UM-原基的形成模式。在Eigner（1999）的报道中，库氏殖口虫前、后仔虫UM-原基来自于1条原基的断裂。然而根据报道，属内其他种类中，UM-原基在前、后仔虫中分别产生（Berger 2011；Foissner 2016）。这一结果仍然存疑（观察有误？偶然现象导致的错误解释？），由于目前相关资讯不足：绝大多数的报道均为建立在单一种类、有限个体观察的基础上的。因此，该结论的形成有待未来的研究去证实。

此外，有关背触毛的发生模式在殖口虫属内存在多态性是一个很反常的现象：Foissner（2016）报道了凤梨生殖口虫的发生模式，发现其第2列背触毛原基在分裂中期发生1次（少数2次）断裂，并最终产生4列背触毛，这与尖毛类纤毛虫第3列背触毛的断裂极为相似！而与其他同属种类完全不同。因此凤梨生殖口虫是否应被归入殖口虫属有待商榷。

与相邻亚型的比较显示，本亚型与卵圆异急纤虫亚型存在两个基本的不同点：①本亚型的FVT-原基为非恒定型（4或5列），后者为恒定型的5原基型；②FVT-原基在本亚型为原始的初级发生式，而异急纤虫亚型为次级发生式。

本亚型与僵硬偏腹柱虫亚型相比则表现了如下差异：①本亚型老口围带完全保留，

后者老口器仅局部保留，与前仔虫新的小膜拼接形成口围带；②前者 FVT-原基为非恒定型（4 或 5 列），后者为恒定型的 5 原基型；③FVT-原基在本亚型分化为棘毛列（无特定数目的棘毛），而后者分化为典型的 18 根额-腹-横棘毛模式；④本亚型营养期细胞不存在尾端的"额外棘毛"，而后者稳定地具有 2 根"额外棘毛"。

与美丽原腹柱虫亚型相比：①本亚型老口围带完全保留，后者的老结构前部保留，与新的小膜拼接形成口围带；②本亚型的 FVT-原基为非恒定型（4 或 5 列），后者为恒定型的 5 原基型；③本亚型缘棘毛原基来自老结构，后者缘棘毛独立于老结构发生；④老背触毛不保留，间期具 3 列背触毛；后者老背触毛列被保留，形成多于 3 列的背触毛。

第 19 章　细胞发生学：尖颈虫型
Chapter 19　Morphogenetic mode: *Trachelostyla*-type

邵晨 (Chen Shao)　　宋微波 (Weibo Song)

尖颈虫在形态学上具有独特的系统地位:作为散毛目中的一员,其表现出了多个高度演化的特征,包括柔软、梭的外形、众多而数目稳定的大核、顶端及背面特化的纤毛器,以及一系列独特的发生学特征。

尖颈虫型是本篇 6 个发生型中较为独特的一个,包括前仔虫的口围带由独立发生的口原基产物完全替代,这与其他“相邻的”发生型中老口器完全保留或部分更新均不同。属于本发生型的目前已知仅尖颈科内一个属(尖颈虫属),包括 1 个亚型。

该型的主要发生学特征如下:①老的口器完全解体,前仔虫的口围带来自独立产生的口原基产物,该口原基(场)出现在一个远离口腔和老结构的腹面区域;②老波动膜不参与新原基的形成,新的 UM-原基与口原基同源发生;③FVT-原基在起源上也与口原基来自同一个原基场;④背触毛原基为一组式,触毛发生方式独特,即前、后仔虫中的原基均出现在最左和最右 2 列老结构中,第 6 列老结构中产生 2 列原基而第 1 列只产生 1 列,但随后这一列会分段化形成 4 列背触毛;⑤稳定的 3 根尾棘毛来自背触毛列 4-6 的末端;⑥FVT-原基为典型的 5 原基模式,UM-原基与 FVT-原基分别以 1∶3∶3∶3∶4∶4 的模式分化形成数量稳定的腹面棘毛。

第 1 节　条形尖颈虫亚型的发生模式

Section 1　The morphogenetic pattern of *Trachelostyla pediculiformis*-subtype

邵晨 (Chen Shao)　　宋微波 (Weibo Song)

在 Corliss（1979）等所建议的一些经典的纤毛虫分类系统中，尖颈虫隶属于散毛目、尖毛科。Small 和 Lynn（1985）则以尖颈虫属为模式建立了尖颈科。近期龚骏等（Gong et al. 2006）对尖颈虫属进行了修订并对部分发生期做了报道。对该属更详细的细胞发生学观察新近是由邵晨等（Shao et al. 2007c）以条形尖颈虫为材料完成的，研究显示其作为一个罕见的发生型/亚型而具有一系列独特的发生学特征。该工作同时对其系统学地位进行了探讨。本节的介绍主要根据此研究结果展开。

基本纤毛图式与形态学　口围带狭长，波动膜 2 片，均极短小；额棘毛 3 根，额腹棘毛 4 根，口棘毛 1 根，腹棘毛 3 根，排列为纵向 1 列，紧随额腹棘毛后方，亦在额区；横前腹棘毛 2 根，横棘毛 5 根；左、右缘棘毛各 1 列。

背触毛为近乎纵贯体长的 6 列；尾棘毛 3 根；约 16 枚球状大核构成一闭合的环状构型（图 19.1.1A-C）。

细胞发生过程

口器　老口器在发生期彻底解体。前仔虫的口原基独立形成于胞口右侧的虫体表面，最早为一片小而集中的原基场，附近的老结构不参与该原基场的构建（图 19.1.2A；图 19.1.4A）。口原基随后经发育、组装出新的小膜，伴随着老口器的逐渐瓦解、消失，新形成的口围带完成对老结构的替换（图 19.1.2B，D，F，H；图 19.1.3A，C，E，G；图 19.1.4 B，E，J；图 19.1.5A，B，D）。

与上述的口原基场同源，UM-原基在其右侧分化形成（图 19.1.2D；图 19.1.4E）。如为常规发育模式，该原基前端形成 1 根棘毛，并在随后的阶段，后端纵裂形成口内膜和口侧膜（图 19.1.3A，C，E，G；图 19.1.4J）。

后仔虫口原基的初期形态、发育过程与产物均与前仔虫中的口原基相同，仅位置稍后（与虫体腹面后 1/3 处）（图 19.1.2A，B）。

后仔虫的 UM-原基的发生过程、分化产物和时序等也与前仔虫类似，完全明确的是，该结构与口原基同源发生（图 19.1.2A，B）。

额-腹-横棘毛 以次级发生式独立形成。

前、后仔虫的 FVT-原基同步分别出现自前、后仔虫（口）原基场的右侧并与口原基场同源发生（图 19.1.2B；图 19.1.4B）。随后，前、后两组各 5 列 FVT-原基逐渐从同源的原基场中分化出来，经后续发育，自前至后分段化而形成新棘毛（图 19.1.2D，F；图 19.1.4E，F，H）。至细胞发生后期，棘毛在两个仔虫完成分组化和后期发育，分别迁移到预定位置，老的棘毛最终完全被吸收（图 19.1.2H；图 19.1.3A，C，E，G；图 19.1.4H，J，K；图 19.1.5A，B，D-F）。

在本型中，UM-原基和 FVT-原基分别以 1∶3∶3∶3∶4∶4 的模式分化（即按照尖毛类的棘毛形成模式）。

3 根前端额棘毛来自 UM-原基和第Ⅰ、Ⅱ条 FVT-原基前端。

1 根口棘毛来自 FVT-原基Ⅰ。

4 根额腹棘毛产生自 FVT-原基Ⅱ（1 根），FVT-原基Ⅲ（1 根）和 FVT-原基Ⅴ（2 根）。

3 根腹棘毛分化自 FVT-原基Ⅲ（1 根）和 FVT-原基Ⅳ（2 根）。

2 根横前腹棘毛由 FVT-原基Ⅳ（1 根）和 FVT-原基Ⅴ（1 根）分化而成。

FVT-原基Ⅰ-Ⅴ的后端分别形成 1 根横棘毛。

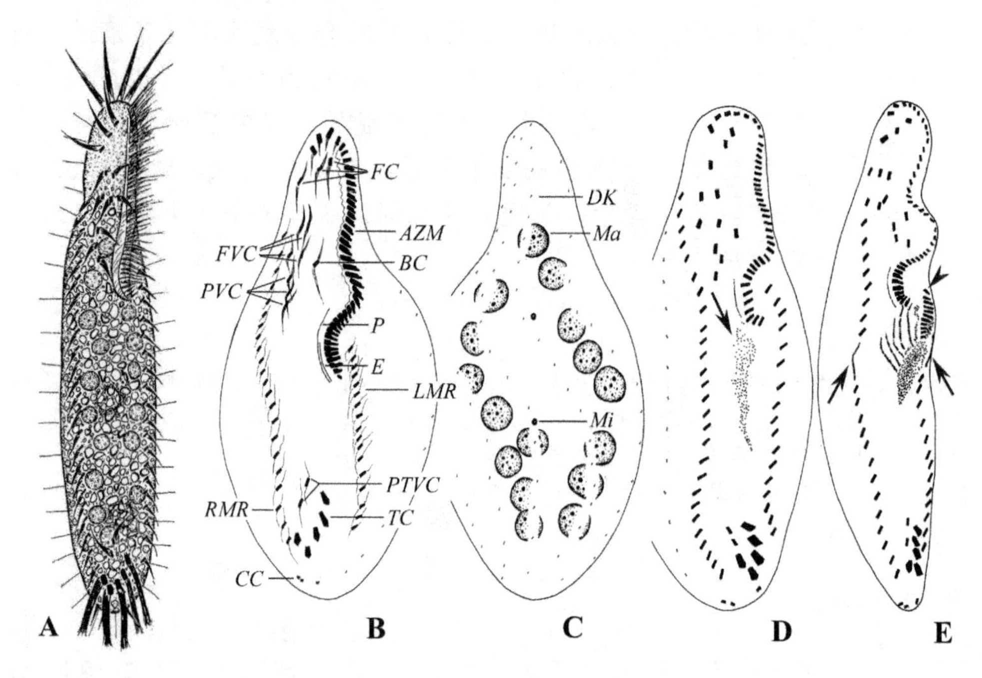

图 19.1.1 条形尖颈虫的活体图（**A**）、纤毛图式（**B，C**）和重组个体（**D，E**）
A. 腹面观；**B.** 腹面观；**C.** 背面观；**D，E.** 细胞重组个体的腹面观，**D** 中箭头示口原基；**E** 中箭头示左、右缘棘毛原基，**E** 中无尾箭头示口原基正在以由上至下的方向组装成口围带小膜。*AZM.* 口围带；*BC.* 口棘毛；*CC.* 尾棘毛；*DK.* 背触毛；*E.* 口内膜；*FC.* 额棘毛；*FVC.* 额腹棘毛；*LMR.* 左缘棘毛；*Ma.* 大核；*Mi.* 小核；*P.* 口侧膜；*PVC.* 口后腹棘毛；*PTVC.* 横前腹棘毛；*RMR.* 右缘棘毛；*TC.* 横棘毛

缘棘毛 缘棘毛原基产生自老结构中，解聚的老缘棘毛分别参与了前、后仔虫新原基的形成（图 19.1.2F，H；图 19.1.4F，H）。这些原基完成片段化和发育后，逐步取代老结构（图 19.1.3A，C，E，G；图 19.1.4J，K）。

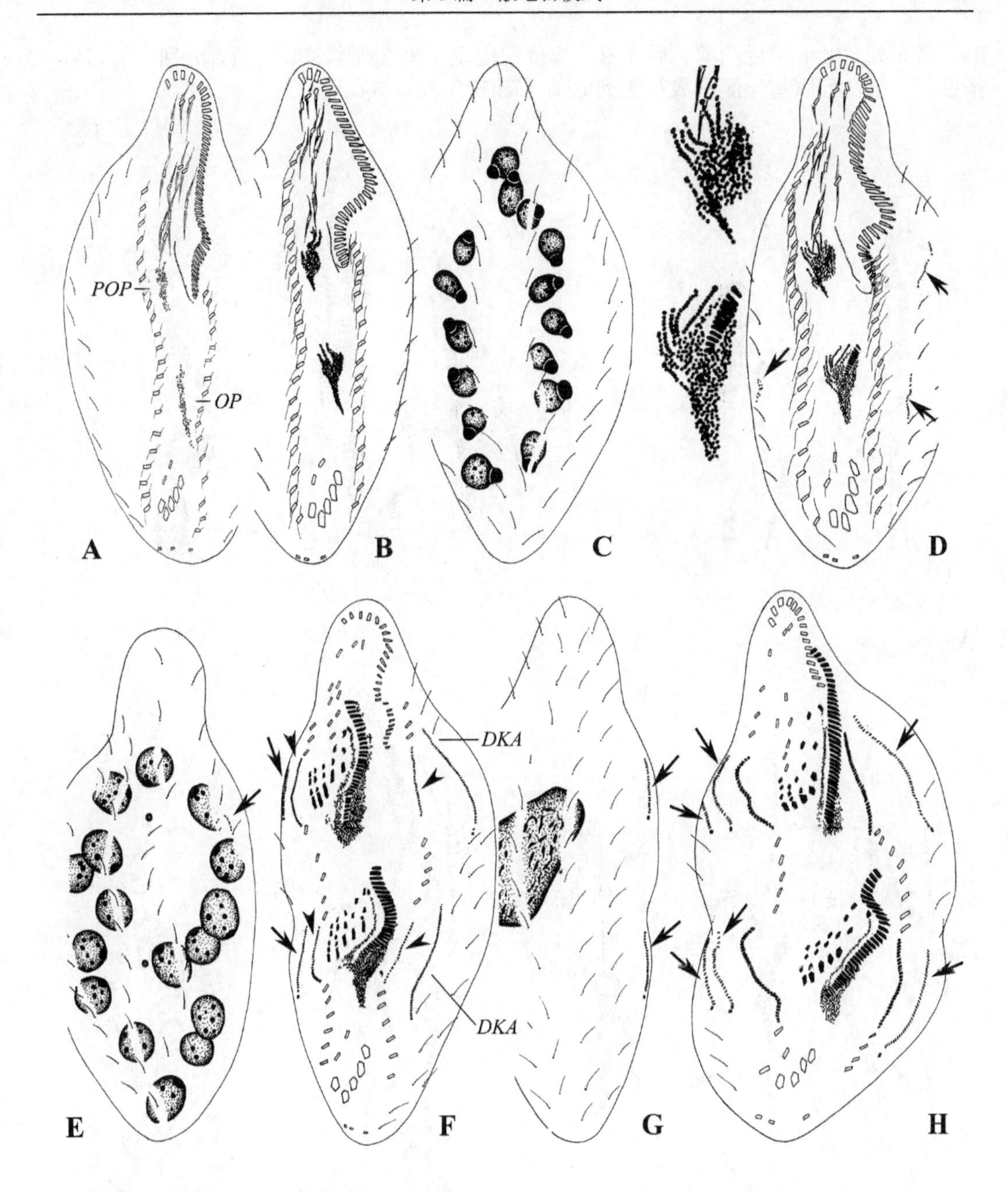

图 19.1.2　条形尖颈虫细胞发生的早期和中期
A. 发生早期个体的腹面观，示前、后仔虫的口原基；**B，C.** 同一发生早期个体的腹背面观，指示 3 个 FVT-原基条带；**D，E.** 腹面观和背面观，示 UM-原基和 FVT-原基，箭头指示背触毛原基；**F，G.** 同一发生中期个体的腹面观和背面观，示左、右缘棘毛出现在老结构中（无尾箭头），注意大核融合为一个团状，箭头指示背触毛原基；**H.** 箭头示 3 列背触毛原基向虫体两端延伸。*DKA.* 背触毛原基；*OP.* 后仔虫口原基；*POP.* 前仔虫口原基

背触毛　背触毛列起源自老结构并以 3 列原基的方式形成。

最初，第 1 列背触毛（左侧起）的前后 1/3 处各出现 1 处背触毛原基（图 19.1.2D,

E），第 6 列背触毛附近的前、后仔虫相应位置出现了第 2 列原基。随后，分别在前、后仔虫中，第 2 列原基一侧形成第 3 列原基（图 19.1.2F，G）。

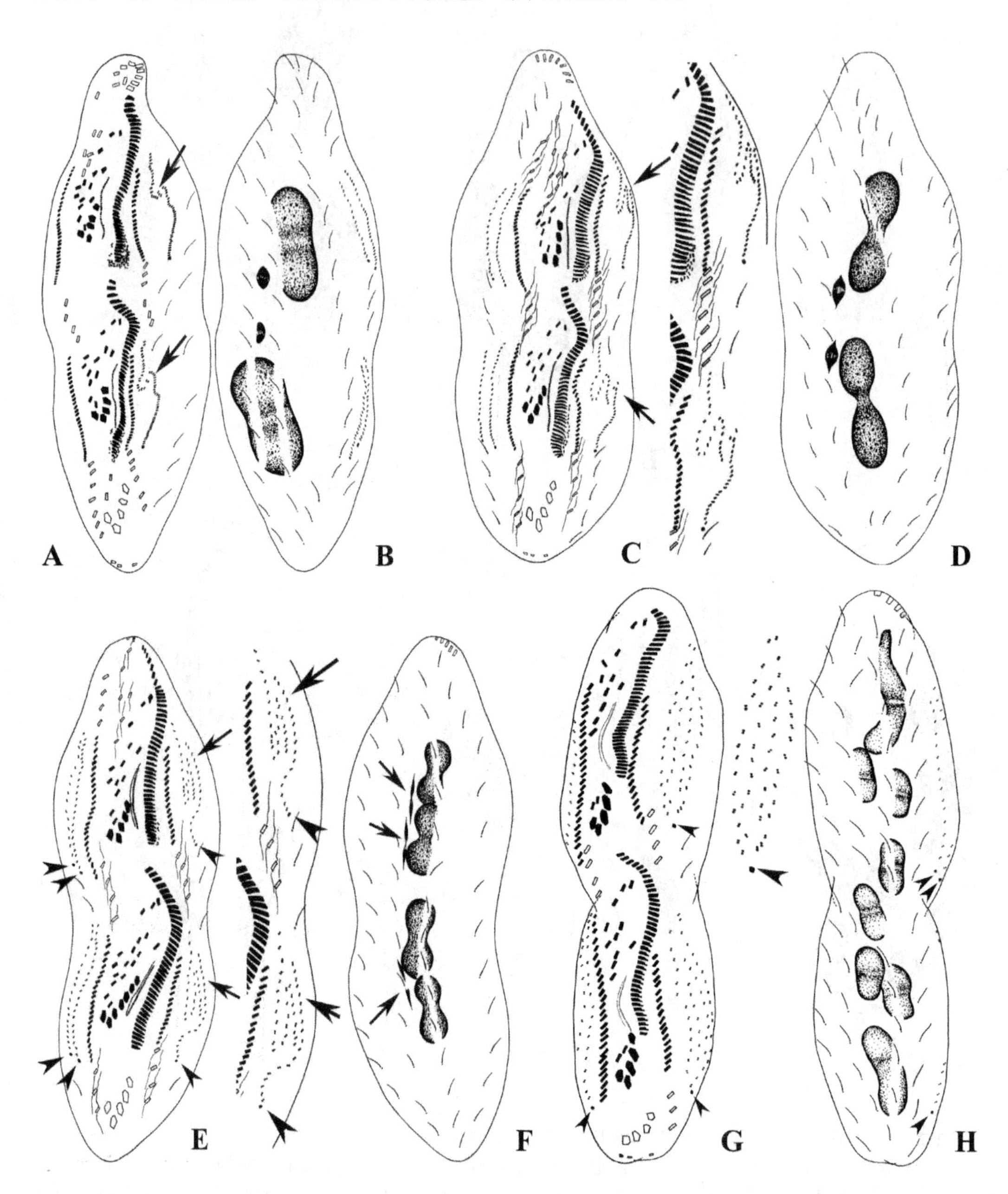

图 19.1.3　条形尖颈虫细胞发生的中、后期

A，B. 同一发生个体的腹面观和背面观，示左侧第 1 背触毛原基发生断裂（箭头）及棘毛的迁移；**C，D.** 发生中期个体的腹面观和背面观，示左侧背触毛原基进行又一次断裂（箭头）；**E，F.** 晚期发生个体的腹面观和背面观，示尾棘毛分化（无尾箭头），注意第 1 背触毛原基正在断裂（图 **E** 中的箭头），图 **F** 中的箭头示小核的分裂；**G，H.** 晚期个体，无尾箭头示尾棘毛

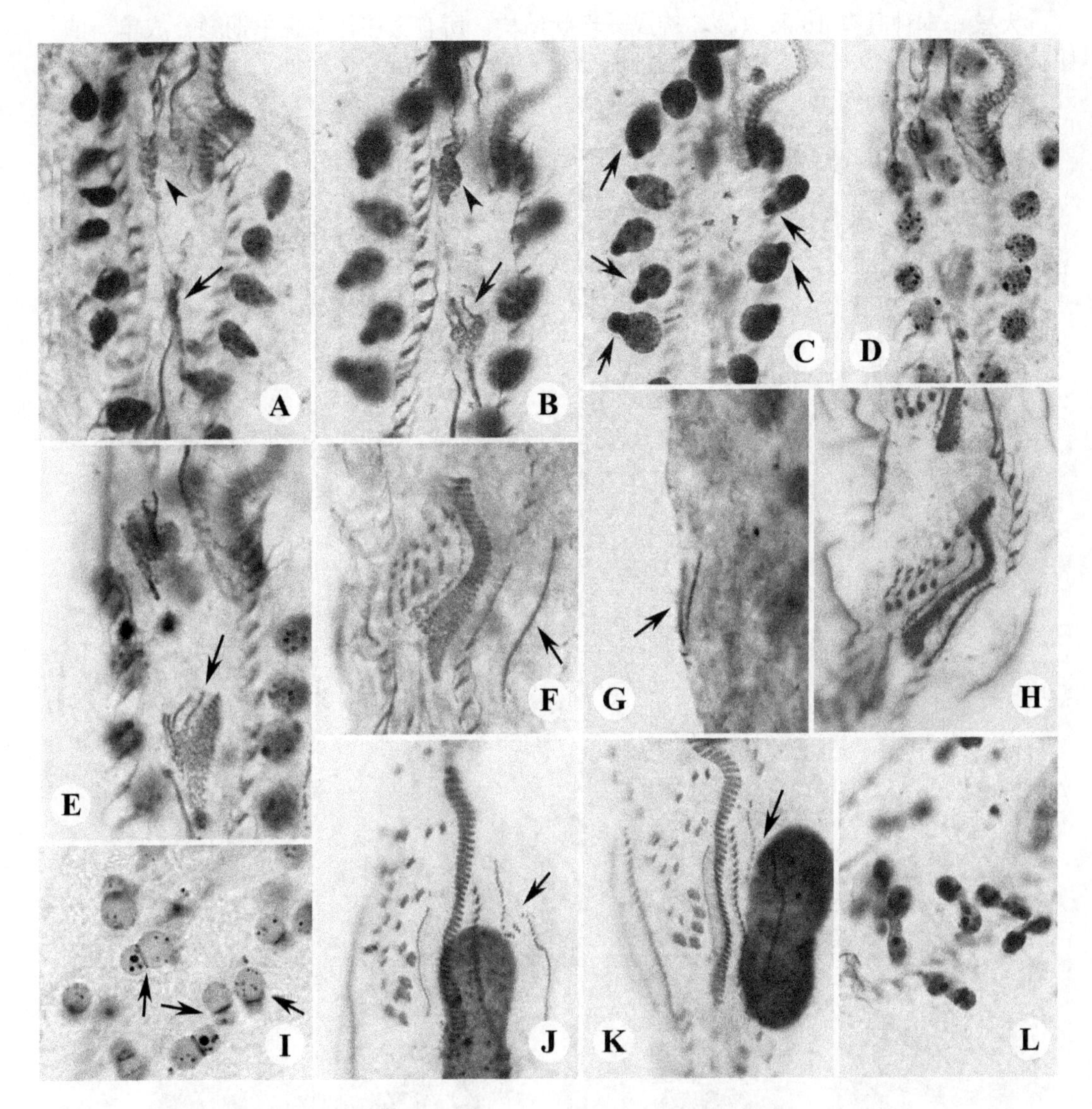

图 19.1.4　条形尖颈虫细胞发生早期至中期

A. 细胞发生早期发生个体的腹面观，示前仔虫（无尾箭头）和后仔虫（箭头）的口原基；**B.** 发生稍晚的时期，示前（无尾箭头）、后（箭头）仔虫的口原基进一步发育壮大；**C.** 图 **B** 所示虫体的大核，箭头示复制带；**D.** 图 **E** 所示个体的大核；**E.** 细胞发生早期个体的腹面观，示前、后仔虫的 FVT-原基和口原基，箭头示后仔虫的口原基；**F，G.** 中期发生个体的腹面观和背面观，图 **F** 中箭头示背触毛原基，图 **G** 中箭头示右侧背触毛原基；**H.** 中期发生个体的腹面观，示后仔虫额-腹-横棘毛的分化；**I.** 发生间期个体，箭头示复制带；**J，K.** 中期发生个体的腹面观，示前（图 **J** 中的箭头）、后（图 **K** 中的箭头）仔虫中左侧背触毛原基的断裂；**L.** 刚分裂完成细胞的大核，示大核分裂

在中晚期的发育个体中，前、后仔虫中的第 1 列原基发生 3 次断裂，从而形成 4 列背触毛。自此，原基共形成 6 列背触毛，其各自向细胞两端延伸并取代老结构（图 19.1.3A，C，E，G；图 19.1.4J，K；图 19.1.5A，B，D-H）。

在细胞发生的过程中，第 4-6 列背触毛末端分别形成 1 根尾棘毛（图 19.1.3E，G，H；图 19.1.5A，B，F-H）。

大核 本种具有 16 枚大核，构成一环状结构。所有大核在发生中期融合成单一的团状融合体（图 19.1.2G）。随后，在细胞分裂结束前，此融合体经过了连续多次的分裂并分配到 2 个子细胞中（图 19.1.3B，D，F，H；图 19.1.4J，K；图 19.1.5C，I，J）。

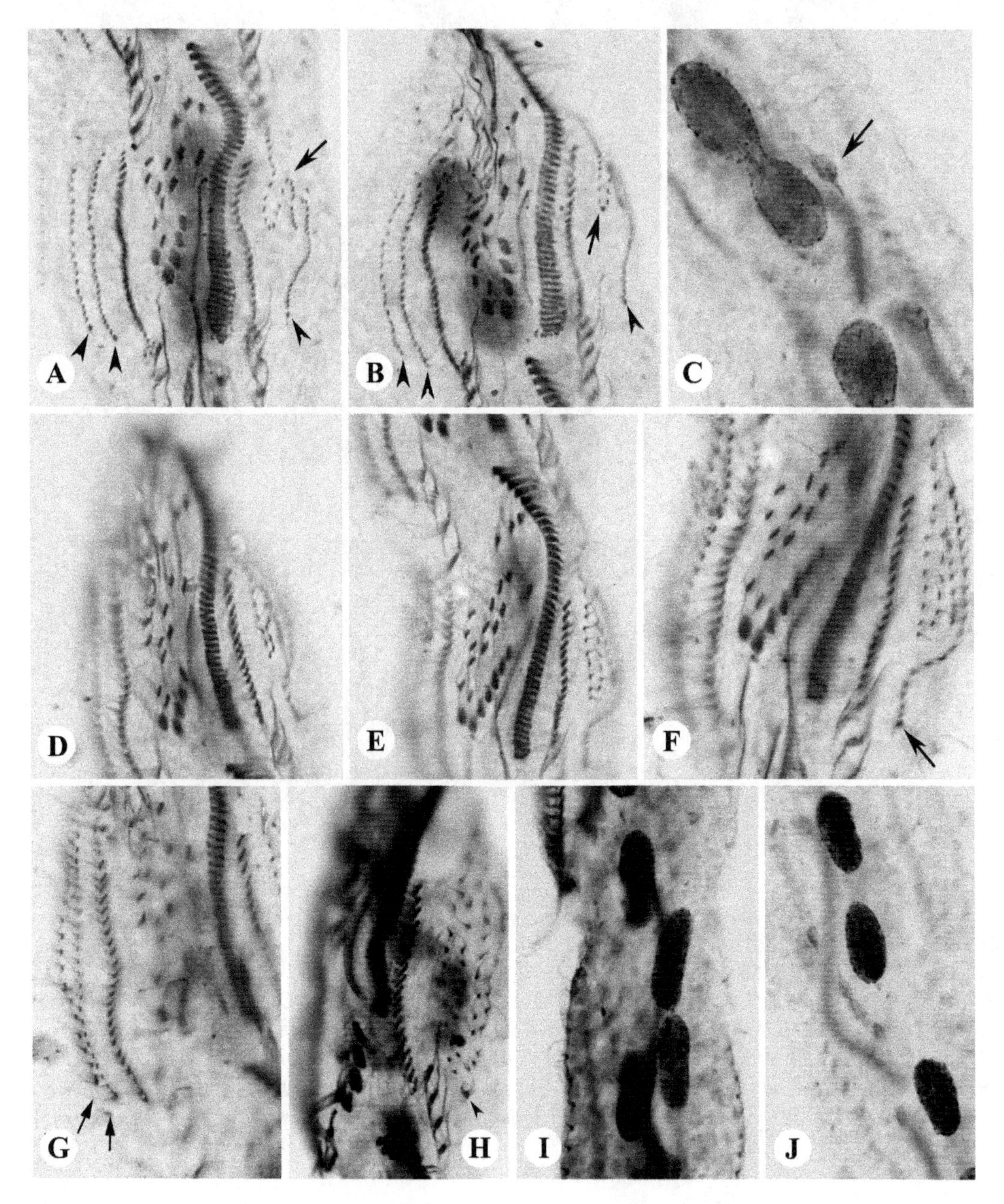

图 19.1.5 条形尖颈虫细胞发生后期和末期

A-C. 同一发生中期个体的腹面观，示前（图 **B** 中的箭头）、后（图 **A** 中的箭头）仔虫中左侧背触毛原基的断裂，图 **A**，**B** 中无尾箭头示 3 根尾棘毛，图 **C** 箭头示小核；**D-G.** 稍晚个体的腹面观（**D-F**）和背面观（**G**），示额-腹-横棘毛迁移，图 **F** 中箭头示背触毛列 4 末端的尾棘毛，图 **G** 中箭头示背触毛原基 5 和 6 末端的尾棘毛；**H.** 末期个体的腹面观，示虫体左侧 4 列背触毛和尾棘毛（无尾箭头）；**I.** 发生末期个体，示大核分裂；**J.** 末期发生个体的大核一个值得注意的现象是大核复制带出现在细胞分裂间期及早期发生阶段（图 19.1.2C，E；图 19.1.4C，D，I，L）。

生理改组　由少数改组期的细胞可以推断，其改组与细胞发生过程相似（图 19.1.1D，E）：老口围带和波动膜完全被更新；所有的纤毛器，包括额-腹-横棘毛、缘棘毛及背触毛的形成均以细胞发生相同的方式产生。

主要特征与讨论　与在散毛目中目前所知的类群相比，本亚型体现了一系列独有的发生学特征。

（1）老口器彻底解体，新生的口原基在远离老结构的细胞表层独立形成并与 FVT-原基、UM-原基完全处于同源、同步和同位发育模式。

（2）老的口侧膜不参与前仔虫的 UM-原基的形成和发育。

（3）3 列原始的背触毛原基通过独特的断裂方式形成多列背触毛；第 4-6 列新背触毛末端形成尾棘毛。

（4）5 列 FVT-原基经片段化形成数目恒定的产物，这些棘毛又具有完善的分组化。

（5）大核在细胞分裂后完成最后的多次分裂，经分配而构成子细胞内呈环状构型的 16 枚大核。

在上述这些发生学特征中，最突出的一点为前仔虫口原基的起源方式与位置：迄今所知，在所有“老口器解体、前仔虫形成新原基”的类群中，新生原基无一例外地形成于口区内（深层或表层），并与老的口围带具有空间的邻接或密切的联系（包括由老结构原位去分化而成或解聚结构参与口原基的后期发育）(Shao et al. 2015)。而本亚型中，新生口原基孤立、远离老的口器和口区并且与 FVT-原基、UM-原基完全构成了一个同源、同步和同位发育的模式。这是一个在腹毛类中迄今为止所仅见的形式，典型的过程是：FVT-原基从来不与口原基场同源发生。无从解释其起源，但毫无疑义的是：这一特点显示了其在散毛目中独特的系统演化地位。

在本亚型中，前仔虫的老口围带完全解体并被独立产生的口原基产物所更新，这一过程显著区别于本模式中其他亚型的完全保留和部分更新。目前所知，这个特征通常仅在低等的尾柱类中出现。

在腹毛类（狭义）中，围绕排毛类、尾柱类和散毛类之间的进化关系，目前的认识并不统一。一个重要的原因在于，许多发生学现象没有很好的承接关系，特别是缺乏居间的类群，这导致了很多结构无法对溯源跟踪。另一个原因是由于许多目前被归入排毛类的阶元（科属）并无发生学资料的支持，因此许多系统安排仍然是主观的，而这些安排往往与分子信息相悖。但一个观点认为，在上述 3 个目级类群中，排毛类与散毛类之间有最近的关系，而尾柱类可能是由排毛类中某个原始类群衍生出来的。按照这个观点，本亚型前仔虫新口原基的起源模式成为一个孤例，而老口器彻底解体则体现了一个原始的发生学现象。

此外，尖颈虫亚型背面纤毛器的起源和发育方式也很具特色：本亚型左右两侧的原基场以两组完全不同的方式独自发生，左边的 1 列原基通过断裂形成 1 长列和 3 短列背触毛原基，而右边的 2 列原基则各自独立发生形成 2 列等长的毛基体。这种片段化方式多少类似于在某些尾柱类中所见（见第 4 篇），这或许说明了背面结构发生的保守性。

如果换个观点：本亚型中的 3 列原基实际代表了“两组模式”，即左侧的一组仅含一列原基，而右侧的两列原基实际代表了第二组，即“背缘触毛列”。那么应理解为：本亚型缺失了第一组中的第 1、2 列背触毛，因此，唯一的一列原基实际是“第 3 列背触毛原基”，所以可以发生片段化并形成多列的背触毛。但这个观点的漏洞在于，与散毛目中许多其他具有两组背触毛原基的类群相比，本亚型的发生方式仍存在根本的不同：左侧仅在 1 列老结构内发生（常规模式为原基在左侧 3 列老结构内发生）；此外，在散毛目的典型类群中，右侧的背触毛原基多为背缘触毛原基，系独立发生或右缘棘毛原基参与形成的，位于右缘棘毛原基右上方、末端从不形成尾棘毛。而本亚型的背触毛原基发生于最右侧的老结构内或左侧、产生尾棘毛并具有通体的长度。尤其是上述有无尾棘毛发生的差异，为背缘触毛列和一般背触毛列的本质差别。

除此以外，本亚型于发生末期大核的再分配次数较多，导致最终形成的大核数目较多，这一点亦与散毛目模式其他亚型中的 2-4 枚有显著的区别。无疑，这是一个源于低等类群（如尾柱类）的祖征。

上述发生学特征均刻画了本亚型和发生型在“相邻类群”中所处的孤立位置。也许一个比较合理的解释是：本亚型代表了从排毛类向散毛类进化中的一个侧支，其沿着一个缺乏基因交流的方向走过了一条很久的演化之路。

Small 和 Lynn（1985）以此为模式建立了尖颈科，同时将尖颈虫属和殖口虫属一并归入此科中。这个安排与 Berger（1999）系统有很大的差异，后者将尖颈虫放在了尖毛科内。Shao 等（2007c）基于发生学的研究认为尖颈科独立于尖毛科是完全必要的。但同时，对发生学的信息进行比较后显示，尖颈虫与殖口虫属（见第 18 章）并无任何密切的亲缘关系，因此，二者放在同一科内显然缺乏合理性。

第 20 章　细胞发生学：急纤虫型
Chapter 20　Morphogenetic mode: *Tachysoma*-type

邵晨 (Chen Shao)　　宋微波 (Weibo Song)

急纤虫在尖毛科内属于一个较边缘化的类群，这要归因于其个体较小、纤毛图式和发生学过程缺少特色及种类不多等。在纤毛器水平上，该属典型的特征是高度类似尖毛虫但是无尾棘毛。

目前已知该发生型涉及 1 个科内 1 属、1 个亚型。

急纤虫型的主要发生学特征如下：①老口器完整保留，前仔虫继承老口围带；②5 列 FVT-原基为初级发生式并形成 8∶5∶5 模式的额、腹、横棘毛；③缘棘毛原基在老结构中产生；④背触毛原基两组式发生，第 2 和第 3 列原基在末端断裂分别形成第 3 和第 5 列背触毛；⑤存在背缘触毛原基。

本发生型与尖毛虫型高度近似，均为背触毛原基断裂及存在背缘触毛列。区别仅在于发生断裂的背触毛原基的数量。

第1节 膜状急纤虫亚型的发生模式

Section 1 The morphogenetic pattern of *Tachysoma pellionellum*-subtype

罗晓甜 (Xiaotian Luo) 邵晨 (Chen Shao)

膜状急纤虫最初由Müller（1773）报道于德国，原始的报道仅限于活体信息。随后，多位学者对该种进行了多次描述（Berger 1999）。发生学研究新近由陈凌云等基于美国种群完成。这份工作显示，膜状急纤虫的发生过程具有属的典型性并代表了尖毛类中一个独立的亚型。

基本纤毛图式 额棘毛3根；口棘毛1根；额腹棘毛4根；口后腹棘毛3根；横前腹棘毛2根；横棘毛5根；左、右缘棘毛各1列（图20.1.1A，B，D，F-J）。

5列贯穿虫体的背触毛和1列较短的背缘触毛（图20.1.1C，E）。

细胞发生过程

口器 老口围带在发生过程中完全不发生变化，由前仔虫直接继承（图20.1.2B，D，E，G；图20.1.3A，C，E，G）。

前仔虫的UM-原基形成与细胞发生的早期，由老的波动膜去分化形成，其最初仅见前端结构的解聚（图20.1.2E），随后，原基内毛基体增殖发育形成新的波动膜，并在原基的前端产生1根额棘毛，后端产生口内膜和口侧膜（图20.1.2G；图20.1.3A，C，E，G）。发生后期，两片波动膜会迁移并发生空间的交叉。

后仔虫口原基出现于发生早期，左缘棘毛列和口后腹棘毛之间独立产生的纵向楔形排列的原基场。随着新小膜的组装，后仔虫的口围带逐渐形成并完成后期的发育和构型（图20.1.2A-E，G；图20.1.3A，C，E，G）。

细胞分裂早期，在后仔虫口的UM-原基于FVT-原基的左侧形成，二者同源，老结构不参与其形成和发育（图20.1.2E）。该原基接下来的发育过程和产物与前仔虫一致（图20.1.2G；图20.1.3A，C，E，G）。

额-腹-横棘毛 为初级发生式。发生早期，在前仔虫口后腹棘毛处出现一些无序排列的毛基体。此时，额腹棘毛、口后腹棘毛和波动膜还未解聚，老结构依然存在（图20.1.2B）。随后，5列狭长条带状的初级FVT-原基形成（图20.1.2C；图20.1.4A-D），老的额腹棘毛和口后腹棘毛似乎参与了原基的发育（？过程不明，老结构亦或解体、消失）。随后，初级FVT-原基分裂成前、后两组（图20.1.2E）。下一时期，FVT-原基开始分段化（图20.1.2G；图20.1.4E，G，H）。随着分段化的完成，UM-原基和FVT-原基最终按 1∶3∶3∶3∶4∶4 的方式分化成棘毛并迁移到既定位置。

3 根前端额棘毛来自 UM-原基和 FVT-原基Ⅰ、FVT-原基Ⅱ的前端。

1 根口棘毛来自 FVT-原基Ⅰ。

4 根额腹棘毛产生自 FVT-原基Ⅱ，FVT-原基Ⅲ和 FVT-原基Ⅴ（2 根）。

3 根口后腹棘毛来自 FVT-原基Ⅲ和 FVT-原基Ⅳ（2 根）。

2 根横前腹棘毛分别由 FVT-原基Ⅳ和 FVT-原基Ⅴ提供。

FVT-原基Ⅰ-Ⅴ的后端分别形成 1 根横棘毛。

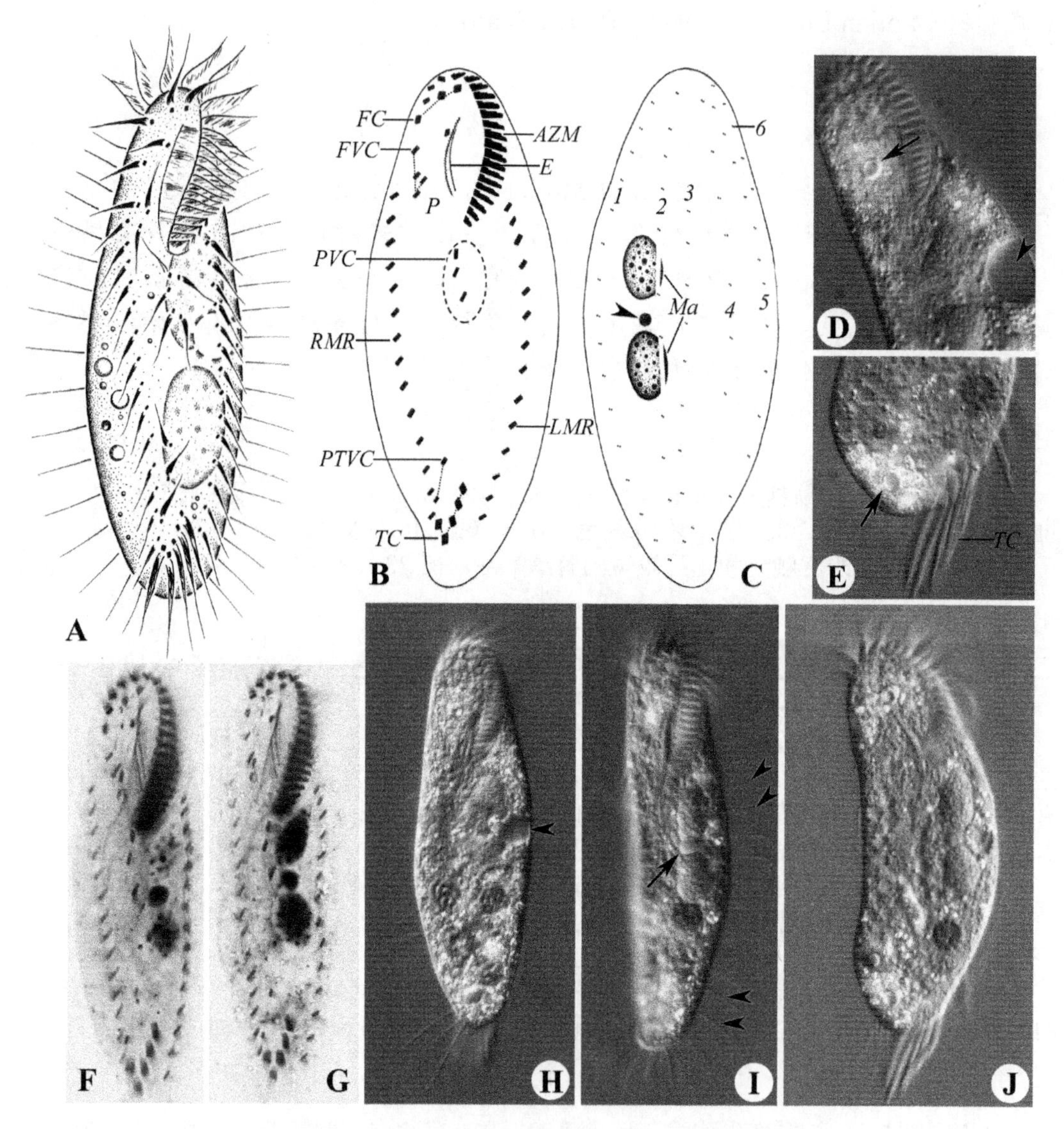

图 20.1.1 膜状急纤虫的活体形态（**A**，**D**，**E**，**H-J**）和纤毛图式（**B**，**C**，**F**，**G**）

A. 典型个体腹面观；**B**，**C.** 纤毛图式腹面观（**B**）和背面观（**C**），无尾箭头示小核；**D**，**E.** 腹面观，示环形结构（箭头）和伸缩泡（无尾箭头）及强壮的横棘毛；**F**，**G.** 纤毛图式腹面观；**H-J.** 活体腹面观，示不同体形，伸缩泡（图 **H** 无尾箭头），小核（箭头）及长而明显的背触毛（图 **I** 无尾箭头）。*AZM.* 口围带；*E.* 口内膜；*FC.* 额棘毛；*FVC.* 额腹棘毛；*LMR.* 左缘棘毛列；*Ma.* 大核；*P.* 口侧膜；*PVC.* 口后腹棘毛；*PTVC.* 横前腹棘毛；*RMR.* 右缘棘毛列；*TC.* 横棘毛；*1-6.* 背触毛列 1-6

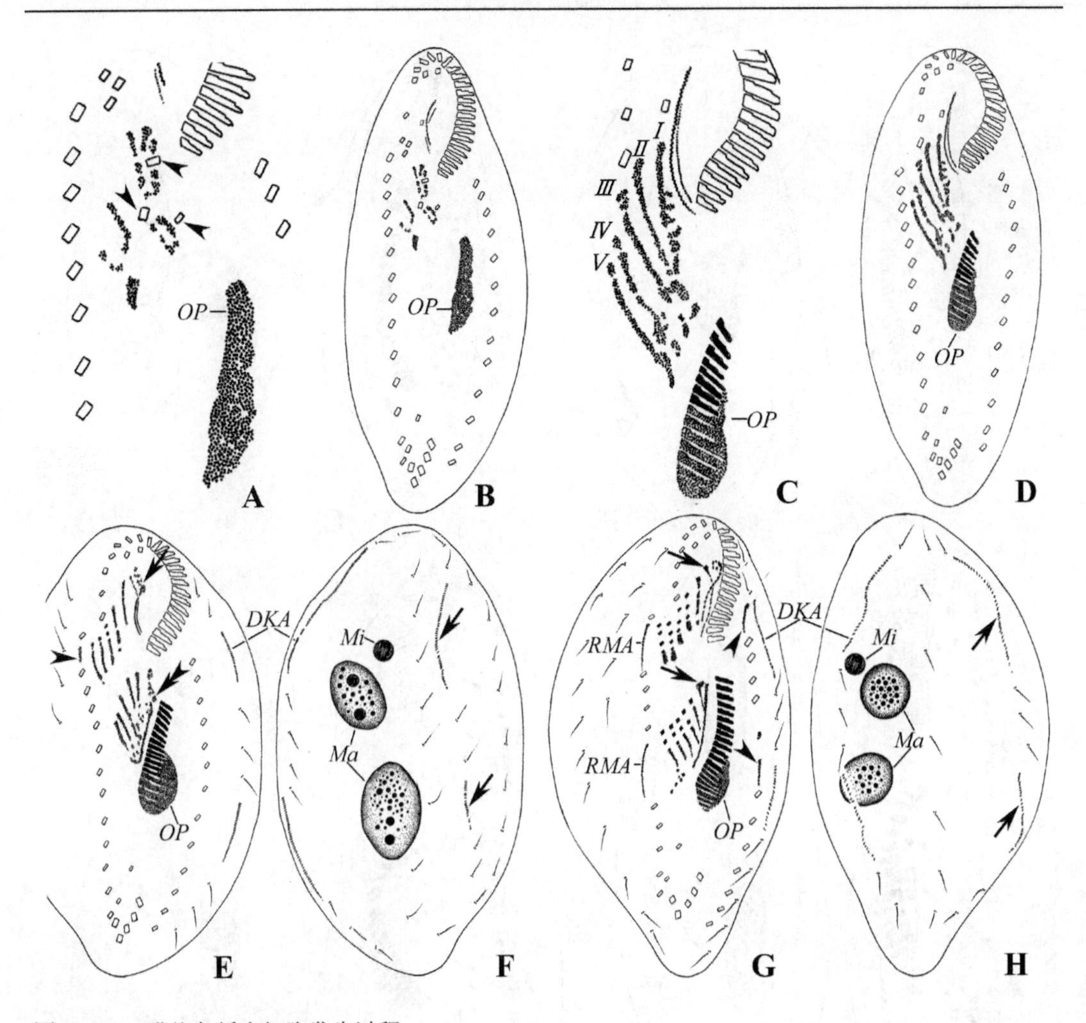

图 20.1.2　膜状急纤虫细胞发生过程

A，B. 早期个体腹面观，示后仔虫口原基长条状无序排列的毛基体基团，以及保留的口后腹棘毛（无尾箭头）；**C，D.** 发生早期个体腹面观，示初级 FVT-原基；**E，F.** 发生中早期个体腹面观和背面观，示波动膜解聚（图 **E** 箭头），新形成的额棘毛（双箭头），在老结构中形成的缘棘毛原基（无尾箭头）和背触毛原基（图 **F** 箭头）；**G，H.** 发生中早期个体腹面观和背面观，示新形成的最左侧额棘毛（图 **G** 箭头），缘棘毛原基（无尾箭头）和背触毛原基（图 **H** 箭头）。*DKA*. 背触毛原基；*I*-*V*. FVT-原基Ⅰ-Ⅴ；*Ma*. 大核；*Mi*. 小核；*OP*. 口原基；*RMA*. 右缘棘毛原基

缘棘毛　新原基形成于老结构中。细胞发生中期，左、右缘棘毛列的前部和后部发生少数棘毛的解聚并在原位形成前、后仔虫的缘棘毛原基，右侧原基先于左缘的进程（图 20.1.2E，G）。随着新原基的增殖，老棘毛被吸收，最终新结构完全取代老结构，成为前、后仔虫新的缘棘毛列（图 20.1.3A，C，E，G）。

背触毛　新的背触毛来自 2 组原基：前、后仔虫的 3 列背触毛原基分别在第 1、2、4 列老结构中形成（图 20.1.2E-H；图 20.1.3B，D；图 20.1.4I）。在细胞发生后期，第 2、3 列原基在末端断裂，分别形成第 3 和第 5 列背触毛，因此，整个过程共有 5 列背触毛形成。无尾棘毛形成。

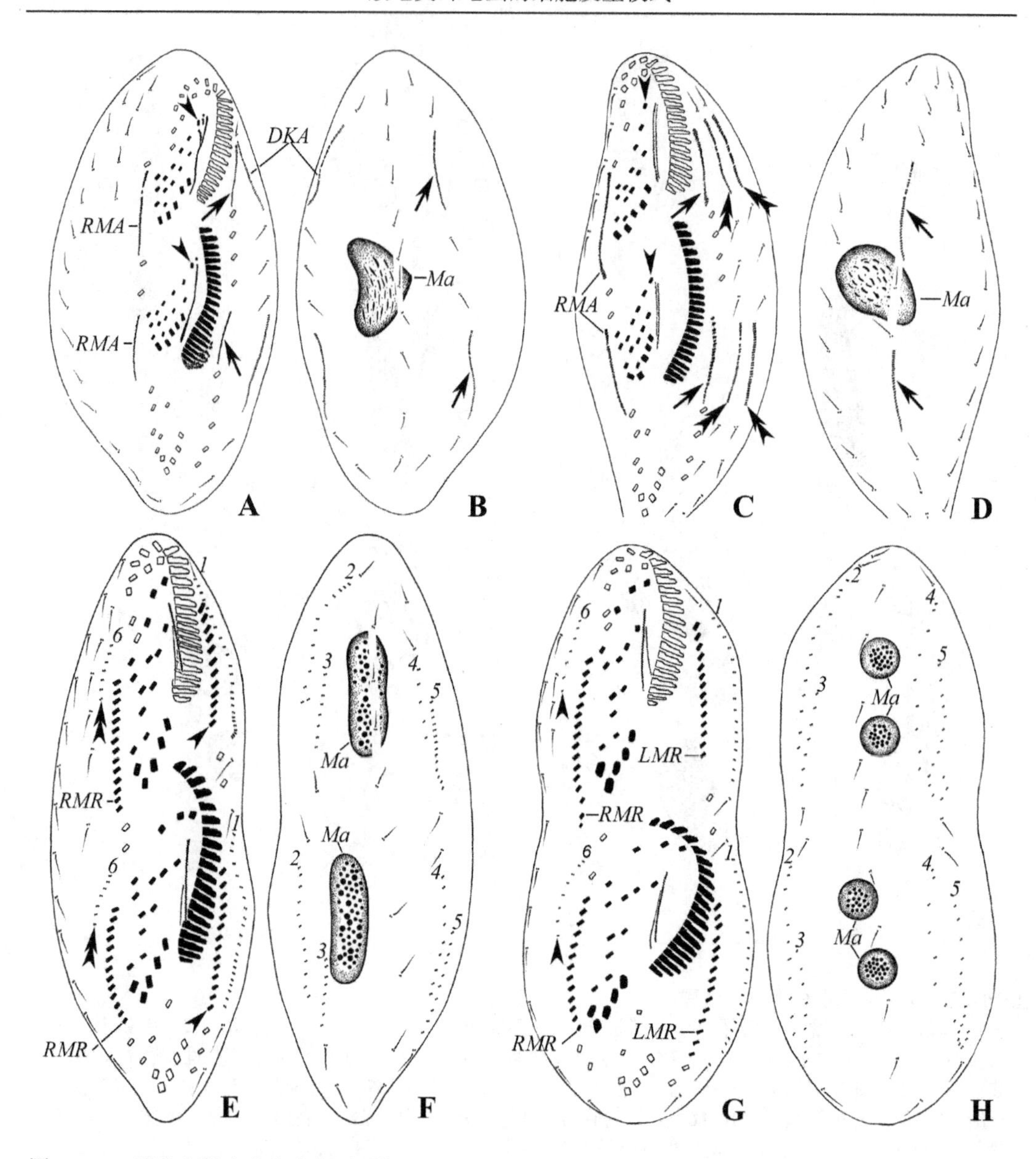

图 20.1.3 膜状急纤虫发生中期至后期
A，B. 发生中期个体腹面观和背面观，示最左侧额棘毛已经分离（无尾箭头），背触毛原基和缘棘毛原基（箭头），此时，额-腹-横棘毛已经形成棘毛，大核融合为一团；**C，D.** 发生中期个体腹面观和背面观，示最左侧额棘毛（无尾箭头），左缘棘毛原基（图 **C** 箭头）和第 1、2 列背触毛原基（图 **C** 双箭头）和第 3 列背触毛原基（图 **D** 箭头）；**E，F.** 发生中后期个体腹面观和背面观，示背缘触毛列（双箭头）和新的左缘棘毛列（无尾箭头）；**G，H.** 发生后期个体腹面观和背面观，示背缘触毛列（无尾箭头）。*DKA*. 背触毛原基；*LMR*. 左缘棘毛列；*Ma*. 大核；*RMA*. 右缘棘毛原基；*RMR*. 右缘棘毛列；*1-6*. 背触毛列 1-6

另外一组原基出现在细胞发生后期，在前、后仔虫中均形成于右缘棘毛原基右侧，随后各形成 1 列短的背缘触毛（图 20.1.3E，G）。

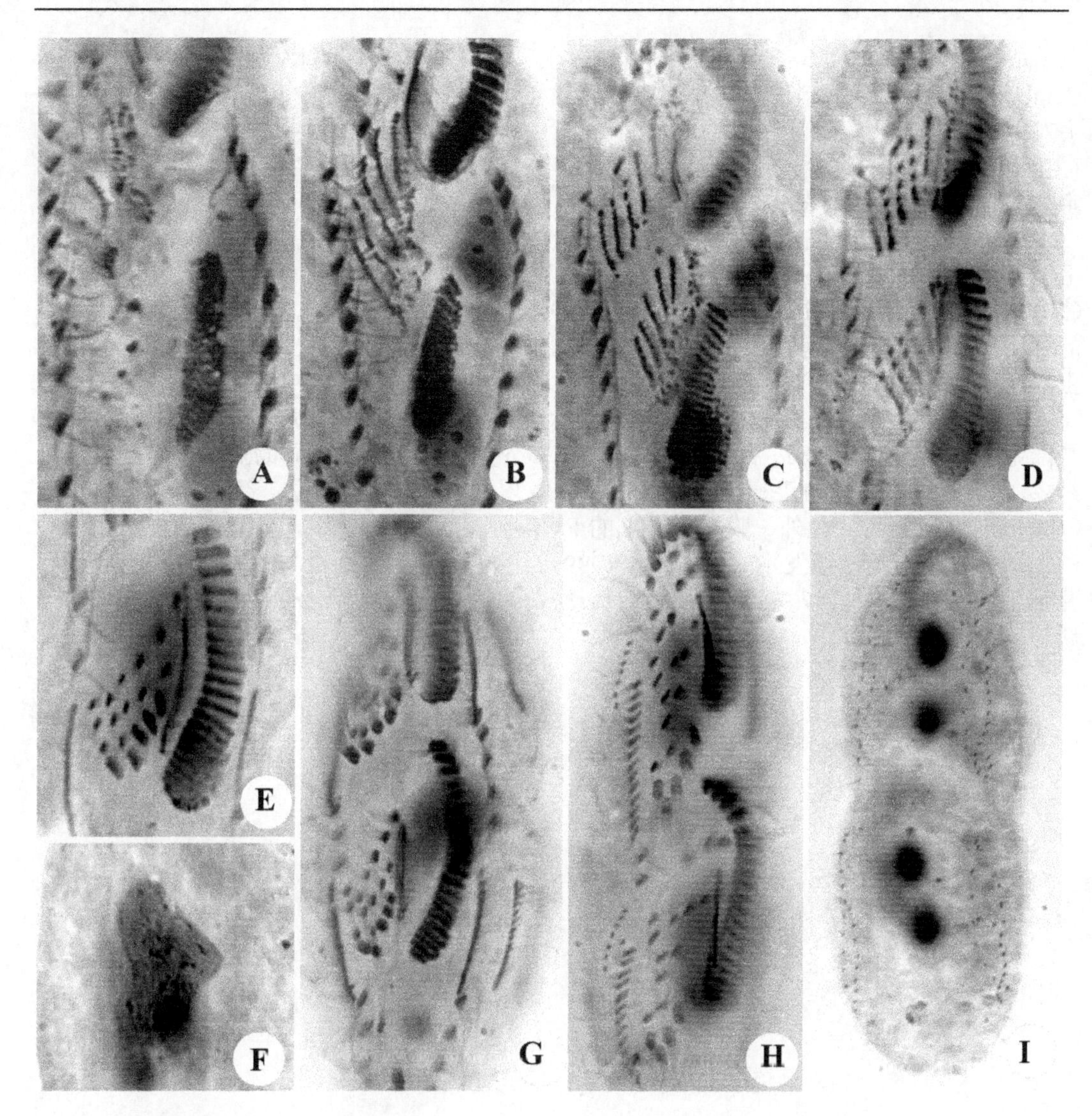

图 20.1.4　膜状急纤虫不同发生期个体
A-D. 发生个体腹面观，示口原基和 FVT-原基的发育；**E，F.** 发生中期个体腹面观和背面观，图 **E** 示 FVT-原基分段，图 **F** 示大核融合；**G，H.** 发生后期个体腹面观，示额-腹-横棘毛迁移；**I.** 发生后期个体背面观，示背面纤毛器的发育

大核　核器的演化过程采取常规模式：两枚大核融合到一起，期间未见改组带的形成。后期融合体逐渐拉伸、分裂并随着细胞分裂分配到前、后仔虫中（图 20.1.2F，H；图 20.1.3B，F，H；图 20.1.4F）。

主要特征及讨论　本型内仅此 1 种亚型，见第 20 章中对急纤虫型的描述。

比较特殊的是本亚型背触毛原基的发育方式：与典型的尖毛虫型相比，原基的产生位置，以及发育过程中两条背触毛原基发生断裂、不形成尾棘毛等均为本亚型的特征。

本亚型所给出的描述是基于陈凌云等近期所研究的膜状急纤虫的美国种群，其发生过程与 Hemberger（1982）报道的德国种群在背触毛原基的形成位置上有所不同：在本亚型所依据的种群中，3 列背触毛原基分别在第 1、2、4 列老背触毛中形成；而根据 Hemberger 的介绍，德国种群第 3 列原基出现在第 1、2、3 列老结构中（没有给出背触毛发生模式图，只有简单的描述）。一个解释是：并不存在这种差异，Hemberger 观察存在错误，忽略了第 3 列老背触毛。但也不排除本亚型内背触毛发生方式确实存在不稳定性或者两个种群属于不同种的可能性。

Berger（1999）最先注意到经典的急纤虫属可能为一非单元发生系并建议应按照纤毛图式和发生学特征来作为属级阶元拆分的依据。由于认同他的这一观点，Shao 等（2013a）将背触毛发生过程中无原基断裂同时又系“一组式发生”（即无背缘触毛列）的种类从经典的急纤虫属中分离出来，并以卵圆异急纤虫为模式建立了新属——异急纤虫属（*Heterotachysoma*）。

急纤虫属目前已知 8 种，有发生学信息的仅有膜状急纤虫（*Tachysoma pellionellum*）与陆生急纤虫（*Tachysoma terricola*）两种。其分别代表了两个不同的亚型：在膜状急纤虫，其中的 2 列背触毛原基均发生断裂（隶属 *Tachysoma* 模式），而后者无此过程（*Urosomoida* 模式）。此外，膜状急纤虫的 FVT-原基为初级发生式，但是陆生急纤虫的 FVT-原基很可能为次级发生式（Berger 1999）。因此，陆生急纤虫与其他几个具有相同背触毛发生模式的种（*T. humicolum*、*T. terricolum* 和 *T. granuliferum*）很可能代表一个新的属级阶元。

第 6 篇　游仆目模式

Part 6　Morphogenetic mode: Euplotida-pattern

邵晨 (Chen Shao)　　宋微波 (Weibo Song)

游仆目普遍被认为是纤毛门中进化最高等的类群（Corliss 1979；宋微波等 2007）。一个主要依据是，在该目中的所有类群均具有完全稳定的纤毛图式与核器，包括基本形态、结构、数量和空间位置，也包括其基本的发育模式。这些稳定性来自原基演化的高度完善，因此也代表了其在系统演化过程中的终极发育阶段。该类群同时又是一个外延清晰的类群，与最邻近的“典型腹毛类”中的盘头类等类群保持着若干最基本的界限。例如，后仔虫的口原基在皮膜下形成，前、后仔虫的 UM-原基普遍为独立发生等。近年来的分子信息也支持这个结论，即游仆类是一个单源发生系并与腹毛类（狭义）具有最近的亲缘关系（Gao et al. 2016）。

在经典的系统安排中，游仆类被视为广义的“腹毛类”中的一员（Corliss 1979）。更主流的观点是：其作为一个亚纲级阶元与狭义的腹毛亚纲并列。

本类最显著的特征为体表程度不同地盔甲化，外表坚实；具有高度发达的口围带和 1 至 2 片低分化的（原基态的）波动膜。体纤毛器趋于简化而且位置分化明确：在腹面形成额-腹棘毛和横棘毛等。在特化类群，各部位的棘毛数目稳定、有次生性消失的趋势。背面纤毛退化成列分布，生有短的触毛。部分类群具有特异性的背面银线系，构成不同的模式，从而成为种的鉴定的重要特征（Borror & Hill 1995；Tuffrau 1986）。游仆目内包括了多种差异显著的模式（表 4），基本代表了科级水平上的演化关系。

表 4　游仆目模式内各亚型发生学特征比较

特征	*Aspidisca* 型	*Certesia* 型	*Euplotes* 型	*Uronychia* 型	*Diophrys* 型
尾棘毛	不产生	不产生	形成于最右几列背触毛末端，各形成 1 根	形成于最右 2 列背触毛末端，各产生 1 或 2 根	形成于最右一列背触毛末端，各产生 3 根
口围带特征	两部分，彼此分离	单一结构	单一结构	两部分，彼此分离	单一结构
老口围带命运	完全保留	完全保留	完全保留	小膜数目恒定，远端一组保留，近端通过原基更新；拼接式形成新口围带	老结构部分更新，由老结构去分化形成口原基；拼接式形成新口围带
波动膜	单片，退化	单片，发达	单片，较退化	单片，高度发达	双片或单片，发达
老波动膜命运	完全保留	经去分化形成新 UM-原基	完全保留	解体，新结构由新 UM-原基产生	完全解体或解聚后参与 UM-原基的发育？
第 1 额棘毛	独立发生	独立发生？	独立发生	独立发生	来自 UM-原基

本类群在发生模式上的共同特征为：①后仔虫的口原基和 UM-原基均于皮膜下深层发生（银染显示，在游仆虫，其 FVT-原基最初也可能是在皮膜下形成的）；②FVT-原基全部为稳定的 5 列；③腹面棘毛数量少，除横棘毛外，普遍没有分组化（或不明显）；④除尾刺虫外，均无右缘棘毛；普遍存在左缘棘毛（有例外）；⑤左缘棘毛如存在，均为独立发生；⑥背触毛列在老结构中产生；⑦尾棘毛如存在，则普遍以最右侧数列背触毛末端形成。大核在发生过程中形成显著的双极改组带，多大核者将发生完全的融合。

本模式包含 5 个发生型，主要区别在于尾棘毛和左缘棘毛的产生模式、是否存在独立形成的第 1 额棘毛原基，以及口围带（特别是在前仔虫）的发育特征及是否与近端两相分离。

值得提出的是，在利用核糖体小亚基基因为主构建的分子树中，游仆类均稳定地与腹毛类（狭义）作为一个平行进化关系而存在，这也在说明，二者曾有一个共同的祖先并具有最近的亲缘关系。最近几年对盘头类与伪小双类的研究显示，后二者很可能是游仆类与腹毛类的过渡类型（或居间类群），而游仆类应为（某支？）腹毛类祖先衍化的结果。总之，目前所积累的个体发育及分子信息，完全不排斥“游仆类代表了广义腹毛类中发育最高等”这个经典判断。

第 21 章　细胞发生学：楯纤虫型
Chapter 21　Morphogenetic mode: *Aspidisca*-type

邵晨 (Chen Shao)　　宋微波 (Weibo Song)

楯纤虫在游仆类中具有特殊的系统发育地位，在 Corliss（1979）和 Lynn（2008）的系统中，均作为一个科级阶元，楯纤科（Aspidiscidae）的代表。该类群具有简练（退化？）而稳定的纤毛图式，包括独特的前后远远分离的两组口围带，腹面棘毛、中缘棘毛和尾棘毛均完全缺失，背面的背触毛列恒为 4 列等。这些特征都表明了该类群居以高端的进化位置。

作为一个发生型，其主要表现有如下特征：①老口围带和波动膜（口侧膜）完全由前仔虫继承；②后仔虫口原基及 UM-原基均独立发生于老口围带后方皮膜深处，前者在发育后期将断裂为两部分（AZM1，AZM2）；③第 1 额棘毛来源于独立发生的原基（前仔虫中该原基发生于细胞表面；后仔虫中，该原基发生于不同于口原基的另外一皮层下小龛，随后迁移至细胞表面）；④FVT-原基以初级原基的模式形成，形成数目稳定的额腹棘毛和横棘毛；⑤每列背触毛中分别产生前、后仔虫的背触毛原基，并由其更新老结构。

属于该发生型的目前已知者涉及楯纤科内楯纤虫属、1 个亚型。

第1节 优美楯纤虫亚型的发生模式
Section 1 The morphogenetic pattern of *Aspidisca leptaspis*-subtype

姜佳枚 (Jiamei Jiang) 宋微波 (Weibo Song)

楯纤虫属种类普遍个体较小，背腹扁平，外形因高度盔甲化而十分坚实，背面常有纵行的肋突或沟槽结构。口围带特征性地分为前后两部分：第一部分高度退化；第二部分位于口侧。口侧膜单片。额腹棘毛7或8根，横棘毛普遍为5根；无缘棘毛、无尾棘毛。背触毛均为4列。单一大核，倒U形。本属已知数十种，约半数以上的种研究得不够透彻。

本属在细胞发生方面的报道不多，近年来通过现代手段研究报道的仅有4种：有肋楯纤虫（*Aspidisca cicada*）（Hill 1979）、直须楯纤虫（*A. orthopogon*）（Deroux & Tuffrau 1965；Li et al. 2008b）、优美楯纤虫（*A. leptaspis*）（Song 2003）和巨大楯纤虫（*A. magna*）（Li et al. 2010c）。各种的发生均属同一发生亚型，显示出高度的保守性。本节综合自宋微波（Song 2003）对优美楯纤虫发生学的研究。

基本纤毛图式及形态学 形态学及纤毛图式如图21.1.1A所示，前一组口围带由数片十分细弱的小膜构成；额-腹棘毛共8根；活体观7或8根（发生学上为5根）横棘毛。

4列背触毛中毛基体排列密集（图21.1.1C）。

细胞发生过程

口器 老的口围带（*AZM1*和*AZM2*）和口侧膜完全被前仔虫所继承。

发生早期，一组毛基体群（即后仔虫的口原基场）出现在皮膜下深层、第二组口围带小膜后方、横棘毛左侧（图21.1.1B）。随后，原基场增大，逐渐向老结构的后方迁移，伸出皮膜并开始组装出新的小膜（图21.1.1D，E，G，I）。其中的前7片较短的小膜后来演化成后仔虫的*AZM1*并随虫体的分裂迁移至最前端，剩余小膜形成后仔虫的*AZM2*（图21.1.1K；图21.1.2A，C）。

因分裂期缺失，新的口侧膜形成时间和细节不明，但似乎是在新生的口围带完成断裂期间，于口围带末端形成（图21.1.1G，I，K；图21.1.2A，C）。

额-腹-横棘毛 为典型的初级发生式。口原基出现的同时，皮膜表面、横棘毛前方最先出现 3 列，随后增加至 5 列线状毛基体条带，即 FVT-原基。此时，所有的老结构仍保留（图 21.1.1B，D）。随着发生的进行，FVT-原基横向断裂为前后两组（图 21.1.1E）。再后期，毛基体继续增殖，每列原基变宽、自左向右按照 3∶3∶2∶2∶2 的模式发生断裂，各片段相互分离，形成独立的棘毛（图 21.1.1G，I）。

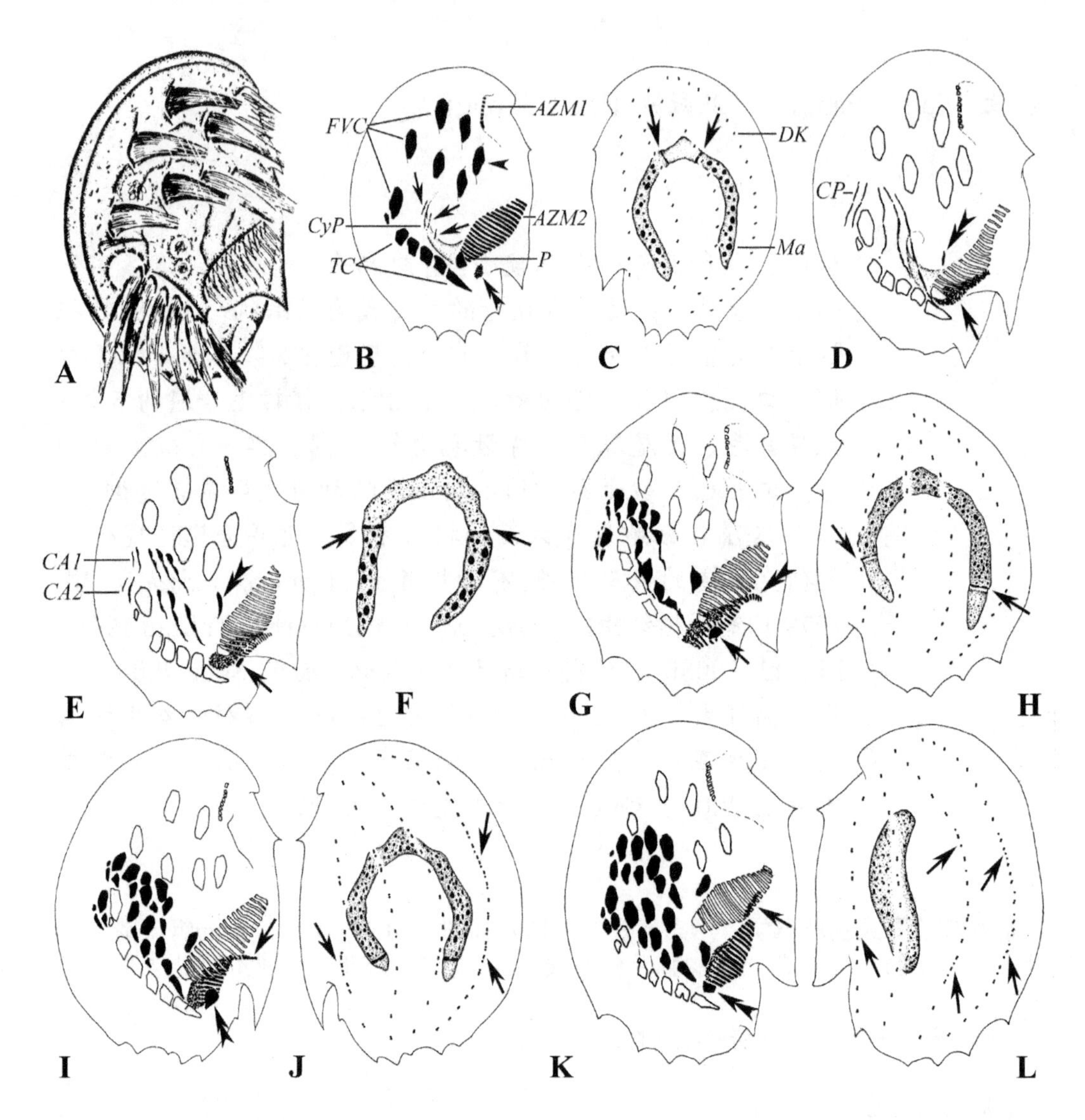

图 21.1.1 优美楯纤虫活体（**A-C**）及发生早、中期个体（**D-L**）的纤毛图式（**B-L**）
A. 间期个体腹面观；**B，C.** 发生早期个体，图 **B** 箭头示 FVT-原基，双箭头示口原基，无尾箭头示第 1 额棘毛，图 **C** 箭头示大核复制带；**D.** 腹面观，箭头示口原基，双箭头示迁移棘毛原基；**E，F.** 腹面观（**E**）和大核（**F**），图 **E** 箭头和双箭头示第 1 额棘毛原基，图 **F** 箭头示大核复制带；**G，H.** 腹面观和背面观，图 **G** 箭头示第 1 额棘毛原基，双箭头示新组装的 *AZM1*，图 **H** 箭头示大核复制带；**I，J.** 腹面观和背面观，图 **I** 中双箭头示第 1 额棘毛原基，箭头示新组装的 *AZM1* 小膜，图 **J** 中箭头示背触毛原基；**K，L.** 腹面观和背面观，图 **K** 中双箭头示新生的口侧膜，箭头示正在迁移的 *AZM1* 小膜，图 **L** 中箭头示背触毛原基。*AZM1*、*AZM2*. 前、后端口围带；*CA1*、*CA2*. 前、后仔虫的 FVT-原基；*CP*. FVT-棘毛原基；*CyP*. 伸缩泡开口；DK. 背触毛列；*FVC*. 额腹棘毛；*Ma*. 大核；*P*. 口侧膜；*TC*. 横棘毛

在FVT-原基出现的稍晚期，两个斑块状新原基分别出现在皮层表面老*AZM2*右侧及皮层深处新口原基龛腔腹侧，这就是前、后仔虫的第1额棘毛原基（图21.1.1D，G，I，K）。这两个原基为独立产生。随后，原基发育为棘毛，并向既定位置迁移。

到发生晚期，所有新产生的棘毛随着细胞分裂的进行而逐步移行，从而各自独立演化成前、后仔虫的额-腹-横棘毛（图21.1.2A，C，D）。

故此，各列FVT-原基与棘毛的形成具有如下关系。

8根额腹棘毛分别来自FVT-原基Ⅰ（2根），FVT-原基Ⅱ（2根），FVT-原基Ⅲ（1根），FVT-原基Ⅳ（1根），FVT-原基Ⅴ（1根）及第1额棘毛原基。

5根横棘毛分别来自FVT-原基Ⅰ-Ⅴ的末端。

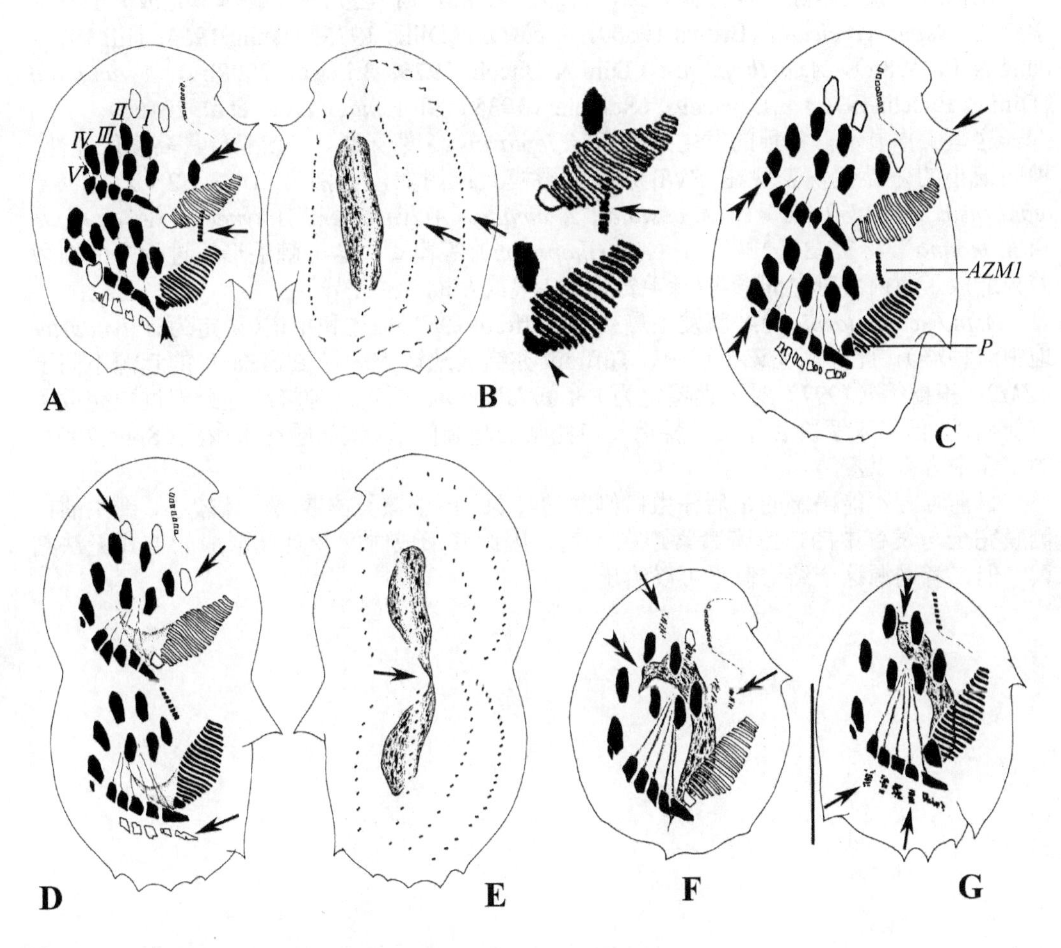

图21.1.2　优美楯纤虫发生的中、后期及分裂后的新生个体
A，B. 发生中期的腹面观（**A**）和背面观（**B**），图**A**箭头示迁移中的*AZM1*，双箭头示前仔虫的迁移棘毛，无尾箭头示新生的口侧膜，图**B**箭头示前、后仔虫背触毛原基的间隔；**C.** 腹面观，双箭头示前、后仔虫的退化棘毛，箭头示左侧原生质突起；**D，E.** 腹面观（**D**）和背面观（**E**），图**D**箭头示老的体棘毛，图**E**箭头示分裂中的大核；**F，G.** 分离后的前仔虫（**F**）和后仔虫（**G**）腹面观，箭头示吸收中的老棘毛，双箭头示大核。*AZM1*. 前端口围带小膜；*I-V*. FVT-原基Ⅰ-Ⅴ；*P*. 口侧膜

背触毛　背触毛发生始自形态发生的中期，为次级发生式：每列老的背触毛中部（有时存在时序的差异）各出现2处毛基体密集的区域，完全与老结构混在一起（图21.1.1J）。

随后，毛基体数目逐渐增多，随着细胞分裂的进行，分别向两端拉开距离，逐渐延伸，形成棘毛列，最终替代老的结构（图 21.1.1L；图 21.1.2B，E）。

大核 随着细胞发生过程的进行，大核复制带逐渐由中心向两臂移动（图 21.1.1C，F，H，J）。之后，大核收缩成一个香肠形的融合体（图 21.1.2B），再随着子细胞的分离而拉长缢裂为二，分别进入前、后仔虫（图 21.1.2E）。成熟的营养体细胞中的大核则进一步发育成马蹄形（图 21.1.2F，G）。

主要特征与讨论 本型内仅此 1 种亚型。

在楯纤虫属内，除了优美楯纤虫，另外已知还有 6 种已完成（或基本完成）了发生学研究：*Aspidisca cicada*（Brown 1966），*A. costata*（Diller 1975；Hamm 1964；Hill 1979；Pang & Fu 1985），*A. orthopogon*（Dini & Bacchi 1976；Li et al. 2008b），*A. aculeata*（Dini & Bacchi 1976），*A. lynceus*（Summers 1935）和 *A. magna*（Li et al. 2010c）。

这些工作显示，各种的发生过程和 *A. leptaspis* 高度一致，即该亚型具高度保守性。种间细小的差异仅仅表现在 FVT-原基断裂模式：例如，分别为 3∶3∶2∶2∶2（*A. leptaspis*），3∶3∶2∶2∶1（*A. costata*，*A. cicada*，*A. lyncaster*，*A. lynceus*，*A. aculeata* 和 *A. magna*）及 3∶3∶2∶3∶1（*A. orthopogon*）等模式，这一棘毛形成过程中的细微差异造成了属内各种之间额-腹棘毛数目（7 根或 8 根）的差异。

Aspidisca leptaspis 的细胞发生最初由 Tuffrau（1964）描述和报道（误定为 *A. lyncaster* 地中海种群），此外，在该报道中，Tuffrau 亦错误地认为后仔虫 *AZM1* 的起源不同于 *AZM2*；王梅等（1997）对（误鉴定为）*A. pulcherrima* 的青岛种群细胞分裂过程完成了重新描述，但仍未解决后仔虫口棘毛及口侧膜的起源问题。该问题在宋微波（Song 2003）的工作中方得以澄清。

目前唯一不能确定的是后仔虫口侧膜的起源：由于该类群普遍个体较小，新生的口侧膜完全与发育中的口围带紧紧连在一起，因此其形成时间及具体形成的方式无法判读，但二者同源这个结论似乎可以给出。

第 22 章　细胞发生学：舍太虫型
Chapter 22　Morphogenetic mode: *Certesia*-type

邵晨 (Chen Shao)　　宋微波 (Weibo Song)

舍太虫为游仆目中的中型类群，目前已知仅一属、一种，迄今了解较少。在 Lynn（2008）系统中，该属为一个单型属，置于舍太科（Certesiidae）内。其主要形态学特征：高度背腹扁平，口围带及单片的口侧膜均发达；额-腹棘毛不分组；5 根粗壮的横棘毛；无右缘棘毛，左缘棘毛数根，呈长列分布；4 列背触毛，无尾棘毛；大核 4 枚，呈结节状。从形态学上判读，该类群应为一个始祖型的游仆类。

该发生型与典型的（以游仆虫为代表的）游仆类表现出了十分相似的发生过程：①老口围带完全由前仔虫继承；②老波动膜通过去分化形成前仔虫的 UM-原基；③后仔虫 UM-原基发生于皮膜深层，或与后仔虫口原基同源；④前、后仔虫的第 1 额棘毛均独立形成，与 UM-原基无关；⑤5 列 FVT-原基以初级式形成。

第1节　四核舍太虫亚型的发生模式
Section 1　The morphogenetic pattern of *Certesia quadrinucleata*-subtype

李俐琼 (Liqiong Li)　　陈旭淼 (Xumiao Chen)

作为一个单型属及一个罕见种，本亚型的细胞发育的研究迄今仅有一份较为完整的文献，但也仅限于腹面结构的发生模式（Wicklow 1983）。陈旭淼等（Chen et al. 2010b）新近补充了若干缺失的细节，这些依然不够完整的工作显示，该属（亚型）与游仆类表现出了高度的相似性，这也与形态学所提供的信息相吻合：舍太虫与游仆虫表现出了高度的亲缘关系，也进一步揭示了游仆目内相邻阶元间的演化关系。本亚型的介绍基于上述两份工作。

基本纤毛图式及形态学　单片的口侧膜十分发达，在横向上由众多平行排列的单动基系组成；额腹棘毛于体右前部约呈双冠状排列，具5根粗壮的横棘毛；左缘棘毛为一长列结构，无右缘棘毛（图22.1.1A，B）。

背面恒为5列贯通全长的背触毛，特征性的4枚大核（图22.1.1C）。

细胞发生过程

口器　老口围带全部保留并为前仔虫所继承（图22.1.1J）。

老波动膜解体，新的原基出现在老胞口右侧，为独立起源（图22.1.1F）。随后该原基中位右侧，可见第1额棘毛的形成，但来源不明（图22.1.1G，H）。后期可见新形成的口侧膜中毛基体有一个由无序到有序的发育过程，延伸并完成对老波动膜的替换。

在后仔虫，口原基形成于细胞发生早期，作为一斑块状原基场紧邻于横棘毛的左侧并位于皮膜深层的龛腔内（图22.1.1D）。之后，随着毛基体的增殖，后仔虫口原基扩大，逐渐发育出小膜并突破皮膜（图22.1.1E）。发育的最终阶段，小膜组装完毕并形成后仔虫的口围带（图22.1.1J）。

后仔虫的UM-原基最早独立出现在口原基右侧的皮膜深层，应该与口原基同处于一个腔内，最初呈细线状（图22.1.1F）。随后原基发育过程迅速：当FVT-原基开始片段化形成棘毛时，该原基已变得十分宽大（但原基中的毛基体仍为无序排列），其后将形成后仔虫的口侧膜（图22.1.1G，H）。

在该UM-原基的一侧，几乎同步形成第1额棘毛原基（图22.1.1F，G）。随后的发育过程同前仔虫，其随后形成第1额棘毛。

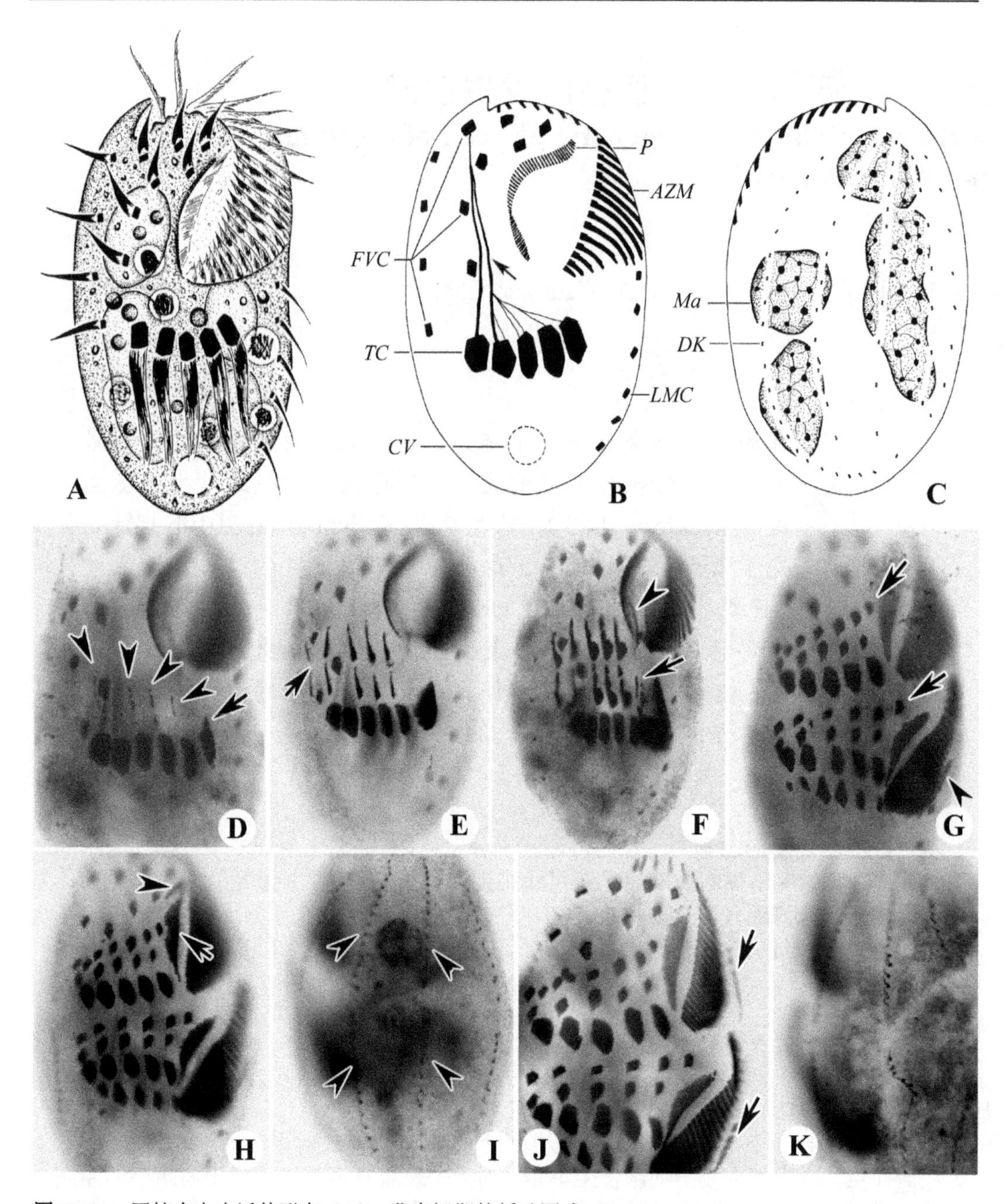

图22.1.1 四核舍太虫活体形态（**A**）、发生间期的纤毛图式（**B-K**）

A. 典型个体，示一般活体形态；**B. C.** 发生间期个体的腹面（**B**）及背面（**C**）纤毛图式，图 **B** 中箭头指连接横棘毛的十分发达的纤维；**D.** 早期细胞发生个体腹面观，无尾箭头指线状的 FVT-原基最初以一组的形式出现，而箭头示后仔虫的口原基发生于皮膜深层一小龛内；**E.** 腹面观，注意 FVT-原基的断裂（箭头）；**F.** 发生早期个体的腹面观，无尾箭头示短线状的前仔虫 UM-原基，箭头示后仔虫的第 1 额棘毛原基；**G.** 腹面观，无尾箭头指后仔虫的左缘棘毛原基，箭头示已形成并前移的第 1 额腹棘毛；**H，I.** 中至晚期同一发生个体腹面观及背面观，图 **H** 中箭头与无尾箭头分别示前仔虫的新、老（残存的）口侧膜，图 **I** 中无尾箭头指背触毛原基；**J，K.** 发生晚期同一发生个体腹面观及背面观，以示新结构的发育，以及前、后仔虫的新左缘棘毛列（图 **J** 中箭头）。*AZM.* 口围带；*CV.* 伸缩泡；*DK.* 背触毛列；*FVC.* 额腹棘毛；*Ma.* 大核；*P.* 口侧膜；*LMC.* 左缘棘毛；*TC.* 横棘毛

额-腹-横棘毛 以初级发生式形成。

在所观察到的最早发生期个体，横棘毛前方的皮膜表层出现4列毛基体组成的细线状结构，即最初的FVT-原基（图22.1.1D），显而易见的是，所有老的纤毛器均未参与新原基的形成。随后，第5列FVT-原基出现，初级原基从中间发生断裂，分配给前、后仔虫（图22.1.1E）。

接下来，原基内的毛基体不断增殖聚集并且片段化（图22.1.1F）。后期，每列FVT-原基均分化成3根棘毛，其中各原基中的最后1根明显粗壮，为横棘毛。伴随着细胞分裂的完成，这些新形成的棘毛最终向虫体末端迁移，分别形成前、后仔虫的额-腹-横棘毛（图22.1.1G，H，J）。个别多余的棘毛将很快被吸收。

根据原基与棘毛的发生关系，11根额-腹棘毛来自第1额棘毛原基（1根），FVT-原基Ⅰ（2根），FVT-原基Ⅱ（2根），FVT-原基Ⅲ（2根），FVT-原基Ⅳ（2根）和FVT-原基Ⅴ（2根）（图22.1.1H，J）。

5横棘毛分别来自FVT-原基Ⅰ-Ⅴ（图22.1.1H，J）。

缘棘毛 左缘棘毛新原基的形成明显晚于口原基与FVT-原基的发育。在口原基已在细胞表面充分发育时期，缘棘毛原基始在前、后仔虫出现，独立出现在老结构的外侧，老缘棘毛瓦解，不参与新原基的构建（图22.1.1G）。此原基在前、后仔虫分别发育成5-7根新棘毛（图22.1.1J）。

背触毛 背触毛为次级发生式，与缘棘毛几乎同时形成于每列老结构的前、后部：借助毛基体的增生形成前、后仔虫的背触毛新原基（图22.1.1I）。随着细胞分裂的进行，各列原基在前后分别形成新的背触毛列，老结构被吸收（图22.1.1K）。

无尾棘毛形成。

大核 细胞分裂过程中的大核变化情况不明。

主要特征与讨论 本型内仅此1种亚型。

其发生学特点可以总结如下。

（1）老口围带完全被前仔虫继承。

（2）后仔虫口原基独立产生于皮膜深层。

（3）老口侧膜参与前仔虫口侧膜原基的形成，前、后仔虫的口侧膜原基均于细胞表面形成和发育并很可能（？）不形成第1额棘毛，即后者很可能是由独立的原基形成的。

（4）FVT-原基以初级5原基发生模式产生，且以3∶3∶3∶3∶3方式分化出新额-腹-横棘毛。

（5）背触毛原基均来自老结构，且无尾棘毛形成。

舍太虫属在游仆类中的系统地位曾长期不明确，但鉴于发生学和形态学特征，Borror和Hill（1995）建议为其建立舍太科（Certesiidae）。其分子系统树的构建是最近才完成的（Li & Song 2006；Yi et al. 2009）。分子信息的获得，支持了该种/类群作为一个独立的科在游仆目中的地位。

迄今为止，由于早-中期部分分裂信息的缺失，有些细节的发生和发展仍无法详细描述。其中，最大的问题之一在于，老波动膜的命运和前仔虫新UM-原基的形成过程。已知该过程有一个原基形成的现象，但不明的是：老结构是否参与新原基的构建？亦或参与了此原基的后期发育（图22.1.1H）？一个最大的可能是老结构彻底解体、消失，而新结构经过独立发生、发展后，形成新的波动膜。支持这个推测的证据来自一个分裂期个体，从中可以清楚地辨识出一条短线状原基的存在，该结构与老的波动膜似乎不在同一平面上（图22.1.1F，G）。

另一个不明朗之处在于第 1 额棘毛原基的起源：在前仔虫，没有观察到其最早的出现期，但由后仔虫的该结构发育过程判断，该结构在前仔虫也应是独立起源，尽管在某个时期，其与新生的波动膜紧密着生（图 22.1.1H）。这样判断的理由是，观察到该结构时，其边界十分清晰，可以完全与仍在发育中的口侧膜相区分。

在陈旭淼等（Chen et al. 2010b）的原始描述中，称左缘棘毛原基来自老结构。可以确定这是一个错误解读：从图 22.1.1G，H，J 可以确认，该结构与老的缘棘毛无任何关联。因此，本亚型与其他已知的游仆类相同，即缘棘毛原基在起源上是独立发生的。

目前，游仆目内仅舍太虫属、双眉虫属、类双眉虫属、楯纤虫属、尾刺虫属和游仆虫属有过较为详尽的细胞发生学研究，其共同特征有：①口原基的产生为深层远生型；②FVT-原基以 5 原基发生模式产生；③背触毛为一组发生式。

其中，游仆虫属与舍太虫属形态特征最为相似，区别在于：①波动膜在前者较为退化，后者高度发达；②前者存在尾棘毛，后者无此结构；③左缘棘毛在前者通常为两根，极少数为一根，而在后者则为一长列结构；④大核为单一结构与多枚结构的差异（Chen et al. 2010b；Jiang et al. 2010a；Ma et al. 2008；Wang & Song 1995；邵晨 2008）。

这些差异可以很好地将二者的先后演化关系勾勒出来：舍太虫属作为游仆虫属的一个祖先型，其口侧膜由原基状态“退化”（演化）为较短的结构，缘棘毛则代表了一个初始片段化阶段（在游仆虫，表现为“多余棘毛”被吸收而消失了），而尾棘毛来自背触毛原基，由舍太虫属到游仆虫属表现了一个尚未分化到完善地形成尾棘毛的进化过程。而在游仆目中较为罕见的 4 枚念珠状大核结构（舍太虫中）也显示了脱胎自典型腹毛类（狭义）的祖先痕迹。总之，所有这 3 个差异均一致地指向了二者间的前后承接关系。

第 23 章　细胞发生学：游仆虫型
Chapter 23　Morphogenetic mode: *Euplotes*-type

邵晨 (Chen Shao)　　宋微波 (Weibo Song)

游仆虫属是一种类极多的大型属，已命名者多达 100 余种。该类具有一致的纤毛图式：连续的口围带、单片口侧膜、不分组的 7-10 根额腹棘毛、5 根粗壮的横棘毛、1 或 2 根左侧缘棘毛、2-4 根尾棘毛；大核恒为一枚，腊肠状。此外，该属所有阶元均具有典型的网格状游仆虫背面银线系，此特征成为种间区分和物种鉴定的重要特征之一。

属于该发生型的目前已知者仅涉及游仆虫属，1 个亚型。迄今的工作显示，本亚型基本发生过程体现了高度的一致性：前仔虫的老的口围带和口侧膜完全被保留；后仔虫口侧膜原基来自于口原基（皮膜深层）；前、后仔虫的第 1 额棘毛均来源于独立发生的原基；5 列 FVT-原基以次级发生式形成；左缘棘毛原基独立发生；尾棘毛形成自最右侧几列背触毛末端，且每列最多贡献 1 根；背触毛原基的发生为非典型的初级发生式。

本亚型的发生模式十分保守，其细微的差异表现在：

（1）FVT-原基的发育产物具较高的多样性（尤其是在棘毛退化的种类），至少包括 5 类：①*affinis*-型，FVT-原基以 3：3：3：2：2 方式断裂，最终以 9 根额棘毛、5 根横棘毛（棘毛Ⅳ/2 先于Ⅴ/2）模式排布；②*eurystomus*-型，FVT-原基以 3：3：3：2：2 方式断裂，最终以 9 根额棘毛、5 根横棘毛（棘毛Ⅳ/2 在Ⅴ/2 之后）模式排布；③*charon*-型，FVT-原基以 3：3：3：3：2 方式断裂，最终以 10 根额棘毛、5 根横棘毛模式排布；④*raikovi*-型，原基以 2：2：3：2(+1)：2 方式断裂，最终以 7 根额棘毛、1 根残基、5 根横棘毛模式排布，以及⑤*orientails*-型，FVT-原基以 3：2(+1)：3：2(+1)：2 方式断裂，最终以 8 根额棘毛+2

根残基模式排布。

在游仆虫属内的极端类型，其部分额腹棘毛在发生的后期出现退化，这些残缺结构以“无棘毛残基”的形式存在，由此而形成8根（如*E. parkei*和*E. poljansky*）甚至7根额腹棘毛的类群（*E. longicirratus*和*E. sigmolateralis*）（表5）。

表5 游仆虫属内已知种的形态学和发生学特征比较

	棘毛模式[a]	FVT-原基分段模式	额腹棘毛类型	尾棘毛形成类型	银线系类型	文献
E. raikovi	7(+1[b])-5-1-2	2：2：3：2(+1[b])：2	*raikovi*	*E. focardii*	Double	Washburn & Borror 1972；Voss 1989 Jiang et al. 2010c
E. orientalis	8(+2[b])-5-2-2	3：2(+1[b])：3：2(+1[b])：2	*orientalis*	*E. focardii*	Double	Jiang et al. 2010c
E. affinis	9-5-2-2	3：3：3：2：1[c]	*affinis*	未知	Double	Pätsch 1974
E. pseudoelegans	9-5-2-2	3：3：3：2：2	*affinis*	未知	Multiple	Schwarz & Stoeck 2007
E. aediculatus	9-5-2-2	3：3：3：2：2	*eurystomus*	*E. focardii*	Double	Watanabe 1982； Fleury 1991a，1991b； Pang & Wei 1999
E. daidaleos	9-5-2-2	3：3：3：2：2	*eurystomus*	未知	Double	Diller & Kounaris 1966
E. eurystomus	9-5-2-2	3：3：3：2：2	*eurystomus*	未知	Double	Voss 1989
E. patella	9-5-2-2	3：3：3：2：2	*eurystomus*	未知	Double	Voss 1989
E. woodruffi	9-5-2-2	3：3：3：2：2	*eurystomus*	未知	Double	Voss 1989
E. plumipes[d]	9-5-2-2	3：3：3：2：2	*eurystomus*	*E. focardii*	Double	Hufnagel & Torch 1967
E. amieti	9-5-2-2	3：3：3：2：2	*eurystomus*	*E. focardii*	Double	Liu et al. 2015
E. minuta	10-5-2-2	3：3：3：3：2	*charon*	未知	Single	Voss 1989
E. vannus	10-5-2-(2-4)	3：3：3：3：2	*charon*	*E. vannus*	Single	Hufnagel & Torch 1967； Voss 1989； Jiang et al. 2010a
E. charon	10-5-2-(2-4)	3：3：3：3：2	*charon*	*E. charon*	Double	Wang & Song 1995； Shao et al. 2010a
E. focardii	10-5-2-2	3：3：3：3：2	*charon*	*E. focardii*	Double	Serrano et al. 1992
E. harpa	10-5-2-2	3：3：3：3：2	*charon*	*E. focardii*	Double	Pang et al. 1998
E. moebiusi	10-5-2-2	3：3：3：3：2	*charon*	未知	Multiple	Klein 1936
E. trisulcatus	10-5-2-2	3：3：3：3：2	*charon*	未知	Double	Hill 1980
E. rariseta	10-5-1-2	3：3：3：3：2	*charon*	*E. focardii*	Double	Ma et al. 2008
E. mediterraneus	10-5-2-2	3：3：3：3：2	*charon*	*E. focardii*	Double	Fernáandez-Leborans & Zaldumbide 1985
E. dammamensis	10-5-2-2	3：3：3：3：2	*charon*	未知	未知	Chen et al. 2013h
E. balteatus	10-5-2-2	3：3：3：3：2	*charon*	*E. focardii*	Double	Chen et al. 2013h Pan et al. 2012
E. wilberti	10-5-2-2	3：3：3：3：2	*charon*	未知	Double	Pan et al. 2012
E. sinicus	10-5-1-2	3：3：3：3：2	*charon*	未知	Double	Jiang et al. 2010b
E. parabalteatus	10-5-2-2	3：3：3：3：2	*charon*	未知	Double	Jiang et al. 2010b

a 标记额腹棘毛-横棘毛-缘棘毛-尾棘毛模式

b 棘毛残基

c 错误解读

d 在Curds（1975）中被认为是*E. eurystomus*的异物同名

（2）缘棘毛的发生遵循典型的游仆虫模式，即原基在前、后仔虫分别独立产生，随后通过断裂而形成多根棘毛，如不发生断裂，则仅形成单一缘棘毛。

（3）尾棘毛的产生至少有3种方式：*focardii*-型、*vannus*-型和 *charon*-型。其中，*focardii*-型为大多数种所遵循的模式，即前、后仔虫的最右侧2列背触毛原基后方各产生1根尾棘毛，因此，形成的尾棘毛数量恒定；在 *vannus*-型，前仔虫的右侧3或4列原基末端各形成1根尾棘毛，后仔虫的最右侧2或3列原基后方各产生1根尾棘毛，因此，尾棘毛数量有变化；而 *charon*-型在前仔虫中，最右侧2或3列原基分别产生1根尾棘毛；在后仔虫中，仅最右侧2列原基分别产生2和1根尾棘毛（Jiang et al. 2010a；Shao et al. 2010a）。

第 1 节　扇形游仆虫亚型的发生模式
Section 1　The morphogenetic pattern of *Euplotes vannus*-subtype

姜佳枚 (Jiamei Jiang)　　宋微波 (Weibo Song)

扇形游仆虫为海洋中最为常见、分布最广的优势种之一。Tuffrau（1960）、Song 和 Packroff（1997）先后对该种的形态学做了新界定和重描述，而详尽的细胞发生学研究则新近由姜佳枚等（Jiang et al. 2010a）完成。作为一个亚型，该发生模式和过程在本属内具有典型性和代表性。本处对该亚型的描述基于此新工作。

基本纤毛图式及形态学　本种的纤毛图式如图 23.1.1B，C 所示，口围带及口区发达，在后部沿着左侧细胞边缘呈近于直角折向胞口处；10 根额腹棘毛，5 根横棘毛，2 根缘棘毛及 3 或 4 根尾棘毛。

背触毛约 9 列，具有简单型背面银线系。

细胞发生过程

口器　老的口围带和口侧膜完全无变化，保留给前仔虫。

后仔虫的口原基出现在细胞发生最初期，于老口围带的左后侧、皮膜深层的龛腔内。口原基起初为一密集排列的斑块状毛基体群（图 23.1.1D，E，H），之后逐渐发育增大，开始由前向后逐步组装成围口小膜。随着组装的进行，小膜带不断延长，最后冲破皮膜发展为后仔虫的口围带（图 23.1.1E，G；图 23.1.2 A，C，E，G，I，K；图 23.1.3K）。

在后仔虫小膜组装的同时，口原基右上方独立出现一细小的口侧膜原基，其最终发育为后仔虫的口侧膜（图 23.1.2E，I）。

额-腹-横棘毛　以两组模式独立地在细胞表面形成：在口原基发生的同时，细胞表面、口区右侧的棘毛间前、后部（起初）出现两组各 3 列零散的毛基体，这是最早出现的 FVT-原基（图 23.1.1D，E）。随着细胞发育的进展，最终出现两组各 5 条线状的 FVT-原基，老棘毛不参与这些新原基的构建（图 23.1.1G）。到细胞分裂后期，每条 FVT-原基发生片段化并自左向右以 3∶3∶3∶3∶2 模式分段、相互分离，分化成独立的棘毛（图 23.1.1J-L；图 23.1.2A，C，E，G；图 23.1.3D）。

在 FVT-原基分段的同时，两个独立的原基，即前、后仔虫的第 1 额棘毛原基（迁移棘毛）（图 23.1.2A，C）分别出现在前仔虫的口区中心和后仔虫口原基附近。随后，两原基分别形成 1 根额棘毛。

发生晚期，所有新产生的棘毛随着细胞发育逐步移行，从而各自独立演化成前、后仔虫的额-腹-横棘毛（图 23.1.2I，K；图 23.1.3K）。

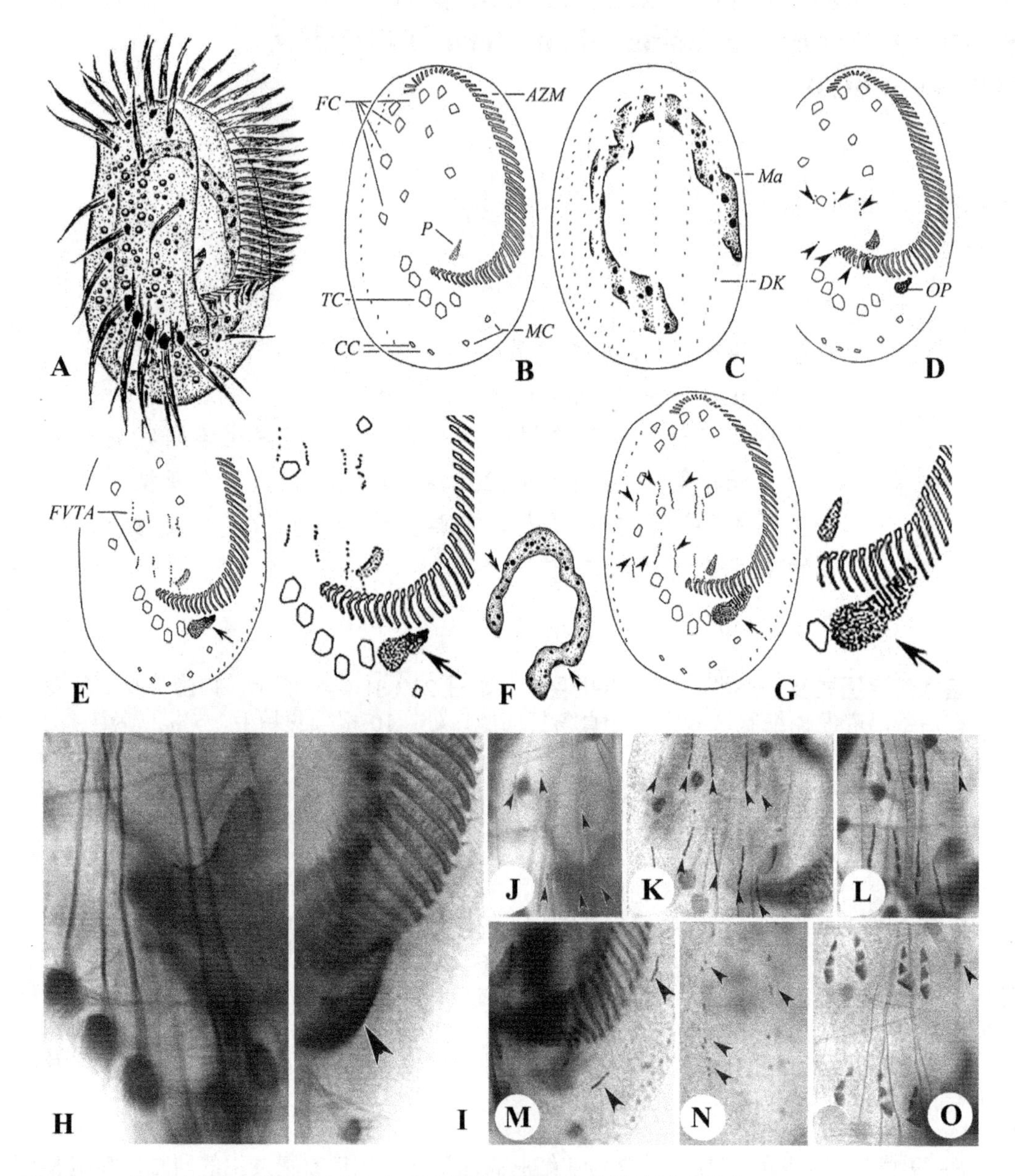

图 23.1.1　扇形游仆虫活体线条图（**A**）及间期和细胞发生早期的纤毛图式
A. 典型个体线条图；**B，C.** 间期个体腹面（**B**）和背面（**C**）纤毛图式；**D.** 发生早期，示口原基，无尾箭头示 FVT-原基；**E，F.** 稍后时期的腹面观（**E**）及大核（**F**），示两组条带状原基（*FVTA*），箭头示口原基，双箭头示改组带；**G.** 稍后早期的腹面观及放大细节，箭头示口原基，无尾箭头示 FVT-原基；**H，I.** 发生初期个体腹面观，示口原基（**I** 中无尾箭头）；**J.** 腹面观，示 FVT-原基（无尾箭头）；**K-M.** 同一发生早期个体的腹面观，示 FVT-原基的断裂，FVT-原基（**K** 中无尾箭头），第 1 额棘毛原基（**L** 中无尾箭头）及缘棘毛原基（**M** 中无尾箭头）；**N.** 稍后分裂时期个体的背面观，示背触毛原基（无尾箭头）；**O.** 无尾箭头示第 1 额棘毛原基。*AZM.* 口围带；*CC.* 尾棘毛；*DK.* 背触毛列；*FC.* 额棘毛；*FVTA.* FVT-原基；*Ma.* 大核；*MC.* 缘棘毛；*OP.* 口原基；*P.* 口侧膜；*TC.* 横棘毛

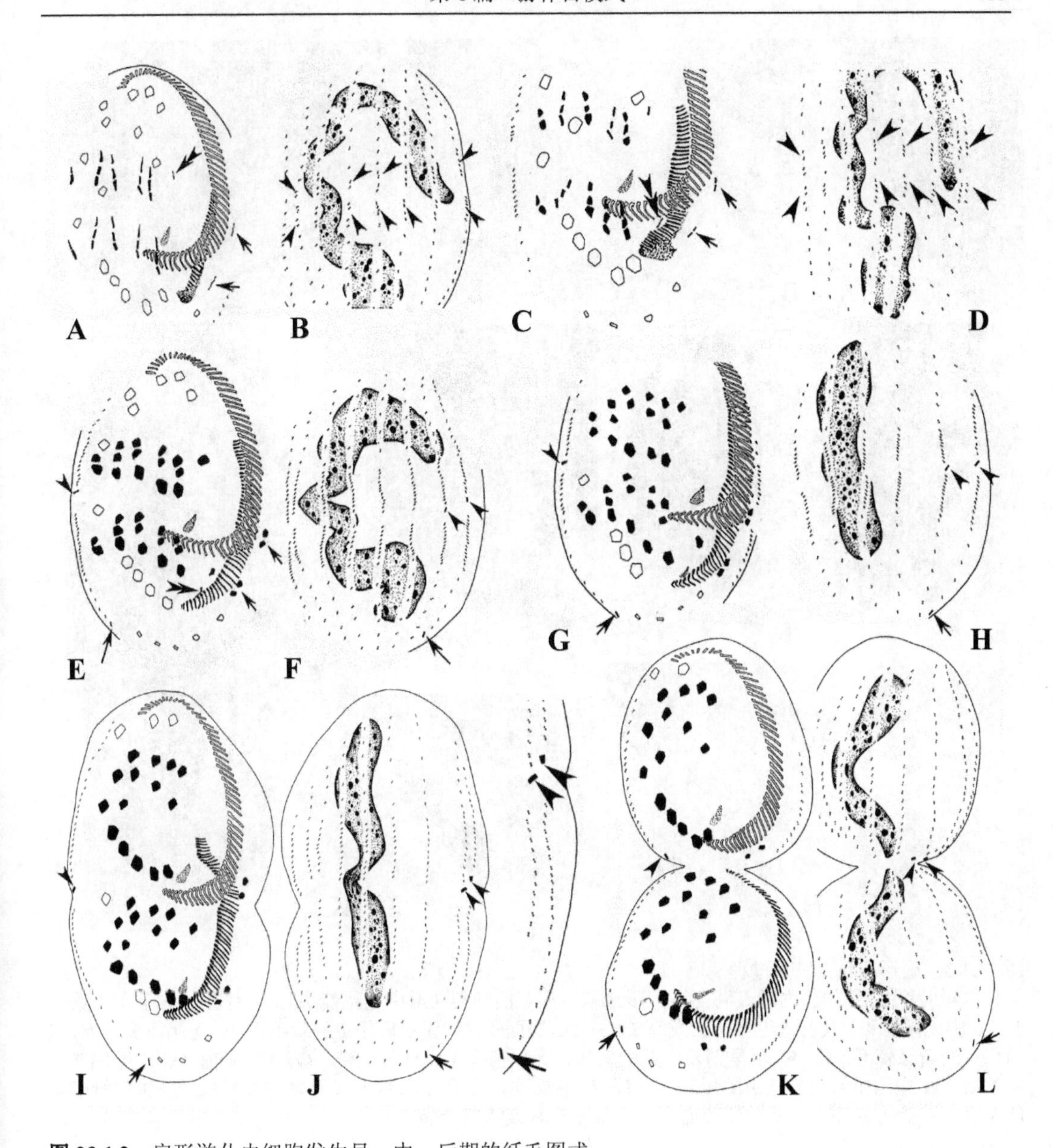

图 23.1.2　扇形游仆虫细胞发生早、中、后期的纤毛图式

A，B. 同一个体腹面观及背面观，箭头示缘棘毛原基，双箭头示前仔虫的棘毛Ⅰ/1，无尾箭头示背触毛列；**C，D.** 稍后时期背腹面，示 FVT-原基断裂，后仔虫第 1 额棘毛原基（双箭头），缘棘毛原基（箭头）及背触毛原基（无尾箭头）；**E，F.** 中期个体，棘毛分化基本完成，无尾箭头和箭头分别示前仔虫和后仔虫的尾棘毛原基，双箭头示后仔虫的口侧膜原基，箭头示新的缘棘毛；**G，H.** 中期稍后，示尾棘毛的发育（无尾箭头及箭头分示前、后仔虫）及粗棒状大核（**H**）；**I，J.** 腹面观及背面观，示棘毛的迁移及背触毛列和尾棘毛的发育（无尾箭头和箭头分别示前仔虫和后仔虫）；**K，L.** 发生后期，无尾箭头和箭头分示前、后仔虫的尾棘毛

故此，10 根额腹棘毛分别来自第 1 额棘毛原基（1 根）、FVT-原基Ⅰ（2 根）、FVT-原基Ⅱ（2 根）、FVT-原基Ⅲ（2 根）、FVT-原基Ⅳ（2 根）和 FVT-原基Ⅴ（1 根）。

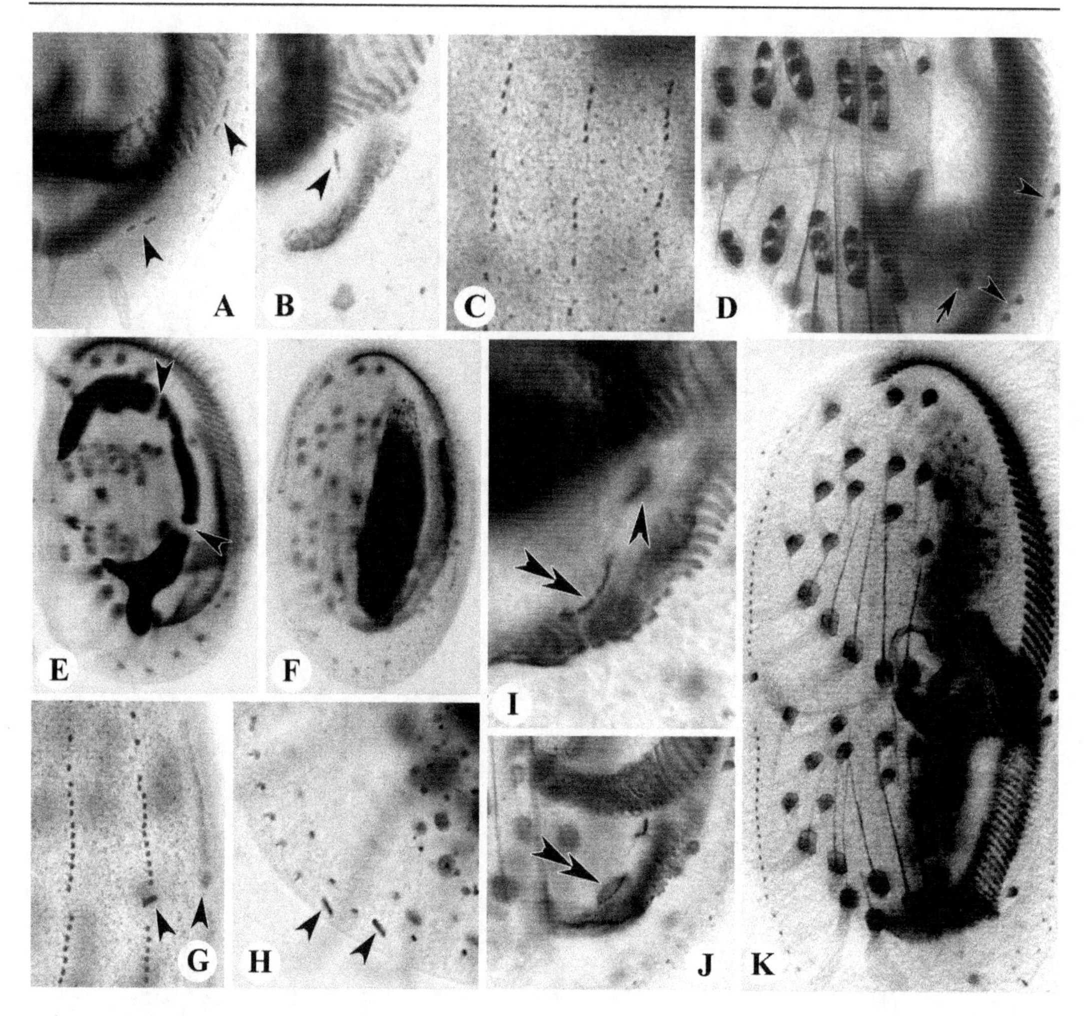

图 23.1.3 扇形游仆虫发生过程

A-C. 早期发生个体的腹面观及背面观，示缘棘毛原基的断裂（**A** 中无尾箭头），后仔虫的棘毛Ⅰ/1 原基（**B** 中无尾箭头）及背触毛原基的发育（**C**）；**D.** 腹面观，箭头示后仔虫的棘毛Ⅰ/1，无尾箭头示前、后仔虫的新缘棘毛；**E，F.** 示早期及中期的大核，无尾箭头示大核复制带；**G，H.** 示前（**G** 中无尾箭头）后（**H** 中无尾箭头）仔虫的尾棘毛；**I，J.** 腹面观，示第 1 额棘毛（无尾箭头）和后仔虫口侧膜的发育（双箭头）；**K.** 中期个体腹面观，示棘毛迁移及大核分裂

5 根横棘毛分别来源于 FVT-原基Ⅰ-Ⅴ的末端。

缘棘毛 缘棘毛原基独立发生，起初在前、后仔虫分别为出现在新、老口围带左侧的短列毛基体（图 23.1.1L；图 23.1.2A）。随后两原基分别断裂为二，形成了前、后仔虫的 2 根缘棘毛（图 23.1.2C，E；图 23.1.3A，D）。

背触毛 在形态发生的中期，每列老的背触毛内各出现 2 处背触毛原基，起初为数个毛基体（图 23.1.2B），后毛基体数目逐渐增多，在相应的背触毛列内紧密排列（图 23.1.2D，F）。随着细胞分裂的进行，各列毛基体不断向两端拉开距离，逐渐延伸，最终替代老的结构（图 23.1.2H，J，L）。

尾棘毛在前仔虫中产生于最右缘的3列背触毛原基的后端，在后仔虫中产生于最右缘的2列老背触毛的后端（图23.1.2E-H；图23.1.3G，H）。

同一发生个体中的前、后仔虫所形成的尾棘毛的数目不等是导致种群内尾棘毛数目存在差异的原因。

大核　为典型的游仆虫模式：在发生早期，大核两端各出现1条改组带（图23.1.1F），二者同步向中心汇集而完成DNA复制（图23.1.3E），随分裂的不断进行，大核逐渐变短、拉直，由原来的C形变为粗棒状（图23.1.2H；图23.1.3F）。

在细胞分裂结束前，棒状大核从赤道横缢处一分为二，分别进入两个子细胞成为各自的大核（图23.1.2J，L；图23.1.3K）。

主要特征与讨论　本亚型目前已有众多的种类完成了细胞发生学研究（Foissner 1996；王梅和宋微波 1995），这些工作显示，所有的游仆虫均显示了十分一致的发育过程（另见本章引言）。

此前曾有过多次对扇形游仆虫的发生过程的报道（Fleury & Fryd-Versavel 1981；Hufnagel & Torch 1967；Tuffrau et al. 1976；Voss 1989），但均为残缺的研究，某些细节（尤其是背面棘毛和触毛的发生过程）并不甚明了。

在属内不同的种间，尾棘毛的数目在不同种间也存在差异，例如，绝大多数种类为两根尾棘毛，但少数可以为3或4根，这个差异如同在本节所描述的，系由不同数目的背触毛原基参与形成尾棘毛而导致。

在整个游仆目中，游仆虫在系统发育树中的位置目前已有较为准确的定位：作为一个种类繁多的大属（超过100个形态种），该属应该是一个具有久远演化历史的阶元。如目前所有信息所指向，游仆虫是一个外延清晰的单源发生系，其自身也是一个关系明确的发育支（尽管不同种间形成了一些较大的隔离和分组化）。而其稳定、结构完备的纤毛器（包含了左缘棘毛、尾棘毛）、单一的大核及老口器完整保留这样一种偏保守的发育模式，可以确定其与舍太虫、楯纤虫之间具有最近的亲缘关系，这个关系也由最近的分子工作所证实（Yi et al. 2009）。

但与游仆类的其他在形态学上相似性较低的类群相比，诸如双眉虫和尾刺虫，它们之间的亲缘显然较远：包括口器发育、大核结构、纤毛图式等一系列重大的差异，这些差异显示，在该目的内部，不同科属级阶元间很可能分别有不同的“近祖”，而这些近祖也应是经过了十分久远的分化历史才导致了在个体发育上的高度多样性。

第24章　细胞发生学：尾刺虫型
Chapter 24　Morphogenetic mode: *Uronychia*-type

邵晨 (Chen Shao)　　宋微波 (Weibo Song)

尾刺虫属在Lynn（2008）的系统中隶属于游仆目、尾刺科。属内目前仅含4个有效种：胖尾刺虫 *Uronychia transfuga*、双核尾刺虫 *U. binucleata*、柔枝尾刺虫 *U. setigera* 和多毛尾刺虫 *U. multicirrus*。

在形态学上，尾刺虫具有一系列特征：口围带分化为位置和结构上截然不同的两部分，并且所有种类中的小膜数目完全恒定（！）；口侧膜、尾棘毛、左缘棘毛均极端发达并且构成了该属的特征性结构；此外，背触毛的数目、位置、分布在所有已知种中均表现了高度一致的形态结构和模式（不同仅仅在于背触毛中的毛基粒数目上）。更为特殊的是，在细胞发生过程中，除顶端部分小膜保留外，老口器发生近乎彻底的解体，前仔虫因此需要经过深层、独立发生的原基再造而形成新的口器。而且这个再造过程也是在广义的腹毛类中仅有的：分为两部分的口围带几乎同步并始终以固定的数目形成，其中，前面一组恒定形成5片小膜，未来迁移与保留未变的老结构（同样是数目固定的），即6片小膜精细地拼接在一起，构成前仔虫的新口围带。同样特殊的是尾棘毛的形成（见本章第1节）。

因此，无论是形态学还是发生学上，本属均表现了极为突出的特征，这些特征大部分均无法与所有其他游仆类建立直接的溯源链条。尽管分子信息显示，该属与某些双眉虫具有较近的亲缘关系并被归入同一个科中（Huang et al. 2012; Yi et al. 2009），在个体发生学水平上，本属（及发生型）依然是一个高度特化的类型。总之，包括新披露的分子数据，所有信息均显示该属在系统演化中处于一个独特、孤立的位置并且各种同属于一个外延清晰的分化支，即在游仆亚纲/

目中占据十分独特的地位。

本发生型内目前已知仅 1 个亚型（Hill 1990；Song et al. 2004；Wilbert 1995；Wilbert & Kahan 1981）。

本亚型包括如下主要特征：①前仔虫的口原基独立产生，该原基形成的口围带小膜替换远端老结构中左侧几片小膜和近端所有小膜，远端老结构中右侧几片小膜被保留；②前、后仔虫的 UM-原基独立产生于表膜下腔室（与相应口原基为同一腔室）并应与口原基同源；③前、后仔虫的最左侧额棘毛（第 1 额棘毛）独立发生；④额-腹-横棘毛在发生上为典型的初级 5 原基式；⑤左缘棘毛原基独立产生；⑥腹棘毛如存在，则来自最右侧一列 FVT-原基；⑦尾棘毛来自最右侧的 2 列背触毛原基。

第1节　多毛尾刺虫亚型的发生模式
Section 1　The morphogenetic pattern of *Uronychia multicirrus*-subtype

姜佳枚 (Jiamei Jiang)　　宋微波 (Weibo Song)

目前的发生学研究显示，尾刺虫属内所有种类的细胞发生过程均属于同一亚型（Hill 1990; Song et al. 2004; Wilbert 1995; Wilbert & Kahan 1981）。本节综合沈卓等（Shen et al. 2009）对多毛尾刺虫的工作，给出本亚型发生过程的介绍。

基本纤毛图式及形态学　虫体高度盔甲化，在虫体前沿背面及侧面具有多枚棘状尖突，后半部形成两个明显的凹陷；口围带分成前、后两部分（*AZM1*、*AZM2*），前部由稳定的11片长短不一的小膜组成，后部包括6片结构，即4片发达的原基状小膜、1片高度退化为单列状结构，"额外小膜"及1片（根）小而远相分离的棘毛状小膜；口侧膜十分发达，为单片近闭合的结构，其基部毛基体为无序排列。

体纤毛器在腹面分别由额、腹、横及缘棘毛组成；其中额棘毛细弱，恒为4根，位于口区右侧的虫体前缘；腹棘毛除多毛尾刺虫外均呈退化状态（弱小）甚至完全缺失；横棘毛恒为5根，其中左侧4根十分发达；左缘棘毛3根，长而粗壮，位于细胞左侧后方的凹陷处；右侧虫体边缘处有1列腹棘毛。

背面纤毛包括模式恒定的6列背触毛，其中左侧第3列后延至虫体最末端；3根十分粗壮的尾刺毛位于右侧亚尾端，活体观该棘毛弯成僵硬的钩状（图24.1.1A-K）；大核数枚，构成C字形排列。

细胞发生过程

口器　前仔虫新口原基的形成：起初作为一个原基场出现在胞口一侧、老*AZM2*前方的皮膜深处（图24.1.2C）。原基随后逐渐移到细胞表面，增大并最终形成前、后两部分：前者包含约5片小膜，将发育、形成前仔虫的*AZM1*后半部分，与细胞顶端的老结构中（不发生解体）的前6片小膜拼接，构成前仔虫的新*AZM1*（图24.1.2I，K；图24.1.5C）；后边一部分包括6片小膜（含一极小的棘毛样结构及1片"额外小膜"），留在口区而发展成前仔虫的*AMZ2*（图24.1.2I，K；图24.1.3D；图24.1.5C）。老的*AZM1*的后面5片小膜及整个*AZM2*在新结构到位前解体、被吸收（图24.1.3E，G）。

老的波动膜也完全解体，新UM-原基形成于前仔虫口原基的右侧边缘（图24.1.2E，G），该原基产生前仔虫的新结构（图24.1.2I，K；图24.1.4K；图24.1.5C）。第1额棘毛独立发生于UM-原基的右侧（图24.1.2I，K；图24.1.4K）。

后仔虫的口器始于老*AZM2*与左缘棘毛之间皮膜深处出现的后仔虫的口原基场（图

24.1.2A；图 24.1.4B，D）。稍后，原基场内组装成小膜并形成一弧形的小膜带（图 24.1.2E，G）。小膜带增殖并分化出分别包含 11 片和 6 片小膜的两组（图 24.1.2I，K），前者将形成后仔虫的 *AZM1* 并随虫体的分裂迁移至最前端，后者中的第 1 片小膜（自左数）随虫体分裂而退化、迁移，发育为后仔虫 *AZM2* 的“额外小膜”，第 2-5 片形成后仔虫的 *AZM2*，第 6 片则在分裂后期与其他 5 片相分离，形成“口棘毛”（图 24.1.3A，D）。

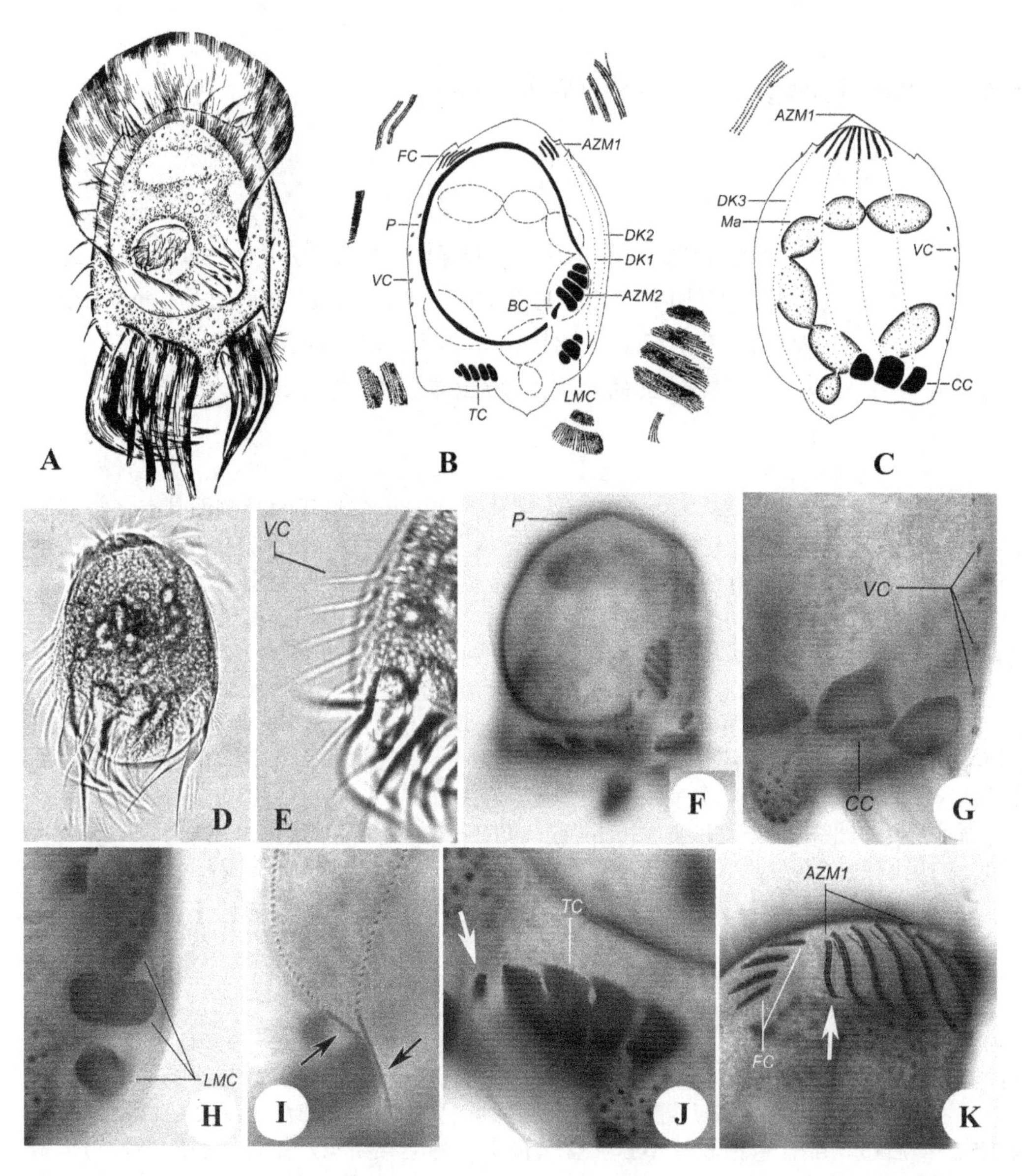

图 24.1.1 多毛尾刺虫间期活体（**A-E**）及纤毛图式（**F-K**）

A，D. 典型个体腹面观；**B，C.** 典型个体背面（**C**）和腹面（**B**）的纤毛图式；**E.** 示腹棘毛；**F.** 腹面纤毛图式；**G.** 背面观，示腹棘毛和尾棘毛；**H.** 左缘棘毛；**I.** 箭头示 *DK1*、*DK2* 后端；**J.** 箭头示横棘毛；**K.** 背腹交界处，示 *AZM1* 和额棘毛，箭头示无分叉的小膜。*AZM1*、*AZM2*. 前、后端口围带；*BC*. 口棘毛；*CC*. 尾棘毛；*DK1-DK3*. 第 1-3 列背触毛；*FC*. 额棘毛；*LMC*. 左缘棘毛；*Ma*. 大核；*P*. 口侧膜；*TC*. 横棘毛；*VC*. 腹棘毛后仔虫的UM-原基出现在口原基的右侧边缘，也应是独立发生（图24.1.2E，G）。该结构形成后的发育与在前仔虫形同（图24.1.2I, K；图24.1.3A；图24.1.4K；图24.1.5C）。第1额棘毛出现在UM-原基右侧。

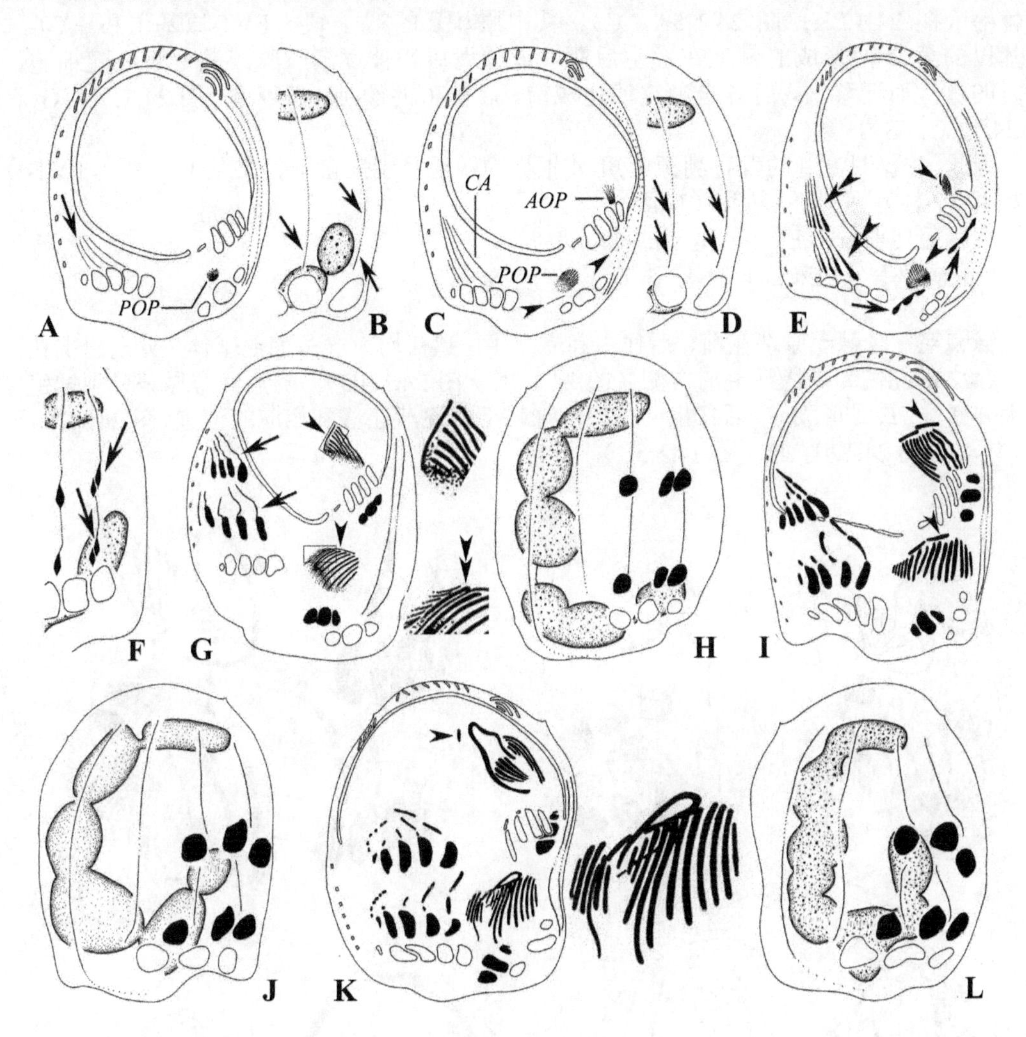

图24.1.2　多毛尾刺虫细胞发生的早、中期
A，B. 发生早期的腹面观（**A**）和背面观（**B**），图**A**箭头示FVT-原基，图**B**箭头示右侧2列背触毛末端毛基体变稠密；**C，D.** 腹面观（**C**）和背面观（**D**），无尾箭头示缘棘毛原基，箭头示正在形成的尾棘毛；**E，F.** 腹面观（**E**）和背面观（**F**），图**E**无尾箭头示口原基，箭头示缘棘毛原基，双箭头示已分成2组的FVT-原基，图**F**箭头示形成于最右侧背触毛末端的前、后仔虫的各2根尾棘毛；**G，H.** 腹面观（**G**）和背面观（**H**），箭头示线状的FVT-原基，无尾箭头示前、后仔虫的口侧膜原基，插图为前、后仔虫部分口原基的放大，双箭头示后仔虫将形成最左侧额棘毛的原基；**I，J.** 腹面观（**I**）和背面观（**J**）（注：不能确定无尾箭头指示的结构是前、后仔虫最左侧的1根额棘毛还是UM-原基）；**K.** 腹面观，无尾箭头示前仔虫最左侧的1根额棘毛；**L.** 背面观（与图**K**为同一个体），示前、后仔虫的新尾棘毛和背触毛原基。*AOP*. 前仔虫口原基；*CA*. FVT-原基；*POP*. 后仔虫口原基

额-腹-横棘毛　FVT-原基以初级发生式形成。最早出现在老横棘毛前方，为4列线状结构，发育中无老结构的参与（图24.1.2A；图24.1.4A，D）。随后，第5列FVT-原

基出现（图 24.1.2C）。再之后断裂为前、后两组并逐渐分离（图 24.1.2E；图 24.1.4G，I）。随着原基的发育，每列结构变宽、自左向右按照 3∶3∶2∶2∶（7-9）模式断裂（图 24.1.2K；图 24.1.4K）。在细胞分裂后期，每个片段继续发育、相互分离，形成独立的棘毛（图 24.1.2K；图 24.1.5A，C）。其中原基Ⅱ的第 2 段、FVT-原基Ⅲ和 FVT-原基Ⅳ的第 1 段形成的棘毛在发生后期（或分裂后）被逐渐吸收，其他棘毛随细胞分裂的进行而迁移，从而各自独立演化成前、后仔虫的额-腹-横棘毛（图 24.1.3E，G；图 24.1.5C，E）。

因此，根据对原基的发育溯源可知，4 根额腹棘毛分别来自于独立发生（1 根），FVT-原基Ⅰ（2 根），FVT-原基Ⅱ（1 根）。

腹棘毛列来自于 FVT-原基Ⅴ的前端。

5 根横棘毛分别来自 FVT-原基Ⅰ-Ⅴ的末端。

缘棘毛　缘棘毛原基在前、后仔虫独立产生，起初均为一短列毛基体，分别出现在老 *AZM2* 的左侧和老缘棘毛的右侧（图 24.1.2C；图 24.1.4D）。随后两个原基分别增殖扩大并断裂，最终形成前、后仔虫的 3 根左缘棘毛并逐渐迁移到相应的位置（图 24.1.2E，G，I，K；图 24.1.4I，K；图 24.1.5C）。

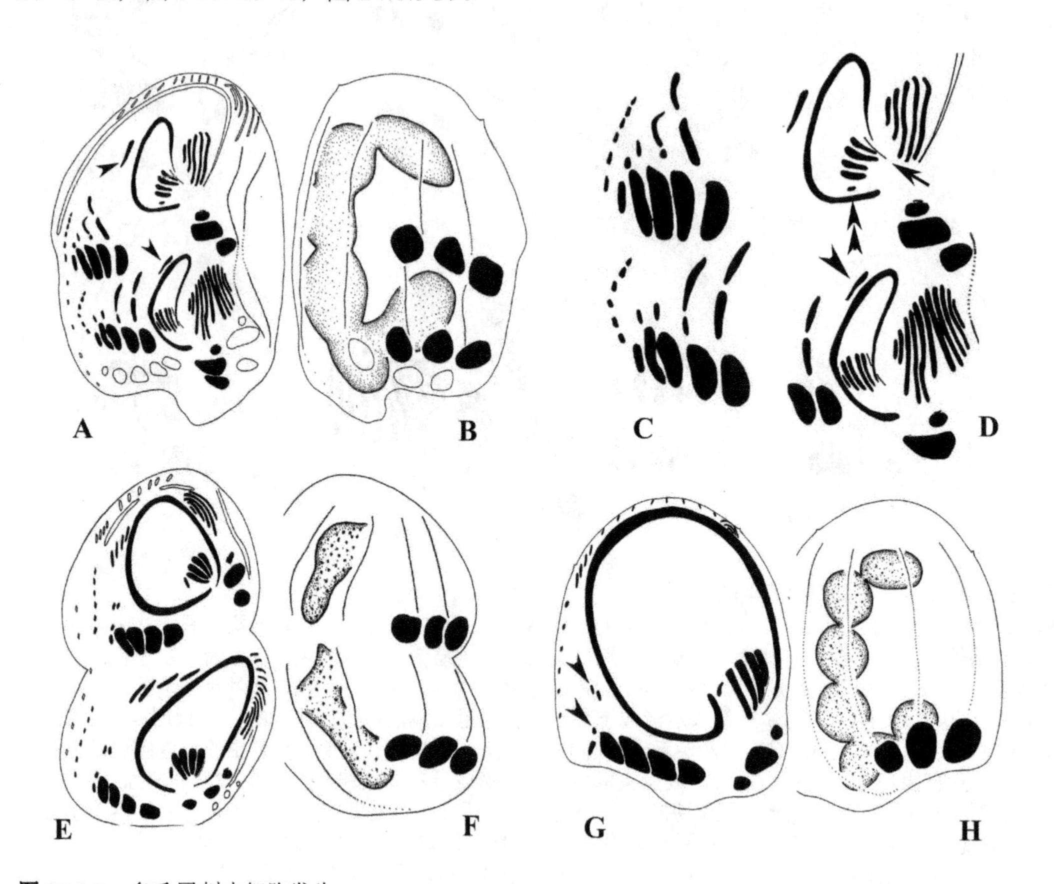

图 24.1.3　多毛尾刺虫细胞发生

A，B. 腹面观（**A**）和背面观（**B**），无尾箭头示前、后仔虫的最左侧额棘毛；**C，D.** 示同一个体腹面右侧（**C**）、左侧（**D**）放大，箭头示前仔虫的“额外小膜”，双箭头示棘毛样小膜，无尾箭头示后仔虫的最左侧额棘毛；**E，F.** 处于发生末期的虫体腹面观（**E**）和背面观（**F**）；**G，H.** 完成细胞发生的虫体腹面观（**G**）和背面观（**H**），无尾箭头示未被吸收的棘毛

背触毛 背触毛发生自形态发生的早期，每列老结构的中部及后端各出现1处背触毛原基，起初为数个密集排列的毛基体（图24.1.2B）。随后，毛基体逐渐增多，随着细胞分裂的进行，原基分别向两端拉开距离，逐渐延伸，最终形成背触毛列以替代老的结构（图24.1.2D，F，H，J，L；图24.1.3B，F；图24.1.4L；图24.1.5B，D）。

前、后仔虫的3根尾棘毛来自各自最右侧2列原基的末端：左起第1根尾棘毛来自第5列背触毛的后端和近中部，第2和第3根尾棘毛来自于第6列背触毛的后端和近中部（图 24.1.2F；图 24.1.4C，H，J）。尾棘毛完成发育后各自向其后方移行到相应位置（图24.1.2H，J，L；图24.1.3B，F；图24.1.4L；图24.1.5B，D）。

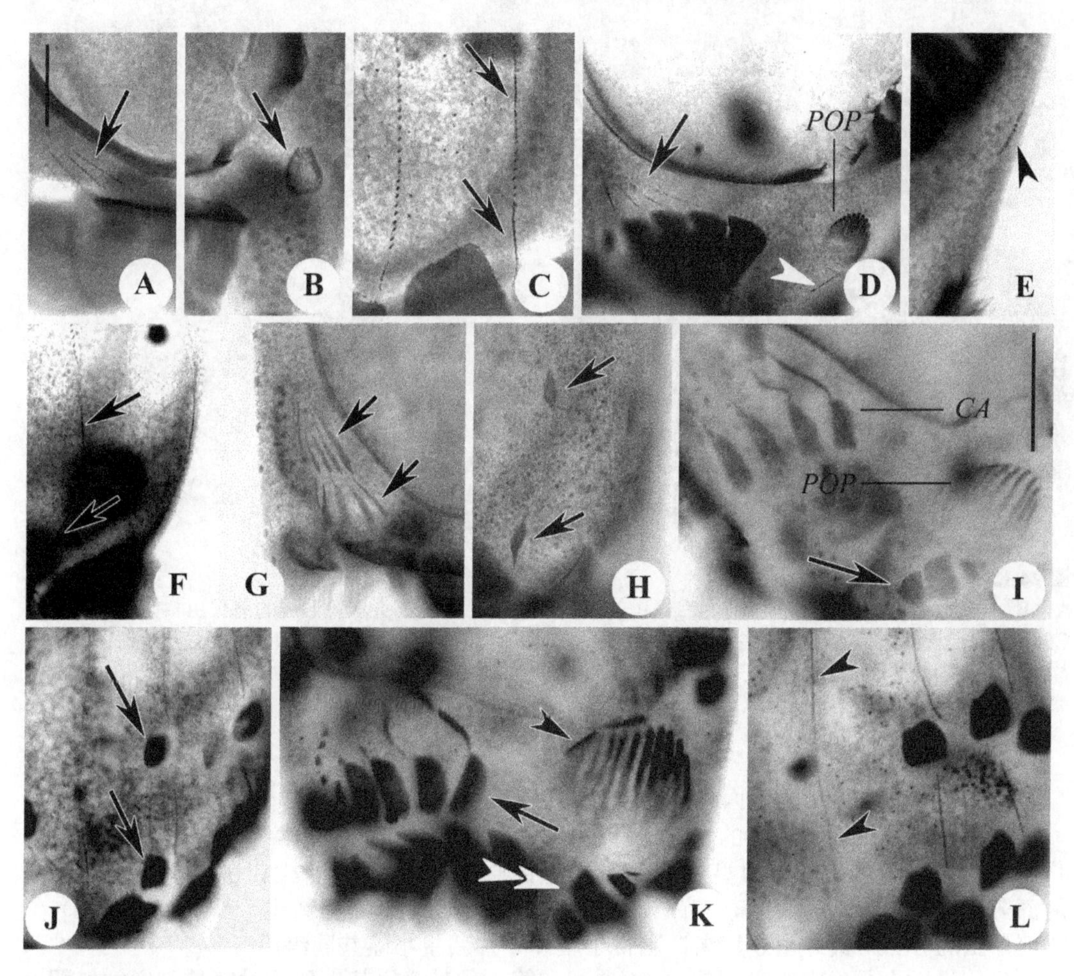

图 24.1.4 多毛尾刺虫细胞发生的早、中期个体显微照片
A，B. 腹面观，箭头示FVT-原基（**A**）和口原基（**B**）；**C.** **A**、**B**所示个体的背面观，箭头示尾棘毛原基；**D-F.** 示同一个体腹面观（**D**，**E**）和背面观（**F**），**D**中箭头示FVT-原基，无尾箭头示后仔虫的缘棘毛原基，**E**中无尾箭头示前仔虫的缘棘毛原基，**F**中箭头示尾棘毛；**G，H.** 同一个体的背腹观，**G**中箭头示两组FVT-原基，**H**中箭头示形成中的尾棘毛；**I，J.** 同一个体的背腹观，**I**中箭头示后仔虫的左缘棘毛，**J**中箭头示尾棘毛；**K，L.** 背腹观，**K**中箭头示FVT-原基，无尾箭头示后仔虫的UM-原基，双箭头示后仔虫的新生左缘棘毛，**L**中无尾箭头示前、后仔虫的背触毛原基。*CA*. FVT-原基；*POP*. 后仔虫口原基

大核 细胞发育过程中念珠状大核发生融合并最终形成一个整体，但整个过程中从未观察到大核复制带（图 24.1.2H，J，L；图 24.1.3B）。在发生后期，大核重新分裂成两部分，并分配到前、后仔虫当中（图 24.1.3F）。在虫体完成分裂之后，大核需经过特殊的缢缩（？分裂）过程而形成营养期细胞的念珠状构型（图 24.1.3H）。

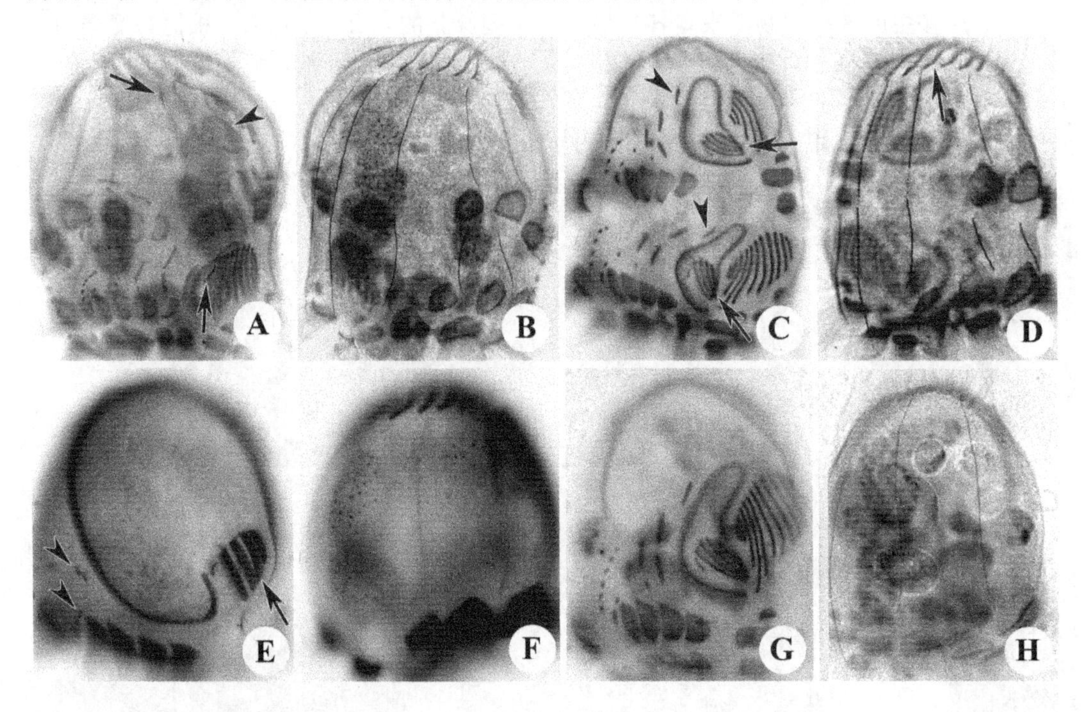

图 24.1.5 多毛尾刺虫细胞发生后期
A，B. 同一个体背腹观，箭头示前、后仔虫的第 1 额棘毛，无尾箭头示新形成的前仔虫口围带小膜；**C，D.** 同一个体背腹观，无尾箭头示第 1 额棘毛，箭头示前、后仔虫的后部口小膜（**C**）及保留的 6 片老口围带小膜（**D**）；**E，F.** 刚完成分裂的仔虫的个体背腹观，箭头示额外口小膜，无尾箭头示后期会被吸收的棘毛；**G，H.** 同一重组个体的背腹观

主要特征与讨论 本型内仅此 1 种亚型。

该亚型表现出以下独特的发生学特征：①前仔虫的口原基在深层、独立产生（游仆虫型、楯纤虫型、双眉虫型中前仔虫均无口原基形成）；②新生口围带小膜分化为两部分（双眉虫属、游仆虫属具单一口围带，楯纤虫仅 *AZM2* 为新生，老 *AZM1* 保留）；③前仔虫的 *AZM1* 最终由 6 片老口围带小膜和 5 片新生小膜共同组成。

目前仍不十分确定的问题是：UM-原基和第 1 额棘毛原基出现的时序是怎样的？图 24.1.2I 所示的前、后仔虫中的各两个原基片段（无尾箭头）分别对应于哪个结构？迄今的观察依然无法给出明确的结论，认为存在两种可能：一种可能是，该两段原基（如图 24.1.2I 所示）本身是独立形成的两个不同的原基，其中一个将来快速发育为 UM-原基，而另一个直接发育为第 1 额棘毛。

另一个可能是：UM-原基本身是由最初的两个片段拼接在一起的（从紧邻的下一个发育期判断，这个推测存在可能性）；而在随后的发育阶段，再在这个“双段原基”的外侧独立出现“第 1 额棘毛原基”。但这样的发育过程如果存在，也是孤证，在广义的腹毛类中从无同例。

另外一个不明的问题是，念珠状的大核构型是如何形成的？在细胞分裂刚完成的子个体中，每个仔虫各获得了一个分裂团块，但很快该团块将完成变构，最终形成包括了 5-9 个结节的“C”型构型。由于这个变构过程没有观察到，我们无法得知其中是否伴有大核再次（多次）分裂的过程？如果是，那么导致大核数目“非 2 的整倍数”是如何形成的？一个可能是，这个形成念珠状构型的过程是通过部分大核的非同步分裂实现的，即有些没有参与分裂。但另一个可能性也存在：这个念珠化过程是通过腊肠状大核的多次缢缩（？）而完成的，但完全没有信息支持此假说。

此外，需要比较的是腹面棘毛（列）的形成模式。属内其他 3 种，即胖尾刺虫（*Uronychia transfuga*）、双核尾刺虫（*U. binucleata*）和柔枝尾刺虫（*U. setigera*）目前均有相关的发生学研究（Hill 1990；Song et al. 2004；Wilbert 1995；Wilbert & Kahan 1981）。这些工作显示，其发生过程与 *U. multicirrus* 高度一致，仅 FVT-原基 V 片段化而形成不同的棘毛数：前三者该原基均稳定地断裂成 3 段，形成 2 根腹棘毛和最右横棘毛。而多毛尾刺虫该原基形成 7-9 段产物，从而发育成其独有的长腹棘毛列。

Hill（1990）观察到，*U. binucleata*（被误为 *U. transfuga*）在发生过程中，新生口侧膜分裂为两段且前端重叠，最终形成左右两片小膜。此现象在后续的形态学和发生学重描述中都未被观察到（Song et al. 2004）。*U. multicirrus* 当中也未发现有类似现象。因此，该现象是否确实存在仍存疑：Hill 的工作采用了分辨率不够高的染色方法（黑色素法），因此，有可能导致了染色假象。

与游仆虫型、楯纤虫型、双眉虫型等发生模式相比，尾刺虫型除了其众多独有的发生学现象外（如老口器的命运、前仔虫口原基的发育过程等），其同时也呈现出一系列原始的发育特征：大核两枚到多枚；大部分棘毛处于较为原始的状态，表现为其毛基体不规则排列；额腹棘毛仍处于原基初分段化状态。这些特征代表了其在游仆类中较低级的演化位置。

此外，2 根尾棘毛产生自 1 列背触毛原基也可能为一祖征：在某些尖毛虫的发生过程中，其最右侧的背触毛原基发生片段化，形成第 4 列产生尾棘毛的背触毛，尾刺虫的第 3 根尾棘毛或许相当于“压缩了的”尖毛虫的次生第 4 列背触毛。类似的过程在游仆虫属、双眉虫属中都存在，意味着这很可能是一个相当保守的发生特征。

第 25 章　细胞发生学：双眉虫型
Chapter 25　Morphogenetic mode: *Diophrys*-type

邵晨 (Chen Shao)　　宋微波 (Weibo Song)

双眉虫（广义）是一个多样性较高的（复合）属，目前已明确鉴定的种类不足 10 种，但显示了形态学、发生学上的众多差异（Czapik 1981；Hill 1981；Hu 2008；Shen et al. 2011；Song et al. 2009；Song & Packroff 1993；Song & Wilbert 1994）。因此，近年来的文献中，设立了 4 个新属（Jiang & Song 2010；Jiang et al. 2011）。

形态学上，本类群具有与高等腹毛类（狭义）如尖毛虫等具有最为接近的纤毛图式，包括双片的波动膜、两枚大核、额-腹棘毛的分布、纵向排列的背触毛列等。在系统学上本类群目前普遍被认为在游仆目中大约地代表了一个亚科级阶元（双眉亚科 Diophryinae），后者与尾刺虫一起隶属于尾刺科。但由于缺乏形态学及发生学上关系密切的相邻类群，双眉虫的实际系统地位仍有待解答。本作者认为，目前的系统安排依然不尽合理，从已有的形态学到发生学信息都一致地显示，双眉虫类很可能应代表一个独立的科级类群。

属于该发生型的目前已知者涉及尾刺科内 2 个属（双眉虫属及类双眉虫属）。

该发生型包括如下基本发生学特征：老口围带近端外缘发生局部重建而非整个的由前仔虫简单继承；前仔虫的 UM-原基来自于老结构的解聚重建；后仔虫 UM-原基形成于皮膜表面；前、后仔虫的第 1 额棘毛来自于 UM-原基；缘棘毛原基独立发生；最右一列背触毛的末端演化出 3 根尾棘毛。

该发生型至少包括 2 个亚型，其区别在于缘棘毛的形成方式：*Diophryopsis hystrix*-亚型中，缘棘毛来自于最左一列背触毛的末端，而在 *Diophrys apoligothrix*-亚型中，缘棘毛原基独立产生。

第 1 节　偏寡毛双眉虫亚型的发生模式
Section 1　The morphogenetic pattern of *Diophrys apoligothrix*-subtype

邵晨 (Chen Shao)　　宋微波 (Weibo Song)

如前所述，经典的双眉虫属在 Lynn（2008）的系统中隶属于尾刺科、双眉亚科，近年来因其形态多样性而被拆分成几个属（宋微波等 2009；Jiang & Song 2010）。

本属在细胞发生方面研究较多，近年来报道的已有 6 种：偏寡毛双眉虫、悬游双眉虫（*Diophrys appendiculata*）、寡毛双眉虫（*Diophrys oligothrix*）、盾圆双眉虫（*Diophrys scutum*）、日本双眉虫（*Diophrys japonicus*）和拟悬游双眉虫（*Diophrys parappendiculata*）（Czapik 1981；Hill 1981；Hu 2008；Shen et al. 2011；Song et al. 2009；Song & Packroff 1993；Song & Wilbert 1994；杨金鹏等 2008）。本节综合宋微波等（Song et al. 2009）对偏寡毛双眉虫的工作，给出本亚型发生过程的基本介绍。

基本纤毛图式及形态学　本种细胞表面的盔甲化不显著，口围带连续；波动膜为罕见的 2 片结构，其中口内膜常较细弱，二者均呈现为原基初分化状态；额腹棘毛具有稳定的分布位置；2 根腹棘毛，5 根横棘毛；具缘棘毛，位于口围带近端几片小膜左侧。

背触毛 5 列；3 根尾棘毛，位于最右一列背触毛的尾端；两枚大核（图 25.1.1A-C）。

细胞发生过程

口器　在发生过程中，老口围带将被部分更新，该过程中无新的口原基形成，而是由老结构参与原位重建：近体端的部分小膜（占总数的一半左右）发生局部的解聚、原位小膜重建，以及后期与老口围带的保留部分完成拼接。发生改组的每片小膜仅仅在其外侧发生解聚、重建（图 25.1.2A，C，E；图 25.1.4C，G，I）。

老波动膜似乎彻底解体，通过新原基而再建。此原基极可能是独立发生的：其最早出现在细胞分裂中期，在前仔虫的口腔形成 UM-原基，老结构可见逐渐解体、消失，似乎没有参与此新原基的构建（图 25.1.2A；图 25.1.3I）。

在后期的发育中，该原基前部形成第 1 额棘毛并随后纵裂为一长一短的 2 片波动膜（图 25.1.2C，E，G；图 25.1.4A，E）。老的口侧膜残留的片段在发生后期逐渐被吸收掉（图 25.1.2G）。

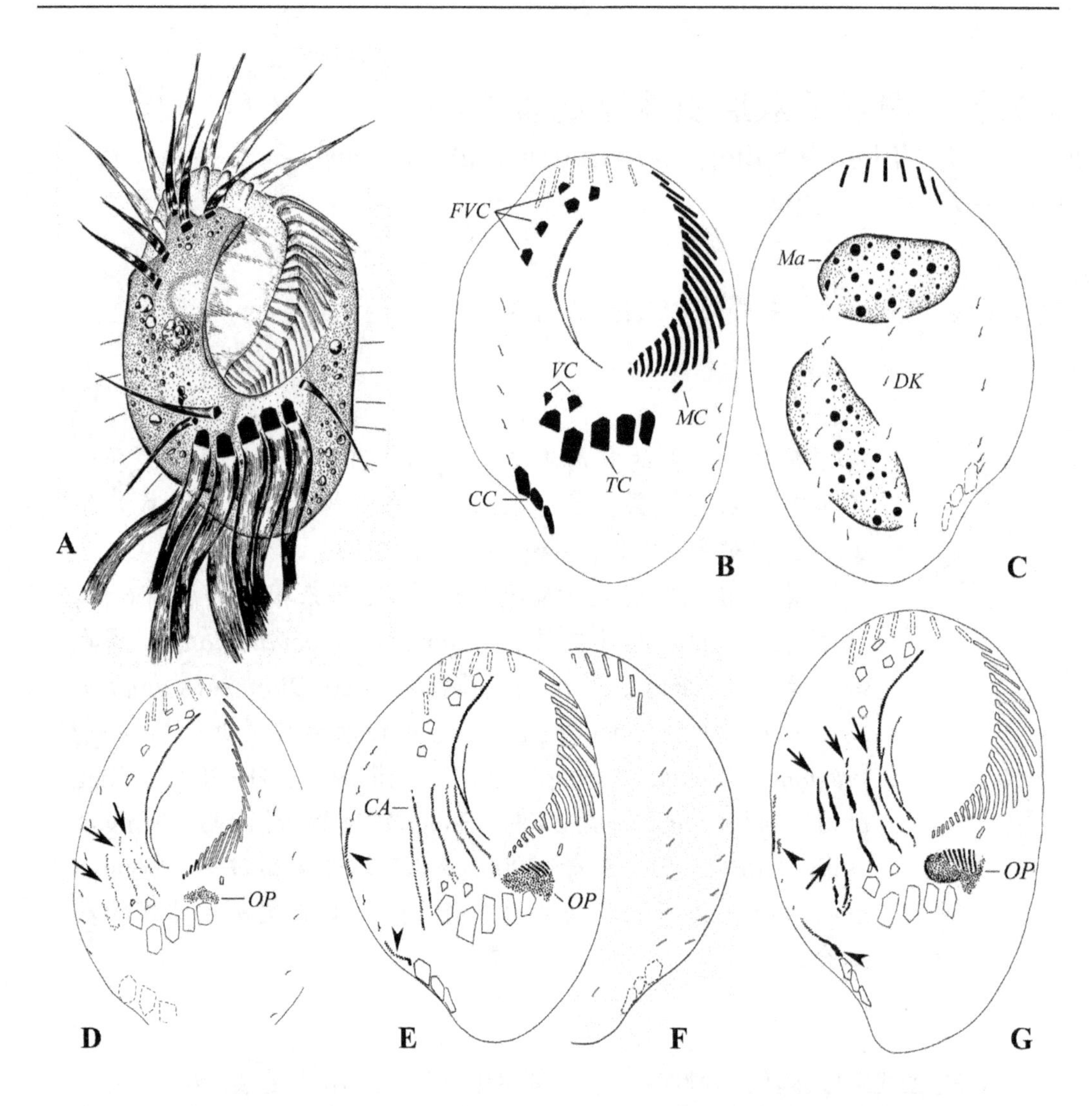

图 25.1.1 偏寡毛双眉虫的活体图（**A**）、纤毛图式（**B，C**）和形态发生（**D-G**）
A. 腹面观；**B，C.** 发生间期个体的腹面观和背面观；**D.** 发生早期个体的腹面观，箭头指示 FVT-原基以条带状出现；**E，F.** 同一个体的腹面观（**E**）和背面观（**F**），无尾箭头指示最右侧背触毛列中出现新原基；**G.** 发生中期个体的腹面观，箭头指示 FVT-原基开始加粗、延长并略有分段化的迹象，无尾箭头示最右侧背触原基末端膨大。*CA*. FVT-原基；*CC*. 尾棘毛；*DK*. 背触毛；*FVC*. 额腹棘毛；*Ma*. 大核；*MC*. 缘棘毛；*OP*. 口原基；*TC*. 横棘毛；*VC*. 腹棘毛

后仔虫的口器发生显示了游仆类的基本特征：最初在胞口后方、左侧横棘毛前方的皮膜深处出现一组无序排列的毛基体群，此为后仔虫的口原基场（图 25.1.1D；图 25.1.3A）。随后，原基进行增殖、扩大，其前部的毛基体组装成小膜并向皮膜表层迁移形成一个凹槽状结构（图 25.1.1E，G；图 25.1.3E）。

在随后的阶段中，口原基继续发育，在其右侧形成 UM-原基，该 UM-原基与口原基应是同源发生（图 25.1.2A；图 25.1.3J）。随后，口围带继续发育并由其前端“冲破”皮膜而迁移到体表（图 25.1.3J）。

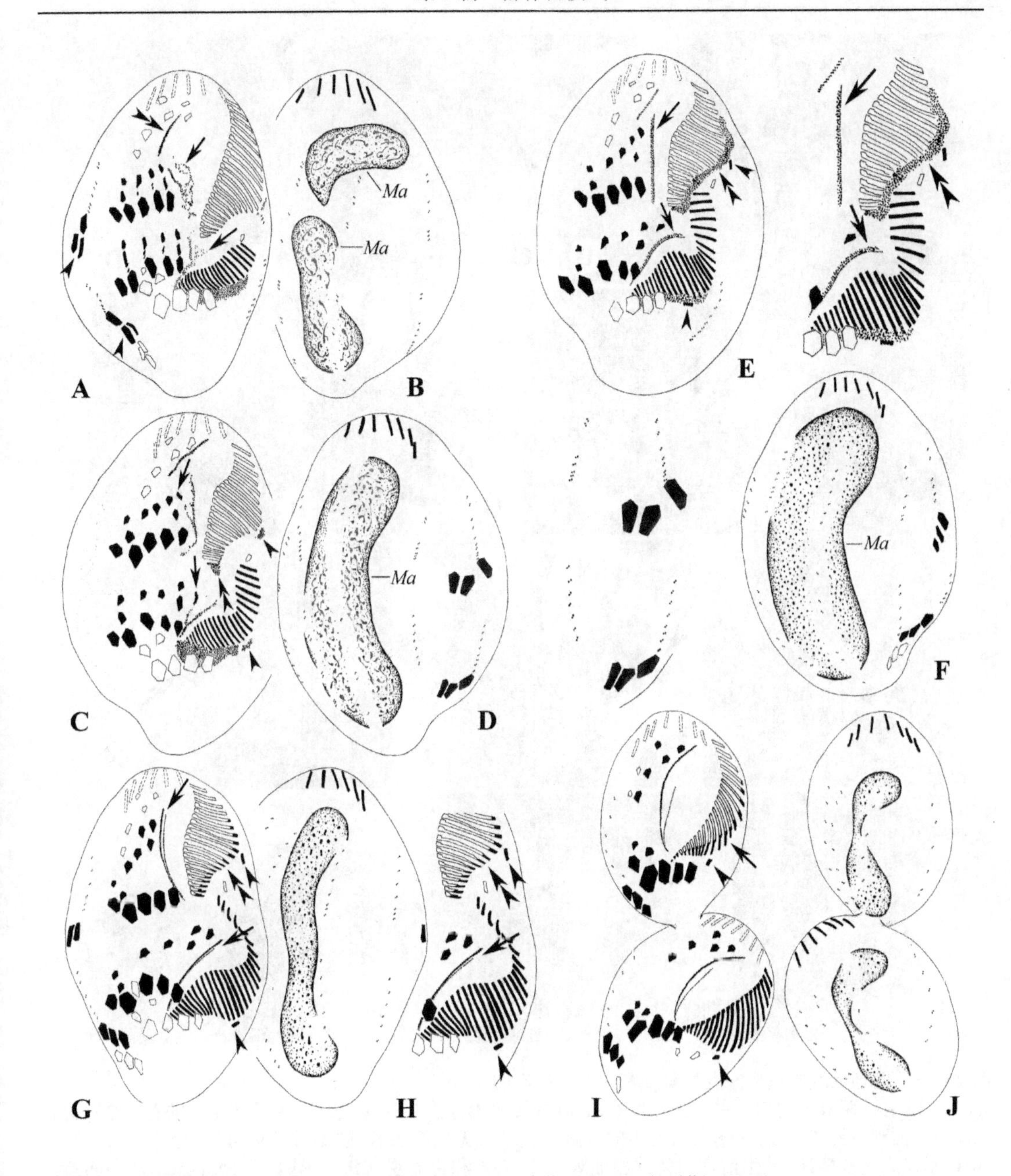

图 25.1.2　偏寡毛双眉虫形态发生的早期（**A**，**B**）、中期（**C-F**）和后期（**G-J**）

A，B. 发生中期虫体的背面观和腹面观，箭头示 UM-原基，双箭头示老波动膜瓦解后的前部残骸，无尾箭头指尾棘毛产生于最右侧背触毛列中的原基末端；**C，D.** 发生中期虫体的腹面观和背面观，箭头指示前、后仔虫中的第 1 额棘毛，双箭头示老的口围带近端几片小膜发生重组，无尾箭头指示缘棘毛原基分别出现在老口围带和新口围带中部左侧，图 **D** 显示 2 个大核融合；**E，F.** 发生后期虫体的腹面观和背面观，箭头指示 UM-原基，无尾箭头示缘棘毛原基，双箭头指示前仔虫的口原基继续增殖；**G，H.** 同一发生个体的腹面观和背面观，箭头指示口内膜和口侧膜形成，双箭头示老口围带外缘新组装的部分，无尾箭头指示缘棘毛原基；**I，J.** 细胞发生末期虫体的腹面观和背面观，箭头指示老口围带外缘新形成的部分，无尾箭头指示缘棘毛原基。*Ma.* 大核

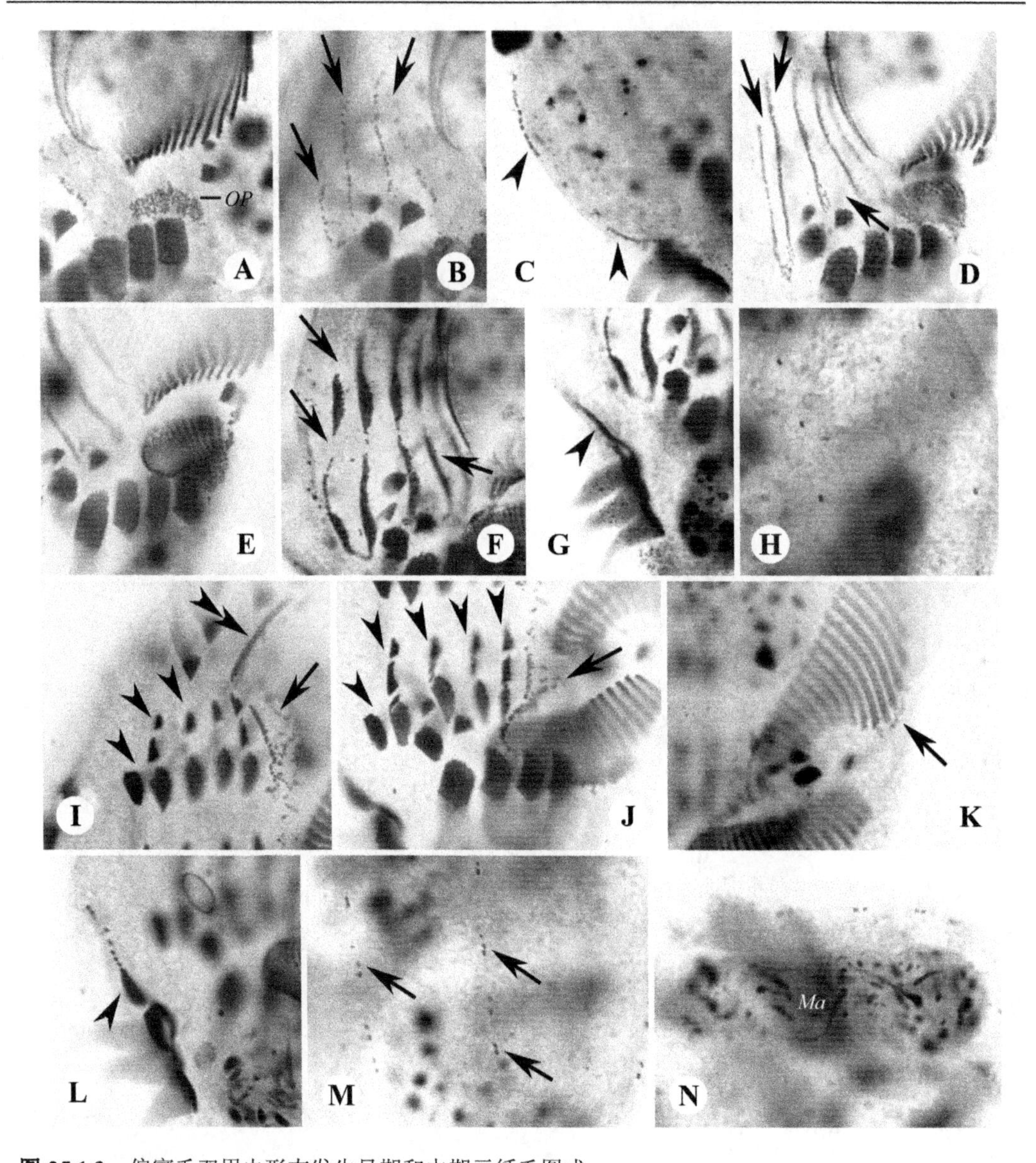

图 25.1.3 偏寡毛双眉虫形态发生早期和中期示纤毛图式
A，B. 发生早期虫体的口原基（**A**）和 FVT-原基（图 **B**，箭头）；**C-E.** 发生早期虫体的背（**C**）腹（**D**，**E**）面观，图 **C** 示最右侧老结构中的背触毛原基（无尾箭头），图 **D** 示 FVT-原基增殖（箭头），图 **E** 示口原基；**F-H.** 发生前期虫体的腹面观（**F**，**G**）和背面观（**H**），图 **F** 示 FVT-原基从中部断裂为前后两部分（箭头），图 **G** 指示最右侧老结构中的背触毛原基（无尾箭头），图 **H** 示背触毛列；**I-N.** 发生中期虫体的腹面观（**I-K**）和背面观（**L-N**），图 **I** 和 **J** 中，箭头指示 UM-原基，双箭头示即将瓦解的老波动膜的前部，无尾箭头指 FVT-原基已分段化，图 **K** 中，箭头指示缘棘毛原基出现，图 **L** 中，无尾箭头指示最右侧背触毛末端形成尾棘毛，图 **M** 中，箭头示背触毛原基出现，图 **N** 显示大核。*Ma*. 大核；*OP*. 口原基

在细胞分裂中、后期，口围带进一步发育，至细胞分裂时，后仔虫的口器构建完成（图 25.1.2E，G，I；图 25.1.4F）。

后仔虫 UM-原基的发育与前仔虫相同：随着口原基的发育，由皮膜下迁移至表面，期间形成第 1 额棘毛（图 25.1.2A，C；图 25.1.3J；图 25.1.4B）。到分裂后期，UM-原基纵裂、发育为两片波动膜（图 25.1.2E，G，I；图 25.1.4F）。

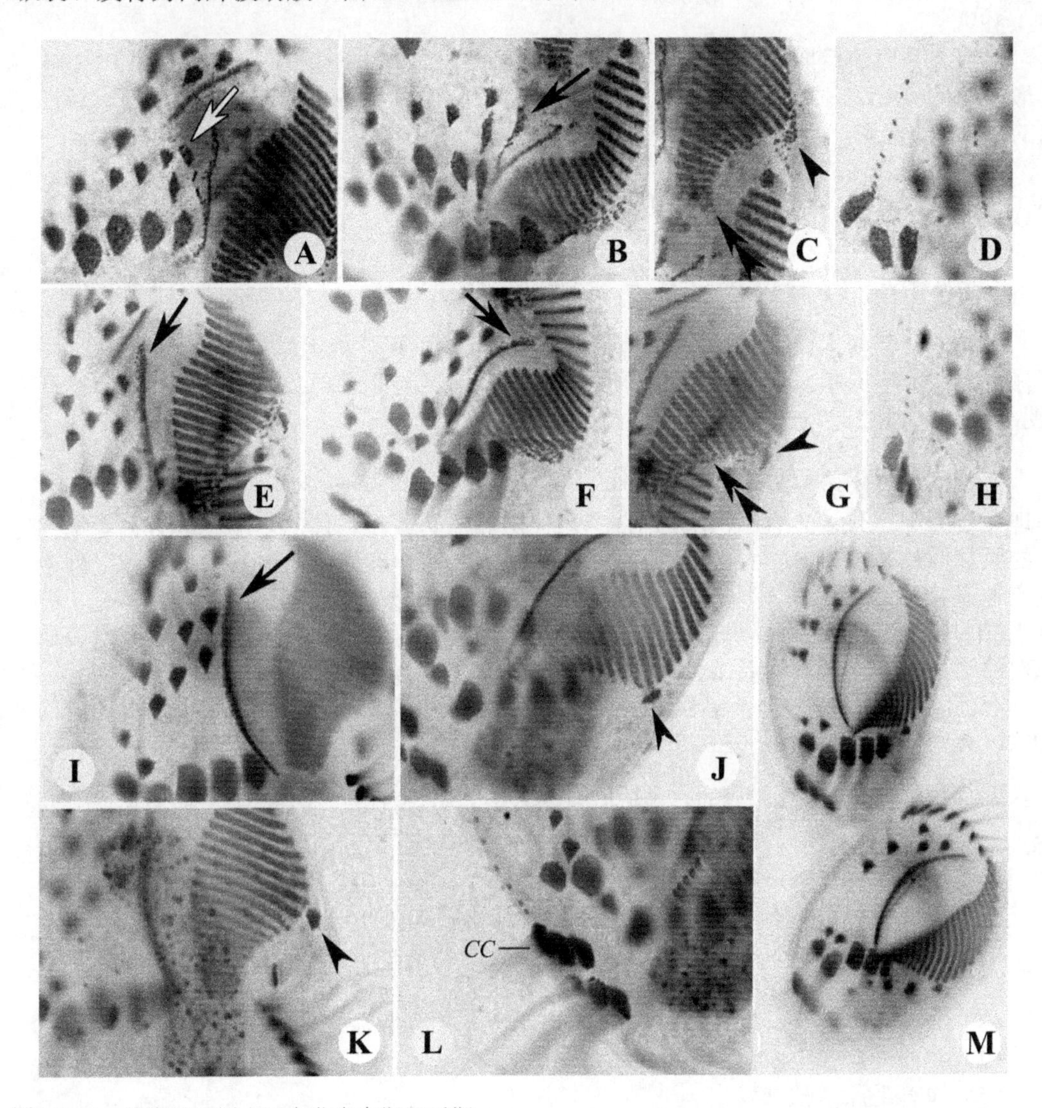

图 25.1.4　偏寡毛双眉虫形态发生中期和后期

A-D. 发生中期虫体的腹面观（**A-C**）和背面观（**D**），图 **A** 中箭头指示前仔虫的第 1 额棘毛，图 **B** 中箭头指示后仔虫的第 1 额棘毛，图 **C** 中无尾箭头指缘棘毛原基，双箭头示老的口围带小膜近端出现解聚现象，图 **D** 显示背触毛原基和其形成的尾棘毛；**E-H.** 同一发生后期个体的腹面观（**E-G**）和背面观（**H**），图 **E** 中箭头指示前仔虫的 UM-原基，图 **F** 中箭头指示后仔虫的 UM-原基，图 **G** 中无尾箭头指缘棘毛原基，双箭头示老的口围带小膜左侧进行重组，图 **H** 显示背触毛原基和其形成的尾棘毛；**I-L.** 晚期发生个体的腹面观，图 **I** 中箭头指示前仔虫的 UM-原基，无尾箭头指前仔虫（**K**）和后仔虫（**J**）的缘棘毛原基，图 **L** 显示后仔虫中的背触毛原基和其形成的尾棘毛；**M.** 发生末期虫体的腹面观，示棘毛迁移至既定位置。*CC.* 尾棘毛

额-腹-横棘毛　典型的初级发生式。

形态发生最初，在胞口右侧赤道线处出现 5 条细长的 FVT-原基，老结构不参与此原基的形成（图 25.1.1D；图 25.1.3B）。随后，原基发育、向虫体的两端延伸（图 25.1.1E；图 25.1.3D），伴随着原基渐渐变宽，原基从中部断成两组（图 25.1.1G；图 25.1.3F）。

在细胞分离的后期各阶段，FVT-原基发生片段化，5 列原基按照 3∶2∶2∶3∶1 模式形成棘毛（图 25.1.2A；图 25.1.3I）。随后，片段化产物将各自迁移、演化成前、后仔虫的额-腹-横棘毛。

按照原基分化的模式，5 根额腹棘毛来自于 UM-原基（1 根），FVT-原基 I（2 根），FVT-原基Ⅱ（1 根）和 FVT-原基Ⅲ（1 根）。

2 根腹棘毛来自于 FVT-原基Ⅳ的前端。

5 根横棘毛分别来源于 FVT-原基 I - V 的后端。

缘棘毛　在新老口围带的左侧，前、后各独立地出现一处毛基体群，此分别为前、后仔虫的缘棘毛原基（图 25.1.2C；图 25.1.4C）。老结构完全不参与原基的形成和发育（图 25.1.2E；图 25.1.4G）。

背触毛　以次级发生式形成：发生最初，在最右侧的背触毛列中的前、后 1/3 处各出现 1 处原基（图 25.1.1E；图 25.1.3C）。伴随着原基内毛基体的复制，最右侧老结构中的原基伸长并在后方膨大（图 25.1.1G；图 25.1.3G）。在此阶段，其余各背触毛列中尚无原基出现。随后，其余背触毛列中的前后 1/3 处开始出现毛基体对的增殖（图 25.1.2B；图 25.1.3M），此乃背触毛原基的雏形。随后背触毛原基向两端延长，组装成成对的毛基体并逐渐替代老结构（图 25.1.2D，F，H，J）。

在前、后仔虫最右侧一列背触毛的末端，各分化出 3 根尾棘毛，这与上一时期中的膨大区有密切的位置关系（图 25.1.2A；图 25.1.3L）。

大核　大核先经融合，后将分裂成 4 部分，分别成为前、后仔虫的 2 枚大核（图 25.1.2B，D，F，H，J）。

主要特征与讨论　本亚型的主要发生学特征总结如下。

（1）后仔虫口原基独立出现于虫体左侧皮层下小龛，UM-原基与其同源发生。

（2）老口围带近口端的小膜发生局部解聚、重建。

（3）老波动膜完全解体，前仔虫 UM-原基应是独立起源。

（4）在前、后仔虫中，FVT-原基为典型的 5 原基式，其分化产物数目、位置稳定。

（5）缘棘毛原基独立发生。

（6）背触毛列在老结构中产生，并在最右一列背触毛的末端演化出 3 根尾棘毛。

目前对双眉虫属发生学的研究表明本属在种间水平上存在细微的差异，但从总体模式上，本属的细胞发生高度保守（Czapik 1981；Hill 1978，1981；Hu 2008；Shen et al. 2011；Song et al. 2009；Song & Packroff 1993；Song & Wilbert 1994；杨金鹏等 2008）。

这些差异包括：①在口原基发生的位置上，偏寡毛双眉虫、悬游双眉虫、盾圆双眉虫、拟悬游双眉虫和日本双眉虫比较相似，均在紧靠左侧第 1 根横棘毛的位置，而寡毛双眉虫中口原基则是出现在胞口和横棘毛之间；②缘棘毛原基分化出的棘毛数目不同，在偏寡毛双眉虫和日本双眉虫仅为 1 根，而在其余 4 种均为 2 根；③关于背触毛的发生，拟悬游双眉虫、偏寡毛双眉虫、寡毛双眉虫、日本双眉虫和盾圆双眉虫在每列老的背触毛列内的前后部各产生一新原基，其逐渐向前、后延伸并替代老的结构；而在悬游双眉虫中，由于其背触毛列是断裂为片段状的，老的背触毛的毛基体通过复制而增多，形成背触毛原基。随后该结构断开并相互远离，将来发育为前、后仔虫的片段状的背触毛。

在游仆类中，双眉虫的发生学表现了一系列的居间现象，例如，第 1 额棘毛来自 UM-原基（或同源），UM-原基在发生后期纵裂为口侧膜与口内膜，这在已知的游仆类中是仅有的，这些发生学特征显示了与腹毛类之间的相似性。同时也表明，该类群可能代表了其他游仆类与腹毛类之间的居间关系，因此，作者认为其所在的泛类群（双眉亚科）在游仆类中应该居于一个原始位置，代表了一个祖先型。

第2节 针毛类双眉虫亚型的发生模式
Section 2 The morphogenetic pattern of *Diophryopsis hystrix*-subtype

邵晨 (Chen Shao) 宋微波 (Weibo Song)

直到20世纪后期，双眉虫属是否为一个单元发生系的问题从未被认真质疑过。但在Fauré-Fremiet（1964）和Hartwig（1973，1974）的建议下，Jankowski（1978，1979）将双眉虫属拆分为双眉虫属和拟双眉虫属，并下设若干亚属。基于皮膜结构和发生学研究，Hill和Borror（1992）建立了第3个属：类双眉虫属，并以针毛类双眉虫为模式种。

然而，这一细分并没有得到广泛的认同，反对者的理由是在已知发生信息的7个广义双眉虫中，其主要过程在本质上是相同的，区别不足以达到属级差异，即倾向于认为双眉虫属、拟双眉虫属和类双眉虫属可以合并为一个复合属（Song et al. 2007）。邵晨等（Shao et al. 2010b）最近的研究补充揭示了针毛双眉虫的发生学特征，结果显示该种代表了一个独立的属级阶元和发生学新亚型。该亚型基于邵晨等的工作形成如下汇总。

基本纤毛图式及形态学 口围带为一连续结构；两篇波动膜中的口侧膜高度特化：前部为一段（毛基体对）动基列片段，后部为散布的毛基体对；额棘毛呈双纵列排布，位于额区最顶部，与口内膜近乎平行；两根细弱的腹棘毛及5根发达的横棘毛；左缘棘毛1根，其在起源上来自最左侧背触毛的末端，因此在发生学意义上实为一根异位分布的尾棘毛（见本节中介绍）（图25.2.1A，B）。

背触毛4列，片段化并由稀疏的毛基体对组成；尾棘毛3根，粗壮而紧密排列，位于最右侧一列背触毛后方（图25.2.1C）。

细胞发生过程

口器 老的口围带近乎完整保留，其间无新口原基形成的过程。仅在发生中后期，在近胞口端的几片小膜发生（极不显著的）局部解聚和原位重建，该过程持续的时间非常短暂，该老结构由前仔虫所继承（图25.2.2D，F）。

前仔虫两片老波动膜的变化和命运无法确认，但似乎是仅口侧膜发生不明显的解聚并参与形成 UM-原基，而口内膜可能直接解体、消失（？）。该原基在随后的发育中由前端分化出 1 根额棘毛，并在细胞分裂即将结束前在后部纵裂出口内膜和口侧膜（图 25.2.2B，F；图 25.2.3J，L，N）。

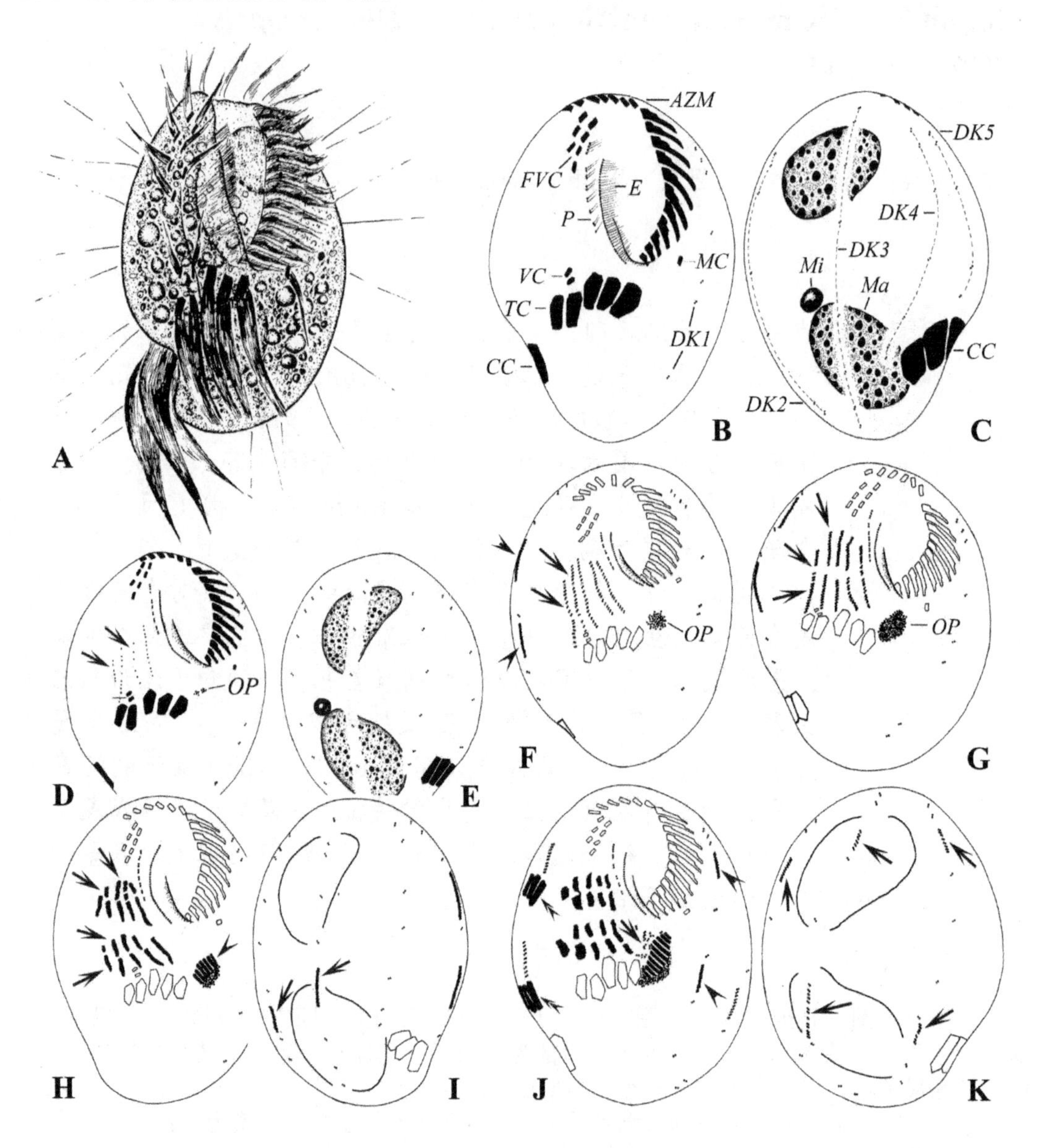

图 25.2.1 针毛类双眉虫的活体图（A）和纤毛图式（B-K）

A. 腹面观；**B.** 腹面观；**C.** 背面观；**D，E.** 早期细胞发生个体的背（**E**）、腹（**D**）面观，示口原基和 FVT-原基出现（箭头）；**F.** 早期细胞发生个体的腹面观，示 5 条初级 FVT-原基（箭头）和背触毛原基（无尾箭头）（注意口原基出现）；**G.** 稍晚时期，箭头示 FVT-原基分化成 2 组，前、后仔虫各 1 组；**H，I.** 细胞发生早期个体的背面观（**I**）、腹面观（**H**），示 FVT-原基开始分段化（图 **H** 中箭头）和口原基开始组装成小膜（无尾箭头），图 **I** 中箭头示背触毛原基开始出现；**J，K.** 细胞发生个体的背面观（**K**）、腹面观（**J**），示背触毛原基在最左侧（无尾箭头）和中间（箭头）的背触毛列中产生，双箭头示新产生的尾棘毛。*AZM.* 口围带；*CC.* 尾棘毛；*DK1-DK5.* 背触毛列 1-5；*E.* 口内膜；*FVC.* 额腹棘毛；*Ma.* 大核；*MC.* 缘棘毛；*Mi.* 小核；*OP.* 口原基；*P.* 口侧膜；*TC.* 横棘毛；*VC.* 腹棘毛后仔虫口原基的形成为典型的深层发生型（图 25.2.1D）。整个过程与偏寡毛双眉虫亚型类似：口原基经增殖、扩大，其前端组装成小膜并逐渐发展到细胞表面而形成新生的口围带，最终完成对后仔虫口器的构建（图 25.2.1F-H，J；图 25.2.2A，B，D，F）。

后仔虫 UM-原基与口原基同在表膜下的一龛室内形成（图 25.2.1J；图 25.2.2A）。该原基的形成应该与口原基没有关联。与前仔虫一样，该原基后期在前端很可能形成第 1 额棘毛并分化出口内膜和口侧膜（图 25.2.2B，D，F；图 25.2.3J，L，N）。

额-腹-横棘毛　在发生的初期，在老的口围带右侧独立出现了由疏松排列的毛基体组成的 4 列 FVT-原基（图 25.2.1D；图 25.2.3A）。随后，第 5 条原基出现，形成 5 根斜向的条带状的 FVT-原基（图 25.2.1F；图 25.2.3B，C），老结构不参与此原基的形成。

这些条带最初以 1 组的方式出现，随后分离成 2 组（图 25.2.1G；图 25.2.3C，D），即将分配给前后两个仔虫（初级发生式）。

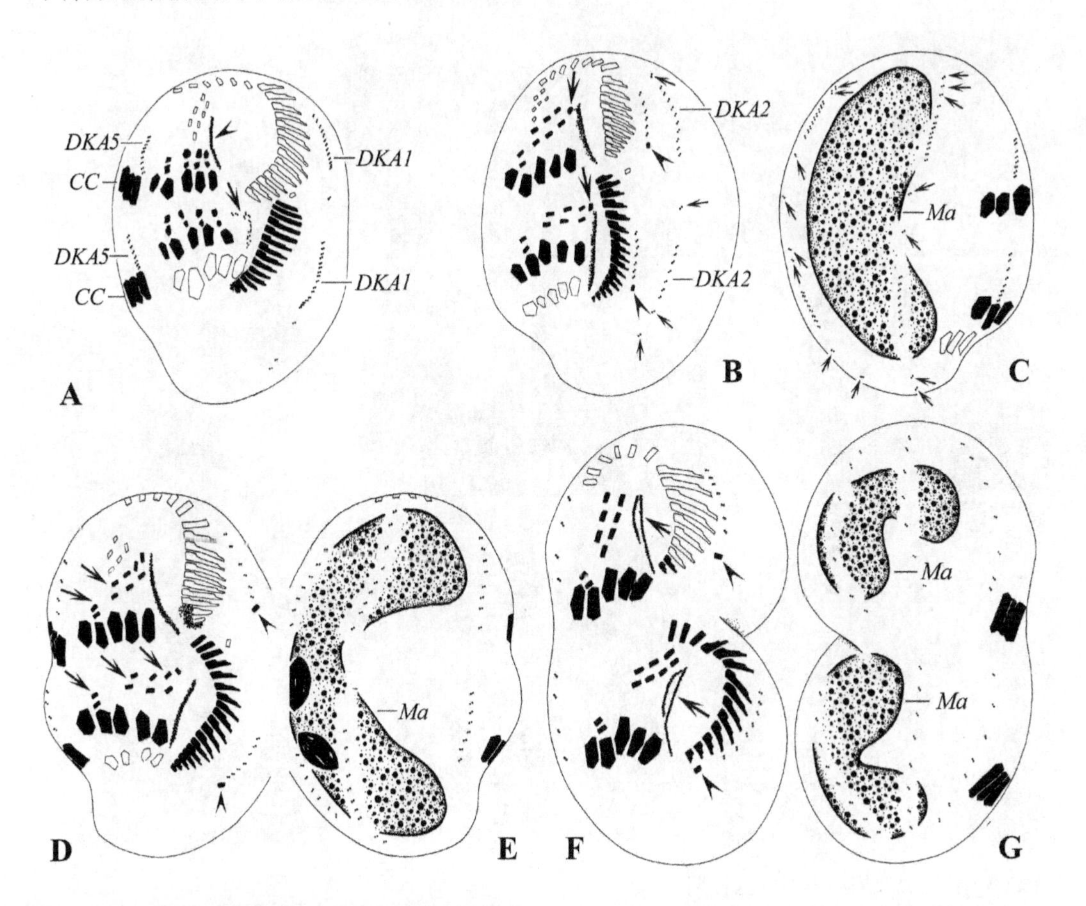

图 25.2.2　针毛类双眉虫形态发生的中期和后期

A. 发生中期虫体的腹面观，指示 FVT-原基分段化完成，无尾箭头和箭头分别指示前、后仔虫的 UM-原基；**B，C.** 发生中期虫体的腹面观（**B**）和背面观（**C**），大箭头指示前、后仔虫中的 UM-原基各形成第 1 额棘毛，图 **C** 显示 2 个大核融合为一体，无尾箭头示最左侧背触毛的末端形成缘棘毛，小箭头示老的背触毛；**D，E.** 发生后期虫体的腹面观（**D**）和背面观（**E**），示新的额腹棘毛迁移（箭头），无尾箭头示缘棘毛开始向后迁移；**F，G.** 晚期个体的背、腹面观，示前、后仔虫的 UM-原基分裂成口内膜和口侧膜（箭头），注意此时期缘棘毛几乎已到达既定位置（无尾箭头）。*CC.* 尾棘毛；*DKA1*、*DKA2*、*DKA5.* 背触毛原基 1、2、5；*Ma.* 大核在随后的发育期中，前、后仔虫的 FVT-原基发生片段化（图 25.2.1H，J；图 25.2.2A，B；图 25.2.3F，H）。最后，原基自左至右以 3∶3∶3∶3∶1 的方式分段形成新的额-腹-横棘毛（图 25.2.2A，B）。

根据原基与新棘毛的形成关系，该亚型的发生模式如下。

7 根额腹棘毛分别来自于 UM-原基（1 根，很可能来自 UM-原基），FVT-原基Ⅰ（2 根），FVT-原基Ⅱ（2 根）和 FVT-原基Ⅲ（2 根）的前端。

2 根腹棘毛来自于 FVT-原基Ⅳ（2 根）的前端。

5 根横棘毛来源于 FVT-原基Ⅰ-Ⅴ的后端（每条原基贡献 1 根）。

缘棘毛　缘棘毛形成的方式非常特别。该结构在发生学意义上实际为一根尾棘毛：在前、后仔虫，细胞发生中后期，该“缘棘毛”产生自最左一列背触毛的末端，类似于一般的尾棘毛的发生方式（图 25.2.2B，D，F；图 25.2.3K，M）。

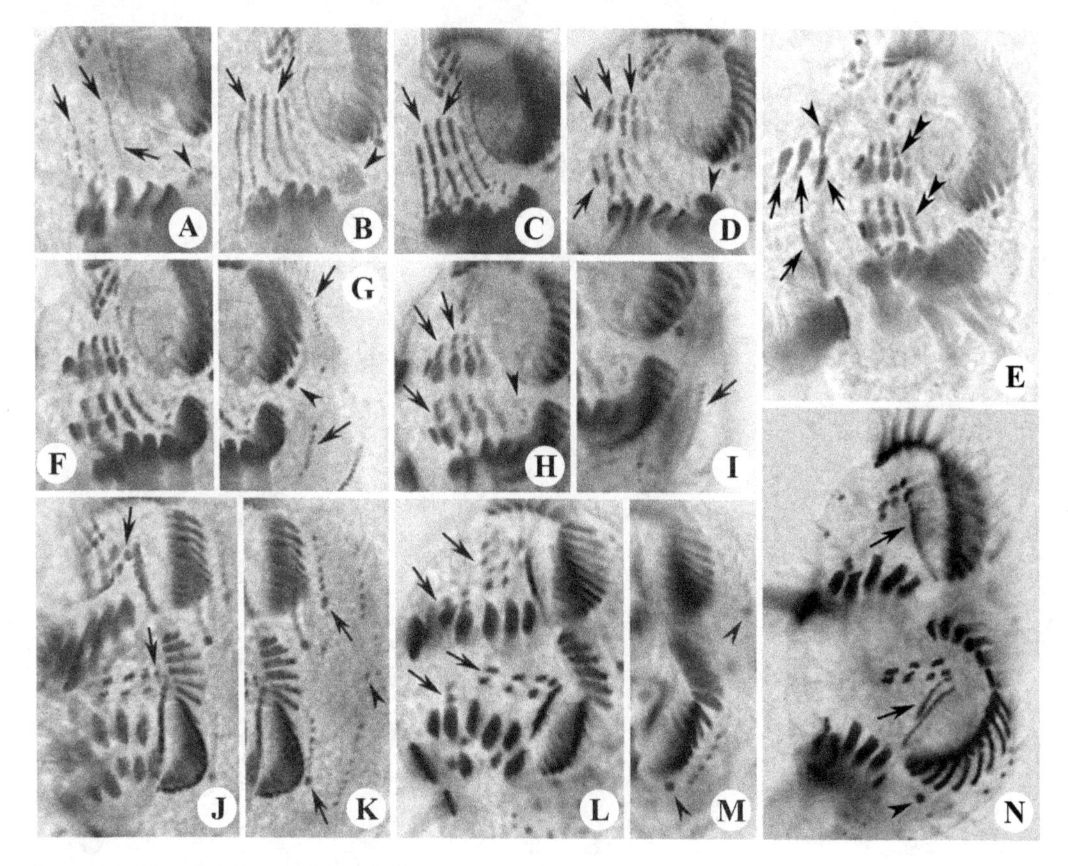

图 25.2.3　针毛类双眉虫形态发生各期

A-D. 发生早期虫体的腹面观，示 FVT-原基（箭头）和口原基（无尾箭头）；**E.** 早期发生个体的腹面观，是 FVT-原基（双箭头），最右侧的背触毛原基（无尾箭头）和新形成的尾棘毛（箭头）；**F，G.** 同一发生个体的腹面观，图 **G** 中，箭头示最左侧的背触毛原基，无尾箭头示老缘棘毛；**H，I.** 发生中期个体的腹面观和背面观，示后仔虫的 UM-原基（无尾箭头），FVT-原基（图 **H**，箭头）和最左侧的背触毛原基（图 **I**，箭头）；**J，K.** 发生中期个体的腹面观和背面观，示前、后仔虫中的第 1 额棘毛（图 **J**，箭头），最左侧的背触毛的末端形成缘棘毛（图 **K**，箭头），无尾箭头示老的背触毛；**L，M.** 发生晚期个体的腹面观和背面观，示新形成的额腹棘毛向既定位置迁移（箭头），缘棘毛开始迁移（无尾箭头）；**N.** 晚期个体的腹面观，示前、后仔虫的 UM-原基分裂成口内膜和口侧膜（箭头），注意此时期缘棘毛几乎已到达既定位置（无尾箭头）

背触毛　典型的次级发生式。在发生初期，在虫体的背面，部分背触毛列中开始出现毛基体对的增殖，此现象为背面结构开始发育的信号（图 25.2.1I，K；图 25.2.3G）。背触毛原基并不像其他的种类那样同时出现，而是存在一定的时间差（图 25.2.1I，K；图 25.2.3I）。最终背触毛原基开始向两极扩张并形成新结构（图 25.2.2C，E，G）。

3 根粗大的尾棘毛均来自最右侧背触毛的末端；此外，如前所述，最左侧一列背触毛形成一根“左缘棘毛”（图 25.2.2C-G；图 25.2.3E，N）。

大核　发生中期大核发生融合（图 25.2.2C），随后分配给前、后仔虫（图 25.2.2E，G）。

主要特征与讨论　本亚型仅涉及针毛类双眉虫。

该亚型的主要发生学特征可以总结为如下几方面。

（1）老口围带几乎完整保留，仅在近口端数片小膜发生极细微的局部解聚和重建。

（2）前仔虫的 UM-原基来自于老结构（很可能仅仅是口侧膜）的解聚和重建。

（3）后仔虫口原基与 UM-原基均独立出现于皮层下的小龛腔内。

（4）在前、后仔虫，左侧第 1 根额棘毛由 UM-原基产生，其余额-腹-横棘毛由 FVT-原基分化形成。

（5）5 条 FVT-原基为典型的初级发生式，即前、后仔虫的 FVT-原基最初为一组原基，在发育的过程中在中部一分为二，分配给前、后两个仔虫。

（6）无真正的缘棘毛形成，在发生学上该结构实际为 1 根“尾棘毛”，来源于最左侧一列背触毛末端。

（7）背触毛列在老结构中产生，并在最右一列背触毛的末端演化出 3 根尾棘毛。

迄今为止，关于本种的发生学描述仅限于 Hill 和 Borror（1992）的简要报道，他们发现本种的皮膜发生与双眉虫种类非常相似，但同时也发现了若干不同点：FVT-原基分段模式和形成的棘毛数量不同；口区右边缘有“6-8 根口棘毛形成”。基于这些不同点，Hill 和 Borror（1992）建立了类双眉虫属。

邵晨等（Shao et al. 2010b）的工作证实，Hill 和 Borror（1992）所报道的口区右缘的“6-8 根口棘毛”系一错误解释，事实上，这些结构从来源上可以明确判读是额棘毛而非口棘毛。同时，邵晨等（Shao et al. 2010b）对针毛类双眉虫的形态发生学的观察，揭示了该种一极其特殊的发生学特征，所谓的“缘棘毛”来自于最左一列背触毛末端，即发生学意义上的一根尾棘毛。

本亚型中最突出的发生学特征为“左缘棘毛”的起源。如文内所述，从发生学上，该结构实际为一根来自背触毛原基的“尾棘毛”，因此，该属并不存在缘棘毛。这个现象十分独特！也因此构成了与偏寡毛双眉虫亚型的根本差异。值得强调的是，迄今为止，在任何其他腹毛类和游仆类中，从无同类或相似的发生过程，同样令人费解的是，该“尾棘毛”在最后的迁移过程中偏移到“缘棘毛”通常所在位置。作为一根“尾棘毛”，其来自最左侧背触毛原基的分化，这个现象在游仆类中同样没有可以类比的现象。

另外一个独特的现象是，与相邻的偏寡毛双眉虫亚型类似，本亚型的第 1 额棘毛也来自 UM-原基的前端分化，因此，与典型的腹毛类发育模式相同。而在所有的其他游仆类中，该结构无一例外地来自独立产生的一列原基。此外，在老口器的命运（或前仔虫口围带的来源）这一方面，双眉亚科目前所知特征也表现了在腹毛类中常见的现象：老口器部分解体、原位发生重建。这些特征均显示了双眉亚科阶元与腹毛类（狭义）的发育关系，即前者可能来自后者某个祖先型的演化。

由上述两个重要的发生学特征可以推断：双眉亚科内的成员与尾刺类相似，它们都是一些在系统发育上处于独特而又孤立位置的类群，极可能代表了其原始的发育地位（保留了太多的原始特征）；二者可能具有较近的亲缘关系，而且，双眉亚科更多地体现了其与腹毛类（狭义）和游仆类之间的过渡或居间关系。

同样需要指出的是，尾刺类与双眉亚科在形态学和个体发育过程中所表现的巨大差异也表明，将两个类群归入同一个科内的分类安排（Lynn 2008）很可能是不妥的，新的系统学梳理有待开展。

参考文献

李俐琼. 2009. 腹毛目纤毛虫的细胞发生学研究. 青岛: 中国海洋大学博士学位论文.

罗晓甜, 李俐琼, 马洪刚, 胡晓钟. 2016. 鬃异源棘尾虫的形态学及细胞发生学研究. 中国海洋大学学报, 46 (11): 82-90.

潘莹, 陈旭淼, 马洪钢, 邵晨, 宋微波. 2012. 海洋纤毛虫的多样性: 柠檬类瘦尾虫 (*Uroleptopsis citrina* Kahl, 1932) (原生动物, 纤毛门, 腹毛亚纲) 的皮层演化模式//林茂, 王春光. 第一届海峡两岸海洋生物多样性研讨会文集. 北京: 海洋出版社: 104-112.

邱子健, 史新柏. 1991. 三种腹毛类纤毛虫皮层结构的比较形态学的研究. 哈尔滨师范大学学报, 7: 11-18.

邵晨. 2008. 纤毛虫重要类群的细胞发生模式研究. 青岛: 中国海洋大学博士学位论文.

宋微波, 沃伦 A, 胡晓钟. 2007. 中国黄渤海的自由生纤毛虫. 北京: 科学出版社.

宋微波, 徐奎栋, 施心路, 胡晓钟, 类彦立, 魏军, 陈子桂, 史新柏, 王梅. 1999. 原生动物学专论. 青岛: 青岛海洋大学出版社.

王梅, 牟志春, 张社华, 宋微波. 1997. 优美盾纤虫无性生殖期间的形态发生学研究 (纤毛门: 腹毛目). 动物学研究, 18: 185-188.

王梅, 宋微波. 1995. 卡龙游仆虫无性生殖期间的形态发生学研究 (原生动物, 纤毛虫). 动物学研究, 16: 233-238.

徐朝晖, 施心路, 史新柏. 2000. 腹柱虫属一新种及其形态发生 (纤毛动物门: 腹毛目). 动物分类学报, 25: 268-274.

杨金鹏, 胡晓钟, 邵晨, 马洪钢, 朱明壮, 王梅. 2008. 悬游双眉虫 (原生动物, 纤毛门) 无性生殖期间的形态发生. 动物学报, 54: 517-524.

Berger H. 1999. Monograph of the Oxytrichidae (Ciliophora, Hypotrichia). *Monogr. Biol.*, 78: 1-1080.

Berger H. 2003. Redefinition of *Holosticha* Wrzesniowski, 1877 (Ciliophora, Hypotricha). *Eur. J. Protistol.*, 39: 373-379.

Berger H. 2004a. *Amphisiella annulata* (Kahl, 1928) Borror, 1972 (Ciliophora: Hypotricha): morphology, notes on morphogenesis, review of literature, and neotypification. *Acta Protozool.*, 43: 1-14.

Berger H. 2004b. *Uroleptopsis* Kahl, 1932 (Ciliophora: Hypotricha): morphology and cell division of type species, redefinition, and phylogenetic relationships. *Acta Protozool.*, 43: 99-121.

Berger H. 2006. Monograph of the Urostyloidea (Ciliophora, Hypotricha). *Monogr. Biol.*, 85: 1-1303.

Berger H. 2008. Monograph of the Amphisiellidae and Trachelostylidae (Ciliophora, Hypotrichida). *Monogr. Biol.*, 88: 1-737.

Berger H. 2011. Monograph of the Gonostomatidae and Kahliellidae (Ciliophora, Hypotricha). *Monogr. Biol.*, 90: 1-741.

Berger H, Foissner W. 1997. Cladistic relationships and generic characterization of oxytrichid hypotrichs (Protozoa, Ciliophora). *Arch. Protistenkd.*, 148: 125-155.

Berger H, Foissner W, Adam H. 1985. Morphological variation and comparative analysis of morphogenesis in *Parakahliella macrostoma* (Foissner, 1982) nov. gen. and *Histriculus muscorum* (Kahl, 1932) (Ciliophora, Hypotrichida). *Protistologica*, 21: 295-311.

Blatterer H, Foissner W. 1988. Beitrag zur terricolen Ciliatenfauna (Protozoa: Ciliophora) Australiens. *Stapfia*, 17: 1-84.

Borror A C. 1979. Redefinition of the Urostylidae (Ciliophora, Hypotrichida) on the basis of morphogenetic characters. *J. Protozool.*, 26: 544-550.

Borror A C, Hill B F. 1995. The order Euplotida (Ciliophora): taxonomy, with division of *Euplotes* into several genera. *J. Eukaryot. Microbiol.*, 42: 457-466.

Borror A C, Wicklow B J. 1982. Non-homology of median rows in hypotrichs with only three longitudinal rows of cirri. *J. Protozool. Suppl.*, 29: 285A, Abstract.

Borror A C, Wicklow B J. 1983. The suborder Urostylina Jankowski (Ciliophora, Hypotrichida): morphology, systematics and identification of species. *Acta Protozool.*, 22: 97-126.

Brown T J. 1966. Observation on the morphology and reproduction of *Aspidisca cicada*. *N. Z. J. Sci.*, 9: 65-76.

Buitkamp U. 1977. Die Ciliatenfauna der Savanne von Lamto (Elfenbeinküste). *Acta Protozool.*, 16: 249-276.

Chen H, Shi X, Hu X. 2007. A new freshwater hypotrichous ciliate, *Trichototaxis songi* sp. n. from Hangzhou, China (Ciliophora: Stichotrichina). *Acta Protozool.*, 46: 131-138.

Chen X, Gao S, Song W, Al-Rasheid K, Warren A, Gong J, Lin X. 2010a. *Parabirojimia multinucleata* spec. nov. and *Anteholosticha scutellum* (Cohn, 1866) Berger, 2003, marine ciliates (Ciliophora, Hypotrichida) from tropical waters in southern China, with notes on their small-subunit rRNA gene sequences. *Int. J. Syst. Evol. Microbiol.*, 60: 234-243.

Chen X, Li L, Yi Z, Li J. 2010b. Morphogenesis and helix E10-1 secondary structures of the marine ciliate, *Certesia quadrinucleata* (Ciliophora, Euplotida). *Acta Hydrobiol. Sin.*, 34: 1136-1141.

Chen X, Li Z, Hu X, Kusuoka Y. 2010c. Morphology, morphogenesis and gene sequence of a freshwater ciliate, *Pseudourostyla cristata* (Ciliophora, Urostylidea) from the ancient Lake Biwa, Japan. *Eur. J. Protistol.*, 46: 43-60.

Chen X, Clamp J C, Song W. 2011. Phylogeny and systematic revision of the family Pseudokeronopsidae (Protista, Ciliophora, Hypotricha), with description of a new estuarine species of *Pseudokeronopsis*. *Zool. Scr.*, 40: 659-671.

Chen X, Hu X, Lin X, Al-Rasheid K A S, Ma H, Miao M. 2013a. Morphology, ontogeny and molecular phylogeny of a new brackish water ciliate *Bakuella subtropica* sp. n. (Ciliophora, Hypotricha) from southern China. *Eur. J. Protistol.*, 49: 611-622.

Chen X, Li L, Hu X, Shao C, Al-Farraj S A, Al-Rasheid K A S. 2013b. A morphogenetic description of *Thigmokeronopsis stoecki* Shao et al, 2008 (Ciliophora, Hypotricha) and a comparison with members of the family Pseudokeronopsidae. *Acta Protozool.*, 52: 65-72.

Chen L, Liu W, Liu A, Al-Rasheid K A S, Shao C. 2013c. Morphology and molecular phylogeny of a new marine hypotrichous ciliate, *Hypotrichidium paraconicum* n. sp. (Ciliophora, Hypotrichia). *J. Eukaryot. Microbiol.*, 60: 588-600.

Chen X, Miao M, Ma H, Shao C, Al-Rasheid K A S. 2013d. Morphology, morphogenesis and small-subunit rRNA gene sequence of the novel brackish-water ciliate *Strongylidium orientale* sp. nov. (Ciliophora, Hypotricha). *Int. J. Syst. Evol. Microbiol.*, 63: 1155-1164.

Chen X, Shao C, Lin X, Clamp J C, Song W. 2013e. Morphology and molecular phylogeny of two new brackish-water species of *Amphisiella* (Ciliophora, Hypotrichia), with notes on morphogenesis, *Eur. J. Protistol.*, 49: 453-466.

Chen X, Shao C, Liu X, Huang J, Al-Rasheid K A S. 2013f. Morphology and phylogenies of two hypotrichous brackish ciliates, *Neourostylopsis orientalis* n. sp, and *Protogastrostyla sterkii* (Wallengren, 1900) n. comb., with establishment of a new genus *Neourostylopsis* (Protista, Ciliophora, Hypotrichia) from China. *Int. J. Syst. Evol. Microbiol.*, 63: 1197-1209.

Chen X, Yan Y, Hu X, Zhu M, Ma H, Warren A. 2013g. Morphology and morphogenesis of a soil ciliate, *Rigidohymena candens* (Kahl, 1932) Berger, 2011 (Ciliophora, Hypotricha, Oxytrichidae), with notes on its molecular phylogeny based on small-subunit rDNA sequence data. *Int. J. Sys. Evol. Microbiol.*, 63: 1912-1921.

Chen X, Zhao Y, Al-Farraj S A, Al-Quraishy S A, El-Serehy H A, Shao C, Al-Rasheid K. A S. 2013h. Taxonomic descriptions of two marine ciliates, *Euplotes dammamensis* n. sp. and *Euplotes balteatus* (Dujardin, 1841) Kahl, 1932 (Ciliophora, Spirotrichea, Euplotida), collected from the Arabian Gulf, Saudi Arabia. *Acta Protozool.*, 52: 73-89.

Chen X, Miao M, Ma H, Al-Rasheid K A S, Xu K, Lin X. 2014. Morphology, ontogeny and phylogeny of two brackish urostylid ciliates (Protist, Ciliophora, Hypotricha). *J. Eukaryot. Microbiol.*, 61: 594-610.

Chen W, Chen X, Li L, Warren A, Lin X. 2015a. Morphology, morphogenesis and molecular phylogeny of an oxytrichid ciliate, *Rubrioxytricha haematoplasma* (Blatterer & Foissner, 1990) Berger, 1999 (Ciliophora, Hypotricha). *Int. J. Syst. Evol. Microbiol.*, 65: 309-320.

Chen L, Zhao X, Ma H, Warren A, Shao C, Huang J. 2015b. Morphology, morphogenesis and molecular phylogeny of a soil ciliate, *Pseudouroleptus caudatus caudatus* Hemberger, 1985 (Ciliophora, Hypotricha), from Lhalu wetland, Tibet. *Eur. J. Protistol.*, 51: 1-14.

Chen L, Lv Z, Shao C, Al-Farraj S A, Song W, Berger H. 2016. Morphology, cell division, and phylogeny of *Uroleptus longicaudatus* (Ciliophora, Hypotricha), with notes on the little known *Uroleptus limnetis* Complex. *J. Eukaryot. Microbiol.*, 63: 349-362.

Corliss J O. 1979. The Ciliated Protozoa: Characterization, Classification and Guide to the Literature. 2nd ed. New York: Pergamon Press.

Curds C R. 1975. A guide to the species of the genus *Euplotes* (Hypotrichida, Ciliatea). *Bull. Br. Mus. Nat. Hist.* (*Zool.*), 28: 1-61.

Czapik A. 1981. La morphgenèse chez le cilié *Diophrys oligothrix* Borror. *Acta Protozool.*, 20: 367-372.

Dai R, Xu K. 2011. Taxonomy and phylogeny of *Tunicothrix* (Ciliophora, Stichotrichia), with the description of two novel species, *Tunicothrix brachysticha* n. sp. and *Tunicothrix multinucleata* n. sp., and the establishment of Parabirojimidae n. fam. *Int. J. Syst. Evol. Microbiol.*, 61: 1487-1496.

Deroux G, Tuffrau M. 1965. *Aspidisca orthopogon* n. sp. révision de certain mécanismes de la morphogenèse àl'aide d'une modification de la technique au protargol. *Cah. Biol. Mar.*, 6: 293-310.

Diller W F. 1975. Nuclear behavior and morphogenetic changes in fission and conjugation of *Aspidisca costata* (Dujardin). *J. Protozool.*, 22: 221-229.

Diller W F, Kounaris D. 1966. Description of a zoochlorella-bearing form of *Euplotes*, *E. daidaleos* n. sp. (Ciliophora, Hypotrichida). *Biol. Bull.*, 131: 437-445.

Dini F, Bacchi P. 1976. Ciclo cellulare di *Aspidisca aculeata* (Ehrenberg). *Atti Acad. Nat. Dei Lincei, Cl. Sci. Fis. Mat. Nat.*, 8: 64-69.

Dong J, Lu X, Shao C, Huang J, Al-Rasheid K A S. 2016. Morphology, morphogenesis and molecular phylogeny of a novel saline soil ciliate, *Lamtostyla salina* n. sp. (Ciliophora, Hypotricha). *Eur. J. Protistol.*, 56: 219-231.

Dragesco J. 1960. Ciliés mésopsammiques littoraux. Systématique, morphologie, écologie. *Trav. Stn. Boil. Roscoff* (*N. S.*), 12: 1-356.

Eigner P. 1994. Divisional morphogenesis and reorganization in *Eschaneustyla brachytona* Stokes, 1886 and revision of the Bakuellinae (Ciliophora, Hypotrichida). *Eur. J. Protistol.*, 30: 462-475.

Eigner P. 1995. Divisional morphogenesis in *Deviata abbrevescens* nov. gen, nov. spec, *Neogeneia hortualis* nov. gen, nov. spec, and *Kahliella simplex* (Horvath) Corliss and redefinition of the Kahliellidae (Ciliophora, Hypotrichida). *Eur. J. Protistol.*, 31: 341-366.

Eigner P. 1999. Comparison of divisional morphogenesis in four morphologically different clones of the genus *Gonostomum* and update of the natural hypotrich system (Ciliophora, Hypotrichida). *Eur. J. Protistol.*, 35: 34-48.

Eigner P. 2001. Divisional morphogenesis in *Uroleptus caudatus* (Stokes, 1886), and the relationship between the Urostylidae and the Parakahliellidae, Oxytrichidae, and Orthoamphisiellidae on the basis of morphogenetic processes (Ciliophora, Hypotrichida). *J. Euk. Microbiol.*, 48: 70-79.

Eigner P, Foissner W. 1992. Divisional morphogenesis in *Bakuella pampinaria* nov. spec. and reevaluation of the classification of the urostylids (Ciliophora, Hypotrichida). *Eur. J. Protistol.*, 28: 460-470.

Engelmann T W. 1862. Zur Naturgeschichte der Infusionsthiere. *Z. Wiss. Zool.*, 11: 347-393, Tafeln XXVIII-XXXI.

Fan Y, Chen X, Hu X, Shao C, Al-Rasheid K A S, Al-Farraj S A, Lin X. 2014a. Morphology and morphogenesis of *Apoholosticha sinica* n. g, n. sp. (Ciliophora, Hypotrichia), with consideration of its systematic position among urostylids. *Eur. J. Protistol.*, 50: 78-88.

Fan Y, Hu X, Gao F, Al-Farraj S A, Al-Rasheid K A S. 2014b. Morphology, ontogenetic features and SSU rRNA gene-based phylogeny of a new soil ciliate, *Bistichella cystiformans* spec. nov. (Protista, Ciliophora, Stichotrichia). *Int. J. Syst. Evol. Microbiol.*, 63: 1197-1209.

Fauré-Fremiet E. 1964. Les ciliés hypotrichs retrocursits. *Arch. Zool. Exp. Gen.*, 104: 65-74.

Fernáandez-Leborans G, Zaldumbide M G. 1985. Morphogenesis of bipartition of *Euplotes mediterraneus* n. sp. (Ciliophora, Hypotrichida). *Zool. Jb. Anat.*, 113: 477-492.

Fleury A. 1991a. Dynamics of the cytoskeleton during morphogenesis in the ciliate *Euplotes* Ⅰ. Basal bodies related microtubular system. *Eur. J. Protistol.*, 27: 99-114.

Fleury A. 1991b. Dynamics of the cytoskeleton during morphogenesis in the ciliate *Euplotes* Ⅱ. Cortex and continuous microtubular systems. *Eur. J. Protistol.*, 27: 220-237.

Fleury A, Fryd-Versavel G. 1981. Donneés nouvelles sur quelques processus morphogénétiques chez les hypotriches, notamment dans le genre *Euplotes*: leur contribution à l'approche evolution niste du problème de la regulation de l' activité morphogénétique chez les ciliés. *J. Protozool.*, 28: 283-291.

Fleury A, Fryd-Versavel G. 1984. Unité et diversité chez les hypotrichs (Protozoaires ciliés) Ⅰ. Approche morphogénétique par l'étude de quelques formes peu différenciées. *Protistologica*, 20: 525-546.

Foissner W. 1982. Ökologie und Taxonomie der Hypotrichida (Protozoa: Ciliophora) einiger österreichischer Böden. *Arch. Protistenkd.*, 126: 19-143.

Foissner W. 1987a. Neue terrestrische und limnische Ciliaten (Protozoa, Ciliophora) aus Österreich und Deutschland. *Sber. Akad. Wiss. Wien*, 195: 217-268.

Foissner W. 1987b. Neue und wenig bekannte hypotriche und colpodide Ciliaten (Protozoa: Ciliophora) aus Böden und Moosen. *Zool. Beitr* (*N. F.*), 31: 187-282.

Foissner W. 1988. Gemeinsame Arten in der terricolen Ciliaten fauna (Protozoa: Ciliophora) von Australien und Afrika. *Stapfia*, 17: 85-133.

Foissner W. 1995. Tropical protozoan diversity: 80 ciliate species (Protozoa, Ciliophora) in a soil sample from a tropical dry forest of Costa Rica, with descriptions of four new genera and seven new species. *Arch. Protistenk.*, 145: 37-79.

Foissner W. 1996. Ontogenesis in ciliated protozoa, with emphasis on stomatogenesis//Hausmann K, Bradbury P C. Ciliates, Cells as Organisms. Stuttgart: Gustav fischer Verlag: 95-177.

Foissner W. 2000. A compilation of soil and moss ciliates (Protozoa, Ciliophora) from Germany, with new records and descriptions of new and insufficiently known speices. *Eur. J. Protistol.*, 36: 253-283.

Foissner W. 2012. *Schmidingerothrix extraordinaria* nov. gen, nov. spec, a secondarily oligomerized hypotrich (Ciliophora, Hypotricha, Schmidingerotrichidae nov. fam.) from hypersaline soils of Africa. *Eur. J. Protistol.*, 48: 237-251.

Foissner W. 2016. Terrestrial and semiterrestrial ciliates (Protozoa, Ciliophora) from Venezuela and Galápagos. *Denisia*, 35: 1-912.

Foissner W, Stoeck T. 2006. *Rigidothrix goiseri* nov. gen, nov. spec. (Rigidotrichidae nov. fam.), a new "flagship" ciliate from the Niger floodplain breaks the flexibility-dogma in the classification of stichotrichine spirotrichs (Ciliophora, Spirotrichea). *Eur. J. Protistol.*, 42: 249-267.

Foissner W, Adam H, Foissner I. 1982. Morphologie und Infraciliatur von *Bryometopus pseudochilodon* Kahl, 1932, *Balantidioides dragescoi* nov. spec. und *Kahliella marina* nov. spec. und Revision des Genus *Balantidioides* Penard, 1930 (Protozoa, Ciliophora). *Protistologica*, 18: 211-225.

Foissner W, Agatha S, Berger H. 2002. Soil ciliates (Protozoa, Ciliophora) from Namibia (Southwest Africa), with emphasis on two contrasting environments, the Etosha region and the Namib Desert. *Denisia*, 5: 1-1459.

Foissner W, Moon-van der Staay S Y, van der Staay G W M, Hackstein J H P, Krautgartner W D, Berger H. 2004. Reconciling classical and molecular phylogenies in the stichotrichines (Ciliophora, Spirotrichea), including new sequences from some rare species. *Eur. J. Protistol.*, 40: 265-281.

Foissner W, Filker S, Stoeck T. 2014. *Schmidingerothrix salinarum* nov. spec. is the molecular sister of the large oxytrichid clade (Ciliophora, hypotricha). *J. Eukaryot. Microbiol.*, 61: 61-74.

Gao F, Warren A, Zhang Q, Gong J, Miao M, Sun P, Xu D, Huang J, Yi Z, Song W. 2016. The all-data-based evolutionary hypothesis of ciliated protists with a revised classification of the phylum Ciliophora (Eukaryota, Alveolata). *Sci. Rep.*, 6: 24874. Doi: 10.1038/srep24874.

Gong J, Song W, Li L, Shao C, Chen Z. 2006. A new investigation of the marine ciliate, *Trachelostyla pediculiformis* (Cohn, 1866) Borror, 1972 (Ciliophora, Hypotrichida), with establishment of a new genus, *Spirotrachelostyla* nov. gen. *Eur. J. Protistol.*, 42: 63-73.

Gong J, Kim S, Kim S, Min G, Roberts D, Warren A, Choi J. 2007. Taxonomic redescriptions of two ciliates, *Protogastrostyla pulchra* n. g, n. comb. and *Hemigastrostyla enigmatica* (Ciliophora, Spirotrichea, Stichotrichia), with phylogenetic analyses based on 18S and 28S rRNA gene sequences. *J. Eukaryot. Microbiol.*, 54: 468-478.

Gupta R, Kamra K, Sapra G R. 2006. Morphology and cell division of the oxytrichids *Architricha indica* nov. gen, nov. sp, and *Histriculus histrio* (Müller, 1773), Corliss, 1960 (Ciliophora, Hypotrichida). *Eur. J. Protistol.*, 42: 29-48.

Hamm A. 1964. Untersuchungenüber die ökologie und variabilität von *Aspidisca costata* (Hypotrichida) in belebtschlamm. *Arch. Hydrobiol.*, 60: 286-339.

Hartwig E. 1973. Die Ciliaten des Gezeiten-Sandstrandes der Nordssinsel Sylt. Ⅰ. Systematik. *Abh. math.-naturw. Kl. Akad. Wiss. Mainz. Reihe Mikrofauna Meeresbod.*, 21: 1-171.

Hartwig E. 1974. Verzeichnis der im Bereich der deutschen Meeresküste angetroffenen interstitiellen Ciliaten. *Mitt. Hamb. Zool. Mus. Inst.*, 71: 7-21.

Hausmann K, Hülsmann N, Radek R. 2003. Protistology. 3rd ed. Stuttgart: Schweizerbart'sche Verlagsbuchhandlung.

He W, Shi X, Shao C, Chen X, Berger H. 2011. Infraciliature and cell division of the little known freshwater ciliate *Uroleptus* cf. *magnificus* (Kahl, 1932) Olmo, 2000 (Hypotricha, Uroleptidae), and list of published names in *Uroleptus* Ehrenberg, 1831 and *Paruroleptus* Wenzel, 1953. *Acta Protozool.*, 50: 175-203.

Hemberger H. 1982. Revision der familie Keronidae Dujardin, 1840 (Ciliophora, Hypotrichida) mit einer beschreibung der morphogenese von *Kerona polyporum* Ehrenberg, 1835. *Arch. Protistenk.*, 125: 261-270.

Hemberger H. 1985. Neue Gattungen und Arten hypotricher Ciliaten. *Arch. Protistenk.*, 130: 397-417.

Hill B F. 1978. *Diophrys scutum* Dujardin 1941; cortical morphogenesis associated with cell division (Ciliophora, Hypotrichida). *J. Protozool.*, 25: Abstr, 10A.

Hill B F. 1979. Reconsideration of cortical morphogenesis during cell division in *Aspidisca* (Ciliophora, Hypotrichida). *Trans. Am. Microsc. Soc.*, 98: 537-542.

Hill B F. 1980. Classification and phylogene inthe suborder Euplotina (Ciliophora, Hypotrichida). Ph. D. Dissertation, University of New Hampshire, Durham.

Hill B F. 1981. The cortical morphogenetic cycle associated with cell division in *Diophrys* Dujardin, 1841 (Ciliophora, Hypotrichida). *J. Protozool.*, 28: 215-221.

Hill B F. 1990. *Uronychia transfuga* (O. F. Müller, 1786) Stein, 1859 (Ciliophora, Hypotrichida, Uronychidae): cortical structure and morphogenesis during division. *J. Protozool.*, 37: 99-107.

Hill B F, Borror A C. 1992. Redefinition of the genera *Diophrys* and *Paradiophrys* and establishment of the genus *Diophryopsis* n. g. (Ciliophora, Hypotrichida): implication for the species problem. *J. Protozool.*, 39: 144-153.

Hu X. 2008. Cortical structure in nondividing and cortical morphogenesis in dividing *Diophrys japonicus* spec. nov. (Ciliophora, Euplotida) with notes of morphological variation. *Eur. J. Protistol.*, 44: 115-129.

Hu X, Song W. 2000. Morphology and morphogenesis of a marine ciliate, *Gastrostyla pulchra* Perejaslawzewa, 1885) Kahl, 1932 (Ciliophora, Hypotrichida). *Eur. J. Protistol.*, 36: 201-210.

Hu X, Song W. 2001a. Morphological redescription and morphogenesis of the marine ciliate, *Pseudokeronopsis rubra* (Ciliophora: Hypotrichida). *Acta Protozool.*, 40: 107-115.

Hu X, Song W. 2001b. Morphology and morphogenesis of *Holosticha heterofoissneri* nov. spec. from the Yellow Sea, China (Ciliophora, Hypotrichida). *Hydrobiologia*, 448: 171-179.

Hu X, Song W. 2003. Redescription of the morphology and divisional morphogenesis of the marine hypotrich *Pseudokahliella marina* (Fiossner et al., 1982) from scallop-culture water of North China. *J. Nat. Hist.*, 37: 2033-2043.

Hu X, Suzuki T. 2006. Observation on a Japanese population of *Pseudoamphisiella alveolata* (Kahl, 1932) Song et Warren, 2000 (Ciliophora: Hypotrichida): morphology and morphogenesis. *Acta Protozool.*, 45: 41-52.

Hu X, Song W, Warren A. 2000a. Divisional morphogenesis in the marine ciliate, *Holosticha warreni* (Ciliophora: Hypotrichida). *J. Mar. Biol. Ass. UK*, 80: 785-788.

Hu X, Wang M, Song W. 2000b. Morphogenetic studies on *Holosticha diademata* during asexual reproduction cycle. *J. Zibo. Univ.*, 2: 78-81 (in Chinese with English summary).

Hu X, Song W, Warren A. 2002. Observations on the morphology and morphogenesis of a new marine urostylid ciliate, *Parabirojimia similis* nov. gen, nov. spec. (Protozoa, Ciliophora, Hypotrichida). *Eur J. Protistol.*, 38: 351-364.

Hu X, Song W, Suzuki T. 2003. Morphogenesis of *Holosticha bradburyae* (Protozoa, Ciliophora) during asexual reproduction cycle. *Eur. J. Protistol.*, 39: 173-181.

Hu X, Warren A, Song W. 2004a. Observations on the morphology and morphogenesis of a new marine hypotrich ciliate (Ciliophora, Hypotrichida) from China. *J. Nat. Hist.*, 38: 1059-1069.

IIu X, Warren A, Suzuki T. 2004b. Morphology and morphogenesis of two marine ciliates, *Pseudokeronopsis pararubra* sp. n. and *Amphisiella annulata* from China and Japan (Protozoa: Ciliophora). *Acta Protozool.*, 43: 351-368.

Hu X, Fan X, Lin X, Gong J, Song W. 2009a. The morphology and morphogenesis of a marine ciliate, *Epiclintes auricularis rarisetus* nov. sspec. (Ciliophora, Epiclintidae), from the Yellow Sea. *Eur. J. Protistol.*, 45: 281-291.

Hu X, Hu X, Al-Rasheid K A S, Song W. 2009b. Reconsideration on the phylogenetic position of *Epiclintes* (Ciliophora, Stichotrichia) based on SS rRNA gene sequence and morphogenetic data. *Acta Protozool.*, 48: 203-211.

Hu X, Fan Y, Warren A. 2015. New record of *Apoholosticha sinica* (Ciliophora, Urostylida) from the UK: morphology, 18S rRNA gene phylogeny and notes on morphogenesis. *Int. J. Syst. Evol. Microbiol.*, 65: 2549-2561.

Huang J, Dunthorn M, Song W. 2012. Expanding character sampling for the molecular phylogeny of euplotid ciliates (Protozoa, Ciliophora) using three markers, with a focus on the family Uronychiidae. *Mol. Phylogenet. Evol.*, 63: 598-605.

Huang J, Luo X T, Bourland W A, Gao F, Gao S. 2016. Multigene-based phyloegney of the ciliate families AMphisiellae and Trachelostylidae (Protozoa: Ciliophora: Hypotrichia). *Mol. Phylogenet. Evol.*, 101: 101-110.

Hufnagel L A, Torch R. 1967. Intraclonal dimorphism of caudal cirri in *Euplotes vannus*: cortical determination. *J. Protozool.*, 14: 429-439.

Iftode F, Fryd-Versavel G, Wicklow B J, Tuffrau M. 1983. Le genre *Transitella*: stomatogenèse, ultrastructure. Affinités de la famille des Transitellidae. *Protistologica*, 19: 21-39.

Ilowaisky S A. 1921. Zwei neue Arten und Gattungen von Infusorien aus dem Wolgabassin. *Arb. Biol. Wolga Stat.*, 6: 103-106.

Jankowski A W. 1978. Systematic revision of the class Polyhymenophora (Spirotricha), morphology, systematics and evolution. *Tezisy Dokl. Zool. Inst. Akad. Nauk. SSSR*, 1978: 39-40 (in Russian).

Jankowski A W. 1979. Revision of the order Hypotrichida Stein, 1859. Generic catalogue, phylogeny, taxonomy. *Akad. Nauk. SSSR, Zool. Inst. Trudy*, 86: 46-85 (in Russian).

Jankowski A W. 2007. Phylum Ciliophora Doflein, 1901. Review of taxa//Alimov A F. Protista: Handbook on Zoology. Vol Part 2. St Petersburg: Nauka: 415-993 (in Russian with English summary).

Jerka-Dziadosz M. 1965. Morphogenesis of ciliature in division of *Urostyla weissei* Stein. *Acta Protozool.*, 3: 345-353.

Jerka-Dziadosz M, Frankel J. 1969. An analysis of the formation of ciliary primordia in the hypotrich ciliate *Urostyla weissei*. *J. Protozool.*, 16: 612-637.

Jerka-Dziadosz M, Janus I. 1972. Localization of primordia during cortical development in *Keronopsis rubra* (Ehrbg, 1838) (Hypotrichida). *Acta Protozool.*, 10: 249-263.

Jiang J, Song W. 2010. Two new *Diophrys*-like genera and their type species, *Apodiophrys ovalis* n. gen, n. sp. and *Heterodiophrys zhui* n. gen, n. sp. (Ciliophora: Euplotida), with notes on their molecular phylogeny. *J. Eukaryot. Microbiol.*, 57: 354-361.

Jiang J, Shao C, Xu H, Al-Rasheid K A S. 2010a. Morphogenetic observations on the marine ciliate *Euplotes vannus* during cell division (Protozoa: Ciliophora). *J. Mar. Biol. Assoc. U.K.*, 90: 683-689.

Jiang J, Zhang Q, Hu X, Shao C, Al-Rasheid K A S, Song W. 2010b. Two new marine ciliates, *Euplotes sinicus* sp. nov. and *Euplotes parabalteatus* sp. nov, and a new small subunit rRNA gene sequence of *Euplotes rariseta* (Ciliophora, Spirotrichea, Euplotida). *Int. J. Syst. Evol. Microbiol.*, 60: 1241-1251.

Jiang J, Zhang Q, Warren A, Al-Rasheid K A S, Song W. 2010c. Morphology and SSU rRNA gene-based phylogeny of two marine *Euplotes* species, *E. orientalis* spec. nov. and *E. raikovi* Agamaliev, 1966 (Ciliophora, Euplotida). *Eur. J. Protistol.*, 46: 121-132.

Jiang J, Warren A, Song W. 2011. Morphology and molecular phylogeny of two new marine euplotids, *Pseudodiophrys nigricans* n. g, n. sp. and *Paradiophrys zhangi* n. sp. (Ciliophora: Euplotida). *J. Eukaryot. Microbiol.*, 58: 437-445.

Jiang J M, Huang J, Li L Q, Shao C, Al-Rasheid K A S, Al-Farraj S A, Chen Z G. 2013. Morphology, ontogeny, and molecular phylogeny of two novel bakuellid-like hypotrichs (Ciliophora: Hypotrichia), with establishment of two new genera. *Eur. J. Protistol.*, 49: 78-92.

Kamra K, Sapra G R. 1990. Partial retention of parental ciliature during morphogenesis of the ciliate *Coniculostomum monilata* (Dragesco & Dragesco-Kernéis, 1971) Njiné, 1978 (Oxytrichidae, Hypotrichida). *Eur. J. Protistol.*, 25: 264-278.

Klein B M. 1936. Bezichungen zwischen maschenweite und Bildungsvorgängen im Silberliniensystem der Ciliaten. *Arch. Protistenk.*, 88: 1-22.

Küppers G, Lopretto E C, Claps M C. 2007. Description of *Deviata rositae* n. sp, a new ciliate species (Ciliophora, Stichotrichia) from Argentina. *J. Euk. Microbiol.*, 54: 443-447.

Lei Y, Choi J K, Xu K, Petz W. 2005. Morphology and infraciliature of three species of *Metaurostylopsis* (Ciliophora, Stichotrichia): *M. songi* n. sp, *M. salina* n. sp, and *M. marina* (Kahl 1932) from sediments, saline ponds, and coastal waters. *J. Eukaryot. Microbiol.*, 52: 1-10.

Li L. 2009. Morphogenetic studies on hypotrichous ciliates during binary fission. Doctoral dissertation, Ocean University of China (in Chinese).

Li L, Song W. 2006. Phylogenetic position of the marine ciliate, *Certesia quadrinucleata* (Ciliophora; Hypotrichia; Hypotrichida) inferred from the complete small subunit ribosomal RNA gene sequence. *Eur. J. Protistol.*, 42: 55-61.

Li L, Song W, Al-Rasheid K A, Hu X, Al-Quraishy S A. 2007a. Redescription of a poorly known marine ciliate, *Leptoamphisiella vermis* Gruber, 1888 n. g, n. comb. (Ciliophora, Stichotrichia, Pseudoamphisiellidae), from the Yellow Sea, China. *J. Eukaryot. Microbiol.*, 54: 527-534.

Li L, Song W, Hu X. 2007b. Two marine hypotrichs and a new genus, *Spiroamphisiella* gen. nov. (Ciliophora, Hypotricha) from North China, with description of a new species *Spiroamphisiella hembergeri* spec. nov. *Acta Protozool.*, 46: 107-120.

Li L, Hu X, Warren A, Al-Rasheid K A S, Al-Farraj S A, Shao C, Song W. 2008a. Divisional morphogenesis in the marine ciliate *Anteholosticha manca* (Kahl, 1932) Berger, 2003 (Ciliophora, Urostylida). *Acta Oceanol. Sin.*, 27: 157-163.

Li L, Shao C, Yi Z, Song W, Warren A, Al-Rasheid K A S, Al-Farraj S A, Al-Quraishy S A, Zhang Q, Hu X, Zhu M, Ma H. 2008b. Redescriptions and SSrRNA gene sequence analyses of two marine species of *Aspidisca* (Ciliophora, Euplotida) with notes on morphogenesis in *A. orthopogon*. *Acta Protozool*, 47: 83-94.

Li L, Song W, Warren, A, Al-Rasheid K A S, Roberts D, Yi Z, Al-Farraj S A, Hu X. 2008c. Morphology and morphogenesis of a new marine ciliate, *Apokeronopsis bergeri* nov. spec. (Ciliophora, Hypotrichida), from the Yellow Sea, China. *Eur. J. Protistol.*, 44: 208-219.

Li L, Shao C, Song W, Lynn D, Chen Z. 2009. Does *Kiitricha* (Protista, Ciliophora, Spirotrichea) belong to Euplotida or represent a primordial spirotrichous taxon? With suggestion of establishment of a new subclass Protohypotrichia. *Int. J. Syst. Evol. Microbiol.*, 59: 439-446.

Li L, Huang J, Song W, Shin M K, Al-Rasheid K A S, Berger H. 2010a. *Apogastrostyla rigescens* (Kahl, 1932) gen. nov, comb. nov. (Ciliophora, Hypotricha): morphology, notes on cell division, SSU rRNA gene sequence data, and neotypification. *Acta Protozool.*, 49: 195-212.

Li L, Song W, Al-rasheid K A S, Warren A, Li Z, Xu Y, Shao C. 2010b. Morphology and morphogenesis of a new marine hypotrichous ciliate (Protozoa, Ciliophora, Pseudoamphisiellidae) with a report of the SSU rRNA gene sequence. *Zool. J. Linne. Soci.*, 158: 231-243.

Li L, Zhang Q, Al-Rasheid K A S, Kwon C B, Shin M K. 2010c. Morphological redescriptions of *Aspidisca magna* Kahl, 1932 and *A. leptaspis* Fresenius, 1865 (Ciliophora, Euplotida), with notes on morphologenetic process in *A. magna*. *Acta Protozool*, 49: 327-337.

Li F, Xing Y, Li J, Al-Rasheid K A S, He S, Shao C. 2013. Morphology, morphogenesis and small subunit rRNA gene sequence of a soil hypotrichous ciliate, *Perisincirra paucicirrata* (Ciliophora, Kahliellidae), from the shoreline of the Yellow River, north China. *J. Eukaryot. Microbiol.*, 60: 247-256.

Li F, Lv Z, Yi Z, Al-Farraj S A, Al-Rasheid K A S, Shao C. 2014. Taxonomy and phylogeny of two species of the genus *Deviata* (Protista, Ciliophora) from China, with description of a new soil form, *Deviata parabacilliformis* sp. nov. *Int. J. Syst. Evol. Microbiol.*, 64: 3775-3785.

Lin X, Song W, Warren A. 2004. Redescription of the rare marine ciliate, *Prodiscocephalus borrori* (Wicklow, 1982) from shrimp-culturing waters near Qingdao, China, with redefinitions of the genera *Discocephalus*, *Prodiscocephalus* and *Marginotricha* (Ciliophora, Hypotrichida, Discocephalidae). *Eur. J. Protistol.*, 40: 137-146.

Liu W, Shao C, Gong J, Li J, Lin X, Song W. 2010. Morphology, morphogenesis and molecular phylogeny of a new marine urostylid ciliate (Ciliophora, Stichotrichia) from the South China Sea, and an overview of the convergent evolution of midventral complex within the Spirotrichea. *Zool. J. Linn. Soc.*, 158: 697-710.

Liu M, Fan Y, Miao M, Hu X, Al-Rasheid K A S, Al-Farraj S A, Ma H. 2015. Morphological and morphogenetic redescriptions and SSU rRNA genebased phylogeny of the poorly-known species *Euplotes amieti* Dragesco, 1970 (Ciliophora, Euplotida). *Acta Protozool.*, 54: 171-182.

Lu X, Gao F, Shao C, Hu X, Warren A. 2014. Morphology, morphogenesis and molecular phylogeny of a new marine ciliate, *Trichototaxis marina* n. sp. (Ciliophora, Urostylida). *Eur. J. Protistol.*, 50: 524-537.

Lu X, Huang J, Shao C, Al-Farraj S, Gao S. 2017. Morphology and morphogenesis of a novel saline soil hypotrichous ciliate, *Gonostomum sinicum* nov. spec. (Ciliophora, Hypotrichia, Gonostomatidae), including a report on the small subunit rdna sequence. *J. Eukaryot. Microbiol.*, 64: 632-646.

Luo X, Gao F, Al-Rasheid K A S, Warren A, Hu X, Song W. 2015. Redefinition of the hypotrichous ciliate *Uncinata*, with descriptions of the morphology and phylogeny of three urostylids (Protista, Ciliophora). *Syst. Biodivers.*, 13: 455-471.

Luo X, Fan Y, Hu X, Miao M, Al-Farraj S A, Song, W. 2016. Morphology, ontogeny, and molecular phylogeny of two freshwater species of *Deviata* (Ciliophora, Hypotrichia) from southern China. *J. Eukaryot. Microbiol.*, 63: 771-785.

Lv Z, Chen L, Chen L, Shao C, Miao M, Warren A. 2013. Morphogenesis and molecular phylogeny of a new freshwater ciliate, *Notohymena apoaustralis* n. sp. (Ciliophora, Oxytrichidae). *J. Eukaryot. Microbiol.*, 60: 455-466.

Lynn D H. 2008. The Ciliated Protozoa: Characterization, Classification, and Guide to the Literature. 3rd ed. Dordrecht: Springer.

Lynn D H, Small E B. 2002. Phylum Ciliophora Doflein, 1901//Lee J J, Leedale G F, Bradbury P. An Illustrated Guide to the Protozoa, 2nd ed. Society of Protozoologists. Lawrence, Kansas: Allen Press: 371-656 (printed in year 2000, but available only in year 2002).

Ma H, Jiang J, Hu X, Shao C, Song W. 2008. Morphology and morphogenesis of the marine ciliate, *Euplotes rariseta* (Ciliophora, Euplotida). *Acta Hydrobiol. Sin.* (*Suppl.*), 32: 57-62.

Martin J, Fedriani C, Nieto J. 1981. Étude comparée des processus morphogénétiques d'*Uroleptus* sp. (Kahl, 1932) et de *Holosticha* (*Paruroleptus*) *musculus* (Kahl, 1932) (Ciliés hypotriches). *Protistologica*, 17: 215-224.

Miao M, Shao C, Chen X, Song W. 2011. Evolution of discocephalid ciliates: molecular, morphological and ontogenetic data support a sister group of discocephalids and pseudoamphisiellids (Protozoa, Ciliophora) with establishment of a new suborder Pseudoamphisiellina subord. n. *Sci. China* (*Life Sci*), 54: 634-641.

Mihailowitsch B, Wilbert N. 1990. *Bakuella salinarum* nov. spec. und *Pseudokeronopsis ignea* nov. spec. (Ciliata, Hypotrichida) aus einem solebelasteten Fliessgewässer des östlichen Münsterlandes, BRD. *Arch. Protistenkd.*, 138: 207-219.

Müller O F. 1773. Vermium terrestrium et fluviatilium, seu animalium infusorium, helminthicorum et testaceorum, non marinorum, succincta historia. Havniae and Lipsiae.

Naqvi I, Gupta R, Borgohain P, Sapra G R. 2006. Morphology and morphogenesis of *Rubrioxytricha indica* n. sp. (Ciliophora: Hypotrichida). *Acta Protozool.*, 45: 53-64.

Olmo J. 2000. Morphology and morphogenesis of *Uroleptus lepisma* (Wenzel, 1953) Foissner, 1998 (Ciliophora, Hypotrichida). *Eur. J. Protisol.*, 36: 379-386.

Paiva T D S, Silva-Neto I D D. 2007. Morphology and morphogenesis of *Strongylidium pseudocrassum* Wang and Nie, 1935, with redefinition of *Strongylidium* Sterki, 1878. *Zootaxa*, 1559: 31-57.

Pan Y, Li L, Shao C, Hu X, Ma H, Al-Rasheid K A S, Warren A. 2012. Morphology and ontogenesis of a marine ciliate, *Euplotes balteatus* (Dujardin, 1841) Kahl, 1932 (Ciliophora, Euplotida) and definition of *Euplotes wilberti* nov. spec. *Acta Protozool.*, 51: 29-38.

Pan Y, Li J, Li L, Hu X, Al-Rasheid K A S, Warren A. 2013. Ontogeny and molecular phylogeny of a new marine ciliate genus, *Heterokeronopsis* g. n. (Protozoa, Ciliophora, Hypotricha), with description of a new species. *Eur. J. Protistol.*, 49: 298-311.

Pang Y, Fu Z. 1985. The morphology and morphogenesis on *Aspidisca costata*. *J. East China Normal. Univ.*, (Supplement): 91-100.

Pang Y, Wei H. 1999. Studies on the morphology and morphogenesis in *Euplotes aediculatus J. East China Norm. Univ.* (*N. S.*), 1: 103-109.

Pang Y, Liu F, Ren H. 1998. A study on morphogenesis of *Euplotes harpa* during the proess of asexual division. *J. East China Norm. Univ.* (*N. S.*), 4: 87-94.

Park K, Jung J, Min G. 2013. Morphology, morphogenesis, and molecular phylogeny of *Anteholosticha multicirrata* n. sp. (Ciliophora, Spirotrichea) with a note on morphogenesis of *A. pulchra* (Kahl, 1932) Berger, 2003. *J. Eukaryot. Microbiol.*, 60: 564-577.

Pätsch B. 1974. Die Aufwuchsciliaten des Naturlchrparks Haus Wildenrath. Monographische Bearbeitung der Morphologie und Ökologie. *Arb. Inst. Landw. Zool. Bienenkd.*, 1: 1-82.

Petz W. 1995. Morphology and morphogenesis of *Thigmokeronopsis antarctica* nov. spec. and *T. crystallis* nov spec. (Ciliophora, Hypotrichida) from Antarctic sea ice. *Eur. J. Protistol.*, 31: 137-147.

de Puytorac P, Batisse A, Deroux G, Fleury A, Grain J, Laval-Peuto M, Tuffrau M. 1993. Proposition d'une nouvelle classification du phylum des protozoaires Ciliophora Doflein, 1901. *C. R. Acad. Sci. Paris*, 316: 716-720.

Schwarz M, Stoeck T. 2007. *Euplotes pseudoelegans* n. sp. (Hypotrichida; Euplotidae): description of a new species previously misidentified as *Euplotes elegans* Kahl, 1932. *Acta Protozool.*, 46: 193-200.

Serrano S, Sola A, Guinea A, Arregui I, Fernández-Galiano D. 1992. Cytoskeleton of *Euplotes focardii*: morphology and morphogenesis. *Can. J. Zool.*, 70: 2088-2094.

Shao C, Song W, Hu X, Ma H, Zhu M, Wang M. 2006a. Cell division and morphology of the marine ciliate, *Condylostoma spatiosum* Ozaki and Yagiu (Ciliophora, Heterotrichida) based on a Chinese population. *Eur. J. Protistol.*, 42: 9-19.

Shao C, Song W, Warren A, Al-Rasheid K, Yi Z, Gong J. 2006b. Morphogenesis of the marine ciliate, *Pseudoamphisiella alveolata* (Kahl, 1932) Song & Warren, 2000 (Ciliophora, Stichotrichia, Urostylida) during binary fission. *J. Eukaryot. Microbiol.*, 53: 388-396.

Shao C, Hu X, Al-Rasheid K A S, Song W, Warren A. 2007a. Cell development of the marine spirotrichous ciliate *Apokeronopsis crassa* (Claparède & Lachmann, 1858) nov. comb. (Ciliophora: Stichotrichia), with the establishment of a new genus *Apokeronopsis*. *J. Eukaryot. Microbiol.*, 54: 392-401.

Shao C, Song W, Li L, Warren A, Hu X. 2007b. Morphological and morphogenetic redescriptions of the stichotrich ciliate *Diaxonella trimarginata* Jankowski, 1979 (Ciliophora, Stichotrichia, Urostylida). *Acta Protozool.*, 46: 25-39.

Shao C, Song W, Yi Z, Gong J, Li J, Lin X. 2007c. Morphogenesis of the marine spirotrichous ciliate, *Trachelostyla pediculiformis* (Cohn, 1866) Borror, 1972 (Ciliophora, Stichotrichia), with consideration of its phylogenetic position. *Eur. J. Protistol.*, 43: 255-264.

Shao C, Miao M, Li L, Song W B, Al-Rasheid K A S, Al-Quraishy S A, Al-Farraj S A. 2008a. Morphogenesis and morphological redescription of a poorly known ciliate *Apokeronopsis ovalis* (Kahl, 1932) nov. comb. (Ciliophora: Urostylida). *Acta Protozool.*, 47: 363-376.

Shao C, Miao M, Song W, Warren A, Al-Rasheid K A S, Al-Quaishy S A, Al-Farraj S A. 2008b. Studies on two marine *Metaurostylopsis* spp. from China with notes on the morphogenesis of *M. sinica* nov. spec. (Ciliophora, Urostylida). *Acta Protozool.*, 47: 95-112.

Shao C, Song W, Al-Rasheid K A S, Yi Z, Al-Farraj S A, Al-Quraishy S A. 2008c. Morphology and infraciliature of two new marine urostylid ciliates: *Metaurostylopsis struederkypkeae* n. sp. and *Thigmokeronopsis stoecki* n. sp. (Ciliophora, Hypotrichida) from China. *J. Eukaryot. Microbiol.*, 54: 289-296.

Shao C, Song W, Li L, Warren A, Al-Rasheid K A S, Al-Quraishy S A, Al-Farraj S A, Lin X. 2008d. Systematic position of *Discocephalus*-like ciliates (Ciliophora: Spirotrichea) inferred from SS rRNA gene and ontogenetic information. *Int. J. Syst. Evol. Microbiol.*, 58: 2962-2972.

Shao C, Song W, Warren A, Al-Rasheid K A S. 2009. Morphogenesis of *Kiitricha marina* Nozawa, 1941 (Ciliophora, Spirotrichea), a possible model for the ancestor of hypotrichs *s. l. Eur. J. Protistol.*, 45: 292-304.

Shao C, Ma H, Gao S, Al-Rasheid K A K, Song W. 2010a. Reevaluation of cortical developmental patterns in *Euplotes* (*s. l.*), including a morphogenetic redescription of *E. charon* (Protozoa, Ciliophora, Euplotida). *Chin. J. Oceanol. Limnol.*, 28: 593-602.

Shao C, Zhang Q, Yi Z, Warren A, Al-Rasheid K, Song W. 2010b. Ontogenesis and molecular phylogeny of the marine ciliate *Diophryopsis hystrix*: implications for the systematics of the *Diophrys*-like species (Ciliophora, Spirotrichea, Euplotida). *J. Eukaryot. Microbiol.*, 57: 33-39.

Shao C, Gao F, Hu X, Al-Rasheid K A, Warren A. 2011. Ontogenesis and molecular phylogeny of a new marine urostylid ciliate, *Anteholosticha petzi* n. sp. (Ciliophora, Urostylida). *J. Eukaryot. Microbiol.*, 58: 254-265.

Shao C, Song W, Al-Rasheid K A S, Berger H. 2012. Redefinition and reassignment of the 18-cirri genera *Hemigastrostyla*, *Oxytricha*, *Urosomoida*, and *Actinotricha* (Ciliophora, Hypotricha), and description of one new genus and two new species. *Acta Protozool.*, 50: 263-287.

Shao C, Ding Y, Al-Rasheid K A S, Al-Farraj S A, Warren A, Song W. 2013a. Establishment of a new hypotrichous genus, *Heterotachysoma* n. gen. and notes on the morphogenesis of *Hemigastrostyla enigmatica* (Ciliophora, Hypotrichia). *Eur. J. Protistol.*, 49: 93-105.

Shao C, Pan X, Jiang J, Ma H, Al-Rasheid K A S, Warren A, Lin X. 2013b. A redescription of the oxytrichid *Tetmemena pustulata* (Müller, 1786) Eigner, 1999 and notes on morphogenesis in the marine urostylid *Metaurostylopsis salina* Lei et al., 2005 (Ciliophora, Hypotrichia). *Eur. J. Protistol.*, 49: 272-282.

Shao C, Li L, Zhang Q, Song W, Berger H. 2014a. Molecular phylogeny and ontogeny of a new ciliate genus, *Paracladotricha salina* n. g, n. sp. (Ciliophora, Hypotrichia). *J. Eukaryot. Microbiol.*, 61: 371-380.

Shao C, Lv Z, Jin L, Warren A. 2014b. Morphogenesis of a unique pseudourostylid ciliate, *Trichototaxis songi* (Ciliophora, Urostylida). *Eur. J. Protistol.*, 50: 68-77.

Shao C, Lu X, Ma H. 2015. A general overview of the typical 18 frontal-ventral-transverse cirri Oxytrichidae *s. l.* genera (Ciliophora, Hypotrichia). *J. Ocean Univ. China*, 14: 522-532.

Shen Z, Shao C, Gao S, Lin X, Li J, Hu X, Song W. 2009. Description of the rare marine ciliate, *Uronychia multicirrus* Song, 1997 (Ciliophora; Euplotida) based on morphology, morphogenesis and SS rRNA gene sequence. *J Eukaryot. Microbiol*, 56: 296-304.

Shen Z, Yi Z, Warren A. 2011. The morphology, ontogeny, and small subunit rRNA gene sequence analysis of *Diophrys parappendiculata* n. sp. (Protozoa, Ciliophora, Euplotida), a new marine ciliate from coastal waters of southern China. *J. Eukaryot. Microbiol.*, 58: 242-248.

Shi X, Song W, Shi X. 1999. Morphogenetic modes of hypotrichous ciliates//Song W, Xu K, Shi X. Progress in Protozoology. Qingdao: Qingdao Ocean University Press: 189-210 (in Chinese).

Shi X, Hu X, Warren A. 2003. Rediscovery of *Gastrostyla setifera* (Engelmann, 1862) Kent, 1882: morphology and divisional morphogenesis (Ciliophora, Hypotrichida). *J. Nat. Hist.*, 37: 1411-1422.

Shi X, Hu X, Warren A, Liu G. 2007. Redescription of morphology and morphogenesis of the freshwater ciliate, *Pseudokeronopsis similis* (Stokes, 1886) Borror et Wicklow, 1983 (Ciliophora: Urostylida). *Acta Protozool.*, 46: 41-54.

Siqueira-Castro I C V, Paiva T S, Silva-Neto I D. 2009. Morphology of *Parastrongylidium estevesi* comb. nov. and *Deviata brasiliensis* sp. nov. (Ciliophora: Stichotrichia) from a sewage treatment plant in Rio de Janeiro. *Brazil Zool.*, 26: 774-786.

Small E B, Lynn D H. 1985. Phylum Ciliophora Doflein, 1901//Lee J J, Hutner S H, Bovee E C. An Illustrated Guide to the Protozoa. Society of Protozoologists, Kansas: Allen Press: 393-575.

Song W. 1990. Morphologie und Morphogenese des Bodenciliaten *Periholosticha wilberti* nov. spec. (Ciliophora, Hypotrichida). *Arch. Protistenkd.*, 138: 221-231.

Song W. 2001. Morphology and morphogenesis of the marine ciliate, *Ponturostyla enigmatica* (Dragesco & Dragesco-Kernéis, 1986) Jankowski, 1989 (Ciliophora, Hypotrichida, Oxytrichdae). *Eur. J. Protistol.*, 37: 181-197.

Song W. 2003. Reconsideration of the morphogenesis in the marine hypotrichous ciliate, *Aspidisca leptaspis*

Freseniu, 1865 (Protozoa, Ciliophora). *Eur. J. Protistol.*, 39: 53-61.

Song W. 2004. Morphogenesis of *Cyrtohymena tetracirrata* (Ciliophora, Hypotrichia, Oxytrichidae) during binary fission. *Eur. J. Protistol.*, 40: 245-254.

Song W, Hu X. 1999. Divisional morphogenesis in the marine ciliate, *Hemigastrostyla enigmatica* (Dragesco & Dragesco-Kernéis, 1986) and redefinition of the genus *Hemigastrostyla* Song & Wilbert, 1997 (Protozoa, Ciliophora). *Hydrobiologia*, 391: 249-257.

Song W, Packroff G. 1993. Beitrag zur Morpphogenese des marinen Ciliaten *Diophrys scutum* (Dujardin, 1841). *Zool. Jb. Anat.*, 123: 85-95.

Song W, Packroff G. 1997. Taxonomische Untersuchungen an marinen Ciliaten aus China mit Beschreibungen von 2 neuen Arten, *Strombidium globosaneum* nov. spec. und *Strombidium platum* nov. spec. (Protozoa, Ciliophora). *Arch. Protistenk.*, 147: 331-360.

Song W, Warren A. 1999. Observations on morphogenesis in a marine ciliate *Tachysoma ovata* (Protozoa: Ciliophora: Hypotrichida). *J. Mar. Biol. Assoc. U.K.*, 79: 35-38.

Song W, Warren A. 2000. *Pseudoamphisiella alveolata* (Kahl, 1932) nov. comb, a large marine hypotrichous ciliate from China (Protozoa, Ciliophora, Hypotrichida). *Eur. J. Protistol.*, 36: 451-457.

Song W, Wilbert W. 1988. *Parabakuella typica* nov. gen, nov. spec. (Ciliata, Hypotrichida) from a soil in Qingdao, China. *Arch. Protistenkd.*, 135: 319-325.

Song W, Wilbert N. 1994. Morphogenesis of the marine ciliate *Diophrys olgithrix* Borror, 1965 during the cell division (Protozoa, Ciliophora, Hypotrichida). *Eur. J. Protistol.*, 30: 38-44.

Song W, Wilbert N. 1997. Morphological investigation on some free living ciliates (Protozoa, Ciliophora) from China sea with description of a new hypotrichous genus, *Hemigastrostyla* nov. gen. *Arch. Protistenkd.*, 148: 413-444.

Song W, Wilbert N, Berger H. 1992. Morphology and morphogenesis of the soil ciliate *Bakuella edaphoni* nov. spec. and revision of the genus *Bakuella* Agamaliev & Alekperov, 1976 (Ciliophora, Hypotrichida). *Bull. Br. Mus.* (*Nat. Hist.*), *Zool.*, 58: 133-148.

Song W, Warren A, Hu X. 1997. Morphology and morphogenesis of *Pseudoamphisiella lacazei* (Maupas, 1883) Song, 1996 with suggestion of establishment of a new family Pseudoamphisiellidae nov. fam. (Ciliophora, Hypotrichida). *Arch. Protistenkd.*, 147: 265-276.

Song W, Petz W, Warren A. 2001. Morphology and morphogenesis of the poorly-known marine urostylid ciliate, *Metaurostylopsis marina* (Kahl, 1932) nov. gen, nov. comb. (Protozoa, Ciliophora, Hypotrichida). *Eur. J. Protistol.*, 37: 63-76.

Song W, Wilbert N, Chen Z, Shi X. 2004. Considerations on the systematic position of *Uronychia* and related euplotids based on the data of ontogeny and 18S rRNA gene sequence analyses, with morphogenetic redescription of *Uronychia setigera* Calkins, 1902 (Ciliophora: Euplotida). *Acta Protozool.*, 43: 313-328.

Song W, Wilbert N, Al-Rasheid A, Warren A, Shao C, Long H, Yi Z, Li L. 2007. Redescriptions of two marine hypotrichous ciliates, *Diophrys irmgard* and *D. hystrix* (Ciliophora, Euplotida), with a brief revision of the genus *Diophrys*. *J. Eukaryot. Microbiol.*, 54: 283-296.

Song W, Shao C, Yi Z, Li L, Warren A, Al-Rasheid K A S, Yang J. 2009. The morphology, morphogenesis and SSrRNA gene sequence of a new marine ciliate, *Diophrys apoligothrix* spec. nov. (Ciliophora; Euplotida). *Eur. J. Protistol.*, 45: 38-50.

Song W, Wilbert N, Li L, Zhang Q. 2011. Re-evaluation on the diversity of the polyphyletic genus *Metaurostylopsis* (Ciliophora, Hypotricha): ontogenetic, morphologic, and molecular data suggest the establishment of a new genus *Apourostylopsis* nov. gen. *J. Eukaryot. Microbiol.*, 58: 11-21.

Summers F M. 1935. The division and reorganization of the macronuclei *Aspidisca lynceus* Müller, *Diophrys appendiculata* Stein, and *Stylonychia pustulata* Ehrbg. *Arch. Protistenk.*, 85: 173-208.

Sun P, Song W. 2005. Morphogenesis of the marine ciliate *Pseudokeronopsis flava* (Cohn, 1866) Wirnsberger et al., 1987 (Protozoa: Ciliophora: Hypotrichida). *Acta Zool. Sin.*, 51: 81-88 (in Chinese with English summery).

Tuffrau M. 1960. Révision du genre *Euplotes*, fondée sur la somparaison des structures superficielles. *Hydrobiologia*, 15: 1-77.

Tuffrau M. 1964. La morphogenèse de bipartition et les structures neuromotrices dans le genre *Aspidisca* (ciliés hypotriches). Revue de quelques espèces. *Cah. Biol. Mar.*, 5: 173-199.

Tuffrau M. 1970. Nouvelles observations sur l'origine du primordium buccal chez les hypotriches. *C. R. Hebd. Séanc. Acad. Sci, Paris*, 270: 104-107.

Tuffrau M. 1972. Caractères primitifs et structures évoluées chez les Ciliés hypotriches: le genre *Hypotrichidium*. *Protistologica*, 8: 257-266.

Tuffrau M. 1986. Proposition d'une classification nouvelle de l'Ordre Hypotrichida (Protozoa, Ciliophora), fondée sur quelques données récentes. *Ann. Sci. Nat.*, 8: 111-117.

Tuffrau M, Fleury A. 1994. Classe des Hypotrichea Stein, 1859. *Trait. Zool.*, 2: 83-151.

Tuffrau M, Truffrau H, Genermont J. 1976. La réorganisation infraciliaire au cours de la conjugaison et l'origine du primordium buccal dans le genre *Euplotes*. *J. Protozool.*, 23: 517-523.

Voss H J. 1989. Morphogenetic comparison of 13 species of the genus *Euplotes* (Ciliophora, Hypotrichida). *Arch. Protistenk.*, 137: 331-334.

Voss H J. 1991. Die morphogenese von *Notohymena rubescens* Blatterer & Foissner, 1989 (Ciliophora, Oxytrichidae). *Arch. Protistenk.*, 140: 219-236.

Wang M, Song W. 1995. Morphogenetical studies on the marine ciliate *Euplotes charon*. *Zool. Res.*, 16: 233-238.

Wang Y, Hu X, Huang J, Al-Rasheid K A S, Warren A. 2011. Two urostylid ciliates, *Metaurostylopsis flavicana* spec. nov. and *Tunicothrix wilberti* (Lin & Song, 2004) Xu et al., 2006 (Ciliophora, Stichotrichia), from a mangrove nature protection area in China. *Int. J. Syst. Evol. Microbiol.*, 61: 1740-1750.

Washburn E S, Borror A C. 1972. *Euplotes raikovi* Agamaliev, 1966 (Ciliophora, Hypotrichida) from New Hampshire: description and morphogenesis. *J. Protozool.*, 19: 604-608.

Watanabe K. 1982. Morphogenesis in hypotrich ciliates (I). The morphogenetic changes during cell cycle in *Euplotes aediculatus*. *Bull. Fukuoka Gakugei Univ.*, 32: 59-70.

Wiackowski K. 1988. Morphology and morphogenesis of a new species in the genus *Pseudourostyla* (Hypotrichida, Ciliophora). *J. Nat. Hist.*, 22: 1085-1094.

Wicklow B J. 1981. Evolution within the order Hypotrichida (Ciliophora, Protozoa): ultrastructure and morphogenesis of *Thigmokeronopsis jahodai* (n. gen, n. sp.); phylogeny in the Urostylina (Jankowski, 1979). *Protistologica*, 17: 331-351.

Wicklow B J. 1982. The Discocephalina (n. subord.): ultrastructure, morphogenesis and evolutionary implications of a group of endemic interstitial hypotrichs (Ciliophora, Protozoa). *Protistologica*, 18: 299-330.

Wicklow B J. 1983. Ultrastructure and cortical morphogenesis in the euplotine hypotrich *Certesia quadrinucleata* Fabre-Domergue, 1885 (Ciliophora, Protozoa). *J. Protozool.*, 30: 256-266.

Wicklow B J, Borror A C. 1990. Ultrastructure and morphogenesis of the marine epibenthic ciliate *Epiclintes ambiguus* (Epiclintidae, n. fam.; Ciliophora). *Eur. J. Protistol.*, 26: 182-194.

Wilbert N. 1995. Benthic ciliates of salt lakes. *Acta Protozool*, 344: 271-288.

Wilbert N, Kahan D. 1981. Ciliates of solar lake on the Red Sea shore. *Arch Protistenk*, 124: 70-95.

Wirnsberger E. 1987. Division and reorganization in the genus *Pseudokeronopsis* and relationships between urostylids and oxytrichids (Ciliophora, Hypotrichida). *Arch. Protistenkd.*, 134: 149-160.

Wirnsberger E, Foissner W, Adam H. 1985. Cortical pattern in non-dividers, dividers and reorganizers of an Austrian population of *Paraurostyla weissei* (Ciliophora, Hypotrichida): a comparative morphological and biometrical study. *Zool. Scr.*, 14: 1-10.

Wirnsberger E, Foissner W, Adam H. 1986. Biometric and morphogenetic comparison of the sibling species *Stylonychia mytilus* and *S. lemnae*, including a phylogenetic system for the oxytrichids (Ciliophora, Hypotrichida). *Arch. Protistenk.*, 132: 167-185.

Wirnsberger E, Larsen H F, Uhlig G. 1987. Rediagnosis of closely related pigmented marine species of the genus *Pseudokeronopsis* (Ciliophora, Hypotrichida). *Eur. J. Protistol.*, 23: 76-88.

Wirnsberger-Aescht E, Foissner W, Foissner I. 1989. Morphogenesis and ultrastructure of the soil ciliate *Engelmanniella mobilis* (Ciliophora, Hypotrichida). *Eur. J. Protistol.*, 24: 354-368.

Xu Y, Huang J, Hu X, Al-Rasheid K A S, Song W, Warren A. 2011. Taxonomy, ontogeny and molecular phylogeny of *Anteholosticha marimonilata* spec. nov. (Ciliophora, Hypotrichida) from the Yellow Sea, China. *Int. J. Syst. Evol. Microbiol.*, 61: 2000-2014.

Yi Z, Song W. 2011. Evolution of the order Urostylida (Protozoa, Ciliophora): new hypotheses based on multi-gene information and identification of localized incongruence. *PLoS ONE*, 6 (3): e17471.

Yi Z, Song W, Warren A, Roberts D, Al-Rasheid K, Chen Z, Al-Farraj S, Hu X. 2008. A molecular phylogenetic investigation of *Pseudoamphisiella* and *Parabirojimia* (Protozoa, Ciliophora, Spirotrichea), two genera with ambiguous systematic positions. *Eur. J. Protistol.*, 44: 45-53.

Yi Z, Song W, Clamp J, Chen Z, Gao S, Zhang Q. 2009. Reconsideration of systematic relationships within the order Euplotida (Protista, Ciliophora) using new sequences of the gene coding for small-subunit rRNA and testing the use of combined data sets to construct phylogenies of the *Diophrys*-complex. *Mol. Phylogenet. Evol.*, 50: 599-607.

发生亚型索引